工业和信息化部“十四五”规划教材

基础有机化学

（上册）

主　编　李晓芳
副主编　姚　波　杨小会　王　楠　黄学斌　金旭辉

科学出版社
北　京

内 容 简 介

本书为工业和信息化部“十四五”规划教材。全书共 17 章，分上、下两册，对有机化学相关知识进行了系统介绍。本书主要按官能团分类，包括烷烃、烯烃、炔烃、芳香烃、卤代烃、醇醚酚、醛酮、羧酸、羧酸衍生物、含氮有机化合物、杂环化合物、糖类化合物、氨基酸、多肽、蛋白质、核酸、油脂、萜类和甾族化合物等。每章以化合物的命名、结构、物理性质、化学性质以及制备为框架，由日常生活中的相关知识点引入，激发学生学习兴趣；章末设置习题，有助于学生巩固知识点。另外，有关立体化学、周环反应以及有机波谱学的知识点单独成章，以便读者对这些重难点知识有更加充分的了解。本书配套了丰富的数字化资源，如重难点讲解视频、拓展阅读等，学生可扫描书中二维码观看。

本书可作为高等学校化学、化学工程与工艺、制药工程、生物工程、环境科学与工程、材料科学与工程及需要学习有机化学课程的其他相关专业本科生的教材，也可供教师、科研人员参考。

图书在版编目（CIP）数据

基础有机化学 ： 全 2 册 / 李晓芳主编. --北京 ： 科学出版社，2024. 6. --（工业和信息化部“十四五”规划教材）. -- ISBN 978-7-03-078720-0

Ⅰ. 062

中国国家版本馆 CIP 数据核字第 2024UK0530 号

责任编辑：侯晓敏　张　莉 / 责任校对：王　瑞

责任印制：张　伟 / 封面设计：无极书装

科学出版社 出版

北京东黄城根北街 16 号

邮政编码：100717

http://www.sciencep.com

三河市骏杰印刷有限公司印刷

科学出版社发行　各地新华书店经销

*

2024 年 6 月第　一　版　开本：787×1092　1/16

2024 年 6 月第一次印刷　印张：15 1/2

字数：346 000

定价：128.00 元(上、下册)

（如有印装质量问题，我社负责调换）

前　　言

21 世纪，科学技术日新月异，为全面贯彻党的教育方针，落实立德树人根本任务，培养适应新世纪发展需要的优秀人才，编者对有机化学教学体系和教学内容进行了改革，在教学实践的基础上，编写了这本适用于高等学校化学、化学工程与工艺、制药工程、生物工程、环境科学与工程、材料科学与工程等专业的有机化学教材。

有机化学是研究有机化合物来源、制备、结构、性质、应用及有关理论的科学，是关于碳氢化合物及其衍生物的化学。今天的有机化学正处于富有活力的发展时期，天然有机化学、生命有机化学、材料有机化学等新兴分支学科蓬勃发展，分子识别与分子设计渗透到有机化学的各个领域，以不对称合成为代表的高选择性的反应已经成为有机化学的研究热点和前沿领域。有机化学作为理工学科的重要基础课，将为学生深入学习化学、材料、生物、医药等专业课程打下坚实的基础。为了使学生较好地理解和掌握有机化学基本理论和基础知识，了解有机化学学科发展动向，为后续相关课程的学习夯实基础，编者编写了本书。

本书在保证学科系统性和完整性的基础上，注重基础，强调实用性和前沿性。全书共 17 章，分上、下两册，对各类有机化合物的结构和性质进行了简单的介绍，着重介绍了各类机理不同的反应，并通过分析典型例题阐明了较复杂化合物的合成途径，总体可分为三部分：有机化合物的结构、合成和反应。本书的内容注重学思结合，既使学生掌握有机化学基本知识，又注重激发学生的学习兴趣，鼓励学生独立思考、深入探究，培养学生的创新实践能力。本书配套了丰富的数字资源，对有机化学中的重点、难点进行了详细讲解，读者可扫描书中二维码观看，有利于学生的个性化学习，培养学生的创新思维与能力。此外，本书发挥高校课程思政建设的实践作用，在阅读材料中融入思政内容，紧贴“立德树人”这一目标，培养学生的爱国情怀。

本书由北京理工大学化学与化工学院有机化学一线授课教师编写，具体的编写分工为：姚波(第 1、7 章)，杨小会(第 2、3 章)，陈磅宽(第 4、10 章)，王楠(第 5 章)，黄学斌(第 6 章)，金旭辉(第 8、9 章)，李晓芳(第 11、13 章)，王金亮(第 12 章)，安桥石(第 14 章)，尹晓东(第 15～17 章)。全书由李晓芳统稿和定稿。在本书的编写过程中，参考了较多图书，编者在此向相关作者表示诚挚的谢意。

由于编者水平有限，书中难免有疏漏和不足之处，敬请各位读者批评指正。

编　者

2023 年 12 月

目　　录

第1章 绪　　论

1.1 有机化学的发展

每个生物体都是由有机分子构成的。人的头发、皮肤和肌肉是由蛋白质等有机分子构成的；控制遗传基因的脱氧核糖核酸(DNA)、日常摄取的食物以及生病后使用的药物都离不开有机分子；衣服是由有机分子构成的天然纤维或人造纤维制成的；汽车使用的汽油是由有机分子构成的；日常使用的牙刷、牙膏、香皂、洗发水、沐浴露、化妆品等都含有有机物。有机化学工业是化学工业的重要组成部分，石油、化肥、农药、制药、塑料、油漆和涂料等显著地提高了人们的生活质量。然而不可回避的是，有机化学品已经在一定程度上污染了环境，对自然界的生命造成了威胁，甚至危害到人类的健康。人们既需要创造有用的有机分子，又要学会控制它们的负面影响，这些都需要学好有机化学知识。

19 世纪初期，化学还是以物质为对象，无论是在理论方面还是在实验方法方面，化学几乎都是从无机化学方面发展起来的。后来在某些化学书籍中出现了“有机化学”这个名称，并与无机化学并列。那么，无机化学和有机化学的区别是什么？当时的科学家认为无机化学和有机化学之间有明确的界限，前者是研究矿物界物质的化学，后者是研究动植物界物质的化学。

从矿物界得到的物质和从动植物界得到的物质明显不同。例如，前者一般难以燃烧，也不容易发生明显的变化；后者较容易燃烧，在空气中易发生变化，甚至变质。前者比较容易分析鉴定，其组成易确定；后者难以分析鉴定，其组成较难确定。两者之间还存在更显著的差异，前者可以由元素用适当的方法人工合成，后者无法人工合成。当时人们普遍认为，生物体内存在一种生命力，只有在这种力的作用下，这种物质才能生成。以此为根据，科学家将来自矿物界的物质称为无机化合物，而将从动植物界得到的物质称为有机化合物，并相应地将无机化学和有机化学明确分开。

1824 年，德国化学家维勒(F. Wöhler)试图用氢氰酸与氨水反应制备氰酸铵。但氰酸铵未制成，却意外得到草酸铵和一种不知名的白色结晶物质。维勒认为白色结晶物质不是氰酸铵，而是一种新的化合物，但由于实验条件有限，他无法确定其成分。1828 年，维勒终于证实了他于 4 年前发现的白色结晶正是尿素。1828 年，维勒发表了《论尿素的人工合成》一文，公布了用无机物合成尿素的方法。氢氰酸和氰酸铵都是无机化合物，而草酸和尿素都是有机化合物。维勒的实验结果给予“生命力”学说第一次冲击。后来，更多的有机物被陆续合成，如 1845 年科尔贝(A. W. H. Kolbe)合成了乙酸，1854 年柏赛罗(M. Berthelot)合成了油脂等。由于合成方法的改进和发展，越来越多的有机化合物不断在实验室中被合成，而且绝大部分是在与生物体内截然不同的条件下合成的。“生命力”学说完全被推翻了，“有机化学”这一名词沿用至今。

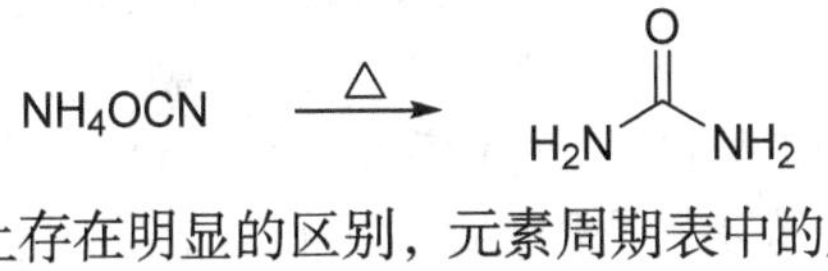

有机物和无机物在组成上存在明显的区别，元素周期表中的所有元素都可以形成无机物，

而只有少数几种元素构成了数量庞大的有机物。所有有机物都含有碳，大部分有机物含有氢，有机物中其他常见的元素包括氧、氮、卤素、硫和磷等。有机化学就是研究碳的化合物的化学。为什么碳这么特别？答案来源于碳的电子结构和它在元素周期表中的位置。作为ⅣA 族元素，碳可以共享四个价电子并形成四个共价键。此外，碳原子可以相互结合，形成长链和环。在所有元素中，只有碳能够形成种类繁多的化合物，从简单的只有一个碳原子的甲烷到复杂的有超过 1 亿个碳原子的 DNA。

自尿素的人工合成以来，有机化学得到飞速的发展。大量有机化合物被合成，并在工业、农业、国防、医疗、能源和环境等领域得到广泛应用。1965 年，中国科学院上海生物化学研究所、中国科学院上海有机化学研究所和北京大学化学系的科学家在《科学通报》上发表了《结晶牛胰岛素的全合成》一文。这是世界上首次人工合成与天然胰岛素分子结构相同且具有完整生物活性的蛋白质，是生物和化学领域中一个里程碑式的飞跃，被认为是诺贝尔奖级别的重大成就。

1.2 有机化学理论的发展

从 19 世纪初到 1858 年是有机化学的萌芽时期。在这个时期，价键理论尚未提出。科学家分离出很多有机化合物，制备了它们的衍生物，同时对它们做了定性描述，并进一步认识了一些有机化合物的性质。法国化学家拉瓦锡(A. L. de Lavoisier)发现，有机化合物燃烧后生成了二氧化碳和水。他的研究工作为有机化合物元素定量分析奠定了基础。1830 年德国化学家李比希(J. V. Liebig)发展了碳、氢分析法，1833 年法国化学家杜马(J. A. Dumas)建立了氮的分析法。这些有机定量分析法的建立使化学家能够求得一个化合物分子的实验式。

为了解决有机化合物分子中各原子是如何排列和结合的问题，科学家提出了不同的理论。例如，“二元说”认为一个化合物的分子可分为带正电荷的部分和带负电荷的部分，二者靠静电力结合在一起，这个学说存在很大的矛盾。“类型说”认为有机化合物是由一些可以发生取代的母体化合物衍生的，因而可以按这些母体化合物来分类。“类型说”将众多有机化合物按不同类型分类，根据它们的类型不仅可以解释化合物的一些性质，而且能够预言一些新化合物。但“类型说”未能回答有机化合物的结构问题。

从 1858 年价键学说的建立，到 1916 年价键的电子理论的引入，才解开了这个谜团。1858 年，德国化学家凯库勒(F. A. Kekulé)和英国化学家库珀(A. S. Couper)等提出价键的概念，并第一次用短线“—”表示“键”。他们认为有机化合物分子是由其组成的原子通过键结合而成的。由于在所有已知的化合物中，一个氢原子只能与一个其他元素的原子结合，氢就选为价的单位。一种元素的价数就是能够与这种元素的一个原子结合的氢原子的个数。凯库勒还提出在一个分子中碳原子之间可以互相结合这一重要的概念。

1848 年，巴斯德(L. Pasteur)分离得到两种互为镜像的酒石酸晶体，分别使平面偏振光向左旋转或向右旋转，其角度相同。在对乳酸的研究中也遇到类似现象。为此，1874 年法国化学家勒贝尔(J. A. Le Bel)和荷兰化学家范特霍夫(J. H. van’t Hoff)分别提出新的概念，即立体异构体，圆满地解释了这种异构现象。他们认为：分子是一个三维实体，碳的四个价键在空间是对称的，分别指向一个正四面体的四个顶点，碳原子则位于正四面体的中心。当碳原子与四个不同的原子或基团连接时，就产生一对异构体，它们互为实物和镜像，呈现左手和右手的手性关系，这对化合物互为旋光异构体或对映异构体。这种现象称为对映异构现象。这两个互成实物与镜像，对映但不能完全重合的分子称为手性分子。勒贝尔和范特霍夫的学说是有机化学中立体化学的基础。

在这个时期，有机化合物在结构测定以及反应和分类方面都取得了很大进展。但价键只是化学家从实践经验得出的一种概念，价键的本质尚未解决。

在物理学家发现电子并阐明原子结构的基础上，美国物理化学家路易斯(G. N. Lewis)等于1916年提出价键的电子理论。他们认为：各原子外层电子的相互作用是使各原子结合在一起的原因。相互作用的外层电子若从一个原子转移到另一个原子，则形成离子键；两个原子若共用外层电子，则形成共价键。电子的转移或共用，使相互作用的原子的外层电子都获得稀有气体的电子构型。这样，价键的图像表示法中用来表示价键的短线“—”实际上是两个原子的一对共用电子。

1927 年，德国物理学家海特勒(W. H. Heitler)和伦敦(F. W. London)等用量子力学处理分子结构问题。20 世纪 30 年代，美国化学家鲍林(L. Pauling)将量子力学与化学经验相结合，建立了价键理论。美国物理学家马利肯(R. S. Mulliken)在 1928 年提出了分子轨道理论：将分子看成一个整体，分子轨道由原子轨道组成。1952 年，他又用量子力学理论来阐明原子结合成分子时的电子轨道，发展了他的分子轨道理论。分子轨道理论在处理多原子 π 键体系、解释离域效应和诱导效应等方面，都能更好地反映客观实际，可解决价键理论不能解决的问题。

1.3 有机化合物的化学键

1.3.1 价键理论

价键理论是量子化学用来处理化学键的一种近似方法。价键理论认为，当成键的两个原子相互靠近时，两个原子轨道相互重叠，形成共价键；重叠程度越高，所形成的共价键越强。自旋方向相反的两个成键电子在原子轨道重叠区域内围绕两个原子在一定轨道上运动。最简单的共价键是氢分子中两个氢原子的 1s 轨道重叠构成的，该共价键的电子云绕 H—H 键轴呈对称分布，称为 σ 键。类似地，当一个原子的 s 轨道沿着另一个原子的 p 轨道的对称轴重叠时，达到最大程度重叠，形成的共价键也称为 σ 键，如图 1-1 所示。

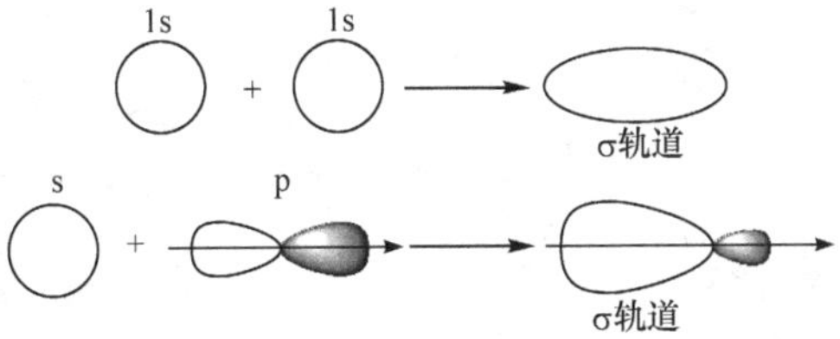

图 1-1 σ 轨道的形成

当一个原子的 p 轨道与另一个原子的 p 轨道沿着对称轴发生重叠时，形成的共价键是 σ 键，而两个对称轴平行的 p 轨道相互重叠时，电子云分布在两个原子键轴所在平面的上方和下方，所形成的共价键称为 π 键，如图 1-2 所示。

多原子分子中共价键的形成过程更复杂。以甲烷为例，碳原子与四个氢原子形成的四个共价键是等同的。然而，碳原子的电子构型为 $1s^2 2s^2 2p_x^1 2p_y^1 2p_z^0$，仅有 2 个未配对电子，无法支持“碳是四价”这个概念。杂化轨道理论的提出很好地解释了以上问题。首先，碳原子的 2s 轨道的一个电子跃迁到 $2p_z$ 轨道，其外层电子构型变为 $2s^1 2p_x^1 2p_y^1 2p_z^1$，拥有 4 个未配对电子。与此同时，由于 2s 轨道与 2p 轨道能量相近，这四个原子轨道发生杂化，重组成四个完全等同

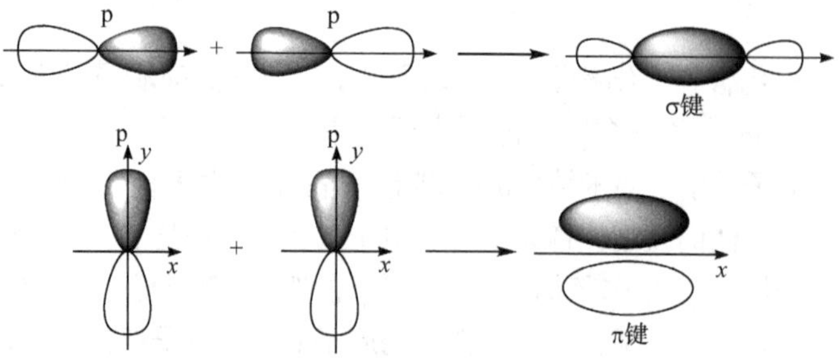

图 1-2　p 轨道重叠形成 σ 键和 π 键

的能量相等、方向性更强的杂化轨道，称为 sp^3 杂化轨道。每个 sp^3 杂化轨道中，s 轨道成分占 1/4，p 轨道成分占 3/4。杂化轨道之间需要保持最远距离，因此 sp^3 杂化轨道分别指向以碳原子为中心的正四面体的四个顶点，且两个杂化轨道之间夹角为 109°28′，如图 1-3 所示。

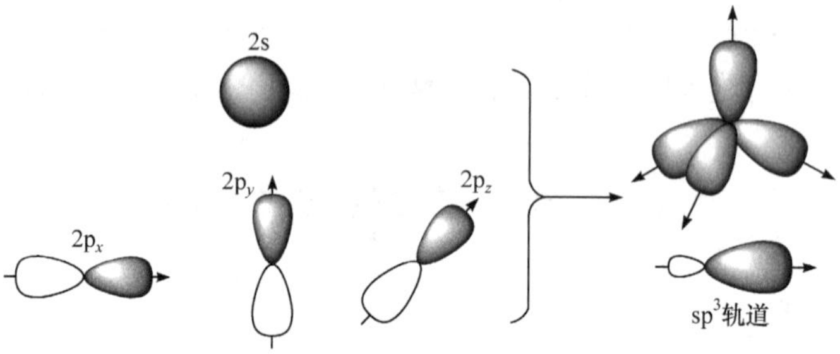

图 1-3　碳原子 sp^3 杂化轨道示意图

除 sp^3 杂化外，碳原子的外层轨道还可以发生 sp^2 杂化和 sp 杂化。在 sp^2 杂化中，2s 轨道与两个 2p 轨道发生杂化，得到三个完全等同的杂化轨道。每个 sp^2 杂化轨道中，s 轨道成分占 1/3，p 轨道成分占 2/3。它们的对称轴处于同一平面上，分别指向以碳原子为中心的等边三角形的三个顶点，彼此之间的夹角为 120°。剩余没有参与杂化的 p 轨道垂直于该平面，如图 1-4 所示。

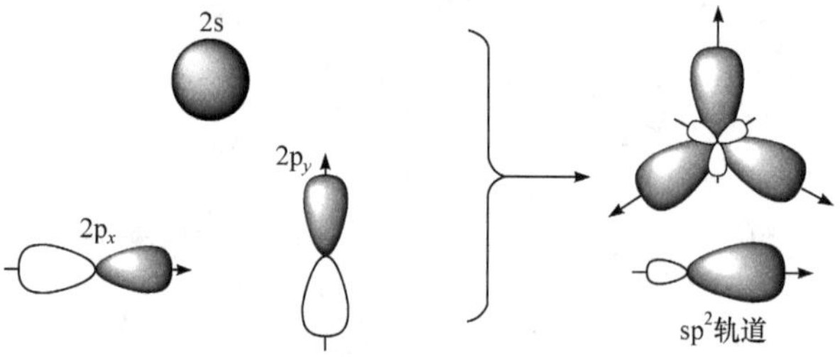

图 1-4　碳原子 sp^2 杂化轨道示意图

在 sp 杂化中，2s 轨道和一个 2p 轨道发生杂化，得到两个完全等同的杂化轨道。每个 sp 杂化轨道中，s 轨道成分占 1/2，p 轨道成分占 1/2。它们的对称轴处于同一直线上，夹角为 180°。没有参与杂化的两个 p 轨道相互垂直，且与 sp 杂化轨道的对称轴垂直，如图 1-5 所示。

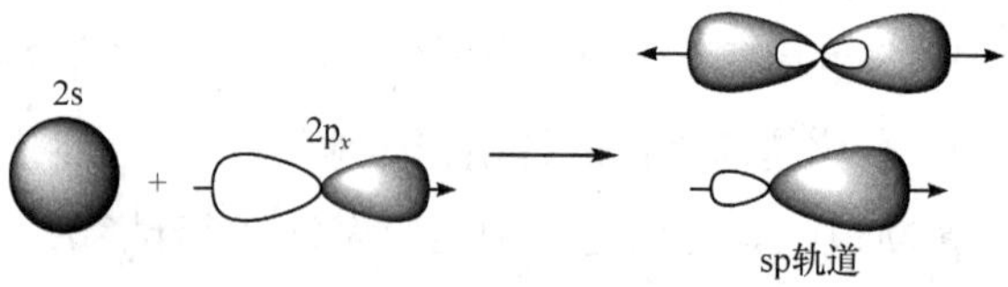

图 1-5　碳原子 sp 杂化轨道示意图

1.3.2 分子轨道理论

分子轨道理论是描述多原子分子中电子所处状态的方法，是一种现代共价键理论。该理论指出：分子轨道指的是电子围绕一个分子的原子核运动的状态，用波函数ψ表示；分子轨道由一系列能量相近、对称性相同并能最大程度重叠的原子轨道重叠而成，分子轨道的波函数ψ由构成该轨道的一系列原子轨道波函数线性组合而成；分子轨道的数目和构成分子轨道的原子轨道数目相等，按照能级大小顺序排列；电子在分子轨道上排布遵循能量最低原理、泡利(Pauli)不相容原理和洪德(Hund)定则。

以氢分子为例，两个氢原子的原子轨道φ_1和φ_2组合成两个分子轨道，其中一个分子轨道能量较低，由两个原子轨道波函数相加而成，称为成键轨道；另一个分子轨道能量较高，由两个原子轨道波函数相减而成，称为反键轨道。成键轨道由两个自旋方向相反的电子占据，而反键轨道为空轨道(图 1-6)。

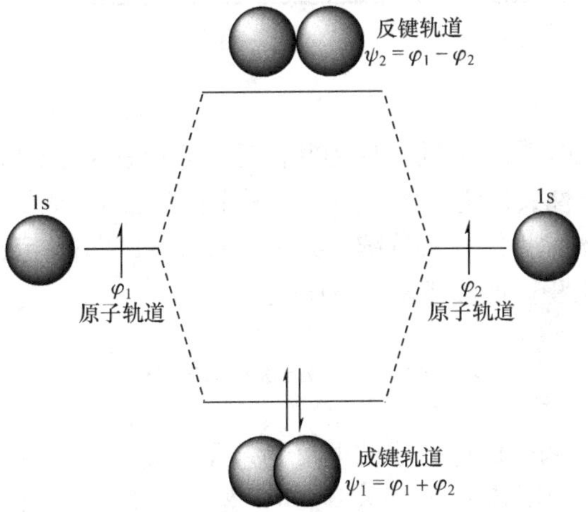

图 1-6 氢分子的分子轨道及基态电子排布示意图

1.3.3 共价键的键长与键能

键长是指共价键中成键原子的原子核之间的平均距离，键长大小不仅取决于原子的种类，还与其所处的环境有关。有机化合物中常见共价键的键长(平均值)见表 1-1。

表 1-1 有机化合物中常见共价键的键长

共价键	键长/pm	共价键	键长/pm
C—C	154	C—O	142.6
C═C	134	C═O	121.5
C≡C	120	C—F	138
C—H	109	C—Cl	177
C—N	147	C—Br	194
C═N	132	C—I	214

键能是形成共价键过程中释放的能量，或者共价键发生断裂时所需吸收的能量。因此，键

能反映的是共价键的强度。键能越大，共价键越不容易断裂。有机化合物中常见共价键的键能(平均值)见表 1-2。

表 1-2 有机化合物中常见共价键的键能

共价键	键能/(kJ/mol)	共价键	键能/(kJ/mol)
C—C	332	C—O	326
C═C	611	C═O	728
C≡C	837	C—F	485
C—H	414	C—Cl	328
C—N	305	C—Br	276
C═N	615	C—I	240

1.3.4 共价键的极性

在双原子分子中，相同原子之间形成的共价键，其成键电子云对称地分布在两个原子之间，这种共价键称为非极性共价键。反之，两种不同原子之间形成的共价键，其成键电子云非对称地分布，这种共价键称为极性共价键。共价键的极性以偶极矩(μ)来度量，偶极矩是电荷与电荷中心之间距离的乘积。偶极矩具有方向性，如：

$$\overset{\delta^+}{\mathrm{H}}-\overset{\delta^-}{\mathrm{Cl}} \qquad \mu = 3.57\times10^{-30}\ \mathrm{C\cdot m}$$

共价键的极性大小与两个成键原子的电负性差异有关。而电负性是分子中原子对价电子的吸引能力的标度。在元素周期表中，同一周期元素从左到右，原子的电负性逐渐增强；同一主族元素从上到下，原子的电负性逐渐减弱。常见元素的电负性值见表 1-3。

表 1-3 有机化合物中常见元素的电负性

H 2.1						
Li 1.0	Be 1.5	B 2.0	C 2.5	N 3.0	O 3.5	F 4.0
Na 0.9	Mg 1.2	Al 1.5	Si 1.8	P 2.1	S 2.5	Cl 3.0
K 0.8	Ca 1.0					Br 2.8
						I 2.6

一般而言，成键原子的电负性差异越大，共价键的极性越大，也就是偶极矩越大。例如，氟原子的电负性大于氯原子的电负性，碳氟键的偶极矩也应大于碳氯键的偶极矩。但由于偶极矩等于成键原子所带电荷与原子核间距的乘积，碳氟键的键长远小于碳氯键的键长，因此碳氟键

的偶极矩反而小于碳氯键的偶极矩。有机化合物中常见共价键的偶极矩见表 1-4。

表 1-4　有机化合物中常见共价键的偶极矩

共价键	偶极矩 $\mu/(10^{-30}\ C\cdot m)$	共价键	偶极矩 $\mu/(10^{-30}\ C\cdot m)$
C—N	1.34	C—H	1.00
C—O	2.87	N—H	4.38
C—F	5.04	O—H	5.11
C—Cl	5.21	C═N	4.67
C—Br	4.94	C═O	8.02
C—I	4.31	C≡N	12.02

在双原子分子中，分子的偶极矩等于这两个原子所形成共价键的偶极矩。在多原子分子中，分子的偶极矩是分子中所有共价键的偶极矩的矢量和，其大小不仅与共价键的偶极矩大小有关，还与分子的立体结构有关。例如，四氯化碳分子虽然含有四个偶极矩为 $5.21\times10^{-30}\ C\cdot m$ 的碳氯键，但由于该分子采取正四面体构型，四个碳氯键的偶极矩矢量和为 0，因此四氯化碳分子的偶极矩为 0。

1.3.5　共价键的断裂方式及有机化学反应分类

根据键电子的去向，可以将共价键断裂方式分为两类：第一类是均裂，即共价键断裂后两个成键原子各带走一个键电子，形成的粒子称为自由基；第二类是异裂，即共价键断裂后，两个键电子只被其中一个成键原子带走。

有机化学反应是指有机化合物在一定条件下通过共价键的断裂与形成，生成新的有机化合物的过程。根据共价键的断裂与形成的方式，有机化学反应可分为三类。

(1) 第一类是自由基反应。反应过程中，共价键发生均裂，产生自由基中间体。例如，烷烃的自由基卤代反应、烯烃的自由基加成反应等都是自由基反应。

(2) 第二类是离子型反应。反应过程中，共价键发生异裂，一般生成正、负离子。例如，烯烃的亲电加成反应、醛的亲核加成反应等都是离子型反应。

(3) 第三类是协同反应。反应过程中，旧键断裂与新键形成同时发生，因此不存在旧键的均裂与异裂过程。例如，乙烯与丁-1,3-二烯的 Diels-Alder 反应属于这类反应。

1.4　有机化合物的分类

有机化合物是由碳、氢及其他元素组成的化合物的统称，目前已有成千上万种。有机化合物既可以根据碳架进行分类，又可以根据官能团进行分类。

按照碳架分类，有机化合物可以分为链状化合物(chain compound)和环状化合物(ring compound)。其中，链状化合物是指分子中碳原子及其他原子相互连接成链形的化合物，这类化合物也称为脂肪族化合物(aliphatic compound)。例如：

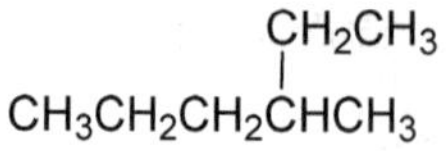

3-甲基己烷

$CH_3CH_2CH_2CH{=}CH_2$

戊-1-烯

$CH_3CH_2C{\equiv}CH$

丁-1-炔

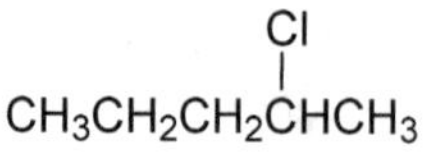

2-氯戊烷

$CH_3CH_2CH_2OCH_2CH_2CH_3$

(二)丙醚

环状化合物是分子中碳原子及其他原子相互连接成环形的化合物。由碳原子相互连接形成的环状化合物称为碳环化合物(carbocyclic compound)，而由碳原子与其他原子连接形成的环状化合物称为杂环化合物(heterocyclic compound)。根据环是否具有芳香性，碳环化合物又可以分为脂环化合物(alicyclic compound)和芳香化合物(aromatic compound)，杂环化合物可以分为脂杂环化合物(aliphatic heterocyclic compound)和芳杂环化合物(aromatic heterocyclic compound)。例如：

脂环化合物

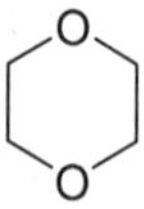

脂杂环化合物

芳香化合物

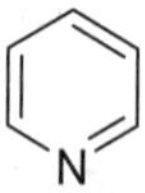

芳杂环化合物

在有机化合物中，决定其特性的原子或原子团称为官能团。按照官能团分类，本书中主要有机化合物的分类见表 1-5。

表 1-5　官能团结构及其名称

有机化合物种类	官能团结构	官能团名称	有机化合物种类	官能团结构	官能团名称
烯烃	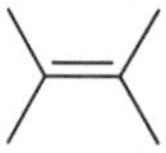	碳碳双键	醛	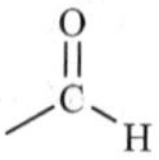	醛基
炔烃	—C≡C—	碳碳三键	酮	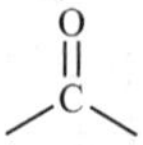	酮羰基
卤代烃	—X X = F, Cl, Br, I	卤原子	羧酸	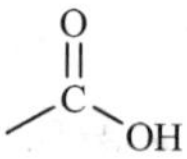	羧基
醇	—OH	羟基	酯	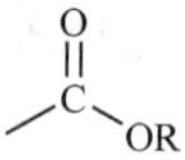	酯基
酚	—OH	羟基	酸酐	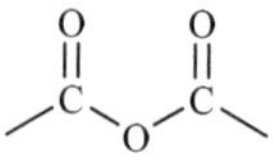	酸酐基
醚	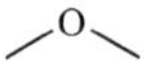	醚基	酰胺	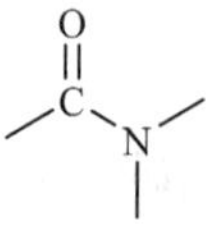	酰胺基
硫醇	—SH	巯基	酰卤	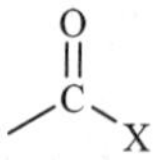	酰卤基
硫醚	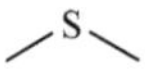	硫醚基	硝基化合物	$—NO_2$	硝基

续表

有机化合物种类	官能团结构	官能团名称	有机化合物种类	官能团结构	官能团名称
胺	$—NH_2$	氨基	腈	$—C{\equiv}N$	氰基
亚胺	$>C{=}N—$	亚氨基	磺酸	$—S(=O)_2—OH$	磺酸基

1.5　有机化学反应中的酸碱理论

有机化学中常用的酸碱理论主要有布朗斯特酸碱理论、路易斯酸碱理论和软硬酸碱理论三种。学习这三种酸碱理论，有助于理解有机化合物的性质和化学反应性质。

1.5.1　布朗斯特酸碱理论

根据布朗斯特酸碱理论，酸指的是能够提供或给出质子的分子(或离子)，而碱指的是能够接受质子的分子(或离子)。例如，稀盐酸中 HCl 电离给出质子，因此 HCl 是酸；在氢氧化钠水溶液中，NaOH 电离产生 OH^-，能够接受质子，因此 NaOH 是碱。

具有布朗斯特酸性的有机化合物主要有磺酸、羧酸、酰胺、酚、醇、胺等，它们的特点是含有与电负性较大原子相连的氢原子。例如：

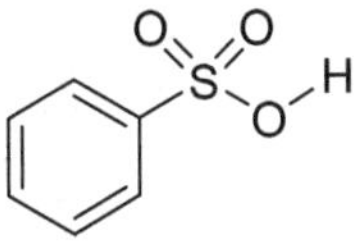

苯磺酸

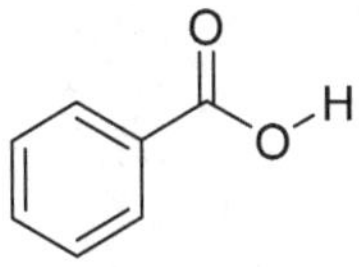

苯甲酸

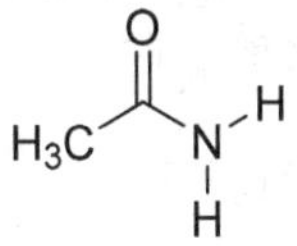

乙酰胺

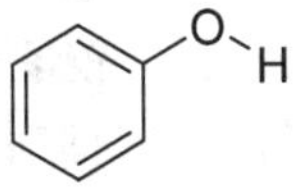

苯酚

CH_3CH_2-O-H

乙醇

CH_3CH_2-NH_2

乙胺

具有布朗斯特碱性的有机化合物主要有胺、醇、醚、杂环化合物及各种阴离子，它们的特点是含有电负性较大的原子，能够接受质子。例如：

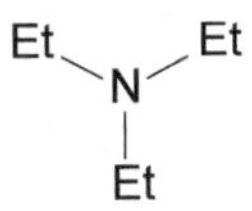

三乙胺

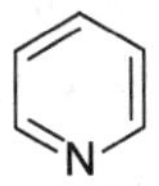

吡啶

$CH_3—O—CH_3$

甲醚

$CH_3CH_2—OH$

乙醇

$CH_3CH_2O^-$

乙氧负离子

$CH_3CH_2CH_2CH_2^-$

正丁基负离子

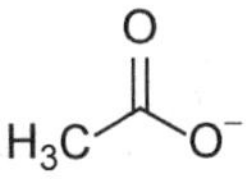

乙酸根离子

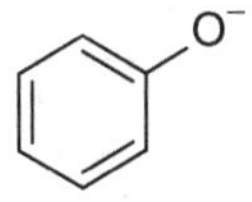

苯氧负离子

布朗斯特酸的强度与其给出质子的能力有关。越容易给出质子的，酸性越强；越难给出质子的，酸性越弱。同理，布朗斯特碱的碱性与其接受质子的能力有关，越容易接受质子的，碱性越强。

1.5.2 路易斯酸碱理论

根据路易斯酸碱理论，能够接受电子对的分子或离子称为路易斯酸，能够提供电子对的分子或离子称为路易斯碱。

路易斯酸在结构上的特征是具有空轨道，常见的路易斯酸有三氟化硼(BF_3)、三氯化铝($AlCl_3$)、三氯化铁($FeCl_3$)、氯化锂(LiCl)等。在有机化合物中，路易斯酸主要有碳正离子、有机硅正离子、有机硼化合物以及一些金属有机化合物等。例如：

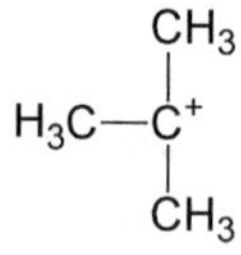

叔丁基正离子

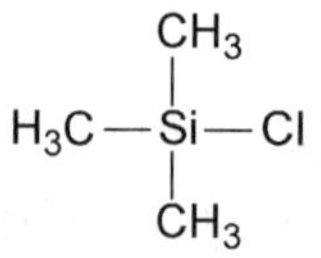

三甲基氯化硅

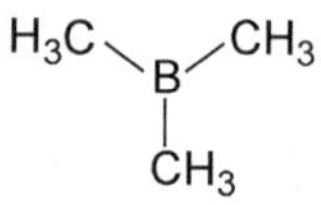

三甲基硼

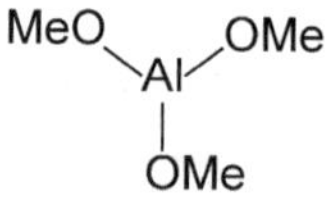

三甲氧基铝

路易斯碱在结构上的特征是含有带孤对电子的原子(如 N、O、S、P 等)。有机化合物中，路易斯碱主要有醇、醚、胺、硫醇、硫醚、有机膦等。例如：

CH_3NH_2	CH_3CH_2OH	CH_3SCH_3	PPh_3
甲胺	乙醇	二甲硫醚	三苯基膦

路易斯酸碱的强弱与其接受或提供孤对电子的能力有关。越容易接受孤对电子的路易斯酸的酸性越强；越容易提供孤对电子的路易斯碱的碱性越强。路易斯酸碱在有机化学中的应用范围比布朗斯特酸碱更广泛。

1.5.3 软硬酸碱理论

软硬酸碱理论是在路易斯酸碱理论的基础上发展起来的一套理论。根据软硬酸碱理论，酸碱有“硬”和“软”之分，反映的是酸碱接受或给出电子的难易程度。“硬”是指半径较小、具有较高电荷密度的粒子(分子、离子或原子)；“软”是指半径较大、具有较低电荷密度的粒子。

硬酸是指接受电子体的原子半径小、所带正电荷多且价电子层没有孤对电子的酸，可极化性较低；软酸是指接受电子体的原子半径大、所带正电荷少且价电子层有孤对电子的酸，可极化性较高。类似地，硬碱是指给电子体的原子半径小、所带负电荷多的碱，电负性较大，可极化性较低，不容易被氧化；软碱是指给电子体的原子半径大，电负性较小，可极化性较高，容易被氧化。硬酸(碱)与软酸(碱)之间的界限难以划分，因此酸碱通常分为硬酸(碱)、软酸(碱)和交界酸(碱)。在有机化学中，一些常见的软硬酸碱见表 1-6。

表 1-6 常见的软硬酸碱

名称	举例
硬酸	H^+、Li^+、Na^+、K^+、Mg^{2+}、Ca^{2+}、Al^{3+}、Cr^{3+}、Fe^{3+}、Co^{3+}、Si^{4+}、Ti^{4+}、BF_3、$AlMe_3$、$AlCl_3$、SO_3、CO_2、RCO^+
交界酸	Fe^{2+}、Co^{2+}、Ni^{2+}、Cu^{2+}、Zn^{2+}、Pb^{2+}、BMe_3、R_3C^+
软酸	Pd^{2+}、Cu^+、Ag^+、Hg^{2+}
	RS^+、Br^+、I^+、Br_2、I_2
	卡宾、RX

续表

名称	举例
硬碱	H_2O、OH^-、F^-、Cl^-、OAc^-、SO_4^{2-}
	ROH、R_2O、RO^-、NH_3、RNH_2
交界碱	$PhNH_2$、吡啶、N_3^-、Br^-
软碱	RSH、R_2S、RS^-、HS^-、I^-
	SCN^-、CN^-、R_3P、R^-、H^-

软硬酸碱理论指出，硬酸优先与硬碱结合，而软酸优先与软碱结合。该原则能够很好地解释许多重要的化学现象及问题。例如，H^+是硬酸，SO_4^{2-}是硬碱，SO_3^{2-}是软碱，硬硬结合形成的 H_2SO_4 稳定性强于硬软结合形成的 H_2SO_3。又如，BF_3 是硬酸，$(CH_3)_2O$ 是硬碱，二甲硫醚 $(CH_3)_2S$ 是软碱，因此 BF_3 与 $(CH_3)_2O$ 结合形成的配合物比 BF_3 与 $(CH_3)_2S$ 结合形成的配合物稳定。此外，卤代烃 RX 是软酸，硫醇 RSH 是软碱，醇 ROH 是硬碱，因此硫醇 RSH 对卤代烃 RX 的亲核取代反应优于醇 ROH 对卤代烃 RX 的亲核取代反应。

习　题

1-1 下列化合物中，哪些是极性化合物？哪些是非极性化合物？

(1) CH_3CH_3；(2) CH_3OH；(3) Br_2；(4) CO_2；(5) CH_2Cl_2。

1-2 按照布朗斯特酸碱理论，下列哪些是酸？哪些是碱？

(1) H_3O^+；(2) CH_3OH；(3) CH_3COO^-；(4) I^-。

1-3 下列两个化学反应中，哪些化合物是路易斯酸？哪些化合物是路易斯碱？

(1) 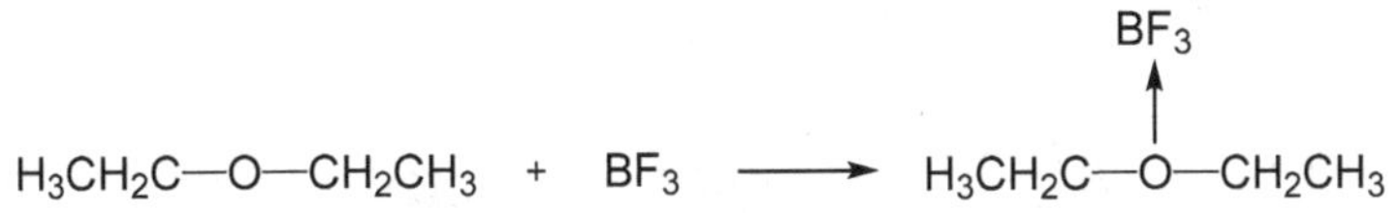

(2) $CH_3Cl + AlCl_3 \longrightarrow CH_3^+ + AlCl_4^-$

1-4 按照布朗斯特酸碱理论，下列反应中哪些化合物是酸？哪些化合物是碱？

$$HNO_3 + 2H_2SO_4 \longrightarrow 2HSO_4^- + H_3O^+ + O_2N^+$$

1-5 将下列各组酸或碱按照从硬到软的顺序排列。

(1) F^-，Cl^-，Br^-，I^-；

(2) CH_3^-，NH_2^-，OH^-，F^-。

第 2 章　烷烃和环烷烃

自然界中，只含有碳和氢两种元素的有机化合物统称为碳氢化合物，简称烃。烷烃(alkane)由碳和氢两种元素组成且碳与碳之间都以单键相连。烷烃与日常生活息息相关，如生活中使用的天然气主要成分为甲烷，天然气是无色无味的，有时会闻到淡淡的臭味，主要是天然气在输送到用户之前添加了具有臭味的硫醇来给天然气添加气味，便于检测泄漏。又如，汽车用的汽油主要成分为 C_5～C_{12} 烷烃；打火机中液体的可燃成分主要是丁烷，丁烷在常温下是气体，因加压呈液体状态。本章将系统介绍烷烃的结构、物理性质及化学性质等。

2.1　烷　　烃

2.1.1　烷烃的概念及分类

不含官能团并且整个分子只含有由单键相连的碳、氢原子的物质称为烷烃。“烷”表示碳原子间没有不饱和键，与之连接的氢原子数目达到最大限度，通式为 C_nH_{2n+2}。从结构上，烷烃可以分为：线型的直链烷烃(straight-chain alkane)和碳链中含有一个或多个分支点的支链烷烃(branched alkane)。

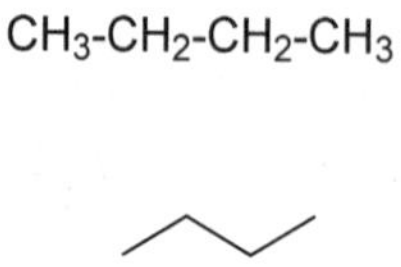

丁烷(直链烷烃)

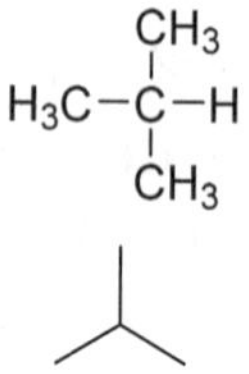

异丁烷(支链烷烃)

2.1.2　烷烃的成键方式

两个轨道沿对称轴方向重叠形成的键称为 σ 键。σ 键是通过轴向重叠形成的键，电子云重叠程度最大，集中在两个原子核之间，因此 σ 键的键能较大。此外，σ 键能够围绕键轴自由旋转，不影响电子云的重叠程度。烷烃分子中只含有 σ 键，包括 C—H σ 键和 C—C σ 键。以甲烷为例，说明烷烃的成键方式。

甲烷是最简单的烷烃，化学式为 CH_4，常温常压下为无色无味的气体。一些有机物在无氧情况下分解时产生的沼气就是甲烷。如图 2-1 所示，甲烷分子由一个碳原子通过 sp^3 杂化方式与四个氢原子的 1s 轨道成键，因此甲烷分子的结构为正四面体。碳原子位于四面体的中心，四个氢原子位于四个顶点。四个键的键长相同，为 109.1 pm；键角相等，任何两个 C—H 键的夹角均为 109°28′。含有两个及两个以上碳原子的烷烃，C—H σ 键也是由碳原子的 sp^3 杂化轨道与氢原子的 1s 轨道重叠形成，C—C σ 键是由两个碳原子的 sp^3 杂化轨道重叠形成。

1874 年，范特霍夫提出了碳原子的四面体学说，为了在纸平面上表示出四面体的立体结构，提出了楔形透视式(wedge perspective)，甲烷的楔形透视式如图 2-2 所示。楔形透视式是将分子的主键书写成水平实线，用楔形粗线表示伸向纸平面前方的键，楔形虚线表示伸向纸平面后方的键。楔形透视式能直观地表示出分子的空间立体结构形象，其优点是形象、生动，缺点是书写复杂，当碳原子较多时书写较烦琐。

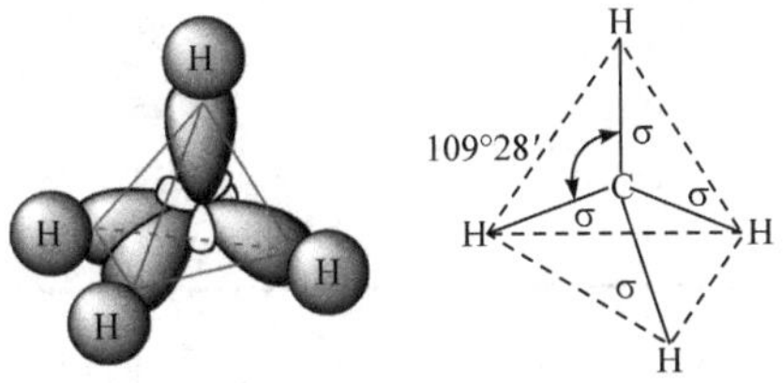

图 2-1　由 sp^3 杂化碳原子与氢原子形成的甲烷

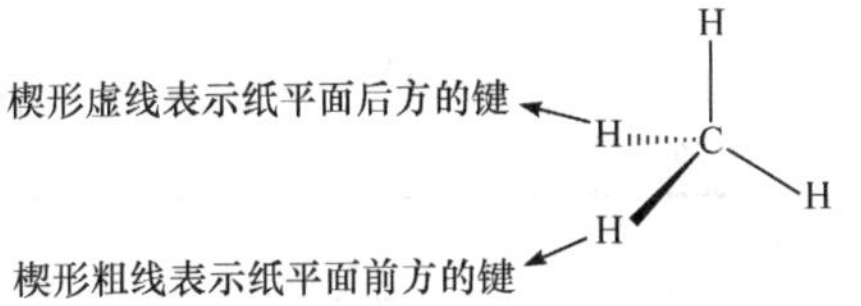

图 2-2　甲烷的楔形透视式

烷烃在纸面上有多种表述方式，除上述楔形透视式外，还可用锯架(saw frame)式表示。乙烷的锯架式和楔形透视式如图 2-3 所示。锯架式是从 C—C 键轴斜 45°方向看，每个碳原子上的其他三个键夹角均为 120°。

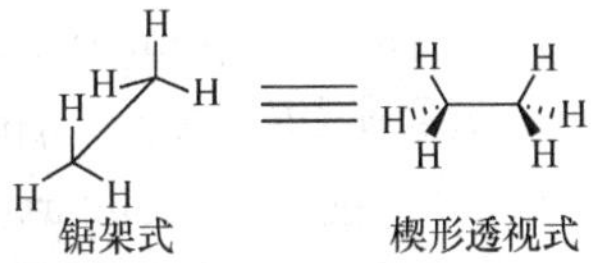

图 2-3　乙烷的锯架式和楔形透视式

除了楔形透视式和锯架式以外，键线式是表示分子结构最常用的方法。用键线式表示的结构简明易懂，容易书写。在键线式中，画出除碳氢键以外的所有化学键。所有的氢原子及碳氢键均省略不画，碳原子用相邻线的交点表示。单键用一条线表示，双键和三键分别用平行的两条线和三条线表示。例如：

丁烷
butane

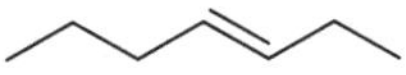

庚-3-烯
3-heptene

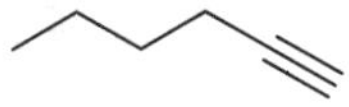

己-1-炔
1-hexyne

2.1.3　烷烃及烷烃的异构

1. 构造异构体

分子中各原子的连接方式和顺序称为构造。在分子中，原子的连接方式和顺序不同引起的异构，称为构造异构(constitutional isomerism)。直链烷烃中，两个端基碳与一个碳原子和三个氢原子相连，其余每个碳都与两个碳原子和两个氢原子相连。直链烷烃类化合物可以用一个总的化学式表示，即 $H\text{-}(CH_2)_n\text{-}H$。支链烷烃是直链烷烃的构造异构体，是将直链烷烃亚甲基(—CH_2—)上的一个氢用碳原子取代形成的。支链烷烃和直链烷烃拥有相同的化学式(C_nH_{2n+2})。最小的支链烷烃是 2-甲基丙烷，它与丁烷具有相同的分子式，但连接方式不同，两个化合物形成一对构造异构体。

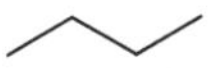

丁烷
butane

2-甲基丙烷(异丁烷)
2-methylpropane (isobutane)

对更高级的烷烃(n>4)来说，可能有两个以上的构造异构体。如表 2-1 所示，戊烷(C_5H_{12})有 3 种，己烷(C_6H_{14})有 5 种，庚烷(C_7H_{16})有 9 种，辛烷(C_8H_{18})有 18 种；随着碳原子数(n)增大，可能的构造异构体数目急剧增大。

表 2-1　烷烃(C_nH_{2n+2})可能的异构体数目

碳原子数 n	构造异构体数	碳原子数 n	构造异构体数
1	1	7	9
2	1	8	18
3	1	9	35
4	2	10	75
5	3	15	4347
6	5	20	366319

2. 伯、仲、叔碳的区分

当烷烃碳上的氢分别被其他基团取代时，可以形成四种不同类型的碳。按照中国传统的伯、仲、叔、季的顺序，将含碳基团按照直接键合碳原子数目定义为伯碳、仲碳、叔碳和季碳。

(1) 伯碳原子(primary carbon atom)，又称一级碳原子，用 1° C 表示，是指连有一个碳原子和三个氢原子的碳原子。伯碳原子上连的氢原子称为伯氢原子(primary hydrogen atom)。

(2) 仲碳原子(secondary carbon atom)，又称二级碳原子，用 2° C 表示，是指连有两个碳原子和两个氢原子的碳原子。仲碳原子上连的氢原子称为仲氢原子(secondary hydrogen atom)。

(3) 叔碳原子(tertiary carbon atom)，又称三级碳原子，用 3° C 表示，是指连有三个碳原子和一个氢原子的碳原子。叔碳原子上连的氢原子称为叔氢原子(tertiary hydrogen atom)。

(4) 季碳原子(quaternary carbon atom)，又称四级碳原子，用 4° C 表示，是指连有四个碳原子的碳原子。

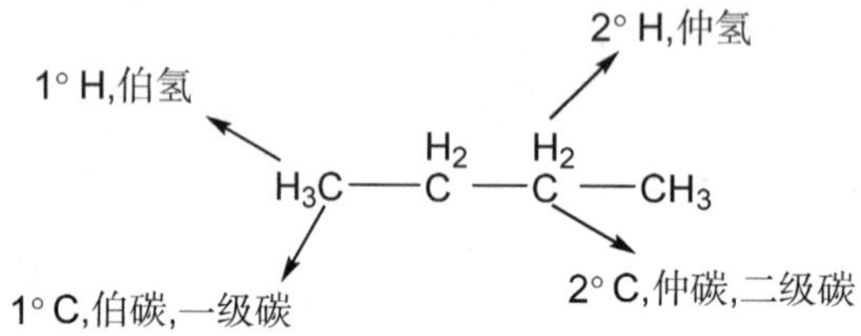

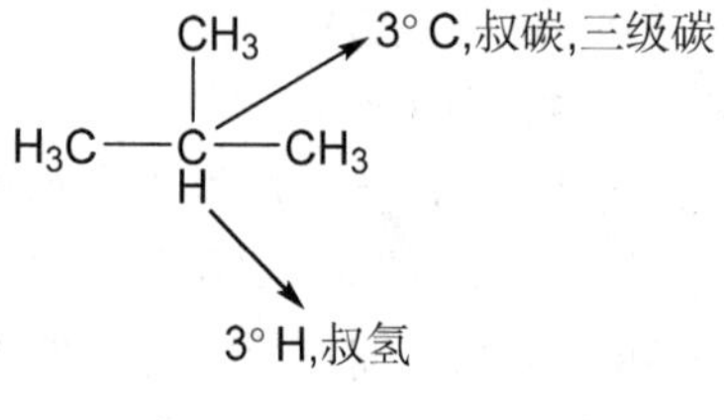

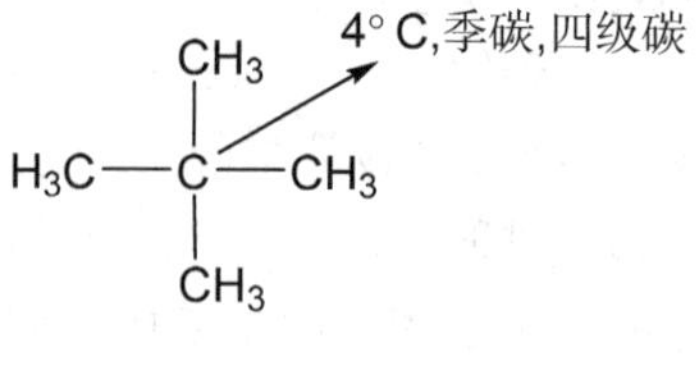

2.1.4　烷烃的构象

1. 乙烷的构象

在乙烷分子中，如果使一个甲基固定不动，另一个甲基绕 C—C 键旋转。旋转时要克服氢原子经过彼此时所需要的能量，称为旋转能垒。乙烷的旋转能垒为 12.1 kJ/mol。这个数值很小，因此认为乙烷分子中的两个甲基能够自由旋转。围绕单键旋转时，分子中的原子或基团在空间上产生不同的排列顺序，这种特定的排列形式称为构象(conformation)，产生的异构体称为构象异构体(conformational isomer)。因为在室温下旋转很快，所以所有这些构象异构体都可以快速互相转化。

乙烷有两种极限构象：交叉构象(staggered conformation)和重叠构象(eclipsed conformation)。交叉构象中一个碳原子上的所有氢原子都处于另一个碳原子上两个氢原子的正中间。重叠构象中一个碳原子上的氢正对另一个碳原子上的氢，它们相互重叠。在这两种极限构象之间，由于甲基旋转又会产生更多其他位置上的构象，这些统称为邻位交叉构象。

乙烷的构象可以使用楔形透视式、锯架式以及纽曼投影式(Newman projection)表示。如前所述，楔形透视式是 C—C 键平行于纸面的投影式，其中实线代表键在纸面上，楔形实线表示键伸向纸面前方，楔形虚线代表键伸向纸面后方。锯架式是 C—C 键与纸面呈 45°角的投影式。纽曼投影式是 C—C 键垂直于纸面的投影式，前面的碳原子遮挡了后面的碳原子，将前面的碳用点表示，与点相连的线代表与该碳原子相连的键，其中的一个键通常画成竖直朝上，后面的碳用一个圆圈表示，与这个碳原子相连的键画在圆圈的边缘外。

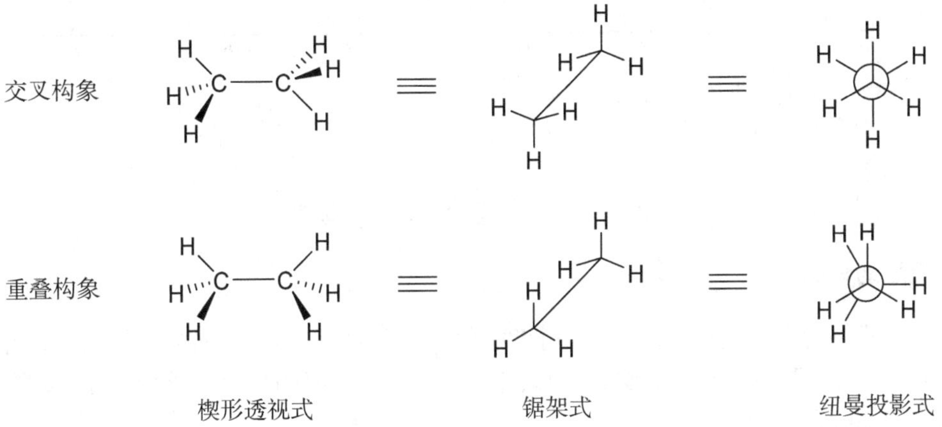

2. 正丁烷的构象

对于正丁烷，当沿着正丁烷中间的 C—C 键旋转时，势能各不相同，如图 2-4 所示，会产生四种极限构象。

(1) 反交叉构象：两个甲基离得最远的构象，由于空间位阻最小，反交叉构象是最稳定的构象。

(2) 部分重叠构象：一个甲基和一个氢原子重叠的构象，部分重叠构象比反交叉构象的能量高 14.6 kJ/mol。

(3) 邻交叉构象：两个甲基处于邻位的交叉构象，因为空间位阻的影响，邻交叉构象比反交叉构象的能量高 3.8 kJ/mol。

(4) 全重叠构象：两个甲基重叠在一起的构象，因为在这个构象中两个大的取代基重叠在一起，所以它的能量最高，比最稳定的反交叉构象高 22.6 kJ/mol。

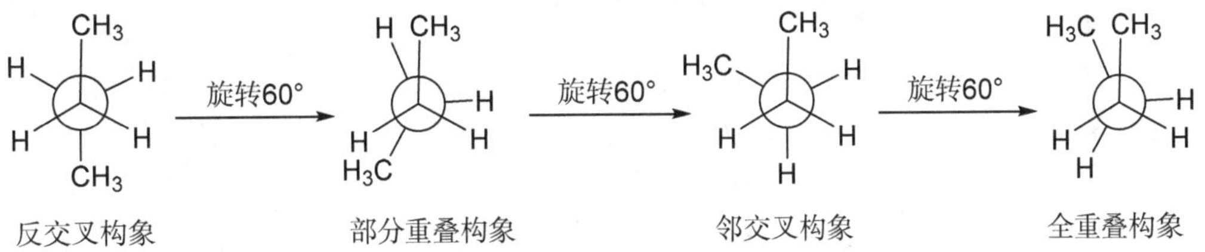

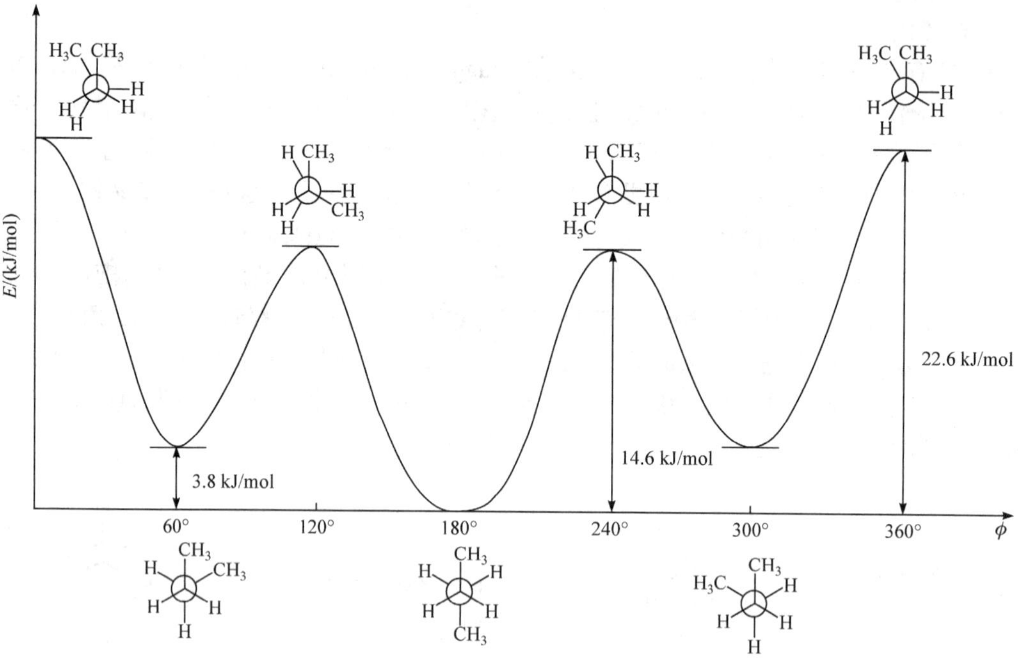

图 2-4　正丁烷 C—C 键转动势能图

2.1.5　烷烃的命名

有机化合物的命名较复杂，需要同时考虑化合物中的原子组成、数目及结构。常用的命名法主要有普通命名法和系统命名法，普通命名法通常用于结构简单的化合物，对于结构复杂的化合物采用系统命名法。

1. 普通命名法

普通命名法又称简单命名法或习惯命名法。直链烷烃的名称由“碳数+烷”组成，命名为“某烷”。对于 1～10 个碳的烷烃，碳数用天干(甲、乙、丙、丁、戊、己、庚、辛、壬、癸)表示，如甲烷、乙烷、丙烷等。超过 10 个碳的烷烃用汉字数字表示碳数，如十一烷、二十烷等。烷烃的英文名的后缀均为“-ane”，如表 2-2 所示。

表 2-2　常见烷烃的普通命名

碳数	中文名	英文名
1	甲烷	methane
2	乙烷	ethane
3	丙烷	propane
4	丁烷	butane
5	戊烷	pentane
6	己烷	hexane
7	庚烷	heptane
8	辛烷	octane

续表

碳数	中文名	英文名
9	壬烷	nonane
10	癸烷	decane
11	十一烷	undecane
13	十三烷	tridecane
20	二十烷	icosane

简单支链烷烃是直链烷烃的构造异构体。为了区分构造异构体，通常用不同的前缀表示，如“正”(normal)表示直链，通常省略，“异”(*iso*-)表示具有$(CH_3)_2CH$—结构的异构体，“新”(*neo*-)表示具有$(CH_3)_3C$—结构的异构体。在分子式中，“正”和“异”可分别用字母 *n*-和 *i*-表示。例如：

(正)己烷
hexane

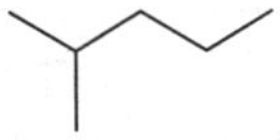

异己烷
isohexane

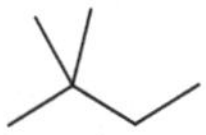

新己烷
neohexane

用前缀正、异、新命名烷烃，只适用于具有上述特征结构的化合物，对于结构较复杂的化合物，需要采用系统命名法命名。

2. 烷基的命名

烷烃去掉一个氢原子后剩余的部分称为烷基，如甲基、乙基、丙基等，英文名称将 alkane 中的“ane”改为“yl”，如 methyl、ethyl、propyl 等。通常简单的烷基用俗名，如用“正”(通常省略)、“异”、“新”表示取代基端基的结构类型；用“仲”(*sec*-)、“叔”(*tert*-)表示取代基上直接与主链相连碳原子的类型，如异丙基、叔丁基等。常见烷基的名称见表 2-3。

表 2-3　一些烷基的中英文名称

结构	中文系统名	中文俗名	英文系统名	英文俗名	缩写
CH_3—	甲基		methyl		Me
CH_3CH_2—	乙基		ethyl		Et
$CH_3CH_2CH_2$—	丙基		propyl		Pr
$CH_3\overset{\overset{CH_3}{\vert}}{C}H$—	2-甲基乙基	异丙基	2-methylethyl	isopropyl	*i*-Pr
$CH_3CH_2CH_2CH_2$—	丁基	正丁基	butyl	butyl	Bu
$CH_3\overset{\overset{CH_3}{\vert}}{C}HCH_2$—	2-甲基丙基	异丁基	2-methylpropyl	isobutyl	*i*-Bu
$CH_3CH_2\overset{\overset{CH_3}{\vert}}{C}H$—	1-甲基丙基	仲丁基	1-methylpropyl	*sec*-butyl	*s*-Bu

续表

结构	中文系统名	中文俗名	英文系统名	英文俗名	缩写
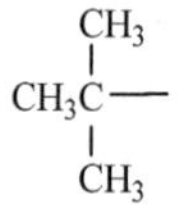	1,1-二甲基乙基	叔丁基	1,1-dimethylethyl	*tert*-butyl	*t*-Bu

3. 系统命名法

系统命名法是依据国际纯粹与应用化学联合会(International Union of Pure and Applied Chemistry，IUPAC)推荐的有机化合物命名原则，对化合物进行命名。在此基础上，中国化学会制定了《有机化合物命名原则》(2017 版)。本书中有机化合物的命名方法是结合这两种原则进行命名的。有机化合物的名称通常由“前缀+母体+后缀”组成。支链烷烃的系统名是由“取代基名+主链+名”组成，其中取代基名为前缀，主链为母体，名为后缀。

烷烃的系统命名法命名按以下步骤和规则。

(1) 步骤一：确定主链，按照下述原则选择主链，并以此为母体。

原则 1：选择一条含碳数最多的碳链作为主链，简称“碳链最长原则”。例如：

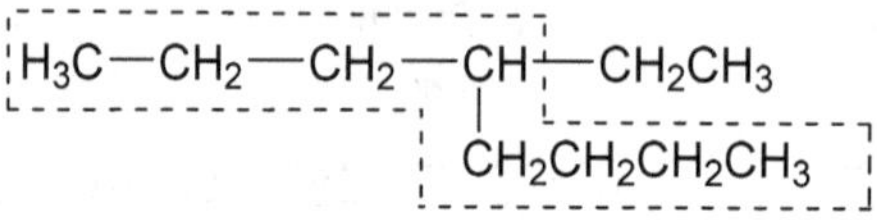

以8个碳的辛烷为主链

原则 2：取代基最多原则。若两条链用上述规则无法确定时，则选择含取代基数目最多的链为主链。例如：

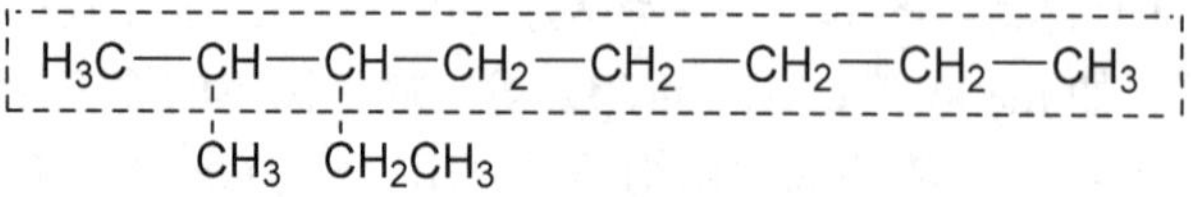

主链含取代基最多

原则 3：取代基位次组最低原则。若两条链的碳数和取代基数相同，且用上述规则无法确定时，则选择含取代基位次组最低的碳链为主链。例如：

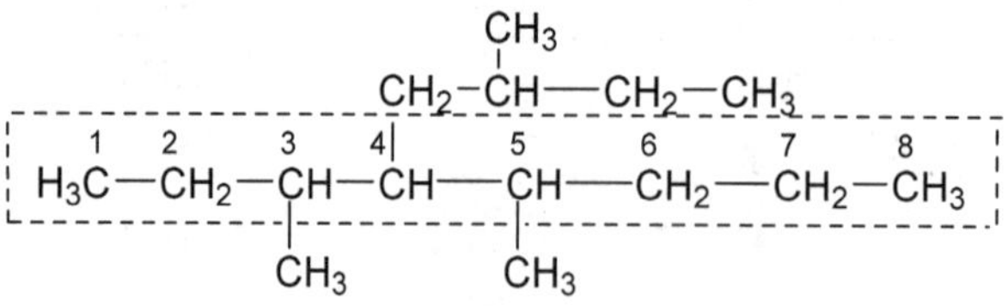

取代基位次为3,4,5
(正确选择)

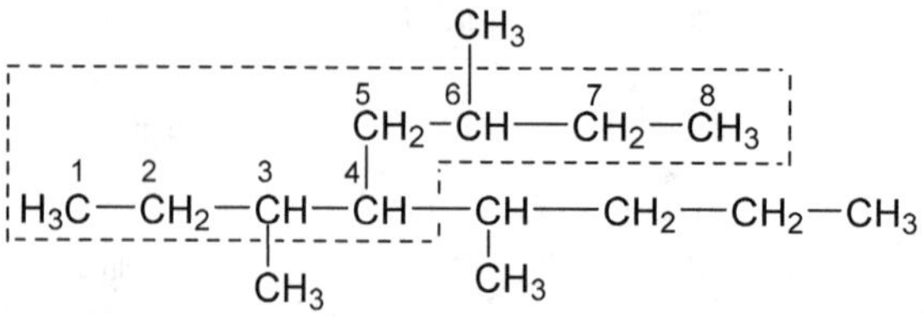

取代基位次为3,4,6
(错误选择)

原则 4：若两条链的碳数、取代基数和取代基的位次都相同，且用上述规则不能确定主链时，则选含有英文字母排序在前的取代基的链为主链。例如：

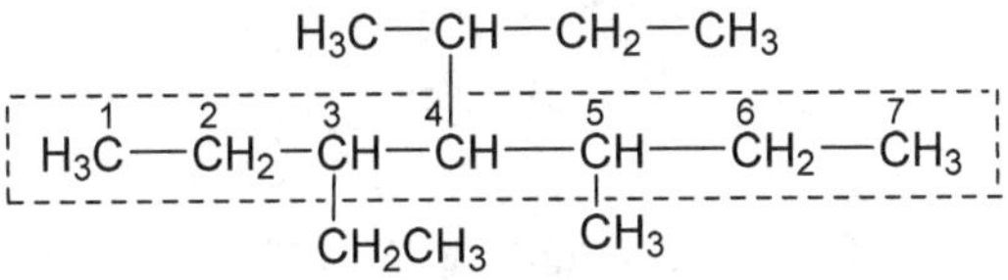

3位取代基为乙基(ethyl)
(正确选择)

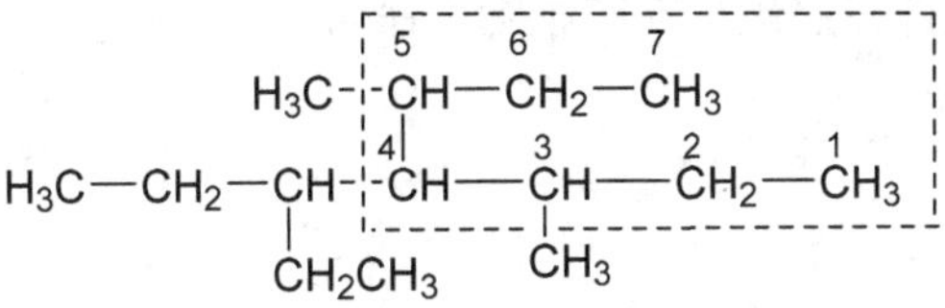

3位取代基为甲基(methyl)
(错误选择)

(2) 步骤二：主链编号，从主链的一端开始，依次用阿拉伯数字标出每个碳原子的编号。按照以下原则编号。

原则 1：取代基位次组最低原则。若主链上存在取代基，从主链两端编号时遇到第一个取代基的位次相同，则依据两端第二取代基的相对位次，使第二取代基的位次最低，以此类推。例如：

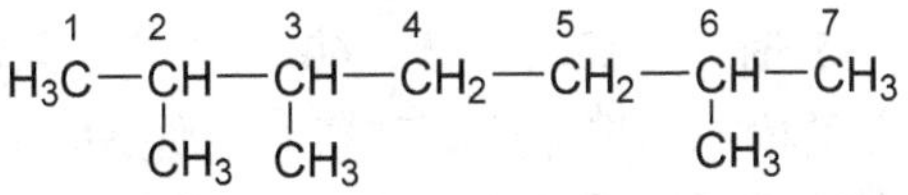

原则 2：若主链上有两个不同的取代基，且到主链的两端都相同，此时按照取代基的英文名字母顺序排序，英文字母顺序小的位次小。值得注意的是：表示复数的前缀(如 di-、tri-等)和表示连接方式的前缀(如 *sec*-、*tert*-等)不参与字母排序，但表示取代基类型的 *iso*-、*neo*-参与排序，因为它们是基团名称的一部分。例如：

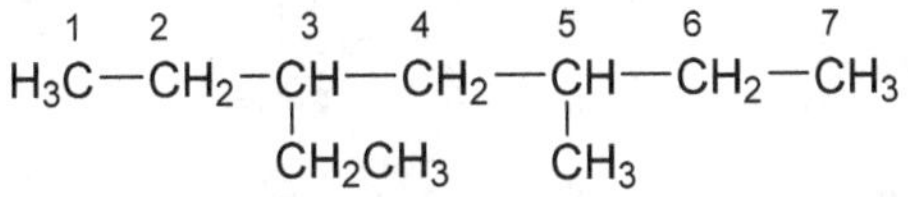

(3) 步骤三：命名。取代基的名称写在主链名称的前面，主链碳原子的编号表示取代基的位次，用阿拉伯数字表示，置于相应的取代基名之前，数字和取代基用短线“-”隔开。当主链带有几个相同的取代基时，将它们合并，并使用二(di-)、三(tri-)、四(tetra-)等表明其数目，相应的位次数字之间用逗号隔开，相同位次的相同取代基也需要标出取代基的位次。当主链带不同的取代基时，按照取代基的英文名字母排序。例如：

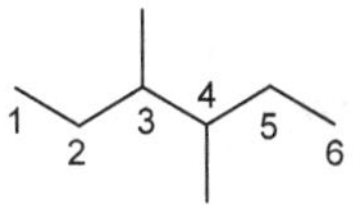

3,4-二甲基己烷
3,4-dimethylhexane

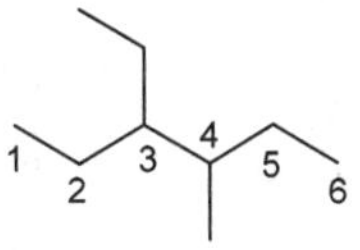

3-乙基-4-甲基己烷
3-ethyl-4-methylhexane

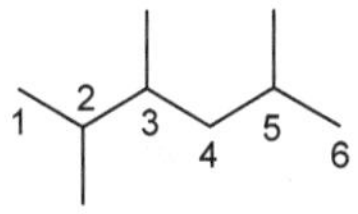

2,3,5-三甲基己烷
2,3,5-trimethylhexane

若支链上还有取代基，则从与主链直接相连的碳开始，选择支链中最长的碳链依次编号，按照系统命名法对支链命名，并用括号括起来。例如：

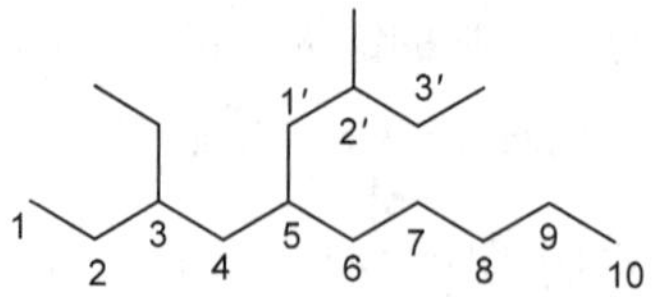

3-乙基-5-(2-甲基丁基)癸烷
3-ethyl-5-(2-methylbutyl)decane

对于含有支链的取代基，虽然通常将与主链连接的支链碳原子编号为 1 位，但 2017 版《有机化合物命名原则》也允许按照最长支链原则来命名支链，并使连接点的位次最低。例如：

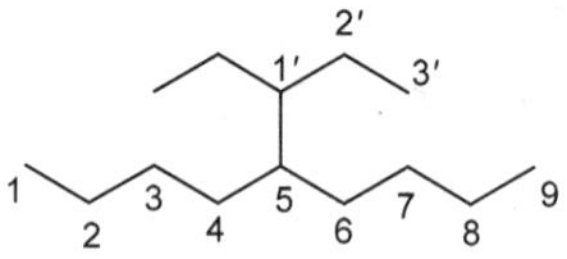

5-(1-乙基丙基)壬烷
5-(1-ethylpropyl)nonane

或

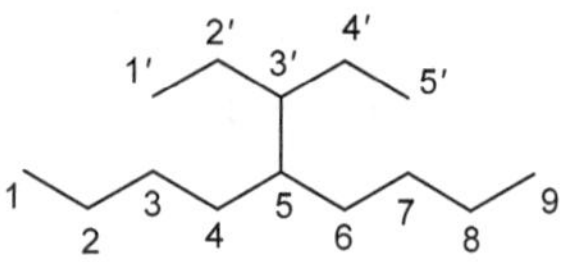

5-(戊-3-基)壬烷
5-(pent-3-yl)nonane

2.1.6 烷烃的物理性质

烷烃的结构特征非常有规律性，碳原子为四面体，键角为 109°28′，通常 C—H 键键长约为 1.10 Å，C—C 键键长约为 1.54 Å。烷烃为非极性分子，偶极矩为零。烷烃类化合物都不溶于水，易溶于有机溶剂。

当碳原子数小于或等于 4 时，烷烃在常温下是气体；当碳原子数为 5～16 时，烷烃为液体；当碳原子数大于或等于 17 时，烷烃为固体，60 个碳原子以内的固体正烷烃，熔点小于 100℃(表 2-4)。随着碳原子数的增加，沸点逐渐升高，主要是由于分子运动所需的能量增大，分子间相互作用力也增大。相比于相同碳数的直链烷烃，支链烷烃由于支链的位阻作用，分子间作用力小、沸点较低。

表 2-4　一些烷烃的物理常数

碳数	中文名	英文名	沸点/℃	熔点/℃	密度/(g/cm³)
1	甲烷	methane	–161.7	–182.6	—
2	乙烷	ethane	–88.6	–172.0	—
3	丙烷	propane	–42.2	–187.1	0.5005
4	丁烷	butane	–0.5	–135.0	0.5788
5	戊烷	pentane	36.1	–129.3	0.6264
6	己烷	hexane	68.7	–94.0	0.6594
7	庚烷	heptane	98.4	–90.5	0.6837
8	辛烷	octane	125.6	–56.8	0.7028
9	壬烷	nonane	150.7	–53.7	0.7179
10	癸烷	decane	174.0	–29.7	0.7298
11	十一烷	undecane	195.8	–25.6	0.7404
13	十三烷	tridecane	230.0	–6	0.7568
20	二十烷	icosane	—	36.4	0.7777

固体分子的熔点也随着分子量的增加而增加，除与分子质量和分子间作用力有关外，还与分子在晶格中的排列有关，分子对称性越高，排列越整齐，分子间吸引力越大，熔点越高。随着碳原子数目的增加，相对密度逐渐增大，烷烃的密度一般小于水的密度。

2.1.7　烷烃的化学性质

有机化合物的化学性质取决于其结构，烷烃只含有能量较高的σ键，因此稳定性很强，在室温下与强酸、强碱、强氧化剂、强还原剂都不会发生反应。另外，由于碳和氢的电负性相差很小，整个分子中电子分布比较均匀，因此与亲核试剂或亲电试剂也很难发生反应。在光、热或引发剂的作用下，烷烃主要可发生 C—H 键均裂的自由基反应。

1. 卤代反应(自由基取代)

1) 甲烷的氯代

甲烷中的氢原子被氯原子取代的反应称为氯代反应(chlorination reaction)。在室温及黑暗环境下，甲烷和氯气混合在一起不发生任何反应，必须加热到 300℃(用△表示加热)以上或经紫外光(用 $h\nu$ 表示光)照射后才会发生反应，最初会形成一氯甲烷及氯化氢。在这个反应中，甲烷中的一个 C—H 键和一个 Cl—Cl 键断裂，同时生成一个 C—Cl 键和一个 H—Cl 键，这个过程是放出热量的，因此反应是放热反应(exothermic reaction)。

$$CH_4 + Cl_2 \xrightarrow{\triangle 或 h\nu} CH_3Cl + HCl$$

甲烷的氯代通常是比较难停留在一氯甲烷阶段的，形成的一氯甲烷会继续发生氯代反应生成二氯甲烷、三氯甲烷、四氯甲烷(也称四氯化碳)。因此，甲烷的氯代反应通常得到的是混合物。

$$CH_3Cl \xrightarrow[-HCl]{Cl_2,\ \triangle 或 h\nu} CH_2Cl_2 \xrightarrow[-HCl]{Cl_2,\ \triangle 或 h\nu} CHCl_3 \xrightarrow[-HCl]{Cl_2,\ \triangle 或 h\nu} CCl_4$$

工业上，通常通过控制反应中甲烷和氯气的用量来得到相对单一的氯代产物。如果使用大量的甲烷，主要得到一氯甲烷；如果使用大量的氯气，主要得到四氯甲烷。

甲烷的氯代是一个自由基取代反应，其机理由三个步骤组成：链引发(chain initiation)、链增长(chain propagation)和链终止(chain termination)。

第一步是链引发步骤，由于 Cl—Cl 共价键是起始原料中最弱的键，在光照或高温条件下，Cl—Cl 键发生均裂，产生 Cl 自由基。生成的 Cl 自由基非常活泼，可以诱导随后步骤的发生。因为这一步需要吸收较大的能量才能进行，所以反应需要高温或光照。

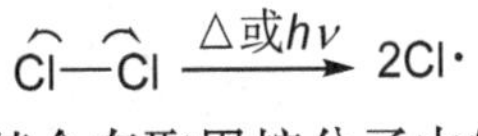

第二步是链增长步骤，Cl 自由基会夺取甲烷分子中的一个氢原子，生成甲基自由基和氯化氢。生成的甲基自由基也非常活泼，会与 Cl_2 反应形成一氯甲烷产物，同时得到一个新的 Cl 自由基，这个 Cl 自由基又可以重复链增长步骤 1 和步骤 2。因此，链引发之后的反应步骤是可以多次进行的，不需要再加入 Cl_2 均裂形成的氯自由基。

链增长步骤 1：氯自由基攫取 H 原子：

链增长步骤 2：CH_3 自由基攫取氯原子：

链增长步骤 1 是吸热过程，链增长步骤 2 是放热过程，形成的甲基自由基会很快与氯气反应。

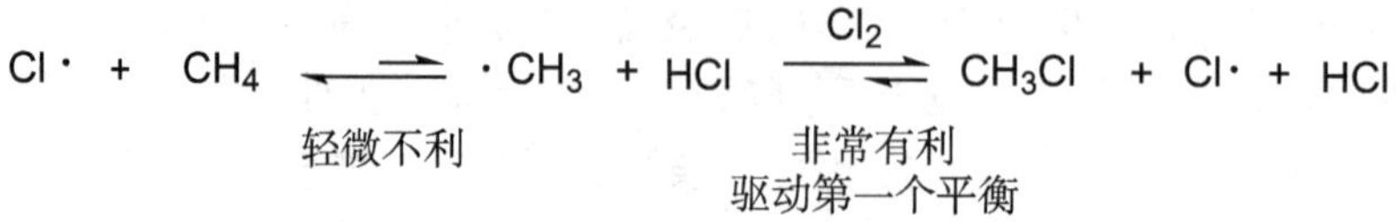

第三步是链终止步骤。自由基具有很高的活性，自由基和自由基之间可以相互反应形成共价键，因此任意两个自由基可以结合，自由基消失，反应结束，这就是链终止步骤。

链终止：自由基-自由基反应：

$$Cl\cdot + Cl\cdot \longrightarrow Cl{-}Cl$$

$$Cl\cdot + \cdot CH_3 \longrightarrow Cl{-}CH_3$$

$$\cdot CH_3 + \cdot CH_3 \longrightarrow H_3C{-}CH_3$$

反应中间体是指反应中的中间产物，一般不稳定，难以分离。过渡态是指反应物到产物或者中间体的中间状态，此时旧键尚未完全断裂，新键尚未完全形成，在势能图上是能量最高的状态。活化能(activation energy，$E_{活化}$)是指反应物与过渡态之间的内能差，即使是放热反应，也必须提供相当于活化能的能量，反应才能进行。

甲烷氯代反应的能量变化如图 2-5 所示，第一步链引发反应需要吸收较大能量($\Delta H_1^{\ominus}$ = +242.7 kJ/mol)，才能使 Cl—Cl 键断裂形成 Cl 自由基，因此需要光照或高温；第二步链增长步骤 1 只需要吸收较小能量($\Delta H_2^{\ominus}$ = +7.5 kJ/mol)，但是需要克服一定的活化能(E_{a1} = +16.7 kJ/mol)；第二步链增长步骤 2 是放热过程($\Delta H_3^{\ominus}$ = −112.9 kJ/mol)，但也需要克服一定的活化能(E_{a2} = +8.3 kJ/mol)。

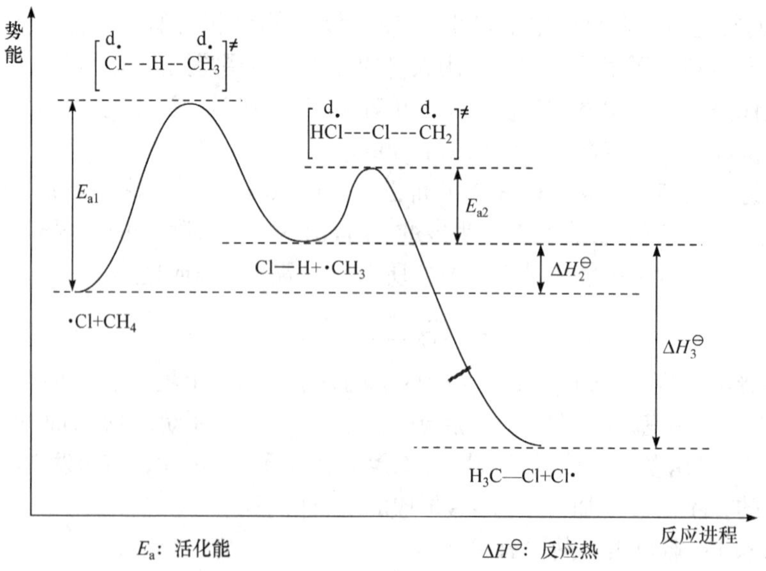

图 2-5　甲烷氯代反应势能图

2) 高级烷烃的氯代

除甲烷外，其他烷烃也可以发生卤代反应。乙烷的氯代反应按照甲烷氯代反应的自由基机理进行。与甲烷一样，乙烷中所有氢原子都是相同的。因此，无论链增长步骤 1 是哪个氢被攫取，最终都只得到 1-氯乙烷。

丙烷分子中的 8 个氢原子可以分为 2 组：C-1 和 C-3 上的 6 个伯氢原子以及 C-2 上的 2 个仲氢原子。若氯自由基以相同的速率攫取和取代伯氢原子和仲氢原子，则得到 1-氯丙烷(75%)与 2-氯丙烷(25%)产物的混合物，其比例为 3∶1。然而，二级 C—H 键比一级 C—H 键弱，反应能以更低的活化能进行。因此，仲氢与氯的反应速率比伯氢更快。在丙烷氯代的实验结果中，1-氯丙烷只占 43%，2-氯丙烷占 57%。

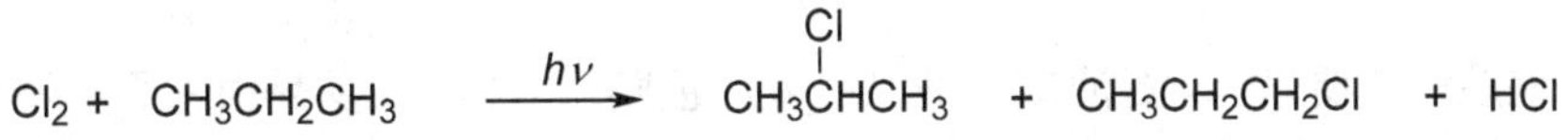

57%　　43%

三级 C—H 键比二级 C—H 键更弱。在光照下，2-甲基丙烷与氯气反应得到 1-氯-2-甲基丙烷为 64%，2-氯-2-甲基丙烷为 36%。

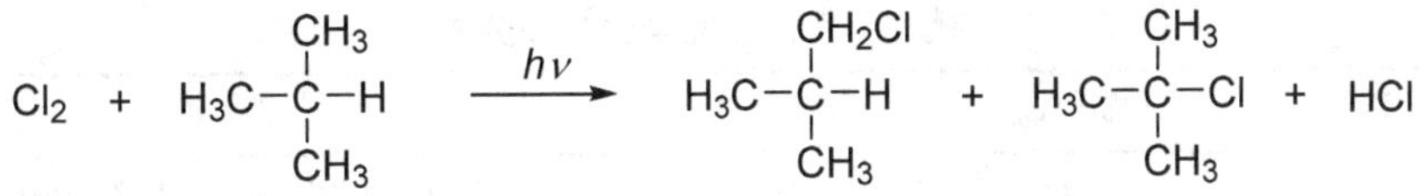

64%　　36%

总之，在烷烃分子中，因结构不同，氢原子的位置不同，卤代反应取代的位置和难易程度也不同。不同氢原子的活性主要与 C—H 键的解离能有关，解离能越低，相应的烷基自由基稳定性越高，该自由基越容易形成。一些常见烷烃中 C—H 键的解离能为

	$H-CH_3$	$H-CH_2CH_3$	$H-CH(CH_3)_2$	$H-C(CH_3)_3$
键的解离能/(kJ/mol)	439	420	410	400

由键的解离能可得自由基稳定性的一般规律为：叔碳自由基＞仲碳自由基＞伯碳自由基＞甲基自由基。

3) 烷烃的其他卤代

在烷烃的卤代反应中，不同卤素的反应活性也是不同的。甲烷与不同卤素发生卤代反应的反应热见表 2-5。总体来说，甲烷的氟代、氯代及溴代都是放热反应，容易发生。因此，卤素与烷烃反应的相对反应活性是：F_2＞Cl_2＞Br_2＞I_2。烷烃的氟代非常剧烈，难以控制选择性，同时由于放出大量的热，产物分解，因此一般不通过该方法制备氟代烷烃。碘代反应是一个吸热过程，而且需要非常高的活化能，因此烷烃的碘代通常很难进行。

表 2-5　甲烷卤代的反应热

	反应	反应热/(kJ/mol)			
		F	Cl	Br	I
链引发	$X_2 \longrightarrow 2X\cdot$	159	243	192	151
链传递	$X\cdot + CH_4 \longrightarrow CH_3\cdot + HX$	–130	8	67	138
	$CH_3\cdot + X_2 \longrightarrow CH_3X + X\cdot$	–293	–113	–101	–83
反应热	—	–423	–105	–34	55

2. 燃烧反应

汽车使用的汽油主要由不同烷烃组成，汽油燃烧放出大量的热转化为汽车的动能。烷烃都能燃烧，其中所有的碳原子都转变为二氧化碳气体，氢原子都转变为水，同时放出大量热。分子燃烧放出的热称为燃烧热(combustion heat)，用 $\Delta H_c^{\ominus}$ 表示($\Delta H_c^{\ominus} = H_{生成物}^{\ominus} - H_{反应物}^{\ominus}$)。在烷烃的燃烧反应中，产物的能量都非常低，所以 $\Delta H_c^{\ominus}$ 是负值。例如，甲烷的燃烧热为−891 kJ/mol。烷烃的燃烧热随链长的增加而增加。

$$2C_nH_{2n+2} + (3n+1)\,O_2 \longrightarrow 2n\,CO_2 + (2n+2)\,H_2O + 燃烧热$$

2.1.8　烷烃的主要来源及制备方法

石油是烷烃的重要来源。石油或原油是一种深色黏稠液体，主要是由几百种不同的烃类组成的混合物，包括直链烷烃、支链烷烃和不同含量的芳香烃，其中以环戊烷、环己烷及衍生物为主。各地产的石油成分不同，根据不同需要，通过分馏可以得到不同的馏分，原油蒸馏中的产物分布可见表 2-6。

表 2-6　原油蒸馏中的产物分布

含量(体积分数)/%	沸点/℃	碳原子数	产品
1～2	<30	1～4	天然气、甲烷、丙烷、丁烷、液化石油气
15～30	30～200	4～12	石油醚(C_5、C_6)，轻石油(C_7)，石脑油，汽油
5～20	200～300	12～15	煤油、加热用油
10～40	300～400	15～25	瓦斯油、柴油、润滑油、蜡
8～69	>400 (非挥发性)	>25	石蜡、沥青

低级烷烃(如甲烷、乙烷、丙烷和丁烷)存在于天然气中，甲烷是主要成分。天然气广泛存在于自然界中，既可以作为燃料，也可以作为化工原料。

2.2　环　烷　烃

2.2.1　环烷烃的分类

环烷烃根据环的大小不同，分为小环(三元环、四元环)、普通环(五元环至七元环)、中环(八元环至十一元环)和大环(十二元环以上)。根据所含碳环数的不同，分为单环环烷烃和多环环烷烃。多环环烷烃又可分为桥环烷烃和螺环烷烃。两个单环共用一个碳原子的环烷烃称为螺环烷烃(spirocyclic hydrocarbon)。两个或多个单环共用两个或多个碳原子的烷烃称为桥环烷烃(bridged hydrocarbon)。

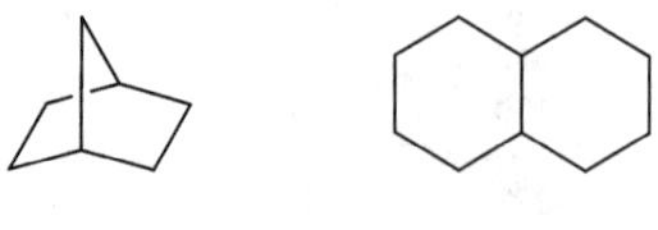

桥环

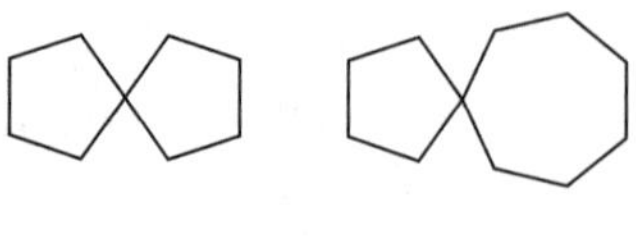

螺环

2.2.2　环烷烃的命名

1. 单环化合物的命名

环烷烃的命名与烷烃类似，在母体烷烃前加前缀“环”(cyclo-)即可。例如：

环丙烷
cyclopropane

环丁烷
cyclobutane

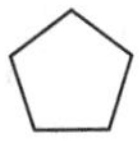

环戊烷
cyclopentane

环己烷
cyclohexane

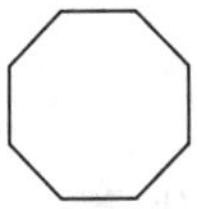

环辛烷
cyclooctane

当环上只有一个取代基或一个不饱和键时，位次编号固定为“1”，通常省略，如：

甲基环丙烷
methylcyclopropane

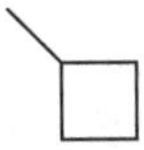

甲基环丁烷
methylcyclobutane

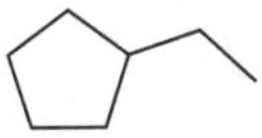

乙基环戊烷
ethylcyclopentane

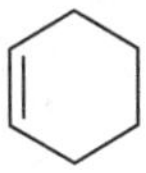

环己烯
cyclohexene

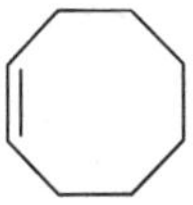

环辛烯
cyclooctene

对于既有环又有链的化合物，当链所含原子数大于环所含原子数时，以链为母体，环为取代基。这与英文命名原则中选择母体的规则不同，IUPAC-2013 版命名原则规定环总是优先。例如：

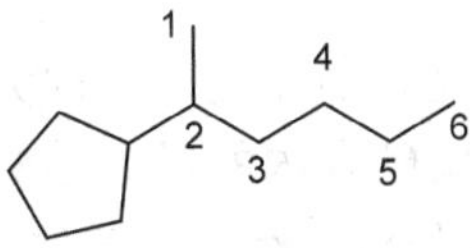

2-环戊基己烷
2-cyclohexylhexane

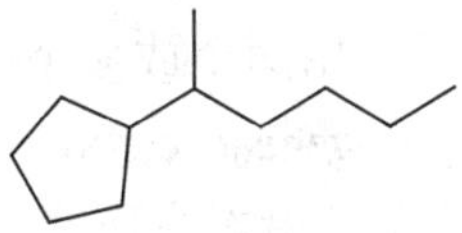

2-cyclopentylhexane
(IUPAC-2013版命名原则)

当环上有两个或多个取代基时，编号应首先遵循最低位次原则。若以此原则无法确定，则按照英文字母顺序依次编号。例如：

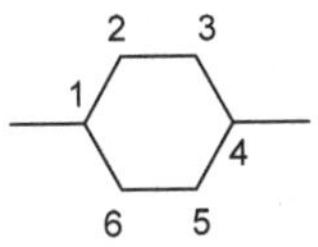

1,4-二甲基环己烷
1,4-dimethylcyclohexane

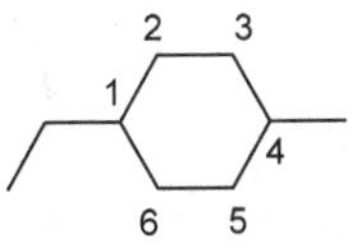

1-乙基-4-甲基环己烷
1-ethyl-4-methylcyclohexane

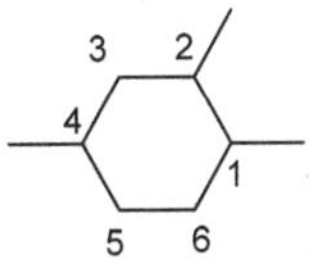

1,2,4-三甲基环己烷
1,2,4-trimethylcyclohexane

2. 螺环化合物的命名

两个环共用一个碳原子的化合物称为螺环化合物，共用的碳原子称为螺原子。螺环化合物的编号原则是从小环到大环，即从小环邻近螺原子的碳开始编号，然后经过螺原子到大环。根据碳原子数目称为“螺某烃”。将环上的碳原子数(不包括螺碳)由小环到大环放在方括号内，数字之间用小圆点隔开，方括号置于“螺”和“某烃”之间，因此螺环化合物的系统名称为“螺[*a*.*b*]某烃”。

如果螺环上有取代基，编号原则为“由小环到大环，然后满足取代基位次最低”，取代基的位次和名称放在“螺”字前。例如：

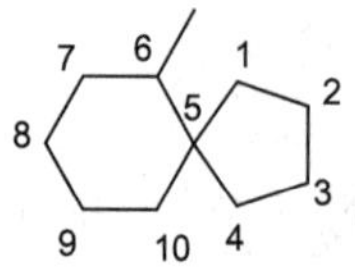

6-甲基螺[4.5]癸烷
6-methylspiro[4.5]decane

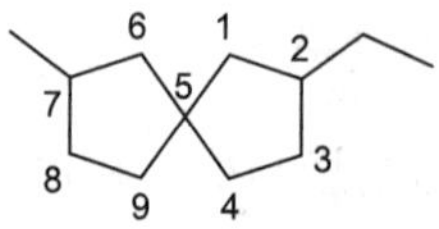

2-乙基-7-甲基螺[4.4]壬烷
2-ethyl-7-methylspiro[4.4]nonane

当螺环化合物有两个及以上螺原子时，以“双螺(bispiro-)”、“三螺(trispiro-)”等作为前缀。编号从较小的端基环与螺原子邻近的原子开始，尽可能给螺原子最小的编号，然后沿螺原子间较短的原子链进行编号，到另一个端基环，再经过其余原子回到第一个螺原子。所经过的螺原子间的碳原子数依次用圆点隔开，并置于方括号内。例如：

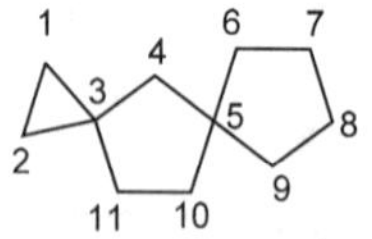

双螺[2.1.4.2]十一烷
bispiro[2.1.4.2]undecane

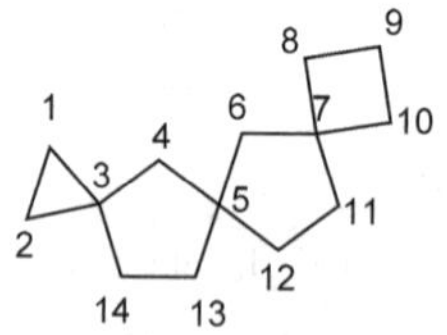

三螺[2.1.1.3.2.2]十四烷
trispiro[2.1.1.3.2.2]tetradecane

3. 桥环化合物的命名

两个或多个单环通过共用两个或多个碳原子构成的多环化合物称为桥环化合物，其中共用的碳原子称为桥头碳(bridgehead carbon)。包括桥头碳在内的最大碳数的环称为主环。桥环的编号从第一个桥头碳开始，沿着主环编号，先编最长桥，然后到第二个桥头碳，再沿次长桥回到第一个桥头碳，最后给最短桥编号。根据组成环骨架的碳原子数命名为“某烃”，并加上前缀“某环”。将经过的碳原子数用阿拉伯数字由大到小写到方括号内，数字之间用圆点隔开，将方括号写在“某环”与“某烃”之间。例如：

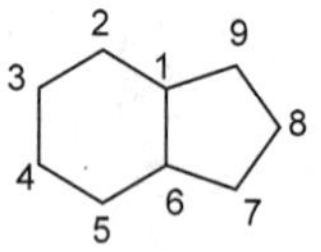

双环[4.3.0]壬烷
bicyclo[4.3.0]nonane

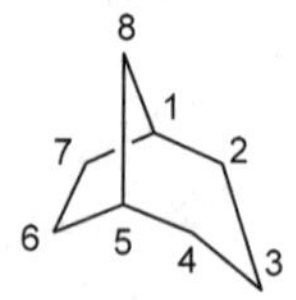

双环[3.2.1]辛烷
bicyclic[3.2.1]octane

如果环上有取代基，首先满足上述编号原则，然后应使取代基的位次最低，并将取代基的位次和名称写在母体之前。例如：

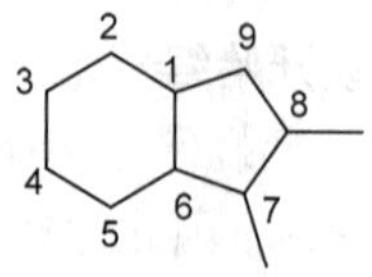

7,8-二甲基双环[4.3.0]壬烷
7,8-dimethylbicyclic[4.3.0]nonane

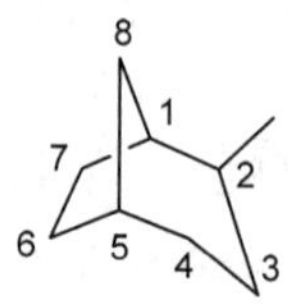

2-甲基双环[3.2.1]辛烷
2-methylbicyclic[3.2.1]octane

2.2.3　环状化合物的顺反异构

当环烷烃有两个及两个以上取代基时，会出现构型异构(configurational isomerism)。构型异构是指原子在分子中不同空间排列所产生的异构现象。当环烷烃上有两个取代基时，存在两个可能的立体异构体。一种异构体是两个取代基位于环平面的同侧；另一种异构体是两个取代基位于环平面的两侧。取代基在环平面的同一侧时称为顺式(可用 *syn* 表示)；取代基在环平面的两侧时称为反式(可用 *anti* 表示)。

顺反异构体是一种立体异构体，原子以相同的顺序连接，但在空间的排列方式不同。它与构造异构体或同分异构体是不同的。构造异构体或同分异构体是具有不同原子连接顺序的化合物。具有顺反异构体的环状化合物在命名时，需在名称前面加顺式或反式。

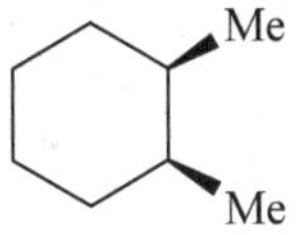

顺式

顺-1,2-二甲基环己烷
syn-1,2-dimethylcyclohexane

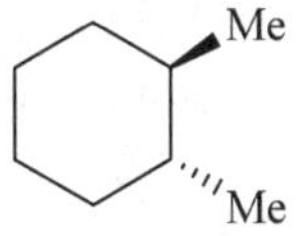

反式

反-1,2-二甲基环己烷
anti-1,2-dimethylcyclohexane

2.2.4　环烷烃稳定性

1. 拜尔张力学说

烷烃中各键之间夹角约为 109°28′，如果碳链的两端连成环，键的夹角和环的稳定性会发生改变。1885 年，拜尔(A. Baeyer)提出了张力学说。他根据碳的正四面体模型，假设成环后所有碳原子都在同一平面，形成多边形。如果成环后，键与键之间的夹角偏离了 109°28′，则产生向内或向外的扭曲力，称为角张力(angle strain)或拜尔张力(Baeyer strain)。

三元环和四元环的键角分别为 60°和 90°，因此成环后键角向内弯曲。对于三元环，每个键角要向内弯曲(109°28′−60°)/2 = 24°44′；对于四元环，每个键角要向内弯曲(109°28′−90°)/2 = 9°44′。所以三元环和四元环的键角都偏离了 109°28′，存在角张力。偏离越大，角张力越大，化合物的稳定性越差，越容易开环。五元环每个键向内弯曲 0°44′，六元环则向外扩张 5°16′，随着环的增大，扩张角度增大。拜尔张力学说虽然可以解释小环化合物的不稳定性，但其不能解释六元环及更大环状化合物的稳定性。根据拜尔张力学说，环状化合物的所有碳原子都被假设固定在一个平面上，这一假设与实际情况不符，特别是对于三元环以外的化合物，其碳原子并不全部共面。这一偏差导致拜尔张力学说无法全面解释大环化合物的稳定性，仅适用于解释小环化合物的不稳定性。

2. 燃烧热

燃烧热(combustion heat)是在标准状态下，1mol 物质完全燃烧成二氧化碳和水时放出的热量，用ΔH_c表示。燃烧热越高，物质的内能越高，稳定性越差。从环烷烃的燃烧热数据可以判断环状化合物的稳定性。

链状烷烃化合物燃烧时，每个 CH_2 的燃烧热为 658.6 kJ/mol。环烷烃的通式为 C_nH_{2n}，每个 CH_2 的燃烧热为$\Delta H_c/n$。链状烷烃是没有张力的化合物，所以环烷烃每个 CH_2 的燃烧热与

658.6 kJ/mol 的差值是每个 CH_2 因环张力所产生的能量，称为张力能(strain energy)，总的张力能为 $n \times (\Delta H_c/n - 658.6)$ kJ/mol。张力能越大，表示环的稳定性越差。如表 2-7 所示，环丙烷、环丁烷的总张力能较大，稳定性差，容易开环。环戊烷和环庚烷张力能较小，比较稳定。环己烷没有张力。

表 2-7　环烷烃的燃烧热和张力能(kJ/mol)

环烷烃	ΔH_c	每个 CH_2 燃烧热 $\Delta H_c/n$	每个 CH_2 张力能 $\Delta H_c/n-658.6$	总张力能 $n\times(\Delta H_c/n-658.6)$
环丙烷	2091.6	697.1	38.5	115.5
环丁烷	2744.1	686.0	27.4	109.6
环戊烷	3320.1	664.0	5.4	27
环己烷	3951.7	658.6	0	0
环庚烷	4636.7	662.4	3.8	26.5
环辛烷	5310.3	663.8	5.2	41.5
环壬烷	5981.0	664.6	6.0	53.6
环癸烷	6635.8	663.6	5.0	50

2.2.5　环烷烃的构象

1. 三元环的构象

环丙烷分子的结构模型中，所有亚甲基上的氢原子都是重叠的，与乙烷分子重叠式构象中的氢原子非常类似。如前所述，环丙烷分子中 C—C—C 键键角为 60°，显著偏离“正常的”四面体构型的键角 109.5°，如图 2-6 所示，三个具有四面体构型的碳原子以高度扭曲的键角保持成键状态。环丙烷分子中的碳骨架必须是平面的并且刚性非常强，通过键的旋转来减弱扭转张力是非常困难的。

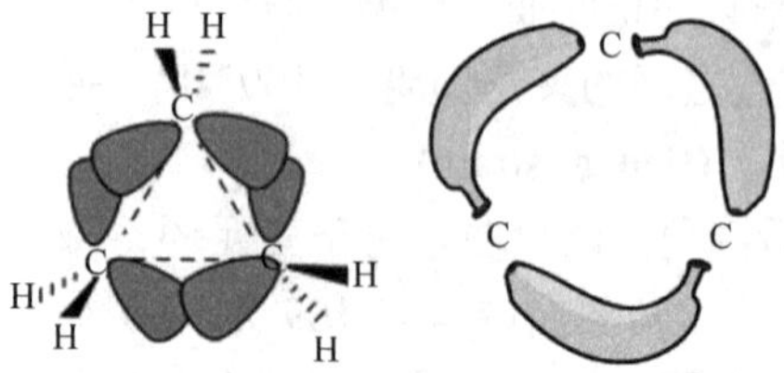

图 2-6　环丙烷分子的结构模型

2. 四元环的构象

与环丙烷不同，环丁烷不是平面的而是折叠的，弯曲角度约为 26°，从而使轨道达到最大重叠。环丁烷的折叠构型可以有效地消除由八个重叠的氢原子导致的重叠张力。环丁烷分子可以从一种折叠构象迅速“翻转”为另一种折叠构象。与环丙烷相比，环丁烷的键角张力显著降低，C—C 键强度也较低。环丁烷比环丙烷的反应性稍差，反应过程类似。

3. 五元环的构象

虽然正五边形的内角是 108°，与四面体构型相近，但是五元环同样也不是平面结构的。因为平面结构会导致 10 个 H 相互重叠。环的扭曲可以削弱 H 与 H 的相互重叠作用，虽然环的扭曲能够释放重叠的能量，但是它也增加键角张力。五元环的构象主要有两种，分别是信封式构象(envelop conformation)和半椅式构象(half-chair conformation)，信封式构象能量更低。在信封式构象中，四个碳原子处于同一个平面，另一个碳原子在该平面外；在半椅式构象中，三个碳原子处于同一个平面，另外两个碳原子分别处于该平面的上下两侧。环戊烷具有相对较小的环张力，C—C 键强度是 338 kJ/mol，接近链状烷烃。因此，它不具有三元环或四元环的一些反应活性。

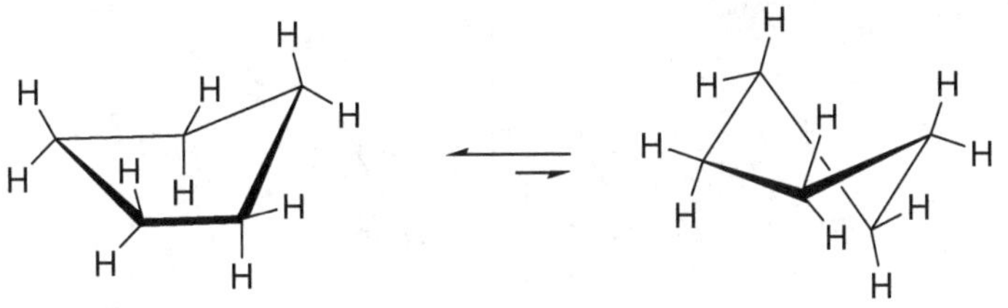

信封式构象　　半椅式构象

4. 环己烷的构象

环己烷是有机化学领域中最常见并且最重要的结构单元之一。环己烷的六个碳原子不共平面，没有环张力。因为没有环张力，环己烷就像直链烷烃一样表现出化学惰性。通过绕单键的旋转和键角的扭动，可以得到两种极限构象，分别是椅式构象和船式构象。

椅式构象　　船式构象

由于椅式构象和船式构象都保持了正常的键角，因此它们都没有角张力。如图 2-7 所示，在椅式构象中，从任何一个 C—C 键的方向看过去，可以看到所有的取代基都处于交叉式的位置。而在船式构象中，C-2 与 C-3、C-5 与 C-6 上的 H 是相互重叠的，所以船式构象存在扭转张力。此外，船式构象上方的两个氢原子距离较近(0.18 nm)，其数值小于两个氢原子的半径之和(0.24 nm)，会产生排斥力。由于扭转张力和排斥力的存在，环己烷的船式构象比椅式构象的能量高 30 kJ/mol，因此椅式构象是环己烷的优势构象。

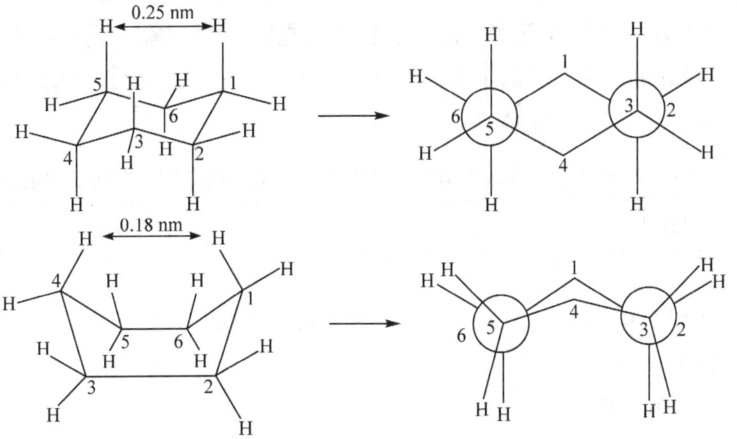

图 2-7　环己烷的椅式构象和船式构象

在环己烷的椅式构象中，环上的碳原子处于两个平面，分别是C-1、C-3、C-5和C-2、C-4、C-6组成的两个平行的平面，这两个平面的间距为50 pm。环己烷的椅式构象模型表明分子中含有两种类型的氢原子(图2-8)，其中六个碳氢键几乎与主分子轴平行，称为直立键(axial bond)或a键；其余6个碳氢键与主分子轴几乎垂直，称为平伏键(equatorial bond)或e键。环己烷发生椅式-椅式构象互变时，一种椅式构象中的所有直立氢在另一种椅式构象中都变成平伏氢，而所有的平伏氢都变成直立氢。两个椅式构象在室温下就能迅速互变，大约每秒200000次。

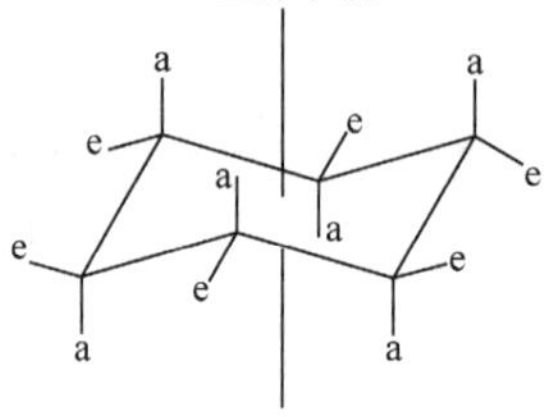

图2-8　环己烷的椅式构象模型

5. 单取代环己烷的椅式构象

以最简单的甲基环己烷为例。直立键取代和平伏键取代的甲基环己烷在能量上不相同。在甲基位于平伏键的构象中，甲基取代基伸向远离环己烷分子的空间。在甲基位于直立键的构象中，甲基取代基与位于分子同一侧的C-3和C-5上的两个直立氢靠得很近，所以甲基会与这些氢产生位阻排斥力。甲基位于直立键的构象比甲基位于平伏键的构象能量高7.1 kJ/mol，在25℃时，两者的比例为 5：95。甲基环己烷进行椅式-椅式互变的能垒与环己烷本身的相近，在室温下两种构象异构体迅速建立平衡。

没有1,3-双直立键相互作用
更稳定

1,3-双直立键相互作用
不太稳定

目前，已经测量出很多单取代环己烷的直立键取代构象和平伏键取代构象间的能量差，见表2-8。取代基越大，处于直立键和平伏键构象的势能差越大，因此其处于平伏键的概率越大。例如，对于叔丁基取代的环己烷，叔丁基处于直立键取代构象和平伏键取代构象的能量差非常大，约为21 kJ/mol，导致平衡中只有很少量(约0.01%)的直立键取代的构象异构体出现，99.99%是叔丁基处于平伏键的构象。

表2-8　环己烷平伏键取代构象翻转为直立键取代构象的吉布斯自由能变

取代基	$\Delta G^{\ominus}$ /(kJ/mol)
氢	0
甲基(—CH_3)	7.1
乙基(CH_3CH_2—)	7.32
异丙基[$(CH_3)_2CH$—]	9.2
叔丁基[$(CH_3)_3C$—]	21

6. 多取代环己烷的椅式构象

对于预测多取代环己烷的稳定构象，必须考虑取代基在直立键或平伏键的累积效应。例如，在 1,1-二甲基环己烷中(图 2-9)，总是有一个处于直立键的甲基和一个处于平伏键的甲基。两个椅式构象是相同的，所以它们的能量相等。

在顺-1,4-二甲基环己烷中(图 2-10)，两个椅式构象中含有一个直立键取代基和一个平伏键取代基，并且具有相等的能量。

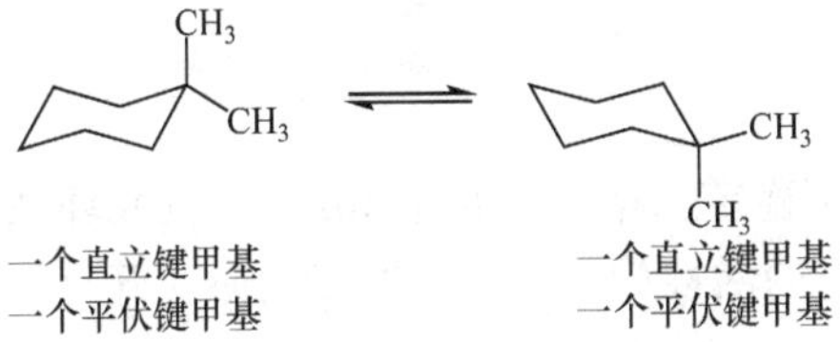

图 2-9　1,1-二甲基环己烷的构象转化

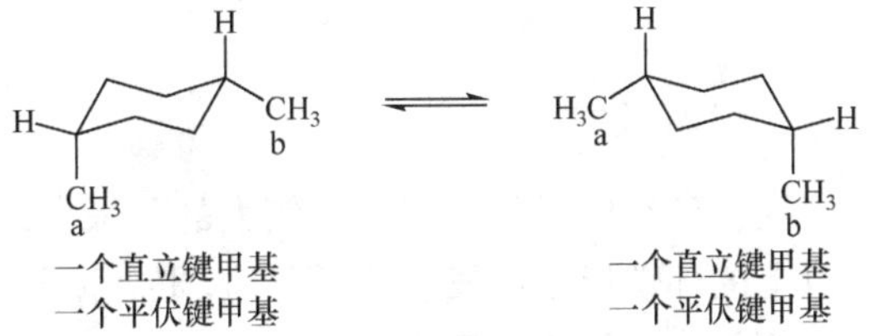

图 2-10　顺-1,4-二甲基环己烷的构象转化

然而，在反-1,4-二甲基环己烷中(图 2-11)，可以以两种不同的椅式构象存在：一个含有两个直立键甲基，另一个含有两个平伏键甲基。实验上测得，双平伏键取代形式比双直立键取代形式要稳定。

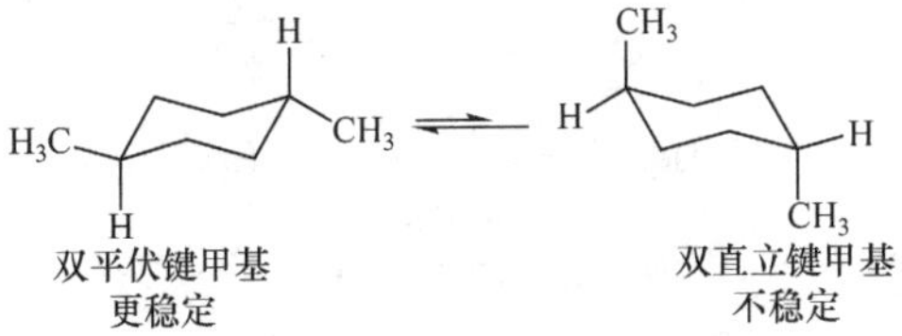

图 2-11　反-1,4-二甲基环己烷的构象转化

2.2.6　稠环化合物的构象

多环烷烃的分子模型可以通过连接单环烷烃的两个烷基取代基的碳原子构建。例如，如果将 1,2-二乙基环己烷的两个甲基上的氢原子各拿掉一个，并连接得到两个 CH_2 基团，就能得到十氢萘。在十氢萘中，两个环己烷共用两个相邻的碳原子，这样的两个环是稠合的。以这种方式构造的化合物称为稠合双环(fused bicyclic)系，共用的碳原子也称为稠环碳原子(condensed carbon atom)。连接在稠环碳原子上的基团称为稠环取代基(ring-fusion substituent)。

双环系统可以是顺式稠合或反式稠合，在确定稠环化合物的构象时，可以将一个环当成是另一个环的取代基。例如，反十氢萘的稠环氢彼此间互为反式，而顺十氢萘的稠环氢为顺式关系(图 2-12)。反式异构体在稠环处仅含有平伏的碳碳键，顺式异构体包含两个平伏的碳碳键和两个直立的碳碳键。

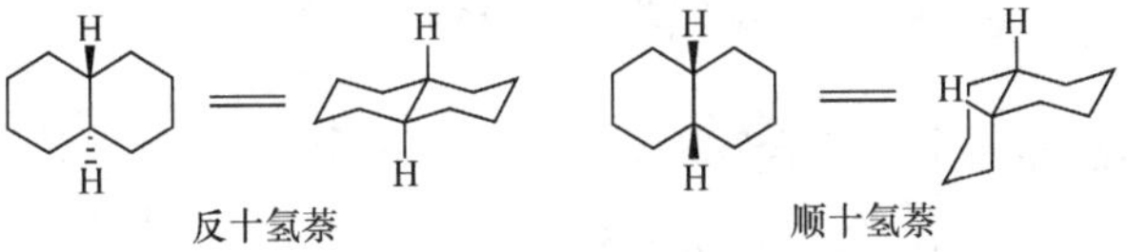

图 2-12　反十氢萘和顺十氢萘的常规画法和椅式构象

2.2.7 环烷烃的化学性质

1. 取代反应

五元环及五元环以上的环烷烃表现出与链烷烃相似的化学性质，可以发生自由基取代反应。

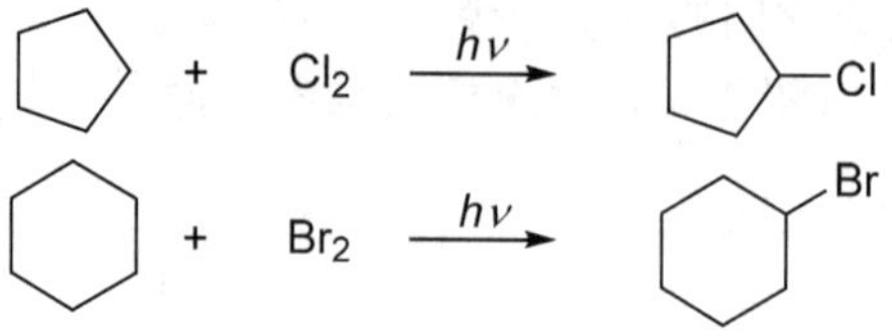

2. 开环反应

三元环和四元环由于存在较大的环张力，因此不稳定，容易发生开环反应。五元环及五元环以上的环烷烃不易发生开环反应。因此，开环反应的活性为：三元环＞四元环＞五元环及以上。例如，与氢气的反应：

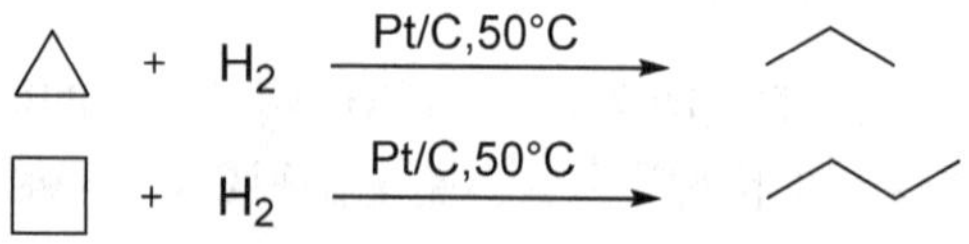

与卤素的反应：三元环与卤素可以发生开环反应，但是四元环及以上的环很难与卤素发生开环反应。

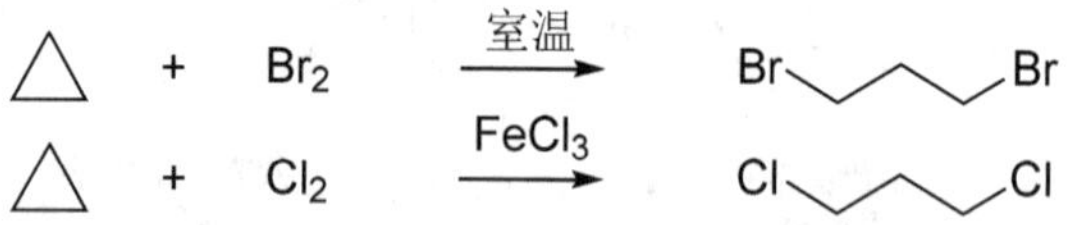

与氢碘酸的反应：

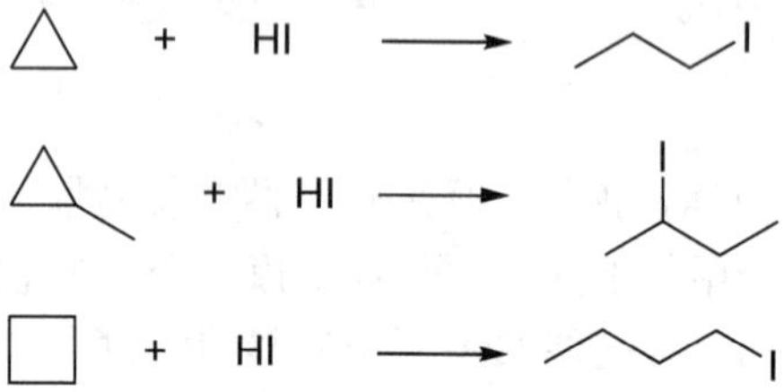

自由基取代反应：

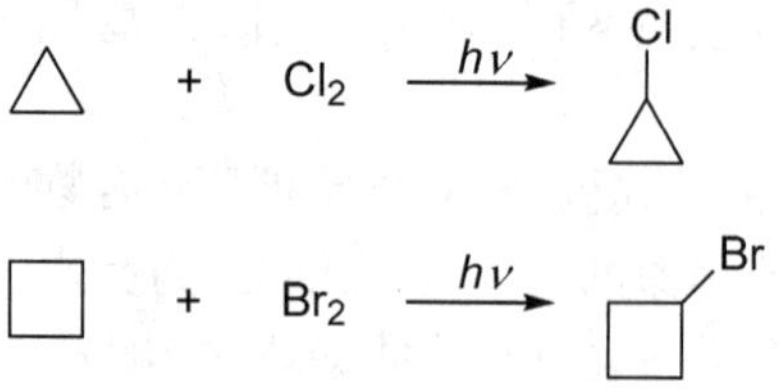

习　题

2-1 用系统命名法命名下列化合物。

(1) 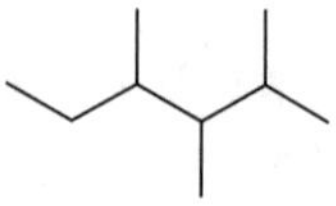　(2) 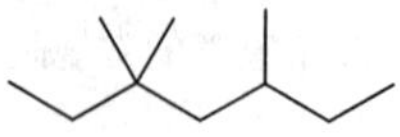　(3) 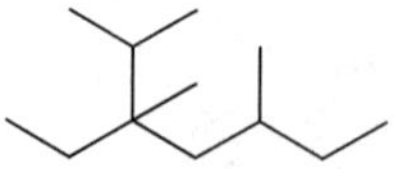

(4) 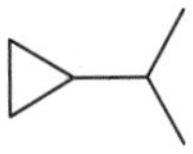　(5) 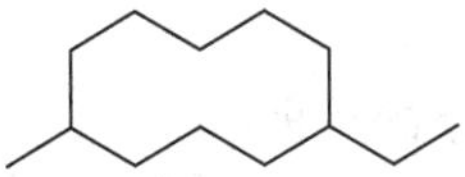　(6) 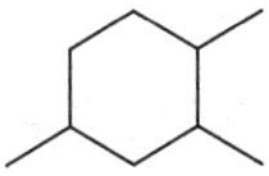

(7) 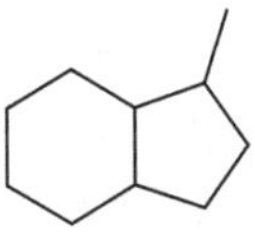　(8) 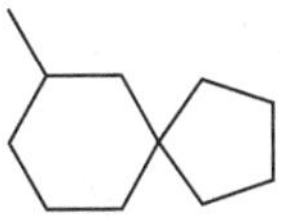　(9) 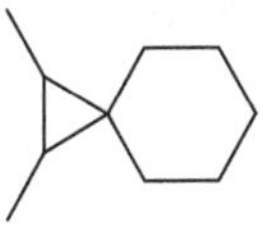

2-2　写出下列化合物的结构式。

(1) 3,4,5-三甲基己烷　　(2) 3-乙基-5-异丙基壬烷

(3) 4-(1-甲基乙基)-5-(2-甲基丙基)壬烷　　(4) 2,3-二甲基-4-乙基庚烷

(5) 1-乙基-2-甲基环己烷　　(6) 1,1-二甲基-3-(1-甲基乙基)环辛烷

(7) 3,7-二甲基二环[4.1.0]庚烷　　(8) 2-乙基-7-甲基二环[2.2.1]庚烷

(9) 5,7-二甲基螺[3.4]辛烷　　(10) 2-乙基-7,7-二甲基螺[5.6]十二烷

2-3　分别用锯架式、纽曼投影式画出下列分子的优势构象。

(1) 3-甲基戊烷；(2) 新戊烷；(3) 2-氟乙醇。

2-4　写出 2-氯-3-甲基丁烷能量最高和最低的构象式，用锯架式和纽曼投影式表示。

2-5　将下列化合物的锯架式改为纽曼投影式，将纽曼投影式改为锯架式。

(1) 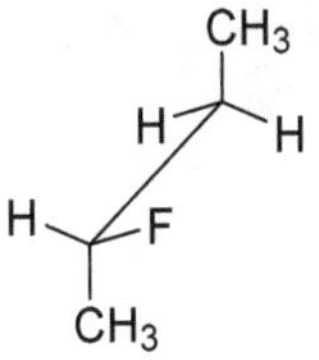

(2) 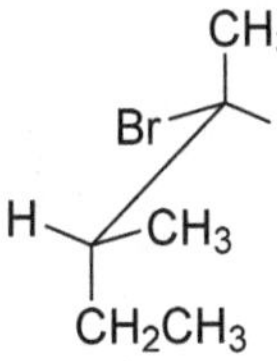

(3) 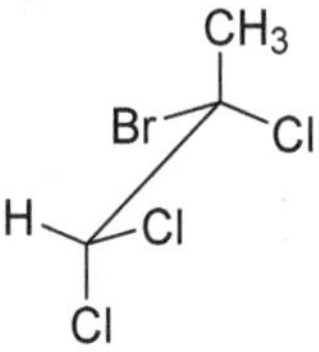

(4) 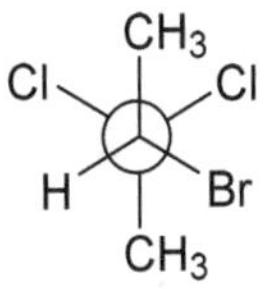

(5) 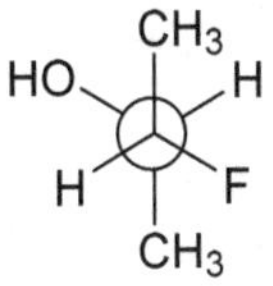

(6) 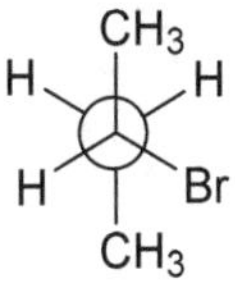

2-6　写出下列化合物的稳定构象。

(1) 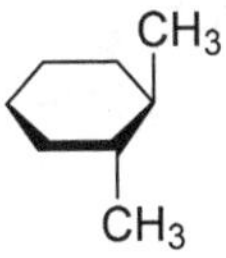

(2) 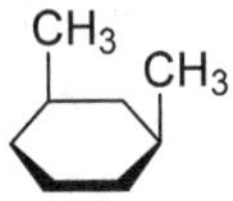

(3) 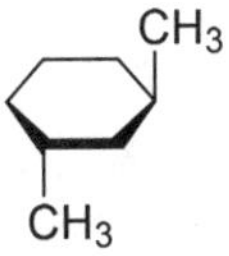

(4) 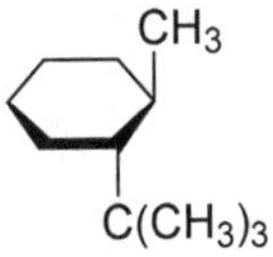

(5) 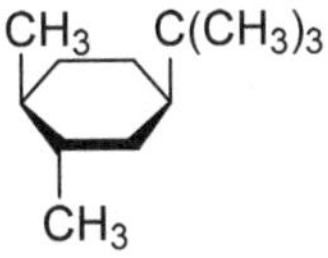

(6) 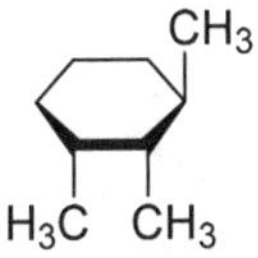

2-7　写出下列化合物可以形成的自由基，并将其按照稳定性进行排序。

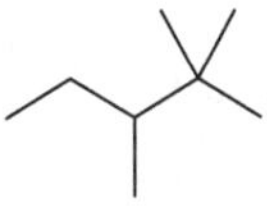

2-8　写出 C_5H_{12} 的所有同分异构体，并标出一级碳、二级碳、三级碳和四级碳。

2-9　将下列化合物按照沸点由低到高的顺序排列。

(1) ①丙烷；②戊烷；③2-甲基丙烷；④丁烷；⑤2-甲基丁烷。

(2) ①丙烷；②戊烷；③丁烷；④环丁烷；⑤环丙烷；⑥环戊烷。

2-10　在光照条件下，甲基环己烷与溴产生一溴代产物，写出主要产物的结构以及反应的

机理。

2-11 写出甲基环丙烷在下列条件下的产物。

(1) H_2，Pt/C，加热；

(2) Br_2，室温；

(3) Br_2，光照；

(4) HI；

(5) Cl_2，$FeCl_3$。

第3章 对映异构

一副手套的其中一只适合右手，另一只适合左手，如果交换过来则很别扭。原因是两只手互相对映，但又不能重合。如果物体具有类似于手套这样“适合左手”或“适合右手”的两种形式，称为具有手性。例如，入耳式耳机的左耳和右耳不能互换。有些乐器也具有手性，如单簧管，有相互对映的两种形式，分别适合右手为主和左手为主的演奏者。

人体内几乎所有的分子都具有手性，如氨基酸、糖类化合物、核酸等。由于这些手性分子，生命体内成千上万的化学反应可以很精确地发生，完成不同的生物功能。右旋香芹酮[(+)-carvone]是页蒿子油气味的主要成分，左旋香芹酮[(−)-carvone]是薄荷油气味的主要成分。这两种物质结构非常相似，但是气味很容易区分。因为它们分别作用于鼻内神经细胞外层的不同受体，就像左右手适合于不同的手套。达尔丰(darvon)是一种止痛药，与它结构相似的左丙氧芬(novrad)是一种止咳剂，也是因为在体内的作用位点不同，起到了不同的作用。因此，理解分子的手性对于了解化学反应、药物合成以及生物功能等很多方面都是非常重要的。本章主要介绍手性及与之相关的对映异构现象。

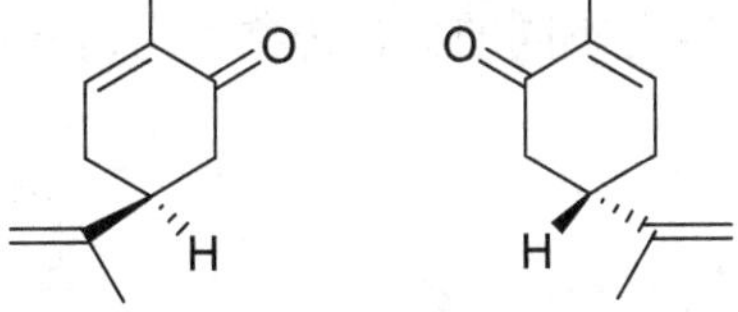

左旋香芹酮　　右旋香芹酮

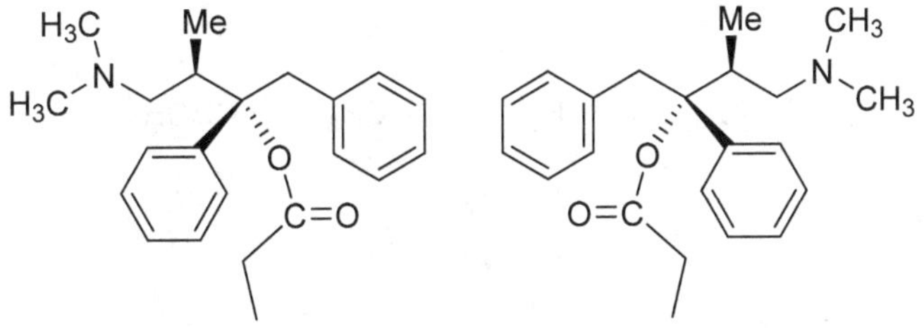

达尔丰　　左丙氧芬

3.1 构造异构和立体异构

3.1.1 构造、构型和构象

关于结构，可以从构造、构型和构象三个层次理解。

分子中原子的连接方式及次序称为分子的构造。

分子中原子或原子团在空间的排布方式称为构型，也就是分子的立体结构。

以甲烷为例，甲烷的构造只表示一个碳原子和四个氢原子成键，而甲烷的构型还表示这四个氢原子相对的空间位置，处于以碳原子为中心的正四面体的四个顶角。

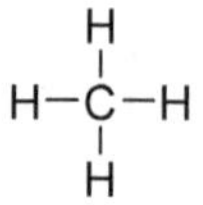
甲烷的构造

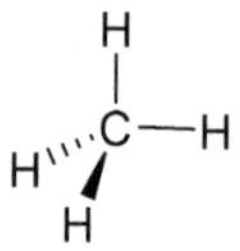
甲烷的构型

分子的构型是由碳成键时成键轨道的方向决定的。碳的 sp^3 杂化轨道四个轨道分别指向四面体的四个顶角，决定了成键后原子在空间的排列方式是正四面体。

σ 键可以自由旋转，且不影响键的强度，但在旋转过程中，分子中各原子及基团在空间的相对位置会发生变化，如乙烷碳碳 σ 键转动后，连在两个碳上的氢的空间位置会发生变化。

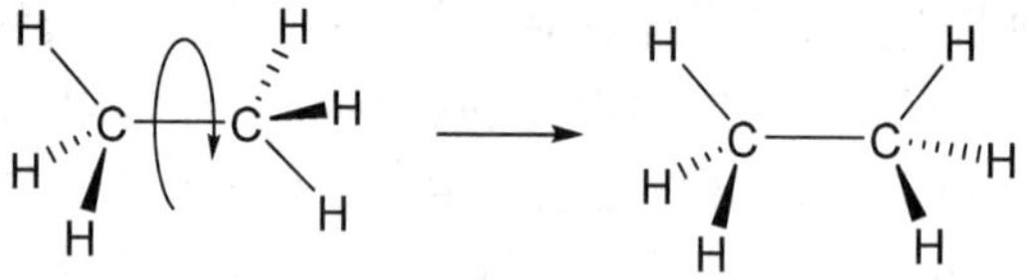

因围绕单键旋转而引起的分子中各原子在空间的瞬间排列方式称为构象。

3.1.2 同分异构体

同分异构体是分子式相同但结构不同的化合物。同分异构的概念也可以分为以下几个层次。

1. 构造异构体

构造异构体：分子式相同，构造不同的化合物称为构造异构体。构造异构又可以有以下几种不同的异构现象。

碳链异构　$CH_3—CH_2—CH_2—CH_3$　丁烷　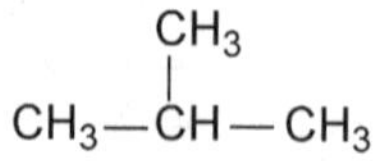　异丁烷

位置异构　$CH_3CH_2CH═CH_2$　丁-1-烯　$CH_3CH═CHCH_3$　丁-2-烯

官能团异构　$CH_3CH_2—OH$　乙醇　$H_3C—O—CH_3$　甲醚

互变异构　
酮式　烯醇式

2. 构型异构体

构型异构体：构造相同，原子或原子团在空间的排布不同。顺-1,4-二甲基环己烷和反-1,4-二甲基环己烷以及顺丁-2-烯和反丁-2-烯，它们原子的连接方式和次序是相同的，但是两个甲

基在空间的相对位置是不同的。

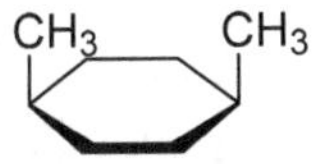

顺-1,4-二甲基环己烷

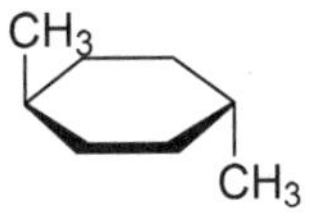

反-1,4-二甲基环己烷

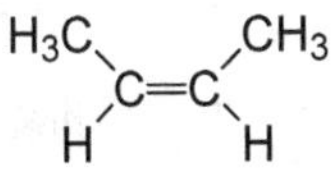

顺丁-2-烯

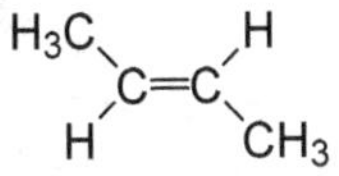

反丁-2-烯

3. 构象异构体

构象异构体：构造和构型相同，因围绕单键旋转而引起的分子中各原子在空间的排列方式不同。例如，乙烷的典型构象——交叉构象和重叠构象，环己烷的典型构象——椅式构象和船式构象。

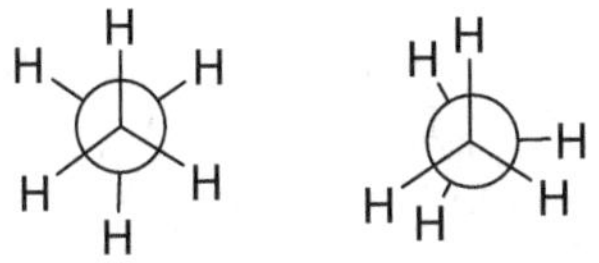

交叉式　　重叠式

乙烷的典型构象

椅式构象　　船式构象

环己烷的典型构象

构型异构和构象异构都涉及原子或原子团在空间的排列，也可以统称为立体异构体(stereoisomer)。

立体异构体：分子的构造相同，原子或原子团在空间的排列不同。

同样都是空间分布不同，构型异构和构象异构的差别是：构象异构只需键的转动，就可以实现两种构象异构体之间的转换。碳碳单键转动的能垒很低，构象异构体之间可以很快达成平衡，构象异构体之间不可以分离。

如果要使一个构型异构体转换成另一个构型异构体，必须有化学键的断裂与生成。构型异构体是可以分离的。

例如，顺-1,4-二甲基环己烷的两个构象可以通过环己烷碳碳键协同转动，相互转换。而顺-1,4-二甲基环己烷需要发生键的断裂才能得到反-1,4-二甲基环己烷。

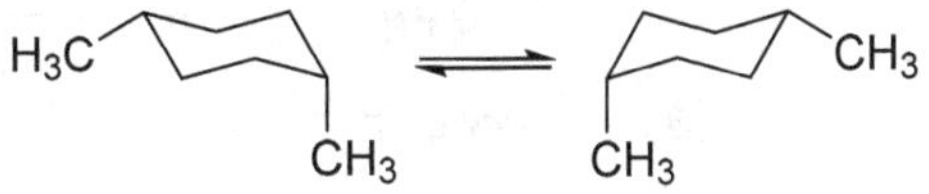

顺-1,4-二甲基环己烷的典型构象

构型异构除环上的顺反异构以及烯烃的顺反异构外，还有一种典型的构型异构是对映异构(enantiomerism)，也称为旋光异构(optical isomerism)。

3.2 对映异构和手性分子

3.2.1 手性

如图 3-1 所示，锥形瓶与它的镜像一样，可以完全重合，但是手却不同，镜子里右手的镜像和左手相同，但是左手和右手不能重合。所以，若一个物体与它的镜像不能重合，则这个物体具有手性。

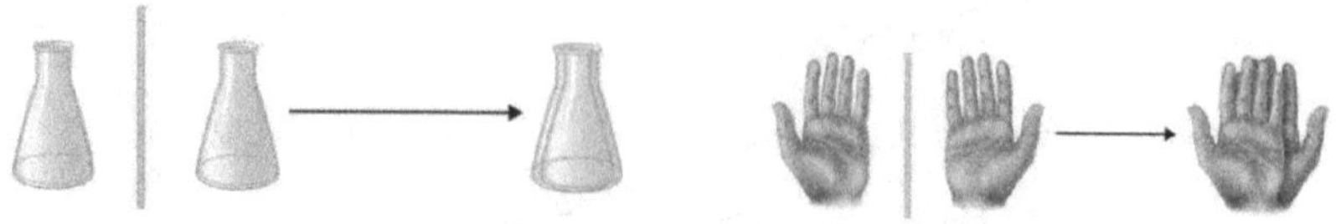

图 3-1　对称的锥形瓶和镜像的关系与左右手和镜像的关系

3.2.2　手性分子和对映异构体

甲烷和乳酸的构型如图 3-2 所示，如果甲烷上的氢换成四个不同的基团，四个基团在空间可以有两种排布形式，两种形式互为镜像但是不能重叠，代表了两种化合物。因为分子式相同，构造相同，只是空间排布不同，称为构型异构体。因为两种构型互为镜像，但不能重叠，将这类构型异构体称为对映异构体(简称对映体)。

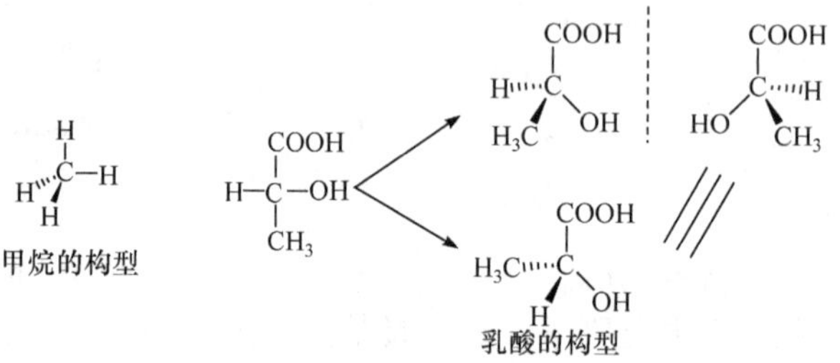

图 3-2　甲烷及乳酸的构型

2-氯丙烷和它的镜像是可以重合的，2-氯丁烷则和乳酸一样不能与它的镜像重合，如图 3-3 所示。2-氯丁烷和乳酸都有一个连着四个不同基团的碳。连接四个不同基团的碳称为手性碳，也称为不对称碳，通常以 C^*表示。当分子中含有一个手性碳时，此分子必然有手性，有一对对映异构体。

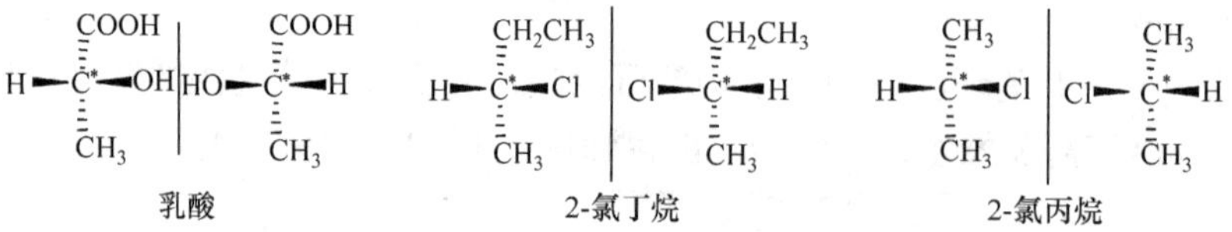

图 3-3　典型的手性分子

3.3　手性分子的立体结构特征

分子中有手性碳是分子具有手性的充分必要条件吗？2-氯丙烷没有手性碳，也没有手性，不存在对映异构。顺-1,3-二甲基环己烷有两个手性碳，但是它可以与自身的镜像重合，没有手性，不存在对映异构体。顺-1-溴-3-甲基环己烷也有两个手性碳，但不能与镜像重合，具有手性，存在一对对映体。

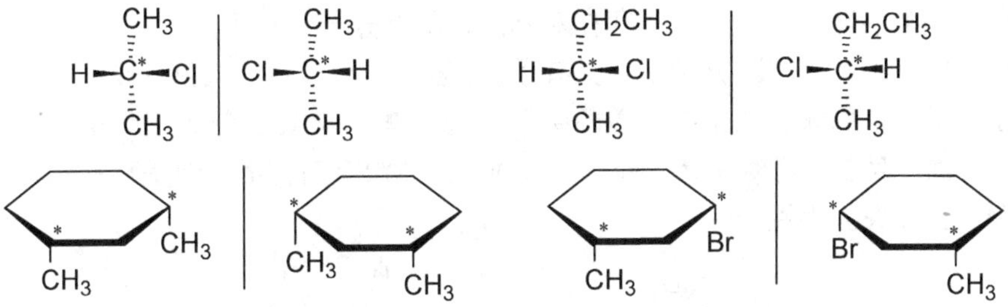

产生手性的原因是分子不能与其镜像重合，而不能与自身镜像重合的根本原因是分子的对称性不好。一个分子是否具有手性最根本应当从它的对称因素的缺失来判断。对称因素包括三个方面：对称面、对称中心和对称轴。

对称面：一个设想的平面，用它把分子切开，平面两侧是对称的。

对称中心：若分子中存在一个点，通过这个点画任意直线，如果在距离此点等距离的直线两端有相同的原子或基团，则称此点为分子的对称中心。

对称轴：分子围绕一个定轴旋转一定的角度(360°/n)后与原来的分子能够重合，这个轴称为 n 重对称轴，用 C_n 表示。

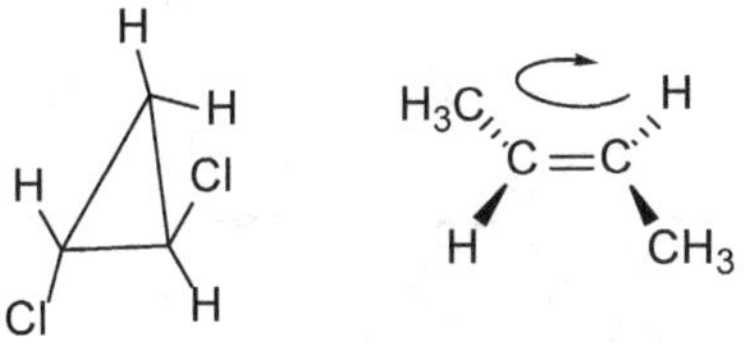

通常，可以根据分子是否具有对称面来判断分子是否具有手性，如图 3-4 所示。

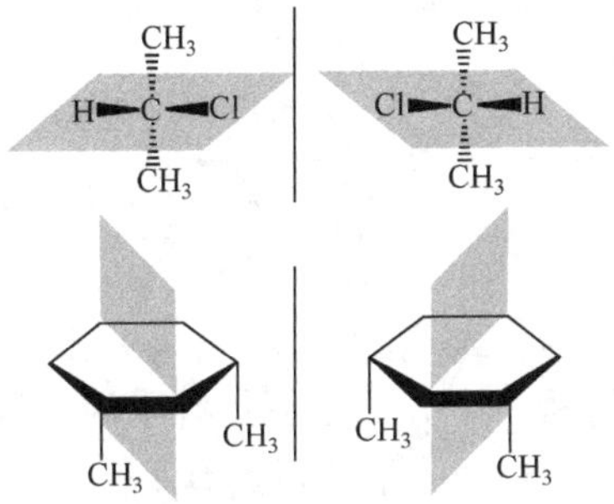

图 3-4 有对称面的分子

2-氯丙烷不是手性分子，以氯、C-2 及与 C-2 相连的氢三点作一个平面，平面两侧的两个甲基是对称的，这个平面是 2-氯丙烷的一个对称面。因为存在对称面，2-氯丙烷可以与其自身镜像重合，分子不具有手性。虽然顺-1,3-二甲基环己烷有两个手性碳，但是分子存在一个对称面，可以与自身的镜像重合，所以顺-1,3-二甲基环己烷也不具有手性。

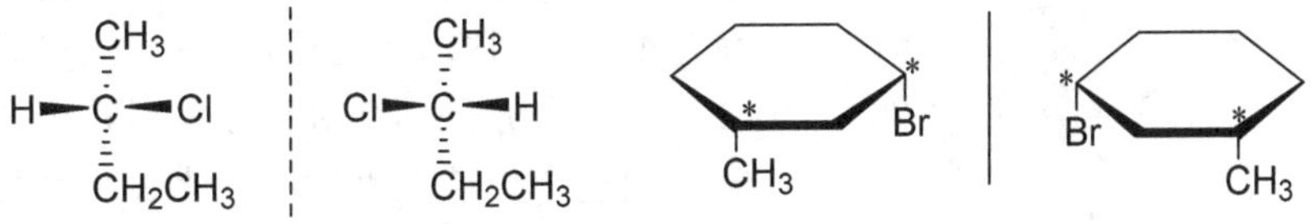

2-氯丁烷、1-溴-3-甲基环己烷却不存在这样的对称面，它们不能与自身镜像重合，具有手性。一个分子能够找到对称面，这个分子一定不是手性分子。分子中含有一个手性碳，分子具有手性。含有一个手性碳的分子，不存在对称面，所以分子具有手性。

对称中心也可以用于判断分子是否具有手性。若一个分子可以找到一个对称中心，则这个分子必定没有手性。例如，二聚氨基酸的两个取代基 R 可能处于顺式或反式。处于顺式时，分子没有对称面，存在一对对映体。处于反式时，虽然没有对称面，但是存在对称中心，可以与镜像重合，因此失去手性。

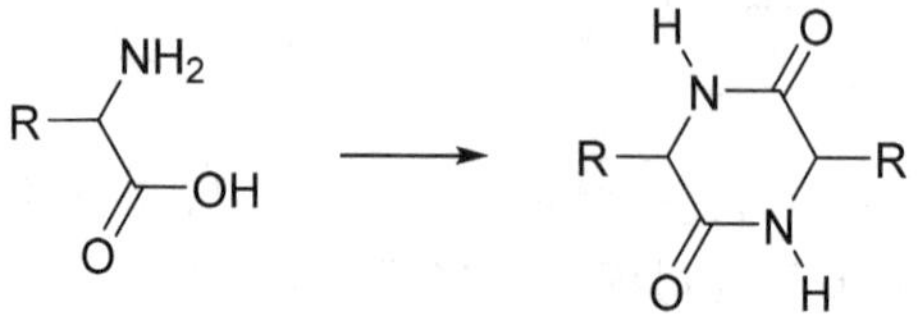

氨基酸　　二聚氨基酸

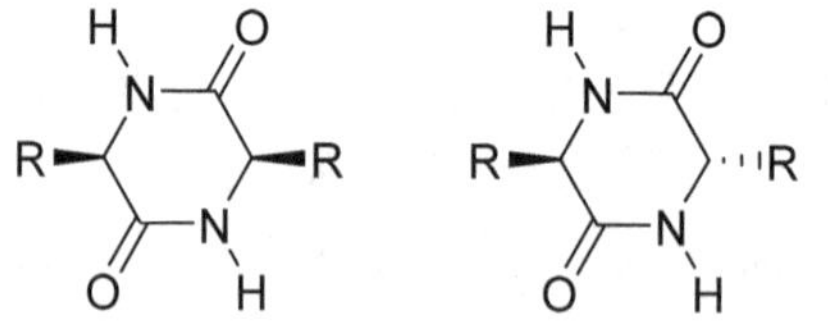

顺式　　反式

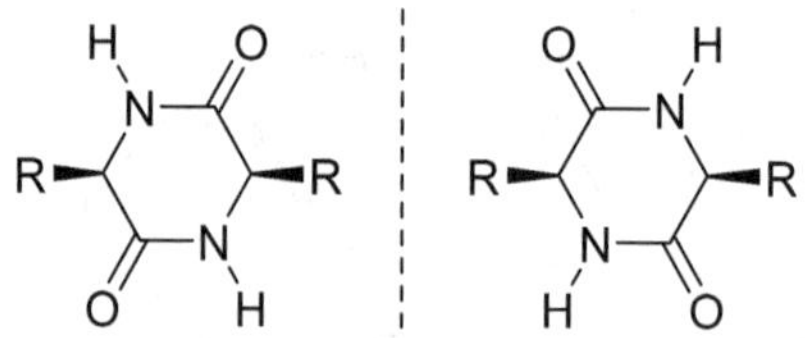

顺式的一对对映体

反式

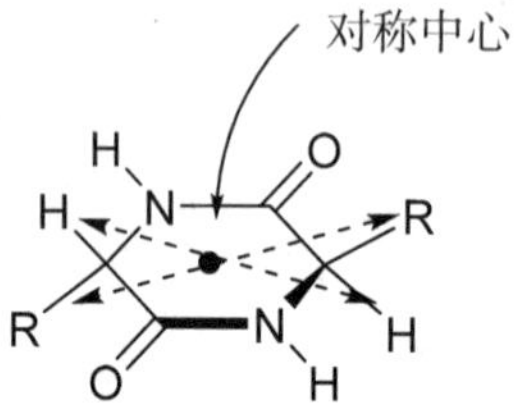

对称轴存在与否不能用来判断一个分子是否具有手性。但是交替对称轴可以用于判断分子是否具有手性。

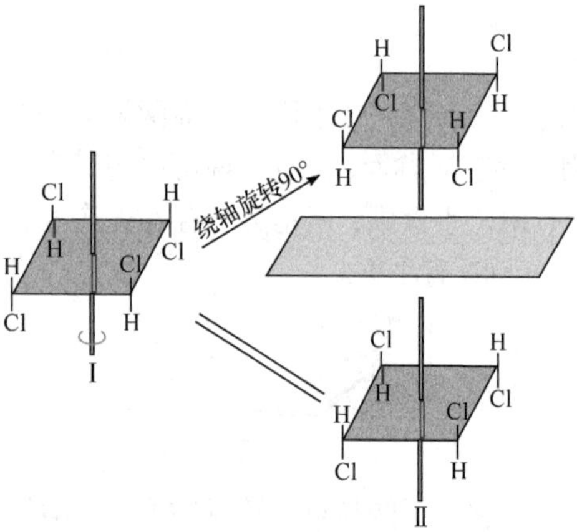

图 3-5　交替对称轴

交替对称轴：如果一个分子沿一根轴旋转了 360°/n 后，再用一面垂直于该轴的镜子将分子反称，所得的镜像若能与原分子重合，此轴即为该分子的 n 重交替对称轴，用 S_n 表示。

如图 3-5 所示，分子 I 沿对称轴旋转 90°后，经垂直于该对称轴的平面反称，所得镜像 II 与 I 可以完全重合，则这个分子具有一个 S_4 交替对称轴。

若一个分子具有对称面、对称中心或交替对称轴，则这个分子无手性。反之，一个分子若无对称面，无对称中心，也无交替对称轴，则这个分子具有手性。

一般情况下，交替对称轴与对称面或对称中心同时出现，只判断是否具有对称面或对称中心即可。

判断一个分子是否具有手性的原则：

(1) 是否可以与其镜像重合。

(2) 是否存在对称面。

(3) 若存在一个手性碳，则必然是手性分子，有一对对映体。若有多个手性碳，要具体分析是否有手性、有多少个异构体。

3.4　对映异构体的光学活性

物质的结构决定性质，异构体是不同的物质，它们在性质上会表现出差异。如表 3-1 所示，正戊烷、异戊烷和新戊烷中碳链的排列方式不同，沸点和熔点不同，发生自由基取代反应时，反应活性也有差别。

表 3-1　戊烷异构体的熔点和沸点

化合物	熔点/℃	沸点/℃
正戊烷	−130	36
异戊烷	−160	28
新戊烷	−17	9.5

一对对映异构体的熔点、沸点、溶解度等性质都相同，与非手性试剂发生反应的活性也相同。但在手性环境中，若与手性试剂发生反应，对映异构体能够体现出差别。在一个手性的溶剂体系，溶解度也可以显现出不同。对映异构体最明显直观的性质差异表现在对偏振光的作用上。

3.4.1　偏振光与旋光性

光是一种电磁波，一束普通的光是由在无数个垂直于传播方向的平面上振动的电磁波组成的。将普通的一束光通过一种起偏镜，只有在一个平面振动的电磁波能够通过，这种只在一个平面上振动的光称为偏振光(图 3-6)。

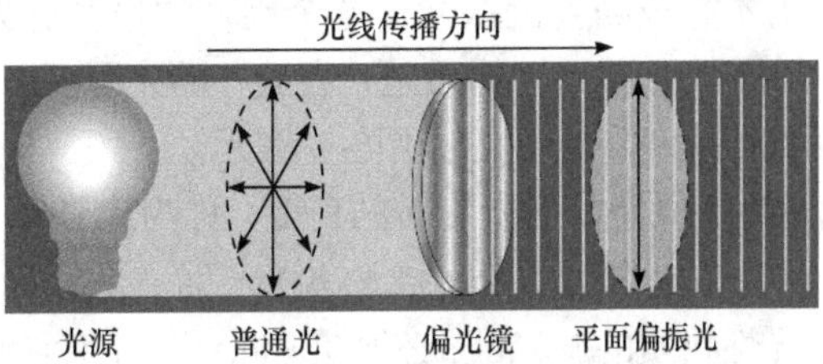

图 3-6　普通光在各个方向振动的截面图和偏振光

当偏振光经过某些物质后，偏振光振动平面的角度会发生旋转，则称这种物质具有旋光性(图 3-7)。

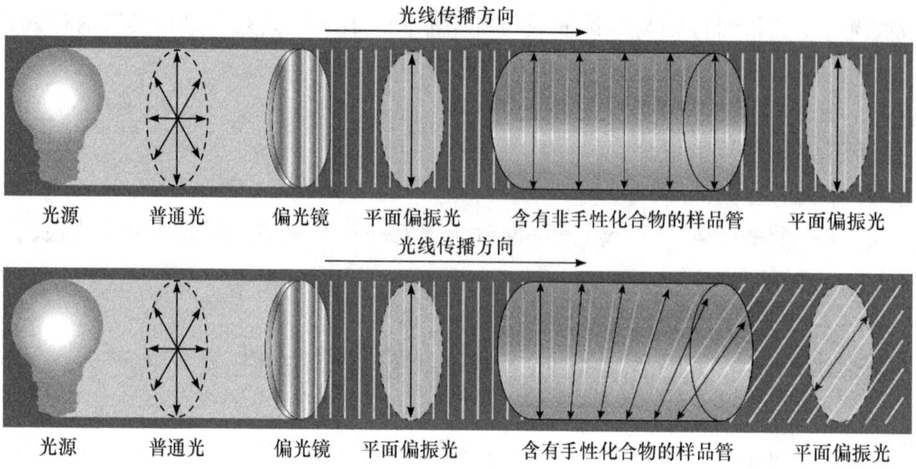

图 3-7　偏振光偏转

当一束偏振光经过一种对映异构体时，偏振光的振动平面会旋转。偏振光分别通过一对对映体时，偏振光旋转的角度相同，但方向相反。所以，对映异构也被称为旋光异构。使偏振光向顺时针方向偏转，称为“右旋”，表示为(+)；使偏振光向逆时针方向偏转，称为“左旋”，表示为(–)。

3.4.2　旋光仪与比旋光度

检测光学活性物质旋光性的仪器称为旋光仪。旋光仪的测量示意图如图 3-8 所示。

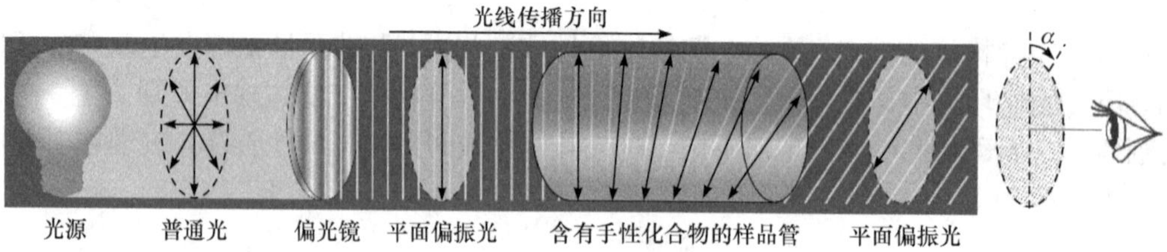

图 3-8　测量示意图

旋光仪主要包括光源、起偏镜、盛液管、检偏镜和量度角度的标尺。检偏镜和起偏镜作用相同，起偏镜固定不动，检偏镜可以转动。如果盛液管中没有光学活性物质，起偏镜和检偏镜平行放置，从检偏镜一侧可以观测到偏振光。如果盛液管中存在光学活性物质，则检偏镜需要转一定角度，从检偏镜一侧才能观测到偏振光。这个旋转的角度称为旋光度(α)。测量时，若检偏镜是顺时针旋转的，则称该光学活性物质是“右旋”的，用($+\alpha$)表示；若检偏镜是逆时针旋转的，则称该光学活性物质是“左旋”的，用($-\alpha$)表示。

通过旋光仪测得的旋光性物质使偏振光旋转的角度，称为旋光度，用“α”表示。旋光度与偏振光经过旋光性物质溶液时与之作用的分子数量有关。而盛液管的长度和液体的浓度与分子数量有关。为了比较不同旋光性物质的旋光性，必须知道同一条件下它们的旋光度。在 $c = 1$ g/mL、$L = 10$ cm 的条件下，物质的旋光度称为比旋光度，用“$[\alpha]$”表示。

$$[\alpha] = \frac{\alpha}{c \cdot l} \tag{3-1}$$

其中，$[\alpha]$是比旋光度；α 是测得的旋光度；c 是液体的浓度，以 g/mL 为单位；l 是盛液管的长度，以 dm 为单位(1 dm = 10 cm)。

测得的旋光度还与测量时的温度及光的波长有关，通常比旋光度也表示为$[\alpha]_{\lambda}^{t}$。例如，比旋光度表示为$[\alpha]_{\mathrm{D}}^{25}=3.12$，含义是在25℃下，以D光(钠光谱中$\lambda=589.6\ \mathrm{nm}$的光)为光源测得的比旋光度为3.12。

与物质的熔点、沸点、相对密度、折光指数等物理常数一样，比旋光度是旋光性物质的一个物理常数，定量地表示旋光性物质的旋光特性。

3.5 对映异构体的表示方法

分子中的原子在空间的分布可以用以下几种方法表示。

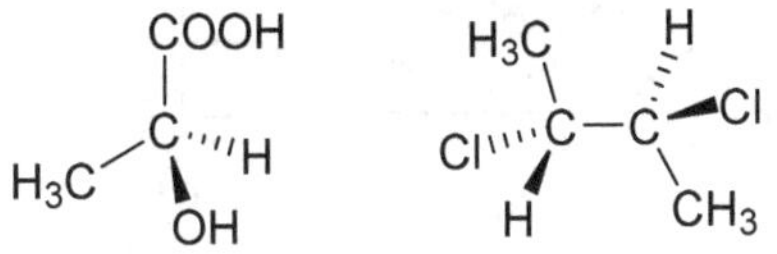

楔形透视式

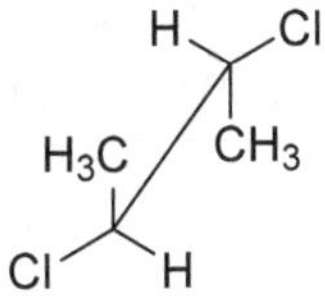

锯架式

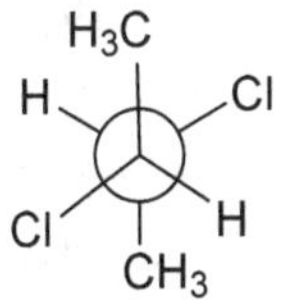

纽曼投影式

锯架式和纽曼投影式通常用来表示相邻两个碳原子所连基团的空间分布情况。对于长链分子，也可以用键线式表示，用透视形式标出特定碳的构型，如：

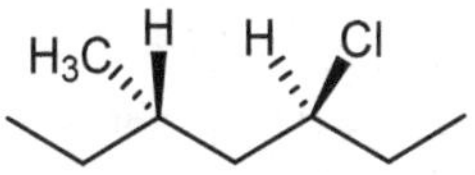

费歇尔投影式(Fischer projection)也可以表示对映异构体的空间分布。对于分子中有多个手性碳的异构体，费歇尔投影式更简单直观。费歇尔投影式的规则是：

(1) 垂直方向观察碳链，并将命名时编号小的碳放在下面。

(2) 投影时将与手性碳原子相连的横着的两个键朝前，竖着的两个键朝后，横线和竖线的交叉点代表手性碳原子。

以乳酸的异构体为例，从图3-9中所示方向观察，碳链竖着向后伸展，另两个基团横着向前伸展，投影所得的式子是费歇尔投影式，H和—OH是离开纸面向前，—COOH和—CH_3指向纸面后。

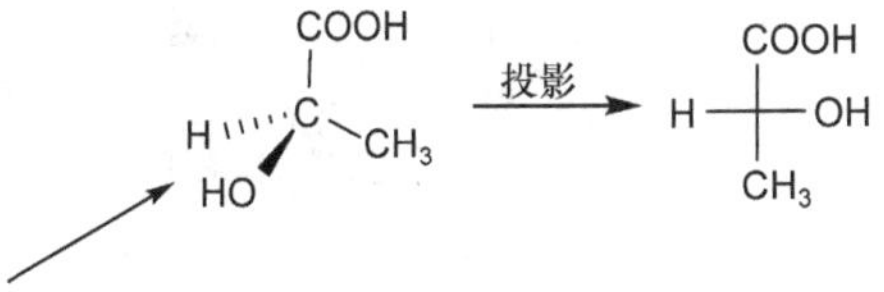

图3-9 乳酸的异构体结构

如果有多个手性碳，同样可以用这种方法表示它的空间分布。例如，3,4-二溴丁烷的两个对映异构体A和B：将横向的碳链竖起来，碳碳键在纸面上或链指向纸面的后面，连在碳链上的基团指向纸面的前面，从纸面前方投影，得到费歇尔投影式。

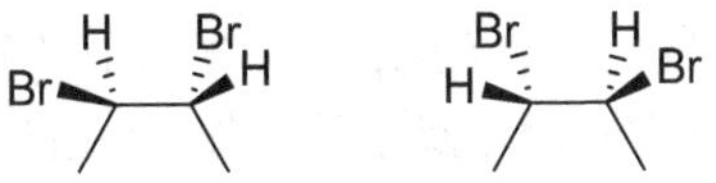

A B

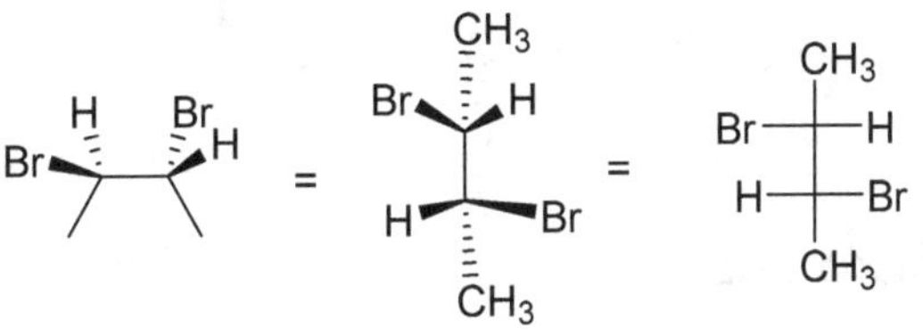

A A A

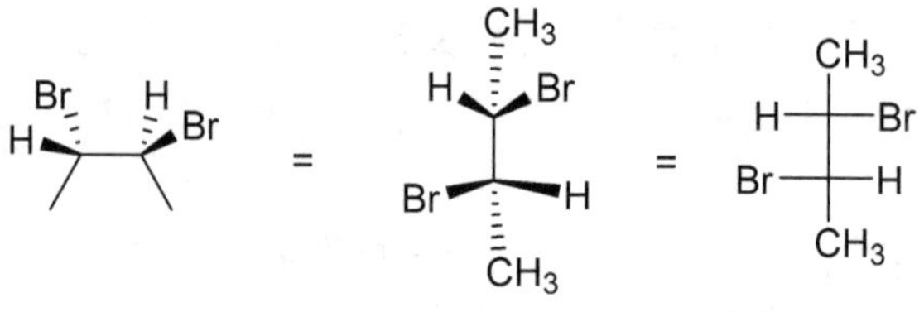

B　　　　B　　　　B

需要注意的是，一个费歇尔投影式转动后，不一定还表示原来的立体结构。在平面内转动时，只有转动 180°，表示的还是原来的空间结构，不能以其他角度转动。若离开平面转动 180°，则所得的式子表示的是其对映体。

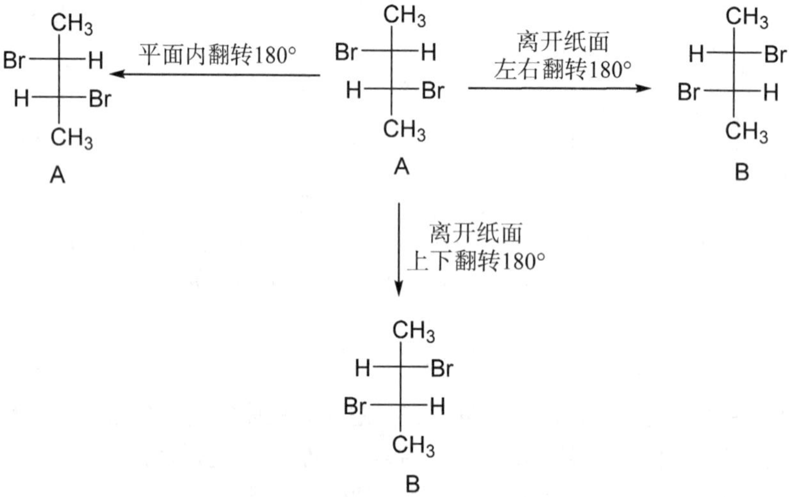

若有多个手性碳，费歇尔投影式可以按照同样的方法书写。

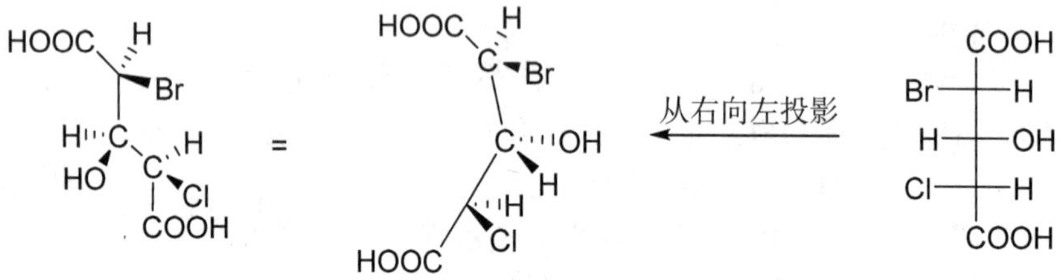

3.6　构型的标记

对映体 A 和 B，若只是命名为 3-甲基己烷，则根据这个名字，可以写出这两种构型，要想确定是其中哪种异构体，必须将手性中心的构型标记出来。标记的方法有 *R*/*S* 标记和 D/L 标记两种。

A　　　　B

3.6.1　基团的定序规则和 *R*/*S* 标记

用 *R*/*S* 来标记手性化合物时，需要将与手性碳相连的基团排序，定序规则如下：

(1) 原子序数大的优先，同位素质量大的优先，与基团体积无关。

—Br＞—Cl＞—OH＞—NH_2＞—CH_3＞D＞—H

(2) 若第一个原子的原子序数相同，则比较与第一个原子相连的其他原子的原子序数，按照原子序数大小排列顺序。若仍相同，则继续比较支链。

若甲基—CH_3与乙基—CH_2CH_3第一个原子相同，都是碳原子，则比较与这两个碳相连的基团。甲基上与碳相连的基团是(H，H，H)，乙基上与碳相连的是(C，H，H)，碳比氢的原子序数大，所以乙基要比甲基排序优先。

(3) 对于含有双键或三键的基团，可以看作两个或三个单键。

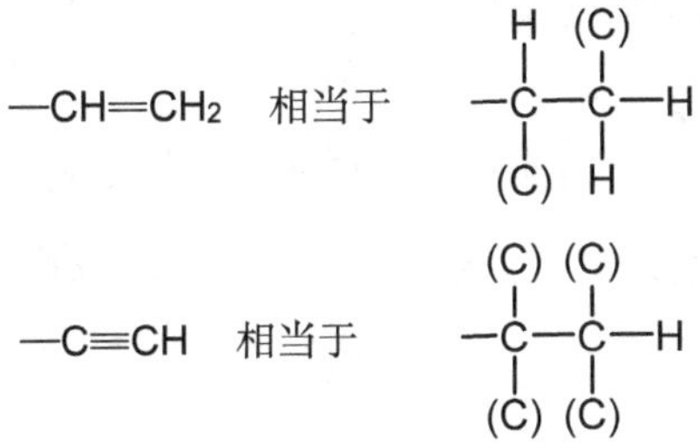

所以乙烯基(—CH═CH_2)要优先于异丙基(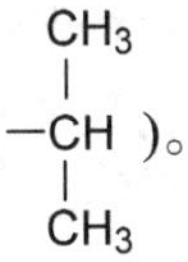)。

手性碳的标记规则如下：

(1) 将与手性碳原子相连的四个原子或基团，根据定序规则排列，优先基团(较大基团)在前。

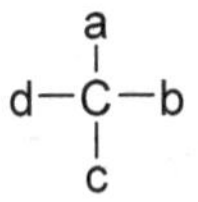

a>b>c>d

(2) 将最小的基团 d 远离视线，沿着 d 方向看去。

若由大到小(a→b→c)为顺时针，则构型为 *R*。

若由大到小(a→b→c)为逆时针，则构型为 *S*。

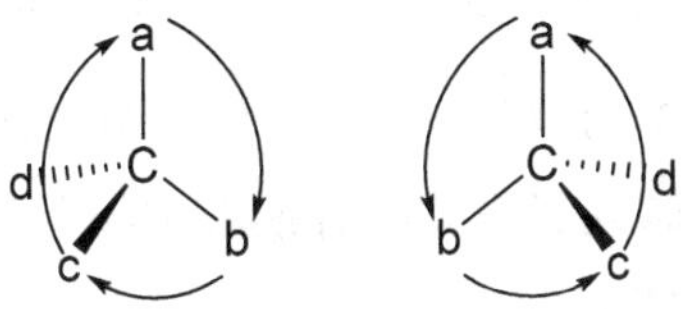

*R*型　　*S*型

例如，乳酸分子手性碳所连四个基团按照定序规则排序为—OH＞—COOH＞—CH_3＞—H，下面两个构型分别为 *R* 型和 *S* 型，命名时将构型同时标出，根据名字可以写出分子确定的构型。

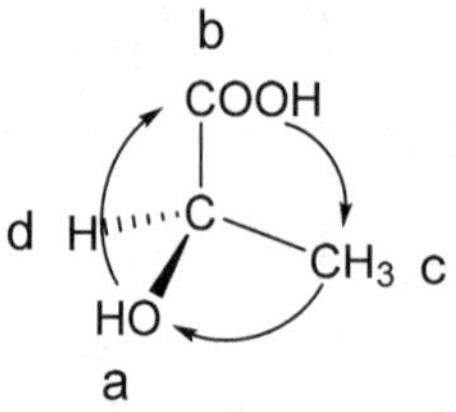

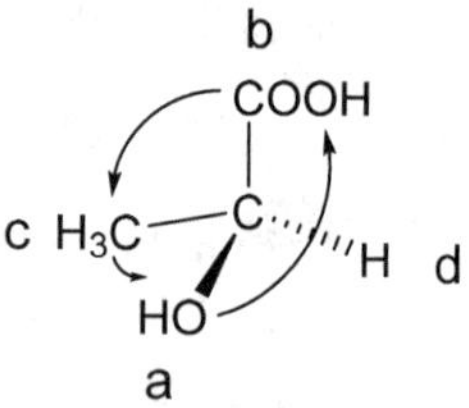

(*R*)-2-羟基丙酸　　(*S*)-2-羟基丙酸

需要注意的是，构型标记为 *R* 或 *S* 与旋光物质是左旋(−)还是右旋(+)没有关系。所以命名时，有时也将旋光方向一起给出。

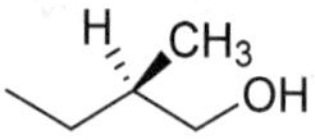

(*R*)-(+)-2-甲基丁-1-醇

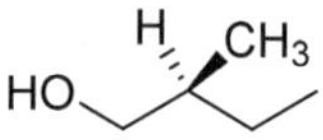

(*S*)-(−)-2-甲基丁-1-醇

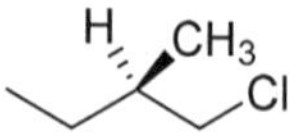

(*R*)-(−)-1-氯-2-甲基丁烷

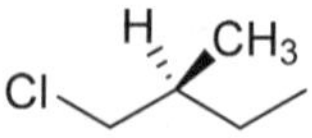

(*S*)-(+)-1-氯-2-甲基丁烷

3.6.2　D/L 标记

D/L 标记是以甘油醛为标准来标记其他与甘油醛相关联的手性化合物相对构型的一种方法。在借助 X 射线单晶衍射技术可以确定分子的构型前，早期人们是无法确定手性分子的绝对构型的，也无法将能够画出的构型与旋光方向联系起来。为了便于研究，费歇尔指定甘油醛的投影式中，H 在左边、OH 在右边的为“右旋”，标记为 D 型；另一个 H 在右边、OH 在左边的为“左旋”，标记为 L 型。其他手性分子通过不涉及手性碳四个键断裂的化学反应与甘油醛关联，得到与 D-或 L-甘油醛相关的一系列化合物，因为与手性碳相关的化学键不断裂，手性碳的构型式保持不变。例如，D-(−)乳酸是通过氧化还原等一系列反应关联。虽然指定右旋的甘油醛为 D 型，但是 D/L 标记同样不能确定实际的旋光方向，所以通常前面也用(+)或(−)来表示旋光方向。

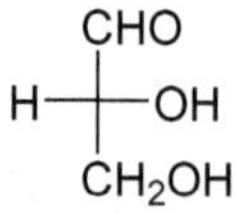

D-(+)-甘油醛

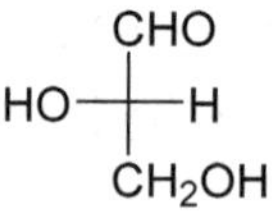

L-(−)-甘油醛

D/L 标记对于含有多个手性碳或者不能与甘油醛关联的化合物不适用。糖类和氨基酸还保留这种标记方法，其他则用 *R*/*S* 标记法。

3.7　含有多个手性碳原子的立体异构

分子中含有一个手性碳，则这个分子是手性分子，有一对对映异构体。当存在多个手性碳时，由手性碳引起的立体异构体最多是 2^n 个，其中 n 是手性碳的个数。

3.7.1 含有两个不同手性碳的分子

氯代苹果酸有两个手性碳，可以有四种异构体。

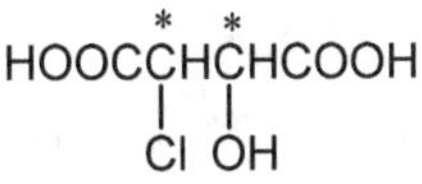

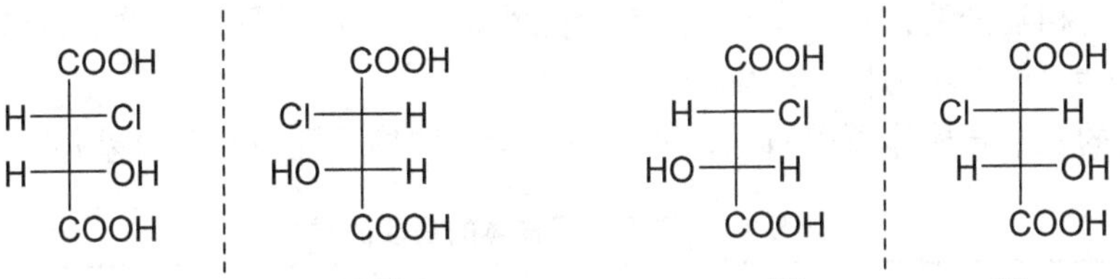

(1) (2) (3) (4)

氯代苹果酸

以上四个结构中，(1)和(2)互为镜像，但是不能重叠，所以它们是一对对映体。同样，(3)和(4)也是一对对映体。异构体(1)和(3)，它们在空间的排布不同，但不互为镜像，称为非对映异构体。(1)和(4)也是非对映异构体。同样，(2)和(3)、(2)和(4)也是非对映异构体。

非对映异构体不仅旋光能力不同，物理、化学性质也不同，如熔点、沸点、溶解度等。

3.7.2 含有两个相同手性碳的分子

酒石酸 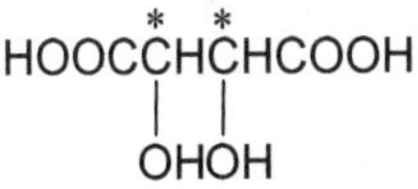 也有两个手性碳，与氯代苹果酸不同，酒石酸的两个手性碳所连的基团一样。其也可以写出 4 种结构，其中(1)和(2)是对映体。(3)和(4)虽然互为镜像，但可以重叠，实际上是一种空间排布，没有手性。因此，酒石酸虽然也有两个手性碳，但是只有三个异构体。其中(1)和(2)是对映异构体，(3)与(1)和(2)是非对映异构关系。

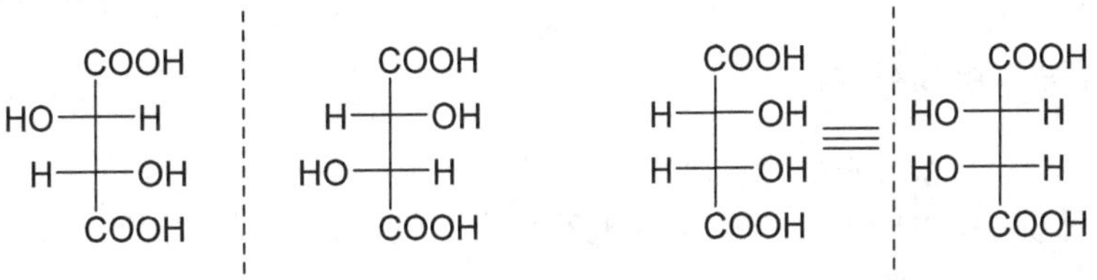

(1) (2) (3) (4)

酒石酸

若一个分子和它的镜像能够重叠，则分子不具有手性。(3)的镜像(4)可以和(3)重叠，所以不具有手性。另外，产生手性的根本原因是对称性差，对称元素缺失，所以手性分子是没有对称面的。但是，酒石酸的异构体(3)，有一个对称面，从这个方面，也说明它不是一个手性分子。

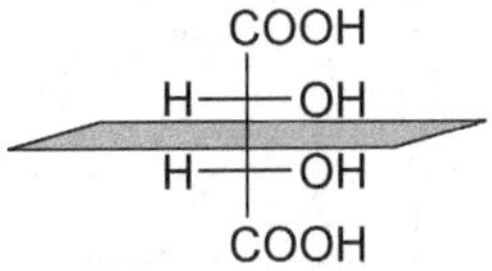

异构体(3)称为内消旋体。内消旋体有手性中心，但分子存在对称因素，没有手性，即内消旋体为没有旋光性的化合物，一般在名称前加前缀“*meso-*”表示。

根据费歇尔投影式的投影规则，费歇尔投影式所代表的构象是能量最高的不稳定重叠式构象，理论上应该是交叉构象更有利。在内消旋酒石酸交叉式构象中，虽然没有对称面，但是有对称中心，所以可以与自身的镜像重合，没有手性，没有旋光性。

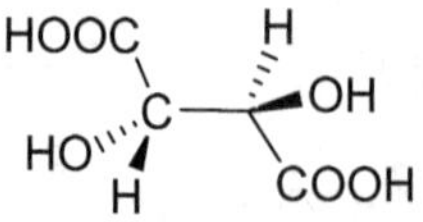 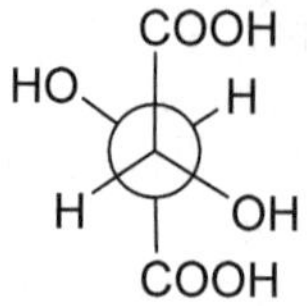

对于其他构象，总是可以找到一对对映的构象，在室温下，各种构象不停变换，相互对映的构象的旋光性相互抵消，整个分子不具有旋光性。因此，可以只用费歇尔投影式的对称性来判断分子的手性，而不考虑构象的影响。

从酒石酸的三个异构体可以看出，非对映异构体的物理性质有明显差别，见表 3-2。

表 3-2　酒石酸异构体的物理性质

异构体的结构	熔点/℃	相对密度(20℃)	在水中的溶解度/(g/100 mL 水)	pK_{a1}	pK_{a2}
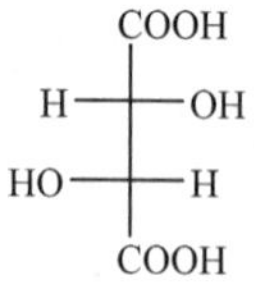	171～174	1.76	139	2.98	4.34
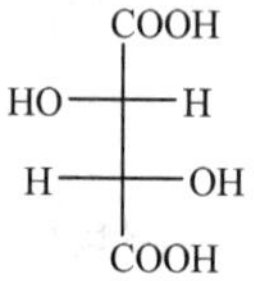	171～174	1.76	139	2.98	4.34
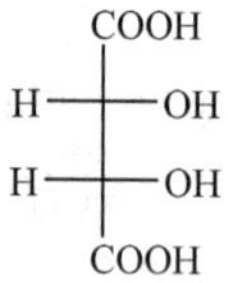	146～148	1.66	125	3.23	4.82

3.7.3　含有三个手性碳的分子

2,3,4-三氯己烷 $CH_3\overset{Cl}{\overset{|}{C}}H—\overset{Cl}{\overset{|}{C}}H—\overset{Cl}{\overset{|}{C}}HC_2H_5$ 有三个手性碳，可以写出 8 个异构体：

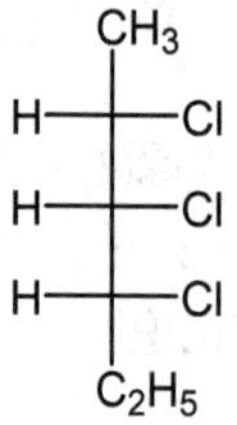
(Ⅰ)

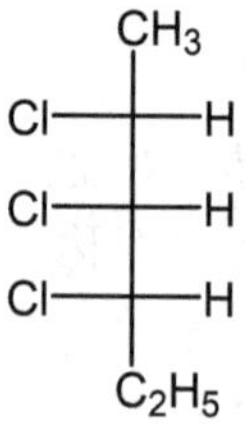
(Ⅱ)

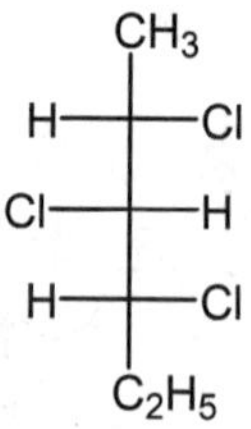
(Ⅲ)

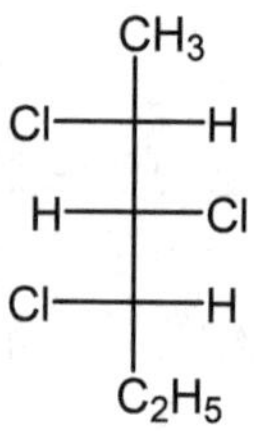
(Ⅳ)

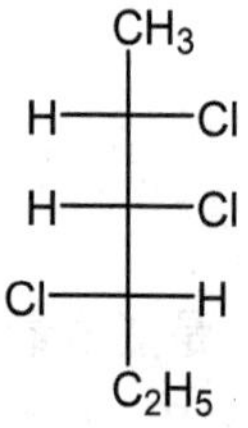
(Ⅴ)

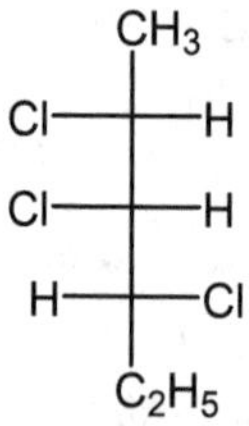
(Ⅵ)

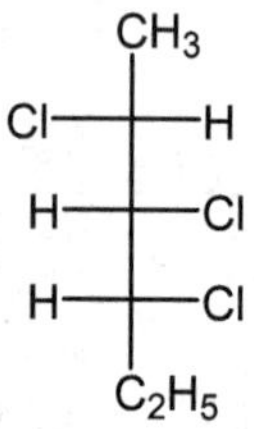
(Ⅶ)

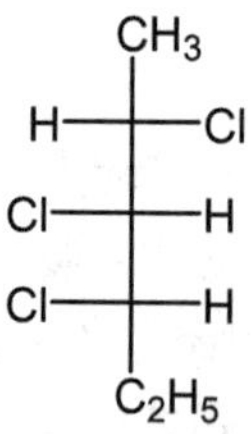
(Ⅷ)

(Ⅰ)和(Ⅱ)、(Ⅲ)和(Ⅳ)、(Ⅴ)和(Ⅵ)、(Ⅶ)和(Ⅷ)互为对映异构体。

2,3,4-三氯戊烷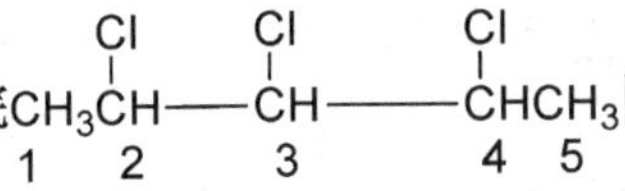同样有三个手性碳，C-2 和 C-4 两个手性碳所连的基团是相同的，也可以写出 8 个费歇尔投影式：

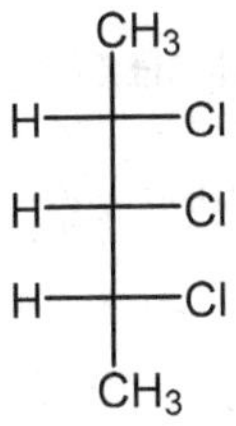
(Ⅰ)

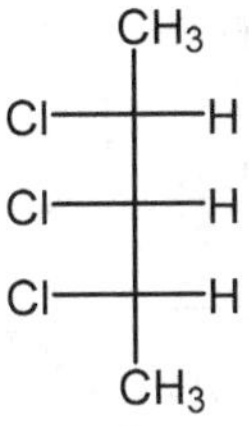
(Ⅱ)

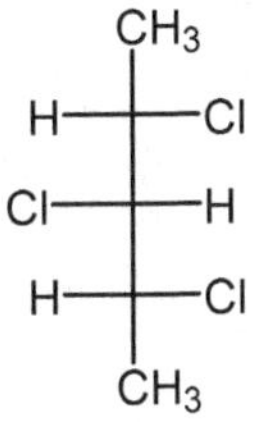
(Ⅲ)

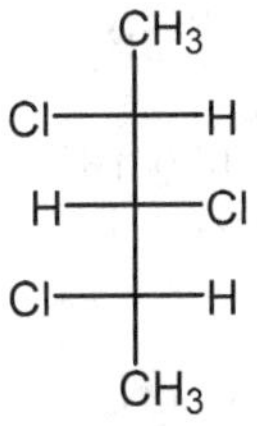
(Ⅳ)

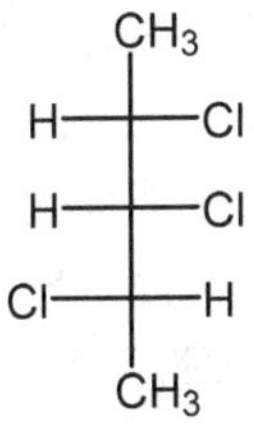
(Ⅴ)

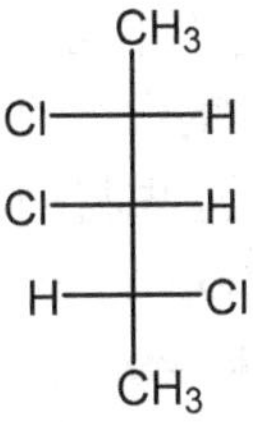
(Ⅵ)

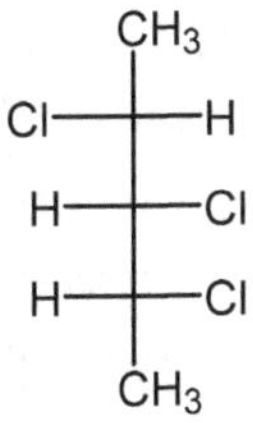
(Ⅶ)

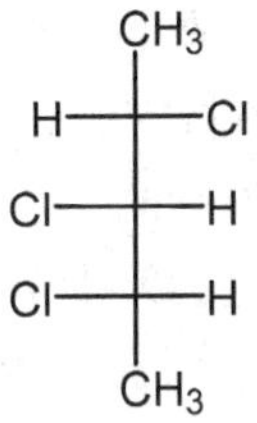
(Ⅷ)

由于 C-3 和取代相同的不对称碳原子 C-2 和 C-4 相连，(Ⅰ)和(Ⅱ)、(Ⅲ)和(Ⅳ)、(Ⅴ)和(Ⅷ)、(Ⅵ)和(Ⅶ)是相同的，实际上只有以下 4 种立体异构体。

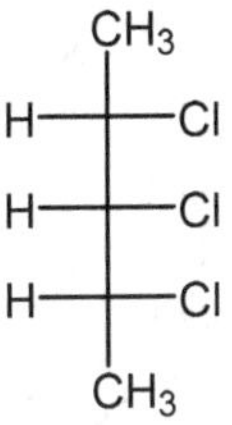
(Ⅰ)

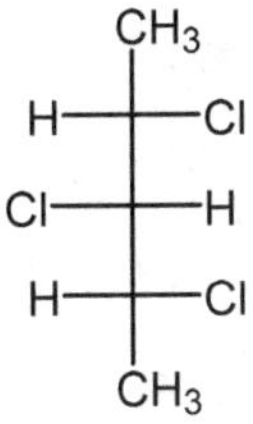
(Ⅱ)

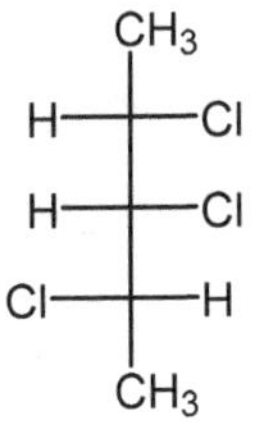
(Ⅲ)

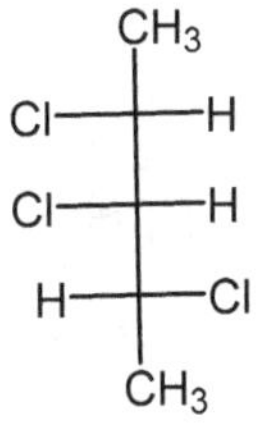
(Ⅳ)

其中，(Ⅰ)和(Ⅱ)是内消旋体，(Ⅲ)和(Ⅳ)是对映体。(Ⅰ)和(Ⅱ)中，C-2 和 C-4 的构型不同，C-3 是不对称的，(Ⅲ)和(Ⅳ)中 C-2 和 C-4 的构型相同，C-3 是对称的。

总之，由手性碳引起的立体异构体数最多是 2^n 个，若手性碳连接的四个基团中，存在相同的两个手性碳原子，且若这两个手性碳构型相反，则整个分子会有对称面，实体和镜像重合，立体异构体数目减少。含有奇数碳原子的这类分子，立体异构体数目是 2^{n-1}，n 是手性碳的数目。

3.7.4　外消旋体、外消旋化及拆分

将等量的一对对映体混合，则这个混合物不具有旋光性，称为外消旋体(racemate)。用(±)表示等量的右旋体和左旋体的混合物。例如，(±)-2-溴丁烷表示 2-溴丁烷的一对对映体等量混合。

一个纯的光学活性物质(右旋或左旋)，如果在发生化学反应时，体系中有一半的量发生了

构型转化，则变成外消旋体。光学活性物质转变为外消旋体的过程称为外消旋化(racemization)。在下面的反应中，具有光学活性的反应物经过自由基取代反应后，其中一半发生构型翻转，则最终产物失去光学活性，变成外消旋体。

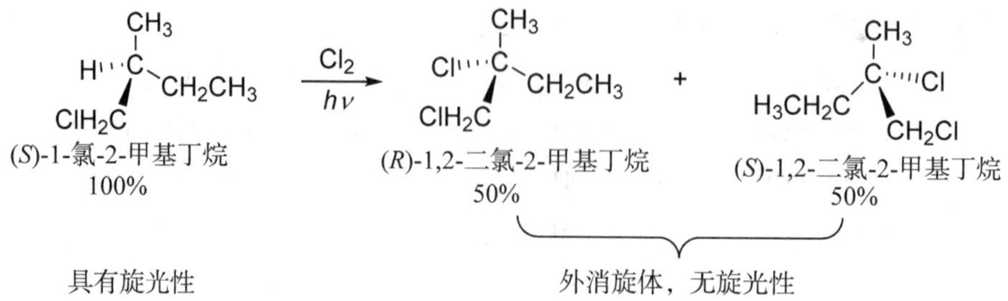

将外消旋体分离为纯的左旋体和右旋体的过程称为拆分(resolution)。

一对外消旋体在非手性环境中，物理和化学性质相同，普通的分离方法如蒸馏、重结晶无法将其分开。必须将它们转化成物理性质上有差别的混合物，才能实现分离。非对映体在物理化学性质上是有差别的。化学拆分法是利用化学反应先将外消旋体变成非对映体的混合物，然后利用物理性质上的差别进行分离，再将非对映体分解，得到两个纯净的对映体。例如，可以利用酸碱反应将外消旋体转变为非对映体的盐，利用非对映体物理性质的差别，将两种盐分开，再加入强酸或碱将盐分解，得到纯净的左旋和右旋的酸性物质。

例如，外消旋的 α-苯乙胺可以用右旋的酒石酸来拆分。

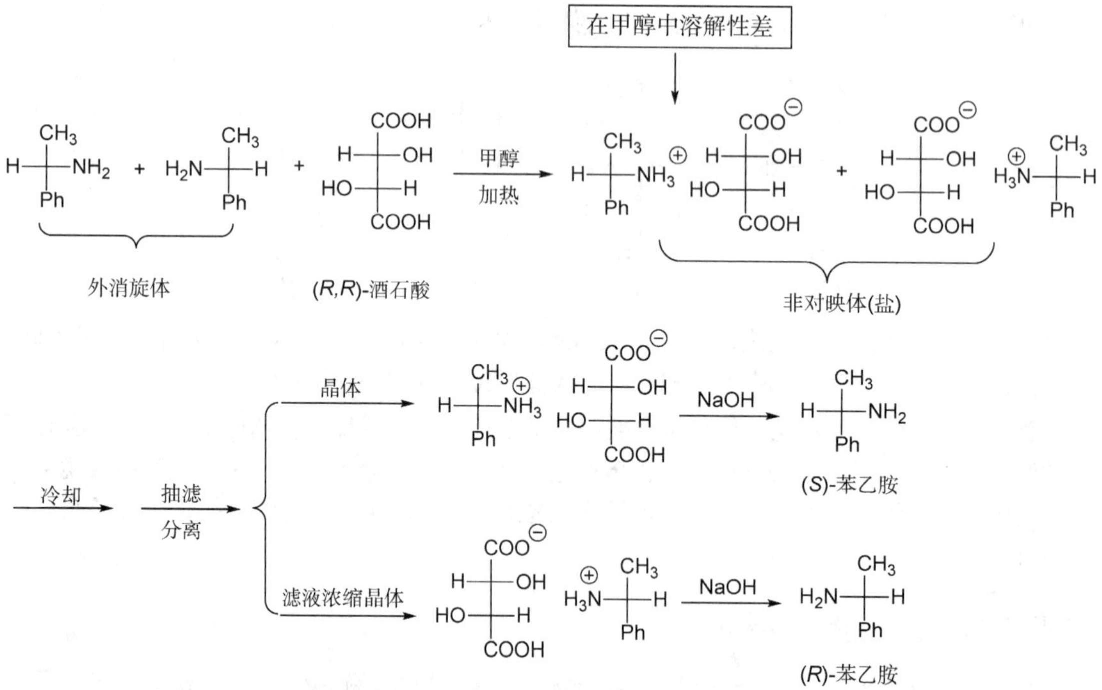

其他拆分方法还有酶解法及诱导结晶拆分。酶对底物具有严格的立体选择性，可以利用酶和对映体反应速率的差别，达到拆分的目的。诱导结晶是在一个热的外消旋体溶液中加入其中一种纯光学活性异构体的晶体，冷却到一定温度时，有晶种的异构体会首先结晶出来。

3.8　环状化合物的立体异构

环状化合物除可以产生顺反异构外，还可能有对映异构体产生。例如，1,2-二甲基环丙烷，两个甲基可以在环的一侧，也可以在环的两侧，称为顺式和反式。顺式异构体和它的镜像可以重合，而反式异构体却不能和它的镜像重合，有对映异构体。因此，1,2-二甲基环丙烷有三个立体异构体。

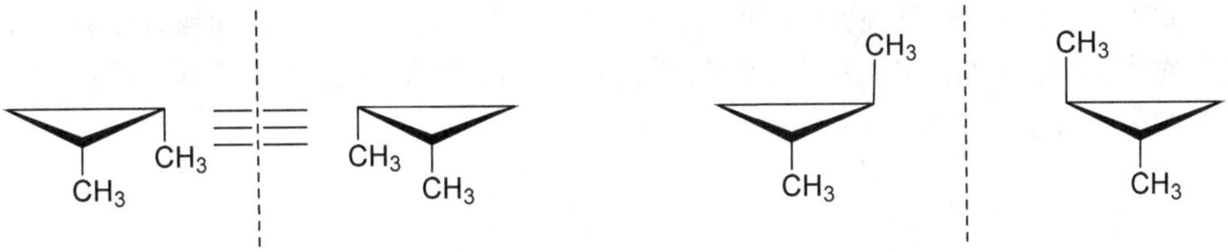

除了三元环是平面的，其他环状化合物都是非平面的，但是也可以根据它们的平面结构判断是否具有手性。

六元环通常以椅式构象存在，单独观察顺-1,2-二甲基环己烷的稳定构象Ⅰ或Ⅱ，并不存在对称面，也没有对称中心。若将构象Ⅱ沿着轴旋转 120°，则它们互为镜像，构象外消旋体，整个分子没有手性。

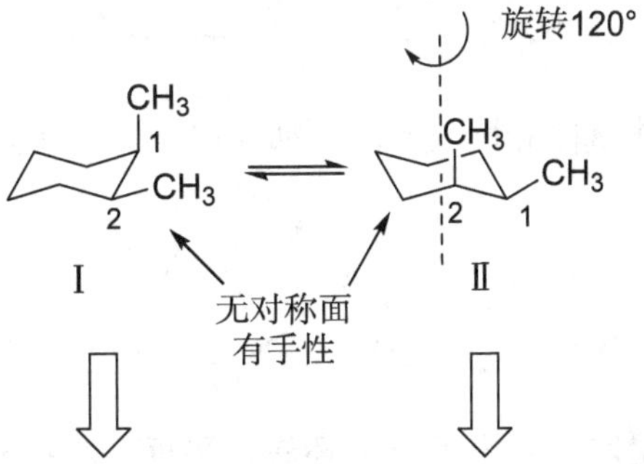

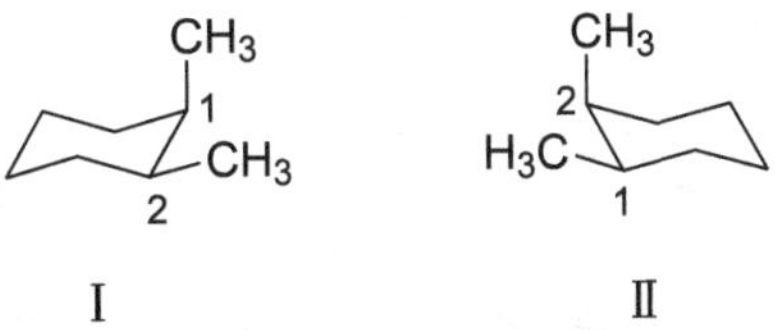

若将六元环看作平面，则顺-1,2-二甲基环己烷具有一个对称面，也可以判断没有手性。所以，单环化合物是否有旋光性可以通过其平面式的对称性来判别，凡是有对称中心和对称面的单环化合物均无旋光性，反之则有旋光性。

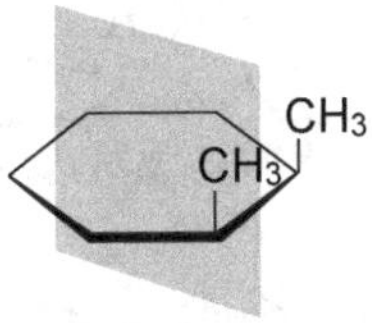

反-1,2-二甲基环己烷平面式没有对称面和对称中心，所以有一对对映体。

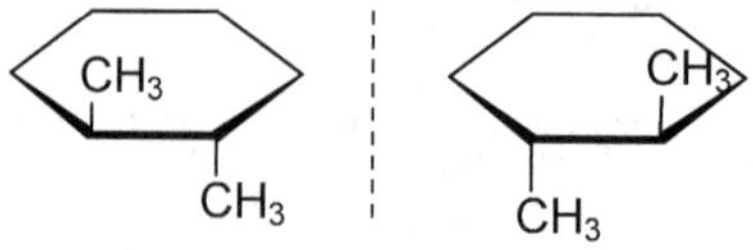

若环己烷 1,2-二取代物两个基团不同，则顺式和反式都存在对映异构。

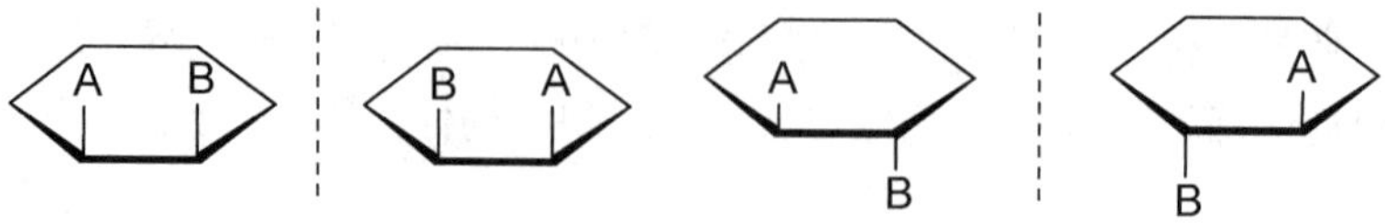

顺式 1,3-二取代的环己烷也可以将六元环看作平面，根据是否有对称面和对称中心判断是否还有对映异构。例如，顺-1,3-二甲基环己烷有对称面，没有对映异构，若处于反式，失去对称面，则有一对对映体。

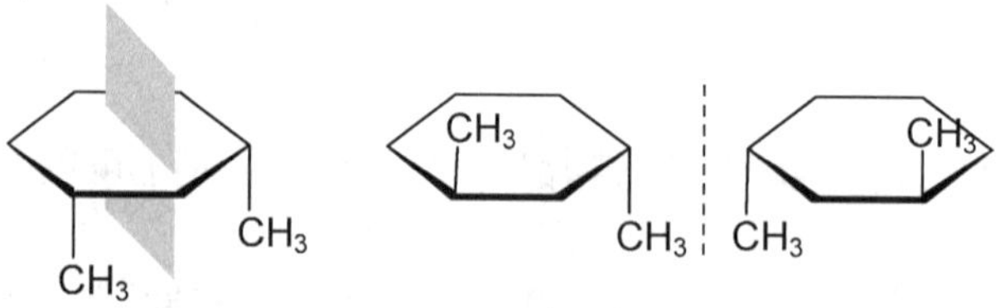

若 1,3-二取代的两个基团不同，则有两对对映异构体。

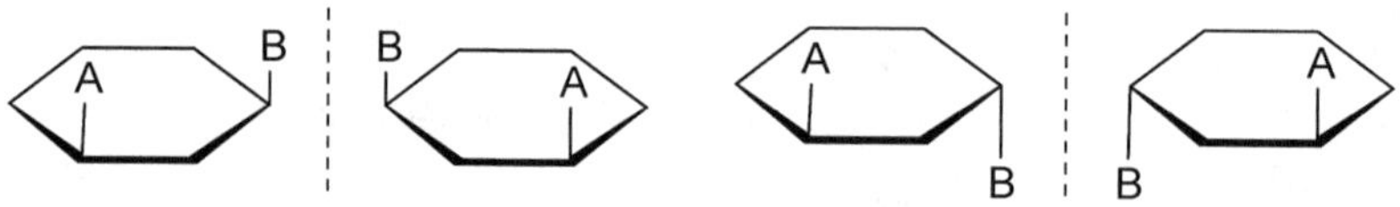

1,4-二取代环己烷的两个基团相同或不同，都存在一个对称面，所以只有顺反异构，不存在对映异构。

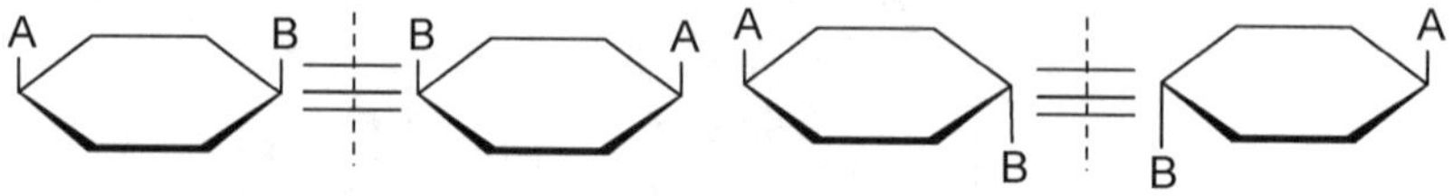

对于取代环丁烷及环戊烷，同样可以将环看作平面，根据对称性判断是否存在对映异构体。

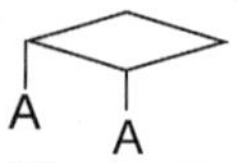

有对称面，无对映异构

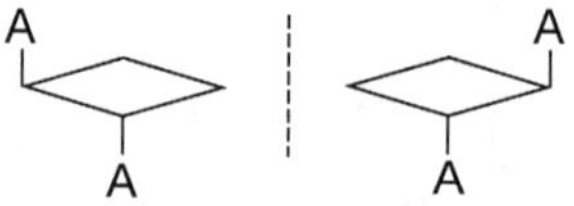

无对称面，有对映异构

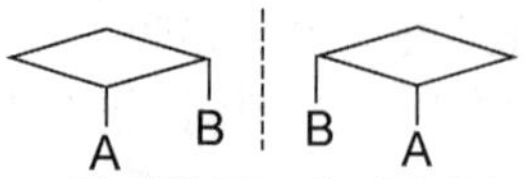

无对称面，有对映异构

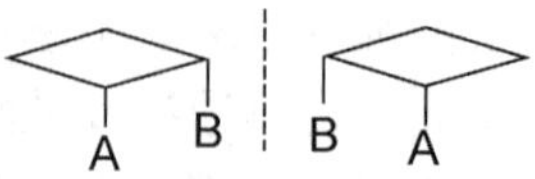

无对称面，有对映异构

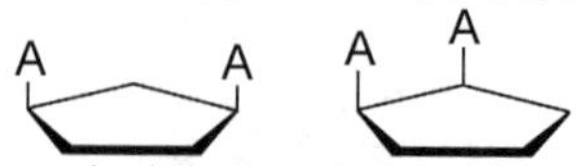

有对称面，无对映异构

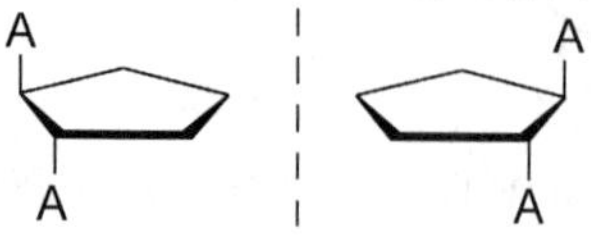

无对称面，有对映异构

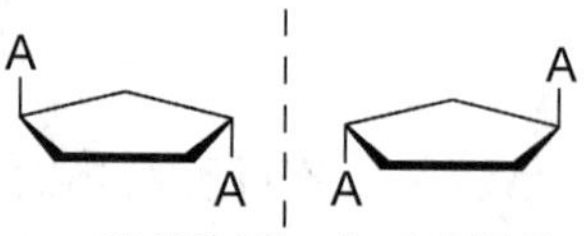

无对称面，有对映异构

3.9 不含手性碳的对映异构

分子中含有一个手性碳时，由于所连的四个不同基团处于正四面体的四个顶角，分子失去对称性，产生对映异构现象。如果分子存在其他可能引起分子不对称的因素，也有可能产生对映异构现象。

3.9.1 含有其他手性中心的化合物

任何正四面体的原子连有四个不同的基团时，都会产生手性中心。硅和锗与碳处于同一主族，和碳一样也可以形成正四面体构型的分子，当所连的基团不同时，便成为一个手性中心。

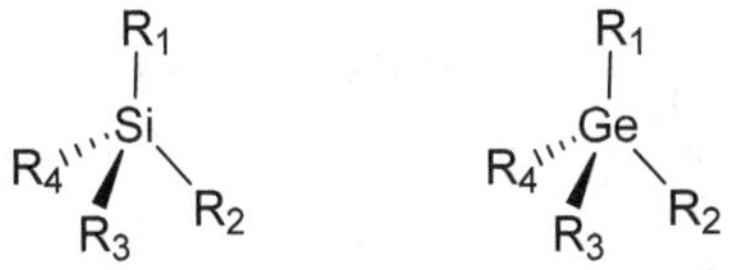

氮原子通常以 sp^3 杂化形式参与成键，也是四面体构型，其中一个轨道由一对孤对电子占据。

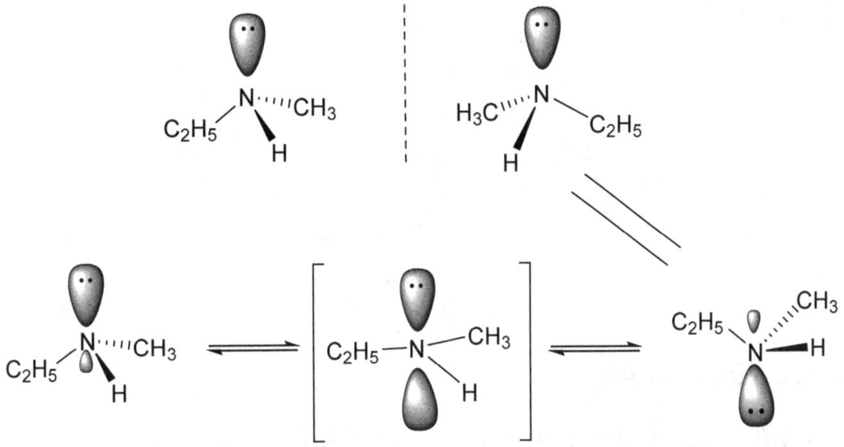

理论上，N 上连有四个不同的基团(其中一个是孤对电子)，不能与镜像重合，应该具有手性。但实际上，并不存在异构体。因为大多数三价氮化合物可以快速翻转，两种对映异构体可以快速转换，并不能分离。若在特殊条件下，翻转所需的能量提高，抑制了自由翻转，则可以得到一对对映异构体，如铵盐，氮上连接不同的基团，可以分离得到一对对映体。

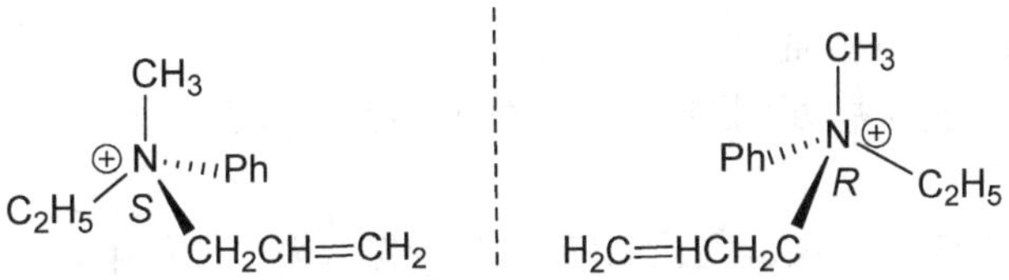

N-烯丙基-*N*-乙基-*N*-甲基苯胺

N-allyl-*N*-ethyl-*N*-methylbenzenaminium

氮原子是桥原子的分子，限制了翻转，分子具有手性，如下面的特罗格(Tröger)碱。

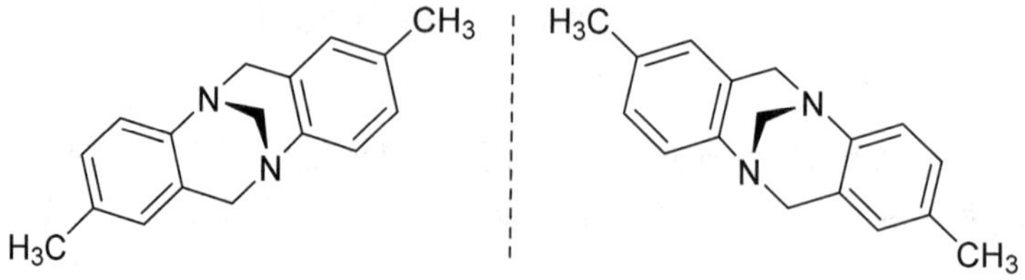

Tröger碱

三价的磷化合物情况与氮相同，但是磷的翻转比氮慢很多，可以分离得到稳定的磷化合物。例如，*R* 型或 *S* 型的甲基丙基苯基膦可以在 100℃条件下，稳定存在几小时。

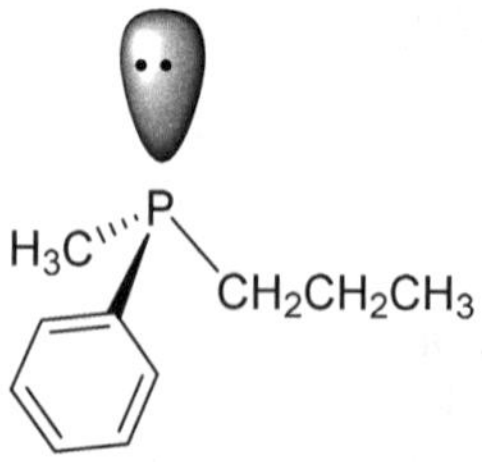

(*R*)-甲基丙基苯基膦(孤对电子看作最小的基团)

二价硫化合物不具有手性，但是三价的锍盐具有手性，与三价磷化合物类似，翻转比较慢，可以分离得到手性异构体。典型的例子是辅酶(*S*)-*S*-腺苷甲硫氨酸(*S*-adenosylmethionine)，在室温下可以稳定几天。

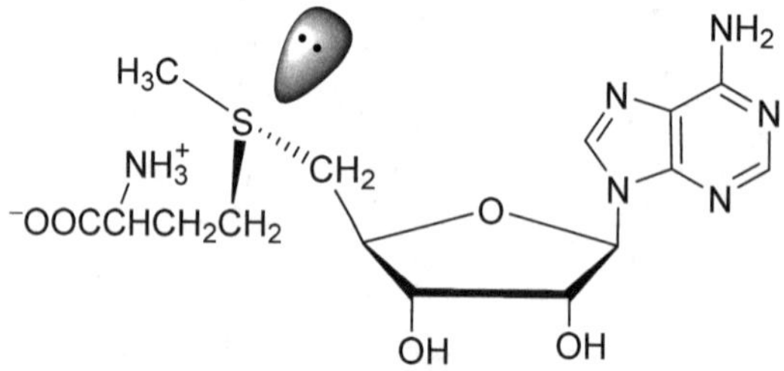

(*S*)-*S*-腺苷甲硫氨酸

3.9.2　不含手性中心的对映异构

分子是否具有手性取决于分子是否可以与其镜像重合，也就是由分子的高度不对称性决定。除了不对称中心(如手性碳)会导致分子高度不对称，导致分子具有手性，其他因素导致分子高度不对称，也会使分子具有手性。

1. 丙二烯型的对映异构体

丙二烯的结构如图 3-10 所示，中间碳原子分别与另两个碳形成 π 键，两个 π 键所在的平面互相垂直，分子有两个对称面。

当 1,3-位两个碳所连的基团不同时，整个分子失去对称面，分子与其镜像不能重合，分子具有手性。

密尔斯(Mills)于 1935 年首次合成了具有光学活性的丙二烯衍生物 1,3-二苯基-1,3-二(*α*-萘基)丙二烯。

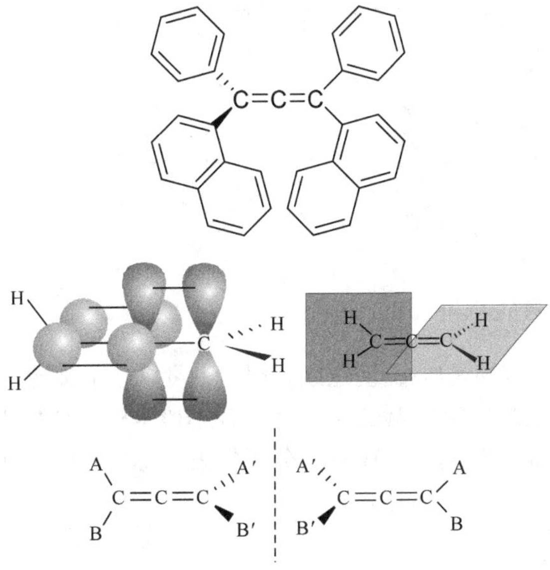

图 3-10 丙二烯结构示意图

从细菌嗜酸性诺卡氏菌(Nocardia acidophilus)分离出来的抗生素菌霉素(mycomycin)具有手性。

HC≡C—C≡C—CH=C=CH—CH=CH—CH=CHCOOH

1,3-位两个碳只要有一个碳所连的基团相同，则整个分子存在对称面，分子与其镜像重合，失去手性。

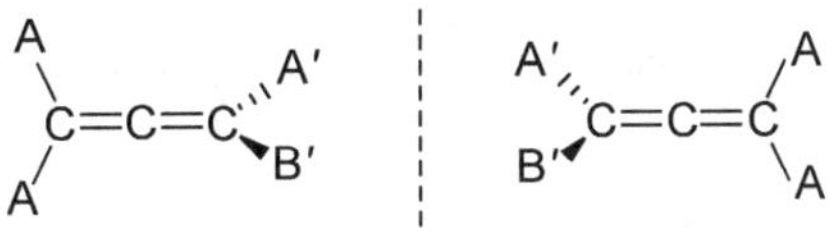

与丙二烯类似的化合物，双键碳所连的基团和六元环 4-位所连的基团不同时，也会产生对映异构体。

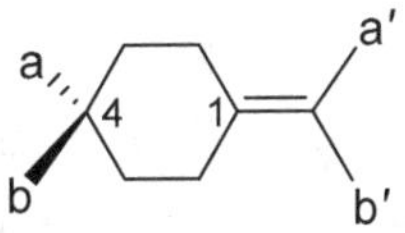

例如，4-甲基环己亚基乙酸(4-methylcyclohexylideneacetic acid)，在 1909 年已经拆分为两个异构体。

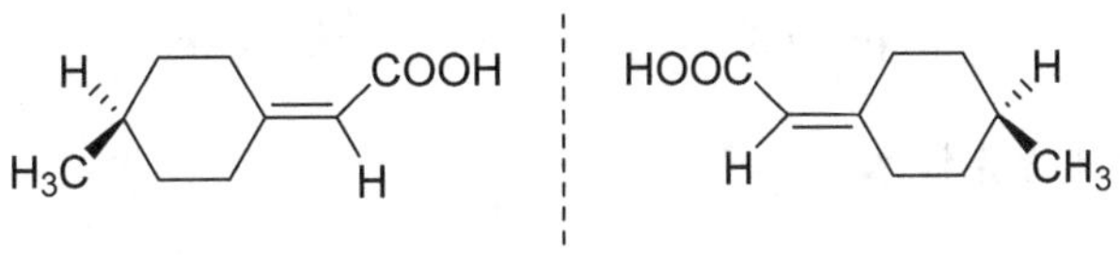

螺环化合物也有类似的性质，如 6-甲基螺[3.3]庚烷-2-羧酸也可以拆分为两个异构体。

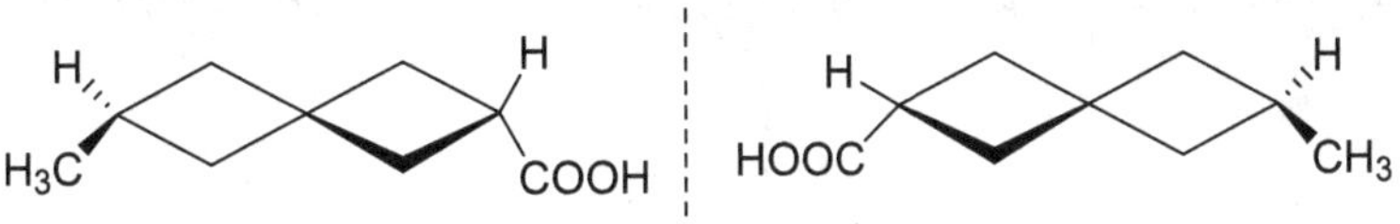

下面这个螺环化合物，由于螺原子以四面体形式成键，两个环的平面相互垂直，也不能与镜像重合，存在对映异构。

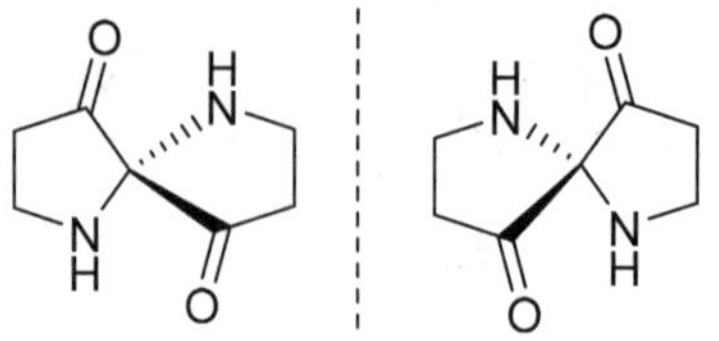

2. 联苯型化合物的对映异构

联苯型化合物的两个苯环是以 σ 键连接，理论上可以自由旋转，两个苯环可以以任何角度存在。但是，当联苯的四个邻位取代基(A、A′、B、B′)体积足够大时，会阻碍 σ 键的自由旋转，两个苯环不能共平面，若 A≠A′，B≠B′，分子失去对称面，可以分离出一对对映异构体，如化合物(Ⅰ)和(Ⅱ)：

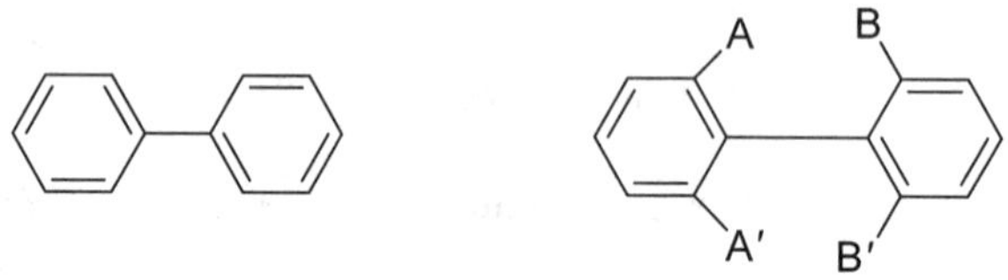

联苯　　　　取代联苯

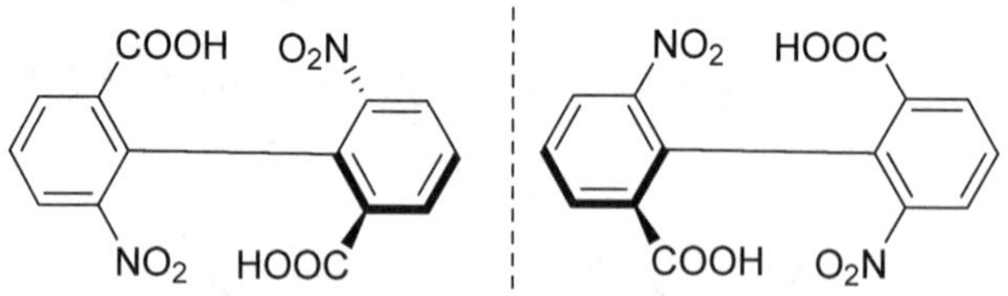

(Ⅰ)　　　　(Ⅱ)

由 σ 键的自由旋转而产生的对映异构体称为位阻异构体(atropisomer)。用于不对称合成手性配体的 BINAP 也属于这一类异构现象。

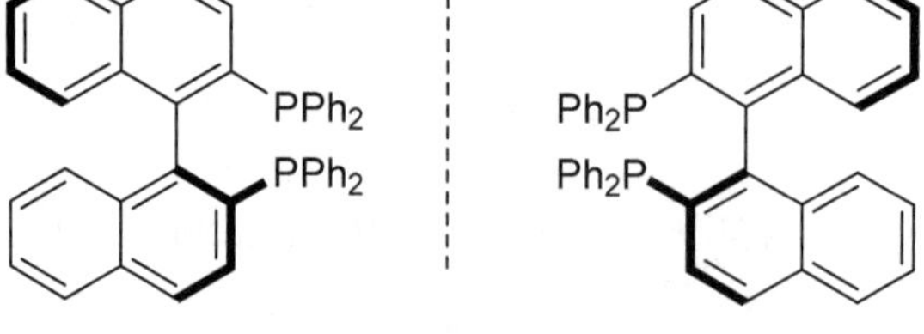

(*S*)-BINAP　　　　(*R*)-BINAP

3. 含有手性面的对映异构体

如果分子内有一个扭曲的面时，分子呈现一种螺旋状的结构。螺旋有左旋螺旋和右旋螺旋，互为对映体，不能重叠，所以该类分子也具有旋光性，如六螺苯和双螺旋[10]螺苯都具有旋光性。

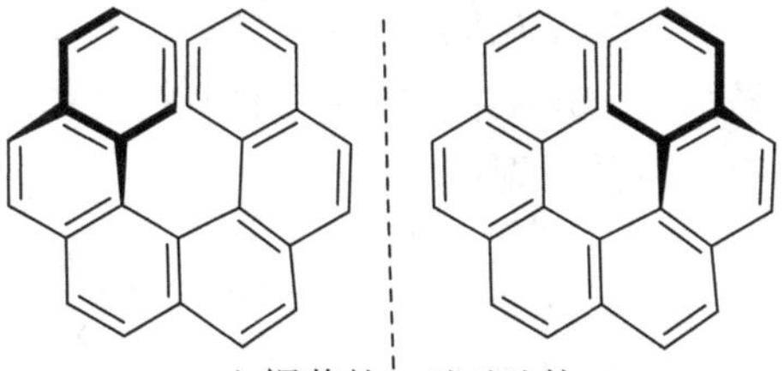

六螺苯的一对对映体

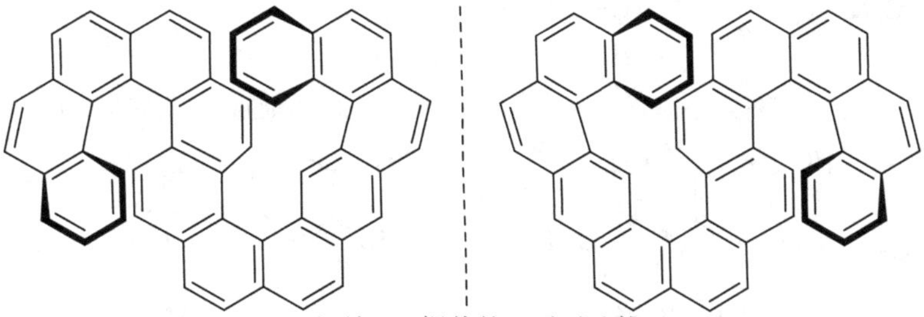

双螺旋[10]螺苯的一对对映体

3.10　手性分子的意义

3.10.1　手性分子与生理活性

一对对映异构体与非手性试剂的反应是完全相同的。但在手性试剂或手性环境中，其反应速率有很大差别。构成生命体系的分子大多数都是手性的，而且只以对映异构体中的一种形式存在。例如，构成蛋白质分子基石的氨基酸(除甘氨酸外)都是 L-构型，同样起重要作用的葡萄糖只有 D-构型的可以在动物体内代谢。所以生命体内所发生的反应都是在手性环境中进行的，因此一对对映体与生物作用时，生理活性有很大差别。与本章开始介绍的香芹酮类似，柠檬烯也有一对对映体，左旋的是柠檬气味的主要成分，右旋的是橘子气味的重要成分，由于两种分子与人体的作用部位不同，因此可以区分出两种水果气味上的差别。(*S*)-天冬酰胺是苦味的，(*R*)-天冬酰胺是甜味的。淀粉和纤维素的结构如下所示，主要差别是其中一个手性碳的构型不同，淀粉可以在人体内吸收代谢，成为人体获取葡萄糖的重要来源，而纤维素是不能被人体吸收的。

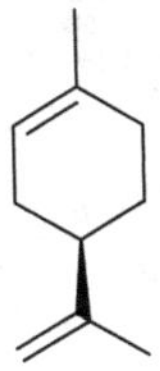

(+)-柠檬烯

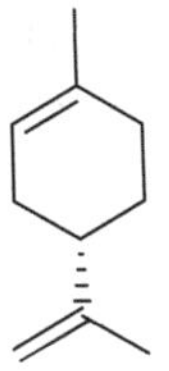

(−)-柠檬烯

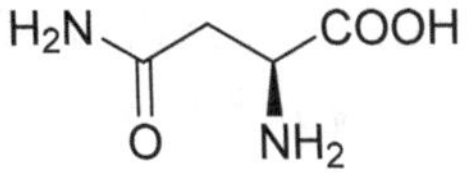

(*S*)-天冬酰胺

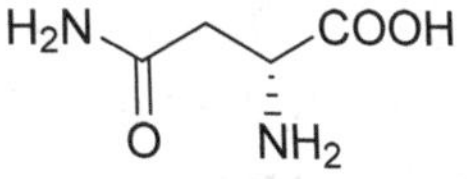

(*R*)-天冬酰胺

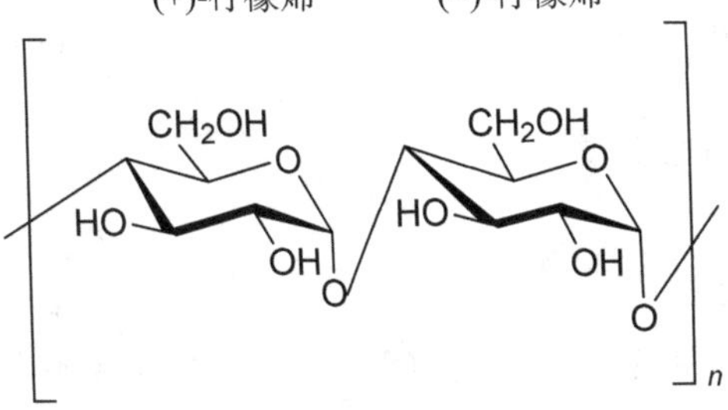

淀粉的结构

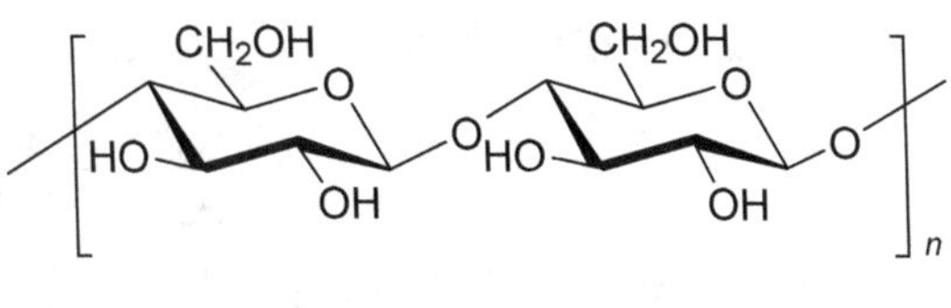

纤维素的结构

同理，如果药物是手性分子，那么不同的异构体所产生的作用会有差异。例如，氯霉素有两个手性碳，存在 4 个立体异构体，但其中只有一个具有抗菌作用。L-DOPA 是治疗帕金森综合征的药物，而其对映体却有严重的毒副作用。

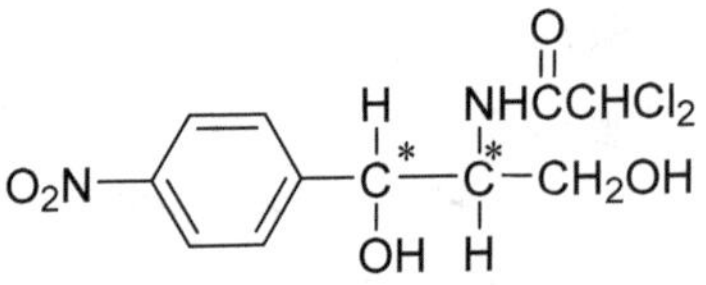

氯霉素的构造

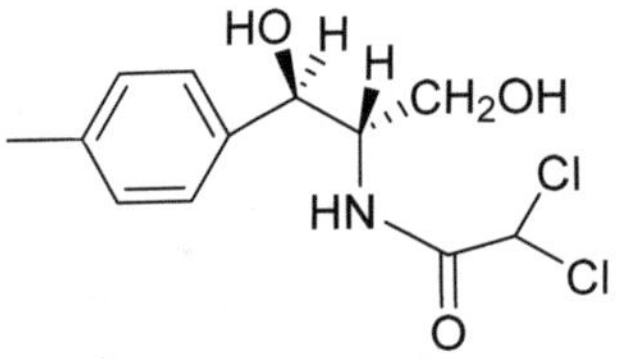

有生理活性的氯霉素异构体

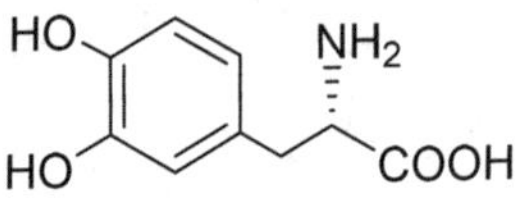

L-(-)-DOPA

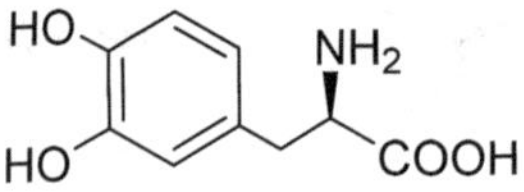

D-(+)-DOPA

巴比妥酸的衍生物 *R* 构型可以作为麻醉剂，而 *S* 构型的可能导致痉挛。

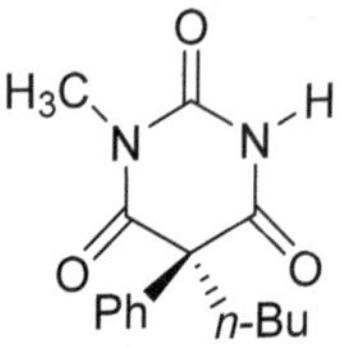

麻醉剂

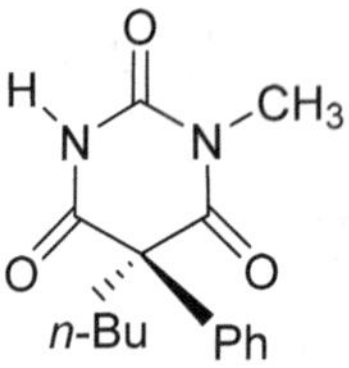

致痉挛

巴比妥酸衍生物

由此可见，一种具有手性的药物如果以外消旋体的形式使用，会具有潜在的危险。因此，制备纯的手性分子具有重要的意义。获得纯的光学异构体的方法主要有从天然化合物中提取、拆分外消旋体和不对称合成。

3.10.2　对映体过量

无论是经过外消旋体拆分还是经过不对称合成所得的旋光异构体，其光学纯度通常用对映体过量 ee(enantiomeric excess)表示。若一个旋光性物质是由一种对映异构体组成，则它的 ee 为 100%。若不是单一的异构体，但也具有光学活性，则它的对映体过量小于 100%。以(*S*)-(+)-丁-2-醇为例，纯净的(*S*)-(+)-丁-2-醇的比旋光度为+13.52°，若掺杂了一些(*R*)-(−)-丁-2-醇，但不是等量，比 *S* 构型的少，则它的旋光度介于+13.52°和 0°之间，这个样品的对映体过量小于 100%。对映体过量定义为

$$ee = \frac{[R]-[S]}{[R]+[S]} \times 100\% \tag{3-2}$$

[*R*]和[*S*]分别代表两种异构体的量。ee 也可以通过旋光度计算：

$$ee = \frac{\text{观察到的比旋光度}}{\text{纯异构体的比旋光度}} \times 100\% \tag{3-3}$$

例如，如果一个丁-2-醇对映异构混合物的比旋光度为+6.76°，则(*S*)-(+)-丁-2-醇的对映体过量为

$$ee=\frac{+6.76}{+13.52}\times 100\%=50\% \tag{3-4}$$

对映体过量为 50%表示混合物中 50%是(*S*)-(+)-丁-2-醇，另外 50%是由(*S*)-(+)-丁-2-醇和(*R*)-(−)-丁-2-醇组成的外消旋体，也就是混合物中 75%是(*S*)-(+)-丁-2-醇，25%是(*S*)-(−)-丁-2-醇。

3.10.3 不对称合成

从非手性化合物合成手性化合物，一般得到无旋光性的产物(外消旋体和内消旋体)。例如，正丁烷氯代可以得到 1-氯丁烷和 2-氯丁烷。2-氯丁烷具有手性，分离 2-氯丁烷，测定并没有旋光性，说明产物是外消旋体。

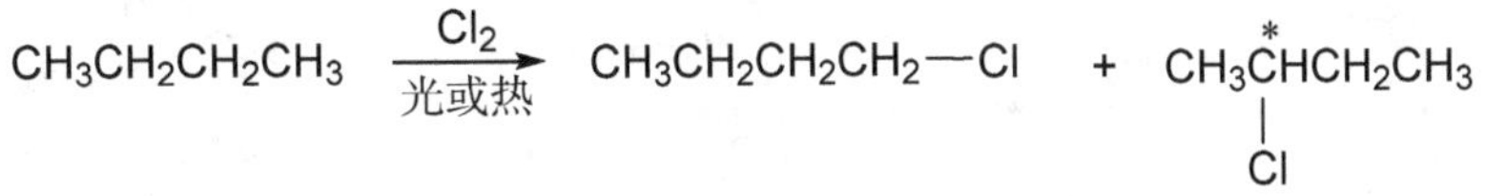

由自由基反应历程可知，氯自由基夺取仲碳上的氢，得到仲自由基，自由基是一个平面结构，在下一步与氯气的反应中，氯气从平面两侧进攻的概率是相同的，所以得到的 2-氯丁烷是外消旋体。这也为自由基取代历程提供了旁证。

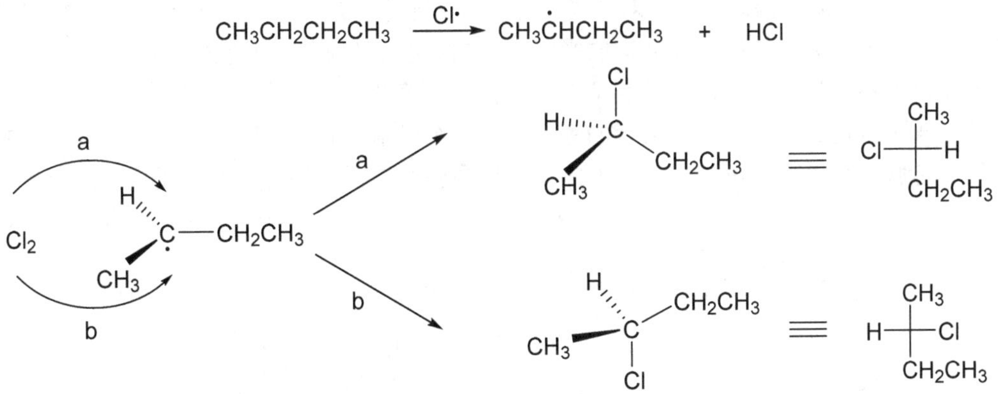

类似地，平面型的碳碳双键及碳氧双键在加成时，碳原子由 sp^2 杂化转变成 sp^3 杂化，若产生新的手性中心，通常也是一对对映体。例如，羰基的催化加氢，两个氢原子从羰基平面的两侧加成的概率相同，所以得到外消旋体。

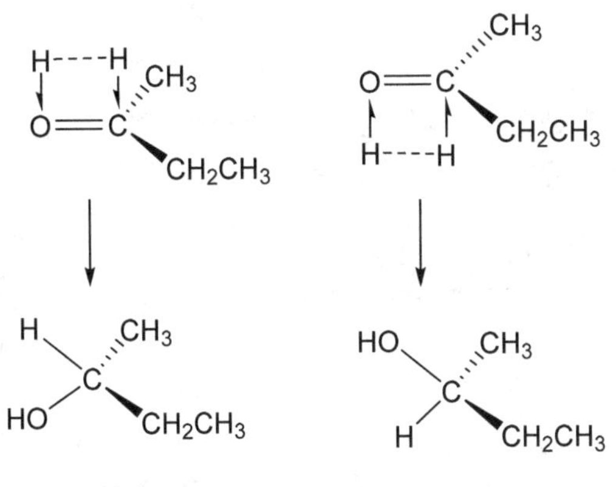

(*R*)-丁-2-醇(50%)　　(*S*)-丁-2-醇(50%)

如果反应物已经有手性中心，那么再产生手性中心时，会对反应方向有影响。例如，(*S*)-

2-氯丁烷在 3-位碳进行氯代时，会产生两种产物，但是它们并不是等量的，本来已经存在的手性中心影响了反应的进攻方向。烯烃的加氢反应也有类似的结果。

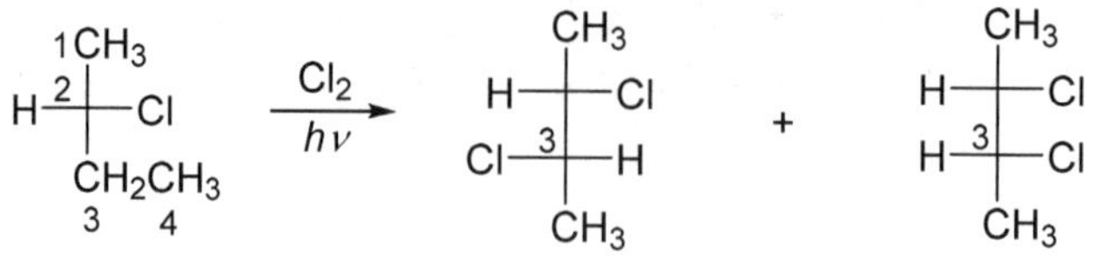

(*S*)-2-氯丁烷　　(*S,S*)-2,3-二氯丁烷 29%　　*meso*-2,3-二氯丁烷 71%

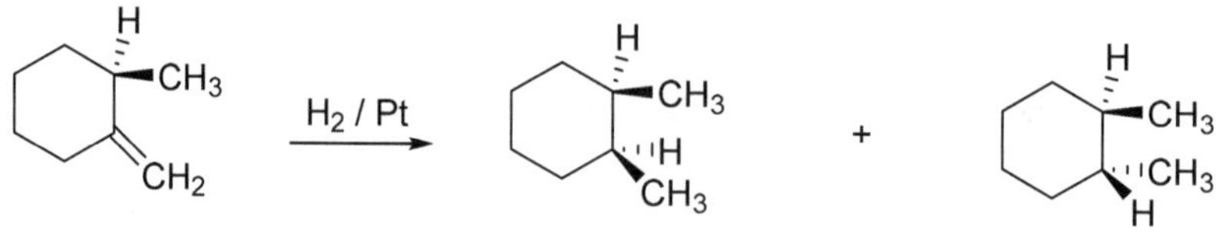

(*R*)-2-甲基亚甲基环己烷　　(1*R*,2*S*)-1,2-二甲基环己烷 68%　　(1*R*,2*R*)-1,2-二甲基环己烷 32%

由上述现象可知，在手性环境中，如果有新的手性中心产生，那么反应可能有一定的立体选择性，某一种立体异构体超过其对映体，而不是得到外消旋体。不对称有机合成是在反应过程中因受分子内或分子外的手性因素的影响，反应底物在形成新的手性中心时，得到不等量的立体异构体。不对称因素可以是反应试剂、催化剂、溶剂或其他物理因素。

环己酮可以通过烯胺反应在羰基的旁边引入一个烃基，此时会产生一个手性中心，如果是一个简单烯胺，会得到等量的一对对映体。如果在底物中引入手性中心，反应有选择性。

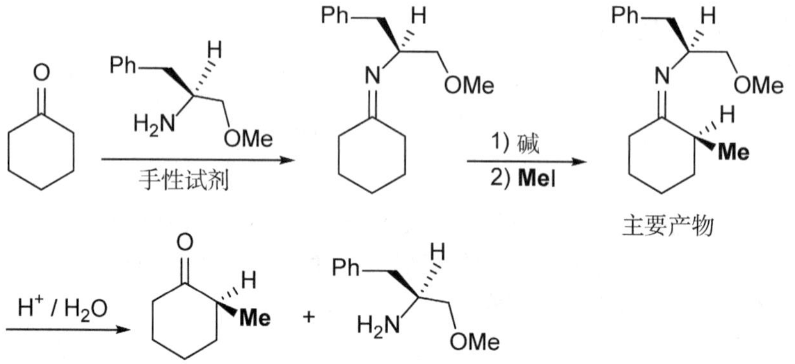

烯烃的硼氢化氧化反应是在双键碳上引入氢和羟基，若有手性中心产生，简单的硼烷作为反应试剂，得到外消旋体，若用有手性的硼烷试剂，则可以得到有一定选择性的产物。

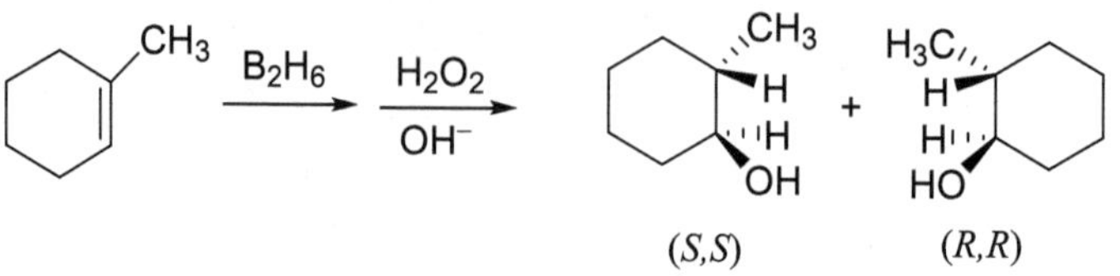

(*S,S*) 50%　　(*R,R*) 50%

外消旋体

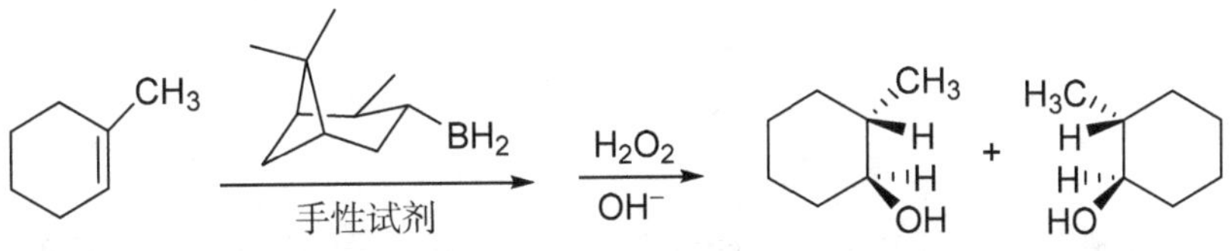

(S,S)　　(R,R)

主要产物

72%ee

催化氢化时选择手性的催化剂，也可以得到立体选择性的产物。

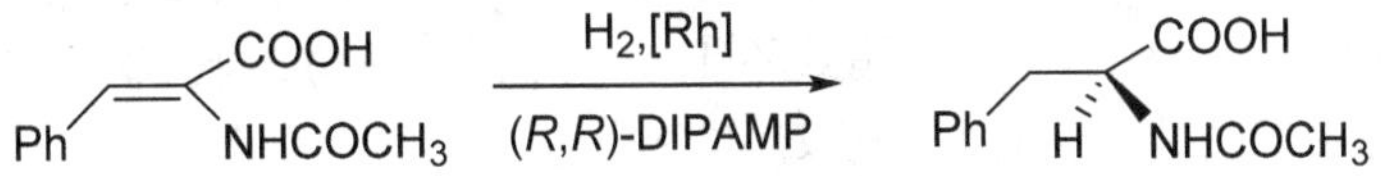

96%ee

不对称催化氢化

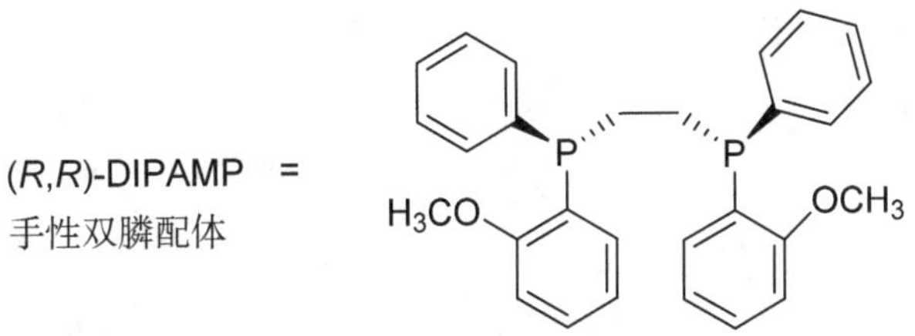

手性催化剂通常是过渡金属的配合物，其中配体为手性。也有手性小分子直接用作不对称合成的催化剂，如 L-脯氨酸在醛酮交叉羟醛缩合中的应用。

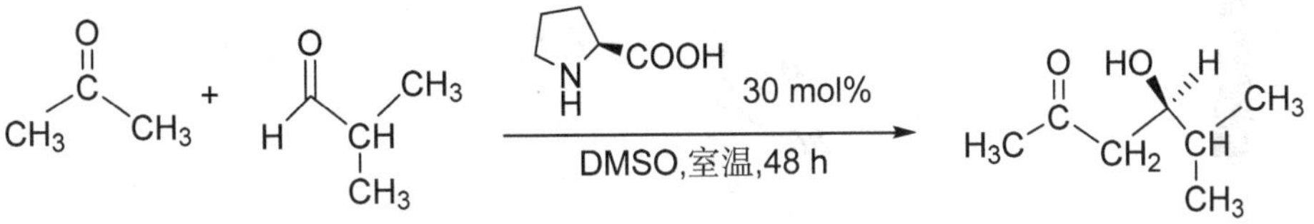

97%,96%ee

生物体内通过酶的作用发生的反应都是不对称反应，如果能够提取出纯净的酶用于化学反应，同样也可以得到选择性很高的立体异构体。

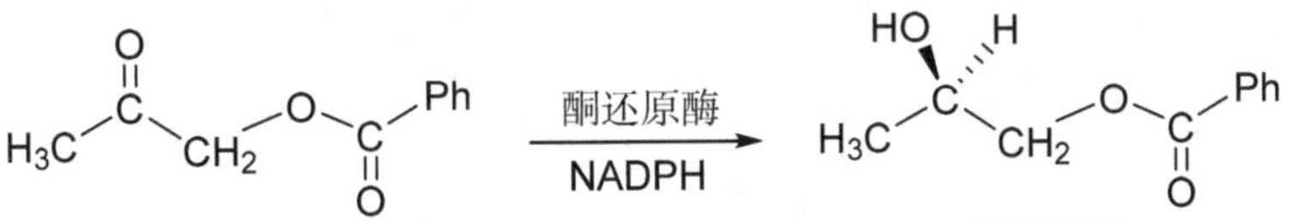

91%,98%ee

不对称有机合成在药物合成中起非常重要的作用，关于不对称合成的研究一直是有机合成的热点和前沿，诺贝尔化学奖已经多次授予不对称合成。例如，1975 年，诺贝尔化学奖授予酶催化反应的立体化学的研究者康福思(J. W. Comforth)以及有机分子和反应的立体化学的研究者弗拉迪米尔(P. Vladimir)；2001 年，诺贝尔化学奖授予过渡金属催化的不对称催化氢化反应的研究者诺尔斯(W. S. Knowles)和野依良治(R. Noyori)以及催化氧化的研究者夏普利斯(K. B. Sharpless)；2021 年，诺贝尔化学奖授予以有机小分子作为催化剂的不对称有机合成的研究者利斯特(B. List)和麦克米伦(D. W. C. MacMillan)。

习　　题

3-1　能产生对映异构的开链烷烃，最少需要有几个碳原子？写出这种烷烃的结构及命名。

3-2　2,2-二氯双环[2.2.1]庚烷有几个手性碳？理论上有几个立体异构体？实际上，只有一对对映体，为什么？

3-3　下列化合物中哪些是手性分子，存在对映异构体？

(1) 1,3-二氯丁烷　(2) 1,2-二溴戊烷　(3) 1,5-二氯戊烷
(4) 3-乙基戊烷　(5) 2-溴双环[1.1.0]丁烷　(6) 2-氟双环[2.2.2]辛烷
(7) 2-氯双环[2.2.2]己烷　(8) 5-氯双环[2.2.2]己烷

3-4　下列化合物中哪些是手性化合物？

(1) 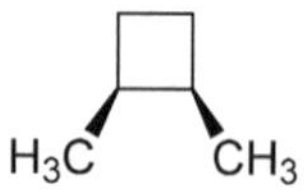

(2) 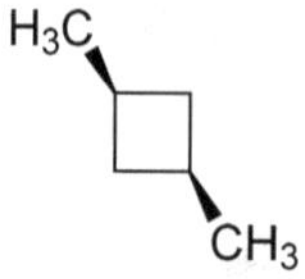

(3) 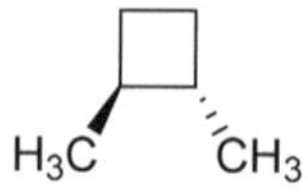

(4) 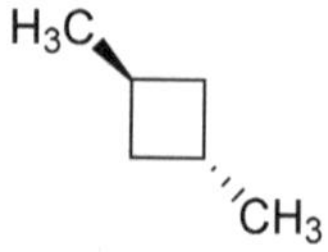

(5) 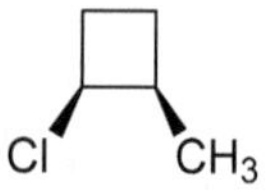

(6) 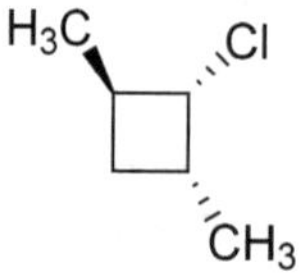

(7) 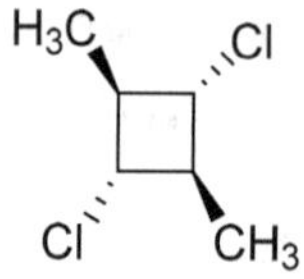

(8) 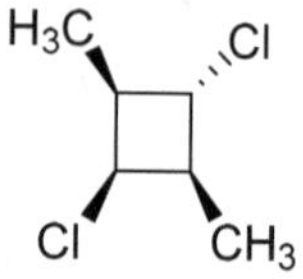

3-5　氯霉素是一种广谱抗生素，有两个手性中心，用 *R*/*S* 标记法标出每个手性碳的构型。

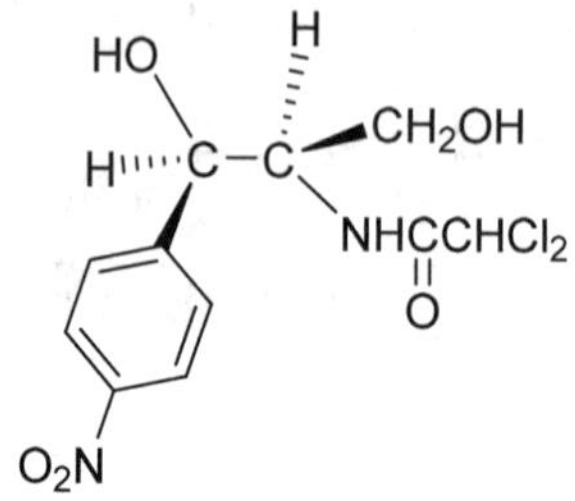

3-6　洛伐他丁是一种降脂药，它有几个手性碳？

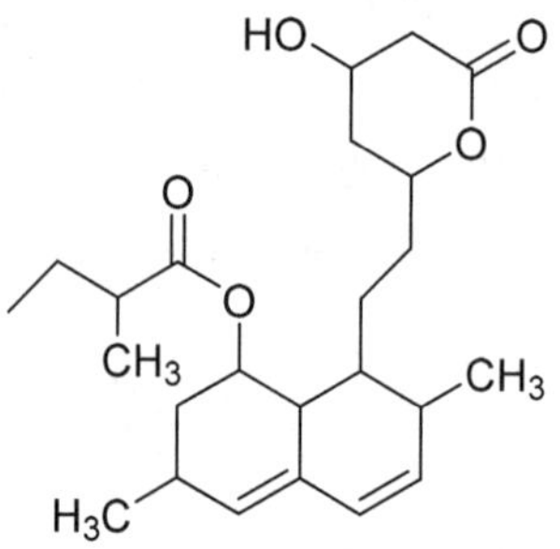

洛伐他丁

3-7　从古生菌中获得了一个含有四十碳的二醇化合物，没有光学活性，这个化合物是 A 还是 B？

A:

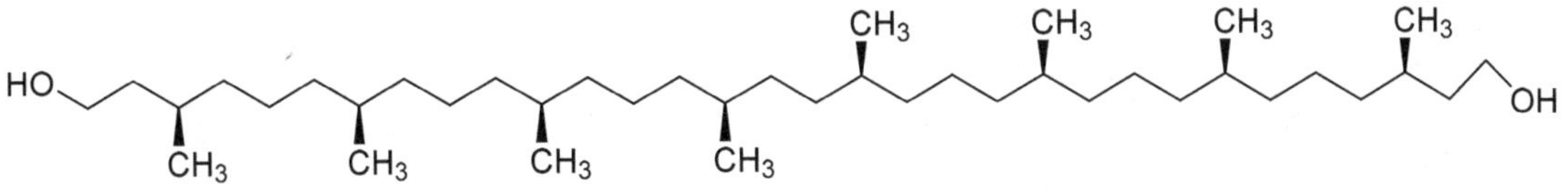

B:

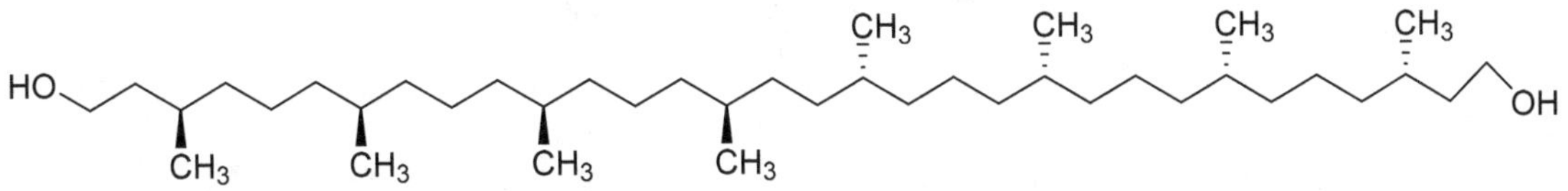

3-8 下列各组化合物是对映异构体、非对映异构体，还是同一化合物？

(1) 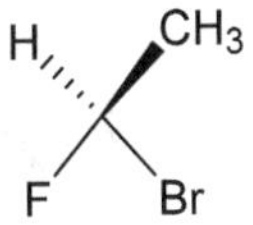 和 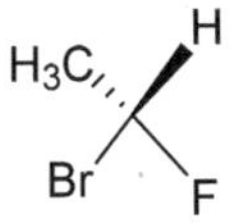

(2) 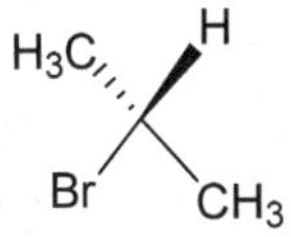 和 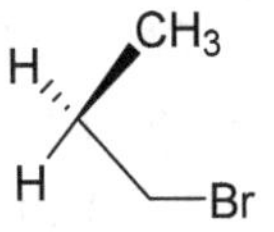

(3) 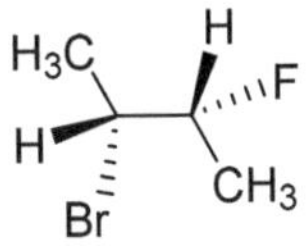 和 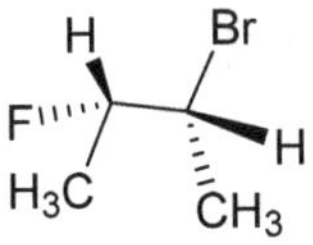

(4)  和 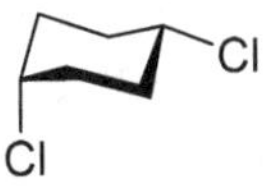

(5) 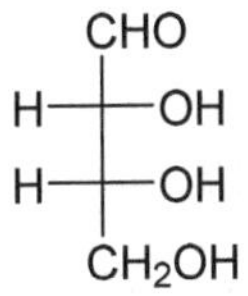 和 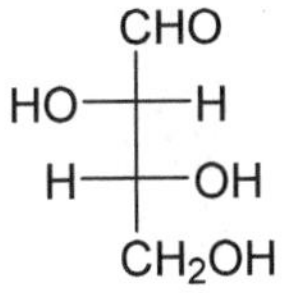

(6) 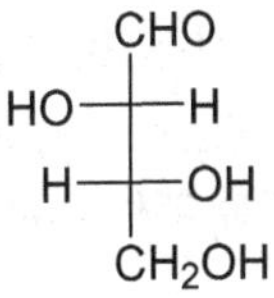 和 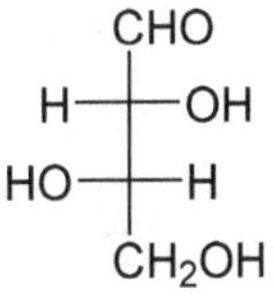

(7) 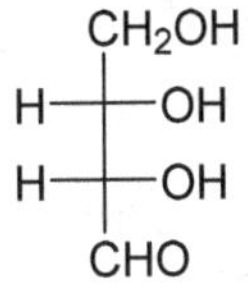 和 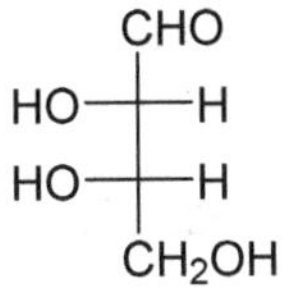

(8) 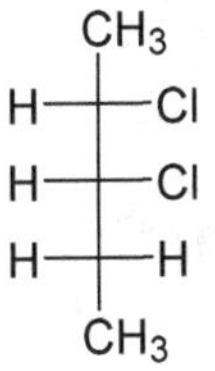 和 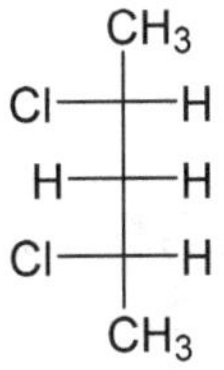

3-9 下列化合物是否具有旋光性？

(1) 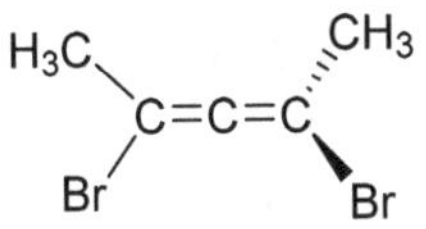

(2) 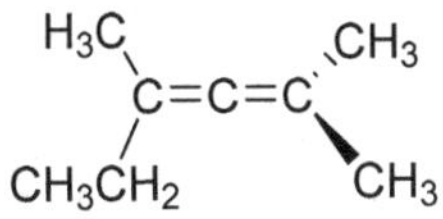

(3) 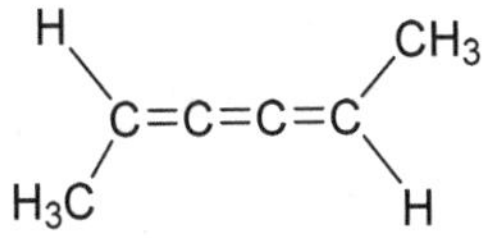

(4) 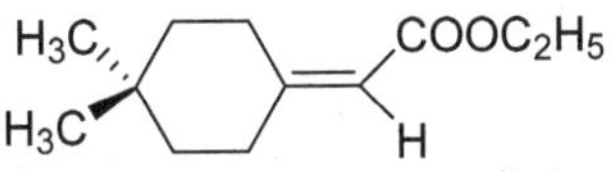

(5) 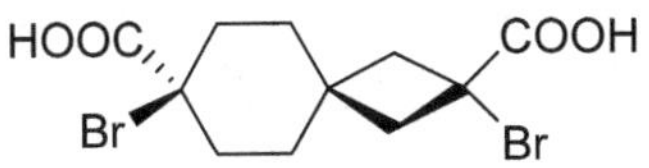

(6) 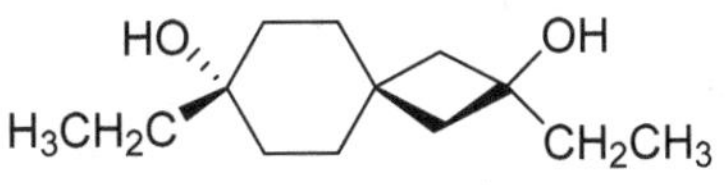

3-10 下面三个纽曼投影式分别是(*R*,*R*)-2,3-二氯丁烷、(*S*,*S*)-2,3-二氯丁烷和(*R*,*S*)-2,3-二氯丁烷，将合适的名称与式子相对应，并指出哪个是内消旋体。

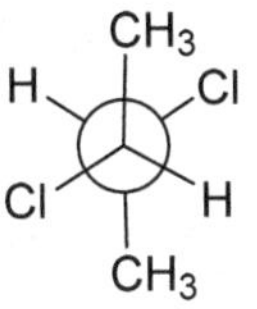

A

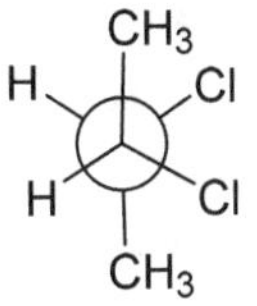

B

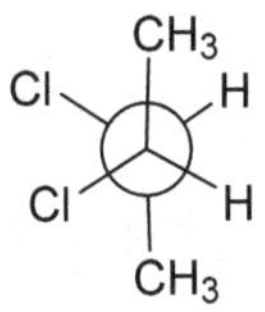

C

3-11 阿斯巴甜是一种人工合成甜味剂，找出分子中有几个手性中心并用 *R*/*S* 标记法标出构型。

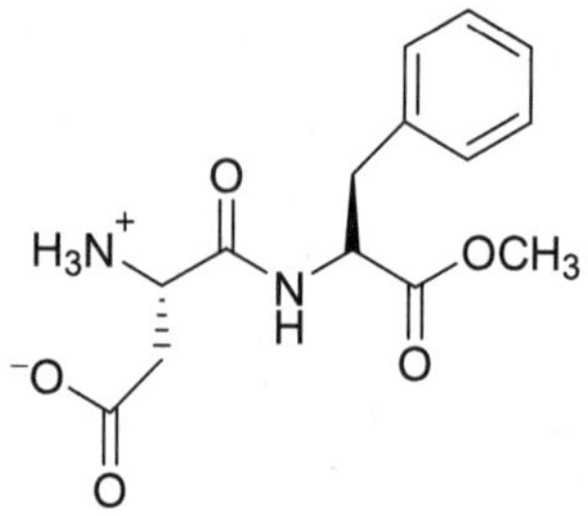

3-12 将下列基团按照 “定序规则” 排序。

(1) —Cl，—OH，—SH，—H。

(2) —H，—$N(CH_3)_2$，—OCH_3，—CH_3。

(3) —CH_3，—CH_2Br，—CH_2Cl，—CH_2OH。

(4) —$CH(CH_3)_2$，—$CH_2CH(CH_3)_2$，—H，—CH=CH_2。

(5) —H，—OH，—CH_2CH_3，—CH_2CH_2OH。

(6) —COOH，—$COOCH_3$，—CH_2OH，—OH。

(7) —CN，—CH_2NH_2，—CH_2NHCH_3，—NH_2。

(8) —SH，—CH_2SCH_3，—CH_3，—$SSCH_3$。

3-13 用 *R*/*S* 标记法标记下列手性中心的构型。

(1) 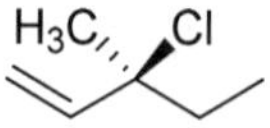 (2) 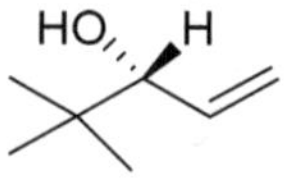 (3) 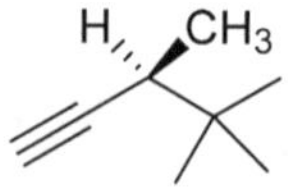 (4) 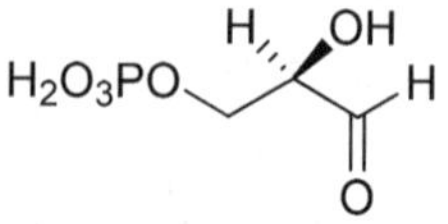

3-14 4-磷酸赤藓糖是光合碳循环中，植物将 CO_2 转化为碳水化合物的中间体。4-磷酸赤藓糖有两个手性碳，都是 *R* 构型，下面四个式子哪个代表的是 4-磷酸赤藓糖？哪个是它的对映体？哪些是非对映体？

(1) 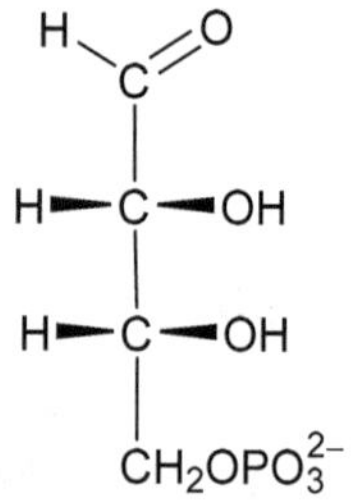

(2) 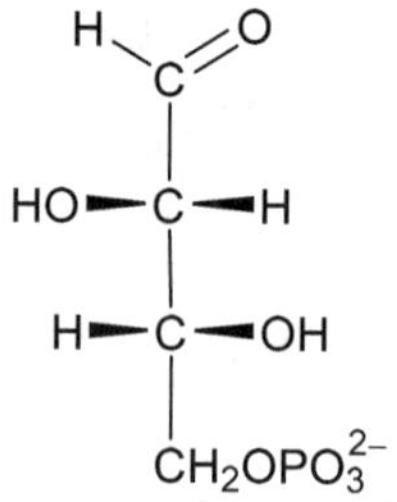

(3) 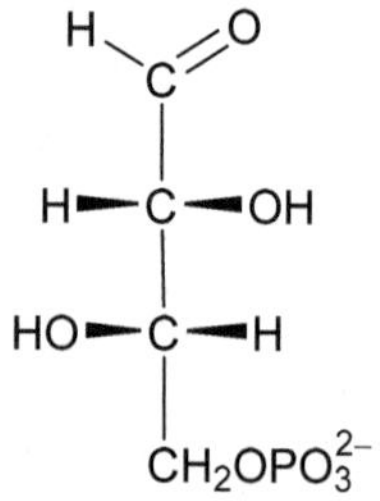

(4) 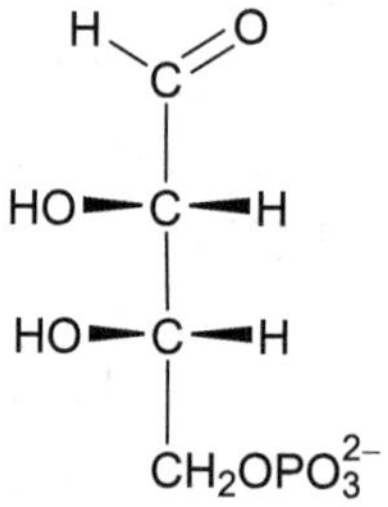

3-15 写出下列化合物的立体异构体，表明对映异构体及非手性化合物，用 *R*/*S* 标记法标记手性中心。

(1) 1-溴-2-氯环己烷；(2) 1-溴-3-氯环己烷；(3) 1-溴-4-氯环己烷。

3-16 写出 2,3-二氯戊烷的立体结构式。

3-17 卤代烃与氢硫负离子反应时，反应物的构型会发生反转。(*S*)-2-溴丁烷与氢硫负离子反应得到丁-2-硫醇，产物是 *R* 构型还是 *S* 构型？

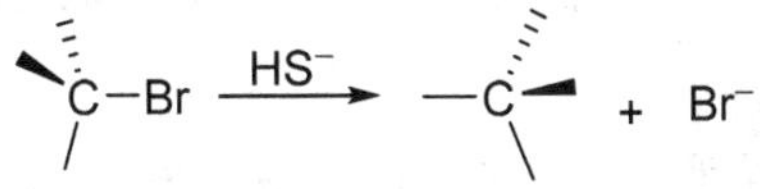

3-18 酮与乙炔钠反应可以得到醇，如以下丁-2-酮与乙炔钠的反应所示。

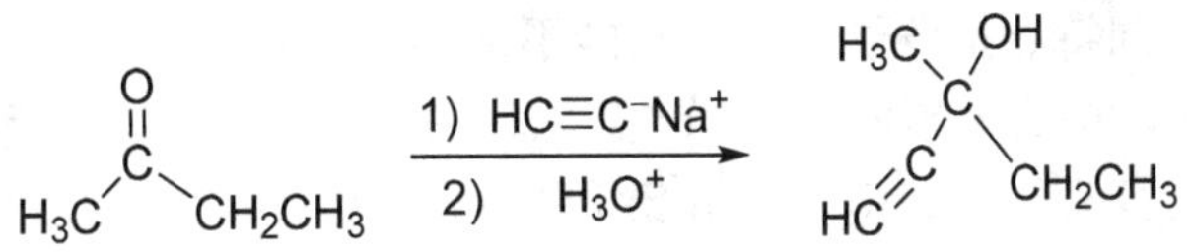

(1) 产物是手性分子吗？

(2) 假设试剂从羰基两侧进攻的概率相同，产物有光学活性吗？

第 4 章　烯烃、共轭二烯和炔烃

烃类有机化合物可以分为饱和烃与不饱和烃，烷烃属于饱和烃，分子中的所有碳原子均以 sp^3 杂化轨道与其他原子成键，包括 C—H 和 C—C σ 键。不饱和烃包含烯烃、炔烃和芳香烃(见第 6 章)，它们的共同特点是分子中存在碳碳不饱和键，其中烯烃的官能团是 C═C 双键，由一个 σ 键和一个 π 键构成，碳原子为 sp^2 杂化。炔烃是一类具有更高不饱和度的碳氢化合物，C≡C 三键是其特征官能团，由一个 σ 键和两个 π 键构成，碳原子采用 sp 杂化状态。烯烃分子可以是链状分子，也可以是环状分子，如最小的环丙烯分子。不饱和烯烃和炔烃是重要的能源与化工原料，主要来源于石油、天然气等天然矿物原料。

Ⅰ 烯　　烃

4.1　烯烃的分类和命名

烯烃(alkene)是指分子中含有碳碳双键的不饱和烃类化合物，其中碳碳双键也可称为烯键，是烯烃的官能团，它由两对共用电子构成，通常用两条短线表示，如 C═C。

4.1.1　烯烃的分类

分子中仅含有一个 C═C 双键的烯烃称为单烯烃，它比相同碳原子数的烷烃少两个氢原子，通式为 C_nH_{2n}。分子中含有两个及以上 C═C 双键的烯烃称为多烯烃，其中二烯烃是最简单的多烯烃。这些分子中存在两个 C═C 双键，根据它们的位置关系可进一步分为三类：累积二烯(联二烯)、共轭二烯和孤立二烯。不同类型的二烯烃由于其结构的差异表现出独特的物理性质和化学性质。分子中单双键交替出现的体系被称为共轭体系，含有共轭体系的多烯烃称为共轭烯烃(conjugated alkene)。

单烯　$H_2C{=}CH_2$ 乙烯　　$H_2C{=}CH{-}CH_3$ 丙烯　　 环丙烯

二烯　$H_2C{=}C{=}CH_2$ 丙二烯（累积二烯烃）　　$H_2C{=}CH{-}CH{=}CH_2$ 丁-1,3-二烯（共轭二烯烃）　　$H_2C{=}CHCH_2CH_2CH{=}CH_2$ 己-1,5-二烯（孤立二烯烃）

多烯　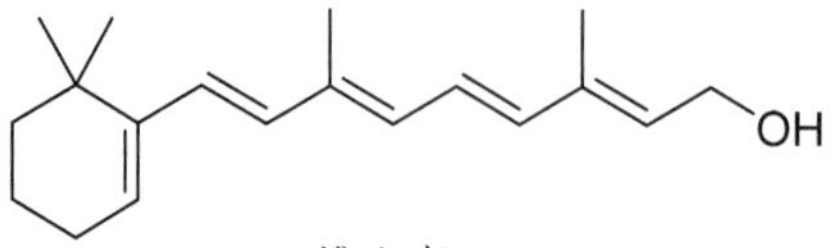

维生素A

4.1.2 烯烃的命名

1. 烯烃的普通命名法

烯烃的普通命名法与烷烃的类似，对于 1～10 个碳的烯烃，碳数用天干表示，超过 10 个碳的烯烃用汉字数字表示碳数，“碳”字通常不能省略，如乙烯、丙烯、十一碳烯。超过 3 个碳原子时，存在不饱和键位置异构体，需标记出不饱和键在碳链中的位次，如丁-2-烯、十一碳-4-烯等。相应的英文名均以-ene 为后缀。一些简单的烯烃拥有支链，它们是直链烯烃的构造异构体，常采用正、异等前缀词以示区别。

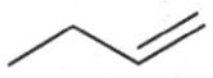

丁-1-烯
1-butene

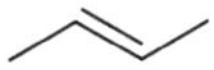

丁-2-烯
2-butene

异丁烯
isobutene

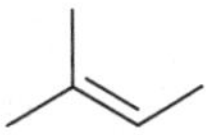

异戊烯
isopenetene

2. 烯烃的系统命名法

烯烃的系统命名规则与烷烃相似，按照最新命名规则，有一些补充的规定，它们包括：

(1) 选择含碳数最多的碳链为主链，若 C═C 双键不包含在主链中，则作为取代基进行标注，简称“碳链最长原则”。

(2) 用碳数不能确定主链时，选择含有最多数量碳碳重键(包括双键和三键)的碳链为主链，简称“重键最多原则”。

(3) 若两条链的碳数、重键数均相同，用上述原则不能确定主链时，则选择含有最多数量双键的链为主链，简称“双键最多原则”。在编号时从靠近双键的一端开始，使表示双键位置的数字尽可能小。

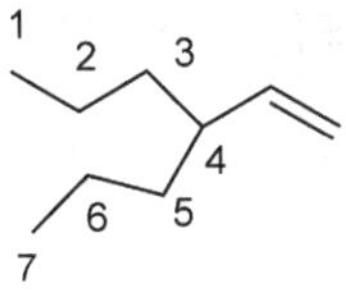

4-乙烯基庚烷
4-vinylheptane

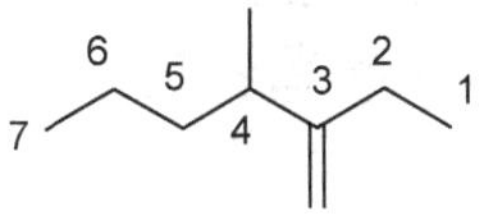

4-乙基-3-甲亚基庚烷
4-methyl-3-methyleneheptane

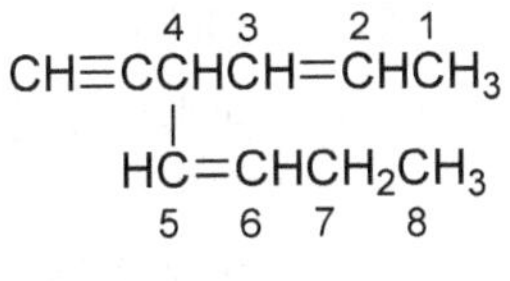

4-乙炔基辛-2,5-二烯
4-ethynylocta-2,5-diene

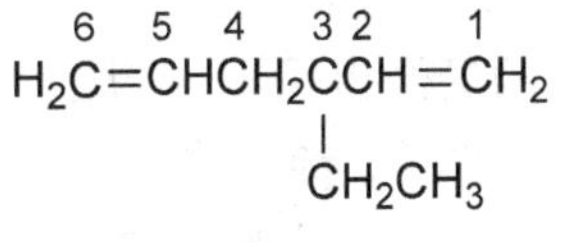

3-乙基己-1,5-二烯
3-ethylhexa-1,5-diene

4.2 烯烃的结构和波谱性质

4.2.1 烯烃的结构

在烯烃中，烯键碳原子采用 sp^2 杂化，三个 sp^2 杂化轨道处于同一平面内，彼此成 120°夹角，另外一个未参与杂化的 2p 轨道垂直于 sp^2 轨道所在的平面。双键上的两个碳原子各提供一个 sp^2 杂化轨道以“头碰头”的形式重叠形成一个碳碳 σ 键。没有参与杂化的 p 轨道电子云以“肩并肩”的形式平行重叠形成 π 键。该 π 键是与 σ 键共存的，不能单独存在。

乙烯是最简单的烯烃分子，四个 C—H 键均为 σ 键(sp^2-1s 键)，由于碳碳双键的 π 键由 p 轨道通过肩并肩重叠形成，双键碳原子不能再以碳碳 σ 键为轴自由转动，即所有原子在同一平面上，键长与键角如图 4-1 所示。π 键是两个 p 轨道侧面重叠形成的，重叠程度比 σ 键小，键能低于 σ 键，约为 264.4 kJ/mol。所以 π 键不如 σ 键稳定，容易断裂。此外，π 键电子云分散在分子平面的上下两侧，原子核对 π 电子的束缚较小，所以具有较大的流动性，易受外界电场影响而发生极化，与 σ 键相比，π 键表现出较大的化学活性。由于两个碳原子之间增加了一个 π 键，增加了原子核对电子的引力，使原子靠得更近，因此 C═C 双键键长明显比 C—C 单键键长短。

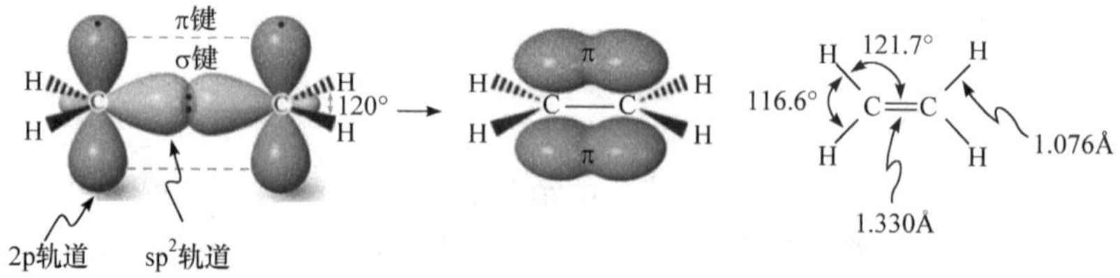

图 4-1　乙烯分子的成键示意图

4.2.2　烯烃的波谱性质

烯烃含有 C═C，在红外光谱(IR)图中它的特征伸缩振动吸收频率一般在 1680～1620 cm^{-1} 范围；C—H 特征伸缩在 3100～3020 cm^{-1}。双键碳上的质子位于去屏蔽区，具有去屏蔽效应。因此，烯烃双键碳上的氢原子化学位移值较大(δ 4.5～5.7 ppm)。而且，该 C═C 双键对与其直接相连的 sp^3 杂化碳上的氢原子产生去屏蔽效应，导致化学位移值向低场方向移动约 1 ppm，一般处于 δ 1.9～2.7 ppm 范围内。

4.3　烯烃的物理性质

化合物的沸点与分子间作用力有关，与烷烃相似，烯烃的沸点也随分子量的增加而升高，见表 4-1。在常温常压下，含 2～4 个碳原子的烯烃为气体，5～16 个碳原子的烯烃为液体，17 个碳原子以上的烯烃为固体。碳原子数相同的情况下，直链烯烃的沸点比带支链的高。碳链相同，双键在中间的烯烃沸点略高于双键在链端的烯烃。双键位置相同，反式构型烯烃的沸点略低于顺式烯烃。这是因为顺式烯烃的偶极矩比反式烯烃的偶极矩大，存在微弱偶极-偶极相互作用，分子间作用力较大，故沸点较高。

表 4-1　一些常见烯烃的名称及物理性质

化合物	IUPAC 命名法	沸点/℃	相对密度
乙烯	ethene	−103.7	—
丙烯	propene	−47.7	—
丁-1-烯	1-butene	−6.5	—

续表

化合物	IUPAC 命名法	沸点/℃	相对密度
戊-1-烯	1-pentene	30	0.643
癸-1-烯	1-decene	171	0.743
(*Z*)-丁-2-烯	(*Z*)-2-butene	4	—
(*E*)-丁-2-烯	(*E*)-2-butene	1	—
异丁烯	2-methylpropene	−7	—
(*Z*)-戊-2-烯	(*Z*)-2-pentene	37	0.655
(*E*)-戊-2-烯	(*E*)-2-pentene	36	0.647
3-甲基丁-1-烯	3-methyl-1-butene	25	0.648
2-甲基丁-2-烯	2-methyl-2-butene	39	0.660
2,3-二甲基丁-2-烯	2,3-dimethyl-2-butene	73	0.705
环戊烯	cyclopentene	44	0.772
环己烯	cyclohexene	83	0.810
氯乙烯	chloroethene	−14	—
四氯乙烯	tetrachloroethene	121	1.623

由于烯烃分子内存在不饱和键，奇数碳和偶数碳分子熔点变化不像烷烃那样呈明显的变化规律，但总的趋势是随着碳原子数的增加，熔点逐渐升高。

烯烃的相对密度都小于 1，但比相应的烷烃大。虽然大多数烯烃分子是偶极分子，但是偶极矩较小，分子的极性很小，因此也可以将烯烃分子认为是非极性分子。根据相似相溶原理，开链烯烃易溶于极性小的有机溶剂，如石油醚、乙醚、苯、四氯化碳等。不溶于极性大的有机溶剂，也不溶于水，在亚铜盐或银盐的水溶液中，溶解度有所增强。

4.4 烯烃的化学性质

碳碳双键(C═C)是烯烃的特征官能团，它决定了烯烃分子的主要反应性能(图 4-2)，烯烃的 π 键键能比碳碳单键的键能低，导致 π 键容易断裂而发生反应。烯烃化合物最经典的反应就是加成反应(addition reaction)，加成后断裂一个 π 键生成两个 σ 键，放出热量，产物稳定性增大。它们易受亲电试剂进攻，故烯烃易发生亲电加成反应。此外，碳碳双键加氧(氧化反应)、加氢(还原反应)以及环加成(周环反应)也是常见的加成反应。在烯烃分子中，sp^2 杂化碳原子比 sp^3 杂化碳原子电负性更大，*α*-H(烯丙位氢原子)受双键的影响，也具有一定的反应活性，如发生卤代反应。

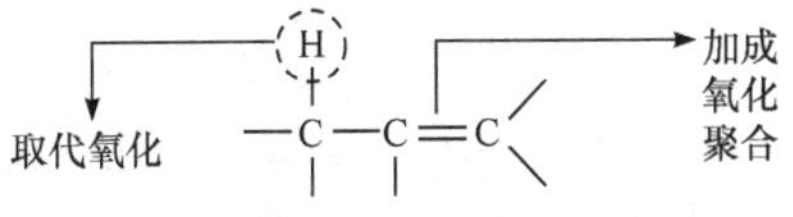

图 4-2 烯烃反应性能示意图

4.4.1 烯烃的亲电加成反应

加成反应是指两个或多个分子反应生成一个加和产物的反应。加成反应可以是离子型的、自由基型的和协同型的。离子型的加成反应是化学键异裂引起的，又分为亲电加成和亲核加成。

烯烃的 π 键电子云分布在碳碳键轴的上下两侧，电子云裸露在外，易极化，为富电子体系。因此，烯烃容易给出电子，被缺电子的亲电试剂进攻，即烯烃易发生亲电加成反应，此类反应本质是 Lewis 酸和 Lewis 碱之间的反应。亲电试剂是一类缺电子的物质，常用“E^+”表示，包括质子酸(Brønsted 酸)、Lewis 酸，如 H^+、$CH_3CH_2^+$、BH_3 等。

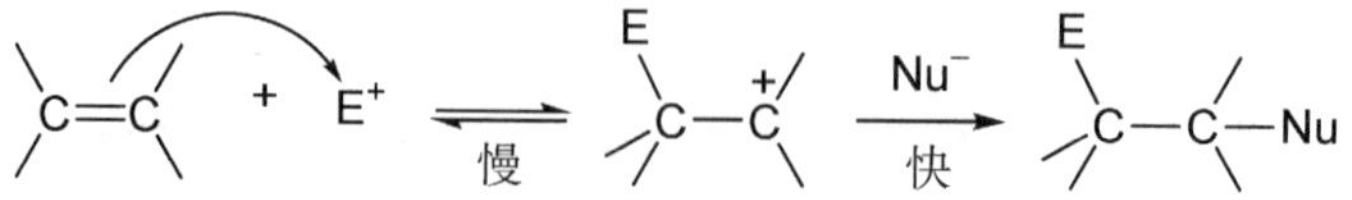

根据底物和亲电试剂的差异，烯烃的加成经历以下三种基本反应机理：①碳正离子中间体机理；②环正离子中间体机理；③离子对中间体机理。

1. 烯烃与卤化氢的加成——碳正离子中间体机理

卤化氢与烯烃发生加成反应，生成卤代烃。

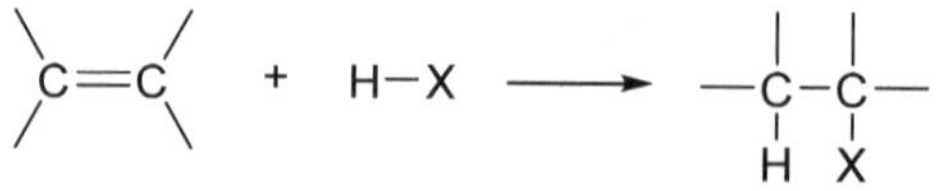

例如：

$$H_2C{=}CH_2 + HI \longrightarrow CH_3CH_2I$$

$$H_2C{=}CH_2 + HBr \longrightarrow CH_3CH_2Br$$

$$H_2C{=}CH_2 + HCl \longrightarrow CH_3CH_2Cl$$

该类加成反应的反应机理如下：

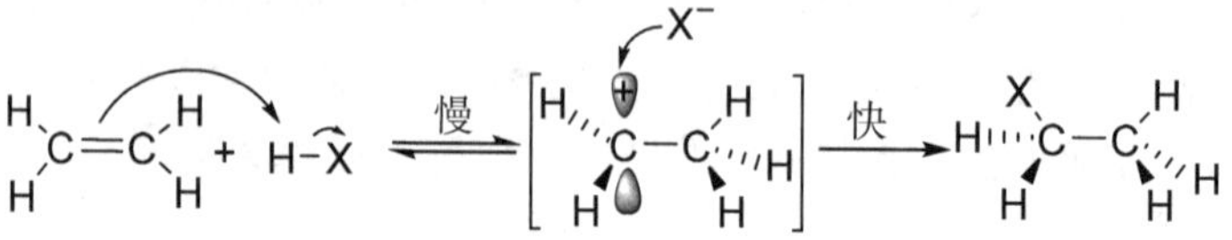

碳正离子中间体

从反应历程发现，该反应先是质子与烯烃的 π 电子结合，形成碳正离子中间体，这一步也是反应的决速步骤；然后，卤素离子再与碳正离子结合生成产物。不同卤化氢与烯烃亲电加成反应的速率取决于卤化氢的解离能力，卤化氢酸性越强，解离能力越强，质子越容易形成，亲电加成反应的速率越快。所以，不同卤化氢的相对反应速率大小顺序为

$$HI > HBr > HCl$$

对于不同的底物，双键碳上的烷基越多，双键电子云密度越高，反应速率越快：

$$(CH_3)_2C{=}CH_2 > CH_3HC{=}CHCH_3 > CH_3HC{=}CH_2 > H_2C{=}CH_2$$

如果底物是对称烯烃，生成的产物只有一种；若不对称烯烃与卤化氢发生加成反应时，由于双键上的两个碳环境不同，则可能会生成两种产物。例如，丙烯与卤化氢加成生成 2-卤代丙烷和 1-卤代丙烷的混合物，二者属于构造异构体。

$$H_2C{=}CHCH_3 + HX \longrightarrow \underset{(\text{I})}{CH_3\underset{|\atop X}{C}HCH_3} + \underset{(\text{II})}{XCH_2CH_2CH_3}$$

实验结果表明，(Ⅰ)是主要产物，(Ⅱ)是次要产物。这种生成某种构造异构体为主要产物的选择性称为区域选择性(regioselectivity)。反应中化学键的形成或断裂有两种以上取向时，只生成一种产物，则称为区域专一性。不对称烯烃与卤化氢的这种区域选择性加成反应是普遍存在的，即氢原子总是加在含氢较多的双键碳原子上，其他原子(卤原子)及基团加在含氢较少的双键碳原子上。这一经验规律是由俄罗斯化学家马尔科夫尼科夫(V. V. Markovnikov)在 1870 年提出的，后来称为马尔科夫尼科夫规则，简称马氏规则。马氏规则是历史上发现的第一个区域选择性规则，可以预测烯烃亲电加成反应的主要产物。

马氏规则可以用碳正离子中间体的稳定性来解释。烷基碳正离子采用 sp^2 杂化，每个 sp^2 杂化轨道分别与三个原子形成三个 σ 键，另外一个未参与杂化的 p 轨道为空轨道。所以碳正离子周围仅有 6 个电子，是一个缺电子的活性中间体，为平面三角形几何构型。

影响碳正离子稳定性的因素包括取代基的诱导效应、共轭效应以及邻位碳氢键的超共轭效应。碳正离子是缺电子的活性中间体，当给电子基团(electron donating group，EDG)与之相连时，可以使正电荷得到分散，从而提高碳正离子的稳定性。常见的烷基具有给电子诱导效应(+I)，它的存在有利于增强碳正离子稳定性。相反，三氟甲基是吸电子基团(electron withdrawing group，EWG)，具有吸电子的诱导效应(–I)，它的存在使得碳正离子稳定性有所降低。

$$^{+}CH_2CH_3 > {}^{+}CH_3 \quad 而 \quad {}^{+}CH_2CF_3 < {}^{+}CH_2CH_3$$

与碳正离子中心原子相连的烷基数量越多，给电子效应越强，因此碳正离子稳定性与碳原子级数存在以下关系：3°碳正离子＞2°碳正离子＞1°碳正离子＞甲基碳正离子。

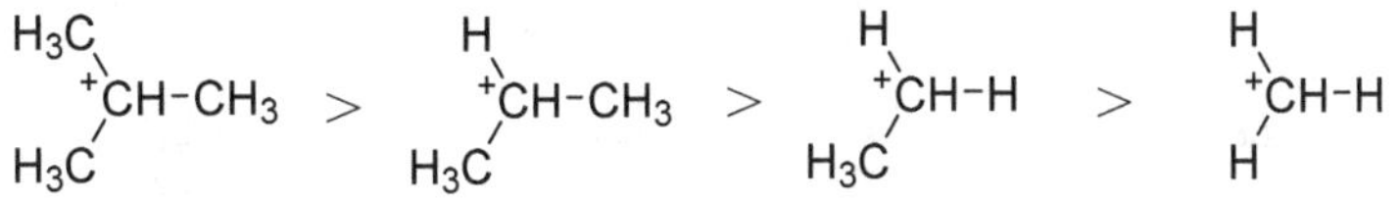

邻近碳原子上 C—H 的 σ 键的成键轨道与碳正离子空的 p 轨道部分重叠，使得 σ 键的成键电子云能够部分离域到空的 p 轨道，体系的稳定性增强，这种作用称为 σ-p 超共轭效应。以乙基为例，与碳正离子邻近碳上有 3 个 C—H σ 键，可以形成 3 个 σ-p 超共轭。同理，异丙基有 6 个 σ-p 超共轭，叔丁基有 9 个 σ-p 超共轭。这些碳正离子的相对稳定性顺序如下：

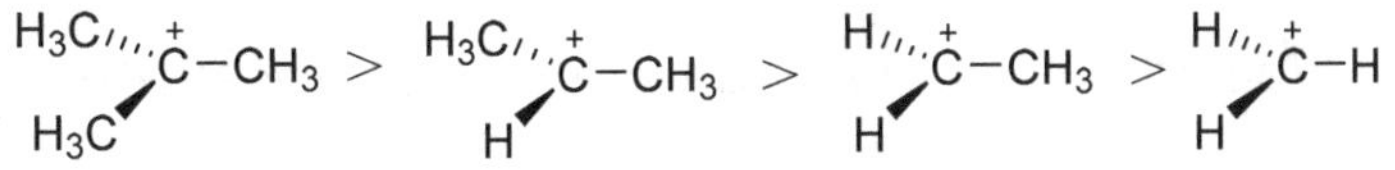

9个σ-p　　6个σ-p　　3个σ-p　　无σ-p

除上述诱导效应和超共轭效应外，共轭效应也是影响碳正离子稳定性的另一个主要因素。例如，烯丙基碳正离子比丙基碳正离子稳定性高，这是因为空的 p 轨道与相邻的 π 轨道发生 p-π 共轭，π 轨道上的电子可以离域到空的 p 轨道上，使得碳正离子稳定性增强。烯丙基碳正离子通过电子共振分散到两端碳原子上，如图 4-3 所示。

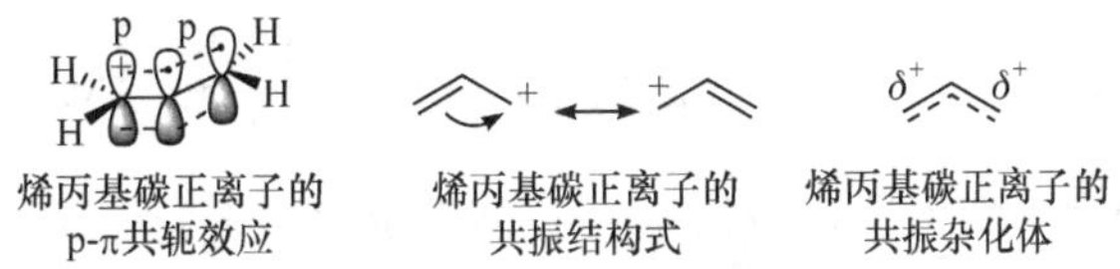

图 4-3　烯丙基碳正离子共振杂化图

根据以上结论，不对称烯烃在与酸发生亲电加成反应时，优先生成稳定性更高的碳正离子中间体，对应的加成产物即为主要产物。

在图 4-4 的反应中，产物(Ⅰ)和(Ⅱ)是亲电加成反应第一步生成不同碳正离子中间体所造成的。若活性中间体为 2°碳正离子(Ⅲ)，则加成产物为(Ⅰ)；若活性中间体为 1°碳正离子(Ⅳ)，则产物为(Ⅱ)。由于 2°碳正离子比 1°碳正离子稳定，得到产物(Ⅲ)的反应势能低，活化能低，反应速率快，故反应中(Ⅰ)是主要产物，与马氏规则判断的结果一致。

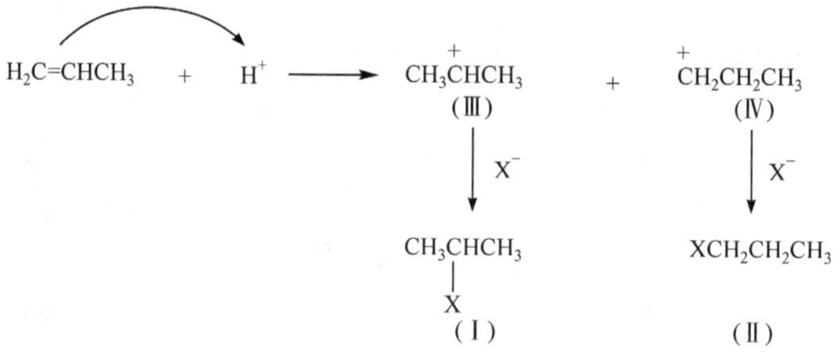

图 4-4　不对称烯烃与卤化氢的亲电加成反应碳正离子中间体

卤化氢与烯烃的亲电加成反应，常伴随有重排产物的产生。通常，如果生成的碳正离子稳定性没有足够高，它可以进一步通过氢迁移或者烷基迁移等方式重排到稳定性更高的碳正离子中心原子。如图 4-5 所示的亲电加成反应是由 2°碳正离子重排为 3°碳正离子引起的。

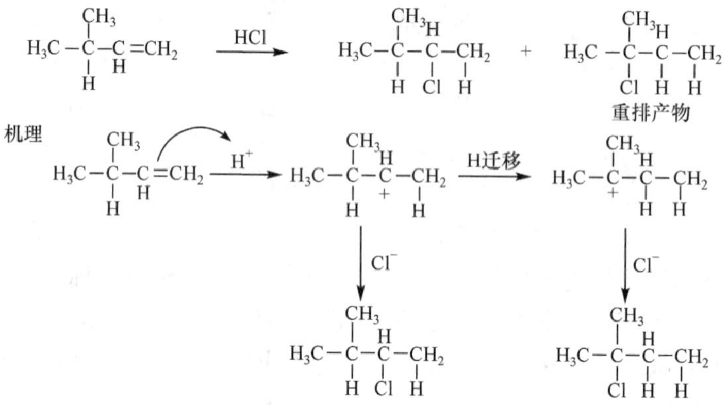

图 4-5　烯烃与卤化氢的亲电加成反应碳正离子中间体重排机理

2. 烯烃与硫酸、水、有机酸、醇和酚的加成——碳正离子中间体机理

烯烃与硫酸、水、有机酸、醇和酚的加成都遵循马氏规则，都要经历碳正离子中间体过程，但常有重排产物生成。烯烃与硫酸混合，反应生成硫酸氢烷酯溶解于硫酸中，在有水条件下加热会进一步水解生成醇。此反应相当于烯烃间接加水，又被称为间接水合法，是制备醇的一种方法。

$$H_2C{=}CH_2 + H_2SO_4 \xrightarrow{0℃} CH_3CH_2OSO_3H \xrightarrow[90℃]{H_2O} CH_3CH_2OH + H_2SO_4$$

烯烃也可以直接加水生成醇，但反应需要在酸的催化下进行。常见的酸有磷酸、氟硼酸、对甲苯磺酸等。这些酸主要的目的是促进反应先生成碳正离子中间体，然后进一步水合、脱质子生成醇。这种制醇的方法称为烯烃的直接水合法。

$$H_2C{=}CH_2 \xrightarrow{H_3PO_4} CH_3\overset{+}{C}H_2 \xrightarrow{H_2O} CH_3CH_2\overset{+}{O}H_2 \xrightarrow{-H^+} CH_3CH_2OH$$

烯烃与有机酸反应生成酯，但有机酸的酸性通常较弱，所以需要在强酸(硫酸、对甲苯磺酸等)催化的条件下进行。

$$\underset{\text{乙酸}}{H_2C{=}CH_2 + CH_3COOH} \xrightarrow{H^+} \underset{\text{乙酸乙酯}}{CH_3CH_2OCOCH_3}$$

烯烃与醇或酚反应生成相应的醚，反应也需要在强酸催化条件下进行。

$$(H_3C)_2C{=}CH_2 + CH_3OH \xrightarrow[100℃]{HBF_4\ (3\%\ BF_3 + 3\%\ HF)} (CH_3)_3COCH_3$$

3. 烯烃与卤素的加成——环正离子中间体机理

与卤化氢不同，卤素分子没有极性，当卤素分子接近烯烃的双键时，受到 π 电子的影响而极化。电正性一端作为亲电试剂，对双键进行加成。烯烃与卤素加成，生成邻二卤代烷，而这种反应在常温下就可以迅速地、定量地进行。不同卤素与烯烃发生加成反应的相对活性顺序为 $F_2>Cl_2>Br_2>I_2$。氟与烯烃反应太剧烈，很难控制；与碘也容易发生反应，但是可逆的，而且平衡偏向烯烃，因此烯烃加卤素通常是指加 Cl_2 或 Br_2。

这类反应在干燥体系中进行较慢，但加入极性试剂(如 H_2O 或 $FeCl_3$)后速度加快，这是由于极性分子对卤素有极化诱导作用。溴的 CCl_4 溶液或溴水与烯烃反应时，溴的颜色消失，在实验室里常用来检验烯烃的存在。

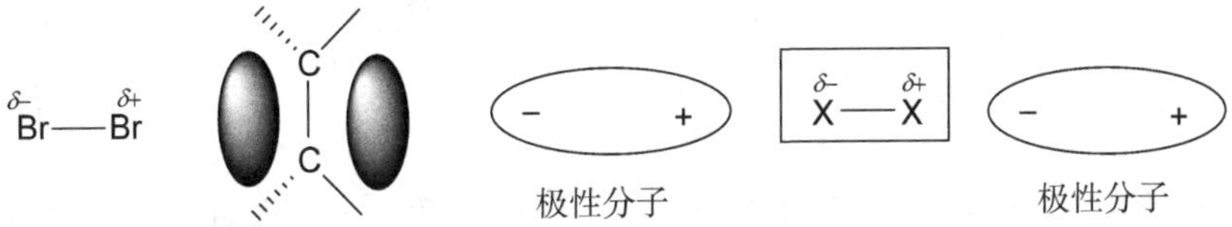

烯烃与溴的加成反应是按环正离子中间体机理进行的。此类反应主要分为两步完成：首先是溴接近烯烃，受 π 键电子的影响而极化，带正电荷的溴原子与碳碳双键结合形成经典的碳正离子中间体，但由于溴原子半径大，它能够迅速提供孤对电子稳定相邻的碳正离子，形成的溴鎓离子正电荷集中到环正离子的溴原子上。这一步比较慢，是决速步骤。第二步，一旦形成环状的溴鎓离子，即可被体系中富电子的 Br^- 从背面进攻，开环生成反式加成产物，这一步是比较快的，如图 4-6 所示。

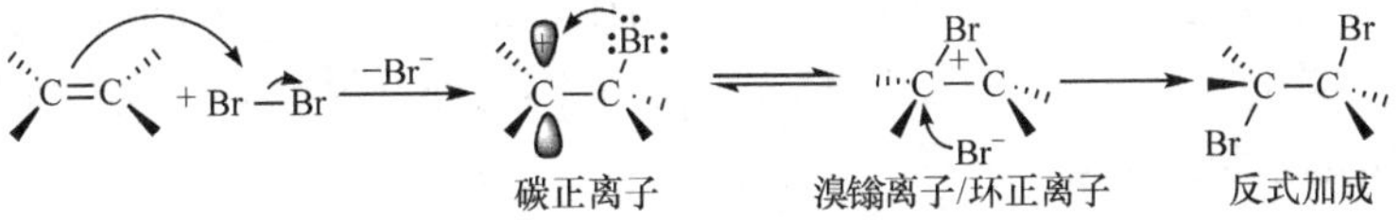

图 4-6　烯烃与卤素的亲电加成反应环正离子中间体机理

以上环正离子中间体反应历程是由实验事实推测得来的：下面的实例说明两个溴原子不是同时加到双键碳上，反应是分步进行的。反应产物中没有 1,2-二氯乙烷，说明氯负离子不可能参加第一步反应，参加第一步反应的只能是电正性亲电试剂。

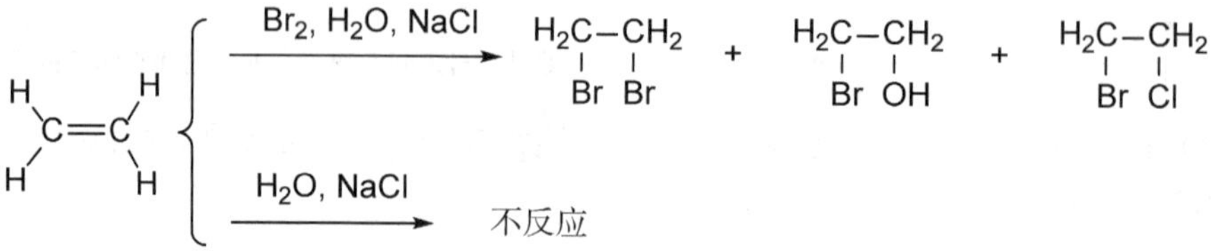

机理：

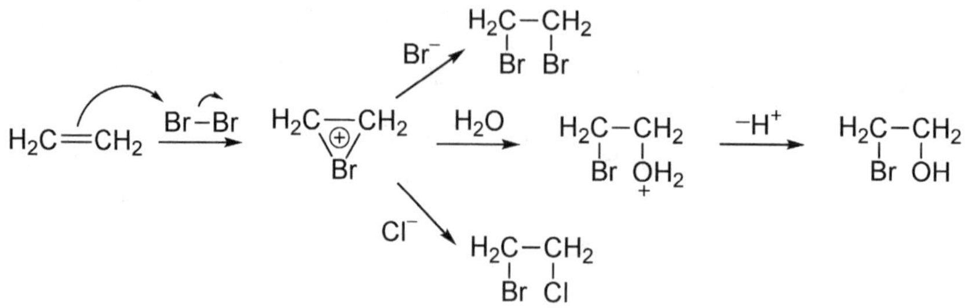

溴鎓离子机理能很好地解释烯烃与溴加成的立体化学。顺丁-2-烯与溴加成第一步形成的溴鎓离子中间体被 Br^-亲核进攻开环时有两种方式，分别得到(2*R*,3*R*)-2,3-二溴丁烷和(2*S*,3*S*)-2,3-二溴丁烷，它们互为一对对映异构体，而且两种开环方式的概率均等，故所得产物为 1∶1 的外消旋体。

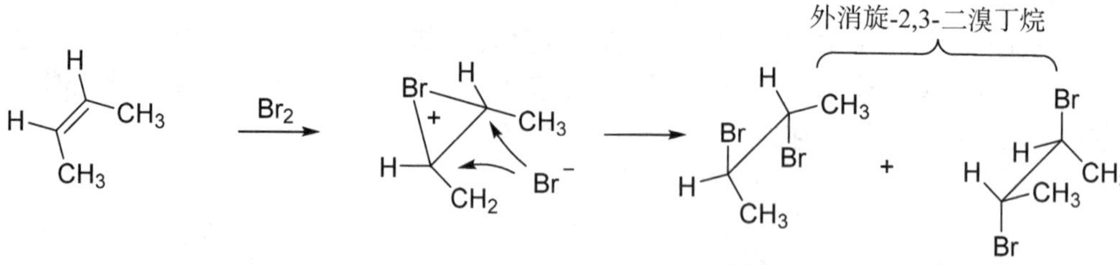

2*R*,3*R*　　　　2*S*,3*S*

反丁-2-烯与溴加成所形成的溴鎓离子中间体同样有两种方式开环，但是这两种方式所得到的产物是完全相同的，即(2*R*,3*S*)-2,3-二溴丁烷，它是一个内消旋体。

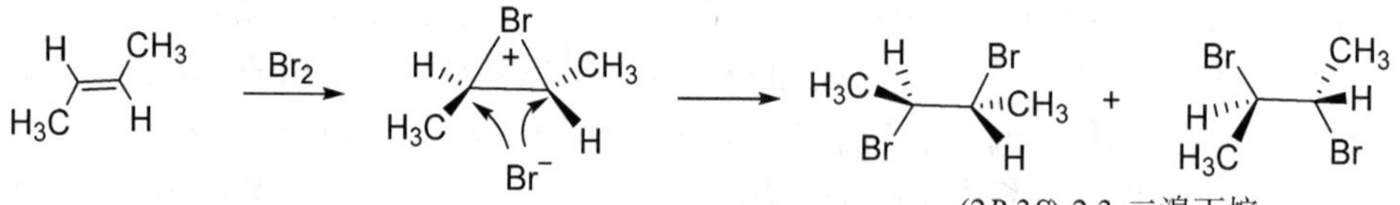

(2*R*,3*S*)-2,3-二溴丁烷

如果一个反应有可能产生两个或两个以上的立体异构体，但优先得到其中一个或少数几个立体异构产物，这样的反应称为立体选择性反应(stereoselective reaction)。在上述亲电加成反应中，反式加成产物优先于顺式加成产物，故属于立体选择性反应。环烯烃与溴加成的立体化学同样可以采用溴鎓离子机理来解释。

4. 烯烃与次卤酸的加成——环正离子中间体机理

氯或溴在碱性水溶液中可与烯烃发生亲电加成反应，得到 β-卤代醇，它们在有机合成中有重要的应用价值，可用于制备环氧乙烷衍生物。反应过程中先形成环卤正离子，然后羟基或水分子再与环卤正离子反应得到反式加成产物。不对称烯烃与次卤酸加成的区域选择性规律符合马氏规则：亲电试剂(X^+)加在含氢多的碳上，而亲核试剂(OH^-)加在含氢少的碳上。

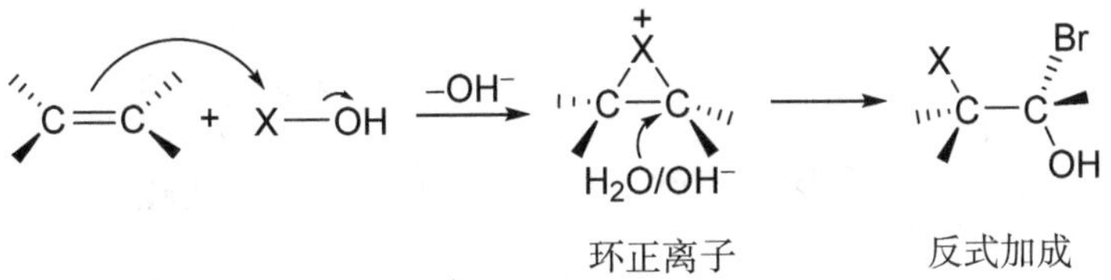

不对称烯烃 1-甲基环己烯与次卤酸的加成反应虽然没有立体选择性，但有区域选择性，如图 4-7 所示。

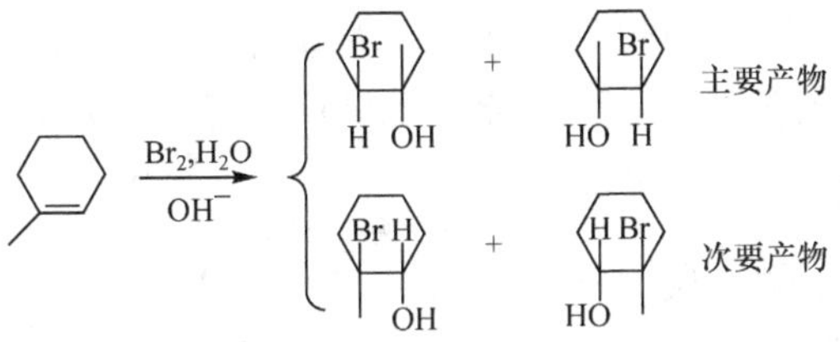

图 4-7　不对称环烯烃与次卤酸的亲电加成反应

5. 烯烃的羟汞化反应——环正离子中间体机理

烯烃是富电子的分子，过渡金属离子则是一类缺电子的 Lewis 酸，它们之间也可以发生亲电加成反应。二价汞(Hg^{2+})和烯烃在四氢呋喃-水溶液中反应，生成邻羟基烷基汞化合物，称为羟汞化反应。该反应的机理与烯烃和卤素的加成反应类似，首先经历一个三元环状正离子中间体，然后水分子作为亲核试剂从三元环汞正离子背面进攻碳原子，导致开环生成反式加成产物。不对称烯烃的羟汞化反应的区域选择性同样是以马氏产物为主。

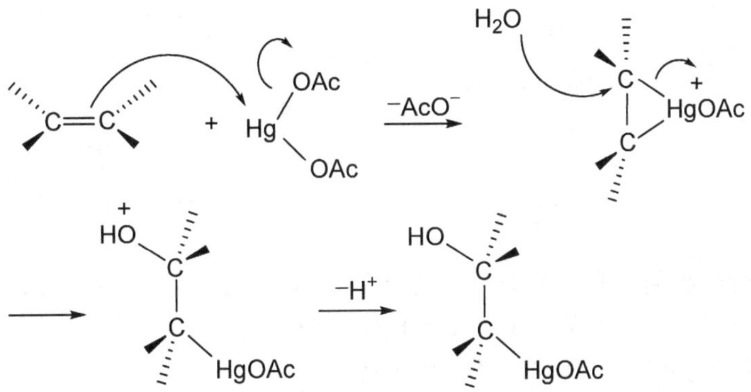

总之，烯烃以上种种亲电加成反应活性受烯烃碳碳双键所连接取代基的电子效应影响，给电子诱导效应增加其反应活性，吸电子诱导效应降低其反应活性。共轭效应有利于增强碳正离子中间体的稳定性。不对称烯烃的亲电加成反应立体化学遵循马氏规则，如经历碳正离子中间体机理的反应可能出现重排产物。

4.4.2　烯烃与溴化氢的自由基加成反应

溴化氢在过氧化物存在的条件下与烯烃反应，生成反马氏规则的产物。该现象是由卡拉施(M. S. Kharasch)等在 1933 年发现的，这种“反常”的加成反应是由于过氧化物在外界刺激(光照等)下发生均裂产生自由基，进一步与溴化氢作用形成溴自由基，溴自由基与烯烃作用而进一步生成最终产物。

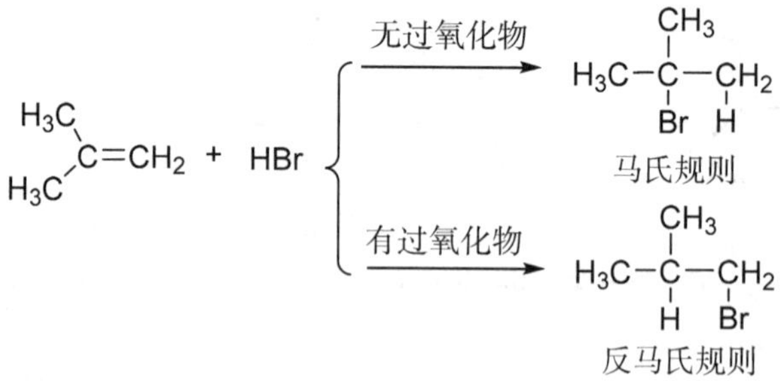

这种反应主要是由自由基引起的，因此称为自由基加成反应，这种现象称为过氧化效应，或称为 Kharasch 效应。溴化氢在过氧化苯甲酰作用下与2-甲基丙烯的自由基加成反应机理如下：

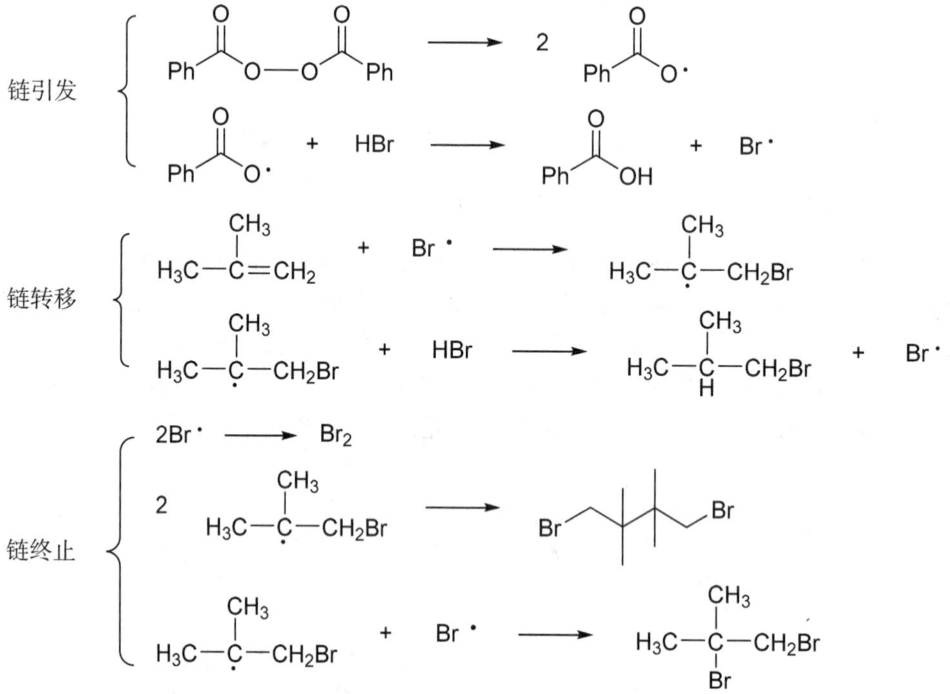

从反应历程可以看到，溴自由基与π电子作用，溴原子加到了烯烃双键的末端碳原子上，只有这样才能生成稳定的自由基，然后氢原子加到了带自由基的碳原子上。生成稳定自由基中间体是该反应产物的决定步骤，自由基的稳定性顺序如下：

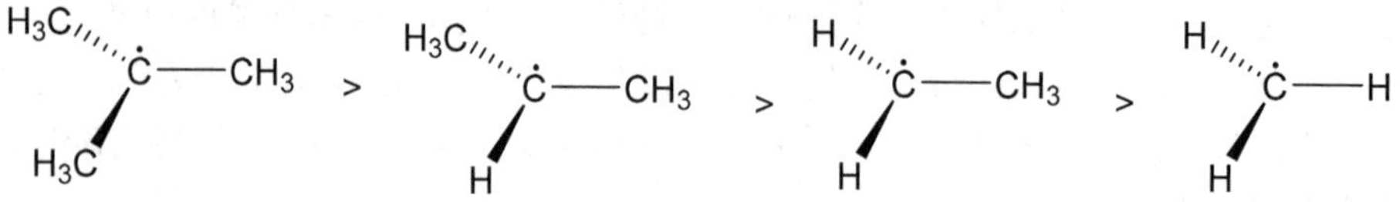

3°自由基　　2°自由基　　1°自由基　　甲基自由基

该类型反应只有溴化氢能发生，氯化氢和碘化氢均不能与烯烃发生自由基加成反应。这是由于 Cl—H 键比 Br—H 键强，不易均裂成自由基。碘化氢虽然易发生均裂，但碘自由基与双键加成需要较高的活化能，不利于反应进行。

4.4.3　烯烃的硼氢化反应——环状过渡态协同机理

硼烷(BH_3)是一种缺电子的中性分子，能够接受电子，属于 Lewis 酸。通常它以二聚体形式存在，称为乙硼烷(B_2H_6)，是一种无色有毒气体，在空气中能自燃。它的结构以“三中心两电子键”为基础，满足八隅体规则，因此较硼烷稳定。

烯烃和硼烷能够发生亲电加成反应，氢和硼分别加在双键两个碳原子上，生成含 C—B 键的烷基硼烷，该反应称为硼氢化(hydroboration)反应。生成烷基硼烷的反应称为烯烃的硼氢化反应。氢原子的电负性(2.1)略大于硼原子的电负性(2.0)，但相差很小，表明 B—H 键很难极化异裂产生离子型亲电试剂，而是协同的亲电加成反应。其反应机理如下：

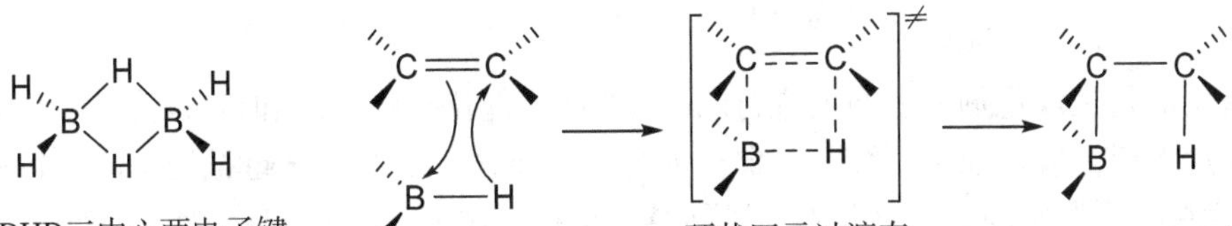

BHB三中心两电子键　　　环状四元过渡态

协同反应不经过任何中间体，烯烃 π 电子向缺电子硼原子空的 p 轨道转移，与此同时电负性稍大的氢原子带着一对键合电子向双键的另一个碳原子转移，形成一个环状四元过渡态，进一步生成烷基硼烷。与烯烃和卤素的反式加成不同，此硼氢化反应是一个具有区域选择性和立体专一性的顺式加成反应，B 和 H 从碳碳双键的同侧加到两个双键碳原子上。

不对称烯烃和硼烷加成时，略带正电性的硼加在含氢较多的双键碳上，氢作为负性基团加在含氢较少的碳上。这一现象从电子效应的本质上看是符合马氏规则的。除此以外，空间效应(空间位阻排斥)也有利于硼原子进攻取代基较少的双键碳原子。

$$RHC{=}CH_2 + BH_3 \longrightarrow RCH_2CH_2BH_2$$

上述硼氢化反应后，烷基硼烷分子中仍有 B—H 键，能够进一步与两分子烯烃发生硼氢化反应，生成三烷基硼烷。

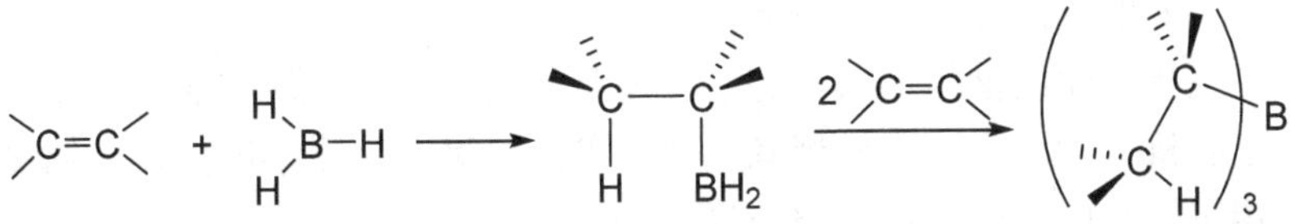

烷基硼烷　　　三烷基硼烷

生成的三烷基硼烷是可分离的稳定化合物，但用碱性过氧化氢溶液处理，C—B 键断裂，氧化、水解生成醇。在此反应中，羟基构型保持不变。此反应与烯烃的硼氢化反应合在一起，总称为烯烃的硼氢化-氧化反应，是烯烃间接水合制备醇的方法之一。

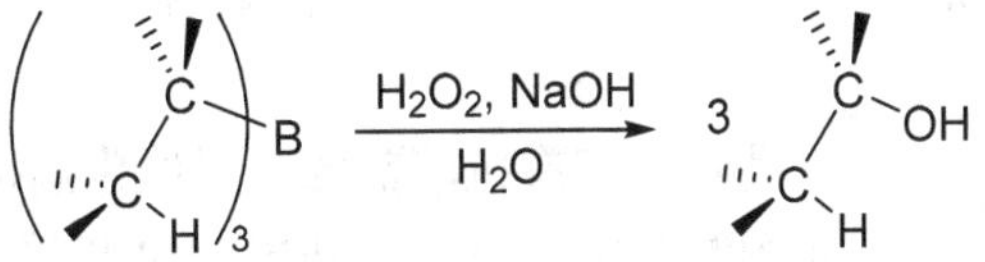

三烷基硼也可以与羧酸反应生成烷烃，将这类反应称为烷基硼的还原反应。与烯烃的硼氢化反应合在一起，总称为烯烃的硼氢化-还原反应，是将烯烃还原成烷烃的一种方法。

$$3\,H_2C{=}CH_2 \xrightarrow{BH_3} B(CH_2CH_3)_3 \xrightarrow{3\,RCOOH} 3\,CH_3CH_3 + B(OCOR)_3$$

4.4.4　烯烃的催化氢化

烯烃与氢之间的加成反应需要很高的活化能，通常是无法发生的；但在催化剂作用下降低活化能，反应可以进行。烯烃在铂、钯或镍等金属催化剂存在的条件下，与氢加成生成烷烃，称为催化氢化。

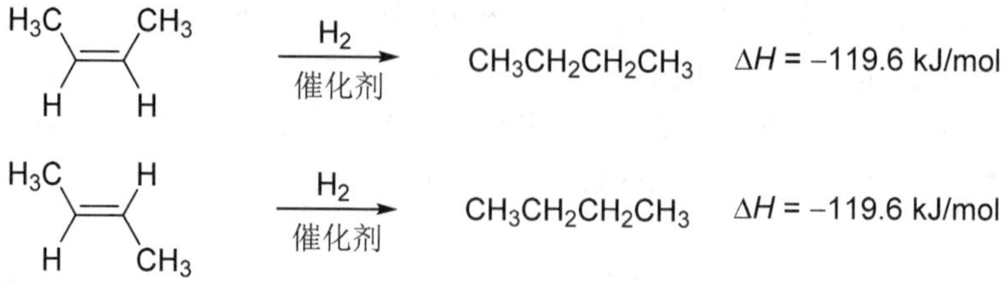

加氢反应是在催化剂的表面上进行的。通常认为催化剂将烯烃和氢气吸附到其表面上，并与金属作用形成活泼氢原子；烯烃与催化剂配位，碳碳双键上的 π 键被两个相对较弱的碳-金属 σ 键代替；活泼氢原子从催化剂表面转移到双键的碳原子上；转移第二个氢原子，形成烷烃，脱离催化剂表面，如图 4-8 所示。

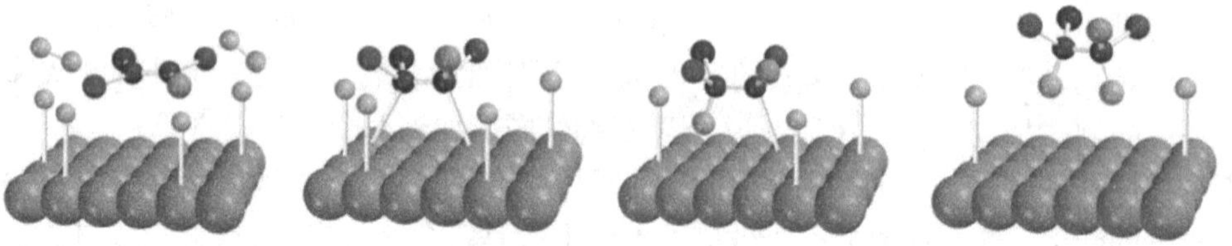

图 4-8　加氢反应的历程

烯烃的催化氢化为放热反应，放出的热量称为氢化热，一个双键的氢化热大约为 120 kJ/mol。不同构型的烯烃氢化热不同，比较烯烃的氢化热可以用于判断烯烃的稳定性。例如，(*E*)-丁-2-烯的氢化热小于(*Z*)-丁-2-烯，说明(*E*)-丁-2-烯比(*Z*)-丁-2-烯更稳定。烯烃双键碳上的取代基越多，氢化热越小，稳定性越好。因此，烯烃的相对稳定性为：四元取代乙烯＞三元取代乙烯＞二元取代乙烯＞一元取代乙烯＞乙烯。

适用于烯烃催化氢化的催化剂通常是一些过渡金属，如铂、钯、镍、钌、铑等，这些金属催化剂均不溶于有机溶剂，因此为异相催化剂。实验室常用的催化氢化异相催化剂有氧化铂、烟花钯、雷尼镍等，反应活性：铂＞钯＞镍。

氢的加成反应多数是顺式加成。例如：

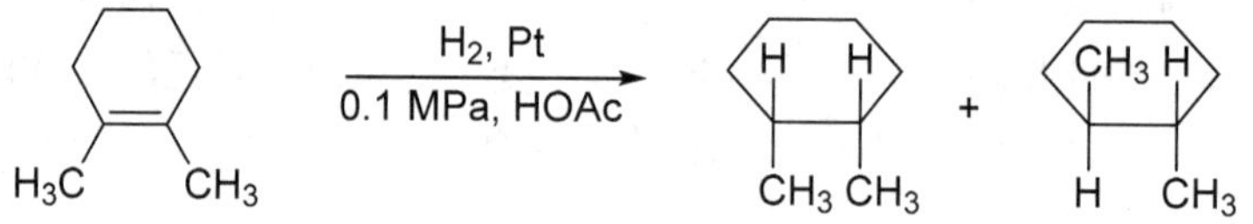

86%　　　　14%

随着近代有机合成的发展，一些可溶于有机溶剂的金属催化剂被发现，这类催化剂被称为均相催化剂，如氯化铑与三苯基磷的配合物$[(C_6H_5)_3P]_3RhCl$。这些催化剂除能溶于有机溶剂外，还可以避免烯烃重排分解的缺点，且在常温常压下就可以催化烯烃发生还原加氢。这类催化条件下的加氢反应也是顺式加氢。

4.4.5　烯烃的氧化反应

1. 烯烃被高锰酸钾氧化-协同反应机理

烯烃的 π 键稳定性较弱，可以被高锰酸钾氧化，氧化产物受 pH 影响较大。烯烃与浓的或酸性高锰酸钾溶液反应，烯烃的 σ 键和 π 键均会被氧化而发生断裂，生成酮、羧酸和二氧化碳等羰基类化合物。烯烃与高锰酸钾反应，高锰酸钾被还原生成 MnO_2，因此反应中可以看到有 MnO_2 沉淀生成，且高锰酸钾的颜色会褪去，利用这一现象可以鉴别烯烃。

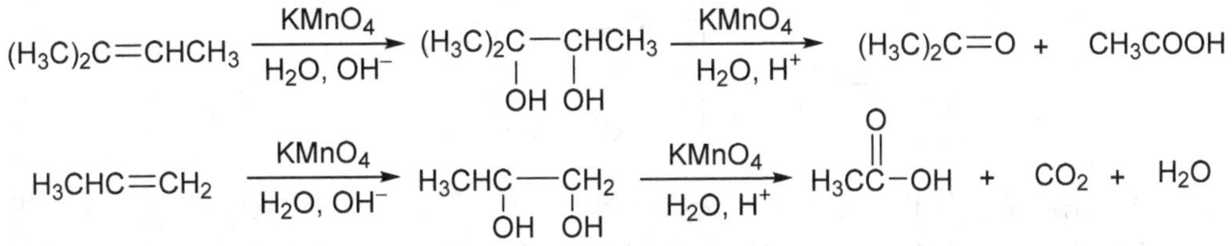

酸性条件下烯烃被 $KMnO_4$ 氧化后的产物转化规律如表 4-2 所示。

表 4-2　酸性条件下烯烃被 $KMnO_4$ 氧化后的产物

烯烃分子结构	氧化产物
$=CH_2$	CO_2
R—CH=	RCOOH
$R_2C=$	$R_2C=O$

烯烃与碱性高锰酸钾也能发生反应，先形成一个五元环状锰酸酯中间体，经水解生成邻二醇。这种氧化反应相当于两个羟基从烯烃的同侧加到双键碳上，具有立体专一性，生成顺式产物。

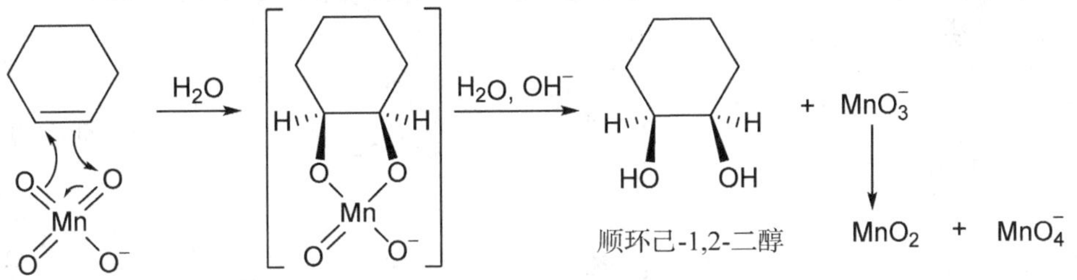

2. 烯烃被四氧化锇氧化

四氧化锇也是一种强氧化剂，在非水条件如乙醚、四氢呋喃中能与烯烃反应生成顺式邻二醇。该反应与碱性高锰酸钾氧化具有类似机理，经历五元环状锇酸酯中间体，它一般不能分离得到，但与吡啶形成锇配合物后可以进行分离。四氧化锇是一种很昂贵的金属试剂，通常较为经济的方法是用 H_2O_2 及催化量的四氧化锇进行反应。OsO_4 先与烯烃反应生成 OsO_3，OsO_3 进一步与 H_2O_2 反应再生成 OsO_4。如此反应可以重复进行，直到完成。

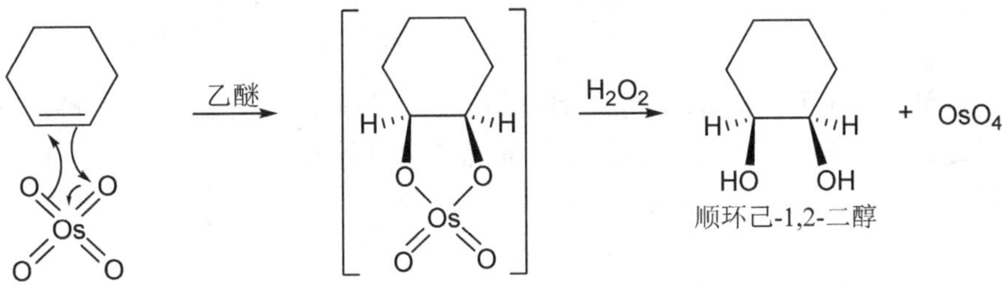

3. 烯烃的臭氧化-还原水解反应

烯烃在低温和非水溶剂(如 CCl_4、CH_2Cl_2)条件下，与臭氧反应生成臭氧化物的反应，称为烯烃的臭氧化反应。将含臭氧 6%～8%的氧气，通入液态的烯烃或烯烃的非水溶液，臭氧会迅速、定量地与烯烃反应生成臭氧化物。臭氧化物易爆炸，一般不用分离，可直接在溶液中加水分解，产物为醛或酮。臭氧化物被水分解成醛或酮的反应称为臭氧化物的分解反应。

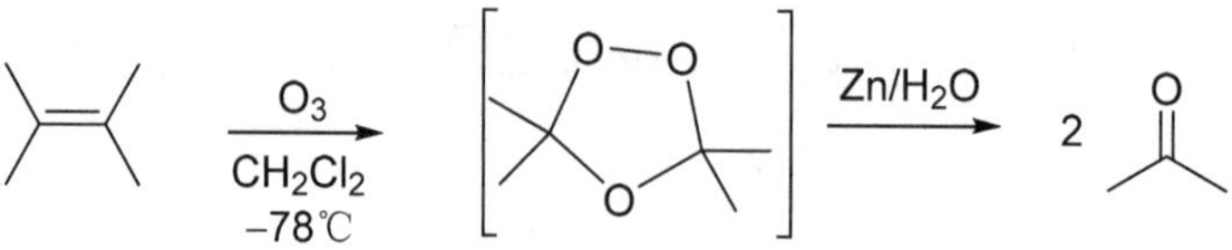

以上反应由臭氧氧化和还原水解两个阶段组成。第一阶段，烯烃与臭氧发生 1,3-偶极环加成反应，生成 1,2,3-三氧杂五环中间体。该中间体极不稳定，开环生成羰基化合物和另一 1,3-偶极体，二者经过 1,3-偶极环加成生成比较稳定的 1,2,4-三氧杂五环中间体。第二阶段，在水存在下，该五环中间体分解为产物醛或酮，并产生一分子的 H_2O_2。

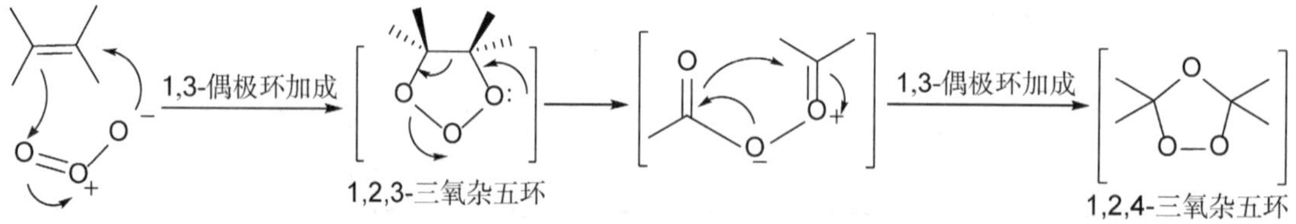

由于反应中有 H_2O_2 生成，它可以进一步将生成的醛氧化为羧酸。所以水解时应加入还原剂，如锌粉，使生成的醛免受氧化。也可以加入二甲硫醚(CH_3SCH_3)，使 H_2O_2 与二甲硫醚反应生成二甲亚砜。也可以用 Pd/C、H_2 处理，使 H_2O_2 与 H_2 反应生成 H_2O。用 $LiAlH_4$(或 $NaBH_4$)处理，可将羰基还原为醇。

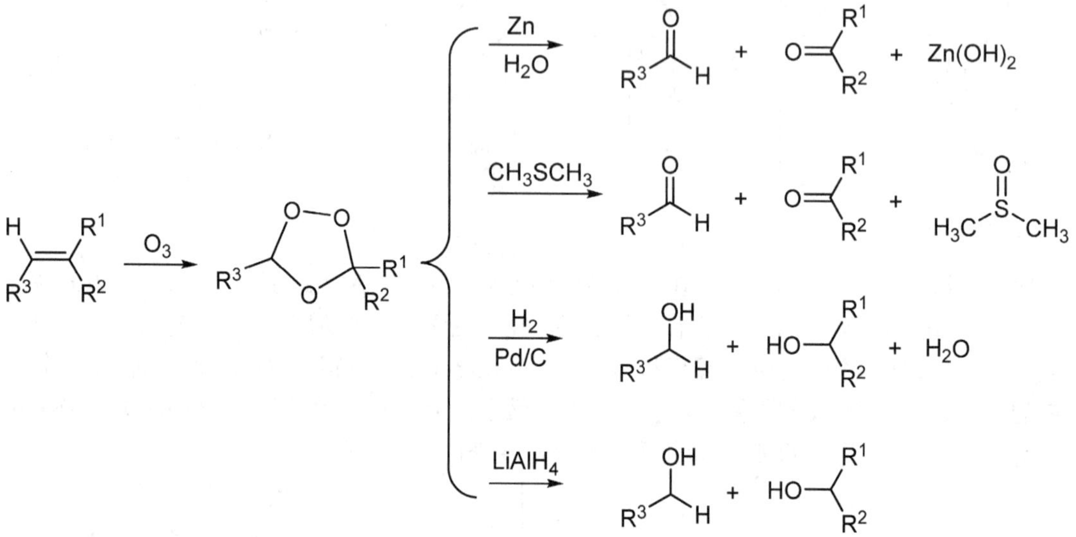

双键和臭氧的反应可以定量地进行，且选择性强。可根据臭氧化物还原水解的产物，推测烯烃中双键的位置和碳链的结构。主要规律：通常将得到的醛、酮分子中的氧去掉，剩余部分用双键连接起来，即得到原来的烯烃结构。

$$C_7H_{14} \xrightarrow[\text{Zn, }H_2O]{O_3} O{=}CHCH_3 + H_3C{-}\underset{CH_3}{\underset{|}{C}H}{-}\overset{O}{\overset{\|}{C}}{-}CH_3$$

原烯烃的结构式：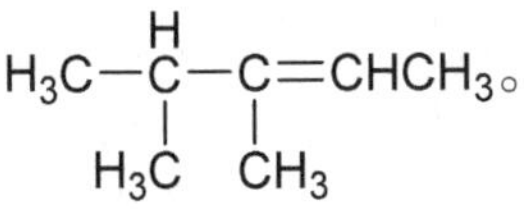。

4. 烯烃的环氧化反应

烯烃与环氧化试剂反应生成环氧化合物的反应称为烯烃的环氧化反应。实验室常用的环氧化试剂为有机过氧酸、过氧化氢和烷基过氧化氢等，如过氧乙酸(CH_3CO_3H)、过氧苯甲酸、三氟过氧乙酸(F_3CCO_3H)。

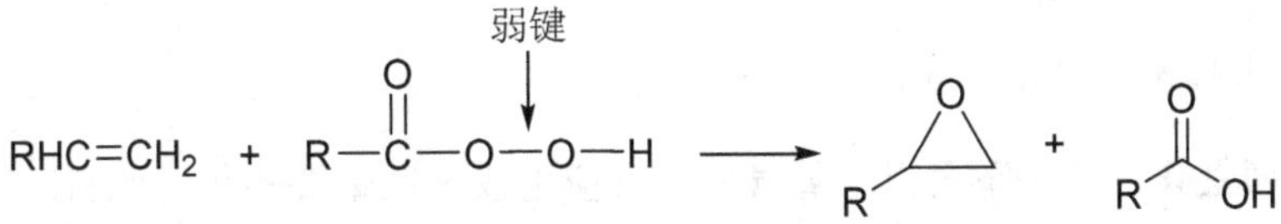

烯烃的环氧化反应是通过一个双环状过渡态协同完成的。受过酸中略带正电性的羰基碳的吸引及受烯烃 π 电子的进攻，过酸的过氧键(O—O)和氢氧键(O—H)同时异裂。过氧键上的一个氧与烯烃的一个双键结合，这是一个协同反应，通过三元环过渡态，进一步转化形成环氧化合物。

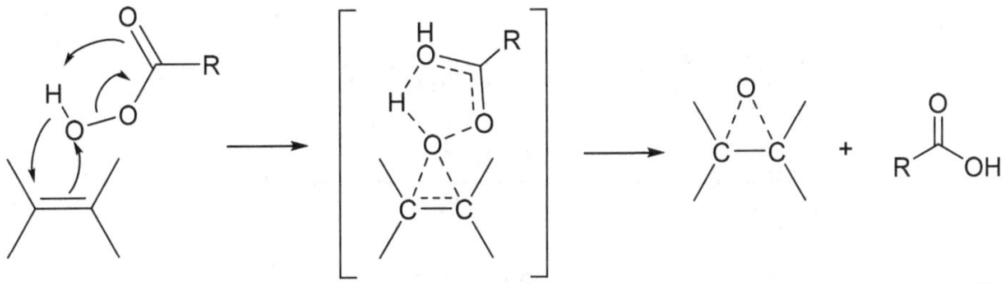

环氧化反应是立体专一性的顺式加成反应，所以环氧化合物的构型与原料烯烃的构型保持一致。环氧化反应可以在烯烃双键平面的任一侧进行，当平面两侧空间位阻相同，而产物的环碳原子为手性碳原子时，产物是一对外消旋体。如果平面两侧的位阻不同，位阻小的一侧反应快。

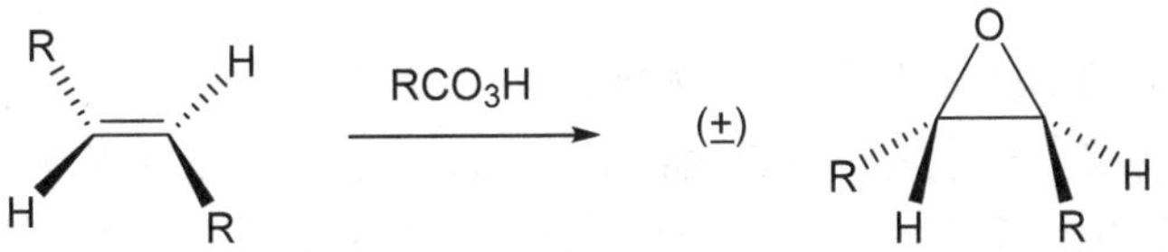

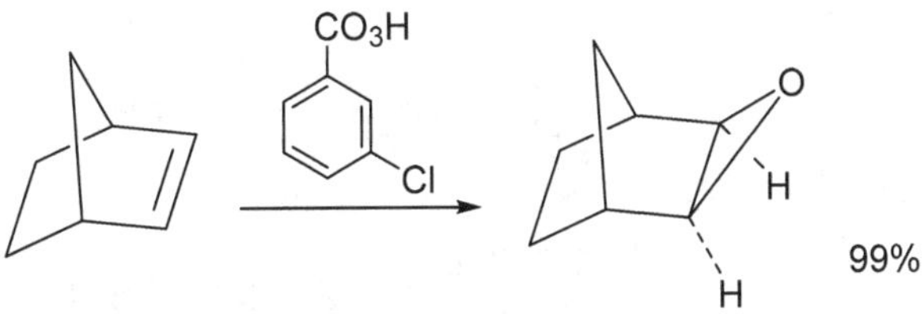

环氧化合物性质很活泼，遇酸或碱会发生开环反应。

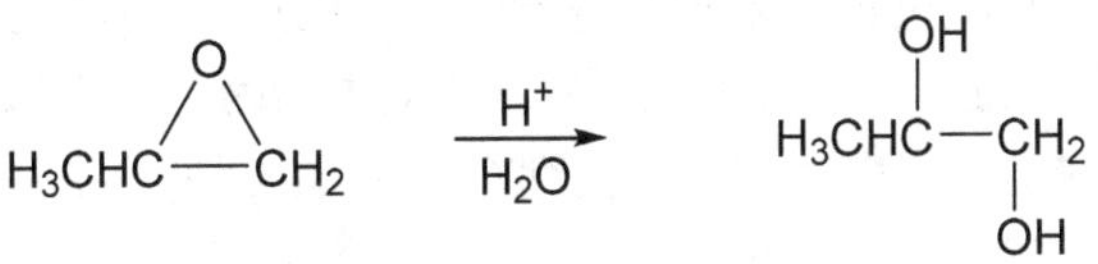

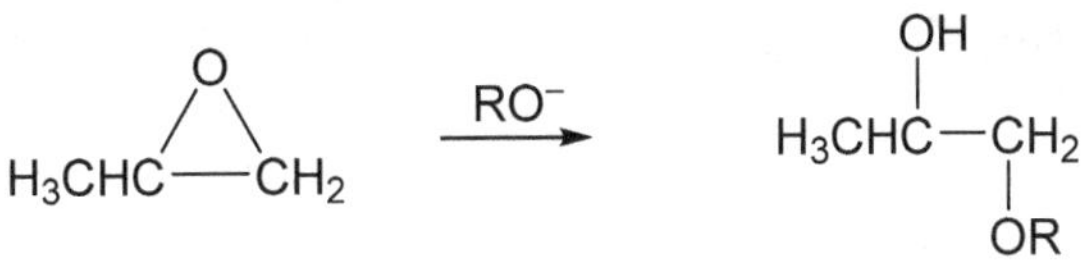

若环氧化反应中有大量的乙酸和水，环氧化合物会进一步发生开环，与乙酸根结合得到羟基酯，羟基酯水解得到羟基处于反式的邻二醇。

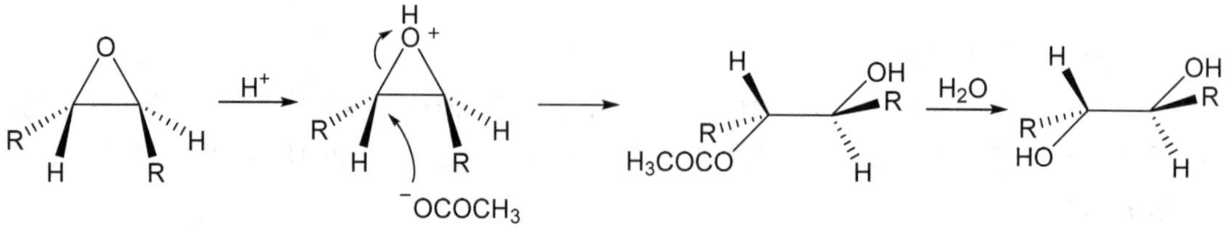

5. 烯烃的催化氧化

烯烃在金属催化剂作用下可以与氧气发生反应生成一些重要的化工原料。在 Ag 催化条件下，乙烯可被氧气氧化生成环氧乙烷，是一种主要的工业生产方法。乙烯也可以被钯、酮等催化氧化生成乙醛，丙烯则被氧化成丙酮。这些工业生产所使用的烯烃成本低廉，也属于环境友好型有机反应。

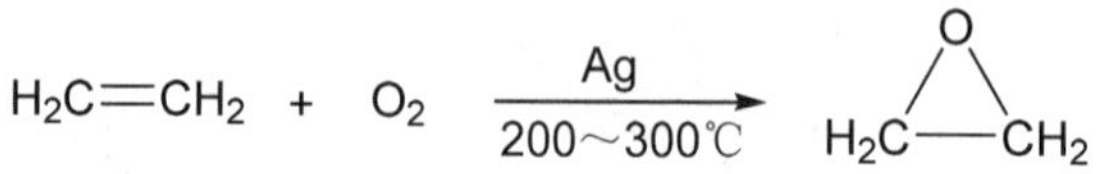

$$H_2C{=}CH_2 + O_2 \xrightarrow[100\sim125℃]{PdCl_2\text{-}CuCl_2} CH_3CHO$$

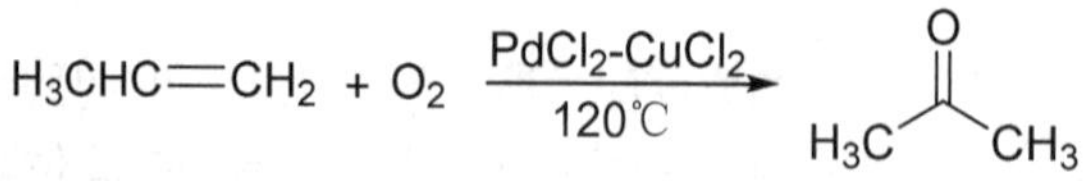

4.4.6 烯烃烯丙氢(α-H)的卤代反应

直接连接在官能团上的碳原子称为α-碳原子，又称烯丙基碳。α-碳上原子的氢(α-H)受官能团的影响最大。烯烃与卤素的反应有两种形式，反应机理和产物视反应条件而定。在室温下，卤素与烯烃双键发生亲电加成反应，但在高温或光照条件下，则烯烃的α-H 可被卤素取代，如下所示：

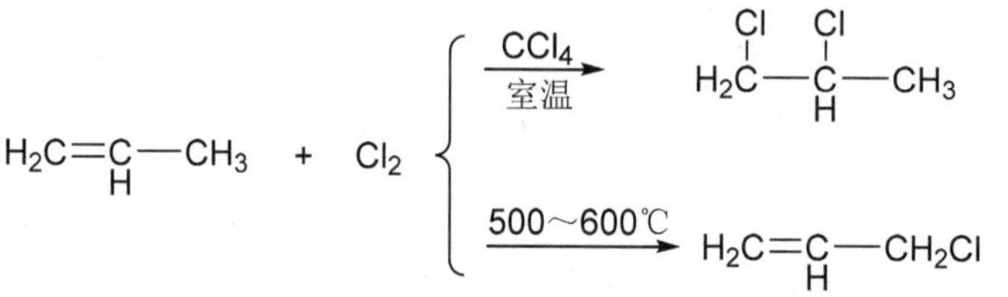

这种α-H 卤代反应也是经过自由基机理进行的。以丙烯和 Cl_2 的反应为例，第一步 Cl_2 在高温下均裂生成 Cl·引发链反应，它夺取丙烯α-H，生成烯丙基自由基。紧接着，烯丙基自由基与 Cl_2 进一步反应生成α-卤代产物和一个活性自由基 Cl·，进入下一轮链增长阶段。由于烯丙基自由基存在较强的共轭效应，使得该自由基的稳定性强于简单的烷基自由基，因此卤代反应能够高选择性地生成烯丙基卤化物。

链引发：
$$Cl_2 \xrightarrow{高温} 2Cl\cdot$$

链增长：

$$H_2C{=}CH{-}CH_3 + Cl\cdot \longrightarrow H_2C{=}CH{-}\dot{C}H_2 + HCl$$

烯丙基自由基

$$H_2C{=}CH{-}\dot{C}H_2 + Cl_2 \longrightarrow H_2C{=}CH{-}CH_2Cl + Cl\cdot$$

链终止：略

上述α-卤代的关键是反应条件的控制，引发链反应，并在溶液中仅保持低浓度的卤素。*N*-溴代丁二酰亚胺(简称 NBS)是实验室常用的溴代试剂，在惰性溶剂(如 CCl_4)中对烯烃的α-H 进行溴代，得到α-卤代产物。在光或引发剂(如过氧化苯甲酰)作用下，烯烃的α-卤代更容易进行。

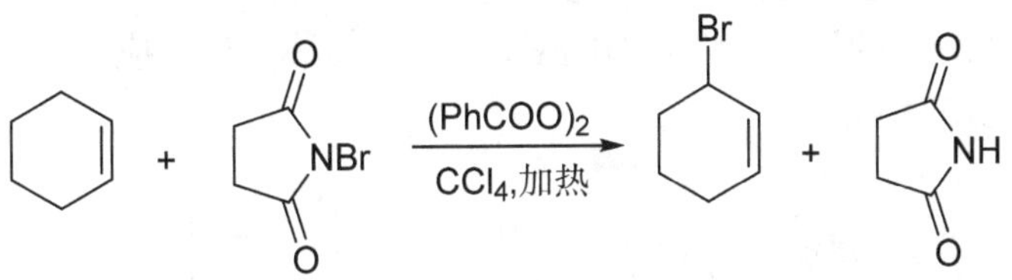

此反应首先是 NBS 与反应体系中存在的极少量的酸或水汽作用，产生低浓度 Br_2。过氧苯甲酰在加热条件下形成自由基，进一步与单质溴作用形成溴自由基。另一种途径是 NBS 中 N—Br 键发生均裂产生少量 Br· 。溴自由基与烯烃α-H 发生自由基取代反应。

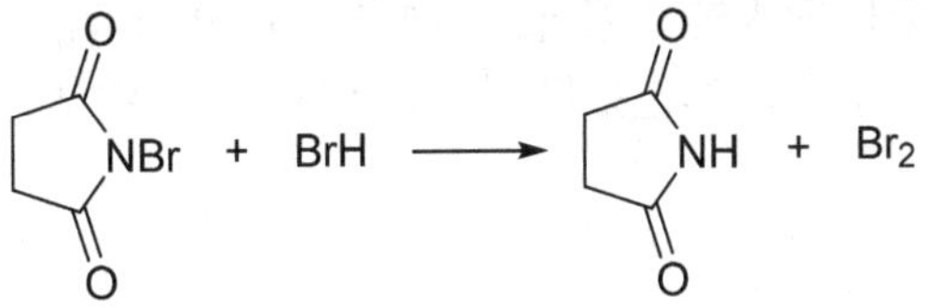

链引发：

$$(PhCOO)_2 \xrightarrow{\text{高温}} PhCOO\cdot$$

$$PhCOO\cdot \xrightarrow{\text{自发分解}} Ph\cdot + CO_2$$

$$Ph\cdot + Br_2 \longrightarrow PhBr + Br\cdot$$

链转移：

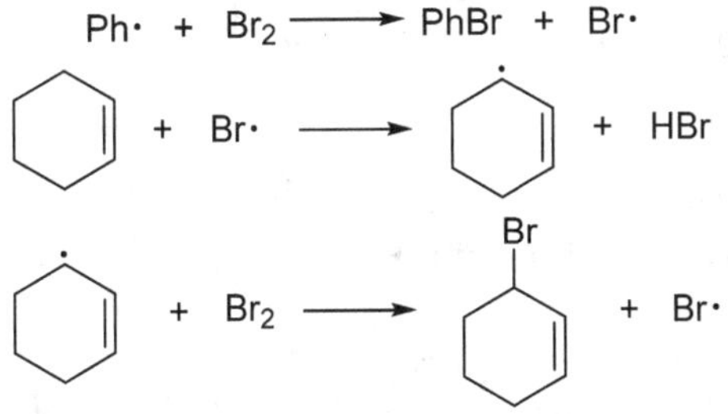

链终止：略

由于烯丙基自由基中间体会发生重排，因此不对称烯烃的α-卤代反应往往还可以得到重排产物。例如，戊-1-烯与 NBS 的溴代反应生成了 3-溴戊-1-烯和 1-溴戊-2-烯的混合物，后者即由烯丙基自由基重排引起。

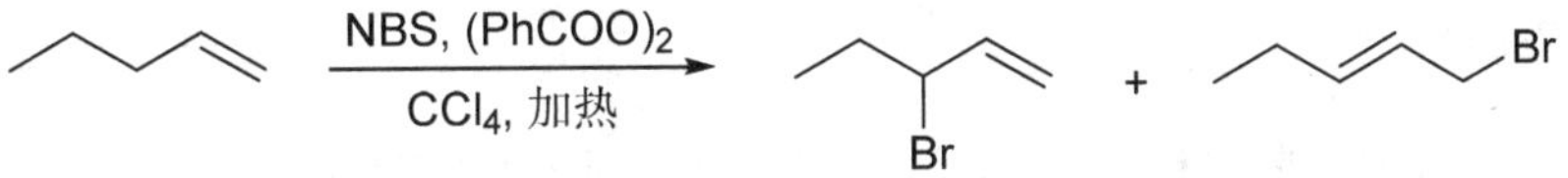

导致以上烯丙基重排的原因是在反应中最初形成的烯丙基自由基中间体还有另外一个共振结构式，自由基位于链端，如下所示，二者均属于烯丙型自由基，它们的稳定性差异不大，能同时存在。它们分别与溴发生反应生成 3-溴戊-1-烯和 1-溴戊-2-烯两种产物。

4.4.7 烯烃的聚合

含有双键、三键或多官能团的化合物在适当的条件下加成或缩合，使多个分子结合成一个分子的反应，称为聚合反应。化合物在催化剂或引发剂作用下，打开不饱和键，按一定的方式自身加成形成长链大分子的反应，称为加成聚合反应，简称加聚反应。加聚反应是烯烃的一种重要反应性能。反应如下：

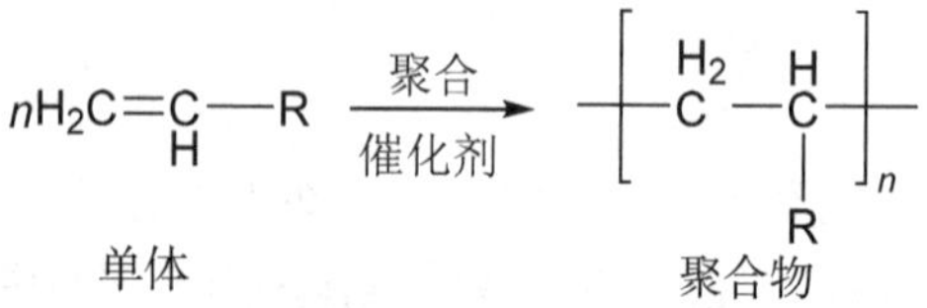

参与反应的烯烃分子称为单体，聚合生成的产物称为聚合物。聚合物中不断重复的结构称为聚合物的结构单元。反应机理为链式聚合。链式聚合可分为自由基聚合、阳离子聚合、阴离子聚合以及配位聚合四大类。它们都包括链引发、链增长、链终止三个阶段。以苯乙烯自由基聚合生成聚苯乙烯为例：

聚合反应：

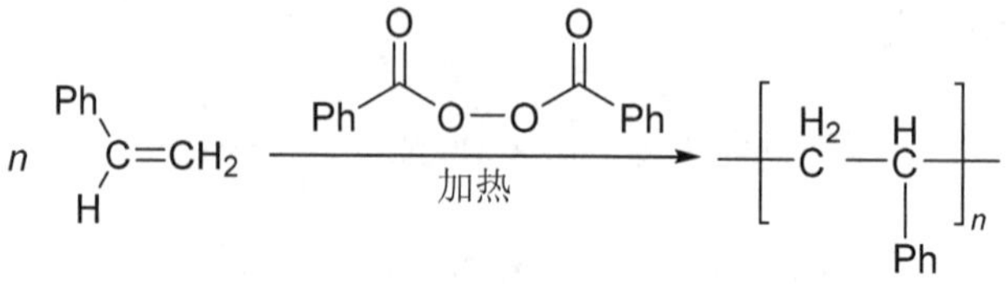

链引发：

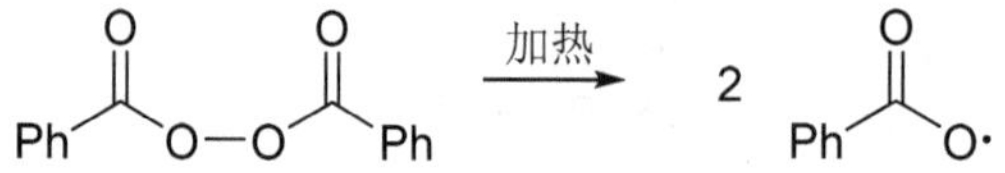

链增长：

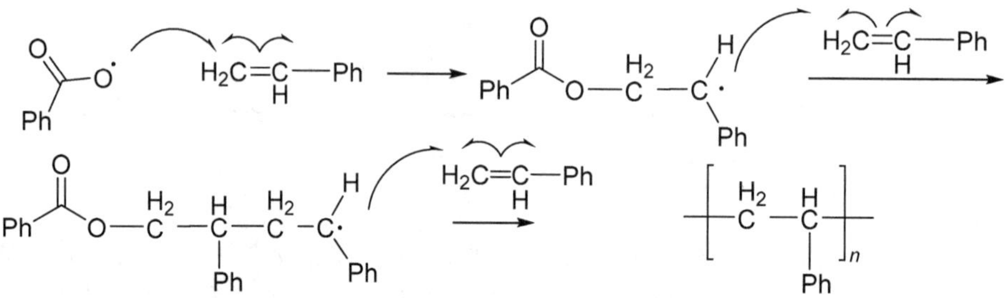

链终止：略

4.4.8 烯烃的制备

随着化学工业的发展，烯烃聚合物已经被广泛应用于生活的各个方面，如表 4-3 所示。

表 4-3　生活中常见的一些烯烃聚合物

单体	单体结构	聚合物(常用名)	聚合物结构	用途
乙烯	$H_2C{=}CH_2$	聚乙烯	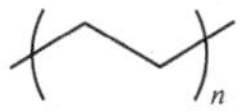	食品袋
氯乙烯	$H_2C{=}CHCl$	聚氯乙烯(PVC)	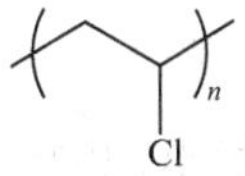	管道
四氟乙烯	$F_2C{=}CF_2$	特氟龙	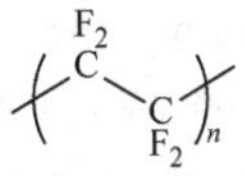	不粘锅
苯乙烯	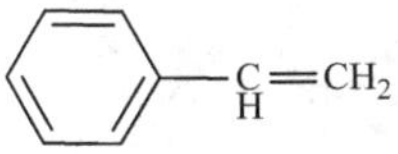	聚苯乙烯	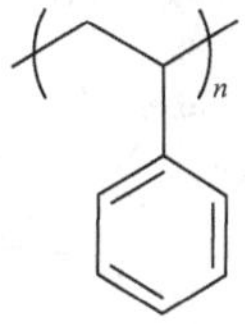	泡沫包装材料
丙烯腈	$H_2C{=}CH{-}CN$	聚丙烯腈(奥纶)	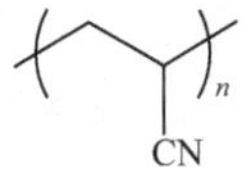	衣服、合成纤维
甲基丙烯酸甲酯	$H_2C{=}C(CH_3){-}C({=}O){-}OCH_3$	聚甲基丙烯酸甲酯	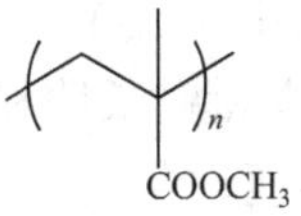	有机玻璃、防撞嵌板
2-甲基丙烯	$H_2C{=}C(CH_3){-}CH_3$	聚异丁烯	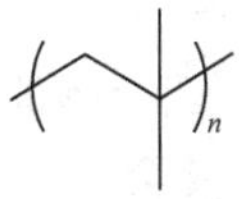	人造橡胶、原油泄漏清洗剂

制备烯烃的关键步骤是在分子中形成碳碳双键，常用的实验室制备方法包括以下几种。

(1) 醇分子内脱水：将醇与酸(硫酸或磷酸)一起加热，可使醇分子脱水转变为烯烃，这是最常用的制备方法。

$$CH_3CH_2OH \xrightarrow[170℃]{98\%\ H_2SO_4} H_2C{=}CH_2$$

(2) 卤代烷消去卤化氢：如卤代烷与 KOH 或 NaOH 的乙醇溶液共热，可以生成烯烃。

$$\underset{H}{H_2C}{-}\underset{Br}{CH_2} \xrightarrow[\triangle]{KOH} H_2C{=}CH_2$$

(3) 邻二卤代烷消去卤原子：在金属 Zn 或 Mg 作用下，消去两个卤原子，得到烯烃。邻二卤代烷是由烯烃与卤素反应获得，因此该方法可以用来保护烯烃双键。

$$\underset{Br}{H_2C}{-}\underset{Br}{CH_2} \xrightarrow{Zn} H_2C{=}CH_2$$

除以上方法外，羰基化合物的 Wittig 反应也是重要的制备方法，产率很高。其他催化偶联的方法，如 Heck 反应也常被采用。

Ⅱ　共轭二烯烃

4.5　共轭二烯烃的结构

分子结构中单双键交替出现的体系称为共轭体系，含共轭体系的烯烃化合物是共轭烯烃。其中，共轭二烯烃(conjugated diene)是指分子中含有两个碳碳双键，而且它们被一个单键隔开的二烯烃。丁-1,3-二烯是最简单的共轭二烯烃，分子结构中的所有碳原子和氢原子都处于同一平面内，主要键长和键角参数如图 4-9 所示。

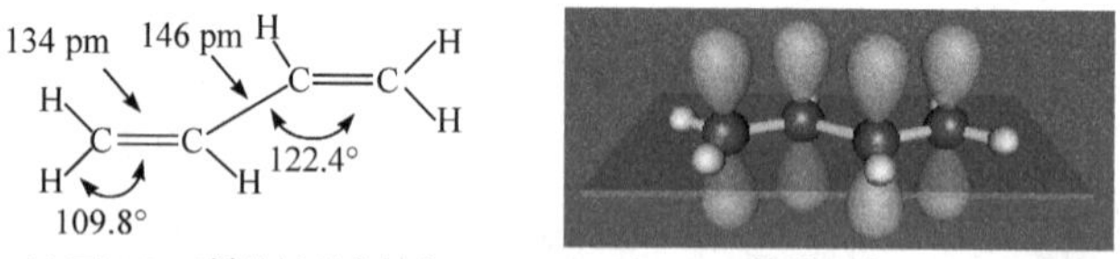

(a) 丁-1,3-二烯的键长和键角　　(b) 丁-1,3-二烯的四中心四电子大π键

图 4-9　丁-1,3-二烯分子及电子结构

从数据对比中可以看出，丁-1,3-二烯分子中 C═C 键的键长与单烯烃的双键键长(133 pm)近似，但 C-2—C-3 间的单键键长明显小于烷烃中碳碳单键的平均键长(154 pm)，是由于两个碳碳双键之间产生 π-π 共轭。共轭效应使得参与共轭的共价键的键长趋于平均化，是共轭分子体系的共同特征之一。

在丁-1,3-二烯分子中，四个碳原子都采用 sp^2 杂化。相邻碳原子之间均以 sp^2 杂化轨道沿轴向重叠形成 C—C σ 键，其余的 sp^2 杂化轨道分别与氢原子的 1s 轨道形成 C—H σ 键。由于每个碳原子的 sp^2 杂化轨道均在同一平面上，所以丁-1,3-二烯是一个平面型分子。每个碳原子还有一个 p 轨道，这些 p 轨道均垂直于整个分子平面且彼此间互相平行重叠，形成一个离域的四中心四电子大 π 键，如图 4-9(b)所示。

4.6　共轭二烯烃的物理性质

由于 π-π 共轭效应的影响，共轭二烯烃具有一些独特的物理性质和化学性质。与单烯烃相比，其特殊的物理性质表现在以下几个方面。

1. 紫外吸收光谱——向长波长方向移动

下面是乙烯、丁-1,3-二烯和己-1,3,5-三烯的紫外吸收光谱数据。

$H_2C{=}CH_2$	$CH_2{=}CH{-}CH{=}CH_2$	$CH_2{=}CH{-}CH{=}CH{-}CH{=}CH_2$
185 nm	217 nm	258 nm

数据表明，分子中增加了共轭双键，分子的紫外吸收光谱将向长波方向移动，共轭双键的数目越多，吸收光谱向长波方向移动的幅度越大。

2. 易极化——折射率增高

折射率(refractive index)与分子的可极化性直接相关。一般来讲，一个化合物的分子折射率等于分子中各原子折射率的总和。对于饱和化合物，由各原子折射率加合计算所得分子折射率与实验值相符合。烯烃由于存在 π 键，比较容易极化，其分子折射率的实验值比计算值高一些。共轭烯烃因为π电子的离域，比孤立二烯烃更易极化，因此共轭烯烃的实测值比计算值更高。实测值与计算值的差值称为双键的增量，这种增量也是分子可极化性大小的一种表现。因此，从分子折射率的增量大小可以推断出分子中是否含有双键或其他的不饱和键。

3. 结构趋于稳定——氢化热降低

烯烃加氢生成烷烃放出的热量称为氢化热。烯烃的稳定性可以从它们的氢化热数据反映出来，分子中每个双键的平均氢化热越小，分子就越稳定。表 4-4 列出几个烯烃的氢化热数据。

表 4-4 部分烯烃和二烯烃的氢化热数据对比

化合物	分子的氢化热/(kJ/mol)	平均每个双键的氢化热/(kJ/mol)
$H_2C{=}CH{-}CH_3$	125.2	125.2
$H_2C{=}CH{-}CH_2{-}CH_3$	126.8	126.8
$H_2C{=}CH{-}CH{=}CH_2$	238.9	119.5
$H_2C{=}CH{-}CH_2{-}CH_2CH_3$	125.9	125.9
$H_2C{=}CH{-}CH_2{-}CH{=}CH_2$	254.4	127.2
$H_2C{=}CH{-}CH{=}CH{-}CH_3$	226.4	113.2

从以上表中数据可以看出，孤立二烯烃的氢化热约为单烯烃氢化热的 2 倍，因此孤立二烯烃中的两个碳碳双键可以看作各自相互独立；而共轭二烯烃的氢化热比孤立二烯烃的氢化热低，这说明共轭二烯烃比孤立二烯烃稳定，共轭体系越大，稳定性越好。

4.7 共轭二烯烃的化学性质

4.7.1 1,4-共轭加成

在化学反应中，共轭二烯烃表现出与孤立二烯烃不同的一些特点。例如，戊-1,4-二烯和溴发生亲电加成时，先和一分子溴反应生成 4,5-二溴戊-1-烯；若再加过量的溴，得到饱和的四溴化物。但在同样条件下，用丁-1,3-二烯分别与溴或氯化氢加成时，既可得到 3,4-二溴丁-1-烯或 3-氯丁-1-烯，也可得到 1,4-二溴丁-2-烯或 1-氯丁-2-烯。

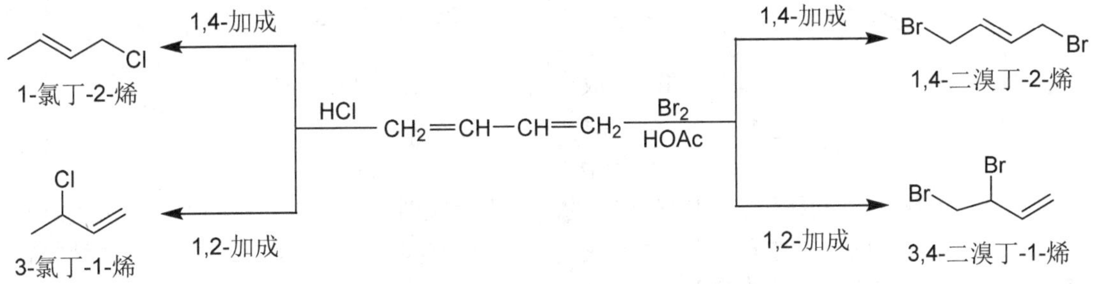

以上现象说明，当共轭二烯烃和亲电试剂加成时，存在两种不同的加成方式。第一种方式是只与其中一个碳碳双键加成，反应的结果为亲电试剂加在两个相邻的碳原子上，称为 1,2-加成，得到的产物为 1,2-加成产物。另一种方式是亲电试剂加在共轭双烯两端的碳原子上，同时在中间两个碳上形成一个新的碳碳双键，这种加成反应称为 1,4-共轭加成，生成 1,4-加成产物。

共轭二烯发生共轭加成是一种常见现象，它通常与 1,2-加成同时存在，属于竞争反应。两种加成产物的比例主要取决于共轭二烯烃的分子结构，也随温度、溶剂等反应条件的改变而有所差异。

丁-1,3-二烯与溴化氢加成时，首先是 H^+作为亲电试剂进攻富电子的碳碳双键，理论上可以形成两种碳正离子中间体：(i)一级碳正离子和(ii)烯丙基碳正离子。由于一级碳正离子稳定性较差，因此具有 p-π 共轭效应的烯丙基碳正离子是优势中间体。而且，烯丙基碳正离子(ii)能够发生共振，形成另一种烯丙基碳正离子(iii)。紧接着，Br^-可以分别与烯丙基碳正离子(ii)和(iii)发生反应，生成 1,2-加成和 1,4-加成产物。

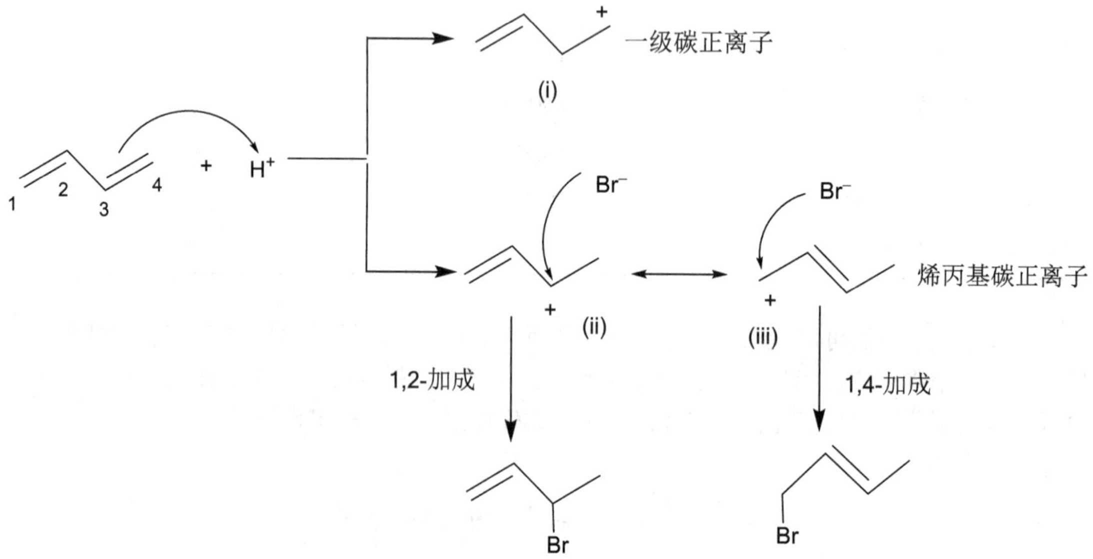

1,2-加成产物与 1,4-加成产物的比例与反应温度有关。

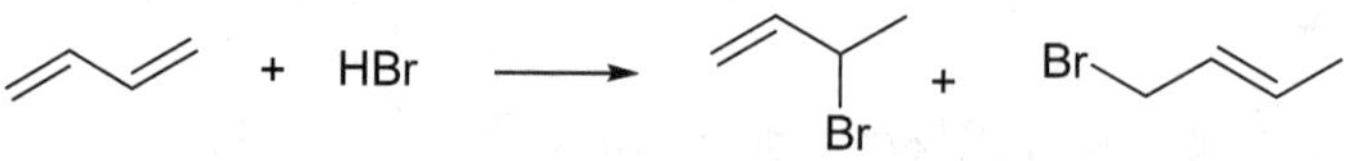

	1,2-加成产物	1,4-加成产物
–80℃	80%	20%
40℃	20%	80%

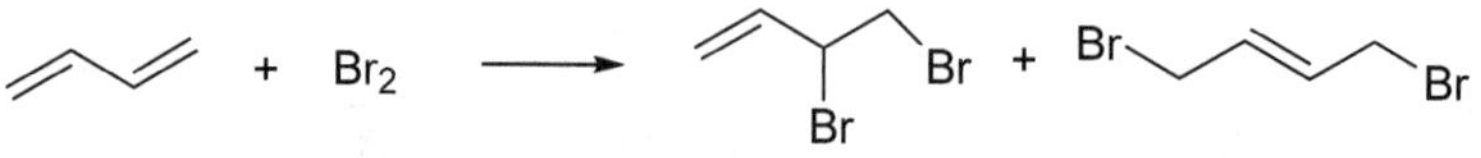

	1,2-加成产物	1,4-加成产物
–15℃	54%	46%
60℃	20%	80%

实验数据表明，低温以 1,2-加成产物为主，升高反应温度则有利于 1,4-加成产物的生成。丁-1,3-二烯与 HBr 的亲电加成反应分两步进行，1,2-加成和 1,4-加成反应的第一步是相同的。第二步中，Br^-与 C-2 结合的过渡态势能比 Br^-与 C-4 结合的过渡态势能低，因此 1,2-加成的反

应速率快，所以在低温反应时 1,2-加成产物比例较大，称 1,2-加成产物是动力学控制(kinetic control)的产物。1,4-加成产物比 1,2-加成产物热力学能低，比较稳定，因此达到平衡时，1,4-加成产物比例高，称 1,4-加成产物是热力学控制(thermodynamic control)的产物。

4.7.2 Diels-Alder 反应

1. Diels-Alder 反应的特征和机理

共轭烯烃不仅可以发生 1,4-共轭加成，还可以与部分含碳碳双键的化合物进行环加成(cycloaddition)反应，生成环己烯及其衍生物。这类反应称为 Diels-Alder 反应，简称 D-A 反应，又称为双烯合成(diene synthesis)，属于人名反应，是由德国化学家狄尔斯(P. H. Diels)和学生阿尔德(K. Alder)于 1928 年在研究丁二烯与顺丁烯二酐作用时发现的一类反应。实际上，共轭双烯与炔键化合物也能发生类似环加成反应而得到环己-1,4-二烯六元环状化合物。

Diels-Alder 反应将反应物分成了两部分：提供共轭双烯的部分称为双烯体；提供不饱和键的部分称为亲双烯体。其中亲双烯体包括双键类亲双烯体、三键类亲双烯体和含其他原子的杂亲双烯体。一般地，当双烯体上连有给电子基团(如—R、—OR、—OH 等)，亲双烯体上连有吸电子基团时(如—CN、—NO_2、—COOH 等)，反应容易进行。

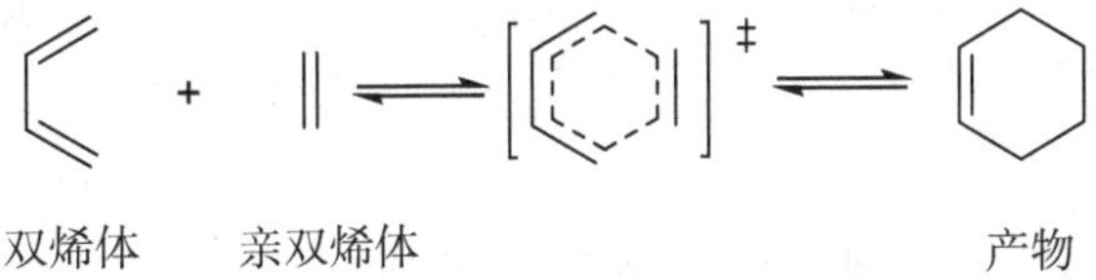

Diels-Alder 反应物分子相互靠近，形成一个六元环状过渡态，然后逐渐转化为产物分子，具有这种特点的反应属于协同反应(synergistic reaction)。Diels-Alder 反应也是一个可逆反应，反应中旧键的断裂和新键的生成同时发生。

2. Diels-Alder 反应的选择性

当 Diels-Alder 反应的双烯体和亲双烯体均有取代基时，得到的六元环状产物具有区域选择性，反应更倾向于生成邻位或对位的取代产物。例如，1-二乙氨基丁-1,3-二烯与丙烯酸乙酯反应，根据取代基的电子效应，双烯体的 1-位碳原子带有正电荷，而 4-位碳原子带有负电荷。同理，新双烯体中 2-位和 3-位碳分别带有负电和正电荷。因此，二者反应时优先进行 1,2-加成。分子轨道理论也认为，形成邻、对位产物能使分子轨道达到最有效的重叠。

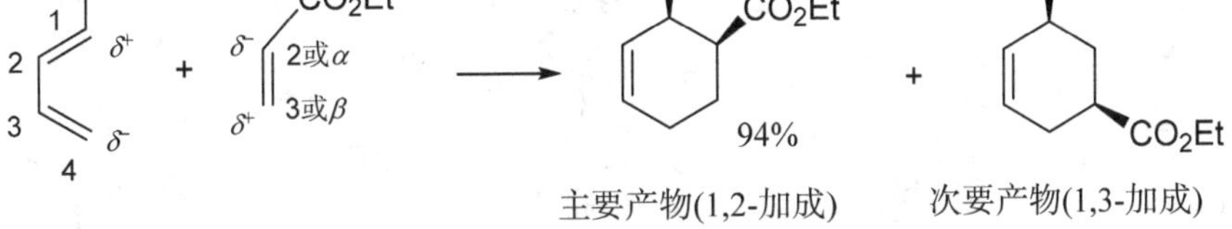

Diels-Alder 反应的立体化学为同面的顺式加成，反应具有立体专一性。必须指出的是，该反应的过渡态为六元环，要求双烯体的 C-2—C-3 单键处于 *S*-顺式构象。如果一个共轭双烯分子无法将其构象调整为 *S*-顺式，则不能发生双烯合成反应。

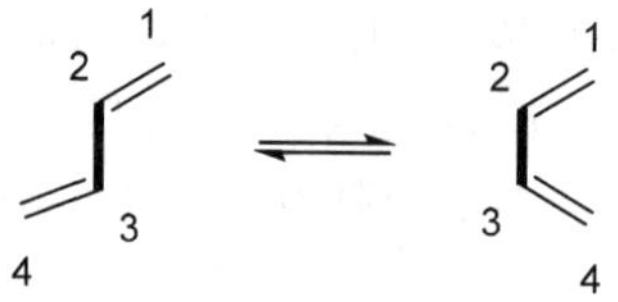

双烯体从亲双烯体位阻较小的一侧靠近而发生相互作用。反应是按顺式加成方式进行的，参与反应的亲双烯体的 C═C 双键在反应过程中构型将保持不变。

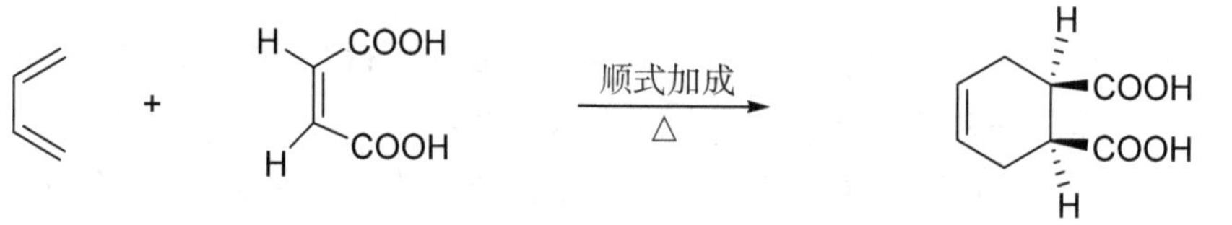

顺丁烯二酸　　顺环己-4-烯-1,2-二甲酸

(内消旋体)

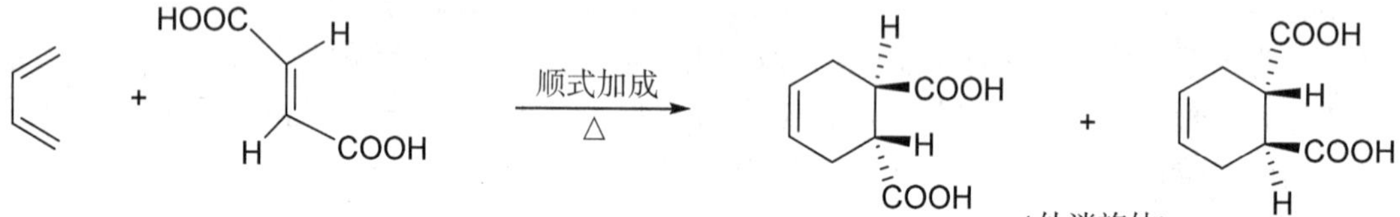

反丁烯二酸　　(外消旋体)

反环己-4-烯-1,2-二甲酸

当双烯体为环状化合物时，加成产物存在两种取向。亲双烯体上有不饱和基团时，优先生成内型(endo)加成产物，即动力学控制产物；而对 endo-产物进行加热其又会转化成外型(exo)加成产物，即热力学控制产物。由于 Diels-Alder 反应的可逆性，endo-产物到 exo-产物的转化经历的是逆 Diels-Alder 反应后再次 Diels-Alder 反应得到。

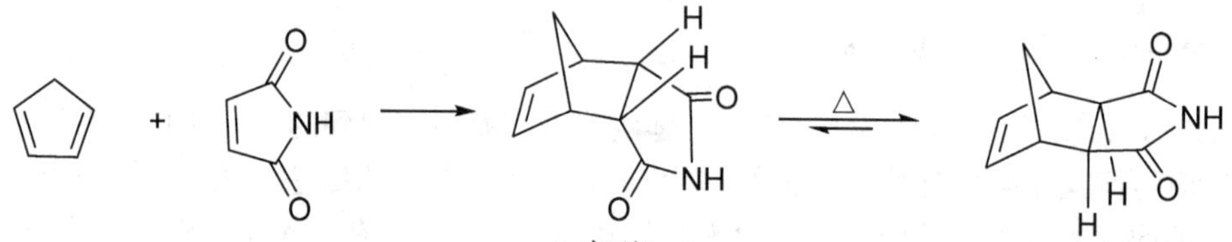

内型/endo　　外型/exo

含有吸电子取代基的炔烃也可以作为亲双烯体发生 Diels-Alder 反应，生成环己-1,4-二烯六元环状衍生物。

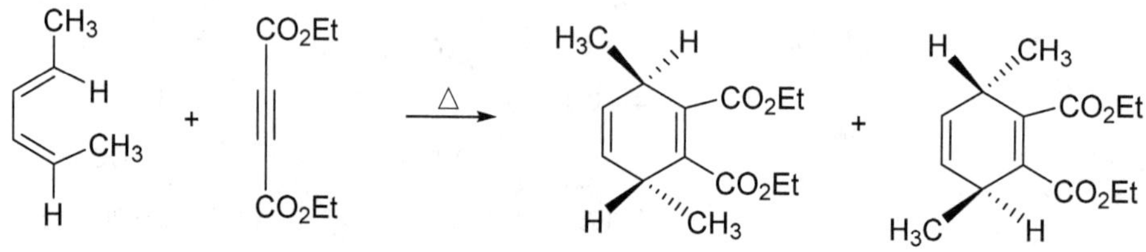

Diels-Alder 反应是一个可逆反应，将正向反应和逆向反应相结合，可以合成各种六元环状化合物，特别是芳香化合物。还可以利用逆反应制备少量不易保存的双烯体。例如：

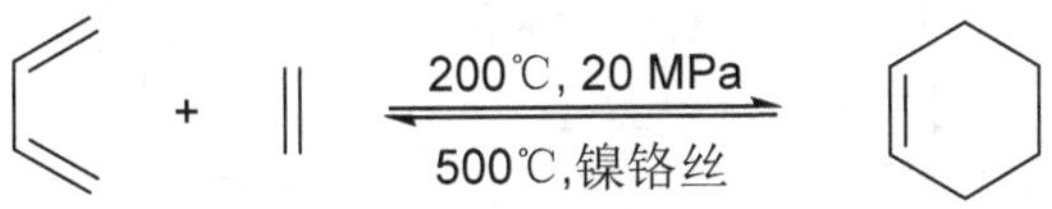

Ⅲ　炔　　烃

4.8　炔烃的分类和命名

分子中含有碳碳三键(C≡C)的不饱和烃类化合物称为炔烃(alkyne)。碳碳三键也称为炔键，是炔烃的特征官能团。

分子中仅有一个碳碳三键的炔烃称为单炔烃，链状单炔烃比碳原子数相同的烷烃少四个氢原子，通式为 C_nH_{2n-2}。分子中含有多个碳碳三键的炔烃称为多炔烃。二炔烃是最简单的多炔烃，又可分为两类：共轭二炔烃和孤立二炔烃。不同类型的二炔烃会表现出不同的物理性质和化学性质。

$HC\equiv CH$	$HC\equiv C-\overset{H_2}{C}-\overset{H_2}{C}-C\equiv CH$	$HC\equiv C-C\equiv CH$
乙炔	己-1,5-二炔	丁-1,3-二炔
(单炔烃)	(孤立二炔烃)	(共轭二炔烃)

炔烃的命名规则与烯烃类似，优先满足“碳链最长原则”，若碳链链长相同，则遵循“重键最多原则”。

4.9　炔烃的结构和波谱性质

4.9.1　炔烃的结构

在炔烃中，炔键碳原子是 sp 杂化，sp 杂化的两个轨道处于同一直线上，彼此成 180°角，剩余两个 2p 轨道垂直于 sp 杂化轨道。三键上的两个碳原子各用一个 sp 杂化轨道通过轴向重叠形成 σ 键，每个碳剩下的两个 p 轨道通过肩并肩重叠形成两个 π 键。因此，碳碳双键是由一根 σ 键和两根 π 键组成。由于 π 键是通过肩并肩重叠形成，因此 π 键容易断裂。

以乙炔为例，两个 C—H 键均为 σ 键(sp-1s 键)，由于 sp 杂化形成的两个轨道是在同一条直线上的，因此乙炔分子是线型分子，如图 4-10 所示。

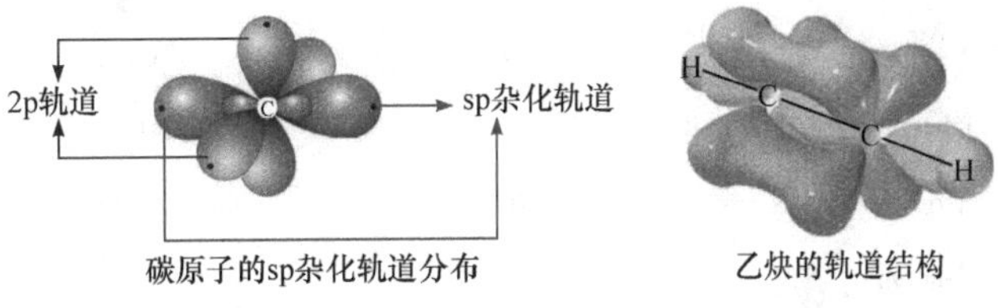

图 4-10　碳原子杂化轨道图及乙炔轨道图

乙烷、乙烯和乙炔的键长如图 4-11 所示。

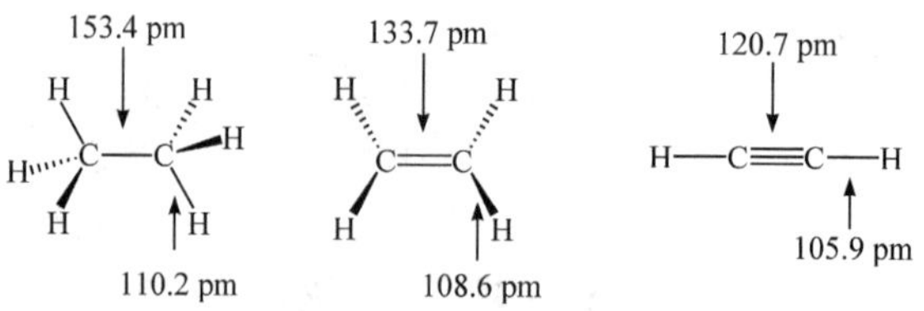

图 4-11　乙烷、乙烯和乙炔的键长

从上面的数据可以看出，碳碳三键的键长比双键更短，这是因为随着不饱和度的增加，两个碳原子之间的电子云密度增加，所以碳原子越来越近。在碳碳三键中，σ 键集中在两核之间，两个 π 键电子云位于 σ 键的外围，将 σ 键包在其中。因此，π 键电子云外露，易受试剂的进攻，化学活性高。但炔烃形成 π 键的 p 轨道重叠程度比碳碳双键大，π 键的电子云不易极化，因此炔烃的亲电加成活性不如烯烃。sp 杂化碳的电负性较大($C_{sp}>C_{sp^2}>C_{sp^3}$)，使碳碳三键上 C—H 键的极性增强，H 表现为一定的酸性。

4.9.2　炔烃的波谱性质

炔烃含有 C≡C 三键，在红外光谱图中它的特征伸缩振动吸收频率一般在 2275～2100 cm^{-1} 范围；C—H 特征伸缩约在 3300 cm^{-1}。末端炔在核磁共振氢谱(^1H NMR)中位于脂肪区，化学位移值一般在 δ=2.0～3.1 ppm。

4.10　炔烃的物理性质

简单炔烃的熔点、沸点及密度，一般比含相同数目碳原子的烷烃和烯烃高，如表 4-5 所示。这是因为炔烃分子相对短小、细长，可以靠得较近，这导致分子之间的范德华力较强。炔烃在水中的溶解度很小，但比对应的烷烃和烯烃大一些，易溶于丙酮、石油醚、苯、醚等有机溶剂。炔烃分子极性略比烯烃大，如丁-1-炔，$\mu = 2.67\times10^{-30}$ C · m；丁-1-烯，$\mu = 1.00\times10^{-30}$ C · m。

表 4-5　一些常见炔烃的名称及物理性质

化合物	IUPAC 命名法	熔点/℃	沸点/℃	相对密度
乙炔	ethyne	−82(在压力下)	−82(升华)	—
丙炔	propyne	−102.5	−23	—
丁-1-炔	1-butyne	−122	8	—
戊-1-炔	1-pentyne	−98	40	0.695
己-1-炔	1-hexyne	−124	71	0.719
庚-1-炔	1-heptyne	−80	100	0.733
辛-1-炔	1-octyne	−70	126	0.747
丁-2-炔	2-butyne	−24	27	0.694
戊-2-炔	2-pentyne	−101	56	0.714
己-2-炔	2-hexyne	−88	84	0.730
己-3-炔	3-hexyne	−105	81	0.725

4.11　炔烃的化学性质

炔烃的官能团是碳碳三键，是富电子分子，易被亲电试剂进攻，炔键与烯键性质十分相似，能发生亲电加成反应、自由基加成反应、氧化反应、催化加氢反应及聚合反应。但炔烃的亲电加成反应比烯烃难，这是因为三键碳原子是 sp 杂化，杂化轨道中 s 的成分多，键长短，对 π 电子的束缚力强，三键中的两个 π 键分布在 σ 键的四周，重叠程度比烯烃大，比双键难以极化。炔烃碳碳三键对 π 电子的强束缚力也导致了末端炔氢具有较强的活性。

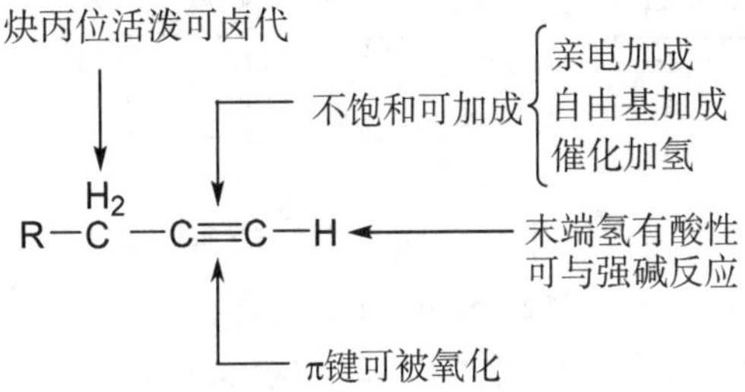

4.11.1　炔烃的亲电加成反应

炔烃与烯烃相似，也可以发生亲电加成反应。尽管三键具有两对 π 电子，但相比于烯烃，碳碳三键对 π 电子具有更强的束缚力，使得炔键不易给出电子与亲电试剂结合，因而炔键的亲电加成反应活性没有烯键的强。

炔键可以与两分子的亲电试剂反应，先与一分子的试剂反应生成烯烃衍生物，再与另一分子试剂加成，生成饱和化合物。炔烃的亲电加成反应也是遵循马氏规则的，多数加成是反式加成。

1. 炔烃与卤化氢的加成

炔烃有两个 π 键，可以与两分子卤化氢加成。控制反应条件，炔烃与卤化氢加成首先生成卤代烯烃，它继续与卤化氢发生加成反应生成二卤代烷。

$$HC{\equiv}CH \xrightarrow{HI} \underset{\text{碘乙烯}}{H_2C{=}CHI} \xrightarrow{HI} \underset{\text{1,1-二碘乙烷}}{H_3C{-}CHI_2}$$

不对称炔烃与卤化氢的加成反应也遵循马氏规则。例如，丙炔与 HCl 加成，先生成 2-氯丙烯，再加 HCl 得到 2,2-二氯丙烷。丁-1-炔与 HBr 的两步加成反应分别生成 2-溴丁-1-烯和 2,2-二溴丁烷。

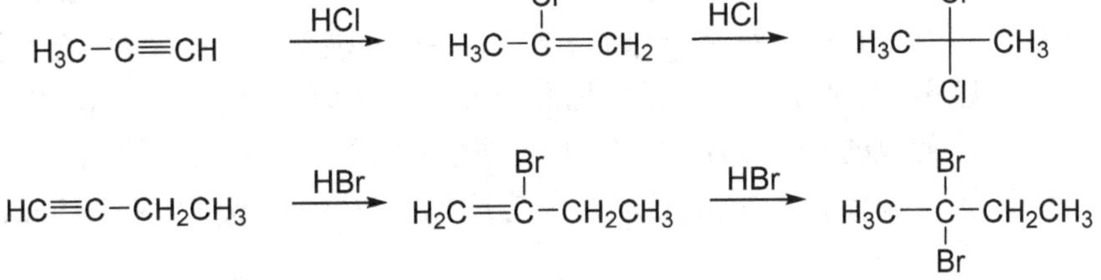

2. 炔烃与水的加成

炔烃在催化量 Hg^{2+}盐存在的条件下也能发生羟汞化反应，如乙炔在 10%的 H_2SO_4 和 5%

的 $HgSO_4$ 水溶液中进行反应生成乙醛，而其他炔烃则生成酮，这类反应也称为汞催化的炔烃水合反应。从形式上看，反应的净结果相当于炔烃与水分子按照马氏规则进行加成，首先生成烯醇式化合物，最终通过互变异构形成酮式产物。

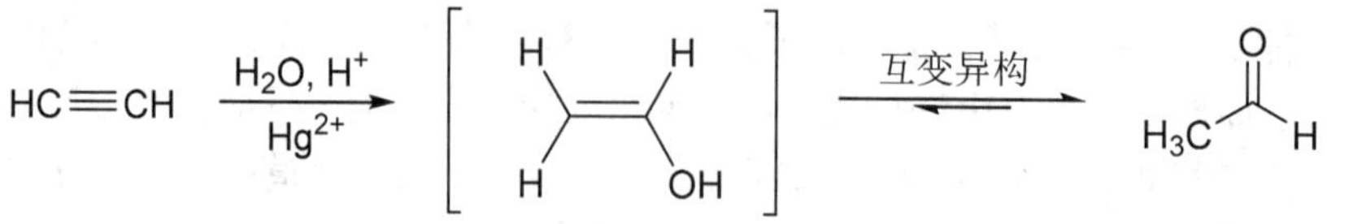

乙烯醇(烯醇式)　　乙醛(酮式)

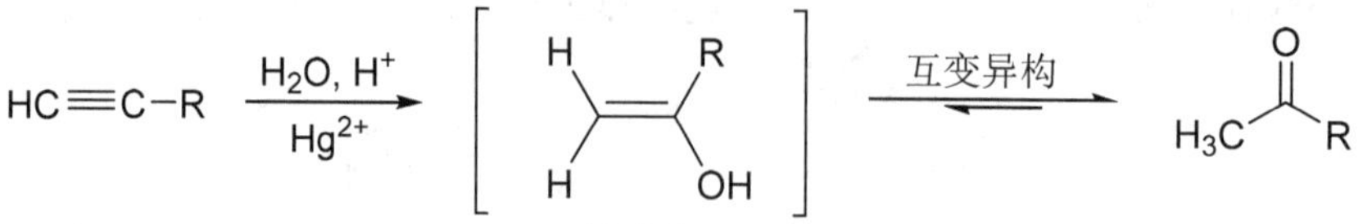

烯醇式　　酮式

具体从反应机理上分析，在以上水合反应的最初阶段炔烃发生羟汞化反应；然后该羟汞化合物中间体在质子酸作用下生成烯醇式(enol form)化合物。烯醇式和酮式(keto form)互为构造异构体，在一定条件下能够相互转变，称为互变异构(tautomerism)，它是指由分子内活泼氢引起的官能团的迅速互变而达到平衡的现象。一般情况下，平衡体系中的酮式比烯醇式稳定，因此生成的烯醇很快发生异构化形成较稳定的羰基化合物，如图 4-12 所示。

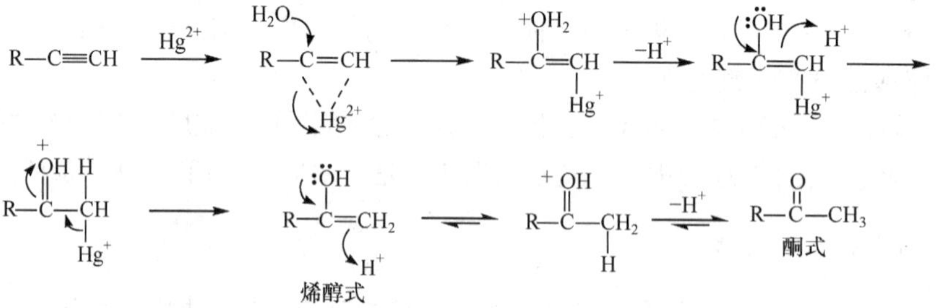

图 4-12　酮式与烯醇式互变

3. 炔烃与卤素的加成

炔烃和卤素的亲电加成反应与烯烃相似，控制反应条件可以选择性地与一分子卤素反应生成二卤代烯烃，继续反应则得到四卤代烷烃，其中二卤代烯烃产物一般是反式构型。

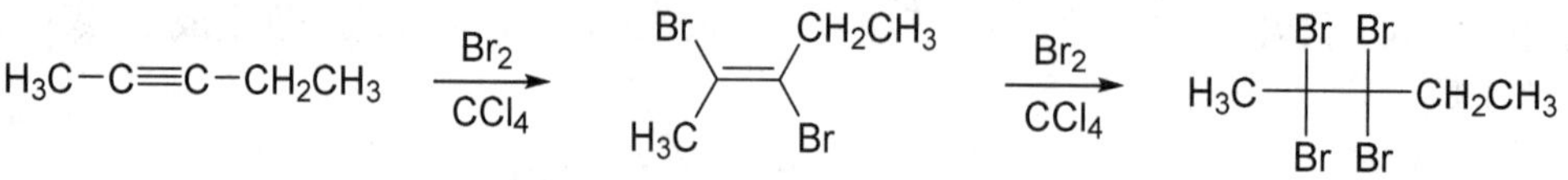

炔烃 C≡C 三键中的碳原子采用 sp 杂化，比 sp^2 杂化的碳原子电负性大，更不易给出电子而成键。因此，炔烃的亲电加成反应活性比烯烃低得多，后者的反应速率一般比前者快 10^3 倍以上。例如，烯烃可使溴的 CCl_4 溶液立即褪色，炔烃则需要几分钟后才褪色，这一反应可用于炔烃的鉴别。乙炔与 Cl_2 的加成反应必须在光或三氯化铁($FeCl_3$)或氯化亚锡($SnCl_2$)的催化作用下进行。

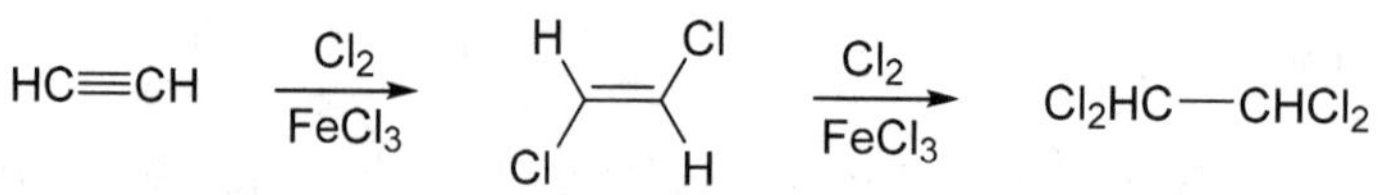

分子中存在双键和三键时，卤素优先在双键上加成。例如，戊-1-烯-4-炔与一分子溴加成时可以选择性地生成 4,5-二溴戊-1-炔。

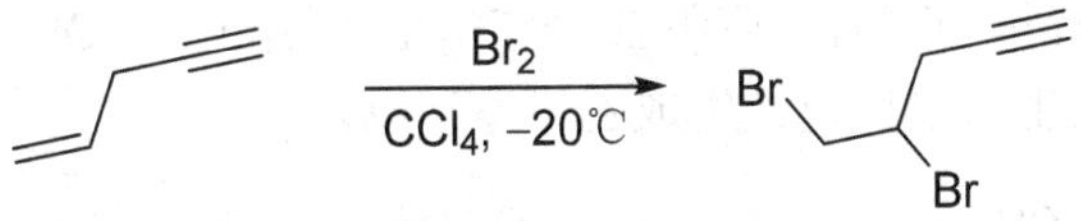

炔烃与卤素的亲电加成反应机理较为复杂，可能通过三元环溴鎓离子中间体机理，能够合理解释反式加成立体化学。除此以外，加成反应还可能通过烯基碳正离子机理，或者三分子协同反应机理(AdE_3)。

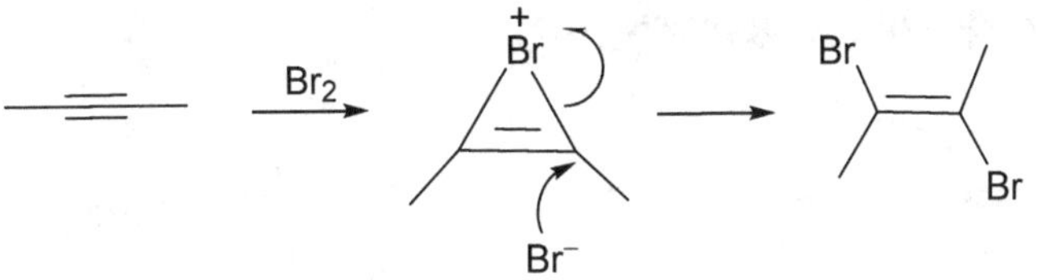

4.11.2　炔烃与溴化氢的自由基加成反应

在过氧化物存在的条件下，溴化氢与炔烃按自由基加成反应机理进行，生成反马氏规则的产物，情形与烯烃的自由基加成反应类似。氯化氢和碘化氢没有过氧化物效应，不能与炔烃进行自由基加成。

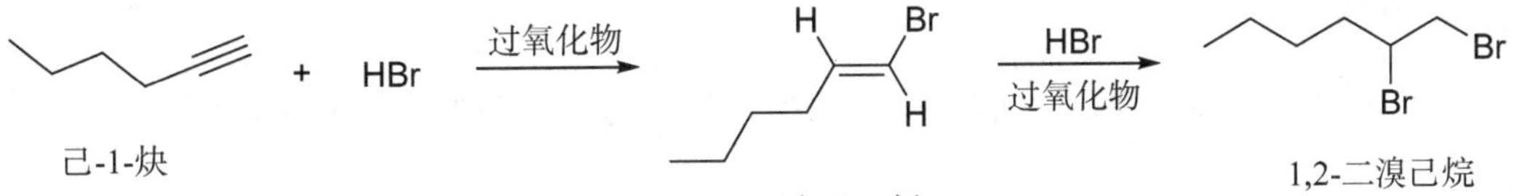

己-1-炔　1-溴己-1-烯　1,2-二溴己烷

4.11.3　炔烃的亲核加成

炔烃的亲电加成反应活性比烯烃低，二者另一个主要区别在于炔烃比烯烃更容易发生亲核加成反应。从底物结构上分析，这是炔碳将 π 电子集中控制在中间，致使三键碳略有裸露，因此易发生亲核加成。从加成反应中间体稳定性方面考虑，炔烃亲核加成产生的烯基碳负离子的负电荷分布在 sp^2 杂化碳上，而烯烃亲核加成生成的烷基碳负离子负电荷则分布在 sp^3 杂化碳上。由于 sp^2 杂化碳的电负性高于 sp^3 杂化碳，负电荷分布在前者上较稳定，即烯基碳负离子中间体比烷基碳负离子中间体更容易生成。

相比之下，简单烯烃不发生亲核加成，只有当烯烃碳碳双键上连有强吸电子取代基时，能够促进亲核加成反应的发生。例如，1-氯-1,2,2-三氟乙烯与亲核试剂乙醇钠可以发生亲核加成反应，生成 2-氯-1-乙氧基-1,1,2-三氟乙烷。该反应能够顺利进行，是因为多个卤素原子的存在导致碳碳双键上电子云密度显著降低，而且连接 2 个氟原子的双键碳原子更缺电子，从而更容易被亲核试剂进攻，故加成反应表现出区域选择性。

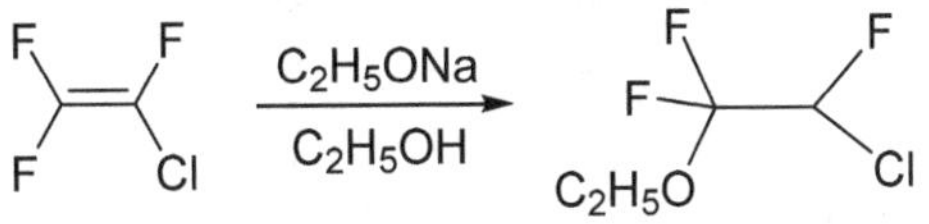

乙炔在路易斯酸的催化作用下，可以与氢氰酸发生亲核加成反应，形成乙烯基碳负离子，再与质子作用形成丙烯腈。

$$HC\equiv CH + HCN \xrightarrow[70℃]{CuCl_2(aq)} H_2C{=}CH{-}CN$$

乙炔或一元取代炔烃可与带有“活泼氢”的有机化合物(如—OH、—SH、—NH_2、=NH、—$CONH_2$或—COOH)发生加成反应，生成乙烯基产物。

$$HC\equiv CH + C_2H_5OH \xrightarrow[\substack{150\sim180℃\\0.1\sim1.5\ MPa}]{碱} H_2C{=}\underset{H}{C}{-}OC_2H_5$$

根据反应物的不同，反应条件(温度、压强、催化剂等)也有所不同。这类反应的反应机理是：烷氧负离子与炔键进行亲核加成，形成一个烯基碳负离子中间体，是一种较强的碱，它进一步与活泼氢质子结合，生成烷基烯基醚产物。

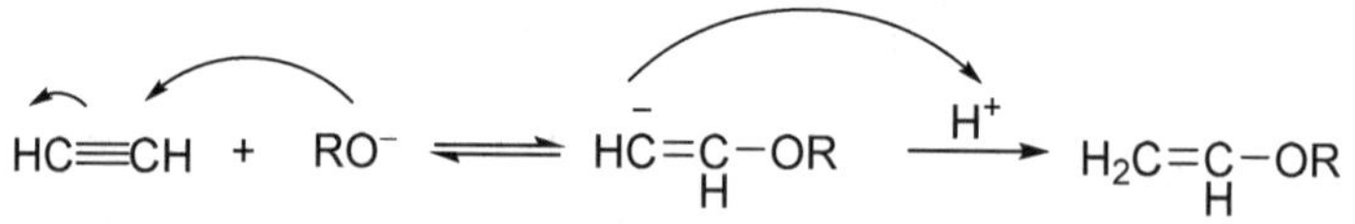

4.11.4　炔烃的氧化

1. 炔烃被高锰酸钾氧化

炔烃被高锰酸钾氧化，大多数情况下会发生碳碳三键的断裂，生成两个羧酸(RCOOH)。若炔键在末端，则生成的甲酸会被进一步氧化为二氧化碳和水。根据高锰酸钾溶液颜色的变化可以鉴别炔烃。

$$H_3CH_2CH_2CC\equiv CH \xrightarrow[OH^-]{KMnO_4} \xrightarrow{H^+} CH_3CH_2CH_2COOH + HCOOH \longrightarrow CO_2 + H_2O$$

$$H_3CH_2CH_2CC\equiv CCH_2CH_3 \xrightarrow[OH^-]{KMnO_4} \xrightarrow{H^+} CH_3CH_2CH_2COOH + CH_3CH_2COOH$$

若反应在冷、烯和中性的高锰酸钾水溶液中进行，有时可得到α-二酮类化合物。

$$RC\equiv CR \xrightarrow[冷，稀，pH=7]{KMnO_4/H_2O} R{-}\overset{O}{\overset{\|}{C}}{-}\overset{O}{\overset{\|}{C}}{-}R$$

2. 炔烃的臭氧化-还原水解反应

炔烃经臭氧化-分解反应，最终碳碳三键断裂，产物也是两个羧酸(RCOOH)分子，环状炔烃则生成二酸。

$$H_3CH_2CH_2CC\equiv CCH_2CH_3 \xrightarrow[CCl_4]{O_3} \xrightarrow{H_2O} CH_3CH_2CH_2COOH + CH_3CH_2COOH$$

由于炔烃的反应活性低于烯烃，因此烯炔与臭氧反应时，得到C=C双键被氧化的产物。可根据炔烃经高锰酸钾氧化或臭氧化-分解生成的产物结构推测原炔烃的结构。

4.11.5　炔烃的还原

1. 炔烃的催化氢化

炔烃在Pd、Pt、Ni、Rh等的催化下，可加氢生成烯烃和烷烃。通常催化剂活性高时，过量氢气与炔烃加成直接生成烷烃。

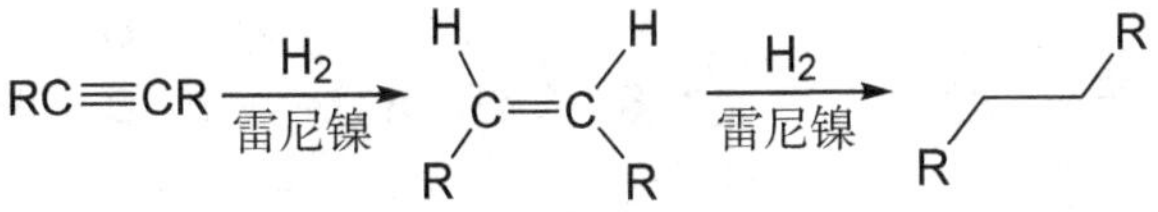

用特殊方法制备的催化剂，降低其催化活性，可以使炔烃的加氢反应停留在烯烃阶段。例如，Lindlar(林德拉)催化剂是一种附着在 $BaSO_4$ 或 $CaCO_3$ 及少量氧化铅上的 Pd 催化剂，铅可以使催化剂钝化，降低其催化活性。用 Lindlar 催化剂催化加氢，可以使炔烃只加成一倍量的氢气，得到顺式(*Z*)烯烃，其机理与烯烃加氢类似。

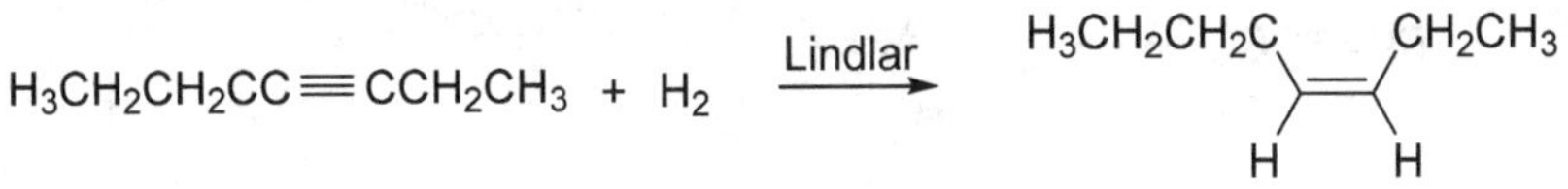

2. 炔烃的金属液氨还原

炔烃的催化氢化将非末端炔还原为顺式烯烃，而不能转化为反式烯烃。若用金属钠、钾为还原剂，以液氨为溶剂，炔烃的还原产物主要为反式(*E*)烯烃。

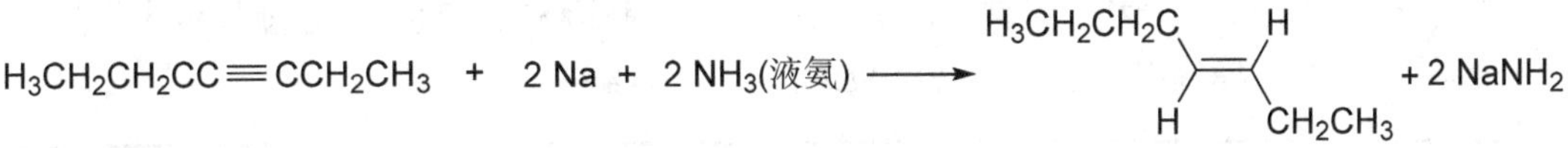

该还原反应机理如下：金属钠先与液氨作用形成 Na^+与溶剂化自由电子 $e^-(NH_3)$的蓝色溶液。在此溶液中炔烃得到一个电子生成负离子自由基 A；它进一步从 NH_3 分子得到一个质子而形成烯基自由基 B；接着，自由基 B 再从溶液中得到一个电子形成碳负离子 C；最后，碳负离子 C 再从 NH_3 分子中得到一个质子形成烯烃。反应过程中所形成的中间体以空间位阻较小的反式异构体 B 和 C 为主，故最终产物主要是反式烯烃。

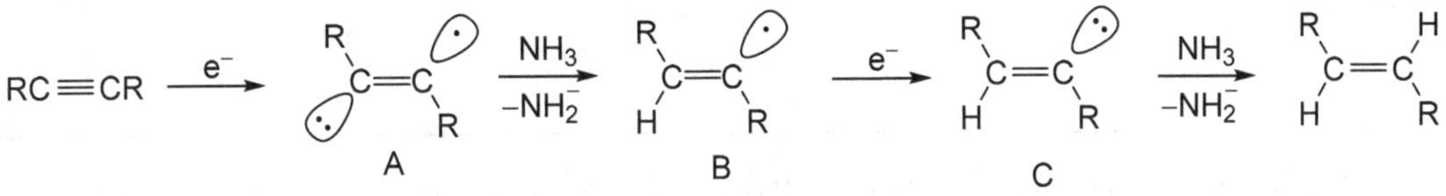

3. 用氢化铝锂还原

炔烃用氢化铝锂还原也可以得到反式(*E*)烯烃。

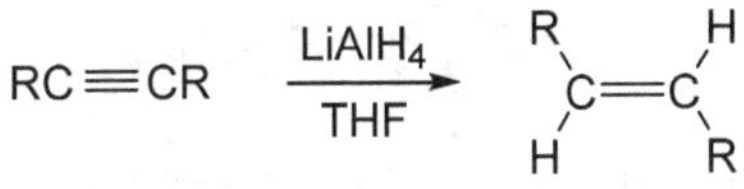

4.11.6　炔烃的硼氢化-氧化和硼氢化-还原反应

1. 炔烃的硼氢化-氧化反应

一元取代乙炔通过硼氢化反应得到烯基硼烷，此反应的反应机理与烯烃的硼氢化反应相似，是反马氏规则的。烯基硼烷在碱性过氧化氢中氧化，得到烯醇，进一步互变异构生成醛。反应过程如下：

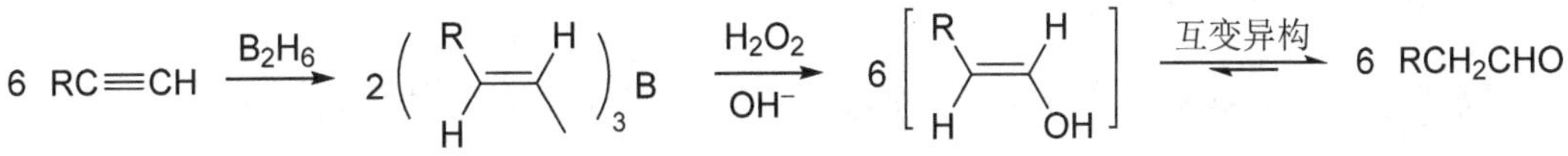

二元取代炔烃的硼氢化反应，通常生成两种酮的混合物。

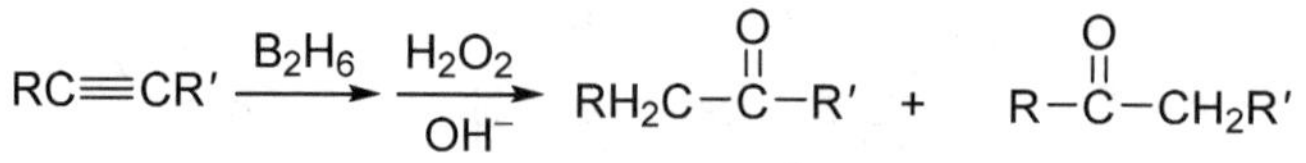

2. 炔烃的硼氢化-还原反应

炔烃通过硼氢化反应得到烯基硼烷，烯基硼烷用羧酸还原生成顺式(*Z*)构型烯烃，这类反应总称为炔烃的硼氢化-还原反应。

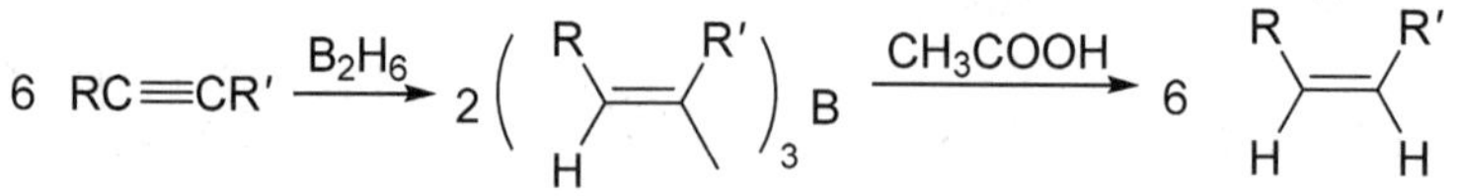

4.11.7　末端炔烃的性质

1. 酸性

一般来讲，杂化轨道中 s 成分越大，碳原子的电负性越大，炔键碳原子属于 sp 杂化，它的 s 成分大于烯键(sp^2)，因此碳碳三键上的碳原子具有更高的电负性，这就导致末端炔上的 C—H 键易于异裂，释放出质子而表现出酸性。

化合物	构造式	pK_a(近似值)	
甲烷(烷烃)	CH_4	～49	酸性增加↓
乙烯(烯烃)	$H_2C{=}CH_2$	～40	
氨	NH_3	34	
丙炔(末端炔烃)	$HC{\equiv}CCH_3$	～25	
乙醇	CH_3CH_2OH	15.9	
水	H_2O	15.74	

碳氢键的异裂也可以看作是一种酸性电离，它们的酸性强弱可以用 pK_a 来判断，pK_a 越小，酸性越强。上面的数据表明，末端炔烃的酸性比末端烯烃和烷烃强，所以可与强碱反应形成金属化合物，称为炔化物。例如：

$$2\,Na + 2\,NH_3 \xrightarrow[\text{液氨}]{Fe^{3+}} 2\,NaNH_2 + H_2$$

$$HC{\equiv}CH \xrightarrow[\text{液氨}]{NaNH_2} HC{\equiv}CNa + NH_3$$

$$RC{\equiv}CH \xrightarrow[\text{液氨}]{NaNH_2} RC{\equiv}CNa + NH_3$$

乙炔钠中的氢还可以与碱反应生成乙炔二钠，二者皆是弱酸盐，与水作用很快水解为乙炔和氢氧化钠，但乙炔二钠与水的反应比乙炔钠更剧烈，几乎是爆炸性的。乙炔钠是制备一元取代乙炔(也称末端炔)的重要原料。

2. 末端炔烃的鉴别与提纯

将末端炔烃通入银氨溶液或亚铜氨溶液中，会有白色或红棕色炔化物沉淀生成。因此，通过该现象可以用来鉴别分子中是否有末端炔。

$$HC\equiv CH + 2\,[Ag(NH_3)_2]^+ \longrightarrow \underset{\text{乙炔银，白色}}{AgC\equiv CAg\downarrow} + 2\,NH_4^+ + 2\,NH_3$$

$$HC\equiv CH + 2\,[Cu(NH_3)_2]^+ \longrightarrow \underset{\text{乙炔亚铜，红棕色}}{CuC\equiv CCu\downarrow} + 2\,NH_4^+ + 2\,NH_3$$

$$RC\equiv CH + [Ag(NH_3)_2]^+ \longrightarrow RC\equiv CAg\downarrow + NH_4^+ + NH_3$$

上述炔化物干燥后，经碰撞会爆炸生成金属和碳。故在反应结束时，应加入稀硝酸使之分解。由于氰根离子和银离子易形成稳定的配合物，在炔化银中加入氰化钠水溶液，可得回炔烃，此方法可用于提纯末端炔烃。

$$RC\equiv CAg + 2\,CN^- + H_2O \longrightarrow RC\equiv CH + [Ag(CN)_2]^- + OH^-$$

4.11.8　炔烃的聚合

与烯烃一样，炔烃也具有不饱和键，在特定条件下可以发生聚合反应。乙炔在不同催化剂作用下，可有选择性地聚合成链形或环状化合物。例如，在氯化亚铜和氯化铵作用下，可发生二聚或三聚反应。

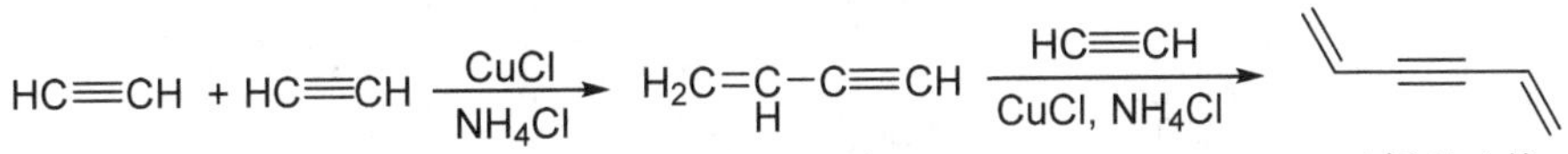

乙烯基乙炔　　二乙烯基乙炔

乙炔在高温(400～500℃)下可以发生环形三聚反应，生成苯：

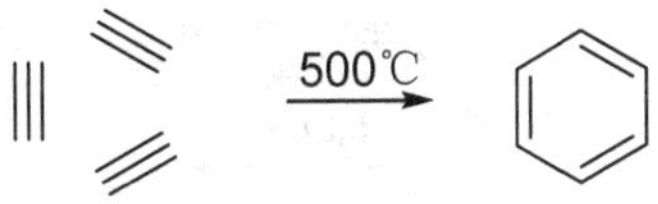

乙炔在四氢呋喃中经氰化镍催化，于 1.5～2.0 MPa、50℃时聚合，生成环辛四烯：

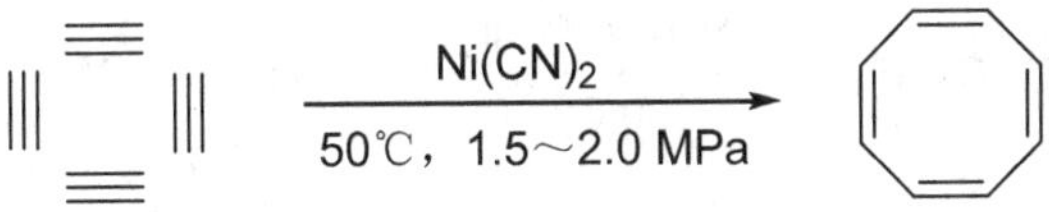

4.12　炔烃的制备

4.12.1　乙炔的工业制法

1. 碳化钙(电石)法

用焦炭和氧化钙经电弧加热至 2200℃，制成碳化钙；它再与水反应，生成乙炔和氢氧化钙。反应如下：

$$CaO + 3C \xrightleftharpoons{2200℃} CaC_2 + CO$$

$$CaC_2 + 2H_2O \longrightarrow HC\equiv CH + Ca(OH)_2$$

2. 甲烷法(电弧法)

甲烷在 1500℃电弧中经极短时间(0.1～0.01 s)加热，裂解成乙炔：

$$2CH_4 \longrightarrow HC{\equiv}CH + 3H_2$$

3. 等离子法

用石油和极热的氢气一起热裂制备乙炔。即将氢气在 3500～4000℃的电弧中加热，然后部分离子化的等离子氢(正负离子相等)于电弧加热器出口的分离反应室中与气体的或气化的石油气反应。生成产物有：乙炔、乙烯(二者总产率在 70%以上)，以及甲烷和氢气。

纯的乙炔是带有乙醚气味的无色气体，具有麻醉作用，燃烧火焰明亮，可用于照明。乙炔在水中有一定的溶解度，易溶于丙酮。乙炔和氧气混合燃烧可产生 2800℃的高温，可用于焊接或切割钢铁等其他金属。

4.12.2 炔烃的实验室制法

1. 二卤代烷双脱卤制备炔烃

邻二卤代烷和谐二卤代烷在碱性试剂作用下脱去两分子卤化氢生成炔烃。常用的碱性试剂有氢氧化钠或氢氧化钾的醇溶液和氨基钠的矿物油，反应需要加热。

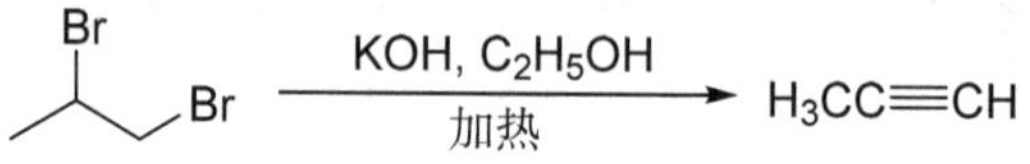

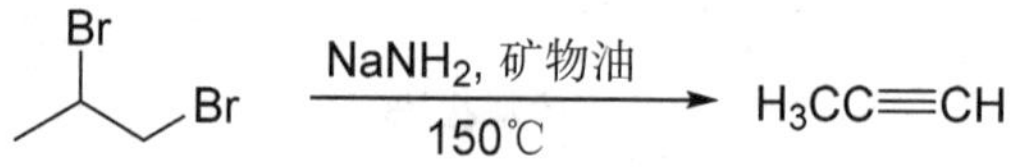

对于分子量较大的炔烃，在碱性条件下生成的炔烃，三键会发生迁移。氢氧化钠或氢氧化钾的醇溶液常使末端炔键向链中迁移，而氨基钠则使三键移向末端。

$$H_3CH_2CC{\equiv}CH \xrightarrow[\text{加热}]{KOH,\ C_2H_5OH} H_3CC{\equiv}CCH_3$$

$$C_5H_{11}C{\equiv}CCH_3 \xrightarrow[150℃]{NaNH_2,\ \text{矿物油}} C_6H_{13}C{\equiv}CNa + NH_3$$

$$C_6H_{13}C{\equiv}CNa \xrightarrow{H_2O} C_6H_{13}C{\equiv}CH$$

2. 用末端炔烃制备

乙炔与氨基钠在液氨溶液中形成乙炔化钠，作为一种亲核试剂，然后与卤代烷发生亲核取代反应，生成一元取代乙炔。

$$HC{\equiv}CH \xrightarrow[NH_3(l)]{NaNH_2} HC{\equiv}CNa \xrightarrow{RX} HC{\equiv}CR$$

一元取代乙炔可以进一步制备二元取代乙炔。

$$RC{\equiv}CH \xrightarrow[NH_3(l)]{NaNH_2} RC{\equiv}CNa \xrightarrow{R'X} RC{\equiv}CR'$$

乙炔或末端炔烃与格氏试剂或有机锂试剂反应，可得到含有三键的格氏试剂或锂试剂。

$$HC\equiv CH + 2\,RMgX \xrightarrow{\text{醚}} XMgC\equiv CMgX + 2\,RH$$

$$RC\equiv CH + RMgX \xrightarrow{\text{醚}} RC\equiv CMgX + RH$$

$$RC\equiv CH + RLi \xrightarrow{\text{醚}} RC\equiv CLi + RH$$

这些含有三键的格氏试剂或锂试剂，与一级卤代烷在醚溶液中发生亲核取代反应，形成二元取代乙炔。

$$RC\equiv CMgX \xrightarrow[\text{醚}]{R'X} RC\equiv CR'$$

末端炔烃也可以直接氧化偶联，用来制备高级炔烃。

$$2\ RC\equiv CH \xrightarrow[\text{空气}]{CuCl,\ NH_3,\ CH_3OH} R-C\equiv C-C\equiv C-R$$

炔化亚铜用空气或 $K_3Fe(CN)_6$ 等氧化剂氧化，可以偶联成具有两个炔键的高级炔烃：

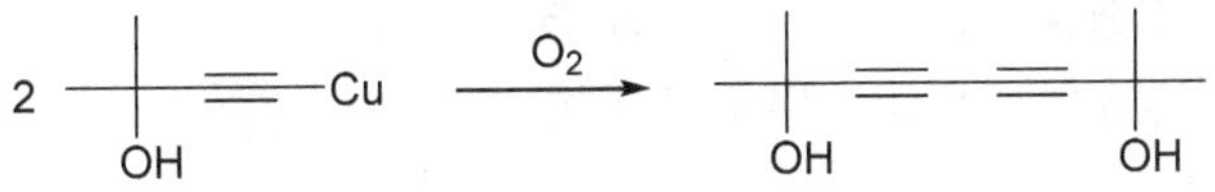

习　题

4-1　写出戊烯的所有开链烯异构体的构造式，用系统命名法命名，若有顺反异构体，写出构型式，并标注 *Z*、*E*。

4-2　命名下列化合物，若有顺反异构体，写出构型式，并标注 *Z*、*E*。

(1) $(CH_3)_2C=CHCH(CH_3)CH_2CH_3$　　(2) $(CH_3)_3CCH_2CH(C_2H_5)CH=CH_2$

(3) $CH_3CH=C(CH_3)C_2H_5$　　(4) 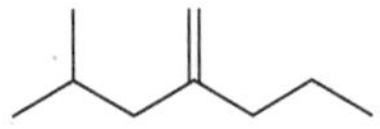

(5) 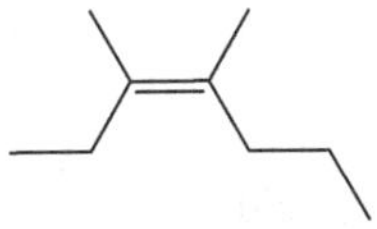　　(6) 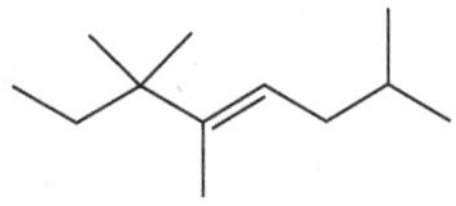

4-3　写出下列化合物的构造式(键线式)。

(1) 2,3-dimethyl-1-pentene　　(2) *cis*-3,5-dimethyl-2-heptene

(3) (*E*)-4-ethyl-3-methyl-2-hexene　　(4) 3,3,4-trichloro-1-pentene

(5) (*E*)-3,4-二甲基戊-2-烯　　(6) 2,3-二甲基己-1-烯

(7) 反-4,4-二甲基戊-2-烯　　(8) 2,2,4,6-四甲基-5-乙基庚-3-烯

4-4　对下列错误的命名给予更正。

(1) 2-methyl-3-butene　　(2) 2,2-methyl-4-heptene

(3) 1-溴-1-氯-2-甲基丁-1-烯　　(4) 3-乙烯基戊烷

4-5　完成下列反应式。带“*”反应的产物画出其立体构型。

(1) $H_3CHC=\underset{\underset{CH_3}{|}}{C}-CH_3 \xrightarrow{HCl}$　　(2) 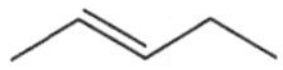 $\xrightarrow[450℃]{Cl_2}$

(3) $H_2C=CHCH(CH_3)_2 \xrightarrow[2)H_2O]{1)H_2SO_4}$　　(4) 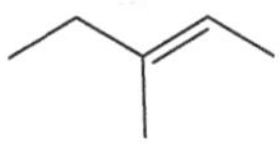 $\xrightarrow[H_2O_2]{HBr}$

(5) $(H_3C)_2C{=}CH_2 \xrightarrow{B_2H_6}$

(6) * 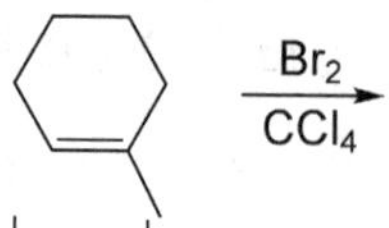

(7) $n\ H_3CHC{=}CH_2 \xrightarrow{\text{催化剂}}$

(8) 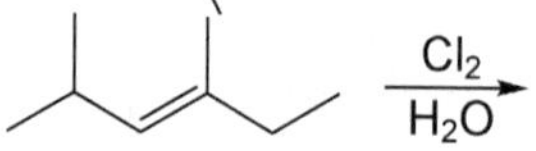

(9) * $H_3CHC{=}C(CH_3){-}CH_3 \xrightarrow[\text{2)}H_2O/H^+]{\text{1)}RCOOH/CH_2Cl_2}$

(10) 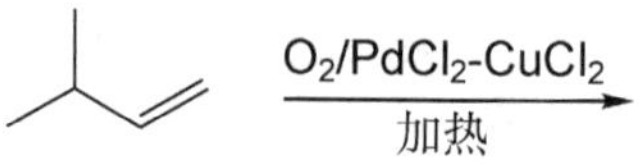

(11) * 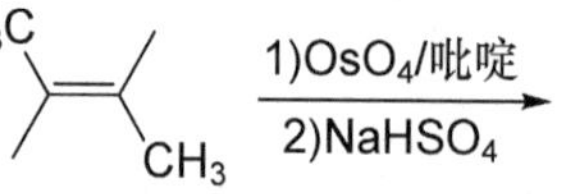

(12) 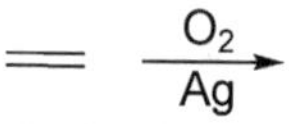

4-6　裂化汽油中含有烯烃，用什么方法可以除去烯烃？

4-7　试写出下列反应中的(a)及(b)的构造式。

$$(a) + Zn \longrightarrow (b) + ZnCl_2$$

$$(b) + KMnO_4 \xrightarrow{\triangle} CH_3CH_2COOH + CO_2 + H_2O$$

4-8　试举出两种区别烷烃和烯烃的化学方法。

4-9　写出下列各烯烃的臭氧化还原水解产物。

(1) $H_2C{=}CHCH_2CH_3$　　(2) $H_3CHC{=}CHCH_3$　　(3) $(H_3C)_2C{=}CHCH_2CH_3$

4-10　化合物甲，其分子式为 C_5H_{10}，能吸收一分子氢，与 $KMnO_4/H_2SO_4$ 作用生成一分子 C_4 酸。但经臭氧氧化还原水解后得到两个不同的醛，试推测甲可能的构造式。这个烯烃有没有顺反异构？

4-11　在下列位能-反应进程图中，回答(1)、(2)、(3)、E_1、E_2、H_1、H_2、H 的意义。

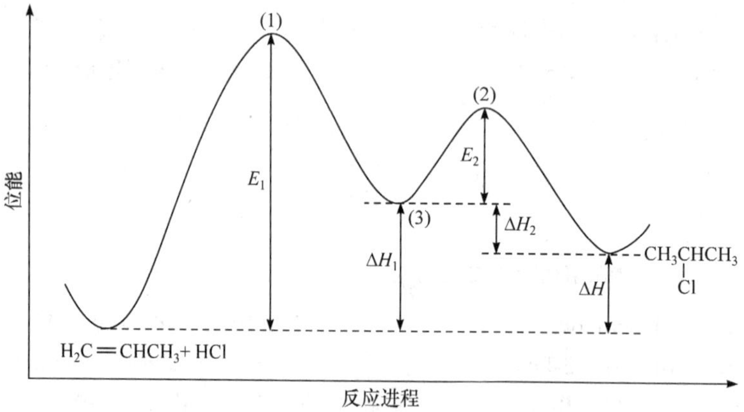

4-12　试用生成碳正离子的难易解释下列反应。

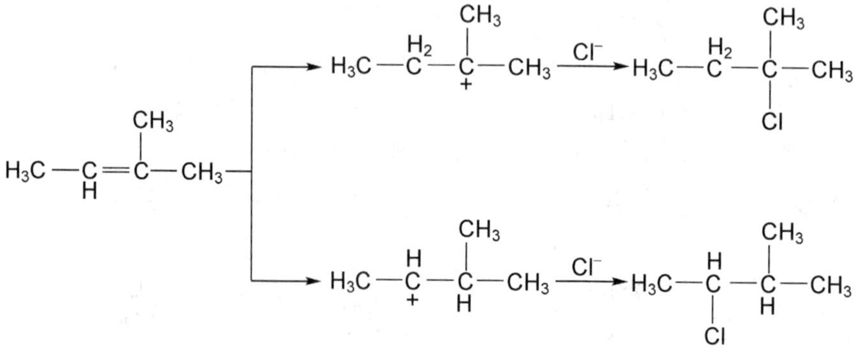

4-13 将下列碳正离子的稳定性大小按顺序排列。

(1) 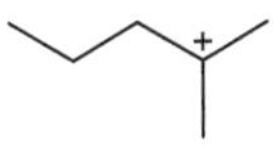
(2) 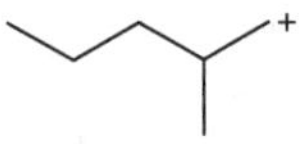
(3) 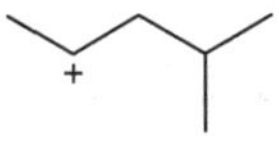
(4) 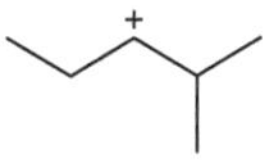

4-14 下面的反应是如何发生的？试用碳正离子的稳定性解释。

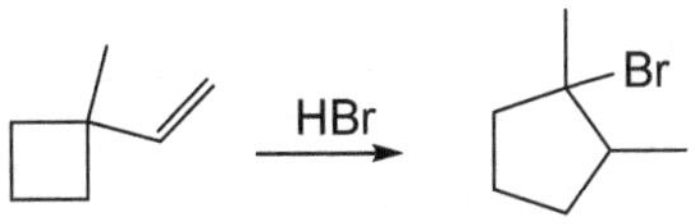

4-15 分析下列数据，说明了什么问题？怎么解释？

烯烃及其衍生物	烯烃加溴的速率比(相比乙烯)
$(CH_3)_2C{=}C(CH_3)_2$	14
$(CH_3)_2C{=}CHCH_3$	10.4
$(CH_3)_2C{=}CH_2$	5.53
$CH_3HC{=}CH_2$	2.03
$H_2C{=}CH_2$	1.00
$H_2C{=}CHBr$	0.04

4-16 用指定的原料制备下列化合物，试剂可以任选(要求：常用试剂)。

(1) 由 2-溴丙烷制备 1-溴丙烷
(2) 由 1-溴丙烷制备 2-溴丙烷
(3) 从丙醇到 1,2-二溴丙烷
(4) 由丁-1-烯制备顺丁-2,3-二醇
(5) 由丙烯制备 1,2,3-三氯丙烷
(6) 由 2-溴丁烷制备反丁-2,3-二醇

4-17 比较下列两个化合物，指出它们在结构、物理性质和化学性质上会有什么主要的差别。

(1) $H_2C{=}CHCH_2CH_2CH{=}CH_2$
(2) $CH_3CH{=}CHCH{=}CHCH_3$

4-18 画出环戊二烯分子轨道示意图，用(+)、(–)号标明不同能量状态时 p 原子轨道的波相。

4-19 写出下列转化的反应机制。

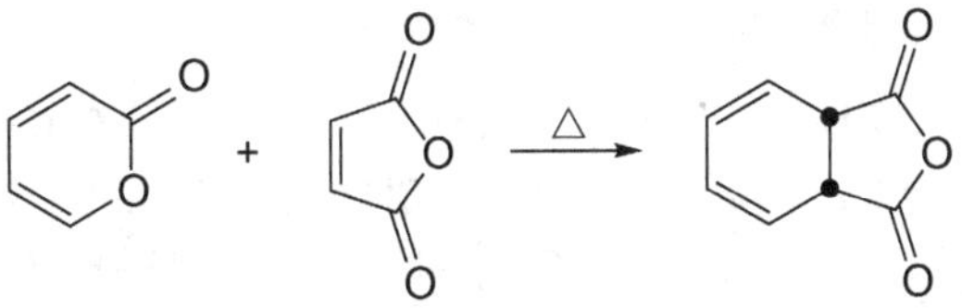

4-20 用前线轨道理论分析：下列反应应在加热条件下，还是应在光照条件下发生(写出具体分析过程)。

(1) 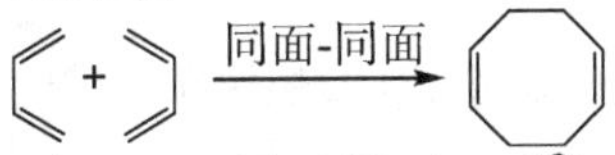

(2) 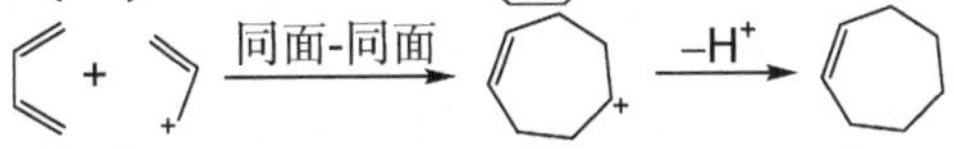

4-21 下列双烯烃哪些能进行 Diels-Alder 反应？哪些不能？为什么？

(1) 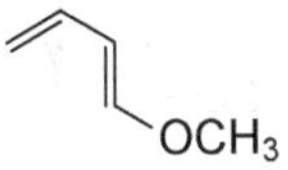

(2) 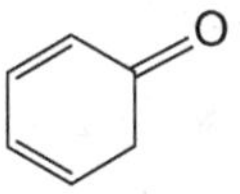

(3) 
(4) 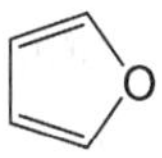

(5) 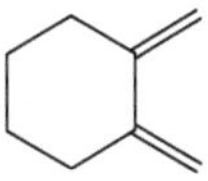
(6) 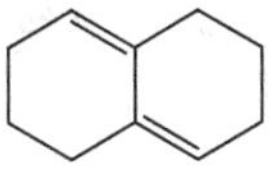
(7) 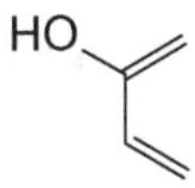

(8) 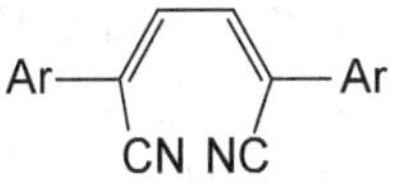

4-22　写出下列反应的产物。

(1) 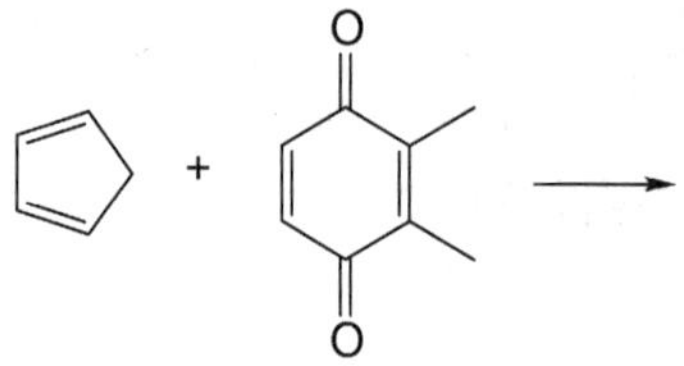

(2) 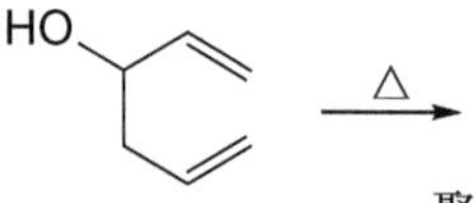

(3) $H_2C=\underset{Cl}{\underset{|}{C}}CH=CH_2 \xrightarrow{聚合}$

(4) $CH_2N_2 + CH_3O\overset{O}{\overset{\|}{C}}-C\equiv C-\overset{O}{\overset{\|}{C}}OCH_3 \xrightarrow{\triangle}$

(5) 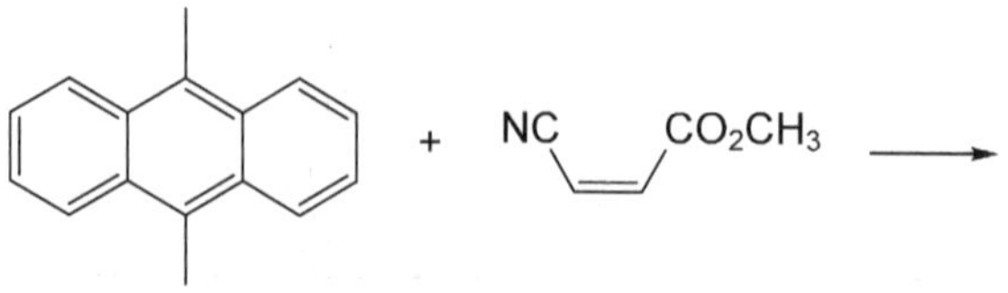

4-23　某二烯烃和一分子溴加成的结果生成 2,5-二溴己-3-烯，该二烯烃经臭氧化还原水解而生成两分子 CH_3CHO 和一分子 $H-\overset{O}{\overset{\|}{C}}-\overset{O}{\overset{\|}{C}}-H$。

(1) 写出该二烯烃的构造式；

(2) 若上述二溴加成物，再加一分子溴，得到的产物是什么？

4-24　指出下列化合物可由哪些原料通过双烯合成得到。

(1) 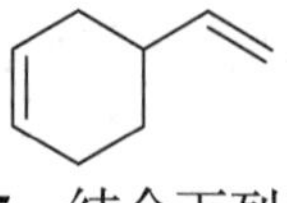　(2) 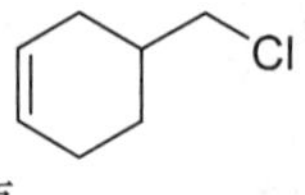　(3) 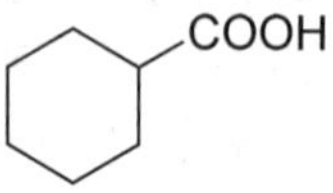

4-25　结合下列反应式回答问题：

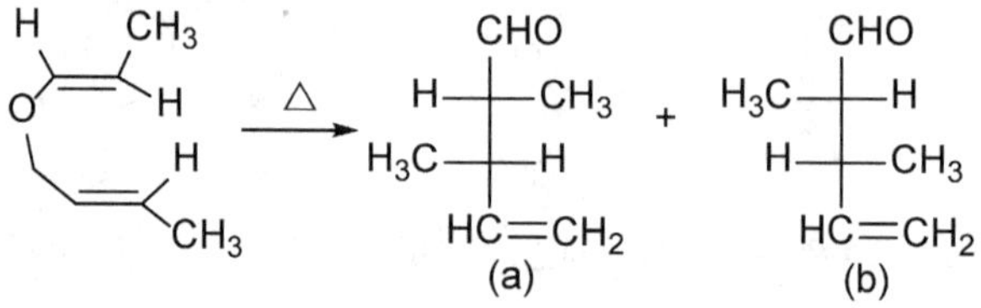

(1) 该反应属于什么反应类型？

(2) 写出反应机理，画出反应的过渡态并阐明产物为什么具有式中的构型。

4-26　阐明下列反应的反应机理。

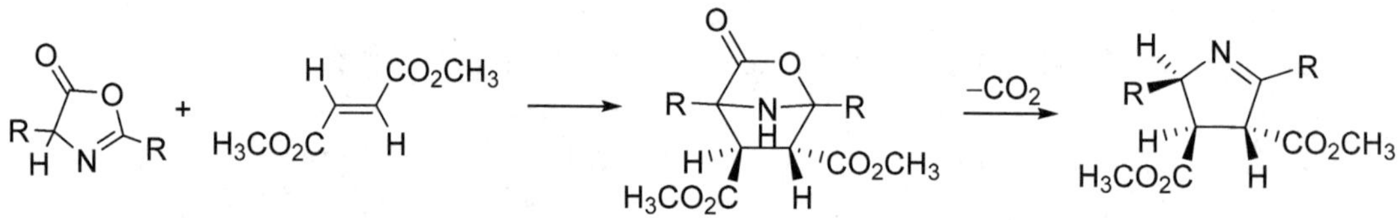

4-27　写出 C_6H_{10} 的所有炔烃异构体的构造式，并用系统命名法命名。

4-28　命名下列化合物。

(1) $(CH_3)_3CC\equiv CCH_2C(CH_3)_3$　　(2) $CH_3CH=CHCH(CH_3)C\equiv CCH_3$

(3) $HC\equiv CC\equiv CCH_2CH_3$

(4) 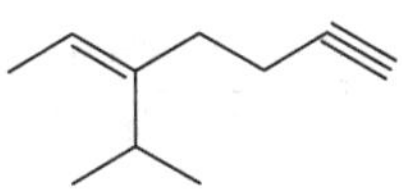

(5) 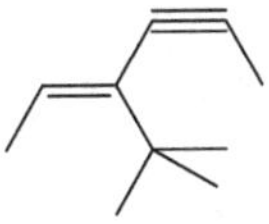

4-29　写出下列化合物的构造式。

(1) 烯丙基乙炔

(2) 丙烯基乙炔

(3) 二叔丁基乙炔

(4) 异丙基仲丁基乙炔

(5) 5-ethyl-2-methyl-3-heptyne

(6) (*Z*)-3,4-dimethyl-4-hexen-1-yne

(7) (2*E*,4*E*)-hexadiene

(8) 2,2,5-trimethyl-3-hexyne

4-30　写出下列反应的产物。

(1) $CH_3CH_2CH_2C\equiv CH + HBr\ (过量) \longrightarrow$

(2) $CH_3CH_2C\equiv CCH_2CH_3 + H_2O \xrightarrow{HgSO_4 + H_2SO_4}$

(3) $CH_3C\equiv CH + [Ag(NH_3)_2]^+ \longrightarrow$

(4) $CH_3C\equiv CCH_3 + HBr \longrightarrow$

(5) $CH_3CH{=}CHCH_2CH_2CH_3 \xrightarrow{Br_2} ? \xrightarrow{NaNH_2} ? \xrightarrow{?}$ 顺己-2-烯

(6) $CH_3CH{=}CHCH_2C\equiv CH + Br_2 \longrightarrow$

4-31　用化学方法区别下列化合物。

(1) 2-甲基丁烷、3-甲基丁-1-炔、3-甲基丁-1-烯；

(2) 戊-1-炔、戊-2-炔；

(3) 乙烷、乙烯、乙炔。

4-32　1.0 g 戊烷和戊烯的混合物，使 5 mL Br_2-CCl_4 溶液(每 1000 mL 含 Br_2 160 g)褪色。求此混合物中戊烯的质量分数。

4-33　有一炔烃，分子式为 C_6H_{10}，当它加氢后可生成 2-甲基戊烷，它与硝酸银氨溶液作用生成白色沉淀。求这一炔烃的构造式。

4-34　某化合物的分子量为 82，每摩尔该化合物可吸收 2 mol H_2，当它和 $[Ag(NH_3)_2]^+$ 溶液作用时，没有沉淀生成；当它吸收 1 mol H_2 时，产物为 2,3-二甲基丁-1-烯。写出该化合物的构造式。

4-35　以乙炔或丙炔为原料合成下列化合物。

(1) 氯乙烯

(2) 1,1-二溴乙烷

(3) 1,2-二氯乙烷

(4) 戊-1-炔

(5) 己-2-炔

(6) 顺丁-2-烯

(7) 反二丁烯

(8) 乙醛

(9) $CH_3CH_2C\equiv CCH_2CH_2CH_3$

(10) $(CH_3)_2C\equiv CC\equiv CH$

4-36　写出下列反应中“？”的化合物的构造式。

(1) $CH_3C\equiv CH \xrightarrow{B_2H_6} \xrightarrow[OH^-]{H_2O_2} ?$

(2) $HC\equiv CCH_2CH_2CH_3 \xrightarrow{[Ag(NH_3)_2]^+} ? \xrightarrow{HNO_2} ?$

(3) $CH_3C\equiv CNa + H_2O \longrightarrow ?$

(4) $H_2C{=}\underset{\displaystyle CH_3}{C}{-}\underset{H}{C}{=}CH_2 + HCl \longrightarrow ? + ?$

(5) $CH_3CH_2CH_2C{\equiv}CH \xrightarrow[OH^-,H_2O]{KMnO_4} ? + ?$

(6) $CH_3CH_2CH_2C{\equiv}CH \xrightarrow[H_2O]{O_3} ? + ?$

4-37　将下列碳正离子的稳定性由大到小排列成序。

(1) 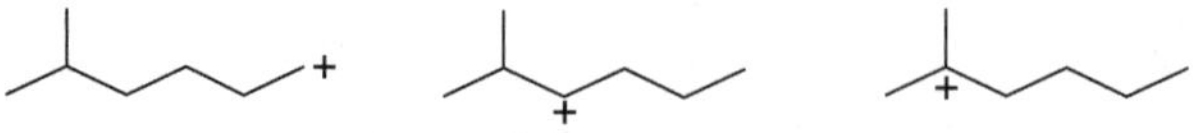

(2) 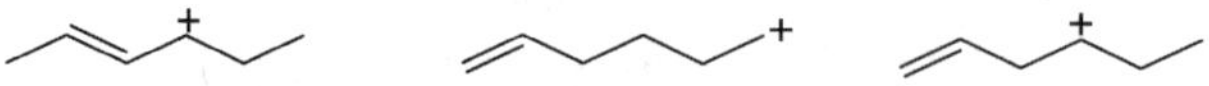

(3) 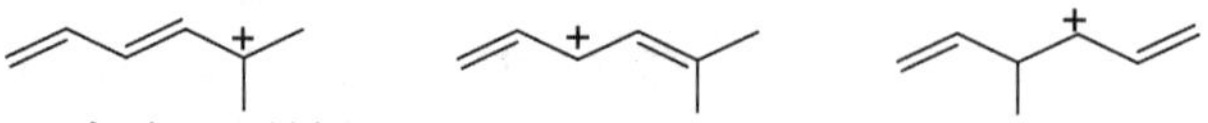

4-38　完成下列转换。

(1) 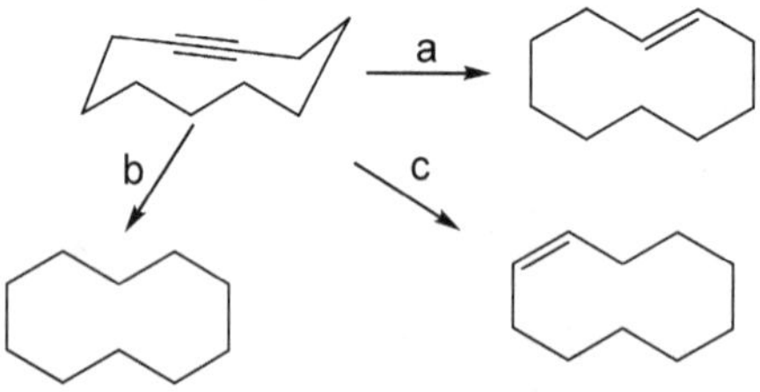

(2) 2-溴戊烷 ⟶ (*Z*)-戊-2-烯

(3) (*Z*)-戊-2-烯 ⟶ (*E*)-戊-2-烯

4-39　反-1,2-二溴环己烷在 KOH-C_2H_5OH 中进行消除反应得环己-1,3-二烯，而未得到环己炔。为什么？

4-40　从指定原料出发合成目标产物。

(1) 从戊-1-烯合成癸-4,6-二炔；

(2) 从 2,2-二甲基-3-溴丁烷合成 2,2,7,7-四甲基辛-3,5-二炔；

(3) 从环十二烷合成顺-和反-1,2-二溴环十二烷。

4-41　化合物 A(C_9H_{14})具有旋光性。将 A 用铂进行催化氢化生成 B(C_9H_{20})，不旋光；将 A 用 Lindlar 催化剂小心催化加氢生成 C(C_9H_{16})，也不旋光；但若将 A 置于液氨中与金属钠反应，生成 D(C_9H_{16})却有旋光性。试推测 A、B、C、D 的结构。

第5章 周环反应

有机反应一般可按照反应机理分为离子型反应和自由基型反应，这两种类型的反应都存在稳定或不稳定的中间体。除此以外，还存在另一类反应机理，在这种反应的过程中不形成离子或自由基中间体，而是由电子通过协同机理经由环状过渡态重新组织进行，称这种反应为“周环反应”。与其他反应相比，周环反应中化学键的断裂和生成是同时发生的，并且具有高度的立体选择性。伍德沃德(R. B. Woodward)和霍夫曼(R. Hoffmann)在总结大量反应规律的基础上，将分子轨道理论引入周环反应的机理研究中，总结出一系列可用于推测反应发生条件及其立体化学的选择规律，本章主要讨论周环反应的类型及其相关理论。

5.1 周环反应和前线轨道理论

5.1.1 周环反应的特点

周环反应是一种在反应中不形成离子或自由基中间体，而是由电子重新组织经过环状过渡态而进行的化学反应。这种反应是协同反应，反应过程中化学键的断裂和生成是同时发生的，它们都对过渡态做出贡献。例如，丁-1,3-二烯和乙烯发生的 Diels-Alder 反应，反应底物中丁二烯的两个 π 键和乙烯 π 键将断裂，生成产物环己烯的 π 键和两个 σ 键，并且旧键的断裂和新键的生成经由一个六元环过渡态同步完成，如图 5-1 所示。周环反应遵循微观可逆原则，相比于其他的离子型或自由基型反应，周环反应具有以下独特的特点：

(1) 属于协同反应，只经过环状过渡态，没有活性中间体的形成。

(2) 反应速率极少受溶剂极性、酸、碱和催化剂的影响，也不受自由基引发剂和抑制剂的影响。

(3) 反应条件一般只需要加热或光照，并且具有高度的立体选择性，是高度空间定向的反应，产物的立体构型可被提前预测出来。

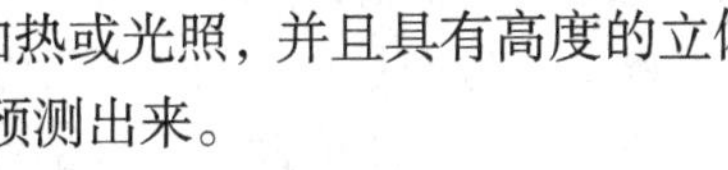

图 5-1 丁-1,3-二烯和乙烯的 Diels-Alder 反应协同反应机理

周环反应主要包括电环化反应、环加成反应和 σ 迁移反应。

5.1.2 分子轨道对称守恒原理和前线轨道理论

科学家对周环反应的高度立体选择性特点进行了长期的探索。1965 年，著名有机化学家伍德沃德和量子化学家霍夫曼携手合作，在总结大量的实验数据后共同提出了伍德沃德-霍夫曼规则，他们认为分子轨道对称性是决定此类反应进程的关键因素。

分子轨道对称守恒原理认为，化学反应是分子轨道进行重新组合的过程，在一个协同反应中，分子轨道的对称性是守恒的，即反应物和产物的分子轨道具有相同的对称性，只有这样才能达到形成的过渡态具有最低能量的目的。由此可见，分子轨道的对称性控制着整个协同反应的进程。符合分子轨道对称守恒原理的反应途径被称为是“对称性允许”的，反之，不符合该原理的反应途径被称为“对称性禁阻”的。该原理最初用于解释电环化反应在加热和光照下生成不同产物的事实。1965 年，霍夫曼和伍德沃德在美国化学会杂志上发表了题为“分子轨道对称守恒”的文章，将该规则归为以下三点：

(1) 基态时，开链 $4n$ 体系反应物的最高占据分子轨道(HOMO)有不同的对称性，加热时都必须采取顺旋关环的方式；

(2) 基态时，开链 $4n+2$ 体系反应物的 HOMO 有相同的对称性，加热时都必须采取对旋关环的方式；

(3) 光照时，反应物 HOMO 的一个电子被激发到最低未占分子轨道(LUMO)上，因此反应选择性发生颠倒。

将电环化反应的立体选择性规律归纳在表 5-1 中。

表 5-1　电环化反应立体选择性规律

开链共轭烯烃的 π 电子数	$4n+2$		$4n$	
顺旋	加热	光照	加热	光照
	禁阻	允许	允许	禁阻
对旋	加热	光照	加热	光照
	允许	禁阻	禁阻	允许

注：“允许”“禁阻”指“对称性允许”和“对称性禁阻”。需要注意的是，“允许”和“禁阻”代表特定条件下发生协同反应的活化能的相对大小，并不排除反应可以按照其他反应机理进行的可能性。

提出电环化反应的轨道对称规则后，霍夫曼和伍德沃德又将其推广用于解释其他周环反应。他们定义了新的术语“同面的”(suprafacial)与“异面的”(antarafacial)来形容反应过渡中的“组分”的拓扑关系，即在 σ 键和 π 体系的同一侧的成键、断开称为“同面”，反之称为“异面”。

前线分子轨道理论(frontier molecular orbital theory)是分子轨道理论的一种具体应用，阐述 HOMO 和 LUMO 对分子特性的影响。该理论最早由日本科学家福井谦一提出，他以量子力学为理论基础，从化学键理论出发，提出的前线轨道理论很好地解释了分子轨道对称守恒原理的结论，因此在 1981 年与霍夫曼分享了当年的诺贝尔化学奖。

前线轨道理论认为，分子中也有类似于单个原子的“价电子”的电子存在，分子的价电子就是前线电子，分子的 HOMO 对其电子的束缚较为松弛，具有电子给予体的性质；LUMO 对电子具有较强的亲和力，表现出电子接受体的性质，因此在分子间化学反应的过程中，最先作用的分子轨道是前线轨道，前线电子起到了关键作用。

5.2　电环化反应

5.2.1　电环化反应的定义

电环化反应指的是在加热或光照条件下，开链的共轭多烯分子通过分子内的环化，在体系两端形成新的 σ 键，同时减少一个双键而生成环烯烃的反应，它的逆反应也属于电环化反应。

例如，反-3,4-二甲基环丁烯在加热条件下开环生成(*E,E*)-己-2,4-二烯，后者在光照下可关环生成顺-3,4-二甲基环丁烯。

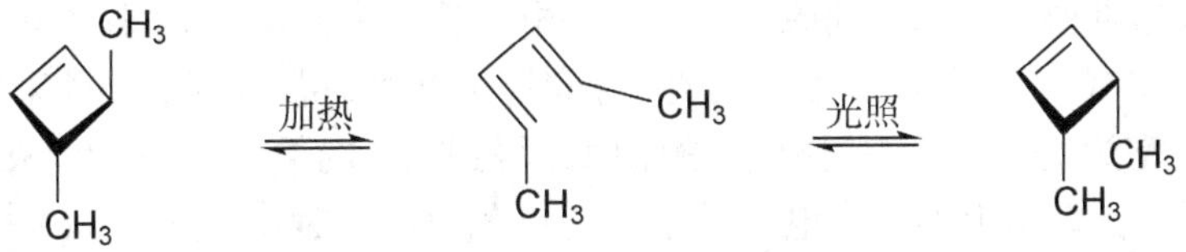

为了使 π 键合环形成 σ 键，末端碳原子的键必须旋转。电环化反应通常用顺旋(conrotatory)和对旋(disrotatory)描述不同的立体化学过程。顺旋指两个键朝同一方向旋转，可分为顺时针和逆时针顺旋；对旋指两个键朝相反方向旋转，分为内向对旋和外向对旋。

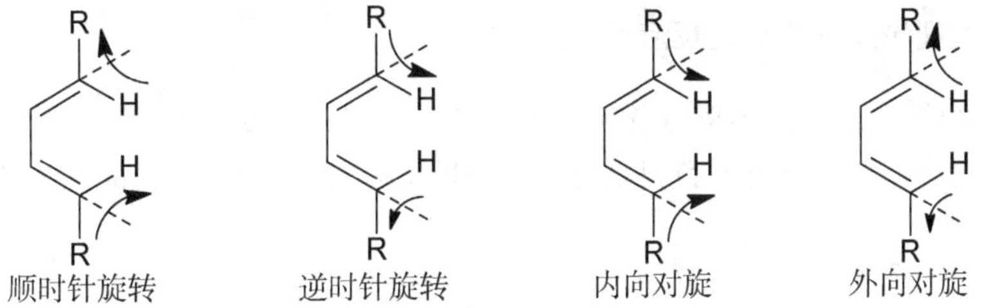

5.2.2　前线轨道理论解释电环化反应

前线轨道理论认为共轭多烯分子进行电环化反应时，HOMO 能级起决定性作用。为了使两端碳原子的 p 轨道旋转关环生成 σ 键，这两个 p 轨道必须发生同相位的重叠，才能达到能量最低的过渡态，因此电环化反应的立体选择性主要取决于 HOMO 能级的对称性。以(2*Z*,4*E*)-己-2,4-二烯为例分析该化合物在不同条件下的关环反应。

如图 5-2 所示，(2*Z*,4*E*)-己-2,4-二烯有 4 个 π 分子轨道，它们由 4 个碳原子的 p 轨道线性组合而成，分别为 ψ_1、ψ_2、ψ_3 和 ψ_4，轨道中的不同相位用不同颜色区分，对称性用 A 和 S 表示，A 代表反对称(antisymmetry)，S 代表对称(symmetry)，判断对称性所依据的对称元素是通过碳链中点并与分子所在平面垂直的面对称性(σ)，因此(2*Z*,4*E*)-己-2,4-二烯分子的 4 个 π 分子

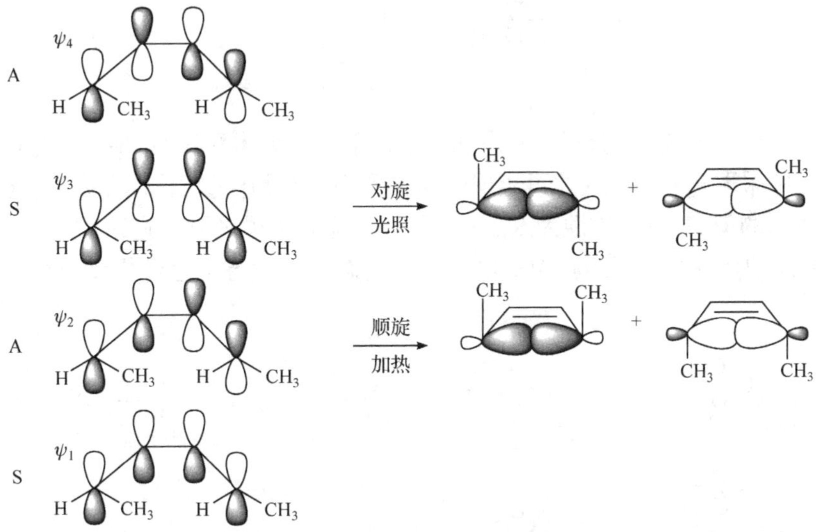

图 5-2　(2*Z*,4*E*)-己-2,4-二烯的分子轨道对称性及旋转关环方式

轨道的对称性依次为 S、A、S 和 A。其他的共轭体系也具有类似的性质，最低能级的分子轨道对称性总是 S 且相邻能级的对称性相反。

在基态下根据洪德规则和泡利原理，4 个 π 电子依次占据 ψ_1 和 ψ_2 分子轨道。依据前线轨道理论，ψ_2 为 HOMO，ψ_3 为 LUMO。在加热条件下发生关环反应时，必须采取顺旋的方式才可实现同相位重叠，该操作为对称性允许的，由此得到唯一的关环产物(3*R*,4*S*)-3,4-二甲基环丁烯；光照条件下，ψ_2 轨道上的一个电子被激发到 ψ_3 轨道，此时 ψ_3 变为 HOMO，因此关环时为了发生相同的相位重叠，需要采取对旋的方式，生成(3*S*,4*S*)-3,4-二甲基环丁烯和(3*R*,4*R*)-3,4-二甲基环丁烯两种产物。由此可见，相同的反应底物由于反应条件的不同，所得到的产物具有不同的立体选择性。

5.2.3　前线轨道理论解释电环化反应示例

共轭多烯烃的 π 分子轨道依据其镜面对称性具有对称、反对称交替变化的规律，因此它们的电环化反应可按照其 π 电子数目划分为 $4n$ 和 $4n+2$ 两大类，各自的立体选择性规律归纳如下。

1. $4n$ 电子体系

$4\pi(n=1)$电子体系的分子轨道能级分布见图 5-3。

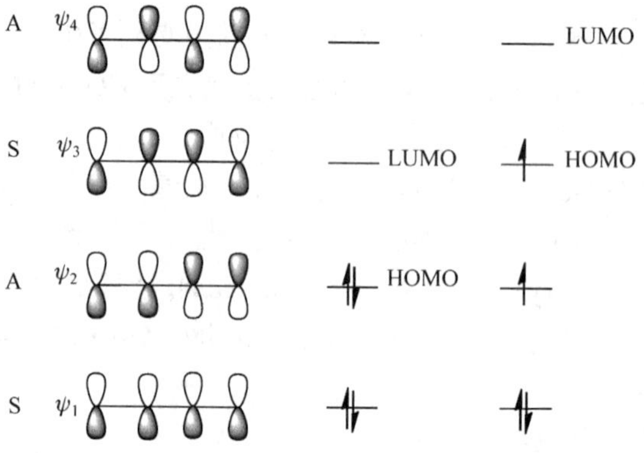

图 5-3　4π 电子体系的分子轨道能级图

具有 $4n$ 个 π 电子体系的分子，基态加热条件下，共轭体系的 HOMO 对称性为 A，发生关环反应时必须采取顺旋的方式才可实现同相位重叠，该操作为对称性允许的；激发态光照条件下，共轭体系的 HOMO 对称性为 S，发生关环反应时必须采取对旋的方式才可以实现同相位重叠，该操作为对称性允许的，4π 电子体系基态和激发态下电环化反应的立体选择性见图 5-4。

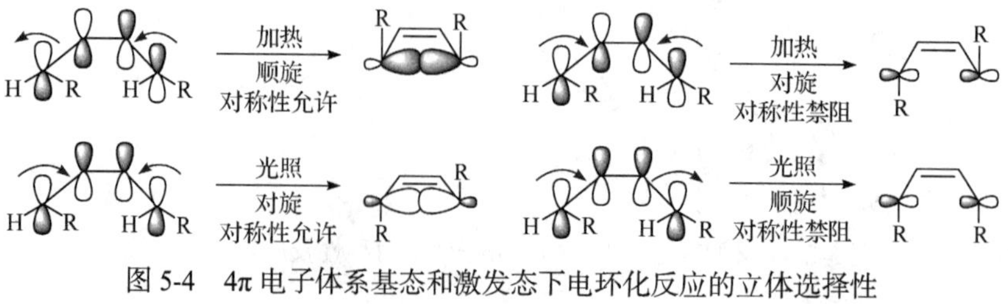

图 5-4　4π 电子体系基态和激发态下电环化反应的立体选择性

2. $4n+2$ 电子体系

$4\pi+2(n=1)$电子体系的分子轨道能级分布见图 5-5。

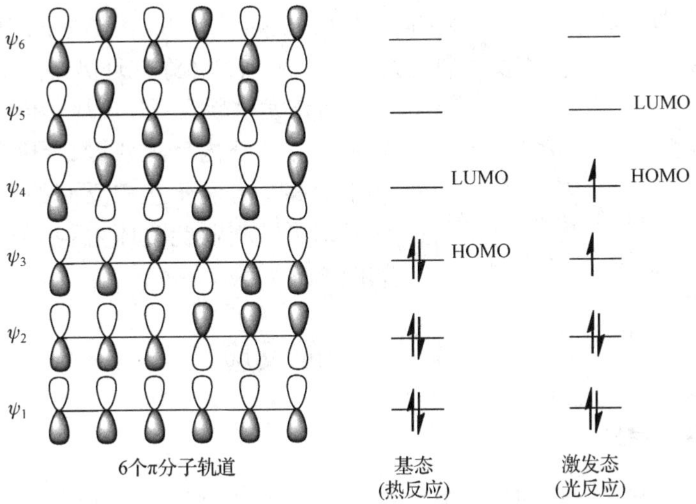

图 5-5　$4\pi+2$ 电子体系的分子轨道能级图

具有 $4n+2$ 个 π 电子体系的分子，基态加热条件下，共轭体系的 HOMO 对称性为 S，发生关环反应时必须采取对旋的方式才可实现同相位重叠，该操作为对称性允许的；激发态光照条件下，共轭体系的 HOMO 对称性为 A，发生关环反应时必须采取顺旋的方式才可以实现同相位重叠，该操作为对称性允许的，$4\pi+2$ 电子体系激发态光照条件下电环化反应的立体选择性见图 5-6。

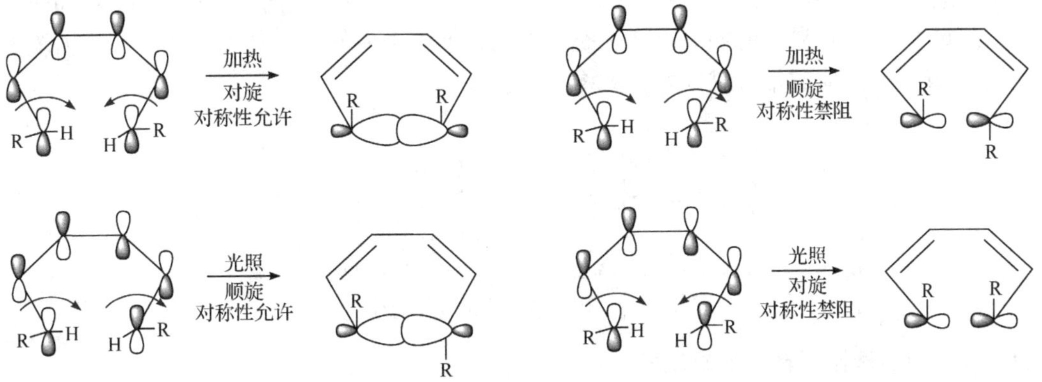

图 5-6　$4\pi+2$ 电子体系激发态光照条件下电环化反应的立体选择性

因此，共轭多烯烃类化合物的电环化反应的立体化学可依据 π 电子的数目以及反应条件归纳于表 5-2。

表 5-2　共轭多烯烃类化合物的电环化反应的立体化学种类

π 电子数目	热反应(基态)	光照反应(激发态)
$4n$	顺旋	对旋
$4n+2$	对旋	顺旋

由于电环化反应为可逆反应，因此上表中所列出的电环化关环反应条件以及所对应的产物的立体化学也适用于其逆反应电环化开环反应，此处的 π 电子均指链形共轭烯烃的 π 电子数。事实上由于电环化反应是微观可逆反应，因此反应向哪个方向进行更为有利取决于共轭多烯和环烯烃的热力学稳定性。例如，(*Z*,*E*)-环辛-1,3-二烯具有 4*n* 个 π 电子，因此根据前线轨道理论可预测，在基态条件下应该发生顺旋关环，同时，(1*R*,6*S*)-二环[4.2.0]-辛-7-烯在加热条件下也应该发生顺旋开环反应，但实验证明，环辛二烯由于含有环内反式双键，环张力较大，能量比环丁烯高，有利于正向反应的发生，因此加热到 80℃即可顺利顺旋关环，但不利于逆反应的发生，如图 5-7 所示。

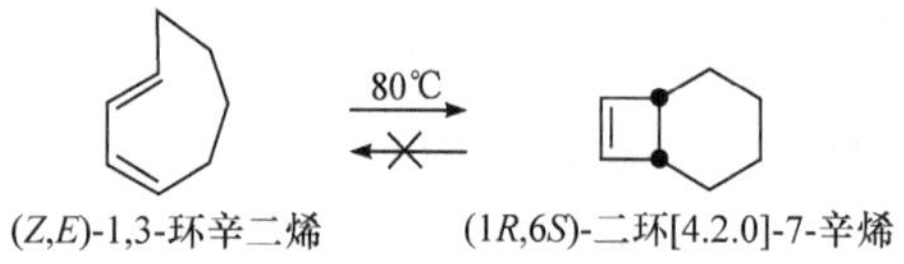

图 5-7　4*n* 个 π 电子的电环化反应

5.3　环加成反应

5.3.1　环加成反应的定义

环加成反应是指在光或热的条件下，两个或多个不饱和分子通过双键相互加成生成环状化合物的反应，该反应的逆反应称为环消除反应。参与环加成反应的电子是 π 电子，根据加成时每个分子提供的 π 电子数目可将反应分为[2+2]、[4+2]环加成等。例如，Diels-Alder 反应中双烯体提供 4 个 π 电子，亲双烯体提供 2 个 π 电子，因此属于[4+2]环加成反应。

环加成反应的立体化学用同面(synfacial)和异面(antarafacial)表示。加成时，π 键以同一侧的两个轨道瓣发生加成，称为同面加成，用字母 s 表示；以异侧的两个轨道瓣发生加成，称为异面加成，用字母 a 表示。例如，上面提到的 Diels-Alder 反应可表示为 $_{\pi}4_s + _{\pi}2_s$，表明该反应有两个反应物，一个反应物提供 4 个 π 电子，另一个提供 2 个 π 电子，两者以同面-同面方式加成。理论上，同面-异面的加成方式也是可能的，但由于一般的 π 体系较短，环张力较大，因此同面-异面的反应通常很难发生，如图 5-8 所示。

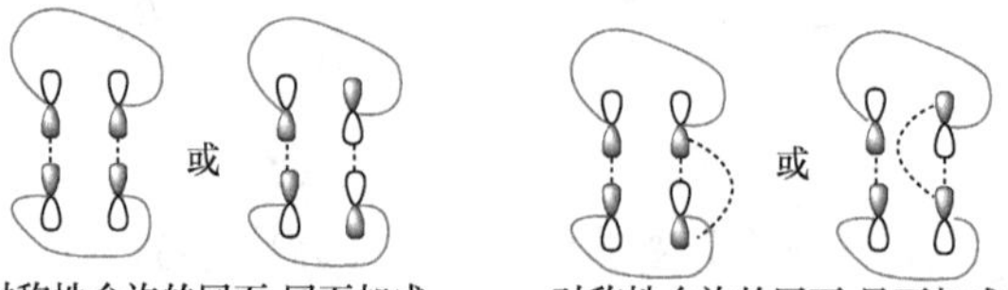

图 5-8　环加成反应的立体化学

5.3.2　前线轨道理论解释环加成反应

1. [2 + 2]环加成反应

以下选取双分子反应为模型，以前线轨道理论分析环加成反应。前线轨道理论认为：

(1) 双分子体系发生环加成反应时，为了使体系的能量降低，必须由一个分子提供 HOMO，电子由该 HOMO 进入另一个分子提供的 LUMO。

(2) 相互作用的 HOMO 和 LUMO 轨道，能量必须相近，且发生同相位重叠。

以乙烯分子的二聚反应为例，反应如图 5-9 所示，乙烯 2π 电子体系的分子轨道能级分布如图 5-10 所示，乙烯分子有两个 π 分子轨道 ψ_1 和 ψ_2，基态时两个 π 电子占据 ψ_1(HOMO)；激发态下，其中一个电子被激发进入 ψ_2，两个轨道各有一个电子，称为单占轨道(singly occupied molecular orbital，SOMO)，此时 ψ_2 成为 HOMO。

图 5-9 乙烯光照下环加成反应生成环丁烷

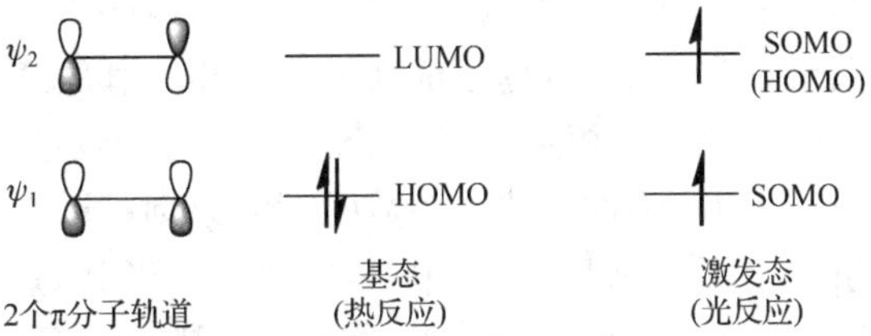

图 5-10 2π 电子体系的分子轨道能级图

基态下，两分子乙烯发生环加成反应时，一个分子提供 HOMO，另一个提供 LUMO，此时由于对称性不同，同面-同面加成是轨道对称性禁阻的；如果发生同面-异面加成，需要轨道扭转 180°，张力太大，实际上无法发生。因此，这一反应在基态下是对称性禁阻的，无法通过协同反应发生。光照条件下，一分子激发态的 HOMO 与另一分子基态的 LUMO 相互重叠，此时，对称性匹配，同面-同面加成对称性允许，因此这一反应在激发态下是对称性允许的，可以高效率发生(激发态下的反应也可以解释为两个处于激发态乙烯分子的 SOMO 之间重叠，形成新的 σ 键)，如图 5-11 所示。

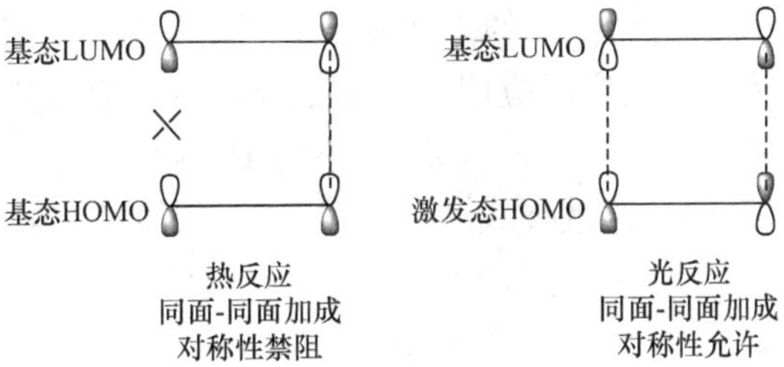

图 5-11 [2 + 2]环加成反应在加热和光照条件下的立体选择性

由此可见，烯烃在光照条件下的[2 + 2]环加成反应具有同面顺式加成的立体专一性，因此顺式烯烃的环加成反应会得到顺式环丁烷产物，反式烯烃会得到反式产物。如果产物具有手性，由于反应物从烯烃分子两侧加成的概率相同，产物主要为外消旋。

当反应物为不对称烯烃时，反应也常会显示出一定的区域选择性。如图 5-12 所示，当烯

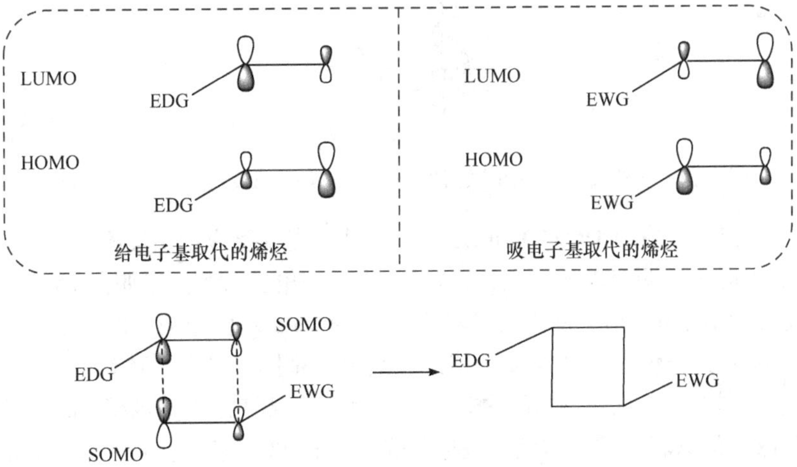

图 5-12 [2 + 2]环加成反应的区域选择性示意图

烃的一端连接给电子基团时，其 HOMO 中与取代基相连的碳轨道系数较小，另一端较大，LUMO 轨道中两个碳的轨道系数大小则相反；连吸电子基团时情况正好相反。发生反应时，遵循成键的两个碳原子的轨道相位相同和轨道系数大小匹配的原则，因此激发态条件下两个分子的 SOMO 相互作用(基态 LUMO)，显示出给电子和吸电子基团相互远离的区域选择性。

利用对称性及轨道系数匹配的原则可以很好地预测一些 α,β-不饱和内酰胺与不对称烯烃的[2 + 2]环加成反应。如图 5-13 所示，当 R 基团为吸电子取代基(如硝基)时，产物主要为(I)，当 R 基团为给电子取代基时(如甲氧基)，主要产物为(II)。

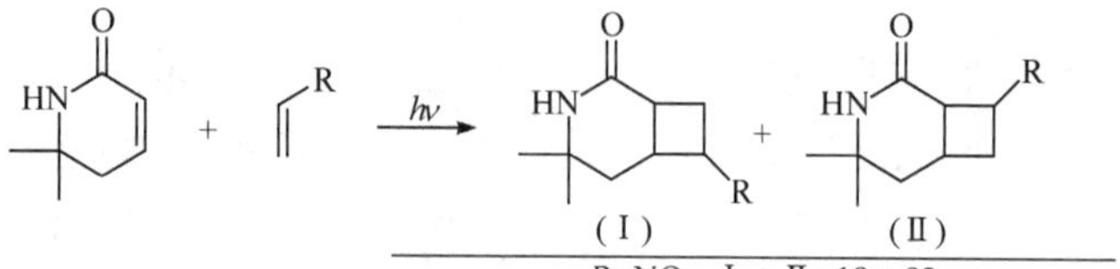

R=NO_2, I : II =18 : 82
R=OCH_3, I : II =95 : 5

图 5-13　[2 + 2]环加成反应的区域选择性实例

2. [4 + 2]环加成反应

对于[4 + 2]环加成反应，可用类似的方法进行分析。例如，在第 4 章就已经进行初步介绍的 Diels-Alder 反应就是一类被广泛应用的[4 + 2]环加成反应。如图 5-14 所示，基态下该反应的过渡态可以由 4π 体系的 LUMO 和 2π 体系的 HOMO，或者 4π 体系的 HOMO 和 2π 体系的 LUMO 以同面-同面的方式重叠成键，加热条件下的反应是对称性允许的，为顺式加成反应。

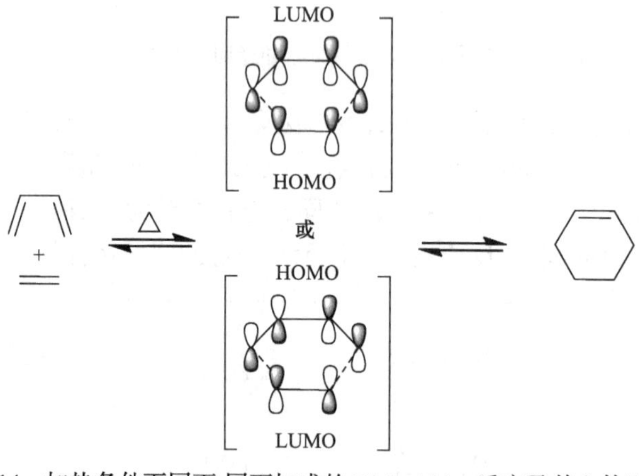

图 5-14　加热条件下同面-同面加成的 Diels-Alder 反应及其立体选择性

发生 Diels-Alder 反应时 HOMO 和 LUMO 来自不同的反应物，具体哪个提供 HOMO，哪个提供 LUMO，取决于两个轨道的能量，本质上轨道的能量越接近则越容易发生相互作用。一般情况下反应由双烯体的 HOMO 与亲双烯体的 LUMO 发生作用，电子由双烯体的 HOMO 转移到亲双烯体的 LUMO，因此当双烯体带有给电子基团，亲双烯体带有吸电子基团时，反应更容易发生。例如，α,β-不饱和醛、酮、酯、酸酐等，都是很好的亲双烯体，环戊二烯、烷氧基或硅氧基取代的共轭二烯、呋喃、噻吩等都是好的双烯体。吸电子取代的亲双烯体和 1-位、2-位给电子取代的双烯体的前线轨道系数如图 5-15 所示。

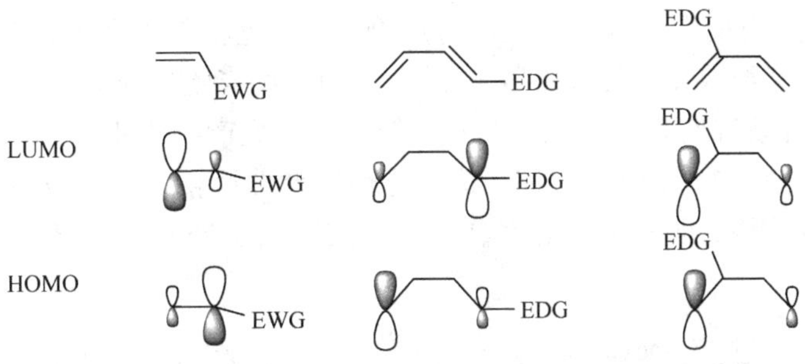

图 5-15 官能团取代的双烯体和亲双烯体前线轨道的末端轨道系数示意图

因此，与[2+2]环加成反应类似，Diels-Alder 反应也具有很强的区域选择性，按照轨道相位一致和系数大小匹配原则，反应主要得到取代基处于邻、对位的产物，如图 5-16 所示。

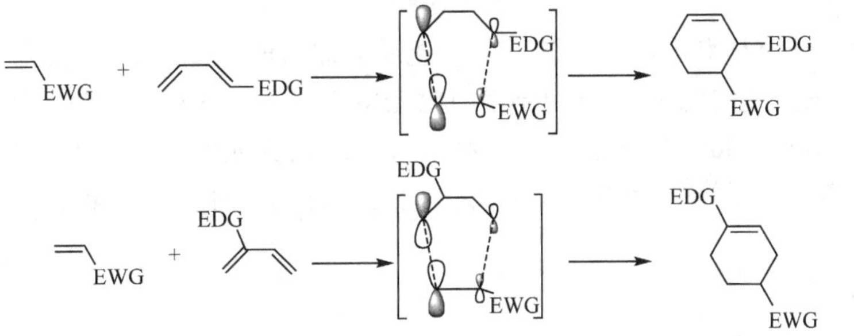

图 5-16 Diels-Alder 反应的区域选择性

前线轨道理论分析认为，基态条件下 Diels-Alder 反应按照顺式加成的方式发生，具有特殊的立体选择性。当双烯体上连有给电子基团，亲双烯体带有不饱和基团与双键共轭时(如 C═O、—COOH、—COOR、—NO_2)，优先生成内型(endo)产物，新生成的双键与亲双烯体中的不饱和基团处于连接平面的同侧。实验证明，内型产物是动力学控制的产物，当升高反应温度时，可能会进一步转化为热力学控制的外型(exo)产物。例如，呋喃与 1*H*-吡咯-2,5-二酮的 Diels-Alder 反应(图 5-17)，室温情况下生成内型产物，升高反应温度到 90℃时，则主要得到外型产物。该现象可用双烯体的 HOMO 和亲双烯体的 LUMO 的次级轨道作用(secondary orbital interaction)解释，当形成内型产物的过渡态时，不仅成键的原子间轨道的相位匹配，不成键的原子之间也满足相位匹配，存在一定的轨道作用，因此提高了内型过渡态的稳定性。

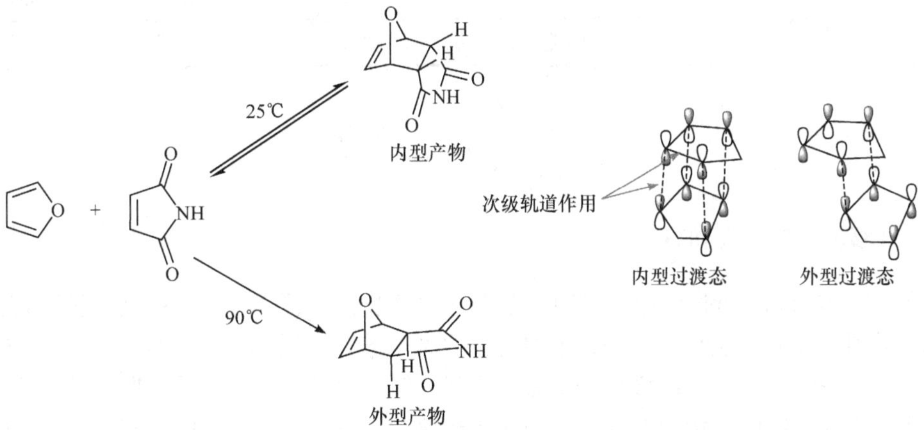

图 5-17 呋喃与 1*H*-吡咯-2,5-二酮的 Diels-Alder 反应及其次级轨道理论解释的选择性生成内型产物机理

需要指出的是，内型产物并不总是优势产物，当反应底物或反应条件发生改变时，可能会发生选择性消失甚至改变的现象，可以说内型和外型产物的选择性是多种因素共同作用的结果。例如，苯并呋喃与环丙烯酮的反应，低温下外型产物为主要产物，内型和外型产物的比例约为 1∶50(图 5-18)。研究表明，造成这种选择性反转的原因有可能是氧桥上的氧原子与环丙烯酮的羰基碳之间的静电相互作用，由此稳定了外型的过渡态。

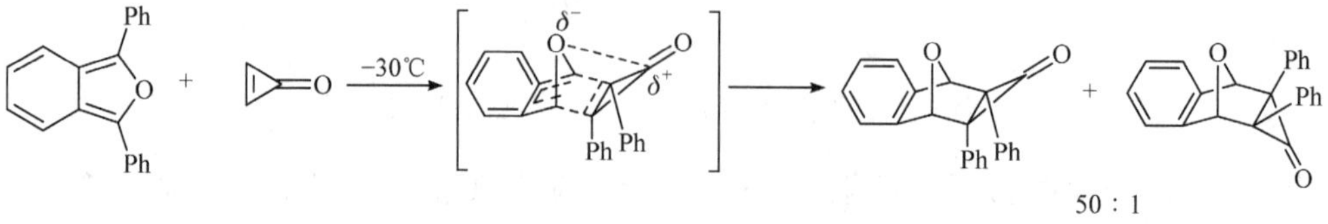

图 5-18　苯并呋喃与环丙烯酮的 Diels-Alder 反应

Diels-Alder 反应具有可逆性，该反应的逆反应称为逆-Diels-Alder 反应(retro-Diels-Alder reaction)，通常来说正向的 Diels-Alder 反应由于生成了 2 个 σ 键，是热力学有利的过程，由此可推断，逆-Diels-Alder 反应通常是不利的过程。但当逆反应生成的产物为呋喃、吡咯、苯等稳定性较高的芳环类化合物，或 CO_2、N_2 等气体时，逆反应就较容易发生，如图 5-19 所示。

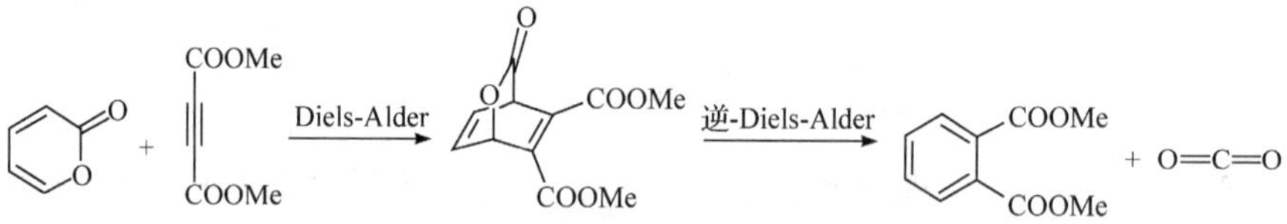

图 5-19　吡喃-2-酮与丁炔二酸二甲酯的 Diels-Alder 反应以及加热条件下产物的逆 Diels-Alder 反应

综上所述，可将环加成反应的立体选择性规律归纳为表 5-3。

表 5-3　环加成反应的立体选择性规律

参与反应的 π 电子数之和	$4n+2$		$4n$	
同面-同面	热反应	光反应	热反应	光反应
	对称性允许	对称性禁阻	对称性禁阻	对称性允许
同面-异面	热反应	光反应	热反应	光反应
	对称性禁阻	对称性允许	对称性允许	对称性禁阻

5.4　σ-迁移反应

5.4.1　σ-迁移反应的定义和命名

σ 迁移反应(sigmatropic reaction)是反应物一个 σ 键沿着共轭体系从一个位置转移到另一个位置的一类周环反应。通常反应是分子内的，同时伴随有 π 键的转移，底物总的 π 键和 σ 键数保持不变。一般情况下 σ 迁移反应不需催化剂，但少数反应会受到路易斯酸的催化作用。σ 迁移的系统命名是以反应物中发生迁移的 σ 键为标准，从它的两端开始分别编号，将新生成

的 σ 键所连接的两个原子位置 i 和 j 写在括号里，称为[i, j]迁移。如果发生迁移的为氢原子，称为氢原子参与的[1,j]迁移，用[1,j]H 表示；如果发生迁移的是碳原子，则称为碳原子参与的[i, j]迁移，用[i, j]C 迁移表示，如图 5-20 所示的两个反应。

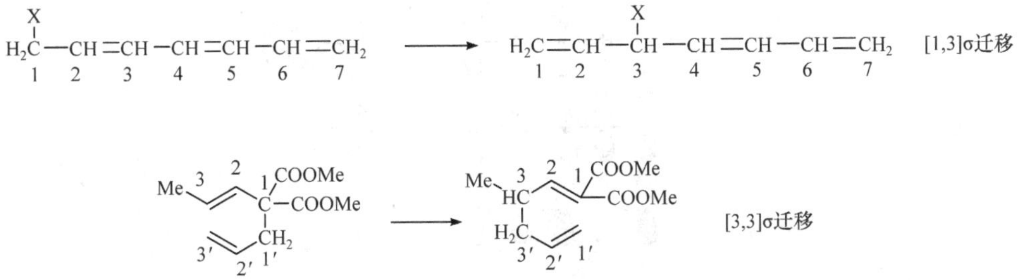

图 5-20　[i, j]σ 迁移反应的命名

为了表示迁移时的立体选择性，人为规定，将迁移后新形成的 σ 键在 π 体系同侧称为同面迁移；反之，称为异面迁移，如图 5-21 和图 5-22 所示。

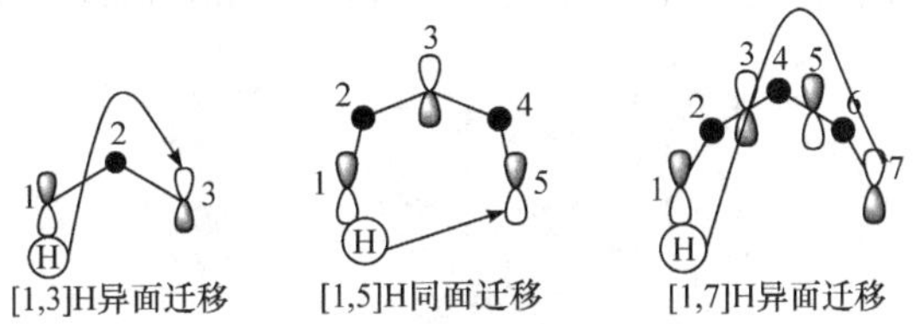

图 5-21　[1, j]H 的同面/异面迁移

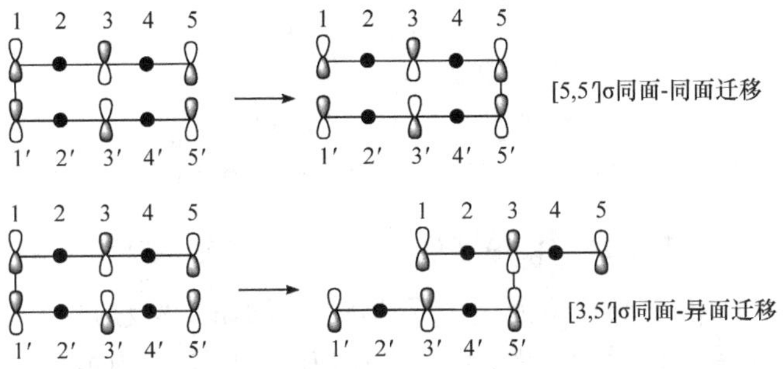

图 5-22　[i, j]σ 同面-同面/同面-异面迁移

5.4.2　[1, j]H 迁移反应

接下来以戊二烯加热条件下的 σ 迁移反应为例，利用前线轨道理论对反应的选择性和立体化学进行分析。加热条件下，C—H 断裂后生成一个氢原子和一个含 5 个碳的自由基，其分子轨道能级图如图 5-23 所示。

基态条件下过渡态中，氢原子的 1s 轨道可以同时与两端的碳原子的 p 轨道重叠，因此基态条件下的同面[1,5]H 迁移是对称性允许的。

以烯丙基自由基的轨道对称性为例分析[1,3]H 迁移。如图 5-24 所示，烯丙基自由基的 HOMO 轨道是反对称的，两端碳 p 轨道相位相反，因此氢原子的 1s 轨道无法同时与两端碳原子的 p 轨道重叠，导致同面的[1,3]H 迁移是对称性禁阻的；同时，由于 1s 轨道太小，过渡态环张力过大，因此即使对称性允许但也由于空间位阻不利于异面迁移的协同反应进行。

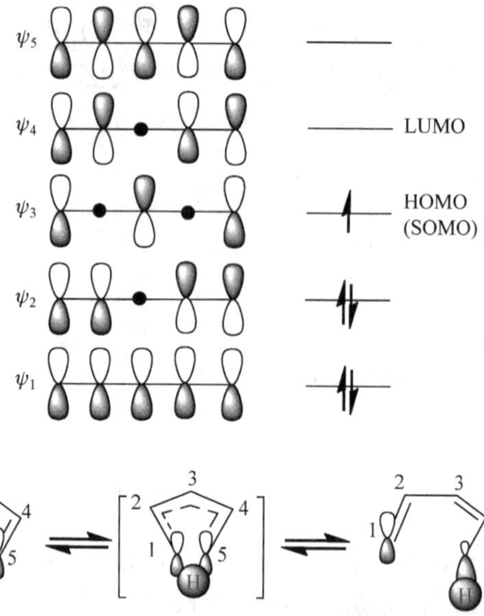

图 5-23　戊二烯自由基的 π 轨道能级图和同面的[1,5]H 迁移对称选择性示意图

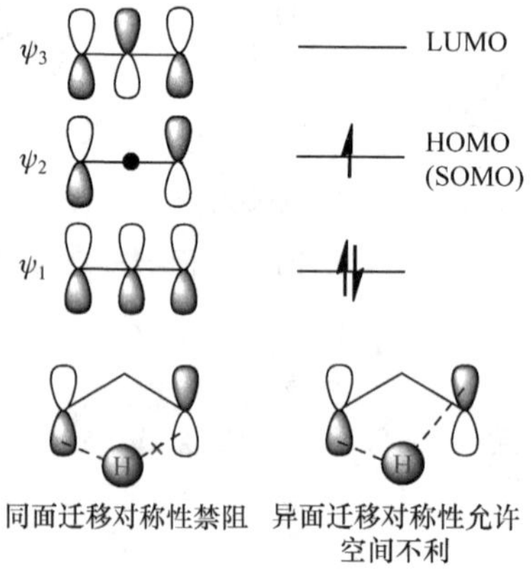

图 5-24　[1,3]H 迁移反应的前线轨道理论解释

光反应条件下的[1,*j*]H 迁移反应遵循相反的规则。例如，热反应条件下 1-乙烯基环戊-1,3-二烯的异面[1,7]H 迁移是对称性禁阻的，但在光反应的条件下，同面的[1,7]H 迁移是对称性允许的反应。

5.4.3　[*i*, *j*]C 迁移反应

当迁移的是碳原子时，此类协同反应称为[*i*, *j*]C 迁移反应。常见的[1, *j*]C 迁移为[1,3]C 和[1,5]C 迁移，它们可以分别视为烷基自由基在烯丙基自由基和戊二烯自由基 π 体系两端的迁移。

在[1,3]C 迁移反应中，如果迁移碳具有手性，若手性碳构型保持，则同面迁移是对称性禁阻的；反之，若构型翻转，则同面迁移是对称性允许的，如图 5-25 所示。

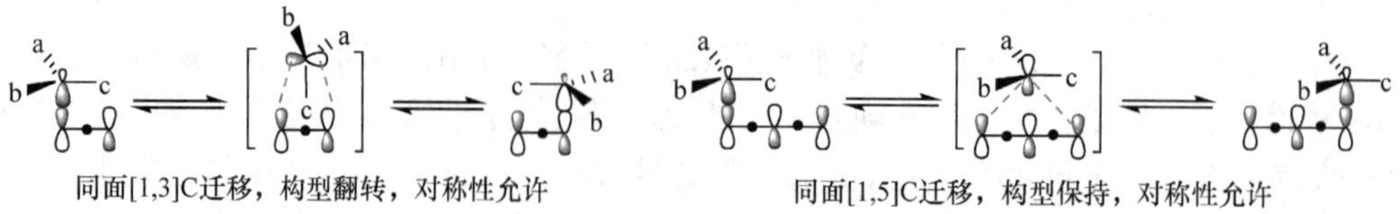

图 5-25　[1,3]C 和[1,5]C 迁移反应的图示说明

对于[i,j]C 迁移，可以用 Cope 重排反应予以说明。1,5-二烯类化合物在加热时碳骨架发生重排，生成[3,3]C 迁移的反应，此类反应称为 Cope 重排反应，如图 5-26 所示。

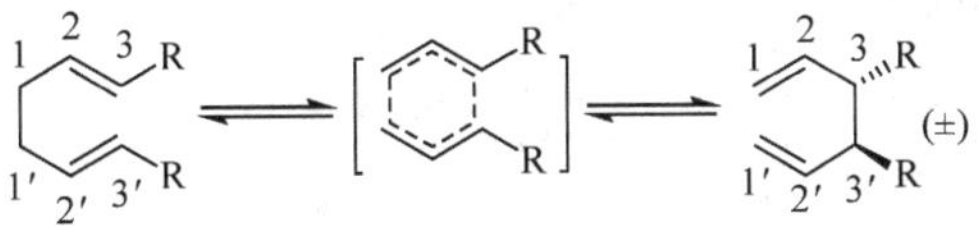

图 5-26　Cope 重排反应

按照前线轨道理论，可以将此类反应视为通过两个烯丙基自由基体系的相互作用完成的反应。

由图 5-27 可知，基态(加热)条件下的[3,3]σ 迁移反应，同面-同面迁移是对称性允许的；激发态(光照)条件下的同面-异面迁移是对称性允许的。

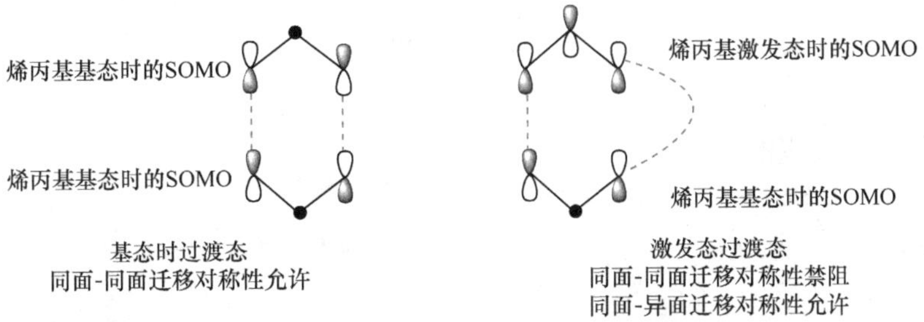

图 5-27　Cope 反应过渡态对称性示意图

Cope 反应也具有高度的立体选择性。例如，内消旋的 3,4-二甲基-己-1,5-二烯重排后产物完全转化为(Z,E)-辛-2,6-二烯，这种高度的立体选择性也与反应的过渡态构象有关，产物的立体构型必须与椅式过渡态保持一致，如图 5-28 所示。

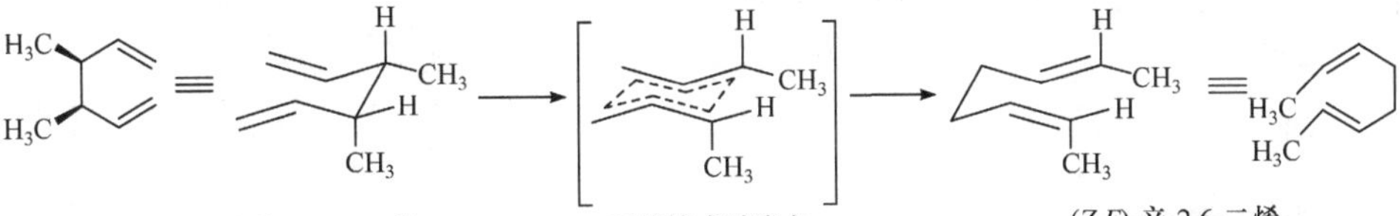

图 5-28　内消旋-3,4-二甲基己-1,5-二烯的 Cope 重排反应立体化学及过渡态解释

Claisen 重排反应也属于[3,3]-σ 迁移。克莱森(R. L. Claisen)在 1912 年发现烯丙基苯基醚加热可重排为 C-烯丙基苯酚，这也是第一个被发现的[3,3]-σ 迁移重排。该反应遵循伍德沃德-霍夫曼规则的同面反应，与 Cope 反应的不同之处在于将 1,5-二烯的 3-位碳原子换成氧，即烯丙基烯基醚的重排，产物为 4-烯醛(图 5-29)。

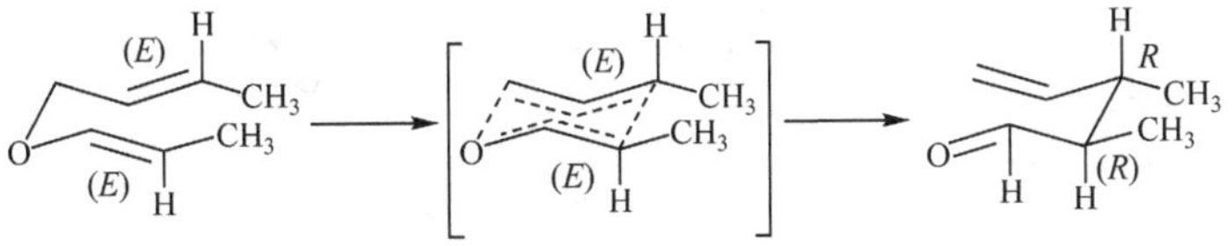

图 5-29　Claisen 重排反应机理

σ 迁移反应的立体选择性可归纳于表 5-4。

表 5-4　σ 迁移反应的立体选择性

参与环状过渡态的 π 电子数				4*n* + 2		4*n*	
反应分类							
[1, *j*]H 迁移	C[1, *j*]σ 迁移		C[*i*, *j*]σ 迁移				
	构型保持	构型翻转					
同面迁移	同面迁移	异面迁移	同面-同面迁移 异面-异面迁移	基态允许	激发态禁阻	基态禁阻	激发态允许
异面迁移	异面迁移	同面迁移	同面-异面迁移	基态禁阻	激发态允许	基态允许	激发态禁阻
(Ⅰ)	(Ⅱ)		(Ⅲ)	(Ⅳ)			

注："允许""禁阻"指对称性允许和对称性禁阻，对于[1, *j*]H 迁移反应，用(Ⅰ)和(Ⅳ)；对于 C[1, *j*]σ 迁移，用(Ⅱ)和(Ⅳ)；对于 C[*i*, *j*]σ 迁移，用(Ⅲ)和(Ⅳ)。

习　　题

5-1　预测下列反应的产物。

(1) 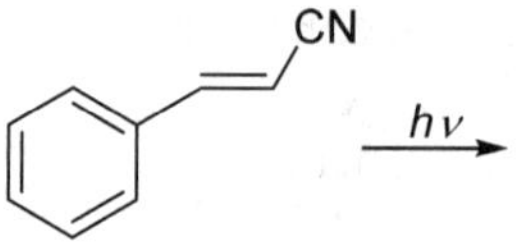

(2) 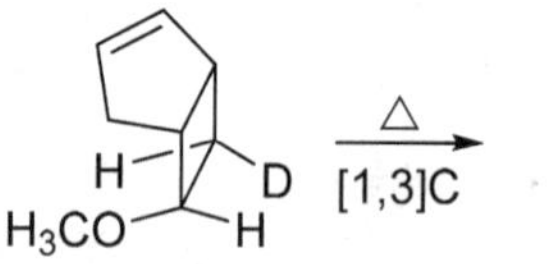

(3) 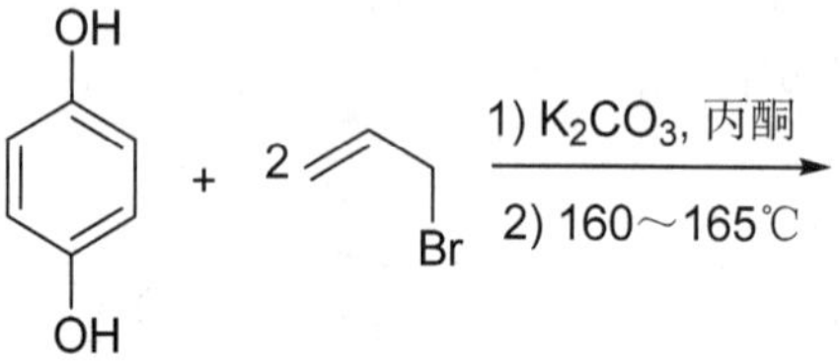

(4) 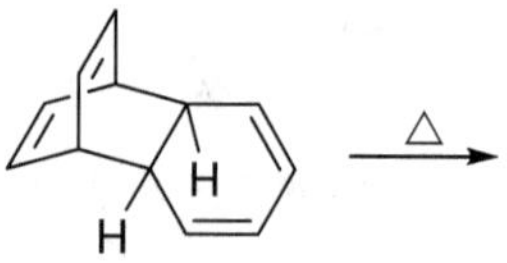

(5) 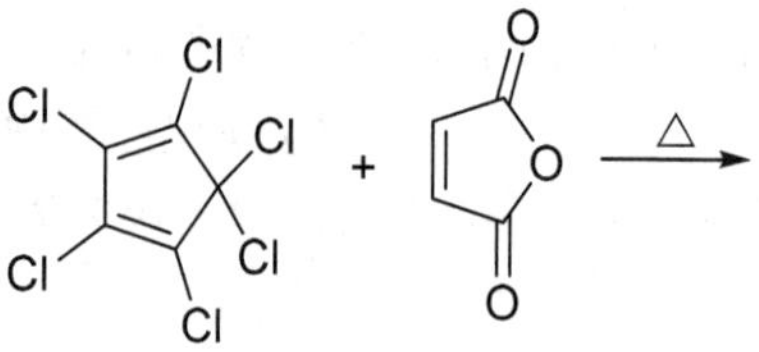

(6) 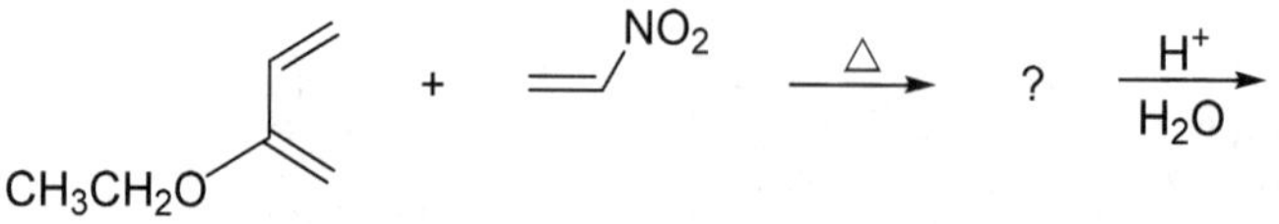

(7) 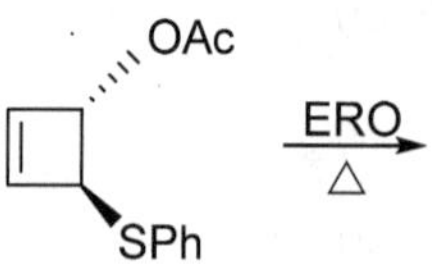

(8) 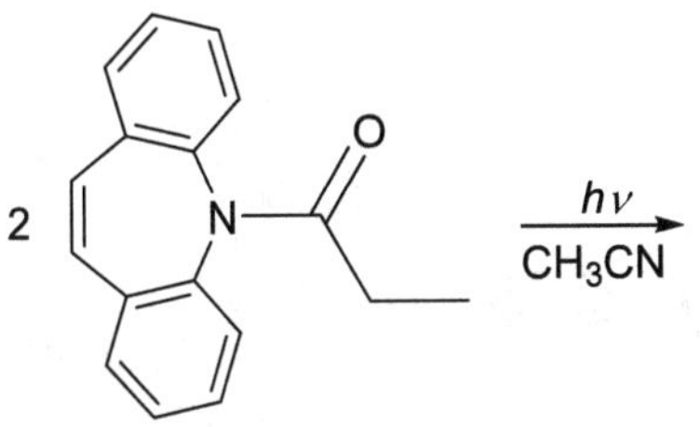

(9) 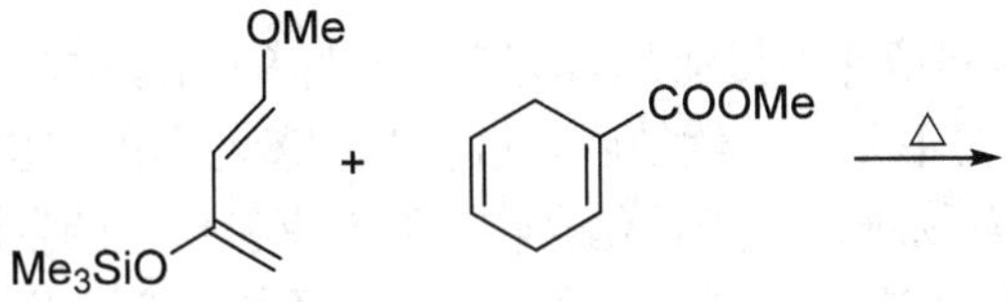

(10) 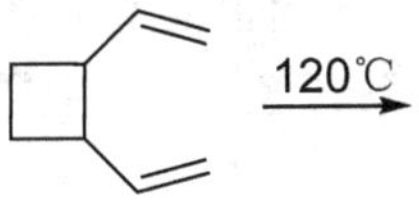

第 6 章 苯和芳香烃

芳香化合物最初是指一类从植物树脂和精油中提取的具有芳香气味的化合物。这类化合物一般都含有一个通式为 $C_6H_n(n<6)$的结构单元，也就是后来被称为“苯环”的结构。因此，化学家就将苯(C_6H_6)及含有苯环结构的化合物统称为芳香化合物。随着有机化学的发展，芳香化合物的定义发生相应的改变。现在，人们将具有特殊稳定性的不饱和环状化合物统称为芳香化合物。苯及其衍生物称为苯系芳烃，其他的芳香化合物称为非苯系芳烃。本章主要讨论苯系芳烃。

6.1 芳香烃的分类和命名

6.1.1 芳香烃的分类

苯系芳烃可以分为三类：

(1) 单环芳烃，分子中只含有一个苯环。

苯
benzene

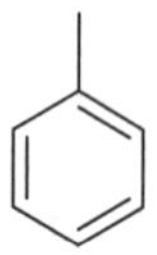

甲苯
toluene

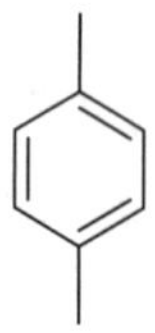

对二甲苯
p-xylene

(2) 多环芳烃，分子中含有两个或两个以上的苯环。

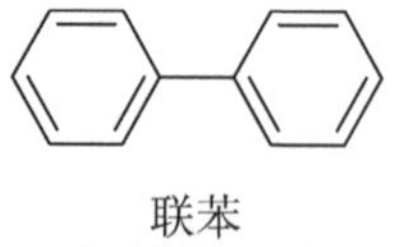

联苯
1,1′-biphenyl

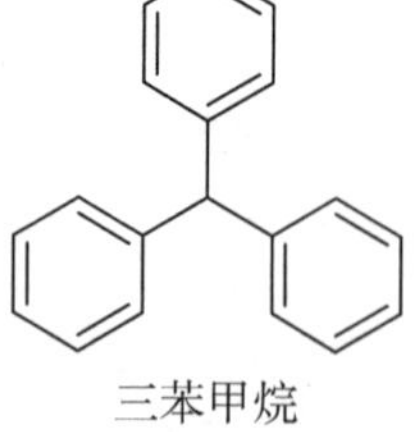

三苯甲烷
triphenylmethane

(3) 稠环芳烃，分子中含有两个或两个以上的共用两个相邻碳原子的苯环。

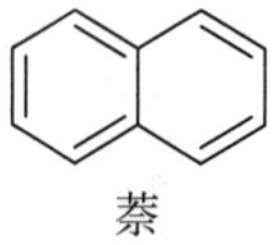

萘
naphthalene

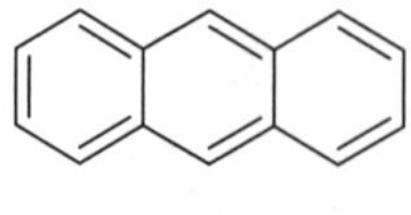

蒽
anthracene

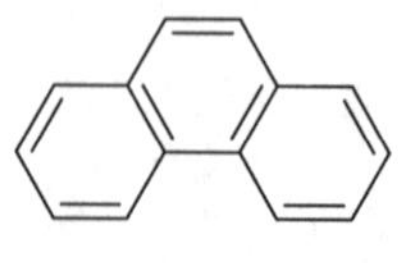

菲
phenanthrene

6.1.2　芳香烃的命名

1. 单环芳烃的命名

当简单烃基、卤素和硝基等基团与苯环相连时，一般以苯环作为母体，这些基团作为取代基。苯的六个碳原子和六个氢原子是等价的，所以苯的一取代物只有一种。命名时取代基在前，母体苯在后，称为某苯。取代基为简单烷基时，“基”字可以省略。

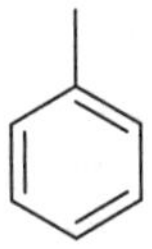
甲苯
toluene

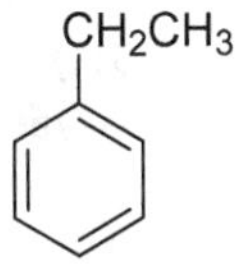

乙苯
ethylbenzene

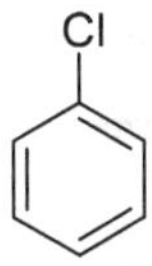

氯苯
chlorobenzene

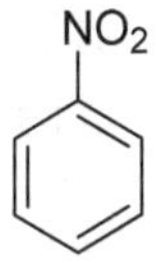

硝基苯
nitrobenzene

当羟基、氨基、醛基、羧基、磺酸基等基团分别与苯环相连时，这类化合物分别命名为苯酚、苯胺、苯甲醛、苯甲酸和苯磺酸。

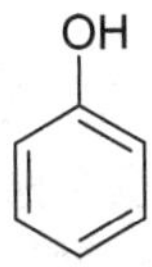

苯酚
phenol

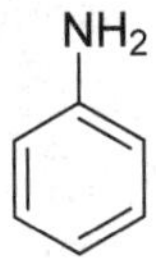

苯胺
aniline

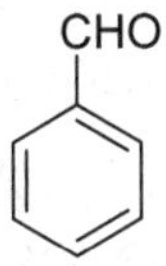

苯甲醛
benzaldehyde

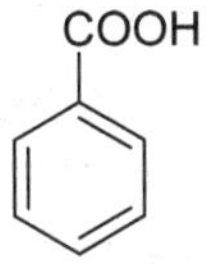

苯甲酸
benzoic acid

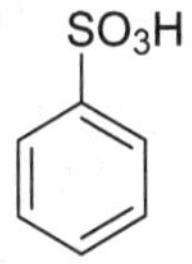

苯磺酸
benzenesulfonic acid

苯的二取代物存在邻、间和对三种异构体。命名时以苯作为母体，其他基团作为取代基。如果两个取代基相同，编号时，将其中一个取代基的编号定为 1，沿苯环编号到另一个取代基，取可能的较小的编号。两个取代基的相对位置也可以用邻(*o*)、间(*m*)和对(*p*)来表示。如果两个取代基不同，需要按照取代基英文名称字母顺序，排序在前的取代基编号为 1。

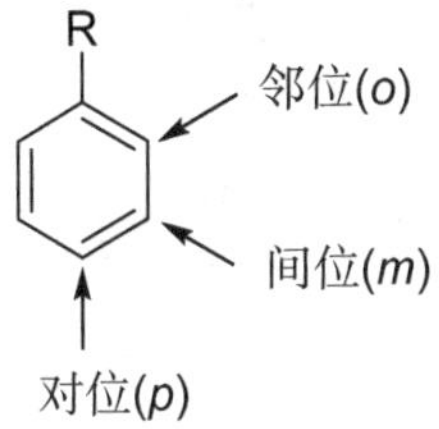

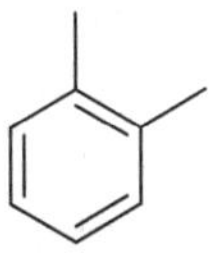
1,2-二甲苯
(邻二甲苯)
1,2-dimethylbenzene
(*o*-xylene)

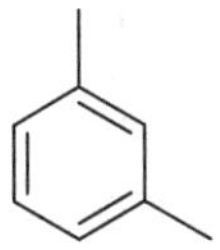
1,3-二甲苯
(间二甲苯)
1,3-dimethylbenzene
(*m*-xylene)

1,4-二甲苯
(对二甲苯)
1,4-dimethylbenzene
(*p*-xylene)

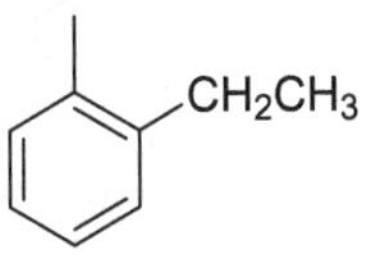

1-乙基-2-甲基苯
1-ethyl-2-methylbenzene

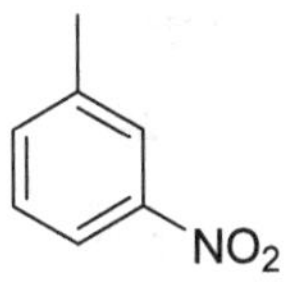

1-甲基-3-硝基苯
1-methyl-3-nitrobenzene

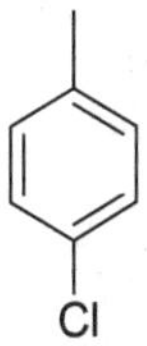

1-氯-4-甲基苯
1-chloro-4-methylbenzene

当苯环上连有多个取代基时，烷基、卤素和硝基一般只作为取代基，苯作为母体，按照最低次序规则进行编号，按照取代基的英文名称字母顺序列出取代基。

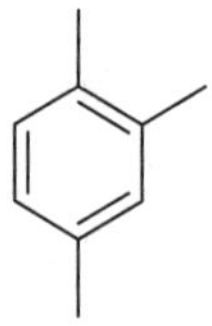

1,2,4-三甲苯
1,2,4-trimethylbenzene

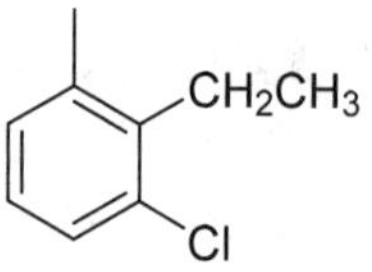

1-氯-2-乙基-3-甲基苯
1-chloro-2-ethyl-3-methylbenzene

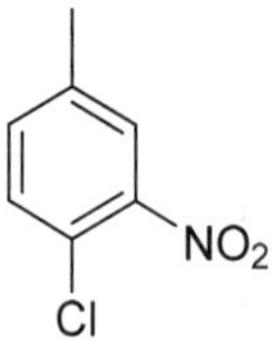

1-氯-4-甲基-2-硝基苯
1-chloro-4-methyl-2-nitrobenzene

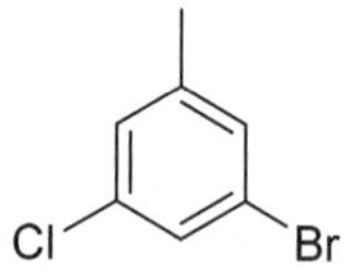

1-溴-3-氯-5-甲基苯
1-bromo-3-chloro-5-methylbenzene

当苯环上连有两种或两种以上的除烷基、卤素和硝基以外的取代基时，如羟基、氨基、羧基和磺酸基，通常选择一个优先的基团与苯环一起作为母体，其他基团作为取代基来命名。根据《有机化合物命名原则》(2017 版)，这些取代基的优先次序并不是以取代基的英文字母顺序来排列的，表 6-1 列出了主要官能团的优先次序。

表 6-1　主要官能团的优先次序(按优先递降排列)

官能团	中文名	英文名
—COOH	羧酸	carboxylic acid
$—SO_3H$	磺酸	sulfonic acid
—COOOC—	酸酐	anhydride
—COOR	酯	ester
—COX	酰卤	acyl halide
$—CONH_2$	酰胺	amide
—CN	腈	nitrile
—CHO	醛	aldehyde
—COR	酮	ketone
(R)-OH	醇	alcohol
(Ar)-OH	酚	phenol
—SH	硫醇	thiol
—OOH	氢过氧化物	hydroperoxide
$—NH_2$	胺	amine
—OR	醚	ether
—SR	硫醚	thioether

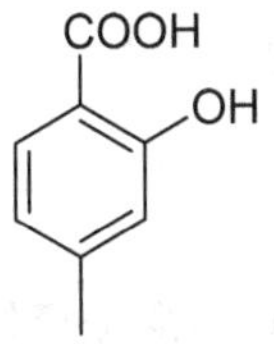

2-羟基-4-甲基苯甲酸
2-hydroxy-4-methylbenzoic acid

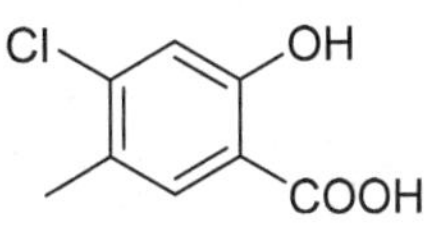

4-氯-2-羟基-5-甲基苯甲酸
4-chloro-2-hydroxy-5-methylbenzoic acid

2. 多环芳烃的命名

两个苯环以单键相连的化合物称为联苯。取代联苯类化合物命名时，依次考虑主官能团最多原则、取代基最多原则、最低位次原则和取代基英文名称字母顺序原则，选择其中一个苯环作为母体进行编号，从两个苯环连接处的碳原子开始，依次编为 1～6；另一个苯环依次编为 1′～6′。

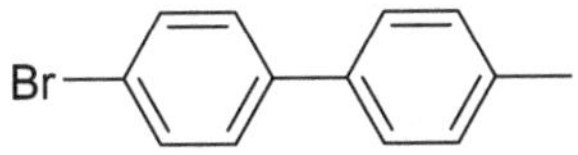

4-溴-4′-甲基联苯
4-bromo-4′-methylbiphenyl

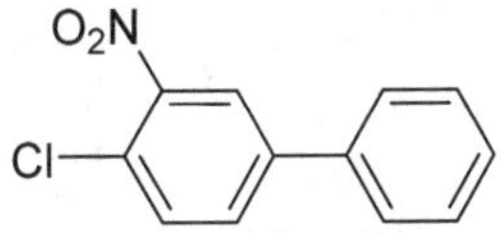

4-氯-3-硝基联苯
4-chloro-3-nitrobiphenyl

3. 稠环芳烃的命名

萘、蒽和菲的编号是固定的，其中萘和蒽的 1,4,5,8 号位置是相同的，称为α-位，2,3,6,7 号位置是相同的，称为β-位。

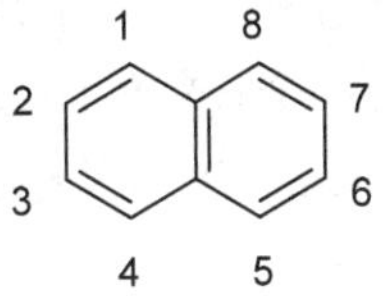

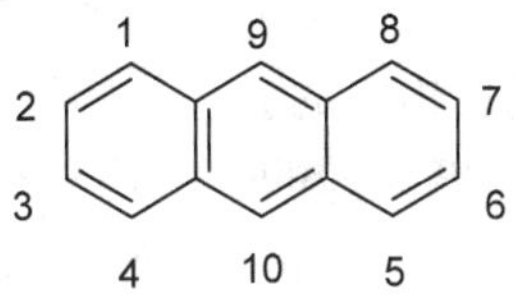

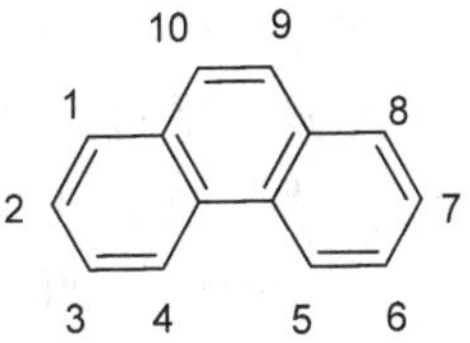

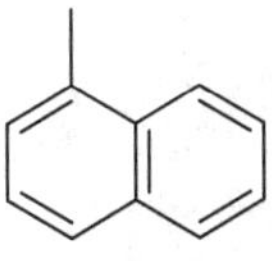

1-甲基萘
1-methylnaphthalene

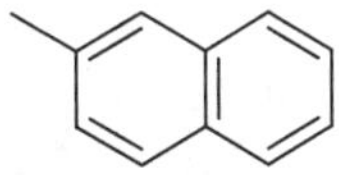

2-甲基萘
2-methylnaphthalene

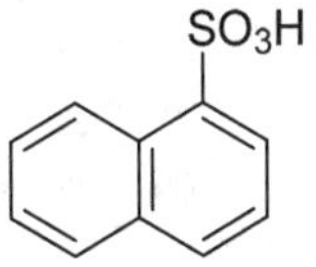

萘-1-磺酸
naphthalene-1-sulfonic acid

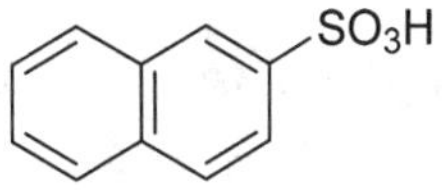

萘-2-磺酸
naphthalene-2-sulfonic acid

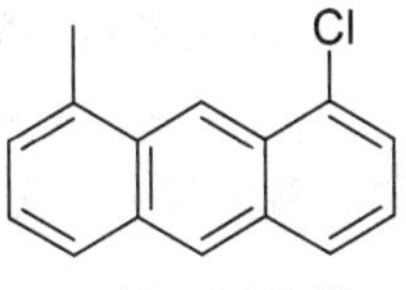

1-氯-8-甲基蒽
1-chloro-8-methylnaphthalene

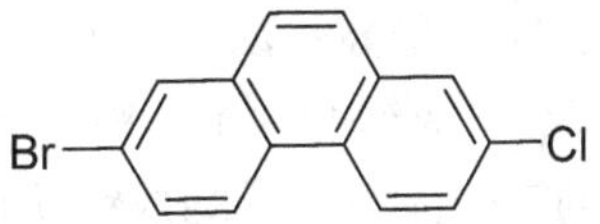

2-溴-7-氯菲
2-bromo-7-chlorophenanthrene

6.2　苯 的 结 构

苯的分子式是 C_6H_6，可以看出其不饱和度很高。但苯与不饱和烃烯烃或炔烃相比，它们的性质却有显著区别。苯在一般条件下不能使溴水褪色，也不能与高锰酸钾溶液反应，这些反应是烯烃或炔烃的典型反应。实验事实表明，苯容易进行取代反应；苯加氢还原时生成六元环状的环己烷；苯的一取代衍生物只有一种，说明苯中的六个碳原子和六个氢原子是等价的。1865 年，德国化学家凯库勒(F. Kekule)提出了苯的环状结构，六个碳原子连接成一个六元环，每个碳原子上连接一个氢原子。

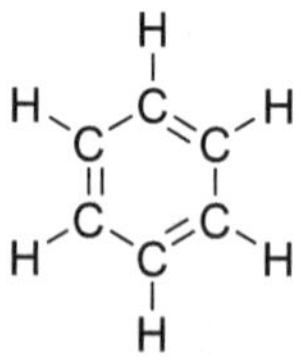

近代物理方法可以证明，苯分子的六个碳原子和六个氢原子都在一个平面内，它们组成了一个平面分子。六个碳原子组成一个正六边形，所有的碳碳键键长相等，均为 0.140 nm，介于单键和双键之间，所有的键角均为 120°。

可以用价键理论对苯分子的结构进行描述。在苯分子中，六个碳原子都是 sp^2 杂化。每个碳原子用两个 sp^2 杂化轨道分别与相邻的碳原子的 sp^2 杂化轨道相互重叠，形成六个 C—C σ 键。每个碳原子再用剩下的一个 sp^2 杂化轨道与氢原子的 1s 轨道相互重叠，形成六个 C—H σ 键。这六个碳原子和六个氢原子处于同一个平面内。这时，每个碳原子还剩下一个 p 轨道，其对称轴垂直于这个平面，彼此相互平行。相邻的 p 轨道相互重叠，形成一个环状的闭合的大 π 轨道。处于该大 π 轨道中的 π 电子是高度离域的，平均分布于整个 π 轨道中，形状为两个环状结构，分别分布在苯环的上方和下方，如图 6-1 所示。

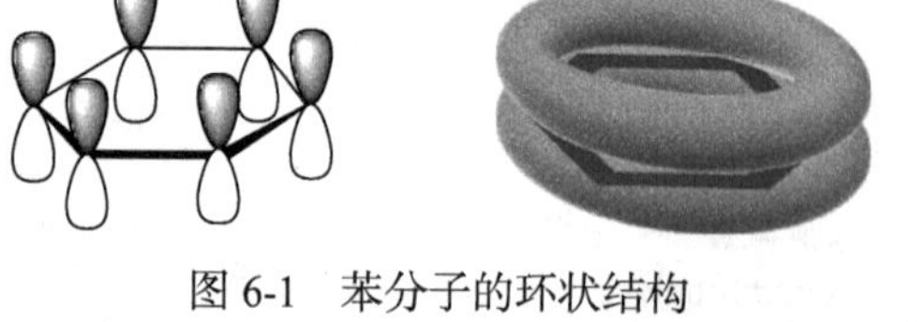

图 6-1　苯分子的环状结构

分子轨道理论对苯分子的描述是这样的：苯分子的六个碳原子之间形成 σ 键后，六个碳原子的六个 p 轨道形成六个分子轨道，分别用 ψ_1、ψ_2、ψ_3、ψ_4、ψ_5 和 ψ_6 表示。ψ_1 没有节面，能级最低；ψ_2 和 ψ_3 各有一个节面，能级相同，称为简并轨道。ψ_1、ψ_2 和 ψ_3 的能级都比原来的原子轨道的能级低，称为成键轨道。ψ_4 和 ψ_5 有两个节面，能级相同，也是简并轨道，能级较高；ψ_6 有三个节面，能级最高；ψ_4、ψ_5 和 ψ_6 能级都比原来的原子轨道能级要高，称为反键轨道，如图 6-2 所示。参与成键的六个 p 轨道各填充了一个电子，形成分子轨道后，6 个电子两两配对后分别填充到三个能级较低的成键轨道中，成键后较成键前能量降低。

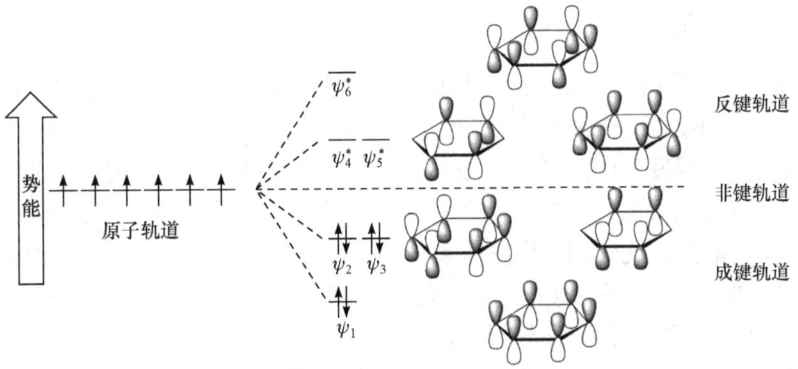

图 6-2　苯的分子轨道

6.3　芳香烃的物理性质

芳香烃不溶于水，但溶于有机溶剂，如乙醚、四氯化碳、石油醚等非极性溶剂。一般芳香烃的密度均比水小；沸点随分子量升高而升高；熔点除与分子量有关外，还与其结构有关，通常对位异构体由于分子对称，熔点较高。常见单环芳烃的物理常数见表 6-2。

表 6-2　常见单环芳烃的物理常数

名称	熔点/℃	沸点/℃	相对密度 (d_4^{20})
苯	5.5	80.1	0.879
甲苯	−95	110.6	0.867
乙苯	−95	136.1	0.867
正丙苯	−99.6	159.3	0.862
异丙苯	−96	152.4	0.862
邻二甲苯	−25.2	144.4	0.880
间二甲苯	−47.9	139.1	0.864
对二甲苯	13.2	138.4	0.861
连三甲苯	−25.2	176.1	0.894
偏三甲苯	−43.9	169.2	0.876
均三甲苯	−44.7	164.6	0.865

6.4　芳香烃的化学性质

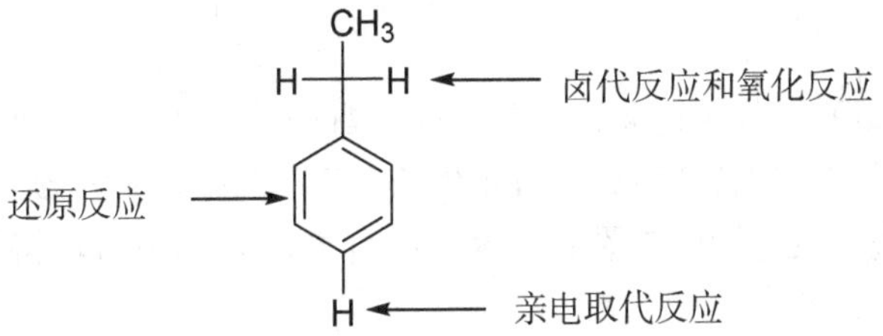

6.4.1　苯环上的亲电取代反应

苯分子的π电子云分布在分子平面的两侧，受到碳原子核的束缚较弱，容易受到亲电试剂的进攻，发生亲电反应。不像烯烃和炔烃容易发生亲电加成反应，苯分子容易发生亲电取代反应。

苯分子及其他芳烃发生的这类亲电取代反应称为芳香亲电取代反应，在反应过程中苯环上的氢原子被亲电试剂所取代。典型的芳香亲电取代反应包括卤化反应、硝化反应、磺化反应、烷基化反应、酰基化反应和氯甲基化反应等。这些反应都具有相似的反应机理。

首先，亲电试剂接近苯环的π电子云，与其相互作用生成π配合物，这时苯环的结构并没有发生明显的变化。π配合物中的亲电试剂进一步从π电子云中夺取电子，与苯环中的一个碳原子形成σ键。与亲电试剂成键的碳原子由 sp^2 杂化变成 sp^3 杂化，苯环的结构发生了相应的变化，形成了一个由五个碳原子四个π电子组成的离域共轭体系，这个体系带一个正电荷。这个不稳定的带一个正电荷的中间体称为σ配合物。最后，σ配合物失去一个质子，恢复苯环的稳定的六电子共轭体系。苯分子经历了亲电加成和消除两步反应，其中加成反应是决速步骤。

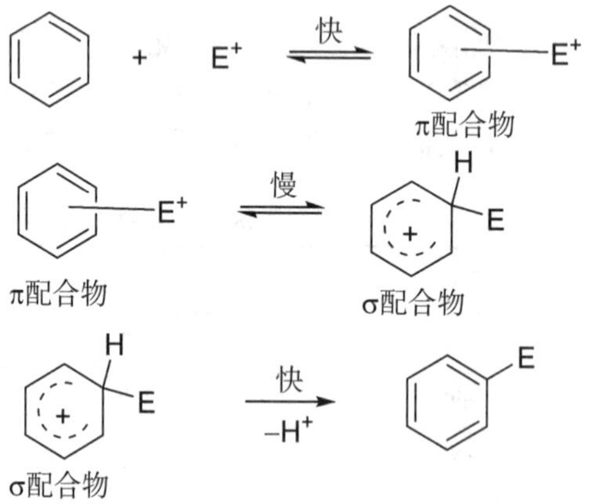

1. 卤化反应

有机分子中的氢被卤素取代的反应称为卤化反应。苯在 Lewis 酸如三氯化铁、三氯化铝等的催化作用下，与氯或溴单质发生反应，苯环上的氢被卤素取代，生成卤化苯，放出卤化氢。铁粉与氯气或溴反应可生成三氯化铁或三溴化铁，因此也可以用铁粉代替三氯化铁、三溴化铁作催化剂。

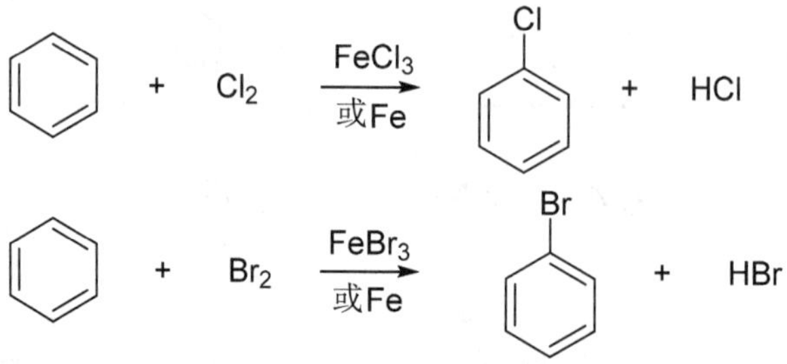

卤化反应的机理如下，首先是卤素与苯形成π配合物，光谱和 X 射线衍射法都已证明了π配合物的存在。在形成π配合物时，氯分子的键没有异裂，然后在缺电子的 Lewis 酸的作用下，氯分子键极化，进而发生键的异裂，生成σ配合物，此活性中间体碳正离子失去氢后生成氯苯。

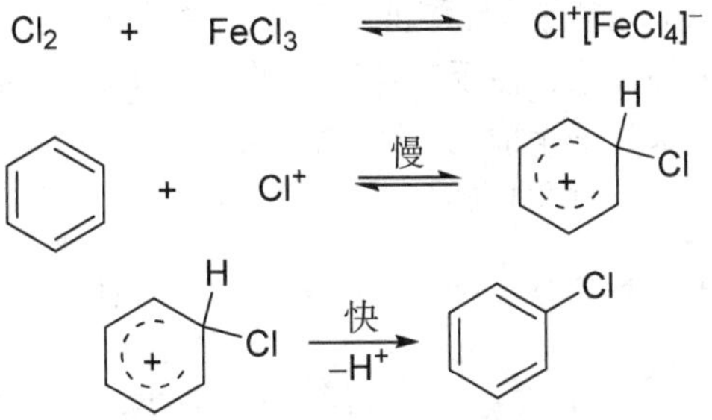

不同卤素的活性不同，其中氟太活泼，氟化反应太剧烈，不宜与苯直接反应；碘很不活泼，只有在 HNO_3 等氧化剂的作用下才能与苯发生碘化反应。因此，氟代苯和碘代苯一般不用此法制备。

在较强条件下，如升高反应温度，单卤代苯可以继续与卤素反应，生成二卤代苯，其中主要产物为邻位和对位取代物。

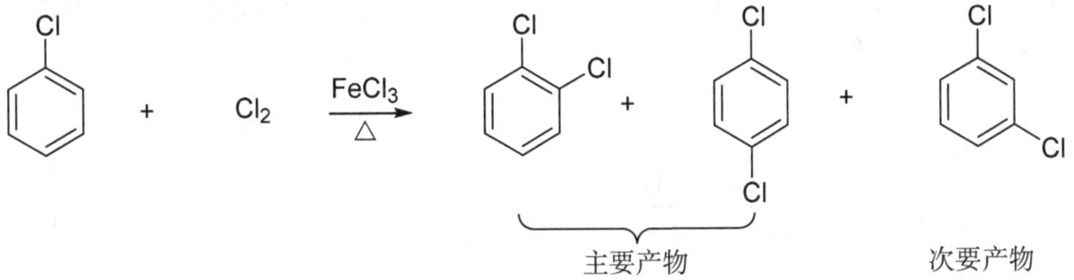

在同样的条件下，烷基苯也可与卤素反应，苯环上的氢原子被卤素取代。烷基苯的卤代反应比未取代的苯要容易，如可在较低温度下反应。主要产物为邻位和对位产物。

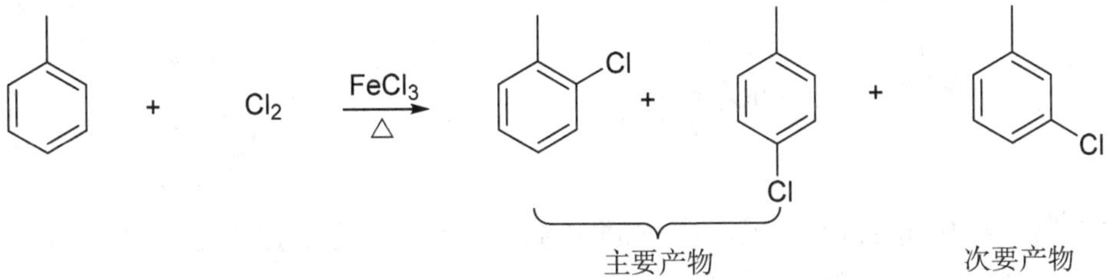

在三氯化铁存在下，萘可以与氯气发生氯代反应，主要生成 1-氯萘。这是因为萘环上 p 电子云的分布不像苯环那样完全平均化，萘环上四个α-位电子云密度要高于四个β-位的电子云密度，所以亲电取代反应一般发生在α-位。

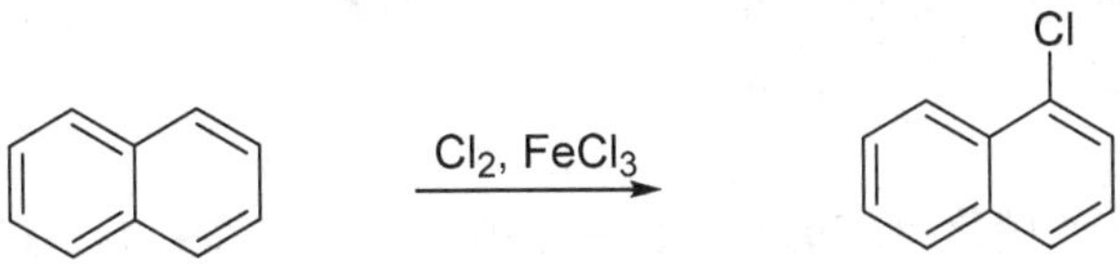

2. *硝化反应*

有机分子中的氢被硝基取代的反应称为硝化反应。苯可以与浓硝酸和浓硫酸的混合物(简称为混酸)反应，苯环上的一个氢原子被硝基取代，生成硝基苯。

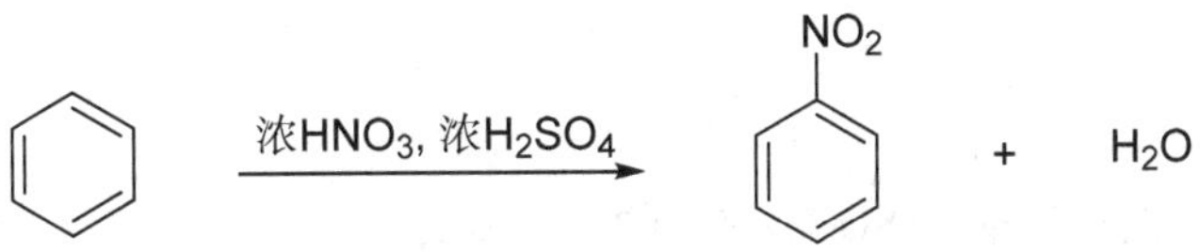

硝化反应的机理如下，浓硝酸在浓硫酸的作用下解离生成活性亲电物种硝酰正离子，其中浓硫酸起到了促进硝酸解离的作用，使反应体系中的硝酰正离子的浓度增加，反应速率加快。硝酰正离子作为亲电试剂与苯分子生成 π 配合物，接下来 C—N 键生成，得到 σ 配合物，此活性中间体碳正离子失去氢后生成产物硝基苯。

$$HNO_3 + H_2SO_4 \rightleftharpoons NO_2^+ + H_2O + HSO_4^-$$

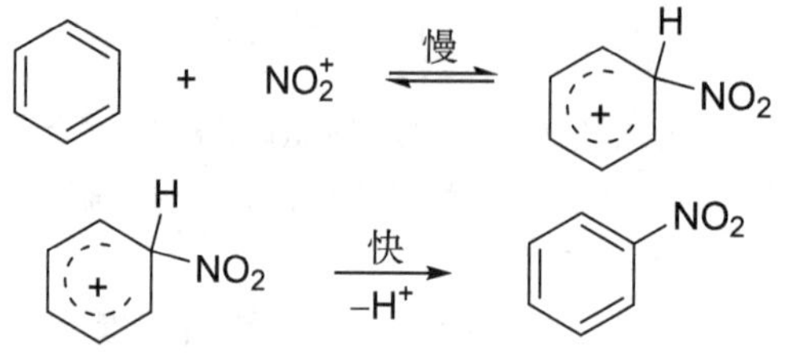

生成的硝基苯可以继续发生硝化反应，但硝基苯的反应活性显著低于未取代的苯，要使反应顺利进行需要更高的反应温度或更强的硝化试剂。硝基苯苯环上不同的位置活性不同，此反应选择性地生成间二硝基苯。

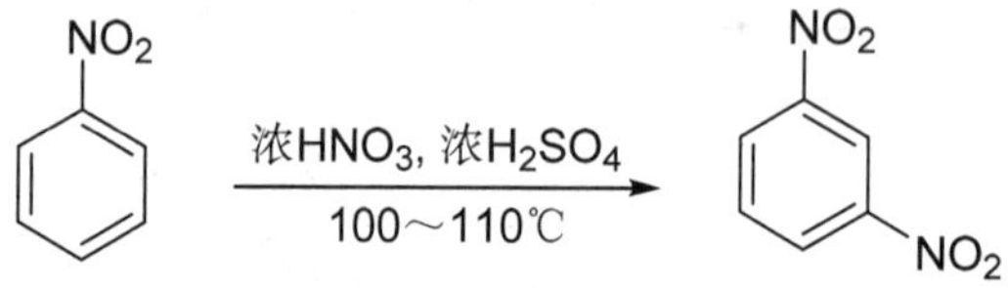

烷基苯的反应活性比苯高，烷基苯的硝化反应可以采用更温和的条件，如可以在较低温度下顺利进行。烷基苯苯环上的不同位置活性有差异，此反应主要生成烷基邻、对位取代产物。

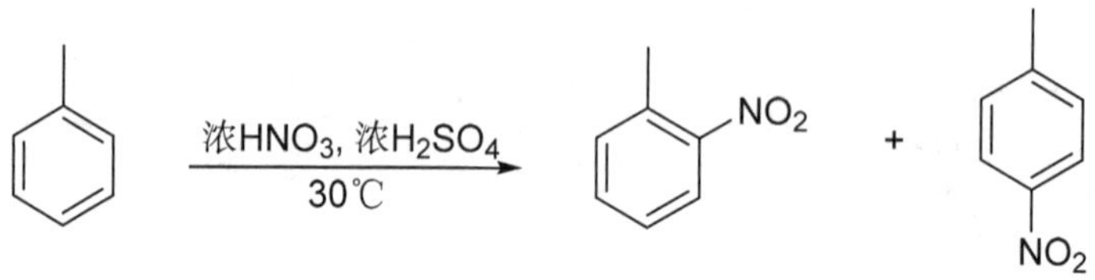

氯苯硝化反应的活性比苯稍低，用硝酸和硫酸的混酸硝化需要较高的反应温度才能顺利进行。反应主要得到邻、对位取代产物。

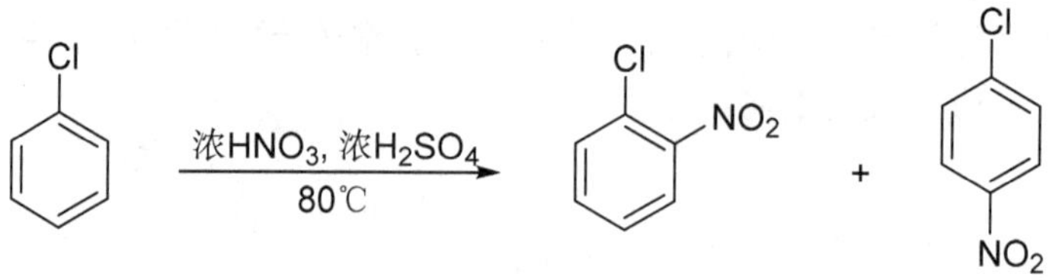

萘的硝化反应比苯的硝化反应更容易，用混酸硝化可以在室温下进行，主要生成 1-硝基萘。温度过高，会生成二硝基萘。

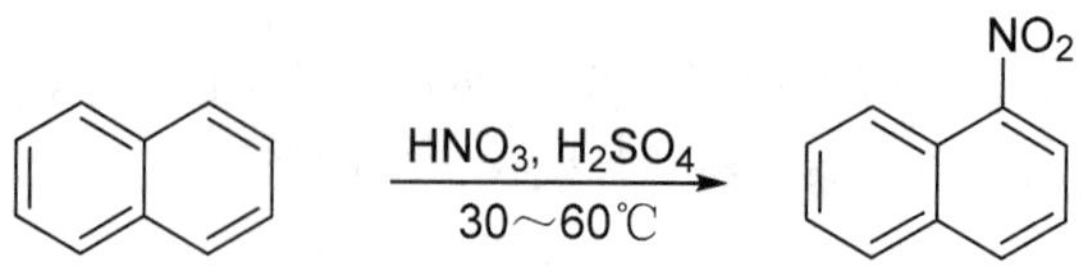

3. 磺化反应

有机分子中的氢被磺酸基(—SO_3H)取代的反应称为磺化反应。苯可以与浓硫酸反应，苯环上的一个氢原子被磺酸基取代，生成苯磺酸。

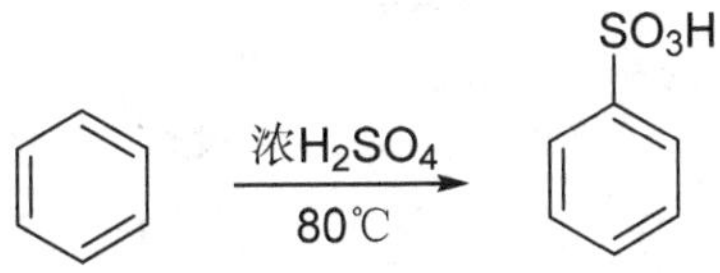

磺化反应的机理如下，磺化反应中的亲电试剂可以认为是三氧化硫，三氧化硫分子与苯分子生成 π 配合物，接下来 C—S 键生成，得到 σ 配合物。最后，σ 配合物失去一个质子，生成苯磺酸。

$$2\,H_2SO_4 \rightleftharpoons SO_3 + H_3O^+ + HSO_4^-$$

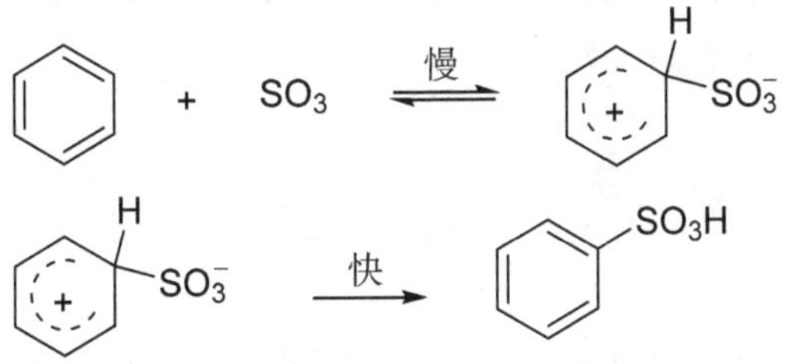

苯磺酸可以继续进行磺化反应，生成间苯二磺酸。苯磺酸比苯活性更低，其磺化反应更难进行。

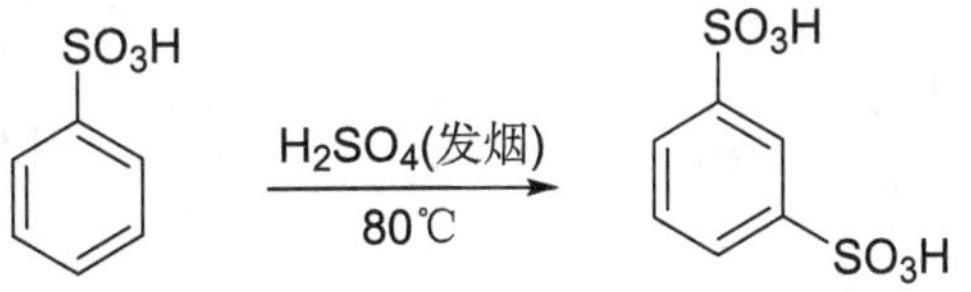

烷基苯的磺化反应比苯容易，可以在较低温度下进行，得到邻对位取代产物。

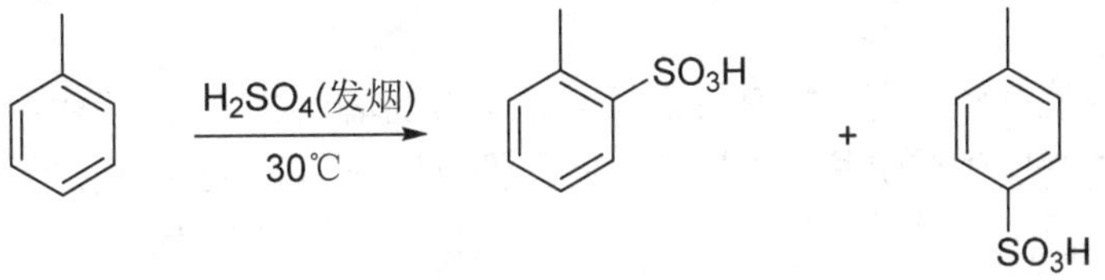

磺化反应是可逆的，生成的磺化产物可以通过水解反应脱去磺酸基。磺化反应的可逆性可以在有机合成中得到应用。可以用磺酸基来占位，然后在特定位置引入其他基团，最后再水解脱去磺酸基，得到特定取代的芳烃。

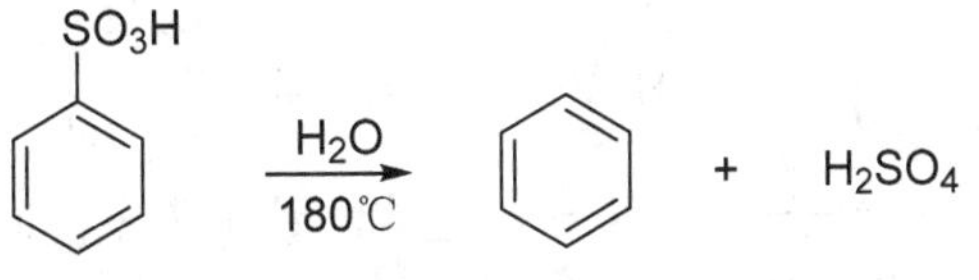

萘的磺化反应在低温时主要生成萘-1-磺酸，在较高温度时主要生成萘-2-磺酸。萘的α-位比β-位电子云密度高，磺化试剂进攻α-位具有更快的反应速率，所以主要产物为萘-1-磺酸，这称为动力学控制。生成的萘-1-磺酸的磺酸基体积较大，与 8 位氢原子之间具有较大的范德华斥力，所以萘-1-磺酸比萘-2-磺酸的稳定性差。萘的磺化反应在高温时是可逆的，生成的萘-1-磺酸可以转化生成更稳定的萘-2-磺酸，反应达到平衡时，萘-2-磺酸为主要产物，这称为热力学控制。

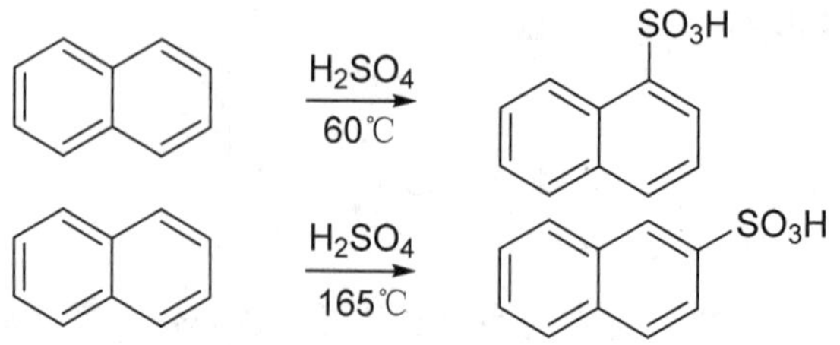

4. Friedel-Crafts 烷基化反应

苯和卤代烷在三氯化铝等 Lewis 酸催化剂的存在下反应生成烷基苯和氯化氢，此反应称为 Friedel-Crafts 烷基化反应，简称傅-克烷基化反应。常用的催化剂除三氯化铝外，还包括三氯化铁、二氯化锌、三氟化硼和浓硫酸等。

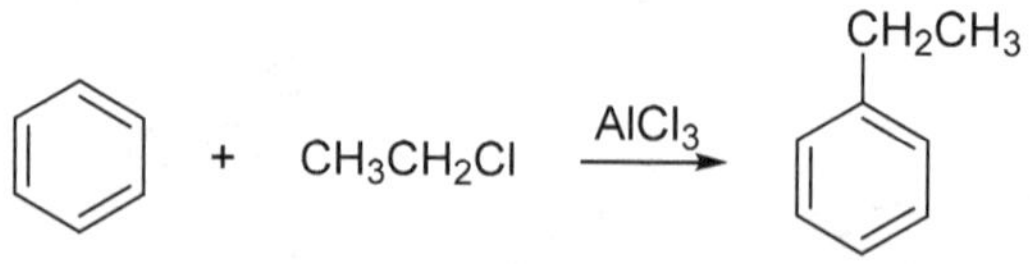

傅-克烷基化反应的反应机理与卤化、硝化和磺化类似，首先卤代烃在催化剂的作用下生成烷基碳正离子，它作为亲电试剂进攻苯环，形成 σ 配合物正离子，最后失去一个质子生成烷基苯。

$$CH_3CH_2Cl + AlCl_3 \rightleftharpoons CH_3CH_2^+AlCl_4^-$$

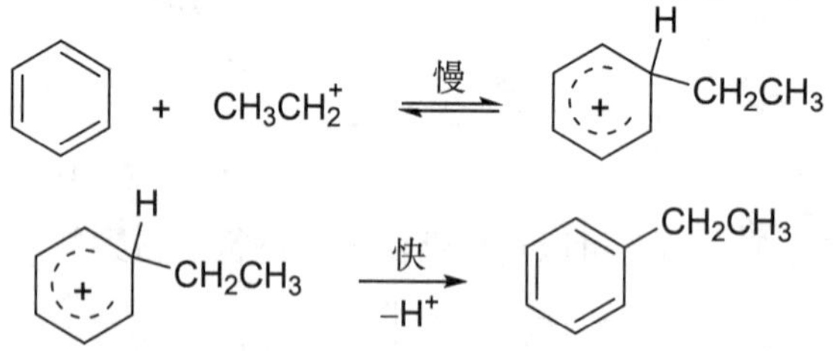

一般能够生成烷基碳正离子的有机物都可以作为烷基化试剂。除卤代烃外，烯烃和醇等在适当催化剂存在下都能生成烷基碳正离子，所以都可以作为傅-克烷基化反应的烷基化试剂。

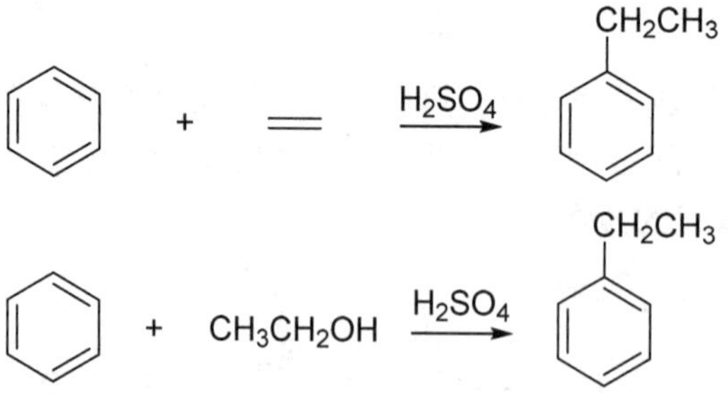

傅-克烷基化反应中涉及碳正离子的生成，生成的碳正离子倾向于重排生成更稳定的碳正离子，然后作为亲电试剂与苯反应，得到的主要产物是烷基重排后的烷基化产物。

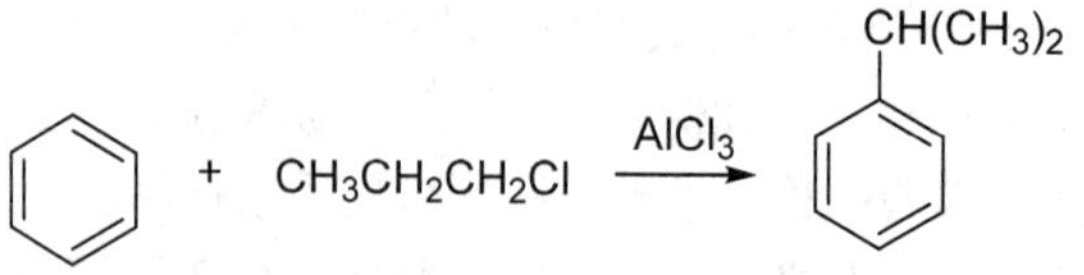

$$CH_3CH_2CH_2Cl + AlCl_3 \rightleftharpoons CH_3CH_2CH_2^+AlCl_4^-$$

$$CH_3CH_2CH_2^+AlCl_4^- \rightleftharpoons CH_3\overset{+}{C}HCH_3AlCl_4^-$$

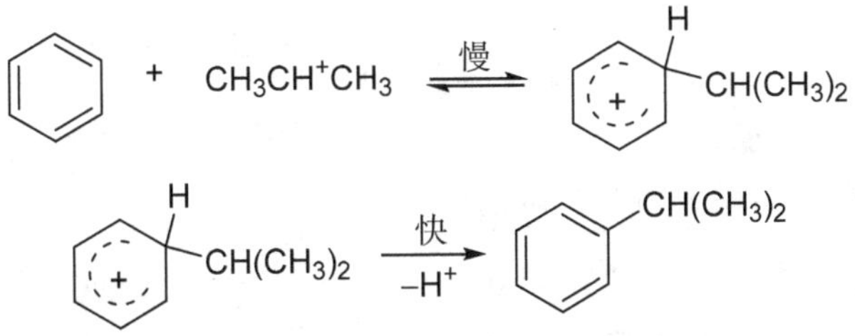

傅-克烷基化反应生成的烷基苯比未取代的苯活性更高，因此一次烷基化产物容易继续发生烷基化反应生成二烷基化产物。同理，二烷基化产物具有更高的反应活性，最终得到多烷基化产物。这会使傅-克烷基化反应的产物变得复杂，难以分离纯化。

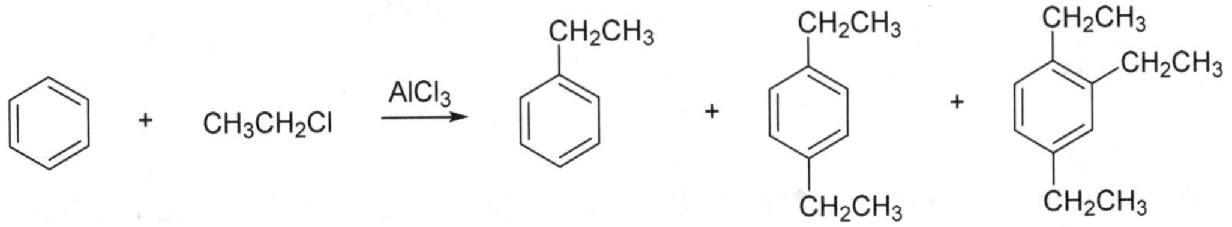

傅-克烷基化反应中碳正离子作为亲电试剂，其亲电活性较弱。如果芳烃上连接了具有较强吸电子效应的基团时，芳烃的反应活性也会降低。两者的低活性造成了此时的傅-克烷基化反应不能顺利进行。

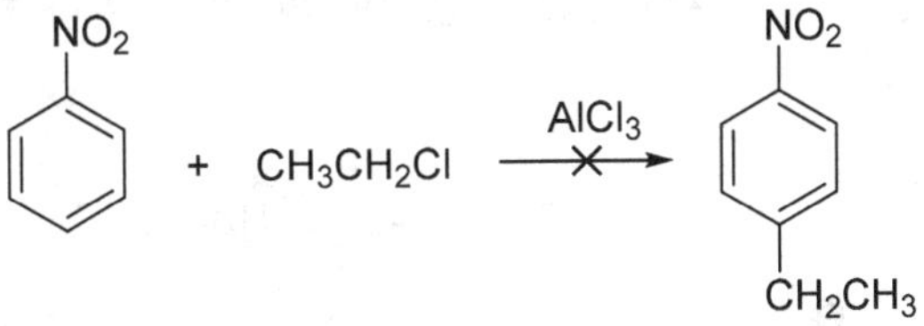

与苯相比，萘更容易发生亲电取代反应，萘的烷基化反应会得到多烷基萘，难以分离，价值不大。

5. Friedel-Crafts 酰基化反应

苯和酰卤在三氯化铝等 Lewis 酸催化剂的存在下反应，在苯环上引入一个酰基，生成芳香酮，此反应称为 Friedel-Crafts 酰基化反应，简称傅-克酰基化反应。

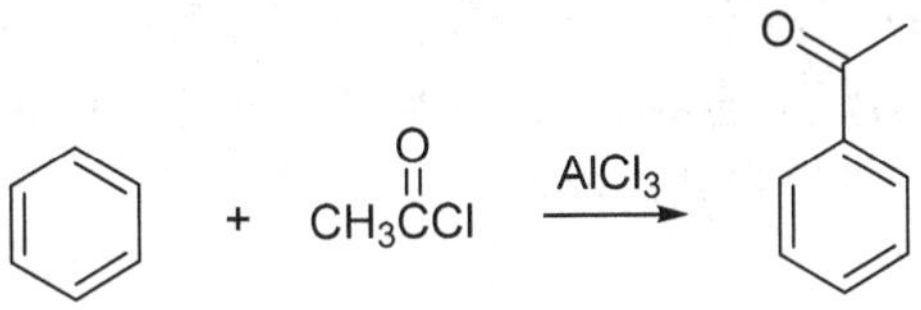

傅-克酰基化反应的反应机理与傅-克烷基化反应类似，首先酰卤在三氯化铝的作用下生成酰基碳正离子，它作为亲电试剂进攻苯环，形成 σ 配合物正离子，最后 σ 配合物正离子失去一个质子，生成芳香酮。

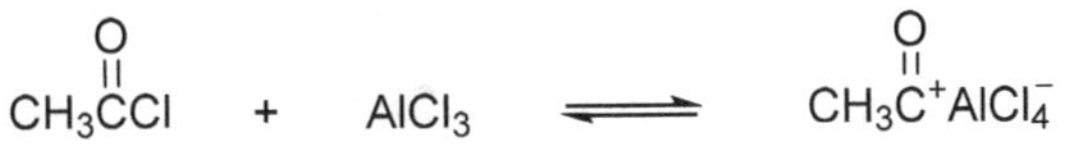

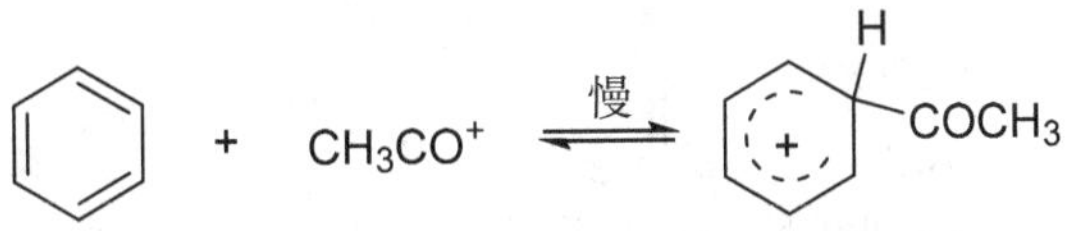

酰卤、酸酐和羧酸是常用的酰基化试剂。

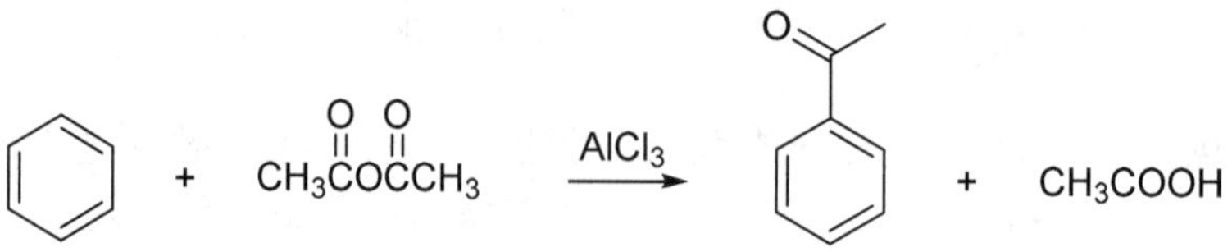

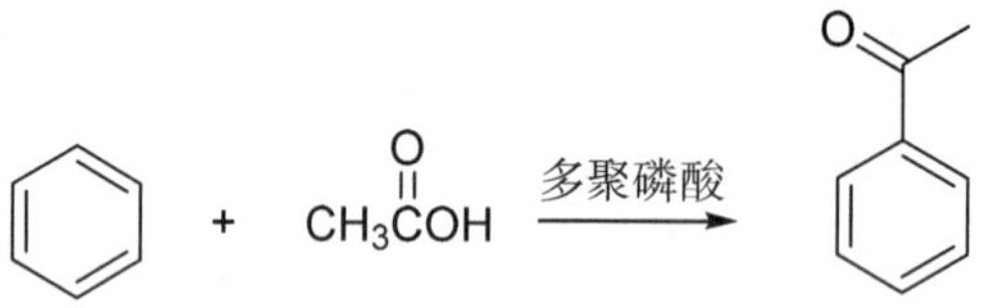

傅-克酰基化反应生成的芳香酮比未取代的苯活性低，因此一次酰基化产物不再继续发生酰基化反应生成二酰基化产物。同时，酰基正离子不会发生重排。所以傅-克酰基化反应与傅-克烷基化反应相比，产物单一，易于纯化。

傅-克酰基化反应除了可以用来合成芳香酮，还可以用来合成直链烷基取代的芳烃。通过傅-克酰基化反应得到的芳香酮，继续用克莱门森还原反应，将芳香酮中的羰基还原成亚甲基，得到直链烷基取代的芳烃。

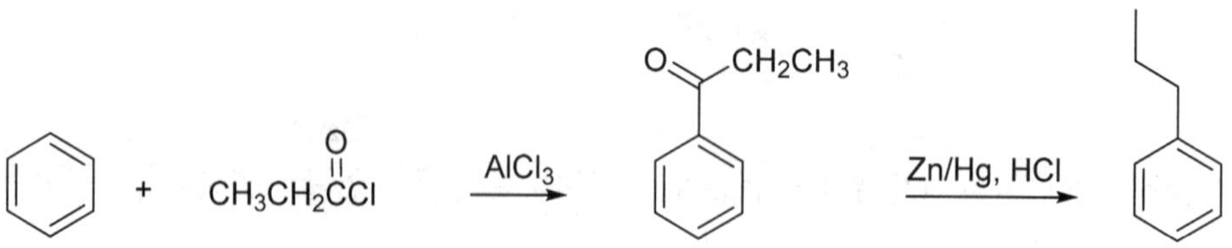

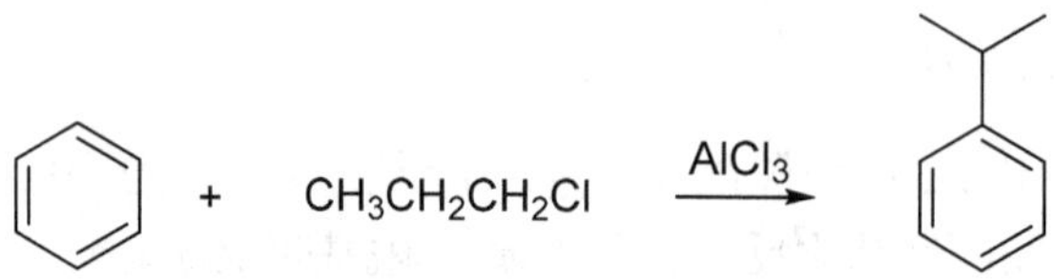

与傅-克烷基化反应中的碳正离子类似，傅-克酰基化反应中的酰基正离子作为亲电试剂，其亲电活性也比较弱。如果芳烃上连接了具有较强吸电子效应的基团，芳烃的反应活性也会降低。这时，傅-克酰基化反应难以顺利进行。

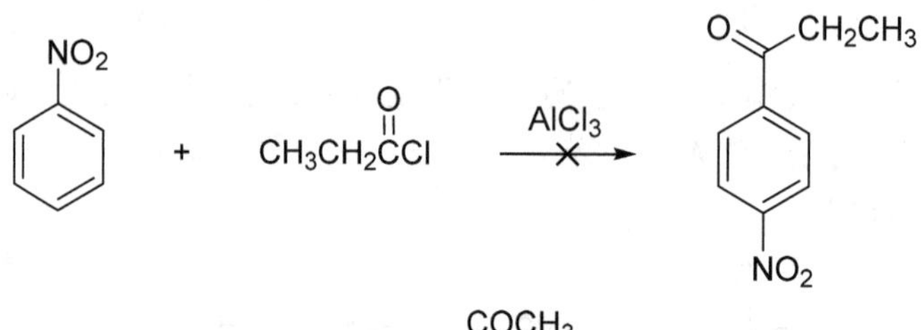

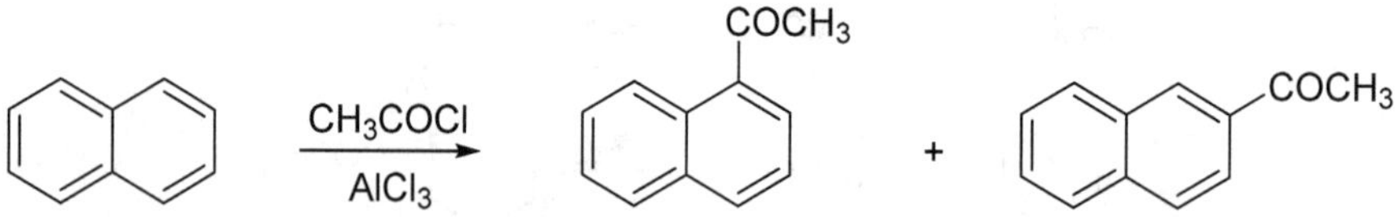

萘的酰基化反应一般会得到两种产物的混合物，原因是在亲电试剂体积较大时，空间效应

会与电子效应一起发挥作用。1 位电子云密度更高，2 位与 8 位之间空间位阻更小。

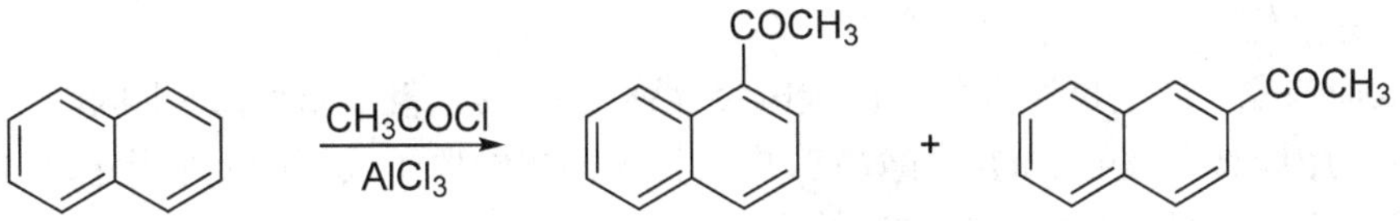

6. 氯甲基化反应

苯与甲醛、氯化氢在无水氯化锌作用下反应，可以在苯环上引入氯甲基，此反应称为氯甲基化反应。苄氯上的碳氯键非常活泼，可以通过后续反应转化为各种有用的官能团。

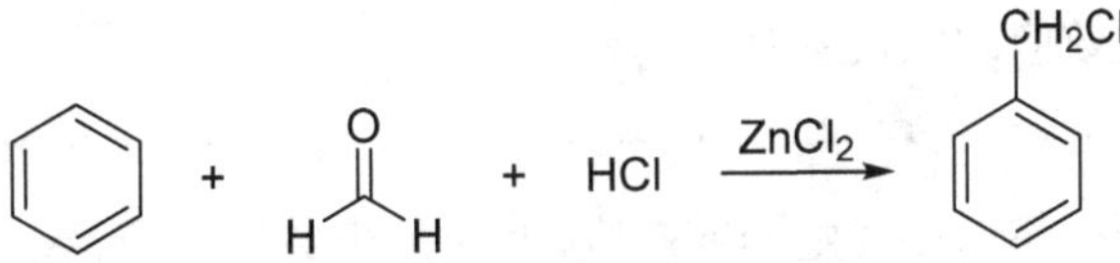

氯甲基化反应的机理如下，首先甲醛与氯化氢作用，得到质子化的甲醛中间体。质子化的甲醛作为亲电试剂，与苯发生亲电取代反应，产物为苄醇。苄醇在氯化氢和氯化锌体系中进一步发生亲核取代反应，生成苄氯。

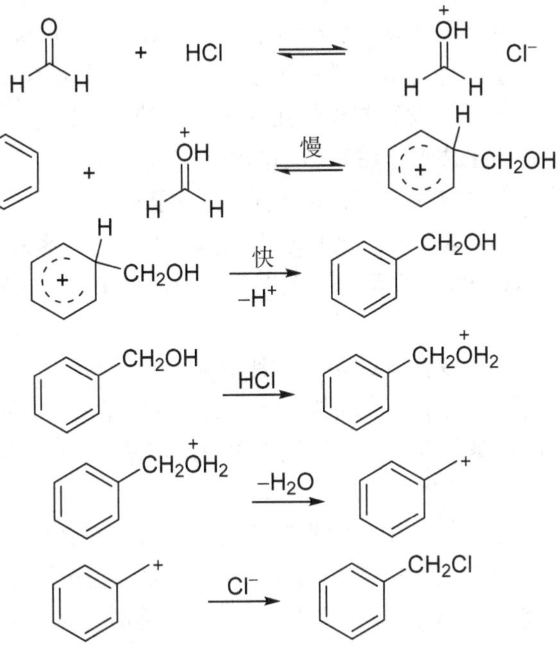

甲醛质子化得到的正离子的亲电性比较弱，与傅-克反应类似，如果芳烃上连接了具有较强吸电子效应的基团时，芳烃的反应活性也会降低。这时，氯甲基化反应难以顺利进行。

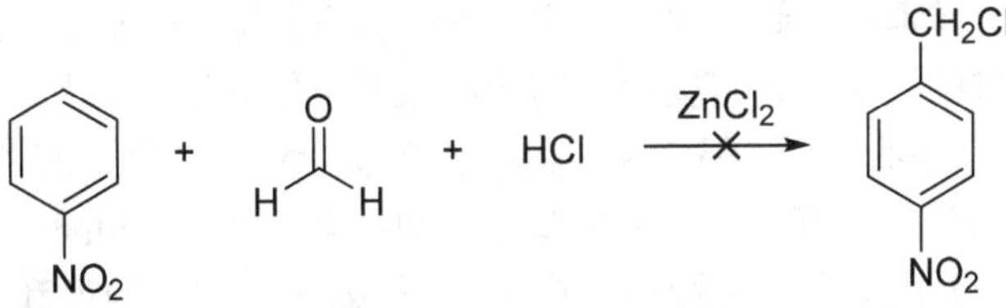

6.4.2 亲电取代反应的活性和定位规则

1. 单取代苯的定位规则

一元取代苯进行二元取代时，已有的基团对后进入基团进入苯环的位置产生制约作用，这种制约作用即为取代基的定位效应(directing effect)。取代基的定位效应与取代基的诱导效应、共轭效应、超共轭效应等电子效应有关。

诱导效应与原子的电负性有关。比碳电负性强的原子或基团能使苯环上的电子通过 σ 键向取代基移动，即具有吸电子的诱导效应。电负性比碳弱的原子或基团使取代基上的电子通过 σ 键向苯环移动，即具有给电子的诱导效应。

共轭效应是取代基的p(或π)轨道上的电子云与苯环碳原子的π轨道上的电子云互相重叠，从而使 p(或 π)电子发生较大范围的离域引起的，离域的结果若使取代基的 p(或 π)电子向苯环迁移则发生了给电子的共轭效应，若使苯环上的 π 电子向取代基迁移则发生了吸电子的共轭效应。产生给电子共轭效应的取代基有

$$—NR_2>—OR>—F，—O^->—OR，—F>—Cl>—Br>—I$$

绝大多数取代基既可与苯环发生诱导效应，也可发生共轭效应，最终的表现是两者综合的结果。大部分取代基的诱导效应与共轭效应方向是一致的，但有的原子或基团的诱导效应与共轭效应方向不一致。例如，卤素的电负性比较大，它具有吸电子诱导效应，卤苯的卤原子的 p 轨道与苯环碳上的 p 轨道平行重叠，卤原子的孤对电子离域到苯环上，发生给电子的共轭效应，但总的结果是吸电子的诱导效应大于给电子的共轭效应，因此卤素是吸电子基，它使苯环的电子云密度降低。取代基的综合电子效应可以从取代苯的偶极矩大小和方向上表现出来。

在烷基苯中，烷基与苯环不发生共轭作用，但烷基的 C—H 中 σ 电子与苯的 π 电子能发生 σ-π 超共轭作用，烷基的超共轭作用有微弱的给电子能力。

如前所述，烷基苯的亲电取代反应，如卤代、硝化和磺化反应，比苯容易，可以在较低温度下进行；而卤苯的卤代、硝基苯的硝化和苯磺酸磺化反应，比苯更困难，需要更剧烈的反应条件。可以看出，一些取代基可以使苯的亲电取代反应活性增加，而另外一些取代基会使苯的亲电取代反应活性降低。

从已知的实验事实可知，取代苯的亲电取代反应具有选择性，一些取代基倾向于生成邻、对位产物，而另一些取代基倾向于生成间位产物。根据取代基的活化或钝化作用以及邻对位或间位定位效应，可以将取代基分为三类：活化邻对位定位基、钝化邻对位定位基和钝化间位定位基。

第一类是活化邻对位定位基。在取代苯的亲电取代反应中，有一些取代基会使苯环活化，并且使新引入的取代基主要进入它的邻位和对位。这些取代基包括氧负离子、氨基、羟基、烷氧基、酰胺基、酰氧基、烷基和苯基等。当烷基与苯环相连时，烷基具有给电子的超共轭效应，使苯环上的电子云密度增加，亲电取代反应活性增加。当基团通过氮原子或氧原子与苯环相连时，氮原子和氧原子采取 sp^2 杂化，基团具有吸电子诱导效应和给电子 p-π 共轭效应，两者的加和是给电子效应，这样苯环得到活化。苯环上取代基的邻位、对位和间位的电子云分布并不均匀，此类定位基邻对位的电子云密度显著高于间位的电子云密度。因此，亲电取代反应选择性地发生在此类定位基的邻对位，邻位和对位取代产物为主要产物，间位产物为次要产物。

第二类是钝化邻对位定位基。这类定位基主要包括氟、氯、溴和碘等卤原子。卤原子采取 sp^2 杂化，基团具有吸电子诱导效应和给电子 p-π 共轭效应，两者的加和是吸电子效应，这样苯环得到钝化。但苯环上取代基的邻位、对位和间位的电子云分布类似于前面描述的第一类定位基，定位基邻对位的电子云密度高于间位的电子云密度，邻位和对位取代产物为主要产物，而间位产物为次要产物。

第三类定位基是钝化间位定位基。这类定位基包括铵离子、三氟甲基、三氯甲基、硝基、氰基、磺酸基和酰基等。其中铵离子、三氟甲基和三氯甲基具有吸电子诱导效应，使苯环上电子云密度降低从而钝化。其他基团既有吸电子诱导效应也有吸电子共轭效应，同样使苯环上电子云密度降低从而钝化。这类定位基的电子效应使苯环上电子云密度降低，但间位的电子云密度相比邻位和对位要高一些，所以亲电取代反应选择性地发生在定位基的间位。常见取代基的反应活性和定位效应可见表 6-3。

表 6-3　常见取代基的反应活性和定位效应

	第一类			第二类	第三类
取代基	—O⁻，—NR$_2$ —NHR，—NH$_2$ —OH，—OR	—NHCOR —OCOR	—Ph —R	—F —Cl —Br —I	—NH_3^+，—NO$_2$ —CN，—COR —CHO，—COOR —CONH$_2$，—COOH —SO$_3$H，—CF$_3$， —CCl$_3$
反应活性	活化基团			钝化基团	
定位作用	邻对位定位基				间位定位基
效应强度	强	中	弱	弱	强

芳香亲电取代反应中取代基定位效应可以从取代苯的共振结构中的电子云分布来解释，也可以从芳阳离子中间体共振结构的稳定性来解释(图 6-3)。

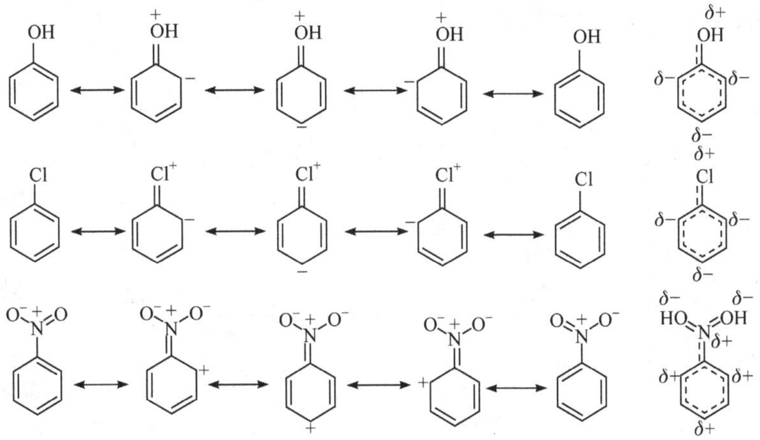

图 6-3　邻对位定位基的共振式

对于第一类定位基，活化的邻对位定位基，如羟基，图 6-3 列出了它的共振式。因为其共振杂化体中苯环上羟基的邻位和对位具有较高的电子云密度，反应时亲电试剂会选择性地进攻羟基的邻位和对位。对于钝化的邻对位定位基，其共振杂化体同样在取代基的邻位和对位具有较高的电子云密度，反应时亲电试剂会选择性地进攻取代基的邻位和对位。而对于第三类定位基，钝化的间位定位基，其共振杂化体在取代基的间位具有较高的电子云密度，反应时亲电试剂会选择性地进攻取代基的间位。

图 6-4 列出了甲苯发生亲电取代反应时，亲电试剂分别进攻甲基邻位、对位和间位生成的

芳阳离子中间体的共振式。其中亲电试剂进攻邻位和对位时生成的中间体都具有最稳定的共振式，它们同时具有烯丙基碳正离子和叔碳正离子的特征。因为这一步反应中间体的稳定性决定了反应的选择性，所以甲基是邻对位定位基。

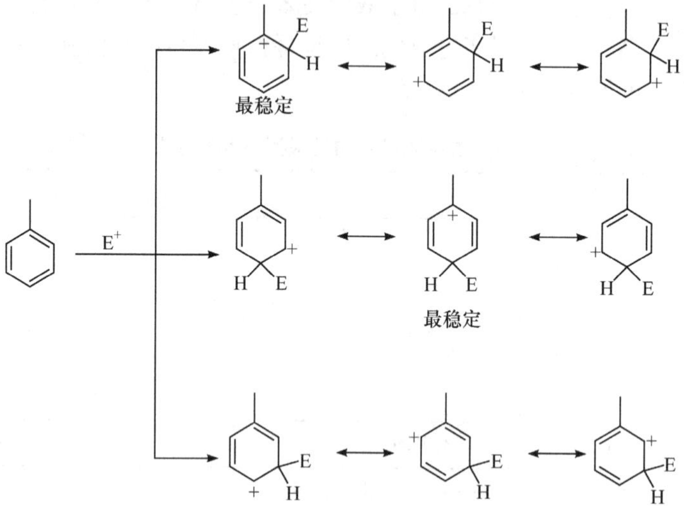

图 6-4　甲苯的亲电取代反应共振式

当杂原子取代基与苯环直接相连时，亲电试剂分别进攻取代基邻位、对位和间位生成的芳阳离子中间体的共振式列在图 6-5 中。其中亲电试剂进攻邻位和对位时生成的中间体都具有最稳定的共振式，它们具有更大的共轭体系。因为这一步反应中间体的稳定性决定了反应的选择性，所以这类取代基是邻对位定位基。

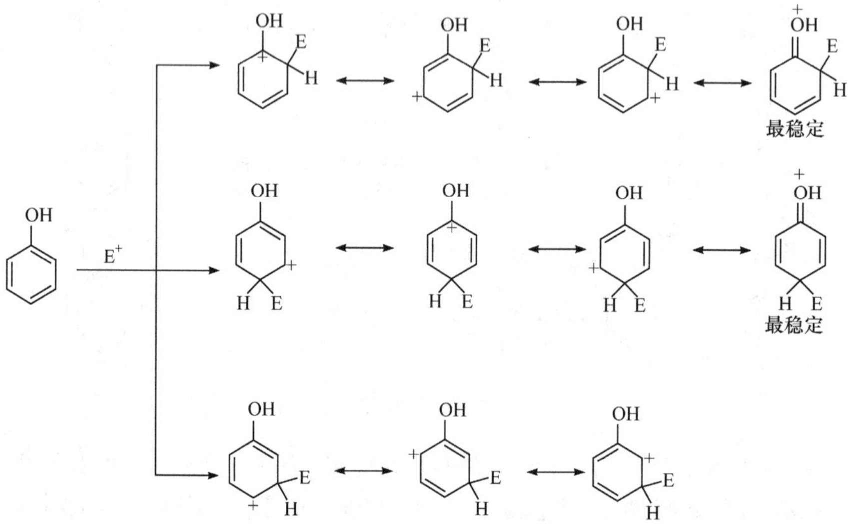

图 6-5　杂原子取代基与苯环相连的亲电取代反应共振式

当取代基为强吸电子取代基时，如三氟甲基苯，亲电试剂分别进攻取代基邻位、对位和间位生成的芳阳离子中间体的共振式列在图 6-6 中。其中亲电试剂进攻三氟甲基邻位和对位时生成的中间体都具有最不稳定的共振式，即碳正离子直接与强吸电子基团三氟甲基相连的共振式。而亲电试剂进攻三氟甲基间位生成是中间体具有相对稳定的中间体，所以这类取代基是间位定位基。

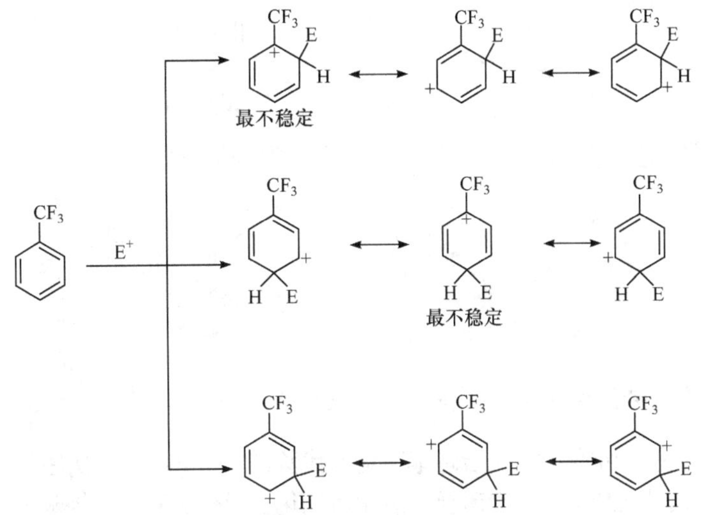

图 6-6　三氟甲基苯的亲电取代反应

2. 二取代苯的定位规则

苯的多元亲电取代是指二元取代苯或含有更多取代基的苯衍生物进行亲电取代反应，其中最简单的是二元取代苯的进一步取代。与苯的二元取代一样，苯环上已有的取代基对新进入苯环的取代基也有定位作用。

二元或多元取代苯的定位问题比一元取代苯复杂。总的来说，最终反映出来的定位作用实际上是苯环上已有取代基的综合作用，若已有取代基的定位作用一致，则它们的作用可以互相加强。

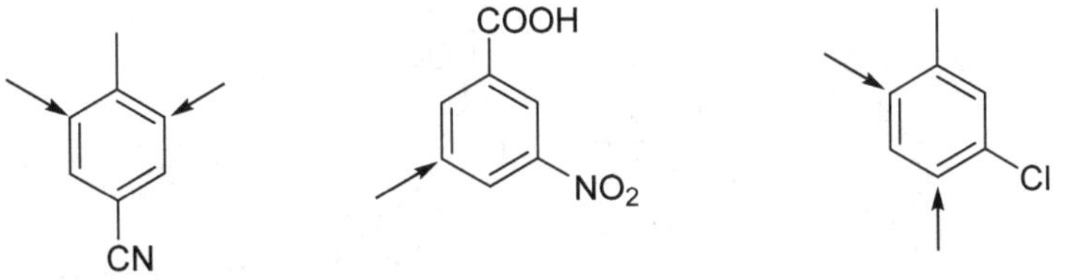

上图中箭头所指位置就是继续进行亲电取代反应后第三个取代基进入的位置，两个取代基的定位效应一致。有些情况我们仍需考虑空间位阻，如甲基和氯之间是位置具有较大的空间位阻，第三个取代基不容易进入这个位置。

当已有取代基的定位作用不一致时，可参照下列经验规则：

(1) 多数情况下，活化基团的作用超过钝化基团的作用。

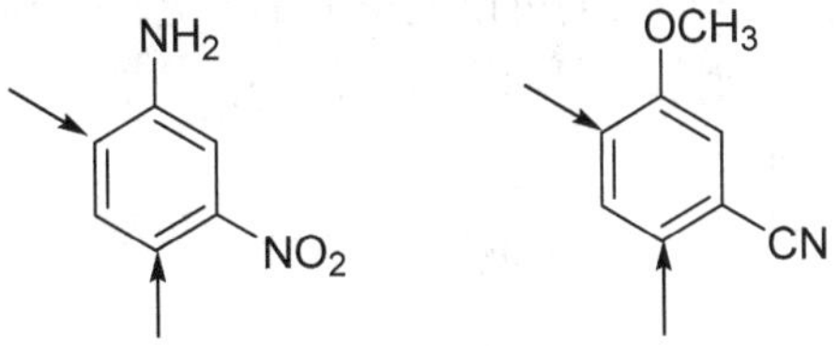

(2) 强的定位基团的影响比弱的定位基团的影响大。

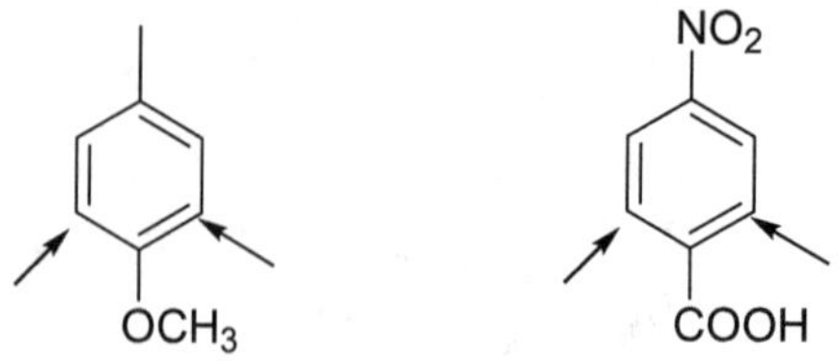

(3) 两个基团的定位能力没有太大差别时，主要得到混合物。

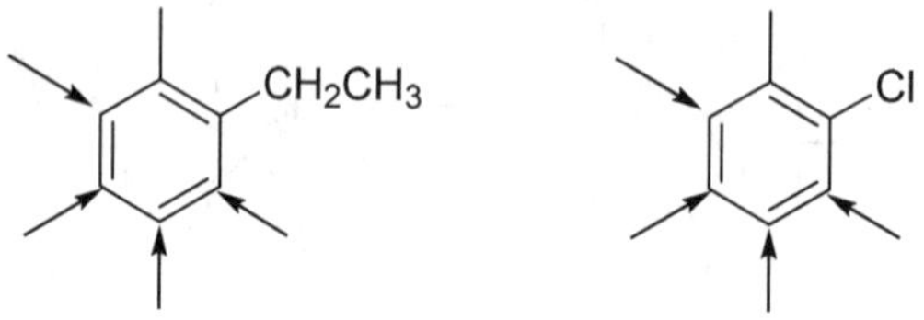

3. 亲电取代反应定位规则在有机合成中的应用

巧妙地利用取代基的定位效应，合理地确定取代基进入苯环的先后次序可以有效地合成芳香族化合物。例如，由苯合成对硝基氯苯要先氯化后硝化，而合成间硝基氯苯则要先硝化后氯化。又如，用甲苯制备3-硝基-5-溴苯甲酸时，因为三个取代基互为间位，因此要优先引入间位定位基，即要先氧化，再硝化，最后溴化。而用甲苯制备2,4-二硝基苯甲酸，则要先硝化再氧化。

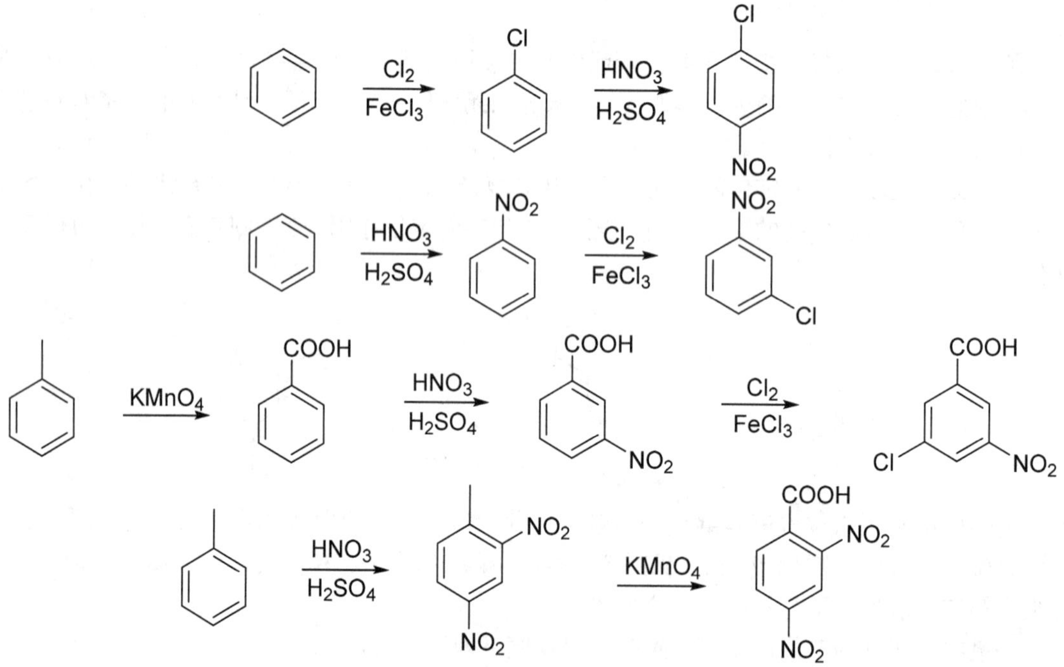

以甲苯为原料合成2-硝基甲苯时，如果将甲苯直接硝化，就会不可避免地生成4-硝基甲苯，所以直接硝化的方法不是最佳选择。我们可以先将甲苯磺化，用磺酸基占据苯环上甲基的对位，然后再硝化，在甲基的邻位引入硝基，最后再水解除去占位的磺酸基，得到2-硝基甲苯。

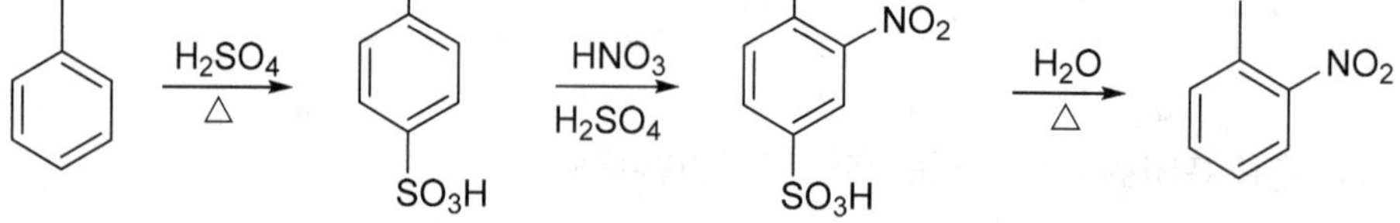

6.4.3　芳烃的侧链卤代反应

与烯丙位的氢原子类似，烷基苯的α-氢原子由于苯环共轭体系的影响具有较高的反应性，在高温、光照或自由基引发剂的作用下，可以被氯或溴等卤原子取代。卤化试剂一般包括氯、溴单质和 *N*-溴代丁二酰亚胺(NBS)等。

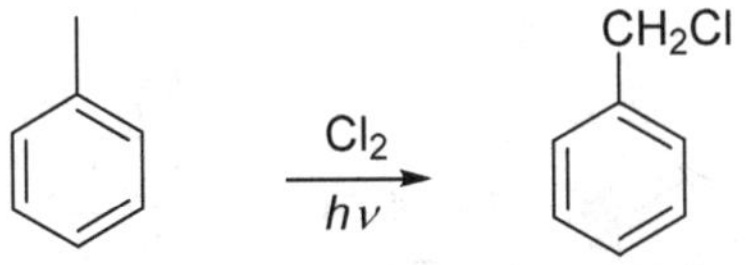

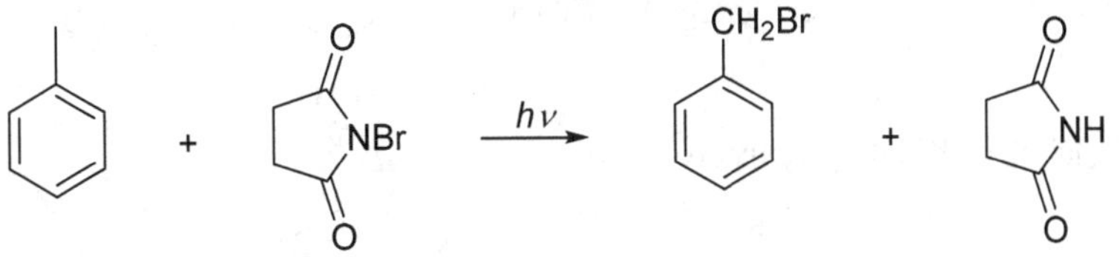

当卤化试剂过量时，可以发生多卤代反应。

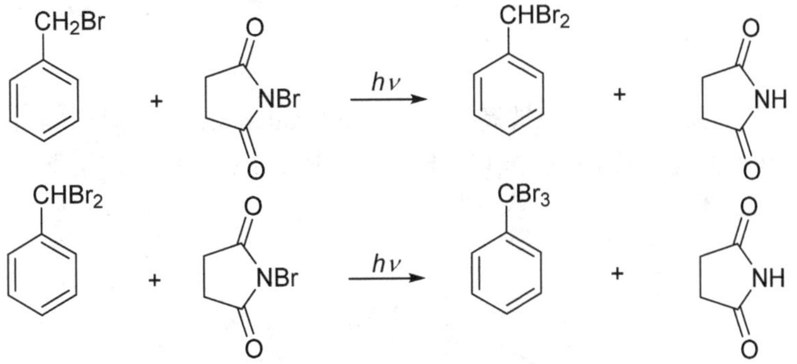

芳烃侧链的卤代反应是自由基取代反应，其反应机理如下：

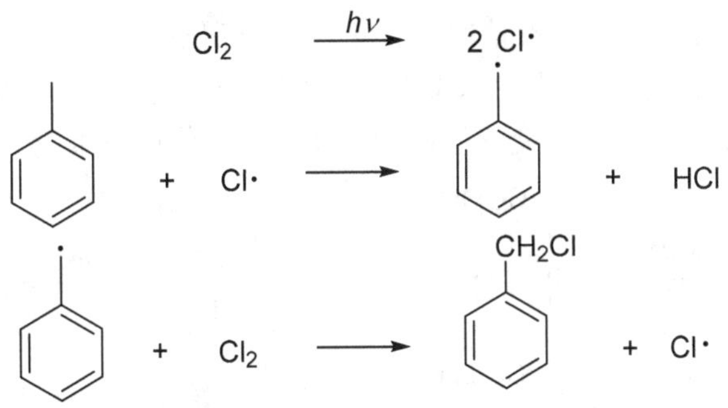

此反应的卤代选择性地发生在芳烃α-位，这是因为苄基自由基由于有苯环的共轭效应而更加稳定，更容易生成。

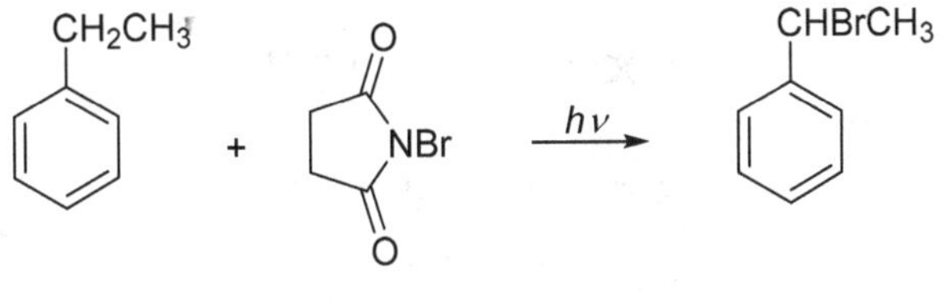

6.4.4　芳烃的氧化还原反应

1. 还原反应

苯环具有较高的稳定性，一般不容易发生还原反应。如果苯环上存在一些容易还原的取代基，则还原反应优先发生在取代基上，而苯环结构不发生反应。不同官能团的还原反应在相应章节介绍，本节主要介绍苯环的还原反应。

碱金属(钠、钾或锂)在液氨与醇(乙醇、异丙醇或丁-2-醇)的混合液中，与芳香化合物反应，苯环可被还原成环己-1,4-二烯类化合物，这种反应称为伯奇(Birch)还原。例如，苯可被还原成环己-1,4-二烯。

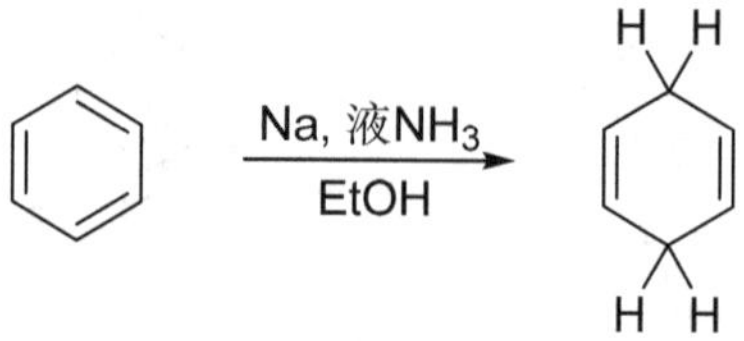

苯可以发生催化氢化(catalytic hydrogenation)反应，生成环己烷。

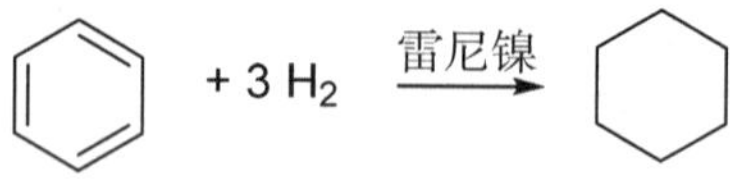

2. 氧化反应

烯烃和炔烃在室温下可迅速地被高锰酸钾氧化(oxidation)，但苯即使在高温下与高锰酸钾、铬酸等强氧化剂共热，也不会被氧化。只有在五氧化二钒的催化作用下，苯才能在高温下被氧化成顺丁烯二酸酐。

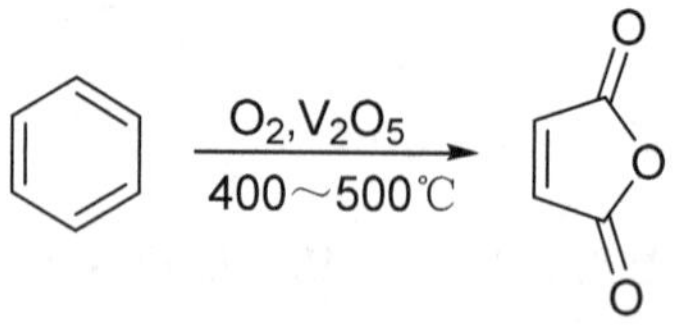

烷基取代的苯易被氧化，但一般情况下，氧化时苯环仍保持不变，只是和苯环相连的烷基被氧化成羧基。而且，不管侧链多长，只要和苯环相连的碳上有氢，氧化的最终结果都是侧链变成只有一个碳的羧基。苯环和一个三级碳原子相连，氧化反应难以发生。

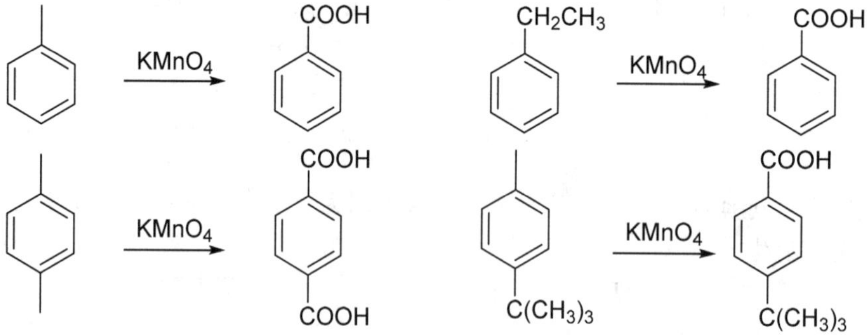

6.5 芳 香 性

从结构上看，苯具有正六边形的环状平面结构，键长完全平均化。从性质上看，苯具有特殊的稳定性：环己烯的氢化热 $\Delta H = -120$ kJ/mol，环己-1,3-二烯的氢化热 $\Delta H = -232$ kJ/mol(由于其共轭双键增加了其稳定性)。而苯的氢化热 $\Delta H = -208$ kJ/mol。环己-1,3-二烯失去两个氢变成苯时，不但不吸热，反而放出少量的热量。这些数据说明：苯比相应的环己三烯类要稳定得多，从环己-1,3-二烯变成苯时，分子结构已发生了根本的变化，并导致了一个稳定体系的形成。从化学性质来看，苯与烯烃有显著差异，它难发生亲电加成反应，难发生氧化反应，而易发生亲电取代反应。苯还具有特殊的光谱性质，苯环上的氢处于核磁共振波谱的低场。其他芳烃也有类似于苯的性质。概括起来，芳香性是指结构上具有环状闭合共轭体系，π 电子高度离域，体系能量低。在化学性质上表现为易进行亲电取代反应，不易进行亲电加成反应和氧化反应。

分子是否有芳香性可以根据休克尔规则来进行判定。德国化学家休克尔根据分子轨道理论，对环状化合物是否具有芳香性提出了如下规则，即休克尔规则。该规则认为，具有芳香性的分子需要同时满足以下条件：具有环状的、封闭的、共平面的共轭体系；离域的 π 电子数为 $4n+2$（n 为从零开始的整数）。

芳香烃的芳香性可以用分子轨道理论进行解释，组成环状结构的碳原子各提供一个原子轨道(p 轨道)，这些 p 轨道线性组合成相同数量的分子轨道。这些分子轨道可以分为三类，一类是能量低于原子轨道的成键轨道，一类是能量与原子轨道相等的非键轨道，还有一类是能量高于原子轨道的反键轨道。π 电子配对后从能量最低的轨道依次向能量较高的分子轨道填充，$4n+2$ 个 π 电子正好可以完全填充满所有的成键轨道，这时体系具有稳定的电子结构，分子具有芳香性，芳香性分子轨道结构见表 6-4。

表 6-4　芳香性分子轨道结构

分子结构						
π电子数	2	4	4	6	6	6
反键轨道 非键轨道 成键轨道	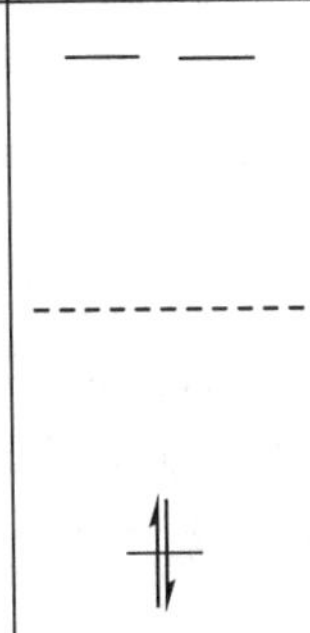	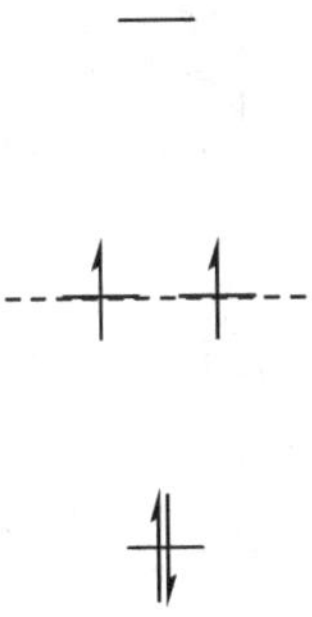	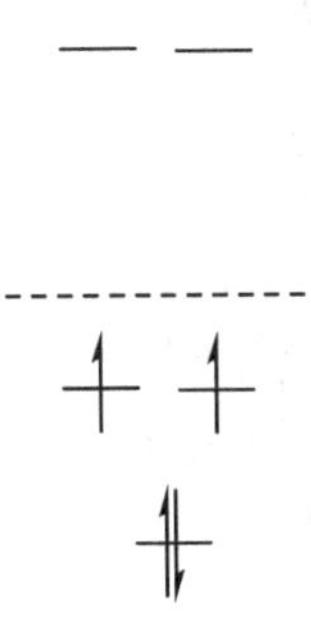	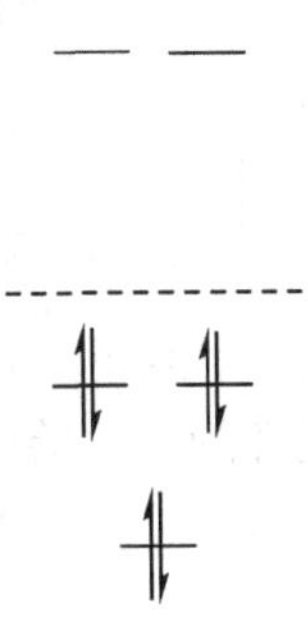	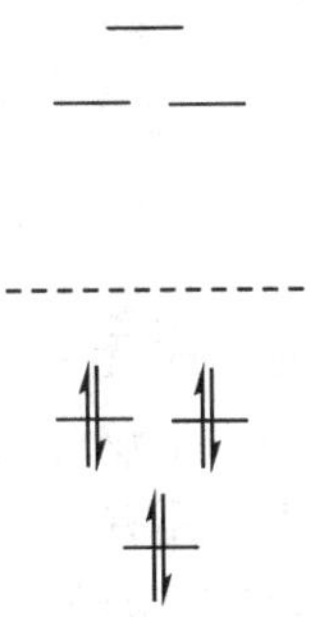	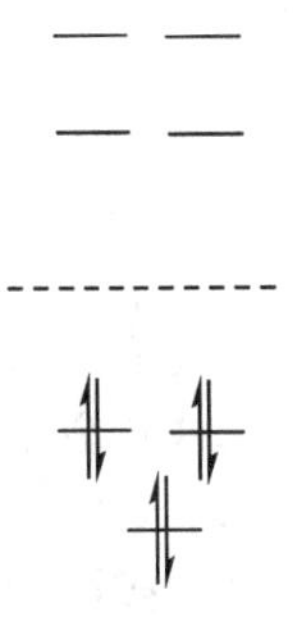
芳香性	是	否	否	是	是	是

苯环的六个碳原子均为 sp^2 杂化，每个碳原子可以提供一个填充有 1 个电子的 p 轨道。这些 p 轨道相互平行，侧面相互重叠形成一个环状闭合的平面共轭体系。这个环状共轭体系共有 6 个 π 电子，符合 $4n+2$ 规则，所以苯具有芳香性。

与苯相似，萘和芘等稠环芳烃，由于它们的成环碳原子都在同一个平面上，且 π 电子数分别为 10 和 14，符合休克尔规则，具有芳香性。虽然萘和芘是稠环芳烃，但构成环的碳原子都处在最外层的环上，可以看成是单环共轭多烯，故可用休克尔规则判断其芳香性。

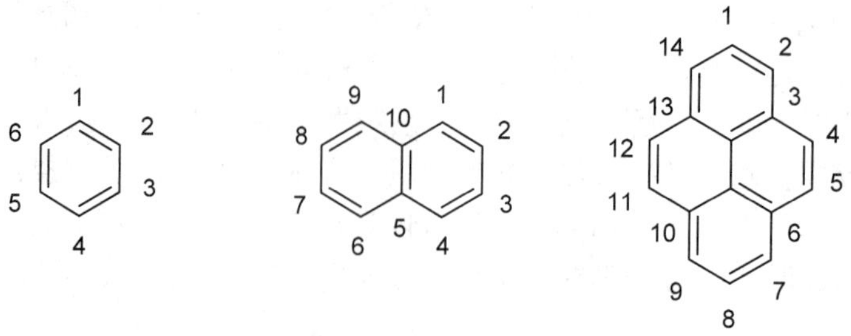

有些化合物虽然结构上没有苯环结构，但符合休克尔规则，具有芳香性，将这类化合物称为非苯芳烃。非苯芳烃包括薁、一些轮烯和芳香性离子等。

对于非苯系的稠环化合物，可以考虑其环外围的 π 电子数，用休克尔规则判断其芳香性。例如，薁是由一个五元环和一个七元环稠合而成的，其环外围有 10 个 π 电子，符合 $4n+2$ 规则($n=2$)，也具有芳香性。

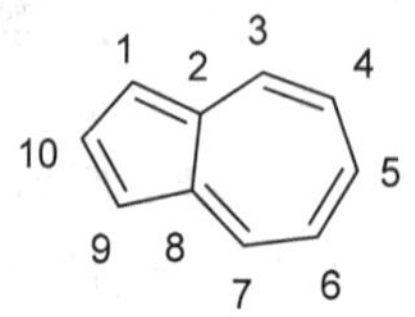

单环共轭多烯(通式 C_nH_n)又称为轮烯，可按休克尔规则判断它们是否具有芳香性。首先看环上的碳原子是否均处于一个平面内，其次看 π 电子数是否符合 $4n+2$ 规则。[18]轮烯环上碳原子基本上在一个平面内，π 电子数为 $4n+2(n=4)$，因此具有芳香性。而[10]轮烯虽然 π 电子数符合 $4n+2(n=2)$，但由于环内两个氢原子的空间位阻，使环上碳原子不能在同一个平面内，所以没有芳香性。

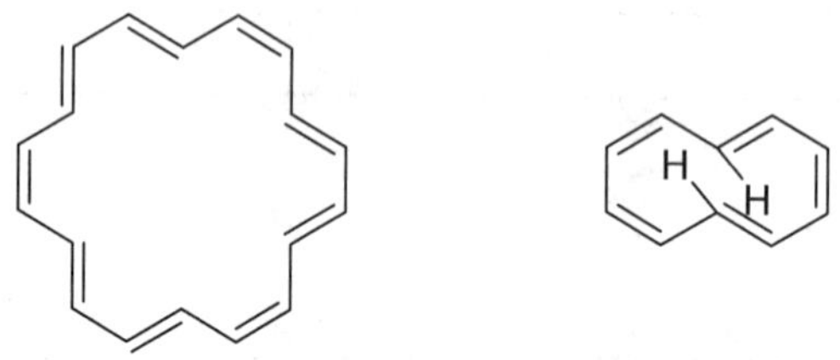

还有一些烃本来无芳香性，但转变成离子后，表现出了芳香性。例如，环戊二烯无芳香性，但形成负离子后，不仅组成环的 5 个碳原子在同一个平面上，且有 6 个 π 电子($n=1$)，故有芳香性。类似的离子还有环丙烯正离子、环丁二烯二正离子、环丁二烯二负离子、环庚三烯正离子等，它们都具有芳香性。

6.6 芳香烃的制备和来源

煤炭干馏时生成的具有刺激性臭味的黑色或黑褐色黏稠状液体称为煤焦油。煤焦油经过分离可以得到苯、甲苯、二甲苯、酚、萘和蒽等大量芳香烃。原油中含有少量的苯，可以从原油中提取得到苯。随着工业上对苯的需求增加，由石油生产苯的过程应运而生。21 世纪以来全球大部分的苯来源于石油化工。工业上生产苯最重要的方法是蒸汽裂解、烷烃芳构化和甲苯加氢脱烷基化等。

蒸汽裂解是由乙烷、丙烷或丁烷等低分子烷烃以及石脑油、重柴油等石油组分生产烯烃的一种过程。其副产物之一裂解汽油富含苯，可以分馏出苯及其他各种成分。裂解汽油中苯有 40%～60%，同时还含有二烯烃以及苯乙烯等其他不饱和组分。

烷烃芳构化是指使脂肪烃成环、脱氢形成芳香烃的过程。在高温高压条件下，各种沸点的脂肪烃混合物，经铂-铼催化剂，通过脱氢、环化转化为苯和其他芳香烃。从混合物中萃取出芳香烃产物后，再经分离得到苯和其他芳香烃。

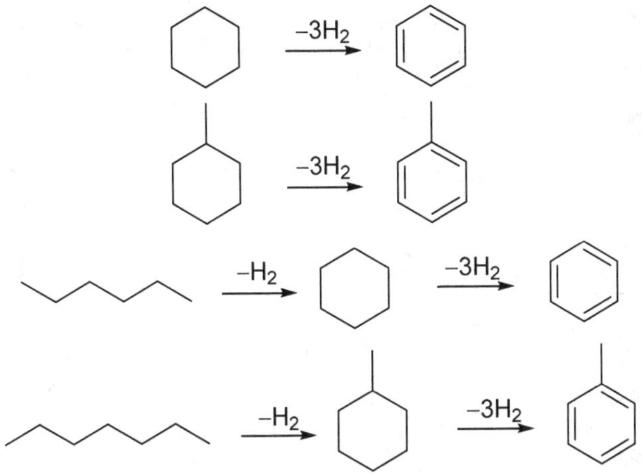

甲苯催化加氢脱烷基化是指用铬、钼或氧化铂等作催化剂，在高温高压条件下，甲苯与氢气反应生成苯和甲烷，这一过程称为加氢脱烷基化作用。反应按照以下方程式进行：

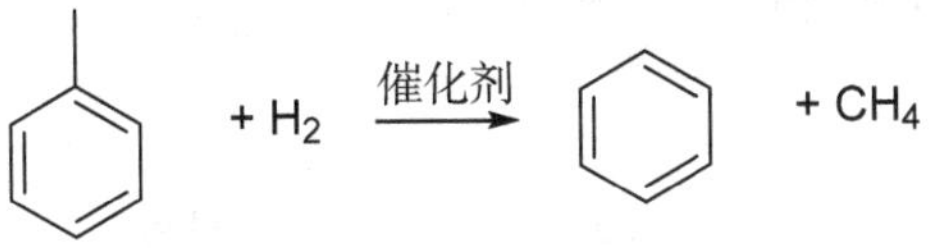

习　　题

6-1　用系统命名法命名下列化合物。

(1) 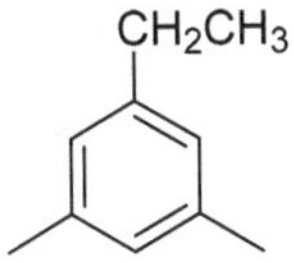

(2) 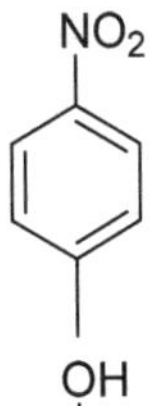

(3) 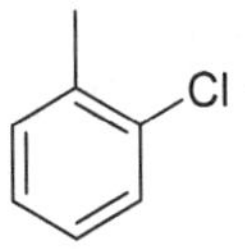

(4) 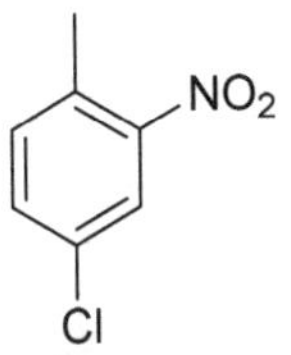

(5) 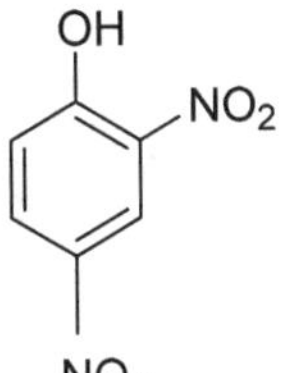

(6) 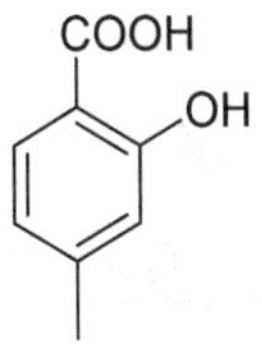

(7) 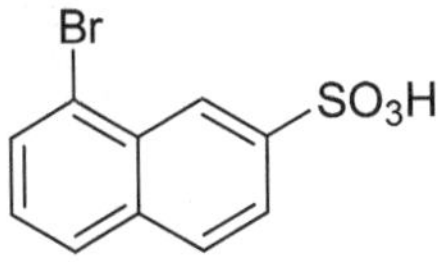

(8) 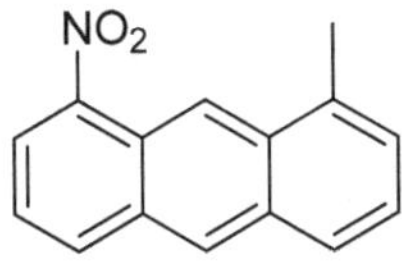

6-2　写出下列芳香烃发生硝化反应的产物。

(1) 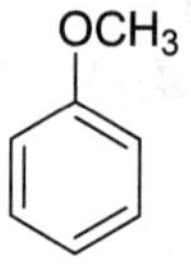

(2) 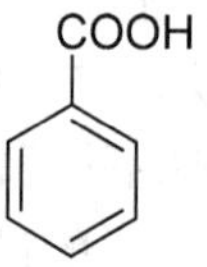

(3) 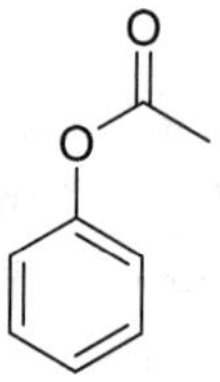

(4) 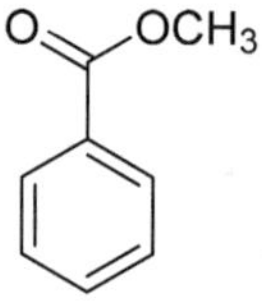

(5) 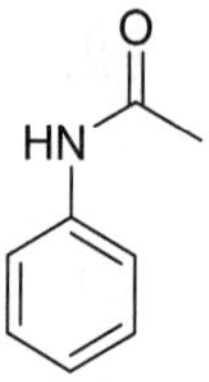

(6) 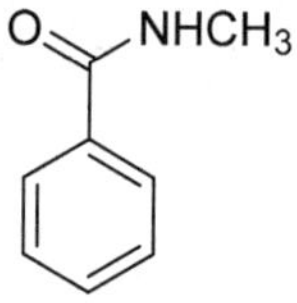

(7) 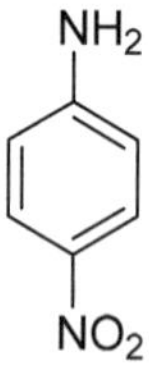

(8) 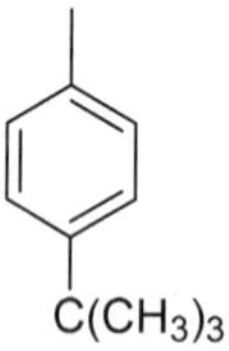

(9) 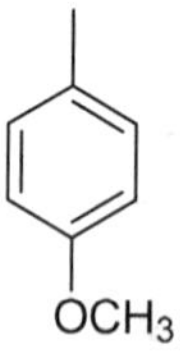

(10) 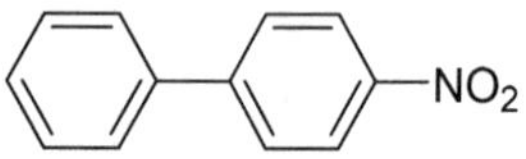

(11) 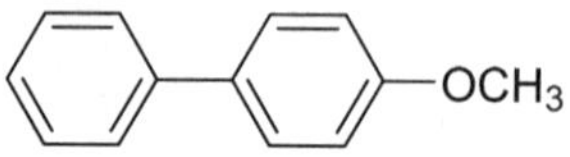

(12) 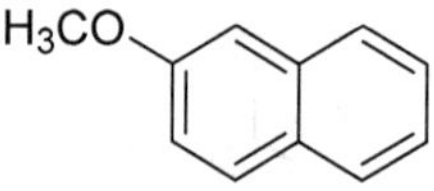

(13) 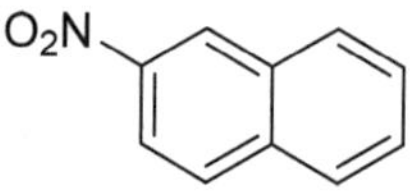

6-3　完成下列反应式。

(1) 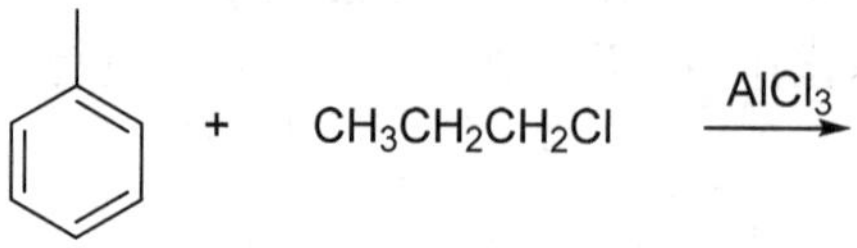

(2) 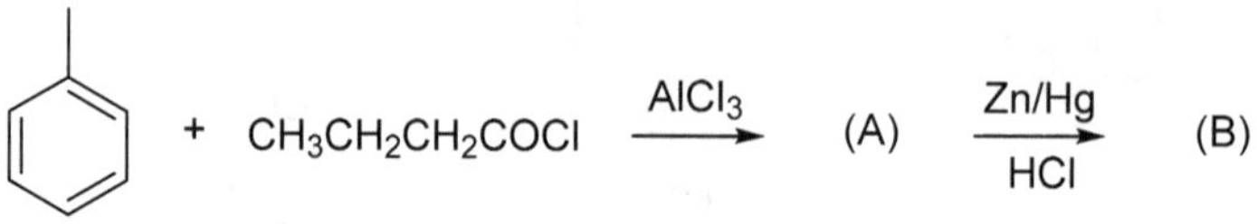

(3) 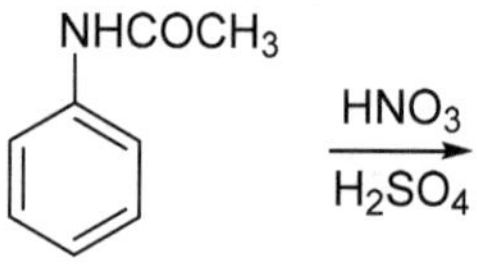

(4) 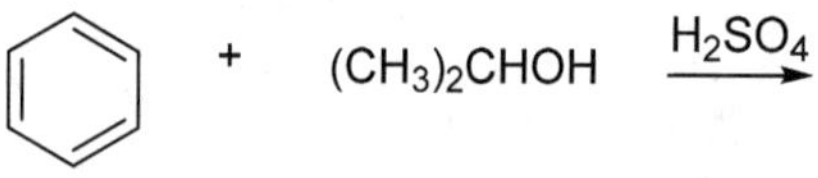

(5) 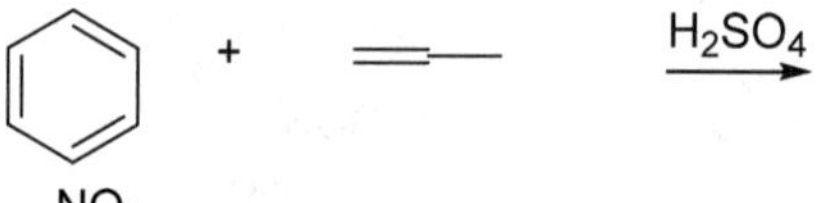

(6) 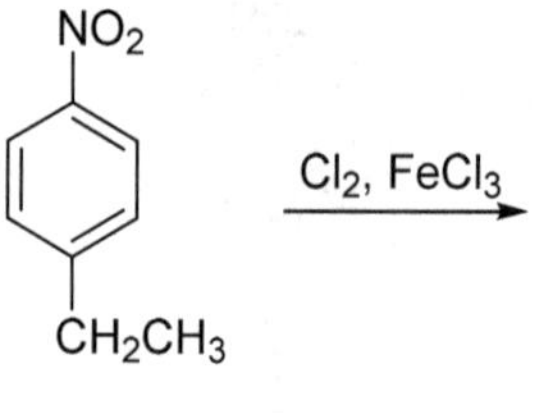

(7) 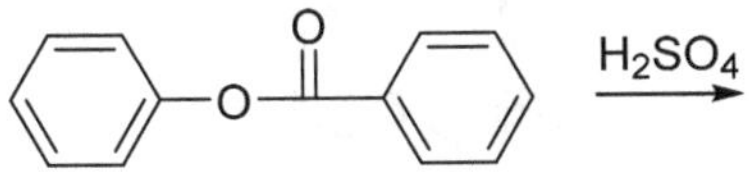

(8) 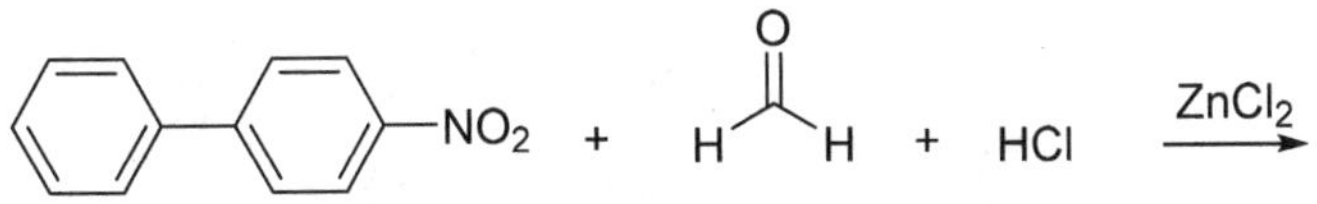

(9) 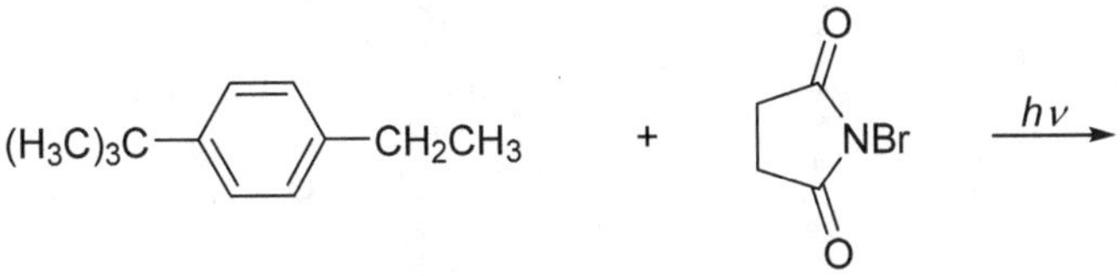

(10) 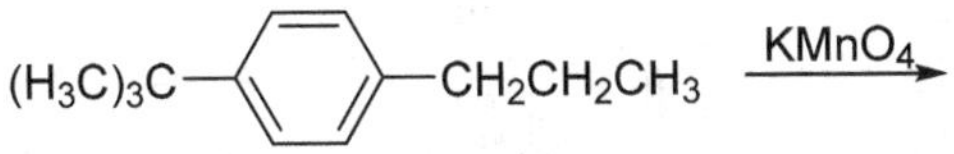

6-4　芳香烃碘代可以用氯化碘进行，写出用 ICl 对苯进行碘代反应的机理。

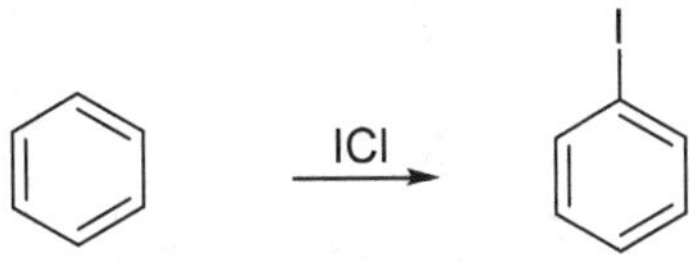

6-5　芳香烃的傅-克烷基化反应的烷基化试剂可以有多种，写出下列反应的机理。

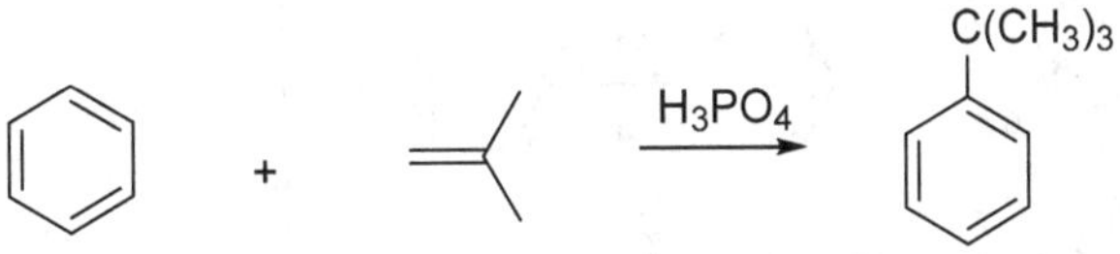

6-6　三苯甲烷可以用苯与三氯甲烷在三氯化铝存在下反应得到，写出此反应的机理。

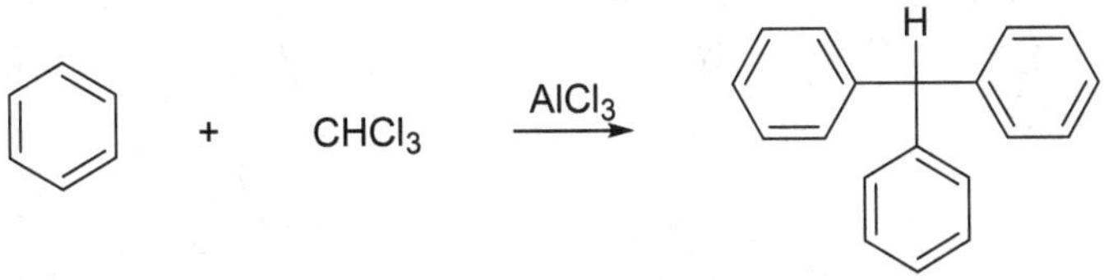

6-7　写出下列反应的机理。

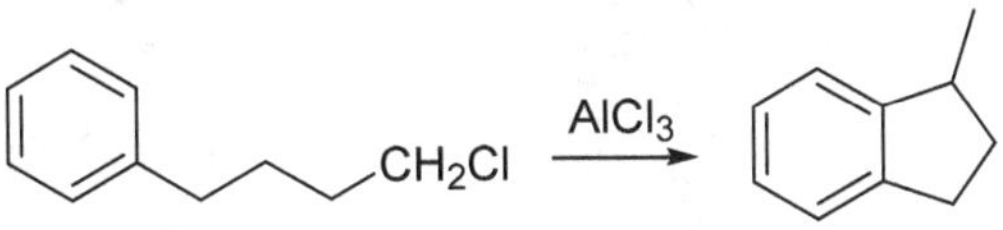

6-8　六氯芬是一种杀菌剂，可用于洗手液中，它是由 2,4,6-三氯苯酚与甲醛在浓硫酸的作用下反应制备的。试写出此反应的机理。

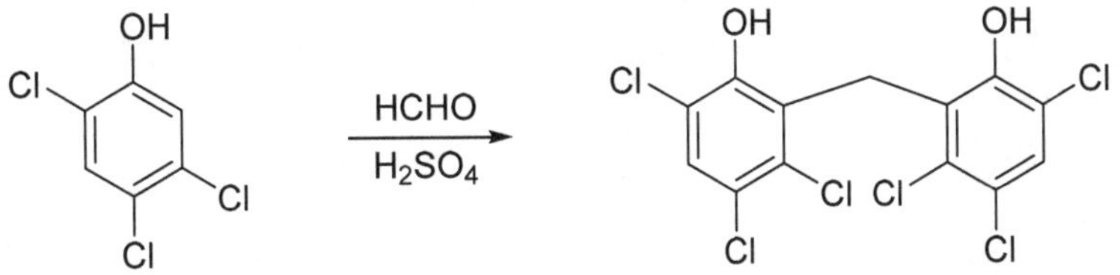

6-9　写出下列反应的机理。

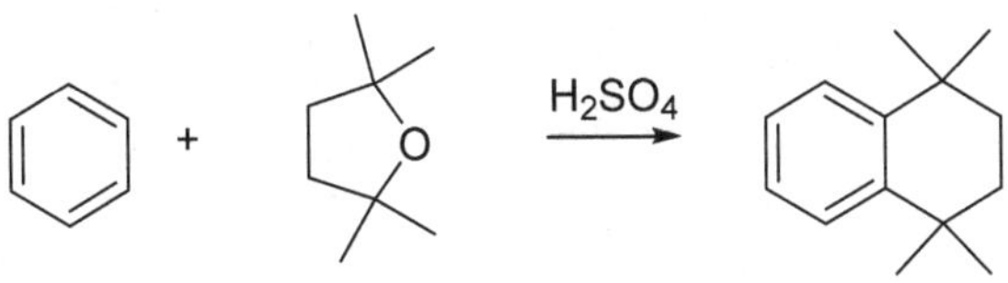

6-10　以苯为原料，设计下列化合物的合成路线。

(1) 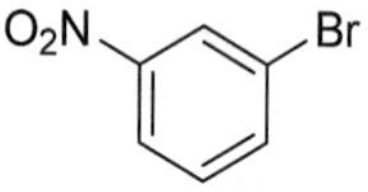

(2) 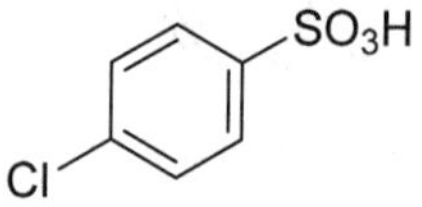

(3) 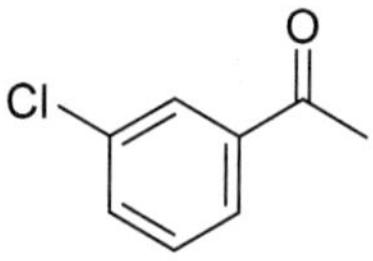

(4) 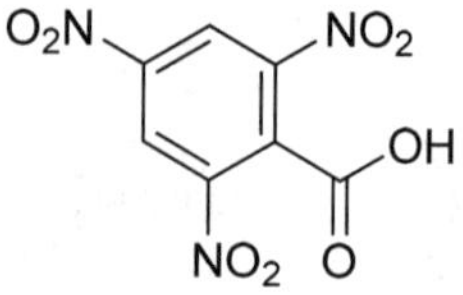

(5) 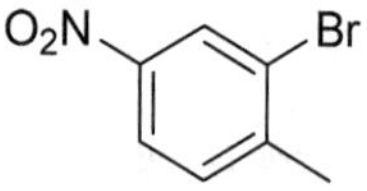

(6) 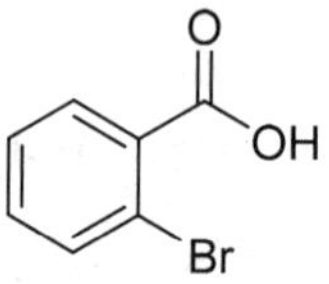

(7) 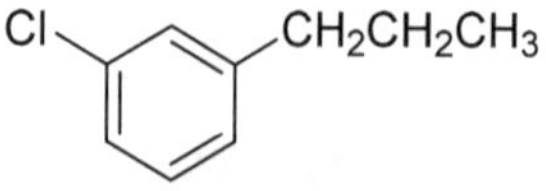

(8) 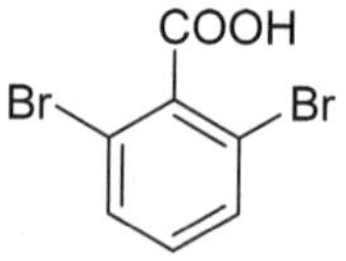

6-11　以苯和苯酚为原料，设计下列分子的合成路线。

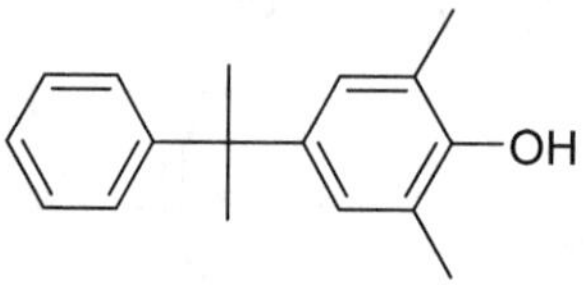

6-12　判断下列化合物是否具有芳香性。

(1) 

(2) 

(3) 

(4) 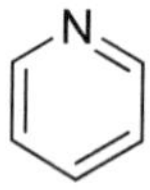

(5) 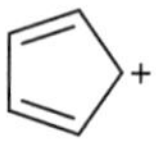

(6) 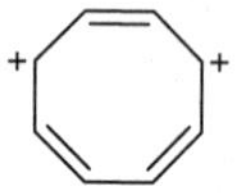

(7) 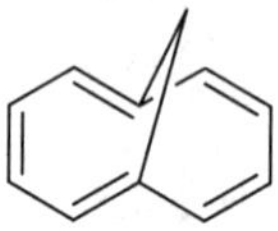

(8) 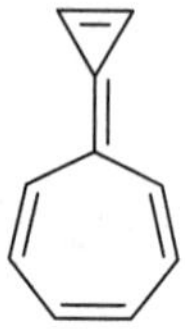

第 7 章　卤　代　烃

卤代烃是指烃分子中一个或多个氢原子被卤素原子取代所生成的化合物的统称。与含氧和含氮有机化合物相比，卤代烃在自然界中存在较少，也很少在生命体系的化学过程中涉及。然而，卤代烃可发生有机化学中两类研究非常成熟的经典化学反应——亲核取代反应和β-消除反应，因此在有机合成中作为一类非常重要的合成中间体，在合成中具有广泛的应用。此外，将卤素原子引入药物分子中，可以起到调节药物活性的作用，如阿氯米松、哌泊溴烷、米托坦和曲美替尼等。基于卤代烃的重要性，本章将从卤代烃的分类与命名、结构、物理性质、化学性质和制备方法等方面介绍卤代烃。其中，卤代烃的化学性质主要围绕饱和卤代烃展开，重点介绍其亲核取代反应和β-消除反应。

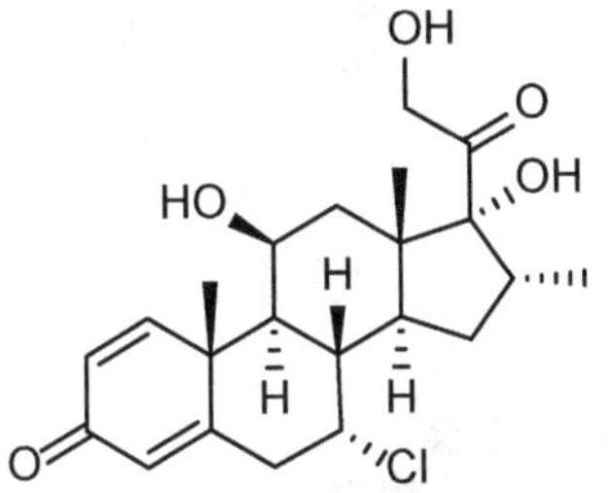

阿氯米松
(抗炎、抗过敏药物)

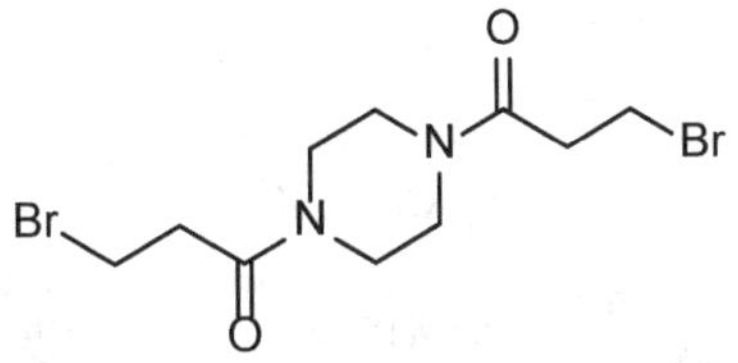

哌泊溴烷
(治疗骨质增生性肿瘤等)

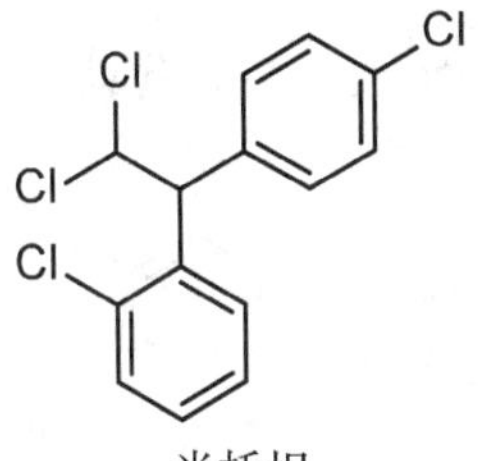

米托坦
(治疗肾上腺素皮质瘤)

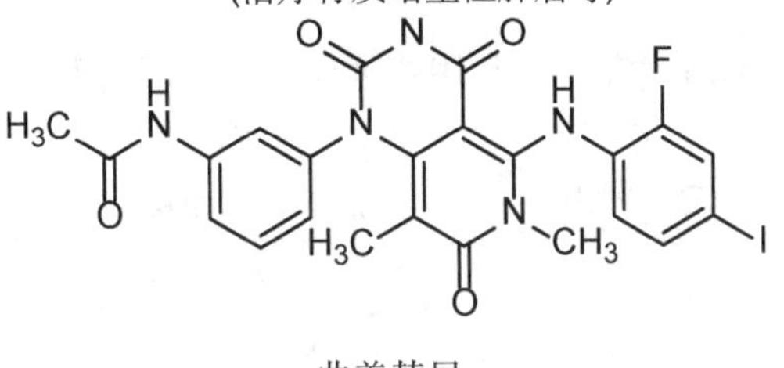

曲美替尼
(治疗黑色素瘤)

7.1　卤代烃的分类和命名

7.1.1　卤代烃的分类

卤代烃的种类众多，可以根据卤原子数目或烃基结构等进行分类。

根据卤原子数目，卤代烃可以分为一卤代烃、二卤代烃和三卤代烃等。在二卤代烃中，当两个卤原子与同一个碳原子相连时，称为偕二卤代烃；两个卤原子与相邻的两个碳原子相连时，称为邻二卤代烃或连二卤代烃。在三卤代烷烃中，三卤代甲烷通常称为卤仿，如氯仿、溴仿、碘仿。

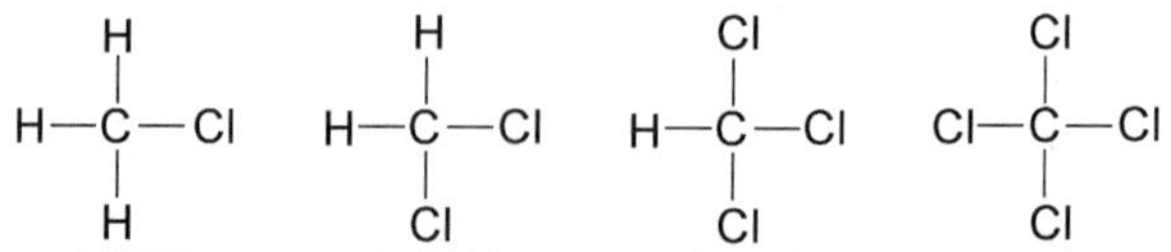

一氯甲烷　　二氯甲烷　　三氯甲烷(氯仿)　　四氯甲烷

$ClCH_2—CH_2Cl$

1,2-二氯乙烷

对二氯苯

根据与卤素相连的烃基结构，卤代烃还可以分为脂肪族卤代烃和芳香族卤代烃。其中，脂肪族卤代烃可进一步分为卤代烷烃、卤代烯烃和卤代炔烃。卤代烷烃又称为饱和卤代烃，而卤代烯烃和卤代炔烃又称为不饱和卤代烃。

$R—CH_2—X$　　$R—CH=CH—X$　　$R—C≡C—X$

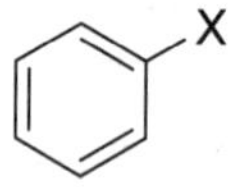

卤代烷烃　　卤代烯烃　　卤代炔烃　　卤代芳烃

对于一卤代烃，根据与卤素相连碳原子的级数，又可进一步分为一级卤代烃(伯卤代烃)、二级卤代烃(仲卤代烃)和三级卤代烃(叔卤代烃)。

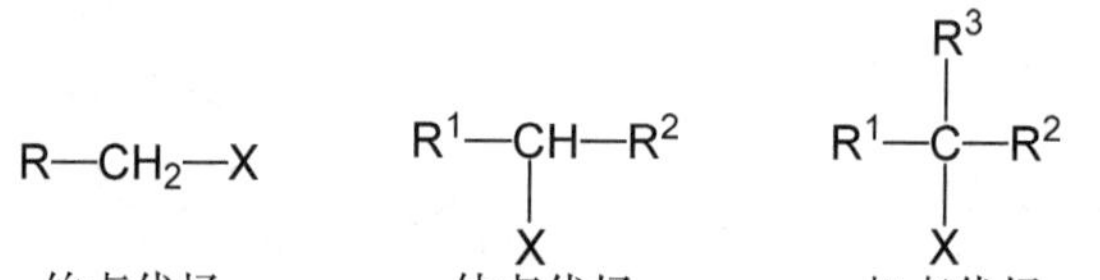

伯卤代烃(一级卤代烃)　　仲卤代烃(二级卤代烃)　　叔卤代烃(三级卤代烃)

7.1.2　卤代烃的命名

对于简单卤代烃，通常用普通命名法，可以称为“某烃基卤”或“卤(代)某烃”。例如：

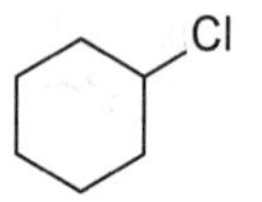

环己基氯
cyclohexyl chloride

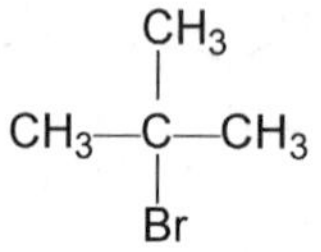

叔丁基溴
tert-butyl bromide

$CH_2=CHCH_2Br$

烯丙基溴
allyl bromide

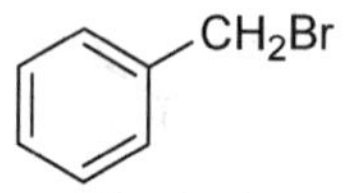

苄(基)溴
benzyl bromide

$CH_3—CH_2—Cl$

氯乙烷
chloroethane

$CH_2=CH—I$

碘乙烯
iodoethylene

$HC≡C—Br$

溴乙炔
bromoacetylene

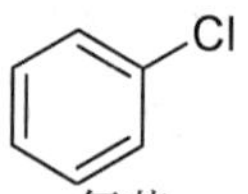

氯苯
chlorobenzene

对于复杂结构的卤代烃，需要按照系统命名法命名，即将卤原子看作是烃的取代基，然后遵循烃类化合物的命名规则进行命名。以链状卤代烷烃为例，按照烷烃的命名规则，选取最长的碳链作为主链，卤素作为主链上的取代基，然后根据最低系列原则给主链上的碳原子编号。

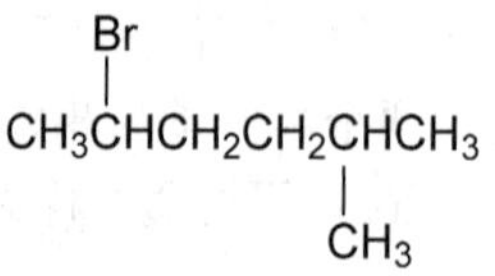

2-溴-5-甲基己烷
2-bromo-5-methylhexane

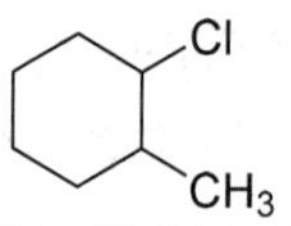

1-氯-2-甲基环己烷
1-chloro-2-methylcyclohexane

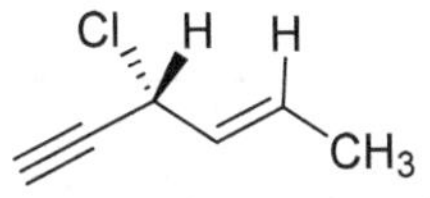

(3*R*, 4*E*)-3-氯己-4-烯-1-炔
(3*R*, 4*E*)-3-chlorohex-4-ene-1-yne

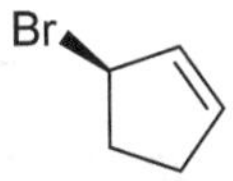

(*R*)-3-溴环戊烯
(*R*)-3-bromocyclopentene

7.2 卤代烃的结构

卤代烃的特征官能团是卤原子。由于卤原子比碳原子电负性大，因此碳-卤键为极性共价键，共价键的一对电子偏向卤原子而远离碳原子，导致碳原子带部分正电荷。碳-卤键的极性大小顺序为：C—Cl＞C—Br＞C—I。

整个卤代烃分子的偶极矩为分子中所有键的偶极矩的矢量和。卤代烃偶极矩的大小直接影响了其物理和化学性质。一、二、三、四卤代甲烷的偶极矩见表 7-1。

表 7-1 一、二、三、四卤代甲烷的偶极矩(deb)

X	CH_3X	CH_2X_2	CHX_3	CX_4
F	1.82	1.97	1.65	0
Cl	1.94	1.60	1.03	0
Br	1.79	1.45	1.02	0
I	1.64	1.11	1.00	0

由于碳卤键是极性共价键，其在一定条件下可以发生均裂或异裂而脱去卤离子。对于饱和卤代烃，碳卤键断裂后得到自由基或碳正离子中间体，进一步与其他原子或离子结合生成取代反应产物，也可以发生消除反应得到烯烃。

7.3 卤代烃的物理性质

由于氢原子被卤原子取代，卤代烃与相应的烃类化合物相比，分子量更大、分子的偶极矩更大、分子间相互作用力更强，因此具有较高的沸点。碘代烃的沸点最高，氟代烃的沸点最低。卤原子越多，沸点越高。四个碳原子以下的氟代烷和两个碳原子以下的氯或溴代烷为气体，一般卤代烃在室温下为液体，高级卤代烃为固体。链状卤代烃的同分异构体中，支链卤代烃的沸点比直链卤代烃低，且支链越多，沸点越低。

卤代烃的密度比相应的烃要大，常见卤代烃的沸点和相对密度可见表 7-2。除一氟代烃和一氯代烃密度比水小外，溴代烃、碘代烃以及各种多卤代烃的密度都比水大。随着卤原子增多，卤代烃的密度逐渐增大。例如，常见有机溶剂中的二氯甲烷和三氯甲烷，相对密度分别为 1.34 和 1.49。

表 7-2 卤代烃的沸点和相对密度

卤代烃中英文名称	沸点/℃	相对密度
氟甲烷(fluoromethane)	−78.4	0.84(−78℃)
氯甲烷(chloromethane)	−23.7	0.9(−22℃)
溴甲烷(bromomethane)	3.6	1.73(0℃)

续表

卤代烃中英文名称	沸点/℃	相对密度
碘甲烷(iodomethane)	42.5	2.28(20℃)
氟乙烷(fluoroethane)	−37.7	0.82(−37.7℃)
氯乙烷(chloroethane)	13.1	0.91(15℃)
溴乙烷(bromoethane)	38.4	1.46(20℃)
碘乙烷(iodoethane)	72.3	1.95(20℃)
1-氟丙烷(1-fluoropropane)	−2.5	0.78(−3℃)
1-氯丙烷(1-chloropropane)	46.6	0.89(20℃)
1-溴丙烷(1-bromopropane)	70.8	1.35(20℃)
1-碘丙烷(1-iodopropane)	102.5	1.74(20℃)
二氯甲烷(dichloromethane)	40	1.34(20℃)
三氯甲烷(chloroform)	61.2	1.49(20℃)
四氯甲烷(tetrachloromethane)	76.8	1.60(20℃)

卤代烃不溶于水，可溶于许多有机溶剂，如石油醚、正己烷、苯、乙醚、四氢呋喃、乙醇和乙酸乙酯等。此外，许多卤代烃也是常用的有机溶剂，如二氯甲烷、三氯甲烷(氯仿)、1,2-二氯乙烷、四氯乙烷和氯苯等，常用作萃取溶剂和反应溶剂。

7.4　卤代烃的化学性质

7.4.1　饱和卤代烃的亲核取代反应

1. 概述

由于碳卤键为极性共价键，共价键电子偏向卤原子而导致碳原子带部分正电荷、卤原子带部分负电荷。对饱和卤代烃而言，在适当条件下，极性试剂可以进攻碳卤键的碳原子中心，导致该共价键的异裂而离去一个卤素负离子，同时生成一个新的化合物。这种反应称为亲核取代反应(nucleophilic substitution reaction)。而对于中心碳原子是 sp^2 杂化的不饱和卤代烃和芳香族卤代烃，一般很难发生类似的取代反应。饱和卤代烃的亲核取代反应的通式如下所示：

其中，R—X 称为反应底物(substrate)，Nu^-称为亲核试剂(nucleophile)，R—Nu 称为反应产物(product)，X^-称为离去基团(leaving group)。与离去基团相连的碳原子称为中心碳原子。

亲核试剂既可以是中性分子，也可以是负离子。常见的亲核试剂有 CN^-、OH^-、RO^-、HS^-、NH_2^- 和 X^-等负离子，以及 H_2O、ROH、H_2S、NH_3、RNH_2 和 RCOOH 等中性分子。饱和卤代烃与这些亲核试剂反应，用于制备醇、醚、硫醇、胺、酯和腈等各类有机化合物。

(1) 水解反应：卤代烃与水在碱性条件下可发生亲核取代反应，用于制备醇。例如：

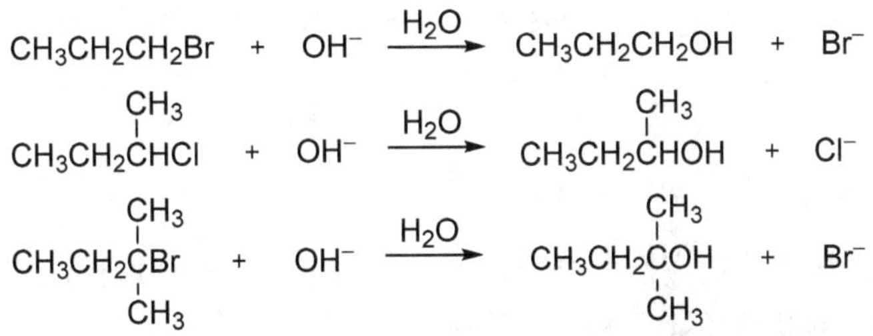

(2) 醇解反应：卤代烃与醇在碱性条件或中性条件下可发生亲核取代反应，用于制备醚。这是制备醚的重要方法之一。在碱性条件下，烷氧负离子作为亲核试剂进攻卤代烃，而在中性条件下则是醇作为亲核试剂进攻卤代烃。由于烷氧负离子的亲核性强于醇，因此后者需要在加热条件下方可发生。例如：

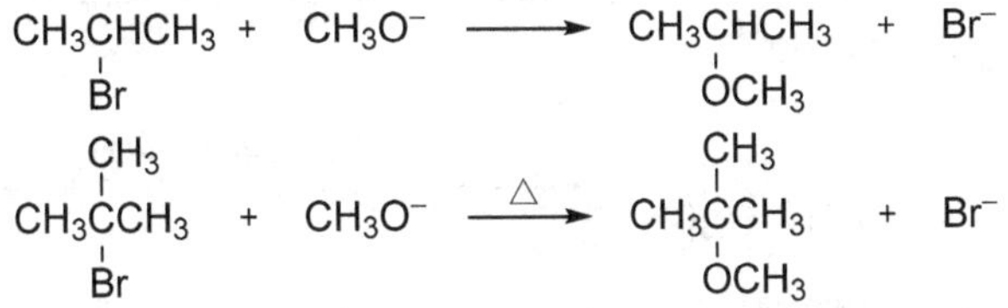

(3) 胺解反应：卤代烃与氨水发生反应，亲核性更强的氨分子取代卤素，生成伯胺。伯胺可进一步与卤代烃反应，生成仲胺、叔胺，甚至季铵盐。

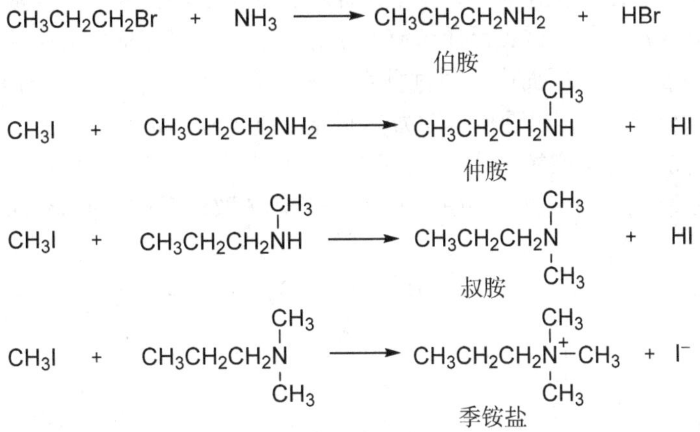

(4) 氰解反应：卤代烃与氰负离子反应，氰基取代卤原子，生成腈。该反应主要用氰化钠、氰化钾和氰化亚铜作为亲核试剂。氰化钠和氰化钾是剧毒，氰化亚铜的毒性较小但活性较低，需要催化剂(如 NaI)。

$$CH_3CH_2CH_2Br + NaCN \longrightarrow CH_3CH_2CH_2CN + NaBr$$

$$CH_3CH_2CH_2Br + CuCN \xrightarrow{NaI} CH_3CH_2CH_2CN + CuBr$$

(5) 其他反应：卤代烃还可以与其他亲核试剂(如叠氮化钠、炔钠、含硫亲核试剂)反应，生成叠氮化物、炔烃、硫醇、硫醚等。

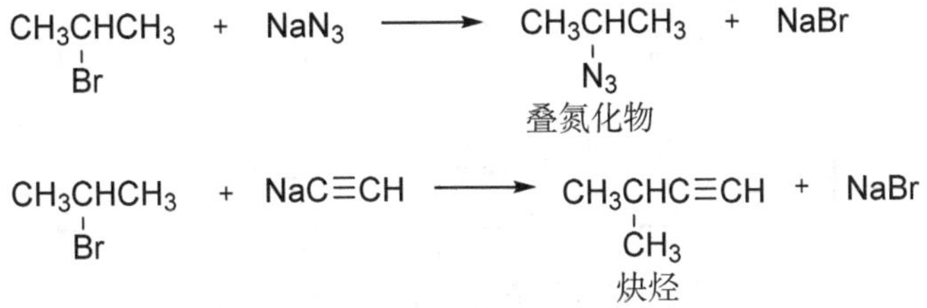

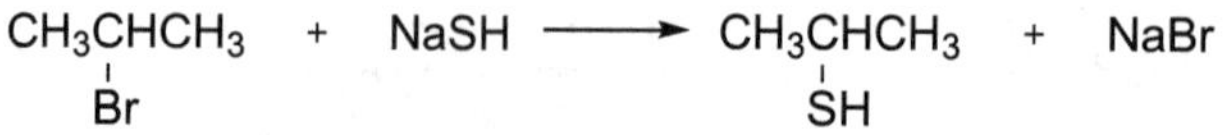

硫醇

2. 亲核取代反应的机理

饱和卤代烃的亲核取代反应按照机理，可以分为单分子亲核取代反应(S_N1)、双分子亲核取代反应(S_N2)和离子对机理(S_Ni)三种。

1) 双分子亲核取代反应(S_N2)

在一些亲核取代反应中，反应前后中心碳原子的构型发生翻转。这种现象称为 Walden 翻转，首先由德国化学家瓦尔登(P. Walden)在 1896 年发现。后来，英国有机化学家英戈尔德(C. K. Ingold)等用 *S*-2-碘辛烷与放射性同位素碘负离子反应，实验测得放射性同位素碘在反应中的交换速率是外消旋化速率的 1/2。

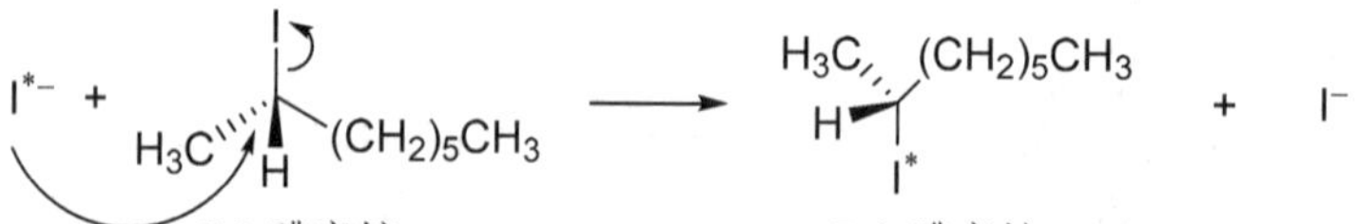

S-2-碘辛烷　　　　*R*-2-碘辛烷

后来者对这类反应进行研究，并提出如下反应机理：亲核试剂从离去基团的背面进攻中心碳原子。随着亲核试剂逐渐靠近中心碳原子，离去基团也逐渐远离中心碳原子，当离去基团完全离去，同时生成取代产物。这类反应仅有一个过渡态，过渡态的中心碳原子为 sp^2 杂化，与其他相连的原子同处于一个平面内，通过垂直于该平面有一个 p 轨道，分别与亲核试剂和离去基团的轨道有部分重叠。该机理也与动力学研究结果吻合，即反应速率与底物和亲核试剂的浓度成正比，也就是说这类亲核取代反应是二级动力学反应，反应级数为 2。因此，这类反应被称为双分子亲核取代反应(S_N2)，如氯乙烷双分子亲核取代反应，反应势能变化可见图 7-1。

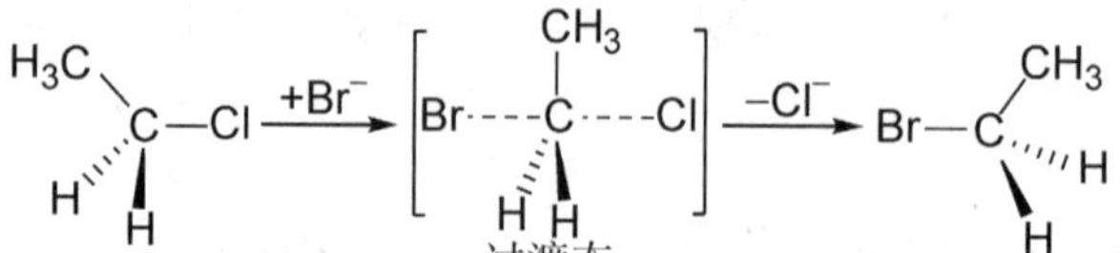

过渡态

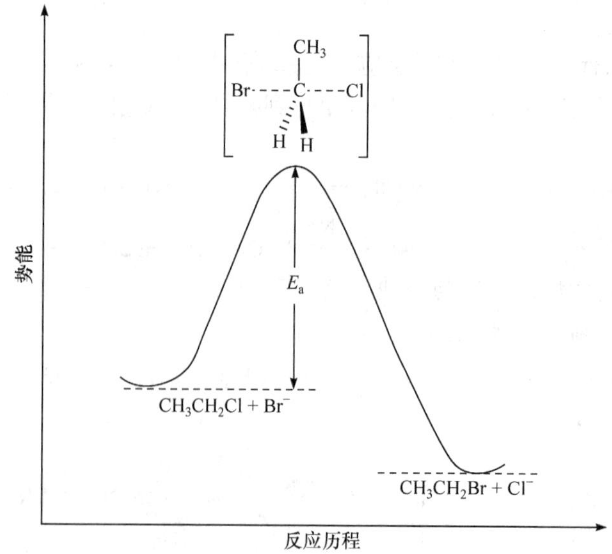

图 7-1　氯乙烷双分子亲核取代反应的势能变化图

反应速率 $v = k_2[CH_3CH_2Cl][Br^-]$

式中，k_2 为反应速率常数。

(1) 烃基结构对 S_N2 反应的影响。S_N2 反应是一步反应，只经过一个过渡态，该过渡态的势能高低反映了反应活化能的高低，因而决定了反应速率的大小。在过渡态中，中心碳原子采取 sp^2 杂化并带部分正电荷，其通过三个 sp^2 杂化轨道分别与中心碳原子的三个取代基形成三个共价键，并通过未参与杂化 p 轨道分别与离去基团和亲核试剂的轨道发生部分重叠。与底物相比，过渡态的中心碳原子周围空间较拥挤。当烃基的体积越大，空间位阻导致过渡态的势能较高，因而反应速率较小；反之，烃基的体积越小，基团之间的空间位阻较小，过渡态的势能较低，因而反应速率较大。例如：

$$R—Br + I^- \longrightarrow R—I + Br^-$$

R	$v_{相对}$
CH_3	150
CH_3CH_2	1
$(CH_3)_2CH$	0.01
$(CH_3)_3C$	0.001

反应过程中过渡态的结构见图 7-2。

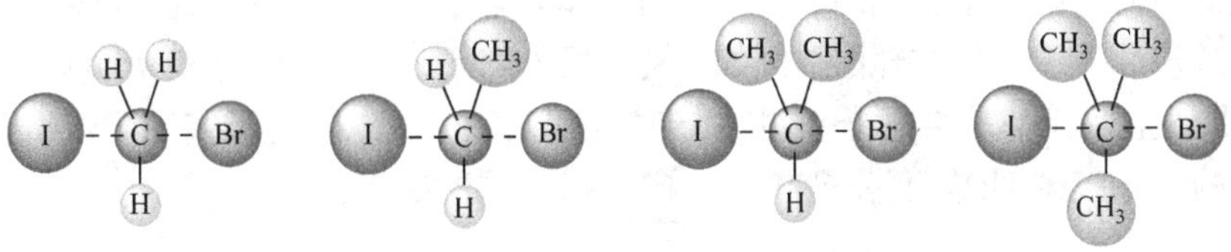

图 7-2 溴烷烃双分子亲核取代反应的过渡态结构

另一方面，中心碳原子上取代基的电子效应也对反应有一定影响。给电子诱导效应和给电子共轭效应的取代基，可有效分散中心碳原子上的正电荷，导致过渡态的势能降低，反应速率增加；相反，吸电子取代基进一步增加中心碳原子的正电荷密度，导致过渡态的势能升高，反应速率降低。综合而言，考虑烃基对 S_N2 反应的影响时，共轭效应比立体效应优先；而立体效应比诱导效应优先。因此，不同类型烃基结构的底物活性顺序是：苄基＞烯丙基＞甲基＞1°烷基＞2°烷基＞3°烷基。

(2) 离去基团的离去能力增强，对 S_N2 反应都有利。而离去基团的离去能力可以根据断裂化学键的键能和离去基团的碱性来判定。断裂键越容易断裂，离去基团越容易离去；离去基团的碱性越弱，其离去能力越强。因此，卤离子的离去能力顺序是 I＞Br＞Cl＞F。对于非卤代烃类底物，如果离去基团是弱碱(强酸的共轭碱)时，较容易离去。例如，OTs、OMs 和 I 等都是好的离去基团。相反，一些碱性较强的阴离子对应的基团，如羟基、烷氧基、氨基等，是很差的离去基团，在反应中需要使用催化剂以增加这些基团的离去能力。此外，可极化性也对基团的离去能力有影响。成键原子的可极化性越大，离去能力越强。

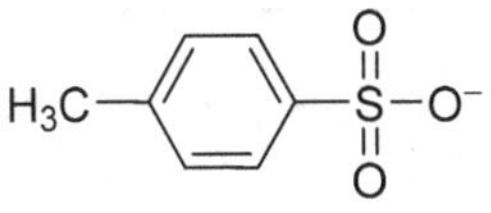

简写为TsO^-

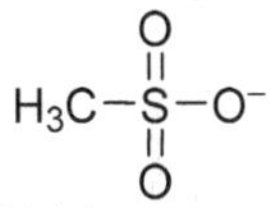

简写为MsO^-

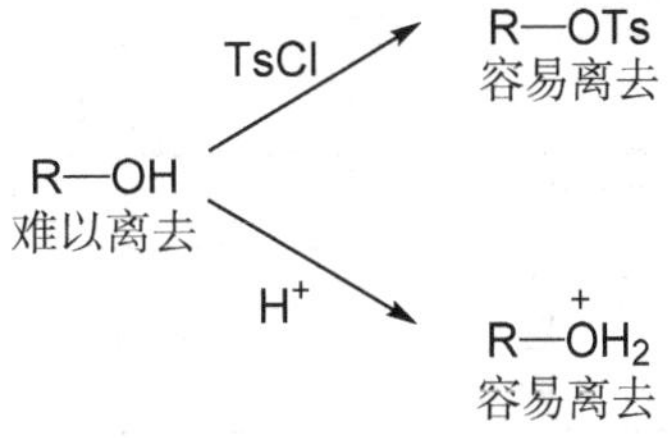

(3) 试剂的亲核性对 S_N2 反应影响很大。试剂的亲核性越强，反应越快。试剂的亲核能力取决于两个因素：一是给电子能力(碱性)，二是可极化性。如果碱性和可极化性大小顺序一致时，则亲核性大小的顺序也保持一致。

同一周期的元素，从左到右碱性和可极化性都逐渐减弱，因此亲核性也是逐渐减弱。例如：

$$NH_2^- > OH^- > F^-$$

$$R_3C^- > R_2N^- > RO^- > F^-$$

如果碱性大小和可极化性大小顺序不一致时，需要根据情况具体分析。例如，同一族的元素，从上到下碱性逐渐减弱，而可极化性逐渐增强。在偶极溶剂中，亲核性大小顺序与碱性大小顺序保持一致，即从上到下逐渐减弱。而在质子性溶剂中，亲核性大小顺序与可极化性大小顺序保持一致，即从上到下逐渐增强。出现以上规律的主要原因是可极化性受溶剂的影响较小，而碱性受溶剂的影响较大。例如：

偶极溶剂：　$F^- > Cl^- > Br^- > I^-$　　$RO^- > RS^- > RSe^-$

质子性溶剂：　$F^- < Cl^- < Br^- < I^-$　　$RO^- < RS^- < RSe^-$

当亲核试剂的成键原子相同时，取代基的立体和电子效应对亲核性也有很大影响。带负电荷的试剂的亲核性强于它的共轭酸。例如，氢氧根负离子强于水分子，烷氧负离子强于相应的醇。当成键原子上取代基是给电子基团时，亲核性增强；反之，吸电子基团降低试剂的亲核性。因此，常见的氧亲核试剂(成键原子为氧原子)的强弱顺序如下：

$$RO^- > OH^- > ArO^- > RCOO^- > ROH > H_2O$$

取代基体积越大，不利于接近中心碳原子，因而亲核性越弱；反之，取代基体积越小，亲核性越强。例如，不同级数的醇形成的烷氧负离子的亲核性大小顺序主要取决于氧原子上烷基的体积大小。烷基体积越大，烷氧负离子的亲核性越弱：

$$CH_3O^- > CH_3CH_2O^- > (CH_3)_2CHO^- > (CH_3)_3CO^-$$

因此，叔丁氧负离子是一种碱性很强、亲核性却很弱的试剂。

基于同样的道理，不同级数的胺，从一级胺到三级胺，碱性逐渐增强，而亲核性逐渐减弱：

碱性：　$CH_3NH_2 < (CH_3)_2NH < (CH_3)_3N$

亲核性：　$CH_3NH_2 > (CH_3)_2NH > (CH_3)_3N$

(4) 溶剂的介电常数是衡量溶剂隔离正负离子能力的一个物理参数。介电常数越大，溶剂的极性越大，其稳定离子的能力越强。相对介电常数大于 15、偶极矩大于 6.67×10^{-30} C·m 的溶剂称为极性溶剂，反之为非极性溶剂，常见溶剂的相对介电常数可见表 7-3。在极性溶剂中，能够与负离子形成强氢键的溶剂称为质子性溶剂，不易给出质子与负离子形成氢键的溶剂称为偶极溶剂。

表 7-3　常用溶剂的相对介电常数

常用溶剂	相对介电常数	常用溶剂	相对介电常数
正己烷	1.58	环己烷	2.02
石油醚	1.80	二氧六环	2.21

续表

常用溶剂	相对介电常数	常用溶剂	相对介电常数
四氯化碳	2.24	吡啶	12.3
苯	2.29	叔丁醇	12.47
甲苯	2.37	异丙醇	19.92
间二甲苯	2.38	丙酮	20.7
二硫化碳	2.64	乙醇	24.3
乙醚	4.34	甲醇	33.6
氯仿	4.81	*N,N*-二甲基甲酰胺	37.6
乙酸乙酯	6.02	乙腈	37.5
乙酸	6.15	乙二醇	37.7
四氢呋喃	7.58	甲酸	58.5
1,2-二氯乙烷	10.4	水	80.4

对同一种溶剂而言，其对带电荷物质的溶剂化稳定效应强于对不带电荷物质。所带电荷越集中或电荷密度越大，该效应越强。因此，极性溶剂对 S_N2 反应有利，而非极性溶剂对 S_N2 反应不利。然而，对于 S_N2 反应，增加溶剂极性，则对反应不利。因此，S_N2 反应通常采用偶极溶剂，而不是质子性溶剂。例如，碘甲烷与叠氮化钠的亲核取代反应，在偶极溶剂 DMF 中的反应速率常数远大于在质子性溶剂甲醇中的反应速率常数。

$$CH_3—I \quad + \quad NaN_3 \xrightarrow{k_2} CH_3—N_3 \quad + \quad NaI$$

溶剂	k_2
DMF	3×10^{3}
CH_3OH	3×10^{-2}

2) 单分子亲核取代反应(S_N1)

在另外一些亲核取代反应中，以光学纯的卤代烃为底物，发生亲核取代反应之后，以 1∶1 的比例生成一对构型保持和构型翻转的产物，即为外消旋体。动力学研究结果也表明，反应速率与底物的浓度成正比，而与亲核试剂的浓度大小无关，即该反应是一级动力学反应，反应级数为 1。因此，这类反应被称为单分子亲核取代反应(S_N1)。

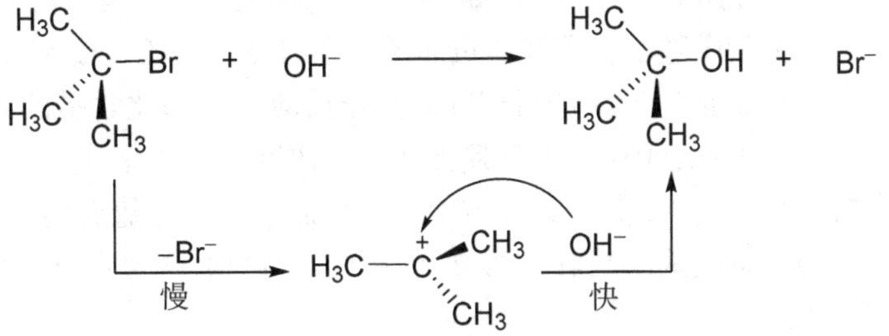

反应速率　　$v = k_1[(CH_3)_3CBr]$

式中，k_1为反应速率常数。

叔丁基溴单分子亲核取代反应势能变化如图 7-3 所示。

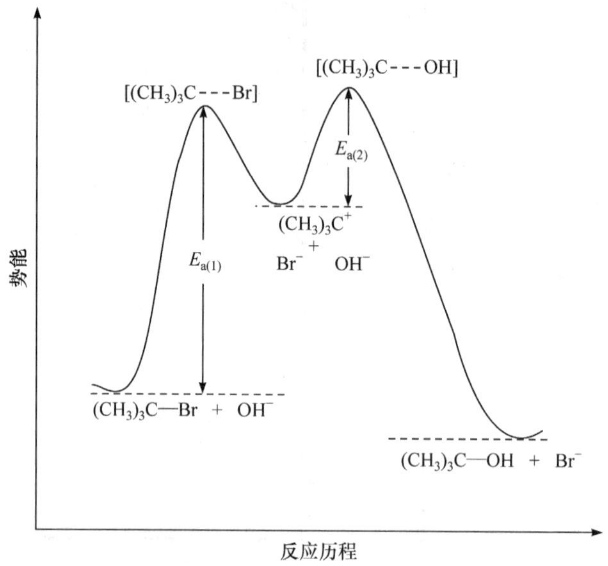

图 7-3　叔丁基溴单分子亲核取代反应的势能变化图

这类反应的机理被认为是：反应底物首先发生解离，即离去基团(L)带着一对共价电子以L^-的形式离开中心碳原子，同时生成活泼的碳正离子中间体(R^+)；然后，碳正离子中间体进一步与亲核试剂快速结合，生成取代反应产物。第一步反应是慢反应，是决速步骤。第二步反应是快反应，但决定了反应产物的立体化学结果。由于碳正离子的中心碳原子采取 sp^2 杂化的平面结构，亲核试剂可以从该平面的两侧以相同的概率进攻中心碳原子。因此，光学纯的底物发生 S_N1 反应后，得到的产物为外消旋体，这是 S_N1 反应的显著特征之一。这个现象常作为 S_N1 反应的判定依据。

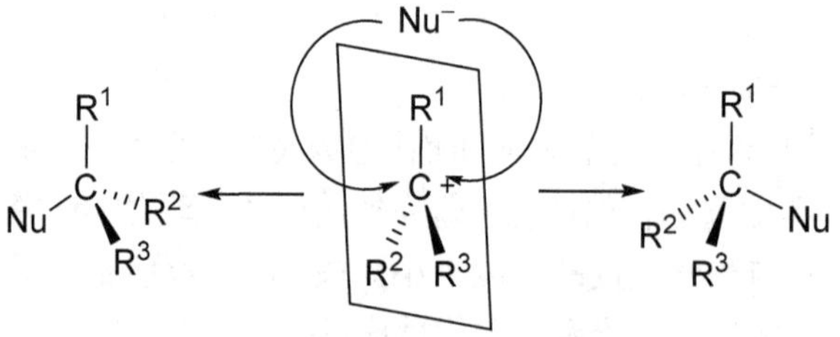

在 S_N1 反应中，常出现其他副产物。例如，新戊基溴在乙醇中与乙醇钠发生反应，产物不仅有正常的亲核取代产物新戊基乙基醚和溴负离子，还有叔戊基乙基醚和 2-甲基丁-2-烯。这两个副产物可以用碳正离子重排反应进行解释。重排反应是指旧化学键的断裂和新化学键的形成发生在同一分子中，引起分子中原子连接方式发生改变但分子组成不变的过程。新戊基溴通过自发解离得到新戊基正离子，其经过邻位甲基迁移而重排为更稳定的叔戊基正离子，然后进一步与乙醇钠反应得到叔戊基乙基醚。而 2-甲基丁-2-烯则被认为是叔戊基正离子脱去一个质子得到更稳定的烯烃。

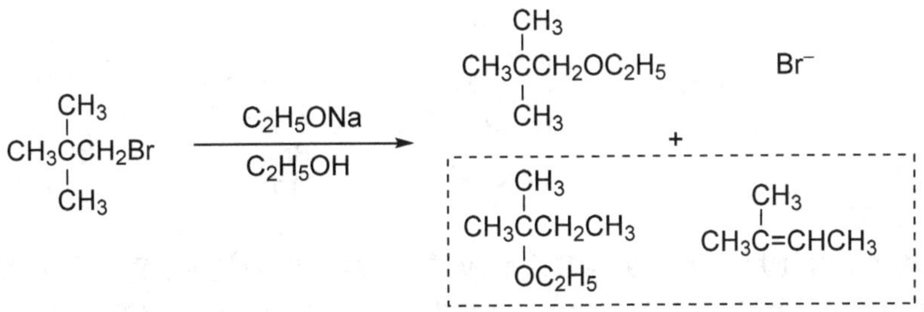

反应机理

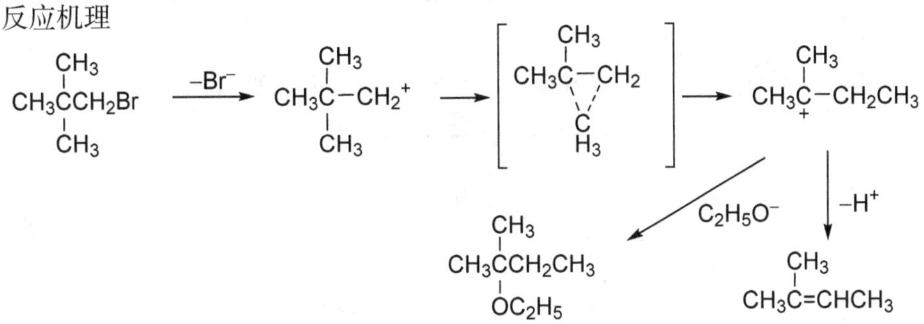

(1) 烃基结构对 S_N1 反应的影响。与 S_N2 反应不同的是，烃基的体积大小对 S_N1 反应影响较小，且趋势相反。烃基的体积越大，对 S_N1 反应越有利。例如：

$$R—Br + H_2O \longrightarrow R—OH + HBr$$

R	$v_{相对}$
CH_3	1
CH_3CH_2	1.7
$(CH_3)_2CH$	45
$(CH_3)_3C$	10^8

S_N1 反应是两步反应，决速步骤为底物解离生成碳正离子中间体的过程。在这个过程中，离去基团与中心碳原子之间的化学键部分断裂，中心碳原子采取介于 sp^3 和 sp^2 之间的杂化状态，带有部分正电荷。中心碳原子上给电子效应取代基，可分散正电荷，降低过渡态的势能，增加反应速率；而吸电子效应取代基，则进一步增加中心碳原子的正电荷密度，增加过渡态的势能，降低反应速率。综合而言，考虑烃基对 S_N1 反应的影响时，共轭效应和超共轭效应比诱导效应优先，电子效应比立体效应优先。因此，不同类型烃基结构的底物活性顺序是：苄基＞烯丙基＞3°烷基＞2°烷基＞1°烷基＞甲基。例如：

$$R—OTs \longrightarrow R^+ \xrightarrow[k]{EtOH} R—OEt$$

R	k
CH_3CH_2	0.26
$(CH_3)_2CH$	0.69
$CH_2═CH—CH_2$	8.6
$PhCH_2$	100
Ph_2CH	约10^5
Ph_3C	约10^{10}

当中心碳原子处在桥环化合物的桥头时，环的刚性导致所生成的碳正离子无法满足 sp^2 杂化的平面构型，碳正离子的稳定性降低，因而更难以发生 S_N1 反应。例如：

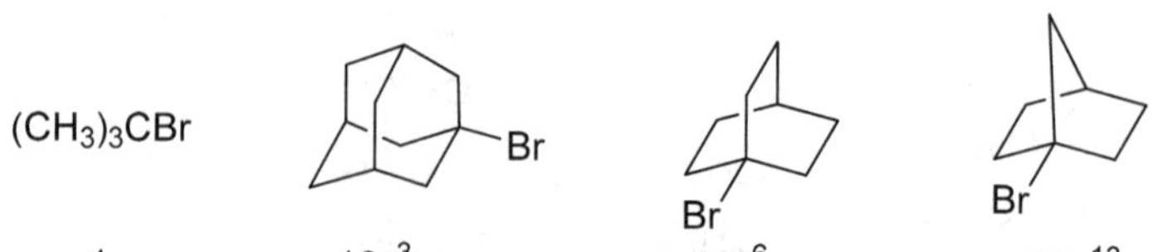

S_N1反应相对速率	1	10^{-3}	10^{-6}	10^{-13}

(2) 离去基团对 S_N1 反应的影响与 S_N2 反应类似。离去能力越强，S_N1 反应越容易发生，且反应速率越快。因此，含不同卤原子的卤代烃发生 S_N1 反应的速率大小顺序是：RI＞RBr＞RCl＞RF。例如：

$$(CH_3)_3C{-}X + H_2O \longrightarrow (CH_3)_3C{-}OH + HX$$

X	$v_{相对}$
F	10^{-5}
Cl	1.0
Br	39
I	99
OTs	$>10^7$

在 S_N1 反应中，决速步骤是反应底物解离生成碳正离子的过程，不涉及亲核试剂，因此亲核试剂的性质对 S_N1 反应几乎没有影响。但是，对同一底物而言，增加试剂的亲核性时，反应更倾向于 S_N2 机理；减小试剂的亲核性时，反应更倾向于 S_N1 机理。

(3) 与 S_N2 反应类似，极性溶剂对 S_N1 反应有利，而非极性溶剂对 S_N1 反应不利。与 S_N2 反应的不同之处在于，溶剂的极性越大，S_N1 反应越快。因此，S_N1 反应通常采用质子性溶剂。

3) Winstein 离子对机理

理论上，S_N1 反应得到的是构型保持和构型翻转的两种产物，且比例是 1∶1。然而，实际研究中发现一些亲核取代虽然在动力学上符合 S_N1 反应特征，但构型翻转的产物却多于构型保持的产物。例如，光学纯的(*S*)-(1-氯乙基)苯发生 S_N1 反应得到 1-苯基乙醇，旋光测试结果表明产物只有 95%外消旋化，与 S_N1 反应 100%外消旋化的结果不符。

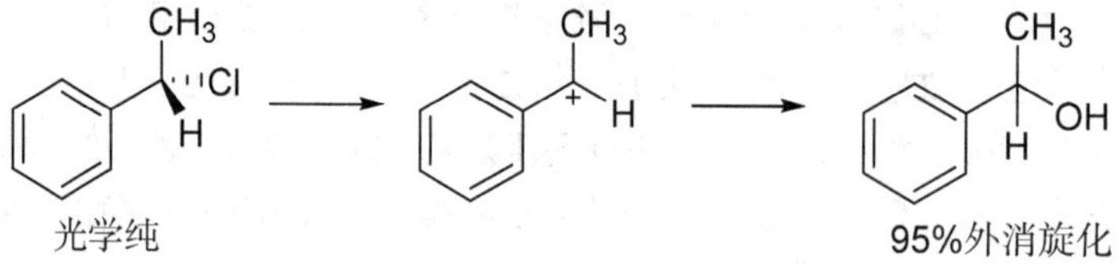

为了解释这种现象，Winstein 提出了离子对机理，即反应物在溶剂的作用下经过紧密离子对、溶剂分离子对和自由离子的过程逐渐解离。

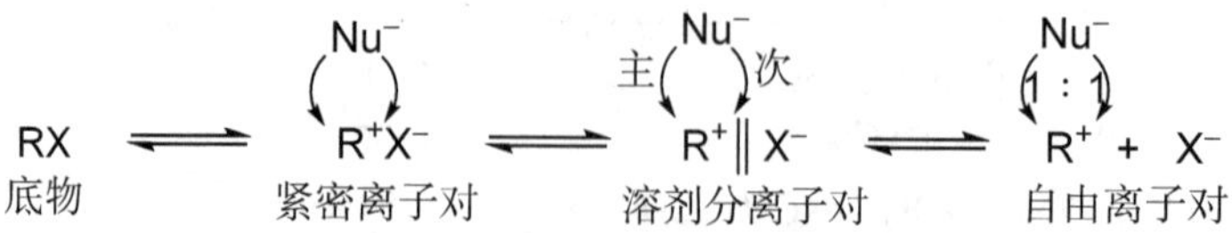

中心碳原子与离去基团之间共价键发生异裂后，碳正离子与负离子紧密靠在一起，形成紧密离子对，并被溶剂包裹。在这个阶段，由于碳正离子平面的一侧被离去基团所形成的负离子阻挡，亲核试剂只能从平面的另一侧，也就是从离去基团的背面进攻中心碳原子，得到构型翻转的产物。

当少量溶剂分子进入紧密离子对后，将碳正离子与负离子分隔开，得到溶剂分离子对。在这个阶段，离去基团仍然对亲核试剂的进攻构成了一定的立体障碍，亲核试剂主要从离去基团的背面进攻中心碳原子，得到构型翻转为主的产物，也有部分构型保持的产物生成。

当大量溶剂进一步将离子对完全分开，正、负离子完全被溶剂分子包裹并溶剂化，得到自由离子对。此时，亲核试剂可以从碳正离子的两侧以同等比例进攻中心碳原子，得到构型翻转和构型保持比例 1∶1 的产物。

离子对的形成过程是可逆的，从紧密离子对经反向过程重新形成原来的共价键称为内返，而从自由离子和溶剂分离子对开始的反向过程称为外返。底物的解离情况取决于底物的结构和溶剂的性质。非极性溶剂有利于形成紧密离子对和溶剂分离子对，而极性溶剂有利于形成自由离子。

7.4.2　卤代烃的消除反应

消除反应是底物在一定条件下消去两个原子或基团的反应。根据这两个原子或基团所处的相对位置，消除反应可以分为 1,1-消除(α-消除)、1,2-消除(β-消除)和 1,3-消除(γ-消除)反应等。

(1) α-消除。例如，碱性条件下氯仿发生α-消除，生成二氯卡宾。

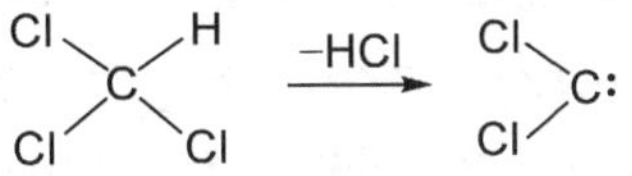

(2) β-消除。例如，酸性条件下醇发生β-消除，生成烯烃。

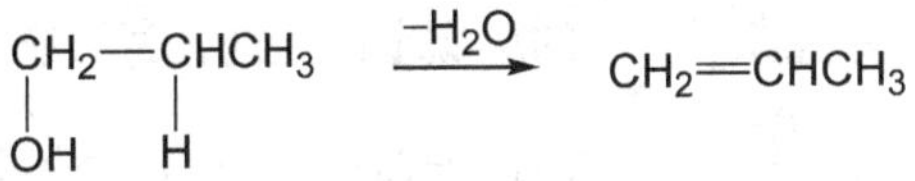

(3) γ-消除。例如，5-氯戊-2-酮发生γ-消除，生成环丙烷。

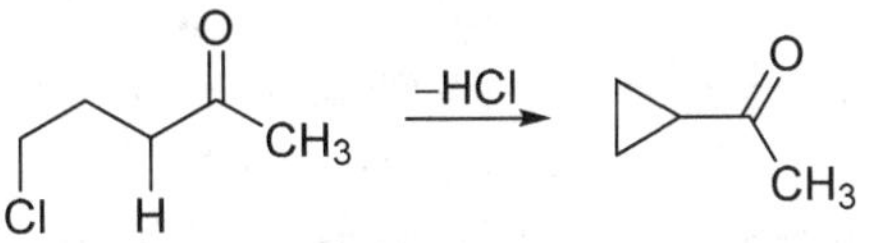

饱和卤代烃在一定条件下能发生β-消除反应而生成烯烃。反应主要涉及三种机理：双分子消除反应(E2 反应)、单分子消除反应(E1 反应)和单分子共轭碱消除反应(E1cb)。

1. 双分子消除反应(E2 反应)

与 S_N2 反应类似，E2 反应也是一个协同反应，即在碱的作用离去基团和 β-氢同时消去，因此在动力学上也是个二级反应。

$$CH_3—CH_2Br + OH^- \longrightarrow CH_2{=}CH_2 + H_2O + Br^-$$

反应速率　　　　$v = k_2[CH_3CH_2Br][OH^-]$

式中，k_2 为 E2 反应的速率常数。

上述反应的势能变化如图 7-4 所示。

E2 反应的过渡态由底物与碱构成，因此烃基的结构、离去基团的离去能力和试剂的碱性等因素对 E2 反应均有直接的影响。消除反应发生前后，涉及反应的两个碳原子(分别称为α-碳和β-碳)由 sp^3 杂化变为 sp^2 杂化，两个碳原子上取代基之间的距离增大，空间位阻减小。因此，空间位阻越大的底物，发生消除反应的倾向越大，不同卤代烃的活性大小顺序是：三级卤代烃＞二级卤代烃＞一级卤代烃。离去基团的离去能力越强以及试剂的碱性越强，均对 E2 反应更有利。

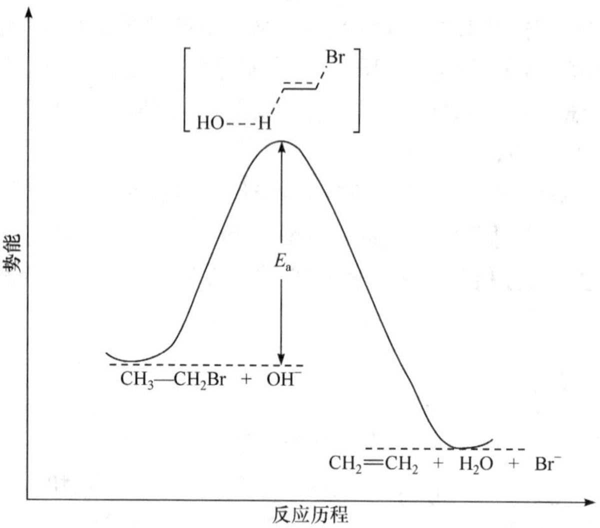

图 7-4　溴乙烷消除反应的势能变化图

底物中β-碳原子上的氢原子称为β-氢原子。当底物含有不同性质的β-氢时，消除不同的β-氢会得到不同的烯烃产物。β-氢的性质决定了产物的选择性，称为区域选择性。通常情况下，E2 反应的产物满足札依采夫(Zaitsev)规则：氢原子较少的β-碳上的氢优先消去，从而得到取代较多的烯烃。导致该选择性的原因是，当消除氢原子较少的β-碳上的氢时，过渡态中电荷更加分散，能量较低。

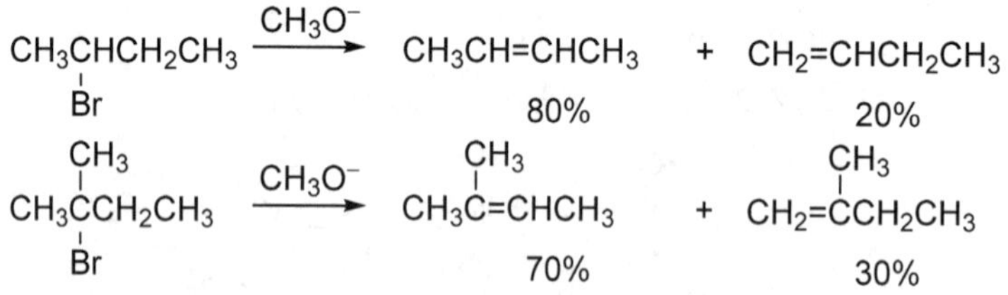

当碱的体积较大且强度增加时，难以靠近空间位阻较大的β-碳上的氢(也就是氢原子较少的β-碳上的氢)，而选择进攻位阻较小但酸性较强的β-碳上的氢(也就是氢原子较多的β-碳上的氢)，因此反 Zaitsev 规则的产物将增加，甚至成为主要产物。例如：

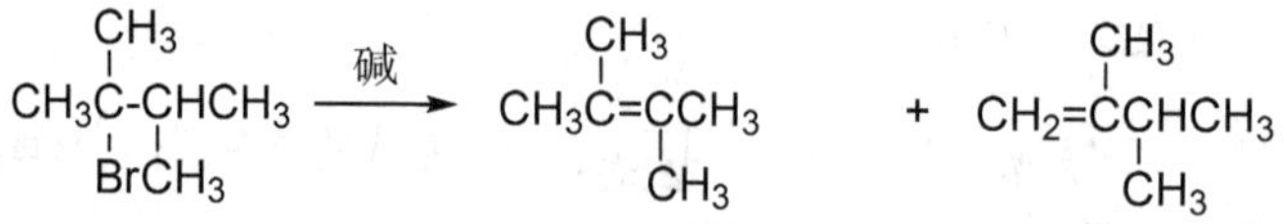

碱		
$CH_3CH_2O^-$	79%	21%
$(CH_3)_3CO^-$	27%	73%
$(CH_3CH_2)_3CO^-$	8%	92%

当离去基团的碱性增加，离去能力越弱，越倾向于生成少取代的烯烃，因此反 Zaitsev 规则的产物将增加。例如：

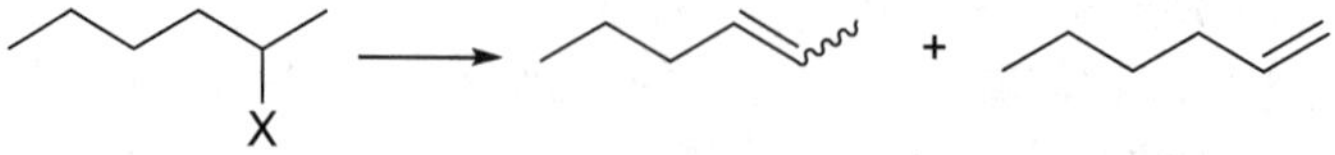

X = I	81%	19%
X = Br	72%	28%
X = Cl	67%	33%
X = F	30%	70%

当其中一个β-碳上有共轭基团时，消除反应优先生成共轭烯烃。例如：

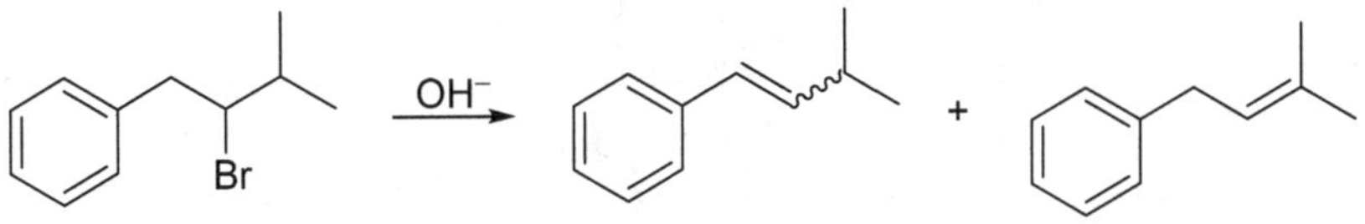

主产物　　　　次要产物

在立体化学方面，E2 反应通常采取反式消除方式，如：

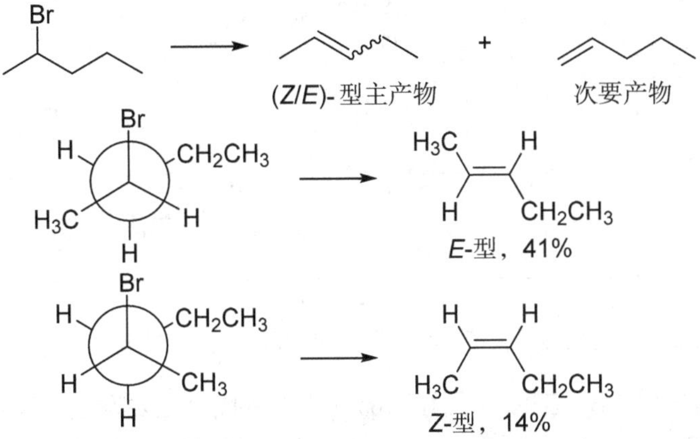

E2 反应采取反式消除方式的原因是，过渡态中分子采取较稳定的对交叉构象，能量较低；而当采取顺式消除方式时，过渡态中分子采取较不稳定的重叠式构象，能量较高。

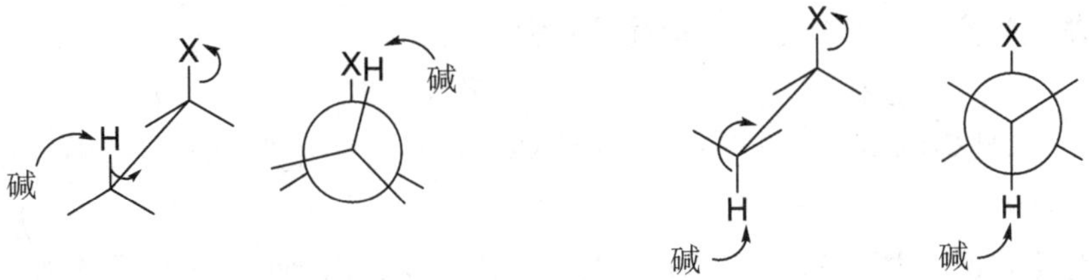

顺式消除　　　　反式消除

2. 单分子消除反应(E1 反应)

E1 反应与 S_N1 反应一样，首先底物自身解离，离去基团自发离去，生成活泼的碳正离子中间体，然后进一步脱去质子，得到最终产物烯烃。生成碳正离子中间体的这一步是反应的决速步骤。因此，E1 反应也是一级动力学反应，反应速率只与底物浓度有关，与碱的浓度无关。

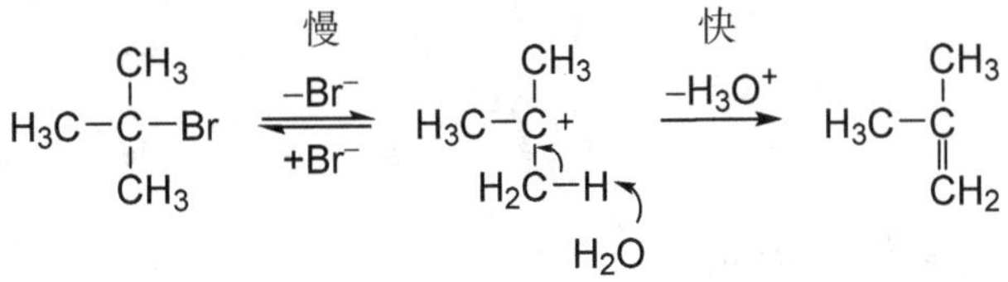

反应速率　　　　$v = k_1[(CH_3)_3CBr]$

式中，k_1 为 E1 反应的速率常数。

上述单分子消除反应的势能变化见图 7-5。

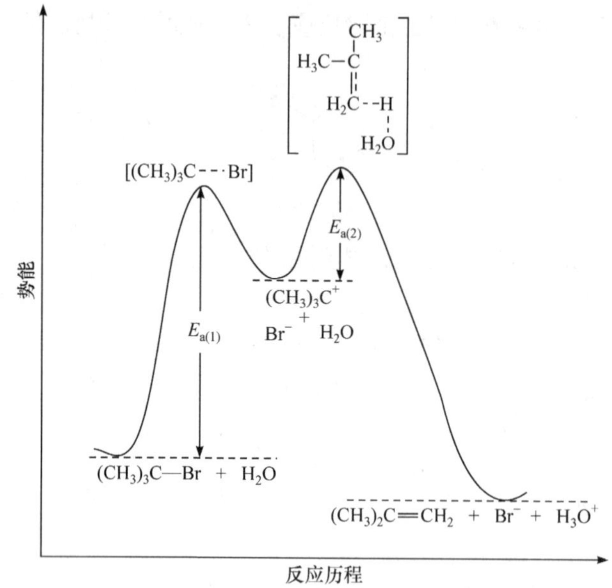

图 7-5　叔丁基溴单分子消除反应的势能变化图

在弱碱或稀碱的作用下，三级卤代烃和部分二级卤代烃主要发生 E1 反应。α-碳上的给电子取代基，可稳定碳正离子，有利于 E1 反应的发生。与 E2 反应一样，不同卤代烃的活性顺序是：三级卤代烃＞二级卤代烃＞一级卤代烃。离去基团的离去能力越强，对 E1 反应越有利。

E1 反应的区域选择性也遵循 Zaitsev 规则，优先生成取代基较多的烯烃。与 E2 反应不同的是，离去基团的离去能力对区域选择性没有影响。

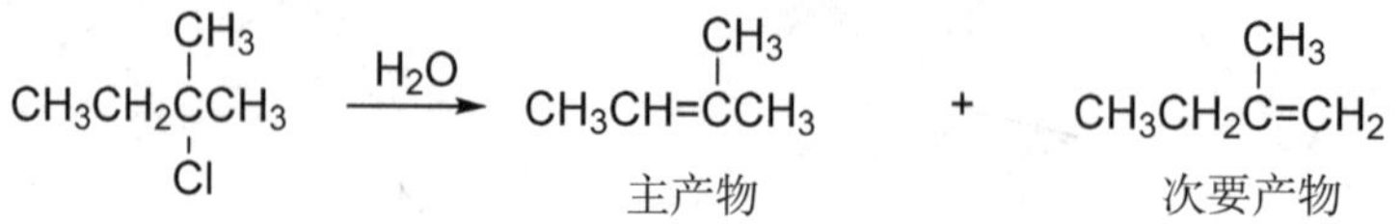

在立体化学方面，由于 E1 反应是两步反应，因此反式消除和顺式消除均能发生，得到 *Z*-型和 *E*-型烯烃的混合物。立体选择性取决于取代基的体积大小。

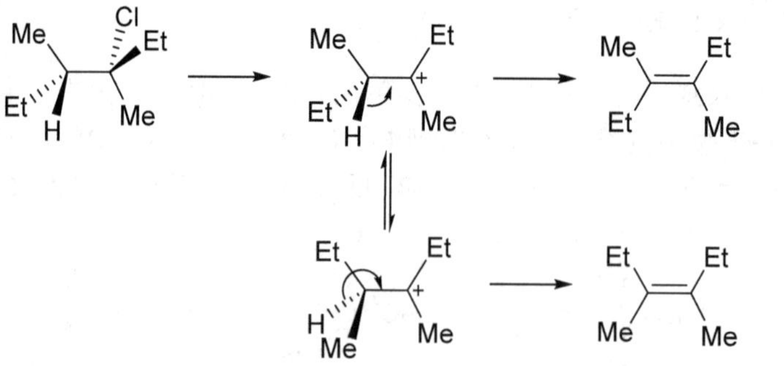

3. 单分子共轭碱消除反应(E1cb)

E1cb 反应是指底物经共轭碱进行的单分子消除反应。底物首先在强碱的作用下脱去 β-碳上的质子而生成碳负离子，然后脱去离去基团生成烯烃。E1cb 反应经历两步反应，其中生成碳负离子的这一步反应是决速步骤。反应速率与底物浓度和碱的浓度均相关，因此是二级动力学反应。

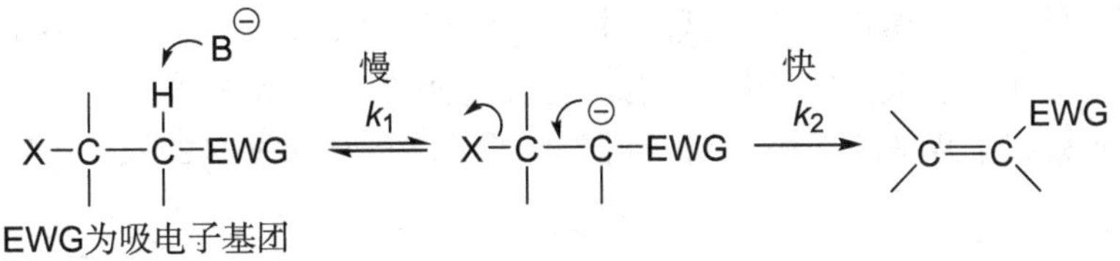

反应速率 $v = k_1$[底物][碱]

式中，k_1 为 E1cb 反应的速率常数。

E1cb 反应通常要求β-碳上有较强吸电子取代基，β-氢的酸性较强，容易脱去该质子而形成较稳定的碳负离子。例如，羟醛缩合反应中β-羟基醛或酮在碱性条件下的消除反应是典型的 E1cb 反应。

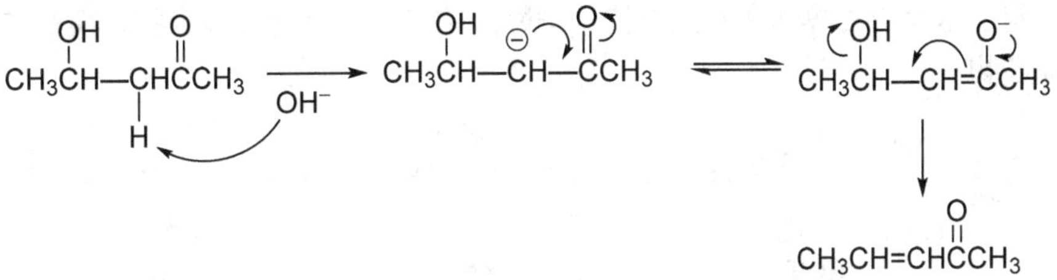

离去基团较难离去也是发生 E1cb 反应的底物的特征之一。例如：

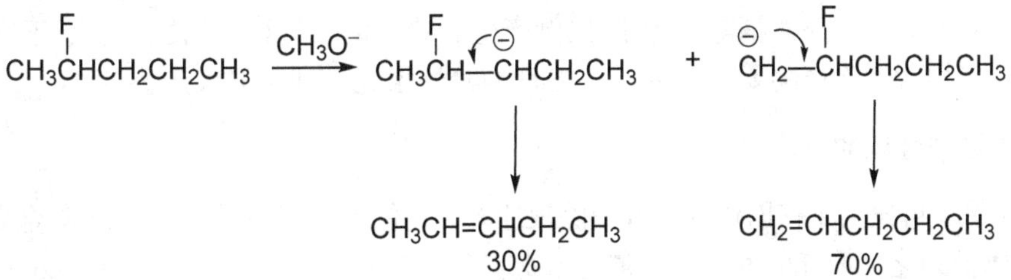

4. 亲核取代反应与消除反应的竞争

亲核取代反应和消除反应可以发生在同一反应体系中。当试剂作为亲核试剂进攻α-碳原子时，则发生亲核取代反应；当试剂作为碱进攻β-氢原子时，则引起消除反应。这两种反应通常同时发生并相互竞争。

影响亲核取代反应和消除反应比例的因素包括底物结构、试剂的亲核性或碱性、溶剂的种类及反应温度等。其中，底物的结构和试剂的碱性是最主要的因素。

当反应底物的β-碳原子上连有吸电子取代基时，β-氢酸性增强，有利于发生消除反应。当反应底物的α-或β-碳原子上烷基取代基增多，或者连接有共轭基团时，有利于稳定碳碳双键，因此有利于消除反应。

试剂的碱性较强时，有利于消除反应。例如，2-氯丁烷与乙醇钠反应时，产物以消除产物为主；而与碱性较弱的乙酸钠反应时，只生成取代的产物。

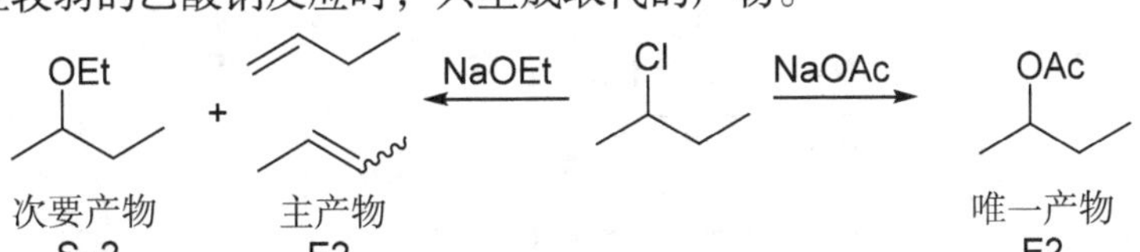

碱的体积大小对消除/取代的比例也有影响。由于底物中α-碳原子周围的空间位阻远大于

β-氢原子周围，体积大的碱作为亲核试剂时，不利于进攻α-碳原子而发生亲核取代产物，而有利于进攻β-氢原子而生成消除产物。例如，正己基溴在甲醇钠的作用下以 99%的选择性得到取代产物，而在叔丁醇钠的作用下则得到 85%的消除产物和 15%的取代产物。

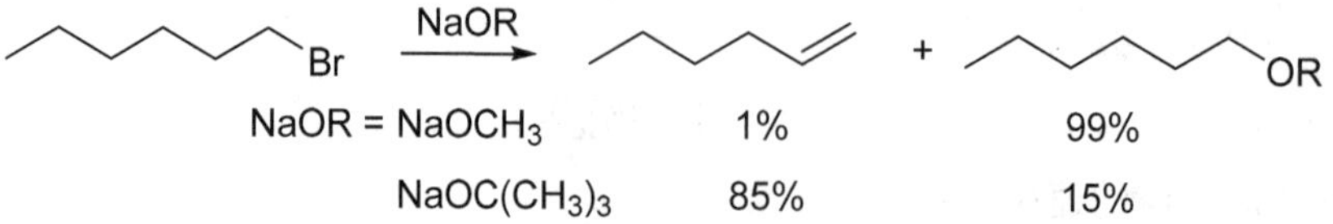

反应温度也对消除/取代的比例产生影响。在同一反应体系中，消除反应所需的活化能一般高于取代反应，而消除反应产物的稳定性又高于取代反应产物。因此，在较低温度下，反应有利于生成活化能较低的取代产物；而在较高温度下，反应则有利于生成稳定性更高的消除产物。例如，叔丁基溴与乙醇钠在室温下得到消除产物和取代产物的混合物，而在 55℃下反应只得到消除产物。

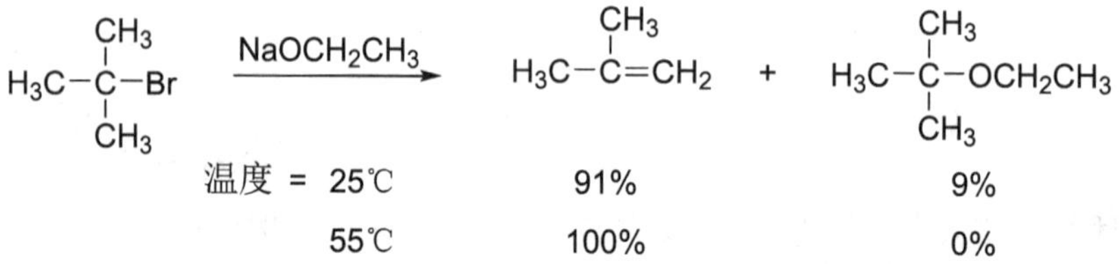

最后，溶剂的极性还对消除/取代的比例产生影响。消除产物的极性一般小于底物，而取代产物的极性相对消除产物要大。因此，溶剂的极性增大有利于取代产物。

7.4.3　卤代烃与金属的反应

卤代烃除了可发生亲核取代反应和消除反应外，还能与金属原子反应生成碳-金属键。这种含有碳-金属键的化合物统称为有机金属化合物或金属有机化合物(organometallic compound)。有机金属化合物的命名方法主要有三种：①金属名称前面加上相应的烃基，如甲基锂、甲基铜和三乙基铝等；②看作是烷烃的衍生物，如四甲基硅烷、三甲基硼烷和四正丁基锡烷；③当作是金属盐进行命名，如碘化甲基镁、乙基二氯化铝。

CH_3Li	Et_3Al	Bu_4Sn	$EtAlCl_2$
甲基锂	三乙基铝	四正丁基锡烷	乙基二氯化铝

1. 与镁的反应

卤代烃与镁单质发生反应，可生成一种通式为 RMgX 的有机镁试剂。这种试剂由法国化学家格林尼亚(V. Grignard)于 1901 年首次发现，因此称为 Grignard 试剂(格氏试剂)。格林尼亚因发现格氏试剂而获得 1912 年的诺贝尔化学奖。伯、仲、叔卤代烃均可以与金属镁发生反应得到相应的格氏试剂，而不同卤代烃中，碘化物的活性最高，其次是溴化物，然后是氯化物，而氟化物的活性最低。

$$R—X + Mg \xrightarrow{\text{醚}} RMgX$$

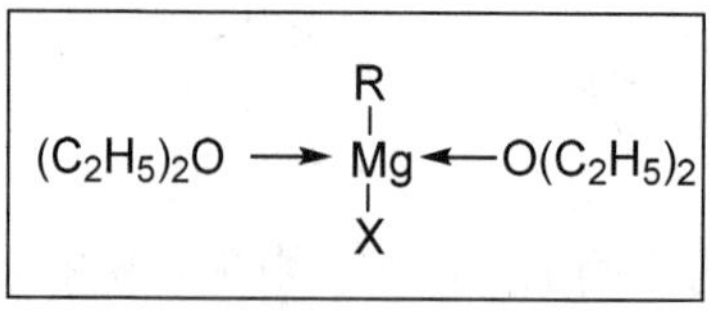

格氏试剂一般只在乙醚、四氢呋喃等醚类溶剂中制备。所合成的 RMgX 与两分子醚配位形成配合物，溶于醚类溶剂中。该反应一般被认为是按照单电子转移的机理进行的：首先，卤代烃从镁单质的表面获取一个电子而生成自由基负离子和一价镁离子；然后，该自由基负离子进一步解离，得到卤素负离子和烃基自由基；与此同时，一价镁离子与卤素负离子结合生成·MgX；最后，烃基自由基与金属表面的·MgX 结合生成 RMgX。

$$R{-}X + Mg \longrightarrow RX^{-\cdot} + Mg^{+\cdot}$$

$$RX^{-\cdot} \longrightarrow R\cdot + X^-$$

$$Mg^{+\cdot} + X^- \longrightarrow \cdot MgX$$

$$R\cdot + \cdot MgX \longrightarrow RMgX$$

格氏试剂中碳镁键是一种极性很强的共价键，表现出强的碱性，因此格氏试剂可与许多含有活泼氢的化合物(如水、醇、酚、胺、末端炔烃等)发生反应，从而释放出烷烃。格氏试剂与重水反应常用来制备氘代化合物。

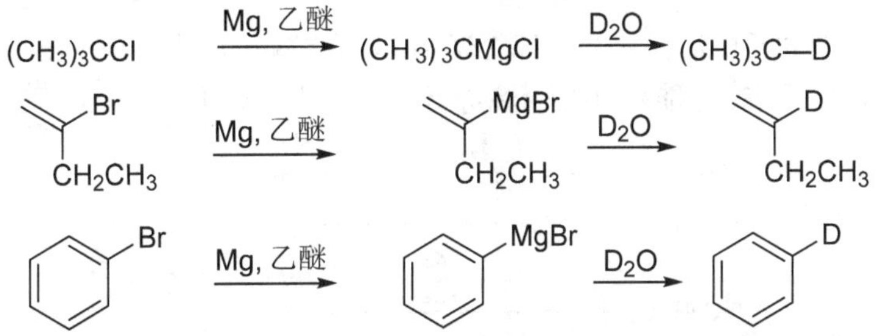

格氏试剂也可以作为亲核试剂，参与亲核取代反应和亲核加成反应，在有机合成中具有非常重要的用途。格氏试剂的反应需要在无水和其他含活泼氢的化合物(如醇、酚、胺、末端炔烃等)的条件下进行。例如，格氏试剂与卤代烃在各种过渡金属催化剂的作用下发生碳碳键形成反应；格氏试剂对醛或酮的亲核加成可以用于制备醇，对羧酸衍生物的亲核取代反应可以用于制备醛或酮，而对二氧化碳的亲核加成反应可用于制备羧酸。

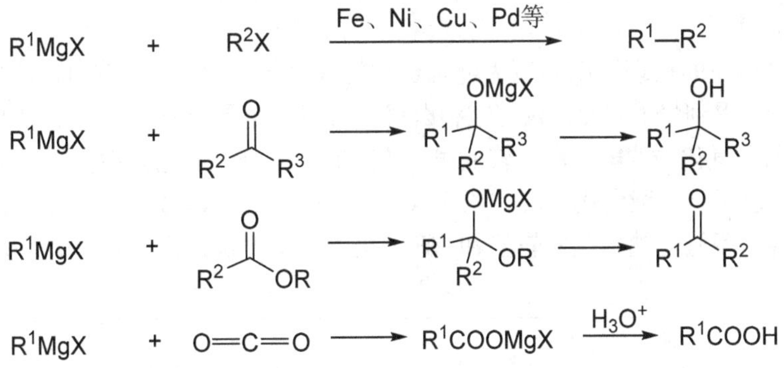

2. 与锂的反应

有机锂试剂也可以通过卤代烃与金属锂的反应得到，其通式为 RLi。例如，正溴丁烷与锂在乙醚中反应制备正丁基锂。类似地，叔丁基溴与锂在更低的温度下反应制备叔丁基锂。

$$CH_3CH_2CH_2CH_2Br + 2Li \xrightarrow[-10℃]{\text{乙醚}} CH_3CH_2CH_2CH_2Li + LiBr$$

$$(CH_3)_3CBr + 2Li \xrightarrow[-30℃]{\text{乙醚}} (CH_3)_3CLi + LiBr$$

与格氏试剂不同，有机锂试剂的碳锂键是离子键，因此有机锂试剂比格氏试剂更加活泼，碱性更强。烷基锂与末端炔烃反应可用于制备炔基锂试剂。

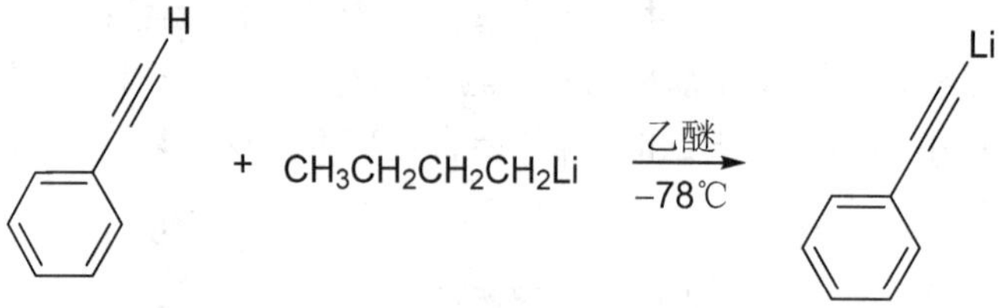

烷基锂还可以与卤代芳香烃发生锂卤交换反应，用于制备芳基锂试剂。

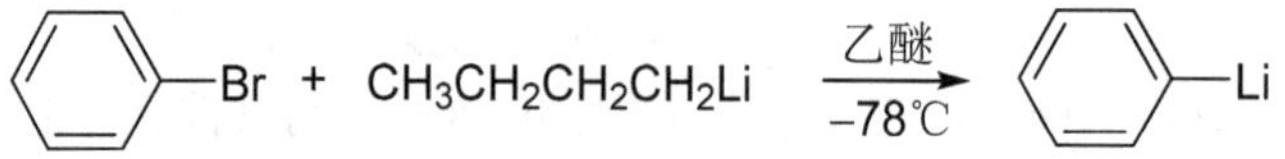

此外，烷基锂与一价铜化合物反应生成二烷基铜锂。

$$2RLi + CuI \longrightarrow R_2CuLi + LiI$$

二烷基铜锂试剂的反应活性比烷基锂更温和，具有较弱的碱性和较强的亲核性，既可以与卤代烃发生亲核取代反应，又能对环氧丙烷进行开环反应，还可以与α,β-不饱和羰基化合物发生 1,4-共轭加成反应。

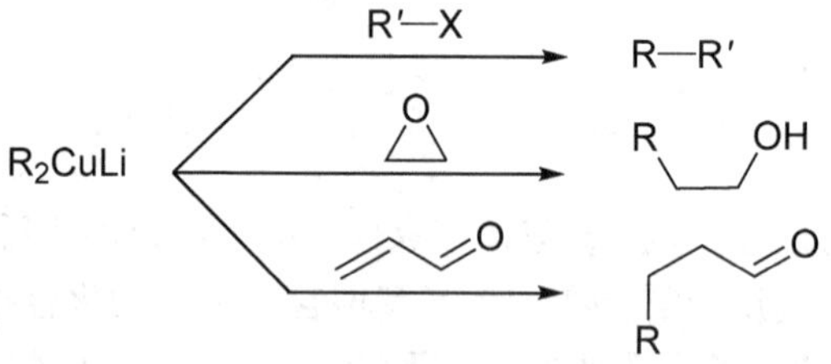

7.4.4　卤代烃的还原反应

卤代烃还可以发生还原反应，主要的还原方法包括金属氢化物还原、低价主族金属还原和过渡金属催化加氢等。

金属氢化物还原的机理可以理解为金属氢化物提供氢负离子，进攻卤代烃的α-碳原子，发生亲核取代反应，得到烃。因此，只有饱和卤代烃可以被金属氢化物还原。常用的金属氢化物包括氢化锂铝和硼氢化钠。氢化锂铝较活泼，还原能力较强，但选择性差，反应必须在无水条件下进行；一般只还原一级卤代烃和二级卤代烃，且卤代烃的活性顺序：卤代甲烷＞一级卤代烃＞二级卤代烃。硼氢化钠的性质较温和，还原能力较差，选择性却很好，反应通常在质子性溶剂中进行。

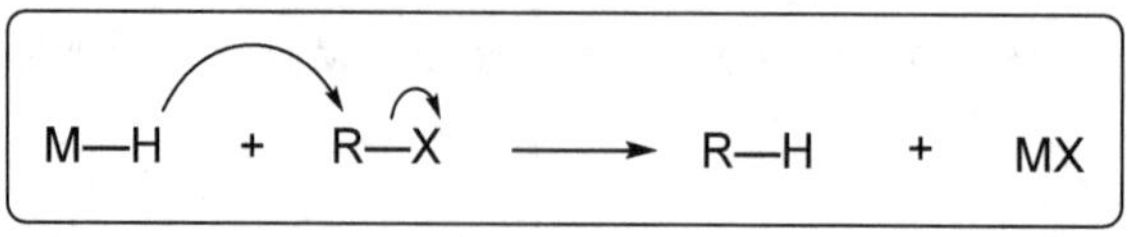

$$CH_3(CH_2)_6CH_2Br \xrightarrow{LiAlH_4} CH_3(CH_2)_6CH_3$$

$$(CH_3)_3CBr \xrightarrow{NaBH_4} (CH_3)_3CH$$

低价主族金属(如锌)在强酸条件下可将卤代烃还原为烷烃。例如：

$$CH_3(CH_2)_{14}CH_2I \xrightarrow{Zn,\ HCl} CH_3(CH_2)_{14}CH_3$$

钠的液氨溶液也可用于卤代烃的还原，尤其是用于卤代烯烃时，双键不受影响。例如：

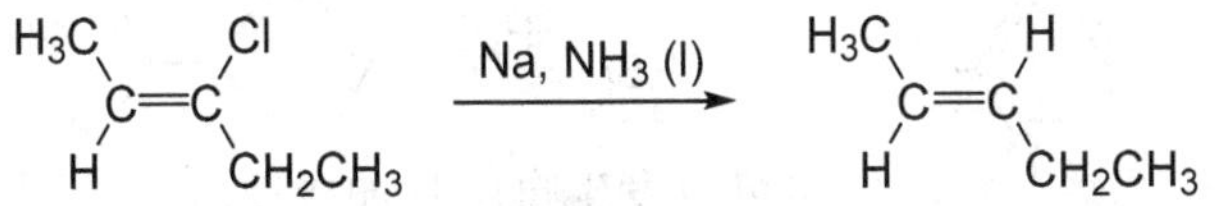

过渡金属催化氢化方法也常用于卤代烃的脱卤还原。常用的催化剂为负载在活性炭等载体上的 Pd、Ni、Pt 及其氧化物等。例如：

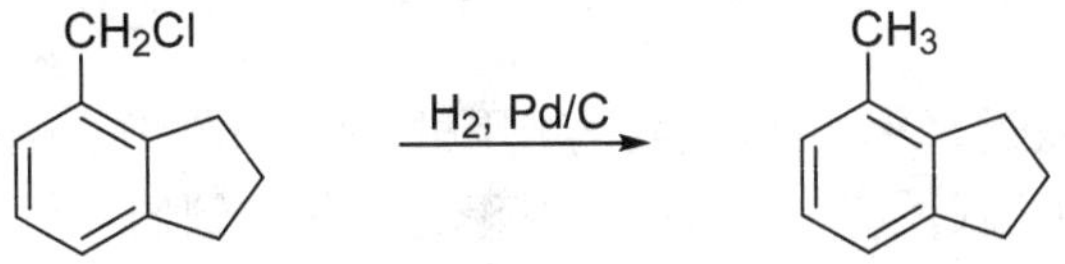

7.5　卤代烃的制备方法

天然存在的卤代烃较少，而且主要是分子量较大且结构较复杂的高级卤代烃。因此，卤代烃主要通过其他有机化合物转化得到。

7.5.1　从烷烃制备卤代烷烃

烷烃的自由基卤代反应是制备卤代烷烃，尤其是低级卤代烷烃的常用方法之一，在实验室和工业上均有广泛的使用。

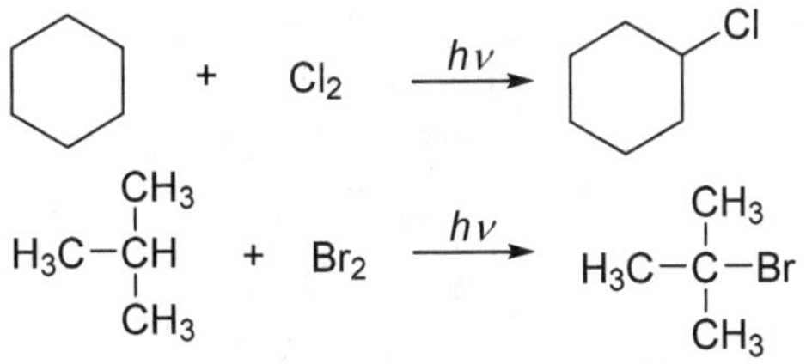

当烷烃中含有多个活性接近的氢原子时，反应的区域选择性等较难控制，需要复杂的分离纯化过程才能得到单一产物。

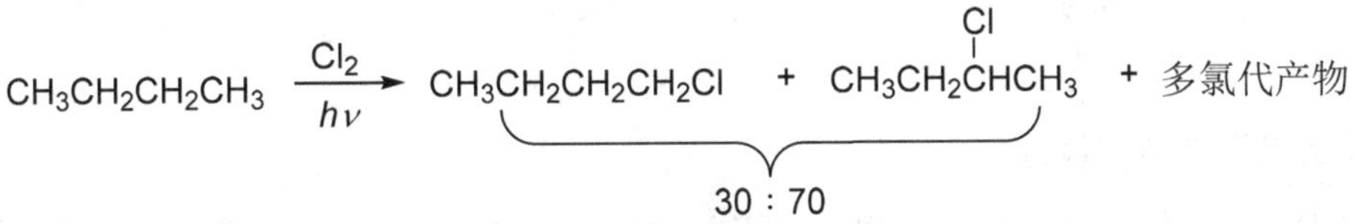

7.5.2　从烯烃和炔烃制备卤代烷烃和卤代烯烃

工业上，烯烃获取较容易，成本较低。因此，烯烃与氢卤酸的加成反应是工业上和实验室中制备卤代烃的常用方法之一。烯烃与氢卤酸在极性溶剂中发生亲电加成反应，该反应遵循马氏规则，因此适用于制备符合马氏规则的加成产物。例如：

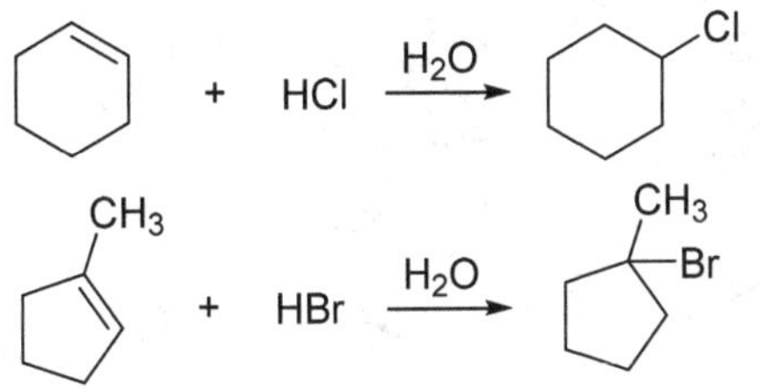

炔烃与氢卤酸的亲电加成反应也可用于制备卤代烯烃。例如：

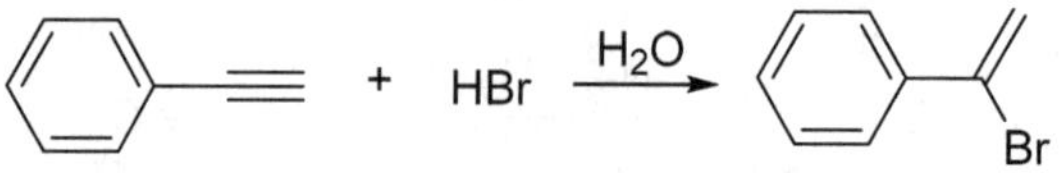

在非极性溶剂中，烯烃与氢卤酸也可以发生自由基加成反应，得到反马氏的产物。例如：

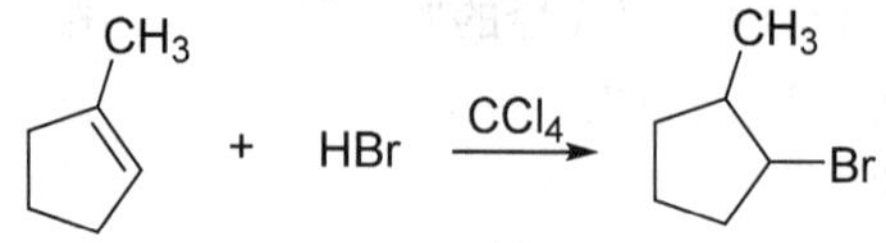

同样在光照条件下或过氧化物(如过氧化苯甲酰)存在条件下，烯烃与 *N*-溴代丁二酰亚胺(NBS)等试剂发生烯丙型卤代反应，生成烯丙基溴化合物。例如：

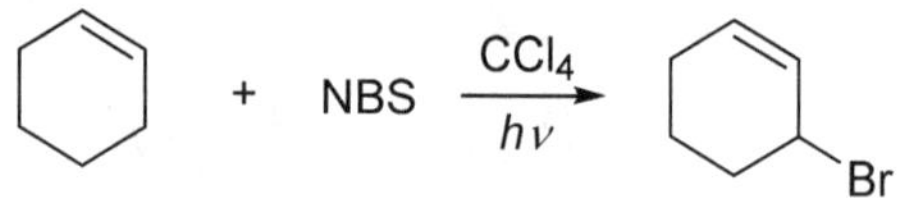

7.5.3　从芳香烃出发制备卤代芳香烃

芳香烃的亲电卤代反应是制备卤代芳香烃的最重要的方法之一。卤代反应的位置取决于芳环上取代基的定位效应。例如：

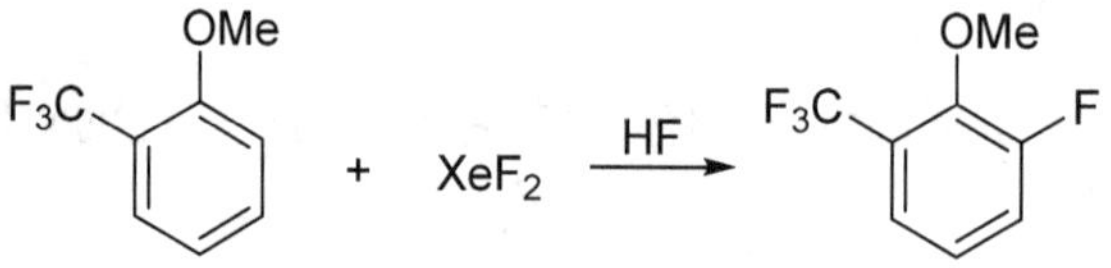

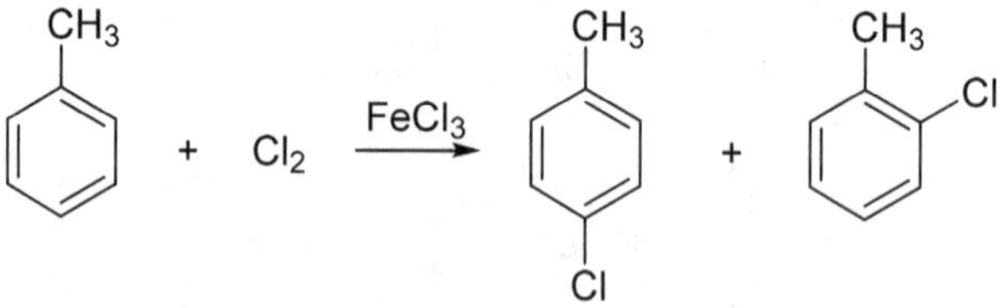

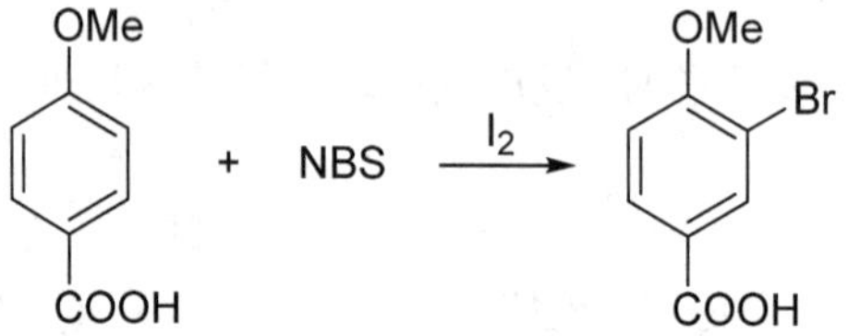

7.5.4　从醇出发制备卤代烃

将醇中羟基转换为卤素原子，也可以用于制备卤代烃。这些反应的原理是，使用质子酸、三溴化磷、二氯亚砜以及磺酰氯等试剂将醇转化为亲核取代活性较高的底物，被卤素亲核进攻，生成卤代烃。例如：

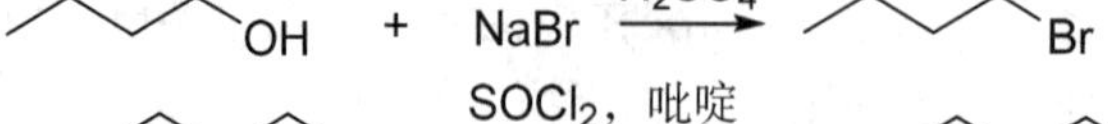

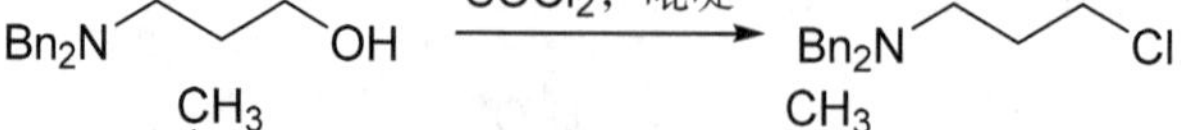

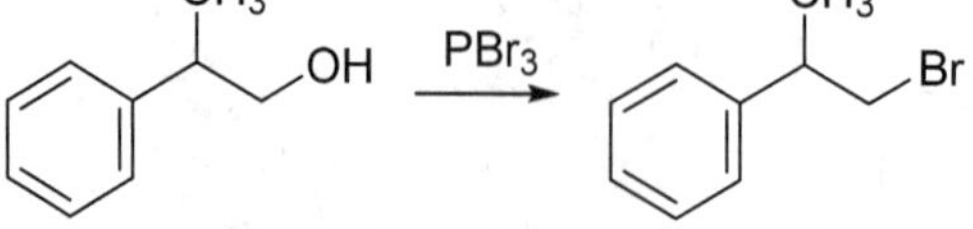

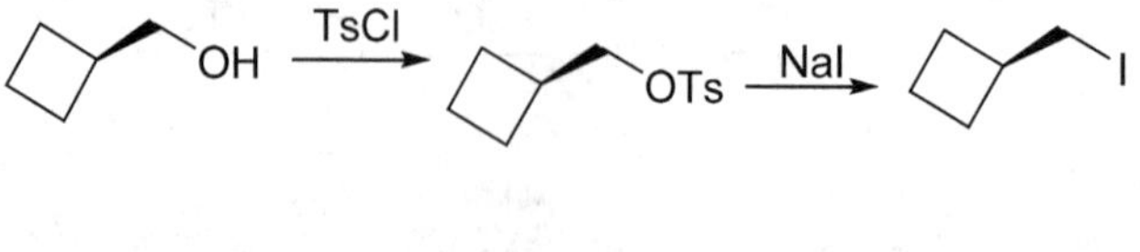

习 题

7-1 按照系统命名法命名以下化合物(中英文)。

(1) 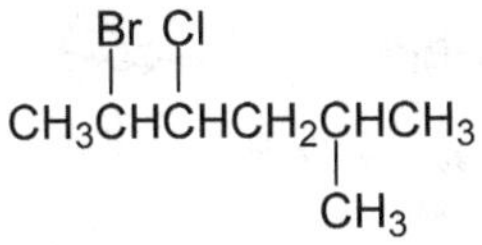 (2) 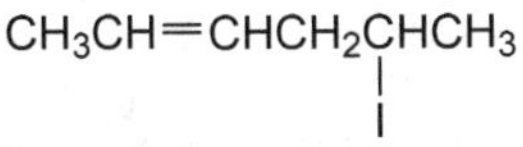 (3) 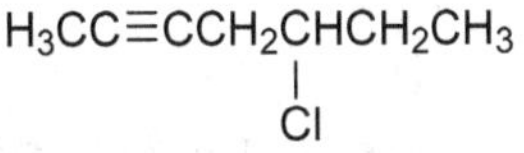

(4) 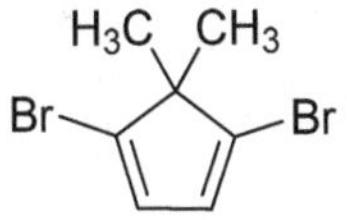 (5) 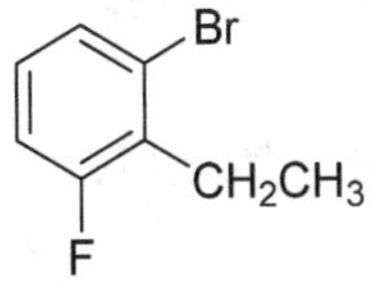 (6) 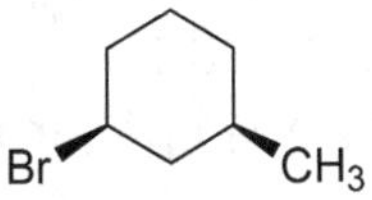

7-2 根据以下化合物的中英文名称画出结构。

(1) 2,3-二氯-4-甲基庚烷；

(2) *trans*-1-bromo-2-ethylcyclohexane；

(3) 3-chloro-2,2,4,4-tetramethylpentane；

(4) 2-溴甲苯；

(5) (*R*)-3-溴环戊烯。

7-3 画出分子式为 C_4H_9Br 的所有异构体的结构，并将它们按照 S_N2 反应从快到慢的顺序排序。

7-4 预测以下反应的产物，并指出这些反应属于 S_N1 反应还是 S_N2 反应。

(1) 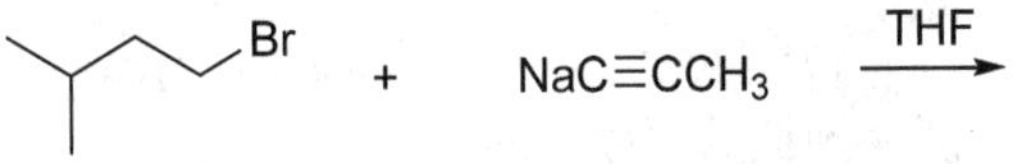

(2) 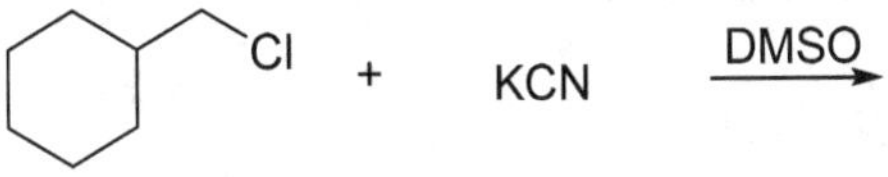

(3) 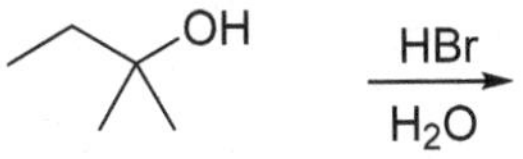

(4) 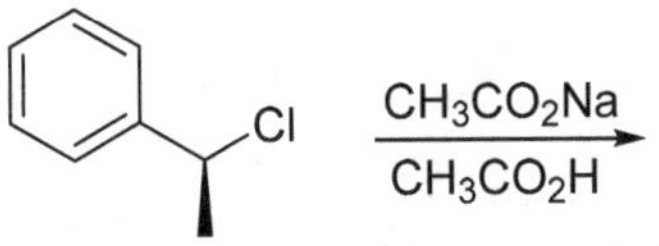

7-5 预测以下反应的产物，并指出这些反应属于 E1 反应、E2 反应还是 E1cb 反应。

(1) 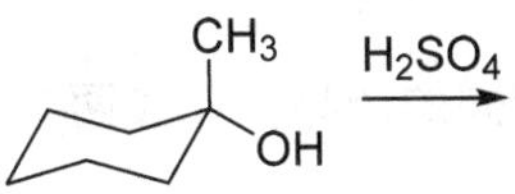

(2) 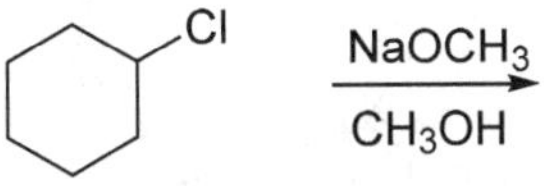

(3) 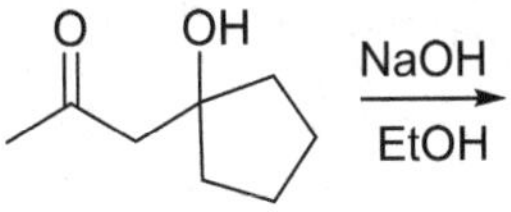

7-6 预测以下消除反应的主要产物。

(1) 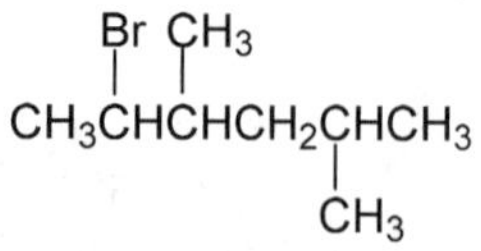　(2) 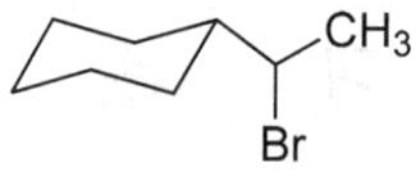　(3) 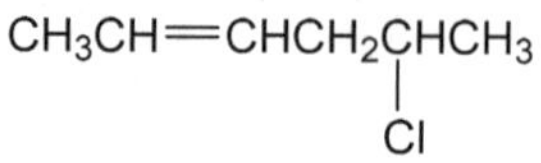

7-7　给以下化合物按照 S_N1 反应从快到慢的顺序排序。

$CH_3CH{=}CHCH_2Br$　$CH_3CH{=}CHCH_2I$　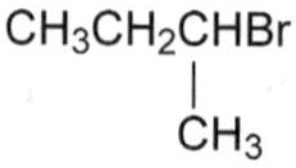　

7-8　比较各组底物与 OH^- 发生 S_N2 反应的快慢。

(1) CH_3Br 或 CH_3I；

(2) CH_3CH_2I 分别在 EtOH 或 DMSO 中发生反应；

(3) $(CH_3)_3CCl$ 或 CH_3Cl。

7-9　比较各组亲核试剂的亲核能力大小。

(1) H_2O 与 OH^-　(2) CH_3OH 与 CH_3O^-　(3) $(CH_3)_3P$ 与 $(CH_3)_3N$

(4) EtSH 与 EtOH　(5) OTs^- 与 F^-　(6) I^- 与 Cl^-

7-10　通过亲核取代反应合成以下化合物，写出方程式，并指出反应底物、亲核试剂和溶剂分别是什么。

(1) 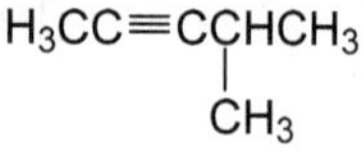　(2) $CH_3CH_2CH_2CH_2CN$　(3) 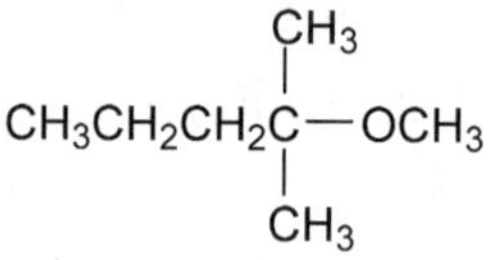

7-11　预测 1-溴丁烷与以下试剂反应时的主要产物。

(1) $NaNH_2$　(2) NaI　(3) NaCN　(4) $NaOC(CH_3)_3$

7-12　给以下各组碳正离子按照稳定性从高到低的顺序排序。

(1) 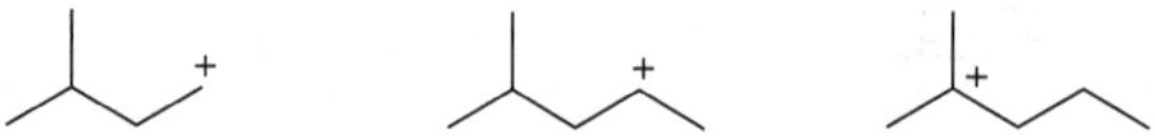

(2) 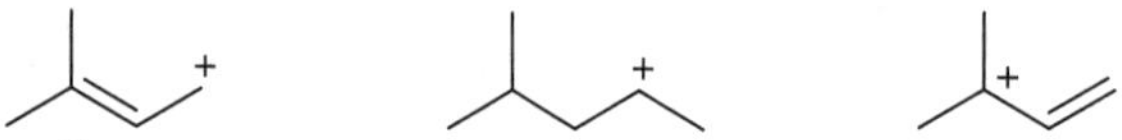

(3) 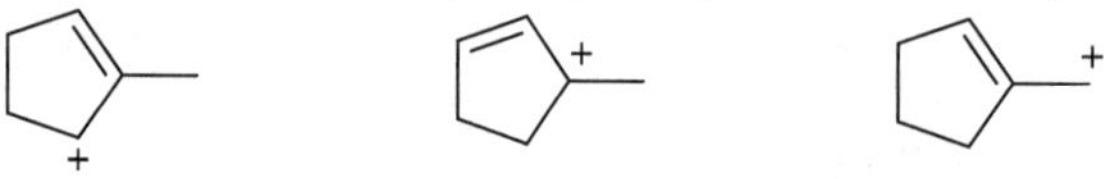

7-13　预测 4-溴丁醇在碱性条件下反应的主要产物。

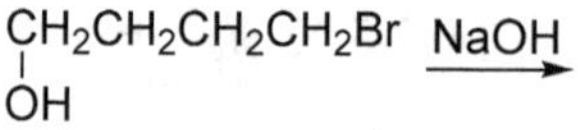

7-14　下列两个化合物在碱的作用下发生消除反应得到相同的产物。比较两个反应的快慢，并给出原因。

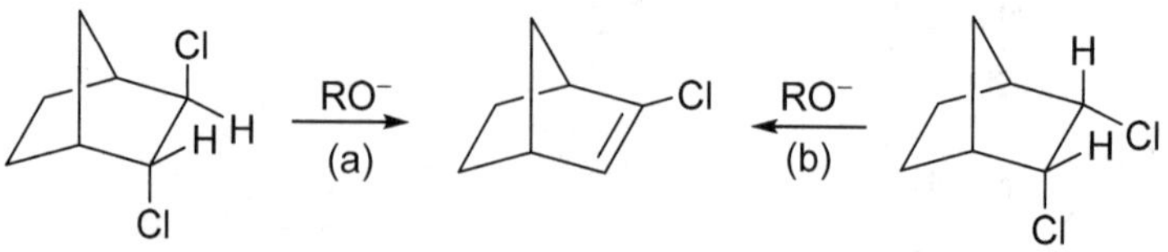

7-15　预测下列反应的(主要)产物。

(1) 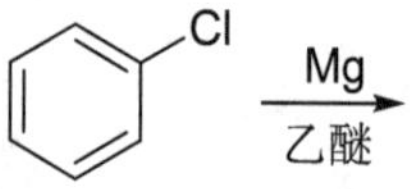　(2) 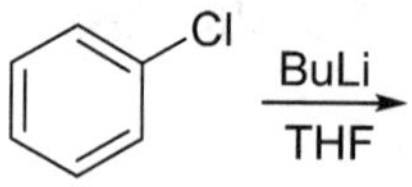

(3) 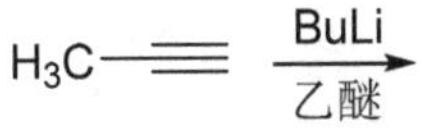　　(4) 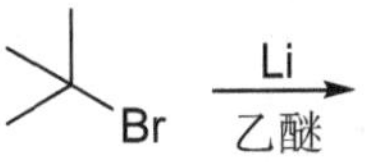

(5) 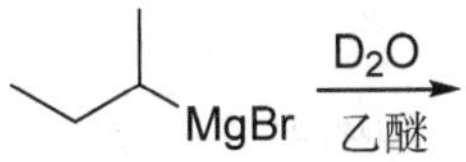　　(6) $2CH_3Li \xrightarrow[乙醚]{CuI}$

7-16　预测下列有机金属化合物的反应产物。

(1) 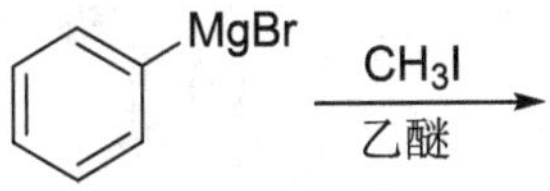　　(2) 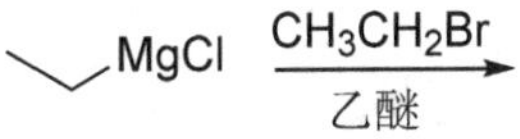

(3) 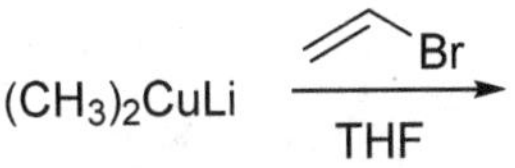　　(4) 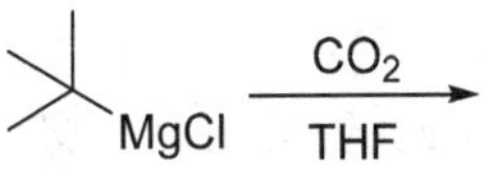

7-17　写出下列反应的主要产物。

(1) 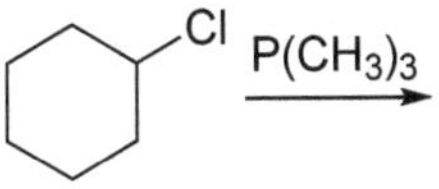　　(2) 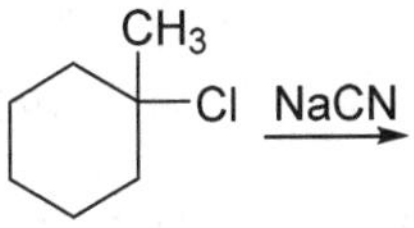

(3) 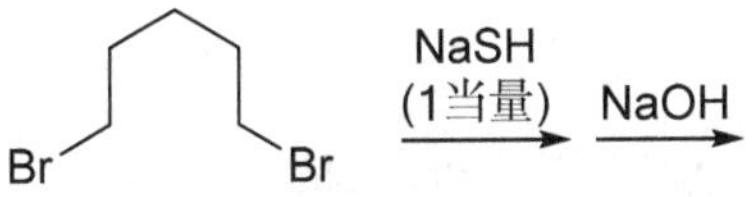　　(4) 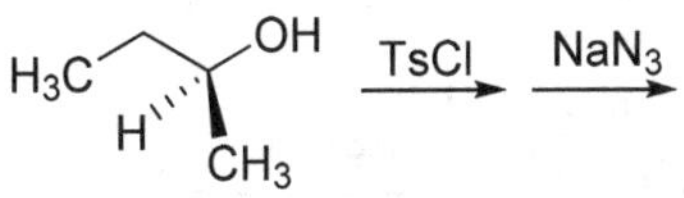

7-18　光学纯的 *R*-2-溴丙酸在 1% NaOH 水溶液条件下反应后，在稀硫酸溶液中继续反应，最终得到构型保持的产物。画出产物的结构并指出手性中心的构型，解释构型保持的原因。

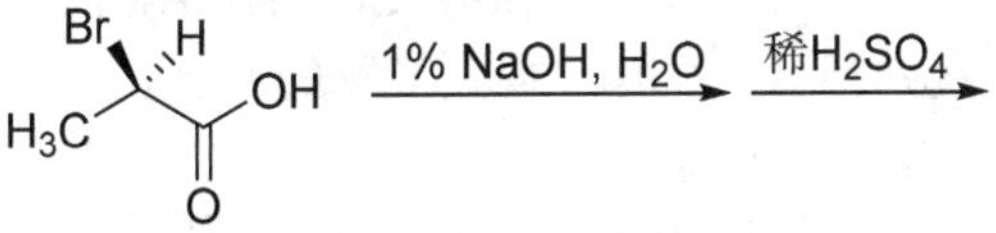

7-19　乙酸甲酯与碘化锂反应生成碘甲烷和乙酸锂：

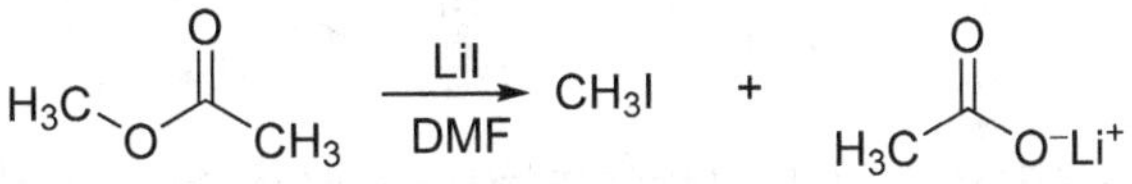

(1) 在乙醇中的反应速率小于在 DMF 中的反应速率；

(2) 乙酸乙酯在相同条件下反应慢于乙酸甲酯，推测反应可能的机理。

7-20　写出下列卤代烃发生脱卤素还原反应所需的条件。

(1) $CH_3CH_2CH_2CH_2CH_2Br$　　(2) 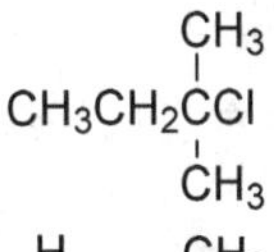

(3) 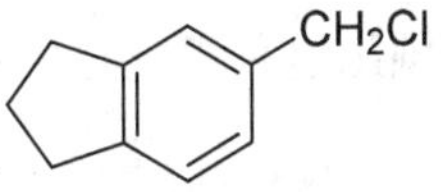　　(4) 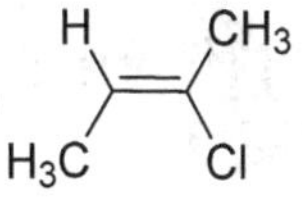

7-21　选择合适的烯烃或炔烃合成下列卤代烃，并指出反应条件。

(1) 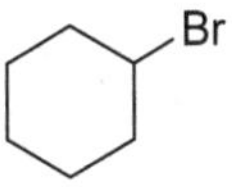　　(2) 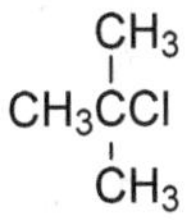

(3) $CH_3CH_2CH_2CH_2CH_2Br$　　(4) 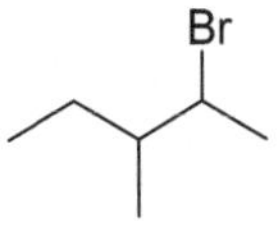

(5) 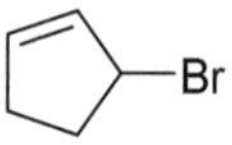　　(6) 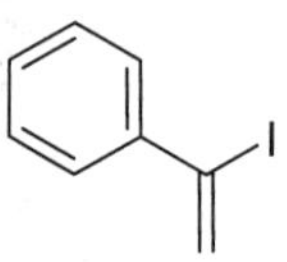

7-22 选择合适的原料，通过卤代反应合成下列卤代烃，并指出反应条件。

(1) 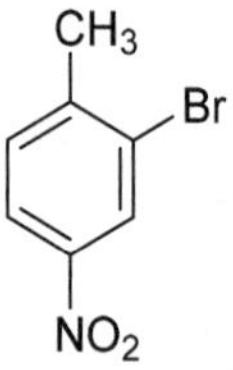　　(2) 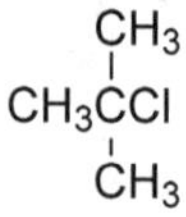　　(3) 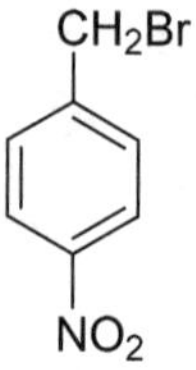

7-23 预测下列反应的主要产物，并指出手性中心的构型。

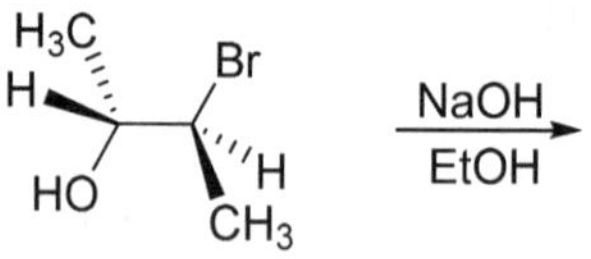

7-24 预测下列反应的主要产物。

(1) 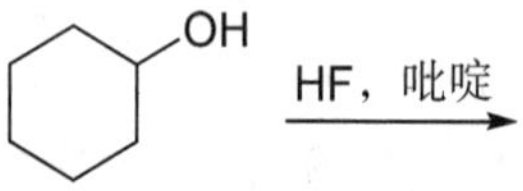　　(2) 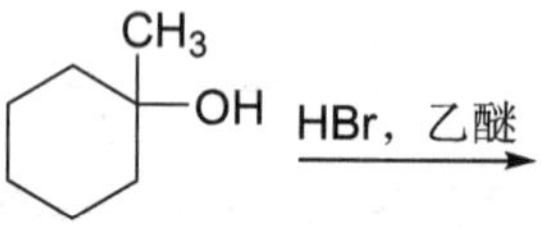

(3) $CH_3CH_2CH_2CH_2OH \xrightarrow{SOCl_2}$　　(4) 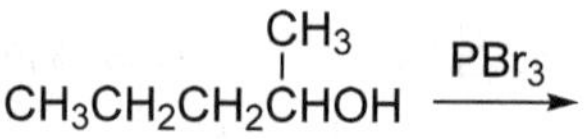

7-25 解释下列消除反应得到反 Zaitsev 规则产物的原因。

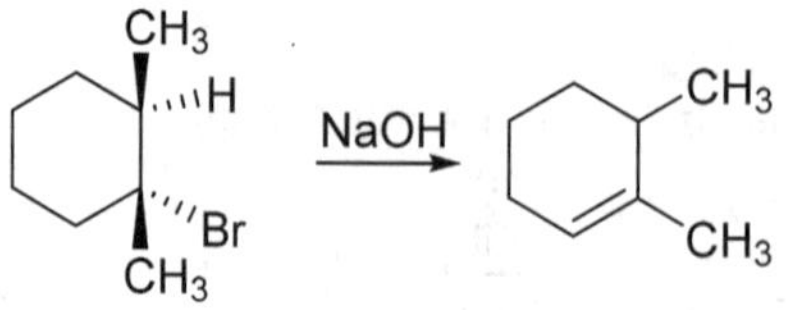

7-26 (*R*)-2-溴辛烷在 DMSO 中与溴化钠作用后得到外消旋的 2-溴辛烷，解释原因。

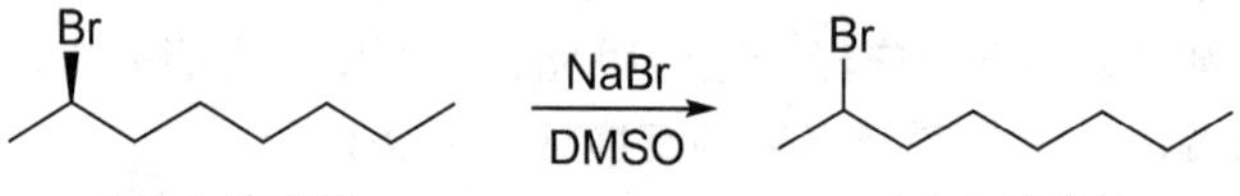

(*R*)-2-溴辛烷　　(±)-2-溴辛烷

7-27 画出 1,2,3,4,5,6-六氯环己烷的所有非对映异构体的结构，并指出发生 E2 反应最慢的那种异构体。

7-28 下列化合物为某卤代烃通过 E2 反应得到的唯一产物。画出这种卤代烃的结构，指出手性中心的构型，并解释原因。

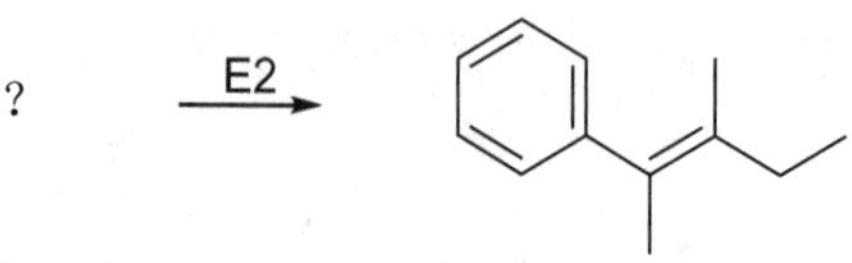

7-29 用六个碳及六个碳以下的卤代烃合成下列化合物。

(1) 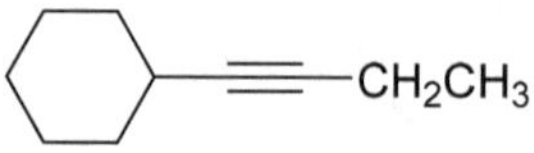　　(2) 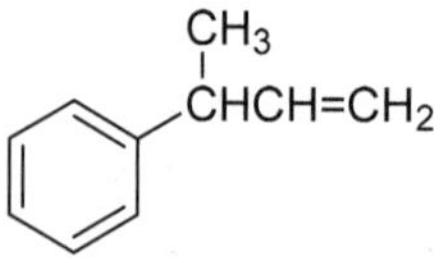　　(3) 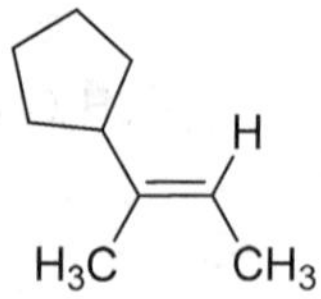

第 8 章　醇、醚和酚

醇、醚和酚是广泛存在于自然界中的化合物，在日常生活中也被广泛应用。例如，薄荷醇存在于薄荷中，可用于调味和药用；乙醇由谷物发酵产生，各种酒类都含有乙醇；桉树油是一种醚，来自桉树叶，可用作调味剂、香味剂和药物剂。香兰素是一种既含有醚官能团又含有酚羟基官能团的化合物，主要从香草豆中分离出来，具有浓郁的奶香，广泛用于化妆品、烟草、糕点、糖果以及烘烤食品等行业。辣椒素具有与香兰素相似的芳香结构，但它是植物红辣椒的活性成分，具有刺激性并可在皮肤中产生灼烧感。雌二醇是卵巢分泌的类固醇激素，是主要的雌性激素，其分子结构中既含有醇羟基官能团，又含有酚羟基官能团。苦味酸是一类典型的酚类化合物，在它发明之后近一个世纪时间里，一直被用作黄色染料，但由于它被发现容易发生爆炸，后来被广泛用于装填炮弹、航空炸弹，成为世界上最早的合成炸药。醇、醚和酚类化合物具有非常相似的结构特征。它们都含有碳、氢和氧元素，其中氧原子以单键的形式与碳原子结合。本章将重点介绍这三类化合物的结构和重要性质。

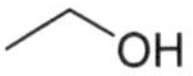

乙醇

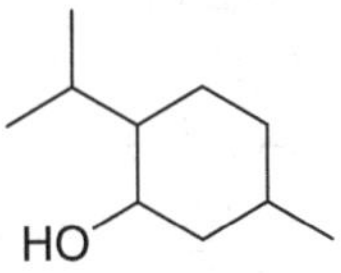

薄荷醇

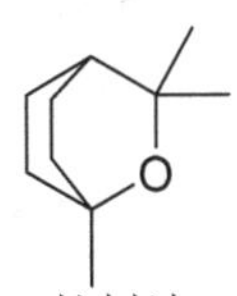

桉树油

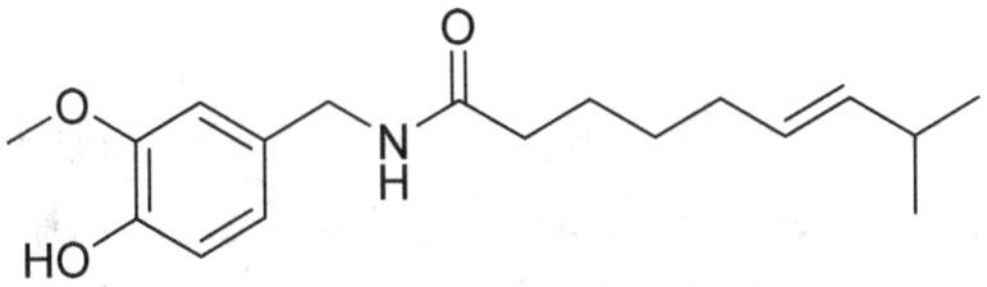

辣椒素

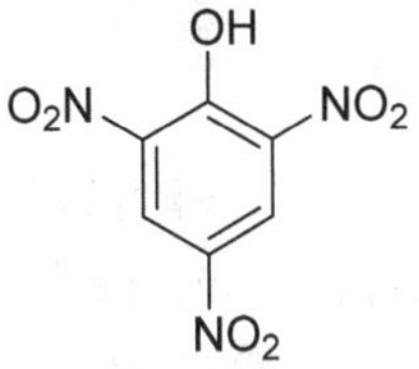

苦味酸

Ⅰ　醇

8.1　醇的分类、命名和结构

醇是烃分子中氢原子被羟基官能团(—OH)取代的一类化合物，其中与羟基官能团直接相连的碳原子为饱和碳原子。

8.1.1　醇的分类

根据与羟基官能团所连接烃基的不同，醇可以分为脂肪醇、脂环醇和芳香醇，其中需要注意的是：脂肪醇包括饱和脂肪醇和不饱和脂肪醇；芳香醇中含有芳香基团，但是羟基并不直接与芳香碳原子相连，而是与芳香烃侧链上的碳原子相连。

醇
- 脂肪醇
  - 饱和醇　$CH_3CH_2CH_2OH$　丙醇
  - 不饱和醇　$CH_2{=}CHCH_2OH$　烯丙醇
- 脂环醇　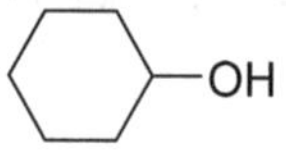　环己醇
- 芳香醇　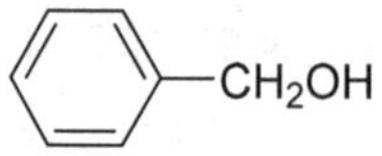　苯甲醇

按照醇分子中所含羟基数目的不同，醇还可以被分为一元醇、二元醇及三元醇。二元及二元以上的醇可统称为多元醇。

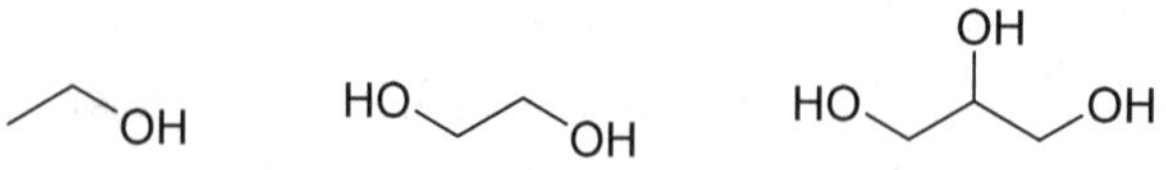

一元醇　二元醇　三元醇

另外，醇分子中与羟基相连的饱和碳原子的级数也会不同(可能是一级碳、二级碳或者三级碳)，其中羟基与一级碳相连的醇被称为一级醇(伯醇)；羟基与二级碳相连的醇称为二级醇(仲醇)；羟基与三级碳相连的醇称为三级醇(叔醇)。

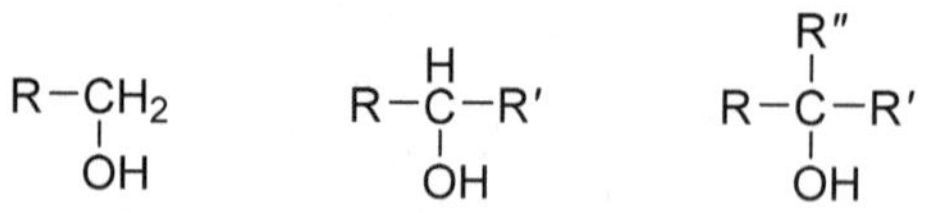

一级醇　二级醇　三级醇

8.1.2　醇的命名

根据醇的定义，醇可以被看作是烃的衍生物，其英文命名往往是将烷烃 alkane 去掉-e 之后加上-ol，这样 alkane 就变为 alkanol，如 methane(甲烷)对应 methanol(甲醇)、ethane(乙烷)对应 ethanol(乙醇)。在中文命名中，习惯性采取类似的方法对一些比较简单的醇进行命名，将醇命名为烷基的常用名称加上“醇”作为后缀，如异丙醇(异丙基+醇)、烯丙醇(烯丙基+醇)、苄醇(苄基+醇)，这些命名在实际的生产生活中十分常用，但是在科学研究中醇类化合物还是主要使用系统命名法进行命名，接下来介绍醇类化合物系统命名法的一些规则。

1. 选主链

选择含有羟基的最长碳链作为主链(不饱和醇则选择包含羟基和重键的碳链作为主链)。

$CH_3CH_2CH_2CH_2OH$　　$H_2C{=}CHCH_2CH_2CH_2OH$

丁醇　　4-烯戊醇

2. 给主链编号

羟基的编号尽可能小，若有重键，则其次再满足重键编号最小。

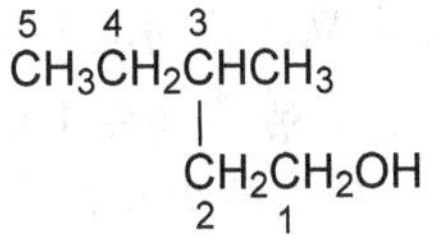

3-甲基戊醇
3-methylpentan-1-ol

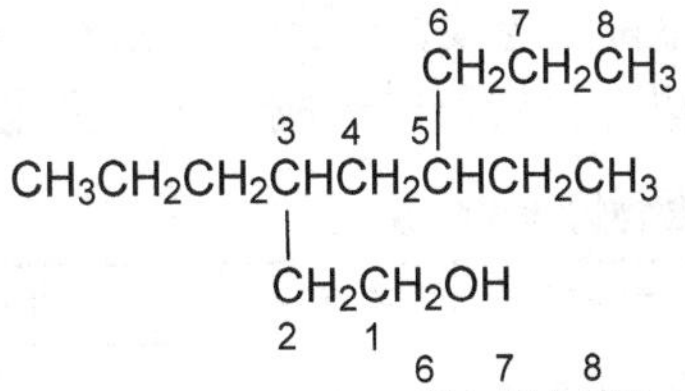

5-乙基-3-丙基辛醇
5-ethyl-3-propyloctan-1-ol

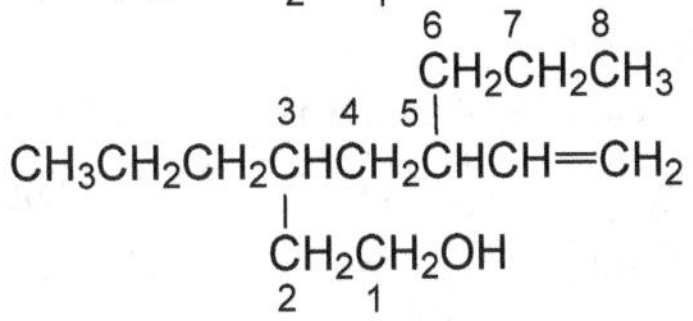

3-丙基-5-乙烯基辛醇
3-propyl-5-vinyloctan-1-ol

3. *系统命名法*

选择含有羟基并含有重键的最长碳链作为主链，编号时应使羟基的位号最小；在定名称时，表示主链碳原子数的汉字应写在“烯”字或“炔”字名称的前面，最后写羟基的位次。

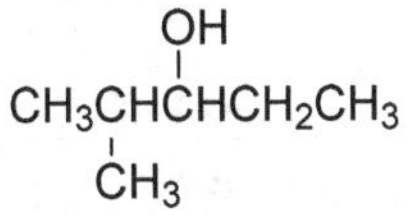

2-甲基戊-3-醇

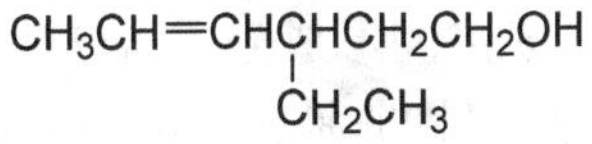

3-乙基己-4-烯-1-醇

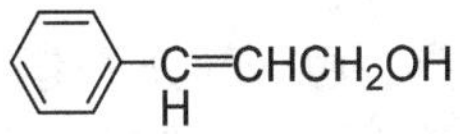

3-苯基丙-2-烯-1-醇

8.1.3　醇的结构

羟基是醇的官能团，其氧原子为 sp^3 杂化。一个 sp^3 轨道与氢的 1s 轨道形成 σ 键，另一个与碳的 sp^3 轨道成键，剩余两个被孤对电子占据。甲醇是最简单的醇(图 8-1)，其结构中与羟基相连的碳原子也采用 sp^3 杂化，呈四面体构型。碳的三个 sp^3 轨道与氢成键，一个与氧成键。碳氢键长为 110 pm，碳氧键长为 143 pm。由于氧的 sp^3 杂化，C—O—H 键角为 108.9°。

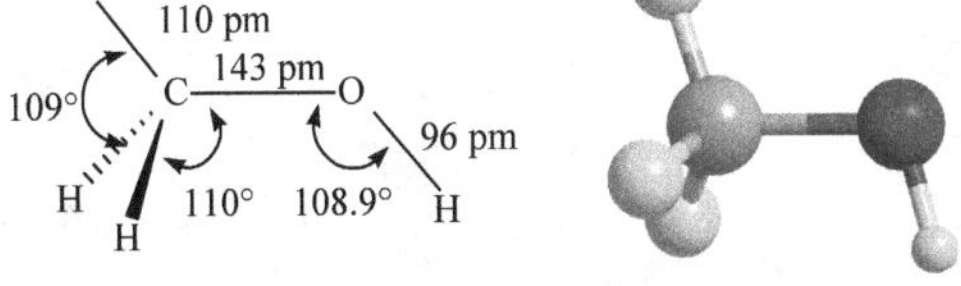

图 8-1　甲醇分子的键长、键角和球棍模型

8.2　醇的物理性质

根据醇分子的结构，由于氧原子具有比碳原子更高的电负性，醇分子内的电荷分布不均匀，整个分子具有一定的偶极矩。由于分子极性的原因，卤代烷烃的沸点要比相对应的烷烃

高，醇的分子极性与卤代烷烃非常相似，因此醇的沸点也高于相对应的烷烃，将醇和对应的烷烃、卤代烷烃的沸点总结在表 8-1 中，从表 8-1 中能够看到醇的沸点不仅高于烷烃，也远高于相对应的卤代烷烃。这一现象可以通过分子间氢键来解释，醇分子之间可以相互形成分子氢键，在整个溶液中由于醇分子被一个氢键的网络体系相连接，分子很难逃逸出去，所以具有更高的沸点，相对于一元醇，多元醇分子中有两个以上位置可以形成氢键，因此沸点更高。

表 8-1　常见醇类化合物的物理参数

化合物	IUPAC 命名	熔点/℃	沸点/℃	溶解度(23℃)
甲醇	methanol	–97.8	65	无限
氯甲烷	chloromethane	–97.7	–24.2	0.74 g/100 mL
甲烷	methane	–182.5	–161.7	3.5 mL/100 mL
乙醇	ethanol	114.7	78.5	无限
氯乙烷	chloroethane	–136.4	12.3	0.447 g/100 mL
乙烷	ethane	–183.3	–88.6	4.7 mL/100 mL
正丙醇	1-propanol	–126.5	97.4	无限
丙烷	propane	–187.7	–42.1	6.5 mL/100 mL
正丁醇	1-butanol	–89.5	117.3	8.0 g/100 mL
正戊醇	1-pentanol	–79	138	2.2 g/100 mL

另外，由于醇分子也可以与水分子之间形成分子间氢键(图 8-2)，因此醇分子通常具有更好的水溶性，这一性质与非极性的烷烃区别非常大，低级一元饱和醇通常是无色、气味特殊且带有辛辣味的中性液体。例如，甲醇、乙醇和丙醇等分子中含有三个碳原子或更少的碳原子，它们能够与水按任意比例混溶。含有 4～11 个碳原子的醇类则呈油状液体，部分溶解于水。至于含有更多碳原子的高级醇，它们通常是无味、无臭的蜡状固体，由于烷基链较长，分子中的疏水性部分增多，因此这些高级醇几乎不溶于水。由此可以看出，随着分子量的增大，烷基部分对分子整体性质的影响也越来越显著，导致高级醇的物理性质趋近于烷烃。

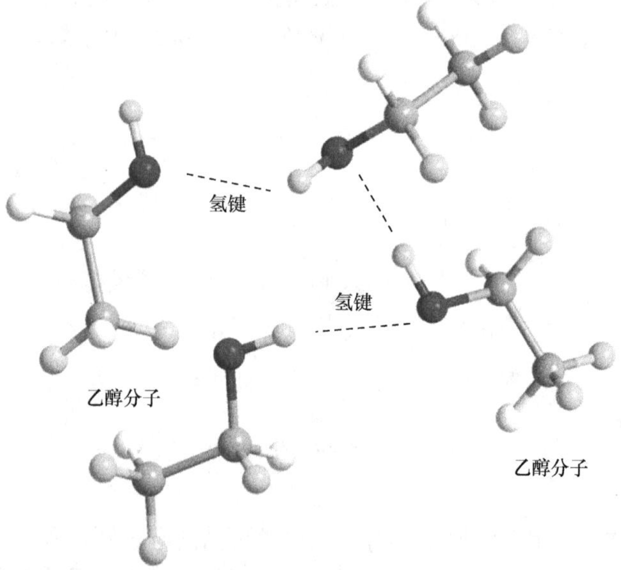

图 8-2　醇分子间的氢键作用

8.3　醇的化学性质

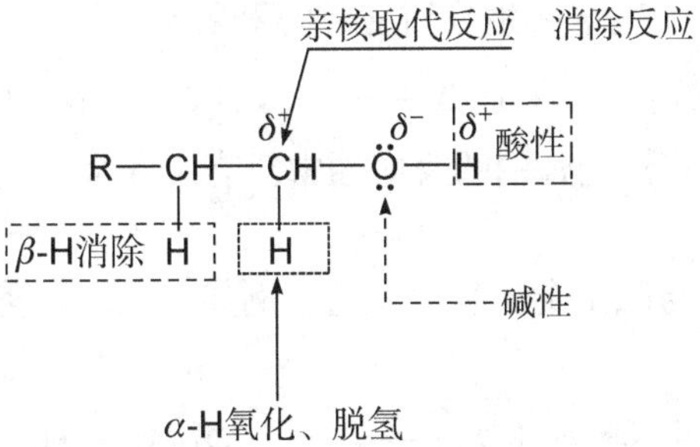

羟基是醇最主要的官能团，醇的化学性质几乎都与羟基紧密相关。如上图所示，首先醇羟基中氧原子的电负性大于氢原子，氧原子带有部分负电荷，氢原子带有部分正电荷，羟基具有一定的酸性；羟基中氧原子具有孤对电子，能够与路易斯酸结合，具有一定的碱性；氧原子的电负性大于相连接的碳原子，碳原子上具有部分正电荷容易被亲核试剂进攻发生亲核取代反应；由于羟基可以离去，醇还可以发生消除反应；受羟基吸电子效应的影响，醇中 α-氢原子具有一定的活性，能够脱氢发生氧化反应。

8.3.1　醇的酸性

醇的酸性主要来自醇羟基，醇羟基中氧的电负性较大，氢原子带正电荷因而具有酸性，醇的酸性强度用 pK_a 表示。

以下是平衡常数 K_a 的公式：

$$K_a = \frac{[H_3O^+][RO^-]}{[ROH]} \tag{8-1}$$

$$pK_a = -\lg K_a \tag{8-2}$$

表 8-2 为常见的醇类化合物的 pK_a。

表 8-2　常见醇类化合物的 pK_a

化合物	pK_a	化合物	pK_a
H_2O	15.7	$ClCH_2CH_2OH$	14.3
CH_3OH	15.5	CF_3CH_2OH	12.4
CH_3CH_2OH	15.9	$CF_3CH_2CH_2OH$	14.6
$(CH_3)_2CHOH$	17.1	$CF_3CH_2CH_2CH_2OH$	15.4
$(CH_3)_3COH$	18		

从表 8-2 中可以看出，甲醇的酸性＞伯醇的酸性＞仲醇的酸性＞叔醇的酸性，醇中与氧相连的烃基含有吸电子取代基时，醇的酸性会增强，烃基的吸电子能力越强，醇的酸性越强；反之，烃基的给电子能力越强，醇的酸性越弱。醇的酸性一般比水($pK_a = 15.7$)弱，醇可以与活泼金属发生反应，如与碱金属反应，生成甲醇钠或甲醇钾，同时放出氢气。

$$2\,CH_3OH + 2\,Na \longrightarrow 2\,CH_3ONa + H_2\uparrow$$

$$2\,CH_3OH + 2\,K \longrightarrow 2\,CH_3OK + H_2\uparrow$$

醇钠和醇钾是重要的碱，在有机合成中经常使用。醇钠和醇钾的碱性都强于氢氧化钠，所以当醇钠或醇钾遇到水时会发生水解生成对应的醇和氢氧化钠或氢氧化钾。

$$CH_3ONa + H_2O \longrightarrow CH_3OH + NaOH$$

由于醇的酸性比水弱，醇与金属钠的反应通常没有水和金属钠的反应强烈，因此醇常被用于处理反应剩余的金属钠。

除了碱金属，醇还可以与碱土金属发生反应。例如，可以与镁、铝等金属反应，生成对应的碱。

$$2\,C_2H_5OH + Mg \longrightarrow (C_2H_5O)_2Mg + H_2\uparrow$$

$$6\,(CH_3)_2CHOH + 2Al \longrightarrow 2\,[(CH_3)_2CHO]_3Al + 3\,H_2\uparrow$$

上述反应中异丙醇与铝反应生成异丙醇铝，异丙醇铝在有机反应中常用于醛酮的还原反应。

8.3.2　醇的碱性

醇的碱性首先表现在能与强酸(如硫酸)解离出的质子(H^+)结合生成氧正离子(质子化醇)。例如：

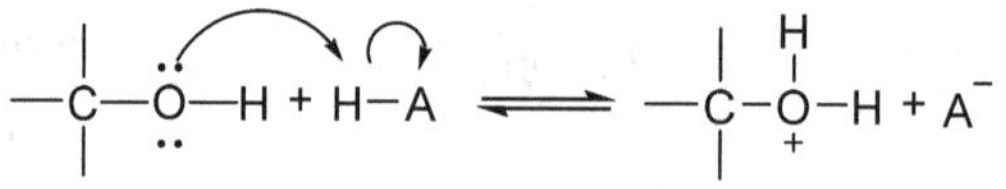

氧正离子

醇的碱性强弱主要受烃基和相连氧原子之间的电子效应影响。当烃基具有较强的给电子能力时，醇的碱性会增强；相反，若烃基具有较强的吸电子能力，则醇的碱性较弱。此外，醇的碱性还可以通过其共轭酸的酸性来间接判断：如果共轭酸的酸性较弱，那么该醇的碱性较强。

$$R^- > NH_2^- > H^- > HC\equiv C^- > RO^- > HO^-$$

醇羟基具有碱性的同时，由于羟基氧上未成键电子对能够进攻正电中心，因此醇也具有亲核性。醇的亲核性表现在它能够与含氧无机酸、酰卤或酸酐进行反应。

醇与含氧无机酸(如硝酸、磷酸等)反应，失去一分子水，生成无机酸酯。例如：

$$CH_3CH_2CH_2OH + HNO_3 \xrightarrow{H^+} CH_3CH_2CH_2ONO_2 + H_2O$$

醇与硝酸的反应可以通过以下过程描述：醇分子作为亲核试剂，首先攻击硝酸或其衍生物中的带正电的部分，导致氮-氧双键断裂。接着，醇分子中的氢氧键断裂，释放出一分子水，并使得硝酸部分重新形成氮-氧双键。例如：

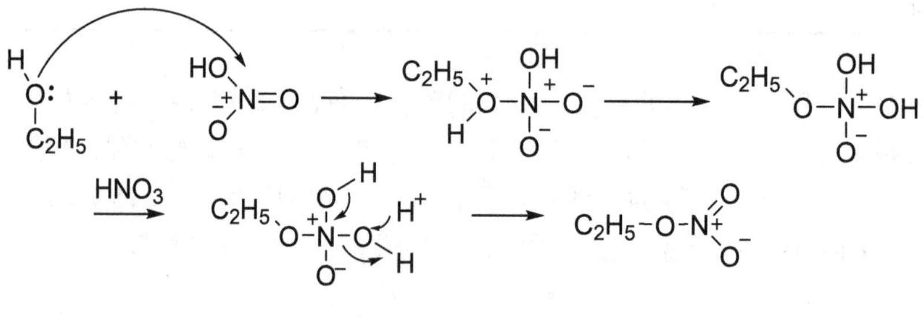

甘油(丙三醇)与硝酸在硫酸催化作用下可以发生酯化反应生成甘油三硝酸酯，即硝酸甘油。硝酸甘油具有扩张血管的功能，能够有效缓解心绞痛的发作，故临床上用于防治心绞痛。其反应如下：

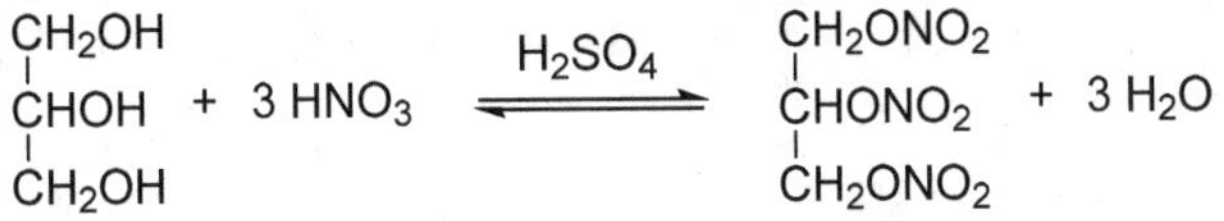

醇也能够与含氧无机酸的酰氯和酸酐反应生成无机酸酯，如乙醇与磷酰氯在吡啶催化下生成磷酸三乙酯：

$$3\ CH_3CH_2OH + POCl_3 \xrightarrow{\text{吡啶}} (CH_3CH_2O)_3PO + 3\ HCl$$

丙醇能够与对甲基苯磺酰氯反应生成对甲基苯磺酸酯：

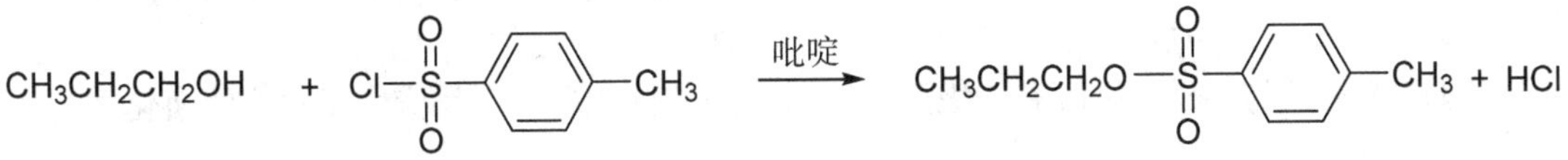

8.3.3　醇羟基的亲核取代反应

在卤代烷烃中，由于卤原子电负性大于与之相连的碳原子，与卤原子相连的碳原子具有部分正电性，亲核试剂可以进攻正电性碳原子发生亲核取代反应。与卤代烷烃类似，醇中氧原子的电负性也大于碳原子，与氧原子相连的碳原子也具有部分正电性，因此醇同样可以发生亲核取代反应。然而与卤代烷烃不同，由于羟基是一个不易离去的基团，醇的亲核取代反应需要将羟基转化为其他较容易离去的基团才容易发生。

最重要的一个羟基亲核取代反应是羟基被卤原子取代，接下来主要对羟基卤代的一些反应进行介绍。

1. 与氢卤酸的反应

氢卤酸(HX)与醇发生反应时，会导致醇分子中的羟基被卤原子取代，从而生成卤代烷。

$$R{-}OH + HX \longrightarrow R{-}X + H_2O$$

在该反应中，酸是催化剂，氢质子能够与羟基氧结合生成氧正离子，氧正离子容易离去，有助于亲核取代反应的发生。

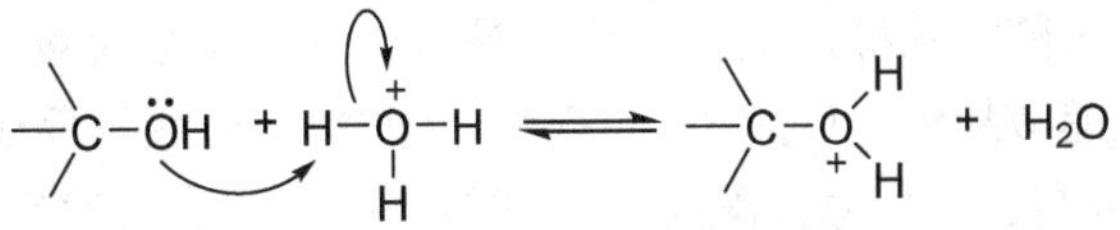

氢卤酸与醇反应既可以按照 S_N1 机理进行，也可以按照 S_N2 机理进行。

氢卤酸与大多数一级醇按 S_N2 机理进行反应：

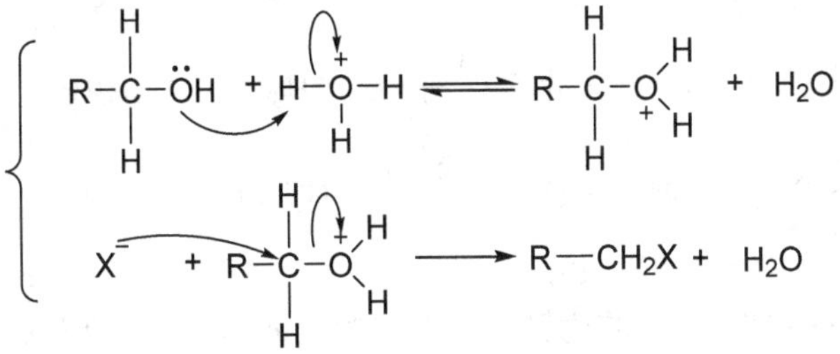

氢卤酸与大多数二级醇、三级醇以及具有较大空间阻碍的一级醇反应时，通常遵循 S_N1 反应机理：

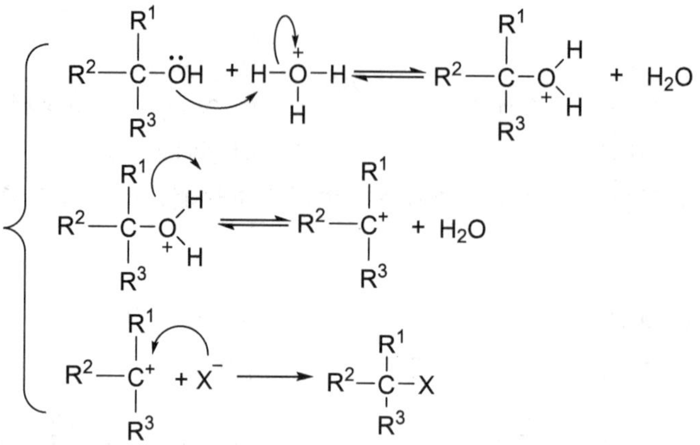

例如，氢卤酸与各种一级醇和二级醇在路易斯酸的催化条件下反应生成对应的卤化物与水。

$$(CH_3)_3CCH_2OH + HBr \xrightarrow[\triangle]{H_2SO_4} (CH_3)_3CCH_2Br + H_2O$$

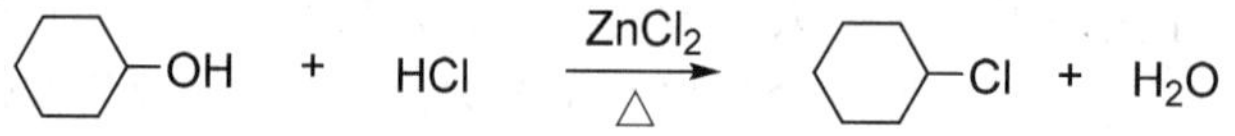

$$(CH_3)_3CCH(OH)CH_2CH_3 + HI \xrightarrow{\triangle} (CH_3)_3CCHICH_2CH_3 + H_2O$$

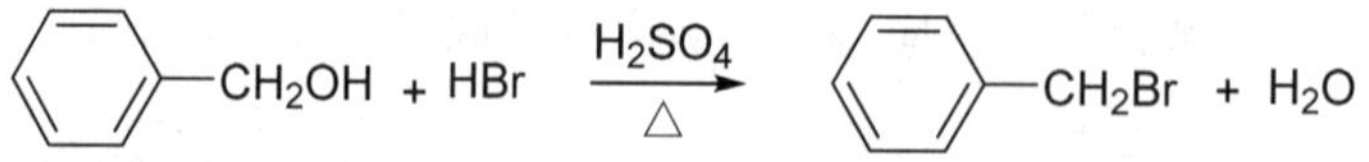

三级醇与氢卤酸反应时，通常不会发生分子重排。然而，由于三级醇容易发生消除反应，因此为了避免此类副反应，取代反应应在较低温度下进行。例如，1,1-二甲基乙醇与盐酸在室温条件下即可生成 1,1-二甲基氯乙烷：

在氢卤酸系列中，氢碘酸的酸性最强，其次是氢溴酸，而浓盐酸的酸性最弱。与此同时，卤离子的亲核能力呈现递减趋势：$I^- > Br^- > Cl^-$。因此，氢卤酸的反应性顺序为 HI > HBr > HCl。例如，当用一级醇与这三种氢卤酸反应时，氢碘酸能够直接发生反应；氢溴酸需要通过添加硫酸来增强酸性才能反应；浓盐酸必须与无水氯化锌共同作用，才能促使反应发生。

$$CH_3CH_2CH_2CH_2OH + HI \longrightarrow CH_3CH_2CH_2CH_2I + H_2O$$

$$CH_3CH_2CH_2CH_2OH + HBr \xrightarrow[\triangle]{H_2SO_4} CH_3CH_2CH_2CH_2Br + H_2O$$

$$CH_3CH_2CH_2CH_2OH + HCl \xrightarrow[\triangle]{ZnCl_2} CH_3CH_2CH_2CH_2Cl + H_2O$$

如何鉴别一级醇、二级醇和三级醇?

浓盐酸与无水氯化锌按 1∶1 的比例混合得到的试剂称为卢卡斯(Lucas)试剂。将不同的醇分别加入盛有 Lucas 试剂的试管中，轻轻振荡后观察反应情况。对于三级醇，反应立即发生，生成不溶于酸的油状氯代烷，溶液变得混浊并分层，同时反应伴随放热。对于二级醇，反应通常在 2～5 min 内完成，放热不明显，溶液同样分层。对于一级醇，在室温下放置 1 h 后，几乎没有反应，只有加热才能促使反应发生。通过这些不同的反应现象，可以区分一级醇、二级醇和三级醇。Lucas 试剂通常被用于鉴别六碳及以下的一级醇、二级醇和三级醇。

2. 与卤化磷反应

醇与卤化磷反应时，也可以生成卤代烷，产物主要是卤代烷和亚磷酸。

$$3\ ROH + PX_3 \longrightarrow 3\ RX + H_3PO_3$$

在这一反应中，醇羟基首先与卤化磷反应生成质子化的烷基亚磷酸衍生物，质子化的亚磷酸基团，如 $HOPBr_2$ 是一个较容易离去基团，可以促进亲核取代反应发生。

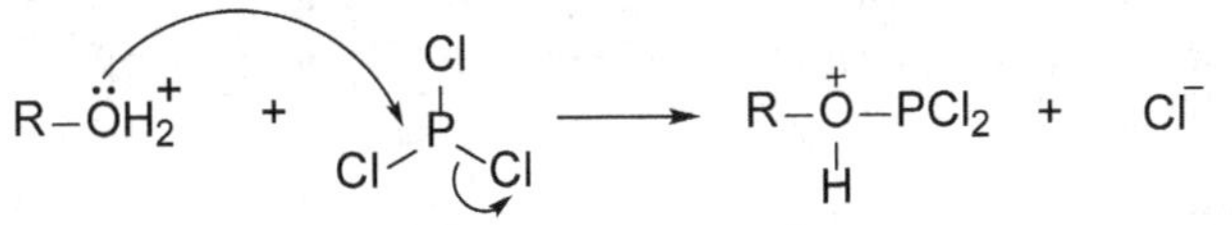

大多数 1°ROH 和 2°ROH 与卤化磷反应按 S_N2 机理进行反应。如下图所示：乙醇首先与三溴化磷反应生成质子化的乙基亚磷酸衍生物和 Br^-，Br^-从背面进攻带有部分正电荷的碳原子，同时 $HOPBr_2$ 作为离去基团离去，得到构型翻转的溴代乙烷，由于一个 $HOPBr_2$ 分子还可以继续与两个乙醇分子反应产生溴代乙烷。总体来说，1 mol 卤化磷可以与 3 mol 醇反应生成 3 mol 卤代烷烃。

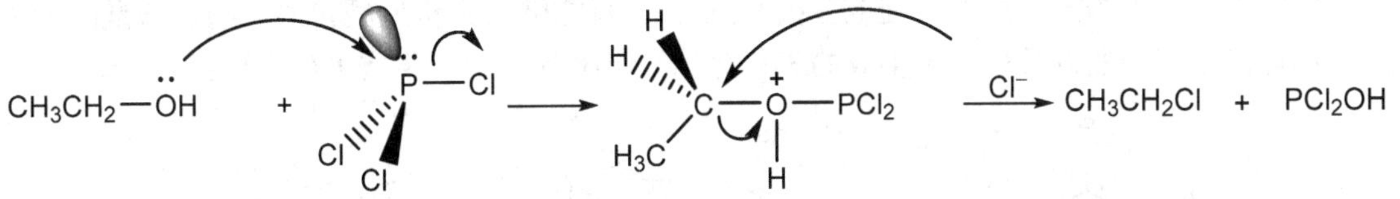

常用的卤化试剂有 PCl_3、PCl_5、PBr_3、P+I(PI_3 非常活泼，利用红磷和碘反应制备)。

在上述反应中，常用三溴化磷与一级醇、具有β-位支链的一级醇或二级醇反应，生成相应的溴代烷。当使用二级醇或一些容易发生重排反应的一级醇时，需将反应温度控制在 0℃以下，以防止发生重排反应。例如，正丁醇与 PBr_3 在加热条件下反应，生成溴代正丁烷，环己醇与红磷和碘单质共同反应，生成碘代环己烷。

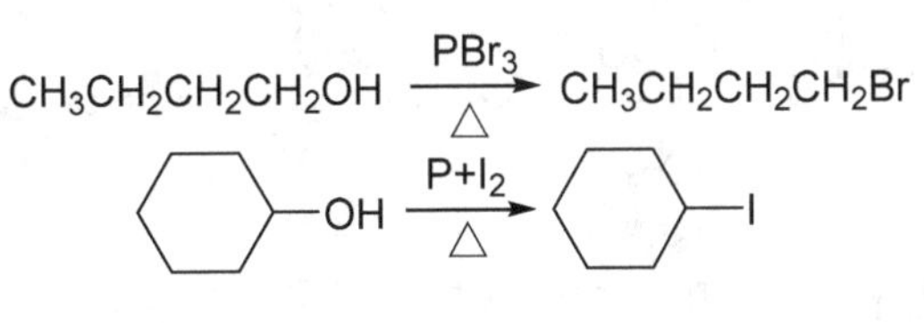

3. 与亚硫酰氯反应

醇的卤代反应还可以利用醇与亚硫酰氯反应实现，亚硫酰氯与醇反应的优点是在得到卤代烷烃的同时只生成二氧化硫和氯化氢两种气体，这两种气体可以直接离开反应体系，反应的速度快，效率高，没有其他副产物。

$$ROH + SOCl_2 \xrightarrow{\triangle} RCl + SO_2 + HCl$$

上述反应机理如下：

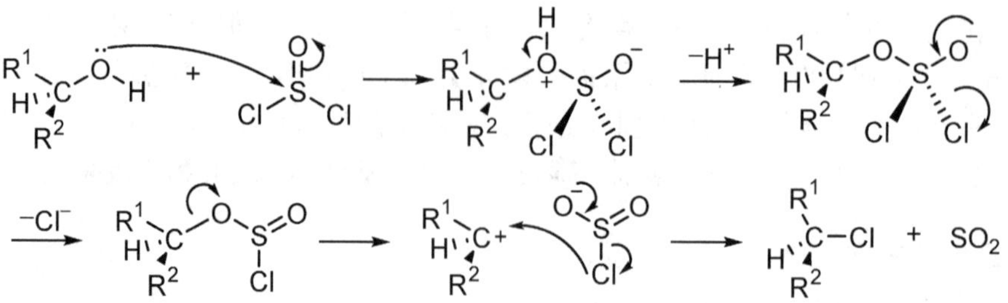

首先由于醇羟基具有亲核性，羟基会进攻硫氧双键，脱去氢离子，再脱去氯离子，生成氯代亚硫酸酯，氯代亚硫酸酯随后会分解为一个紧密的离子对，—OSOCl 部分中的 Cl 会进攻带有正电荷的碳原子，需要注意的是，因为 Cl 是—OSOCl 中的一部分，所以 Cl 是从正面进攻带正电的碳原子，最终得到的卤代烷烃的构型与醇反应物一致。例如：

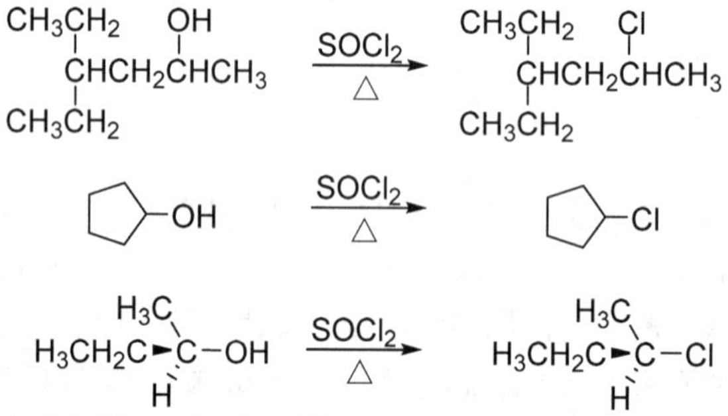

那么，醇与亚硫酰氯反应是否可以得到构型翻转的卤代烷烃呢？其实也是可以的，只需要在反应过程中加入弱亲核试剂吡啶或三级胺(NR_3)，就能够得到构型翻转的产物。这是因为中间产物氯代亚硫酸酯以及反应中生成的氯化氢均可与吡啶反应，生成下列产物：

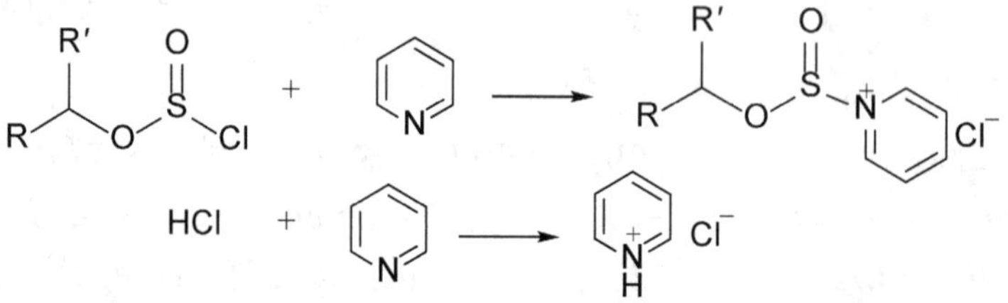

上述两种产物中都含有“游离”的氯负离子。该氯离子能够从碳氧键的背面攻击碳原子，导致该碳原子的立体构型发生翻转：

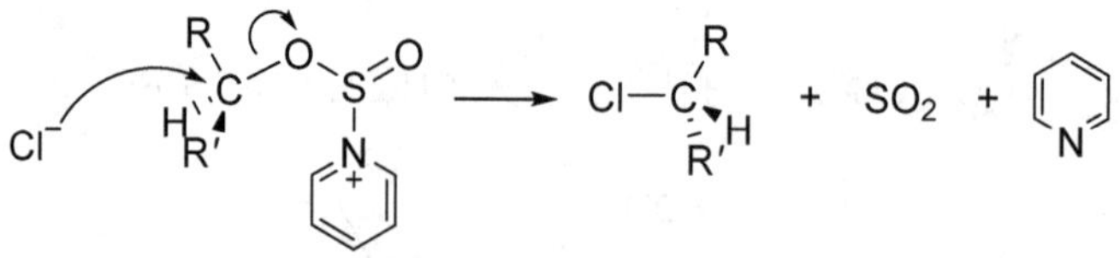

亚硫酰氯与吡啶常用于将一级醇和二级醇转化为相应的氯代烷。亚硫酰溴不稳定，难以获得，因此通常不用于制备溴代烷。

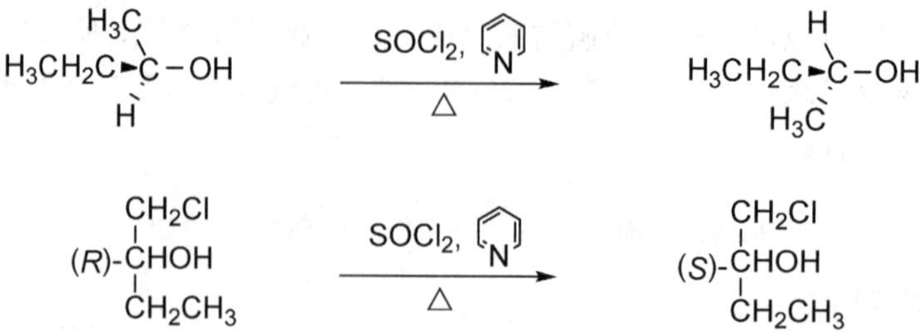

4. 与其他亲核试剂反应

除了卤代反应，醇还可以与其他一些亲核试剂反应，但是由于羟基不是好的离去基团，通常要利用羟基的亲核性，首先将醇转化为磺酸酯，然后再与其他的亲核试剂反应。例如，上文介绍过醇能够与对甲基苯磺酰氯反应生成对甲基苯磺酸酯，由于甲基磺酸根是非常弱的碱，非常容易离去，因此对甲基苯磺酸酯非常容易与其他一些亲核试剂反应，如氰化钠、乙酸钾和碘化钠等，生成对应的烷基取代物：

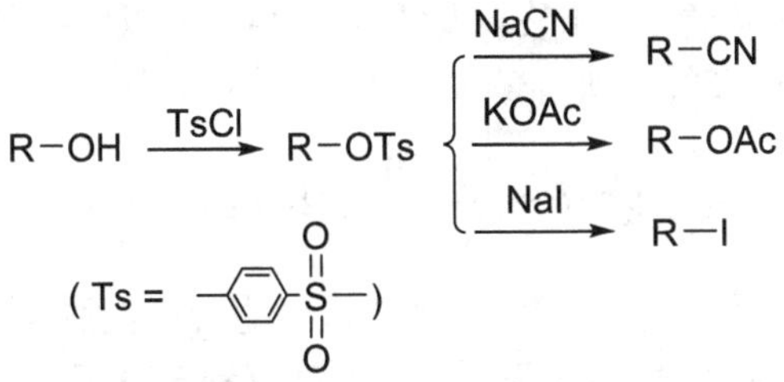

通过甲基苯磺酸酯可以实现醇羟基被 CN^-、OAc^-和 I^-的取代。

8.3.4　醇的脱水反应

醇在质子酸(如 H_2SO_4、H_3PO_4等)或路易斯酸(如 Al_2O_3等)的催化作用下，加热可发生分子间或分子内的脱水反应，分别生成醚或烯烃。

1. 分子间脱水

在催化剂作用下，两分子醇发生分子间脱水生成醚。常用的催化剂有硫酸、路易斯酸、硅胶、多聚磷酸和硫酸氢钾等。例如：

$$2\ CH_3CH_2OH \xrightarrow{H_2SO_4, 140℃} CH_3CH_2OCH_2CH_3$$

这种方法主要用于由伯醇制备单醚(对称的醚，即两个羟基相同的醚)。仲醇和叔醇进行反应时倾向于发生分子内脱水生成烯烃，尤其是叔醇。例如，两分子甲醇在硫酸催化剂条件下加热脱水，生成一分子二甲醚，环戊醇脱水生成二环戊基醚：

$$2CH_3OH \xrightarrow[\triangle]{H_2SO_4} H_3C—O—CH_3$$

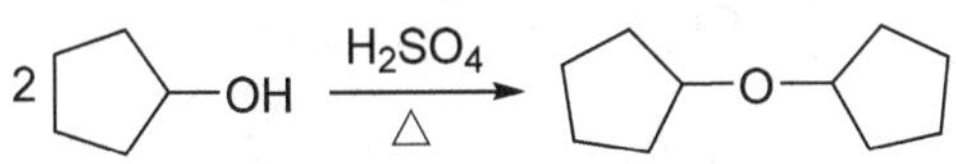

在酸催化下，伯醇分子间脱水生成醚的反应，是按 S_N2 机理进行的。例如：

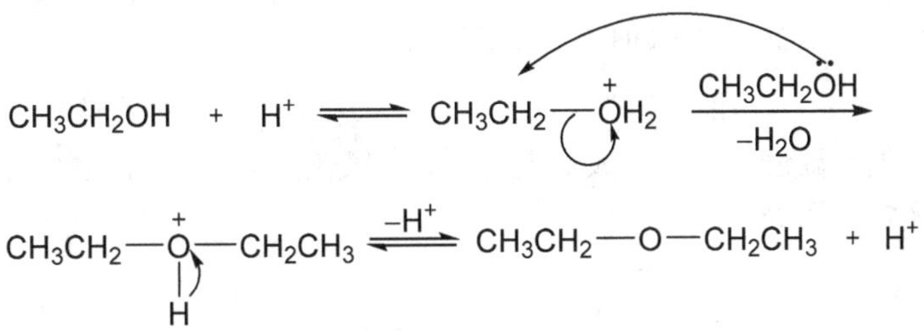

利用两种不同的醇进行反应，某些情况下可以得到高产率的混醚。但不同的伯醇或仲醇之间的反应，往往会得到三种醚的混合物，很少具有制备价值，若制备混醚，通常利用威廉姆斯

合成法。

$$CH_3OH + CH_3CH_2OH \xrightarrow[\triangle]{H_2SO_4} \begin{cases} H_3C—O—CH_3 \\ H_3CH_2C—O—CH_2CH_3 \\ H_3C—O—CH_2CH_3 \end{cases}$$

2. 分子内脱水

在实验室中，通过将醇与酸(如硫酸、磷酸等)加热，可以使醇分子脱去一分子水，进而转化为烯。这是常见的制备烯烃的方法。例如：

$$CH_3CH_2OH \xrightarrow[170℃]{浓H_2SO_4} CH_2{=\!=}CH_2 + H_2O$$

酸催化下，醇既可以进行分子间脱水，也可以发生分子内脱水，两者是相互竞争的反应，与反应条件和醇的构造有关。一般情况下，较低温度有利于分子间脱水生成醚，温度较高有利于分子内脱水生成烯烃。

醇的分子内脱水反应属于β-消除反应，反应按 E1 消除机理进行：

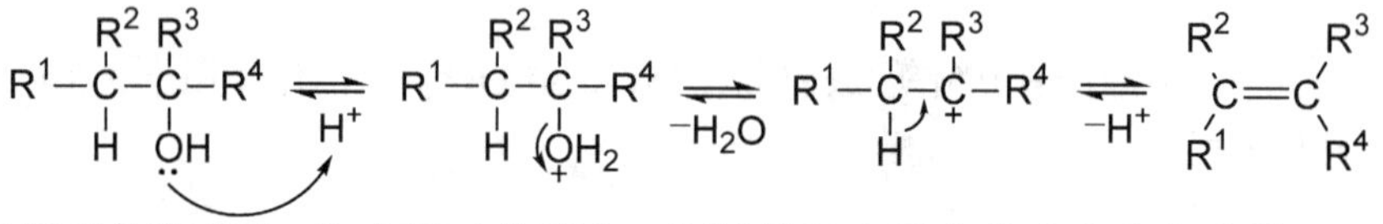

从反应机理角度来看，生成碳正离子这一步骤是整个反应的速率决定步骤。过渡态的势能与碳正离子的稳定性密切相关，而碳正离子的稳定性遵循三级＞二级＞一级的顺序。因此，叔醇、仲醇和伯醇的反应性依次为：叔醇＞仲醇＞伯醇。在醇的失水反应中，不稳定的碳正离子会转变为更稳定的碳正离子，导致反应中可能生成重排产物。

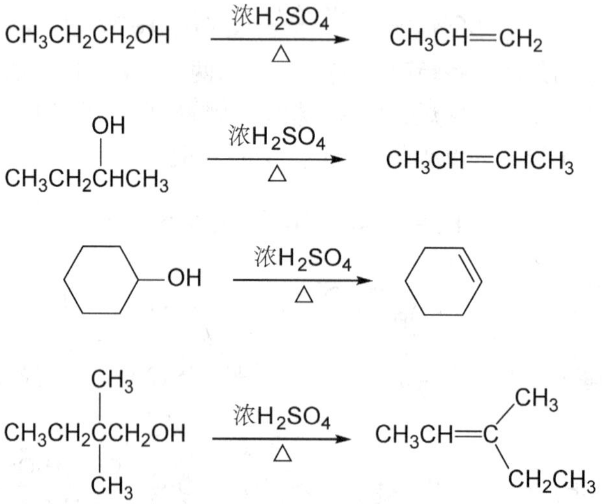

醇分子内失水生成烯烃，根据札依采夫规则，含氢较少的β-碳将提供氢原子，形成双键碳上取代基较多的稳定的烯烃。

3. 片呐醇重排

2,3-二甲基丁-2,3-二醇(片呐醇)在酸(硫酸或盐酸)催化下，脱水并重排生成 3,3-二甲基丁-2-酮(片呐酮)，此反应称为片呐醇重排。

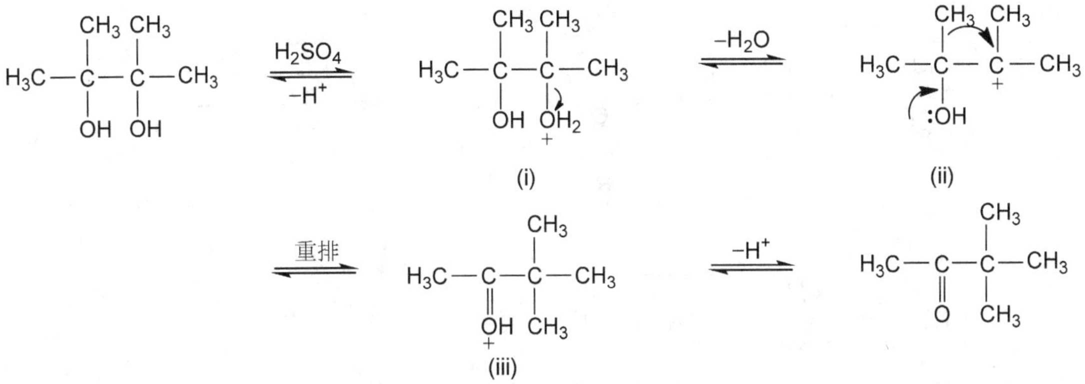

首先羟基质子化形成(i)；(i)失水成碳正离子(ii)；相继发生基团的迁移，缺电子中心转移到羟基的氧原子上生成(iii)，(ii)中带正电荷的碳为六电子，(iii)中鎓盐的氧为八电子，(iii)比(ii)稳定，这是促使发生重排反应的原因；(iii)失去质子生成片呐酮。

8.3.5　醇的氧化

高锰酸钾是一种能够用于醇氧化的强氧化剂。伯醇、仲醇在加热条件下可被高锰酸钾的水溶液氧化。例如，伯醇能够被热高锰酸钾直接氧化生成羧酸，并进一步转化为能够溶于水的羧酸盐：

$$CH_3CH_2CH_2CH_2OH + KMnO_4 \xrightarrow{H_2O,\ OH^-} CH_3CH_2CH_2COOK + MnO_2\downarrow + KOH$$

$$CH_3CH_2CH_2COOK \xrightarrow{H^+} CH_3CH_2CH_2COOH$$

以下是一个仲醇被氧化的离子，异丙醇被氧化为丙酮，由于丙酮较为稳定，没有进一步氧化为羧酸：

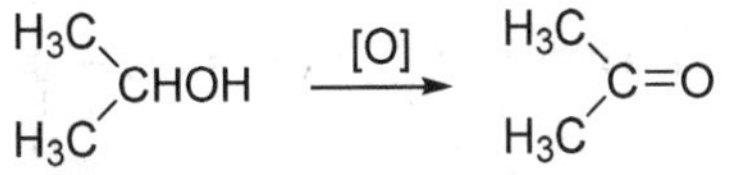

叔醇在中性、碱性条件下不易被高锰酸钾氧化，在酸性条件下，会发生分解。

高锰酸钾是强氧化剂，当醇分子中含有不饱和键时，不饱和键也会被同时氧化，为了选择性地氧化醇，可以选取新制的二氧化锰作为氧化剂，新制的二氧化锰能够氧化β-碳上具有不饱和碳碳键的一级醇和二级醇，生成相应的醛和酮，不饱和的碳碳双键不会受到影响。

除了高锰酸钾，醇还可以被具有氧化性的酸氧化，对于一元醇，通常使用硝酸作为氧化剂进行氧化，伯醇能在稀硝酸中氧化为酸，仲醇的被氧化能力稍弱，需在较浓的硝酸中才能被氧化，叔醇在硝酸中不稳定。例如，2-甲基丁醇在稀硝酸条件下被氧化为 2-甲基丁酸，环己醇在 50%硝酸条件下开环，生成己二酸。

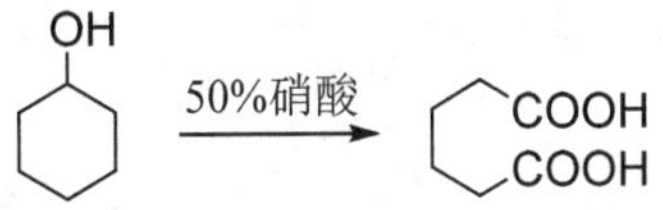

对于多元醇，如邻二醇能够被高碘酸氧化，生成醛或酮，具体反应机理如下：

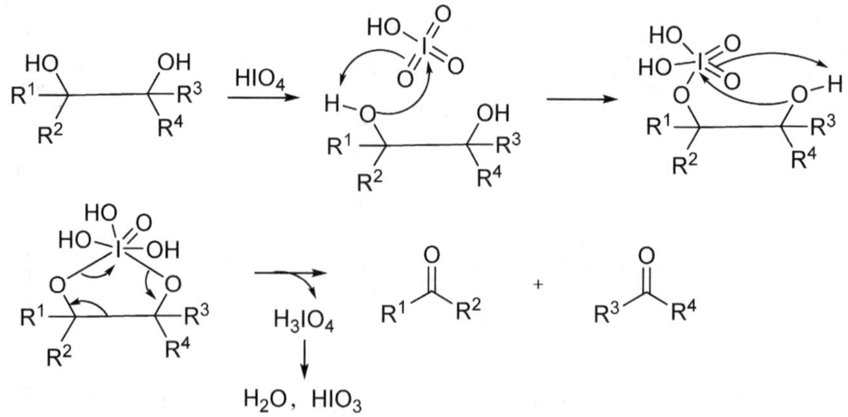

除了高碘酸，偏碘酸钾、偏碘酸钠也能够与邻二醇发生类似反应。

醇还可以被铬酸氧化，常用的铬酸氧化剂有 $Na_2Cr_2O_7/H_2SO_4$、$Na_2Cr_2O_7/HOAc$ 和 CrO_3/吡啶配合物。

$Na_2Cr_2O_7/H_2SO_4$ 是较强的氧化剂，可以将伯醇氧化为醛，同时进一步将醛氧化为羧酸，如乙醇能够直接被 $Na_2Cr_2O_7/H_2SO_4$ 氧化为乙酸：

$$CH_3CH_2OH \xrightarrow[H_2SO_4]{Na_2Cr_2O_7} CH_3COOH$$

$Na_2Cr_2O_7/H_2SO_4$ 也可以用于仲醇的氧化，生成较为稳定的酮。例如：

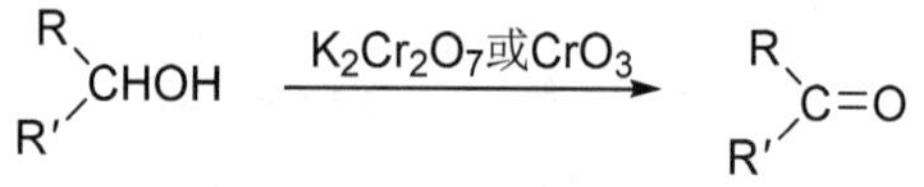

其反应机理如下：

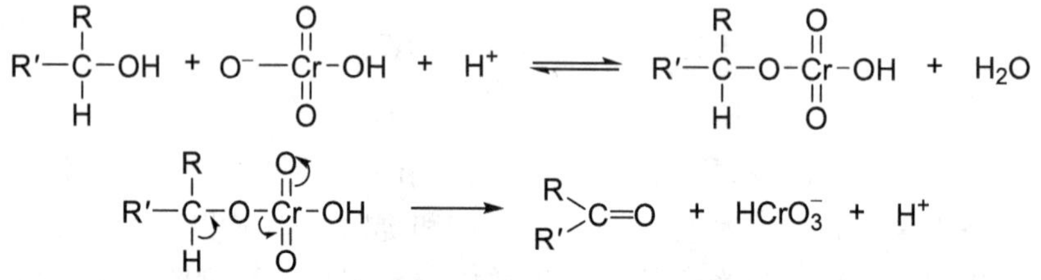

由于 $Na_2Cr_2O_7/H_2SO_4$ 能够与伯醇和仲醇发生氧化反应，而与三级醇无反应，$Na_2Cr_2O_7/H_2SO_4$ 可用于鉴别伯醇和仲醇，具体的实验现象为：将清澈的 $Na_2Cr_2O_7/H_2SO_4$ 水溶液加入到醇溶液中，如果醇为伯醇或仲醇，$Na_2Cr_2O_7/H_2SO_4$ 溶液则由橙色变为不透明的蓝绿色，如果是叔醇则没有任何颜色变化。

CrO_3/吡啶配合物相对于 $Na_2Cr_2O_7/H_2SO_4$ 氧化能力较弱，CrO_3 与吡啶反应形成的铬酐-双吡啶配合物是吸潮性红色结晶，称为沙瑞特(Sarrett)试剂，可用于将伯醇氧化为醛，同时避免醛被进一步氧化成酸，将伯醇氧化完全停留在醛阶段。Sarrett 试剂也能用于将仲醇氧化为酮，同时，由于吡啶是碱性的，Sarrett 试剂可用于将在酸中不稳定的醇进行氧化。以下是两个具体例子：

$$CH_3CH_2CH_2CH_2CH_2OH \xrightarrow[CH_2Cl_2,\ 25℃]{(C_5H_5N)_2CrO_3} CH_3CH_2CH_2CH_2CHO$$

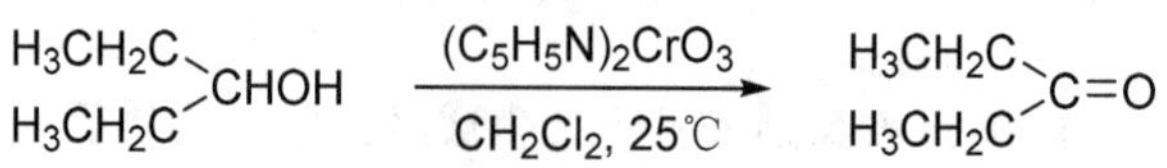

另外，还有一些氧化醇的特殊方法，如 Oppenauer 氧化法，即在异丙醇铝的存在下，二级醇和丙酮能够发生反应，醇被氧化为酮，同时丙酮被还原为异丙醇。该方法反应条件温和，且氧化对仲醇具有高选择性，不会氧化其他敏感的官能团。以下是一个具体的例子：

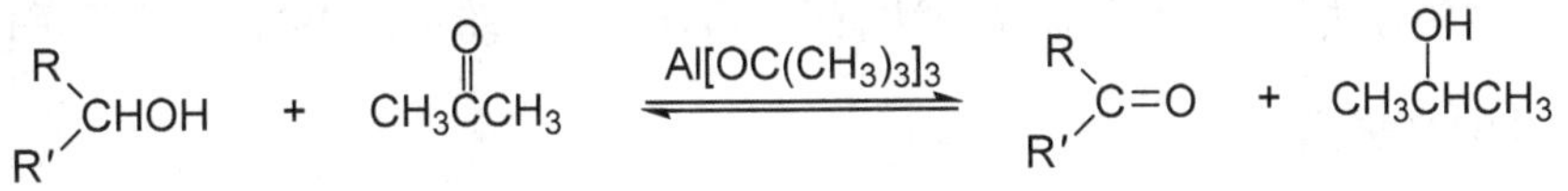

Oppenauer 氧化法的反应机理为

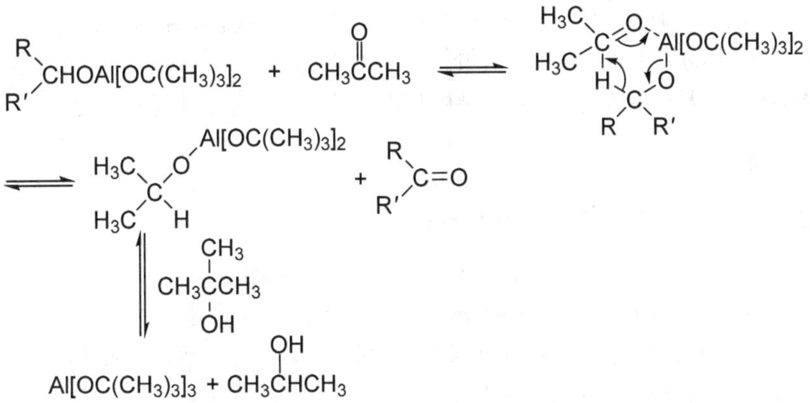

醇首先与铝配位形成氧鎓配合物，随后该配合物被醇盐离子夺去质子，接下来丙酮与铝配位，二者形成一个六元椅式过渡态配合物，该不稳定的配合物会迅速在铝催化下发生氢转移，氢原子转移至丙酮的 α-碳上，得到丙醇。需要注意的是，Oppenauer 氧化是一个可逆反应，它的逆反应是 Meerwein-Ponndorf-Verley 还原反应，可用于由酮制醇。加入大量的丙酮，可促进丙酮还原为异丙醇。

对于多元醇，如邻二醇还可以被 $Pb(OAc)_4$ 氧化，其氧化得到的产物与邻二醇被高碘酸氧化得到的产物相同。具体的氧化机理如下：

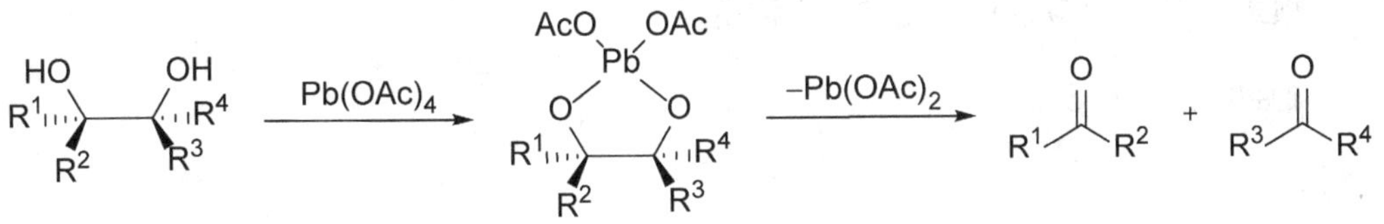

8.3.6　醇的脱氢

一级醇、二级醇可以在脱氢试剂的作用下，失去氢分别形成醛或酮。醇的脱氢一般用于工业生产，常用铜、铜配氧化物及 Pd 等作脱氢剂，在 300℃的条件下，将醇蒸气通过催化剂处理，可以将其转化为醛或酮。例如，正丙醇在 300～345℃下通过铜配氧化物即可被氧化为丙醛，1-乙基丙醇通过钯催化剂被氧化为戊-3-酮：

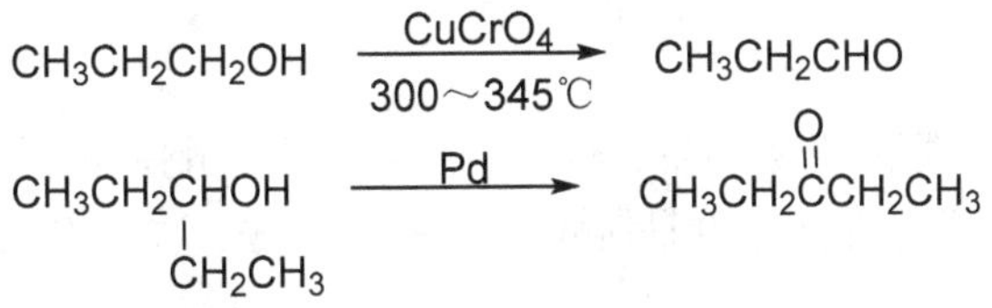

三级醇中没有 α-氢原子，因此不能脱氢，但可脱水生成烯烃。

8.4　醇的制备

醇的工业制备方法与实验室的制备方法有很大不同。在实验室，醇的制备主要采取以下方法。

8.4.1　卤代烃的水解

例如，3-氯丙烯在碱性条件下发生水解反应：

$$CH_2{=}CHCH_2Cl + NaOH \xrightarrow{\triangle} CH_2{=}CHCH_2OH + NaCl$$

该方法存在一定的局限性，如存在消除反应的副反应，存在 S_N1 和 S_N2 两种取代机理，对于某些化合物立体化学不确定。另外，由于醇更易得，一般由醇制备卤代烃。

8.4.2　烯烃的水合

例如，乙烯与水在酸性条件下生成乙醇：

$$CH_2{=}CH_2 + H_2O \xrightarrow{H^+} CH_3CH_2OH$$

该方法的局限性：反应可逆，产率不高，由于该反应属于亲电加成机理，通过正碳离子中间体，反应有重排可能，根据马氏规则使用不对称烯烃作为反应原料只能制备仲醇和叔醇，不能制备伯醇。另外，该反应无立体选择性。

8.4.3　烯烃的硼氢化-氧化

例如：

$$CH_3CH_2CH{=}CH_2 + BH_3 \xrightarrow{\text{硼氢化}} \underset{\text{(i)}}{CH_3CH_2CH_2CH_2BH_2} \xrightarrow{H_2O_2,\ OH^-} CH_3CH_2CH_2CH_2OH$$

该反应的主要特点是：产率较高，具有区域选择性(主要为反马氏规则取向)，是立体专一性反应(顺式加成)，反应过程中无重排产物生成。

8.4.4　烯烃的羟汞化-还原

例如：

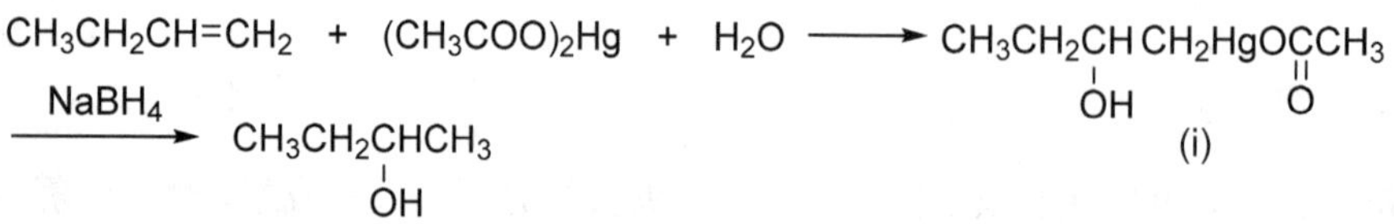

该反应的主要特点是：反应较快(第一步几分钟，第二步 1 h 左右)，反应产率较高(>90%)，易操作，条件温和，Hg 易处理，区域选择性好(马氏取向)，反应无重排产物，但该反应是非立体专一性反应。

8.4.5　其他制备方法

醇还可以利用羰基还原的方法制备，这一部分会在醛、酮一章详细介绍。

利用格式试剂与羰基进行反应也是制备醇的一种方法，这一方法也会在醛、酮一章详细介绍。

$$HCHO + CH_3CH_2MgBr \xrightarrow{干醚} \xrightarrow{H^+} CH_3CH_2CH_2OH$$

$$CH_3CHO + CH_3CH_2MgBr \xrightarrow{干醚} \xrightarrow{H^+} CH_3CH_2CH(OH)CH_3$$

$$CH_3C(=O)CH_3 + CH_3CH_2MgBr \xrightarrow{干醚} \xrightarrow{H^+} CH_3CH_2C(OH)(CH_3)CH_3$$

在工业生产中，乙醇主要靠发酵的方法生产。甲醇则主要通过一氧化碳和氢气在催化剂和高温高压下反应得到，例如：

$$CO + 2H_2 \xrightarrow[400℃,\ 20\sim30\ MPa]{ZnO/Cr_2O_3} CH_3OH \qquad \Delta H = -92\ kJ/mol$$

Ⅱ　酚

8.5　酚的分类和结构

8.5.1　酚的分类

酚(phenol)是芳香烃环上的氢被羟基(—OH)取代的一类芳香族化合物，通式为 ArOH，最简单的酚为苯酚。根据其分子所含的羟基数目可分为一元酚、二元酚和多元酚(三个或三个以上酚羟基)。

8.5.2　酚的结构

羟基直接与芳烃的 sp^2 杂化碳原子相连的分子称为酚，这种结构与脂肪族烯醇相似，也会发生互变异构，称为酚式结构互变。但是，因为酚的结构具有芳香性，较为稳定，因此在互变异构平衡中酚是主要存在形式。

酚羟基的氧原子通常采取 sp^2 杂化，其中两个 sp^2 杂化轨道分别与一个碳原子的 sp^2 杂化轨道和一个氢原子的 1s 轨道形成一个碳氧键和一个氧氢键，剩余的 sp^2 杂化轨道和 p 轨道分别填充了一对未共用电子对。氧原子 p 轨道上的未共用电子对可与芳环共轭体系电子云侧面重叠，形成 p-π 共轭体系。

8.6　酚的物理性质

最简单的酚是苯酚，最早是从煤焦油中发现的，故又俗称为石炭酸(因其具有酸性)。纯的苯酚为无色晶体或粉末，而苯酚很容易被氧化，被氧化的苯酚使得无色固体显现出粉红色，长时间在空气中放置，苯酚会变为深棕色。酚与水的分子间氢键使得苯酚在水中具有一定的溶解度，在醇和醚中具有较好的溶解度。酚与酚的分子间氢键使得酚具有较高的沸点，远高于分子量相近的芳烃，一般为高沸点液体或低熔点固体。含酚类化合物在生产生活中具有重要作用。例如，甲基苯酚可杀灭细菌繁殖体和亲脂类病毒，是常用消毒水——来苏水的主要成分。

8.7　酚的化学性质

酚的化学性质可以分为两类，一类是酚羟基的反应，另一类是芳环的反应。从结构上看，酚羟基可以发生 C—O 键和 O—H 键断裂两类反应。其中 C—O 键由于 p-π 共轭效应，非常牢固，不易断裂。而 O—H 键是容易断裂的，因为生成的酚负离子中的负电荷可以通过共轭效应离域分散而得以稳定。

苯酚的酚羟基具有给电子共轭效应和吸电子诱导效应，综合起来是强的给电子效应，苯酚的苯环则因上述电子效应而得以活化，比苯更容易进行亲电取代反应。

8.7.1　酚的酸性

酚的羟基直接与苯环的 sp^2 杂化的碳原子相连，这与脂肪族化合物中的烯醇很相似。另外，由于酚的羟基氧原子的未共用电子对与苯环的共轭作用，不但使苯酚稳定，而且有利于苯酚的离解。

酸性比较：碳酸＞苯酚＞碳酸氢根＞水。

酚比醇的酸性强，是由于酚式羟基的 O—H 键易断裂，生成的苯氧基负离子比较稳定，使苯酚的离解平衡趋向右侧，而表现为弱酸性。酚式羟基可以与强碱溶液生成盐(如酚钠)和水。

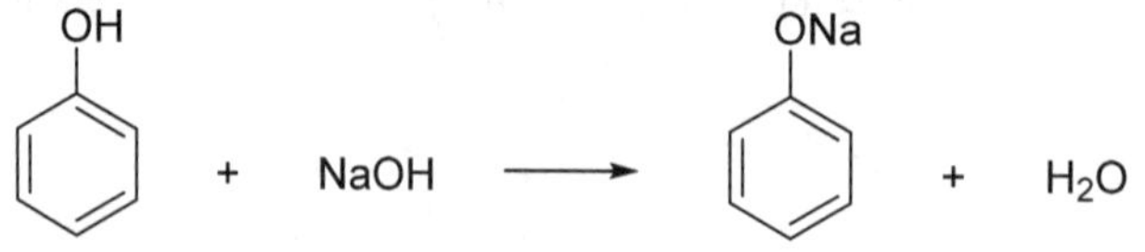

若在苯酚钠的水溶液中通入二氧化碳，即有游离苯酚析出。这是因为苯酚酸性比碳酸弱，所以酚盐能被碳酸所分解。

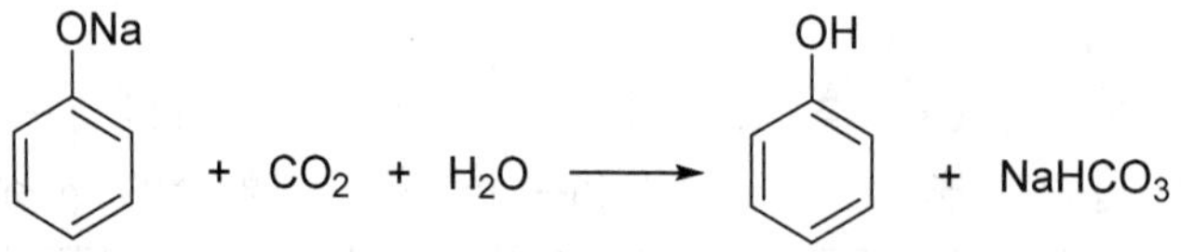

由于酚的酸性弱于碳酸，因此酚只能溶于氢氧化钠溶液而不溶于碳酸氢钠溶液。实验室中常根据酚的这一特性，与既能溶于氢氧化钠溶液又能溶于碳酸氢钠溶液的羧酸相区别。此方法也可用于中草药中酚类成分与羧酸类成分的分离。

8.7.2　苯酚的亲电取代反应

酚羟基与苯环之间存在 p-π 共轭作用，难以被取代，但苯环上的氢原子可被取代，发生卤化反应、磺化反应、硝化反应和傅-克反应等。酚羟基是活化的邻、对位定位基，因此苯酚的亲电取代反应主要发生在酚羟基的邻位和对位，并且比苯更容易进行。

1. 卤化反应

由于酚羟基强的活化作用，苯酚很容易发生卤化反应。在苯酚溶液中加入溴水，立即生成 2,4,6-三溴苯酚白色沉淀，反应定量进行。此反应可以用于苯酚的定性和定量分析。

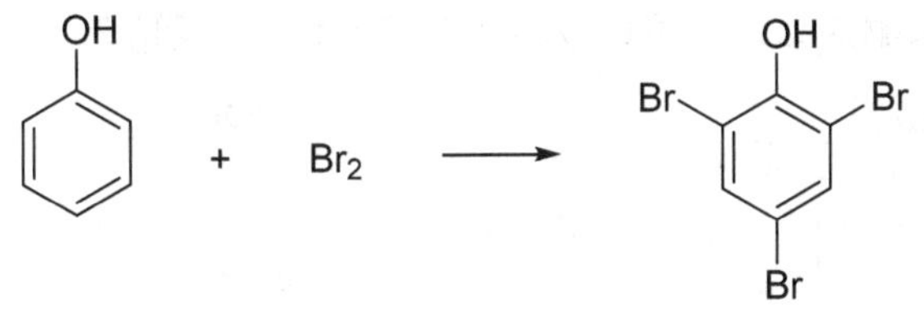

2. 磺化反应

苯酚与浓硫酸反应可以在酚羟基的邻位或对位引入磺酸基，反应由于酚羟基的活化作用比苯更容易。

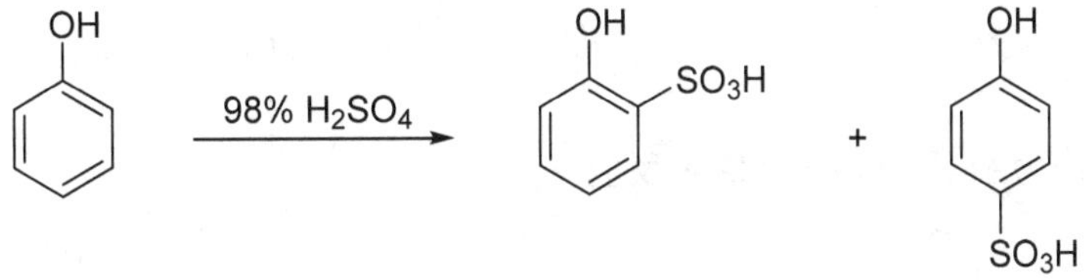

3. 硝化反应

苯酚在室温就可以与稀硝酸反应，得到邻硝基苯酚和对硝基苯酚。

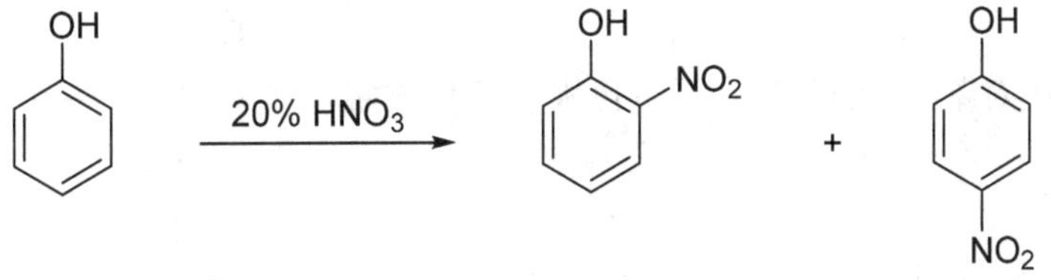

4. 傅-克反应

苯酚可以发生傅-克烷基化反应和傅-克酰基化反应，由于酚羟基的活化作用，反应很容易进行。由于苯酚可以与三氯化铝形成酚盐，会消耗氯化铝，因此苯酚的傅-克反应中催化剂氯化铝的用量较多。由于氧原子的参与，酚的芳环电子密度比苯环大，因此傅-克反应也可在较弱的 Lewis 酸催化下进行。

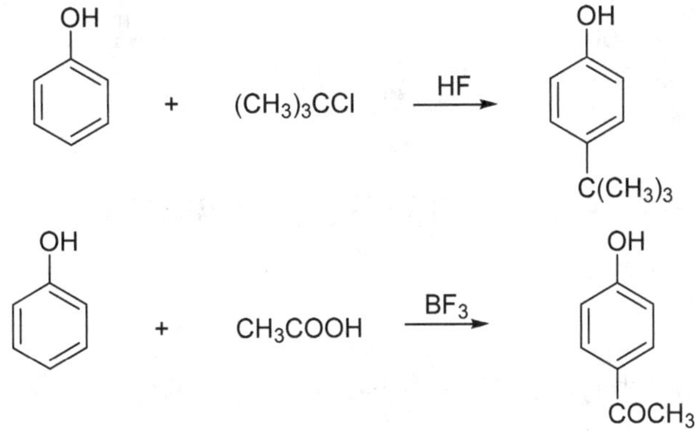

8.8　醌

醌是一类含有两个双键的六元环状二酮结构的有机化合物。最简单的醌是苯醌，它具有α, β-不饱和酮的结构。醌类有较大的共轭结构，通常为有色化合物，显现黄色、橙色或红色，可以作为染料。

醌具有α, β-不饱和酮的结构，可以发生1,2-或1,4-加成反应。

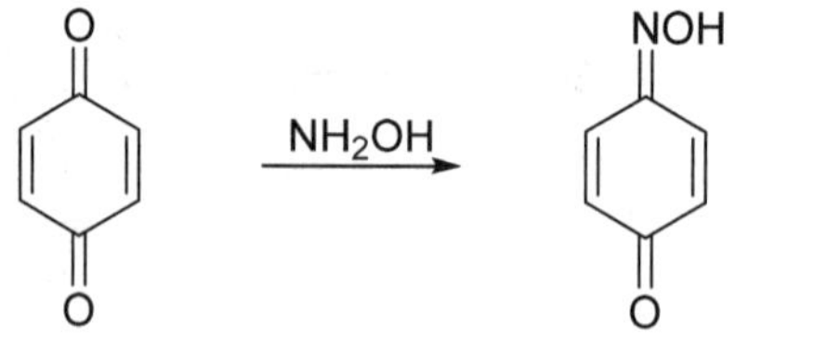

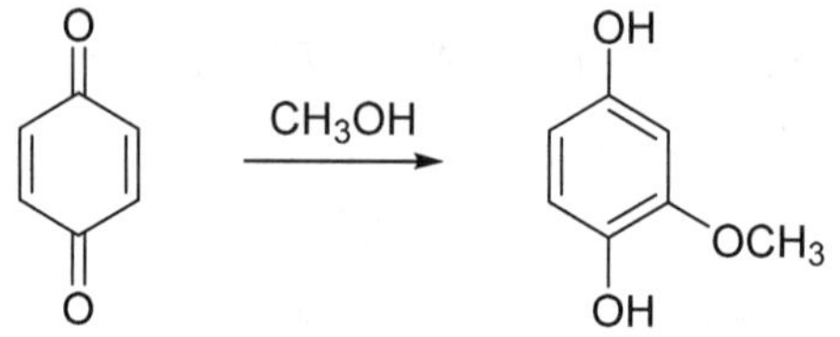

苯醌还可以作为亲双烯体进行D-A反应。

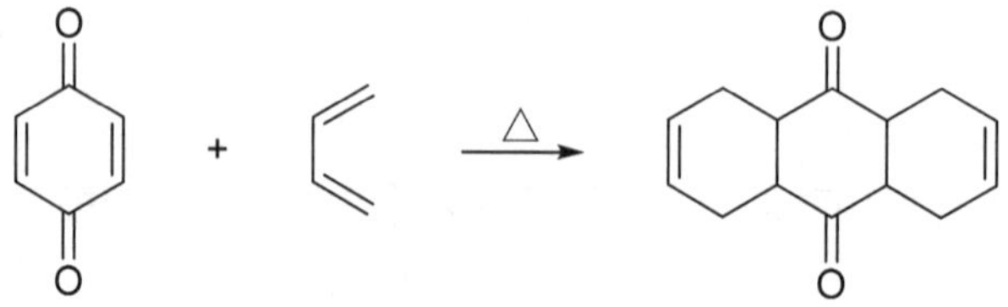

醌极易还原成对苯二酚(氢醌)，后者也极易氧化成醌。二者构成了一个氧化还原体系。

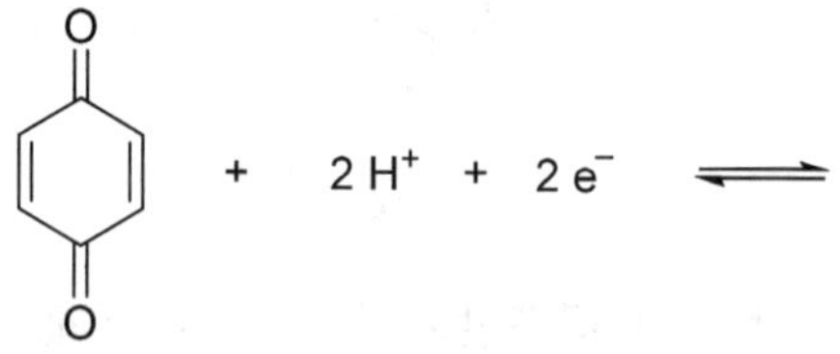

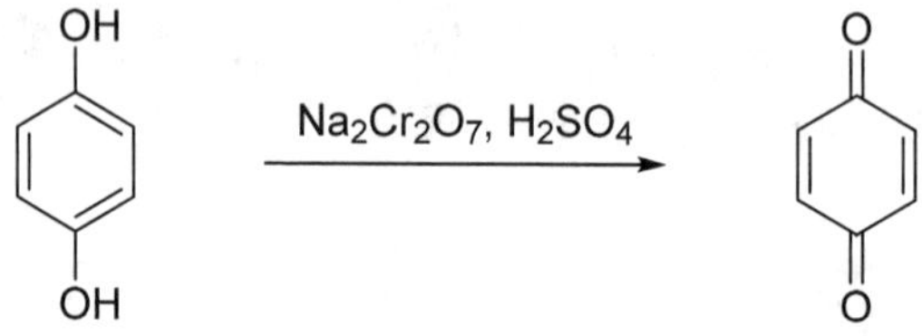

Ⅲ　醚

8.9　醚的分类、命名和结构

8.9.1　醚的分类

醚可以看作是水分子中的两个氢原子被烃基取代所形成的化合物。醚的通式为：R—O—R，醚类化合物的官能团为醚键(C—O—C)。

根据醚中与氧相连的烷基是否相同，醚可以分为简单醚和混合醚。简单醚中的两个取代基相同，具有对称结构，而混合醚中的烷基不同，结构也不对称。

$H_3CH_2C—O—CH_2CH_3$　　$H_3C—O—CH_2CH_2CH_3$

对称醚　　混合醚

根据烃基的种类，醚还可以分为脂肪醚和芳香醚。

$H_3C-O-CH_2CH_3$

脂肪醚

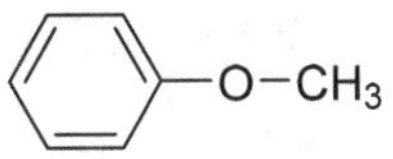

芳香醚

由氧原子和碳原子结合成环状醚结构的醚称为环醚，含有多个氧的大环醚称为冠醚。冠醚又称“大环醚”，其空穴结构对离子有选择作用，在有机反应中可作催化剂。

环醚

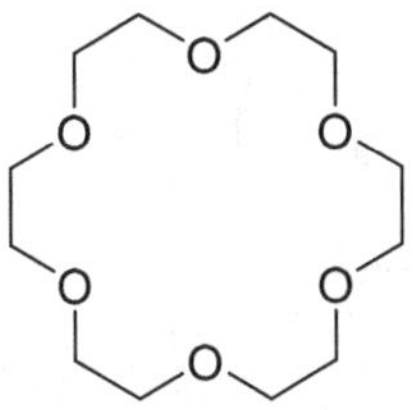

冠醚

20 世纪 60 年代，美国杜邦公司的佩德森(C. J. Pedersen)在研究烯烃聚合催化剂时首次发现冠醚。之后美国化学家克拉姆(C. J. Cram)和法国化学家莱恩(J. M. Lehn)从各个角度对冠醚进行了研究，并首次合成了穴醚。为此，1987 年佩德森、克拉姆和莱恩共同获得了诺贝尔化学奖。冠醚是超分子化学中最早系统研究的大环化合物，冠醚自发现以来在超分子化学的多个方面得到了广泛的应用，如离子识别、离子通道、酶模拟及手性拆分等。这些应用是基于冠醚环状聚乙二醇结构和客体之间形成的离子-偶极非共价键作用来完成的。

冠醚的环状结构，不仅使其具有空腔，而且具有一定的柔软性。冠醚最大的特点就是能与正离子，尤其是与碱金属离子配位，通过配位作用能够使金属离子溶于有机溶剂中，因此在有机合成中冠醚常作为相转移催化剂使用。随着环大小的改变，冠醚能够与不同的金属离子配位，具有很好的选择性，在分离、分析、光学拆分以及生物化学、医药等方面具有广泛的应用。

8.9.2　醚的命名

对于简单醚，通常用普通命名法，在烷基后加上“醚”。例如，与氧相连的是两个乙基，可以命名为二乙醚，“二”通常省略，简单称为乙醚。在混合醚中，两个不同官能团需要先排顺序，排列规则通常是：按照英文名称顺序，烃基名字后面加上“醚”。例如，醚中氧原子分别连接甲基和乙基，按照英文名，乙基(ethyl)在甲基(methyl)之前，所以命名为乙基甲基醚。

$H_3CH_2C-O-CH_2CH_3$

乙醚
diethyl ether

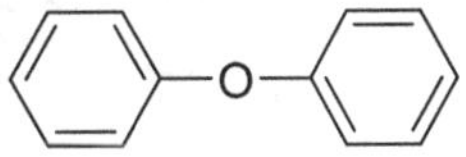

苯基醚
diphenyl ether

$H_3C-O-CH_2CH_3$

乙基甲基醚
ethyl methyl ether

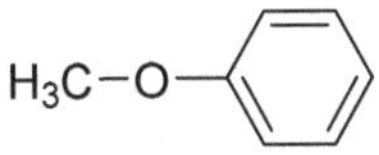

苯基甲基醚
pheny methyl ether

对于结构复杂的醚，命名时将较大的基团作母体，剩下的—OR(烷氧基)作为取代基，如：

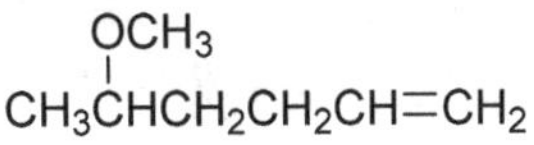

5-甲氧基己-1-烯
5-methoxyhex-1-ene

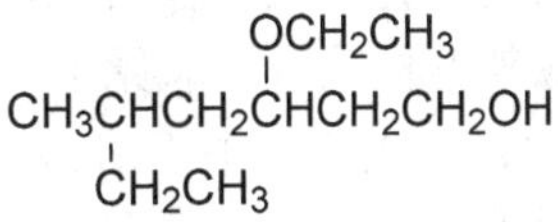

3-乙氧基-5-甲基-庚-1-醇
3-ethoxy-5-methylheptan-1-ol

冠醚的命名为 x-冠-y，x 代表环总原子数，y 代表环中氧原子数。例如，以下两个化合物的命名分别为 18-冠-6 和 12-冠-4。

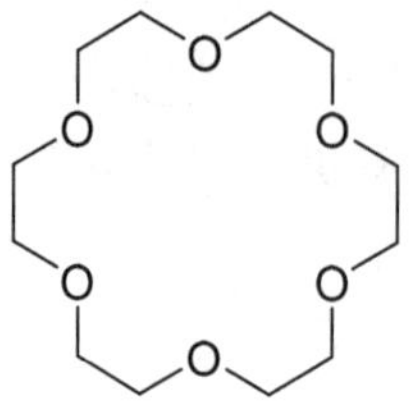

18-冠-6

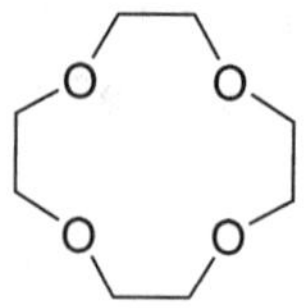

12-冠-4

8.9.3　醚的结构

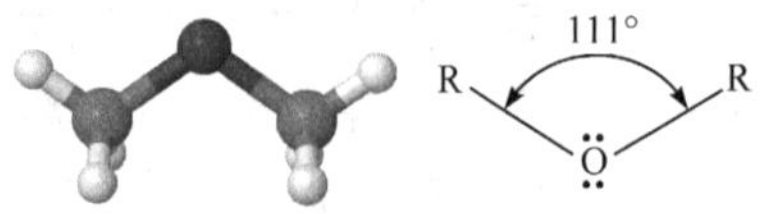

图 8-3　乙醚的结构

醚是具有醚官能团的一类有机化合物，醚官能团中氧原子采取 sp^3 杂化，在四个杂化轨道中，两个孤对电子占据其中的两个，另外两个杂化轨道分别与相邻碳原子形成 σ 键，C—O—C 键的夹角接近 111°，如图 8-3 所示。

8.9.4　醚的物理性质

由于醚分子间不能形成氢键，因此醚与其同分异构体的醇相比，熔点和沸点更低。除甲醚和乙醚外，大多数醚为无色、有特殊气味的液体，密度较小，相对密度通常小于 1。多数醚易挥发、容易燃烧。表 8-3 为一些常见醚的熔沸点和相对密度数据。

表 8-3　常见醚的熔沸点和相对密度数据

名称	熔点/℃	沸点/℃	相对密度(水=1)
甲醚	−139	−25	—
乙醚	−117	35	0.7137
丙醚	−12	90	0.7360
异丙醚	−86	68	0.7241
苯甲醚	−38	155	0.9961
二苯醚	27	258	1.0748
四氢呋喃	−65	67	0.8892
1,4-二氧六环	12	101	1.0337
环氧乙烷	−112.5	11	0.8700

脂肪醚中的氧原子虽然能与水形成弱氢键，但是大部分醚不溶于水，易溶于有机试剂，乙醚只能微溶于水，因此常将乙醚用作溶剂和萃取剂。相对于脂肪醚，在环状的四氢呋喃和 1,4-二氧六环中，氧和碳架共同成环，氧原子突出在外，容易与水形成氢键，所以易与水互溶。离子型化合物如盐类化合物在乙醚中不溶，在盐类化合物的乙醇溶液中加入乙醚，可从中析出沉淀物。乙醚能导致全身麻醉，所以是外科手术中常用的麻醉剂。

8.10　醚的化学性质

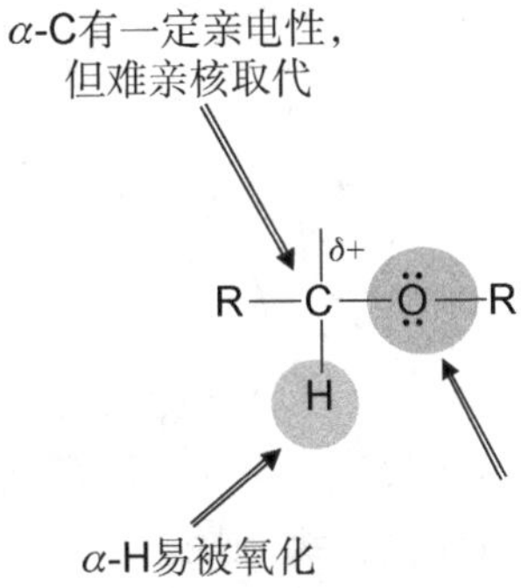

醚的化学性质并不活泼，对碱、氧化剂、还原剂都很稳定，可以用作有机溶剂。例如，乙醚、四氢呋喃、1,4-二氧六环等都是应用广泛的有机溶剂。醚中的氧原子含有两对孤对电子，具有碱性和亲核性；碳氧键是极性键，电子云向氧原子方向偏移，使得碳原子上的电子云密度降低，带有部分正电荷，可以发生亲核取代反应。

8.10.1　形成氧正阳离子

由于醚的氧原子上有未成键的孤对电子，醚具有一定的碱性，这使得醚上的氧原子可以与质子结合生成氧正离子，如：

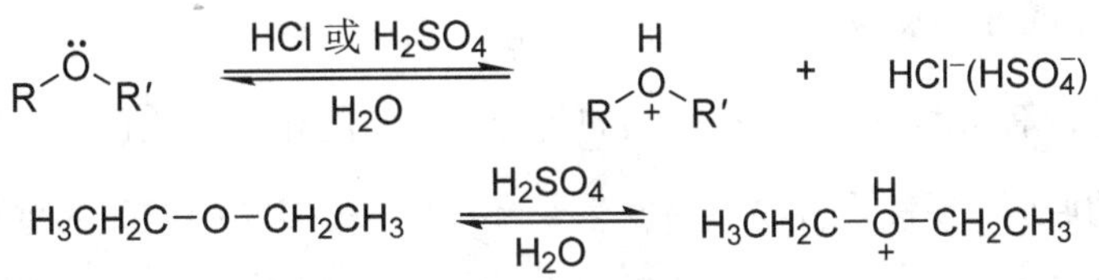

醚遇无机酸(浓盐酸、浓硫酸等)会生成可溶于浓强酸的氧正离子。该反应是可逆反应，生成的氧正离子加冷水稀释以后又可以得到原来的醚。可以利用醚的这一性质来区别醚与烷烃，也可用来分离醚与其他有机物。

另外，醚还可以与 Lewis 酸结合生成配合物，如：

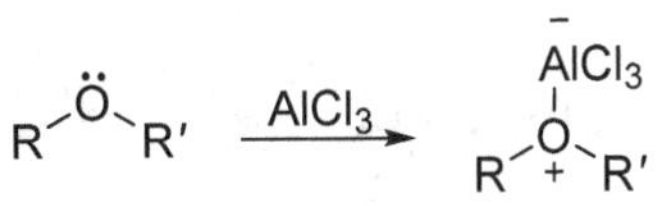

8.10.2　醚键的断裂

在酸性条件下，醚与质子结合生成𬭸盐，这时氧原子的吸电子能力变强，与氧直接相连的 *α*-碳表现出正电性，可以发生亲核取代反应。例如，醚与氢碘酸混合加热，可以发生亲核取代反应，醚键断裂从而生成醇和碘代烷，如二甲醚与氢碘酸反应生成甲醇与碘甲烷。当氢碘酸过量时，产物醇也会转变为碘代烷。

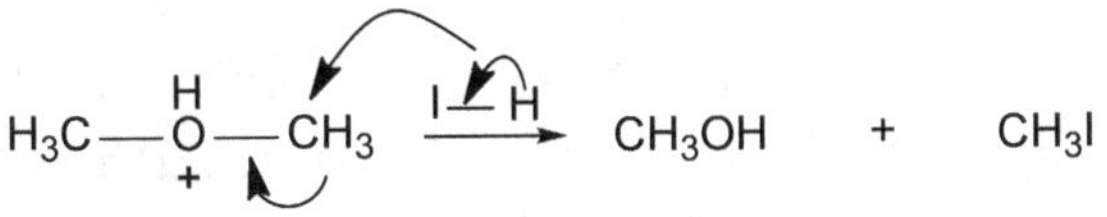

甲基醚与氢碘酸的反应是 S_N2 反应，碘负离子进攻 α-碳的同时，碳氧键断裂生成碘甲烷和相应的醇。该反应的反应速率快，平衡常数大，产物单一；所以只要准确计量产物碘甲烷的量，就可以推算出反应物的量。Zeisel 测定法是定量测量物质中甲氧基(—OCH_3)的方法，该方法就是基于以上机理设计的。

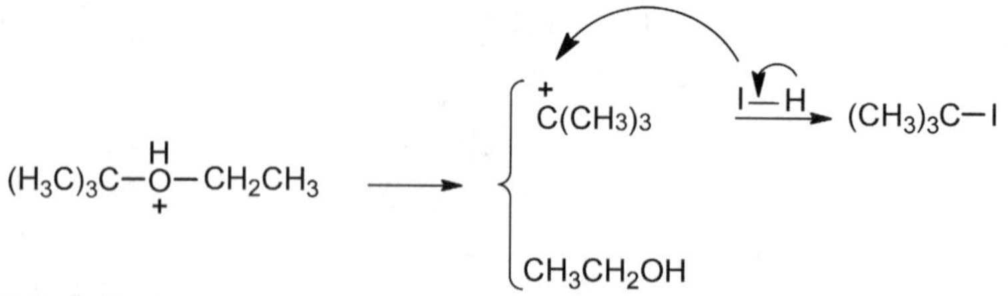

三级烷基醚与氢碘酸的反应是 S_N1 反应，首先是醚键断裂生成三级碳正离子与对应的醇，然后碘负离子亲核进攻碳正离子生成碘代三级烷烃。

对于混合醚，醚键断裂的优先级是三级烷基＞二级烷基＞一级烷基＞芳香基。氧原子直接与芳香环相连时，氧上的孤对电子与芳香环形成 p-π 共轭，体系能量降低，所以醚键比较稳定。

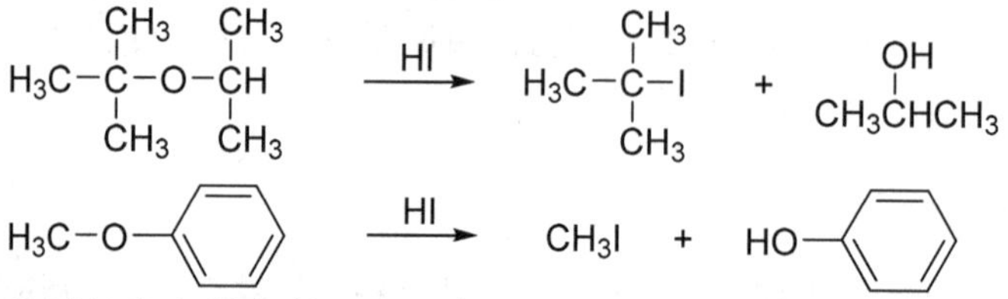

氢溴酸和盐酸也可以发生类似的反应，但是反应活性不如氢碘酸。

8.10.3　环氧化合物的开环反应

环氧化合物是带有含氧三元环(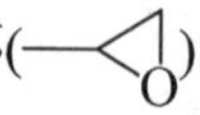)的化合物，它的化学性质比一般的醚更活泼。由于三元环张力过大的原因，环氧化合物极易发生开环反应，可以在酸或碱的催化下与多种亲核试剂发生反应，需要注意的是对于对称的环醚的开环反应，酸碱催化的产物相同，但是对于不对称的环醚，在酸性或碱性条件下开环的产物是不同的。

碱性条件下：亲核试剂一般以负离子等亲核性较强的形式存在，如 RO^-、CN^-等。亲核试剂从氧原子背面直接进攻环氧化合物中的缺电碳原子，同时醚键断开，然后产物结合一个质子生成对应的醇。

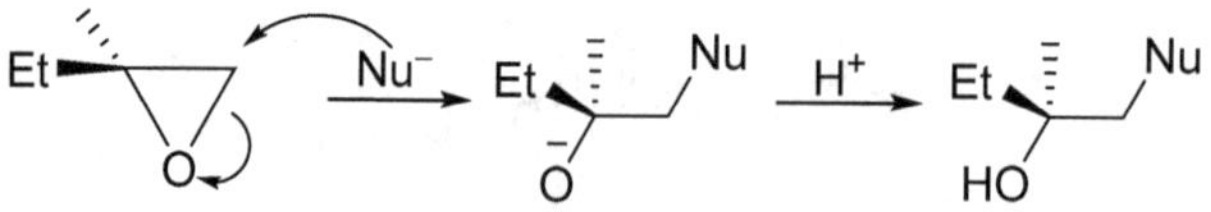

这是一个 S_N2 反应，反应具有区域选择性。对于不对称的环氧化合物，位阻越小的环碳原子越易受到亲核试剂的进攻，对应的产物为主要产物。如果被进攻的碳是手性碳，则反应前后构型翻转。例如：

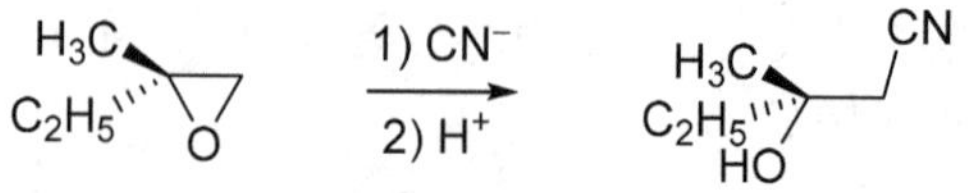

酸性条件下：环氧化合物开环反应的历程区别于碱性条件。质子性环境中，亲核试剂通常只能以 HCN、ROH 这种电中性分子的形式存在，亲核能力比较弱。但是质子性环境下，环氧化合物可以与质子结合成𨦡盐，这增加了环碳原子的缺电性，使其易于接受亲核进攻。新键生成的同时碳氧键断裂，生成最终的产物醇。

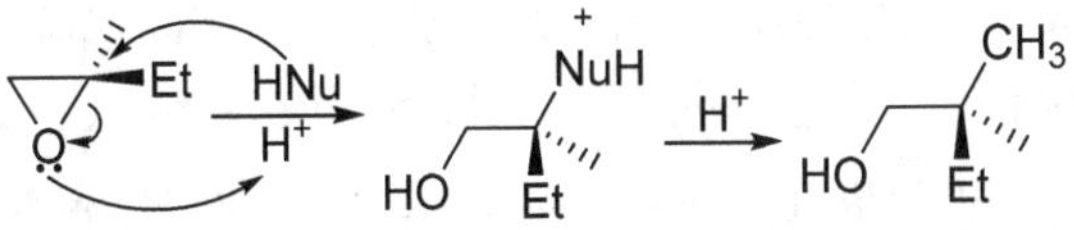

酸催化下的环氧化合物开环反应也是一个 S_N2 反应，具有区域选择性。对于不对称的环氧化合物，取代越多的环碳原子正电越富集，越容易吸引亲核试剂的进攻，对应的产物是主要产物。如果被进攻的碳是手性碳，则反应前后构型翻转。例如：

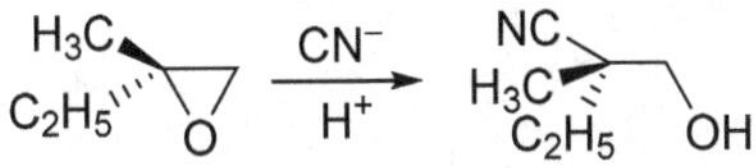

总之，环氧化合物在酸碱催化下的开环反应过程并不完全相同。碱性条件下亲核试剂亲核能力强，哪个环碳位阻小、亲核试剂容易接近，对应的产物就是主要产物；而酸性条件下试剂的亲核性较弱，试剂具体进攻哪个环碳要看哪个环碳的正电性更强、更易接受亲核试剂的进攻。

环氧乙烷还可以与格氏试剂反应，可以得到增加两个碳原子的伯醇，如：

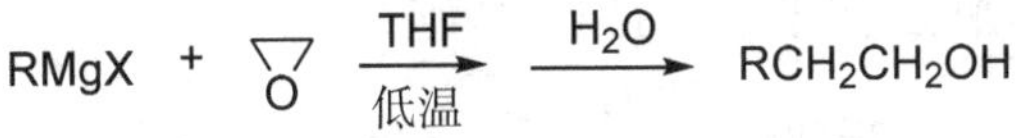

8.10.4　醚的自动氧化反应

醚长时间暴露在空气中，会生成不易挥发的过氧化醚。过氧化醚是有机过氧化物(organic peroxide)的一种，有机过氧化物通常指含有过氧键(—O—O—)的一类有机化合物，通式为 R—O—O—R′，有很强的氧化能力，容易发生断裂生成两个自由基 RO·，其蒸气与空气会形成爆炸性的混合物。过氧化醚易爆炸，在蒸馏含有过氧化物的醚时，过氧化醚不断浓缩，继续加热会有爆炸的危险。所以在蒸馏久置的醚前，一定要确认是否有过氧化物存在。如何检测过氧化醚？通常可以使用淀粉-碘化钾试纸检验，如果试纸变蓝，说明有过氧化物存在。如有过氧化醚产生可以用新制的硫酸亚铁溶液除去过氧化物。

$$H_3CH_2C-O-CH_2CH_3 \xrightarrow{O_2} H_3CH_2C-O-\underset{\displaystyle |}{\overset{\displaystyle CH_3}{|}}\!\!\!\!\!\!\;CHOOH \xrightarrow{FeSO_4} H_3CH_2C-O-CH_2CH_3$$

8.11　醚 的 制 备

8.11.1　Williamson 合成法

Williamson 合成法是一种卤代烷与醇钠反应生成醚的方法，常用于合成不对称醚。

$$RONa + R'X \longrightarrow ROR' + NaX$$

例如，环戊醇钠与碘乙烷生成环戊基乙基醚。

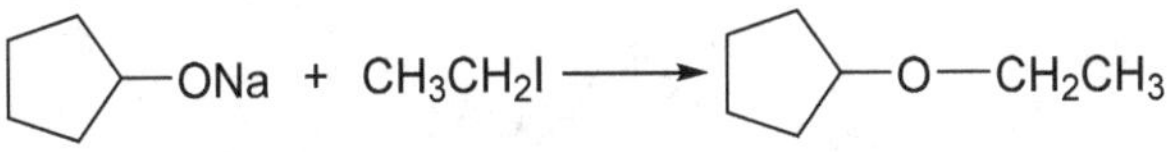

除用卤代烷外，还可以使用醇钠与磺酸酯等反应合成目标产物醚，如甲醇钠与苯基磺酸甲酯反应生成二甲醚。

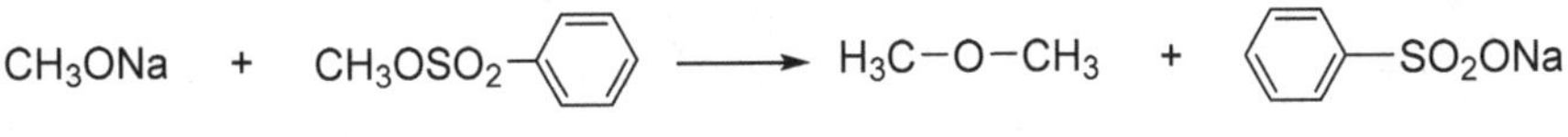

在合成不对称醚时，尽量使用一级卤代烷与相应的醇钠反应。例如，在合成乙基叔丁基醚时，要选用卤代乙烷和叔丁醇钠作为反应物；如果使用叔丁基卤代烷和甲醇钠反应，在醇钠的强碱性条件下，叔丁基卤代烷会发生消除反应而得不到最终产物。

$$(CH_3)_3CONa + C_2H_5I \longrightarrow (CH_3)_3COC_2H_5 + NaI$$

$$(CH_3)_3CBr \xrightarrow{\text{醇钠}} (CH_3)_2C{=}CH_2$$

通过 Williamson 合成法还可以合成冠醚，如 18-冠-6 的合成方式为

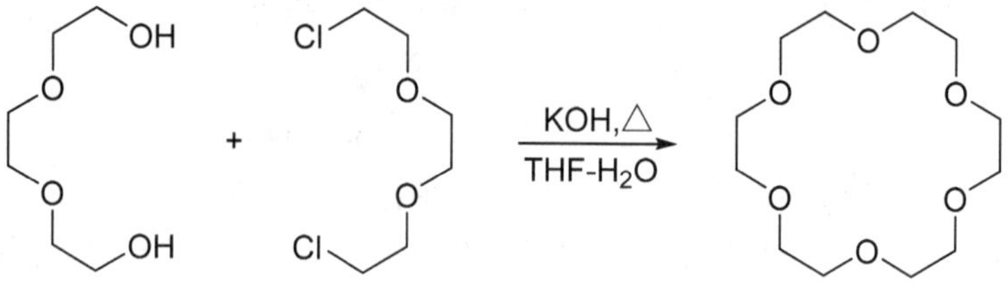

8.11.2　醇分子间脱水

在浓硫酸的作用下，醇分子间失水可以制备醚。

$$2ROH \xrightarrow{\text{浓}H_2SO_4} ROR + H_2O$$

例如，工业制备乙醚的方式是利用乙醇在浓硫酸催化下加热脱水。

$$2CH_3CH_2OH \xrightarrow[\triangle]{\text{浓}H_2SO_4} CH_3CH_2OCH_2CH_3$$

8.11.3　不饱和烃与醇的反应

在酸的催化下，烯烃与醇发生亲电加成反应可以生成醚。例如，甲醇与 2-甲基丙烯在浓硫酸作用下发生亲电加成反应，生成叔丁基甲基醚。

$$CH_3OH + H_2C{=}C(CH_3)_2 \xrightarrow{\text{浓}H_2SO_4} CH_3OC(CH_3)_3$$

习　　题

8-1　画出下列化合物的结构式。

(1) 2,3-二甲基丁-2,3-二醇　(2) 2,4-二硝基苯甲醇　(3) 间溴苯酚
(4) 3-溴-1,2-环氧丙烷　(5) 3-甲氧基戊-2-醇　(6) 2-溴丙-1-醇
(7) 己-2,5-二醇　(8) 2-氨基萘-1-酚　(9) 甲基乙烯基醚
(10) 对乙氧基氯苯

8-2　用系统命名法命名下列化合物。

(1) 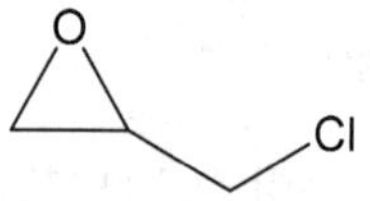

(2) 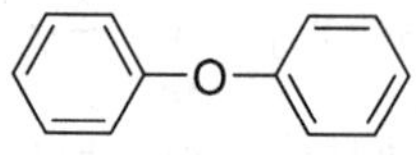

(3) 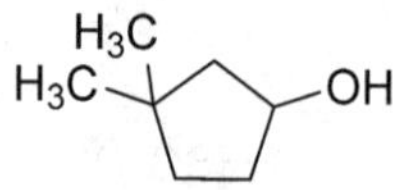

(4) 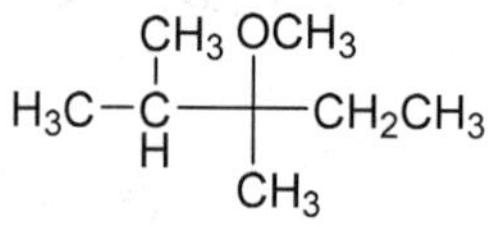

8-3　写出戊醇 $C_5H_{11}OH$ 异构体的构造式，并用系统命名法命名。

8-4　题 8-3 中哪些醇最容易脱水？哪些醇最容易与金属 Na 发生反应？哪些醇最容易与卢卡斯试剂作用？

8-5　用化学方法鉴别下列各组化合物。

(1) 苯酚和邻二甲苯；

(2) 丁-1-醇、丁醚和苯酚；

(3) 甲苯和苯甲醚；

(4) 2-甲基丙-1-醇和叔丁醇。

8-6　比较正丁醇、丙-1,3-二醇和正戊烷的沸点，并加以解释。

8-7　试比较下列化合物的沸点，并解释其原因。

CH_2OH-CH_2OH　　$CH_2OH-CH_2OCH_3$　　$CH_2OCH_3-CH_2OCH_3$

8-8　写出下列反应的机理。

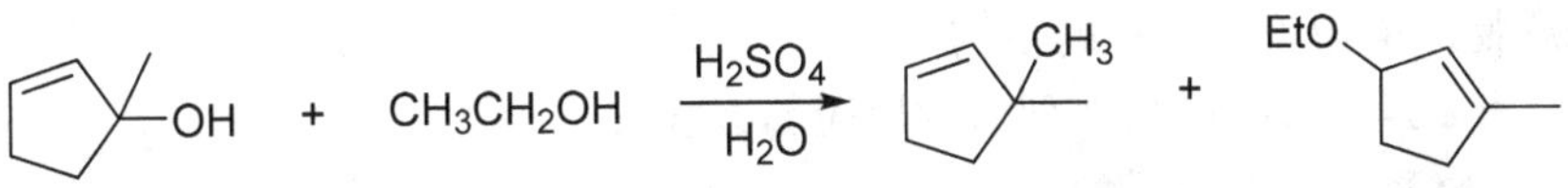

8-9　完成下列反应。

(1) $CH_3CH_2OH + 2HNO_3 \xrightarrow[\triangle]{H_2SO_4}$

(2) $(CH_3)_2CHCH_2CH_2OH \xrightarrow{PCl_3}$

(3) 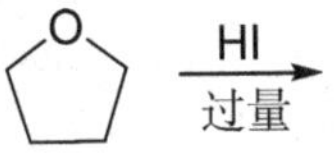

(4) 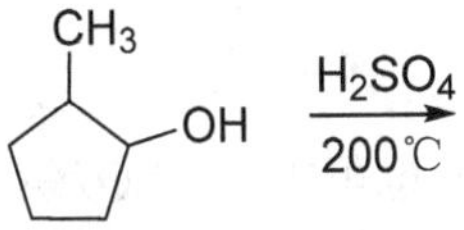

(5) 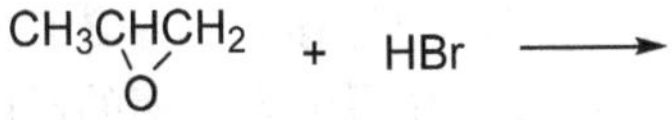

(6) 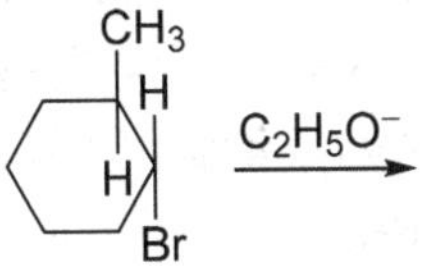

(7) 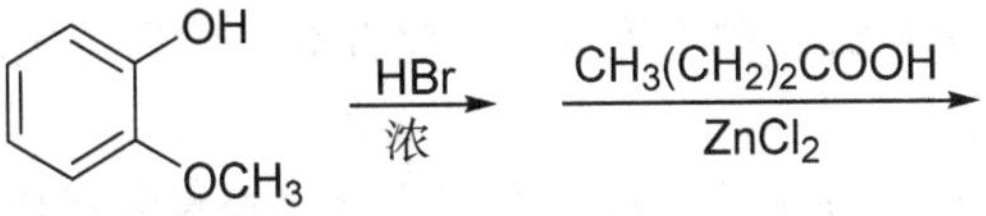

8-10　用醇为原料合成正丙基叔丁基醚。

8-11　用苯酚和环氧乙烷合成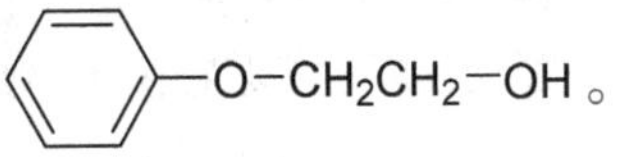。

8-12　如何除去溴乙烷中少量的乙醇？

8-13　如何除去乙醚中的少量水和乙醇？

8-14　写出丁-2-醇与下列试剂反应的方程式。

(1) Na；(2) Al；(3) 冷浓 H_2SO_4；(4) H_2SO_4，160℃；(5) H_2SO_4，<140℃；(6) NaBr + H_2SO_4；

(7) 红磷 + 碘；(8) $SOCl_2$；(9) $CH_3C_6H_4SO_2Cl$。

8-15 将下列各组化合物按酸性强弱的次序排列。

(1) 碳酸、硫酸、苯酚、水；

(2) 苯甲醇、苯酚、对甲酚。

8-16 将下列化合物按照碱性强弱的次序排列。

(1) 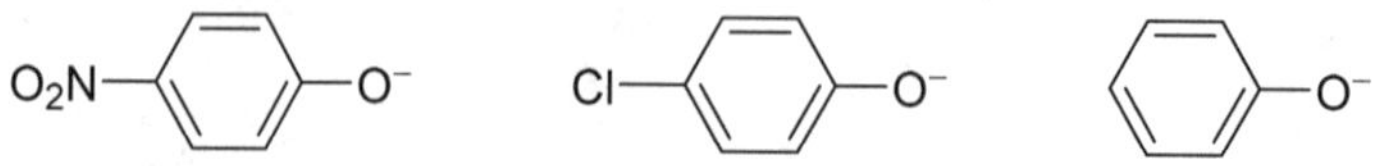

(2) $CH_3CH_2CH_2O^-$　　$(CH_3CH_2)_2CHO^-$　　$(CH_3CH_2)_3CO^-$

8-17 预测下列化合物与卢卡斯试剂反应速率的顺序。

(1) 二乙基甲醇；(2) 2-甲基戊-2-醇；(3) 正丙醇。

8-18 比较下列醇与氢溴酸进行 S_N1 反应的相对速率。

$H_2C{=}CH{-}CH_2OH$　　$O_2N{-}HC{=}CH{-}CH_2OH$　　$H_3CO{-}HC{=}CH{-}CH_2OH$

8-19 某醇 $C_5H_{12}O$ 氧化后生成酮，脱水则生成一种不饱和烃，继续氧化后可生成酮和羧酸两种混合产物，推测该化合物的结构。

8-20 写出 1,2-环氧丙烷与下列试剂反应的方程式。

(1) 有少量硫酸存在下的甲醇；

(2) 有少量甲醇钠存在下的甲醇。

8-21 写出下列醇转化为相应卤代烷所需的试剂及反应条件。

(1) $CH_3CH_2OH \longrightarrow CH_3CH_2I$

(2) $CH_3CH_2CH(CH_3)CH_2OH \longrightarrow (CH_3)_2CBrCH_2CH_3$

(3) $CH_3CH(OH)CH_3 \longrightarrow CH_3CHBrCH_3$

(4) 

8-22 丁-2-烯-1-醇与溴化氢作用可生成哪些产物？

8-23 分子式为 $C_6H_{10}O$ 的化合物 A，可与卢卡斯试剂反应，也可被 $KMnO_4$ 氧化，并能吸收 1 mol Br_2，A 经催化加氢得 B，将 B 氧化得 C，C 的分子式为 $C_6H_{10}O$，将 B 在加热下与浓 H_2SO_4 作用的产物还原可得到环己烷，试推测 A 可能的结构，并写出各步骤的反应式。

8-24 化合物 A 分子式为 $C_6H_{14}O$，能与金属钠作用放出氢气；A 氧化后生成一种酮 B；A 在酸性条件下加热，生成分子式为 C_6H_{12} 的两种异构体 C 和 D。C 经臭氧氧化再还原水解可得到两种醛；而 D 经同样反应只得到一种醛。试写出 A～D 的构造式。

8-25 某醇($C_5H_{12}O$)氧化后生成酮，脱水生成一种不饱和烃，将此烃氧化后可生成酮和羧酸两种产物的混合物，推测该化合物的结构。

8-26 新戊醇在浓硫酸存在下加热可得到不饱和烃，将这个不饱和烃经臭氧氧化后，在锌粉存在下水解就可以得到一种醛和酮，试写出反应历程及各步反应产物的结构式。

8-27 为什么用 Williamson 法合成脂肪醚需在醇钠及无水条件下进行，而合成芳醚可以在氢氧化钠的水溶液中进行？

8-28 写出下列化合物在浓硫酸作用下脱水成醚的可能产物。

(1) $(CH_3)_2CHOH + CH_3CH_2OH$　　(2) $(CH_3)_3COH + CH_3CH_2CH_2OH$

第9章 醛 和 酮

醛、酮是一类与气味密切相关的化合物，有一些醛、酮能发出令人愉悦的气味，广泛存在于食物中。例如，肉桂醛就是一种醛类有机化合物，为黄色黏稠状液体，做饭时常用的调味料桂皮的特殊香味就来源于这种化合物；香草醛是一种从香草豆中提取的具有香甜气味的化合物，常见的具有香草味的冰淇淋、乳制品、烘焙食品和甜点中都含有这种化合物；苯甲醛也是常用的食品调味剂，它主要从杏、樱桃、月桂树叶、桃核中提取得到，在室温下其为无色液体，具有特殊的杏仁气味。另外有一些醛、酮能发出令人不舒服的刺鼻气味，如甲醛，不但气味难闻而且具有致癌的作用。

醛、酮还广泛存在于生命体中，与人们的生理活动密切相关。例如，磷酸吡哆醛作为一种辅酶广泛参与生命体的转氨基作用反应；氢化可的松是肾上腺分泌的一种类固醇激素，用于调节脂肪、蛋白质和碳水化合物的代谢。

醛、酮也被广泛地应用于工业界，简单的醛和酮大量用作溶剂和制备复杂工业材料的起始原料。例如，甲醛就主要用于生产工业树脂，如脲甲醛树脂、三聚氰胺树脂、酚醛树脂、聚甲醛塑料、丁-1,4-二醇和亚甲基二苯基氰酸酯等，这些树脂被用于刨花板、黏合剂、油漆和涂料等。

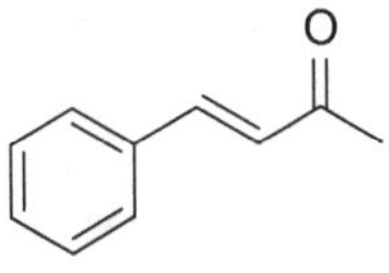

肉桂醛

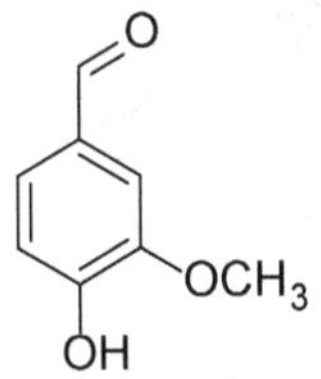

香草醛

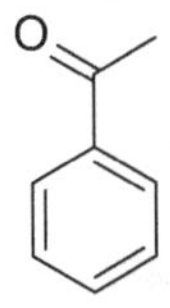

苯甲醛

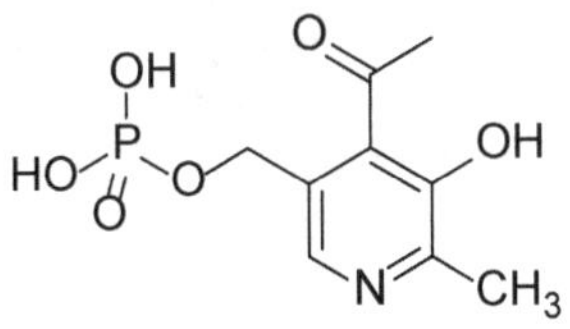

磷酸吡哆醛

9.1 醛和酮的分类、命名和结构

9.1.1 醛和酮的分类

醛和酮都属于羰基化合物，其特点是含有羰基。如果羰基碳原子上连接一个或两个氢原子，则称为醛；如果羰基碳原子与两个碳原子相连，则称为酮。具体而言，醛的通式为 RCHO，其中 R 代表一个烃基，表示连接在羰基碳上的有机基团。酮的通式为 RCOR，其中 R 代表两个烃基，表示连接在羰基碳上的两个有机基团。

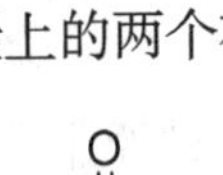

羰基

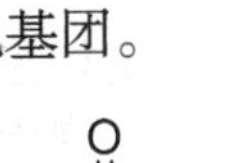

醛

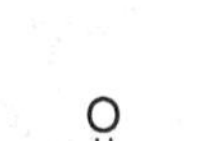

酮

醛和酮可以按照不同的分类标准进行分类，以下是几种常见的分类方法。

(1) 根据与羰基连接的烃的种类，醛、酮可以被分为脂肪族醛、酮和芳香醛、酮。

脂肪族醛、酮是指与脂肪烃相连的醛、酮。例如，丁醛就是一种脂肪族醛，由丁醇的氧化得到。芳香醛、酮则是指与芳香烃相连的醛、酮。芳香醛、酮通常含有芳香环结构，这赋予它们独特的香气和性质。苯甲醛就是一种常见的芳香醛，它含有苯环结构。

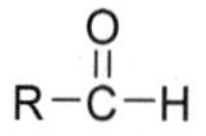
脂肪醛

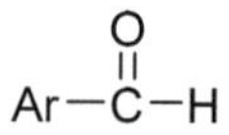
芳香醛

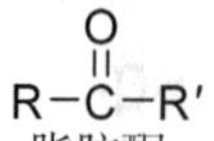
脂肪酮

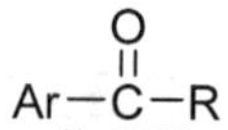
芳香酮

(2) 按照与羰基相连取代基的饱和性，醛、酮可以被分为饱和醛、酮和不饱和醛、酮。饱和醛、酮是指羰基碳原子上的取代基均为饱和的烷基，这些取代基由碳和氢原子组成，没有不饱和键。举例来说，丁醛是一种饱和醛，其羰基碳原子上的取代基为饱和的丙基。不饱和醛、酮则是指羰基碳原子上的取代基包含不饱和键的烃基，可以是烯基或炔基。例如，巴豆醛(反丁-2-烯醛)是一种不饱和醛，其羰基碳原子上的取代基包含α-, β-不饱和双键，巴豆醛对呼吸道和眼部有刺激作用，皮肤接触时有灼烧痛感，且为很强的催泪剂，同时是重要的有机合成中间体。

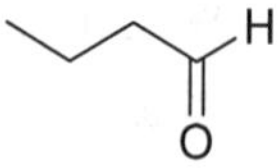
丁醛

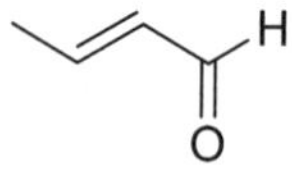
巴豆醛

(3) 除了按照与羰基连接的烃的种类和饱和性进行分类，醛、酮还可以根据羰基的个数进一步分为一元醛、酮和多元醛、酮。一元醛、酮是指分子中只含有一个羰基的化合物，如丙酮是一种常见的一元酮，其中含有一个酮羰基。多元醛、酮是指分子中含有多个羰基的化合物，如丁二醛。

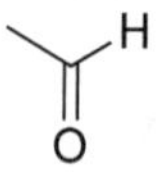
乙醛

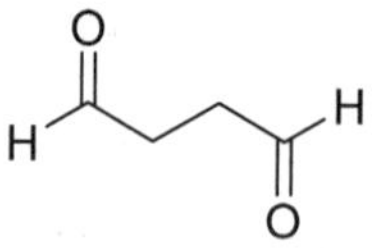
丁二醛

9.1.2　醛和酮的命名

1. 醛和酮的系统命名法

1) 脂肪族醛、酮的命名

当化合物中含有羰基但不含羧基(—COOH)、磺酸基(—SO_3H)、烃氧羰基(—COOR)、卤甲酰基(—COX)、氨基甲酰基(—$CONH_2$)、氰基(—CN)等官能团时，可以选择羰基作为主官能团，将化合物命名为醛或酮。一般醛、酮类化合物命名的步骤见下。

(1) 选主链：选择含羰基的最长链为主链。

(2) 编号：按羰基的位置编号尽可能小的原则依次给主链碳原子编号。

(3) 确定构型：若分子中有构型，须按确定构型的原则一一确定。

(4) 按名称基本格式写出全名：写全名时根据主链的碳原子数称为某醛、某酮；把官能团位次写在某之后，醛(酮)之前，数字与某和醛(酮)之间用短线隔开，按照“某-官能团位次-醛(酮)”的格式书写；支链的位号和名称写在某的前面，并分别用短线隔开。例如：

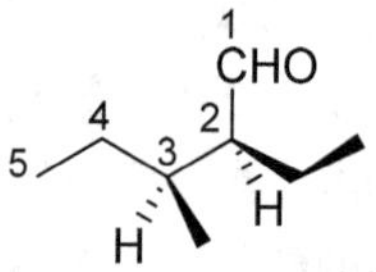

(2*S*,3*S*)-2-乙基-3-甲基戊醛
(2*S*,3*S*)-2-ethyl-3-methylpentanal

首先选择包含醛基的最长碳链作为主链，以醛基碳为 1 号，依次为碳链编号。2 号碳和 3 号碳是手性碳，按照顺序规则确定它们的构型。因为取代基乙基(ethyl)的首字母比甲基(methyl)的首字母靠前，所以在命名中乙基取代基的位置比甲基靠前。最后按有机化合物名称的基本格式写出全名。

下面再举几个醛、酮化合物命名的实例：

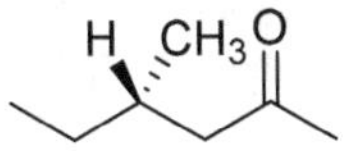

(*S*)-4-甲基己-2-酮
(*S*)-4-methyl-2-hexanone

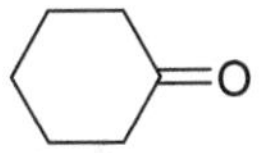

环己酮
cyclohexanone

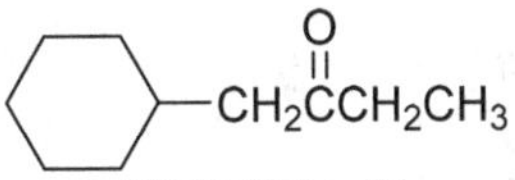

1-环己基丁-2-酮
1-cyclohexyl-2-butanone

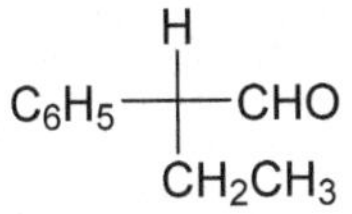

(*S*)-2-苯基丁醛
(*S*)-2-phenylbutanal

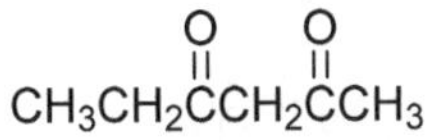

己-2,4-二酮
2,4-hexanedione

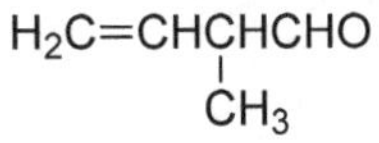

2-甲基丁-3-烯醛
2-methyl-3-butenal

当化合物含有羰基但同时还含有多官能团时，按顺序选择母体。

各官能团的优先次序如下：

$$—COOH > —SO_3H > —COOR > —CONH_2 > —CN$$
$$> —CHO > —COR > —OH > —NH_2 > —NO_2, —X, —R$$

例如，下面化合物含有羰基和羟基，由于羟基的优先级低于羰基，羟基作为取代基，该化合物命名为：4-羟基戊-2-酮。

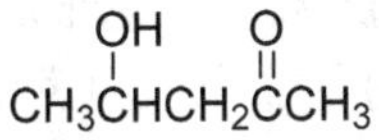

同样地，分子中同时包含酮羰基与醛基时，将分子视为醛衍生物来命名，如：

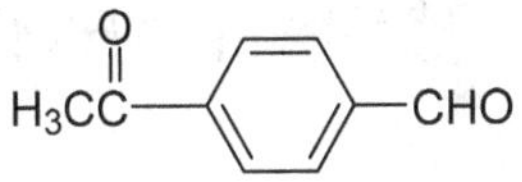

4-乙酰基苯甲醛
4-acetylbenzaldehyde

2) 脂环醛、酮的命名

如果羰基在环内，命名为环某酮，如：

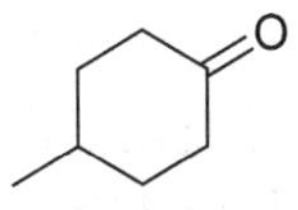

4-甲基环己酮

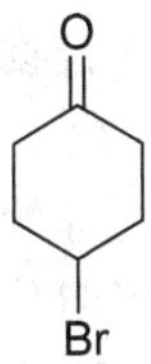

4-溴环己酮

如果羰基在环外，将环作为取代基，如：

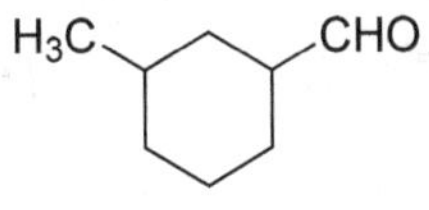

3-甲基环己基甲醛

3) 芳香醛、酮的命名

对于含有芳环的醛、酮，命名时将芳环作为取代基，如：

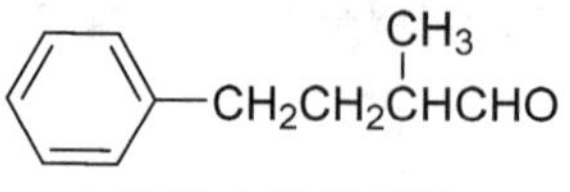

2-甲基-4-苯基丁醛

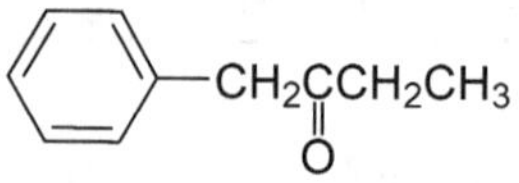

1-苯基丁-2-酮

2. 酮的习惯命名法

酮的习惯命名法按羰基连接的两个烃基的名称来命名。中文按顺序规则，简单烃基的名称在前，复杂烃基的名称在后，然后加甲酮(甲字可省)。英文按名称中的字母顺序依次排列，最后加 ketone，如：

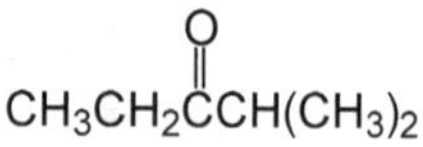

乙基异丙基(甲)酮

ethylisopropyl ketone

9.1.3 醛和酮的结构

在醛、酮分子中，羰基官能团的碳、氧原子都采取 sp^2 杂化，且位于同一个平面上。碳原子三个 sp^2 杂化轨道间的夹角约为 120°，其中一个杂化轨道与氧原子形成 σ 键，碳的未参与杂化的 p 轨道与氧的 p 轨道相互平行，形成 π 键。碳原子另外的两个 sp^2 杂化轨道与相邻两个碳原子(酮)或相邻氢原子形成 σ 键(醛)，氧原子的三个 sp^2 杂化轨道中另外两个杂化轨道由孤对电子填充(图 9-1)。

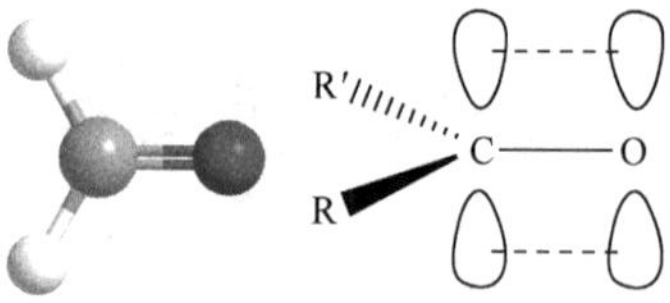

图 9-1　醛、酮的结构

9.2　醛和酮的物理性质

醛、酮类化合物的熔点和沸点通常比分子量相近的烃类化合物高，这是由于醛、酮分子中羰基上的氧原子具有较大的电负性，使羰基具有极性。羰基的极性使其分子间相互作用力增强，从而提高了其熔点和沸点。除甲醛外，12 个碳原子以下的脂肪醛常温下为液态；高级的脂肪醛、酮和芳香醛、酮为固态。

尽管与烃类和醚类等非极性化合物相比，醛、酮的羰基极性较强，导致其熔点和沸点相对较高，但与醇类化合物相比，醛、酮的熔点和沸点通常较低。这是因为醇分子之间通过强氢键形成紧密的网络，从而使醇的分子间相互作用力更强，导致其熔点和沸点较高。因此，醛和酮的熔点和沸点低于相似分子量的醇类化合物。

醛、酮中的羰基能够与水分子形成氢键，从而增强了它们与水之间的相互作用力，这赋予了醛、酮一定的水溶性。由于氢键的存在，低分子量的醛、酮通常能较好地溶于水中。然而，芳香醛和芳香酮由于含有芳香环，分子间的相互作用较强，这使得它们在水中的溶解性较差，往往仅为微溶或完全不溶于水。表 9-1 为一些常见的醛、酮的熔沸点和溶解性数据。

表 9-1　常见醛、酮类化合物的物理常数

化合物	IUPAC 名称	熔点/℃	沸点/℃	溶解性(23℃)
甲醛	formaldehyde	−92	−21	易溶
乙醛	acetaldehyde	−125	21	无限
丙醛	propanal	−81	49	易溶
丁醛	butanal	−99	76	溶解
戊醛	pentanal	−91.5	102	微溶
己醛	hexanal	−51	131	微溶
苯甲醛	benzaldehyde	−26	178	微溶
苯乙醛	phenylacetaldehyde	33	193	微溶
丙酮	acetone	−95	56	无限
丁酮	butanone	−86	79.6	易溶
戊-2-酮	2-pentanone	−78	102	溶解
戊-3-酮	3-pentanone	−39	102	溶解
苯乙酮	acetophenone	21	202	不溶
二苯甲酮	benzophenone	48	306	不溶

9.3　醛和酮的化学性质

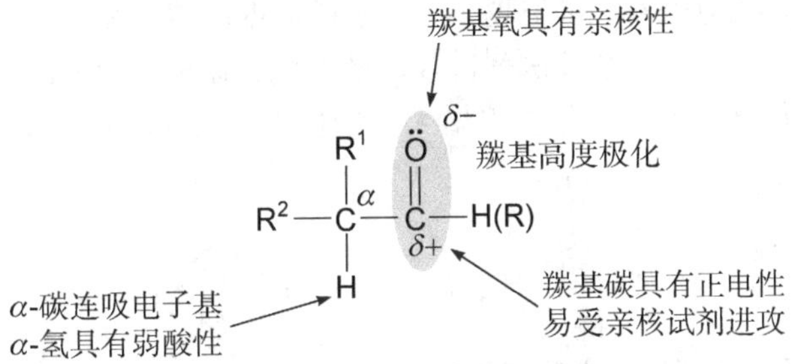

羰基是醛和酮的特征官能团，也是它们在化学反应中的活性中心。羰基中的碳氧双键(C═O)与烯烃中的碳碳双键(C═C)相似，都是不饱和键，且都能参与氧化和还原反应。然而，羰基的碳氧双键与碳碳双键存在差异。由于氧原子的电负性大于碳原子，电子云会向氧原子偏移，从而使羰基碳原子上的电子云密度减小。这种电子密度的重新分布使得羰基的碳氧双键高度极化，氧原子带有负电性并具有较高的电子云密度，而碳原子则带有正电性，这种极性使羰基的碳氧双键表现出与碳碳双键不同的化学特性。

首先，由于羰基碳原子带有正电性，它易受到亲核试剂的攻击。当亲核试剂攻击羰基碳原子时，π 键会断裂，并形成两个新的 σ 键，这一反应被称为羰基的亲核加成反应。

另外，羰基上的氧原子含有未成键的孤对电子，具有亲核性，能够与亲电试剂发生反应。羰基还具有吸电子作用，这种作用使得与羰基相连的α-碳带有部分正电性。α-碳上的氢原子(称为α-氢)因此具有一定的酸性，容易被碱性试剂(如碱金属或其醇盐)去质子化。

9.3.1 醛和酮的亲核加成反应

由于羰基碳原子与氧原子之间存在显著的电负性差异，导致羰基碳原子带有部分正电荷，从而使其易于受到亲核试剂的攻击，促使醛和酮发生亲核加成反应。在反应过程中，亲核试剂(如负离子或带有孤对电子的分子)会接近带有部分正电荷的羰基碳原子，并与之发生相互作用。与此同时，羰基中的 π 键会发生异裂，随后，亲核试剂与羰基碳原子形成一个新的 σ 键，而氧原子则获得一个负电荷，通常会通过质子化或其他方式稳定下来，最终形成稳定的加成产物。

在亲核反应发生时，羰基碳原子会发生杂化轨道的变化，从原本的 sp^2 杂化轨道变为 sp^3 杂化轨道，使原本平面构型的羰基转变为四面体构型的醇。

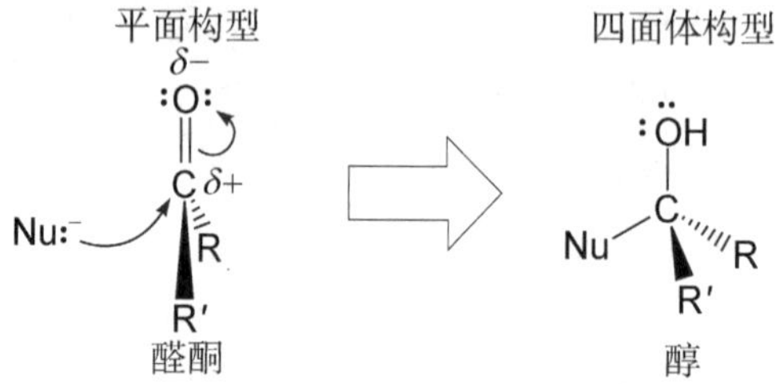

亲核反应的速率取决于醛、酮分子的反应活性，而醛、酮分子的反应活性受到电子效应和空间位阻效应的影响。总的来说，醛比酮更容易发生亲核加成反应。这主要有两个原因：

首先，从电子效应来看，羰基碳原子上的电子云密度(或者说缺电子程度)越低，也就是正电荷密度越高，越容易受到亲核试剂的攻击，反应就越容易发生。由于酮分子中羰基连接了两个烷基基团，这些基团可以通过供电子效应降低羰基碳原子上的电子云密度，使其变得不那么正电性，从而降低了反应的活性。相比之下，醛分子中羰基只有一端连接供电子的烷基，另一端连接氢原子，因此反应活性相对较高。

其次，从空间位阻效应来看，位阻越小，亲核试剂进攻越容易，反应速率也会越大。由于醛分子中羰基只连接一个烷基，亲核试剂进攻时的空间位阻较小，因此反应容易进行。而酮中的羰基碳两侧连接了烷基，使得空间位阻增大，亲核加成反应较难发生。

醛、酮的亲核加成反应活性与亲核试剂的强弱密切相关。当亲核试剂的亲核性较强时，反应无需催化剂的参与即可直接进行。然而，对于亲核性较弱的亲核试剂，则需要借助催化剂来促进反应的进行。酸和碱是醛、酮亲核加成反应中常见的催化剂，但酸或碱的催化反应历程有所不同。

在碱催化的醛、酮亲核加成反应中，碱能够增强亲核试剂的亲核性，使其更容易进攻羰基碳原子，从而推动反应的发生。这一反应遵循亲核加成-质子化的反应历程，具体机理如下：

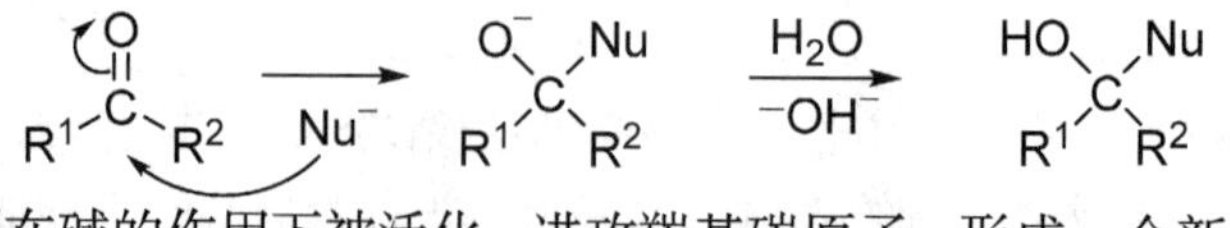

首先，亲核试剂在碱的作用下被活化，进攻羰基碳原子，形成一个新的 σ 键。随后，羰基的 π 键发生异裂，生成一个烷氧基负离子中间体。这个烷氧基负离子中间体具有高活性，能够进一步与酸反应，转化为醇。在这一反应过程中，反应速率主要由第一步决定，即亲核试剂进攻羰基碳原子生成烷氧基负离子中间体的步骤。而第二步，也就是烷氧基负离子中间体的质子化过程通常非常迅速。

在酸催化的亲核加成反应中，酸通常作用于羰基氧原子，使其质子化，形成质子化的羰基化合物。这一过程中，碳氧键的极性进一步增强，导致羰基碳原子的正电荷密度显著增加，从而使其亲电性大幅提升，更易于受到亲核试剂的进攻。这一反应遵循亲电质子化-加成历程，具体机理如下：

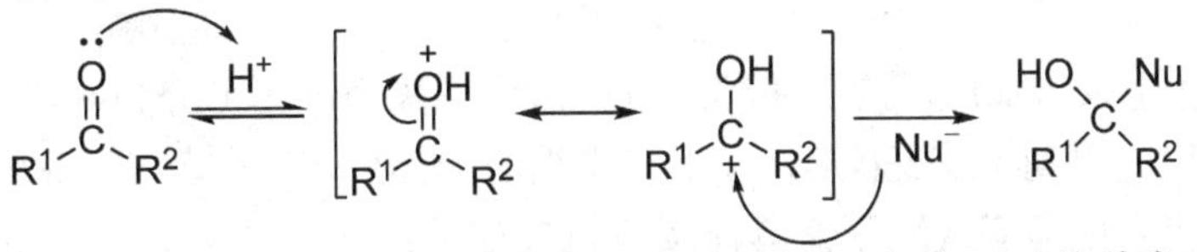

能够参与反应的亲核试剂种类很多，典型的亲核试剂按照亲核原子的种类可以分为：含氧的亲核试剂(水和醇)、含碳的亲核试剂(金属有机化合物、炔化物、氰化物等)、含硫的亲核试剂(亚硫酸氢根、硫醇等)、含氮的亲核试剂(胺)、含磷的亲核试剂(Wittig 试剂)等。水、醇和胺均为亲核性较弱的试剂，难以直接与羰基发生亲核加成反应，需要酸作为催化剂增强羰基碳的亲电性以促进反应。氰化物是一种较强的亲核试剂，但是氢氰酸是一种弱酸，解离很少，因此氢氰酸直接与醛、酮反应较为困难，在碱存在的情况下能够增加 CN^-的浓度促进亲核加成反应的发生。含碳的亲核试剂，如金属有机化合物、炔化物等大多为亲核性强的试剂，能够直接与醛、酮进行反应。

醛、酮的亲核加成反应既可能是可逆反应，也可能是不可逆反应，主要取决于亲核试剂的强度。通常情况下，亲核性较弱的亲核试剂，如水、醇、亚硫酸氢根、胺和氰化物等参与的亲核加成反应是可逆的。这是因为这些亲核试剂的亲核性较弱，其加成到醛、酮上形成的中间体比较稳定，容易发生反应逆转，使反应达到平衡。这类反应往往都需要加入催化剂，如酸或碱才能进行。亲核性较强的亲核试剂，如炔化物和金属有机化合物等参与的亲核加成反应是不可逆的。这是因为这些亲核试剂的亲核性较强，其加成到醛、酮上形成的中间体比较不稳定，难以发生反应逆转。这类反应通常无需催化剂，反应速率较快。接下来就分别对一些典型的亲核试剂参与的亲核加成反应进行介绍。

1. 与水加成

水可以作为亲核试剂能够与醛、酮发生亲核加成反应。水与醛、酮反应的产物为 1,1-二醇(偕二醇)，水分子中的氧是亲核原子，由于水是相对较弱的亲核试剂，该反应通常需要在酸性条件下进行，而且反应是可逆的，生成的 1,1-二醇非常不稳定，事实上无法分离。

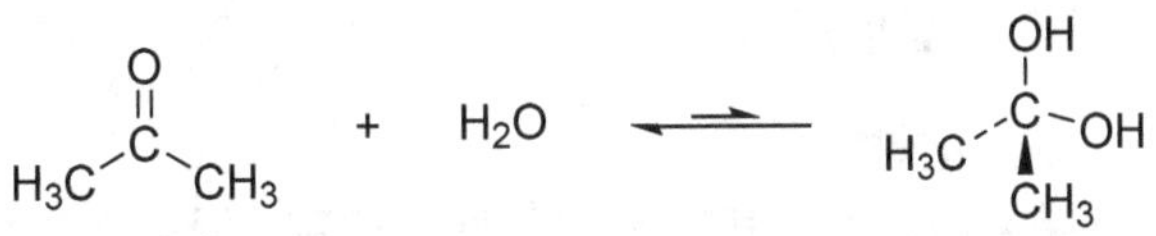

当羰基碳原子上连有强吸电子基团如—CX_3、—COOH、RCO—等时，产物可以稳定存在。例如，三氯乙醛中的羰基受到三个氯原子的吸电子诱导效应，亲核活性增强，因此在其水溶液中形成稳定的水合三氯乙醛。

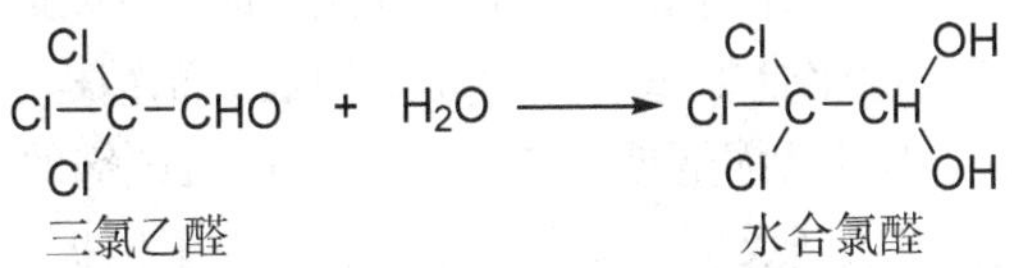

水合三氯乙醛具有很高的稳定性，并被广泛用作镇静安眠药物。

2. 与醇加成

醇作为亲核试剂也能够与醛、酮发生亲核加成反应，加成反应得到的产物是缩醛或缩酮。

与水类似，亲核原子也是氧原子，由于醇的亲核性较差，反应需要在酸性条件下进行，在酸性催化剂的存在下，亲核加成反应经历了质子化-加成历程。

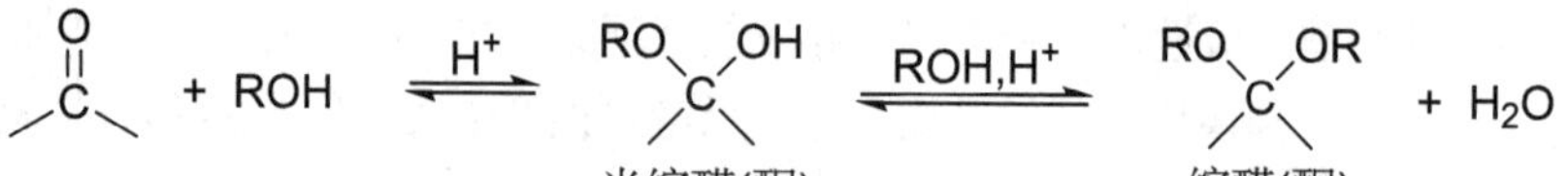

醛、酮与醇发生亲核加成反应，在醇过量的情况下整个过程可分为两步：首先醛、酮与等摩尔量的醇发生反应得到半缩醛(酮)，接下来半缩醛(酮)还能够继续与等摩尔量的醇发生进一步的亲核加成反应生成缩醛或缩酮。具体反应机理如下：

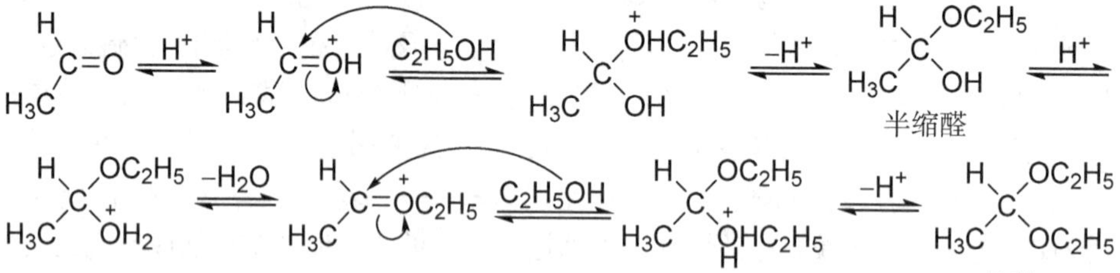

以乙醛和乙醇的加成为例，首先乙醛羰基中的氧原子由于其亲核性与酸发生质子化反应，形成质子化的羰基化合物，乙醇中的氧原子带有孤对电子，可以作为亲核试剂，攻击质子化羰基的碳原子，在失去氢原子之后形成半缩醛。半缩醛很不稳定，在酸性条件下，与氧原子结合失去一分子水，形成带正电的中间体，乙醇与中间体反应脱去质子，最终形成缩醛。以上反应都是可逆反应，缩醛反应的平衡常数较大，但缩酮的平衡常数比较小，所以在制备缩酮时，要不断去除体系中的水，使用无水酸(如干燥的 HCl)，促使反应正向移动。

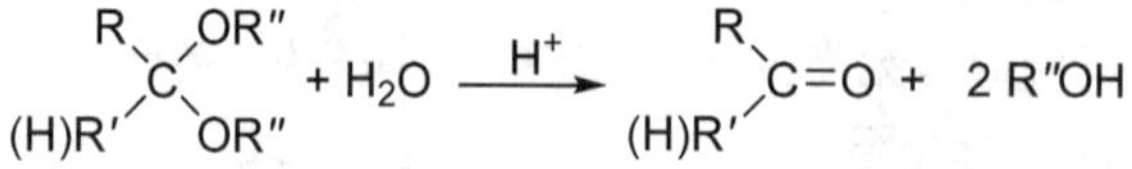

另外需要注意的是，由于缩醛、缩酮在酸性条件下遇水极易水解，生成原来的醛(酮)和醇，在碱性条件下却比较稳定。为了在酸性条件下得到稳定的缩酮分子，可以采取其他的反应方法，如利用原甲酸酯和酮在酸的催化作用下进行反应，这一反应与乙醇和酮直接反应得到的产物相同，但是反应中不生成水，可以得到较高产率的产物。

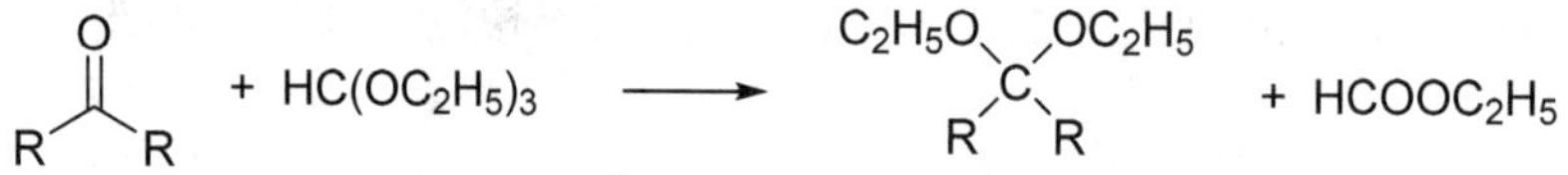

缩醛、缩酮的性质与醚类似，利用其在碱性条件下稳定，但是在酸性水溶液中能够分解为原来醛、酮的性质，缩醛和缩酮可以作为一类常用的保护基团，用于保护醛或酮官能团。例如，在多步合成中，当需要对特定的醛或酮官能团进行保护时，可以引入缩醛或缩酮基团，以保护目标官能团不受其他反应的干扰。在需要恢复原始官能团时，可以通过水解反应或其他适当的条件将保护基团去除，使得目标化合物重新获得原始的醛或酮结构。一个具体的应用例子是使用乙二醇作为醇与 5-溴戊-2-酮进行缩醛或缩酮反应。在格氏试剂的制备中，直接将 5-溴戊-2-酮与镁反应会导致格氏试剂与羰基反应，破坏羰基结构。为了保护羰基官能团，可以使用乙二醇与 5-溴戊-2-酮反应，形成缩醛或缩酮保护基团。在下一步反应之后，可以通过水解反应将保护基团去除，恢复原始的羰基结构。这样可以保证目标化合物的合成顺利进行，并在需要时控制羰基官能团的反应性。

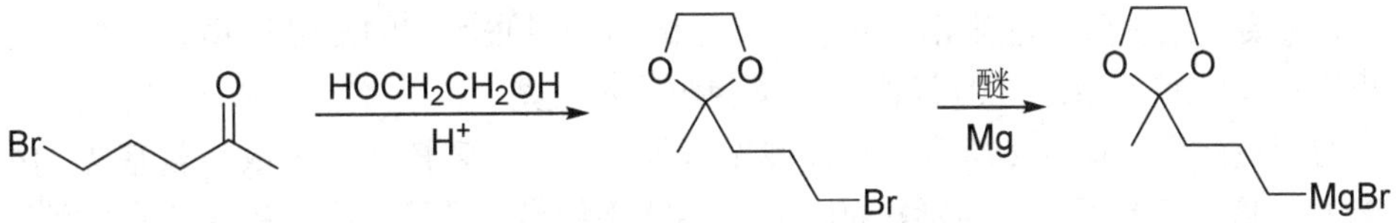

3. 与亚硫酸氢钠加成

醛、脂肪族甲基酮和八个碳以下的环酮可以与饱和亚硫酸氢钠溶液发生亲核加成反应，生成α-羟基磺酸钠。加成产物是结晶性良好的盐，可溶于水但不溶于二氯甲烷等有机溶剂。

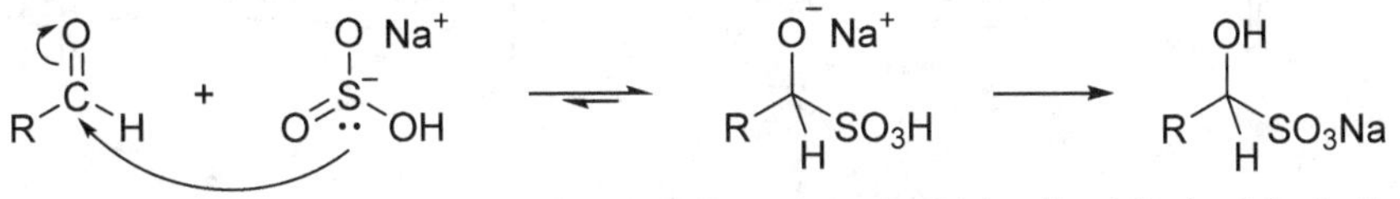

反应是可逆的，可以通过加入稀酸或稀碱来去除亚硫酸钠，使平衡向反方向移动，从而得到原有的醛、酮。利用这个反应，可以将醛、脂肪族甲基酮和八个碳以下的环酮与其他不溶于水的有机化合物分离。

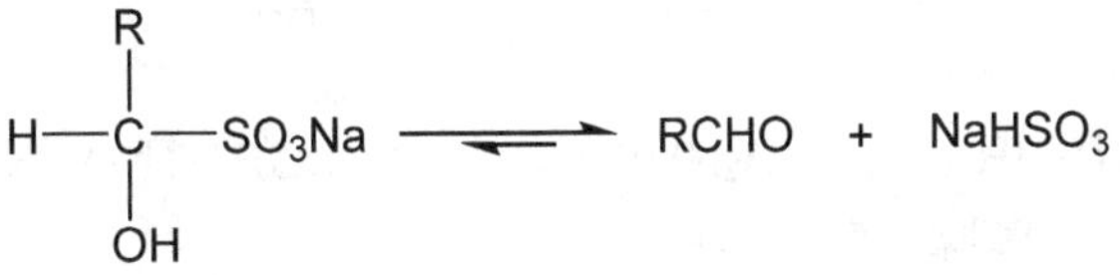

$$NaHSO_3 + 1/2\ Na_2CO_3 \longrightarrow Na_2SO_3 + 1/2\ CO_2 + 1/2\ H_2O$$

$$NaHSO_3 + HCl \longrightarrow SO_2 + NaCl + H_2O$$

需要注意的是，由于 $NaHSO_3$ 作为亲核试剂其体积较大，因此加成反应的产率受醛、酮空间位阻的影响更加显著。随着醛、酮羰基两侧的基团增大，反应倾向减弱，产率降低。例如，苯乙酮与 $NaHSO_3$ 的加成产率仅为约 1%：

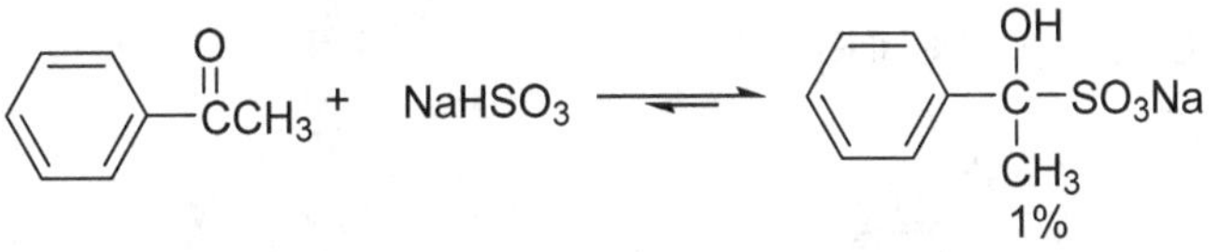

此外，加成产物α-羟基磺酸钠不溶于饱和亚硫酸氢钠溶液，溶液中会有白色结晶析出。因此，可以利用该反应来鉴别醛、脂肪族甲基酮和八个碳以下的环酮。通过观察是否有白色沉淀的形成，可以初步确定有机化合物中是否存在这些官能团。

4. 与硫醇的加成反应

醛、酮与硫醇可以发生亲核加成反应，生成缩硫醛和缩硫酮。在反应中，硫醇中的硫原子作为亲核试剂，进攻醛或酮中的羰基碳原子，形成一个新的硫碳键，这一反应与醛、酮和醇的反应非常类似。但是由于硫醇中的硫原子具有更强的亲核性，醛、酮与硫醇的反应活性更高。

因为醛、酮与硫醇的反应活性较高，所以在所得到的缩硫醛和缩硫酮中，碳硫键比较难以断裂，因此缩硫醛和缩硫酮并不像缩醛、缩酮那样被广泛地用作醛、酮的保护基团。

5. 与胺及胺衍生物加成

醛、酮能够与胺及胺衍生物发生亲核加成反应，但是由于中性胺或胺衍生物分子亲核能力不强，一般需要使用一些弱酸来活化羰基。醛、酮与一级胺反应的最终产物为亚胺，又称席夫碱。脂肪族的亚胺极不稳定，但芳香族亚胺相对稳定一些。

亚胺的形成过程如图 9-2 所示：苯胺首先与苯甲醛发生亲核加成生成α-氨基醇，由于同一碳上连接了羟基与氨基两个相对活泼的基团，结构不稳定，羟基与氮上的氢会自发消除，得到 C═N 双键。

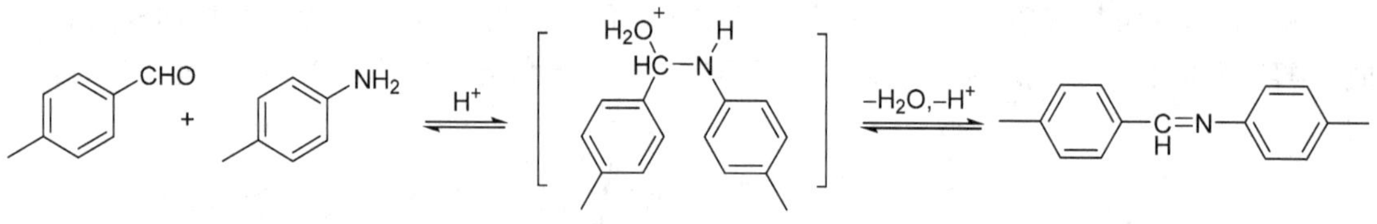

图 9-2　亚胺的形成

单取代氨与醛、酮的反应过程也类似，同样首先得到α-氨基醇再脱水，得到 C═N 双键。

上式中的 NH_2—X 可为 NH_2NH_2(肼)、NH_2NHPh(苯肼)、NH_2OH(羟胺)、$NH_2NHCONH_2$(氨基脲)等，对应的产物分别为腙、苯腙、肟、缩胺脲。

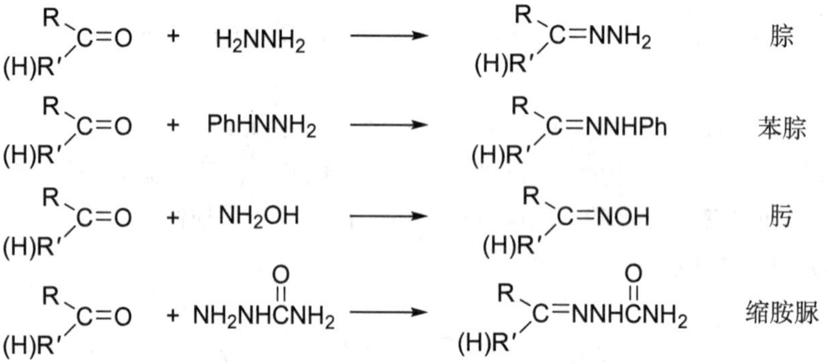

2,4-二硝基苯肼(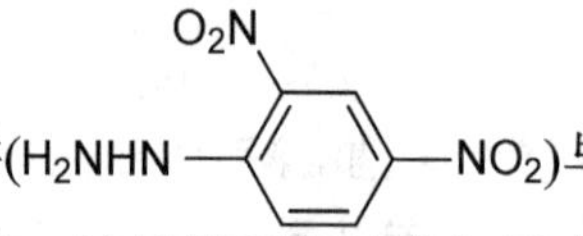)与羰基化合物反应生成 2,4-二硝基苯腙，反应现象是溶液中有结晶析出，结晶的颜色与参与反应的醛、酮类型有关，因此 2,4-二硝基苯肼常被称为羰基试剂，可以利用该反应来鉴别醛、酮。

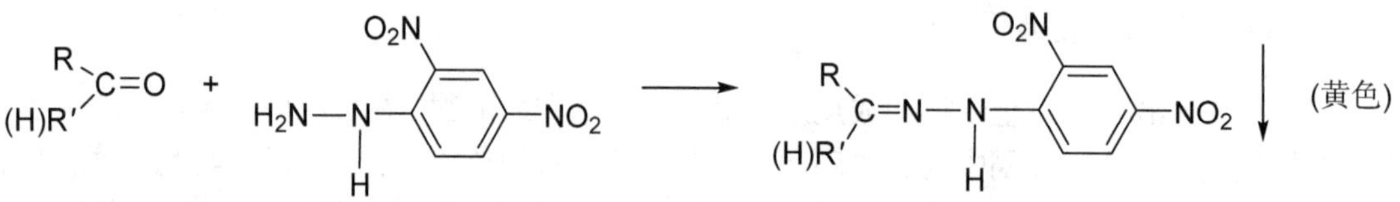

酮与羟胺反应生成的肟，在浓硫酸或五氯化磷等存在的酸性条件下，发生重排，转化为酰胺，这一反应称为 Beckmann 重排：

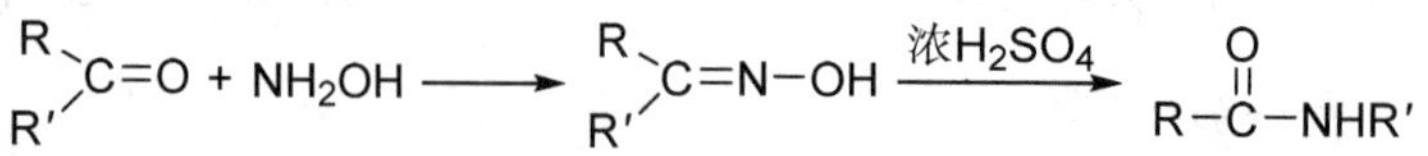

Beckmann 重排的机理如下：

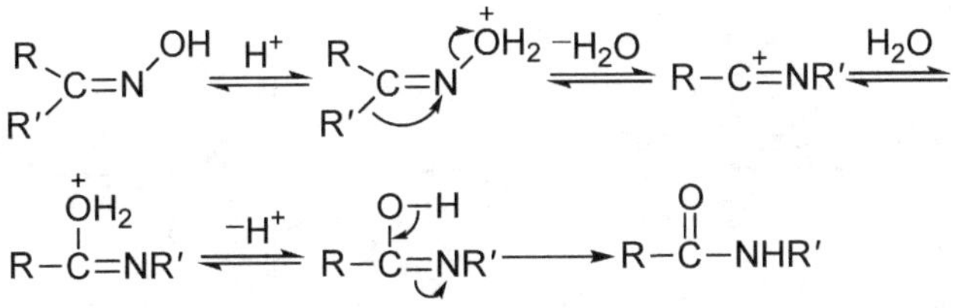

Beckmann 重排时，烷基迁移和水的离去是协同的过程，迁移基团和离去基团位于反式，H_2O 从氮原子上离去的同时，R基团从背面迁移至氮原子。

醛、酮与二级胺也能发生亲核反应，其最终产物为烯胺，如：

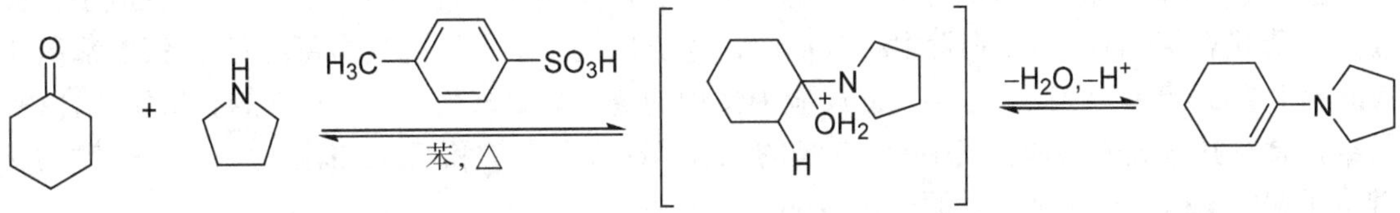

从上面例子可以看出，与伯胺不同，仲胺与醛、酮发生初始加成后，因为氮原子上没有氢原子，所以不能发生消除反应生成 C═N 双键，中间体通过碳原子上的去质子消去一分子水生成烯胺，烯胺中既含有烯烃又含有胺基。

不对称酮和二级胺反应时，双键上碳取代最少的烯胺是主要产物。一级胺和二级胺与羰基化合物的反应为可逆反应，亚胺和烯胺在酸性条件下水解，又可得到原有醛、酮。

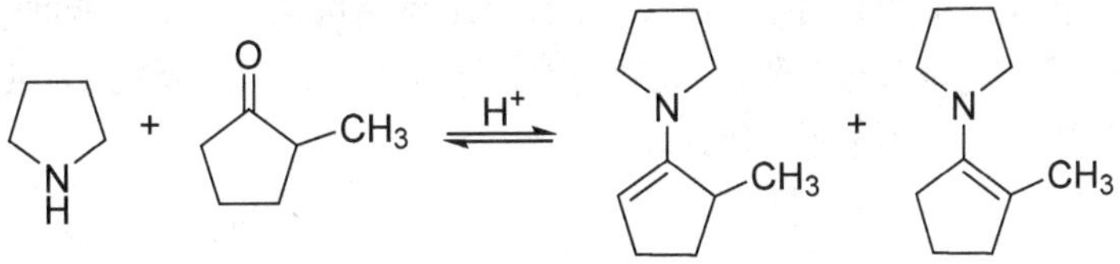

主要产物　　次要产物

烯胺的共振结构为

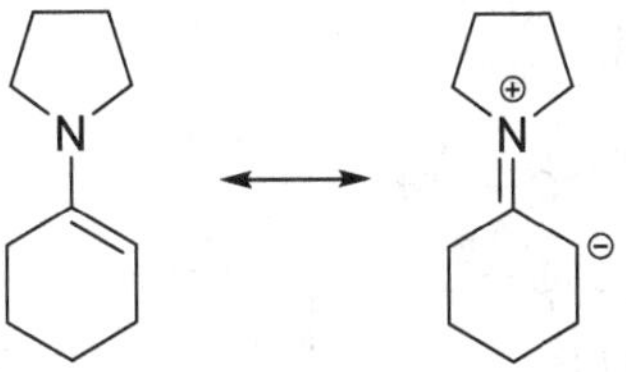

烯胺α-碳上电子云富集，具有亲核性，与亲电试剂反应可实现羰基α-位的烷基化，如：

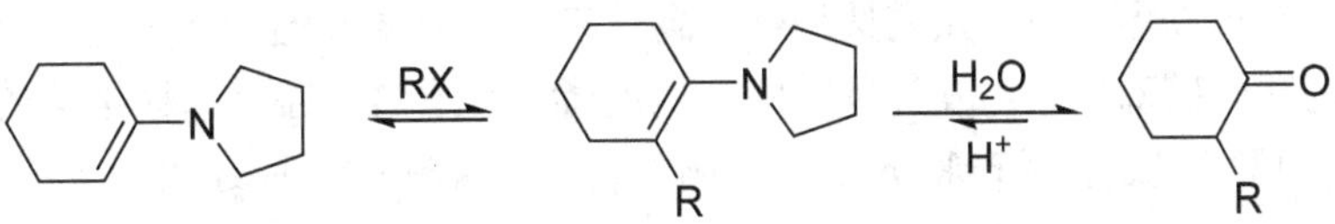

上式中的 RX 可为一级卤代烃、二级卤代烃、苄基卤代烃、烯丙基卤代烃。

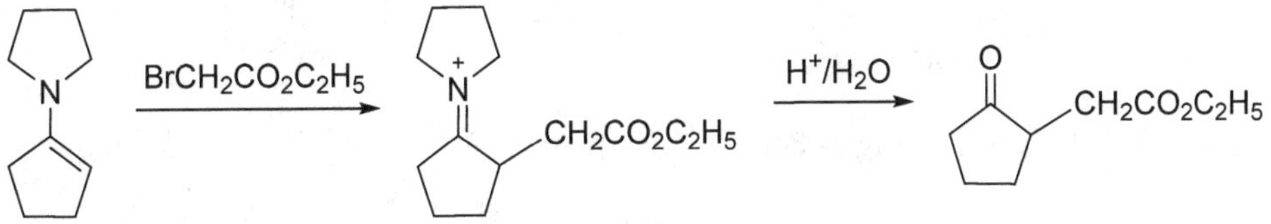

生成烯胺的反应常用的仲胺为环胺，如吗啉、哌啶等，通常需要酸催化，同时不断移除反应生成的水。例如，使用酰卤作为亲电试剂进攻烯胺，可以实现烯胺α-位的酰基化。

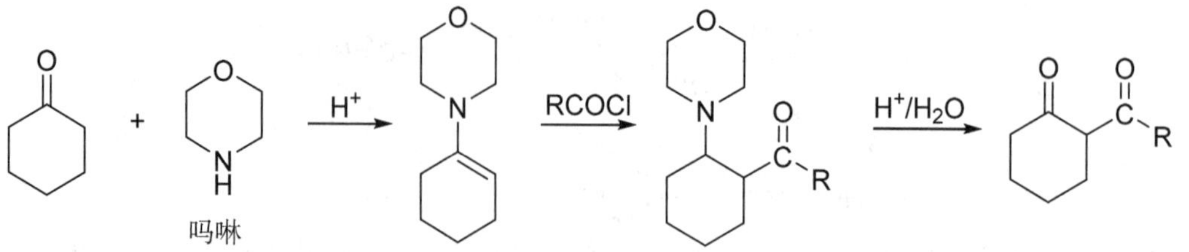

吗啉

6. 与膦试剂发生亲核加成反应(Wittig 反应)

醛、酮与膦试剂发生亲核加成反应的一种常见例子是 Wittig 反应。在 Wittig 反应中，醛或酮与磷叶立德(Wittig 试剂)发生亲核加成，生成烯烃。这个反应是由德国化学家维蒂希(G. Wittig)于 1953 年首次发现的。Wittig 反应中使用的磷叶立德试剂是一个特殊的有机磷化合物，其结构具有共振式的特征，其中 C—P 键的成键情况介于单键和双键之间。由于 C—P 键的成键电子偏向于碳原子，使得碳原子带有部分负电荷。

$$Ph_3\overset{+}{P}-\overset{-}{C}H_2 \longleftrightarrow Ph_3P=CH_2$$

这种带有部分负电荷的碳原子具有较强的亲核性，可以进攻羰基中的缺电子碳原子，引发亲核加成反应，并形成新的碳碳双键。具体的反应机理为：在反应进行过程中，羰基的 C═O 键会发生异裂，形成氧负离子。不同于一般的亲核加成反应，Wittig 反应中的氧负离子会迅速与磷正离子配对，形成一个四元环。然而，这个四元环结构很不稳定，同时具有较高的张力。很快，四元环中的 C—O 和 C—P 键会断裂，电子重新排布，形成新的 O═P 和 C═C 双键，最终生成稳定的产物，如三苯氧磷和烯烃。

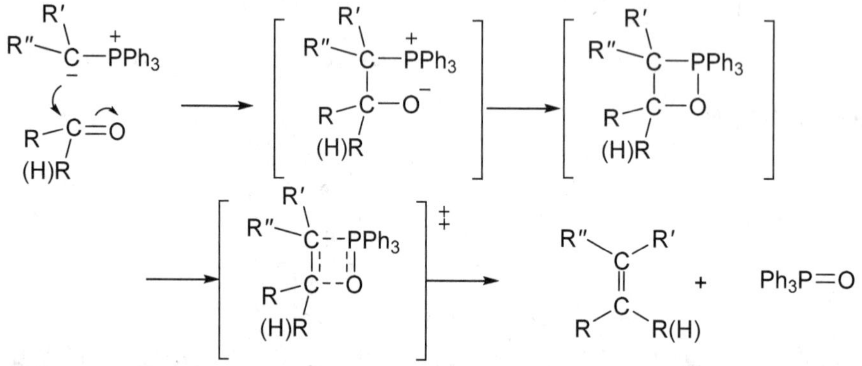

Wittig 反应具有许多优点，如高选择性、高产率和反应条件温和等。它广泛应用于有机合成领域，用于构建碳碳双键，合成各种不同结构的烯烃化合物。通过选择不同的醛或酮底物和磷叶立德试剂，可以控制合成产物的结构。例如，利用 Wittig 反应还可以合成环状烯烃：

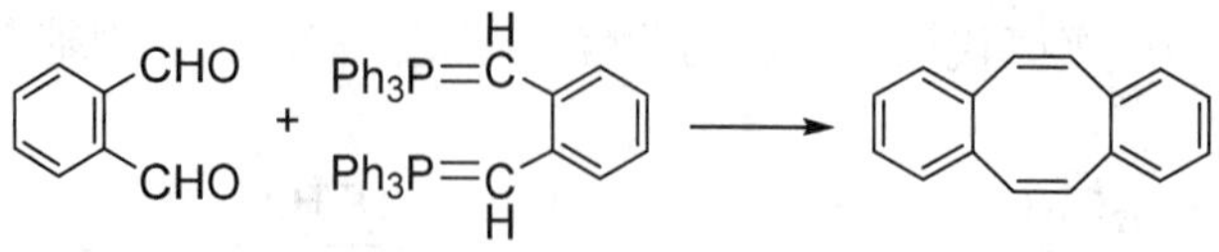

但对于不对称的反应，Wittig 反应的立体选择性不是很好，常得到顺反异构的混合物，如：

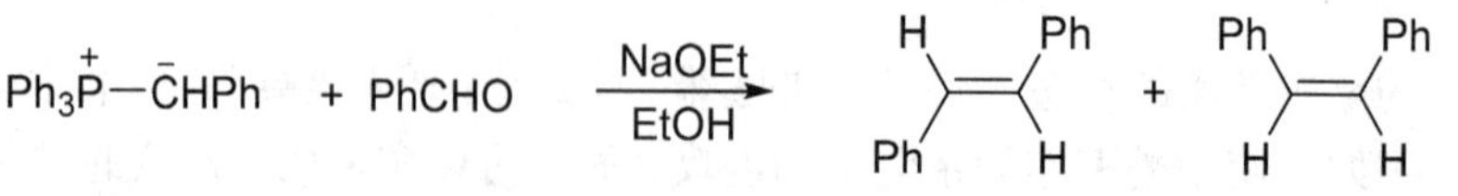

制备 Wittig 反应所使用的磷叶立德通常利用卤代烷和三苯基膦进行反应。由于磷具有一定的亲和性，它可以进攻卤代烷烃中与卤素相邻的碳原子，得到季膦盐，然后利用丁基锂拔除季膦盐中的氢质子，得到 Wittig 试剂。

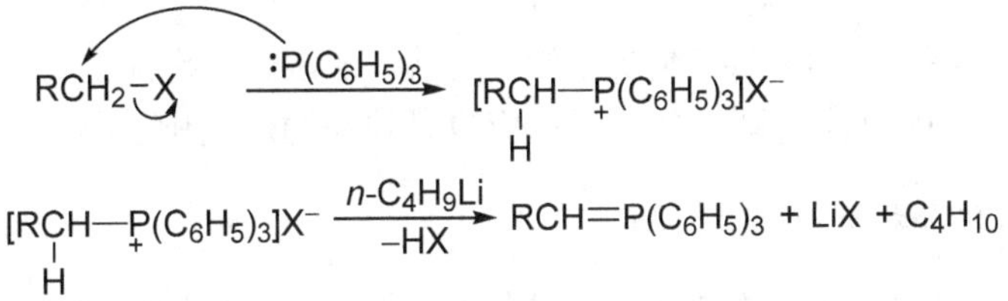

7. 与氢氰酸加成

醛、酮能够与氢氰酸发生亲核加成反应生成α-羟基氰。

CN^-具有强的亲核性，容易与醛、酮发生亲核加成反应。然而实验结果表明，在酸性条件下，醛、酮与氢氰酸的反应往往难以进行。但当反应体系中加入微量的碱时，反应速率和产率明显提高。这主要是因为氢氰酸是一种弱酸，在酸性条件下，H^+的浓度较高，导致氢氰酸难以解离为 CN^-，从而使 CN^-的浓度较低，难与醛、酮发生亲核加成反应。相反，当加入碱时，CN^-的浓度增加，有利于与醛、酮发生亲核加成反应，增加了反应的速率和产率。

碱性条件下，醛、酮与氢氰酸加成的机理可表示为

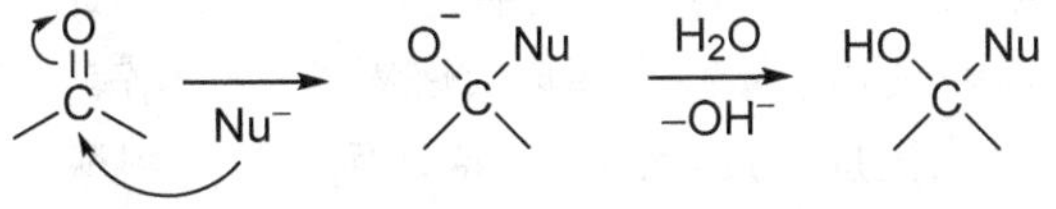

α-羟基氰是一类重要的有机合成中间体，它可以通过水解生成α-羟基酸，并进一步生成α-羟基酯。生活中一个重要的例子是："有机玻璃"的合成原料——丙酮氰醇就是通过丙酮与氢氰酸的加成反应制备。

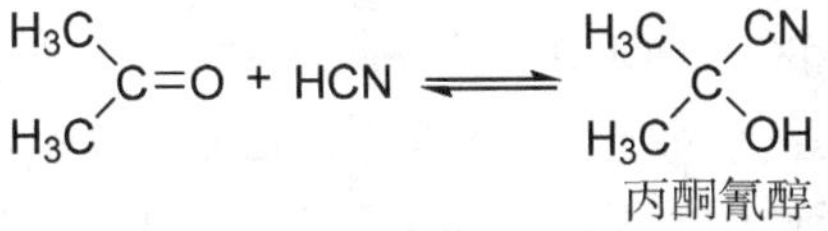

丙酮氰醇能够水解生成丙酮醇酸，酯化得到丙酮醇酯，然后脱水生成α-甲基丙烯酸甲酯，α-甲基丙烯酸甲酯通过聚合反应得到聚甲基丙烯酸甲酯(有机玻璃)，聚甲基丙烯酸甲酯具有高透明度、化学稳定性好、低价格、易于机械加工等优点，是经常使用的玻璃替代材料，还可作为铸造树脂，用于油墨和涂料以及其他多种用途。

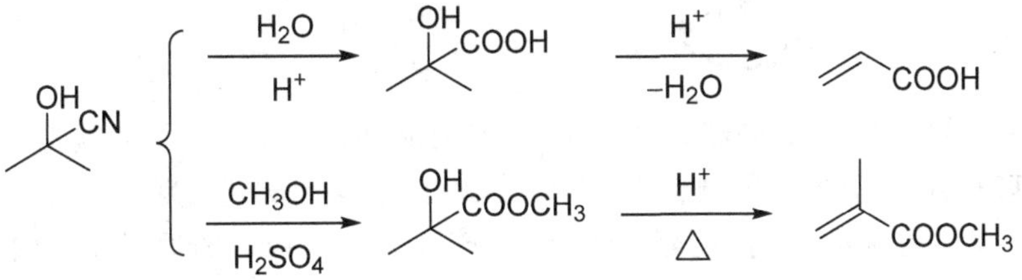

由于氢氰酸易挥发且有剧毒，实验室一般不直接使用氢氰酸反应，一种替代方法是，首先让醛、酮与亚硫酸氢钠反应，制备得到α-羟基磺酸钠，再与 NaCN 作用，磺酸基可被氰基取

代，生成α-羟基腈，避免用有毒的氰化氢，产率也比较高。

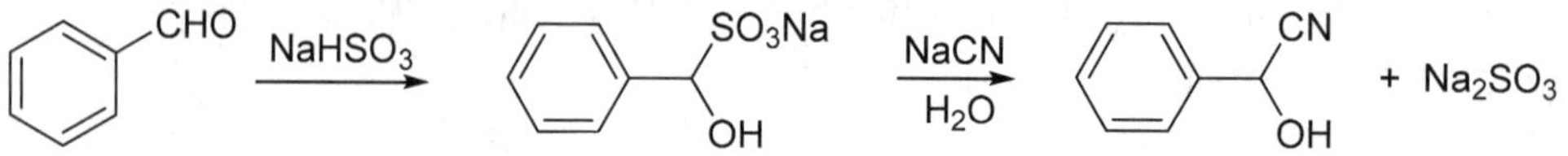

另外一种方法是将 NaCN 或 KCN 的水溶液与醛、酮混合，再向混合体系中滴加硫酸，产生的 HCN 随即与醛、酮反应。即便如此，反应也必须在通风橱中进行。

8. 与金属有机化合物加成

金属有机化合物通常具有强的亲和性，能够很容易与醛、酮发生亲核加成反应。金属有机化合物在酸性条件下不稳定，其与醛、酮反应与碱催化机理类似，遵循亲核加成-质子化反应历程，反应大多为不可逆反应。

1) 与格氏试剂反应

醛、酮能够与格氏试剂发生亲核加成反应，反应方程式如下：

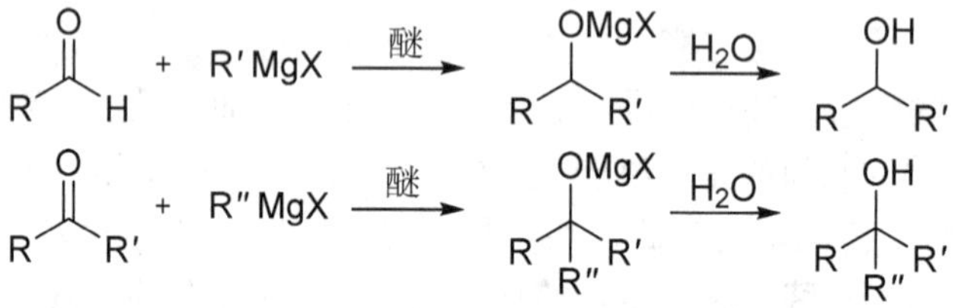

醛、酮化合物的羰基与格氏试剂发生亲核加成反应的主要机理为：格式试剂中烃基部分带有部分负电荷，具有强的亲核性，进攻羰基中带有正电的碳原子，形成新的碳碳键，同时碳氧π键发生快速断裂，电子迁移到氧和金属镁之间形成烷氧基的卤化镁，进一步的水解可以产生醇。

醛、酮与格氏试剂发生亲核加成反应的一个特殊例子是与甲醛的反应。在这个反应中，格氏试剂攻击甲醛中的羰基碳原子，形成一个新的碳碳键，再通过水解得到一个伯醇作为产物，与参与反应的格式试剂相比，这个伯醇的碳链上增加了一个碳原子，这也是有机合成中常用的在碳链上增加一个碳原子的方法。

$$\mathrm{RMgX + HCHO \xrightarrow{无水醚} \xrightarrow{H_2O} RCH_2OH}$$

醛、酮与格氏试剂发生亲核加成反应，当醛、酮羰基连接的基团与亲核试剂基团均不相同时，反应后会产生一个新的手性中心，由于羰基是平面构型，亲核试剂进攻时可以从平面的两侧进攻，通常情况下平面两侧进攻的概率相同，所以得到一对外消旋体。

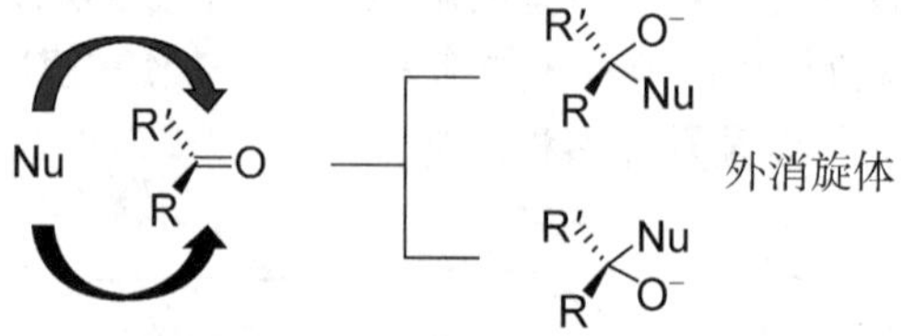

但是在一些特殊情况下，如羰基α-位连有手性碳原子时，受α-位手性碳原子的影响，亲核试剂进攻羰基时会具有方向上的选择性，这导致醛、酮与格氏试剂的反应具有一定的立体选择性。例如，(*R*)-2-苯基丙醛的α-位连有手性碳，当该分子与 CH_3MgBr 反应时，由于亲核试剂进攻羰基碳的方向不同，会得到两种不同的立体异构体(i)和(ii)，然而研究发现产物(i)为主要产物，而另外一种产物(ii)则为次要产物。

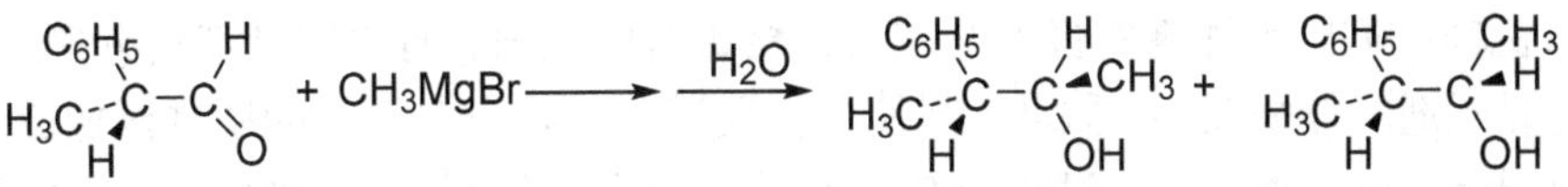

这一现象最早由克莱姆(D. J. Cram)于 1952 年发现，他总结并提出了判断优势产物的规律，称为 Cram 规则。根据 Cram 规则，在亲核加成反应中，格氏试剂中的 Mg 离子与羰基氧原子形成配位作用，导致氧原子周围的空间位阻增大。格氏试剂中较大的基团(L)与羰基呈反式构象排列，而两个较小的基团(S)则呈邻交叉型分布。在亲核加成反应中，碳负离子从羰基旁边空间位阻较小的基团(S)一侧进攻分子，因为攻击位点的基团在邻近碳原子周围的位阻较小，能够提供更好的反应通道。这样的反应路径导致了主要产物(i)的形成。

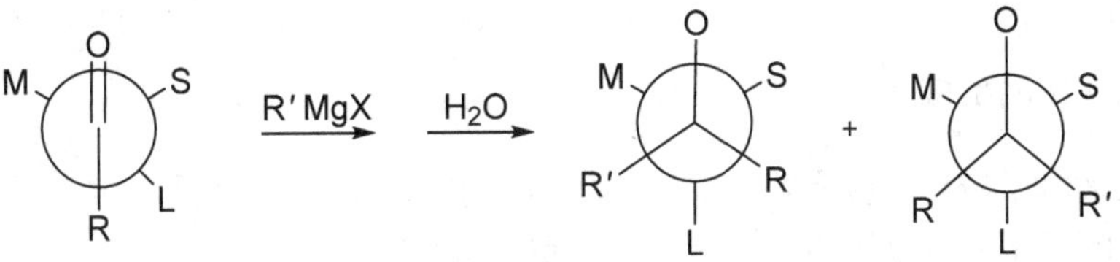

下面是根据 Cram 规则对上面(*R*)-2-苯基丙醛与 CH_3MgBr 反应的解释，由于格氏试剂中的 Mg 离子与羰基氧原子形成配位作用，(*R*)-2-苯基丙醛中最大的苯基与羰基呈反式构象排列，α-碳上的甲基和氢原子在羰基两侧呈邻交叉，格氏试剂中带负电的甲基进攻时从位阻较小的氢原子一侧靠近羰基更容易，因此得到(i)为主要产物，(ii)为次要产物。

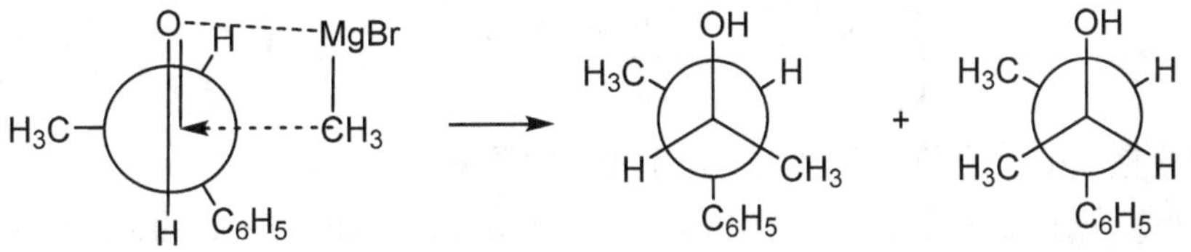

还有一种特殊情况，当醛、酮的α-碳上有羟基、氨基时，可以与羰基氧形成氢键，羰基与羟基等取重叠构象，亲核试剂主要从 S 一边进攻，这称为 Cram 规则二。

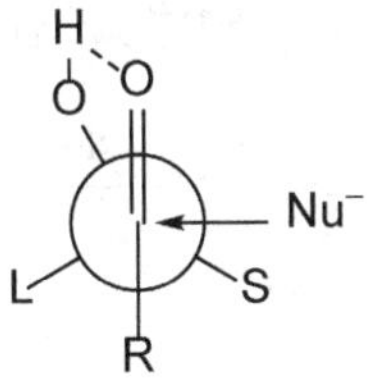

需要注意的是，当酮羰基两侧的基团较大，且格氏试剂中的烃基也较大时，由于空阻太大，加成反应不能正常进行。

2) 与有机锂试剂反应

醛、酮与有机锂试剂的反应和格氏试剂类似，反应方程式如下：

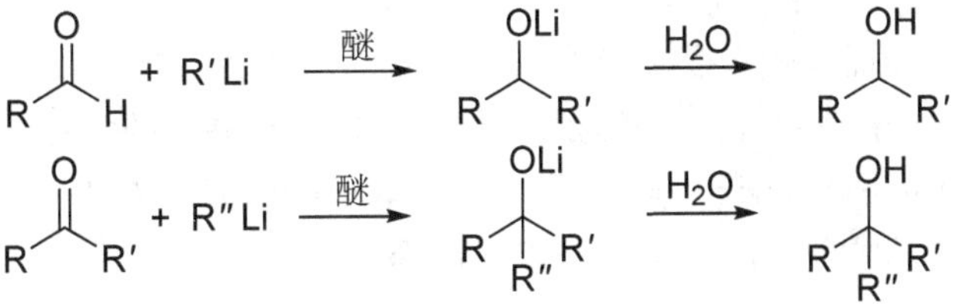

由于有机锂试剂中碳锂键的极性非常大，相比格氏试剂，有机锂试剂具有更强的亲核性。此外，烷基锂试剂的体积较小。因此，当使用格氏试剂与具有大位阻的酮进行加成反应时，可能无法正常进行反应。然而，通过改用有机锂试剂，可以获得期望的加成产物。例如，对于二异丙基酮，由于其具有较大的位阻，异丙基格氏试剂无法与其正常发生加成反应。然而，使用异丙基锂试剂可以顺利进行反应并得到所需产物。

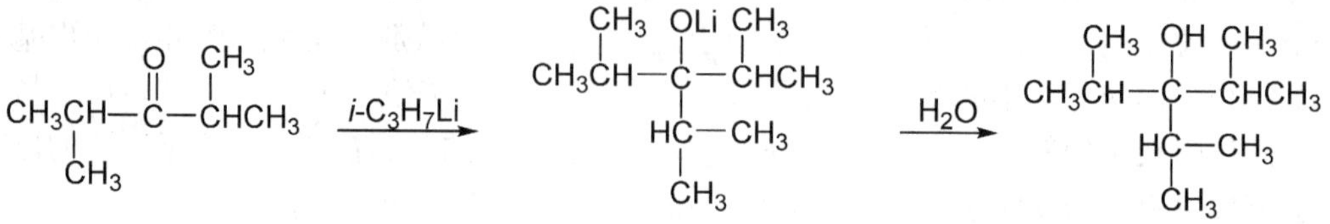

三异丙基甲醇

9.3.2　醛和酮 α-H 的反应

受羰基的吸电子诱导效应影响，醛、酮的 α-C 上电子云密度降低，对 H 原子的约束力下降。这使醛、酮的 α-氢可以游离出来，具有一定的酸性。

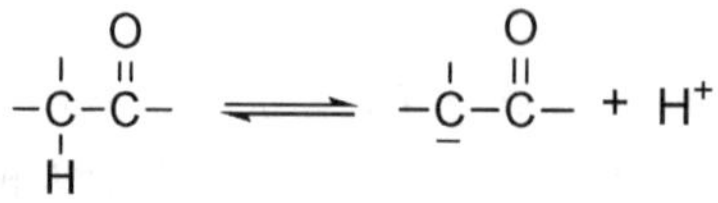

这一事实可以通过同位素氢-氘交换实验验证：

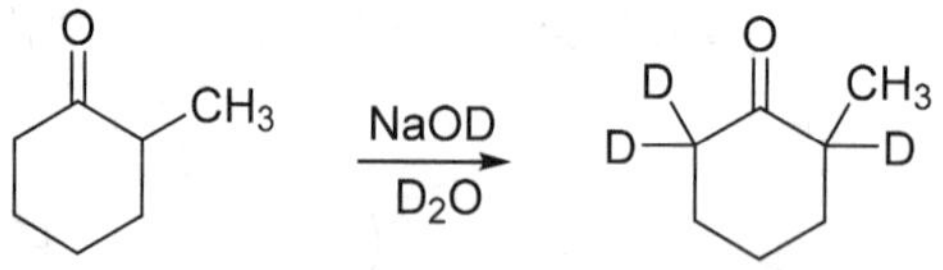

在碱性的重水中上述例子中的 α-H 能够被氘代的氢所取代。

醛、酮 α-氢的 pK_a 为 16～21，如乙醛的 pK_a 约为 17。丙酮的 pK_a 约为 19，醛、酮的 pK_a 值小于烯烃(pK_a 约为 44)和炔烃(pK_a 约为 25)，与醇的 pK_a 相当(15～18)。

1. 醛、酮的烯醇化反应

具有 α-氢的羰基化合物存在一对互变异构体：酮式和烯醇式。

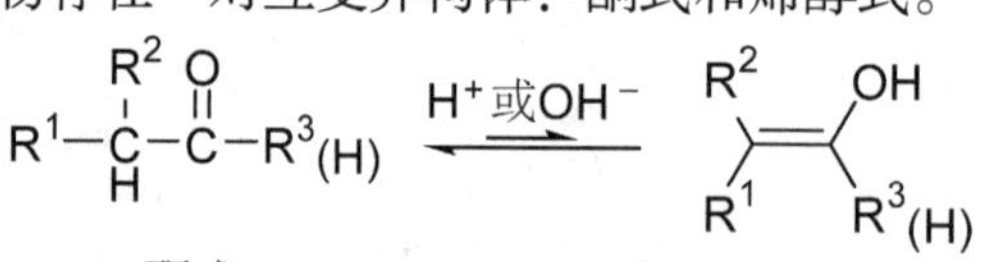

酮式　　　　烯醇式

酮式和烯醇式是一个可逆平衡，具有 α-氢的羰基化合物实际上是酮式和烯醇式共存的状态。但在通常情况下，这两种异构体中酮式结构的能量更低，是稳定形态，烯醇非常不稳定，能够快速转化为羰基，即发生互变异构。在酮式和烯醇式的平衡中以酮式为主导，烯醇式的含量极少，如丙酮的烯醇式含量仅为 1.5×10^{-4}%。

影响酮式和烯醇式互变的因素主要有以下几种。

1) 取代基对酮式和烯醇式互变的影响

当 α-碳上存在吸电子基团时，α-氢的酸性增加，导致烯醇式的含量增加。例如，乙酰乙酸乙酯的结构可以看作丙酮的 α-碳上连接了一个吸电子的酯基。相对于丙酮的烯醇式含量为 1.5×10^{-4}%，乙酰乙酸乙酯的烯醇式含量可以提高至 7.3%。

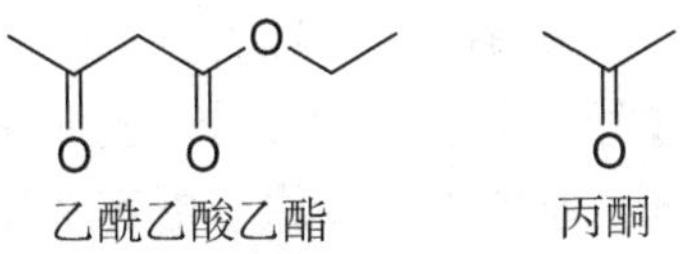

2) 酸、碱对酮式和烯醇式互变的影响

酸性或碱性的条件均有利于酮式向烯醇式的转化，酸碱作用的共同之处是都能够在过程中生成更加稳定的烯醇离子中间体，但是它们的作用机制又有所不同。

在酸性条件下，氢质子与羰基氧结合形成氧正离子，这加剧了α-碳的缺电性，使α-氢易于离去，促进烯醇式的形成。

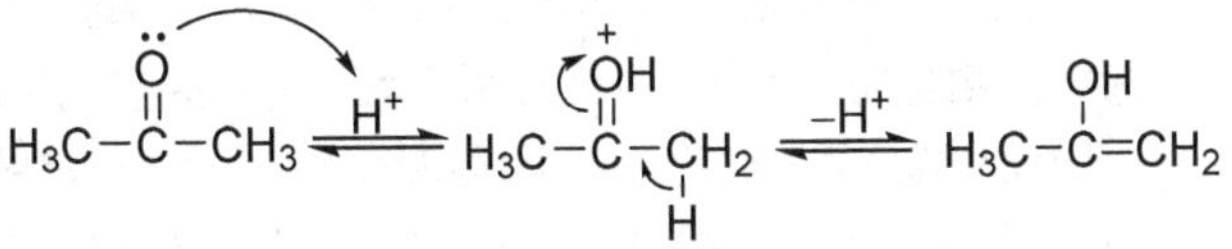

从上述机理中可以看到利用酸催化只得到了中性或者带正电的中间体，并没有得到带负电的烯醇离子中间体。

在碱性条件下，由于α-氢的酸性，碱能够夺取一个α-氢，形成一个碳负离子，然后碳负离子异构化成为烯醇负离子，在强碱性环境烯醇负离子比较稳定，从而促进了酮式向烯醇式的转化。

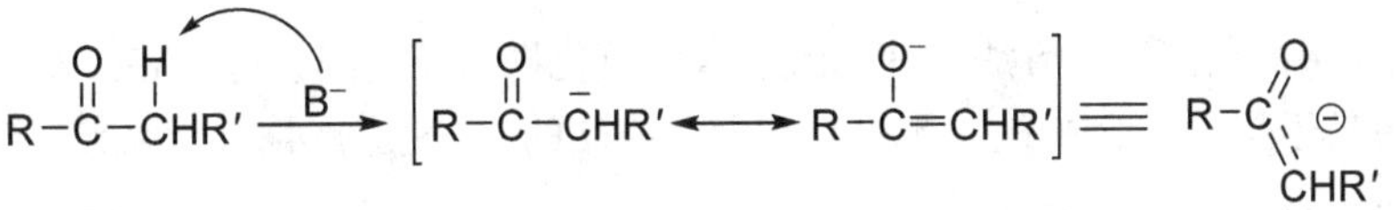

从上述机理可以看到利用碱催化只得到了中性或者带负电的中间体，并没有得到带正电的烯醇离子中间体。

对于不对称酮，可以形成两种不同的烯醇式，如：

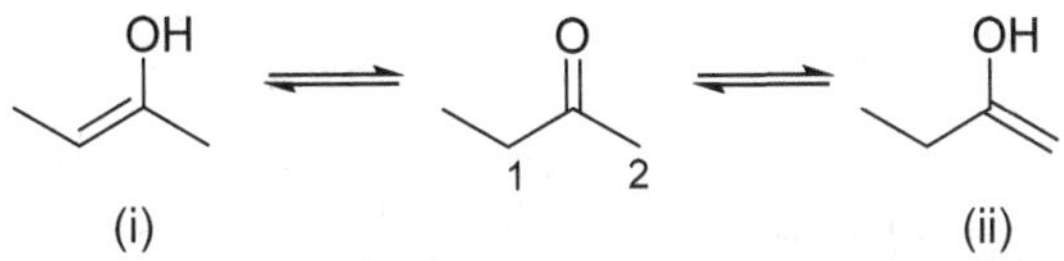

从结构上看，双键碳上具有推电子取代基的化合物(i)相对于具有更少取代基的化合物(ii)，具有更高的电子密度，因此(i)的双键结构更加稳定，从热力学角度上更容易形成。实验证明，在酸性条件下，(i)确实是主要产物，这与我们的推测相一致。然而，在碱性条件下，C-2 上的α-碳具有更强的酸性，碱会优先与 C-2 上的α-氢结合，导致 C-2 形成碳负离子，从而生成(ii)结构。当然，碱也会与 C-1 上的α-氢结合，但这是一个竞争反应，碱与具有更强酸性的氢原子结合速度更快。因此，在碱性条件下，最终产物会以(ii)为主，少量的(i)也会生成。这说明反应结果在碱性条件下受到动力学控制。

总的来说，对于不对称的酮，酸性条件下烯醇化的结果受到热力学控制，具有更多取代基的烯醇为主要产物；而在碱性条件下，生成的产物受到动力学控制，主要产物是具有较少取代基的烯醇。然而，具体的结果还取决于取代基的性质是吸电性还是推电性，因此需要根据具体问题进行具体分析。

2. 烯醇负离子

烯醇负离子是带有负电荷的烯醇负离子，由于它的每一个共振式都带有负电荷，烯醇负离子具有很强的亲核性，烯醇负离子对醛、酮的亲核加成反应非常重要。

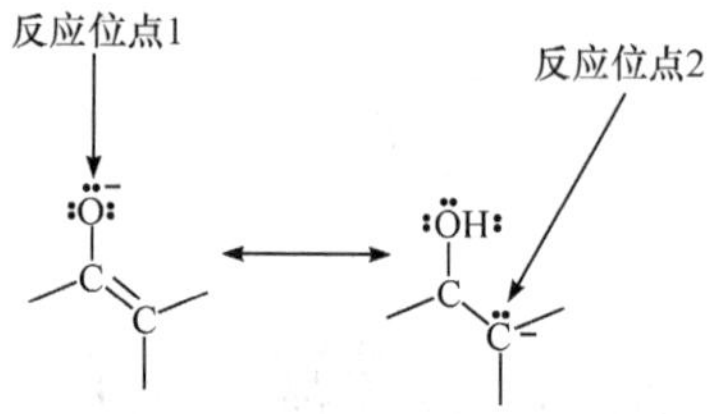

图 9-3　烯醇负离子共振式

从图 9-3 可以看到，在烯醇负离子的共振式中，有两个位置可以发生亲电反应，分别是带负电的碳原子和带负电的氧原子，通常来说碳原子更容易和底物发生亲核取代反应，后面要介绍的羟醛缩合反应就主要发生在碳原子上，氧原子与底物发生亲核反应的例子非常少，通常氧原子会与质子发生反应变成烯醇，烯醇又迅速异构化变为原来的酮。

烯醇负离子主要通过利用强碱拔掉醛和酮的α-H 来制备。一般来说，只要共轭酸的 pK_a 值明显大于醛或酮的α-H 的 pK_a，碱就能有效地将醛、酮转化为烯醇负离子。然而，在实际制备烯醇负离子时，还需要考虑其他因素。例如，碱也可能具有亲核性，与醛、酮发生亲核加成反应。因此，在选择碱时，需要避免碱与醛、酮发生亲核加成反应。一种常用的策略是选择空间位阻较大的碱。其中，二异丙基氨基锂(LDA)是一种常用的碱，其 pK_a 为 36，明显大于醛、酮的α-H 的 pK_a(16～21)。此外，由于 LDA 的位阻较大，它很难与醛、酮发生亲核加成反应，因此更适合用于制备烯醇负离子。

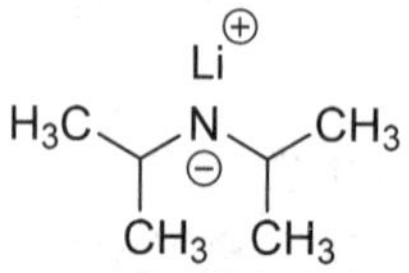

二异丙基氨基锂

另一种制备烯醇负离子的方法是使用碱金属的氢化物与醛、酮进行反应，如氢化钠，由于氢化钠中的 H^-更易于与质子形成 H_2，不容易与醛、酮碳的 sp^2 轨道重叠，所以它只起到碱的作用。

3. 醛、酮α-H 的卤化

在酸或碱的催化下，醛和酮α-H 可以被卤素取代，生成α-卤代醛、酮。

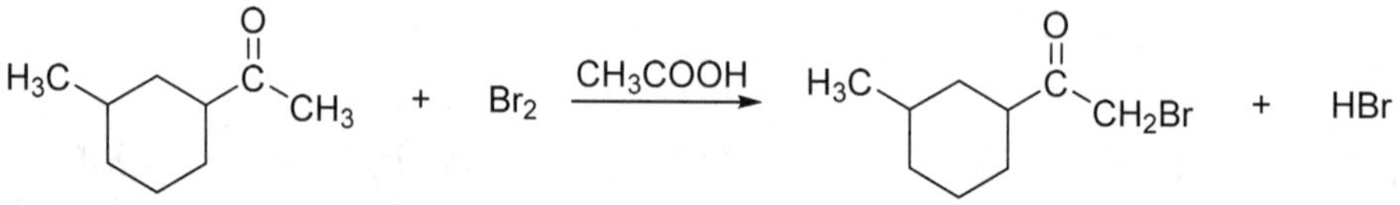

在酸性或碱性催化下，醛和酮的α-H 的卤化反应与前述烯醇和烯醇离子密切相关。这些反应的过程通常涉及醛或酮的烯醇化，然后卤素进攻烯醇或烯醇离子进行反应。然而，在酸性或碱性条件下催化时，反应机理和特点会有所不同。

在酸性条件下，醛和酮α-H 可以被卤素取代，机理如下：

羰基化合物首先形成烯醇，这个过程中产生了烯醇正离子中间体，卤素进攻烯醇正离子中间体生成卤代的烯醇正离子中间体，随后去质子化，生成α-卤代醛、酮。

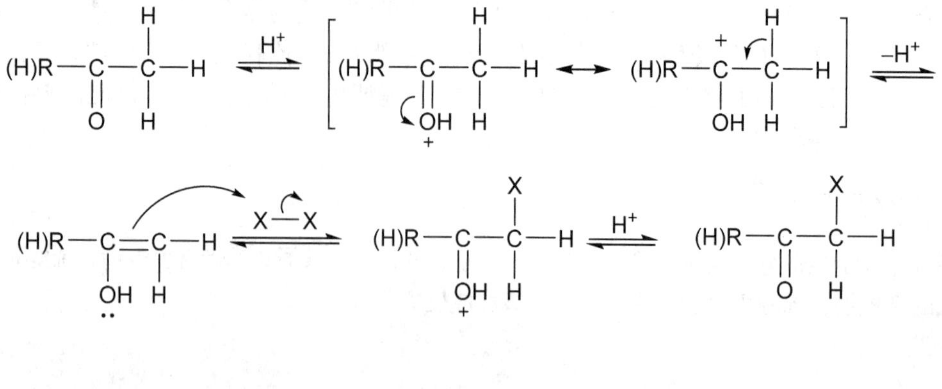

酸性催化醛、酮α-H 卤素取代反应有以下特点。

反应能够生成卤化氢，所以该体系只需要少量酸引发反应后就可自催化进行。

如果醛、酮含有多个α-H，控制反应温度和卤素的用量，可以将反应控制在一元、二元取代阶段。这一现象的原因是当反应生成一卤代物后，一卤代物需要进一步的烯醇化才能进行重复卤代反应，然而由于卤素是吸电子基团，卤素的吸电子作用会降低羰基氧的碱性，阻碍羰基氧质子化，从而使关键的烯醇化变难。

(1) 对于不对称酮，酸性催化下产物以α-碳上取代基较多的α-卤代酮为主，这是因为取代基多的烯醇式更稳定。

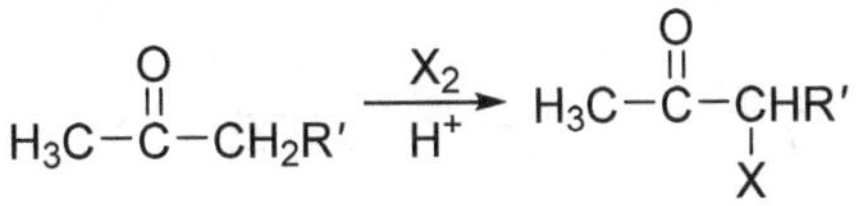

(2) 在碱性条件下，醛和酮α-H 也可以被卤素取代，其机理如下：

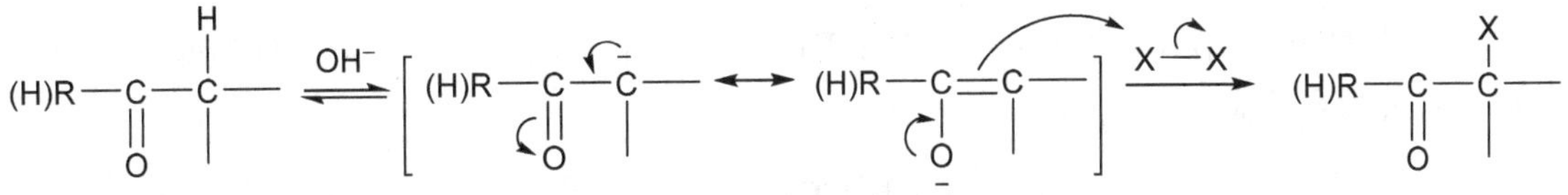

首先是羰基化合物形成烯醇负离子中间体，然后卤素进攻烯醇负离子，得到卤代产物。

碱性催化醛、酮α-H 卤素取代反应有以下特点。

在醛或酮的卤代反应中，碱的用量必须超过 1 当量。这是因为除了提供催化作用外，还需要持续中和反应过程中生成的酸。当醛或酮分子中含有多个α-氢时，会得到多卤代的产物，即使通过控制反应温度和卤素用量，也难以将反应限制在单一取代的阶段。这是因为在生成一卤代物后，卤素作为吸电子基团会增强剩余α-氢的酸性，从而加速碱对这些α-氢的去除。与起始物相比，一卤代物的烯醇化过程更加容易，因此后续的卤代反应比首次卤代反应更为迅速。

对于不对称的酮，碱性催化下取代基较少的α-碳上的氢更容易被取代。并且实现一元取代后，α-碳连接上吸电子的卤素，这使与α-碳连接的氢原子酸性更强，更易被碱拔去进而被卤代。同理，在α-碳上有两个氢原子被卤代后，第三个氢原子会更加容易被卤代。所以在碱性条件下，卤代反应会一直进行到α-碳上所有的氢原子都被卤代。

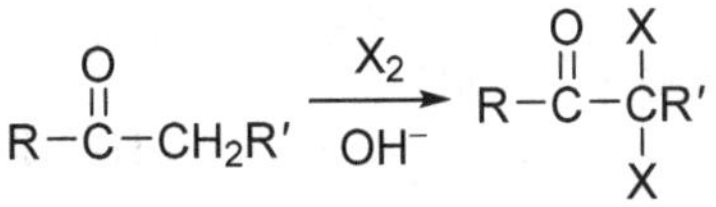

(3) 对于甲基酮类化合物($\mathrm{R{-}\overset{\displaystyle O}{\overset{\|}{C}}{-}CH_3}$)，在碱性条件下的卤代产物应该为$\alpha$, α, α-三卤代物($\mathrm{R{-}\overset{\displaystyle O}{\overset{\|}{C}}{-}CX_3}$)，由于三个卤原子的吸电子效应活化了羰基，这个结构很活泼，与 OH^-作用后分解为羧酸盐和卤仿(HCX_3)。

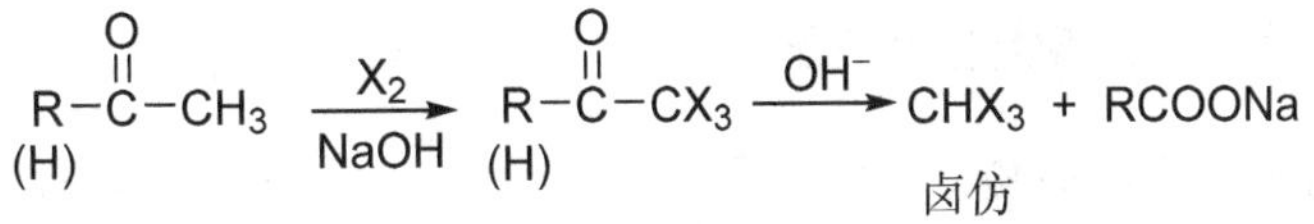

卤仿

以丁醛的碘仿反应为例，与羰基相连的甲基氢全部被碘原子取代后，在碱的作用下分解出碘仿和丙酸钠：

$$CH_3CH_2COCH_3 \xrightarrow[NaOH]{I_2} CH_3CH_2COCH_2I \xrightarrow[NaOH]{I_2} CH_3CH_2COCHI_2 \xrightarrow[NaOH]{I_2}$$

$$CH_3CH_2COCI_3 \xrightarrow{NaOH} CH_3CH_2COONa + CHI_3\downarrow$$

这类反应称为卤仿反应，如果反应物是碘，就称为碘仿反应。碘仿是不溶于氢氧化钠溶液的黄色结晶物，因此可以利用碘仿反应来鉴别甲基酮类化合物。另外，含有($CH_3CH(OH)-$)结构的醇在碱性条件下可以被碘氧化成甲基酮类化合物，所以也可以发生碘仿反应。工业上常利用这一反应，用乙醇代替丙酮或乙醛生产氯仿或碘仿：

$$CH_3CH_2OH \xrightarrow[NaOH]{I_2} CH_3CHO \xrightarrow[NaOH]{I_2} HCOONa + CHI_3\downarrow$$

9.3.3　羟醛缩合反应

在稀碱或稀酸存在下，含有α-氢的醛和酮可以发生缩合反应，生成β-羟基醛和酮，这个反应称为羟醛缩合反应。

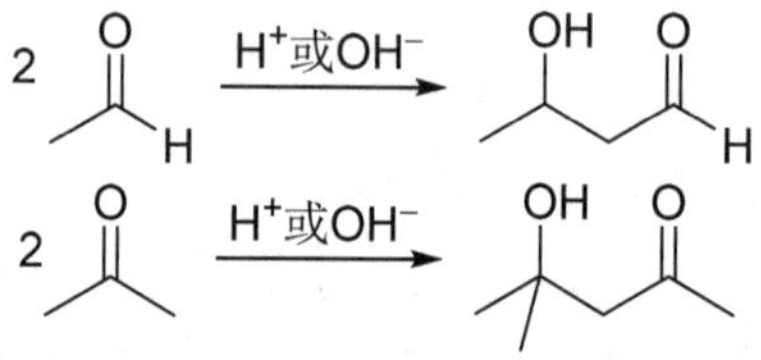

羟醛缩合反应的发生与之前提到的烯醇负离子的亲核性密切相关，其中以碱作为催化剂的羟醛缩合反应较为常用，主要的反应机理如下：在碱催化下，碱首先去除醛或酮分子上的α-氢，形成共振稳定的烯醇负离子。烯醇负离子作为亲核试剂，可以进攻醛(酮)的羰基碳，使羰基 C═O 双键发生断裂，形成烷氧基负离子。接着，烷氧基负离子与一个质子结合，生成β-羟基醛(酮)。在碱的作用下，β-羟基醛(酮)还可以进一步脱水，生成α, β-不饱和醛或酮。

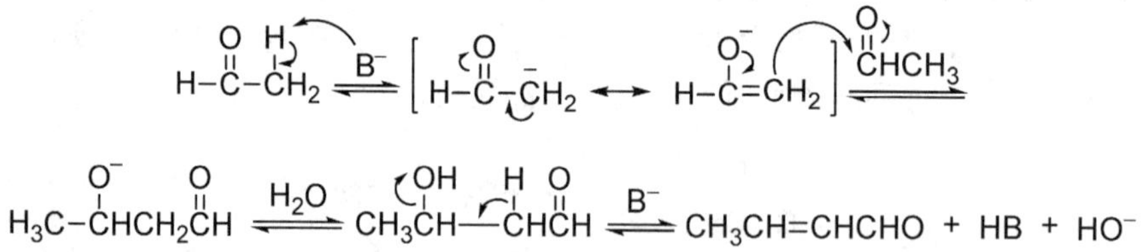

氢氧化物是常用的羟醛缩合反应的催化剂。需要注意的是，氢氧化物的碱性并不强，不足以使醛完全转化为烯醇负离子。然而，它可以使少量的醛转化为烯醇负离子，从而实现平衡。由于反应体系中还存在剩余的醛，具有亲核性的烯醇负离子可以进攻醛，发生羟醛缩合反应。

对醛和酮的羟醛缩合反应活性而言，醛的反应活性明显高于酮。醛的反应通常可以在低温或常温下进行，而酮通常需要加热才能发生反应。在加热过程中，缩合产物β-羟基醛、酮可能会发生脱水反应，形成α, β-不饱和醛或酮。

1. 相同分子间的羟醛缩合反应

当含有α-H 的醛、酮为不对称醛、酮时，使用不同的催化剂，分子间发生羟醛缩合反应的主要产物会有所不同。例如，对于不对称的甲基乙基酮，当使用碱作为催化剂时，主要产物是取代基较少的α-碳作为亲核试剂得到的产物；在酸催化下主要产物则是取代基较多的α-碳作为亲核试剂得到的产物。

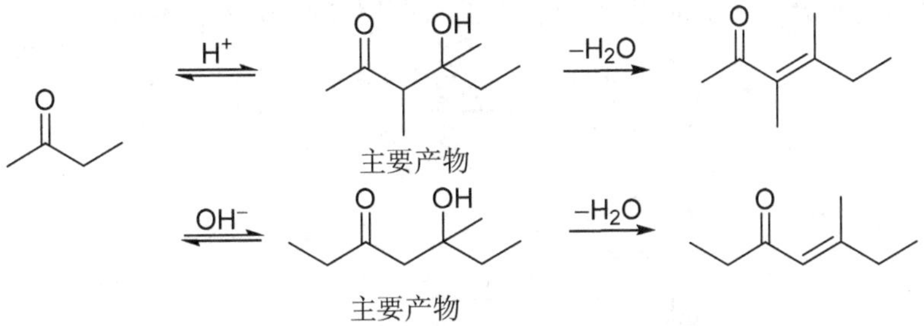

此外，羟醛缩合反应是一个可逆反应，醛缩合可以顺利得到产物，但酮缩合的平衡常数一般很小，为了得到较好的产率，需要将产物不断地从体系中分离出来。例如，在 $Ba(OH)_2$ 的存在下，丙酮发生缩合反应，反应达到平衡时，双丙酮醇的含量仅为 5%。然而，如果使用索氏提取器(Soxhlet extractor)进行反应，双丙酮醇的产率可以显著提高至 71%。

2. 不同分子间的交叉羟醛缩合反应

两种不同的具有α-氢的醛、酮进行缩合反应，常得到多种不同的产物。例如，乙醛和丙酮混合，能得到以下四种产物：

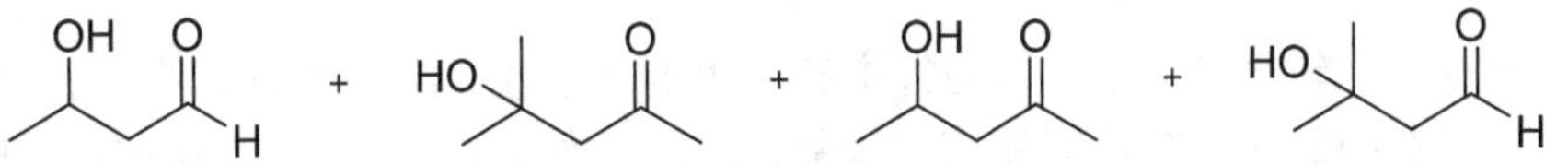

此种类型的反应对特定产物没有很好的选择性，并且产物分离困难，所以不同种类醛、酮分子之间的交叉缩合在合成中没有实际意义。为了减少这种干扰，合成上常使用一个没有α-氢的醛(提供羰基)和一个具有α-氢的醛、酮(提供碳负离子)反应，以减少副产物的种类。例如，没有α-氢的甲醛与其他有α-氢的醛、酮反应得到单一产物：

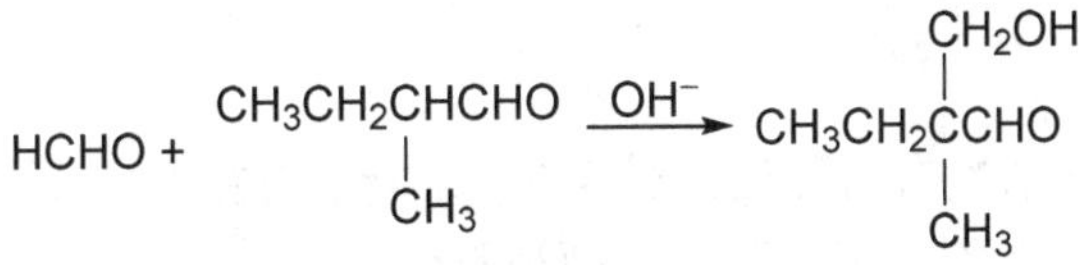

使用芳香醛与具有α-氢的醛(酮)在碱催化下进行交叉缩合能够得到单一的α, β-不饱和醛(酮)，该类反应被称为 Claisen-Schmidt 反应。例如，在碱催化条件下，乙醛与苯甲醛混合反应，可以高产率地生成肉桂醛。

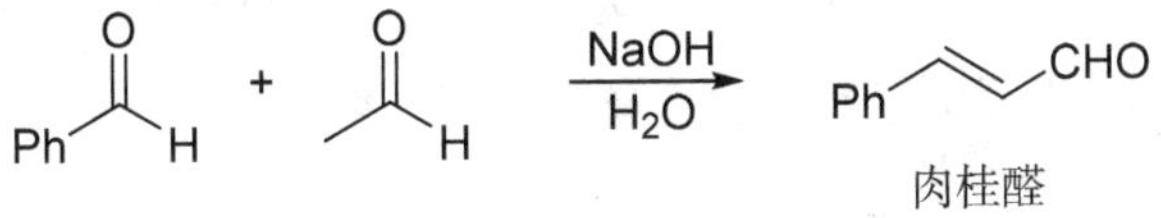

肉桂醛
90%

这个反应中可能会发生乙醛自身的缩合，因此反应时需要将乙醛缓慢滴加到苯甲醛的氢氧化钠溶液中，以保证肉桂醛的产率。

分子内羟醛缩合反应是指同一分子内进行的羟醛缩合反应。能够发生分子内羟醛缩合反应的醛、酮一般为多元醛、酮。反应的总结果是通过分子内羟醛缩合反应得到环状的化合物。当产物是五元环、六元环时，反应比较容易发生，形成五元或六元α, β-不饱和酮或醛作为产物。例如，在强碱性条件下，已-2,5-二酮通过分子内羟醛缩合反应发生环化，生成 3-甲基环戊

-2-烯-1-酮。该反应发生时，氢氧化物夺取己-2,5-二酮末端碳上的α-氢，形成烯醇化物。随后，烯醇化物通过对另一个酮基的亲核攻击，在 C-2 和 C-6 之间形成新的碳碳键，随后，在加热条件下，通过除去水分子来生成羟醛缩合产物，即环化的α,β-不饱和酮。

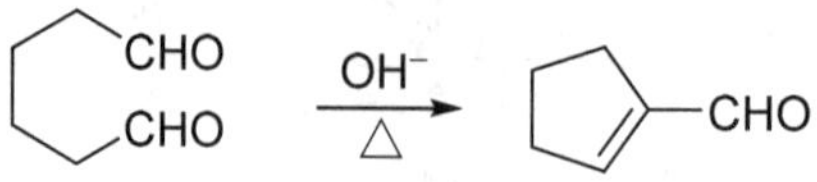

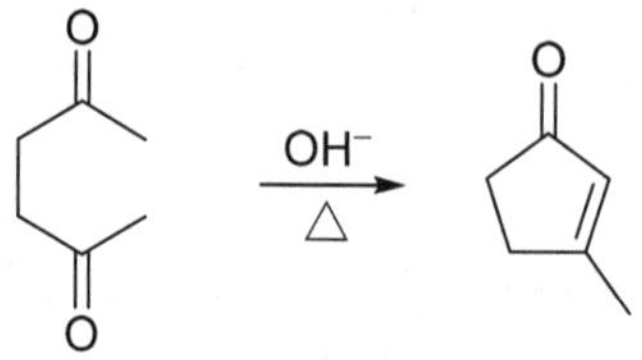

9.3.4　醛和酮的氧化反应

醛和酮可以通过醇的氧化反应来制备，同时醛和酮也可以进一步被氧化。醛、酮的氧化通常是与羰基碳相连的氢或者烷烃在氧化剂作用下断裂，插入一个氧原子而形成羧酸或者羧酸的衍生物。

1. 醛的氧化

醛的氧化相对比较容易，这是因为醛中有一个氢原子直接与羰基碳相连，性质十分活泼，容易被氧化。一般的氧化剂都可以使醛发生氧化反应，如高锰酸钾、重铬酸钾、过酸双氧水、溴等。醛的氧化产物是羧酸，例如：

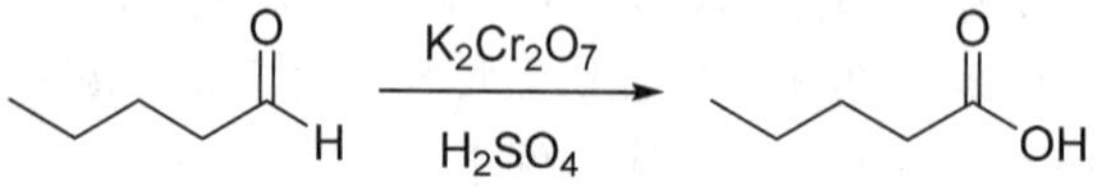

2. 酮的氧化

与醛相比，酮的氧化活性有所降低，不容易被氧化。但在遇到强氧化剂如高锰酸钾、硝酸时，也可以发生碳碳键的断裂生成羧酸，从而被氧化。

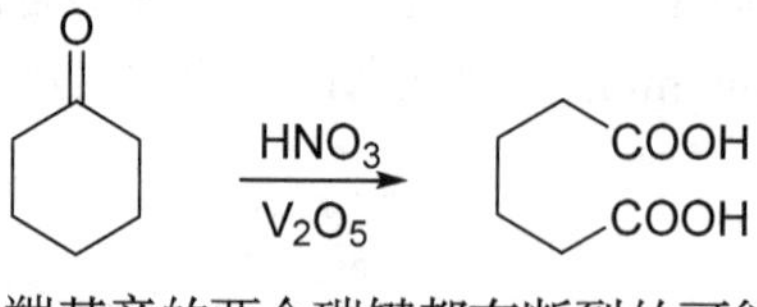

不对称的酮被氧化时，因为羰基旁的两个碳键都有断裂的可能，所以会生成多种酸的混合物。

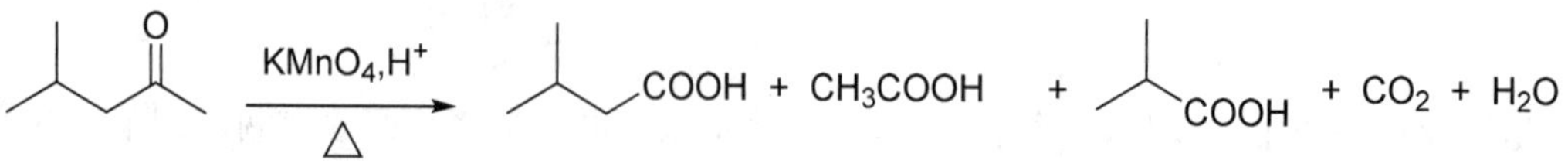

因为醛、酮被氧化的难易程度不同，可以利用这一特点来实现醛、酮化合物的鉴别，如以下两种试剂就对醛、酮有不同的氧化能力。

Tollens 试剂，又称银氨溶液，是硝酸银的氨水溶液。Tollens 试剂是一个弱氧化剂，只能氧化醛，不能氧化酮。与醛反应时，银离子被还原成单质银析出，实验现象是银附着在容器壁上，就像镜子一样，所以这个反应又称银镜反应。

Fehling 试剂，是 $CuSO_4$ 和酒石酸钾钠碱溶液。Fehling 试剂的氧化能力比 Tollens 试剂更弱，只能氧化脂肪醛，不能氧化芳香醛。反应时，Cu^{2+}被还原成砖红色的氧化亚铜沉淀。

$$RCHO + 2Cu^{2+} + 5OH^- \longrightarrow RCOO^- + 3H_2O + Cu_2O \downarrow$$
$$RCHO + 2Ag^+ + OH^- \longrightarrow RCOO^- + H_2O + 2Ag \downarrow$$

Baeyer-Villiger 氧化反应：酮虽然不容易被氧化，但在过氧酸的作用下可以发生氧化反应。这种氧化过程称为 Baeyer-Villiger 氧化反应，也称为 Baeyer-Villiger 氧化重排反应，因为在氧化过程中可能发生重排反应。该反应是指酮受到过氧化氢或过氧酸(如 CH_3CO_3H、CF_3CO_3H 和 $PhCO_3H$ 等)的氧化作用，其中一个氧原子插入羰基和邻近的烃基之间，形成相应的酯化合物。以下是两个具体例子：

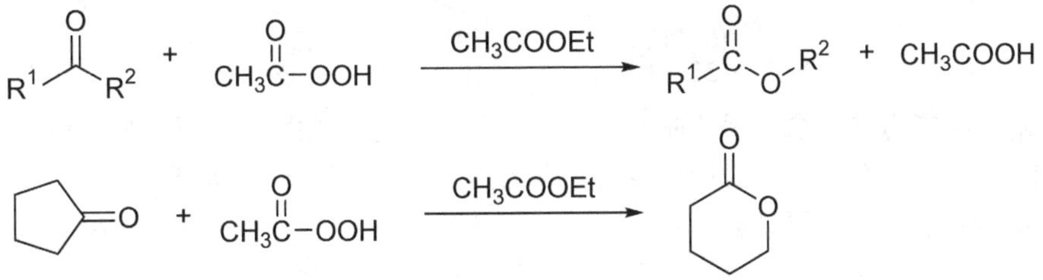

该反应的主要机理为：在酸催化下，首先酮羰基的氧原子被质子化，过氧化物中的氧作为亲核试剂，进攻羰基上的碳原子形成一个不稳定中间体，此时烷基会发生重排，得到羧酸和半缩醛的碳正离子，半缩醛的碳正离子失去氢质子得到酯。

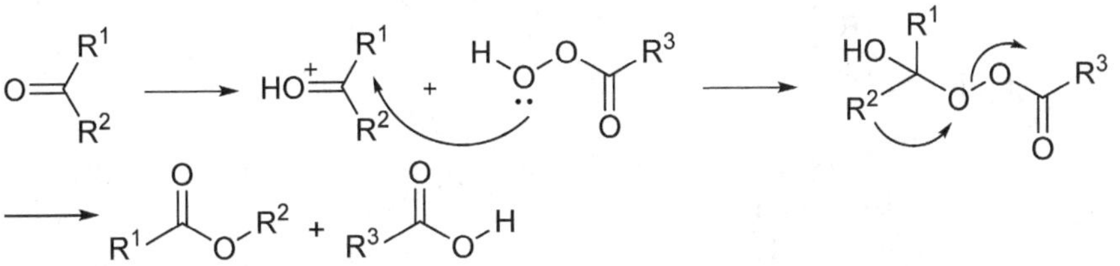

Baeyer-Villiger 氧化重排反应的关键是酮上的烃基迁移到中间体氧原子上，当酮是不对称酮时，两个不同的烃基基团迁移时具有一定的优先顺序，具体的顺序为：叔烷基＞仲烷基＞环己基＞苯基＞伯烷基＞甲基＞氢。

9.3.5　醛和酮的还原反应

醛、酮化合物的羰基可以还原成羟基，也可以被还原成亚甲基，对应的产物分别为醇和烃。另外，醛、酮还可以与活泼金属反应发生单分子或双分子还原。

1. 还原为醇

(1) 催化氢化：在铂、钯、镍等催化剂的作用下，醛、酮可以被加氢还原成醇。

$$RCHO \xrightarrow[H_2]{Ni} RCH_2OH$$

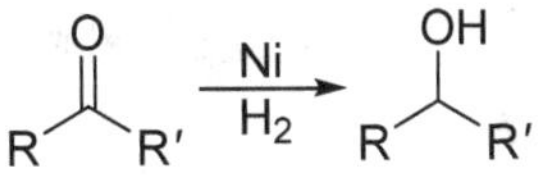

使用铂、钯、镍等催化剂进行还原时，若分子中同时含有不饱和键，则一律被还原成饱和醇。

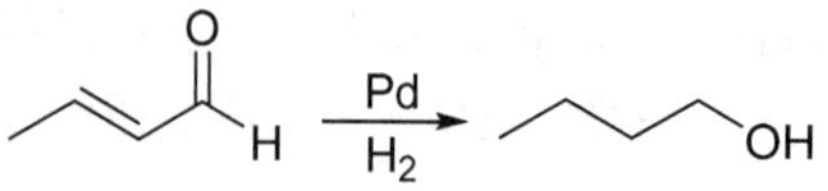

如果希望分子中不饱和键保留，需要选择温和的催化剂，或者选用其他还原方法。

(2) 用金属氢化物还原：常用的金属氢化物有 $LiAlH_4$ 和 $NaBH_4$。反应只还原羰基，不还原孤立的碳碳双键。但当双键与羰基共轭并且反应条件比较激烈时，碳碳双键也会被一起还原，如：

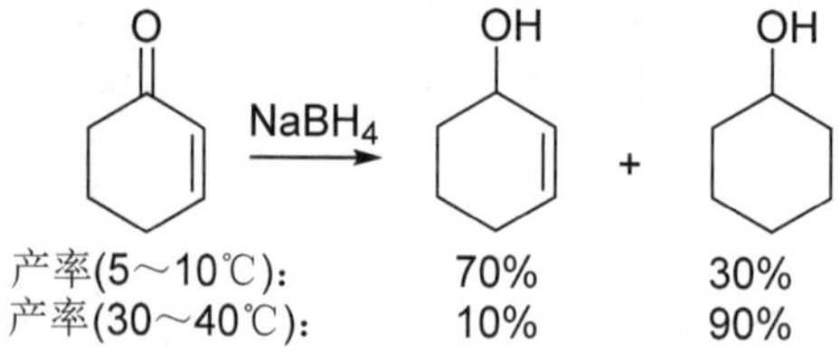

$LiAlH_4$ 还原能力强，除了能还原醛、酮外，还可以还原酰卤、酯、酰胺、酸酐、腈等羧酸衍生物。$LiAlH_4$ 遇活泼氢分解，所以反应必须在无水、无醇的醚中进行。

$LiAlH_4$ 还原醛、酮的机理如下：

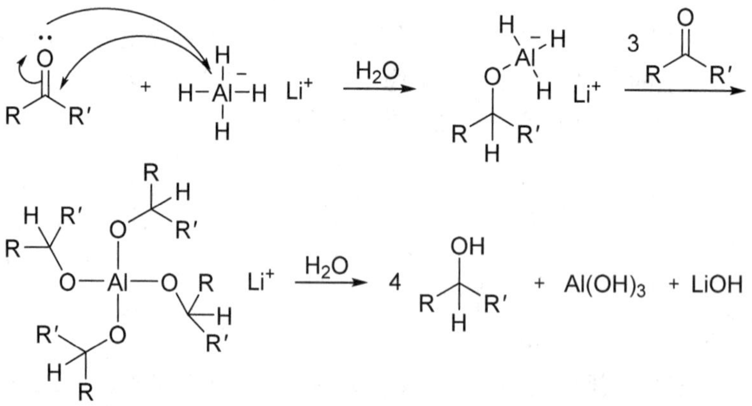

$NaBH_4$ 的还原活性不如 $LiAlH_4$，反应选择性比较高，只还原醛、酮及酰氯，不与水、质子性溶剂作用，使用方便。

$NaBH_4$ 还原醛、酮的机理如下：

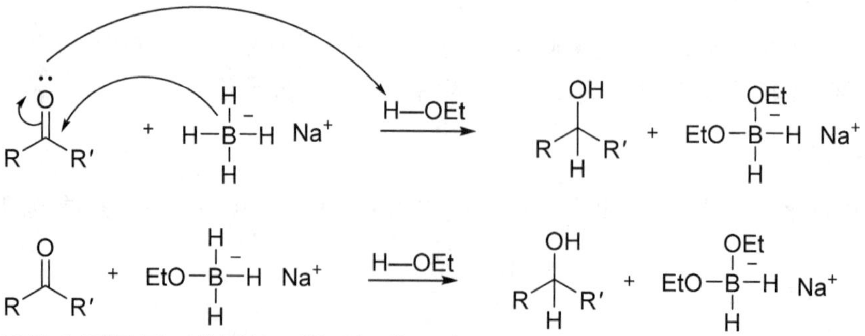

(3) 用活泼金属还原：醛用钠、镁及铝等活泼金属和质子溶剂处理，可还原生成伯醇。酮易于发生还原偶联反应，生成邻二醇。

$$CH_3CH_2CH_2CHO \xrightarrow[C_2H_5OH]{Na} CH_3CH_2CH_2CH_2OH$$

2. 还原为烃

Clemmensen 还原法：采用锌汞齐、浓 HCl 体系中回流进行还原，是酸性条件下的还原，只还原羰基，不影响碳碳双键，尤其适合还原芳香醛、酮。锌汞齐可由锌在氯化汞溶液中处理制备，汞离子被还原沉积在锌表面，即为锌汞齐。

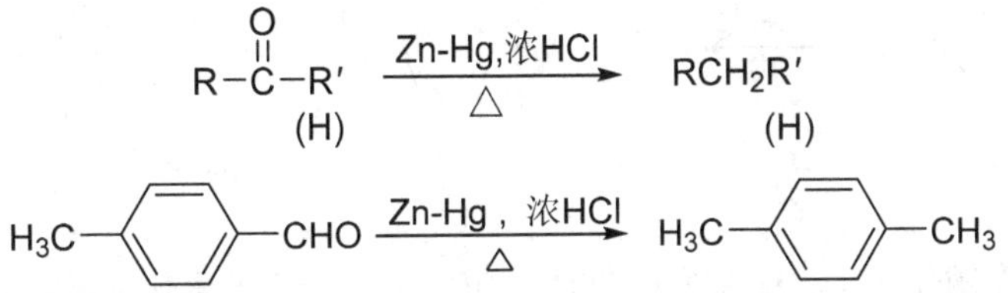

Wolff-Kishner-黄鸣龙还原法：Wolff-Kishner-黄鸣龙还原法属于碱性条件下的还原方法，适于存在酸性敏感基团的情况。

该方法由俄国化学家基斯内尔(N. M. Kischner)提出，先后经过德国化学家沃尔夫(L.Wolff)、中国化学家黄鸣龙改进。原来的方法是将醛或酮与肼和金属钠或钾在高温(约 200℃)下加热反应，缺点是由于高温，需要在高压或封管中进行，操作不方便。中国化学家黄鸣龙将此法改进为不用封管而在一高沸点的溶剂如二甘醇中进行，用氢氧化钠代替金属钠，一同加热反应。例如：

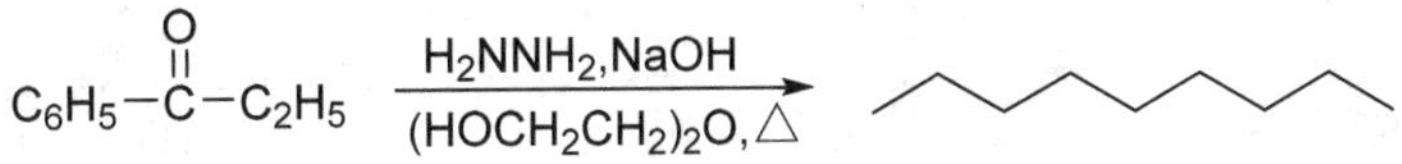

常用 KOH、水合肼、二甘醇体系，该反应的温度较低，有很大的工业价值。

3. 用活泼金属的单分子还原和双分子还原

活泼金属(如钠、铝、镁等)与酸、碱、水或醇作用时，能够有效地将醛还原为一级醇，将酮还原为二级醇，这一过程属于醛和酮的单分子还原反应。

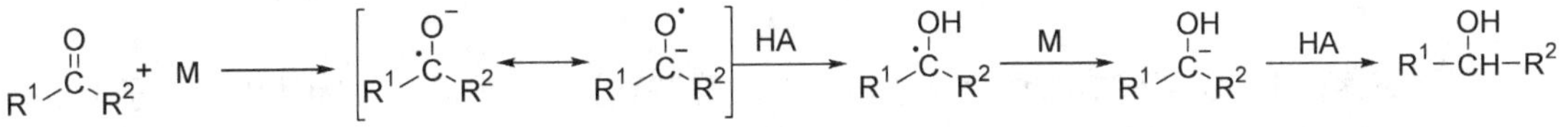

此外，在催化剂(如钠、铝、镁、铝汞齐或低价钛试剂)的作用下，酮在非质子溶剂中可以发生双分子还原偶联反应，生成片哪醇，这种反应被称为酮的双分子还原反应。

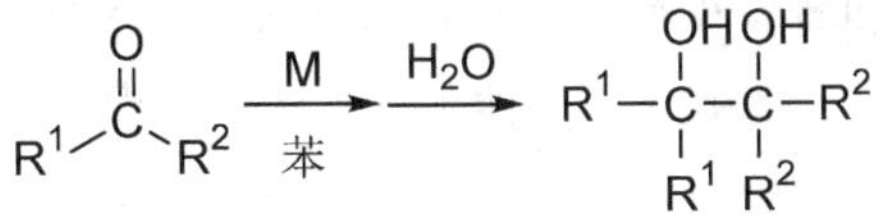

酮双分子还原反应的机理如下：

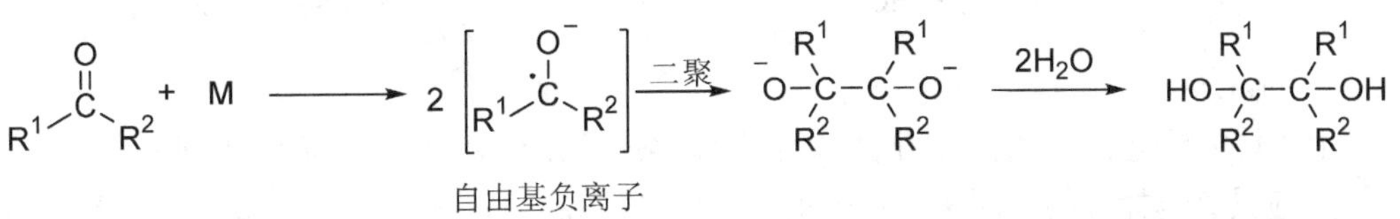

两个反应的第一步是相同的，酮从金属夺取一个电子，生成自由基负离子。自由基的负离子非常活泼，在质子溶剂中，会迅速地与一个质子结合生成自由基，然后夺取金属的一个电子从而生成一元醇。在非质子溶剂中，自由基负离子二聚生成二元醇的盐，水解后得到乙二醇的衍生物。

例如，乙醇是质子溶剂，丁-2-酮在乙醇中经 Na 催化单分子还原为丁-2-醇：

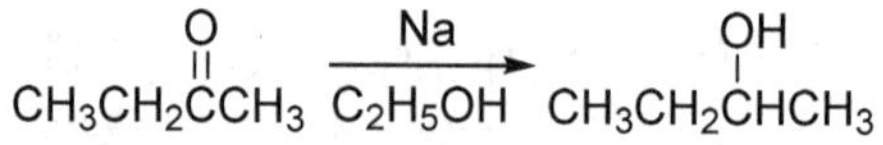

苯是非质子溶剂，环戊酮在苯中经镁汞齐催化还原后发生偶联，进而水解得到邻二醇：

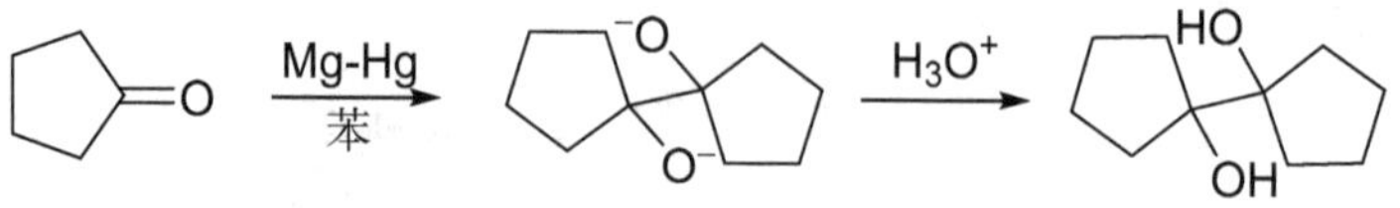

9.3.6　歧化反应

不含α-H 的醛在碱作用下，能够发生歧化反应，一分子醛被氧化成酸，同时一分子醛被还原为醇，该反应称为坎尼扎罗(Cannizzaro)反应。例如，苯甲醛在浓的氢氧化钠溶液中发生歧化反应，一部分苯甲醛被氧化成为苯甲酸进而变成苯甲酸钠，而另外一部分苯甲醛被还原为苯甲醇。

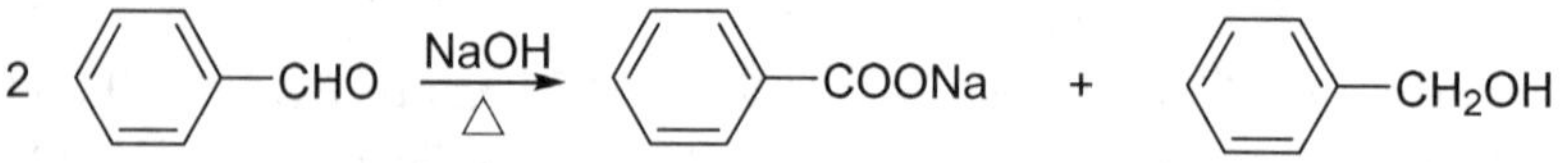

Cannizzaro 反应的机理如下：

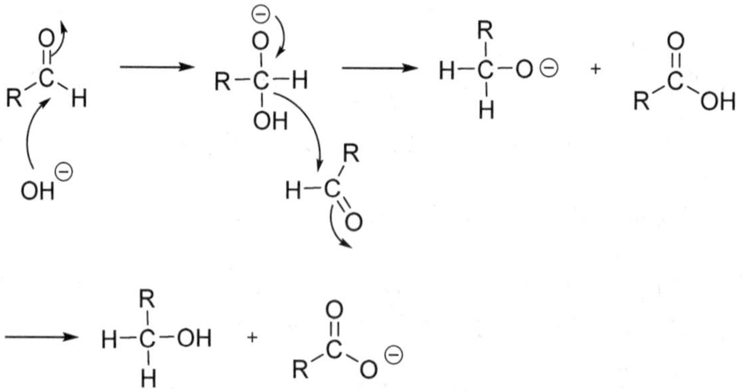

在强碱存在下，氢氧根能够作为亲核试剂进攻醛基碳原子，生成的中间体中碳原子上的氢很不稳定，以负氢的形式脱离并与邻近醛分子的羰基碳结合，受氢氧根进攻的醛转化为羧酸，同时接受负氢原子的醛转化为醇。

如果两种不含α-H 的醛同时发生交叉歧化反应，会得到多种不同产物，且难以分离，无合成意义。但有一个例外的情况，当甲醛与其他不含α-H 的醛混合，在强碱的作用下，会发生具有选择性的歧化反应。例如：

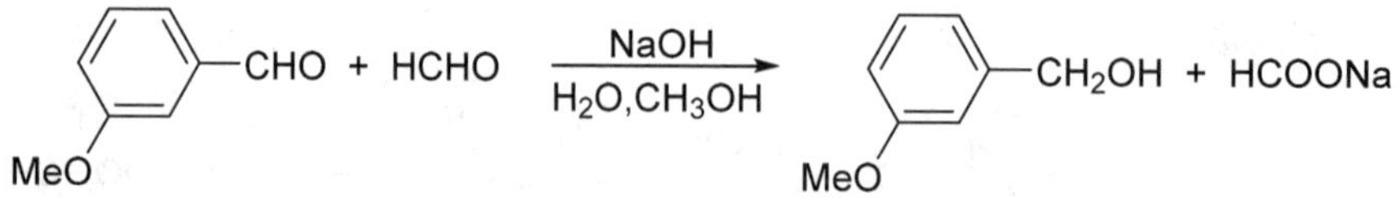

在上述歧化反应中，在浓氢氧化钠作用下甲醛被氧化，而其他醛被还原，得到了单一的产物。

该反应具有选择性的原因是：甲醛的反应活性很高，其活性大于其他醛、酮(受电子效应和空间位阻效应影响)，非常容易发生亲核加成反应，因此在浓碱中具有亲核性的 OH^-会优先进攻甲醛羰基碳原子，所以 OH^-会选择性地进攻甲醛生成醇负离子中间体，醇负离子中间体会发生负氢迁移自身变为羧酸，而脱掉的 H^-进攻另一个醛、酮分子生成醇负离子，再进一步得到质子变为醇。

9.4 α,β-不饱和醛、酮

α,β-不饱和醛、酮是指分子中既含有碳碳双键又含有碳氧双键，碳碳双键与碳氧双键共轭的醛、酮。α,β-不饱和醛、酮可以通过羟醛缩合产生的β-羟基醛、酮进一步发生消去反应得到。由于α,β-不饱和醛、酮既含有烯键又含有羰基，因此它既可以发生亲电加成反应又可以发生亲核加成反应。在某些情况下，它的性质是这两种官能团性质的简单叠加。

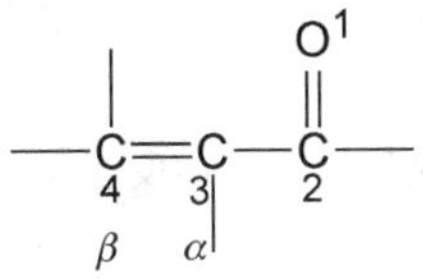

例如，对卤素、次卤酸等亲电试剂来说，它主要进行 1,2-亲电加成，具体历程与烯烃的加成无异。

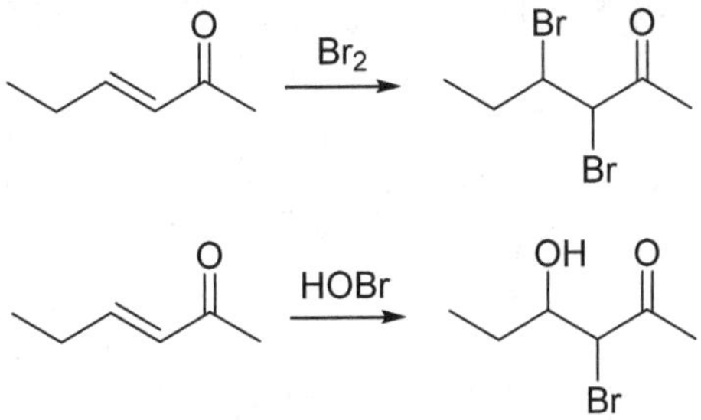

但在另一些情况下，它的性质却有所不同，这主要与α,β-不饱和醛、酮的结构有关。

在α,β-不饱和醛、酮分子中，碳碳双键和羰基是共轭的，形成了一个 π-π 共轭体系，这类似于共轭二烯烃，其共振结构如下：

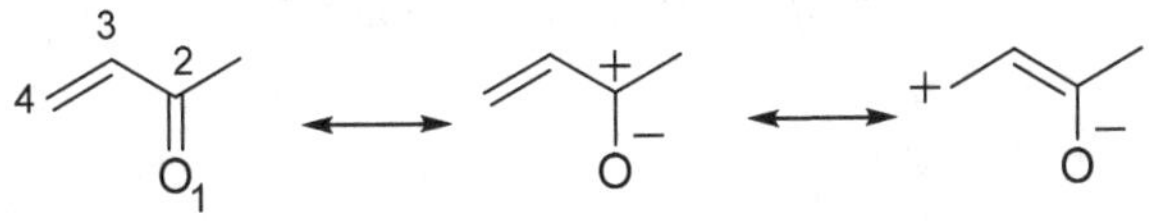

不同于共轭二烯烃，α,β-不饱和醛、酮中存在氧原子，氧的电负性较大，具有部分负电荷，与之相连的 C-2 会具有部分的正电荷，由于碳碳双键与羰基的碳氧双键是共轭的，电荷能够离域，所以在共振式中 C-4 也能够呈正电性，因此α,β-不饱和醛、酮理论上能够在不同位置上发生亲核取代反应，既能进行碳氧双键的 1,2-亲核加成，又能进行 1,4-亲核加成，如

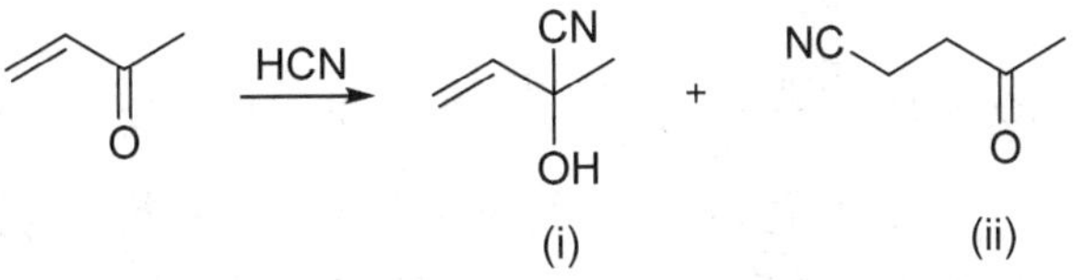

(i)是羰基 1,2-亲核加成的产物，是次要产物。(ii)是主要产物，看起来像是 CN^-直接加成到碳碳双键上的产物，但实际上是 1,4-共轭加成的产物异构化的结果。反应可以由酸或碱催化，在酸性条件下，首先是质子与负电性氧结合，随后双键迁移，CN^-进攻碳正离子，产物烯醇不稳定，迅速地异构化生成酮式产物。

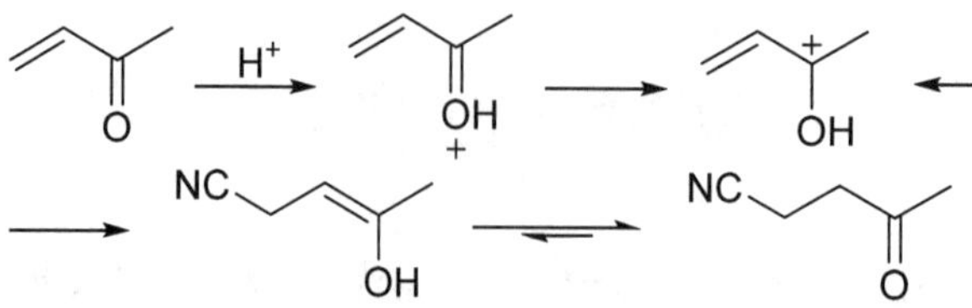

碱性条件下，先是 CN^-进攻缺电的 C-4，形成一个烯丙基型的烯醇负离子，随后烯醇负离子与一个质子结合生成不稳定的烯醇产物，最后产物迅速地异构化为酮式。

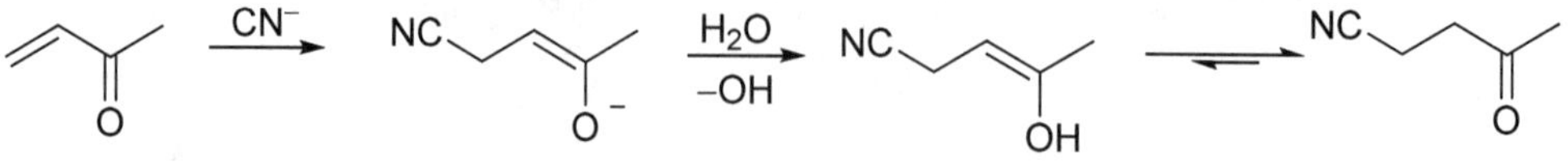

除 HCN 外，氨及氨的衍生物、硫酸、氢卤酸、醇、水等与α,β-不饱和醛、酮加成产物也以 1,4-加成产物为主。

有机金属化合物是强的亲核试剂，与α,β-不饱和醛、酮既可以发生 1,2-亲核加成，也可以发生 1,4-亲核加成。具体加成方式与反应物的位阻有很大关系。一般来讲，α,β-不饱和醛、酮与金属有机化合物加成以 1,2-亲核加成为主；但是随着反应物的空阻增大，1,4-加成的产物比例会不断升高，如：

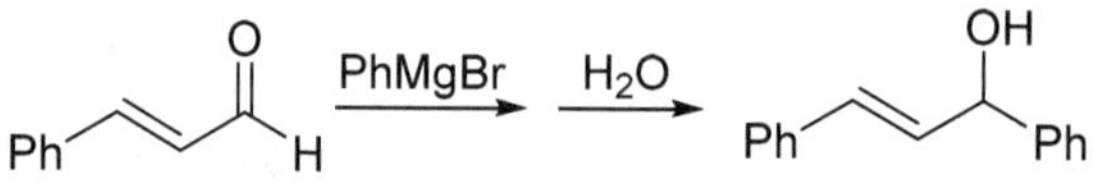

1,2-加成100%

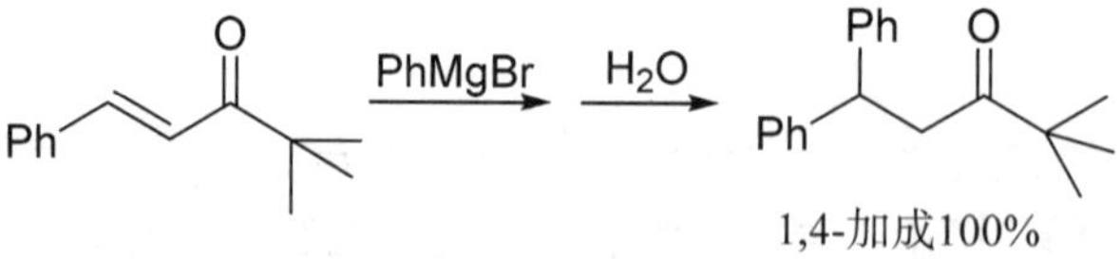

1,4-加成100%

9.5　醛和酮的制备

9.5.1　醛和酮的工业合成

低级伯醇和仲醇的催化脱氢：低级的醛、酮常在铜、银、镍等催化剂的作用下由低级伯醇和仲醇的催化脱氢合成。

$$CH_3CH_2OH \underset{\triangle}{\overset{Cu}{\rightleftharpoons}} CH_3CHO$$

羰基合成：CO 与 H_2 在催化剂的作用下与烯烃合成多一个碳的醛，该法又称为烯烃的氢甲酰化。例如：

$$H_3CHC{=}CH_2 + CO + H_2 \xrightarrow[160℃,6\ MPa]{Co(CO)_6[P(n\text{-}C_4H_9)_3]_2} CH_3CH_2CH_2CHO + (CH_3)_2CHCHO$$

烷基苯的氧化：在不太强的氧化条件下，可以将苯上的烷基氧化为芳醛或芳酮，常用的氧化剂有 CrO_2Cl_2、CrO_3 和 O_2 等，其中氧气通常需要催化剂催化。例如：

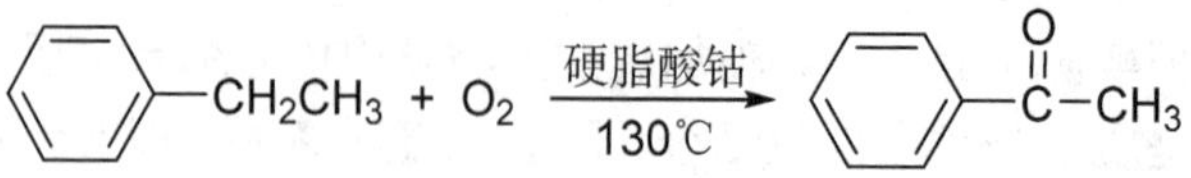

芳醛相比烷基苯，更容易被氧化，所以通过此方法制备芳醛须控制反应条件，或者改进催

化剂。例如，以 CrO_3-乙酸酐配合物催化甲苯氧化至甲醛：

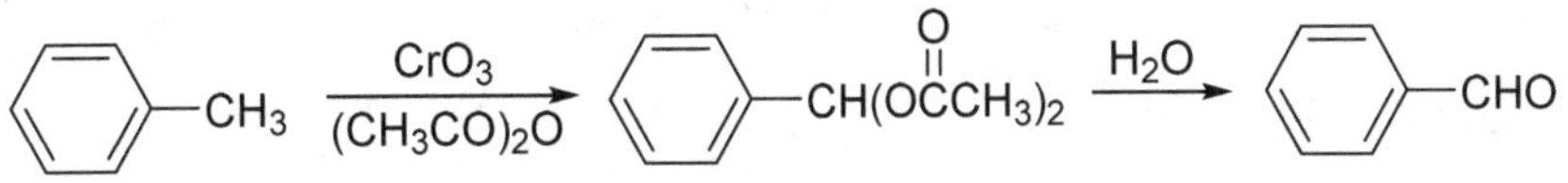

乙酸酐的作用是防止苯甲醛被进一步氧化为苯甲酸。

1. 甲醛

甲醛是重要的工业产品，我国甲醛工业始于 20 世纪 50 年代，当时引进苏联技术，采用甲醇过量氧化法来制备。该方法由两个反应构成：

$$CH_3OH \longrightarrow CH_2O + H_2$$

$$CH_3OH + \frac{1}{2}O_2 \longrightarrow CH_2O + H_2O$$

工业生产中，通常采用以浮石为载体的银催化剂进行脱氢反应，同时通入空气用于氧化反应，将这两种反应结合，在约 700℃的高温条件下进行。甲醇氧化反应释放的热量，能够满足甲醇脱氢反应所需的能量需求。在工艺启动阶段，需要外部提供少量热量；一旦反应进入正常状态，便可实现无外部供热的持续运行。该工艺在甲醇接近爆炸上限的条件下运行，混合气体中的甲醇浓度较高，使得设备的生产负荷增大，但工艺流程相对简单，从而降低了建厂投资成本。这种方法的甲醇转化率约为 85%，可生产低浓度的甲醛水溶液(浓度约 37%)，但产品中仍含有一定量的未反应甲醇。

2. 乙醛

乙醛是一种重要的工业原料，在化工生产中具有广泛应用，主要用于制造乙酸、乙酸乙酯和乙酸酐等关键化合物。生产的主要方法是用瓦克(Wacker)法氧化乙烯，该工艺使用均相钯/铜催化剂，由空气直接氧化乙烯得到：

$$H_2C{=}CH_2 + O_2 \xrightarrow[H_2O]{CuCl_2\text{-}PdCl_2} CH_3CHO$$

在瓦克法大量应用以前，乙醛主要由乙醇和乙炔生产(见乙炔的水合、醇的氧化)。

9.5.2　伯醇和仲醇的氧化

1. 醇的直接氧化

醇的氧化是制备醛、酮的常用方法，关键是要控制氧化剂的氧化强度，使其停留在醛、酮阶段。CrO_3-吡啶(Sarrett 试剂)和氯铬酸吡啶盐(PCC)是两种用于伯醇氧化制醛的常用氧化剂，可以使氧化很好地控制在生成醛的阶段：

$$CH_3(CH_2)_5CH_2OH \xrightarrow[PCC]{CrO_3} CH_3(CH_2)_5CHO$$

$$CH_3(CH_2)_4CH_2OH \xrightarrow{CrO_3\text{-吡啶}} CH_3(CH_2)_4CHO$$

Sarrett 试剂和 PCC 氧化醇不影响碳碳双键，适用于从不饱和醇制备不饱和醛、酮：

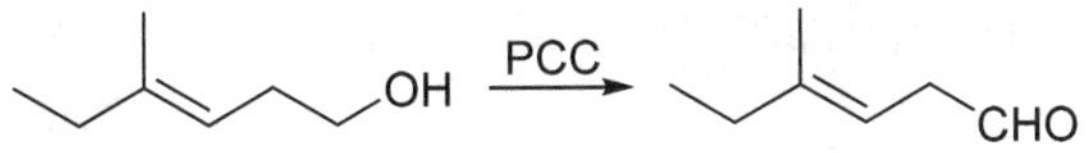

仲醇氧化生成酮，酮相较于醛不容易被进一步氧化，因此除了上述氧化剂外，使用氧化性更强的 $K_2Cr_2O_7$ 也能氧化仲醇至酮：

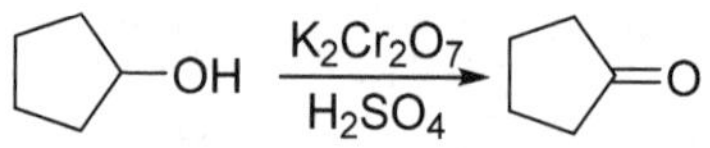

2. Oppenauer 氧化法

伯醇或仲醇在异丙醇铝的丙酮溶液中被氧化成醛或酮。反应过程中，丙酮起氧化剂作用。

$$RH_2C-CH=CH-CH(OH)R' \xrightarrow[{[(CH_3)_2CHO]_3Al}]{CH_3COCH_3} RH_2C-CH=CH-C(=O)R'$$

该反应的选择性好，反应物中的碳碳双键不受影响。一级醇虽然可以氧化为相应的醛，但存在副反应羟醛缩合反应，效果并不是很好。但该法是一个由二级醇制备酮的有效方法：

$$CH_3CH=CHCH(OH)CH_2CH_3 + CH_3C(=O)CH_3 \xrightarrow{Al[OCH(CH_3)_2]_3} CH_3CH=CHC(=O)CH_2CH_3 + CH_3CH(OH)CH_3$$

9.5.3　羧酸衍生物的还原

控制反应条件，可以使酰氯、酯或腈的还原停留在醛的阶段，常使用的是金属氢化物或催化还原的方式。反应的关键在于控制反应的条件，防止产物被进一步还原。

1. Rosenmund 还原法

Rosenmund 还原法由德国化学家罗森蒙德(K. W. Rosenmund)提出，是一种将酰氯还原成醛的方法。该方法使用部分失活的钯催化剂，并在体系中加入硫、喹啉，以进一步限制钯催化剂的活性，从而防止产物被进一步还原成醇。例如，使用 Rosenmund 还原法将β-萘甲酰氯还原成β-萘甲醛，反应产率较高。

2. 与二烃基铜锂反应

二烃基铜锂的活性很低，不与酯、腈、卤代烷反应，但可以与酰氯反应。控制反应温度，可以得到产物酮：

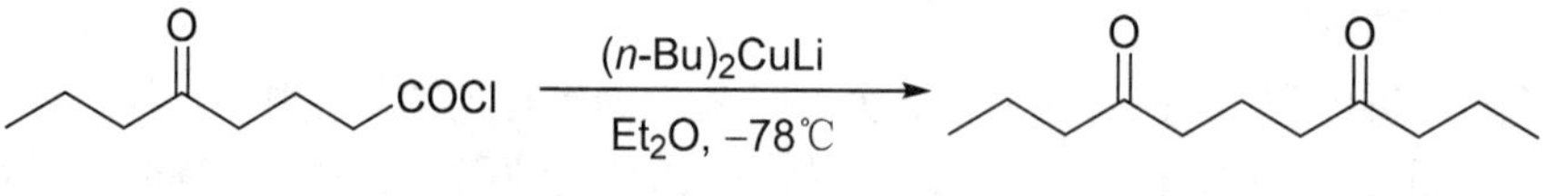

3. 用被烷氧基取代的氢化铝锂还原

氢化铝锂中的氢负离子可以被一个、两个、三个烷氧基取代，如

$$LiAlH_4 + 2CH_3CH_2OH \xrightarrow{醚} LiAlH_2(OC_2H_5)_2 + 2H_2$$

二乙氧基氢化铝锂

$$LiAlH_4 + 3CH_3OH \xrightarrow{醚} LiAlH(OCH_3)_3 + 3H_2$$

三甲氧基氢化铝锂

$$LiAlH_4 + 3t\text{-}BuOH \xrightarrow{醚} LiAlH(OBu\text{-}t)_3 + 3H_2$$

三(三级丁氧基)氢化铝锂

烷氧基越大，取代越多，氢化铝锂的还原性越弱，选择性越强。

布朗(C. Brown)发现用三(三级丁氧基)氢化铝锂可以将很多羧酸衍生物还原为醛，它与醛、酮反应很慢，而与氰基、硝基和酯基不反应。因此，若用 1 mol 试剂与酰氯反应，能得到产率很高的醛，是由间位或对位取代芳香酰氯制相应芳香醛的一个很好的方法：

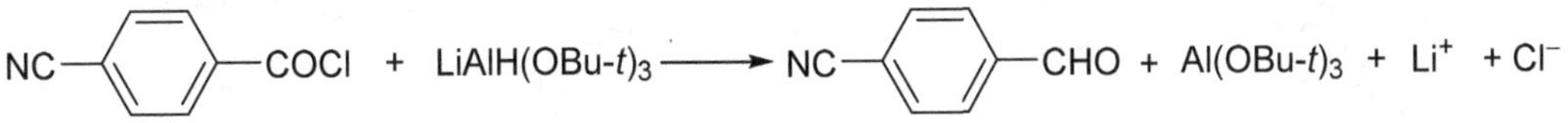

控制还原剂的用量，可以使产物停留在芳香醛的阶段。

9.5.4　芳环的酰基化

通过傅-克酰基化反应，可以制备芳香酮(详见傅-克酰基化反应)，如：

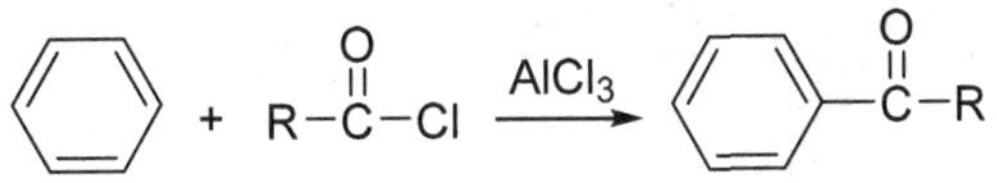

通过 Gattermann-Koch 反应可以制备芳醛(详见 Gattermann-Koch 反应)，如：

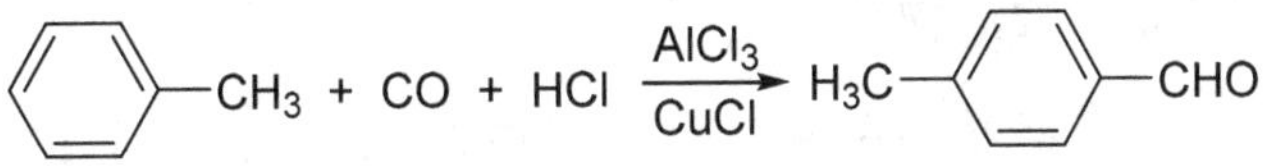

习　　题

9-1　命名下列化合物。

(1) 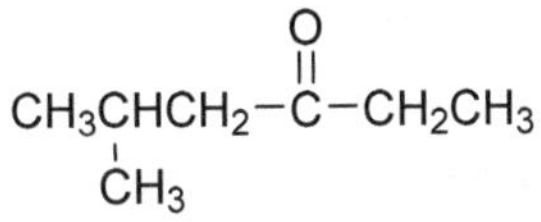

(2) 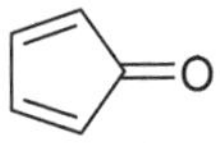

(3) 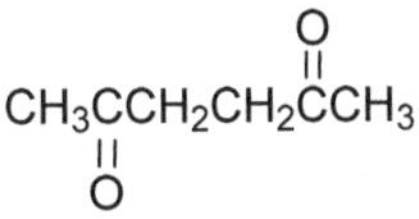

(4) 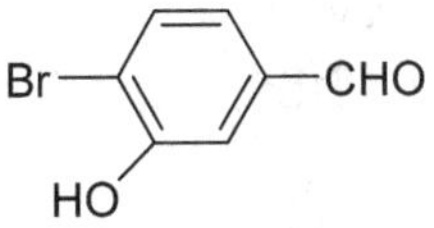

(5) 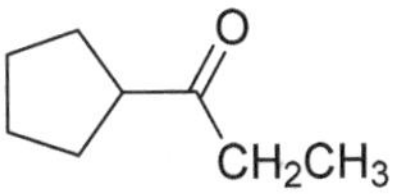

(6) $CH_3CH_2CH{=}CHCHO$

(7) 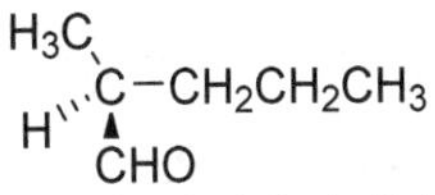

(8) 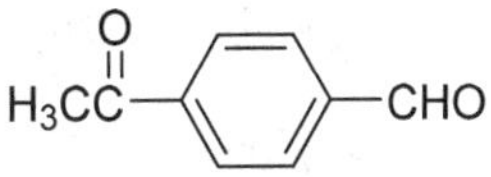

9-2　写出下列化合物的构造式。

(1) 3-溴丁醛　　(2) 甲基异丙基酮

(3) 4-氧亚基己-2-烯醛　　(4) *α*-萘甲醛

(5) 4-溴苯基丙酮　　(6) 戊-2,4-二烯醛

9-3　写出分子式为 $C_5H_{10}O$ 的醛和酮的同分异构体并命名。

9-4　完成下列反应式。

(1) 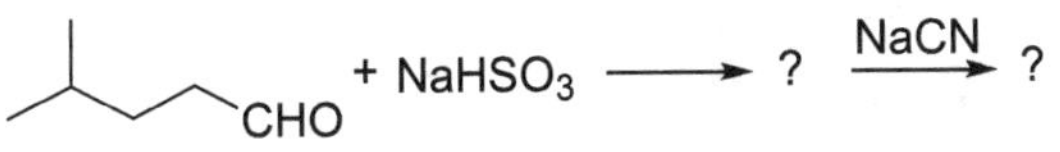

(2) 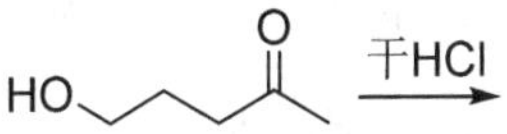

(3) 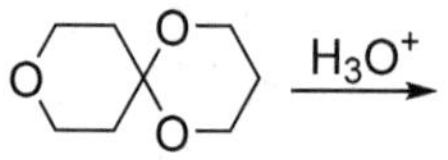

(4) 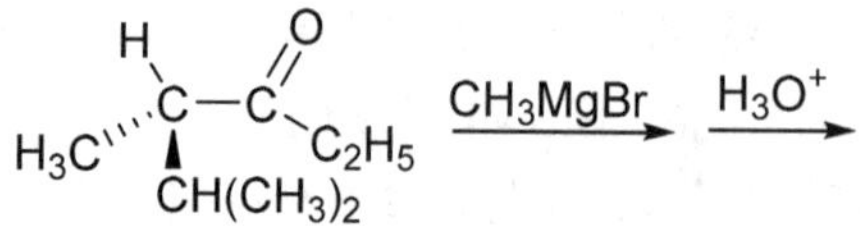

(5) 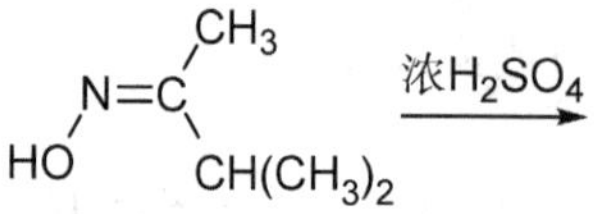

(6) 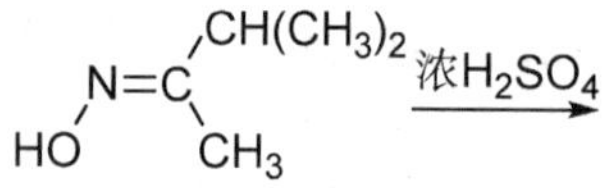

(7) 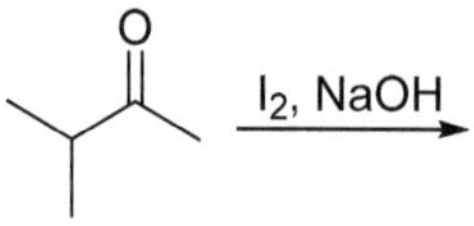

(8) 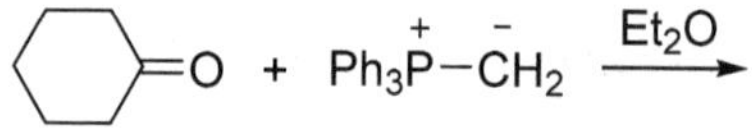

(9) 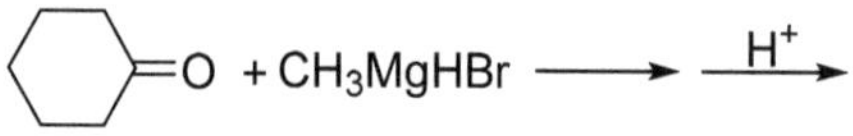

9-5　完成下列反应式。

(1) 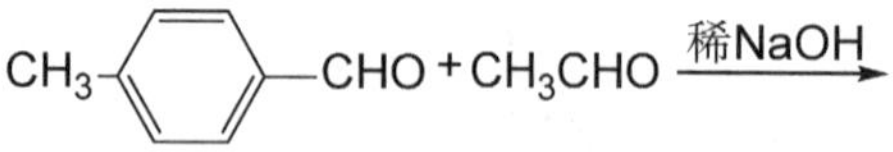

(2) 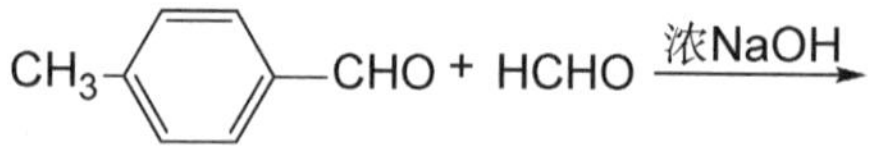

(3) 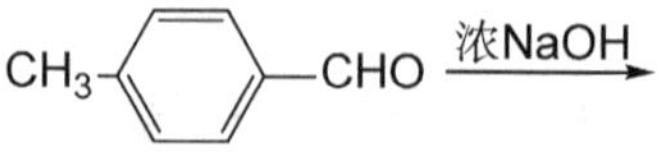

9-6　写出下列反应的主要产物。

(1) 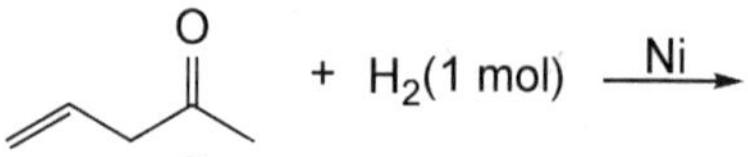

(2) 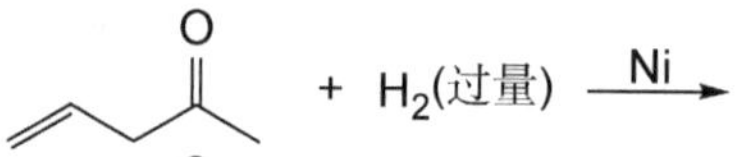

(3) 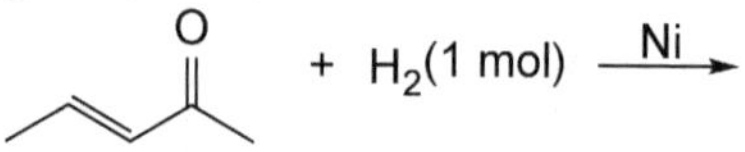

(4) 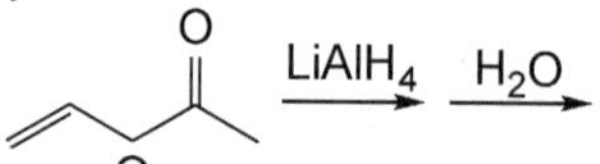

(5) 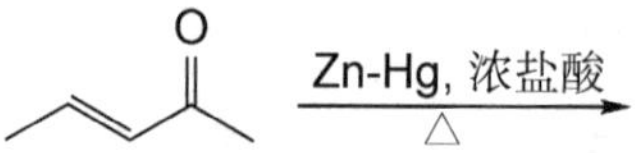

(6) 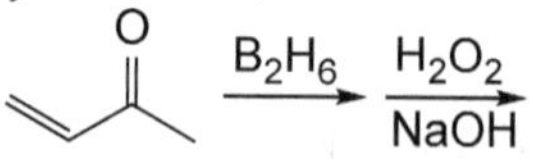

9-7　下列化合物哪些能发生碘仿反应？写出反应的产物。

(1) $CH_3COCH_2CH_3$　　(2) CH_3CH_2OH　　(3) HCHO

(4) $CH_3CH_2COCH_2CH_3$　　(5) CH_3CH_2CHO　　(6) Ph-CHO

(7) Ph-$COCH_3$

9-8　下列化合物哪些能发生银镜反应？

(1) $CH_3\overset{O}{\overset{\|}{C}}CH_3$　　(2) CH_3CH_2CHO　　(3) 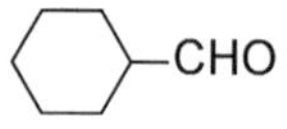

(4) 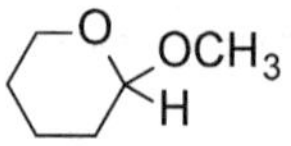　　(5) 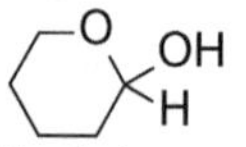

9-9　下列哪些化合物能发生歧化反应？

(1) CH_3CH_2CHO　　(2) HCHO　　(3) 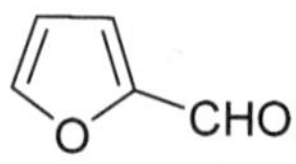

(4) 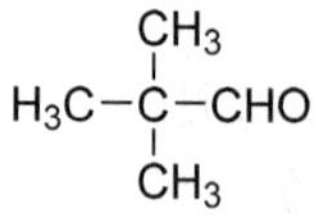　　(5) 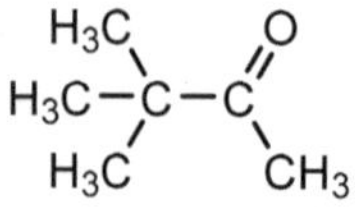　　(6) 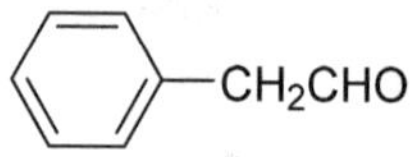

9-10　将下列羰基化合物按照其亲核加成反应的活性从大到小排序。

(1) CH_3CHO，CH_3COCH_3，CF_3CHO，$CH_3COCH(CH_3)_2$；

(2) CH_3CHO，$BrCH_2CHO$，FCH_2CHO，PhCHO。

9-11　将下列负离子按照亲核性由强到弱排序。

(1) $CH_3CH_2\overset{\ominus}{\ddot{C}}H_2$　　(2) $CH_2{=}CH{-}\overset{\ominus}{\ddot{C}}H_2$

(3) 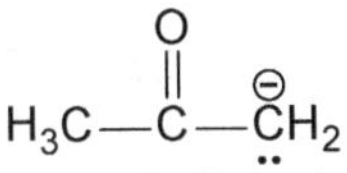　　(4) 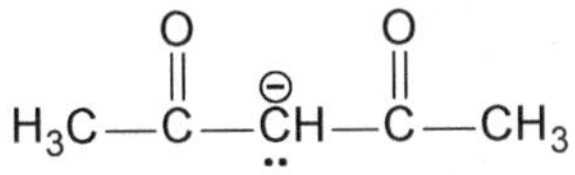

9-12　用化学方法区分下列化合物。

(1) CH_3CHO　　(2) $CH_3CH_2\underset{OH}{C}HCH_2CH_3$　　(3) $CH_3\underset{O}{\underset{\|}{C}}CH_3$

(4) C_6H_5CHO　　(5) $CH_3CH_2\underset{O}{\underset{\|}{C}}CH_2CH_3$　　(6) $CH_3CH_2\underset{OH}{C}HCH_3$

9-13　完成下列转变。

(1) $BrCH_2CH_2CHO \longrightarrow (CH_3)_2\overset{OH}{C}CH_2CH_2CHO$

(2) $CH_3CH_2Br \longrightarrow$ 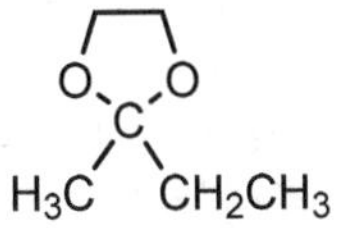

(3) $CH_2{=}CHCHO \longrightarrow HOCH_2CH_2CH_2CH_2CHO$

(4) 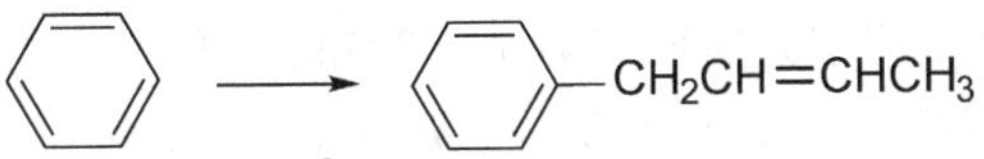

9-14　将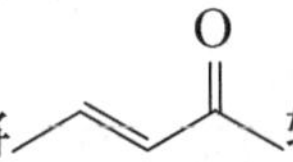转化为下列化合物。

(1) 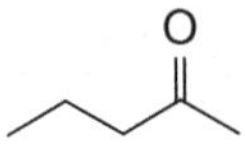　　(2) 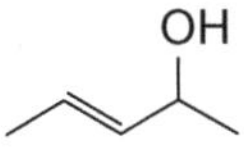　　(3) 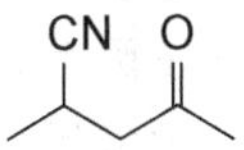

(4) 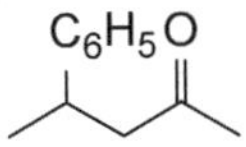　　(5) 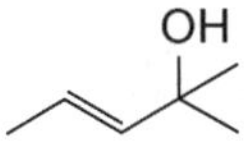

9-15　写出下列反应可能的机理。

(1) 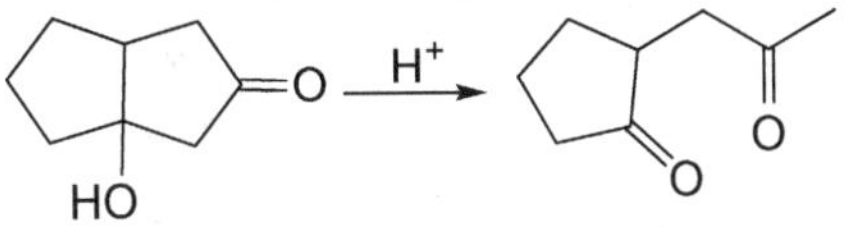

(2) 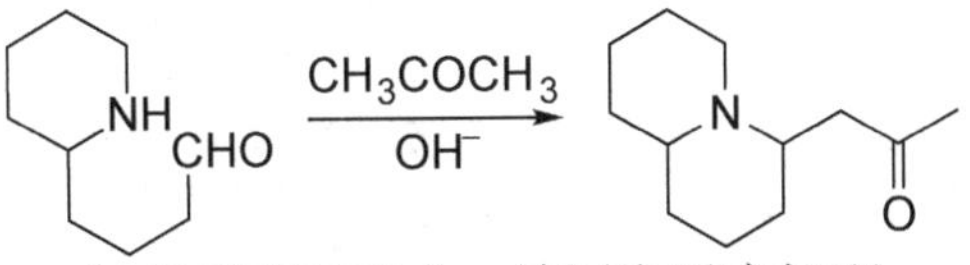

9-16　完成下列反应式，并写出反应机理。

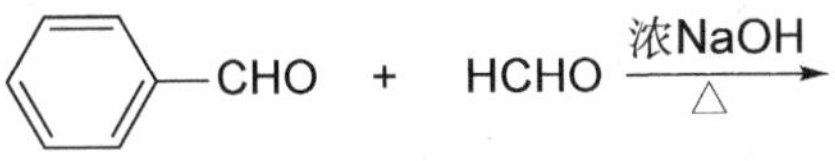

9-17　写出下列反应的机理。

$$H_3C-\underset{O}{\underset{\|}{C}}-\underset{O}{\underset{\|}{C}}-H \xrightarrow{OH^-} H_3C-\underset{OH}{C}H-CO_2^-$$

9-18　写出下列反应的机理。

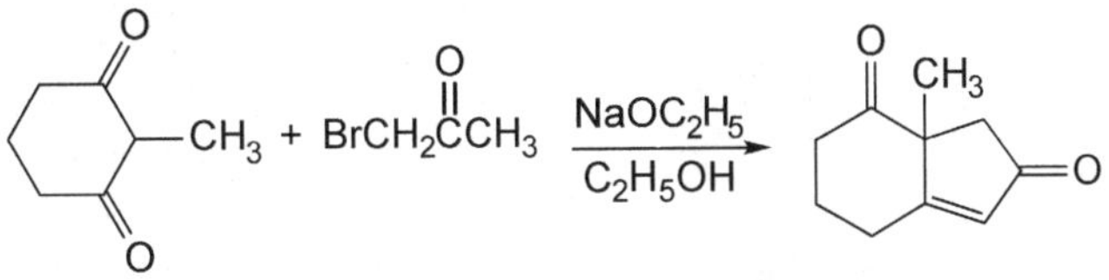

9-19　如下所示，2-卤代酮与醇钠发生反应时会发生重排，生成羧酸酯，这是 Favorskii 重

排反应的一种，写出反应机理。

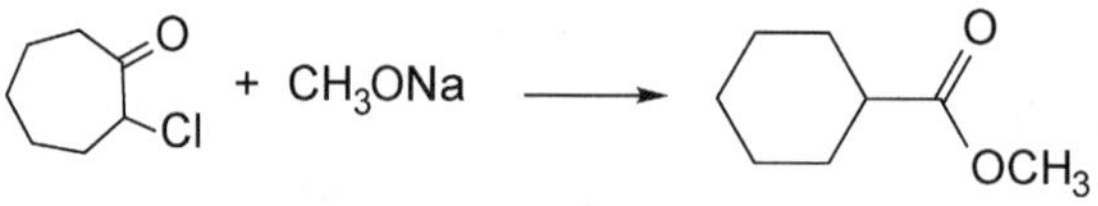

9-20 在碱性水溶液中，下列两种构造异构体可以相互转化，写出反应机理。

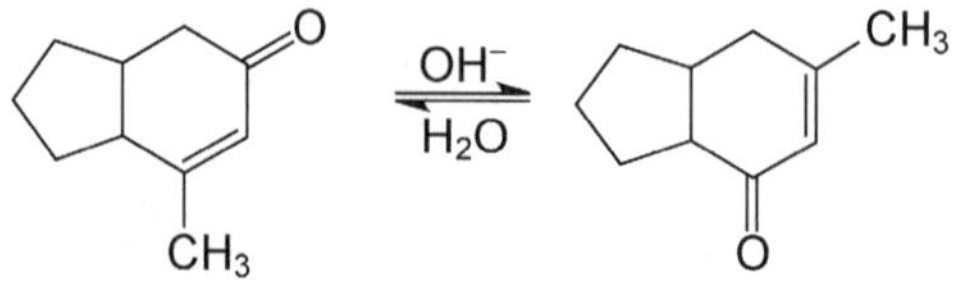

9-21 化合物 A($C_6H_{12}O$)能被还原为正己烷，且能与羟胺反应生成肟，不发生卤仿反应和银镜反应，写出 A 的结构。

9-22 化合物 A(C_7H_{12})可经催化氢化得到 B(C_7H_{14})，A 经过臭氧氧化还原水解得到 C($C_7H_{12}O_2$)。C 用 Fehling 试剂氧化生成 D。D 可发生卤仿反应得到 E($C_6H_{10}O_4$)，D 经克莱门森还原得到庚酸。写出 A～E 的结构。

9-23 不饱和酮 A(C_5H_8O)与 CH_3MgBr 反应水解后得到 B 和 C 的混合物，B 为饱和酮，C 为不饱和醇。B 与 I_2/NaOH 反应得到 3-甲基丁酸钠，C 与硫酸共热生成 D(C_6H_{10})，D 与丁炔二酸反应生成 E($C_{10}H_{12}O_4$)，E 经催化去氢得到 3,5-二甲基苯-1,2-二甲酸。写出 A～E 的结构。

9-24 化合物 A($C_7H_{12}O$)能使溴水褪色，可与 2,4-二硝基苯肼反应生成黄色沉淀。A 经氧化生成一分子丙酮和一分子 B。B 有酸性，且与 $LiAlH_4$ 反应生成丁-1,3-二醇。写出 A 和 B 的结构式和相关的反应式。

9-25 用苯、甲苯和不多于四个碳的有机物为原料，合成下列化合物。

(1) 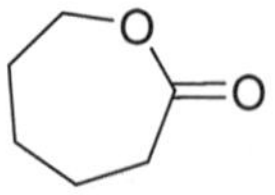

(2) 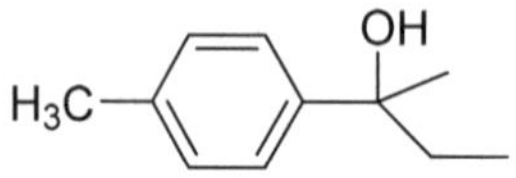

(3) 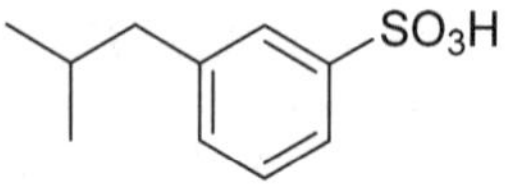

(4) 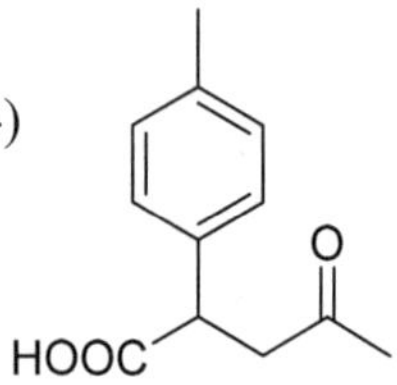

(5) 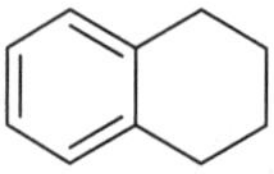

(6) 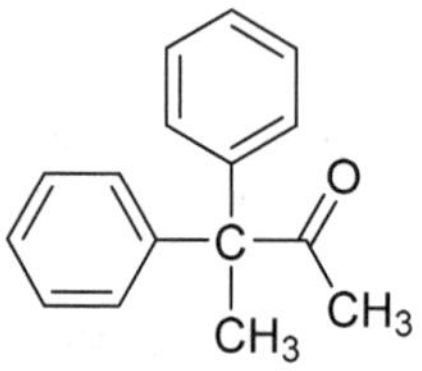

工业和信息化部“十四五”规划教材

基础有机化学

（下册）

主　编　李晓芳
副主编　陈磅宽　王金亮　安桥石　尹晓东

科　学　出　版　社
北　京

内 容 简 介

本书为工业和信息化部“十四五”规划教材。全书共 17 章，分上、下两册，对有机化学相关知识进行了系统介绍。本书主要按官能团分类，包括烷烃、烯烃、炔烃、芳香烃、卤代烃、醇醚酚、醛酮、羧酸、羧酸衍生物、含氮有机化合物、杂环化合物、糖类化合物、氨基酸、多肽、蛋白质、核酸、油脂、萜类和甾族化合物等。每章以化合物的命名、结构、物理性质、化学性质以及制备为框架，由日常生活中的相关知识点引入，激发学生学习兴趣；章末设置习题，有助于学生巩固知识点。另外，有关立体化学、周环反应以及有机波谱学的知识点单独成章，以便读者对这些重难点知识有更加充分的了解。本书配套了丰富的数字化资源，如重难点讲解视频、拓展阅读等，学生可扫描书中二维码观看。

本书可作为高等学校化学、化学工程与工艺、制药工程、生物工程、环境科学与工程、材料科学与工程及需要学习有机化学课程的其他相关专业本科生的教材，也可供教师、科研人员参考。

图书在版编目（CIP）数据

基础有机化学 ：全 2 册 / 李晓芳主编. --北京 ：科学出版社，2024. 6. --（工业和信息化部“十四五”规划教材）. -- ISBN 978-7-03-078720-0

Ⅰ. O62

中国国家版本馆 CIP 数据核字第 2024UK0530 号

责任编辑：侯晓敏 张 莉 / 责任校对：王 瑞
责任印制：张 伟 / 封面设计：无极书装

科学出版社 出版
北京东黄城根北街 16 号
邮政编码：100717
http://www.sciencep.com

三河市骏杰印刷有限公司印刷

科学出版社发行 各地新华书店经销

*

2024 年 6 月第 一 版 开本：787×1092 1/16
2024 年 6 月第一次印刷 印张：24
字数：599 000

定价：128.00 元(上、下册)

（如有印装质量问题，我社负责调换）

目　　录

第 10 章　有机波谱分析

对有机化合物的分子结构进行确认是研究有机化学的重要任务，也是制备新化合物的基础性工作。采用现代仪器分析方法，可以快速、准确地测定有机化合物的分子结构，目前已成为研究有机化学不可或缺的工具和手段。本章对已被广泛采用的波谱分析方法作一般介绍，包括紫外光谱法(ultraviolet spectroscopy，UV)、红外光谱法(infrared spectroscopy，IR)、核磁共振谱法(nuclear magnetic resonance spectroscopy，NMR spectroscopy)及质谱法(mass spectrometry，MS)。

10.1　紫 外 光 谱

10.1.1　紫外光谱及产生原理

紫外-可见吸收光谱(UV-visible absorption spectrum)指分子吸收紫外-可见光区的电磁波而产生的吸收光谱，简称紫外光谱，常用来研究分子中电子能级的跃迁。引起电子能级跃迁的紫外光波长范围是 10～400 nm，其中 10～200 nm 的光波称为远紫外区，又称真空紫外区，而 200～400 nm 范围的称为近紫外区，更长的波段范围(400～800 nm)则属于可见光区。

分子内部的运动包括转动、振动和电子跃迁，当分子吸收一定能量后可以促进原子的转动和振动，或激发电子到较高的能级。分子所吸收的能量是量子化的，即只有光子的能量恰等于两个能级之间的能量差(ΔE)时才能被吸收。所以，对某一分子来说，它只能吸收某一特定频率的辐射，产生特征的分子光谱。电子能级的跃迁所需能量最大，在 1～20 eV。根据量子理论，相邻能级之间的能量差ΔE、电磁辐射频率ν、波长λ符合下面的关系式：

$$\Delta E = h\nu = h \times c/\lambda \tag{10-1}$$

式中，h 为普朗克常量，其值为 6.624×10^{-34} J · s；c 为光的传播速度，其值为 2.998×10^{10} cm/s。

10.1.2　电子跃迁类型

有机化合物分子中主要包含三种电子：σ 电子、π 电子和孤对电子(也称 n 电子)。当电子发生跃迁时，需要吸收不同的能量(图 10-1)，即吸收不同波长的光。电子吸收光谱主要与以下三类电子跃迁有关：

(1) $\sigma \rightarrow \sigma^*$ 跃迁：基态下 σ 电子位于成键轨道中，能级最低，而 σ^*是能量最高的反键轨道。因此，$\sigma \rightarrow \sigma^*$跃迁需要相当高的辐射能量，该跃迁对应的吸收峰通常在 200 nm 以内。例如，烷烃的成键电子都是 σ 电子，它们的紫外吸收峰位于远紫外区。

(2) n 电子跃迁：n 电子是指杂原子(如 N、O、S 和卤素等)的未共用电子。它存在两种跃迁方式，若未共用电子受到激发跃迁至 π^*轨道，称为 $n \rightarrow \pi^*$ 跃迁，产生的吸收峰在 200 nm 以上区域。此外，n 电子也可以跃迁至 σ^*轨道，产生 $n \rightarrow \sigma^*$ 跃迁，所需的能量大于 $n \rightarrow \pi^*$ 跃迁。例如，羰基在 275～295 nm 处有吸收峰，而醇、醚等分子一般在远紫外区才出现吸收峰。

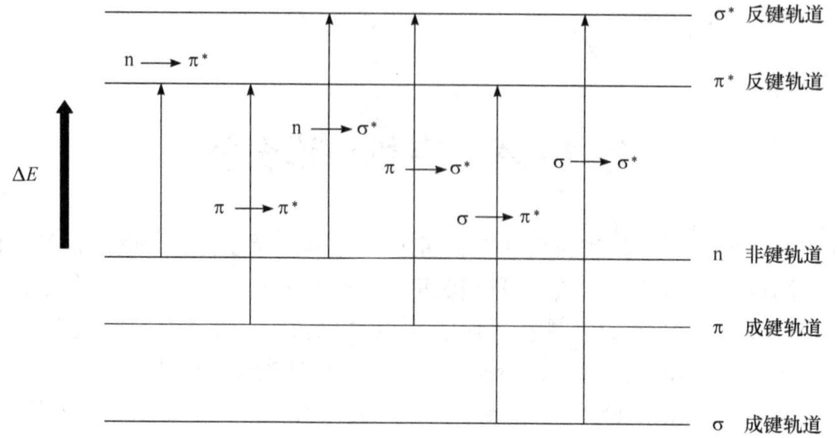

图 10-1 电子跃迁能量示意图

(3) π→π* 跃迁：如烯烃化合物中的 π 电子吸收光子后跃迁到 π*轨道，吸收峰在远紫外区；随着双键数目增加，由于共轭效应，吸收峰逐渐向长波方向移动。

产生跃迁所需的能量取决于两个能级的能量差，若能量差值越大，吸收光的波长越短。

10.1.3 紫外光谱图

紫外光谱图由两个主要数据构成，即吸收峰的位置和吸收光谱的强度。从图 10-2 可以看出，化合物对电磁辐射的吸收是通过一条吸收曲线来进行描述的。以波长为横坐标，它提示了吸收峰的位置约在 285 nm 处。纵坐标指示了该吸收峰的吸收强度，吸光度值约为 0.15。吸收光谱的吸收强度用 Lambert(朗伯)-Beer(比尔)定律来描述，该定律由以下公式表示：

$$A = \lg(I_0/I) = \kappa c l = \lg(1/T) \tag{10-2}$$

式中，A 为吸光度(absorbance)；I_0 和 I 分别为入射光和透过光的强度；$T=I/I_0$ 称为透过率，用百分数表示；l 为光在溶液中经过的距离(一般为吸收池的长度)；c 为样品溶液的浓度。$\kappa = A/cl$，称为吸收系数(absorption coefficient)。若 c 以 mol/L 为单位，l 以 cm 为单位，则κ称为摩尔消光系数或摩尔吸收系数，单位为 L/(mol · cm)。A、T、$(1/T)$(吸收率)、κ、$\lg\kappa$ 等都能作为紫外光谱图的纵坐标。紫外光谱强度通常用最大吸收峰的摩尔吸收系数即κ_{max}值来表示。

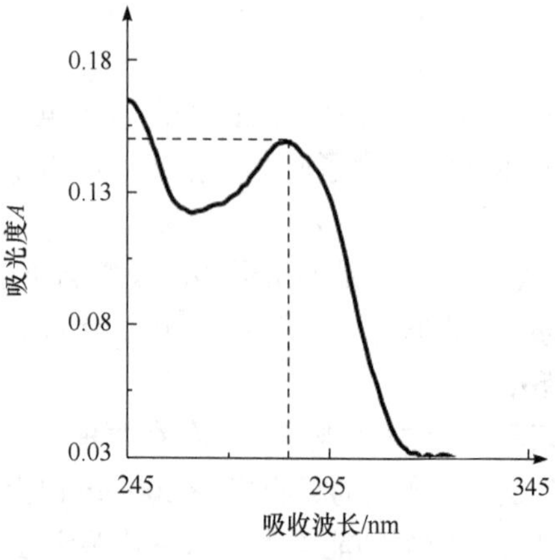

图 10-2 紫外光谱图示例

电子光谱中既包含电子跃迁产生的谱线，也包含振动谱线和转动谱线，这是因为当改变电子能级时，振动能级和转动能级也随之发生变化。因此，在紫外光谱图上常观察到较宽的吸收带。采用降温的方法可以适当抑制分子内的振动和转动。当改变溶剂的极性时，吸收带的形状也会有所变化，如果溶剂极性增强，谱图将变得较为平滑，其精细结构也逐渐消失。

紫外光谱图中通常包含多种吸收带，分别为 R 吸收带、K 吸收带、B 吸收带和 E 吸收带。

R 吸收带为 n→π*跃迁引起的吸收带，如 C═O、—NO_2、—CHO 等，吸收强度弱，吸收峰波长一般在

270 nm 以上。

K 吸收带为π→π*跃迁引起的吸收带，如共轭化合物。吸收峰很强，κ_{max} > 10000 L/(mol · cm)(lgκ > 4)。随共轭双键数量增加，λ_{max}向长波方向移动，κ_{max}也随之增加。

B 吸收带是 π→π* 跃迁引起的吸收带，是芳环结构的特征谱带，表现为宽峰，其波长在 230～270 nm 之间，中心在 254 nm，κ 约为 204 L/(mol · cm)。E 吸收带为将苯环看成乙烯和共轭乙烯键 π→π*跃迁引起的吸收带。

10.1.4　紫外光谱与有机化合物分子结构的关系

一般的紫外光谱仪的测定波长在 200～800 nm 的近紫外-可见光区，紫外光谱适用于分子中具有不饱和结构，特别是共轭结构的化合物。将能够产生紫外(或可见)吸收的不饱和基团称为生色团，一般为带有 π 电子的基团，如 C═C、C≡、C═O、—COOH、N═N、N═O、NO_2 等。生色团吸收波长大于 210 nm。如果一个化合物分子中含有若干个生色团并形成共轭体系，则原来各自的吸收将消失，形成新的吸收带，波长和吸收强度都会明显增强。例如，胡萝卜色素、番茄色素等波长已落在可见光区，因而呈现颜色(表 10-1)。同样，乙烯基与羰基共轭时(即 C═C—C═O)，也可增加吸收峰的波长，并随着共轭体系的增加而迅速增加。将这种吸收波长向长波方向移动的现象称为红移，相反，将吸收波长向短波方向移动的现象称为蓝移。

表 10-1　共轭多烯化合物的吸收光谱

化合物	乙烯基数目	λ_{max}/nm	κ_{max} /[L/(mol·cm)]	颜色
乙烯	1	162	15000	—
丁二烯	2	217	20900	—
己三烯	3	258	35000	—
二甲基辛四烯	4	296	52000	—
癸五烯	5	335	118000	—
维生素 A	5	325	—	—
α-羟基-β-胡萝卜色素	8	415	210000	橙色
反式番茄色素	11	470	185000	红色
去氢番茄色素	15	504	15000	紫色

芳香族化合物都是共轭体系分子，其吸收带一般都在近紫外区，所以特别重要。苯的吸收带有的虽在近紫外区，但吸收强度较低。乙烯基与苯环共轭如二苯乙烯，不仅增加了波长，还增大了摩尔吸收系数，并且随着乙烯基的增多，吸收波长增加得很快。

在共轭链的一端引入含有未共用电子对的基团如—NH_2、—NR_2、—OH、—SR、—Cl、—Br 等，可以产生 p-π 共轭作用(形成多电子共轭体系)，常使化合物的颜色加深(λ_{max} 发生红移)，这样的基团称为助色团。

综上所述，紫外光谱主要揭示共轭体系分子，有时分子中某一部分的结构变化较大，而紫外光谱的改变不大。因此，紫外光谱的应用有很大的局限性。即使这样，紫外光谱在测定有机化合物的结构中还是起着重要的作用。例如，有一化合物的分子式为 C_4H_6O，其构造式可能有 30 多种。如果它的紫外光谱最大吸收波长约在 230 nm，并有较大的吸收强度[κ 在

5000 L/(mol · cm)以上]，就可以推测它是一个共轭体系分子，也就是一个共轭醛或共轭酮：

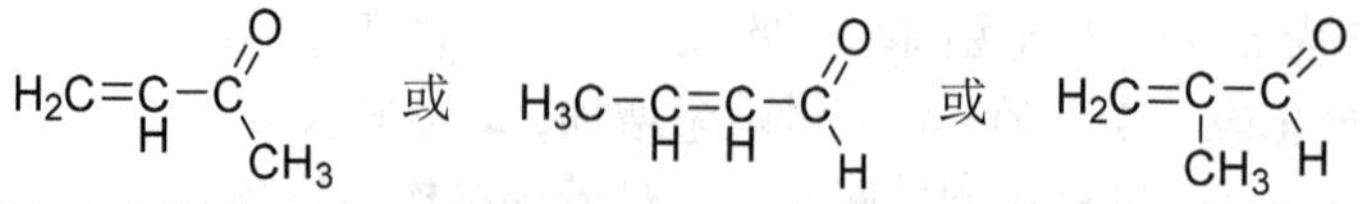

至于它究竟是这三种结构中的哪一种，还需要进一步用红外光谱和核磁共振谱或化学方法来测定。

由于紫外光谱法灵敏度很高，容易检测出化合物中所含的微量杂质。例如，检查无醛乙醇中醛的限量，可在 270～290 nm 范围内测定其吸光度，如无醛存在，则没有吸收。又如，环己烷中存在苯时，则在 230～270 nm 范围内有吸收带。常见的简单有机分子的紫外光谱数据如表 10-2 所示。

表 10-2 简单有机分子的紫外光谱数据

生色团	化合物	跃迁	λ_{max}/nm	κ_{max}/[L/(mol·cm)]	溶剂
>C=C<	乙烯	π→π*	162	15000	蒸气
>C=O	丙酮	π→π*	188	900	己烷
		n→π*	279	15	己烷
—C(=O)—H	乙醛	n→π*	292	12	己烷
—C(=O)—OH	乙酸	n→π*	204	41	醇
—C(=O)—OR	乙酸乙酯	n→π*	204	60	水
C=C—C=C	丁-1,3-二烯	π→π*	217	20900	己烷
C=C—C=O	丙烯醛	π→π*	210	25500	醇
		n→π*	315	14	醇
芳基	苯	π→π*	255	215	醇
	苯乙烯	π→π*	244	12000	醇
		π→π*	282	450	水
	酚	π→π*	210	6200	水
		π→π*	270	1450	水
	硝基苯	π→π*	252	10000	己烷
		π→π*	280	1000	己烷
	联苯	π→π*	330	125	己烷
		π→π*	246	20000	己烷

10.2 红 外 光 谱

有机化合物的结果鉴定与研究工作中，红外光谱法是一种重要的手段。使用红外光谱可以确证两个化合物是否相同，也可以确定一个新化合物中某一特征化学键或官能团是否存在。

10.2.1　红外光谱的产生

红外光谱是一种电磁波，波长在 0.78～500 μm (微米)范围，可分为三个区段，见表 10-3。

表 10-3　红外光谱的分类

名称	λ / μm	σ/ cm^{-1}
近红外区(泛频区)	0.78～2.5	12820～4000
中红外区(基本转动-振动区)	2.5～25	4000～400
远红外区(骨架振动区)	25～500	400～20

表 10-3 中的波数是指每厘米所含波的数目，以σ表示。波长和波数的关系是$\sigma = 1/\lambda = \nu/c$，$\nu$表示频率。例如，波长为 2.5 μm，波数为

$$\sigma = \frac{1}{2.5\times10^{-4}\,\text{cm}} = 4000\ \text{cm}^{-1}$$

原子和分子具有的能量是量子化的，称为原子或分子的能级，有平动能级、转动能级、振动能级和电子能级(图 10-3)。基团从基态振动能级跃迁到上一个振动能级所吸收的辐射正好落在红外区，所以红外光谱是由于分子振动能级的跃迁而产生的。由于转动能级的激发只需要较低的能量即较长的光波，因此发生振动能级跃迁时，也伴随有转动能级的跃迁。转动能级的能量差不是太大，所以观察到红外光谱是由很多距离很近的线组成的一个吸收带，而不是一条条尖锐的谱线。一般来讲，红外光谱主要是指中红外光谱。

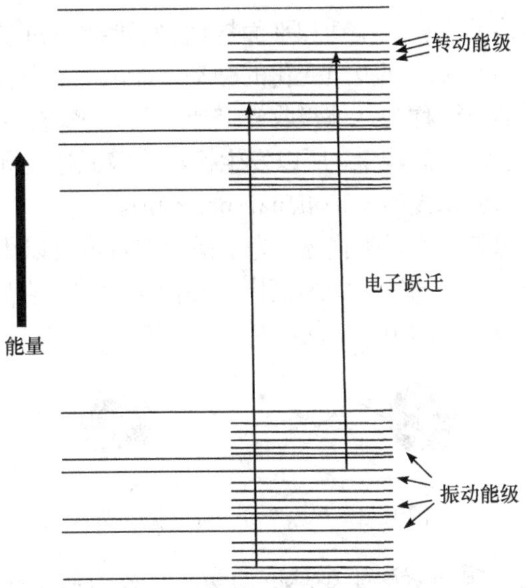

图 10-3　电子能级、振动能级、转动能级示意图

10.2.2　分子的振动形式和红外吸收频率

由原子组成的分子是在不断地振动着的，分子中原子的振动可以分为两大类。

(1) 伸缩振动：原子沿着键轴的伸长和收缩，称为伸缩振动(stretching vibration)。振动时键长有变化，但键角不变。

(2) 弯曲振动：组成化学键的原子离开键轴而上下左右地弯曲，称为弯曲振动(bending vibration)，振动时键长不变，但键角常有变化。

伸缩振动因振动的耦合又可分为对称伸缩振动和不对称伸缩振动两种。弯曲振动可分为面内弯曲振动和面外弯曲振动两种。面内弯曲振动又可分为剪式振动和平面摇摆；面外弯曲振动又可分为非平面摇摆和扭曲振动，如图 10-4 所示。

伸缩振动：

弯曲振动：

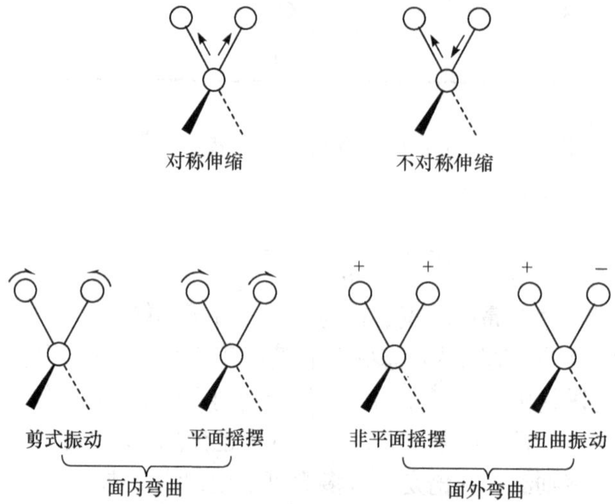

图 10-4　分子振动示意图(+、−表示与纸面垂直方向)

在弯曲振动中出现较多的是剪式振动和平面摇摆。实验结果和理论分析都证明只有偶极矩大小或方向有一定改变，即有瞬时偶极矩变化的振动才能吸收红外光而发生振动能级的跃迁。这种由吸收红外线而产生的光谱称为红外吸收光谱或红外光谱。在分子中振动能级跃迁所需要的能量大于转动能级跃迁所需要的能量，所以发生振动能级跃迁的同时，必然伴随转动能级的跃迁，因此红外光谱也称为振动光谱(vibrational spectrum)。

对于分子的振动本应用量子力学来描述，为了便于理解也可以用经典力学来说明。一般用不同质量的小球代表原子，以不同硬度的弹簧代表各种化学键，它们以一定的次序相互连接，就成为分子的近似机械模型，如图 10-5 所示。

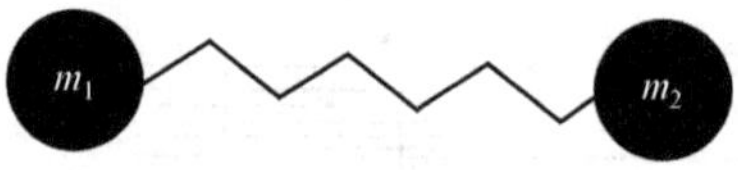

图 10-5　双原子分子伸缩振动图

依据机械模型，振动的频率取决于小球的质量、弹簧的强度和小球在空间的排列方式。在红外光谱中，谱线的位置也取决于分子中各原子的质量、键的强度、分子的构型及测定时的条件等，但主要是由组成这个基团的原子及原子间的化学键决定的。双原子分子化学键的振动可近似地按简谐振动处理，其振动频率(ν)是化学键的力常数(k)与原子质量(m_1 和 m_2)的函数：

$$\nu = \frac{1}{2\pi}\sqrt{\frac{k}{\mu}} \qquad \mu = \frac{m_1 m_2}{m_1 + m_2}\text{(折合质量)} \tag{10-3}$$

现代红外光谱多用透射比与波数(σ/ cm^{-1})或透射比与波长(λ/μm)表示：

$$\sigma = \frac{1}{2\pi c}\sqrt{\frac{k}{\mu}} \tag{10-4}$$

$$\lambda = \frac{c}{\frac{1}{2\pi c}\sqrt{\frac{k}{\mu}}} \tag{10-5}$$

从上述公式看出，π 和 c 为常数，吸收频率随键的强度的增加而增加，随键连原子的质量的增加而减少。那么，化学键的力常数越大，原子折合质量越小，则振动频率越高，吸收峰将出现在高波数区(短波长区)；相反，吸收峰则出现在低波数区(长波长区)。当振动频率和入射光的频率一致时，入射光就被吸收，因而同一基团总是相对稳定地在某一特定范围内出现吸收峰。例如，由于 C—H 间的伸缩振动，在波数 2870～3300 cm^{-1} 之间将出现吸收峰，O—H 间的伸缩振动，在 2500～3650 cm^{-1} 之间将出现吸收峰，而 C—O—H 共平面间的弯曲振动会在 1250～1500 cm^{-1} 之间出现吸收峰。因此，研究红外光谱可以得到分子内部结构的资料。

10.2.3　红外光谱仪及测定方法

红外光谱仪(IR spectrometer)是由光源、单色器、检测器、放大器和记录器五部分组成的。常用的红外光源有能斯特灯和碳硅棒两种，它的作用是发射高强度、连续红外波长光。单色器是由棱镜(或光栅)、狭缝单元及用作聚焦和反射光束的反射镜组成的。它的功能是通过样品池和参比池而进入入射缝的“复色光”分成“单色光”射到检测器上。常用的红外检测仪有热电偶、电阻测辐射热计和戈莱盒(Golay cell)三种。它们的作用是测量红外线的强度。放大器将检测产生的微弱电信号放大，记录器记下透过率的变化。双光束红外分光光度计的原理图如图 10-6 所示。

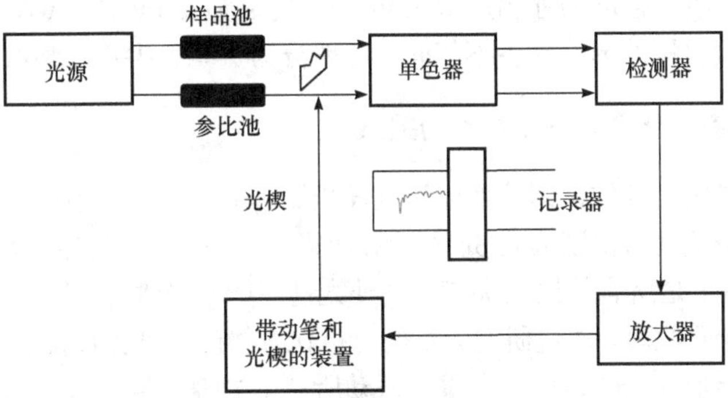

图 10-6　双光束红外分光光度计的原理图

现在傅里叶变换光谱仪(Fourier transform spectrometer，FTS)应用十分广泛，它是由迈克耳孙干涉仪和数据处理系统组成的，数据处理系统组包括电子计算机、绘图仪、电传打字机等。干涉仪将信号以干涉图的形式送往计算机进行傅里叶变换，再经绘图仪、电传打字机就送出了红外光谱图，使用十分方便。FTS 具有信号可多路传输、能量输出大、光谱范围宽、分辨率精确度高等优点。

用于测定红外光谱的样品可以是气体、液体、固体。气体样品装在气体池中测定；液体样品常用的测定方法是将样品直接滴在一块氯化钠盐块压匀后用于测定；固体样品最常用的测定方法是溴化钾压片法，将 1～2 mg 的溴化钾粉末在玛瑙研钵中研磨混匀，然后在压片机上压成透明薄片进行测量，该方法适用于任何固体样品，谱图中在 3430 cm^{-1}、1640 cm^{-1} 附近会有少量水的吸收峰。也可用石蜡油法，先将样品在玛瑙研钵中磨碎，然后滴入数滴石蜡油泥成糊状；两块氯化钠盐块间压匀压紧进行测量。该法的缺点是石蜡油本身的碳氢在 2918 cm^{-1}、1458 cm^{-1}、1378 cm^{-1} 和 720 cm^{-1} 处有吸收带，因此对样品的 C—H 吸收带会产生干扰。

10.2.4　红外光谱图的组成

图 10-7 为正辛烷的红外光谱图。

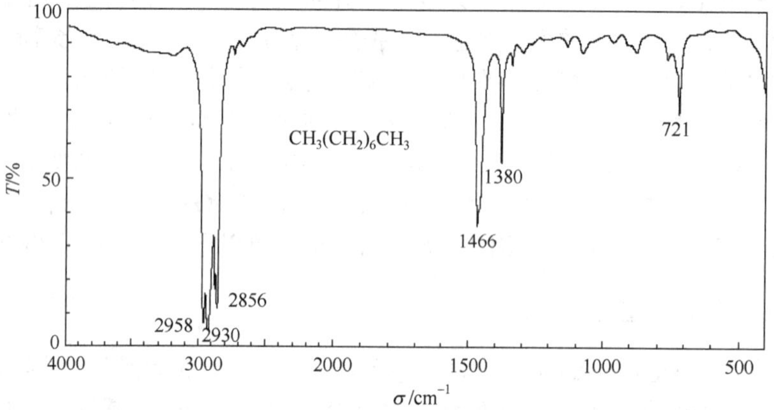

图 10-7　正辛烷的 IR 图

红外光谱图用波数σ(单位 cm^{-1})作横坐标，也可用波长λ(单位 μm)作横坐标，以表示吸收峰的位置。如用吸光度 A 为纵坐标表示吸收强度时，吸收峰向上；如用透过率 T 为纵坐标表示吸收强度时，吸收峰则为向下的谷。A 和 T 的关系是 $A = \lg(1/T)$，吸收强度越大，吸光度 A 越大，透过率 T 越小。吸收强度的强弱还常用 vs(很强)、s(强)、m(中)、w(弱)、v(可变)等符号定性地表示。谱图中吸收峰的形状也各不相同，一般分为宽峰、尖峰、肩峰、双峰等类型。

10.2.5　红外光谱与有机化合物分子结构的关系

红外光谱往往是很复杂的，即使像甲烷这样最简单的有机分子也应有 9 种振动方式(振动方式可由非线性分子振动自由度公式 $3n-6$ 计算而得，n 为分子中的原子数)，而每种方式需要一定的能量。虽然并不是所有的振动都能在红外光谱中产生吸收峰，但分子量较大的化合物的红外光谱常有几十个吸收峰。通过研究大量的有机化合物的红外光谱图，现已大体上可以确定在一定频率范围内出现的谱峰是由哪种键的振动所产生的(表 10-4)。

表 10-4　红外光谱中八个重要区段

σ/ cm^{-1}	λ/μm	键的振动类型
3650～2500	2.74～3.64	O—H，N—H(伸缩振动)
3300～3000	3.03～3.33	C—H(—C≡C—H，$>C=C<^{H}$，Ar–H)(伸缩振动) (极少数可到 2900 cm^{-1})
3000～2700	3.33～3.70	C—H(—CH_3，—CH_2—，$>$C—H，—C(=O)—H)(伸缩振动)

续表

σ/ cm^{-1}	λ/μm	键的振动类型
2275～2100	4.40～4.76	C≡C，C≡N(伸缩振动)
1870～1650	5.35～6.06	C=O(酸、醛、酮、羧酸、酯、酸酐)(伸缩振动)
1690～1590	5.92～6.92	C=C(脂肪族及芳香族)(伸缩振动)
1475～1300	6.80～7.69	>C—H (面内弯曲振动)
1000～670	10.00～14.83	C=C—H, Ar–H(面外弯曲振动)

从表 10-5 揭示的各种键振动的吸收区域内还可以进一步区分其特征谱带，在 Y—H 伸缩振动频率为 3650～2500 cm^{-1} 区域中 O—H、N—H、C—H 和 S—H 键的辨别是可能的，甚至各种不同的 C—H 键也能分辨出。由于碳原子的杂化从 sp^3 到 sp^2 到 sp 增加了 C—H 键的强度从而使 C—H 键的伸缩频率也从 R—CH_3 到 R_2C—CH_2 再到 R—C≡CH 而增加了。C≡C 的吸收峰在 2200 cm^{-1} 左右，而累积双键的吸收峰约在 2000 cm^{-1}。在 1850～1600 cm^{-1} 区域中，C=C、C=O 和 C=N 键一般能清楚地分辨出来。芳香族化合物通常在 1600～1450 cm^{-1} 之间有 4 个吸收峰。在红外光谱中，波数在 3800～1400 cm^{-1}(2.5～7.00 μm)之间的高频区，吸收峰主要是由一对键连原子之间的伸缩振动跃迁产生的，与整个分子的关系不大，因而可用于确定某种特殊的键和官能团是否存在，是红外光谱的主要用途，一般将这段称为官能团区(functional group region)。在该区中凡是能用于鉴定有机化合物各种基团存在的吸收峰称为特征吸收峰或特征峰。

表 10-5　一些重要基团的特征频率

键的振动类型	σ/ cm^{-1}	λ/μm
Y—H 伸缩振动吸收峰：		
O—H	3650～3100	2.74～3.23
N—H	3550～3100	2.82～3.23
C≡C—H	3320～3310	3.01～3.02
=C—H	3085～3025	3.24～3.31
Ar—H	约 3030	约 3.03
>C—H	2960～2870	3.38～3.49
S—H	2590～2550	3.86～3.92
X=Y 伸缩振动吸收峰：		
C=O	1850～1650	5.4～6.05
C=NR	1690～1590	5.92～6.29
C=C	1680～1600	5.95～6.25
(以上三种双键如与 C=C 或芳环共轭时波数约降低 30 cm^{-1})		
N=N	1630～1575	5.92～6.92
N=O	1600～1500	6.25～6.60

续表

键的振动类型	σ/ cm^{-1}	λ/μm
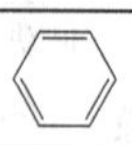	1600～1450(四个带)	6.25～6.90
X≡Y 和 X═Y═Z 伸缩振动吸收峰:		
C≡N	2260～2240	4.42～4.46
RC≡CR	2260～2190	4.43～4.57
RC≡CH	2140～2100	4.67～4.76
C═C═O	2170～2150	4.61～4.70
C═C═C	1980～1930	5.05～5.18

在红外光谱中，波数在 1400～650 cm^{-1} 低频区域，吸收峰特别密集，像人的指纹一样，所以称为指纹区(finger print region)。这个区域出现的吸收峰主要是(C—C，C—N，C—O)单键的伸缩振动和各种弯曲振动。这些单键的强度差别不大，原子量也差不多，各种弯曲振动能级差就小，所以在此区域内吸收峰特别密集，有时很难辨认。但是在指纹区内，各个化合物的微小差异都会得到反映，因此在确认有机化合物时用处很大。

一种基团可以有多种振动形式，每种振动形式都产生一个相应的吸收峰，通常将这些互相依存又互相可以佐证的吸收峰称为相关峰。例如，一种醇 C—OH 基团中有 O—H、C—O 的伸缩振动、C—O—H 面内弯曲、C—O—H 的面外弯曲等吸收峰，这些峰就是相关峰。在确定有机化合物是否存在某种基团，当然先要注意它有无特征峰，而相关峰的存在则有利于判断和确认某种基团。

各种取代烯烃及芳烃的弯曲振动特征吸收频率见表 10-6。由表 10-6 可知：烷烃 C—H 伸缩振动吸收峰在 3000～2800 cm^{-1} 处，而 C—H 弯曲振动的吸收峰在 1475～1300 cm^{-1} 处。甲基在 1375 cm^{-1} 左右处有一特征吸收峰；异丙基则在 1370 cm^{-1} 和 1385 cm^{-1} 处出现等强度的两个峰；叔丁基则在 1370 cm^{-1} 和 1395 cm^{-1} 处出现不等强度的两个峰，而且前者强于后者；若为亚甲基时，会在 1465 cm^{-1} 左右出现特征峰；若多个 CH_2 成直链相连时，吸收峰则极大地向低波数方向移动。例如，—CH_2CH_2—在 734～743 cm^{-1} 处出现吸收峰，若 4 个或 4 个以上 CH_2 成直链时，会在 722～724 cm^{-1} 处出现吸收峰。

表 10-6　取代烯烃及芳烃的弯曲振动特征吸收频率

键的类型	σ/ cm^{-1}	峰的强度
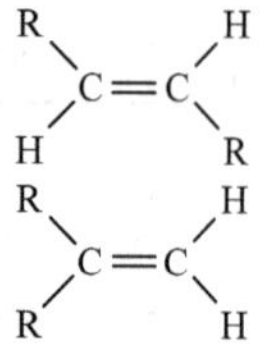	980～965(面外)	强
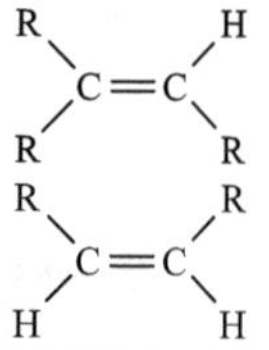	895～885(面外)	强

续表

键的类型	σ/ cm^{-1}	峰的强度
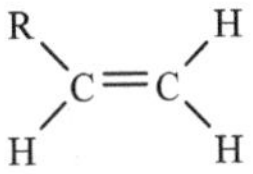 Ar—H	840～790(面外)	强
一取代	730～650(面外)	弱且宽
邻二取代	910～905	强
间二取代	995～985(面外)	强
对二取代	1225～950(面外) 900～650(面外) 710～690 770～730	弱 强 强 强

烯烃中双键的伸缩振动吸收峰在 1680～1600 cm^{-1}处，峰的位置和强度取决于双键碳原子上的取代基和双键的共轭情况，取代基多，对称性强，其峰弱，共轭使峰增强但波数则略低。烯烃中的 C—H 伸缩振动在 3095～3010 cm^{-1}处有中等强度的吸收峰，在 985～650 cm^{-1}处出现弯曲振动吸收峰，据此可以判断取代基数目、性质及顺反异构等情况。

炔烃中三键的伸缩振动在 2260～2100 cm^{-1}处有吸收峰，若只是 C≡C 键或对称的二烃基取代物，则峰很弱或没有。炔烃中的 C—H 伸缩振动在 3320～3310 cm^{-1}处有强而尖的吸收峰，C≡C—H 键的弯曲振动在 700～600 cm^{-1}处有吸收峰。

芳烃骨架振动虽然可在 1600～1450 cm^{-1}区域出现四个吸收峰，但由于取代基或共轭状况不同，出现的情况不同，芳烃的 C—H 键伸缩振动吸收峰近于 3030 cm^{-1}处，从 C—H 键弯曲振动吸收峰可判断其取代基的情况。

根据上述数据可以观察下列几个红外光谱图。从正辛烷的谱图(图 10-7)中可以看到，CH_2 和 CH_3 的 C—H 伸缩振动吸收峰在 3000～2800 cm^{-1}处，面内弯曲振动峰在 1466 cm^{-1}和 1380 cm^{-1}处，面外弯曲振动谱峰在 721 cm^{-1}处。

图 10-8 是反己-2-烯的红外光谱图，较正辛烷要复杂得多。3023 cm^{-1}的峰是═C—H 键伸缩振动产生的；3000～2800 cm^{-1}之间的峰是 CH_2 和 CH_3 的 C—H 键伸缩振动产生的；1456 cm^{-1}是 CH_2 和 CH_3 弯曲振动产生的；1378 cm^{-1}处的峰是甲基 C—H 键弯曲振动产生的另外一个峰，这个峰常用来鉴定甲基的存在；964 cm^{-1}处的峰是反式烯烃中═C—H 键弯曲振动产生的，用以区别对应的顺式烯烃。

图 10-9 是苯乙炔的红外光谱图。≡C—H 键的吸收峰较芳烃的 C—H 键在较高频率处出现；在 2110 cm^{-1}处的吸收峰(弱)是 C≡C 键的伸缩振动，而在 1600 cm^{-1}处(弱)和 1500 cm^{-1}处(强)都归因于苯环的伸缩振动。

10.2.6　红外光谱解析举例

在红外光谱推断化合物的结构时，通常首先要根据分子式计算化合物的不饱和度(U)。不饱和度的计算公式为

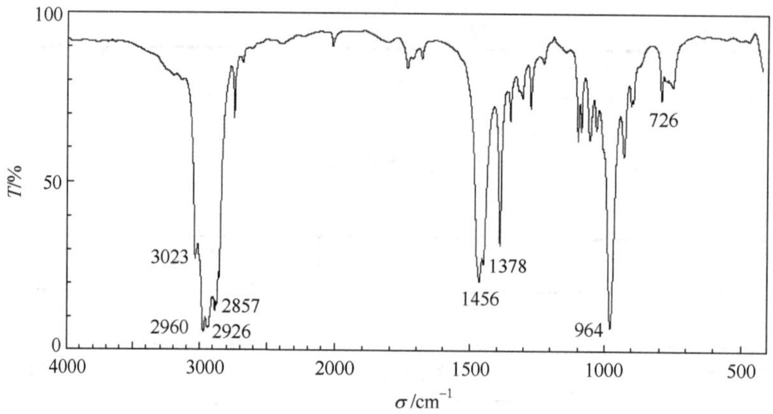

图 10-8　反己-2-烯的 IR 图

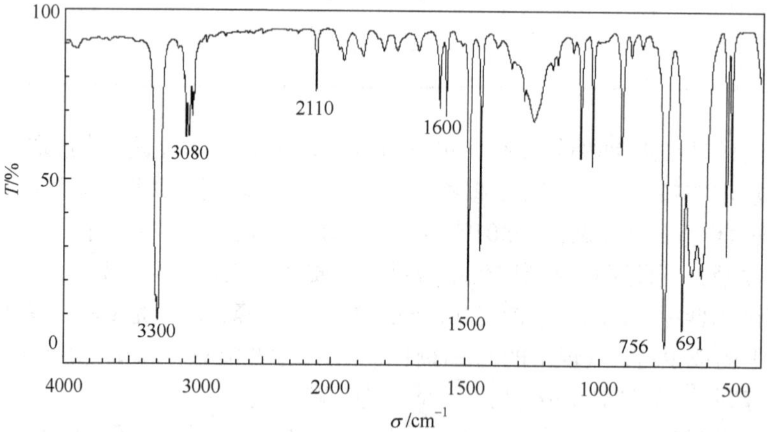

图 10-9　苯乙炔的 IR 图

$$U = n_4 + 1 + \frac{1}{2}\left(n_3 - n_1\right) \tag{10-6}$$

式中，n_1、n_3、n_4分别为一价原子(如氢和卤素)、三价原子(如氮和磷)和四价原子(如碳和硅)的数目。例如，开链饱和化合物的 U 值为 0，含有一个双键的开链化合物或饱和环状化合物的 U 值为 1，有两个双键或一个三键的开链化合物和含有一个双键的环状化合物的 U 值为 2，一个苯环的 U 值为 3。

由于红外光谱很复杂，解析红外光谱不是一件简单的事情，因此在基础有机化学中只要求学会认识一些具有显著特征峰的红外光谱。这里仅就简单红外光谱粗略地讨论其解析方法。

【例 10-1】　某化合物分子式为 $C_{11}H_{24}$，其红外光谱图如图 10-10 所示，确定此化合物的结构。

根据分子式求得不饱和度 $U = 11 + 1 + \frac{1}{2}\times\left(0 - 24\right) = 0$，说明该化合物为开链饱和烃。2957 cm^{-1} 和 2924 cm^{-1} 以及 2872 cm^{-1} 和 2853 cm^{-1} 处有强吸收峰为甲基和亚甲基的 C—H 不对称伸缩振动和对称伸缩振动的吸收峰，1467 cm^{-1} 和 1378 cm^{-1} 为甲基和亚甲基的 C—H 面内弯曲振动吸收峰，其中 1378 cm^{-1} 处的峰是甲基存在的标志。721 cm^{-1} 处的峰为 4 个或 4 个以上 CH_2 成直链时其 C—H 面外弯曲振动产生的吸收峰。由这些峰推测该化合物可能为正烷，即正十一烷。

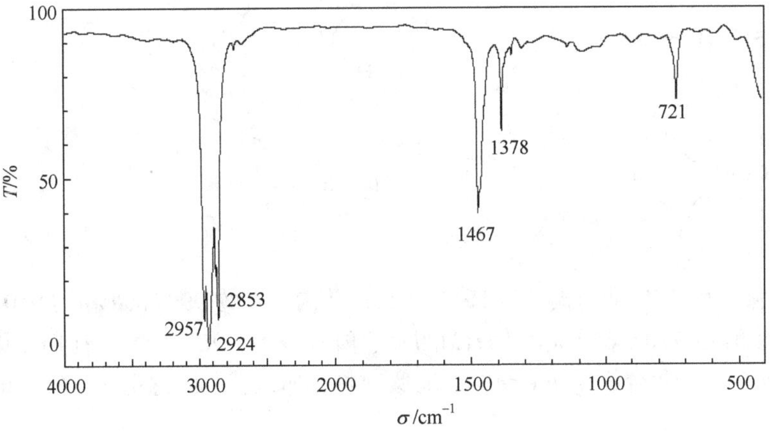

图 10-10　$C_{11}H_{24}$的 IR 图(液膜)

【例 10-2】　一挥发性无色液体，元素分析结果 C 占 91.4%，H 占 8.7%，它的红外光谱如图 10-11 所示，确定这个化合物的结构。

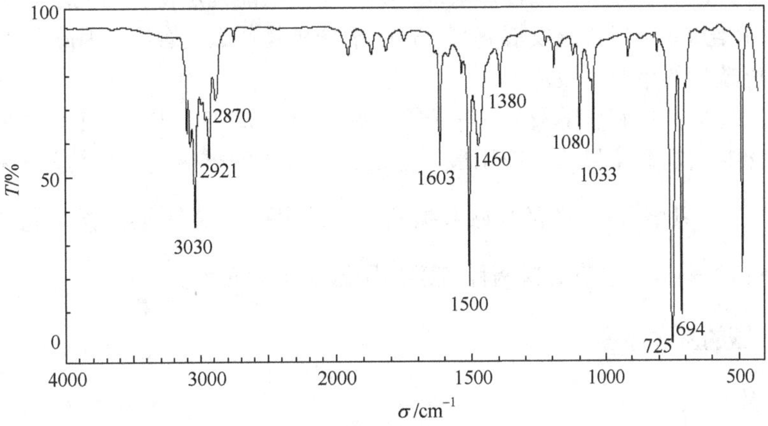

图 10-11　C_7H_8的 IR 图(液膜)

经计算得分子式 C_7H_8，其不饱和度 U 值为 4，说明它可能是一种高度不饱和的芳烃。位于 3030 cm^{-1} 和 1603 cm^{-1}、1500 cm^{-1}、1460 cm^{-1} 处的这些峰说明有苯环存在，其中 3030 cm^{-1} 处的吸收峰为苯环上 C—H 键伸缩振动产生的吸收峰，后三个峰为苯环碳骨架伸缩振动的特征峰。2960～2870 cm^{-1} 处的吸收峰是烷基 C—H 键伸缩振动产生的吸收峰，在 1380 cm^{-1} 处出现了甲基的特征峰，因此可确认它为甲苯。

1225～950 cm^{-1} 出现弱吸收峰为 Ar—H 键面内弯曲振动产生的。725 cm^{-1} 和 694 cm^{-1} 处的两个强吸收峰为一取代芳环的 Ar—H 键面外弯曲振动产生的。这些相关峰佐证了上述特征峰所得的结论，进一步确认它为甲苯。

【例 10-3】　在 10.1 节 C_4H_6O 的结构鉴定中，近紫外区 230 nm 左右有一个强的吸收峰，则可以肯定它是个共轭醛或共轭酮，其可能的结构有下列四种：

(1) 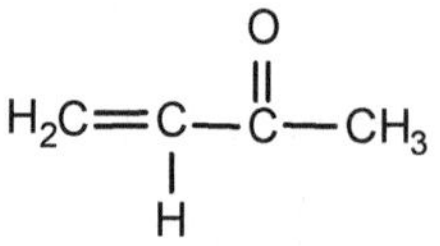　　(2) 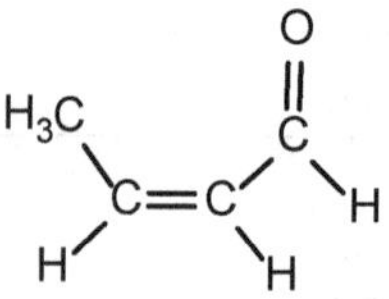

(3) 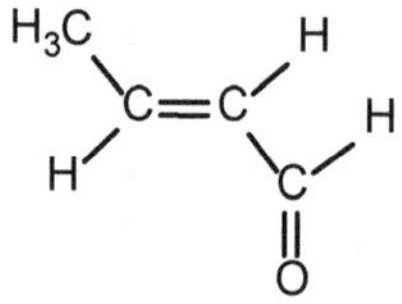　　(4) 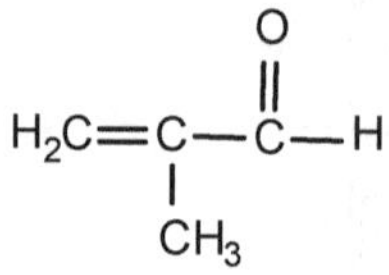

在以上表格中可以查到(1)式具有 $H_2C{=}CH$—结构，在约 990 cm^{-1} 和约 910 cm^{-1} 处应有吸收峰；(2)的吸收峰在 730～650 cm^{-1} 处；(3)的吸收峰在 980～965 cm^{-1} 处；(4)的吸收峰在 865～855 cm^{-1} 处。如果这个化合物在 760 cm^{-1} 处有吸收峰，那么就可以肯定它是(2)，即顺丁-2-烯醛。

10.3　核磁共振谱

自 20 世纪 50 年代初广泛应用红外光谱后，有机化学获得了很大的方便，但更为复杂的结构仍未得到明确的证明。对未知化合物来说，红外光谱仅能判定化合物的基本类型。但是，核磁共振谱自 20 世纪 60 年代普遍发展起来，有助于分析是什么化合物，因此已成为现阶段测定有机化合物不可缺少的重要手段。

根据规则，凡是核自旋量子数 I 不等于零的原子核，如 ^1H、^{13}C、^{15}N、^{19}F、^{35}Cl、^{37}Cl 等都可以发生核磁共振。截至目前，应用最广泛最具代表性的核磁共振谱是氢谱和碳谱。^1H 和 ^{13}C 的 I 都等于 $\frac{1}{2}$，氢谱就是 ^1H 的核磁共振谱，常用 ^1H NMR 表示；碳谱是 ^{13}C 的核磁共振谱，常用 ^{13}C NMR 表示。本节对这两种核磁共振做初步的介绍。

10.3.1　核磁共振的基本原理

1. 原子核的自旋

核磁共振主要是由原子核的自旋运动引起的，这种运动因原子核的不同而有所差异，可以用核的自旋量子数 I 来表示。自旋量子数与原子序数和质量数之间均存在一定的关联，大致分为三种情况，见表 10-7。当质量数和原子序数均为偶数时，原子核不产生自旋磁矩；若要产生核磁共振，至少二者之一为奇数。

表 10-7　原子核的自旋量子数

分类	质量数	原子序数	自旋量子数 I	NMR 信号
A	偶数	偶数	0	无
B	偶数	奇数	1, 2, 3, …(I 为整数)	有
C	奇数	奇数或偶数	$\frac{1}{2}$，$\frac{3}{2}$，$\frac{5}{2}$，…(I 为半整数)	有

I 值为零的原子核可以看作是一种非自旋的球体，I 为 $\frac{1}{2}$ 的原子核可以看作是一种电荷分

布均匀的自旋球体。I 大于 $\frac{1}{2}$ 的原子核可以看作一种电荷分布不均匀的自旋椭球体。

2. 核磁共振现象

原子核是带正电荷的粒子，能自旋的核有循环的电流，会产生磁场，形成磁矩(μ)。

$$\mu = \gamma P \tag{10-7}$$

式中，P 为角动量；γ 为磁旋比，它是自旋核的磁矩和角动量之间的比值，是不同自旋核固有的特征常数。当自旋核处于磁感应强度为 $\boldsymbol{B}_0$ 的外磁场中，除自旋外，还会绕 $\boldsymbol{B}_0$ 运动，这种运动情况与陀螺的运动情况十分相似，称为拉莫尔进动(Larmor precession)。自旋核进动的角动量 ω_0 与外磁感应强度 $\boldsymbol{B}_0$ 成正比，比例常数 γ 即为磁旋比(magnetogyric ratio)。

$$\omega_0 = 2\pi \nu_0 = \gamma \boldsymbol{B}_0 \tag{10-8}$$

原子核在无外加磁场中的运动情况如图 10-12 所示，微观磁矩在外磁场中的取向是量子化的(方向量子化)，自旋量子数为 I 的原子核在外磁场作用下只可能有 $2I + 1$ 个取向，每个取向都可以用一个自旋量子数 m 来表示，m 与 I 之间存在以下关系

$$m = I, I-1, I-2, \cdots, -I$$

原子核的每一种取向都代表了核在磁场中的一种能量状态，I 值为 1/2 的核在外磁场的作用下只有两种取向(图 10-13)，各相当于 $m = 1/2$ 和 $m = -1/2$，这两种状态的能量差为

$$\Delta E_{\text{zeeman}} = \gamma h \boldsymbol{B}_0 / 2\pi \tag{10-9}$$

一个核要从低能态跃迁到高能态，必须吸收 ΔE 的能量。即处于外磁场中的自旋核接受一定频率的电磁波辐射，当辐射的能量恰好等于自旋核两种不同取向的能量差时，处于低能态的自旋核吸收电磁波辐射能跃迁到高能态。这种现象称为核磁共振。当频率为 $\nu_{射}$ 的射频照射自旋体系时，由于该射频的能量 $E_{射} = h\nu_{射}$，因此核磁共振需满足如下条件

$$h\nu_{射} = \Delta E_{\text{zeeman}} \ (2\pi \nu_{射} = \omega_{射} = \omega_0 = \gamma \boldsymbol{B}_0) \tag{10-10}$$

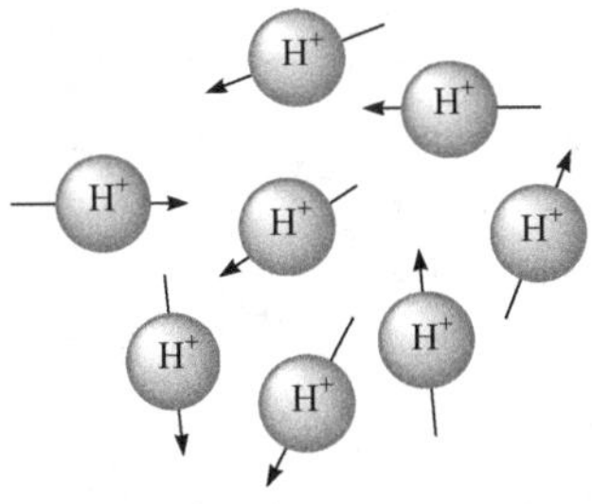

图 10-12　质子在无外加磁场中的运动情况

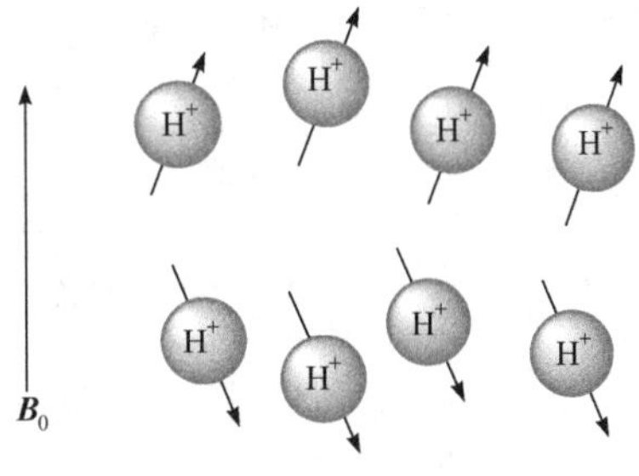

图 10-13　质子在外磁场中的两种取向

3. ^{1}H 的核磁共振饱和与弛豫

^{1}H 的自旋量子数 $I = 1/2$，所以自旋磁量子数 $m = \pm 1/2$，即氢原子核在外磁场中应有两种取向，如图 10-14 所示。^{1}H 的两种取向代表了两种不同的能级，在磁场中 $m = 1/2$ 时，$E = -\mu \boldsymbol{B}_0$，能量较低，$m = -1/2$ 时，$E = \mu \boldsymbol{B}_0$，能量较高，两者的能量差为 $\Delta E = 2\mu \boldsymbol{B}_0$，如图 10-14 所示。

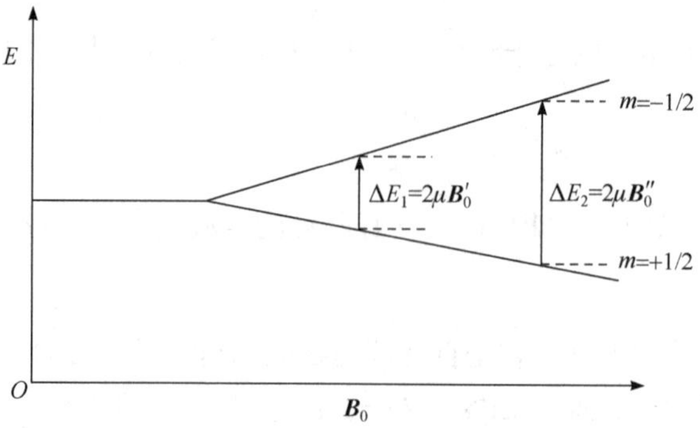

图 10-14　在外磁场作用下，¹H 自旋能级的裂分示意图

式(10-10)、式(10-11)说明：处于低能级的 ¹H 核吸收 $E_{射}$ 的能量时就能跃迁到高能级。即只有当电磁波的辐射能等于 ¹H 的能量差时，¹H 才能发生核磁共振。

$$E_{射} = h\nu_{射} = \Delta E_{\text{zeeman}} = h\nu_0 \tag{10-11}$$

因此，¹H 发生核磁共振的条件是必须使电磁波的辐射频率等于进动频率，即符合式(10-12)：

$$\nu_{射} = \nu_0 = \frac{\gamma \boldsymbol{B}_0}{2\pi} \tag{10-12}$$

由式(10-12)可知：如果 $\nu_{射} = \nu_0$，可以采取两种方法。一种是固定磁感应强度 $\boldsymbol{B}_0$，逐渐改变电磁波的辐射频率 $\nu_{射}$ 进行扫描，当 $\nu_{射}$ 与 $\boldsymbol{B}_0$ 匹配时，发生核磁共振，这种方法称为扫频。另一种方法是固定辐射波的辐射频率 $\nu_{射}$，然后从低场到高场，逐渐改变 $\boldsymbol{B}_0$，当 $\boldsymbol{B}_0$ 与 $\nu_{射}$ 匹配时，也会发生核磁共振(图 10-15)，这种方法称为扫场。一般仪器都采用扫场的方法。

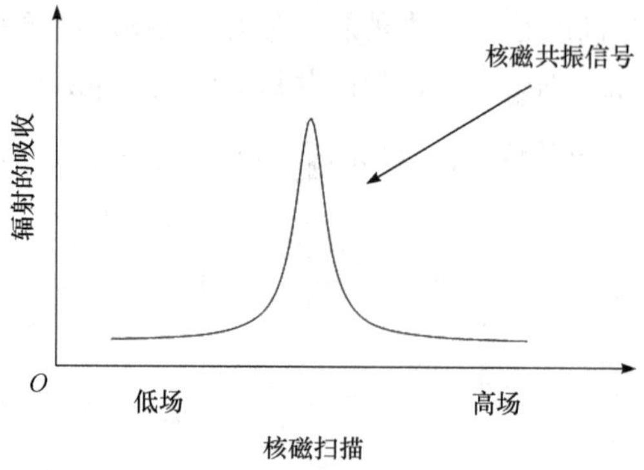

图 10-15　核磁共振谱图

在外磁场的作用下，有较多的 ¹H 倾向于与外磁场取顺向的排列，即处于低能态的核数目比处于高能态的核数目多，但由于两个能级间能量差很小，前者比后者只占微弱的优势。¹H NMR 的信号正是依靠这些微弱过剩的低能态核吸收射频电磁波的辐射跃迁到高能级而产生的。例如，高能态核无法返回到低能态，那么随着跃迁的不断进行，这种微弱的优势将进一步减弱直到消失，此时处于低能态的 ¹H 核数目与处于高能态的 ¹H 核数目逐渐趋于相等，与此同步，PMR 的信号也会逐渐减弱直到最后消失。上述这种现象称为饱和。

¹H 核可以通过非辐射的方式从高能态转变为低能态，这种过程称为弛豫(relaxation)，正是各种机制的弛豫，使得在正常测试情况下不会出现饱和现象。弛豫的方式有两种，处于高能态

的核通过交替磁场将能量转移给周围的分子，即体系向环境释放能量，本身返回低能态，这个过程称为自旋晶格弛豫。其速率用 $1/T_1$ 表示，T_1 称为自旋晶格弛豫时间。自旋晶格弛豫降低了磁性核的总体能量，又称为纵向弛豫。两个处在一定距离内，进动频率相同、进动取向不同的核互相作用，交换能量，改变进动方向的过程称为自旋-自旋弛豫。其速率用 $1/T_2$ 表示，T_2 称为自旋-自旋弛豫时间。自旋-自旋弛豫未降低磁性核的总体能量，又称为横向弛豫。

4. ^{13}C 的核磁共振丰度和灵敏度

天然丰富的 ^{12}C 的核自旋量子数 I 为零，不产生核磁共振信号。它的同位素 ^{13}C 的 I 值为 1/2，有核磁共振信号。通常所说的碳谱就是 ^{13}C 核磁共振谱。由于 ^{13}C 和 ^{1}H 的自旋量子数相同，因此 ^{13}C 的核磁共振原理与 ^{1}H 的核磁共振原理一致。但 ^{13}C 的 γ 值仅约为 ^{1}H 核的 1/4，而检出灵敏度正比于 γ^3，因此即使是丰度 100%的 ^{13}C 核，其检出灵敏度也仅为 ^{1}H 核的 1/64，再加上 ^{13}C 的丰度仅为 1.1%，所以，其检出灵敏度仅约为 ^{1}H 核的 1/6000。^{13}C 的天然丰度是 ^{12}C 同位素的 1.108%。由于被检灵敏度小，丰度低，因此 ^{13}C 检测比 ^{1}H 检测更为困难。表 10-8 是几个自旋量子数为奇数的原子核的天然丰度。

表 10-8　几个自旋核的天然丰度

元素核	天然丰度
^{1}H	99.9844
^{13}C	1.108
^{15}N	0.365
^{19}F	100
^{31}P	100

5. 核磁共振仪

常用的核磁共振仪有连续波(CN)及脉冲傅里叶变换(PFT)两种形式。连续波核磁共振仪主要由磁铁、射频发射器、检测器、放大器及记录仪等组成(图 10-16)。磁铁用来产生磁场，主要有三种：永久磁铁、电磁铁[磁感应强度可高达 190000 Gs(19 T)]和超导磁铁。超导磁铁频率高的仪器，分辨率好，灵敏度高，谱图简单易于分析。磁铁上备有扫描线圈，用来保证磁铁产生的磁场均匀，并能在一个狭窄的范围内连续精确变化。射频发射器用来产生固定频率的电磁

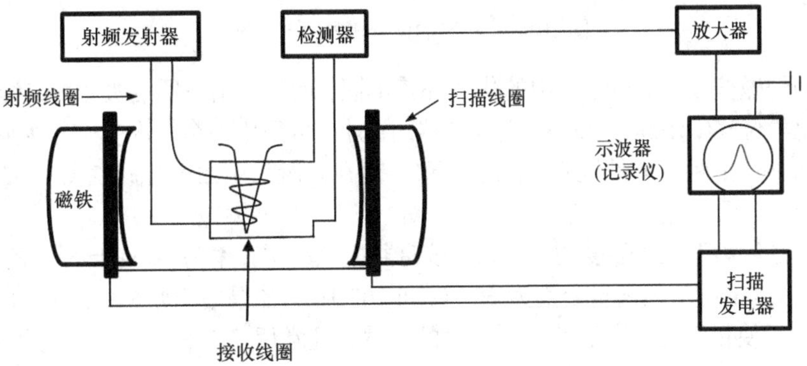

图 10-16　核磁共振仪示意图

辐射波。检测器和放大器用来检测和放大共振信号。记录仪将共振信号绘制成共振谱图。

20 世纪 70 年代中期出现了脉冲傅里叶变换核磁共振仪，它的出现使 ^{13}C 核磁共振的研究得以迅速开展。

10.3.2　核磁共振氢谱

氢的同位素 ^{1}H 的自然丰度较大，磁性较强，灵敏度较高，极易检测，所以对氢谱的研究最多，应用最普遍。在有机化合物的鉴定中，氢谱主要提供化学位移、峰面积的积分值及耦合常数三方面的信息。应用这些信息，可以推测质子在碳骨架上的位置。

1. 屏蔽效应和化学位移

对相同的原子核来说，磁旋比 γ 为常数。一个有机分子中的全部质子在同一磁感应强度下吸收的能量相同，本应只有一个信号，但实际不是这样。例如，对乙醚样品进行磁感应强度由低到高的扫描，首先出现 CH_2 中的 H 信号，其次是 CH_3 中的 H 信号，即出现了两种不同的 H 信号，在谱图上就是两个吸收峰(图 10-17)。这是因为在有机化合物分子中，质子周围还有电子，而不同类型的质子周围电子云密度不一样。在外加磁场的作用下，质子周围的电子引起了电子环流，反过来电子环流又产生了一个与外加磁场方向相反的感应磁场，于是，质子实际上所感受到的磁感应强度要比 $\boldsymbol{B}_0$ 小一点(百万分之几)。这时，我们说质子受到了屏蔽作用。核外电子对原子核所产生的这种作用称为屏蔽效应(shielding effect)。所以，在质子周围的电子云密度越大，屏蔽效应也越大，即在更高的磁感应强度中才能发生共振。在乙醚的例子中，O 是吸电子的，从而减小了 O 两侧的 CH_2 中的 H 的电子云密度，相应地，CH_3 中的 H 的电子云密度就应比 CH_2 中 H 的要大，也就是 CH_3 的屏蔽效应比 CH_2 的要强一些。其结果是 CH_2 上的 H 在磁感应强度较小处发生能级的跃迁。

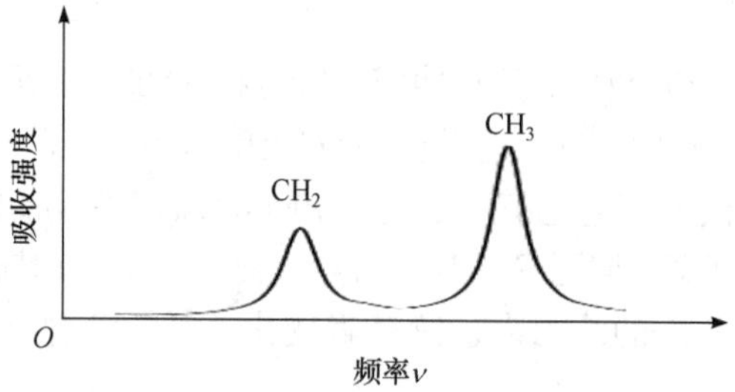

图 10-17　乙醚的低分辨 ^{1}H NMR 图

同一类型的磁核，由于在分子中的化学环境不同，而显示出不同的吸收峰，峰与峰之间的差距就称为化学位移(chemical shift)。化学位移的大小，可采用一个标准化合物为原点，测出峰与原点的距离，这个距离就是该峰的化学位移。现在一般采用四甲基硅烷$(CH_3)_4Si$(TMS)为标准化合物。

化学位移是依赖于磁场强度的。例如，核磁共振仪所用频率为 60 MHz 时，乙醚中 CH_3 和 CH_2 的 H 对 TMS 的绝对偏离量分别为 69 Hz 和 202 Hz；如果用 100 MHz，则分别为 115 Hz 和 337 Hz。为了使化学位移不依赖于测定时的条件，通常用 δ 来表示，δ 的定义为

$$\delta = \frac{\nu_{样品} - \nu_{TMS}}{核磁共振仪所用频率} \times 10^6 \tag{10-13}$$

式中，$\nu_{样品}$为样品吸收峰的频率；ν_{TMS}为四甲基硅烷吸收峰的频率。

设标准化合物 TMS 的δ为 0，则乙醚中 CH_3 的 H 为 $\frac{69}{60}\times10^6=1.15\ \text{ppm}$ ，CH_2 的 H 为 $\frac{202\times10^6}{60\times10^6}=3.37$。若核磁共振仪所用频率为 100 MHz 时，可测得相同的数据。这样就得到各种不同结构中 H 的δ值(表 10-9)。

表 10-9　各种基团的δ值

基团	δ/ppm	基团	δ/ppm
$(CH_3)_4Si$	0.00	Ar—CH_3	2.35 ± 0.15
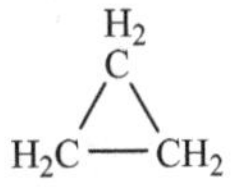	0.22	≡C—H	1.80 ± 0.10
CH_4	0.23	X—CH_3	3.50 ± 1.20
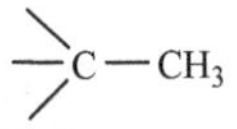	1.10 ± 0.10	O—CH_3	3.60 ± 0.30
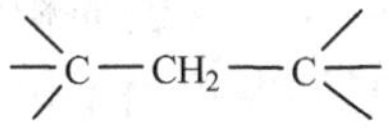	1.30 ± 0.10	RO—H	0.50～5.50
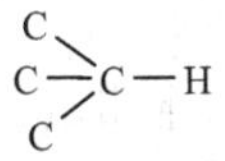	1.50 ± 0.10	═CH_2 ═CHR	4.50～7.50
R—NH_2	0.60～4.00	Ar—H	7.4 ± 1.00
═CH—CH_3	1.75 ± 0.15	ArO—H	4.50～9.00
C≡C—CH_3	1.80 ± 0.15	$RCONH_2$	8.00 ± 0.10
RCOH	9.80 ± 0.30	RCOOH	11.60 ± 0.80
RSO_3H	11.90 ± 0.30		

从表 10-9 中可以看出：

(1) δ值从 RCH_2—H、R_2CH—H、R_3C—H 依次增加，因为 C 的电负性比 H 的大。

(2) δ值从炔烃、烯烃、芳基依次增加，这是由于这些基团是磁各向异性(magnetic anisotropy)的，因而产生的屏蔽也是各向异性的。芳环中的 π 电子在外磁场的作用下产生环流，使环上 H 原子周围产生感应磁场，其方向与外加磁场相同，即增强了外加磁场，所以在外加磁场的磁感应强度还没有达到 $\boldsymbol{B}_0$ 时，就发生能级的跃迁，因而它的δ值特别大($\delta=7.40\pm1.00$ ppm)，这称为反屏蔽作用。双键上的质子也有类似的反屏蔽作用，δ为 4.50～7.50 ppm。

但乙炔质子的位置不同，产生的感应磁场对抗外加磁场，故质子受到屏蔽，见图 10-18。

(1) δ值随着邻近原子电负性的增加而增加。例如：

$$CH_3Li < CH_3CH_3 < CH_3NH_2 < CH_3OH < CH_3F$$

(2) δ值随着氢原子与吸电子基团距离的增大而减小。例如：

$$ROCH_2CH_2\underline{CH_3} < ROCH_2\underline{CH_3} < RO\underline{CH_3}$$

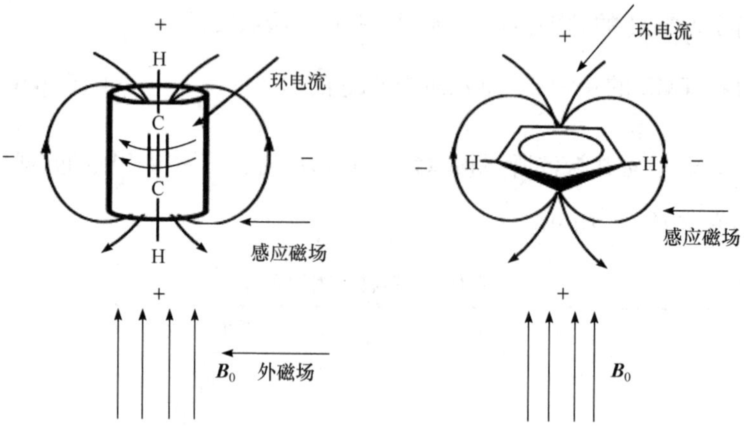

图 10-18 芳环和乙炔的各向异性屏蔽示意图

因此，核磁共振谱量度值为测定有机化合物的结构提供了有效的信息。

2. 峰面积与氢原子数目

仔细观察图 10-17 还会发现核磁共振谱的另一种特征，即两个共振峰所包含的面积是不同的。其面积之比是 3∶2，恰好是 CH_3 和 CH_2 中氢原子数之比。所以，核磁共振谱不仅揭示了各种不同 H 的化学位移，还表示了各种不同 H 的数目。

各共振峰的面积大小可通过积分曲线高度法确定。这种方法是核磁共振仪上带的自动积分仪对各峰的面积进行自动积分，得到的数值用阶梯式积分曲线高度表示。积分曲线的画法是由低场到高场(由左到右)，从积分曲线起点到其终点的总高度与分子全部氢原子的数目成比例。每一阶梯的高度表示引起该共振峰的氢原子数之比(图 10-19)。

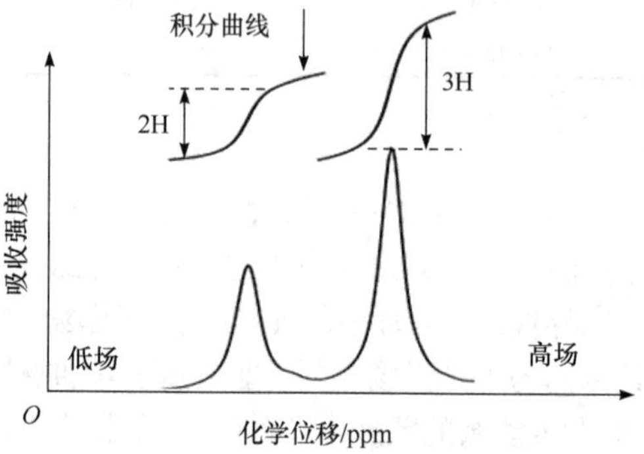

图 10-19 积分曲线示意图

例如，$(CH_3)_4C$ 中 12 个 H 是相同的，因而只有一个峰。乙醚有两种 H，就有两个峰，其面积比为 3∶2。

3. 峰的裂分和自旋耦合

应用高分辨的现代核磁共振仪还能提供另一种信息。例如，乙醚高分辨 ^1H NMR 图(图 10-20)与图 10-17 比较，原来的两个峰各分裂成几重峰。这种现象称为峰的裂分现象。这是由相邻两个碳原子上质子之间的自旋耦合(自旋干扰)引起的。例如，一个质子共振峰不受相邻的另一个质子的自旋耦合作用时，表现为一个单峰。若受其自旋耦合作用时，则裂分成一个二重峰，该二重峰强度相等，其总面积正好和未分裂的单峰的面积相等。峰位则对称分布在未分裂的单峰两侧，一个在强度较低的外加磁场区，一个在强度较高的外加磁场区，如图 10-21 所示。

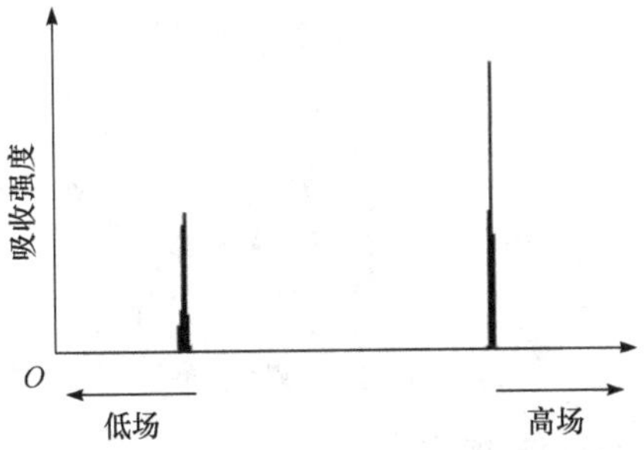

图 10-20　乙醚的高分辨 ^{1}H NMR 图

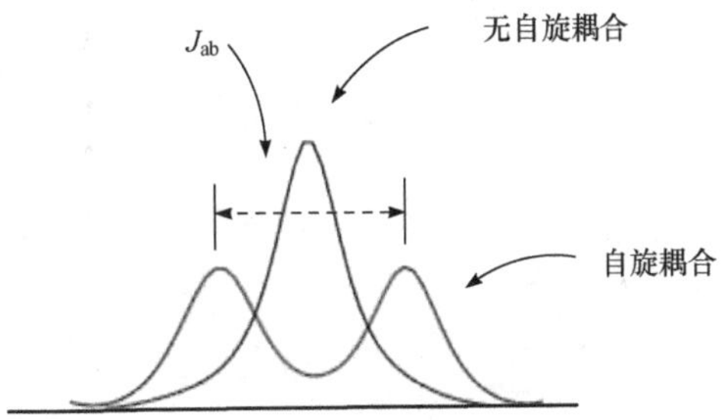

图 10-21　峰裂分示意图

例如，在乙醚分子中，甲基上的三个相等的氢(用 H_a 代表)附近都有两个邻位相等的亚甲基氢(用 H_b 代表)，每一个 H_b 都可以采取两种自旋取向，即$+\frac{1}{2}$态或$-\frac{1}{2}$态。因此，H_a 就会“感受”到两个邻位 H_b 的四种影响方式：①两个 H_b 的自旋量子数都是$+\frac{1}{2}$；②一个 H_b 的自旋量子数为$+\frac{1}{2}$，另一个为$-\frac{1}{2}$；③一个 H_b 的自旋量子数为$-\frac{1}{2}$，另一个为$+\frac{1}{2}$；④两个 H_b 的自旋量子数都是$-\frac{1}{2}$。第一种方式等于在 H_a 周围增加两个小附加磁场，其方向与外加磁场相同。假定在没有 H_b 存在的情况下，H_a 应当在外加磁场磁感应强度为 $\boldsymbol{B}_0$ 时发生能级跃迁。但由于 H_b 的存在，扫描时，在外加磁场磁感应强度比 $\boldsymbol{B}_0$ 略小时，即能发生能级的跃迁产生一个低场吸收峰。

第二种方式和第三种方式相当于增加两个方向相反、强度相等的小磁场，对 H_a 周围的磁场感应强度等于没有影响。因此，H_a 能级的跃迁仍在外加磁场达到 $\boldsymbol{B}_0$ 时发生。而且，由于两个相等的 H_b 的组合(②和③)作用于这一信号，它的积分高度应该为低场吸收峰的 2 倍。第四种方式相当于增加两个方向与外加磁场相反的小磁场。因此，要在外加磁场的磁感应强度比 $\boldsymbol{B}_0$ 略大，H_a 才发生能级的跃迁产生一个高场吸收峰。结果得到 1∶2∶1 的三重峰是甲基信号峰。

根据同样的推理，乙醚中亚甲基上 H_b 由于受到甲基 H_a 的影响裂分成四重峰，其面积比应为 1∶3∶3∶1，如图 10-20 所示。分子中位置邻近的碳原子上 H 间自旋的相互影响称为自旋耦合(spin coupling)。甲基和亚甲基上 H 的自旋耦合如图 10-22 所示。

自旋耦合使核磁共振中信号分裂为多重峰，峰的数目等于 n+1。n 是邻近 H 的数目，相邻两个峰之间的距离称为耦合常数 J，其单位为赫兹(Hz)，用以表示两个质子间相互干扰的强度。相互干扰的两个质子，其耦合常数必然相等。反之根据耦合常数是否相等可以判断哪些质子之间发生了相互耦合。另外，还要注意 H_a 和 H_b 化学位移之差($\Delta\delta$)与耦合常数(J_{ab})之比大于 6 以上时，可以用上述简化方法分析它们的信号的自旋裂分。当$\Delta\delta$接近或小于 J_{ab} 时，出现复杂的多重峰。裂分的方式一般可依下列情况计算：

(1) n+1 规则：自旋耦合的邻近 H 都相同时才适用 n+1 规则。例如，CH_3CHCl_2 中—CH_3 的共振峰是 1+1=2，因为它的邻近基团—$CHCl_2$ 上只有 1 个 H；—$CHCl_2$ 的共振峰为 3+1=4，因为它的邻近基团—CH_3 上有 3 个 H。化合物$(CH_3)_2CHCl$ 中 6 个甲基 H 同样只有二重峰，而—CHCl 受 6 个甲基上 H 的影响，裂分成 6+1=7 重峰。

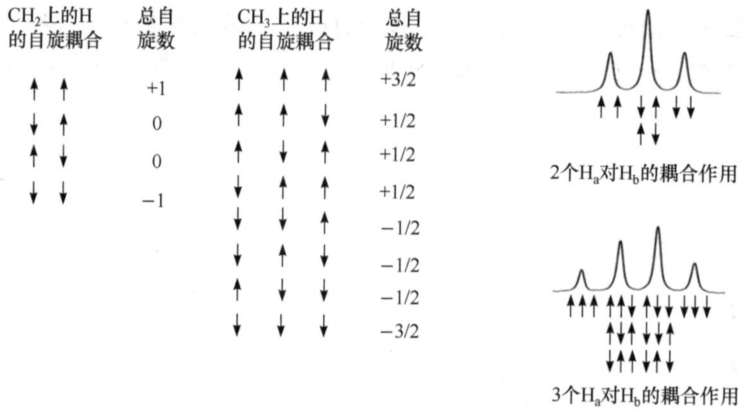

图 10-22　甲基和亚甲基上 H 的自旋耦合

(2) 如果自旋耦合的邻近 H 不相同时，裂分的数目为$(n+1)(n'+1)(n''+1)$。

例如，化合物 $Cl_2CH—CH_2—CHBr_2$ 中，两端两个基团—$CHCl_2$ 和—$CHBr_2$ 中的 H 并不相同，因而其—CH_2—应裂分成(1+1)×(1+1)= 4 重峰。又如，化合物 $ClCH_2—CH_2—CH_2Br$ 中的—CH_2—应为(2+1)×(2+1)= 9 重峰。

各条谱线的相对强度则依据以下规则进行确定。

(3) 在符合$(n+1)$规则的简单情况下，当 $n = 1$ 时，各峰比例为 1∶1；当 $n = 2$ 时，各峰比例为 1∶2∶1；当 $n = 3$ 时，各峰比例为 1∶3∶3∶1；当 $n = 4$ 时，各峰比例为 1∶4∶6∶4∶1……符合二项式展开式的系数比。

(4) 在(1+1)×(1+1)的情况下，四重峰具有同样的强度。

(5) 在(2+1)×(2+1)的情况下，其强度比例为 1∶2∶1∶2∶4∶2∶1∶2∶1，但通常不易分辨出。

自旋耦合的限度：

(1) 邻近 H 通常指邻位碳原子上的 H。自旋间作用随着距离的增大而很快消失(通常隔三个 σ 键作用就很小了)。例如，$Cl_2CH—CHBr_2$ 中两 H 间作用很明显，而在 $Cl_2CH—O—CHBr_2$ 中，H 之间作用就很微小了。

(2) 通过重键的作用要比单键的大。

(3) 如果 H 较活泼，如 CH_3OH 的 H，在正常情况下，—CH_3 和—OH 的 H 都只有单峰；但若用极纯的醇，用一定溶剂如 DMSO，则—CH_3 有二重峰，—OH 有四重峰。

4. 醇的核磁共振

醇分子中的氢分为两类，一类是连在碳架上的氢，另一类是羟基上的氢。与相应的烷烃比较，碳架上氢的化学位移受—OH 的影响向低场移动，氢与羟基的距离越近，化学位移向低场移动越多。例如，在乙醇中，—CH_2 上的质子与羟基距离较近，化学位移在 3.7 ppm 附近，而—CH_3 上的质子与羟基相距较远，化学位移约为 1.72 ppm。通常来说，醇α-H 的δ_H 为 3.3～4.0 ppm，羟基在分子中的位置可以根据邻近氢的化学位移值推测出来。

羟基氢的核磁共振信号有一些特点：

(1) 羟基氢的化学位移随结构而变。一般醇的羟基氢化学位移在δ_H = 0.5～5.5 ppm 的范围内都可以出现它的核磁共振吸收信号，这是由于它们的缔合和解离情况不同，因实际所处的化学环境不同所致。例如，RCH_2CH_2OH 的羟基氢的化学位移值在 3.4～4 ppm 之间。烯醇的羟基氢的化学位移值在 15～19 ppm 处。

(2) 羟基氢的化学位移随浓度、温度和溶剂的性质而变。以乙醇为例，乙醇的浓度对甲基、亚甲基的化学位移影响不大，而对羟基氢的化学位移影响很大。随着乙醇浓度的升高，羟基氢的化学位移向低场移动，这是因为乙醇的分子间能形成氢键，氢键的形成导致羟基氢周围电子云密度降低，因此也降低了电子的屏蔽效应，结果使化学位移向低场移动。醇的浓度越大，形成氢键的机会越多，因此羟基氢的化学位移也随着醇的浓度而变化。温度和溶剂对氢键的形成也有影响，因此也影响羟基氢的化学位移。N 上的氢也能形成氢键，所以温度、浓度、溶剂等对氢键有影响的因素也影响其化学位移值。

(3) 有时羟基氢能被邻近的质子裂分，它也能裂分邻近的质子。有时它既不能被邻近的质子裂分，也不能裂分邻近的质子，这取决于该羟基质子处于某一环境中停留的时间量级。例如，在乙醇的核磁共振谱图中，羟基氢被邻近的—CH_2—上的氢裂分成三重峰，而亚甲基上的氢由于既被—CH_3 上的氢裂分，又被—OH 上的氢裂分，得到一个不太易于分辨的双四重峰。当羟基氢不被—CH_2—上的氢裂分，会得到一个尖锐的单峰，它也不裂分—CH_2—上的氢，所以—CH_2—上的氢只被—CH_3 上的氢裂分，得到一个四重峰，同一种醇出现两种不同裂分情况是因为乙醇分子间可以发生羟基氢的交换作用。交换速率快到一定程度时，羟基上的氢就无法感受到邻近质子有不同的自旋组合，而仅能感受到单个平均组合中的质子，从而使分裂不能发生。活泼氢的交换速率与醇的浓度有关，在高纯度的乙醇中，活泼氢的交换速率较慢，所以羟基氢呈现裂分情况。在纯度不是太高的乙醇中，活泼氢的交换速率很快，因此看不到羟基氢的裂分现象。这种情况在其他醇分子中也同样存在。羟基上的氢如与重水中的 D 发生交换，则它的共振信号消失。N 上的氢与重水中的 D 发生交换时，共振信号也会消失。

(4) 羟基氢的共振峰有时为一尖的单峰，有时为一宽峰，这取决于分子的结构和实验的条件。一般认为醇分子内或分子间的缔合及活泼质子之间不能迅速发生交换是引起宽峰的原因。N 上的氢也有类似的情况。

5. 化学键和磁等价

如果分子中两个质子处于相同的化学环境，那么这两个质子是化学等价(chemical equivalence)的质子，否则是化学不等价的质子。化学等价的质子具有相同的化学位移。判断分子中两个质子是否化学等价，可用如下方法：用一个设想的试验基团(如用 Y 表示)分别代替这两个质子中的一个，Y 取代后的这两个产物若是相同的或是对映异构体，则这两个质子是化学等价的；反之，则是化学不等价的。例如 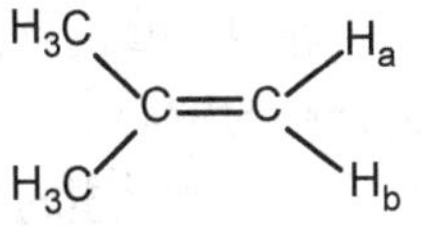 中，亚甲基上的两个 H 是化学等价的，用 Y 分别代替 a、b 两个质子，得 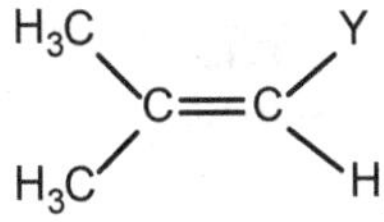 和 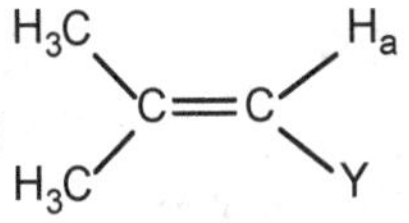 两个相同的取代物，所以 a、b 两个质子也是化学等价的。因此，该化合物共有两种化学等价的质子。

又如，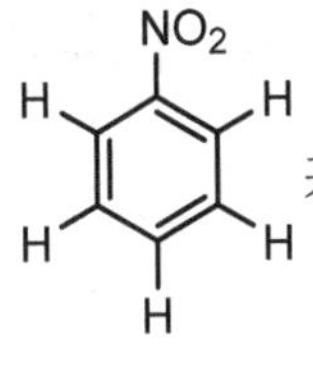 共有三种化学等价的质子，其中邻位的两个是一种，间位的两个为另

一种，而对位的则为第三种。

与不对称碳原子连的 CH_2 上的两个质子是化学不等价的。例如，化合物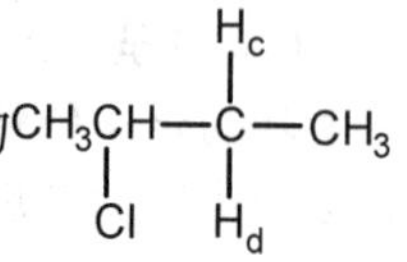

中的 c、d 两个质子，分别用 Y 取代后，得到的是非对映异构体：

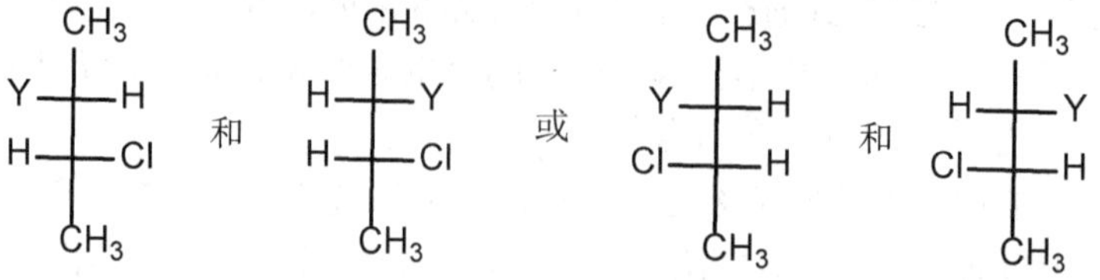

所以这两个质子是化学不等价的，即该化合物共有五种化学不等价的质子。另外，与带有双键性质的单键相连的两个质子，由于单键自由旋转受阻碍，这两个质子成为化学不等价的质子。例如，酰胺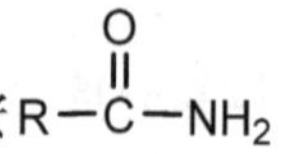

，由于 p-π 共轭，C—N 键有部分双键的性质，因此—NH_2 上的两个质子是化学不等价的。

如果两个质子是化学等价的，且对组外任何一个质子的耦合作用强度相同(J 值相同)，则这两个质子是磁等价(magnetic equivalence)的。例如，对硝基甲苯：

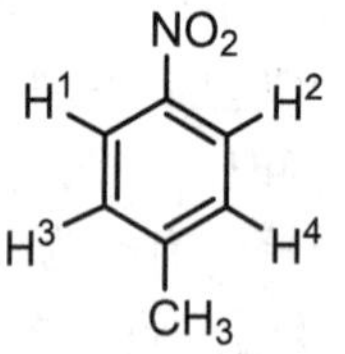

有三种化学等价的质子，其中 H_1 和 H_2 是化学等价的，H_3 和 H_4 是化学等价的，但由于 H_1 和 H_3 的耦合常数 $J_{H1\ H3}$ 与 H_2 和 H_3 的耦合常数 $J_{H2\ H3}$ 不等，即 $J_{H1\ H3} \neq J_{H2\ H3}$，所以 H_1 和 H_2 是磁不等价的。同样，H_3 和 H_4 也是磁不等价的。

如果化学等价的质子也是磁等价的，并且化学不等价的质子的化学位移之差与相应核的磁间的耦合常数 J 之比大于 6，那么这样所产生的氢谱称为一级谱图。一级谱图是最简单的氢谱。谱图中裂分峰的数目符合 $n+1$ 规则，并且其强度基本上满足二项式展开式的系数之比，化学位移和耦合常数 J 从图中可直接读出，每组峰的中心可以作为产生信号的质子的化学位移。高级谱图裂分峰的数目不遵守 $n+1$ 规则，各裂分峰的强度没有规律性，且峰间距不一定相同，不代表耦合常数，化学位移不一定在裂分峰的中心。

一级谱图比较简单，可以直接根据上面所述的几个方面进行剖析，但解析的顺序可以根据实际情况灵活掌握。高级谱图的谱线一般都很复杂，难以直接剖析，为了方便解析，最好在剖析前，先采用合理的方法简化谱图。简化谱图常用的方法请参阅有关专著。

下列谱图均为质子的一级谱图。

【例 10-4】 图 10-23 为环己烷的 ^{1}H NMR 图。环己烷中的 12 个质子都是磁等价的，相互之间虽然有自旋耦合，却综合表现为相当于 12 个质子的一个单峰。δ 约为 1.4 ppm，正是亚甲基产生核磁信号峰的位置。

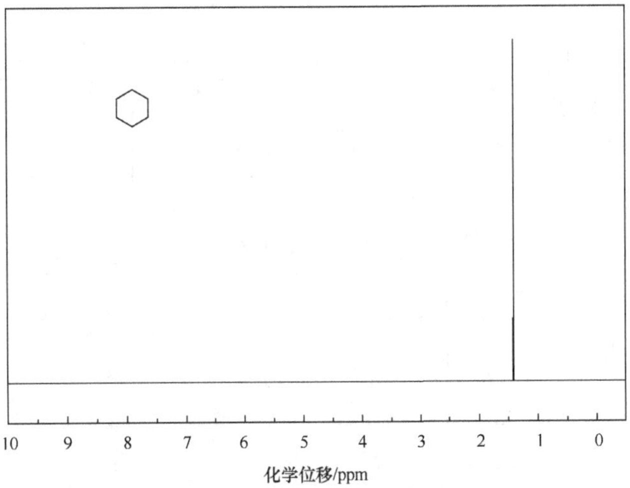

图 10-23　环己烷的 ^{1}H NMR 图(溶剂 $CDCl_3$)

【例 10-5】　图 10-24 为 1,2-二溴乙烷的 ^{1}H NMR 图。相邻碳原子的质子是磁等价的。所以，与上述同理，得到 4 个质子的一个单峰，由于溴原子的存在，质子的化学位移δ约为 3.5 ppm。

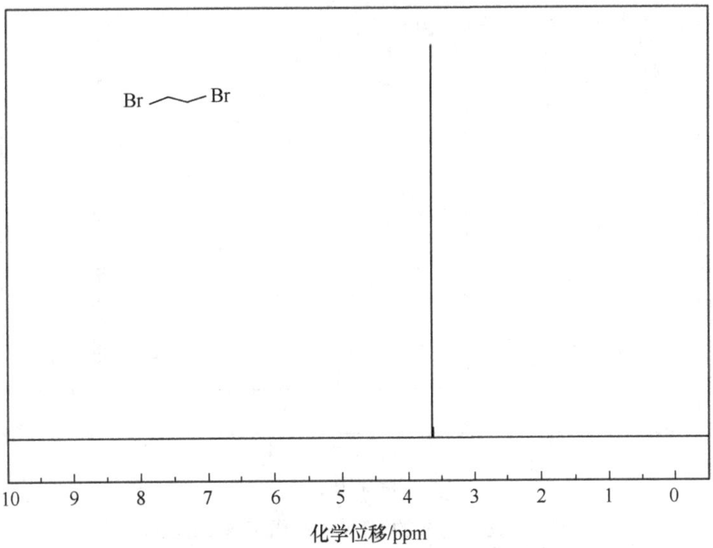

图 10-24　1,2-二溴乙烷的 ^{1}H NMR 图(溶剂 $CDCl_3$)

【例 10-6】　图 10-25 为对二甲苯的 ^{1}H NMR 图。在对二甲苯中有两组化学等价质子，所以出现了两个单峰。因为两组质子不在相邻碳原子上，所以没有相互分裂。受苯核影响的甲基上质子的δ为 2.4 ppm 左右。在甲基影响下，苯环上质子的δ为 7.0 ppm 左右，积分曲线比为 3∶2(或者 6∶4)。

【例 10-7】　图 10-26 为乙苯的 ^{1}H NMR 图。苯环取代了乙烷中一个甲基的质子，这就造成了甲基和亚甲基上的质子的化学位移环境不同，使之形成了化学不等价质子，并且产生峰的裂分现象。

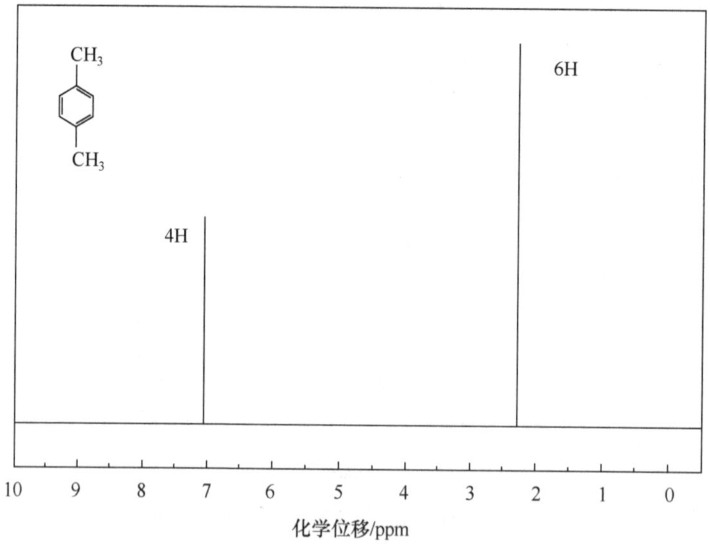

图 10-25　对二甲苯的 ^{1}H NMR 图(溶剂 $CDCl_3$)

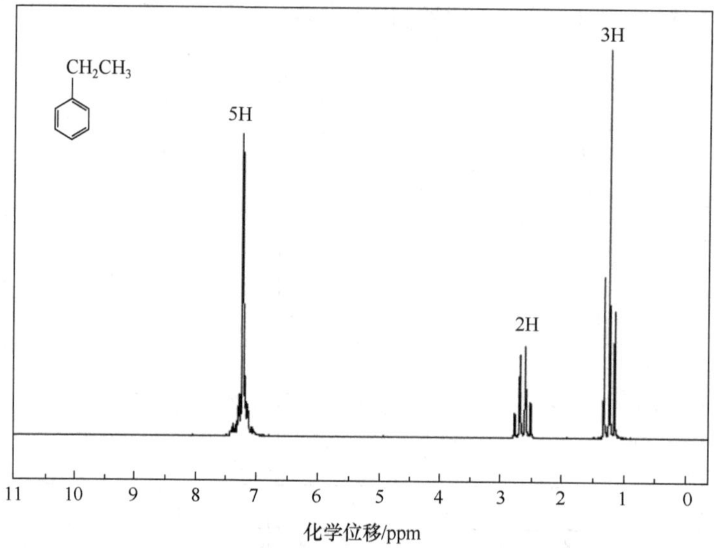

图 10-26　乙苯的 ^{1}H NMR 图(溶剂 $CDCl_3$)

对图 10-26 可以这样解析：首先看谱图上有三组峰，其 δ 为 7.0～7.5 ppm 的峰是苯环上的质子产生的共振信号；其 δ 在 2.5 ppm 附近的峰是在苯环影响下亚甲基的氢产生的信号，它必须与甲基相连，因为它分裂成四重峰。其 δ 在 1.2 ppm 左右的是与亚甲基相连的甲基氢产生的信号，它必须与亚甲基相连，因为它分裂成三重峰。

其次根据谱图中所给各峰面积求出各峰面积比为 5∶2∶3。根据分子结构式可知乙苯共有 10 个氢原子，δ 为 7.0～7.5 ppm 的信号峰是苯环上的 5 个氢原子产生的，一取代苯环有三组化学等价质子，将产生三组信号峰，但实际谱图仅显示一组信号，这是由峰重叠造成的；δ 在 2.5 ppm 左右的峰有 2 个氢原子，当然是亚甲基。δ 在 1.2 ppm 左右的峰有 3 个氢原子，当然是甲基。分析结果与给出的分子式符合，所以此化合物为乙苯。

【例 10-8】　图 10-27 为 2-溴丙烷的 ^1H NMR 图。

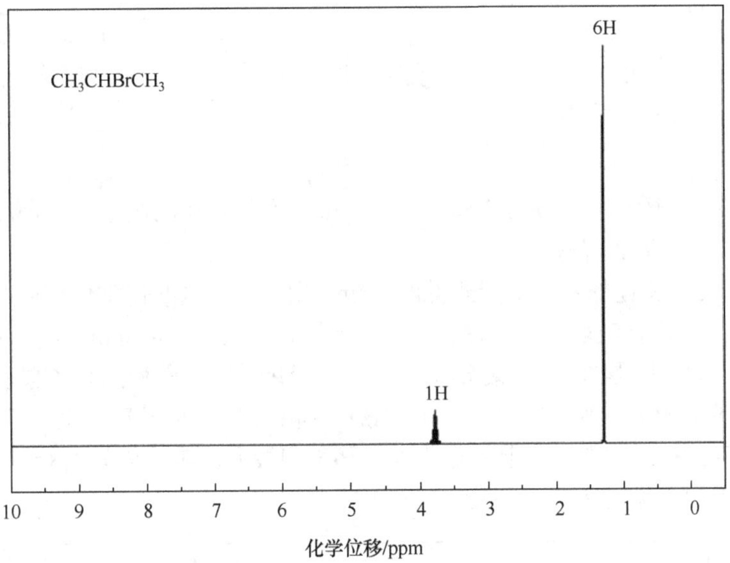

图 10-27　2-溴丙烷的 ^1H NMR 图(溶剂 C_6D_6)

2-溴丙烷中两个甲基的质子虽然不在一个碳上，但它们的化学环境相同，为化学等价的，以使它相邻次甲基上的质子的峰裂分成七重峰(即 6+1=7)。相反，次甲基上的 H 使甲基上的 6 个等同质子裂分成δ值相同、强度相近的二重峰。

【例 10-9】　图 10-28 为 2-甲基丁-1-烯的 ^1H NMR 图。

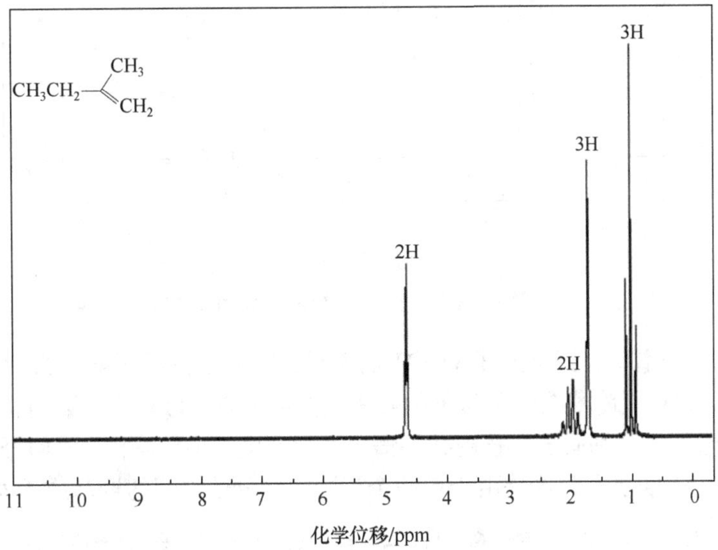

图 10-28　2-甲基丁-1-烯的 ^1H NMR 图(溶剂 $CDCl_3$)

回到前面的分子式 C_4H_6O 的例子。如果要鉴定的化合物在核磁共振谱中δ为 2.03 ppm 处有三个 H 的双峰，在δ为 6.87 ppm 处各有一个 H 的多重峰(指分辨不清的多重峰)，在δ为 9.48 ppm 有一个 H 的双峰。具有分子式 C_4H_6O 的化合物应有什么结构？

因有三个 H 的双峰，分子中应有 $H_3C-HC\langle$ 的结构。C_4H_6O 中具有 $H_3C-HC\langle$ 结构的应

有下列三种化合物：

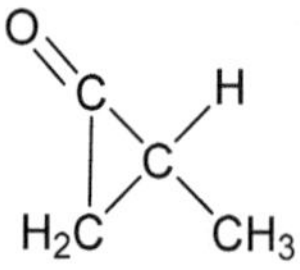

(A)

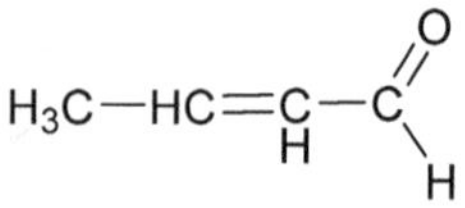

(B)

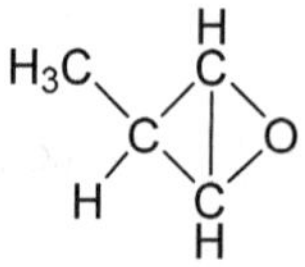

(C)

查看表 10-9，乙烯基 H 的δ为 4.50～7.50 ppm，而醛基 H 的δ为 9.80 ± 0.30 ppm。所以这一化合物一定是(B)，即丁烯醛。

炔基氢是与三键相连的氢，由于炔键的屏蔽作用，炔基氢的化学位移向高场移动，一般δ为 1.7～3.5 ppm 处有吸收峰。乙炔氢原子化学位移在 1.88 ppm 处，烷基取代炔烃在 1.73~1.88 ppm 区域有吸收峰，与之相比，共轭炔烃化学位移则稍向高场移动。HC≡—若连在一个没有氢的原子上，则炔氢显示一个尖锐的单峰。炔基对甲基、亚甲基的化学位移都有影响，与炔基直接相连的碳原子上的氢化学位移影响最大，其 δ 值为 1.8～2.8 ppm。图 10-29 是苯乙炔的氢核磁共振谱图。

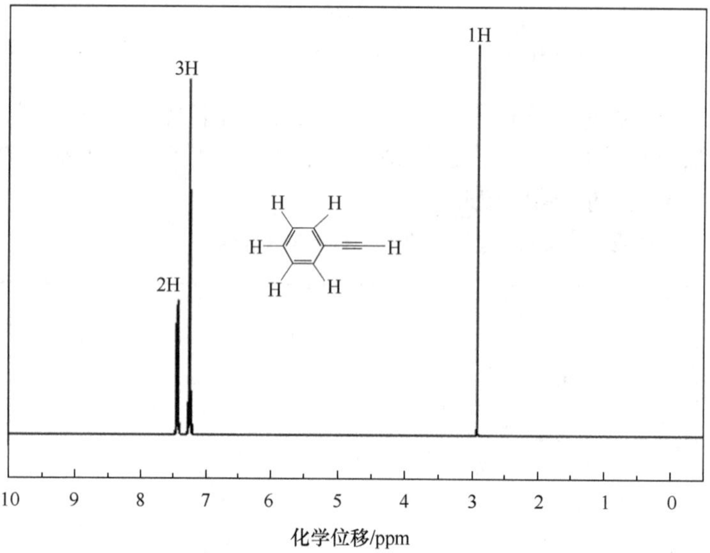

图 10-29　苯乙炔的 ^{1}H NMR 图(溶剂 $CDCl_3$)

在醇的核磁共振谱中，羟基质子(O—H)由于受分子间氢键的影响，其化学位移 δ 出现在 0.5～5.5 ppm 处，也可能隐藏在烷基质子的峰中，但可以通过计算质子数而将它找出来。一般情况下，纯度不够的醇羟基质子在核磁共振谱中通常产生一个单峰，它的信号不为附近质子所裂分，也不裂分附近的质子，这是由于在两个相同的醇分子之间的羟基质子发生交换作用。

$$R^*—O—H^* + R—O—H \rightleftharpoons R^*—O—H + R—O—H^*$$

交换速率非常快，以至于在发生核磁共振跃迁所需要的时间内(约 10^{-2} s)不能看到有不同的自旋组合的邻近质子，而是单个平均组合中的质子。质子互换的速率可被所用的溶剂减慢，例如，用二甲亚砜时，可以看到复杂的信号分裂形式。

由于氧的电负性较大，羟基所连的碳原子上质子的化学位移一般在 3.4～4.0 ppm。图 10-30 是苯甲醇的 ^{1}H NMR 图。

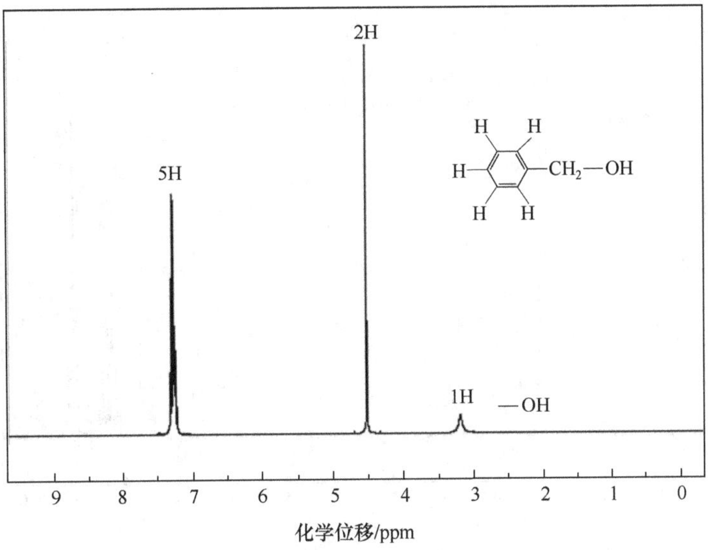

图 10-30　苯甲醇的 ^1H NMR 图(溶剂 $CDCl_3$)

醚的核磁共振谱表明 $ROCH_3$ 在δ_H 3.50 ppm 处有吸收。图 10-31 为苯乙醚的 ^1H NMR 图，δ 7.0 ppm 左右为苯环 5 个质子的共振吸收峰；δ 4.0 ppm 为—OCH_2—碳原子上氢原子的共振吸收峰，被邻近甲基裂分为四重峰；δ 1.3 ppm 为 CH_3 碳原子上氢原子的共振吸收峰，被邻近的亚甲基裂分为三重峰。

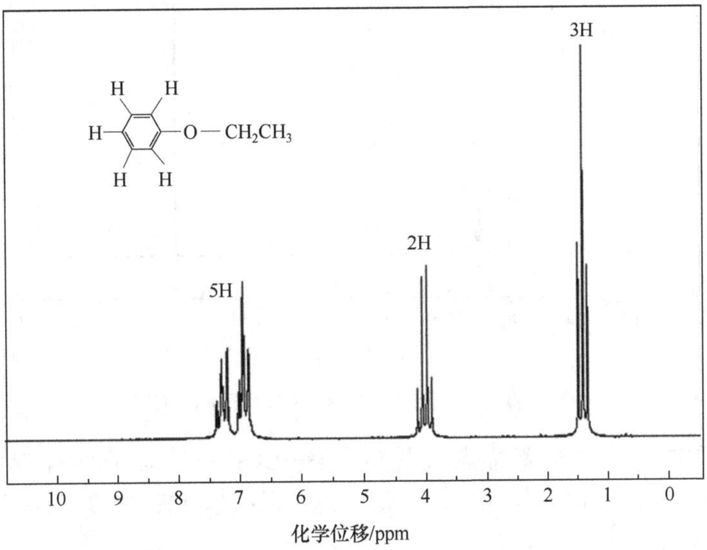

图 10-31　苯乙醚的 ^1H NMR 图(溶剂 $CDCl_3$)

由于羰基的去屏蔽效应，醛基上的氢原子的化学位移在 9.0～10.0 ppm 处，而酮没有相应的氢原子，这提供了一种准确的方法区别醛和酮。由于羰基的吸电子效应，与羰基相连的甲基或亚甲基上的质子的化学位移δ为 2.0～2.5 ppm。正丁醛和苯乙酮的 ^1H NMR 图见图 10-32 和图 10-33。

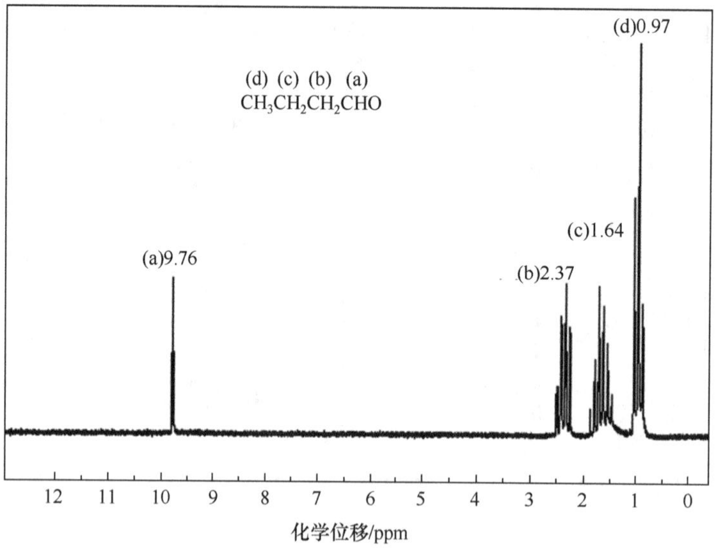

图 10-32　正丁醛的 ^{1}H NMR 图(溶剂 $CDCl_3$)

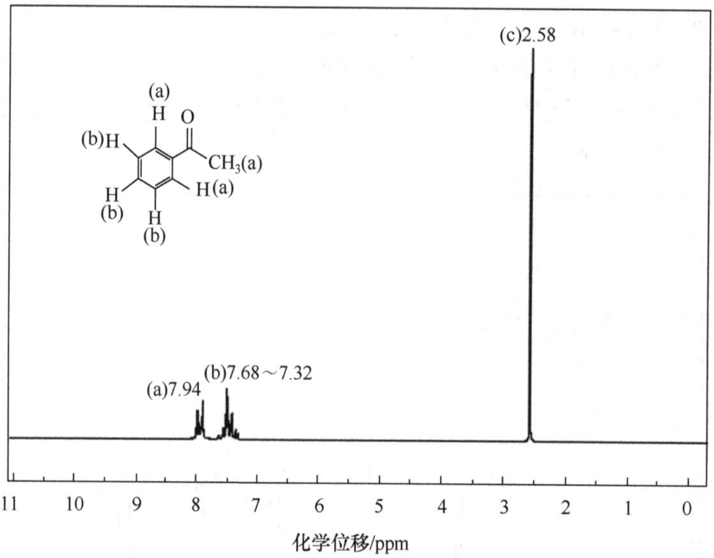

图 10-33　苯乙酮的 ^{1}H NMR 图(溶剂 $CDCl_3$)

羧基的核磁共振谱的显著特点就是羧基(—COOH)的质子具有较大的δ值(10.5～12.0 ppm)，与醇的(—OH)相比，其δ值要大得多。这可以从苯甲酸(图 10-34)和乙酸苄酯(图 10-35)的核磁共振谱中比较明显地看出。

酯的核磁共振谱中烷基部分的质子($RCOOCH_2R$)比酰氧基部分的质子(RCH_2COOR')具有较大的δ值，如图 10-35 所示。酰胺的核磁共振谱中—CONH 的质子的吸收峰出现在δ为 5～8 ppm。

10.3.3　核磁共振碳谱

^{13}C 的自然丰度很低，因此它的灵敏度相应地就很低。所以在很长一段时间里，人们无法获得与氢谱相同噪声比的令人满意的碳谱。但后来由于傅里叶变换技术的发展，^{13}C 的信噪比

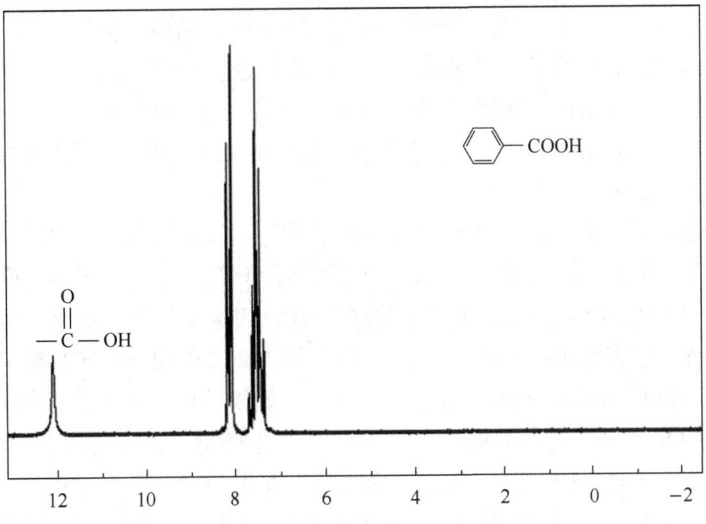

图 10-34　苯甲酸的 ^{1}H NMR 图(溶剂 $CDCl_3$)

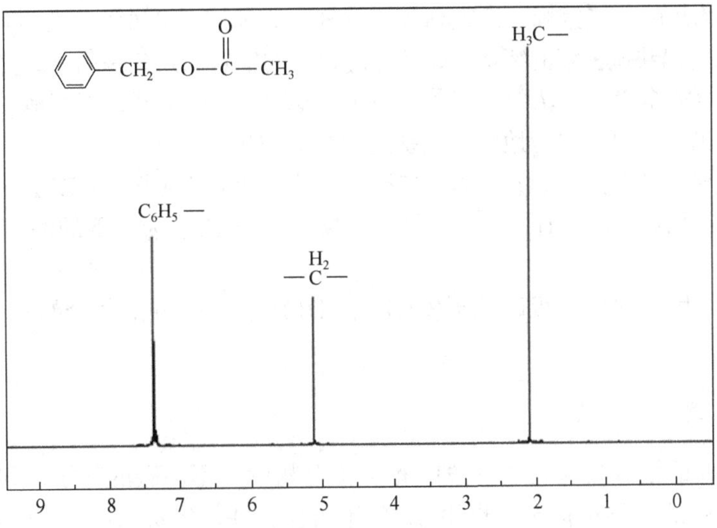

图 10-35　乙酸苄酯的 ^{1}H NMR 图(溶剂 $CDCl_3$)

大大提高，从而碳谱可按常规进行操作。^{13}C 的化学位移很大，峰很窄，分辨率较高，有些用氢谱不能解决的问题，用碳谱可以顺利地解决。因此，碳谱在有机化合物结构的分析研究中起着重要的作用。

1. 耦合现象及去耦方法

^{13}C 和 ^{1}H 的自旋量子数 I 相同，均为 $\frac{1}{2}$，所以它们产生核磁共振的基本原理相同。在碳谱中看不到 ^{13}C—^{13}C 之间的耦合。这是因为 ^{13}C 的自然丰度低，在同一分子中相邻两个碳原子都是 ^{13}C 的概率很小，因此看不到峰的裂分现象。但是，^{13}C—^{1}H 之间的耦合常数较大，用 $^nJ_{CH}$ 表示。例如，$^1J_{CH}$ 表示 ^{13}C 和 ^{1}H 相隔键的数目为 1，$^2J_{CH}$ 表示 ^{13}C 和 ^{1}H 相隔键的数目为 2，依

次类推。在 120～320 Hz 之间，^{13}C 裂分峰的数目符合 n+1 规则。例如，CH_3I，甲基中 ^{13}C 与直接相连的 ^{1}H 及邻近的 ^{1}H 都会发生耦合作用，从而使裂分峰彼此交叠，无法看出正确的裂分方式及裂分峰的数目。这给谱图的解析带来困难，故采用自旋去耦的方法简化谱图。

碳谱中常用的去耦方法有三种：宽带去耦(broad band decoupling)、偏共振去耦(off-resonance decoupling)及选择性去耦。

宽带去耦又称质子噪声去耦，是测定碳谱时最常用的去耦方法，常用 $^{13}C\{^{1}H\}$表示。测定时，用高频辐射照射质子，使所有 ^{13}C—^{1}H 之间的耦合消除，每一个不等价碳原子出现一个单峰。例如，CH_3I，使用宽带去耦后，甲基碳原子原有的四重峰就变成单峰。但是单峰面积不等于原来四重峰的面积之和，而是比四重峰的面积之和大。这种使 ^{13}C 的共振信号增强的作用称为核欧沃豪斯效应(nuclear Overhauser effect，NOE)。如果碳原子上没有氢原子，如季碳原子，宽带去耦时没有 NOE，则它的信号强度一般明显比其他碳原子的信号弱。

偏共振去耦又称部分去耦。选用合适频率的辐射照射质子，使不直接与 ^{13}C 相连的质子对 ^{13}C 的远程耦合作用消失，而只保留 ^{13}C 与其直接相连的质子之间的部分耦合。其结果是在谱图上只显示出变小了的 $^{1}J_{CH}$，而不显示 $^{2}J_{CH}$、$^{3}J_{CH}$ 等。在这种谱图上 $>C-$、$>CH$、$-CH_2-$和$-CH_3$ 分别表现为单峰、二重峰、三重峰和四重峰。这种技术提供了分类不同级碳的信息。

选择性去耦是偏共振去耦的特例。选择合适频率的辐射照射某一质子，使被照质子与其相连的 ^{13}C 间的耦合完全消失，从而使该 ^{13}C 出现强度增大了的单峰，而其他 ^{13}C 核则被偏共振去耦。因此，在谱图上可以清楚地将要识别的碳核标识出来。

DEPT(135°)谱主要是用来识别一级、二级、三级、四级碳原子。在 DEPT(135°)谱中，一级碳原子(CH_3)、三级碳原子(CH)为向上的峰，二级碳原子(CH_2)为向下的峰，没有四级碳原子的峰。

DEPT(90°)谱用来识别三级碳原子(CH)。在 DEPT(90°)谱中，每个峰代表一种三级碳原子(CH)。

2. 碳谱化学位移

^{13}C 化学位移的范围较宽，在一般的有机化合物中，不同碳的化学位移在 0～220 ppm 之间。在测定 ^{13}C 的化学位移时，也用 TMS 作内标，并规定$\delta_{TMS}=0$，其左边δ值为负值，右边为正值。

与 ^{1}H 的化学位移一样，^{13}C 的化学位移也是由自旋碳核周围电子的屏蔽效应引起的，因此对碳核周围的电子云密度有影响的任何因素都会影响它的位移。不等价的碳原子，有不同的化学位移。

从表 10-10 中可以看出，δ_C 与碳原子的杂化状态有关，sp^3 杂化的碳原子在较高场，其次是 sp 杂化的碳原子，sp^2 杂化的碳原子在较低场。例如，烷烃的δ_C 为 0～55 ppm，炔烃的δ_C 为 60～90 ppm，烯烃的δ_C 为 100～150 ppm。这个顺序与对应质子的化学位移顺序相似。与质子化学位移不同的是，芳烃上碳原子的化学位移不是位于更低场，而是与烯碳的化学位移差不多。由此可见，碳谱中磁各向异性效应并不像氢谱中那样明显。羰基碳的化学位移在最低场δ_C 为 150～230 ppm。

表 10-10　一些 ^{13}C 的化学位移值

基团	δ/ppm	基团	δ/ppm
$H_3C-C{<}$	0～55	$R-C(=O)-OR'$	155～180
$-H_2C-C{<}$	25～45	$R-C(=O)-NH_2$	160～180
$>HC-C{<}$	30～60	CH_3-X	−38(I)～35(Cl)
$>C-C{<}$	35～70	$-CH_2-X$	−10(I)～45(Cl)
CH_4	−2.68	$>HC-X$	30(I)～65(Cl)
	27.10	$>C-X$	35(I)～75(Cl)
烯烃碳	100～150	CH_3-O	40～60
$H_2C=CH_2$	123	$-CH_2-O-$	40～70
炔烃碳	60～90	$>HC-O-$	60～76
$HC\equiv CH$	71.90	$>C-O-$	70～85
芳环碳	110～135	CH_3-N	20～45
取代芳环碳	125～145	$-CH_2-N$	40～60
	128	$>HC-N$	50～70
羰基碳	150～230	$>C-N$	65～75
$R-C(=O)-H$	175～210	CH_3-S-	10～30
$R-C(=O)-R'$	195～220	$-CH_2-S-$	24～46
$R-C(=O)-OH$	160～185	$>HC-S-$	40～55
$R-C(=O)-Cl$	165～180	$>C-S-$	55～70
$R-C(=O)-O-C(=O)-R'$	150～175		

取代基的电子效应和空间效应也对 ^{13}C 的化学位移有较大的影响。吸电子取代基使α-碳原子的化学位移向低场移动，对β-碳原子也稍有向低场移动的作用，但吸电子取代基使γ-碳原子的化学位移移向高场，这与空间效应有关。

3. 碳谱的特点

与 ^{1}H NMR 谱图相比，^{13}C NMR 谱有如下特点：

(1) ^{1}H NMR 谱提供了化学位移、耦合常数、积分曲线三个重要的信息，积分曲线与氢原子的数目之间有定量关系。在 ^{13}C NMR 谱中，由于峰面积与碳原子数目之间没有定量关系，因此谱图中没有积分曲线。

(2) ^{13}C 的化学位移比 ^{1}H 的化学位移大得多，以 $\delta_{TMS}=0$ 为标准，一般来讲，δ_{H} 在 0～10 ppm 之间，少数扩大±5 ppm。而 δ_{C} 的范围十分宽，碳核所处的化学环境稍有差别，在谱图上都会有所区别，所以碳谱比氢谱能给出更多有关结构的信息。

(3) 在氢谱中，必须考虑 ^{1}H—^{1}H 之间的耦合裂分。在碳谱中，由于 ^{13}C 的天然丰度只有 1.1%，一般情况下，^{13}C—^{13}C 之间的耦合机会极少，可以不必考虑，但在 ^{13}C 富集的化合物中要予以考虑。不去耦的碳谱，存在 ^{13}C—^{1}H 之间的耦合裂分，谱图相当复杂。常规碳谱是去耦碳谱，在质子去耦碳谱中，若分子中不存在 C、H 以外的自旋核，^{13}C 的谱线都是分离的单峰。若有其他自旋核，碳还能与这些核发生耦合裂分。在质子偏振去耦的谱图中，存在 ^{13}C 与直接相连的 ^{1}H 之间的耦合，这种一键耦合的耦合常数都比较大。碳谱的耦合常数没有氢谱的耦合常数用处大。

(4) 弛豫时间对氢谱的解析用处不大，但在碳谱的解析中用处很大，因为弛豫时间与谱线强度存在下列关系：弛豫时间越长，谱线强度越弱。处于不同化学环境的碳核弛豫时间又相差很大，只要测定了弛豫时间，就可以根据碳谱中各谱线的相对强度将碳核识别出来。^{13}C 的弛豫时间比 ^{1}H 短。测定比较容易，因此 ^{13}C 的弛豫时间在识别谱线、了解分子结构、解释分子动态等方面的应用越来越广泛(进一步学习可以参考相关专著)。

4. 二维核磁共振简介

二维核磁共振谱(2D NMR)的出现和发展，是近代核磁共振谱学的最重要里程碑，极大地方便了核磁共振的谱图解析。2D NMR 的特点是将化学位移、耦合常数等核磁共振参数展开在二维平面上，从而将在一维谱中重叠在一个频率坐标轴上的信号分别在两个独立的频率坐标轴上展开，这样不仅减小了谱线的拥挤和重叠，而且提供了自旋核之间相互作用的信息。这些对推断核磁共振谱图中难以解析的复杂化合物结构具有重要作用。

2D NMR 谱一般可用堆积图和等高图来表示。堆积图的优点是直观，有立体感，但缺点是难以找出吸收峰的频率、大峰后面可能隐藏的小峰，而且作图耗时较多。等高图类似于等高线地图，最中心的圆圈表示峰的位置，圆圈数目表示峰的强度。这种图的优点是易于找出峰的频率，作图快，谱图分析比较方便，但等高图可能将低峰漏掉，且平切位置对图的信息量有影响。

2D NMR 谱图有很多不同类型的谱图，如二维分解谱、二维相关谱和多量子谱。

(1) 二维分解谱。它是将化学位移和自旋耦合作用分辨开。

(2) 二维相关谱(或化学位移相关谱)。它表明共振信号的相关性。分为同核化学位移相关谱(如 ^{1}H-^{1}H COSY、LR COSY、COSY DCE 等)、异核化学位移相关谱(^{13}C-^{1}H COSY、RELAY 等)和交叉弛豫核化学交换。

(3) 多量子谱。

10.4　质　　谱

1913 年，汤姆逊(J. J. Thomson)制成了第一台质谱仪。经过百余年的发展，质谱技术已成为当代最前沿的科学之一。通过质谱分析，可以获得分析样品的分子量、分子式、分子中同位素构成和分子结构等多方面的信息。早期的质谱仪主要是用来进行同位素测定和无机元素分析，20 世纪 40 年代以后开始用于有机物分析，60 年代出现气相色谱-质谱联用仪，使质谱仪的应用领域大大发展，开始成为有机物分析的重要仪器。计算机的应用又使质谱分析法发生了飞跃变化，使其技术更加成熟，使用更加方便。20 世纪 80 年代以后又出现了一些新的质谱技术，如快原子轰击(FAB)、基质辅助激光解吸电离(MALDI)、电喷雾电离(ESI)等，以及随之而来的比较成熟的液相色谱-质谱联用仪、电感耦合等离子体质谱仪、傅里叶变换质谱仪等。这些新的电离技术和新的质谱仪使质谱分析取得了长足的发展。由于质谱分析具有灵敏度高、样品用量少、分析速度快、分离和鉴定同时进行等优点，质谱分析法目前已成为化学、化工、材料、环境、地质、能源、药物、刑侦、生命科学、运动医学等各个领域中不可缺少的分析方法。

10.4.1　基本原理

在质谱仪中(图 10-36)，有机化合物分子在高真空下受到能量较高的电子束的轰击，有机分子失去一个外层电子而变成分子离子，即正离子自由基：

$$M + e^- \longrightarrow M^{+\cdot} + 2e^-$$

由于电子流的能量比有机分子的电离势高得多，多余的能量传给分子离子，使分子离子进一步断裂为阳离子、阴离子、自由基或中性分子等碎片。在加速电场的作用下，只有阳离子碎片被加速而进入强磁场中，并在强磁场的作用下沿着弧形轨道前进。由于各种阳离子的质荷比(*m*/*z*)的不同，质荷比大的阳离子，其轨道的弯曲程度小，质荷比小的阳离子，其轨道的弯曲程度大，就这样，不同质荷比的阳离子被分离开，并依次到达收集器，再通过电子放大器放大成电流以后，用记录装置记录下来。由于在质谱仪中产生的阳离子主要是带一个正电荷的，所以分离开的实际上是不同质量的碎片，在谱图中就显示出各种不同的峰。因为揭示的只是碎片的质量，所以称为质谱。

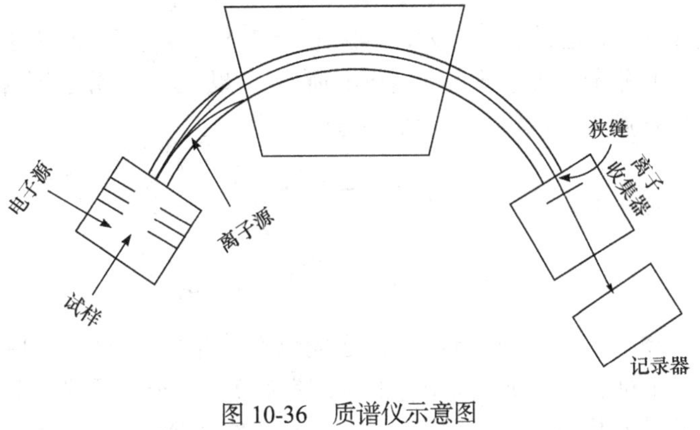

图 10-36　质谱仪示意图

10.4.2　质谱图

质谱图一般用棒图表示，每条线表示一个峰，谱图的横坐标表示质荷比，因为多电荷离子很少见，所以质谱的横坐标数值上等于离子的质量。纵坐标表示峰的相对丰度，其中丰度最大的峰称为基峰(base peak)，并定其丰度为100%，其他峰的丰度均是与它相比较而来的相对百分数。图10-37是正丁烷的质谱图，其基峰的质量为43，相对于碎片离子$C_3H_7^+$。

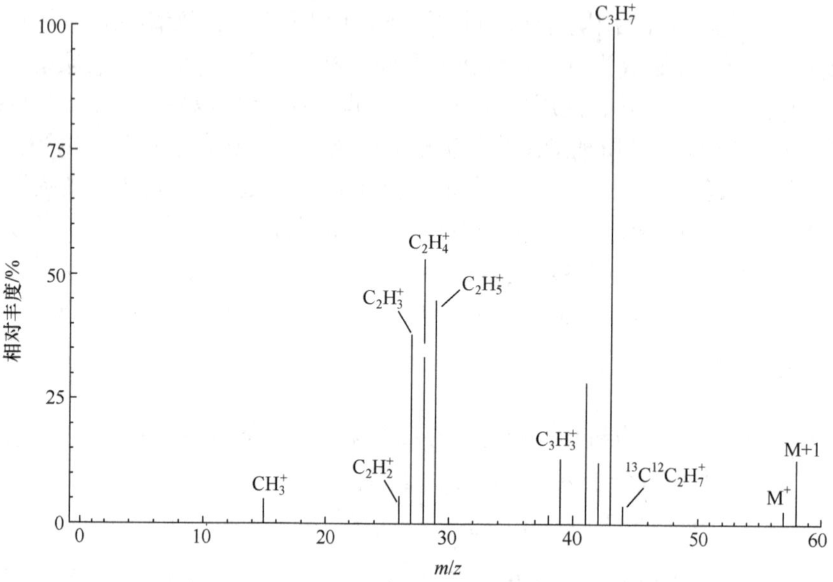

图10-37　正丁烷的质谱图

10.4.3　离子的主要类型

质子中常出现的阳离子有分子离子、同位素离子、碎片离子、重排离子、亚稳离子、双电荷离子和复合离子。

1) 分子离子

化合物分子失去一个电子后形成的阳离子就是分子离子(molecular ion)，一般用$M^{+\cdot}$表示。由分子离子产生的峰称为分子离子峰(又称母体峰或母离子峰)。由于多数分子易失去一个电子而带一个正电荷，所以分子离子的质荷比数值上等于该化合物的分子量。

对有机化合物来说，n电子最易失去，其次是π电子，σ电子最难失去。因此，对于含杂原子(如O、N、S等)的分子，其分子离子的正电荷位于杂原子上；分子不含杂原子但含碳碳双键，分子离子的正电荷则位于双键的一个碳原子上。例如：

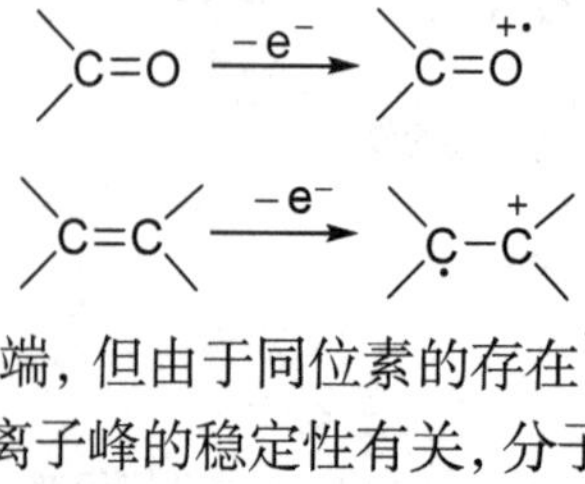

分子离子峰位于质荷比较高的一端，但由于同位素的存在，分子离子峰一般并不对应于最大质荷比。分子离子峰的丰度与分子离子峰的稳定性有关，分子离子越稳定，分子离子峰越强。分子离子峰的丰度往往不是最大的，有时由于某些化合物的分子离子不稳定，在质谱上甚至不出现分子离子峰。但只要出现分子离子峰的信号，就可以获得化合物的分子量。图10-37质荷比为 58 的峰就是丁烷的分子离子峰。在有机化合物中，一般不含氮或偶数氮的有机化合物的分子量是偶数，含奇数氮的有机化合物的分子量是奇数，这个规定称为“氮规定”，常用于分子离子峰的识别。

2) 同位素离子

组成有机化合物的大多数元素，如 C、H、O、N、S、Cl 及 Br 等都有同位素。含有同位素的离子称为同位素离子，与同位素离子对应的峰称为同位素离子峰(isotopic peak)。例如，正丁烷中除了出现质量为 43 的 $C_3H_7^+$ 的信号外，还在其右侧出现一质量为 44 的 $^{13}C^{12}C_2H_7^+$ 的信号。由于 ^{13}C 的自然丰度仅为 1.1%，因此后者的相对丰度很低。

另外，在分子离子峰的右侧常出现一些比分子量大 1 或 2 或更多质量单位的同位素峰，分别用 M+1、M+2 等表示。可以根据这些峰的相对丰度精确测得化合物的分子量，并计算出分子中碳原子的数目。

3) 碎片离子

分子失去一个电子形成离子后，电子流多余的能量还会使分子离子的化学键发生断裂，从而形成离子，这些离子还可能进一步裂解为更小的离子。将这种不发生原子转移和碳骨架改变的键的简单断裂所形成的离子称为碎片离子(fragment ion)。键的断裂是遵循一定规律的，一般来说，能形成稳定碎片的键的断裂易于发生。例如：

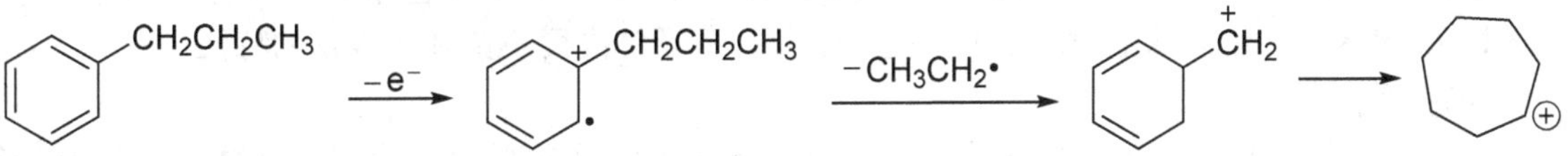

4) 重排离子

分子离子裂解形成离子时，不仅可以通过简单的键的断裂而形成离子(形成碎片离子)，而且可以通过分子内原子或基团的重排形成离子。将这种经过重排裂解产生的离子称为重排离子(rearrangement ion)。例如：

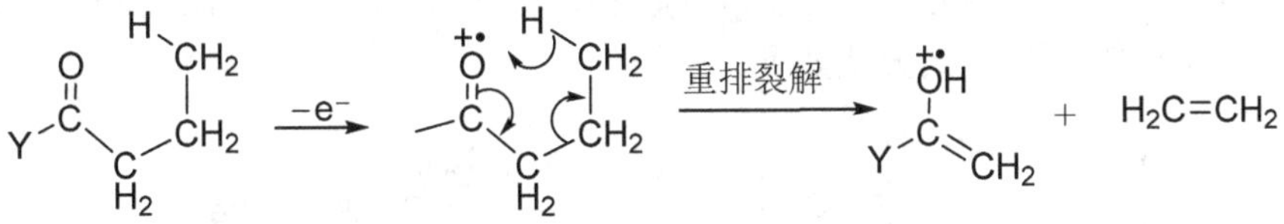

Y=H、R、OH、OR、NHR等　分子离子　　重排离子　　中性分子

这种具有γ-氢原子的化合物通过六元环状过渡态而发生的重排称为麦氏重排(McLafferty rearrangement)，是形成重排最常见的方式。

5) 亚稳离子

$$m_1^+ \longrightarrow m_2^+ + \text{中性分子}$$

假如在离子源中形成的离子 m_1^+ 的分解速率很快，在被电场加速前几乎所有的 m_1^+ 都分解为 m_2^+ 了，则只有 m_2^+ 被电场加速，并以质荷比 m_2 被检测记录下来。假如 m_1^+ 很稳定，则 m_1^+ 被加速后完整地到达检测，并以质荷比 m_1 被记录下来。假如 m_1^+ 分解速率中等，有些 m_1^+ 就会在进入磁场前发生分解。由于 m_1^+ 分解生成 m_2^+ 时一部分能量被中性分子夺走，因此这样产生的

m_2^+ 的能量要比离子源直接产生的 m_2^+ 的能量小得多。另外，由于离开电场加速器时的离子是 m_1^+，而进入磁场发生偏转的离子是 m_2^+，加速质量和偏转质量不一致，所以进入检测器中的离子 m_2^+ 不按真正的质荷比被记录，而是小于正常的 m_2，并在质谱图中显示为一个强度较低的宽峰。将这种稳定性介于稳定与亚稳定之间的离子，称为亚稳离子，其质荷比常用 m^*表示，它在质谱图中对应的质荷比可用下式粗略求得：

$$m^* = \frac{(m_2)^2}{m_1}$$

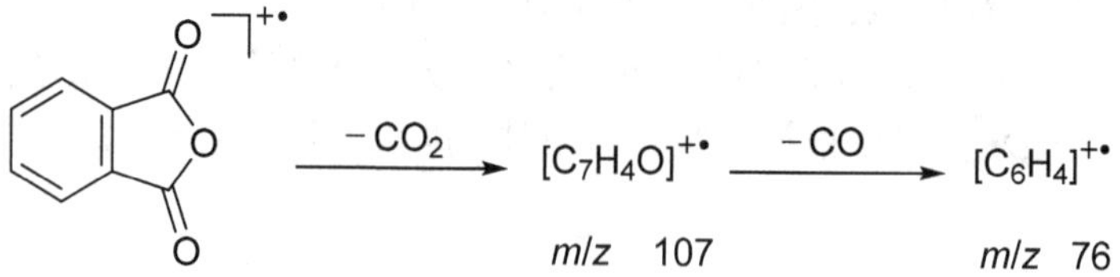

亚稳离子在确定结构时很重要，由它可找出两个离子的亲缘关系。例如，在邻苯二甲酸酐的质谱中，可根据亚稳离子的质荷比 m^*= 55.5 推得质荷比为 76 的离子是由质荷比为 107 的离子失去 CO 所生成的，而不是从分子离子同时失去 CO 和 CO_2 得到的。

6) 双电荷离子

有机分子受到电子流的轰击时，如果失去两个电子，就形成双电荷离子。这种离子将在质荷比为 $m/2z$ 处出现。双电荷离子的产生是杂化、芳环和高度不饱和化合物的特征。

7) 复合离子

在离子源中分子离子和中性分子相互碰撞，分子离子从中性分子中夺得一个原子或基团后形成的离子称为复合离子。复合离子所产生的峰出现在比分子离子峰质荷比高的位置，其丰度随离子源中压力的升高而增大。这是因为压力越高，中性分子与离子相互碰撞的机会越多，形成的复合离子越多。根据复合离子这一特点，可通过改变离子源中压力而将分子离子峰和复合离子峰区分开。

辛-4-酮的构造式为 $CH_3CH_2CH_2\overset{O}{\overset{\|}{C}}CH_2CH_2CH_2CH_3$，分子量为 128。图 10-38 是辛-4-酮的质谱图。其主要峰的离子产生的方式如下：

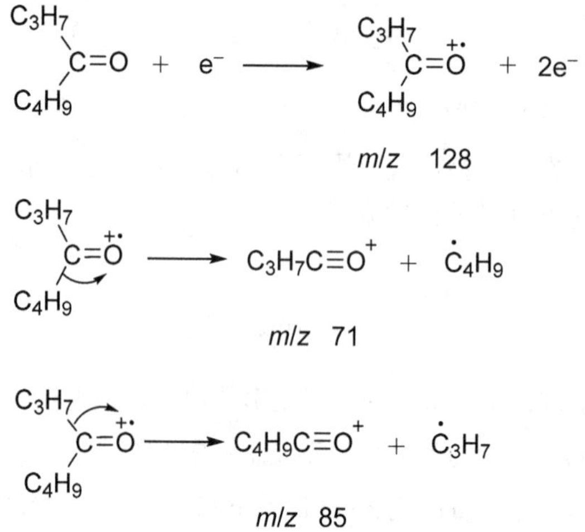

$$C_3H_7C{\equiv}O^+ \longrightarrow C_3H_7^+ + CO$$

$$m/z\ 43$$

$$C_4H_9C{\equiv}O^+ \longrightarrow C_4H_9^+ + CO$$

$$m/z\ 57$$

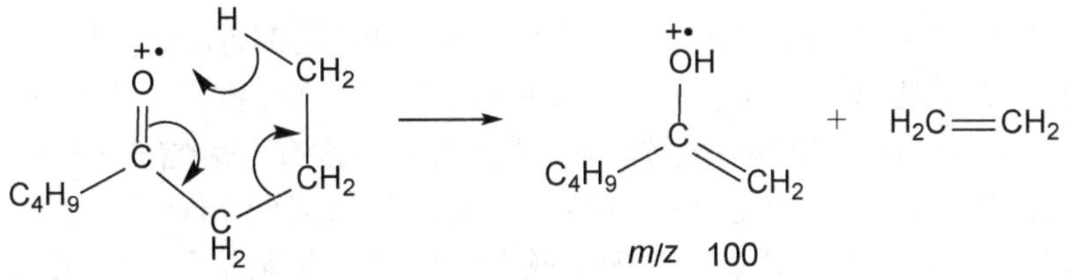

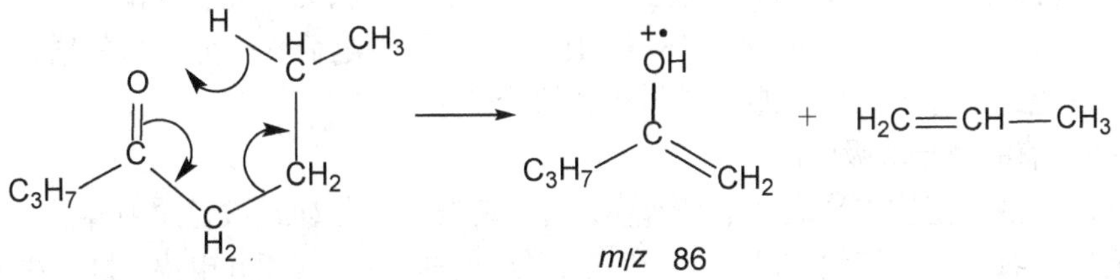

式中，符号表示双电子转移，表示单电子转移。

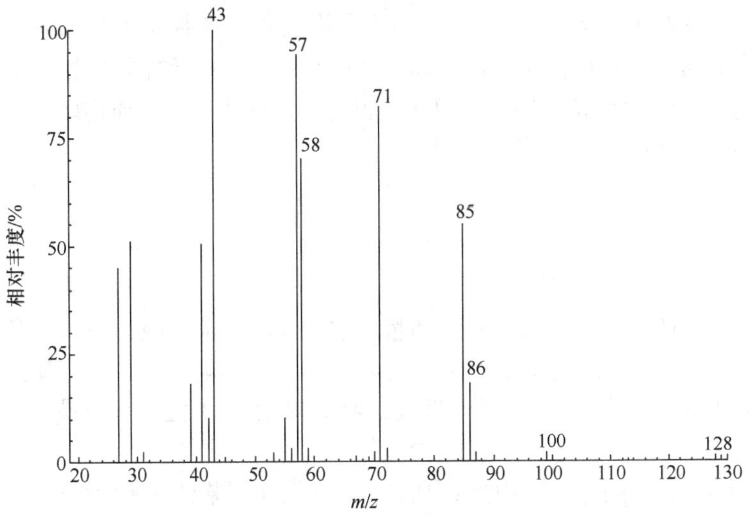

图 10-38　辛-4-酮的质谱图

质谱仪中的电离类型主要包括下面三种电离方式。

1) 电子轰击电离

利用一定能量的电子与气相中的样品分子相互作用(“轰击”)，使分子失去价电子电离成分子离子。当分子离子具有的剩余能量大于其某些化学键的键能时，分子离子便发生碎裂，生成碎片离子。大部分有机物的电离电压为 7～15 eV，电子轰击电离(EI)常用的电离电压为 70 eV，所以分子离子有较多剩余能量，能产生丰富的碎片离子。

EI 的特点：离子源的结构简单，操作方便，方法成熟，是经典、常规的有机物电离方法。碎片离子提供丰富的结构信息。EI 通常得到正离子，质谱图具有很好的重现性，已积累了十几万张标准谱图(70 eV)，便于比对。70 eV 的轰击电子能量使部分化合物的分子离子太弱或不出现；要求样品先气化然后才能电离，限制了其应用范围。

2) 电喷雾电离

电喷雾电离(ESI)是一种“软电离”技术，主要用于难挥发、热稳定性较差的极性化合物分析。

电喷雾通常要选择合适的溶剂。极性溶剂如甲醇和乙腈都有助于样品分子电离，十分适合于电喷雾电离；其他适用的溶剂还包括：二氯甲烷、三氯甲烷-甲醇混合物、二甲基亚砜(DMSO)、四氢呋喃(THF)、丙酮及二甲基甲酰胺。不适合 ESI 的溶剂有：烃类(如正己烷)、芳香族化合物及其他非极性溶剂。小分子化合物的电喷雾质谱容易得到$[M+H]^+$、$[M+Na]^+$、$[M+K]^+$、$[2M+H]^+$、$[2M+Na]^+$、$[2M+K]^+$、$[M+NH_4]^+$或$[M-H]^-$等单电荷离子，选择相应的正离子或负离子检测，就可得到物质的分子量。生物大分子如蛋白质、肽类、氨基酸和核酸则容易得到多电荷离子，如$[M+nH]^{n+}$、$[M+nNa]^{n+}$、$[M-nH]^{n-}$，并且所带电荷数随分子量的增大而增加。通过数据处理系统或通过公式计算能够得到样品的分子量。

3) 基质辅助激光解吸电离

将样品分散于基质中形成共结晶薄膜，用一定波长的脉冲式激光照射样品与基质，基质分子从激光中吸收能量传递给样品分子，使样品分子瞬间进入气相并电离。最常用的基质是烟酸和芥子酸。基质辅助激光解吸电离(MALDI)主要通过质子转移得到单电荷离子 M^+和$[M+H]^+$，也会与基质产生加合离子，有时也会得到多电荷离子。由于这些离子的过剩能量很少，因此较少产生碎片离子。MALDI 能使一些难电离的化合物电离，特别是生物大分子化合物，如蛋白质、核酸和肽类化合物，现已测得分子量高达 30 万～40 万的蛋白质。由于应用脉冲式激光，MALDI 特别适合与飞行时间(TOF)质谱相配，也可以与傅里叶变换质谱联用。MALDI 的缺点是由于使用基质，会产生背景干扰。

习　　题

10-1　某电子跃迁需要吸收 3.5 eV 的能量，它跃迁时，应该吸收波长为多少纳米的光？

10-2　将 9.73 mg 2,4-二甲基戊-1,3-二烯溶于 10 mL 乙醇中，然后将其稀释到 1000 mL，用 1 cm 长的样品池测定该溶液的紫外吸收，吸光度 A 为 1.02，求该化合物的摩尔吸光系数κ。

10-3　化合物甲和乙的分子式均为 C_5H_6O，并且都在近紫外区吸收较强，但乙较甲在较长波长有吸收。试推测这两个化合物可能的构造式。

10-4　指出下列化合物能量最低的电子跃迁类型。

(1) $H_3CH_2CHC{=}CH_2$

(2) $H_3CH_2CH\underset{\mid}{\underset{OH}{C}}{-}CH_3$

(3) $H_3CH_2C\underset{\|}{\underset{O}{C}}{-}CH_3$

(4) $CH_3CH_2OCH_2CH_3$

(5) $H_2C{=}CH{-}CH{=}O$

10-5　按紫外吸收波长长短的顺序，排列下列各组化合物。

(1) 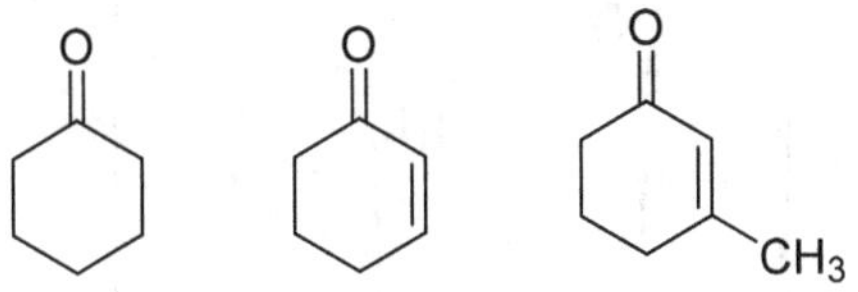

(2) $H_2C{=}CH{-}CH{=}CH_2$　　$H_3C{-}HC{=}CH{-}CH{=}CH_2$　　$CH_2{=}CH_2$

(3) CH_3Cl　　CH_3I　　CH_3Br

(4) 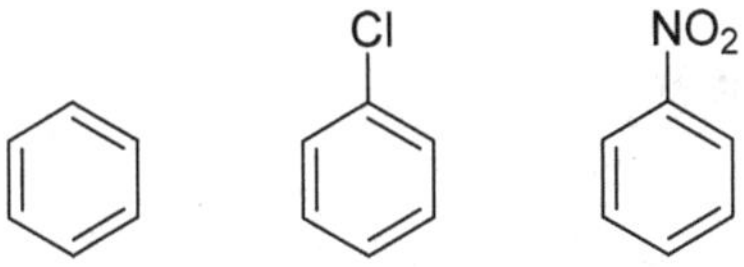

(5) 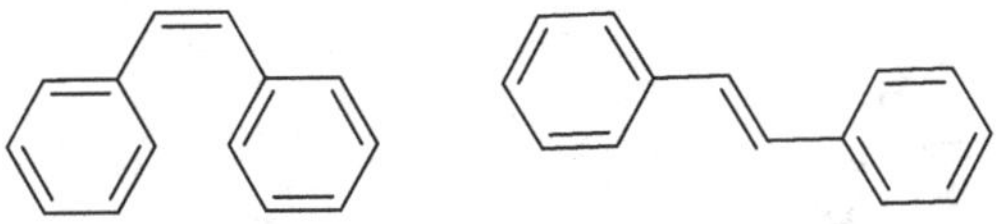

10-6　指出下列哪些化合物可以在近紫外区产生吸收带。

(1) $CH_3CH_2\underset{\displaystyle CH_3}{\underset{|}{C}}HCH_3$　　(2) $CH_3CH_2OCH(CH_3)_2$

(3) $H_3CH_2CC{\equiv}CH$　　(4) $CH_3CH_2\underset{\displaystyle O}{\underset{\|}{C}}CH_3$

(5) $H_2C{=}C{=}O$　　(6) $H_2C{=}CH{-}CH{=}CH{-}CH_3$

10-7　查阅十二个单官能团的四碳有机物的红外光谱(化合物的官能团均不相同)，并对这些谱图做出分析。

10-8　化合物 A、B、C 和 D 的分子式均为 C_4H_6，A 的红外光谱吸收峰近 2200 cm^{-1}，B 的近 1950 cm^{-1}，C 的近 1650 cm^{-1}，D 在这些区域无任何吸收。试推测各自可能的结构。

10-9　图 1 和图 2 分别是乙酸乙酯和己-1-烯的红外光谱图，试识别各图的重要吸收峰。

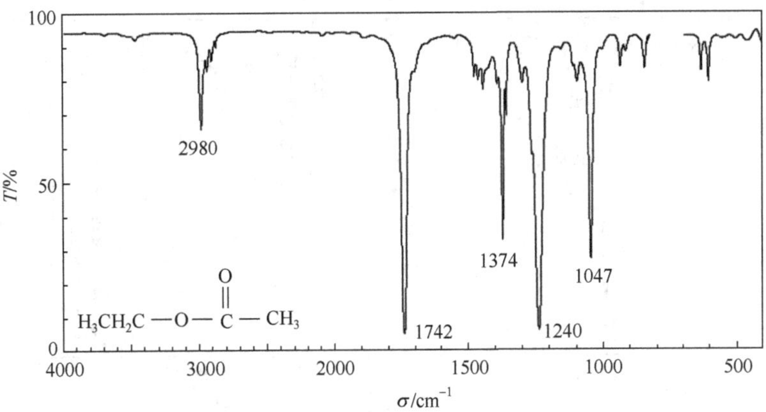

图 1　乙酸乙酯的 IR 图

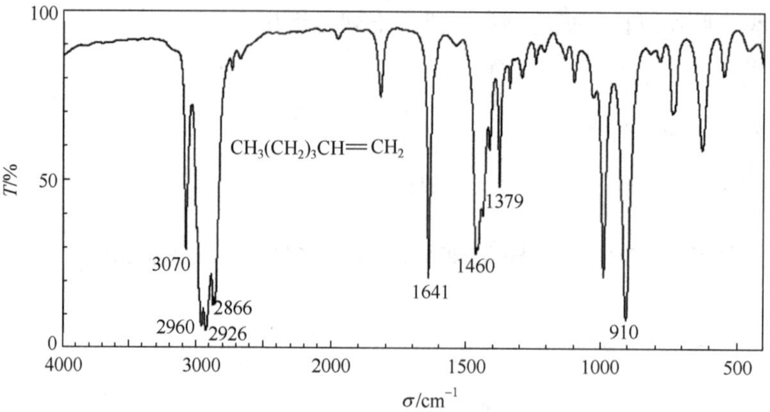

图 2　己-1-烯的 IR 图

10-10　指出如何应用红外光谱区分下列各对异构体。

(1) 

(2) 

(3) 

(4) 

(5) 

10-11　化合物 E，分子式为 C_8H_6，可使 Br_2-CCl_4 溶液褪色，用硝酸银氨溶液处理，有白色沉淀生成，E 的红外光谱如图 3 所示，推测 E 的结构。

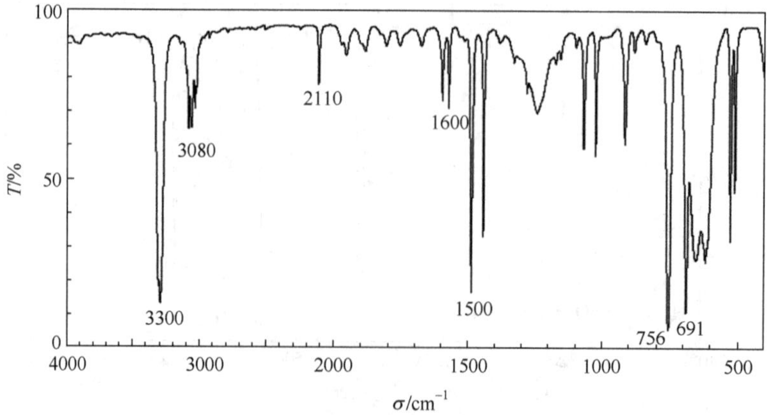

图 3　化合物 E 的 IR 图

10-12 试解释下列现象：乙醇及乙二醇四氯化碳浓溶液的红外光谱在 3350 cm^{-1} 处都有一个宽的 O—H 吸收带。当用四氯化碳稀释这两种溶液时，乙二醇光谱的这个吸收带不变，而乙醇光谱的这个吸收被在 3600 cm^{-1} 处一个尖峰所代替。

10-13 预计下列化合物将有几个氢核磁共振信号。

(1) $CH_3CH_2CH_2CH_3$　　(2) 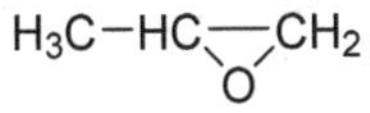　　(3) $H_2C{=}CHCH_3$

(4) 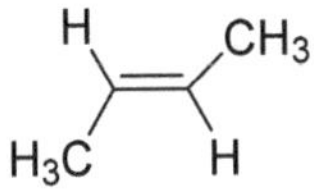　　(5) $BrH_2C-\overset{H_2}{C}-CH_2Br$　　(6) CH_2BrCl

(7) $H_3C-\overset{O}{\overset{\|}{C}}-OCH(CH_3)_2$　　(8) $CH_3\underset{Cl}{\underset{|}{C}}HCH_2CH_3$

10-14 从结构分析出发，指出对异丙基甲苯、三级丁基苯和异丁基苯在核磁共振谱图上可能有什么不同。

10-15 写出具有下列分子式但仅有一个氢核磁共振信号的化合物构造式。

(1) C_5H_{12}　(2) C_3H_6　(3) C_2H_6O　(4) C_3H_4

(5) C_4H_6　(6) C_8H_{18}　(7) $C_3H_6Br_2$　(8) $C_2H_4Br_2$

10-16 按照化学位移 δ 值的大小，将下列化合物的氢核磁共振信号排列顺序。

(1) $CH_3CH_2CH_2CH_3$　　(2) 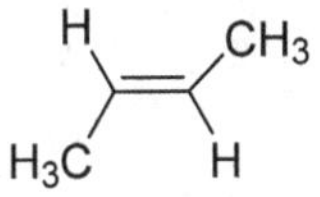

(3) $CH_3CH_2OCH_2CH_3$　　(4) $C_6H_5CH_2CH_2CH_3$

(5) Cl_2CHCH_2Cl　　(6) $ClCH_2CH_2CH_2Br$

(7) CH_3CHO　　(8) $H_3C-\overset{O}{\overset{\|}{C}}-OCH_2CH_3$

10-17 在室温下，环己烷的氢核磁共振谱只有一个信号，但在−100℃时分裂成两个峰。试解释环己烷在这两种不同温度下的 ^{1}H NMR。

10-18 化合物 A 和 B 的分子式都是 $C_2H_4Br_2$。A 的氢核磁共振谱有一个单峰；B 有两组信号，一组是二重峰，一组是四重峰。试推测 A 和 B 的结构式。

10-19 写出所有分子式为 C_6H_{12}，其核磁共振谱中只有一个单峰的化合物的构造式。

10-20 讨论下面两个化合物的核磁共振谱会有什么不同。

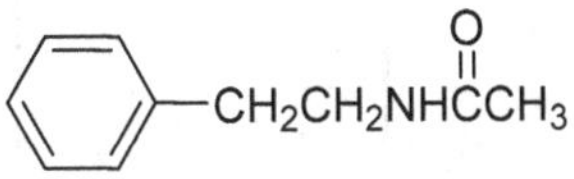

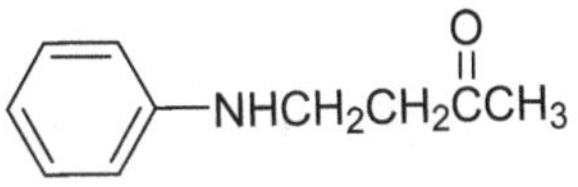

10-21 二甲基环丙烷有三种异构体，分别给出 2、3 和 4 个氢核磁共振信号，试画出这三种异构体的构型式。

10-22 1,2-二溴-1-苯乙烷有几组不等性的质子?

10-23 化合物 A 的分子式为 C_8H_8O，图 4 和图 5 分别是它的核磁共振谱和红外光谱图，试写出 A 的结构式。

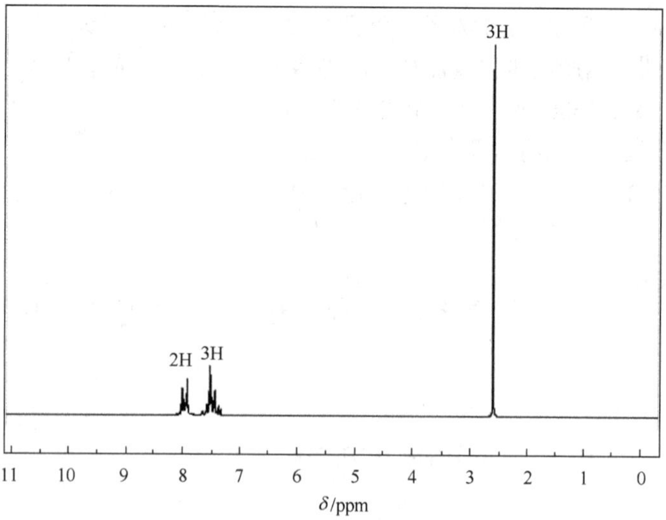

图 4　化合物 A 的 ^{1}H NMR 图

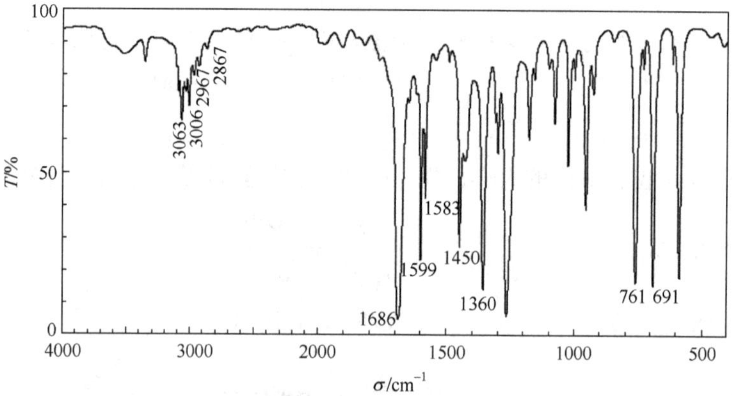

图 5　化合物 A 的 IR 图

10-24　试推测具有如图 6、图 7 所示分子式及氢核磁共振谱的化合物的构造式，并标出各组峰的相对面积。

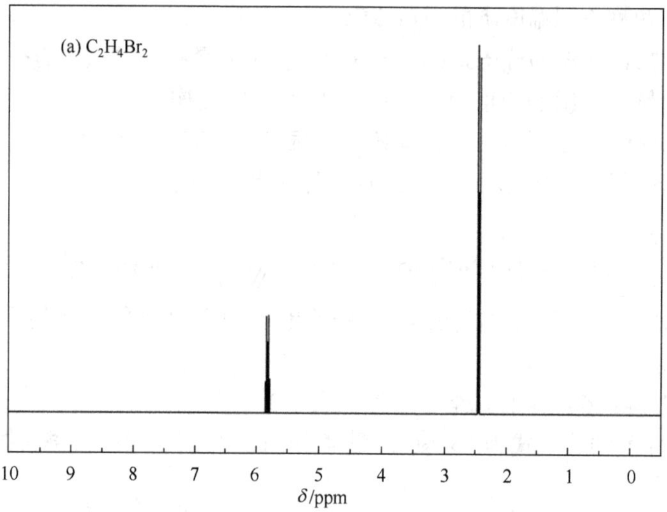

图 6　化合物(a)的 ^{1}H NMR 图

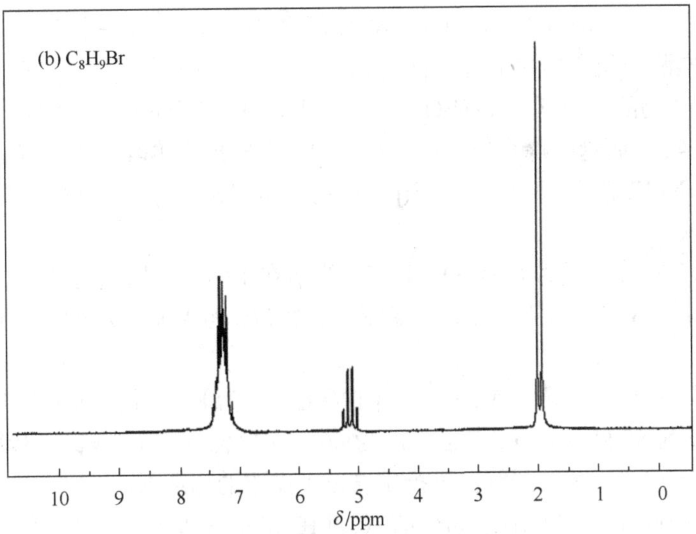

图 7　化合物(b)的 ^1H NMR 图

10-25　从以下数据推测化合物的结构。

实验式：C_3H_6O

NMR：δ1.2 ppm (6H) 单峰，δ2.2 ppm (3H) 单峰，δ2.6 ppm (2H) 单峰，δ4.0 ppm (1H) 单峰

IR：1700 cm^{-1} 及 3400 cm^{-1} 处有吸收带。

10-26　用 1 mol $CH_3CH_2CH_3$ 和 2 mol Cl_2 进行自由基氯化反应时，生成氯化混合物，小心分馏得到四种二氯丙烷 A、B、C、D。从这四种异构体的核磁共振谱的数据，推定 A、B、C、D 的结构。

化合物 A(沸点 69℃)：δ2.4 ppm (6H) 单峰；

化合物 B(沸点 88℃)：δ1.2 ppm (3H) 三重峰，δ1.9 ppm (2H) 多重峰，δ5.8 ppm (1H) 三重峰；

化合物 C(沸点 96℃)：δ1.4 ppm (3H) 二重峰，δ3.8 ppm (2H) 二重峰，δ4.3 ppm (1H) 多重峰；

化合物 D(沸点 120℃)：δ2.2 ppm (2H) 五重峰，δ3.7 ppm (4H) 三重峰。

10-27　化合物 A 的分子式为 C_5H_8，催化氢化后生成顺-1,2-二甲基环丙烷。

(1) 写出 A 可能的结构。

(2) 已知 A 在 890 cm^{-1} 处没有红外吸收，A 可能的结构又是什么？

(3) A 的 ^1H NMR 图在 δ2.2 ppm 和δ1.4 ppm 处有共振信号，强度比为 3∶1，A 的结构如何？

(4) 在 A 的质谱中，发现基峰是 *m/z* 67，这个峰是由什么离子造成的？如何解释它的相对丰度？

10-28　均三甲苯的 ^1H NMR 图：δ2.35 ppm (9H)单峰，δ6.70 ppm (3H) 单峰。在液态 SO_2 中，用 HF 和 SbF_5 处理均三甲苯，在 ^1H NMR 图上看到的都是单峰，δ2.8 ppm (6H)，δ2.9 ppm (3H)，δ4.6 ppm (2H)，δ7.7 ppm (2H)。这个谱是由什么化合物产生的？标明它们的吸收峰。

10-29　1,2,3,4-四甲基-3,4-二氯环丁烯(I)的 ^1H NMR 图在δ1.5 ppm 和 δ2.6 ppm 处各有一个单峰，当将(I)溶解在 SbF_5 和二氧化硫的混合物中时，溶液的 ^1H NMR 图开始呈现三个单峰，

δ2.05 ppm (3H)、δ2.20 ppm (3H)、δ6.5 ppm (6H)，但几分钟后，出现一个新的谱，只在δ3.68 ppm处有一个单峰。推测中间产物和最终产物的结构，并用反应式表示上述变化。

10-30　某化合物的分子式为 C_7H_8O，其 $^{13}C\{^1H\}$谱中各峰的δ(ppm) 分别为 140.8、128.2、127.2、126.8 和 64.5，而这些峰在偏共振去耦谱中分别表现为单峰、二重峰、二重峰、二重峰和三重峰。其 ^1H NMR 谱有三个单峰，δ(ppm) 分别为 7.3 (5H)、4.6 (2H)和 2.4 (1H)。试推出该化合物的结构式。

10-31　一化合物分子式为 $C_5H_{10}O$，其红外光谱在 1700 cm^{-1} 处有强吸收，^1H NMR 谱在δ为 9～10 ppm 处无吸收峰。从质谱知，其基峰 *m/z* 为 57，但无 *m/z* 为 43 和 71 的峰，试确定该化合物的结构式。

10-32　戊酮有三个异构体，A 的分子离子峰的 *m/z* 为 86，并在 *m/z* 为 71 和 43 处各有一个强峰，但在 *m/z* 为 58 处没有峰；B 在 *m/z* 为 86、57 处各有一个强峰，但没有 *m/z* 为 43、71 的强峰；C 有一个 *m/z* 为 58 的强峰。试推出这三个戊酮的构造式。

10-33　一个中性化合物 $C_7H_{13}O_2Br$ 的 IR 谱在 2850～2950 cm^{-1} 处有一些吸收峰，但在 3000 cm^{-1} 以上无吸收峰，另一强吸收峰在 1740 cm^{-1} 处。^1H NMR 谱δ (ppm)分别为 1.0 (三重峰，3H)、1.3 (二重峰，6H)、2.1 (多重峰，2H)、4.2 (三重峰，1H)和 4.6 (多重峰，1H)有信号，碳谱在δ为 168 ppm 处有一个特殊的共振信号。试推断该化合物可能的结构，并给出各谱峰的归属。

第 11 章　羧酸和羧酸衍生物

11.1　羧酸和羧酸衍生物的分类和命名

羧基(—COOH，carboxy group)是由羰基和羟基组成的基团。含有羧基官能团的化合物称为羧酸(carboxylic acid)。除甲酸(HCOOH)外，羧酸(R—COOH)可以看作是烃的羧基衍生物。在羧酸中，与羟基相连的基团称为酰基(R—CO—，acyl group)，羧基中的羰基部分称为羧羰基，羧基中的羟基部分则称为羧羟基。

羧酸种类繁多，按照分子中羧基所连烃基碳架的不同，羧酸分为脂肪族羧酸(fatty acid)、脂环族羧酸(alicyclic acid)和芳香族羧酸(aromatic acid)。脂肪族羧酸根据烃基的饱和程度不同，又分为饱和脂肪族羧酸(saturated fatty acid)和不饱和脂肪族羧酸(unsaturated fatty acid)。按照分子中所含羧基数目的不同，羧酸分为一元羧酸(monocarboxylic acid)、二元羧酸(dicarboxylic acid)及多元羧酸(polycarboxylic acid)。

许多羧酸是从天然产物中得到的，因此常根据来源命名。例如，甲酸最初是蒸馏蚂蚁时得到的，所以也称为蚁酸。乙酸存在于食醋中，所以也称为醋酸。其他如草酸、琥珀酸、苹果酸和柠檬酸等都是根据它们最初的来源命名的。高级的一元饱和羧酸是从脂肪中得到的，因此一元饱和羧酸又称为脂肪酸。

HCOOH	CH_3COOH	$CH_3(CH_2)_{10}COOH$
蚁酸 formic acid	醋酸 acetic acid	月桂酸 lauric acid

$CH_3(CH_2)_{14}COOH$	$CH_3(CH_2)_{16}COOH$
棕榈酸，软脂酸 palmitic acid	硬脂酸 stearic acid

脂肪族羧酸在系统命名时选择分子中含有羧基的最长碳链为主链，根据主链上碳原子的数目称为某酸，含有的侧链和重键的命名方法与烷烃相同，编号则从羧基开始。英文名称是将相应碳数烃的词尾去掉“e”加上“oic acid”。例如：

$CH_3CH_2CH_2COOH$	$H_3C-C(CH_3)=CHCOOH$	$CH_3CH(CH_3)-CH_2CH_2COOH$
丁酸 butanoic acid	3-甲基丁-2-烯酸 3-methylbut-2-enoic acid	4-甲基戊酸 4-methylpentanoic acid

羧酸常用希腊字母标明位次，即与羧基直接相连的碳原子编号为α，其余依次为β、γ、…，距离羧基最远的碳原子编号为 ω。例如：

$CH_3CH{=}CHCOOH$　　　　$Br-CH_2(CH_2)_9COOH$

α-丁烯酸　　　　*ω*-溴十一酸

α-butenoic acid　　　　*ω*-bromoundecanoic acid

羧酸也常用希腊字母 Δ 表示双键的位次，将双键碳原子的位次写在 Δ 的右上角。例如，油酸可称为 Δ^9-十八碳烯酸。

二元羧酸选择分子中含有两个羧基的最长碳链为主链，称为某二酸。例如：

HOOCCOOH	$HOOCCH_2COOH$	$HOOC(CH_2)_2COOH$
乙二酸 (草酸) oxalic acid	丙二酸 (缩苹果酸) malonic acid	丁二酸 (琥珀酸) succinic acid

(*Z*)-HOOCCH=CHCOOH	(*E*)-HOOCCH=CHCOOH
反丁烯二酸(富马酸) fumaric acid	顺丁烯二酸(马来酸) maleic acid

脂环族羧酸、芳香族羧酸按照羧基连接位置的不同，有两种不同的母体选择和命名。羧基直接和环相连的羧酸，在脂环烃或芳香烃的名称之后加“甲酸”二字为母体，其他基团作为取代基来命名。羧基和侧链相连的羧酸，通常以脂肪酸为母体，脂环或芳环作为取代基命名。对于环上及侧链都连有羧基的羧酸，一般以脂肪酸为母体命名。例如：

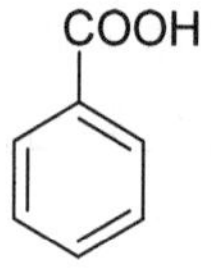

苯甲酸
benzoic acid

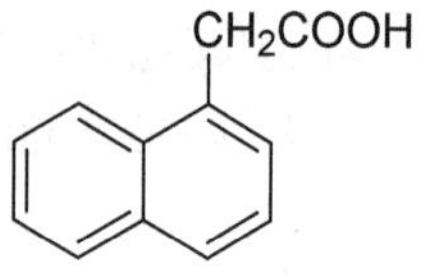

α-萘乙酸
α-naphthaleneacetic acid

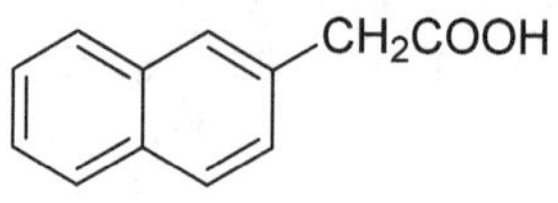

β-萘乙酸
β-naphthaleneacetic acid

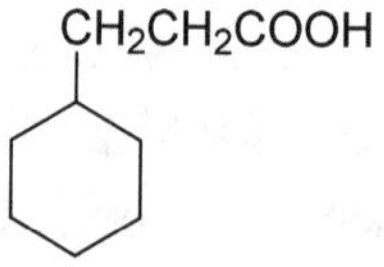

3-环己基丙酸
3-cyclohexylpropionic acid

羧酸分子中烃基上的氢原子被取代后的化合物一般称为取代羧酸，如卤代酸(halogenated acid)、羟基酸(hydroxy acid)和氨基酸(amino acid)。

羧酸分子中羧基上的羟基(—OH)被卤原子(—X)、酰氧基(acyloxy)或羧酸根(carboxylate)(—OCOR)、烷氧基或烃氧基(—OR)和氨基或胺基($-NH_2$、—NHR、$-NR^1R^2$)等取代后的化合物分别称为酰卤(R—COX, acyl halide)、酸酐($R^1-COOCOR^2$, acid anhydride)、酯(R^1-COOR^2, ester)和酰胺($R-CONH_2$、R—CONHR、$R-CONR^1R^2$，amide)。这些化合物都可由羧酸制备，经水解反应又可以转化为羧酸，因此统称为羧酸衍生物(carboxylic acid derivatives)。它们都含有酰基，也统称为酰基化合物(acyl compounds)。含有氰基(—C≡N，cyano)官能团的化合物称为腈(R—C≡N, nitrile)，腈水解先生成酰胺，再进一步水解生成羧酸，也可以看作羧酸衍生物。

酰卤是羧酸分子中的羟基被卤原子取代后生成的产物，通式为

$$R-\overset{\overset{\displaystyle O}{\|}}{C}-X$$

酰卤一般根据相应的酰基命名。通常将相应羧酸的酰基的名称放到前面，将卤素名称放到后面。英文名称将相应羧酸词尾“-oic acid”换成“-yl halide”。例如：

CH_3CH_2COOH	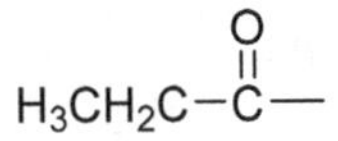	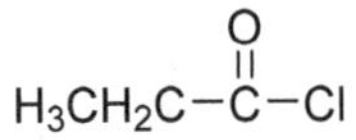
丙酸	丙酰基	丙酰氯
propionic acid	propionyl	propionyl chloride
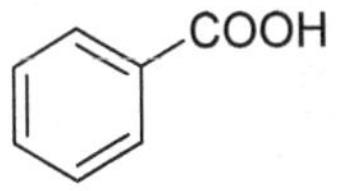	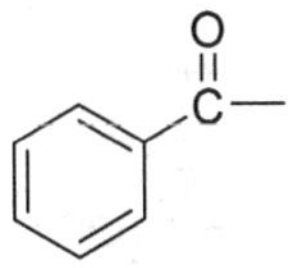	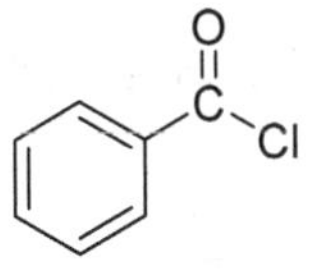
苯甲酸	苯甲酰基	苯甲酰氯
benzoic acid	benzoyl	benzoyl chloride
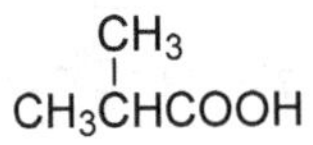	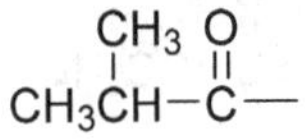	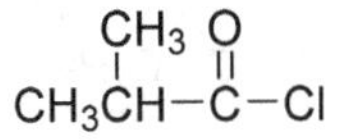
异丁酸	异丁酰基	异丁酰氯
isobutyric acid	isobutyryl	isobutyryl chloride
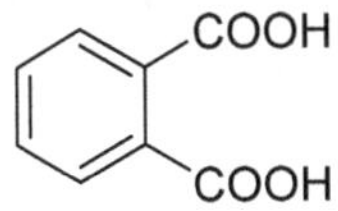	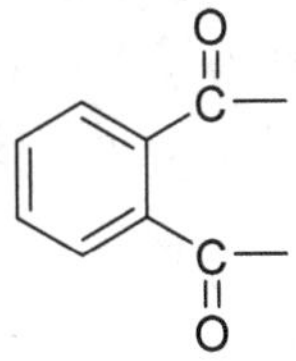	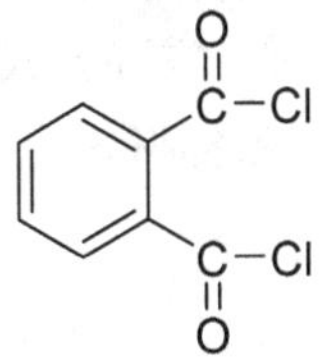
邻苯二甲酸	邻苯二甲酰基	邻苯二甲酰氯
phthalic acid	phthalyl	phthaloyl chloride

酸酐是两个羧酸分子间脱水后生成的产物，通式为

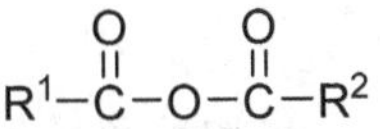

酸酐分为单酐(由两个相同的一元羧酸脱水形成的酸酐)、混酐(由两个不相同的一元羧酸脱水形成的酸酐)和环状酸酐(一分子二元羧酸脱水形成的酸酐)。命名时，常在相应羧酸的名称后加上一个“酐”字。英文名称将相应羧酸的词尾“-ic acid”换成“anhydride”。混酐中两个羧酸的排序规则是：中文按从小到大的顺序排列，英文按羧酸字母顺序排列。例如：

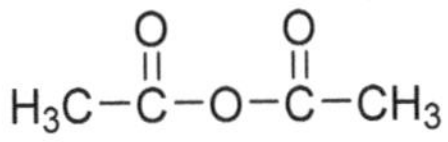	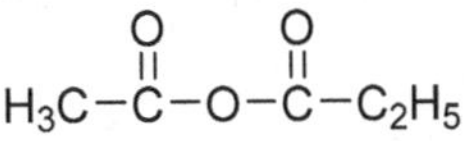	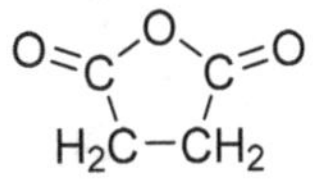
乙酸酐	乙丙酸酐	丁二酸酐（俗称琥珀酸酐）
acetic anhydride	ethanoic propanoic anhydride	butanedioic anhydride (succinic anhydride)

含有累积(cumulated)的羰基与碳碳双键(—C═C═O)的化合物称为烯酮(ketene)。烯酮可以看作羧酸分子内脱水形成的酸酐。最简单的烯酮是乙烯酮(CH_2═C═O)。乙烯酮的衍生物一般以乙烯酮为母体，其他基团作为取代基来命名。英文名称将其他基团的名称放到前面，以

“ketene”结尾。例如：

$CH_3CH_2CH_2CH{=}C{=}O$　　$CH_3OCH{=}C{=}O$　　$CH_3C(=O){-}CH{=}C{=}O$

丙基乙烯酮 propyl ketene　　甲氧基乙烯酮 methoxy ketene　　乙酰基乙烯酮 acetyl ketene

酯是羧酸与醇脱水后生成的产物，通式为

$$R^1{-}C(=O){-}OR^2$$

酯的命名是将羧酸的名称放到前面，烃氧基的烃基名称放到后面，最后再加上一个“酯”字。英文名称将相应羧酸的词尾“-ic acid”或“-ous acid”换成“-ate”或“-ite”，并在前面加上烃氧基的烃基名称。例如：

$H{-}C(=O){-}O{-}C_2H_5$　　$H_3C{-}C(=O){-}OC_2H_5$　　$H_3C{-}C(=O){-}O{-}CH{=}CH_2$

甲酸乙酯 ethyl formate　　乙酸乙酯 ethyl acetate　　乙酸乙烯酯 vinyl acetate

内酯(lactone)是分子内的羧基和羟基脱水生成的环状酯。五元或六元环的内酯环张力小，最易形成。命名时，成环方式用希腊字母(α，β，γ，δ，…)注明，并将相应羧酸的“酸”字改为“内酯”。英文名称将相应羧酸的词尾“-ic acid” 换成“-olactone”。例如：

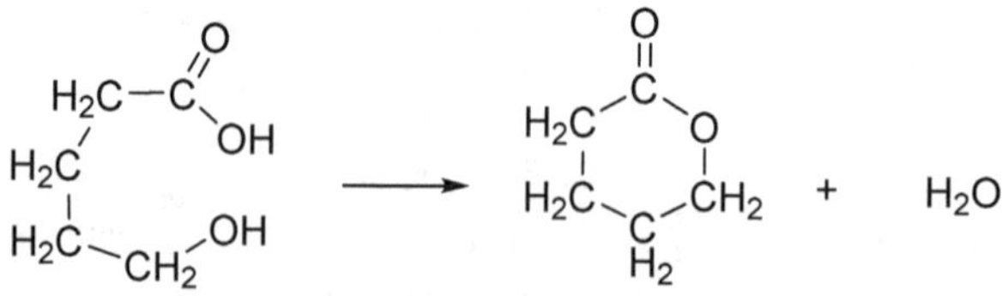

δ-羟基戊酸 δ-hydroxyvaleric acid　　δ-戊内酯 δ-valerolactone

交酯(lactide)是两分子(或多分子)的α-羟基酸通过羧基和羟基的交互脱水而形成的环状酯。命名时，用二(双)、三等字头来表明所含的分子数，并将“酸”换成“交酯”。英文名称将相应羧酸的词尾“-ic acid”换成“-ide”。例如：

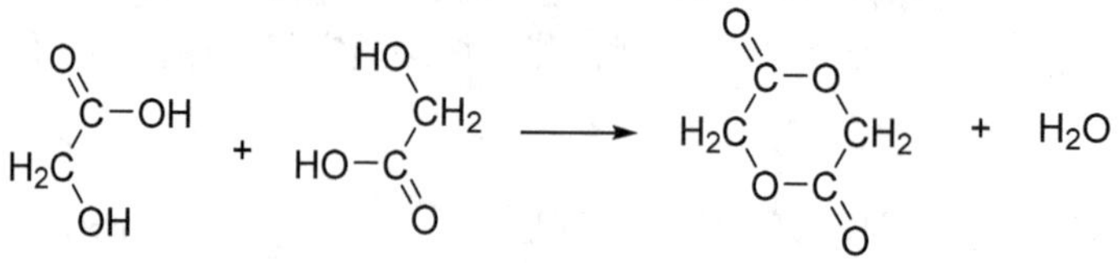

乙醇酸 glycolic acid　　乙交酯 glycolide

酰胺是羧酸中的羟基被氨基(—NH₂)或者胺基(—NHR、—NR₂)取代后生成的产物，也可看作是氨或胺分子中氮原子上的氢被酰基取代而成的产物。它的通式为

$$R^1{-}C(=O){-}NR^2R^3$$

酰胺的命名方法和酰氯的相同，英文名称将相应羧酸的词尾“-oic acid”换成“-amide”。氨的三个氮原子上的氢依次被酰基取代后，得到单酰胺、二酰胺和三酰胺。英文用 di(二)、tri(三)等字头加在相应羧酸的英文名称前。例如：

NH_3

氨
ammonia

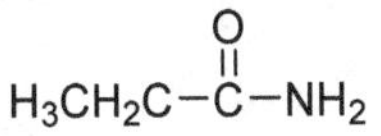

丙酰胺
propionamide

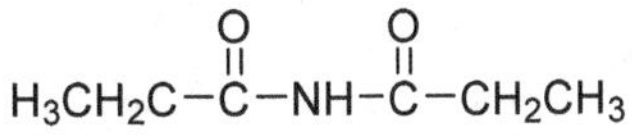

二丙酰胺
dipropionamide

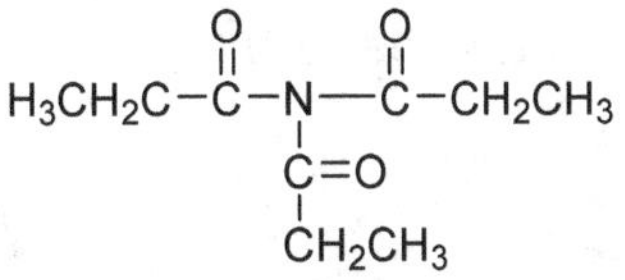

三丙酰胺
tripropionamide

二元羧酸一个羧羟基被氨基取代的产物，羧酸作为母体，酰胺作为取代基来命名，称为“氨基甲酰基某酸”。当二元羧酸的两个羧羟基各被一个氨基取代时，生成的产物称为“某二酰胺”。英文名称将二元酸的词尾“-dionic acid”换成“-diamide”。当二元羧酸的两个羧羟基被同一个氨基取代时，生成的环状产物称为“某二酰亚胺”。英文名称将二元酸的词尾“-dionic acid” 换成“imide”。例如：

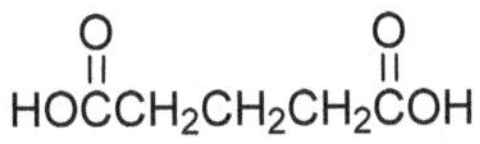

戊二酸
glutaric acid

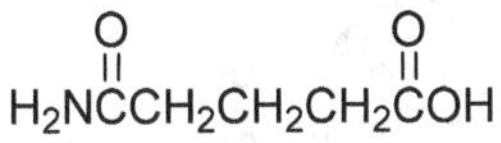

氨基甲酰基丁酸
aminoformylbutyric acid

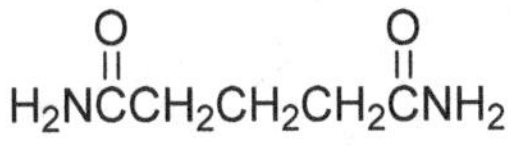

戊二酰胺
pentanediamide

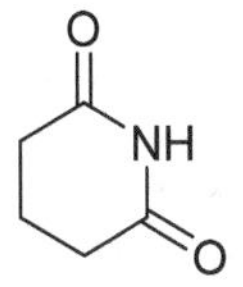

戊二酰亚胺
glutarimide

环状酰胺中，若环内有—CONH—基团则称为某内酰胺(lactam)。英文名称在相应烃的名称后加“lactam”。例如：

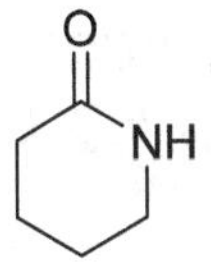

δ-戊内酰胺
δ-valerolactam

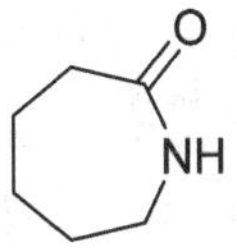

ε-己内酰胺
ε-caprolactam

腈是含有氰基(—C≡N)官能团的化合物，它的通式为

$$R-C\equiv N$$

腈的命名方法通常与脂肪族羧酸一样，选择含有氰基最长链为主链，以所含的碳原子数命名，氰基中的碳原子包括在内，且编号为 1。命名时在相应的烃名后加上“腈”或“二腈”等。英文名称将相应羧酸的词尾“-oic acid”换成“-nitrile”或“-dinitrile”。腈也可从相应羧酸的“酸”字改为“腈”来命名。英文名称将羧酸的词尾将“-carboxylic acid”换成“-carbonitrile”或“-oic acid”换成“-onitrile”。例如：

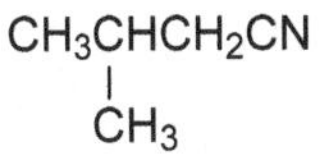

异丁腈
isobutyronitrile

$CH_2{=}CH-CH_2CN$

丁-3-烯腈
but-3-enenitrile

$NC-CH_2CH_2-CN$

丁二腈
succinonitrile

11.2　羧酸和羧酸衍生物的结构

羧酸的结构为

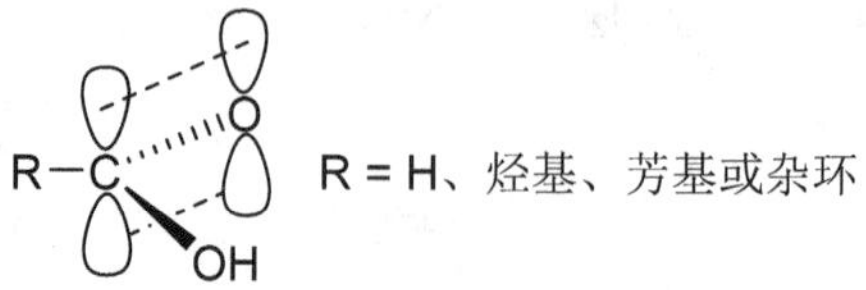

羧酸的羰基碳为 sp^2 杂化，其三个杂化轨道分别与羰基氧形成 σ 键，与羟基氧形成 σ 键，与 R(R 可以是氢、烃基、芳基、杂环)形成 σ 键。这三个杂化轨道位于同一平面内，相互之间的键角约为 120°。羧酸的羰基碳还有一个未参与杂化的 p 轨道，其与羰基氧的 p 轨道侧面重叠形成 π 键。因此，在羧酸中两个碳氧键是不同的，这个事实已经通过 X 射线衍射实验得到了验证。例如，甲酸的羧基 C═O 键的键长为 123 pm，而 C—O 键的键长为 136 pm。

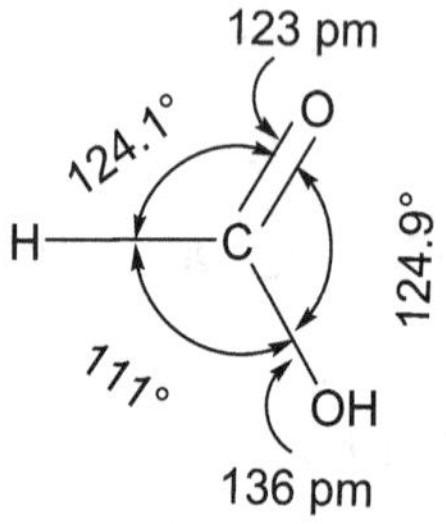

在羧酸分子中，羧羟基氧的电负性比氢大，导致 O—H 键的电子云偏向于氧。同时，羧羟基氧上的孤对电子与羰基形成共轭，促使氧上的电子云向 C═O 双键转移，从而生成带有相反电荷的偶极结构(dipolar structure)。氧正离子使得 O—H 键的电子云进一步向氧偏移，致使氢质子易于离去，形成羧基负离子(又称为羧酸根负离子，$RCOO^-$，carboxylate anion)。在羧基负离子中，羟基氧原子上的负电荷所在的 p 轨道可与羰基的 π 轨道发生 p-π 共轭，形成一个稳定的具有四电子三中心的离域 π 分子轨道。

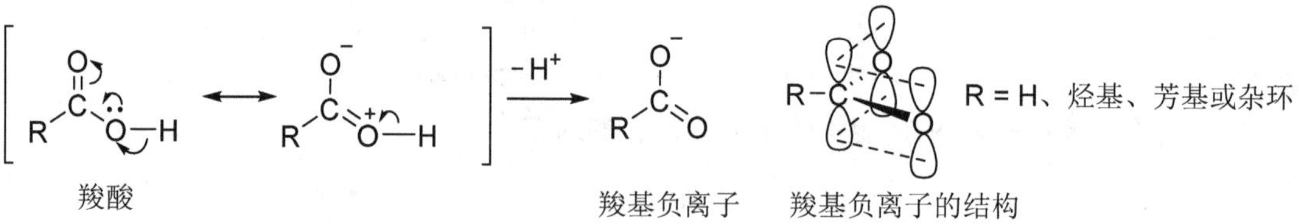

在羧基负离子的离域 π 分子轨道中，负电荷不再局限于单个氧原子上，而是均匀地分布在两个氧原子上。X 射线衍射和电子衍射的证据表明，在甲酸钠中，两个 C—O 键的键长均为 127 pm，没有显示出双键和单键的差异。

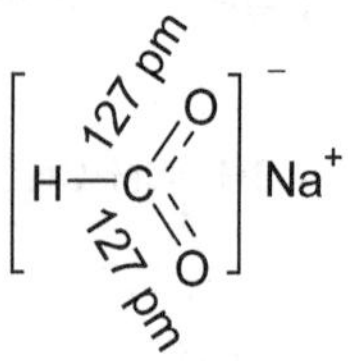

羧酸衍生物具有与羧酸相似的结构。与羧酸相比，酰氯中的氯原子电负性较强，表现出较

强的吸电子诱导效应，与羰基的共轭效应相对较弱。因此，酰氯中具有相反电荷的偶极结构很少。这一理论可以通过对比酰氯与氯代烷的键长来进行验证。在酰氯中，C—Cl 键的长度并不比氯甲烷中的 C—Cl 键短。

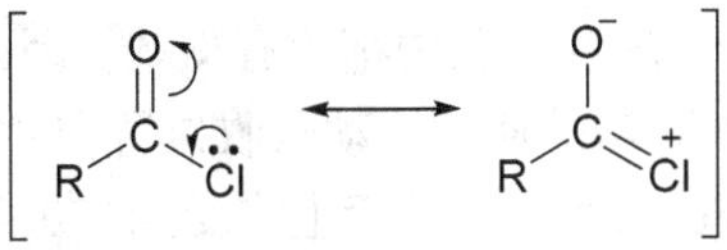

178.9 nm　　178.4 nm

酯类化合物与羧酸相似，其烷氧基氧上的孤对电子可以通过与羰基的共轭，使氧上的电子云向 C═O 双键转移，生成具有相反电荷的偶极结构。这种共轭作用赋予了酯中 C—O 键某些双键的特性。比较酯与醇的键长可以看出，酯中的 C—O 键比醇中的 C—O 键更短。此外，酯中的 C—O 键的碳是用 sp^2 杂化轨道与氧成键，而醇中的 C—O 键的碳是用 sp^3 杂化轨道与氧成键。一般来说，碳原子的杂化轨道中 s 成分的含量越多，吸电子能力越强，形成的 C—O 键键长越短。这也是酯中的 C—O 键比醇中的 C—O 键更短的原因之一。

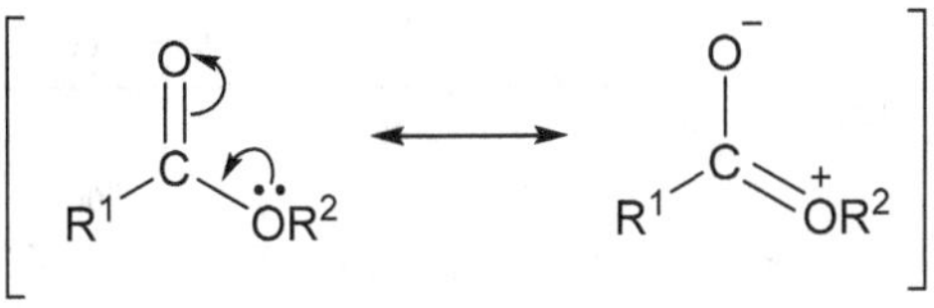

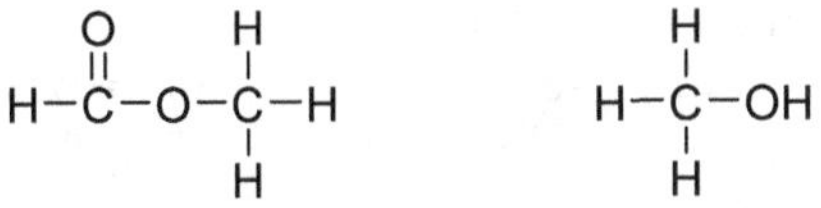

133.4 pm　　143.0 pm

在酰胺分子中，氨基氮上的孤对电子能够与羰基发生共轭作用，生成具有相反电荷的偶极结构。在酰胺中这种具有相反电荷的偶极结构是主要的。因此，酰胺中的 C—N 键具有某些双键的性质。比较酰胺与胺中的 C—N 键键长可以看出，酰胺的 C—N 键比胺中的 C—N 键更短。此外，酰胺中的 C—N 键中的碳原子采用 sp^2 杂化轨道与氮原子成键，而胺中的 C—N 键中的碳原子则采用 sp^3 杂化轨道与氮原子成键。由于酰胺中的 C—N 键的碳杂化轨道含更多的 s 成分，因此酰胺 C—N 键键长较短。

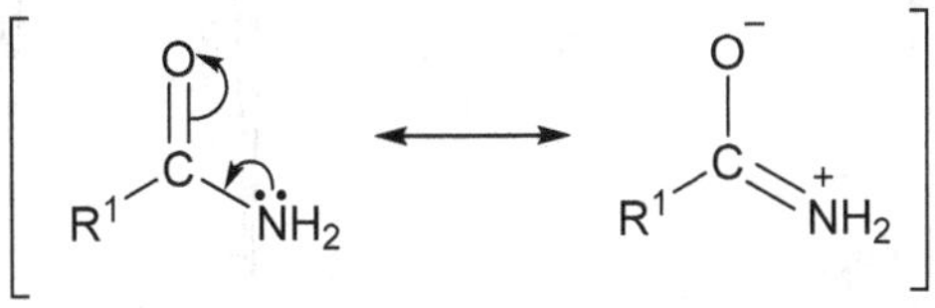

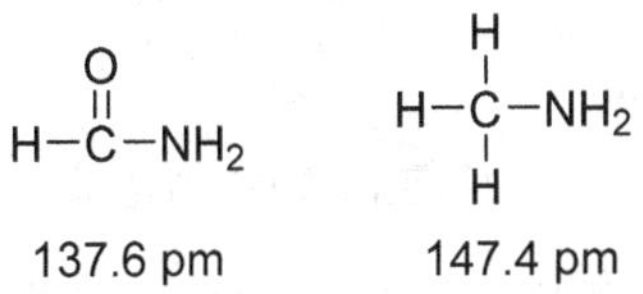

137.6 pm　　147.4 pm

11.3　羧酸和羧酸衍生物的光谱性质

醛、酮、羧酸、酰卤、酸酐、酯和酰胺中都含有羰基，因此在红外光谱中都显示出特征的羰基伸缩振动吸收峰。醛、酮中羰基的伸缩振动吸收位置在 1750～1680 cm^{-1}。羧酸中羰基的伸缩振动吸收位置在 1770～1680 cm^{-1}。羧酸衍生物受到与羰基相连基团的电子效应影响，使得羰基的伸缩振动峰扩大到 1870～1650 cm^{-1}。

羧酸的红外光谱有羰基(—C═O)和羟基(—OH)的两种特征伸缩振动吸收峰(表 11-1)。羧酸的 C—O 键伸缩振动吸收峰在 1250 cm^{-1} 处，O—H 键弯曲振动吸收峰在 1400 cm^{-1} 和 900 cm^{-1} 处，可以进一步确定羧基的存在。羧酸容易通过氢键缔合成二聚体，因此其红外光谱通常是二聚体的谱图。只有在气态或稀的非极性溶剂中，才能观测到单体的谱图。图 11-1 是正己酸的红外光谱图。

表 11-1　羧酸的特征伸缩振动吸收峰

键和官能团类别	羧酸类别	波数/cm^{-1}		强度
		在单体中	在二聚体中	
O—H		3560～3500	3200～2500	m
C═O	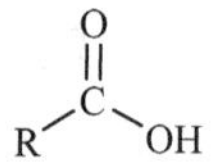	≈1760	≈1710	s
	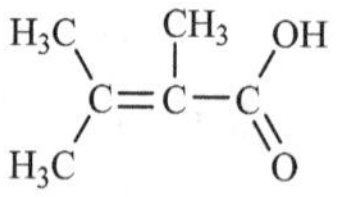	≈1720	1715～1690	s
	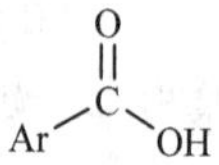	≈1700	1700～1680	s

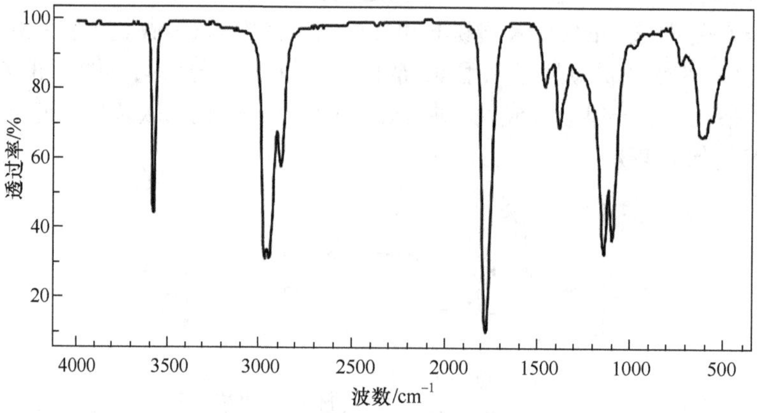

图 11-1　正己酸的红外光谱图

在羧酸的 ^{1}H NMR 谱中，由于电负性较大的羟基氧原子的吸电子效应、羰基的去屏蔽效应以及氢键缔合等多重因素的共同影响，羧基中质子的振动峰出现在很远的低场，其化学位移 δ 为 10.5～13 ppm；脂肪族羧酸α-碳原子上质子的化学位移 δ 为 2～2.6 ppm。图 11-2

是异戊酸的 ^1H NMR 谱图。

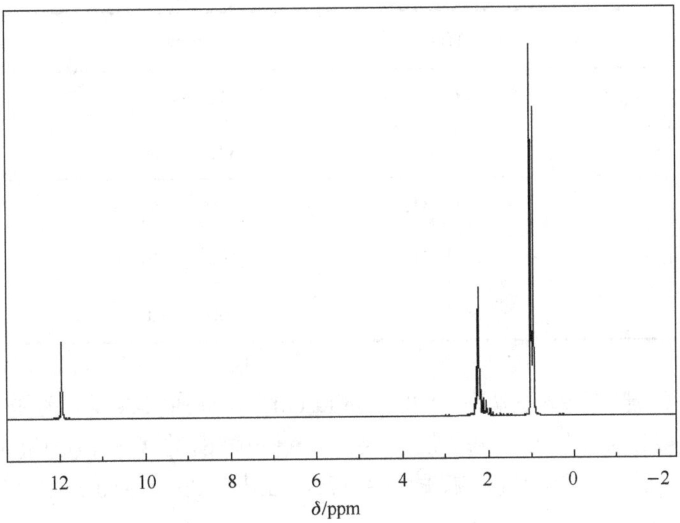

图 11-2　异戊酸的 ^1H NMR 谱图

羧酸衍生物(腈除外)的红外光谱与羧酸有相似之处，均含有羰基 C═O 键伸缩振动吸收峰，但又有明显的区别。对于酰卤、酸酐以及酯来说，卤素和氧的诱导效应强于其共轭效应，有效增加了羰基中双键的极性，使得羰基的伸缩振动吸收频率向高波数方向移动。因此，酰卤、酸酐以及酯的羰基伸缩振动频率通常高于酮类化合物。但对于酰胺来说，酰胺中的氮原子的电负性比氧和卤素小，其共轭效应强于诱导效应，有效降低了羰基中双键的极性，使得羰基伸缩振动吸收频率向低波数方向移动。因此，酰胺的羰基伸缩振动频率通常低于酮类化合物。不同含羰基化合物的特征伸缩振动吸收峰如表 11-2 所示。

表 11-2　不同含羰基化合物的特征伸缩振动吸收峰

化合物类别	键和官能团类别	波数/cm^{-1}	强度
酮($RCOR^1$)	C═O	1720～1710	vs(很特征)
醛(RCHO)	C═O	1740～1720	s
	C—H	2900～2700	w(一般两个峰)
羧酸(RCOOH)	C═O	1770～1680	vs(很特征)
	O—H	3300～2500	m(峰很宽，特征)
	O—H	955～915	较特征
酰卤(RCOX)	C═O	1820～1765	s(一般两个峰)
	C—C(O)	965～850	较特征
酸酐$(RCO)_2O$	C═O	1860～1800	s
		1800～1750	s
	C—O	1310～1050	s

续表

化合物类别	键和官能团类别	波数/cm^{-1}	强度
酯(COOR)	C═O	1750～1725	s
	C—O—C	1300～1000	s(一般两个峰)
酰胺($RCONH_2$)	C═O	1690～1650	s(酰胺峰)
	N—H	3500～3050	m
	N—H	1650～1620	m(酰胺Ⅱ峰)

脂肪酰卤 C═O 键的伸缩振动在 1820～1800 cm^{-1} 处有强吸收峰。芳香酰卤 C═O 键的伸缩振动在 1785～1765 cm^{-1} 处有两个强吸收峰。脂肪酰卤的 C—C(O)键伸缩振动在 965～920 cm^{-1}。芳香酰卤的 C—C(O)键伸缩振动在 1200 cm^{-1} 和 890～850 cm^{-1}。酰卤的 C—Cl 键的吸收峰在 645 cm^{-1} 附近。

酸酐 C═O 键的伸缩振动与其他羰基化合物明显不同，在 1860～1800 cm^{-1} 和 1800～1750 cm^{-1} 处有两个强吸收峰，两个强吸收峰相距约 60 cm^{-1}。在饱和脂肪酸酐中，高频吸收峰的强度大于低频峰，而在环状酸酐中则相反。饱和脂肪酸酐 C—O 键的伸缩振动在 1180～1045 cm^{-1} 处产生强吸收峰，环状酸酐 C—O 键的伸缩振动在 1300～1200 cm^{-1} 处产生强吸收峰。图 11-3 是乙酸酐的红外光谱图。

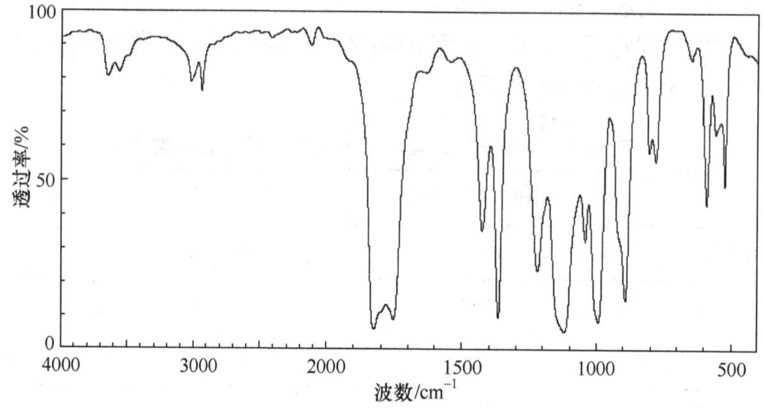

图 11-3　乙酸酐的红外光谱图

酯 C═O 键的伸缩振动在 1760～1720 cm^{-1} 处有强吸收峰。酯 C—O 键的伸缩振动在 1300～1050 cm^{-1} 处有两个强吸收峰，其中波数较高的吸收峰具有较为明显的特征，可用于酯类化合物的鉴定。图 11-4 是乙酸乙酯的红外光谱图。

一级酰胺 C═O 键的伸缩振动处于游离状态在 1690～1630 cm^{-1} 处有强吸收峰，处于缔合状态在约 1650 cm^{-1} 处有吸收峰。二级酰胺 C═O 键的伸缩振动处于游离状态在 1700～1670 cm^{-1}

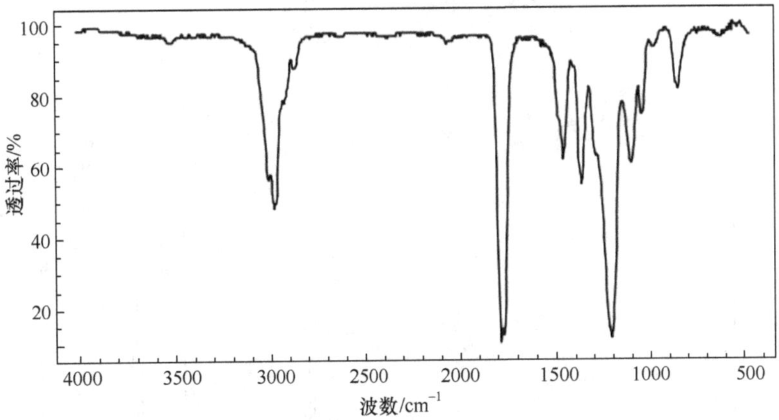

图 11-4　乙酸乙酯的红外光谱图

处有强吸收峰，处于缔合状态在 1680～1630 cm^{-1} 处有强吸收峰。三级酰胺 C═O 键的伸缩振动在 1670～1630 cm^{-1} 处有强吸收峰。一级酰胺 N—H 键的伸缩振动出现多个吸收带，在 3480 cm^{-1} 处有尖的吸收峰，在约 3280 cm^{-1} 处有两个吸收带。二级酰胺 N—H 键的伸缩振动处于游离状态在 3200～3060 cm^{-1} 处有吸收峰，处于缔合状态在约 3300 cm^{-1} 处有吸收峰。一级酰胺 C—N 键的伸缩振动在约 1400 cm^{-1} 处有中吸收峰。二级酰胺 C—N 键的伸缩振动在约 1300 cm^{-1} 处有中吸收峰。表 11-3 列出酰胺的四种类型特征振动吸收。利用红外光谱可鉴别酰胺、*N*-取代酰胺和 *N*, *N*-二取代酰胺。

表 11-3　部分酰胺的特征振动吸收峰

化合物	N—H 伸缩振动/cm^{-1}		C═O 伸缩振动/cm^{-1}		N—H 面内弯曲振动/cm^{-1}		C—N 伸缩振动/cm^{-1}
	游离态	缔合态	游离态	缔合态	游离态	缔合态	
$RC(=O)NH_2$	约 3480 尖锐 约 3280 双峰	约 3480 尖锐 约 3280 双峰	1690～1630	1650	1600	1640	约 1400
$RC(=O)NHR$	3200～3060	约 3300	1700～1670	1680～1630	1550～1510	1570～1510	约 1300
$RC(=O)NR_2$			1670～1630				

腈类化合物中 C≡N 键的伸缩振动在 2260～2210 cm^{-1} 处有吸收峰。

在羧酸衍生物的 ^{1}H NMR 谱图中，由于羰基碳原子带有部分正电荷，酰基*α*-碳原子上的质子去屏蔽，其共振峰稍向低场位移，化学位移 *δ* 一般为 2～3 ppm。此外，酯中烷氧基*α*-碳原子上质子的化学位移 *δ* 一般为 3.7～5.0 ppm。酰胺中氮原子上的质子(R—CONH—)的化学位移 *δ* 为 5～9.4 ppm，往往显示宽而矮的峰。图 11-5 是乙酸乙酯的 ^{1}H NMR 谱图。

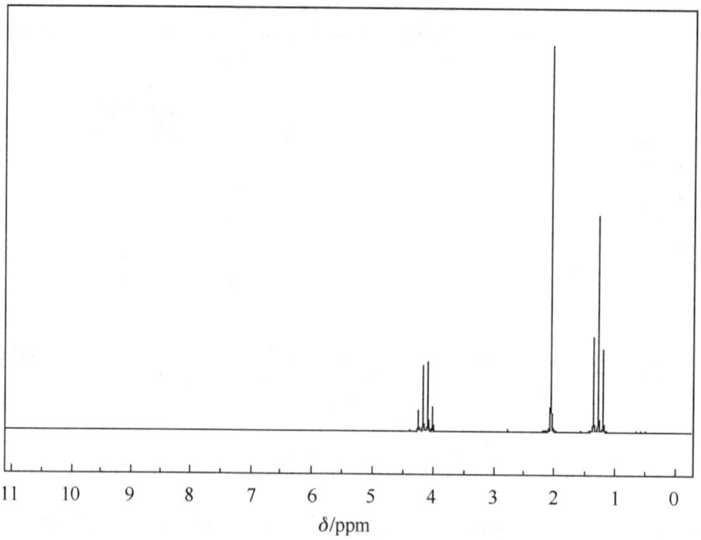

图 11-5　乙酸乙酯的 ^{1}H NMR 谱图

11.4　羧酸和羧酸衍生物的物理性质

常温常压下，C_1～C_9 的直链脂肪族羧酸是液体，C_{10} 以上的直链脂肪族羧酸是固体，脂肪族二元羧酸和芳香族羧酸是结晶固体。甲酸、乙酸和丙酸具有刺激性气味，丁酸至壬酸具有腐败气味，固体羧酸无味。羧酸是极性分子，能与水形成氢键，因而甲酸至丁酸等低级脂肪族羧酸可溶于水。随着分子量的增加，羧酸在水中的溶解度逐渐减少，中级脂肪族羧酸部分溶于水，而高级脂肪族羧酸不溶于水。芳香族羧酸在水中的溶解度较低。

甲酸和乙酸的相对密度大于 1，其他直链饱和一元羧酸的相对密度通常小于 1。羧酸的沸点通常高于分子量相近的烷烃、卤代烃，甚至高于相近分子量的醇。这主要是由于在羧酸中，羧羟基氧的电负性比氢大，O—H 键的电子云偏向于氧，并且羧羟基氧上的孤对电子与羰基的共轭，使氧上的电子云向 C═O 键转移，促使 O—H 键的电子云进一步向氧转移。因此，两个羧酸分子间易形成两个氢键(hydrogen bond)，生成稳定的二缔合体。通过凝固点降低法测定分子量实验和 X 射线衍射技术可以证明，羧酸在固态和液态时主要以二缔合体的形式存在。对于分子量较小的羧酸，如甲酸、乙酸在气态时也以二缔合体的形式存在。

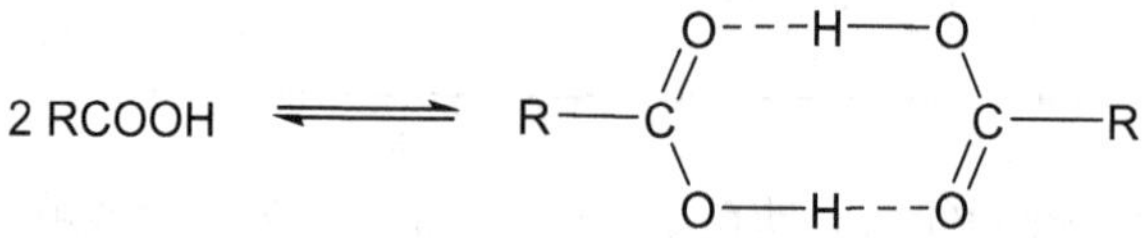

直链饱和一元酸熔点的变化规律如图 11-6 所示。随着羧酸碳原子数目的增加，其熔点呈现出锯齿形先降后升的趋势。一般来说，偶数碳原子的羧酸比它前后相邻的两个奇数碳原子的羧酸熔点高。

所有二元酸都是结晶固体。低级的二元酸溶于水，但是随分子量增加，其在水中的溶解度逐渐减小。在脂肪族二元酸中，单数碳原子的二元酸比少一个碳的双数碳原子的二元酸熔点低、溶解度大。一些常见羧酸的物理性质见表 11-4。

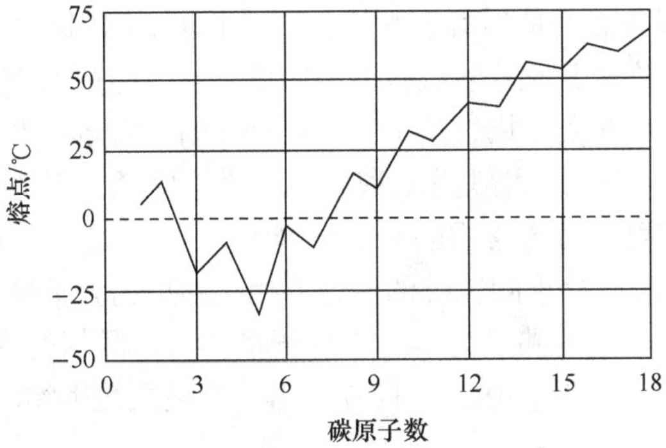

图 11-6　直链饱和一元酸的熔点

表 11-4　常见羧酸的物理性质

化合物	普通命名法	IUPAC 命名法	熔点/℃	沸点/℃	溶解度/(g/100 g H_2O)
甲酸	蚁酸	methanoic acid	8.4	100.5	互溶
乙酸	醋酸	ethanoic acid	16.6	118	互溶
丙酸	初油酸	propanoic acid	–21	141	互溶
丁酸	酪酸	butanoic acid	–5	162.5	互溶
戊酸	缬草酸	pentanoic acid	–34.5	187	4.97
苯甲酸	安息香酸	benzoic acid	122	249	0.34
苯乙酸	苯乙酸	benzeneacetic acid	76	266	微溶
1,2-苯二甲酸	邻苯二甲酸	1,2-benzene dicarboxylic acid	207	—	0.6
1,4-苯二甲酸	对苯二甲酸	1,4-benzene dicarboxylic acid	300(升华)	—	0.0015
乙二酸	草酸	ethanedioic acid	189	>100(升华)	8.6
丙二酸	缩苹果酸	propanedioic acid	136	140(分解)	73.5

羧酸衍生物中，十四碳以下的脂肪族羧酸的甲酯和乙酯、酰氯、酸酐和腈在室温时均为液体。壬酸酐以上的单酐和高级酰氯是固体。由于分子间氢键作用生成稳定的分子缔合体，除了甲酰胺，其他伯酰胺均是固体。当氮上的氢逐步被取代，分子间氢键的缔合作用减弱或消失，因此脂肪族的 *N*-取代酰胺熔点和沸点显著降低，常为液体，如表 11-5 所示。低级的酰氯和酸酐具有刺鼻的气味。挥发性的低级酯具有芳香的气味。

表 11-5　脂肪族 *N*-取代酰胺熔点及沸点

脂肪族 *N*-取代酰胺	$CH_3-C(=O)-NH_2$	$CH_3-C(=O)-NHCH_3$	$CH_3-C(=O)-N(CH_3)_2$
分子量	59	73	87
熔点/℃	82	28	–20
沸点/℃	221	204	165

在溶解性方面，酰氯和酸酐是不溶于水的，而且低级的酰氯与酸酐遇水会发生水解现象。酯类化合物在水中的溶解度通常很小。低级的酰胺则具有一定的水溶性，*N,N*-二甲基甲酰胺和*N,N*-二甲基乙酰胺是优秀的非质子极性溶剂(polar solvent)，能够与水以任意比例互溶。乙腈能够与水混溶，但随着分子量增加，腈类化合物的水溶性会降低，丁腈以上的腈类化合物则难溶于水。这些羧酸衍生物都可以溶于常用的有机溶剂中。

酰氯、酸酐、酯和腈没有分子间氢键的缔合作用，沸点比分子量相近的羧酸低，酰胺的沸点比相应的羧酸高。例如，丙酸的沸点为 141℃(分子量 74)，乙酰氯的沸点为 51℃(分子量 78.5)，乙酸甲酯的沸点为 57.4℃(分子量 74)。表 11-6 列出一些羧酸衍生物的物理常数。

表 11-6　一些羧酸衍生物的物理常数

化合物	熔点/℃	沸点/℃	化合物	熔点/℃	沸点/℃	化合物	熔点/℃	沸点/℃
乙酰氯	−112	51	甲酸甲酯	−100	30	乙酰胺	82	221
丙酰氯	−94	80	甲酸乙酯	−80	54	丙酰胺	79	223
正丁酰氯	−89	102	乙酸甲酯	−98	57.4	正丁酰胺	116	216
苯甲酰氯	−1	197	乙酸乙酯	−83	77	苯甲酰胺	130	290
乙酸酐	−73	140	乙酸丁酯	−77	126	*N,N*-二甲基甲酰胺	−61	153
丙酸酐	−45	169	乙酸异戊酯	−78	142	邻苯二甲酰亚胺	238	366
丁二酸酐	119.6	261	苯甲酸甲酯	−12.3	198	乙腈	−45.7	81.1
顺丁烯二酸酐	53	202	丙二酸二乙酯	−50	199	丙腈	−92	97.1
苯甲酸酐	42	360	乙酰乙酸乙酯	−39(酮式) −44(烯醇式)	180.8	丁腈	−112	117
邻苯二甲酸酐	131	284	甲酰胺	3	200	异丁腈	−75	107

11.5　羧酸和羧酸衍生物的化学性质

羧酸的官能团羧基是由一个羰基和一个羟基结合构成的。由于羧羟基氧的电负性比氢大，O—H 键的电子云偏向于氧。同时，羧羟基氧上的孤对电子与羰基的 π 电子形成共轭，促使氧上的电子云向 C═O 键转移，生成一个氧、碳、氧三个原子离域体系，使得 O—H 键的电子云进一步向氧偏移，导致氢质子易于离去。因此，—COOH 构成了羧酸的反应中心。根据羧酸分子结构的特点，羧酸的反应可在分子的四个部位发生：①反应涉及 O—H 键的断裂，主要体现羧酸的酸性特性；②反应发生在羧羰基上，如酰基碳上的亲核取代反应以及羧羰基加氢还原反应；③脱羧反应，即 C—C 键断裂失去 CO_2，生成 R—CH_3；④α-氢原子的取代反应和消除反应。

羧酸衍生物的分子中包含一个酰基官能团。酰基碳与一个杂原子 W(W=卤素原子、氧原子、氮原子)相连接，杂原子上的一对孤对电子与羰基的 π 电子共轭，促使氧上的电子云向 C═O 键转移，生成一个杂原子、碳、氧三个原子离域体系。因此，—COW 构成了羧酸衍生物的反应中心。根据羧酸衍生物分子结构的特点，羧酸衍生物的反应可在分子的两个部位发生：①反应发生在羧羰基上，如酰基碳上的亲核取代反应以及羧羰基加氢还原反应；②α-氢原子

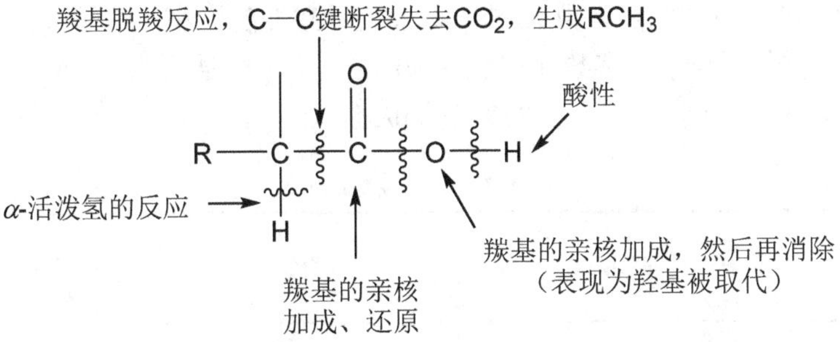

羧酸的化学性质

的取代反应和消除反应。由于羧酸和羧酸衍生物在结构上的差异，某些羧酸可以发生的反应如脱羧反应，羧酸衍生物则无法发生。此外，由于羧酸衍生物中酰基碳所连接的杂原子或由杂原子构成的基团不同，羧酸和羧酸衍生物在反应活性上存在差异。

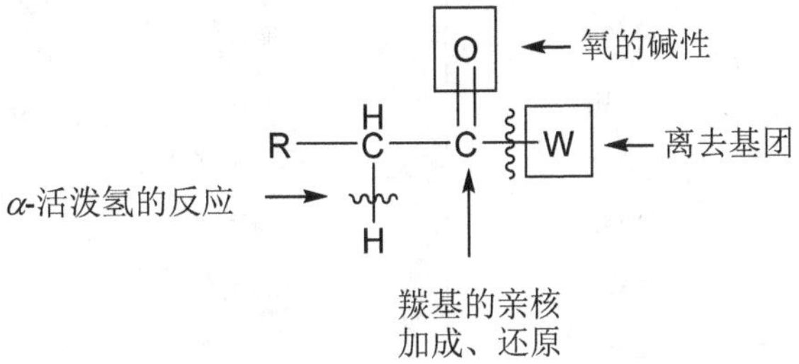

羧酸衍生物的化学性质

11.5.1　酸碱性

羧酸的羧基是由一个羰基和一个羟基结合构成。羧酸普遍具有酸性，这是由于氧的电负性大于氢，羧酸羧羟基的氢氧键的电子云偏向氧原子。同时，羧羟基氧上的一对孤对电子可以与羰基的π共轭，构建了一个由氧、碳、氧三个原子组成的离域体系，使得氢氧键之间的电子云进一步向氧原子偏移，导致氢质子更易于离去。此外，氢质子在水中离去后形成的羧酸根负离子(carboxylate anion)也因电子离域而更加稳定。

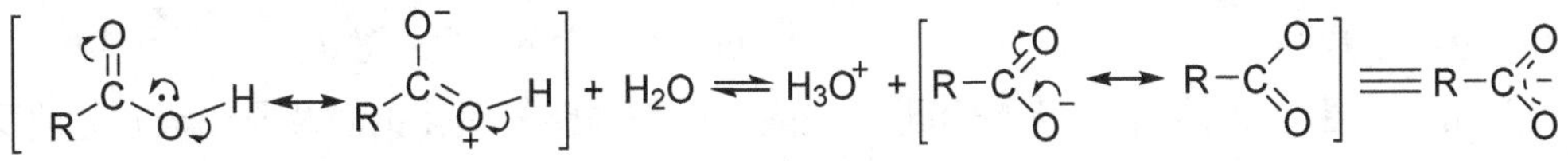

电离常数：　$K_a = \dfrac{[RCOO^-][H^+]}{[RCOOH]}$，$pK_a = -\lg K_a$

得到的稳定的羧酸根具有碱性和亲核性，可以作为亲核试剂和一级卤代烃或活泼的卤代烃发生亲核取代反应，反应经历 S_N2 机理，体系中双键不受影响。例如：

$$R^1COO^- + R^2X \xrightarrow{S_N2} R^1COOR^2 + X^-$$

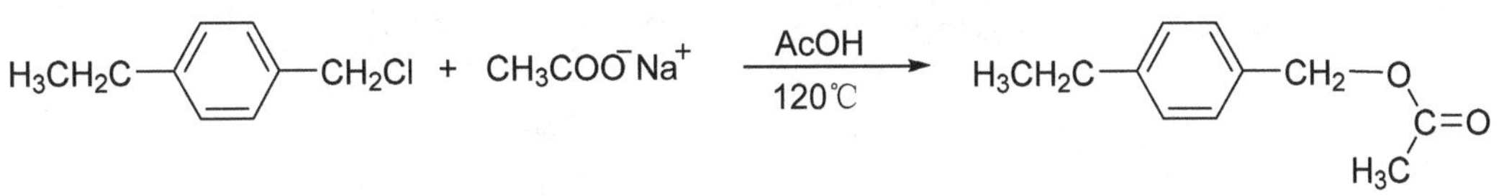

一般用羧酸水解反应的电离常数 K_a 或 pK_a 来表示酸性的大小。K_a 越大，pK_a 越小，羧酸的电离程度越大，即酸性越强。大多数羧酸表现为弱酸，其 pK_a 通常为 3～5，一般是以未解离的分子形式存在。表 11-7 列举了若干常见羧酸的 pK_a。

表 11-7　一些羧酸的 pK_a

化合物	pK_a(25℃)	化合物	pK_a(25℃)	
			pK_{a1}	pK_{a2}
甲酸	3.75	乙二酸	1.2	4.27
乙酸	4.75	丙二酸	2.9	5.66
丙酸	4.87	丁二酸	4.2	5.64
丁酸	4.82	己二酸	4.4	5.41
三甲基丁酸	5.03	顺丁烯二酸	1.9	6.23
氟乙酸	2.66	反丁烯二酸	3.0	4.44
氯乙酸	2.81	苯甲酸	4.20	—
溴乙酸	2.87	对甲基苯甲酸	4.38	—
碘乙酸	3.13	对硝基苯甲酸	3.42	—
羟基乙酸	3.87	邻苯二甲酸	2.9	5.4
苯乙酸	4.31	间苯二甲酸	3.5	4.6
丁-3-烯酸	4.35	对苯二甲酸	3.5	4.8

羧酸的酸性比无机酸弱，比碳酸、酚、水和醇强。羧酸的酸性远强于相应的醇。这是因为醇解离生成的烷氧基负离子(RCH_2O^-)中，负电荷被完全定域在一个氧原子上。而羧酸解离生成的羧酸根负离子($RCOO^-$)中，氧原子上的负电荷所在的 p 轨道与羰基的 π 轨道发生 p-π 共轭，负电荷均匀地分布在两种氧原子上。根据共振论的理论，$RCOO^-$负电子在两种等价的极限结构之间进行共振，形成的共振杂化体较为稳定，有利于羧酸解离。

	强无机酸	>	羧酸	>	碳酸	>	酚	>	水	>	ROH
pK_a	1~2		4~5		6.35		9~10		15.7		16~19

可利用这一性质鉴别羧酸、苯酚和醇。羧酸可以与强碱氢氧化钠以及弱碱碳酸氢钠反应，因此溶于氢氧化钠、碳酸氢钠。酚可以与氢氧化钠反应，但不能与碳酸氢钠反应，因此溶于氢氧化钠，不溶于碳酸氢钠。醇不能与氢氧化钠、碳酸氢钠反应，因此不溶于氢氧化钠、碳酸氢钠。相应的反应方程式如下：

$$R-\overset{\overset{\large O}{\|}}{C}-OH + NaOH \xrightleftharpoons{H_2O} R-\overset{\overset{\large O}{\|}}{C}-ONa + H_2O$$

$$R-\overset{\overset{\large O}{\|}}{C}-OH + NaHCO_3 \rightleftharpoons R-\overset{\overset{\large O}{\|}}{C}-ONa + CO_2\uparrow + H_2O$$

$$R-\overset{\overset{O}{\|}}{C}-ONa + HCl \rightleftharpoons R-\overset{\overset{O}{\|}}{C}-OH + NaCl$$

$$ArOH + NaOH \rightleftharpoons ArONa + H_2O$$

$$ArONa + CO_2 + H_2O \rightleftharpoons ArOH + NaHCO_3$$

羧酸的酸性强弱与分子结构有关，任何能使羧酸根负离子 COO^-比 COOH 更稳定的因素都可以增加其酸性。电子效应能够影响羧酸的酸性。给电子的诱导效应使酸性减弱。给电子的诱导效应越强，对应的羧酸根离子越不稳定，该羧酸的 K_a 值越大，酸性越弱。反之，吸电子的诱导效应使酸性增强。并且吸电子的诱导效应越强，对应的羧酸根离子越稳定，该羧酸的 K_a 值越小，酸性越强。空间位阻同样会影响羧酸的酸性，有利于 H^+解离的空间结构会增强羧酸的酸性，而不利于 H^+解离的空间结构则会减弱酸性。此外，当羧羟基氧使用未共用电子对形成分子内氢键时，也会增强羧酸的酸性。

羧酸酰基上的烷基具有给电子的诱导效应。比较甲酸、乙酸和三甲基乙酸的酸性发现，甲酸的酸性最强，乙酸的酸性次之，三甲基乙酸的酸性最弱。这是因为甲基具有给电子诱导效应和超共轭效应，且甲基数目越多，给电子诱导效应越强，给电子诱导效应沿分子链依次传递，导致羧酸根上的负电荷更加集中。羧酸根上的负电荷集中度越高，相应的负离子越不稳定，也越难生成，相应羧酸的酸性也越弱。然而，烷基取代羧酸的酸性变化不很规则，可能除了电子效应、溶剂化作用外，还有其他因素在起作用。

这几种羧酸根负离子的稳定性次序是

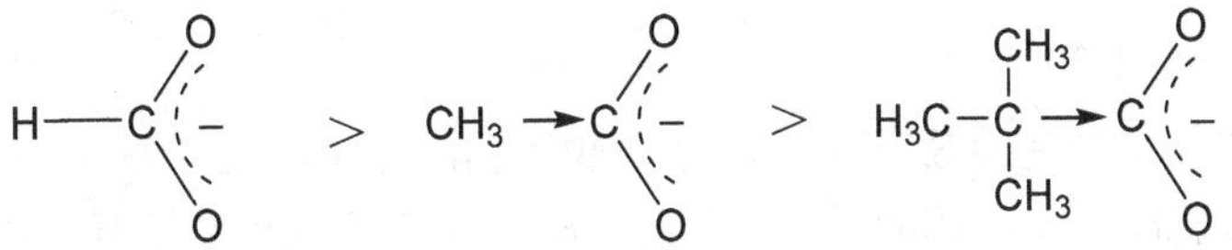

相应羧酸的酸性强弱次序是

$$HCOOH > CH_3COOH > H_3C-\underset{CH_3}{\overset{CH_3}{\underset{|}{\overset{|}{C}}}}COOH$$

pK_a	3.75	4.75	5.03

羧酸酰基上的烯烃或炔烃基团具有吸电子的诱导效应，且基团不饱和程度越大，吸电子能力越强(这主要是碳杂化轨道中 s 成分越多，吸电子能力越强)，对应的羧酸根离子越稳定，该羧酸的 pK_a 值越小，酸性越强。例如：

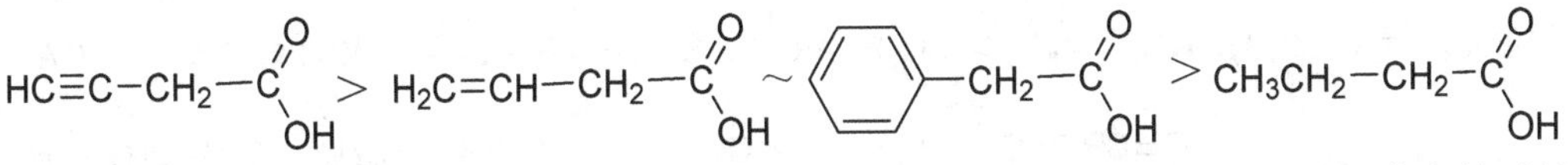

羧酸酰基上α-氢原子被吸电子基团如氯原子取代后，由于氯吸电子的诱导效应使酸性增强。随着α-碳上氯原子越多，拉电子的诱导效应越强，对应的羧酸根离子越稳定，该羧酸的 pK_a 值越小，酸性越强。

这几种羧酸根负离子的稳定性次序是

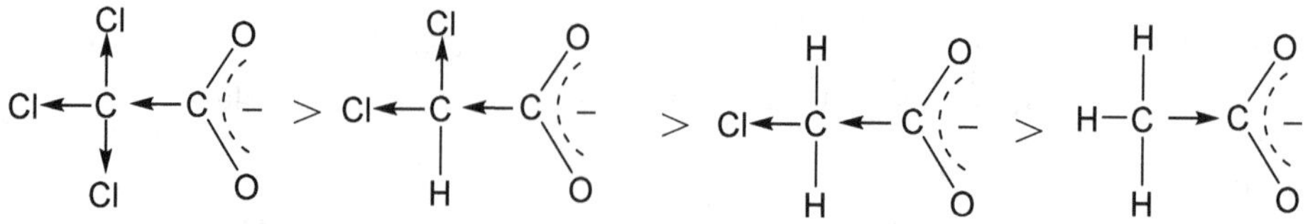

相应羧酸的酸性强弱次序是

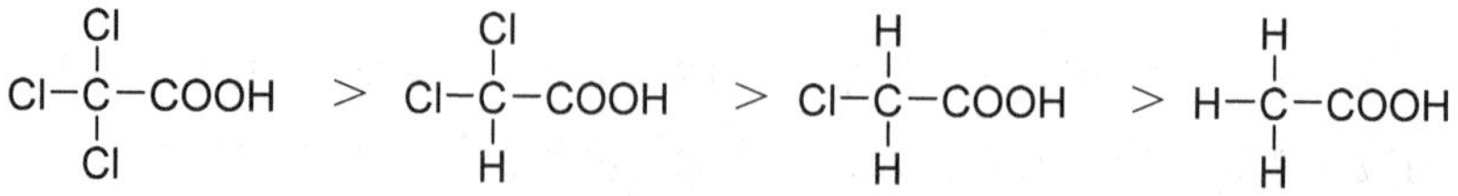

pK_a	0.70	1.29	2.81	4.75

羧酸酰基上α-碳上不同吸电子的原子诱导效应的强弱顺序有如下规律：同一族的随原子序数增加而吸电子诱导效应降低，pK_a值越高，酸性越弱。同一周期的自左向右诱导效应增加，pK_a值越低，酸性越强。例如：

	FCH_2COOH >	$ClCH_2COOH$ >	$BrCH_2COOH$ >	ICH_2COOH >	CH_3COOH
pK_a	2.66	2.81	2.87	3.13	4.75

羧酸酰基上α-碳上带正电荷的基团具有吸电子诱导效应，pK_a值变小，酸性变强。带负电荷的基团具有给电子诱导效应。pK_a值变大，酸性变弱。这种空间的静电作用称为场效应，就是取代基在空间可以产生一个电场，对另一头的反应中心有影响。例如：

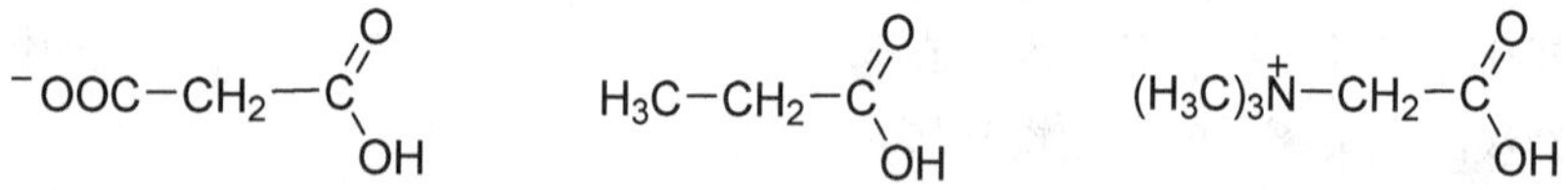

pK_a	5.70	4.88	1.83

羧酸酰基上取代基的诱导效应随距离的增加而逐渐减弱，通常情况下，超过四个饱和键后，这种影响变得可以忽略不计。例如，α-氯丁酸的酸性与氯乙酸几乎相当，而γ-氯丁酸的酸性比氯乙酸弱很多，接近丁酸的酸性。例如：

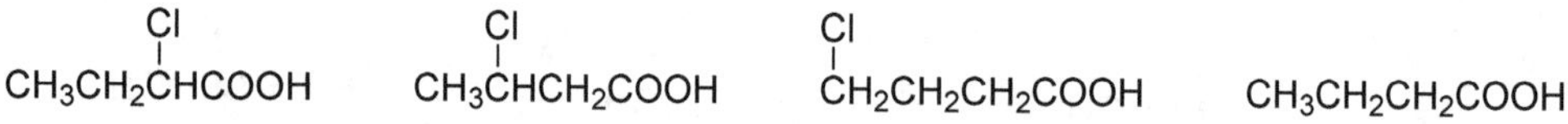

	α-氯丁酸	β-氯丁酸	γ-氯丁酸	正丁酸
pK_a	2.86	4.05	4.52	4.82

由于取代基的吸电子或给电子诱导效应影响羧酸的酸性，因此可以通过测定不同取代羧酸的解离常数来初步推断多种取代基的吸电子能力或给电子能力。例如，以乙酸作为母体化合物，通过测定取代乙酸的解离常数，可以确定各种取代基的诱导效应相对强弱的顺序是

吸电子诱导效应(−I)：$NO_2 > NR_3 > SO_2R > CN > SO_2Ar > F > Cl > COOH > Br > I > OAr >$

$C{\equiv}CR > COOR > OR > COR > SH > OH > C_6H_5 > CH{=}CH_2 > H$

给电子诱导效应(+I)：$O^- > COO^- > (CH_3)_3C > (CH_3)_2CH > CH_3CH_2 > CH_3 > H$

有时由于共轭效应、空间位阻和溶剂效应等其他因素的存在，取代基的诱导效应在不同化合物中的表现并不完全一致。

苯甲酸的酸性比甲酸弱，但比一般脂肪酸的酸性强，pK_a值为 4.20。这是因为苯甲酸解离后，生成的羧酸根负离子与苯环发生共轭，使负电荷分散，增加其稳定性。例如：

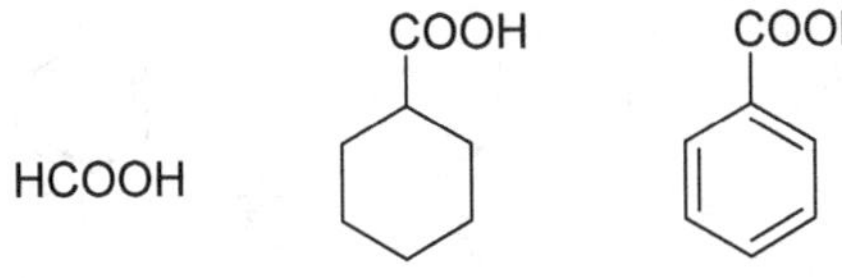

pK_a　3.75　4.87　4.20

当苯甲酸的苯环上引入取代基后，酸性将发生变化。取代基在对位时，共轭和诱导同时作用，对位给电子基团使酸性减弱，吸电子基团使酸性增强。取代基在间位时，主要是诱导起作用，除甲基表现为给电子效应以外，其取代酸酸性比苯甲酸弱，其余基团都表现为吸电子效应，使取代羧酸的酸性比苯甲酸强。取代基在邻位时，不论是吸电子取代基还是给电子取代基都使酸性增强。这种邻位基团对活性中心的影响称为邻位效应，这个效应较复杂，可看作空间效应、电子效应、氢键等的总和，至今对它尚无较满意的解释。表 11-8 给出了一些取代苯甲酸的 pK_a。

表 11-8　取代苯甲酸的 pK_a

取代基	pK_a		
	o-	*m*-	*p*-
H	4.20	4.20	4.20
CH_3	3.91	4.27	4.38
OH	2.98	4.08	4.57
OCH_3	4.09	4.09	4.47
Cl	2.92	3.83	3.97
CN	3.14	3.64	3.55
NO_2	2.21	3.49	3.42

从表 11-8 中可以看出，邻羟基苯甲酸的酸性比对羟基苯甲酸的酸性强得多，这是因为邻羟基苯甲酸解离后生成的 COO^-可与 OH 形成分子内氢键，使羧酸根负离子稳定，所以邻羟基苯甲酸的酸性强；而对位不能形成分子内氢键，故酸性弱。

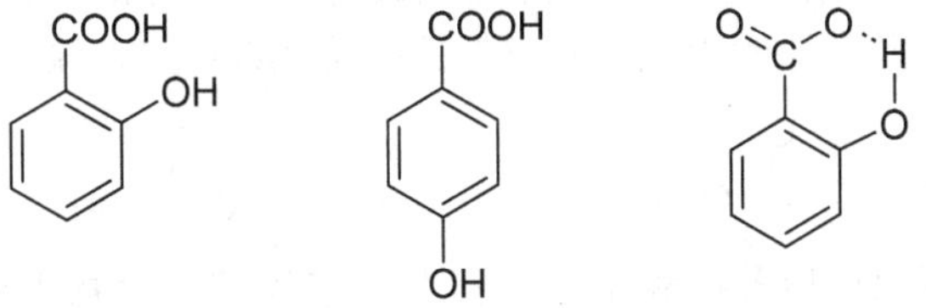

pK_a　2.98　4.57

当苯甲酸的苯环上连有强吸电子取代基时，其酸性会增强。硝基是一个典型的吸电子基团，它同时具有吸电子诱导效应(–I)和吸电子共轭效应(–C)。由于硝基的吸电子共轭效应只能传递到邻、对位，因此邻、对硝基苯甲酸酸性较强，而间硝基苯甲酸酸性最弱。考虑到诱导效应随距离增加而减弱，因此硝基处于邻位时的吸电子诱导效应大于处于对位时的吸电子诱导效应，使邻硝基苯甲酸具有更强的酸性。硝基越多，其苯甲酸衍生物的酸性越强。

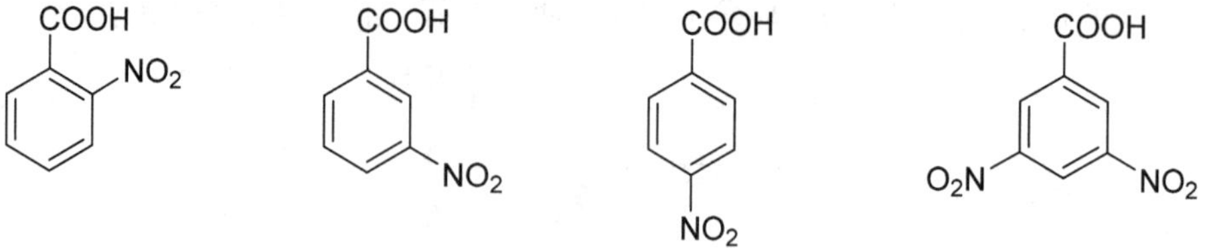

pK_a	2.21	3.49	3.42	2.83

二元羧酸分子中包含两个羧基，因此有两个可解离的氢原子，分别对应两个解离常数 K_1 和 K_2。通常情况下，$K_{a1}>K_{a2}$，即 $pK_{a1}<pK_{a2}$。这是由于—COOH 作为吸电子基团，具有强的吸电子诱导效应，使另一个羧基中的氢原子更易于解离。两个羧基之间的距离越近，这种影响就越显著。大多数二元羧酸的 pK_{a1} 较乙酸的 pK_a 要小。当一个羧基解离成 COO^-后，由于带有负电荷，表现为给电子性，则会产生给电子诱导效应，使得第二个羧基的解离变得更加困难，因此大多数二元酸的 pK_{a2} 均比乙酸的 pK_a 要大。然而，也有少数二元羧酸不遵循这一规律。

$$HOOCCH_2COOH \xrightleftharpoons{pK_{a1}=2.9} HOOCCH_2COO^- + H^+$$

$$HOOCCH_2COO^- \xrightleftharpoons{pK_{a2}=5.7} {}^-OOCCH_2COO^- + H^+$$

$$HOOCCH_2CH_2COOH \xrightleftharpoons{pK_{a1}=4.2} HOOCCH_2CH_2COO^- + H^+$$

$$HOOCCH_2CH_2COO^- \xrightleftharpoons{pK_{a2}=5.6} {}^-OOCCH_2CH_2COO^- + H^+$$

羧酸与碱反应可以形成羧酸盐。例如，羧酸能与氢氧化钠、碳酸钠及碳酸氢钠作用生成羧酸钠。羧酸盐为固体，是离子化合物，不能挥发，且具有较高的熔点，常在熔点分解。一般而言，碳原子数量小于 10 的一元羧酸的钾盐、钠盐和铵盐能够溶于水，而碳原子数量在 10～18 的羧酸钠盐和钾盐在水中会形成胶体溶液。除了低级羧酸盐外，大多数羧酸盐通常不溶于有机溶剂，且羧酸的重金属盐通常不溶于水。

$$R-\overset{\overset{\displaystyle O}{\|}}{C}-OH + NaOH \xrightleftharpoons{H_2O} \underset{\text{羧酸钠}}{R-\overset{\overset{\displaystyle O}{\|}}{C}-ONa} + H_2O$$

羧酸作为一种弱酸，其生成的羧酸盐可以通过无机酸的酸化作用重新转化为原始的羧酸。虽然羧酸的酸性不及一般的无机强酸，但比碳酸($pK_a = 6.36$)强。

$$R-\overset{\overset{\displaystyle O}{\|}}{C}-ONa + HCl \rightleftharpoons R-\overset{\overset{\displaystyle O}{\|}}{C}-OH + NaCl$$

可以利用上述反应以及羧酸盐的物理性质，在有机混合物中分离、提纯羧酸并鉴别羧酸盐。例如，通过将羧酸与氢氧化钠的水溶液反应，能够将其转化为易溶于水的羧酸盐，从而与不溶于氢氧化钠水溶液的其他有机化合物实现分离。然后使用无机酸处理羧酸盐，使其重新转化为原来的羧酸。如果目标羧酸是固体，可以通过过滤的方式得到羧酸；若羧酸为液体，则可以通过溶剂萃取，随后蒸发去除溶剂，以获得羧酸。

酰胺通常表现为接近中性的化合物，但在特定条件下可以表现出微弱的酸性或碱性。作为氨或胺的酰基衍生物，酰胺分子中包含氨基或胺基，但其碱性远低于氨或胺。这是因为分子中氨基氮上的孤对电子与羰基的 π 电子共轭，导致氮原子上的电子云密度降低，从而减弱了其接受质子的能力。例如，当向乙酰胺的乙醚溶液中通入氯化氢气体时，会生成不溶于乙醚的盐。生成的盐性质不稳定，与水接触时会迅速分解为乙酰胺和盐酸，这表明酰胺的碱性非常弱，无法与酸溶液形成稳定的盐。

$$CH_3CONH_2 + HCl \xrightarrow{\text{乙醚}} CH_3CONH_2 \cdot HCl \downarrow$$

同时，酰胺的分子中氨基氮上的孤对电子与羰基的 π 电子共轭，引起氮上的电子云密度降低，但也导致 N—H 键的极性增加，使得氮上的氢原子更易离去，从而展现出微弱的酸性。例如，酰胺与金属钠在乙醚溶液中反应时，能够形成钠盐，但这种盐遇水即分解。乙酰胺的水溶液能够与氧化汞反应，形成较为稳定的汞盐。这些证明酰胺具有较弱的酸性。

$$2\,CH_3CONH_2 + HgO \longrightarrow (CH_3CONH)_2Hg + H_2O$$

如果氨分子中的两个氢原子被同一个二元酸的酰基取代，就会生成环状的亚氨基化合物(酰亚胺，imide)。由于两个羰基的吸电子效应，氮原子上的一对孤对电子能够与两个羰基发生共轭，从而部分转移到氧上，亚氨基中 N—H 键的极性显著增加，使得氮上的氢原子更容易转变为质子，因此表现出一定的酸性。在生成的酰亚胺负离子中，氮原子上的负电荷能够与两个羰基发生共轭，从而部分转移到氧上，使得负离子形式更加稳定。根据共振论，酰亚胺的共振杂化体中存在相反的电荷分布，而质子离去后形成的酰亚胺负离子没有这种相反的电荷。因此酰亚胺负离子能量降低更多，结构更稳定。这也说明酰亚胺的氢比伯酰胺易解离，酸性更强，形成的盐也较稳定。

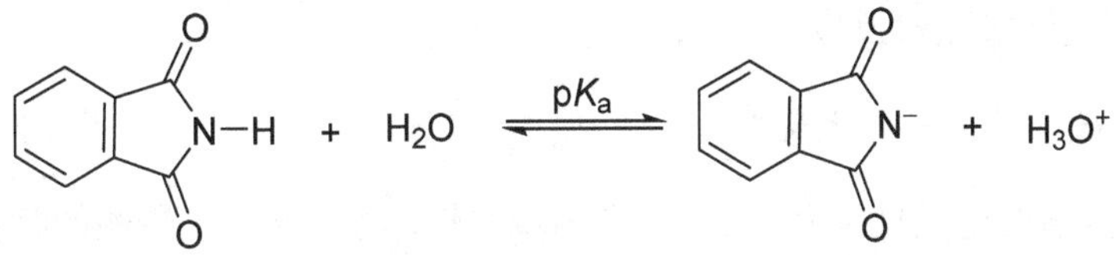

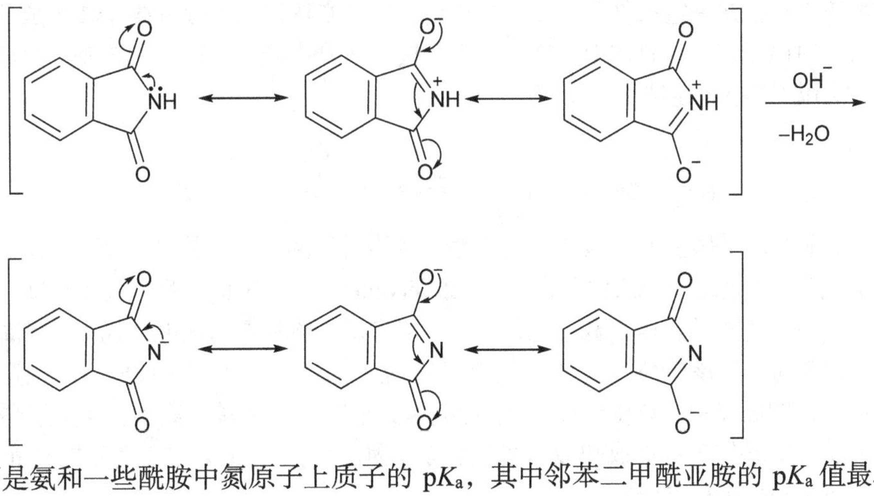

以下是氨和一些酰胺中氮原子上质子的 pK_a，其中邻苯二甲酰亚胺的 pK_a 值最小，酸性最强：

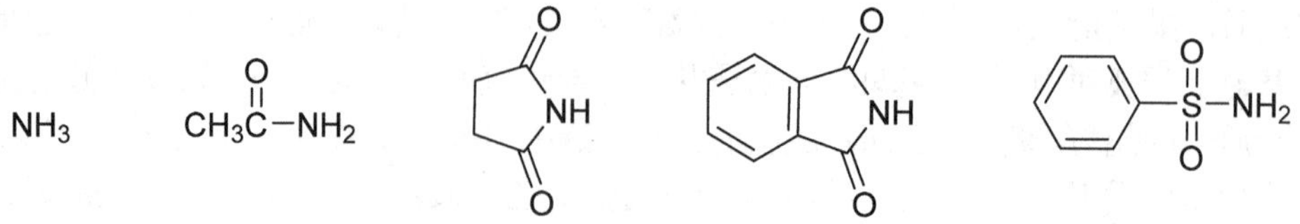

pK_a　　≈34　　≈15.1　　9.62　　8.3　　≈10

鉴于酰亚胺表现出酸性，它能与碱反应形成相应的盐。

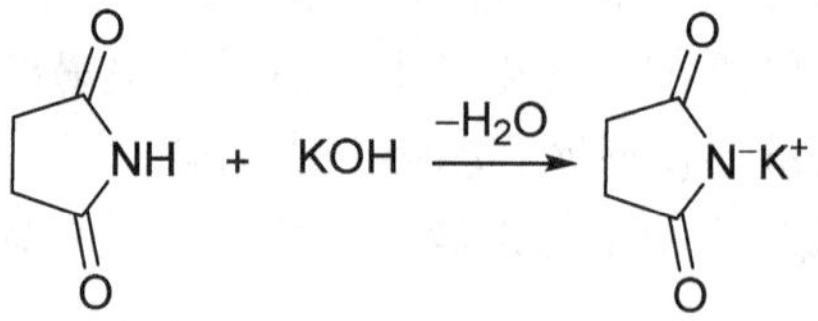

酰亚胺可以与溴发生取代反应。例如，丁二酰亚胺与溴发生反应，得到 *N*-溴代丁二酰亚胺(*N*-bromosuccinimide，NBS)。NBS 是有机合成中的重要试剂，被广泛应用于自由基取代反应和亲电加成反应中。NBS 也可以当作溴的替代物。

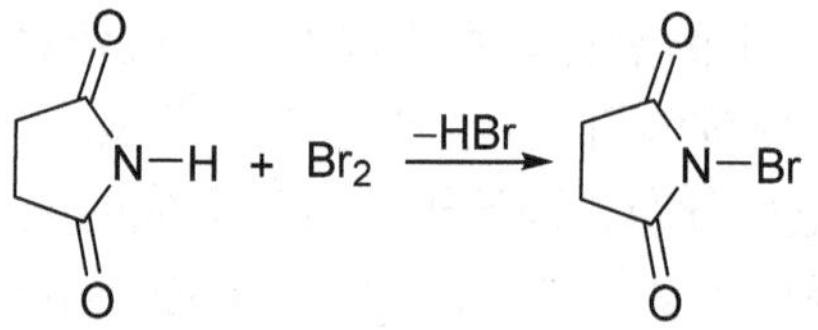

(NBS)

11.5.2　酰基碳上的亲核取代反应

1. 羧酸酰基碳上的亲核取代反应

由于羧酸羧基氧的电负性以及氧、碳、氧离域共轭体系的形成，羧酸的酰基碳(acyl carbon)具有一定的正电性。在一定条件下，羧酸酰基碳可以被亲核试剂进攻发生亲核加成反应，然后羧羟基带着一对电子离去。总体上，这是一个亲核试剂取代羧羰基碳上的羟基的反应，因此这类反应被称为酰基碳上的亲核取代反应。

$$R-\overset{O}{\overset{\|}{C}}-OH + :Nu^- \xrightleftharpoons{\text{催化剂}} R-\overset{O}{\overset{\|}{C}}-Nu + :OH^-$$

实质上，羧酸酰基碳上的亲核取代反应是分两步进行的。首先是第一步反应(i)：羧酸羧羰基的亲核加成反应，生成一个四面体中间体(tetrahedral intermediate)。此亲核加成反应的难易程度取决于羧酸羧羰基碳的正电性和空间位阻。一般来说，羰基碳的正电性越大，其周围的空间位阻越小，越有利于亲核试剂的进攻，反应越容易进行。然后是第二步反应(ii)：羧羟基的消除反应。在形成的四面体中间体中，C—OH 键断裂，消除一个羟基负离子，生成羧酸衍生物。整个过程涉及羧羰基的亲核加成和羧羟基的消除，因此被称为亲核加成-消除机理(nucleophilic addition-elimination mechanism)。

(i) 第一步反应：羰基的亲核加成反应

三角形结构　　　　　　　　　　四面体结构

(ii) 第二步反应：羟基的消除反应

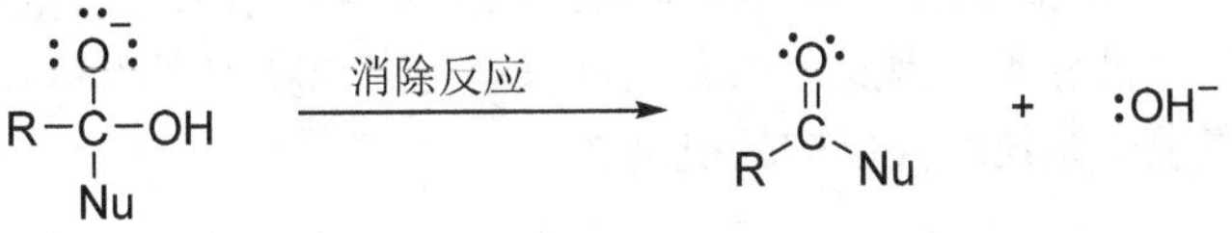

四面体结构　　　　　　　　　　三角形结构

为了促进羧酸酰基碳上的亲核取代反应的顺利进行，反应可以在酸催化的条件下进行，其反应机理如下：

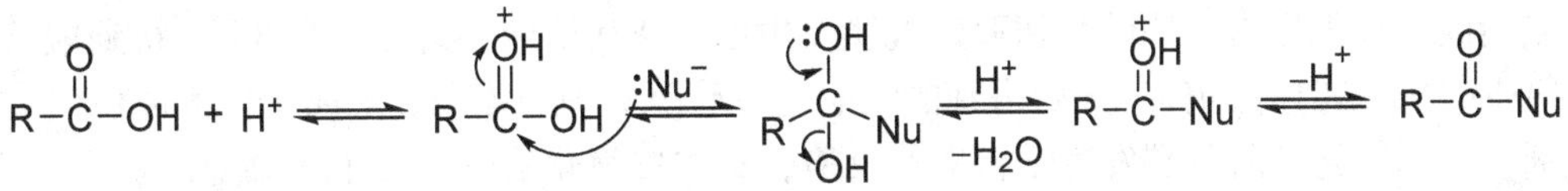

反应是分三步进行的：首先是羧酸羰基氧在酸性条件下发生质子化(protonation)反应，生成一个羰基氧质子化的产物。酸在这里的作用就是通过羰基氧的质子化，使其带有正电荷，进而增强了对碳氧双键上的 σ 电子和 π 电子的吸引力，导致羰基碳原子更具正电性。随后，亲核试剂再对活化的羰基碳进行亲核加成，形成四面体中间体。最后通过羟基负离子的消除反应和去质子生成目标产物羧酸衍生物。

羧酸酰基碳上的亲核取代反应还可以在碱催化的条件下进行，其反应机理如下：

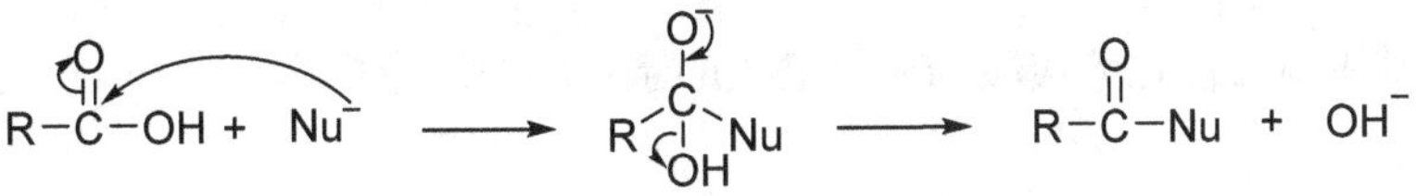

四面体中间体

反应分两步进行的：首先是亲核试剂对羧酸羰基碳进行亲核加成，形成一个带负电的四面体中间体。随后是羟基负离子的消除，生成目标产物羧酸衍生物。

一般来说，羧酸的羧羟基可以被卤原子取代生成酰卤，被羧酸根负离子取代生成酸酐，被烷氧基取代生成酯，被胺或者氨取代生成酰胺等。

1) 羧酸与无机酰氯反应

在羧酸与无机酰卤发生反应的过程中，羧酸分子中的羧羟基会被卤素原子替代，生成的产物是酰卤化合物。在酰卤化合物中，最重要的是酰氯。酰氯通常利用羧酸与 $SOCl_2$(thionyl chloride，亚硫酰氯，又称二氯亚砜)、PCl_3(phosphorus trichloride，三氯化磷)、PCl_5(phosphorus pentachloride，五氯化磷)反应来制备。例如：

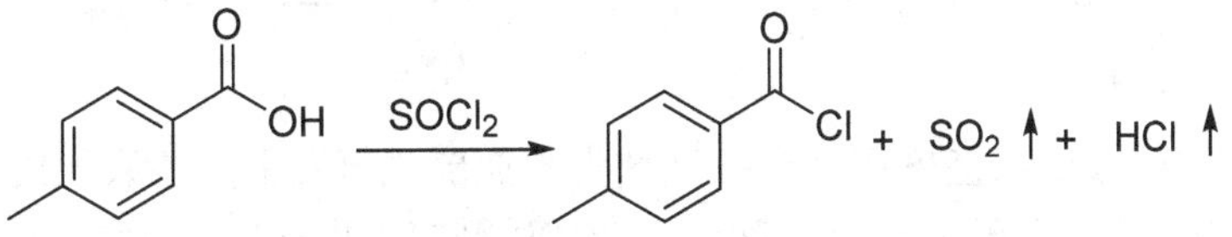

$$CH_3CH_2CH_2CH_2COOH \xrightarrow{PCl_3} CH_3CH_2CH_2CH_2COCl + H_3PO_3$$

$$CH_3(CH_2)_7COOH \xrightarrow{PCl_5} CH_3(CH_2)_7COCl + POCl_3 + HCl\uparrow$$

上述三种方法都是为了将羟基这个不好的离去基团变成一个较好的离去基团(特别是带有正电的基团更易离去)，可以相互补充。其中亚硫酰氯是最常用的试剂。这主要是因为该试剂的反应条件较为温和，通常在室温条件下进行。此外，反应生成的产物除酰氯外，其余的全是气体，可以在反应过程中分离出去。为了确保羧酸反应完全而添加的过量亚硫酰氯可以在反应结束后通过减压蒸馏轻松分离。因此，该方法可以获得高纯度和高产率的目标产物。

羧酸与亚硫酰氯发生亲核取代反应的机理如下：

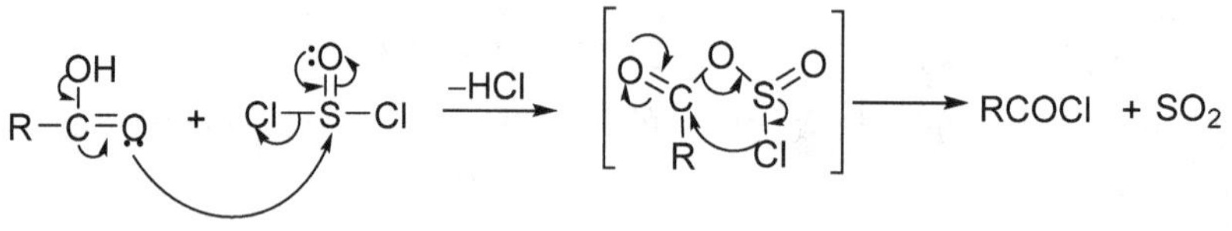

羧酸羰基氧先作为亲核试剂和亚硫酰氯发生亲核取代反应，氯负离子离开，得到酰氧基亚硫酰氯(RCOOSOCl)中间体。然后得到的酰氧基亚硫酰氯中间体中氯负离子作为原位生成的亲核试剂“内返”再和酰基碳发生亲核取代反应，失去二氧化硫(SO_2)，得到酰氯。

羧酸与亚硫酰氯的反应也可以在*N*,*N*-二甲基甲酰胺(DMF)、吡啶等碱性催化剂的存在下进行。例如：

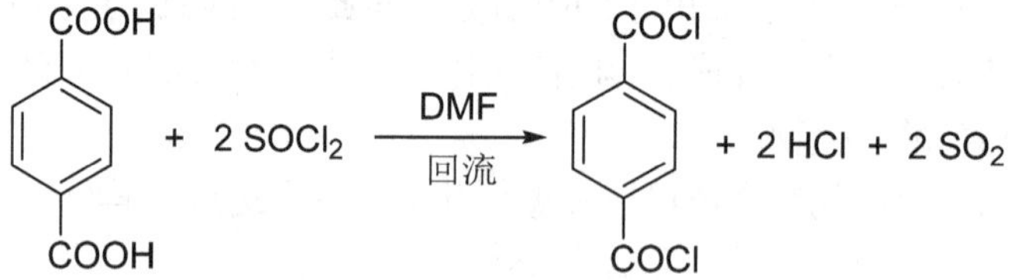

N,*N*-二甲基甲酰胺催化的羧酸和亚硫酰氯的亲核取代反应机理可能如下所示：

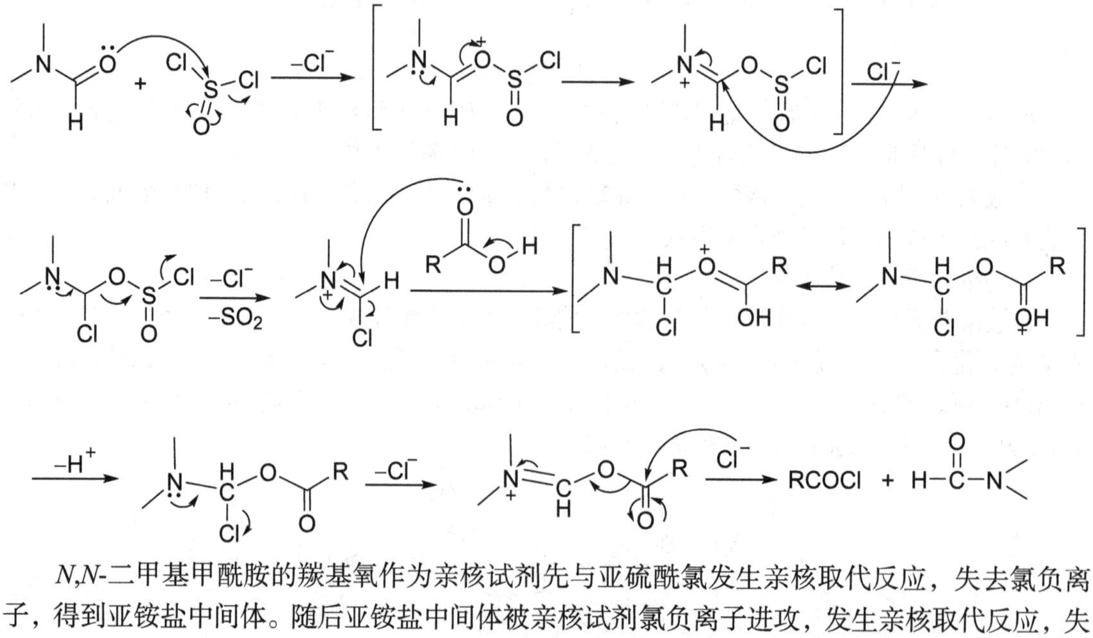

N,*N*-二甲基甲酰胺的羰基氧作为亲核试剂先与亚硫酰氯发生亲核取代反应，失去氯负离子，得到亚铵盐中间体。随后亚铵盐中间体被亲核试剂氯负离子进攻，发生亲核取代反应，失去氯负离子和二氧化硫，得到一个氯代亚铵盐中间体。然后羧酸的羰基氧作为亲核试剂和氯代亚铵盐中间体发生亲核取代反应，失去氢质子和氯负离子，得到酰氧基亚铵盐化合物。酰氧基

亚铵盐化合物羰基碳被亲核试剂氯负离子进攻，发生亲核取代反应，得到酰氯，同时又生成 *N*, *N*-二甲基甲酰胺。*N*, *N*-二甲基甲酰胺可以作为催化剂继续参与反应。

羧酸与三氯化磷发生亲核取代反应的机理可能如下：

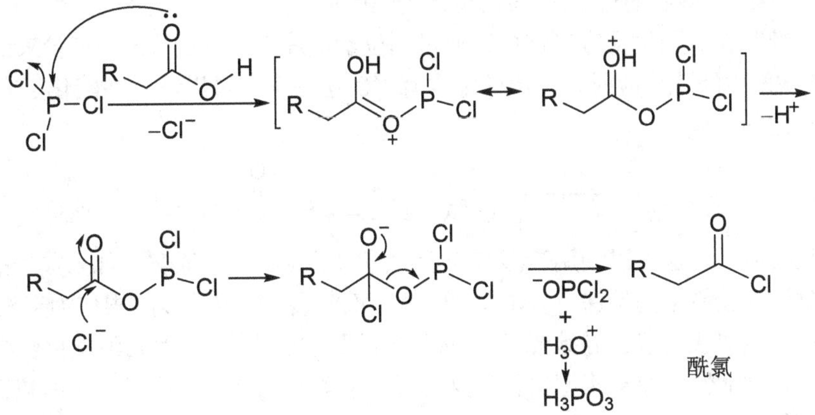

羧酸羰基氧先作为亲核试剂和三氯氧磷发生 S_N2 亲核取代反应，氯负离子和氢质子离开，得到酰氧基二氯化磷($RCH_2COOPCl_2$)中间体。然后氯负离子作为亲核试剂和酰氧基二氯化磷中间体酰基碳发生亲核取代反应，失去二氯化磷氧负离子，得到酰氯。二氯化磷氧负离子在酸性条件下经过水解反应得到亚磷酸(H_3PO_3)。

2) 羧酸与醇的酯化反应

在酸催化下，羧酸与醇生成酯的过程被称为酯化反应(esterification reaction)。

$$R^1COOH + R^2OH \underset{}{\overset{H^+}{\rightleftharpoons}} R^1COOR^2 + H_2O$$

常用的酯化反应催化剂包括硫酸、氯化氢或苯磺酸等。这个反应是可逆反应，进行很慢。为了提高产物的产率，必须使平衡向右方进行，可采用的方法有：在反应时增加醇或酸的用量，以调整反应达到平衡时反应物与产物的比例；利用共沸混合物移除产物水，或加入合适的去水剂来去除反应中产生的水。

酯化反应可以通过以下三种不同的机理进行：

(1) 加成-消除机理。

反应是按加成-消除机理进行的。反应特点是醇作为亲核试剂，进攻质子化的羧酸羰基碳，生成四面体中间体。然后四面体中间体发生了酰氧键(acyl-oxygen bond)的断裂，失去了羧羟基。具体的反应机理如下所示：

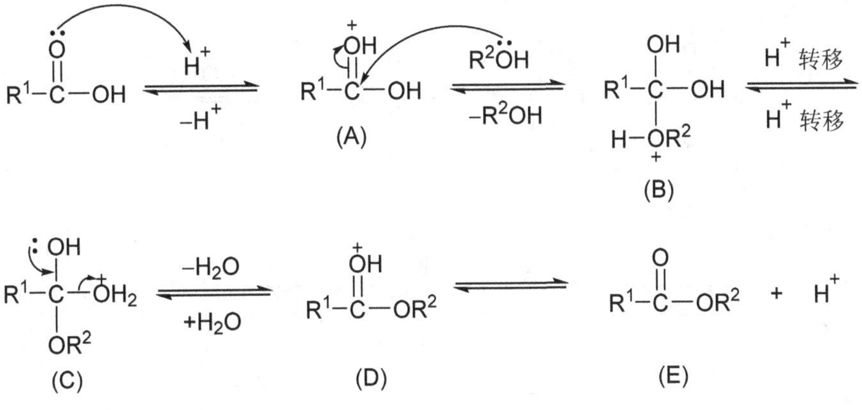

首先是将羧酸的羰基氧质子化形成中间体(A)，增加了羰基碳的正电性，使得它更容易受到亲核试剂的进攻。随后，醇作为亲核试剂进攻质子化的羰基碳，导致碳氧之间的 π 键断裂并形成一个四面体中间体(B)。然后，通过质子转移形成中间体(C)，发生酰氧键的断裂，消除水分子形成中间体(D)。最后通过消除一个质子形成酯(E)。

上述酰氧键断裂的酯化反应机理可以通过同位素示踪(isotopic tracing)实验来证明。用含有 ^{18}O 的醇和羧酸发生酯化反应时，生成的酯含有 ^{18}O 这一事实可以证明在酯化反应中，确实经历了羧酸酰氧键的断裂。

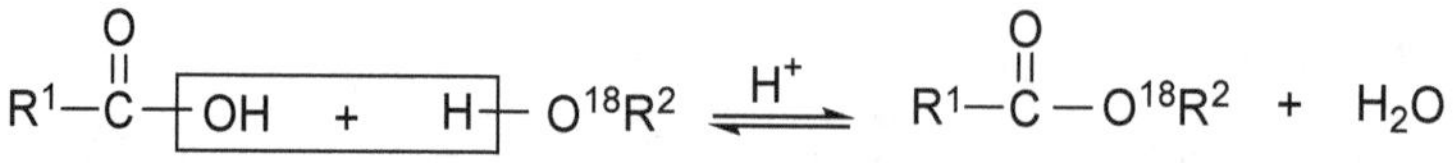

上述酯化反应机理也可以利用羧酸与光活性醇的反应实验来证实。如果羧酸酰氧键断裂，产物酯中光学活性碳原子构型保持。如果羧酸氧氢键断裂，生成的羧酸根作为亲核试剂和光活性醇发生 S_N2 亲核取代反应会导致光学活性碳原子发生构型翻转，得到消旋化合物。实验得到的产物结构中光学活性碳原子构型保持，这也说明羧酸在酯化反应中发生了酰氧键断裂。

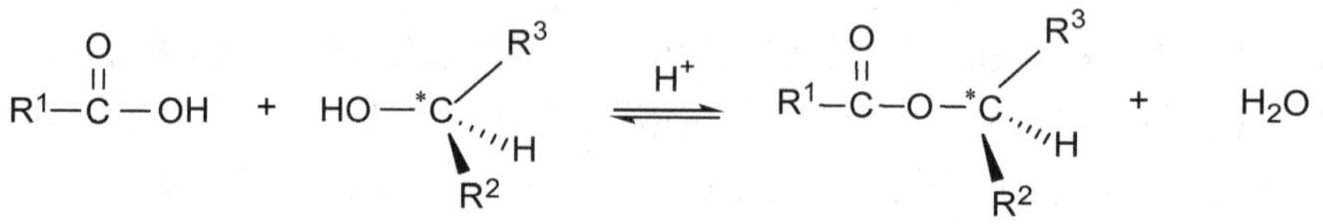

当羧酸与一级醇、二级醇发生酯化反应时，绝大多数情况下遵循亲核加成-消除机理，且反应速率为

$$CH_3OH > R^1CH_2OH > R^1R^2CHOH$$

$$HCOOH > CH_3COOH > R^1CH_2COOH > R^1R^2CHCOOH > R^1R^2R^3CCOOH$$

对于亲核试剂，反应速率主要是空间位阻效应决定的。一般来说，亲核试剂体积越小，越容易接近碳正离子中心。对于羧酸，反应速率主要是由电子效应和空间位阻效应共同决定的。一般来说，给电子取代基越多，羧酸羧羰基碳正离子中心正电性越低，空间位阻越大，越不容易被亲核试剂所进攻。

(2) 碳正离子机理。

羧酸与三级醇发生酯化反应时，由于三级醇分子体积较大，四面体中间体形成困难，同时三级碳正离子相对容易生成，因此这类酯化反应可以认为是通过三级醇的碳氧键(carbon oxygen bond)断裂开始，随后经碳正离子中间体机理(carbocation intermediate mechanism)完成。具体的反应机理如下所示：

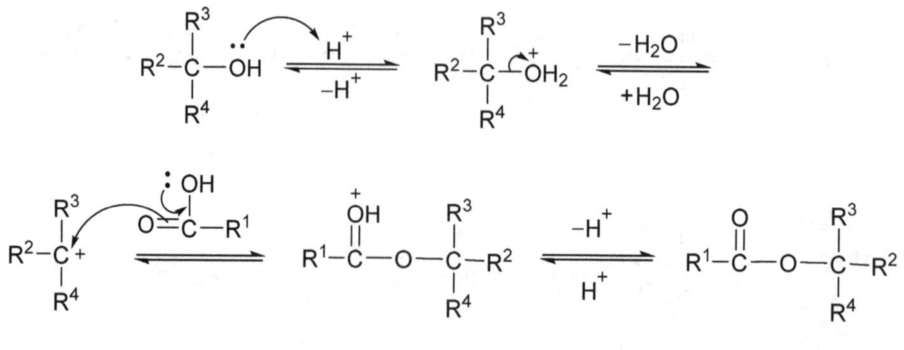

该反应的特点是三级醇按 S_N1 机理进行的，是醇的烷氧键断裂，生成碳正离子中间体，羧酸是特殊的亲核试剂。首先三级醇中羟基氧质子化，然后三级醇的碳氧键断裂，消除水分子，生成碳正离子中间体。然后羧酸的羧羰基氧作为亲核试剂进攻碳正离子，随后再消除一个质子后，得到了目标产物酯。

三级醇的碳氧键断裂的反应机理已经得到了同位素示踪实验的验证。用含有 ^{18}O 的羧酸发生酯化反应时，生成的酯含有 ^{18}O 这一事实可以证明在酯化反应中，确实经历了三级醇的碳氧键断裂。

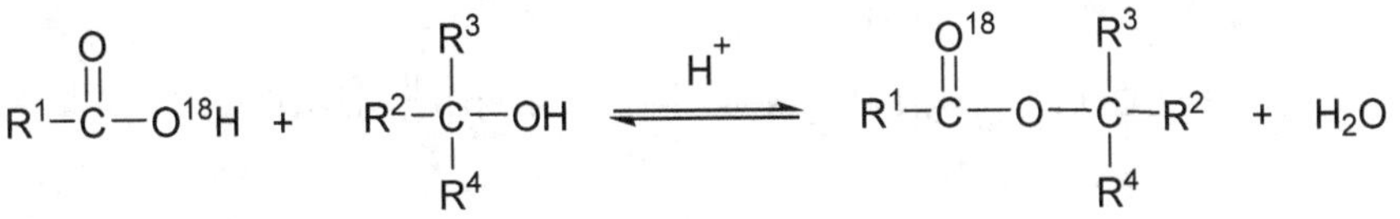

由于三级碳正离子易与碱性较强的水结合，不易与羧酸结合，故逆向反应比正向反应易进行，酯化反应产率通常较低。

(3) 酰基正离子机理。

2,4,6-三甲基苯甲酸的羧羰基具有较大的空间位阻效应。在酯化反应中，亲核试剂醇分子难以接近 2,4,6-三甲基苯甲酸的羧羰基碳，无法按照常规的亲核加成-消除机理进行。因此，这类酯化反应可以认为是通过 2,4,6-三甲基苯甲酸中碳氧键的断裂，随后通过酰基正离子机理(acyl cation mechanism)进行的。具体的反应机理如下所示：

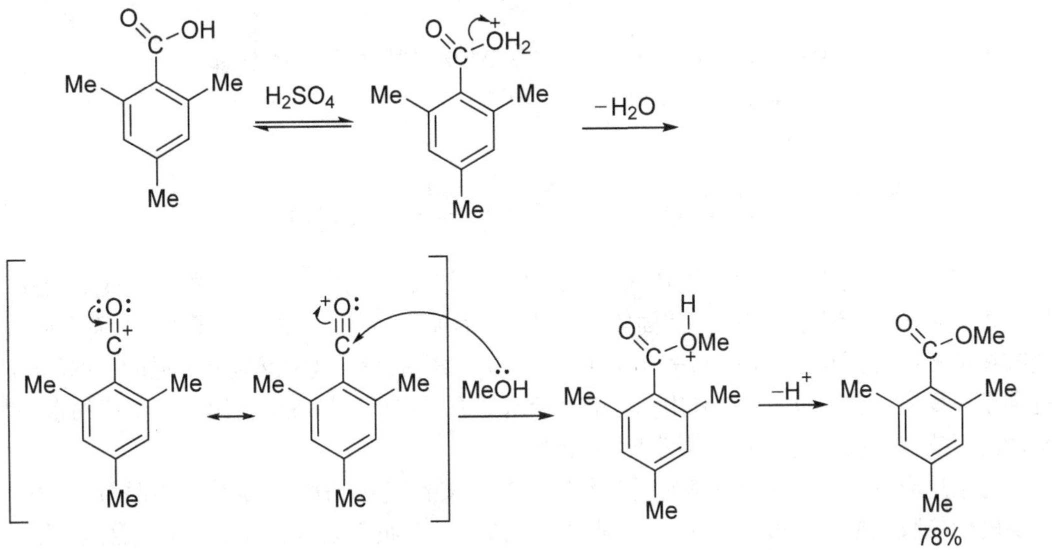

该反应的特点是芳香族羧酸进行酰氧键断裂，生成酰基正离子亲电中心，醇是亲核试剂。首先 2,4,6-三甲基苯甲酸羧羟基氧质子化，然后发生酰氧键断裂，消除水分子，生成酰基正离子中间体。酰基正离子与苯环发生共轭，使正电荷分散，增加其稳定性。此外，酰基正离子的碳原子通过 sp 杂化形成直线形结构，并与苯环共平面。这种几何构型允许醇分子从平面上方或下方对酰基碳进行亲核进攻。然后醇作为亲核试剂进攻酰基正离子酰基碳，最后醇羟基氧上一个质子解离后，得到了酯。该反应产率较高，可达 78%。仅有少量空间位阻大的羧酸按此反应机理进行。

3) 羧酸与氨或胺反应

与成酯反应一样，羧酸和氨或胺经过加成-消除反应机理，经过羧酸的酰氧键断裂，得到了酰胺化合物。与成酯反应不同的是，在酯化反应之前，羧酸与氨或胺发生酸碱中和反应生成铵盐。这是一个平衡反应，低温条件下有利于铵盐的生成，而加热时铵盐会分解，重新生成羧酸和氨或胺。

$$\mathrm{RCOOH + NH_3 \longrightarrow RCOONH_4 \underset{-H_2O}{\overset{\triangle}{\rightleftharpoons}} RCONH_2}$$

$$\mathrm{R^1\text{-}COOH + H_2N{-}R^2 \underset{-H_2O}{\overset{\triangle}{\rightleftharpoons}} R^1\text{-}\overset{O}{\overset{\|}{C}}{-}\overset{H}{N}{-}R^2}$$

$$\mathrm{R^1COOH + R^2R^3NH \longrightarrow R^1CO\overset{-}{O}\overset{+}{N}H_2R^2R^3 \underset{-H_2O}{\overset{\triangle}{\rightleftharpoons}} R^1CONR^2R^3}$$

伯酰胺化合物经过互变异构，可以得到亚胺化合物。亚胺化合物可以发生β-消除反应，得到腈。具体反应机理如下所示：

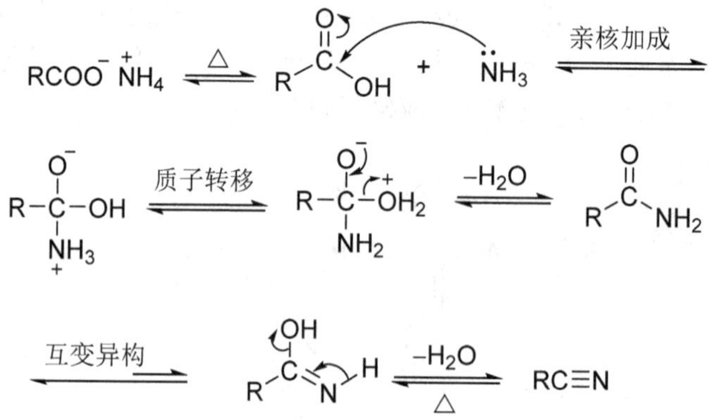

在羧酸和铵盐这个平衡体系中，氨或胺的氮原子上的孤对电子能够对羧酸羧羰基碳进行亲核进攻，生成一个带着负电荷的四面体中间体。然后质子转移，失去一分子水，从而形成酰胺。酰胺在加热条件下互变异构，进一步失去一分子水而生成腈。这个反应是可逆的，加热、脱水有利于正反应。在实验中，常采用苯、甲苯带水的方式在反应过程中持续移除生成的水，促使平衡向正反应方向移动，可以得到较高的产率。

这个反应的一个重要应用是通过二元酸与二元胺的缩聚作用，形成线型聚酰胺。其中最为重要的聚酰胺是尼龙-66(nylon-66)，它是由己二酸和己二胺为原料进行缩聚反应合成。尼龙-66是一种高档热塑性树脂，可以作为优良的高级合成纤维和工程塑料，广泛用于制作针织品、滤布、轮胎帘子线、渔网、绳索、民用仿真丝制品、球拍、泳衣及高级地毯等。

$$\mathrm{HO\overset{O}{\overset{\|}{C}}(CH_2)_4\overset{O}{\overset{\|}{C}}OH + H_2N(CH_2)_6NH_2 \xrightarrow{-H_2O} {}^{-}O\overset{O}{\overset{\|}{C}}(CH_2)_4\overset{O}{\overset{\|}{C}}O^{-}\ \overset{+}{N}H_3(CH_2)_6\overset{+}{N}H_3}$$

尼龙盐

$$n\left[{}^{-}O\overset{O}{\overset{\|}{C}}(CH_2)_4\overset{O}{\overset{\|}{C}}O^{-}\ \overset{+}{N}H_3(CH_2)_6\overset{+}{N}H_3\right] \xrightarrow{-2n\,H_2O} \mathrm{+\!\!\!\!-}\overset{O}{\overset{\|}{C}}(CH_2)_4\overset{O}{\overset{\|}{C}}NH(CH_2)_6NH\mathrm{+\!\!\!\!-}_n$$

尼龙-66

2. 羧酸衍生物酰基碳上的亲核取代反应

与羧酸一样，羧酸衍生物也可以发生酰基碳上的亲核取代反应，其杂原子或杂原子基团可以被亲核试剂的原子或基团所取代，生成不同的羧酸和其衍生物。例如，羧酸衍生物发生水解反应会生成酸，发生醇解反应会生成酯，发生氨(胺)解反应会生成酰胺。反应表达通式如下：

羧酸衍生物酰基碳上的亲核取代反应在碱催化的条件的反应机理如下：

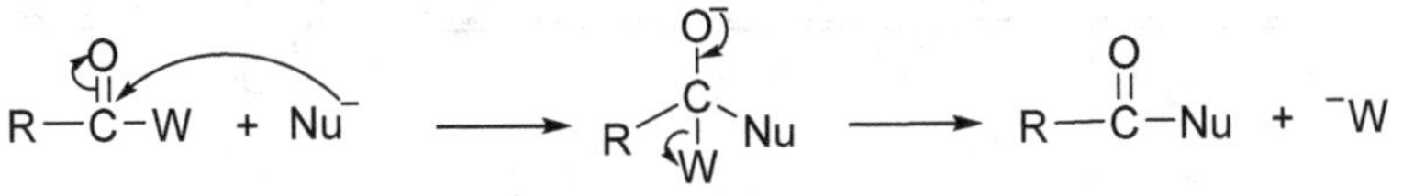

四面体中间体

反应分两步进行：第一步反应是亲核试剂对羧酸衍生物酰基碳进行亲核加成，形成一个带有负电荷的四面体中间体。相比较，羧酸衍生物酰基碳的正电性越强，周围空间位阻越小，越有利于反应的进行。第二步反应是一个杂原子或杂原子基团负离子的消除，生成目标产物。此反应依赖于离去基团的性质，离去基团越容易离去，反应越易发生。在羧酸衍生物中，离去基团的离去能力顺序如下：

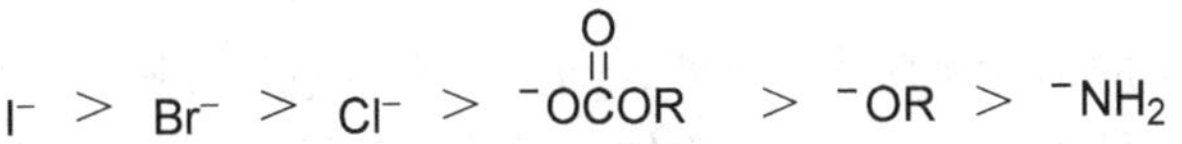

羧酸衍生物酰基碳上的亲核取代反应在酸催化的条件下的反应机理如下：

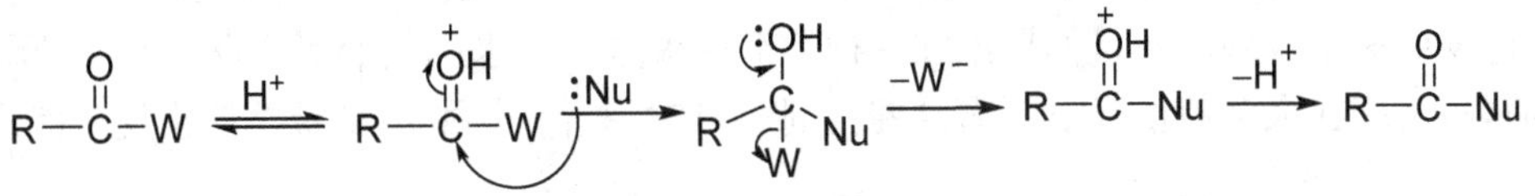

反应分三步进行：第一步反应是羧酸衍生物酰基氧的质子化反应，使其带有正电荷，增强对碳氧双键上的 σ 电子和 π 电子的吸引力，使酰基碳原子更具正电性。第二步反应是亲核试剂对活化的酰基碳进行亲核加成，形成四面体中间体。第三步反应是通过消除杂原子或杂原子负离子基团和去质子生成目标产物。

羧酸衍生物的亲核取代反应是一个可逆反应，要使反应向右方进行，需满足以下条件：①增加羰基的活性；②增加离去基团的活性；③保证杂原子或杂原子基团负离子比亲核试剂碱性弱，使其更容易离去；④改变影响平衡移动的其他因素。

羧酸衍生物酰基所连接的杂原子或杂原子基团不同，其亲核取代的反应活性也有所不同。综合考虑亲核加成和消除这两步反应，无论是碱催化还是酸催化机理，羧酸衍生物酰基碳上的亲核取代反应性顺序如下所示：

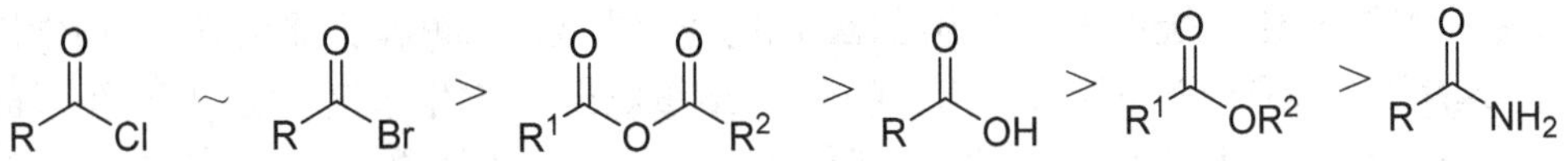

1) 羧酸衍生物的水解反应

羧酸衍生物都能水解形成羧酸，它们的水解反应可用下面各式表达：

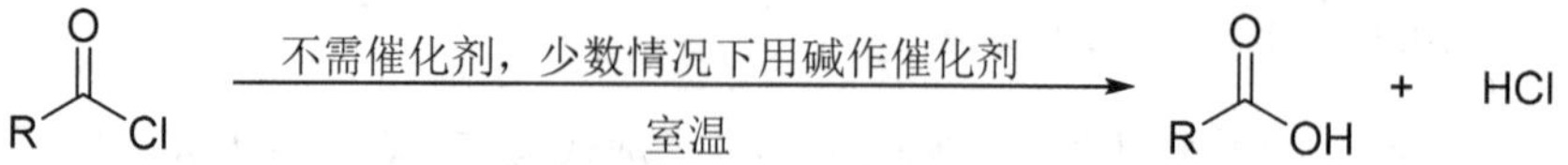

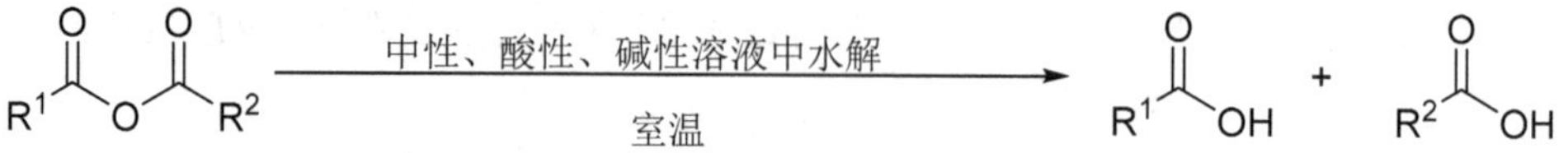

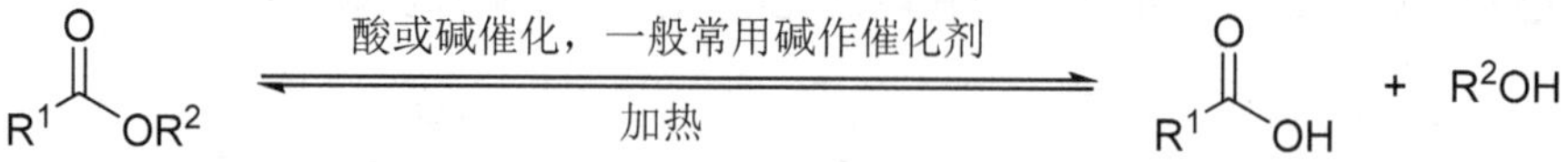

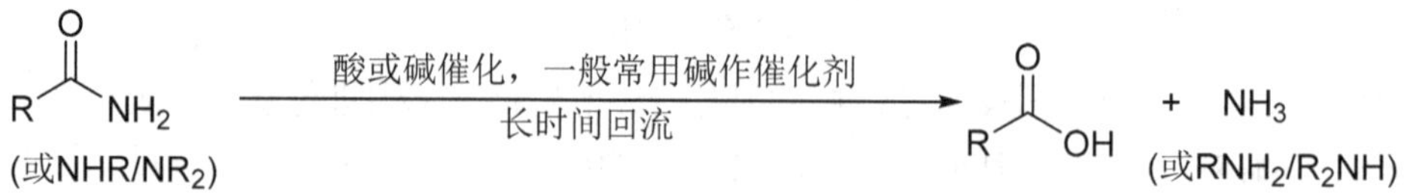

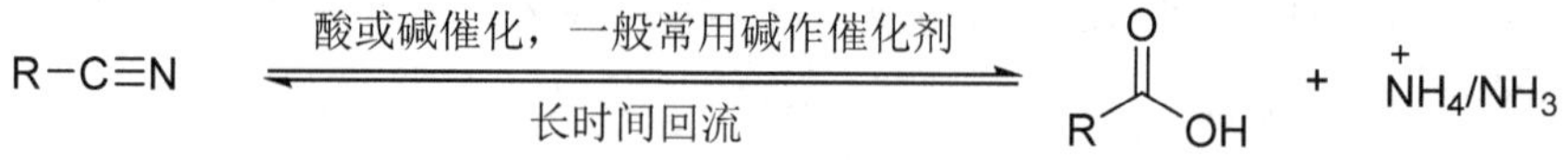

羧酸衍生物水解反应活性顺序为：酰氯＞酸酐＞酯＞酰胺或腈。在羧酸衍生物中，酰卤水解速率是最快的，尤其是小分子酰卤，其水解过程非常剧烈。例如，乙酰氯在潮湿的空气中会冒烟，这就是因为它水解时产生的盐酸所致。对于分子量较大的酰卤，它们在水中的溶解度较低，因此反应速率较慢。不过如果添加一种溶剂使得酰卤和水都能溶解，反应便能顺利进行。酰卤的水解反应在大多数情况下不需要催化剂，但在某些情况下，需要碱性催化剂来促进反应。

酸酐本身不溶于水，在室温水解反应非常缓慢，因此需要在酸性或碱性溶液中进行水解。不过如果添加一种溶剂使得酸酐和水都能溶解成均相，或者通过加热使其均相化，即使不使用酸或碱催化，反应也能顺利进行。例如，顺丁烯二酸酐在理论量的水中加热至均相后，静置固化，可以得到顺丁烯二酸。

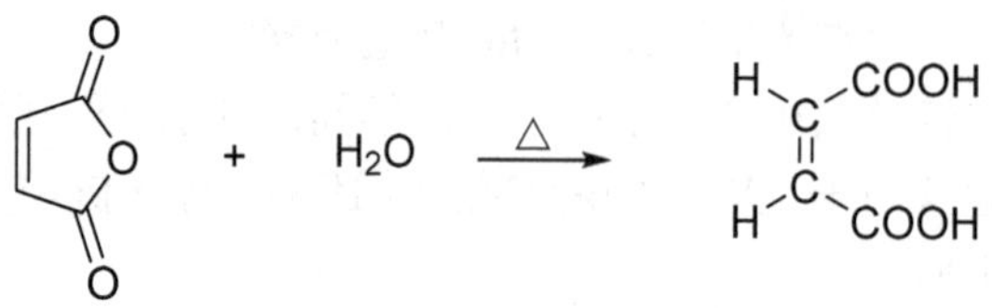

与酰氯和酸酐相比，酯的水解更为困难，因此通常需要酸或碱作为催化剂，一般常用碱作催化剂。这是因为碱是较强的亲核试剂，它容易与酯的酰基碳发生亲核反应，同时生成的酸可以与碱反应生成盐，有利于平衡反应的正向移动。因此，在碱催化酯的水解反应中，碱的用量通常超过 1 mol。这表明碱不仅仅是催化剂，也是反应的试剂。酯水解后生成羧酸和醇，是酯化反应的逆过程，因此酯水解反应最终也会达到平衡状态。

酯水解的反应机理研究得比较深入，如下所示：

(1) 酯的碱性水解机理。

酯的碱性水解是通过亲核加成-消除机理完成的，发生酰氧键断裂，生成羧酸盐和醇。具体反应机理如下：

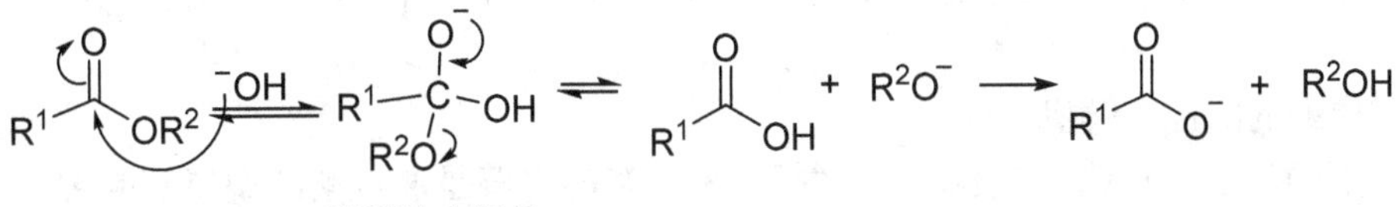

四面体中间体

碱(OH^-)首先进攻酯的酰基碳发生亲核加成反应，形成带负电荷的四面体中间体。如果酯酰基连接有吸电子基团，酰基碳的正电性越强，生成的负离子越稳定，周围空间位阻越小，越有利于反应的进行。随后发生酯的酰氧键断裂，消除烷氧基负离子($^-OR^2$)，生成羧酸。生成的羧酸在碱性条件下与碱发生中和反应，生成羧酸盐。这两步反应都是可逆反应。在四面体中间体阶段，如果消除 OH^-，反应将回到原来的酯。而当消除$^-OR^2$时，会生成羧酸。在碱性条件下，由于生成的羧酸会与碱发生酸碱中和反应，生成羧酸盐，这推动了平衡向生成羧酸的方向移动。

在碱性条件下，酯在水解过程中发生了酰氧键断裂已经通过同位素示踪实验得到了证实。例如，在碱性条件下，酯和 $H_2{}^{18}O$ 进行水解，得到包含 ^{18}O 的羧酸盐。这证实了酯在水解过程中确实发生了酰氧键断裂。

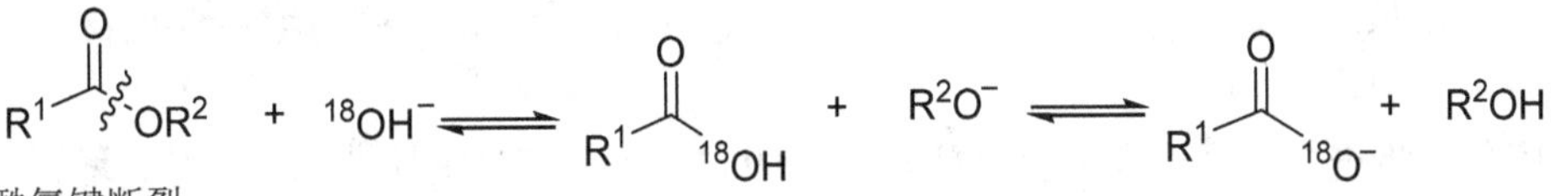

酰氧键断裂

酯在碱性条件下的水解同样遵循四面体中间体机理。这一点已得到众多实验的验证。实验证据之一是红外光谱分析证实了三氟代乙酸乙酯(CF_3COOEt)与乙氧基负离子(^-OEt)在正丁醚中形成了一个特定的四面体化合物，结构如下：

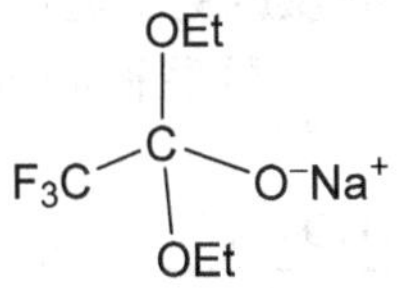

(2) 酯的酸性水解机理。

在酯的酸催化水解反应过程中，同位素示踪实验证实酯断裂的也是酰氧键，反应遵循以下机理：

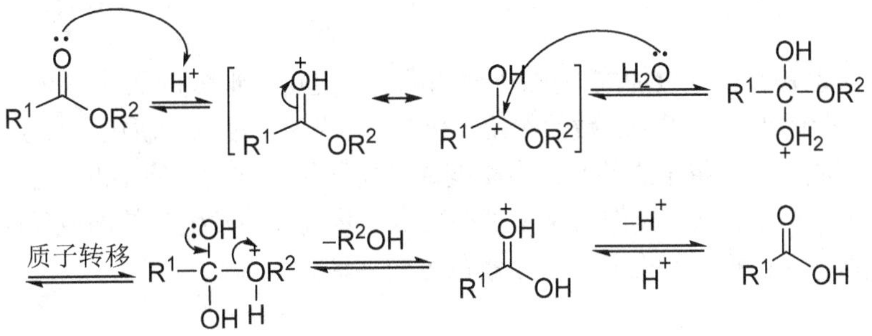

酯的质子化是非常重要的一步反应。质子化后的酯有很高的亲电性，可以被亲核性不强的水分子进攻，形成四面体正离子的中间体。周围空间位阻越小，反应越容易进行。然而，酯酰基上连接的吸电子基团存在两种相反的效果，一方面它增加了羰基碳的正电性，有利于亲核试剂的进攻；另一方面它降低了酯酰基氧的电子云密度，不利于酯的质子化。然后经过质子转移，消除醇分子，再经过质子消除得到羧酸。酸在此反应中有两种作用：活化酯酰基碳，使烷氧基(—OR)质子化而更易离去。酯的酸性水解和酯化反应互为逆反应，平衡的移动取决于反应的条件。体系中有大量水存在，发生酯的水解。若有大量醇存在，并采取去水措施，则有利于酯化反应。

(3) 3°醇酯的酸性水解机理。

同位素示踪实验证实，在酸催化条件下，3°醇酯的水解是通过酯的烷氧键断裂，生成碳正离子的途径进行的，结果得到的三级醇中不包含 ^{18}O。具体反应机理如下：

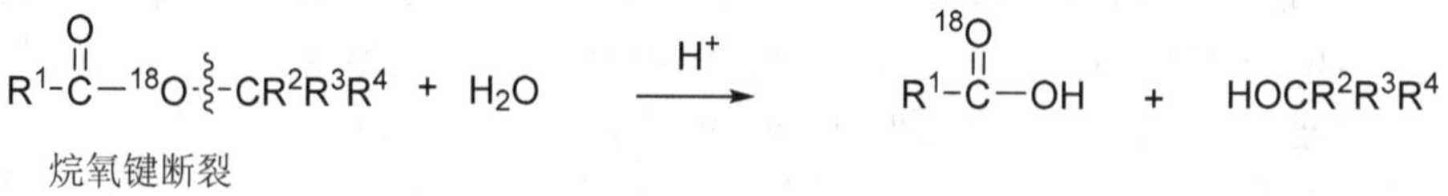

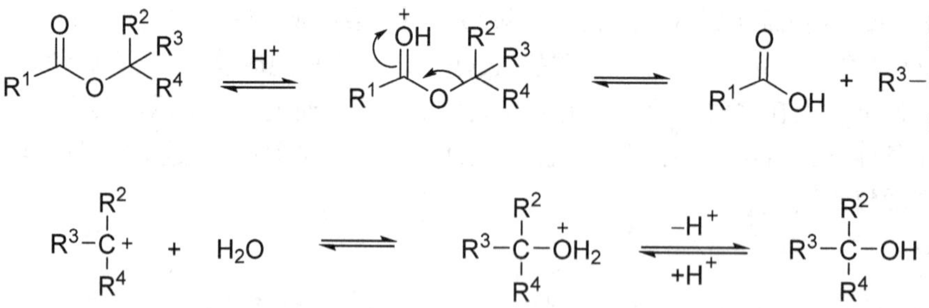

反应分三步进行：第一步反应是酯酰基氧的质子化反应，使其带有正电荷，增强对碳氧双键上的 σ 电子和 π 电子以及碳氧键上 σ 电子的吸引力。第二步反应是活化的酯的碳氧键发生断裂，产生目标产物羧酸和三级碳正离子中间体。第三步反应是水进攻三级碳正离子，再消去质子得到三级醇。这是一个经过酸催化的 S_N1 反应过程，是三级醇的酯化反应的逆反应。

与其他羧酸衍生物相比，酰胺的水解反应更难进行。通常在使用强酸或强碱以及比较长时间的加热回流条件下，酰胺才能水解成相应的酸和氨(或胺)。

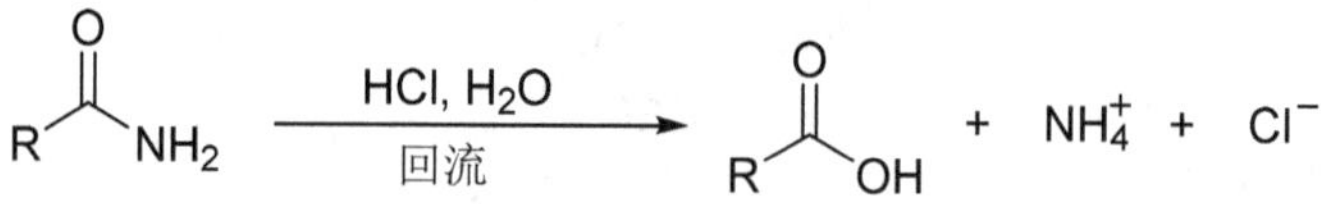

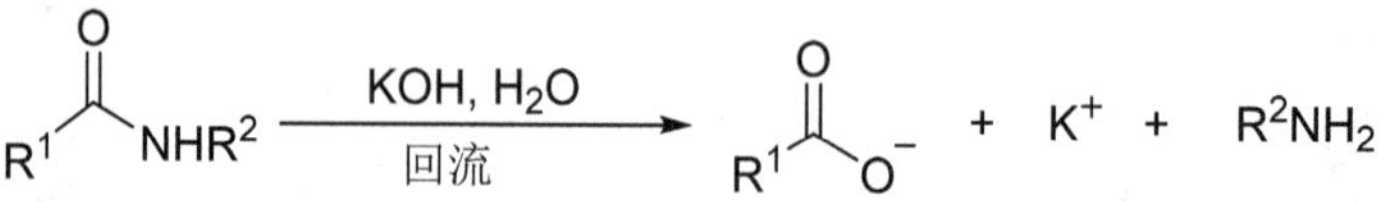

酰胺的水解也是通过亲核加成-消除机理完成的，经历了形成四面体中间体、酰胺键断裂的过程。在酸催化的水解过程中，酸的作用不仅是使酰胺中的酰基氧质子化，还能中和平衡体系中所产生的氨或者胺，将生成的胺或者氨变成铵盐，从而推动平衡不断向水解的方向移动。在碱催化的水解过程中，碱不仅作为亲核试剂攻击酰胺酰基碳发生亲核加成反应，也会将生成的羧酸中和成盐，从而推动平衡不断向水解的方向移动。

部分伯酰胺由于空间位阻效应，水解较为困难。但如果在酸性条件下采用亚硝酸处理，通过生成酰基正离子，可以在室温下实现水解，得到羧酸，且产率相对较高。具体的反应机理如下：

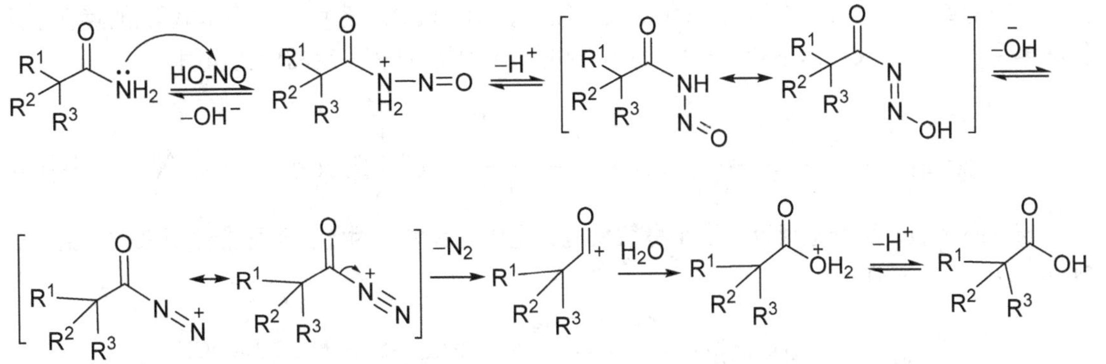

反应过程包括伯酰胺的胺基氮利用孤对电子(—NH_2)进攻亚硝酸正离子(NO^+)，得到铵盐中间体。然后铵盐中间体经历去质子、酮式-烯醇式互变异构，去羟基负离子(^-OH)等过程，生成酰基重氮化合物(—$CON^+{\equiv}N$)。随后 N_2 离开，同时生成酰基正离子。最后酰基正离子与 H_2O 结合，再失去质子得到羧酸。

腈的水解通常需要在酸或碱作用下长时间回流才能进行。腈在水解时，先生成酰胺，酰胺继续水解生成羧酸。使用适当的反应条件，反应可以停留在酰胺。

腈在酸催化下的水解机理如下：

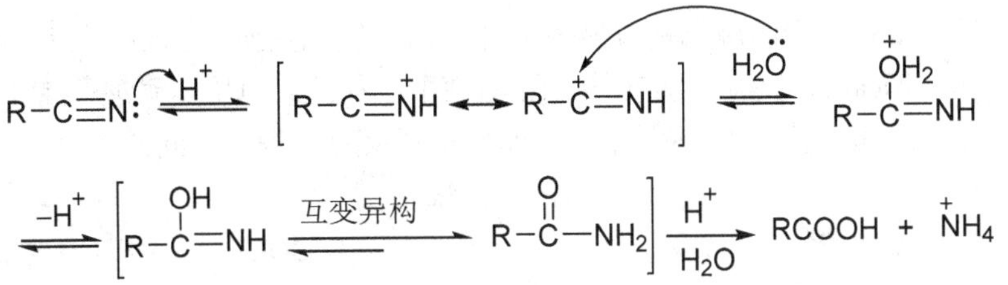

首先腈的氰基氮发生质子化，使其带有正电荷，然后吸引碳氮三键上的一对 σ 电子，生成碳正离子中间体。然后是水进攻碳正离子，随后消除质子，经过烯醇式-酮式互变异构，生成酰胺。最后酰胺进一步在酸性条件下水解得到羧酸。

腈在碱催化下的水解机理如下：

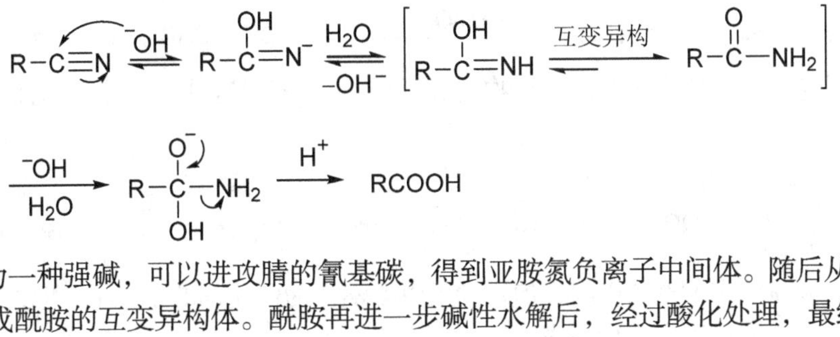

OH^-作为一种强碱，可以进攻腈的氰基碳，得到亚胺氮负离子中间体。随后从水分子中夺取质子，形成酰胺的互变异构体。酰胺再进一步碱性水解后，经过酸化处理，最终得到羧酸。

2) 醇解

羧酸衍生物可以通过醇解(alcoholysis)制备酯。羧酸衍生物醇解反应活性顺序为：酰氯＞酸酐＞羧酸＞酯＞酰胺或腈。

一般的酰卤很容易发生醇解。而反应活性较弱的酰卤如芳香酰卤、空间位阻较大的脂肪酰卤、三级醇或酚等，可以在碱(氢氧化钠或三级胺，如吡啶、三乙胺、二甲苯胺等)的存在下进行醇解反应。碱不仅可以中和醇解反应产生的酸，还可能具有一定的催化作用。

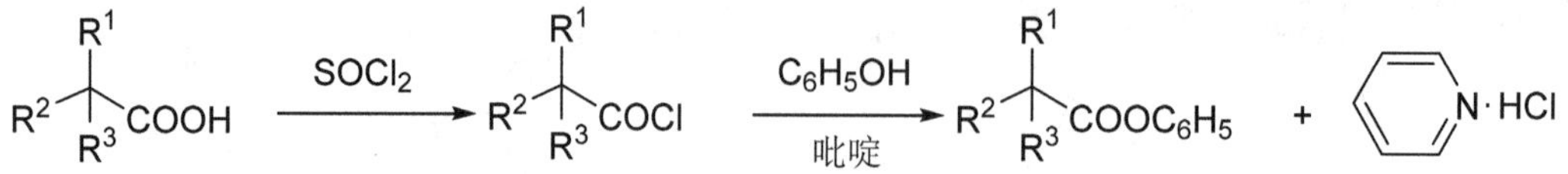

与酰卤类似，酸酐也很容易发生醇解反应，生成酯和酸。因此，酸酐常被用来作为酰化试剂(acylation reagent)。

$$ROH + (CH_3CO)_2O \xrightarrow{CH_3COONa} CH_3COOR + CH_3COOH$$

环状酸酐可以在回流的条件下进行醇解，得到二元羧酸一某酯。二元羧酸一某酯需要在酸性条件下才能进一步发生酯化反应，生成二酯。这也说明酸酐的醇解反应活性强于羧酸。

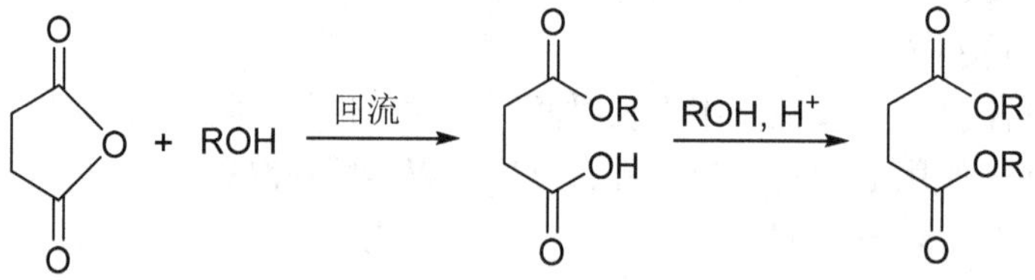

酯的醇解反应就是酯中的烷氧基被另一个醇中的烷氧基置换，生成一个新的酯。因此也称为酯交换(transesterification)反应。反应需要在酸(硫酸、盐酸或对甲苯磺酸等)或碱(烷氧基负离子)催化下进行，反应机理与酯的酸催化和碱催化水解反应机理是相同的。

$$R^1COOR^2 + R^3OH \xrightleftharpoons{H^+ \text{ 或 } ^-OR^3} R^1COOR^3 + R^2OH$$

酯的醇解反应是一个可逆反应，一般使用过量的反应物醇或者将产物醇及时除掉，使反应向正向进行。酯交换反应常用于从低沸点的醇的酯制备高沸点醇的酯。例如：

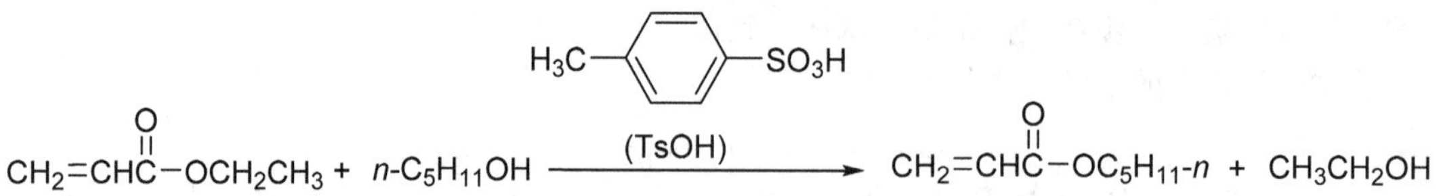

酯交换反应还可以适用于二酯化合物的醇解反应，选择性地去掉一个酯基而保留另一个酯基。例如：

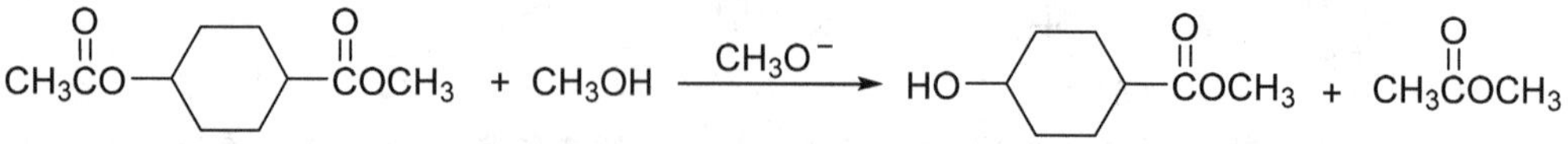

上面的反应在使用大量的甲醇并加入少量甲醇钠作为催化剂的条件下，可以去掉乙酰基而保存甲酯基，并能够使反应进行到底。

酰胺可以在酸性条件或碱性条件(如醇钠)下发生醇解反应生成酯。

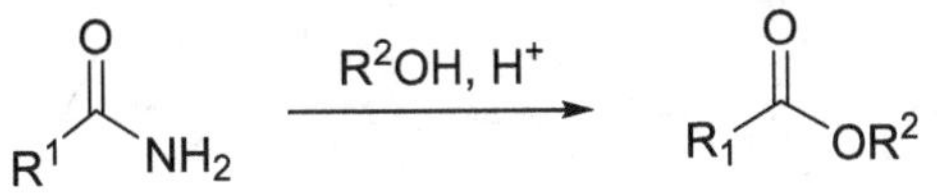

腈在酸性(如硫酸、盐酸)条件下可以发生醇解反应，通过生成亚胺酯盐酸盐中间体，然后水解得到酯。例如：

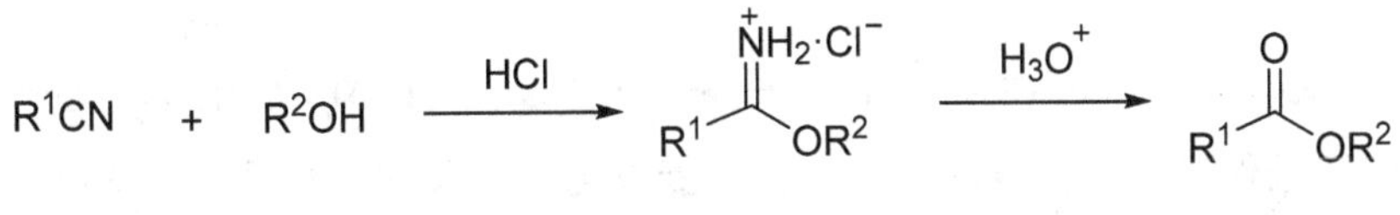

亚胺酯盐酸盐

具体反应机理如下：

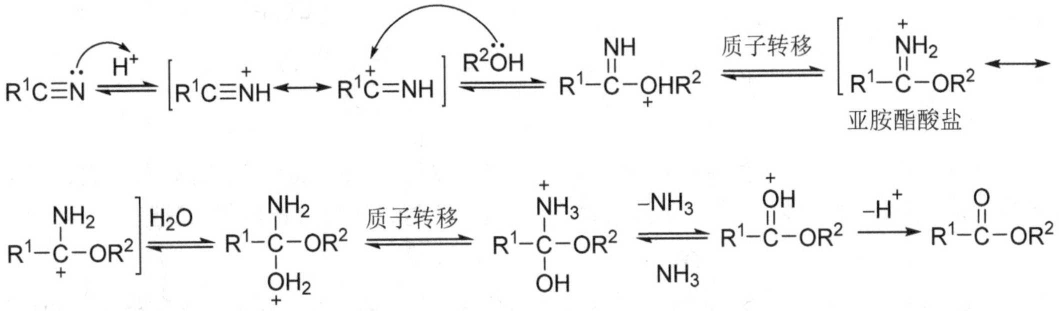

腈的氰基氮发生质子化，使其带有正电荷，然后吸引碳氮三键上的一对 σ 电子，生成碳正离子中间体。然后是醇进攻碳正离子，经过质子转移，得到亚胺酯酸盐中间体。随后水作为亲核试剂进攻亚胺酯酸盐的互变异构体的碳正离子，经过质子转移，消去氨，消去质子，生成酯。

3) 氨(胺)解反应

羧酸衍生物可以通过氨(胺)解(ammonolysis)制备酰胺。氨(胺)解反应只能碱催化，不能酸催化。羧酸衍生物氨(胺)解反应活性顺序为：酰氯＞酸酐＞酯＞酰胺。

$$R{-}COW + 2NH_3 \longrightarrow R{-}CONH_2 + NH_4W$$

$$R^1{-}COW + 2NH_2R^2 \longrightarrow R^1{-}CONHR^2 + NH_3R^2W$$

$$R^1{-}COW + 2NHR^2R^3 \longrightarrow R^1{-}CONR^2R^3 + NH_2R^2R^3W$$

酰氯极易与氨、一级胺或者二级胺发生氨(胺)解反应生成酰胺。而酰氯和三级胺成盐，然后盐不稳定，容易发生水解和醇解，又回到原先的羧酸。因为氨的亲核性比水更强，酰氯遇到冷的氨水就可以发生氨解反应。

$$R{-}COCl + 2NH_3 \longrightarrow R{-}CONH_2 + NH_4Cl$$

酰氯与胺通常是在碱(氢氧化钠、吡啶、三乙胺等)催化下进行胺解反应的。这些碱还可以中和反应过程中所产生的盐酸，从而避免其与反应物胺发生反应，降低产率。当反应物是不溶或微溶水的芳香酰氯或者是α-碳上有空间位阻的脂肪酰氯，由于这些酰氯容易与同相的胺发生胺解反应，而不能与水相的 NaOH 发生水解反应，氨(胺)解反应可以在 NaOH 的水溶液中进行。

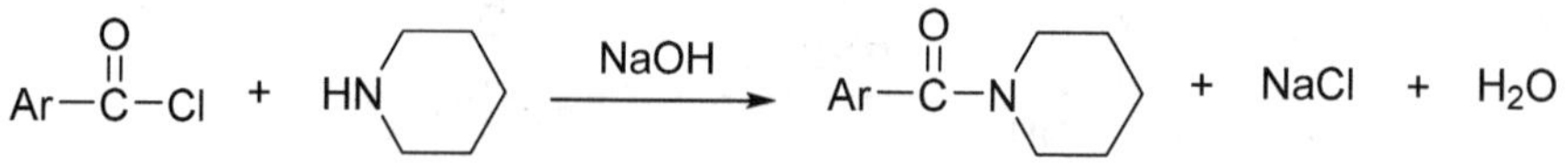

酸酐可以发生氨(解)反应，但反应活性低于酰氯。对于乙酸酐或易溶于水的酸酐化合物来说，由于胺的亲核性远高于水，其氨(胺)解反应可以在水中进行。例如：

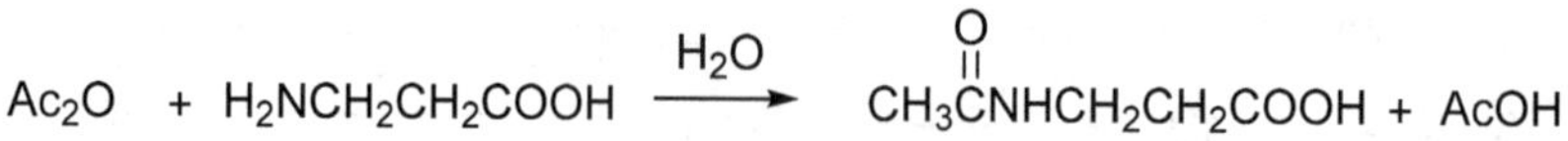

酸酐在中性条件下或在微量酸或碱催化下能够与各种胺尤其是芳香一级胺或二级胺发生胺解反应，生成酰胺。在酸酐与胺的反应中，除了生成酰胺外，还会生成羧酸。为了中和这一反应过程中产生的羧酸，通常会加入三级胺。

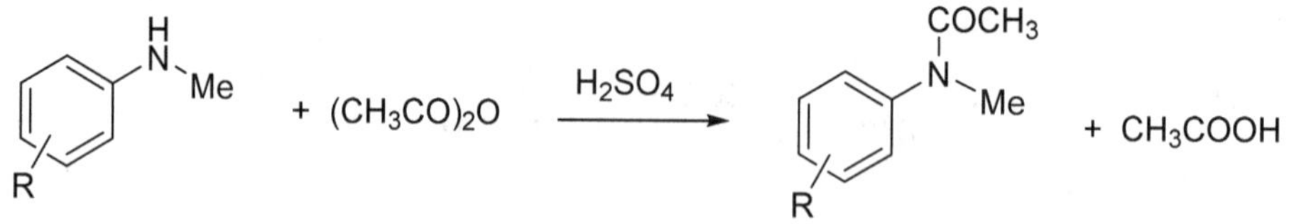

环状酸酐也可以与氨发生氨解反应，开环生成酰胺酸(amic acid)。酰胺酸可以与反应体系中未反应的氨生成酰胺酸盐，当使用无机酸进行酸化处理时又会重新转化为酰胺酸。例如：

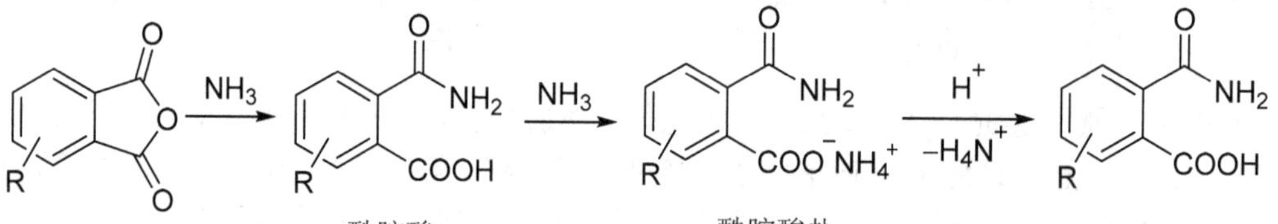

酰胺酸　　酰胺酸盐

如果环状酸酐与氨的反应在高温条件下进行，那将会得到酰亚胺(imide)。例如：

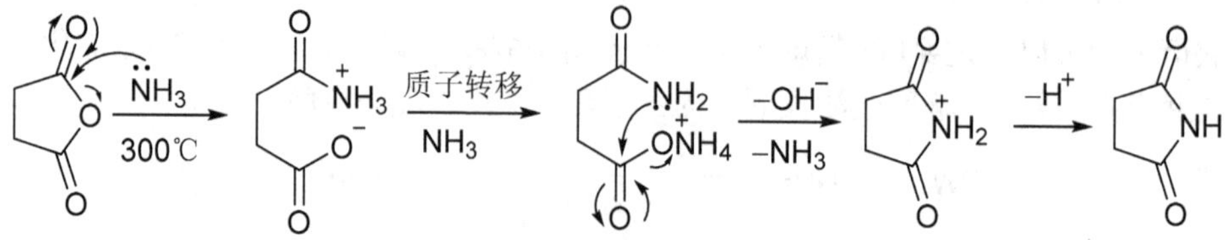

酰亚胺

酯也能与氨(胺)发生氨(胺)解反应，生成酰胺。另外，酯还能与胺的衍生物如肼或羟氨发生氨(胺)解反应，得到酰胺衍生物。例如：

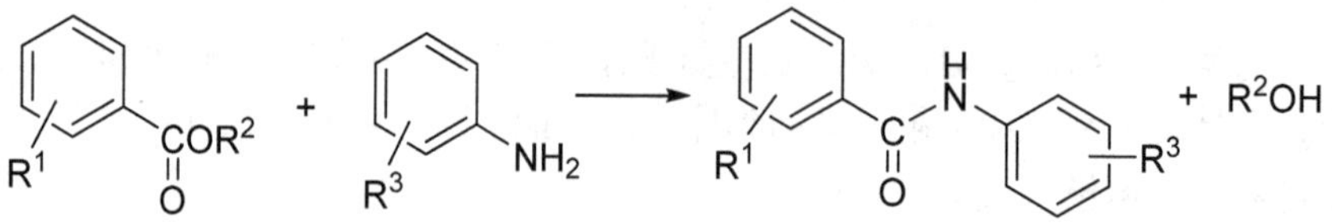

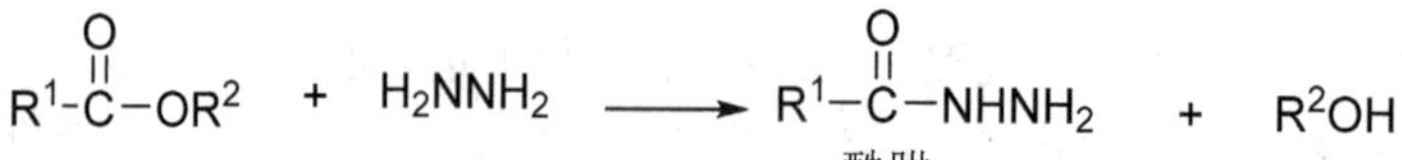

酰肼

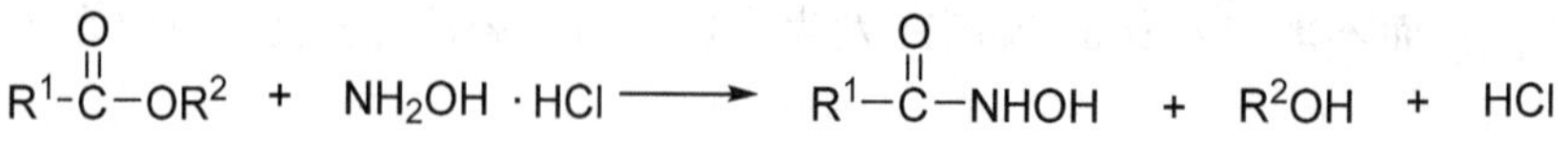

N-羟基酰胺

酰胺的氨(胺)解反应能够产生一个新的酰胺，因此这一过程也被视为酰胺的交换反应。例如：

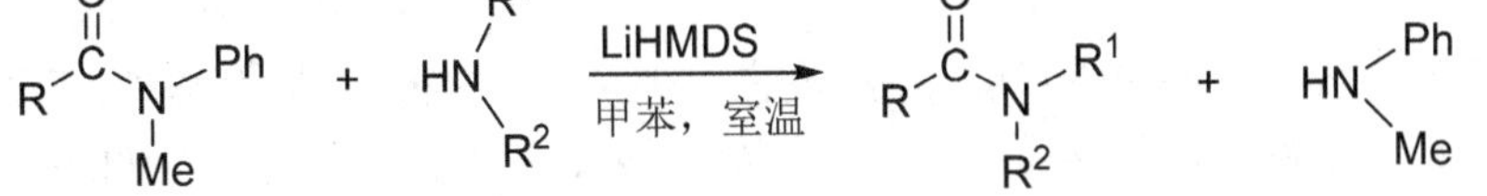

4) 酯缩合反应

Claisen(克莱森)缩合反应是含有α-氢的酯作为亲核试剂，在碱的催化下和酯发生酰基碳上的亲核取代反应，失去一分子醇，生成β-羰基酯的反应。

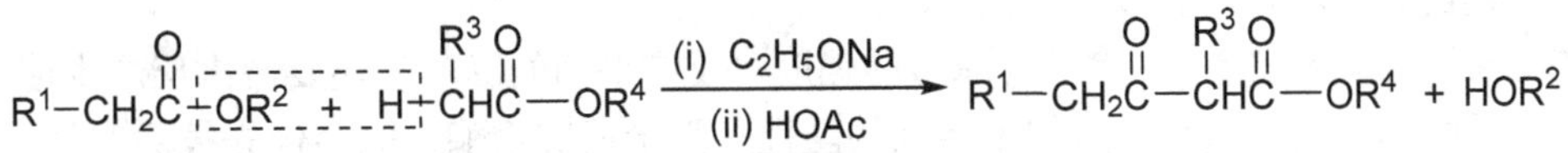

以乙酸乙酯为代表的 Claisen 缩合反应的机理如下所示：

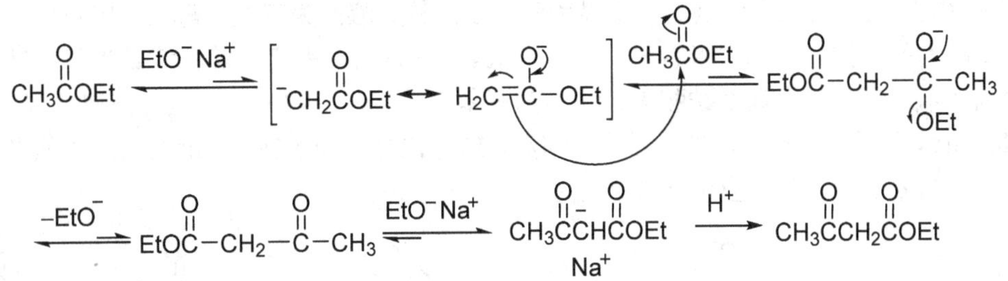

由于乙酸乙酯酰基氧的电负性，乙酸乙酯的α-氢具有一定的酸性。在碱乙醇钠的拔氢作用下，一分子乙酸乙酯失去一个α-氢质子，生成α-碳负离子酮式-烯醇负离子式互变异构中间体。然后，α-碳负离子酮式结构作为亲核试剂进攻另一个乙酸乙酯的酰基碳，发生亲核加成反应。随后消去乙氧负离子生成乙酰乙酸乙酯。得到的乙酰乙酸乙酯两个羰基之间的亚甲基具有酸性更强的氢。由于反应在碱性环境中进行，新生成的乙酰乙酸乙酯会立即与碱反应形成其钠盐。将钠盐从反应体系中分离出来后，再通过酸化处理，便可得到乙酰乙酸乙酯。

在这个反应中，由于乙酸乙酯的α-氢的酸性较弱($pK_a = 24.5$)，而乙醇钠也是一个相对较弱的碱(乙醇，$pK_a = 15.9$)，因此乙醇钠拔除乙酸乙酯α-氢质子是很困难的，生成的乙酸乙酯负离子在平衡体系中是非常有限的。但是由于反应产物乙酰乙酸乙酯两个羰基之间的亚甲基具有酸性更强的氢质子，很容易被乙醇钠拔除。亚甲基上失去一个氢，得到稳定的乙酰乙酸乙酯负离子，使得平衡向正方向移动。因此，尽管反应生成的乙酸乙酯负离子有限，但是反应不停地向正方向移动，最后使得反应进行完全。

这表明当使用弱碱醇钠时，反应物酯必须含有两个α-氢才能使反应进行完全。一个用来生成乙酸乙酯负离子，一个用来生成乙酰乙酸乙酯负离子。如果反应物酯仅有一个α-氢，则必须需要更强的碱才能使反应顺利进行。例如：

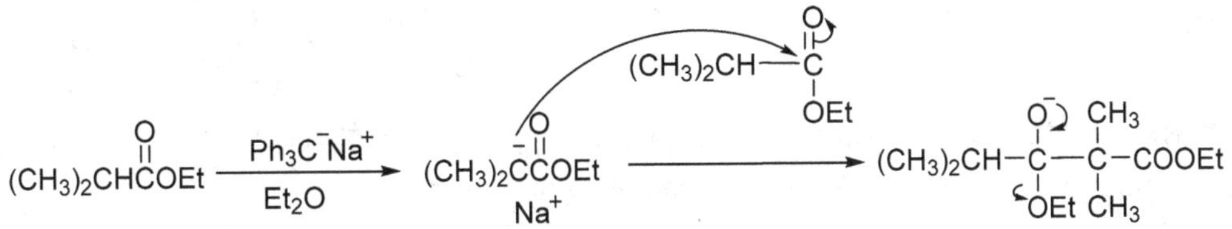

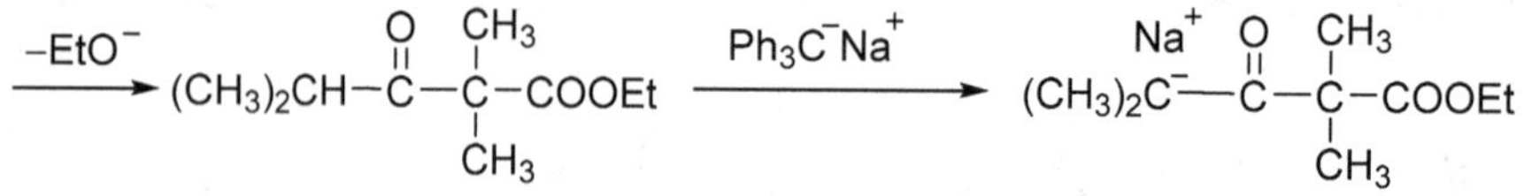

异丁酸乙酯的α-氢不能被弱碱乙醇钠拔氢，但可以被强碱三苯甲基钠(三苯甲烷，pK_a = 31.5)拔氢，生成异丁酸乙酯的α-碳负离子中间体。该反应是不可逆的，得到的α-碳负离子作为亲核试剂和另一分子异丁酸乙酯的酰基碳发生亲核加成反应，随后失去乙氧负离子生成异丁酰异丁酸乙酯。得到的异丁酰异丁酸乙酯的羰基α-氢可以被三苯甲基钠拔除，生成稳定的异丁酰异丁酸乙酯负离子，从而使反应向正方向移动。在碱性条件下，反应得到异丁酰异丁酸乙酯负离子和乙氧负离子均以钠盐形式存在。

在 Claisen 缩合反应中，除了考虑碱的强度对反应平衡的影响，还要考虑反应中使用的溶剂对反应平衡的影响。这是因为如果溶剂的酸性远强于反应物酯，碱会优先拔除溶剂的质子，而不是拔除反应物酯的α-氢质子，导致无法生成很多酯的碳负离子，缩合反应就不能向正方向进行。一般配套使用的碱和溶剂有：①碱为三级丁醇钾，溶剂为三级丁醇、二甲亚砜、四氢呋喃等；②碱为氨基钠，溶剂为苯、醚、甲苯、液氨、1,2-二甲氧乙烷等；③碱为氢化钠及氢化钾，溶剂为苯、醚、二甲基甲酰胺等；④碱为三苯甲基钠，溶剂为苯、醚、液氨等。

Claisen 缩合反应具有可逆性，因此产物β-二羰基化合物和醇在碱(如醇钠)催化下发生逆反应，分解成两分子酯。其反应机理如下：

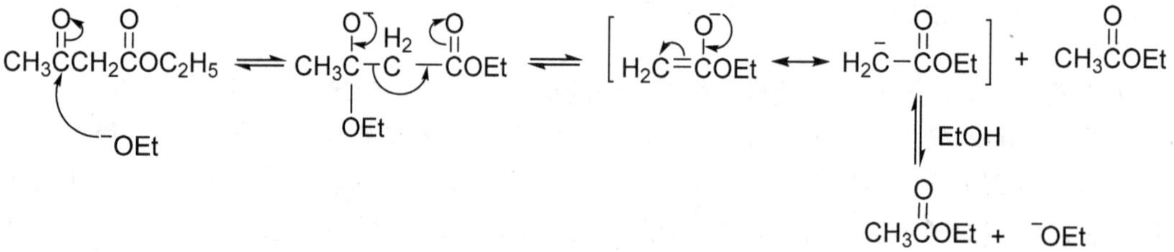

醇钠作为亲核试剂和β-二羰基化合物的乙酰基发生亲核加成反应，得到带有负电荷的四面体中间体。随后消除乙酸乙酯α-碳负离子，得到一分子乙酸乙酯和乙酸乙酯烯醇负离子式α-碳负离子酮式互变异构中间体。然后，乙酸乙酯α-碳负离子酮式结构从乙醇中得到氢质子得到一分子乙酸乙酯。

Claisen 缩合反应和其逆反应在合成中具有实用价值。

用一个含有α-活泼氢的酯与一个不含有α-活泼氢的酯可以进行混合酯缩合反应。常用的不含α-活泼氢的酯有苯甲酸酯(benzoate)、草酸酯(oxalate)、甲酸酯(formate)和碳酸酯(carbonate)等。

芳香酸酯酰基碳正电性弱，一般需用较强的碱拔除含有α-活泼氢的酯的α-氢，以产生足够浓度的α-碳负离子，从而确保混合酯缩合反应的顺利进行。例如：

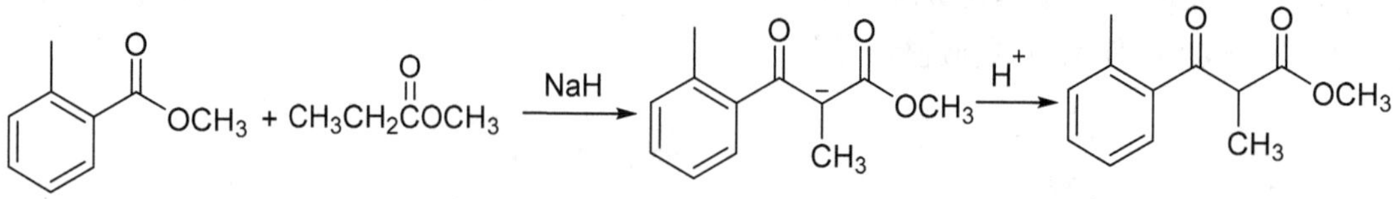

草酸酯由于其中一个酯基的拉电子诱导作用，增加了另一个酯基中羰基碳的正电性，因此更容易与其他含有α-活泼氢的酯发生混合酯缩合反应。例如：

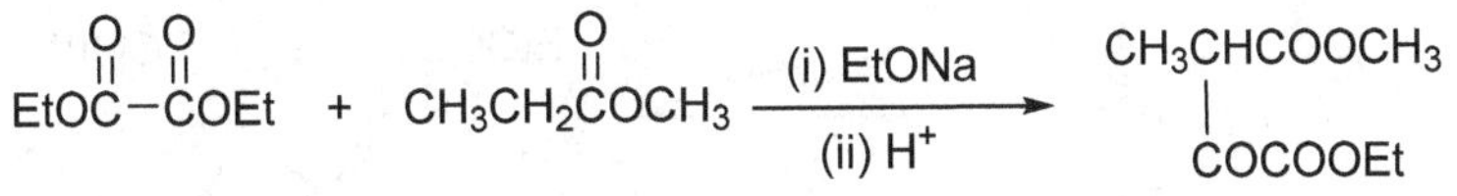

草酸酯和长链的脂肪酸酯的混合酯缩合反应产率较低，但是如果在反应过程中不断将产物乙醇蒸出，就可以有效提高反应的产率。

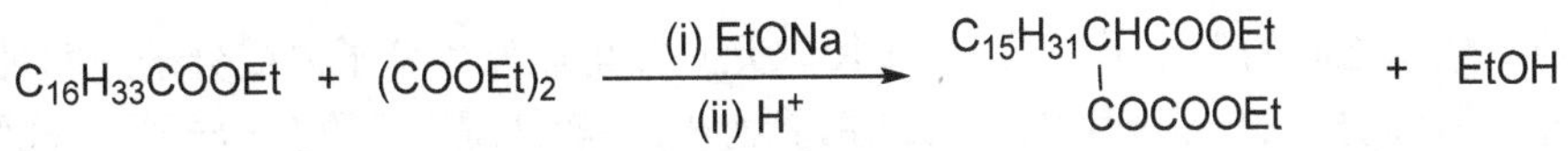

草酸酯的缩合产物含有的α-羰基酸酯(α-carbonyl ester)基团在加热的条件下很容易失去一分子一氧化碳，转变成取代的丙二酸酯。例如：

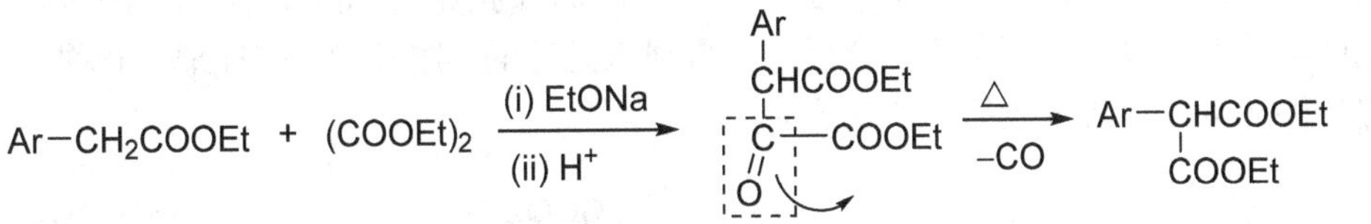

草酸酯的缩合反应产物还可以用于合成α-羰基羧酸酯。例如：

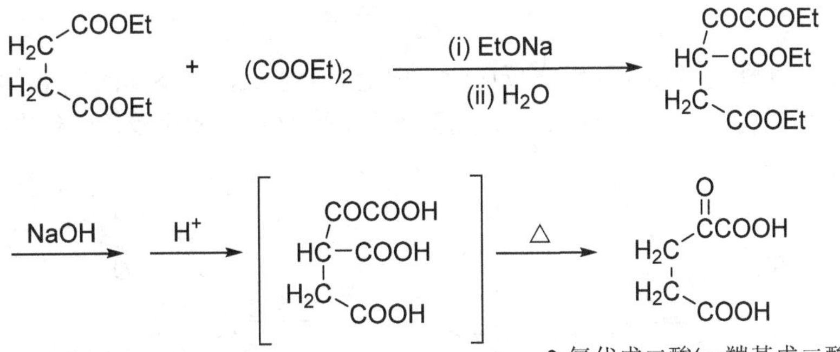

2-氧代戊二酸(α-羰基戊二酸)

丁二酸二乙酯与草酸酯缩合产物的三个酯基都可以在氢氧化钠碱性条件下发生水解反应，得到三元羧酸。这个三元羧酸不稳定，次甲基上由于强拉电子羰基羧酸基团的存在，其上的羧基很容易发生脱羧反应，生成α-羰基戊二酸。

甲酸酯参与的混合酯缩合反应，可以得到在含有α-活泼氢的酯的α-碳原子上引入一个甲酰基(formyl)的产物。例如：

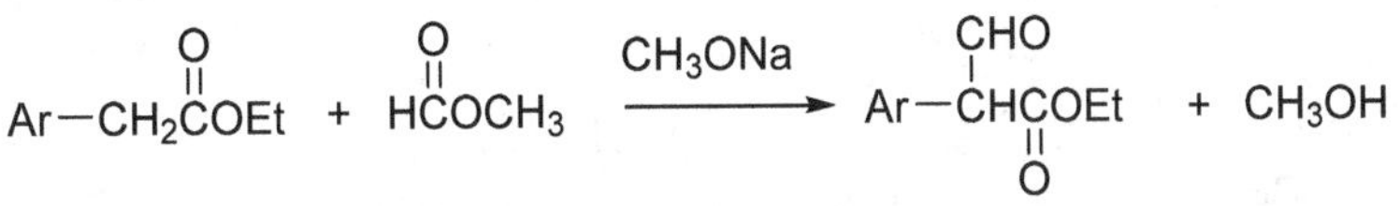

α-甲酰化物非常活泼，很容易发生缩合反应或缩聚反应。例如，乙酸乙酯与甲酸乙酯的缩合产物很容易发生三分子羟醛缩合反应，最终生成均苯三甲酸三乙酯。

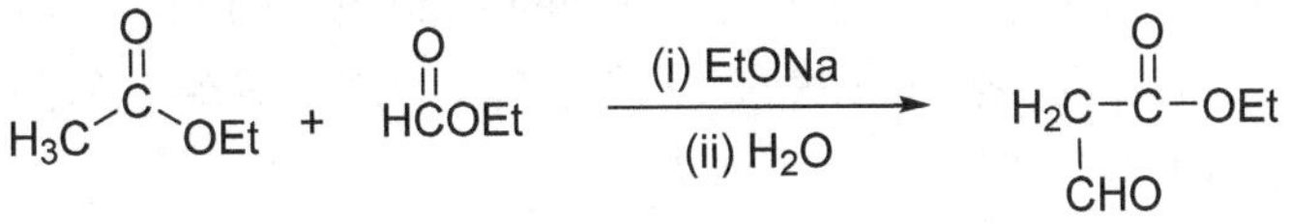

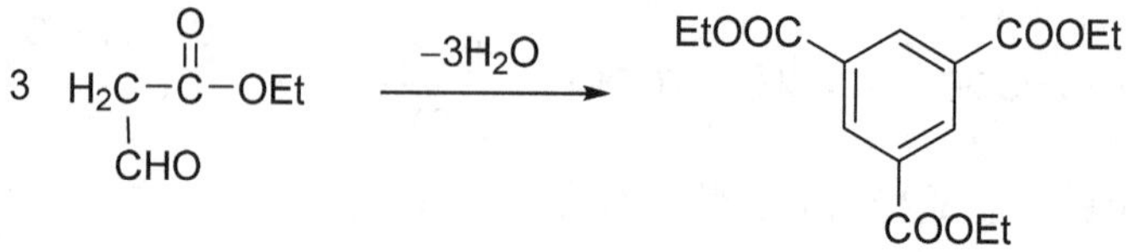

均苯三甲酸三乙酯

根据两个酯基之间的碳原子个数的不同，二元酸酯可以发生分子内或分子间两种酯缩合反应。当两个酯基之间被三个或三个以下的碳原子隔开，一般情况下会发生分子间的酯缩合反应。这是因为如果发生分子内的酯缩合反应，得到的四元环或小于四元环的体系不稳定。而当分子中的两个酯基被四个或四个以上的碳原子隔开时，就会发生分子内的酯缩合反应，形成五元环或更大环的酯，这种环化酯缩合反应也称为 Dieckmann(狄克曼)反应。例如，用对称的庚二酸酯在碱性条件下可以发生环化酯缩合反应，得到六元环的β-羰基酯。同样地，对称己二酸酯在该反应条件下可以生成五元环的β-羰基酯。

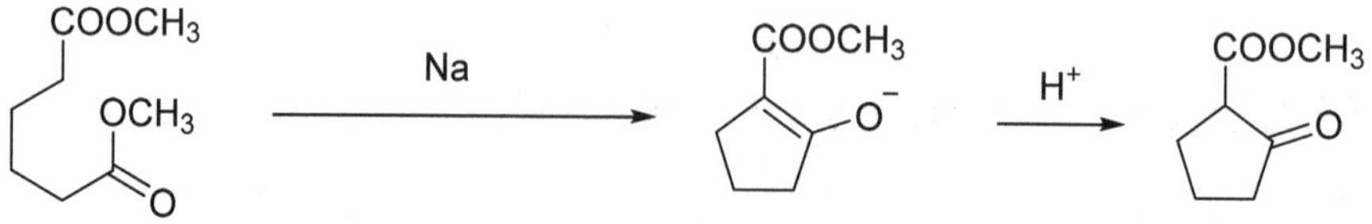

不对称的二元酸酯进行环化酯缩合反应时，理论上会生成两种不同的环化产物。例如，α-乙基庚二酸二乙酯进行环化酯缩合时，可以得到两种环化产物。相比较，存在共轭结构的产物更加稳定，是主产物。

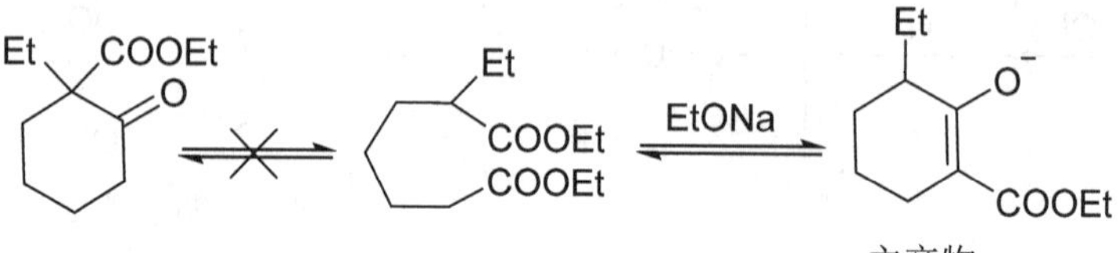

主产物

利用二元酸酯环化酯缩合反应能够合成多种环状化合物。例如：

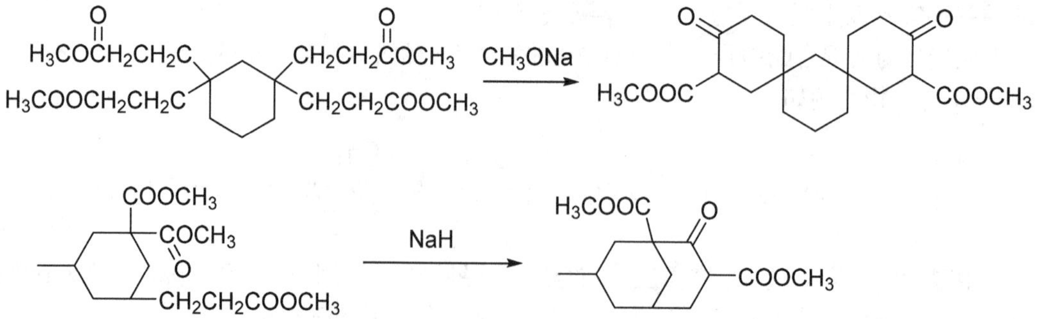

两个酯基之间被三个或三个以下的碳原子隔开的二元酸酯可以与不含α-氢的二元酸酯进行分子间的缩合反应，同样能够合成环状的二β-羰基酯。例如，β,β-二乙基戊二酸酯与草酸酯的分子间缩合反应可以生成五元环的二β-羰基酯。

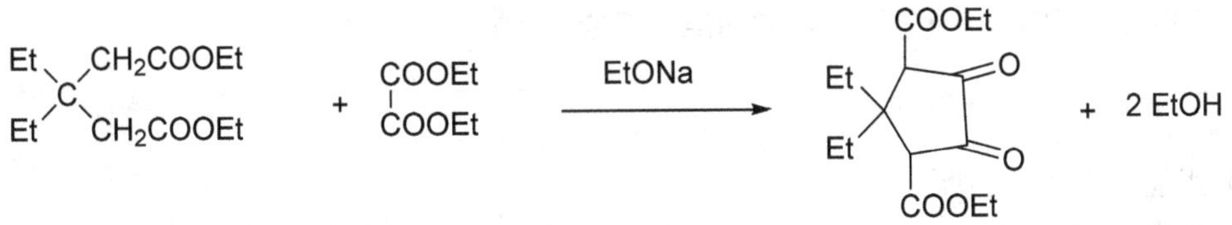

两分子丁二酸二甲酯在碱性条件下也可以发生分子间缩合反应，生成六元环的二β-羰基酯。

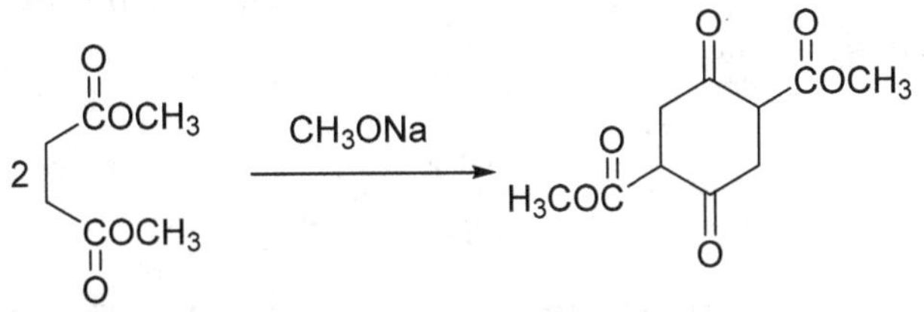

3. 羧酸和羧酸衍生物的转换关系

羧酸和羧酸衍生物之间能够相互转化，如羧酸被卤原子取代可生成酰卤；两分子羧酸之间通过脱水反应可以生成酸酐；羧酸与醇发生酯化反应可以生成酯；羧酸与氨或者胺反应可以生成酰胺。相应地，羧酸衍生物也能通过水解、醇解、氨(胺)解反应分别生成羧酸、酯、酰胺等化合物。

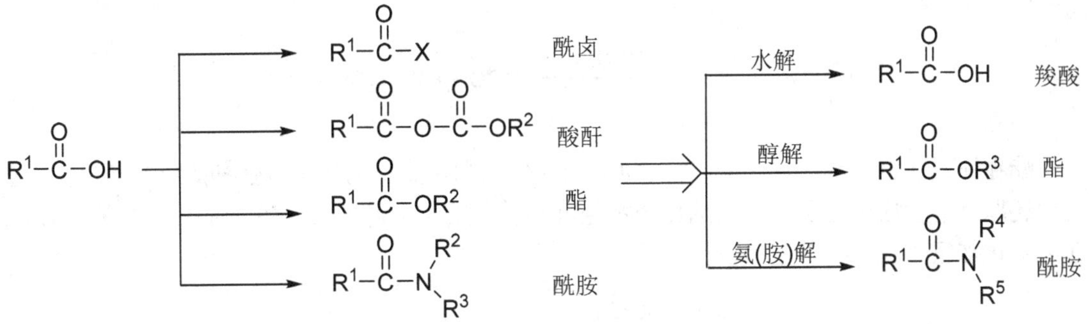

其主要的转换关系如下所示：

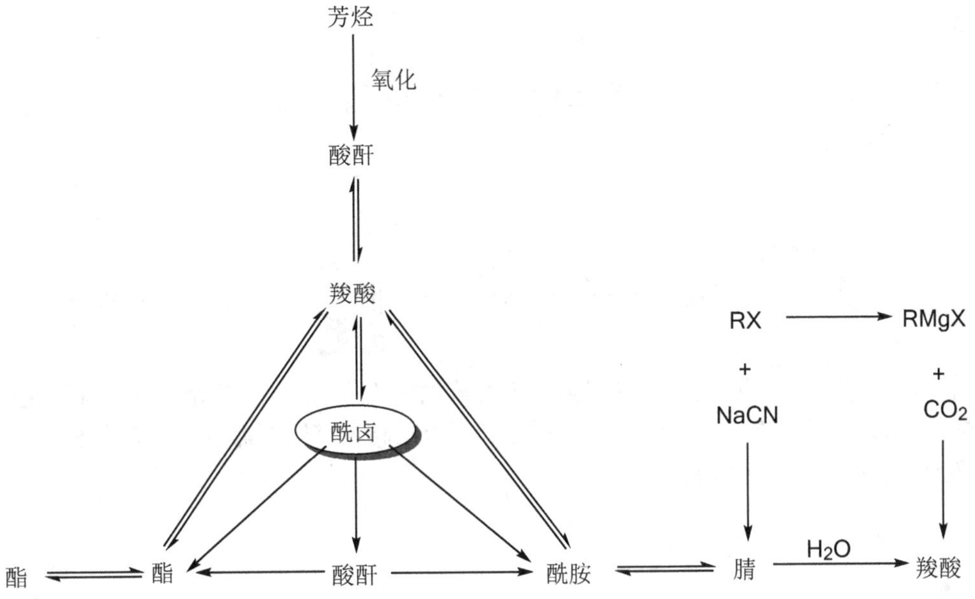

11.5.3 酰基碳氧双键上的还原、加成和降解反应

1. 还原反应

1) 用催化氢化法还原

羧酸很难用催化氢化法还原，而羧酸衍生物可以通过催化氢化法还原。

酰卤在一般的催化氢化条件下发生还原反应得到醇，如果采用 Rosenmund(罗森蒙德)法在常压下加氢还原会得到醛。例如：

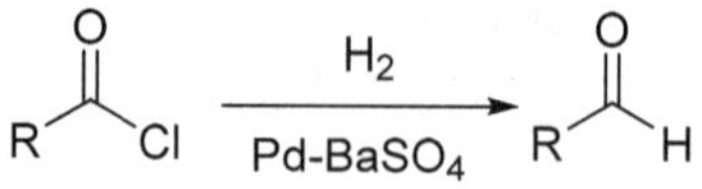

链状酸酐在催化氢化条件下还原生成两个醇分子。一分子环状酸酐在催化氢化条件下还原生成一分子二元醇。

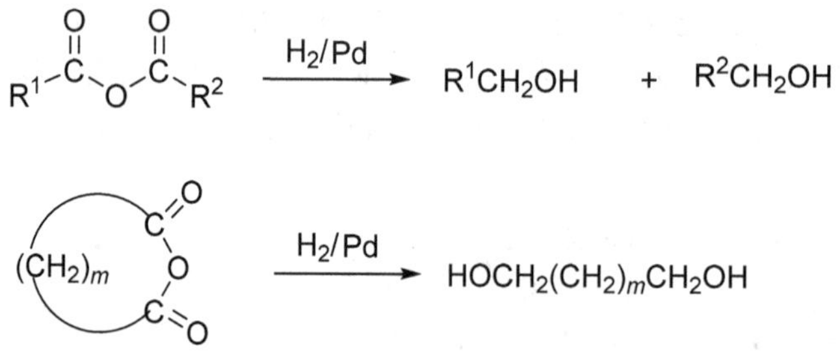

酯在铜或亚铬酸铜氧化物($CuO\cdot CuCrO_4$)催化下和在高温高压等较强烈的反应条件下，会发生还原反应生成两分子醇。内酯化合物经过此还原反应会得到二元醇。如果酯中存在苯基，在此催化加氢过程中，苯基可以保持不变。

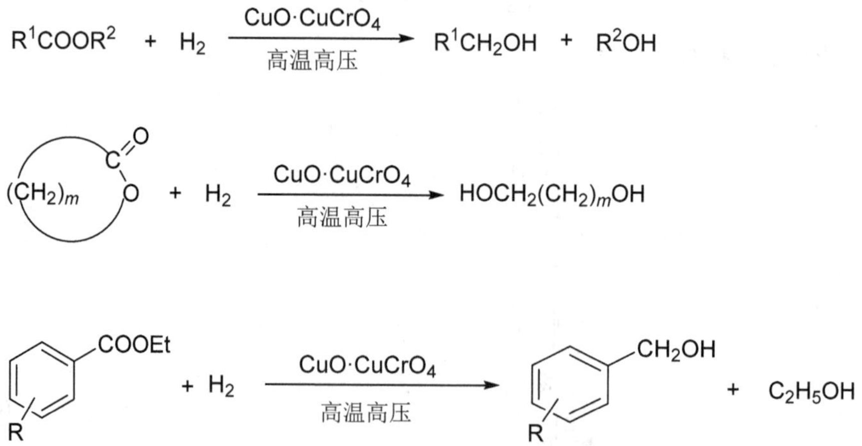

酰胺很不容易被还原。不过，脂肪族或芳香族的一级、二级、三级酰胺在特殊催化剂如氧化铜铬、雷尼镍、雷尼钴、钌/炭、氧化钌等催化下，在高温高压下都生成相应的胺。内酰胺经过此还原方法得到的是环状胺。

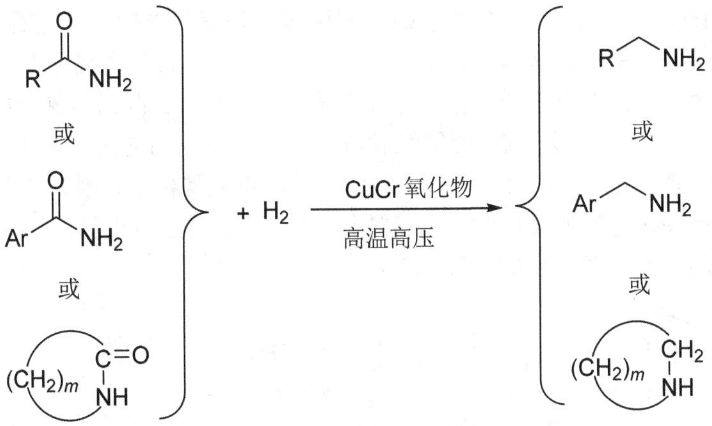

腈可用催化氢化法在高温高压条件下还原得到一级胺。

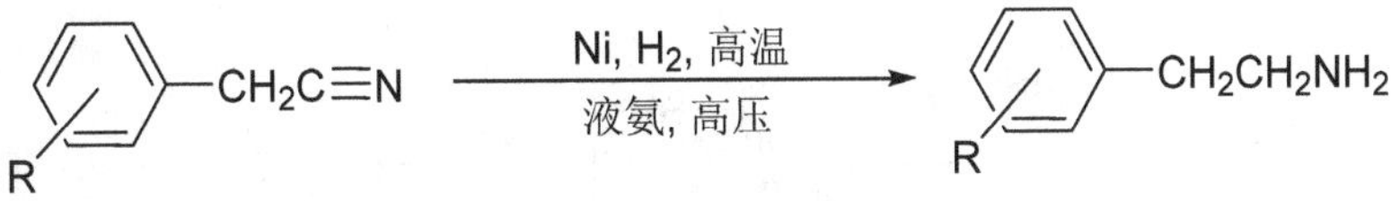

2) 用金属氢化物还原

常用的金属氢化物如氢化铝锂($LiAlH_4$)、硼氢化锂($LiBH_4$)、硼氢化钠($NaBH_4$)、乙硼烷(B_2H_6)等可以用于羧酸和羧酸衍生物的还原。其中，氢化铝锂的还原能力最强，适用于各种羧酸和羧酸衍生物的还原。乙硼烷可以还原羧酸，硼氢化锂和硼氢化钠可以还原羧酸衍生物，相比较，硼氢化锂的还原能力略强于硼氢化钠。

羧酸可以与氢化铝锂或乙硼烷发生还原反应生成一级醇。氢化铝锂或乙硼烷的还原性均来自于其提供负氢离子的能力。

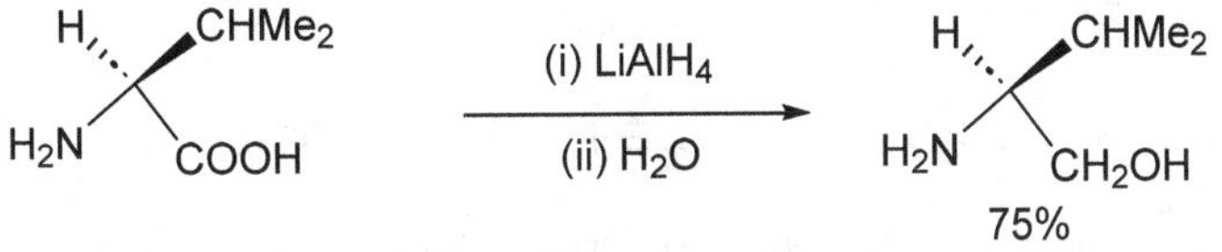

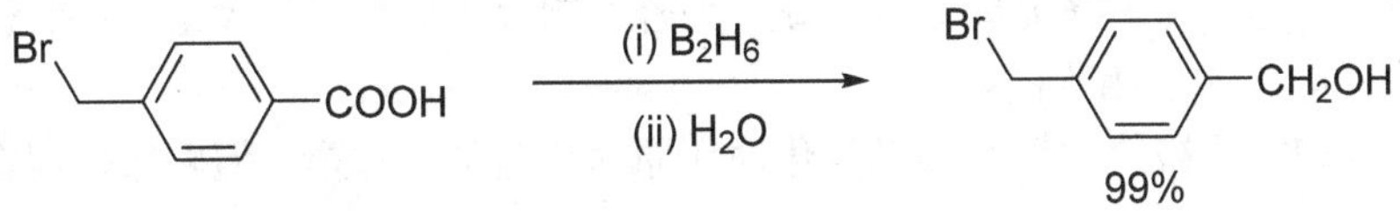

氢化铝锂还原羧酸的反应过程如下：

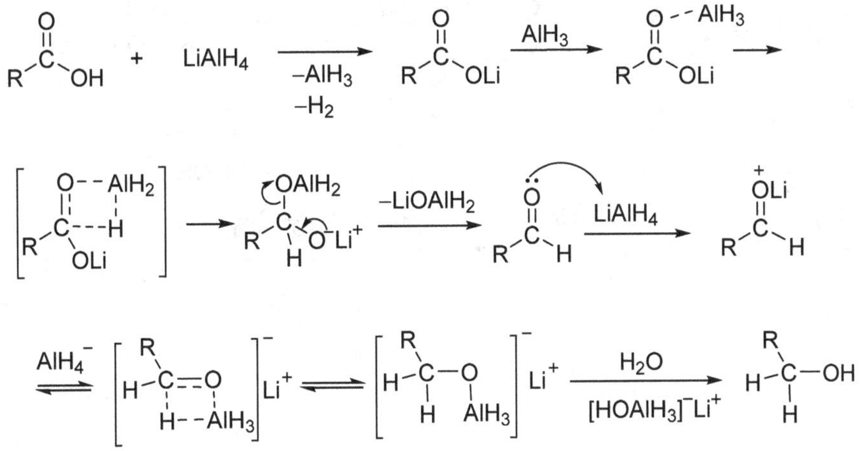

强碱性的氢化铝锂首先和羧酸发生酸碱中和反应得到羧酸锂盐、氢化铝(AlH_3)和氢气。然后含有氢负离子的氢化铝优先和羧酸锂盐的羧羰基氧配位后，其氢负离子作为亲核试剂和羧酸锂盐的羰基碳发生协同的亲核加成反应，经过四元环状过渡态，得到加氢产物。随后加氢产物消除一分子 $LiOAlH_2$ 后形成醛。这个醛继续和氢化铝锂发生协同的亲核加成反应，经过四元环状过渡态，得到醇盐。醇盐经水解后生成一级醇。反应不能得到醛，因为醛在此条件下比酸更易还原。用氢化铝锂进行还原反应时，通常选用无水乙醚、四氢呋喃作溶剂。

乙硼烷将羧酸还原为醇的反应过程如下：

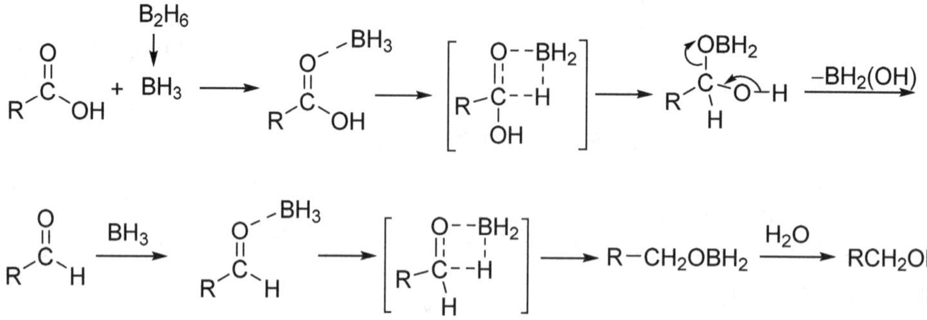

乙硼烷生成的硼烷同样含有氢负离子，硼烷优先和羧酸的羧羰基氧配位后，其氢负离子作为亲核试剂和羧酸的羧羰基碳发生协同的亲核加成反应，经过四元环状过渡态，得到加氢产物。得到加氢产物消除一分子 BH_2OH 后形成醛。这个醛继续与硼烷发生协同的亲核加成反应，经过四元环状过渡态，得到硼酸酯。硼酸酯经水解后生成一级醇。

乙硼烷还原反应的关键在于硼烷与羰基氧能够配位。因此，羰基氧的碱性越强，越容易与乙硼烷配位，还原反应就越容易进行。不同基团和乙硼烷还原反应活性顺序如下：

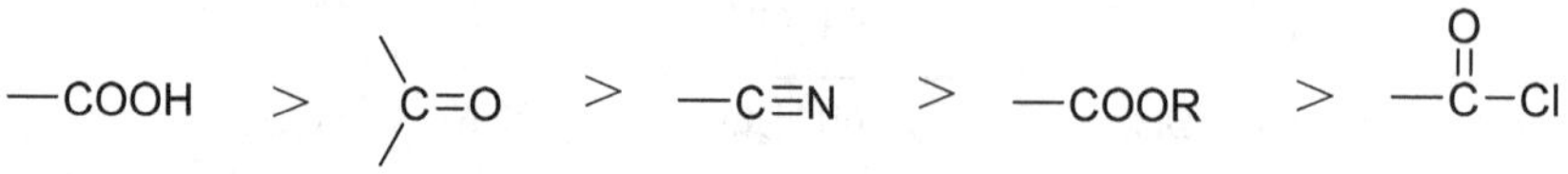

乙硼烷还原羧基的速度比还原其他基团快，因此控制硼烷的用量和反应温度，可以在底物分子中含氰基、酯基或醛酮羰基时还原羧基。另外，硼烷还原羧基的反应速率，脂肪酸大于芳香酸，位阻小的酸大于位阻大的酸。

酰氯、酸酐和酯能被氢化铝锂和硼氢化锂还原为相应的一级醇，但硼氢化锂在酯的还原反应中反应速率相对较慢。

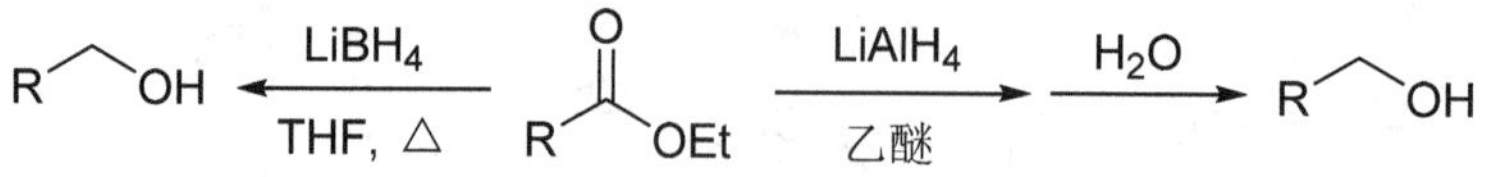

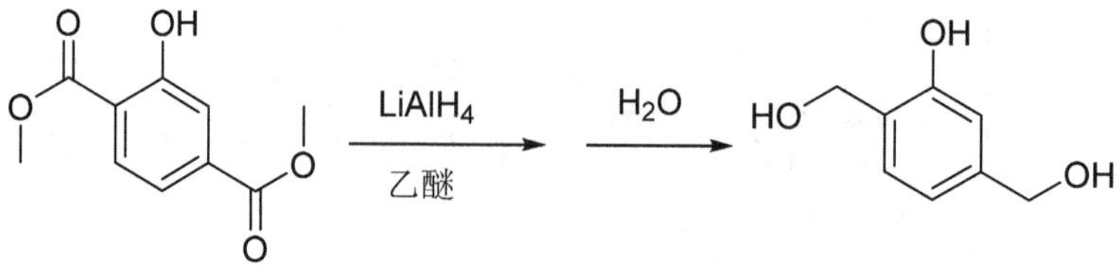

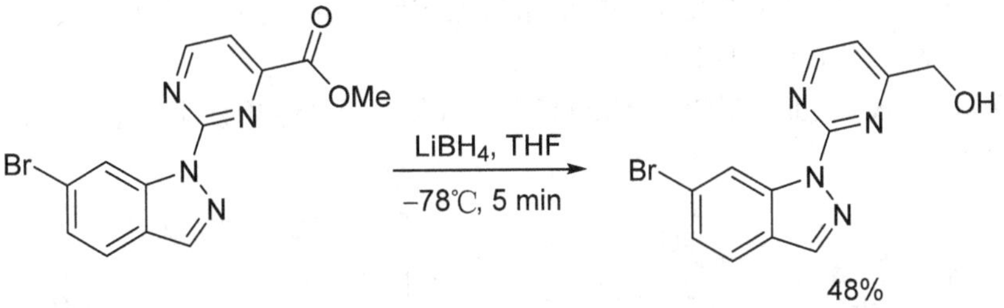

氢化铝锂中的氢被烷氧基取代后，还原性能减弱。若烷基位阻加大，则还原性能更弱。例如，二乙氧基氢化铝锂[$LiAlH_2(OC_2H_5)_2$]、三乙氧基氢化铝锂[$LiAlH(OC_2H_5)_3$]、三叔丁氧基氢化铝锂{$LiAlH[OC(CH_3)_3]_3$}就是弱还原性的金属氢化物。利用这种试剂可进行选择性还原。例如，三叔丁氧基氢化铝锂可将酰卤还原成相应的醛，而不是伯醇。

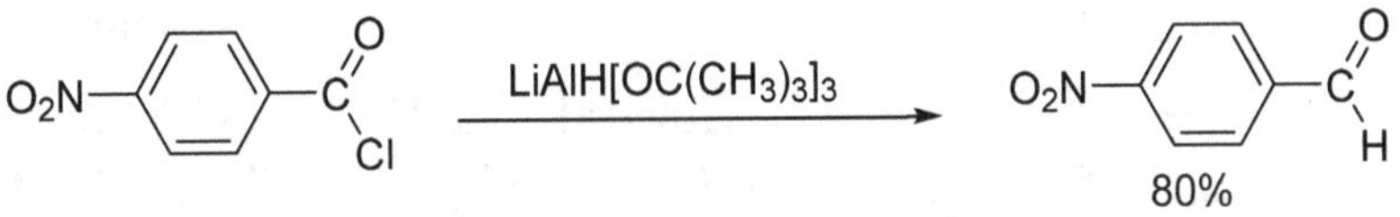

一级酰胺(primary amide，$RCONH_2$)、二级酰胺(secondary amide，R^1CONHR^2)可以被氢化铝锂还原为相应的一级胺、二级胺。

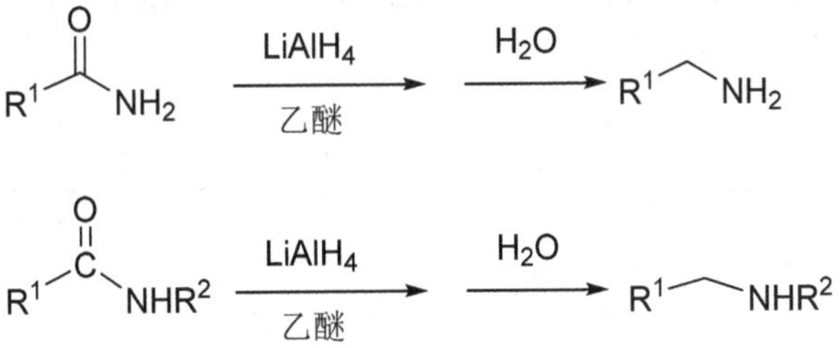

具体反应机理可能如下：

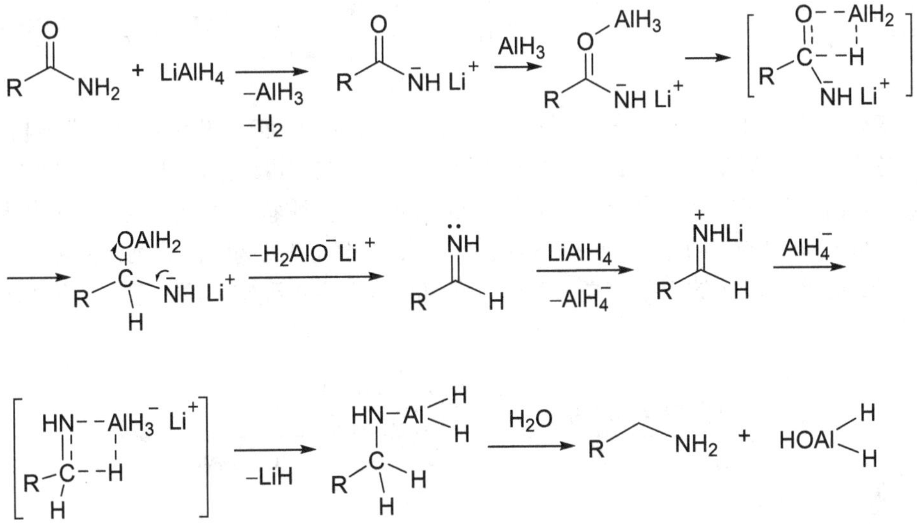

首先是强碱性的氢化铝锂和弱酸性的酰胺氮上的氢发生酸碱中和反应生成铵盐。然后 AlH_3 和铵盐的酰基氧配位后，其负氢离子作为亲核试剂和铵盐的酰基碳进行协同的亲核加成反应，经过四元环状过渡态，得到加氢产物。加氢产物失去一分子 H_2AlOLi 后得到亚胺化合物。亚胺化合物和氢化铝锂继续发生协同的亲核加成反应，经过四元环状过渡态，得到二次加氢产物。二次加氢产物水解之后得到一级胺。

三级酰胺(tertiary amide，$R^1CONR^2R^3$)需要与过量的氢化铝锂发生还原反应，得到三级胺。具体反应机理如下：

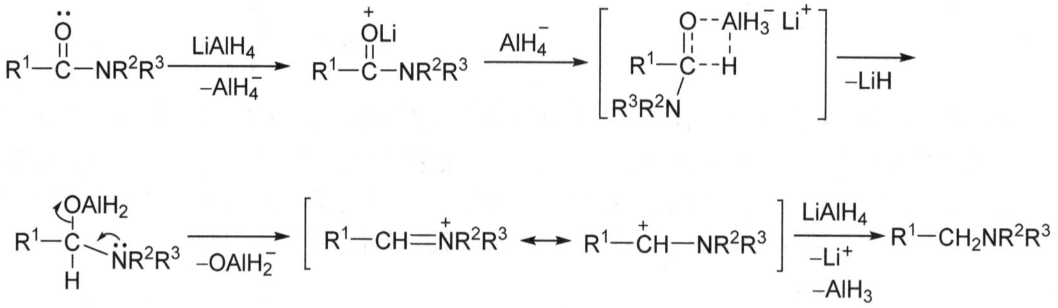

三级酰胺氮上没有氢，所以其酰基氧和氢化铝锂优先配位。然后四氢化铝的氢负离子和酰基碳发生协同的亲核加成反应，经过四元环状过渡态，得到加氢产物。加氢产物电荷转移，失去一分子 H_2AlO^-后得到亚胺盐。亚胺盐从过量的氢化铝锂继续得到一个氢负离子后，得到三级胺。

如果小心控制氢化铝锂不过量，亚胺盐不能继续从氢化铝锂得到第二个氢负离子，亚胺盐可以进行水解，得到醛。例如：

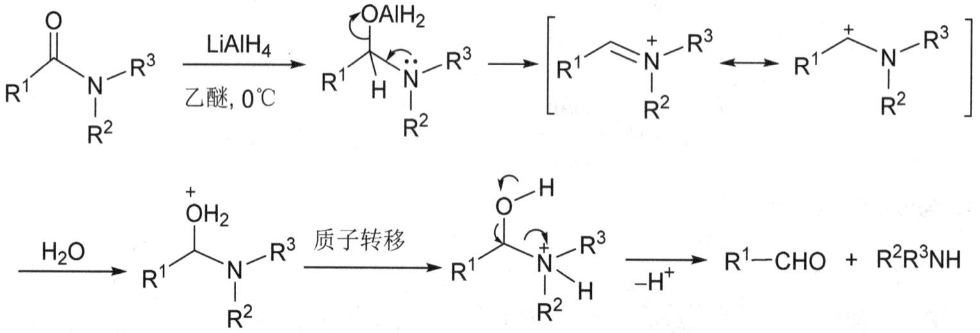

由于氢化铝锂的强还原性，其一般将三级酰胺还原为三级胺，得到醛的产率不高。不过，利用弱还原性的二乙氧基氢化铝锂、三乙氧基氢化铝锂等试剂可以成功地将三级酰胺还原成相应的醛。这是因为这些试剂具有较大的空间位阻，同时三级酰胺中氮原子上连有取代基，进一步增加了空间位阻，导致生成的亚胺盐不能继续从大位阻的烷氧基取代的氢化铝锂中获得第二个氢负离子，因此生成醛的产率较高。由于很难用其他反应将酰胺还原成醛，因此本方法更具合成价值。

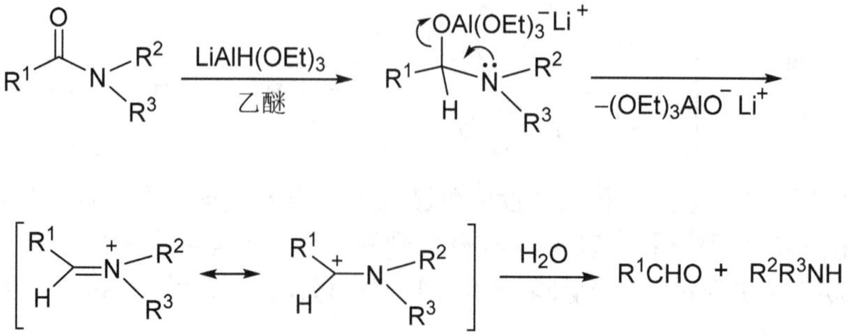

腈用 $LiAlH_4$ 还原得相应的一级胺。例如：

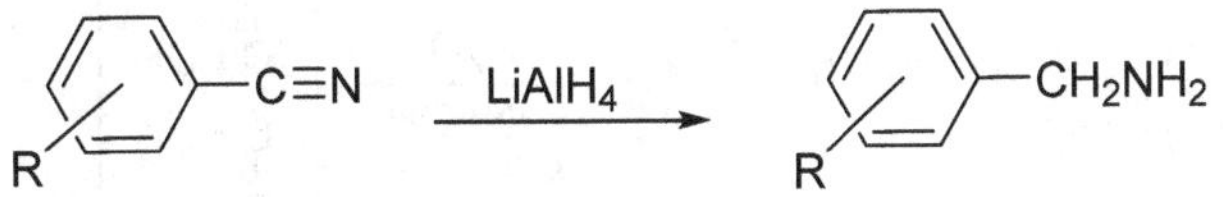

3) 用金属单质/有机溶剂体系自由基还原

(1) 酯的单分子还原。

用金属钠和质子溶剂(常用乙醇、丁醇或戊醇)还原酯可以得到一级醇，称为 Bouveault-Blanc(鲍维特-布朗克)还原。利用这种方法还原酯时，分子中的碳碳双键不受影响，因此能够将不饱和酯还原成不饱和醇。

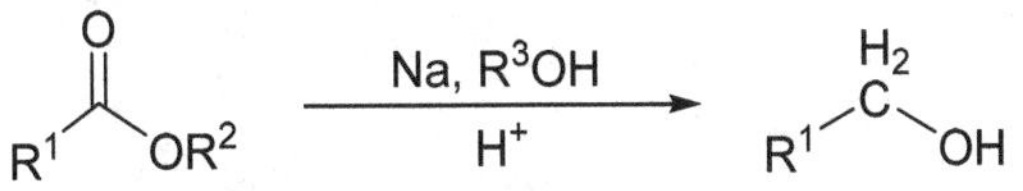

反应机理如下：

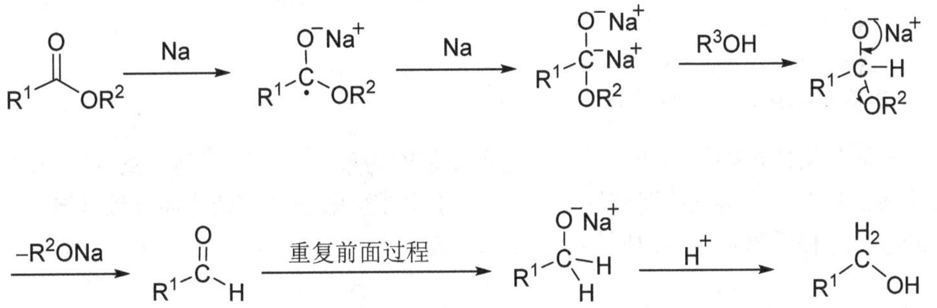

首先，金属钠将自己的一个价电子给到酯酰基的碳氧双键上，得到自由基负离子(free radical anion)中间体。自由基负离子中间体再从金属钠得到一个价电子生成双负离子中间体。然后双负离子中间体从醇得到一个氢质子生成醇钠中间体。醇钠中间体消除一分子醇钠 R^2ONa 得到醛。醛再经过自由基负离子中间体、双负离子中间体、醇钠等反应过程，酸化得相应的醇。

(2) 酯的双分子还原。

脂肪酸酯和金属钠在惰性溶剂(如甲苯、二甲苯或乙醚)中，在纯氮气气流存在下(微量氧气会减少产物的产量)进行剧烈的搅拌并且回流，会发生双分子还原反应，得到α-羟基酮(也称为酮醇)，该反应也被称为酮醇缩合(acyloin condensation)。

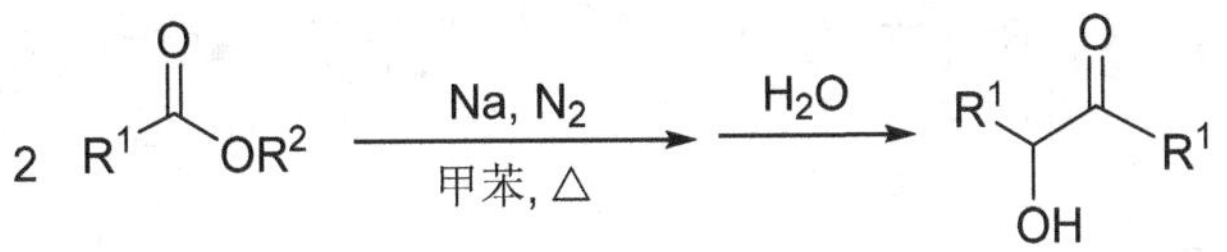

反应机理如下：

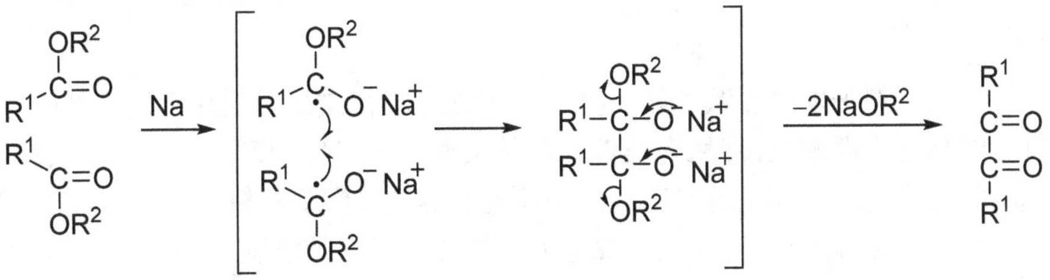

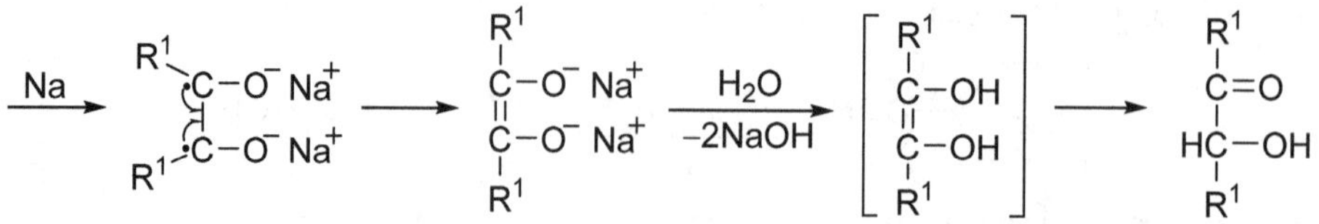

首先，两个酯酰基的碳氧双键从两个金属钠各得到一个价电子，得到两个自由基负离子，这两个酮的碳自由基两两结合，得到邻位双醇钠。这个双醇钠消除两分子醇钠 $NaOR^2$ 后，生成邻二酮化合物。邻二酮化合物和两个金属钠再经历上面的双分子还原过程得到双键邻位双醇钠，水解得到相应的二醇。然后二醇经过烯醇式-酮式互补异构得到α-羟基酮。

二元羧酸酯也可以经过双分子还原反应生成α-羟基环酮(α-hydroxy cyclic ketone)。例如：

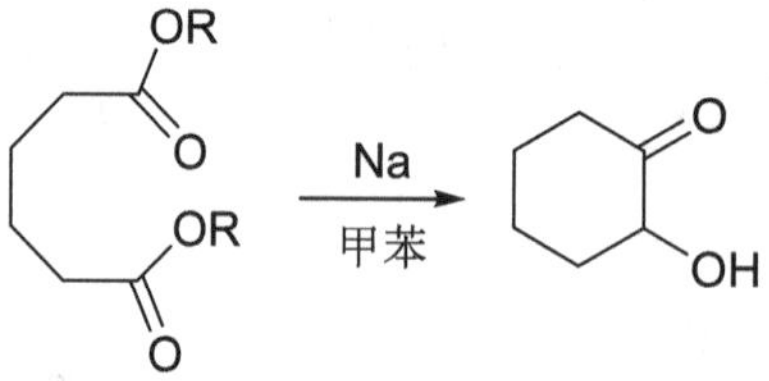

2. 与金属有机试剂的加成反应

羧酸不能与格氏试剂发生加成反应，这主要是因为羧酸与格氏试剂先发生酸碱中和反应，得到的羧酸镁盐在有机溶剂中溶解性差，并且由于生成羧酸根共轭结构而导致其羧羰基活性降低，不能继续与格氏试剂发生协同的亲核加成反应。

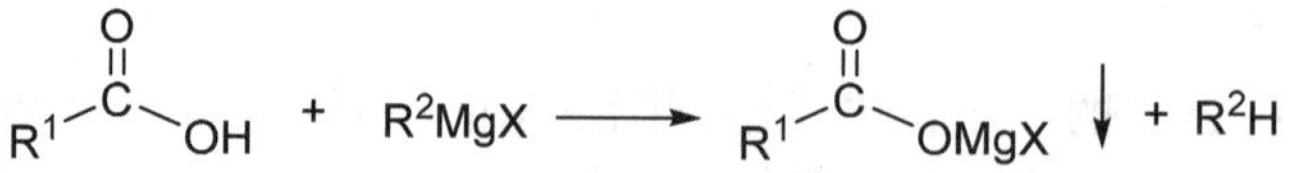

羧酸可以与有机锂试剂发生加成反应，得到酮和醇。具体反应机理如下：

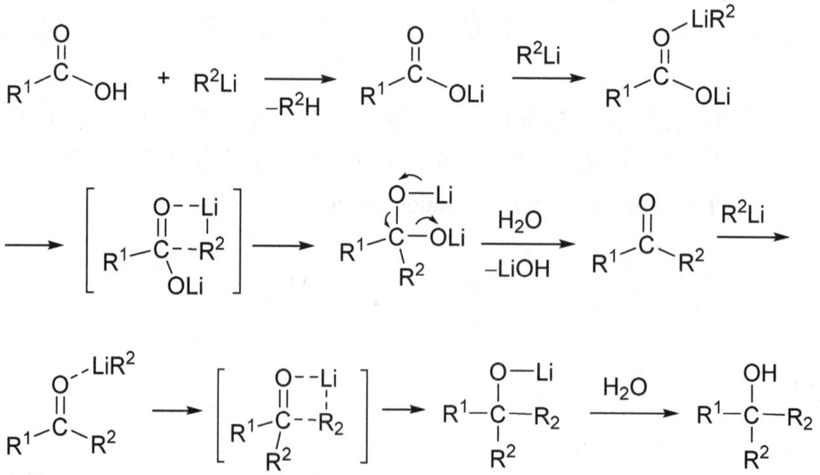

羧酸与有机锂试剂先发生酸碱中和反应，得到羧酸锂盐。羧酸锂盐在有机溶剂中溶解性好，其羧羰基氧可以与有机锂配位，然后有机锂的烷基负离子可以作为亲核试剂与羧羰基发生协同的亲核加成反应，经过四元环状过渡态，得到稳定的醇盐。醇盐水解，失去 LiOH，得到酮。这是酮的常用合成方法。酮继续与烷基锂发生上面的协同亲核加成反应，经过四元环状过渡态，得到稳定的醇盐，水解得到醇。在上面机理的基础上，α-碳上取代基越少，空间位阻越小的羧酸越容易与有机锂发生加成反应生成酮或醇。该反应常用苯、乙醚、四氢呋喃等作为溶剂。

羧酸衍生物可以与金属有机化合物如格氏试剂、有机锂试剂、有机镉试剂等发生协同的亲核加成反应，生成醇。羧酸衍生物与金属有机化合物的亲核加成反应一般都经历下面的过程：

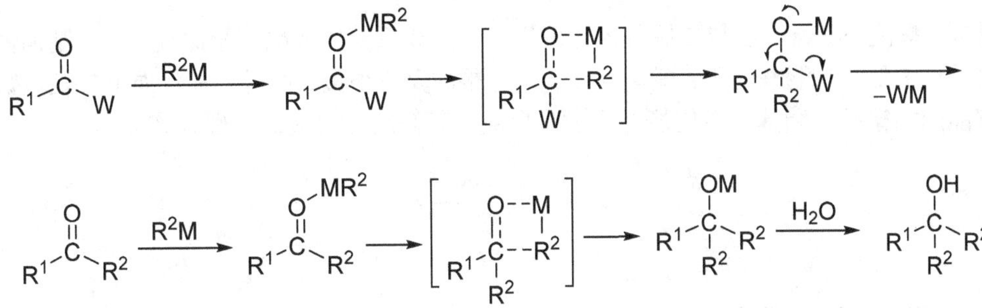

羧酸衍生物酰基氧可以与金属有机化合物配位，然后金属有机化合物的烷基负离子可以作为亲核试剂和羧酸衍生物酰基碳发生协同的亲核加成反应，经过四元环状过渡态，得到稳定的醇盐。醇盐失去 WM，得到酮。酮继续与金属有机化合物发生上面的协同亲核加成反应，经过四元环状过渡态，得到稳定的醇盐，水解得到醇。

酰卤与格氏试剂、有机锂化合物的亲核加成反应会得到酮，但是反应得到的酮很容易继续反应，进一步转化为三级醇，导致酮的产量通常不高。由上面的一般通式可以得知，如果使用超过 2 mol 的格氏试剂，其主产物是三级醇。

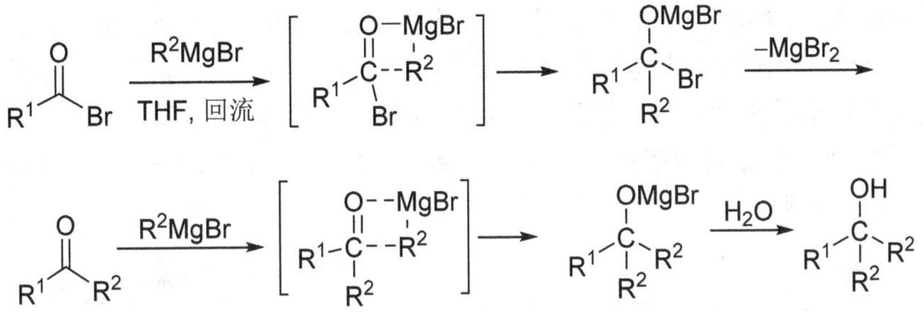

如果想要得到酮，可以在低温条件下反应。低温能够抑制格氏试剂与酮的进一步加成反应，因此，如果使用 1 mol 格氏试剂，在低温条件下分批加入到酰氯溶液中，就可以得到酮化合物。

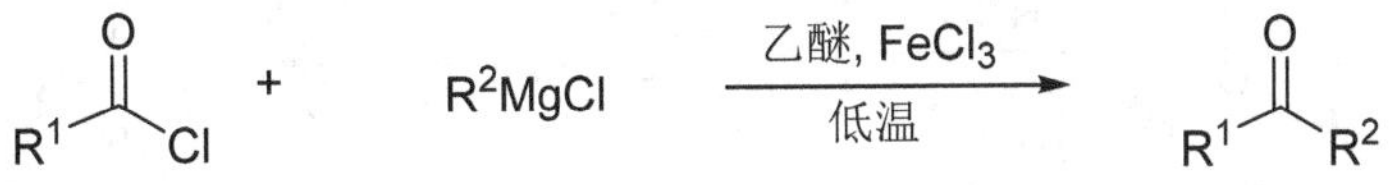

如果反应物有空间位阻，反应可以以酮为主产物，且产率较高。空间位阻可以来源于格氏试剂，也可以来源于酰氯(脂肪酰氯或者芳香酰氯)。例如，当三级烃基直接与 MgX 基团相连时，会产生较大的空间位阻。

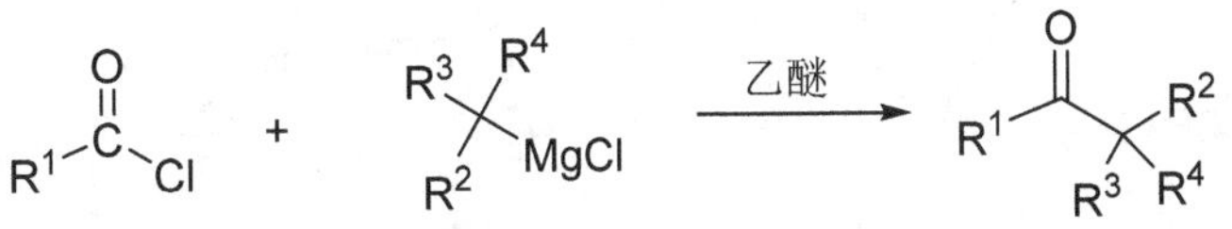

有机镉化合物(organocadmium compound)的反应性较低，其很容易与酰氯发生加成反应，而与酮的加成反应较慢，因此有机镉化合物能够用于酮的合成。此外，有机镉化合物可以用于合成酮酯(ketonic ester)。当反应物分子中同时含有酰氯与酯基时，酰氯可以与有机镉试剂发生加成反应但是酯基不与其发生加成反应，从而可以在分子中引入长碳链的同时保存分子中原有的酯基。然而，有机镉试剂的高毒性限制了其在合成中的使用。

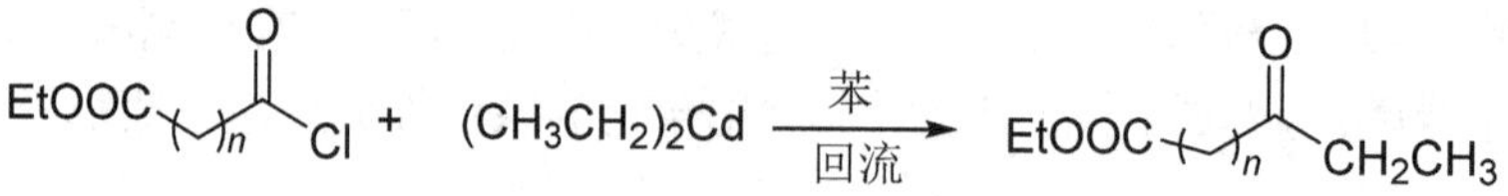

酰氯、酰溴、酰氟可以与二烷基铜锂发生亲核加成反应生成酮。相比较，二烷基铜锂反应性比格氏试剂低，它能够与醛、酰卤反应，但与酮的反应很慢，此外，在低温下二烷基铜锂与很多官能团如氰基、酯基、卤代烃等不发生反应。其与酰卤反应的一般通式为

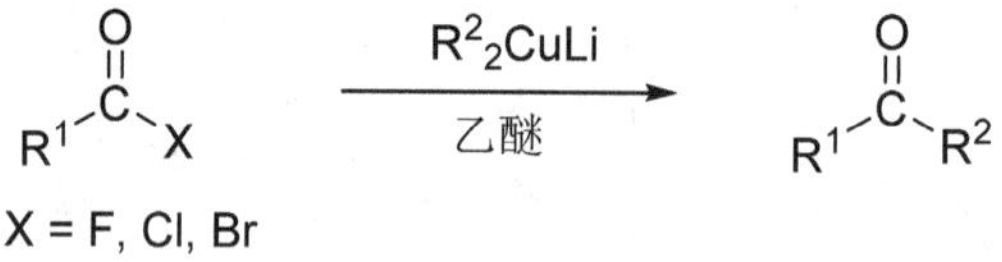

当酸酐与金属有机化合物发生亲核加成反应时，因为酸酐的一部分可能会被浪费掉，因此通常不采用该方法制备醛、酮、醇。但对于二元酸的酸酐来说不存在浪费的问题，可以利用它们与格氏试剂的亲核加成反应来合成酮酸(ketonic acid)。

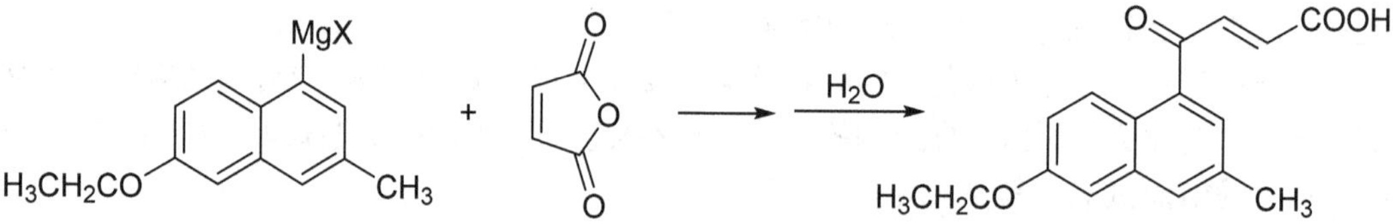

在酯类化合物中，甲酸酯与格氏试剂发生协同的亲核加成反应先生成醛，醛比甲酸酯更加活泼，会进一步与格氏试剂发生协同的亲核加成反应生成二级醇。在整个还原反应过程中会消耗两倍物质的量的格氏试剂。其他羧酸酯与格氏试剂发生的协同的亲核加成反应会先得到酮，酮继续与格氏试剂发生协同的亲核加成反应得到三级醇，所以整个还原反应过程中也需要两倍物质的量的格氏试剂。

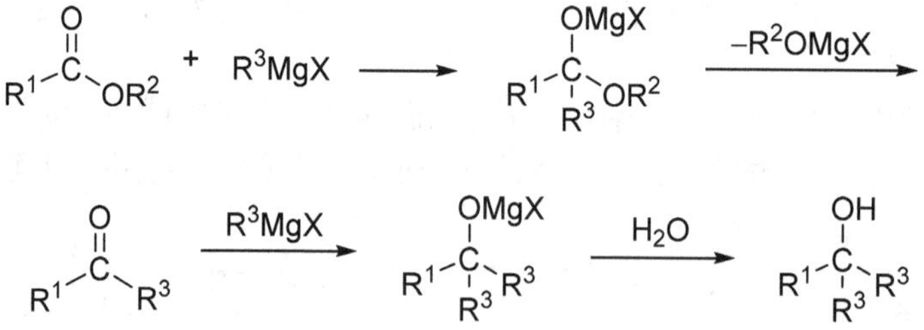

当酯与有机锂试剂发生反应时通常会得到醇，但是当酯中有较大的空间位阻时，反应可以停留在酮的阶段。

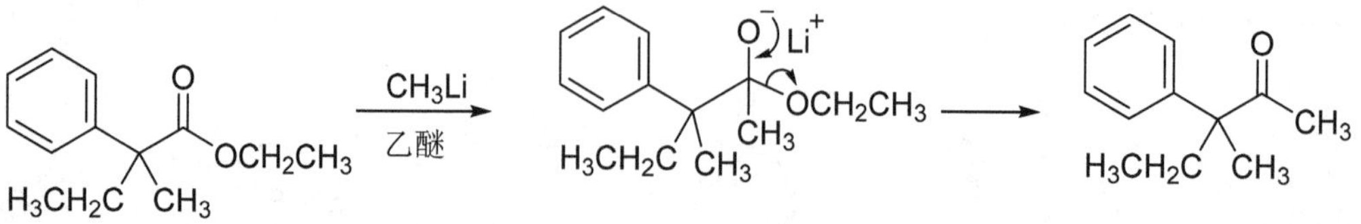

酰胺与金属有机化合物发生亲核加成反应时，当酰胺氮上有氢时，先和格氏试剂发生酸碱中和反应，生成羧酸胺盐。然后羧酸胺盐酰基氧和格氏试剂配位，格氏试剂的烷基负离子和酰胺酰基碳发生协同的亲核加成反应，得到的醇盐。醇盐失去一分子 $N(MgX)_3$ 后，得到酮。酮继

续和格氏试剂发生类似的协同亲核加成反应，水解后得到三级醇。由于此方法需要过多的金属有机化合物，一般不用此法合成醇。

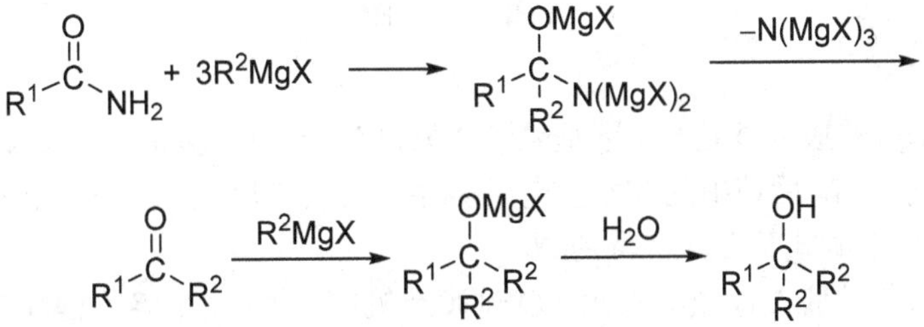

腈可以与金属有机化合物发生协同的亲核加成反应生成亚胺盐，水解后生成酮。例如：

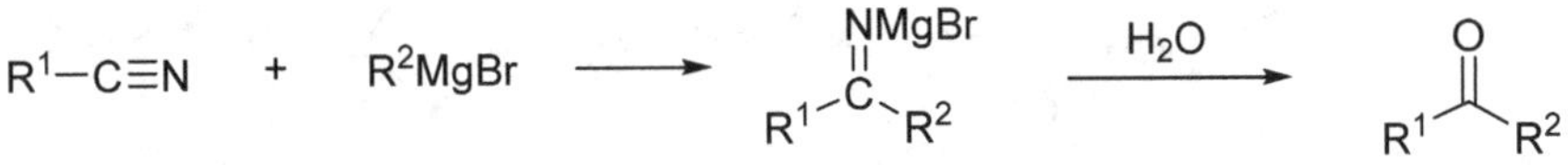

11.5.4　脱羧反应

1. 羧酸的脱羧反应

1) 一元羧酸的脱羧反应

一般情况下，羧酸中的羧基较为稳定，不易发生脱去羧基(失去 CO_2)反应。但在特殊条件如加热、碱性条件或加热和碱性条件共存下，羧酸或其盐能够脱去羧基，失去 CO_2 而生成烃，称为羧酸的脱羧(decarboxylation)反应。羧酸的脱羧反应有很多种。最常用的脱羧方法是将碱金属羧酸盐与碱石灰(CaO+NaOH)或固体氢氧化钠强热实现的，即生成比羧酸钠盐少一个碳原子的烷烃和碳酸钠。实验室常用无水醋酸钠和碱石灰混合加热乙酸进行脱羧反应，反应得到甲基负离子和碳酸钠。然后甲基负离子夺取水中氢质子结合为甲烷。该反应特点是反应温度太高，碳链发生断裂，副产物多，不易分离。

$$H_3C-COONa + NaOH(CaO) \xrightarrow{\triangle} CH_4 + Na_2CO_3$$

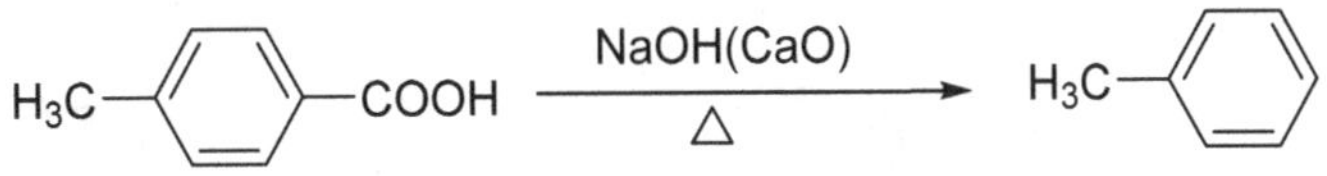

$$C_2H_5COONa \xrightarrow[\triangle]{NaOH} C_2H_6 + CH_4 + H_2 + \text{不饱和化合物}$$

然而，如果α-碳原子上连有不饱和键或吸电子基团，如硝基(—NO_2)、羧基(—COOH)、氰基(—C≡N)、羰基(—C═O)、卤素(如—Cl)、苯环(—C_6H_5)、三卤甲基(—CX_3)等，则脱羧反应较易发生，但反应历程有所不同。

$$Y-CH_2COOH \xrightarrow{\text{碱},\ \triangle} Y-CH_3 + CO_2\uparrow$$

(1) 环状过渡态机理。

当羧酸的α-碳原子与不饱和键相连时，一般通过六元环状过渡态机理(ring transition state mechanism)脱羧。β-羰基酸的脱羧反应就是通过这样的机理进行的：

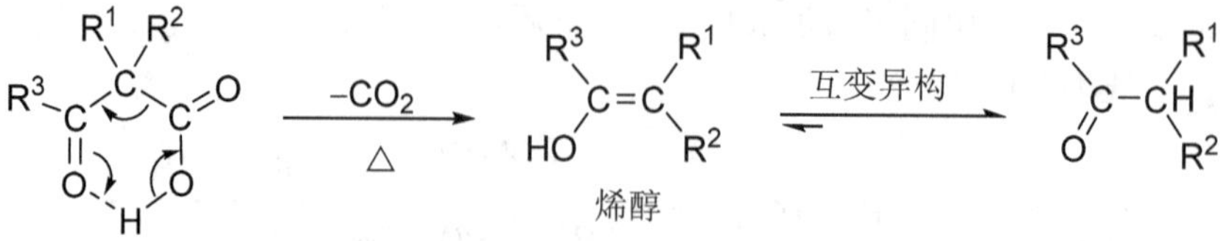

首先，β-羰基酸的羧羟基氢和β-羰基氧形成氢键螯合(hydrogen bond chelation)关系，构建成六元环螯合中间体。随后该中间体发生电子转移进行脱羧反应，失去一分子 CO_2，得到烯醇。然后烯醇经过烯醇式-酮式互变异构得到酮。

丙二酸型化合物的脱羧也经历六元环状过渡态机理。此外，α,β-不饱和酸可以通过烯丙基互变异构转变为β,γ-不饱和酸，然后采用与β-羰基酸类似的六元环状过渡态机理进行脱羧反应。

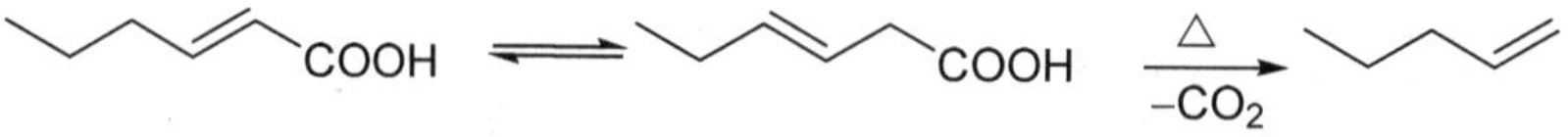

(2) 负离子机理。

当羧酸的羧基和一个强吸电子基团相连时，脱羧反应通常遵循负离子机理(anionic mechanism)进行脱羧。三氯乙酸就是通过负离子机理进行的脱羧反应。

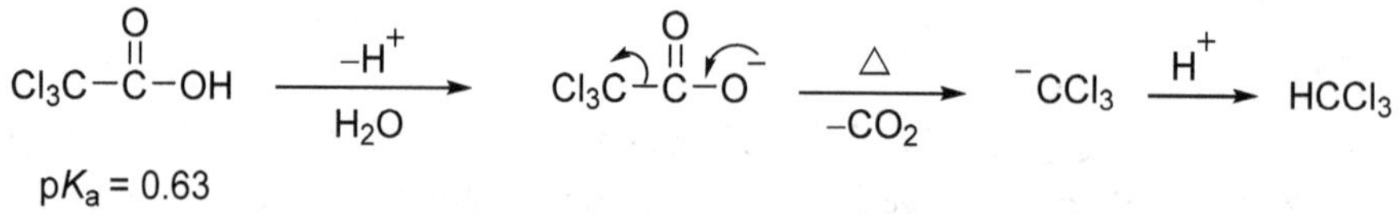

三氯甲酸含有强吸电子三氯甲基基团，三个氯强的吸电子能力导致碳碳之间的电子偏向于三氯甲基，因此很容易在水中完全解离成羧酸根负离子。随着羧酸根负离子上的电子离域，碳碳键发生异裂进行脱羧，释放出 CO_2，同时形成三氯甲基负离子。三氯甲基负离子和水中的质子结合，形成氯仿。这个反应需要在合适的条件下才能进行。

另外，α-羰基羧酸(α-carbonyl carboxylic acid)的脱羧也是遵循负离子机理。此外，邻、对位含有给电子基团的芳香族羧酸脱羧反应(一般在强酸如 H_2SO_4 作用下)也是采用负离子机理。

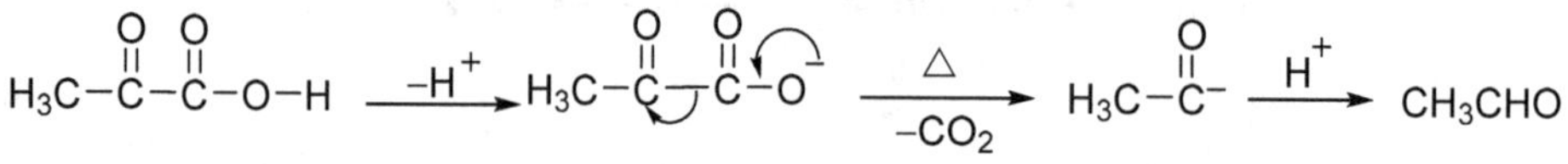

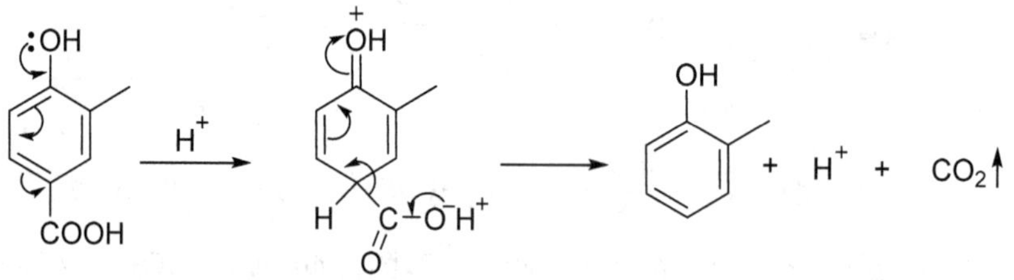

对羟基苯甲酸首先通过电子转移形成氧正离子，然后在氧正离子的吸电子作用下，羧酸电离生成羧酸根离子。然后羧酸根离子脱羧，并恢复苯环的芳香结构。芳香酸的脱羧比脂肪酸容易进行，这不仅是因为苯基是一个吸电子基团，还因为脱羧后生成的苯基负离子是具有环状结构的共轭体系，能量很低，反应容易发生。强的芳香酸不需要催化剂，在 H_2O 中加热即可脱羧。一般芳香族羧酸脱羧需要用石灰或铜(Cu)作催化剂。

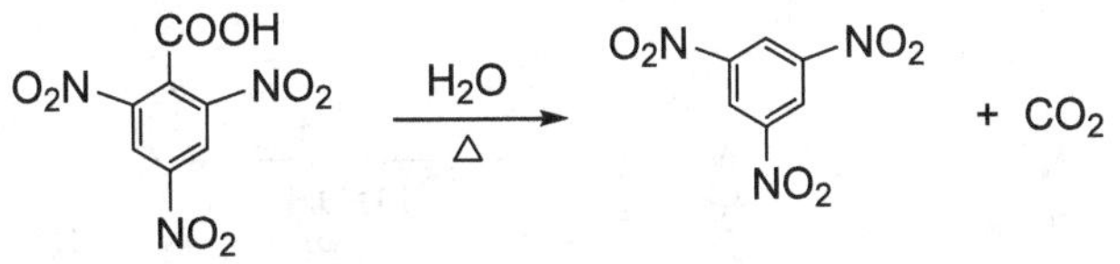

(3) 自由基机理。

Kolbe(科尔贝)法是一种通过电解羧酸盐来实现脱羧的方法。该反应通常需要使用铂电极、高浓度的羧酸钠盐、中性或弱酸性溶液以及较高的分解电压和较低的温度进行电解脱羧。电解反应是按自由基机理脱羧。反应后，阳极处生成烷烃和二氧化碳，阴极处生成氢氧化钠和氢气。例如：

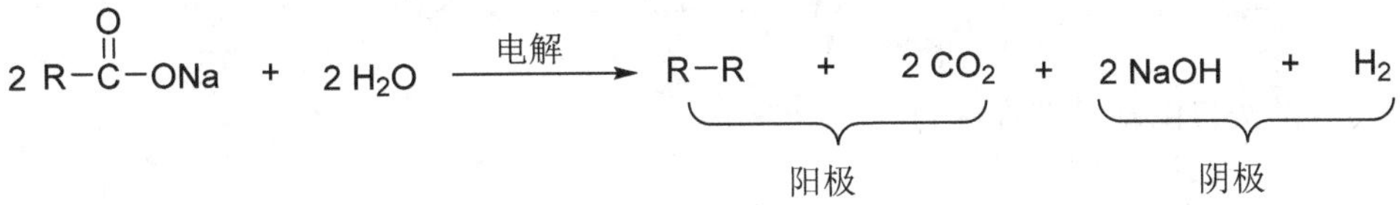

反应机理如下：

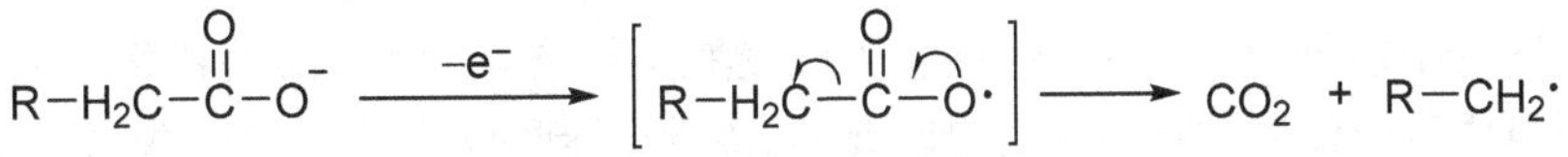

主反应：

$$2\ R-CH_2\cdot \longrightarrow RH_2C-CH_2R$$

副反应：

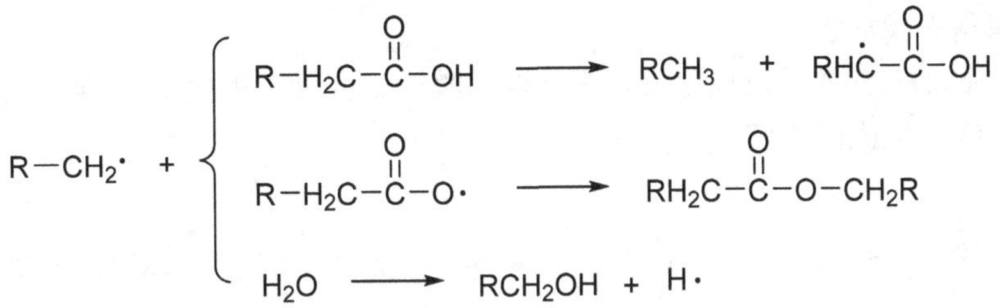

首先，羧酸根负离子向阳极移动并失去一个电子，形成羧酸根自由基。随后羧酸根自由基迅速脱羧，失去二氧化碳，同时生成新的烷基自由基。最后，两个烷基自由基相互结合，生成烷烃。根据反应使用的弱酸性或中性溶液的不同，烷基自由基还可以与其他化合物或自由基结合，生成不同的副产物。

交叉的 Kolbe 脱羧反应在合成上是非常有应用价值的，可以合成很多用其他方法无法合成的药物。例如，家蝇的外信息素顺二十三碳-9-烯(muscalure)的合成以及促智药物吡咯烷酮的合成。

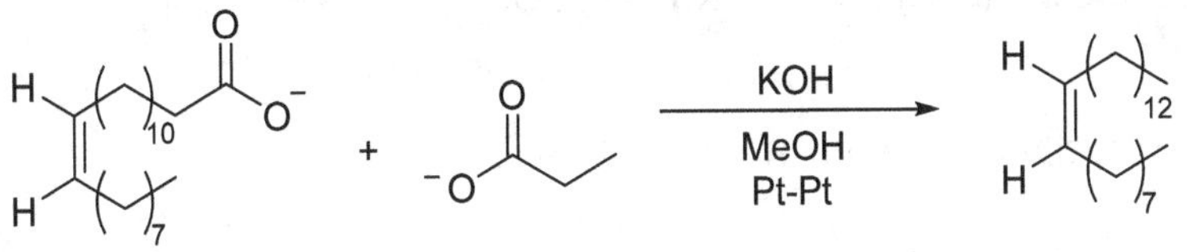

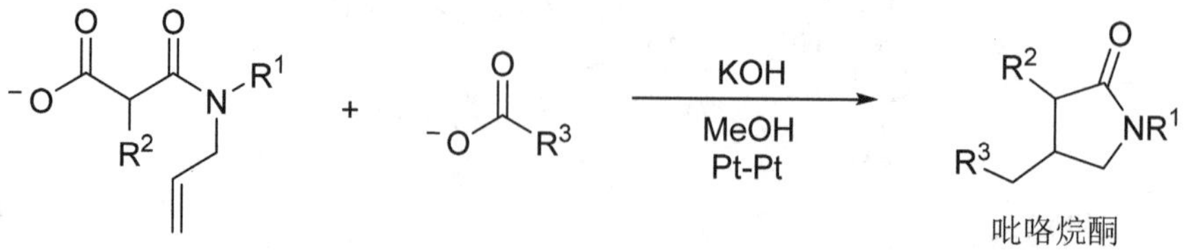

吡咯烷酮

Hunsdiecker(汉斯狄克)脱羧反应是用羧酸银盐在无水的惰性溶剂(如四氯化碳)中与一分子溴回流进行脱羧，失去二氧化碳同时生成溴代烷。

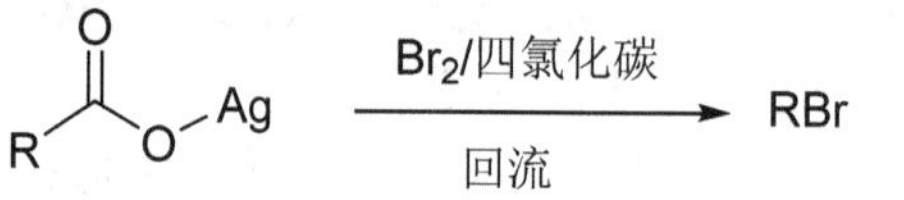

此反应是按自由基机理脱羧的：

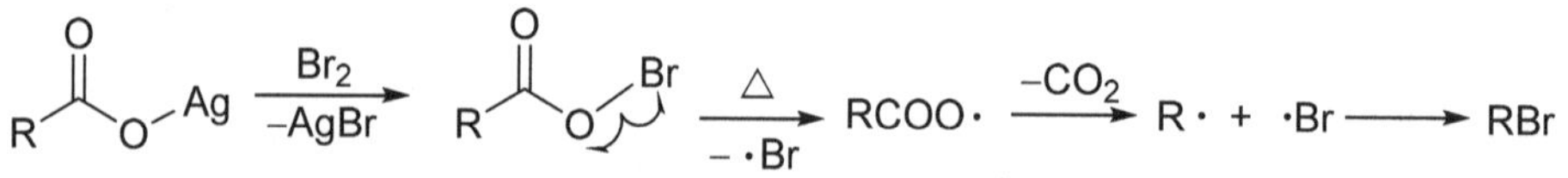

羧酸银盐与 Br_2 发生溴代反应生成羧酸溴代物。然后羧酸溴代物在受热的作用下均裂为羧酸根自由基(RCOO·)和溴自由基(Br·)。羧酸根自由基进行脱羧，失去 CO_2，生成烷基自由基。烷基自由基和溴自由基相互结合生成溴代烷。

Hunsdiecker 脱羧方法在合成上的应用价值也很高，广泛用于制备脂肪族、脂环族，某些芳香族以及杂环族卤化物，特别是从天然的偶数碳原子羧酸来制备奇数碳的长链卤代烃。反应活性顺序从伯卤代烃、仲卤代烃到叔卤代烃依次降低。溴是最佳的反应卤素单质。用二羧酸单银盐，可得卤代羧酸。

Kochi(柯齐)脱羧反应是用羧酸与四乙酸铅、金属卤化物(钾、锂、钙的卤化物)回流脱羧，失去 CO_2，生成卤代烷。

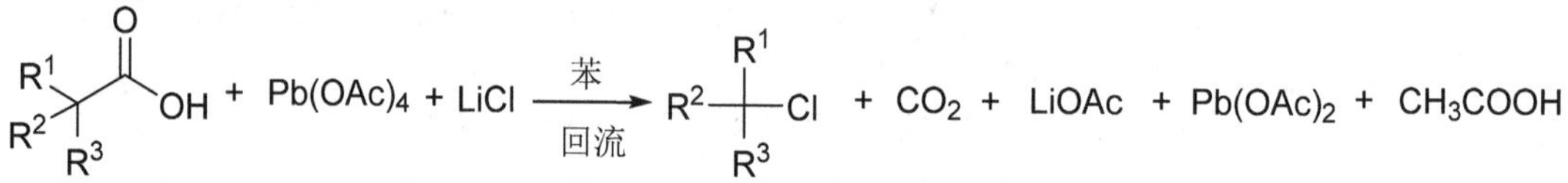

反应是按自由基机理脱羧：

$$Pb(OAc)_4 + LiCl \longrightarrow PbCl(OAc)_3 + LiOAc$$

$$Pb(OAc)_4 + R^1R^2R^3CCOOH \longrightarrow R^1R^2R^3CCOOPb(OAc)_3 + HOAc$$

$$R^1R^2R^3CCOOPb(OAc)_3 \longrightarrow R^1R^2R^3CCOO\cdot + [\cdot Pb(OAc)_3]$$

$$R^1R^2R^3CCOO\cdot \longrightarrow R^1R^2R^3C\cdot + CO_2$$

$$R^1R^2R^3C\cdot + PbCl(OAc)_3 \longrightarrow R^1R^2R^3CCl + [\cdot Pb(OAc)_3]$$

四乙酸铅与金属卤化物生成氯化三乙酸铅。四乙酸铅与羧酸反应生成羧酸铅盐。羧酸铅盐均裂分解生成羧酸根自由基和三乙酸铅自由基。然后羧酸根自由基脱羧，失去 CO_2，生成烷基自由基。烷基自由基与氯化三乙酸铅中的氯原子相互结合生成卤代烷，并再一次生成三乙酸铅自由基。两分子三乙酸铅自由基可以歧化生成 $Pb(OAc)_4$ 和 $Pb(OAc)_2$。前者可以作为反应物循环使用。

2) 二元羧酸的脱羧反应

二元羧酸在加热时容易发生分解反应。因为两个羧基的相互位置不同，它们之间的相互作用也不同，因此所得到的分解产物也不相同，有的发生脱羧反应，有的发生脱水反应，有的同时发生脱羧和脱水反应。例如：

$$\begin{matrix} COOH \\ | \\ COOH \end{matrix} \xrightarrow[-CO_2]{165\sim185℃} HCOOH \longrightarrow CO + H_2O$$

$$H_3CH_2C\begin{matrix} COOH \\ COOH \end{matrix} \xrightarrow{150\sim170℃} CH_3CH_2COOH + CO_2$$

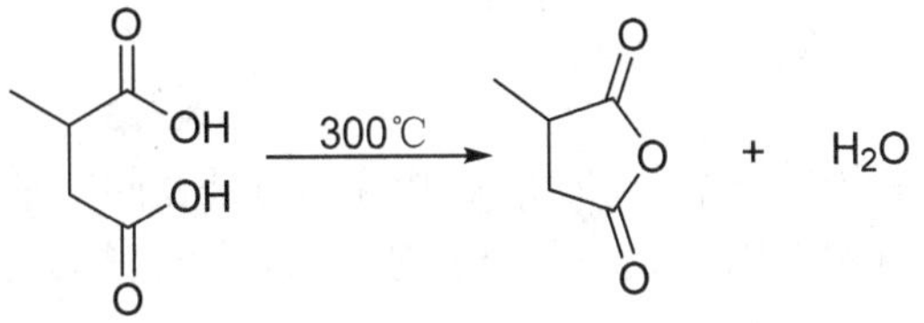

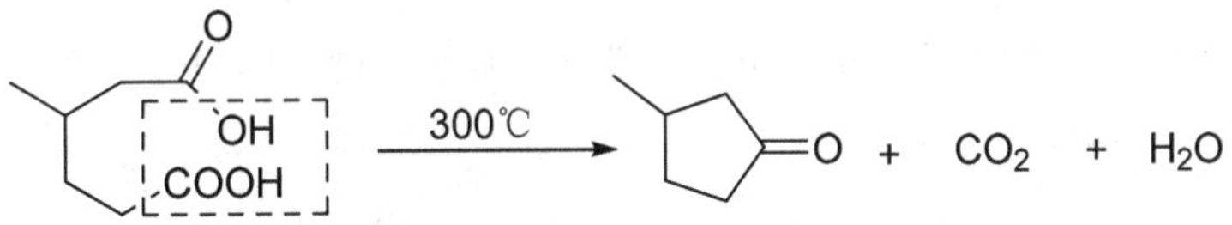

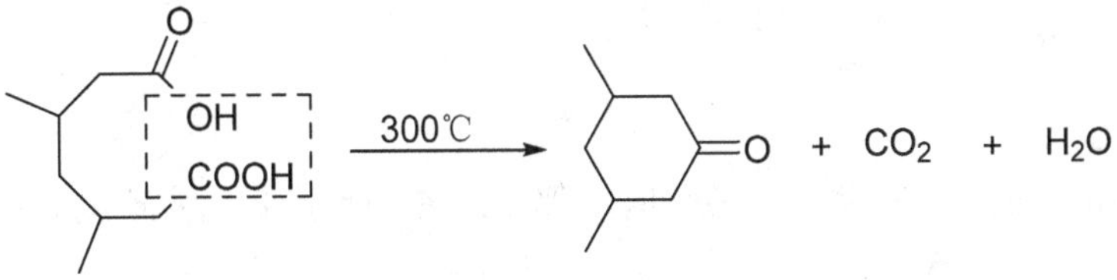

庚二酸以上的二元酸在高温下容易发生分子间的缩聚反应，生成聚酸酐，而不生成大于六元的环酮。这些反应结果表明在有机反应中，当有成环的可能性时，通常会倾向于形成张力较小的五元环或六元环，这称为 Blanc(布朗克)规则。

邻芳香二元酸也能在受热条件下发生上面的分解反应，失去水，得到酸酐。例如：

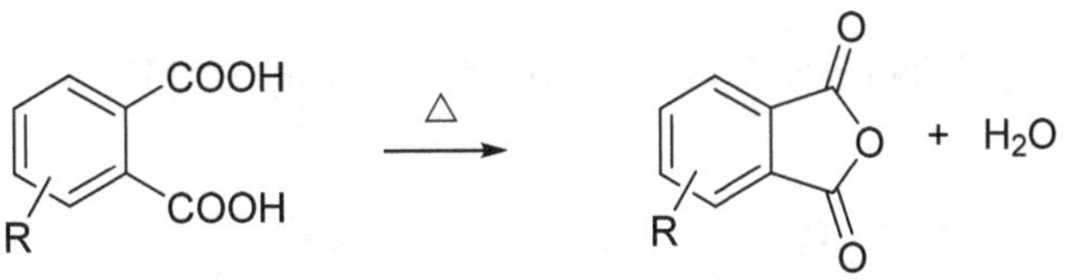

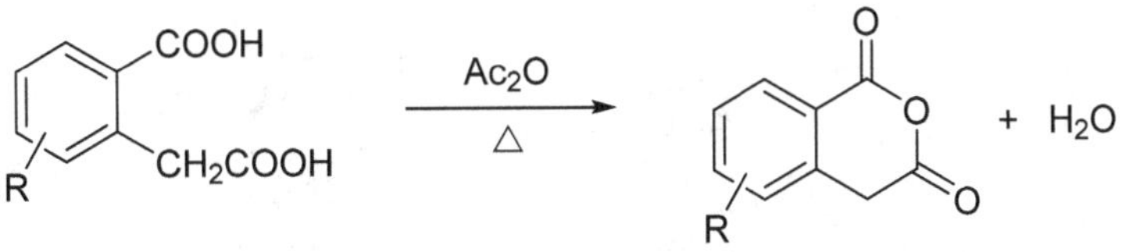

2. 酯的脱羧反应

烷氧基部分含有β-氢的酯可以在 400～500℃的高温下进行热裂解反应，生成烯和相应羧酸。此反应成为酯的热裂解。

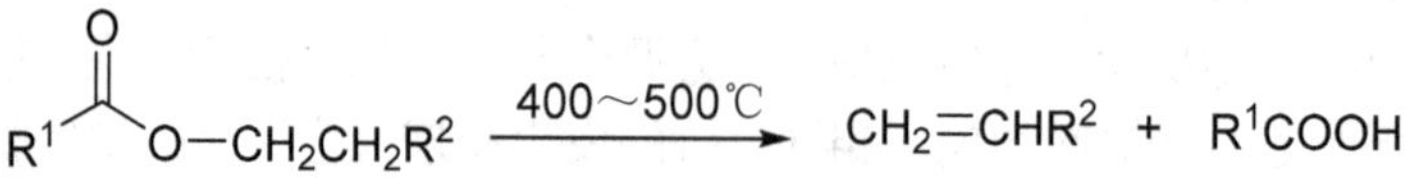

在反应过程中，首先将玻璃丝放入反应管内，并将其加热到所需的温度，然后慢慢滴加酯。酯会立即汽化并裂解，随后产物会从反应管的另一端被排出。通过这种方法，可以高效地获得高产率和高纯度的烯烃。反应经过六元环状过渡态机理：

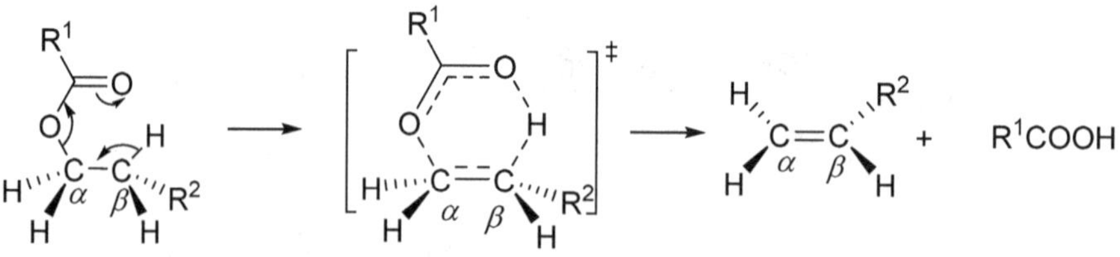

环状过渡态

当酯烷氧基部分α-C 相连的酰氧键和与β-C 相连的氢处在同一平面上，通过酰基双键氧的孤对电子和β-C 相连氢的氢键作用形成一个分子内六元环状过渡态，然后协同的顺式消除(*cis*-elimination)一分子羧酸，生成烯烃。

如果酯的烷氧基部分有两种β-氢，可以得到两种消除产物，其中以酸性大、空间位阻小的β-H 消除为主产物。例如：

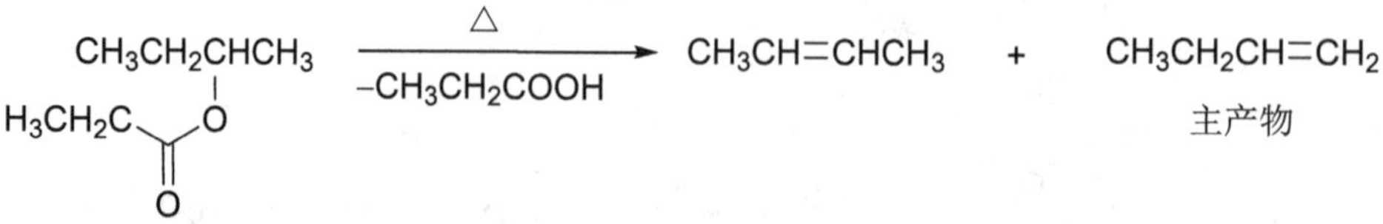

主产物

当分子中被消除的β-位有两个氢原子时，那么以 E 构型产物为主产物。例如：

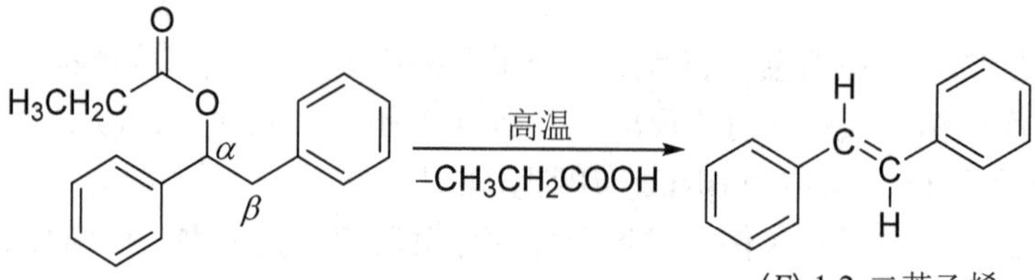

(E)-1,2-二苯乙烯

这是因为部分重叠型的构象比全重叠型的构象更为稳定，数量更多，顺式消除就可以得到 E 型主产物。

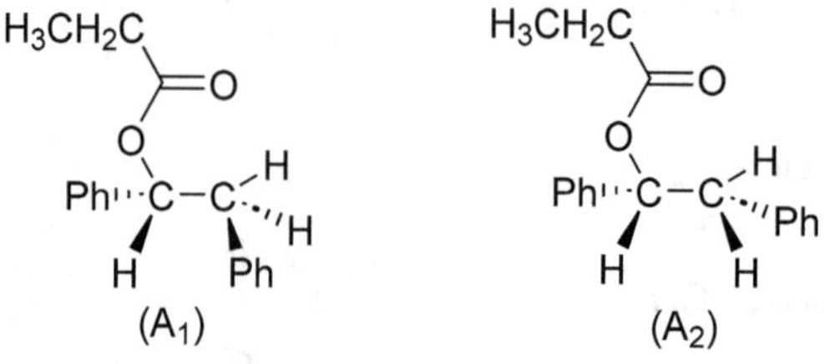

(A₁)　部分重叠型构象　　(A₂)　全重叠型构象

酯热裂解反应经常在高温的条件下进行，因此一般只适用于对热稳定的酯。

如果从醇出发，通过酯化反应先合成对应的酯，然后通过酯热裂解反应就可以合成双键位置不会发生移动的末端烯烃(end alkene)。例如：

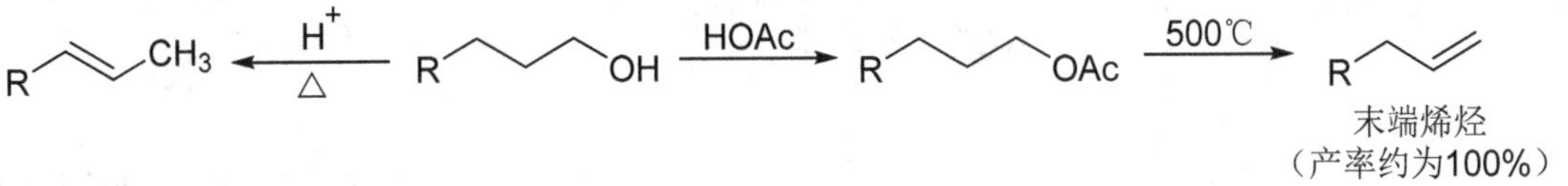

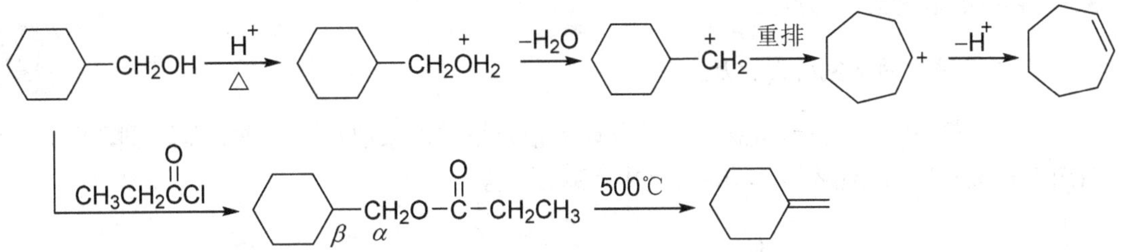

醇直接失水制备烯烃，在反应过程中会经过碳正离子中间体，这时总是倾向于重排反应，生成一个更加稳定的碳正离子。因此，醇失水得到烯烃往往是重排后的烯烃。酯裂解反应是通过一个六元环状过渡态完成顺式消除一分子羧酸，所以不会产生重排产物，而得到环外双键的烯烃。因此，酯热裂反应常用来制备具有环外双键的烯烃。

3. 黄原酸和黄原酸衍生物的热裂解反应

黄原酸和黄原酸衍生物都含有烷氧基硫代甲酸基团，结构如下：

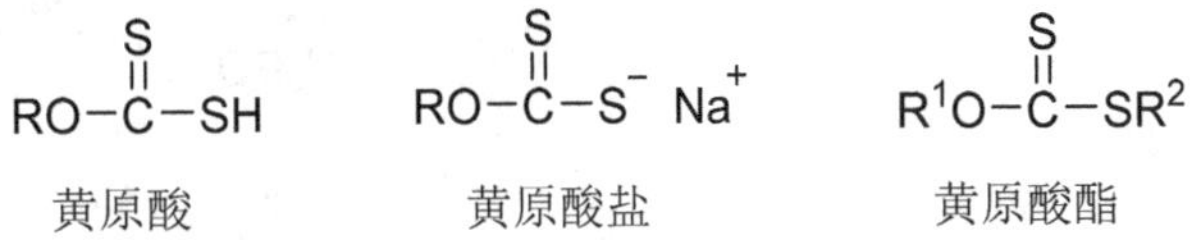

在碱性条件下，醇可以作为亲核试剂和二硫化碳发生亲核加成反应，生成黄原酸盐。黄原酸盐可以作为亲核试剂和卤代烃发生 S_N2 亲核取代反应生成黄原酸酯。

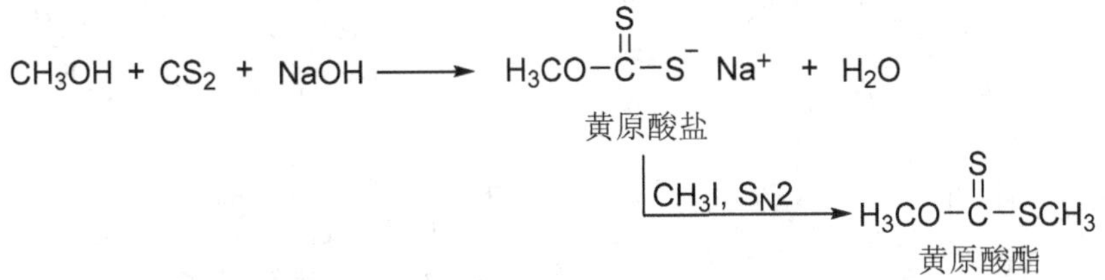

Chugaev(丘加耶夫)反应是用烷氧基部分含有β-氢的黄原酸和黄原酸衍生物在加热条件下发生热裂解反应，得到烯烃。例如：

黄原酸和黄原酸衍生物的热裂解反应的机理、区域/立体选择性等均与酯热裂解的情况相似，也经过分子内六元环状过渡态完成顺式消除，得到烯烃。例如：

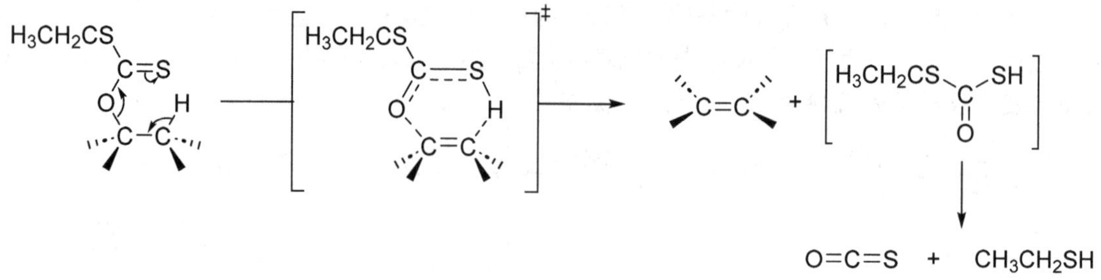

11.5.5 α-氢的取代或消除反应

1. 羧酸或酰卤的α-氢的卤代反应

羧酸的α-氢在红磷、三氯化磷、三溴化磷等催化下被卤素取代，生成α-卤代羧酸的反应称为 Hell-Volhard-Zelinsky(赫尔-乌尔哈-泽林斯基)反应。

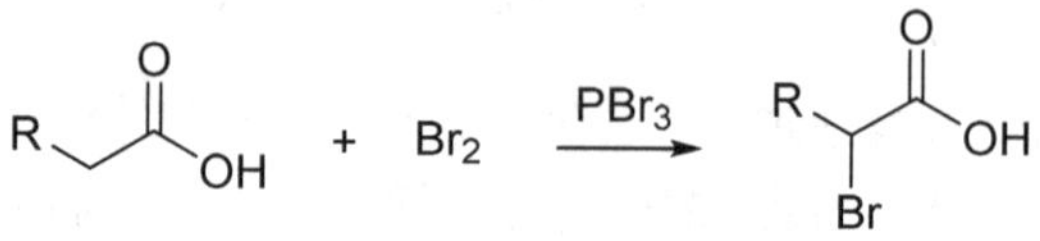

反应机理如下：

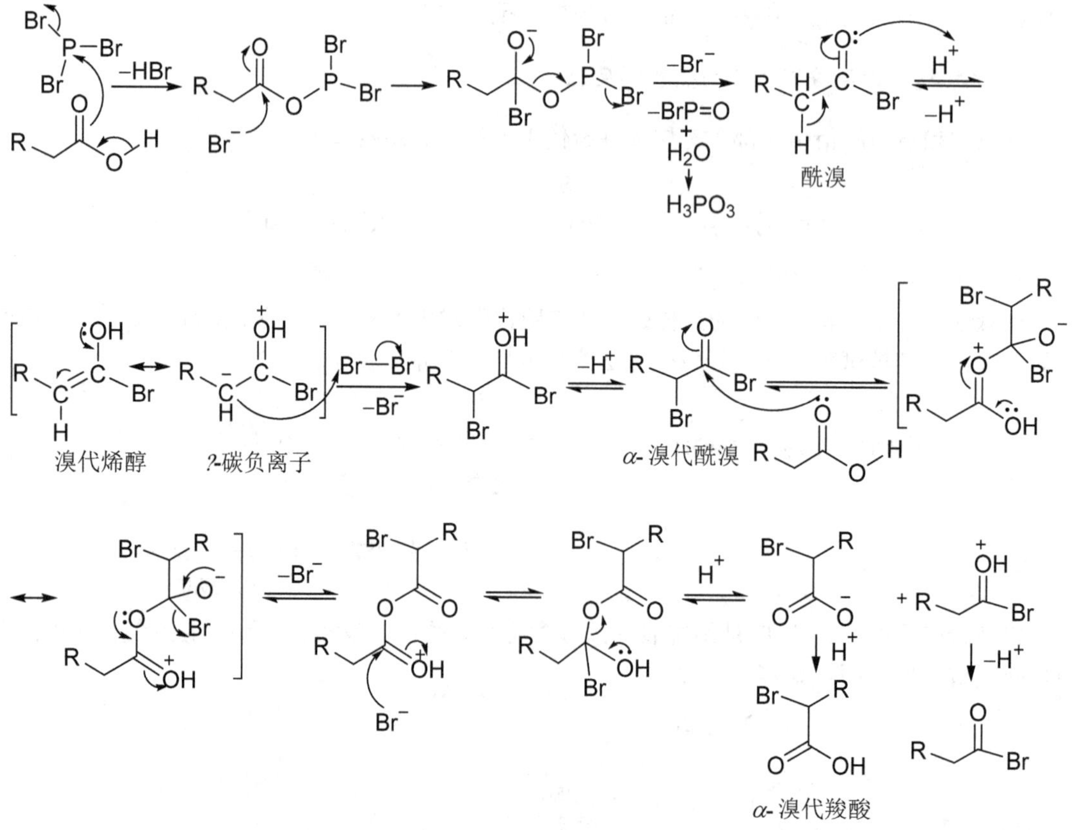

考虑到酰卤的α-氢比羧酸的α-氢活泼，更容易发生酮-烯醇互变异构形成烯醇，因此羧酸作为亲核试剂先与三溴化磷发生 S_N2 亲核取代反应，失去氢溴酸，生成氧酰基二溴化膦化合物。氧酰基二溴化膦化合物羰基碳被亲核试剂溴负离子进攻，发生亲核取代反应，失去二溴化

膦氧负离子，生成酰溴。酰溴在酸性条件下发生酮式-烯醇式互变异构，消去α-氢质子，形成溴代烯醇。然后溴代烯醇再次发生烯醇式-酮式互变异构得到α-碳负离子。α-碳负离子作为亲核试剂和溴发生亲核取代反应，生成α-溴代酰溴。α-溴代酰溴与亲核试剂羧酸进行酰基碳上的亲核取代反应，失去一个溴负离子，生成酸酐正离子。酸酐正离子继续被亲核试剂溴负离子进攻，发生酰基碳上的亲核取代反应，得到了α-溴代羧酸根离子和酰溴正离子。α-溴代羧酸根离子在酸性条件下获得氢质子得到α-溴代羧酸。酰溴正离子失去一个氢质子得到酰溴。酰溴可以继续参与反应制备α-溴代羧酸。

Hell-Volhard-Zelinsky 反应中使用的三卤化磷是催化量的，产生的α-卤代酰卤也是少量的。然而，由于反应后又生成一分子酰溴，其可以作为反应物循环使用，故只需催化量的三溴化磷便可使这个反应发生。此反应也可以用少量的红磷代替三卤化磷。这主要是因为红磷与卤素相遇后，会立即生成三卤化磷。例如：

$$P + Br_2 \longrightarrow PBr_3$$

控制卤素用量可以得到一元或多元的卤代酸。工业上各种氯代乙酸就是通过这个反应制备的。例如：乙酸和氯气在微量碘的作用下可以发生α-氯代反应，得到一氯代、二氯代和三氯代乙酸。

$$CH_3COOH \xrightarrow[\text{微量}I_2]{Cl_2} ClCH_2COOH \xrightarrow{\triangle} Cl_2CHCOOH \xrightarrow{\triangle} Cl_3CCOOH$$

α-碘代酸、α-氟代酸不能用此法制备，因为碘代和氟代反应也能在其他碳上发生。

Hell-Volhard-Zelinsky 反应可用来鉴别脂肪酸中α-氢的存在，也可以用来在二元羧酸的衍生物中只引入一个α-卤原子。例如：

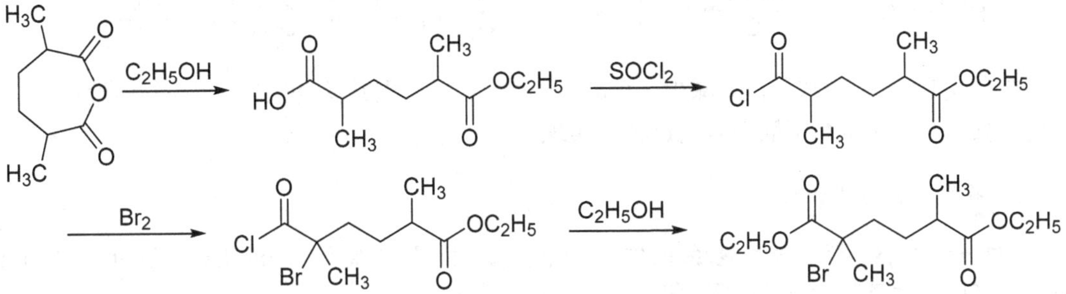

环酐和一分子乙醇发生醇解反应，得到二元羧酸单酯。然后二元羧酸单酯的羧酸端和亚硫酰氯($SOCl_2$)发生酰基碳上的亲核取代反应得到酰氯端。随后酰氯端和 Br_2 发生酰氯端α-氢的溴代反应，得到α-溴代酰氯端。最后，α-溴代酰氯端和乙醇发生醇解反应，得到α-溴代二元酸二酯。该反应表明酰氯的α-氢比羧酸、酯的α-氢更活泼。

这些卤代酸中的卤原子相对比较活泼，容易进行亲核取代反应和消除反应，因此经羧酸的卤化反应可以制备其他α-取代酸。例如：

$$CH_3\overset{\text{Br}}{\text{C}}HCOOH + 2NH_3 \longrightarrow \underset{\text{α-氨基丙酸}}{CH_3\overset{NH_2}{\text{C}}HCOOH} + NH_4Br$$

$$CH_3CH_2\overset{\text{Br}}{\text{C}}HCOOH \xrightarrow{KOH,\ CH_3OH} H_3CHC{=}CHCOOH$$

羧酸分子中α-氢被羟基取代而成的α-羟基羧酸称为α-羟基酸(α-hydroxy acid)，也称为醇酸。α-羟基酸可由α-卤代酸或羟基腈水解得到。例如：

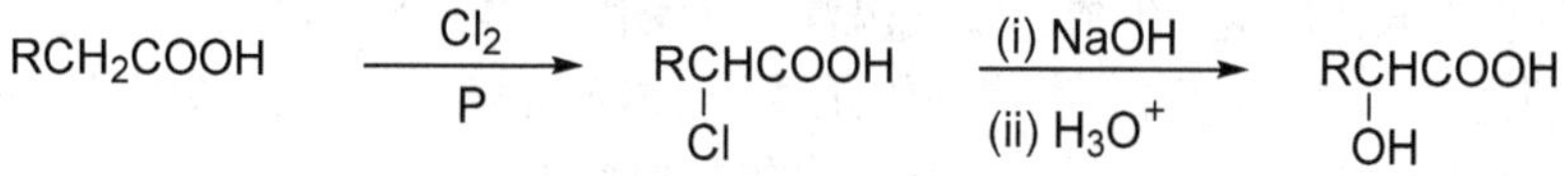

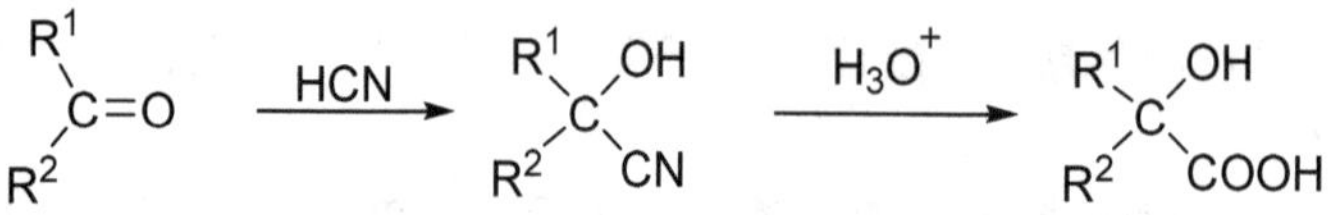

α-羟基酸可以发生分子间失水，生成交酯。例如：

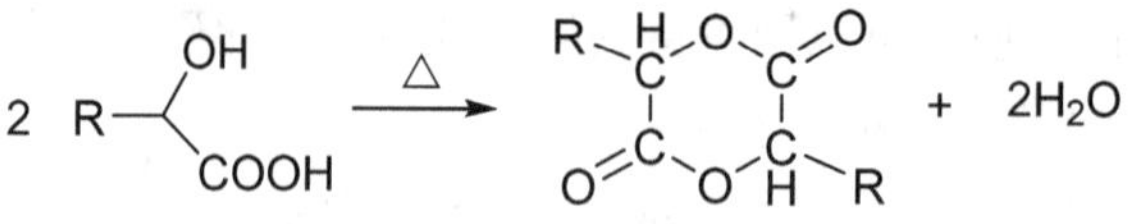

α-羟基酸　　　　交酯

α-羟基酸还可以与稀硫酸共热，分解为减少一个碳原子的醛或酮。例如：

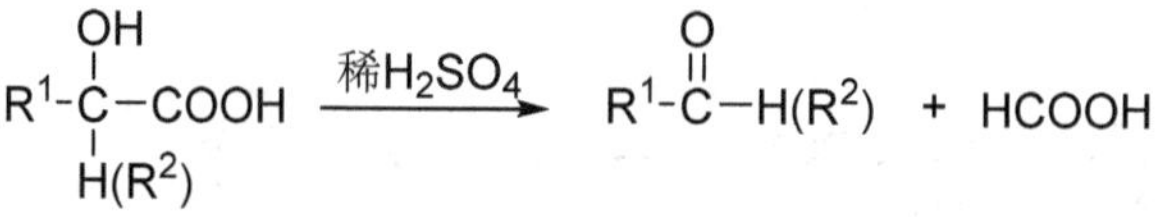

另外，α-羟基酸也可被高锰酸钾氧化成减少一个碳原子的醛或酮。其中醛还可以进一步被高锰酸钾氧化成羧酸。

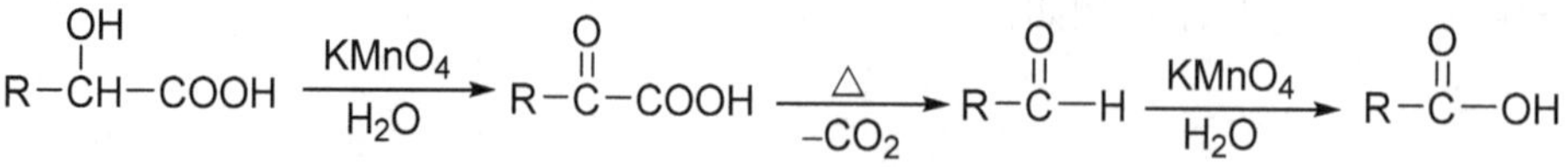

在合成上，从高级羧酸制备减少一个碳原子的高级醛、酮或者羧酸就可以通过α-溴代、α-羟基化、稀硫酸共热或高锰酸钾氧化过程来实现。

2. 羧酸α-氢的消除反应

羧酸分子内β-消除α-氢和羧羟基，失去一分子水，可以形成烯酮(olefine ketone，—C═C═O)。烯酮也可以看作是羧酸分子内脱水形成的酸酐。

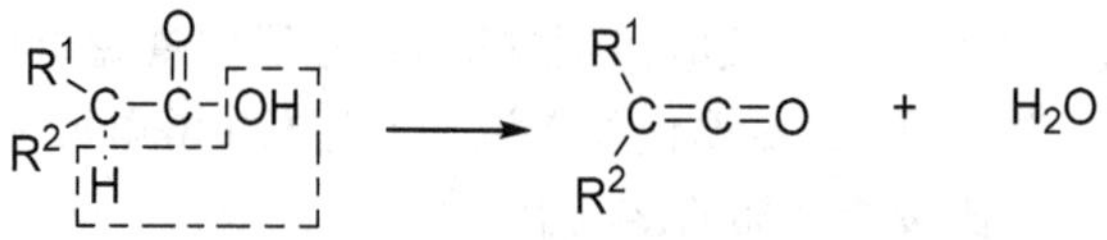

烯酮中含有累积双键，化学性质十分活泼，容易发生加成反应和聚合反应。最简单的烯酮是乙烯酮(CH_2═C═O)。

1) 羰基的加成反应

烯酮的羰基可以与多种亲核试剂如水、卤化氢、羧酸、醇、氨(或胺)等发生亲核加成反应，得到的亲核加成产物经过烯醇式-酮式互变异构生成羧酸、酰卤、酯、酰胺、酸酐等化合物。

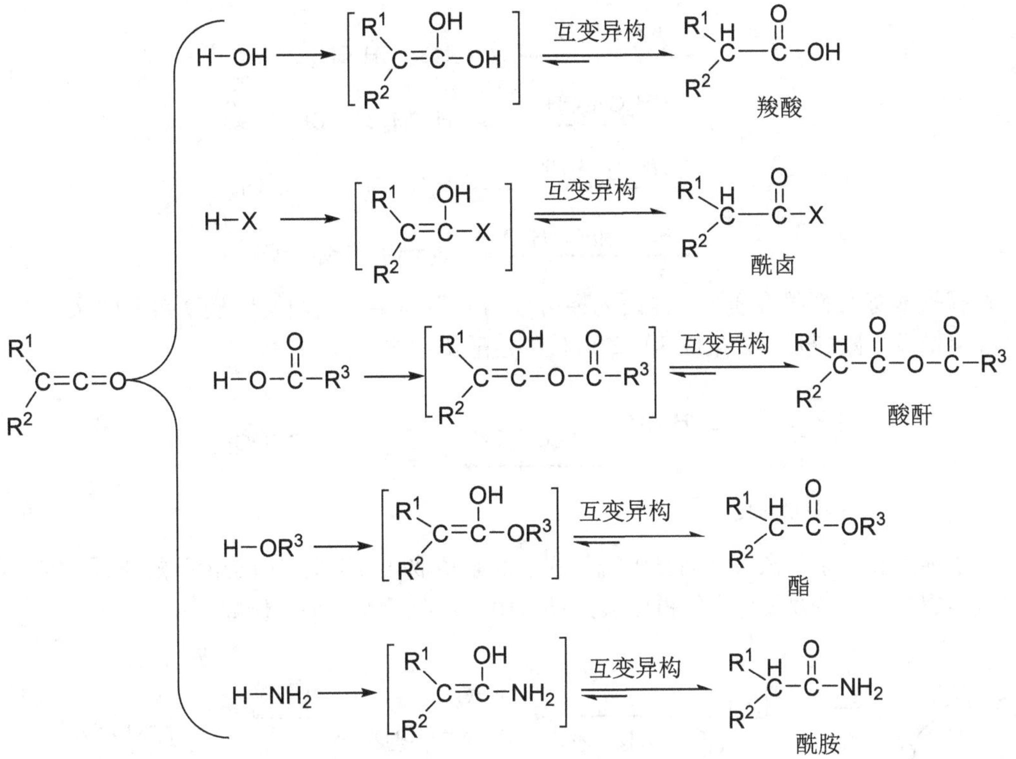

烯酮也可以与格氏试剂发生亲核加成反应，加成产物经过水解、烯醇-酮互变异构生成酮。

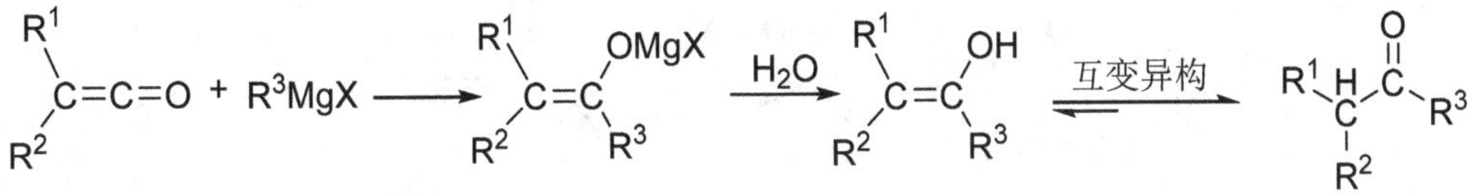

2) 与甲醛的反应——烯酮二聚

烯酮与甲醛可以发生协同的环加成反应，生成β-丙内酯(β-propanolactone)。例如：

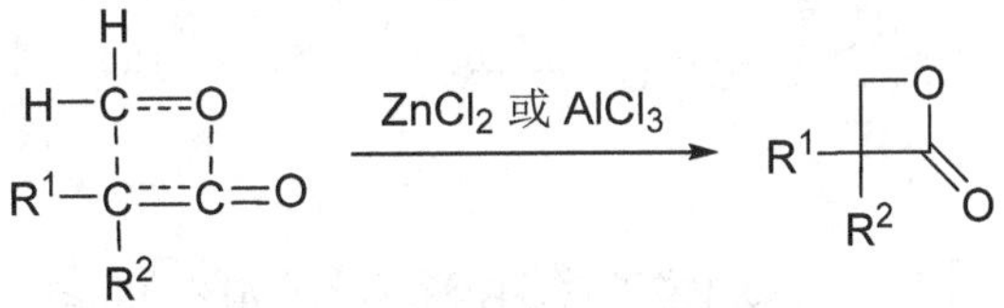

乙烯酮在适当的条件下会发生分子间协同的环加成反应，生成的二乙烯酮是取代的β-丙内酯。二乙烯酮经过热解生成乙烯酮，因此二乙烯酮是烯酮的一种保存形式。

在中性或弱酸性介质中，β-丙内酯可以与一系列亲核试剂发生 S_N2 亲核取代反应，导致烷氧键断裂开环，生成β-取代的羧酸。例如：

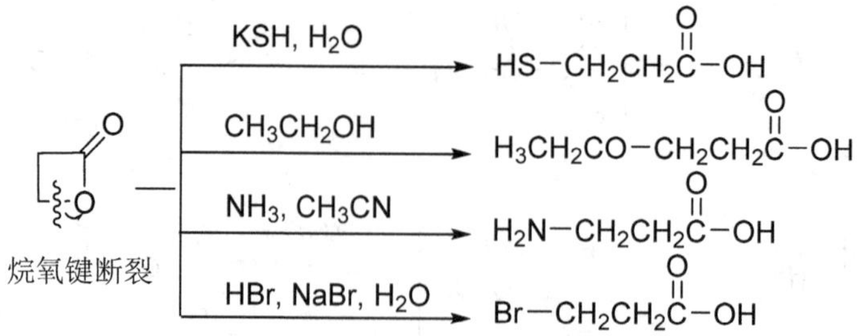

在碱性或强酸性的介质中，β-丙内酯可以与一系列亲核试剂发生酰基碳上的亲核取代反应，酰氧键发生断裂开环，生成β-羟基取代的羧酸衍生物。例如：

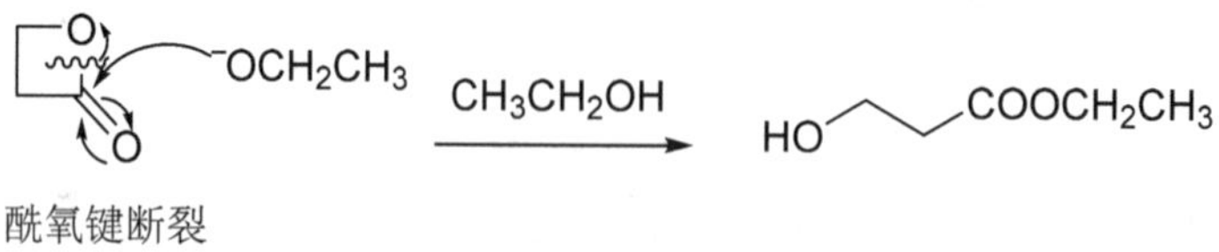

二乙烯酮和一系列亲核试剂发生酰基碳上的亲核取代反应时，由于位阻的原因，较难发生烷氧键断裂开环，主要发生酰氧键断裂开环，生成乙酰乙酸乙酯。例如：

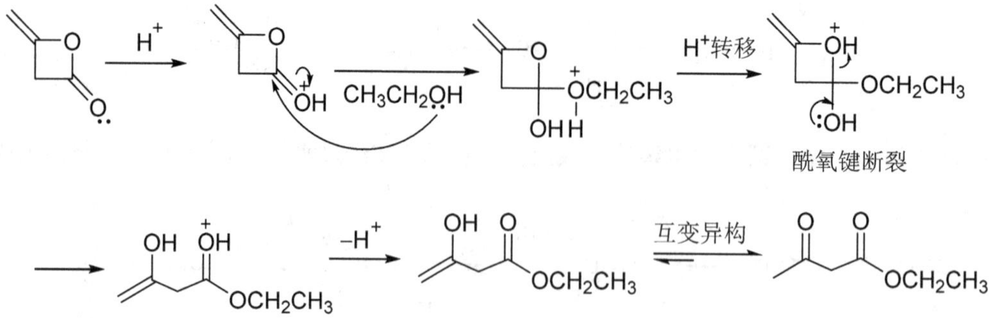

3) 分解反应

烯酮在光的作用下会发生分解反应，生成亚甲基卡宾。例如：

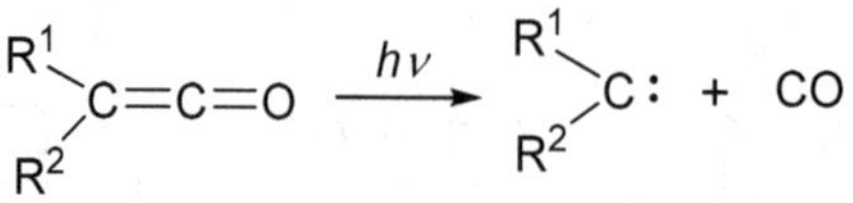

11.6　羧酸和羧酸衍生物的制备

11.6.1　羧酸的制备

1. 氧化法制备

烃、芳烃、烯、炔、醇、醛或酮等有机化合物可以通过氧化反应来制备羧酸(见上册相关章节)。常用到的氧化剂有 $KMnO_4/H^+$、$K_2Cr_2O_7/H^+$、HNO_3 等。例如：

$$CH_3CH_2CH_2CH_2CH_3 \xrightarrow[\triangle,\text{ 高压}]{O_2,\ Co(OAc)_2}$$

$$HCOOH + CH_3COOH + CH_3CH_2COOH + CH_3CH_2CH_2COOH + CO + CO_2 + \text{酯和酮}$$

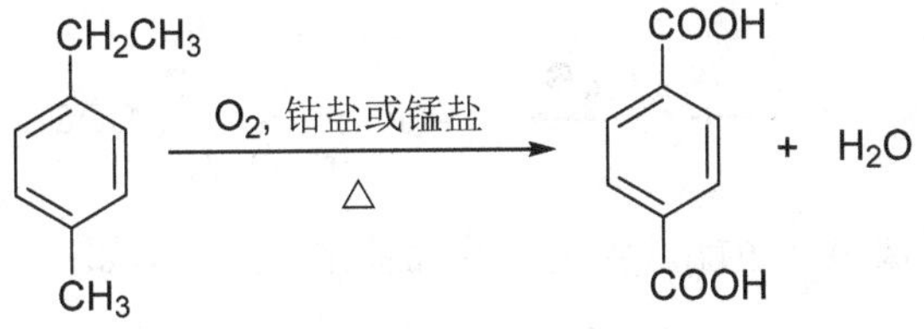

$$R^1HC{=}CHR^2 \xrightarrow[H^+]{KMnO_4} R^1COOH + R^2COOH$$

$$R^1C{\equiv}CR^2 \xrightarrow[H^+]{KMnO_4} R^1COOH + R^2COOH$$

$$RCH_2OH \xrightarrow{[O]} RCOOH$$

$$RCHO \xrightarrow{[O]} RCOOH$$

低级烷烃直接氧化制取低级羧酸(往往得到混合物)。高级烷烃混合物氧化制取高级脂肪酸混合物，作为制皂原料。例如，石蜡 C_{20}～C_{30}烷烃，得 50%～60%高级脂肪酸(C_{10}～C_{20})。氧化法也是工业上生产乙酸和苯甲酸的方法之一。

2. 羧酸衍生物通过水解反应制备

羧酸衍生物都能通过水解反应得到相应的羧酸(见本章酰基碳上的亲核取代反应——羧酸衍生物水解反应)。由于腈通常是由伯卤代烃和 NaCN 反应得到，因此使用腈水解反应可以制备得到比原伯卤代烃多一个碳的羧酸。然而，在仲卤代烷及叔卤代烷和 NaCN 的反应中，NaCN 和 KCN 的碱性强，易使仲卤代烷或叔卤代烷脱去卤化氢生成烯烃。

$$RX \xrightarrow{NaCN} RCN \xrightarrow[\triangle]{H_2O/H^+} RCOOH$$

二腈化合物也可以采用水解的方法制备二元羧酸。例如：

$$BrCH_2CH_2CH_2Br + NaCN \longrightarrow NCCH_2CH_2CH_2CN \xrightarrow[H_2O,\triangle]{H^+} HOOCCH_2CH_2CH_2COOH$$

3. 通过羧酸的锂盐制备

羧酸的α-烷基化反应可以用来制备结构复杂的取代羧酸。例如：

$$R^1CH_2COOH + 2\,LiN(i\text{-}C_3H_7)_2 \longrightarrow R^1\underset{Li^+}{\overset{-}{C}}HCOO^-Li^+ \xrightarrow{R^2Br} \xrightarrow{H_2O} R^1\overset{R^2}{\overset{|}{C}}HCOOH$$

强碱二异丙基氨基锂(LDA)可以夺取羧酸中活泼的羟基氢和α-氢，生成α-碳负离子羧酸锂盐。然后其α-碳负离子作为亲核试剂和卤代烃发生亲核取代反应，得到α-烷基取代的羧酸锂盐。

α-烷基取代的羧酸锂盐水解后得到α-烷基取代羧酸。

α-碳负离子羧酸锂盐和二卤化物反应可以制备二元羧酸。例如：

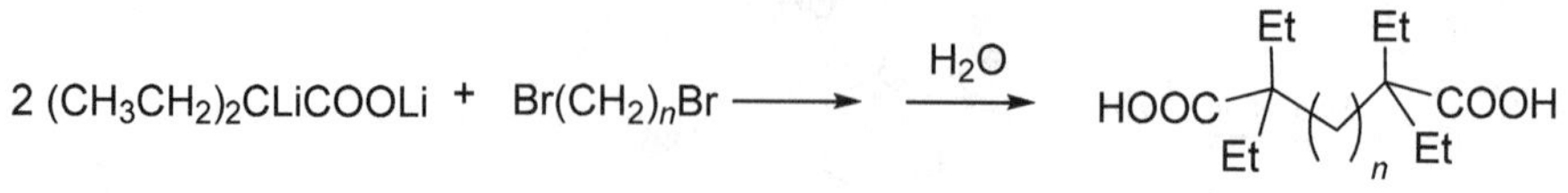

如果羧酸分子中其他碳上也存在活泼氢，也能发生类似的烷基化反应。例如：

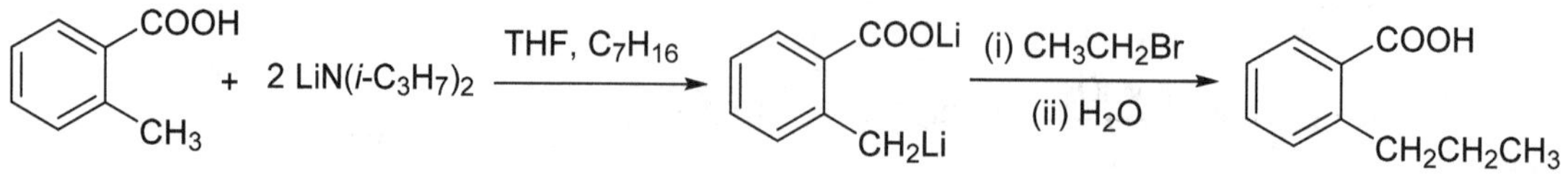

4. 通过金属有机化合物制备

金属有机化合物和二氧化碳发生协同的亲核加成反应，可以制备多一个碳原子的羧酸。例如：

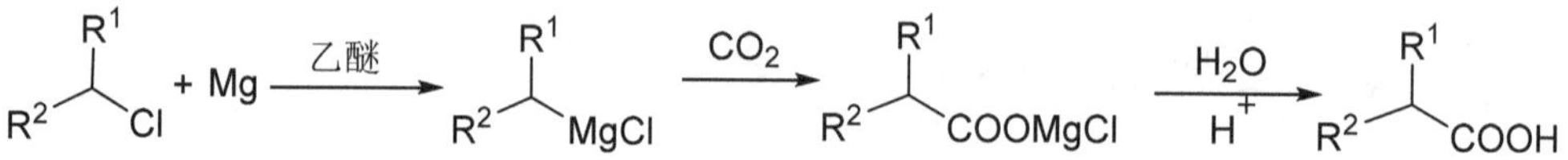

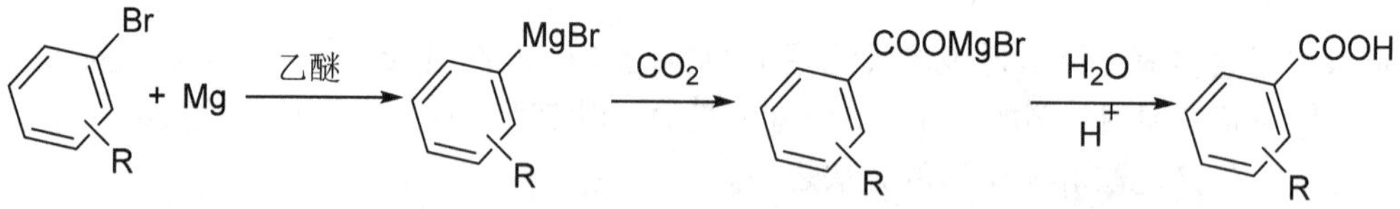

一级、二级、三级和芳香卤代烃和镁发生氧化加成反应，生成格氏试剂(RMgX)。格氏试剂和二氧化碳(CO_2)的羰基氧配位。然后格氏试剂烷基负离子作为亲核试剂，与二氧化碳的一个羰基发生协同的亲核加成反应，得到羧酸镁盐。羧酸镁盐水解后生成酸。低温条件下有利于该反应的进行，一般将温度控制在−10～10℃。实验中可以使用干冰来降低反应温度。

有机锂试剂也可以与二氧化碳的一个羰基发生协同的亲核加成反应，得到相应的羧酸锂盐。羧酸锂盐水解后生成相应的羧酸。然而，在反应过程中，羧酸锂盐也可以与过量的有机锂试剂继续发生协同的亲核加成反应，加成产物水解后得到酮。因此，有机锂试剂与二氧化碳的投料比将对生成哪种物质起决定性作用。

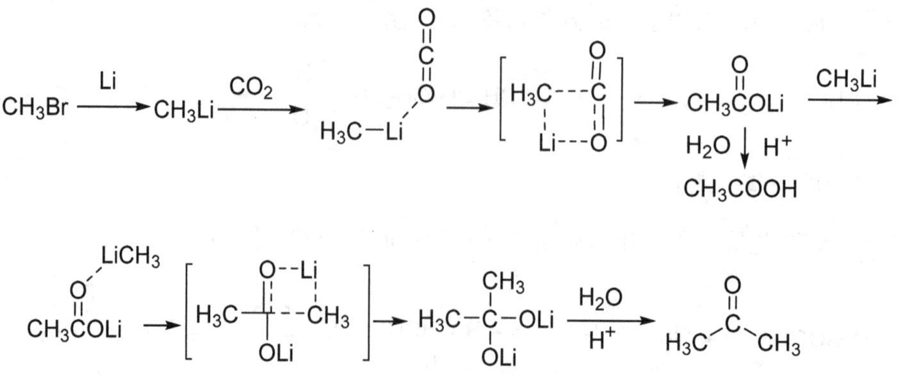

5. 酚酸的合成

Kolbe-Schmitt(科尔贝-施密特)反应是干燥的苯酚碱金属盐(酚钠或酚钾)与二氧化碳在加温

加压条件下生成羟基苯甲酸的反应。Kolbe-Schmitt 反应往往需要高压或中压二氧化碳，并对无氧或无水环境有较高要求。例如：

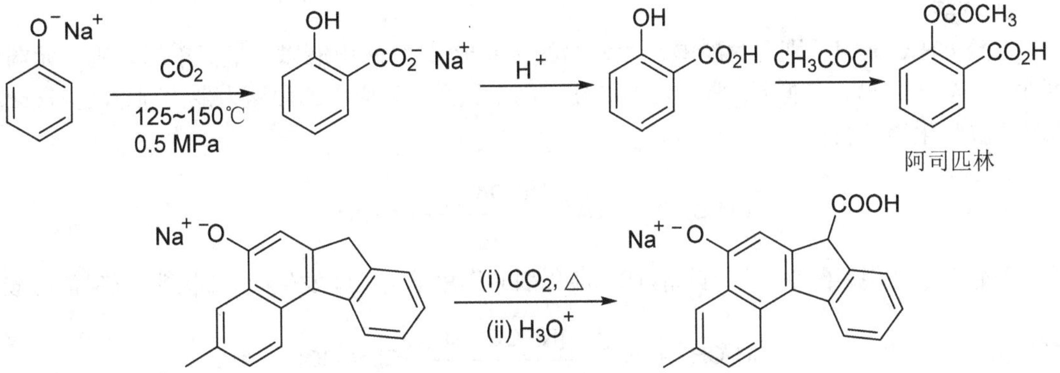

反应机理可能如下：

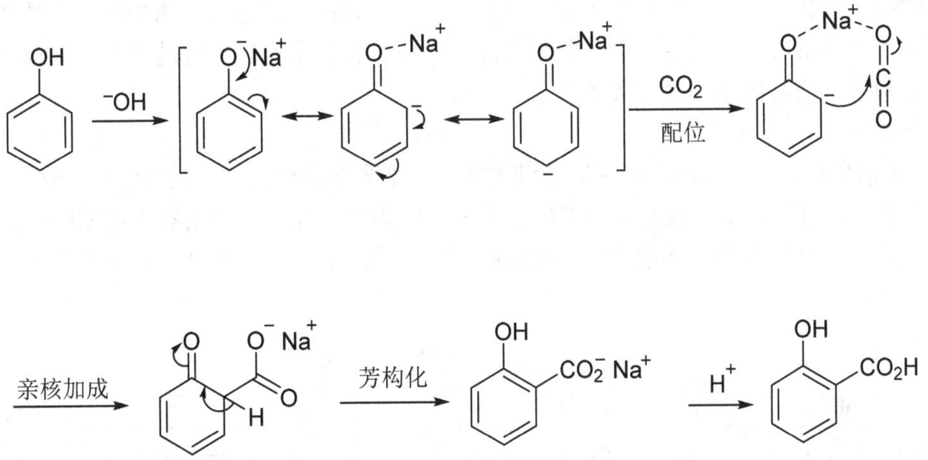

酚在碱性条件下生成酚钠盐。酚钠盐可以经过一系列的酚式-醌式互变异构生成邻位碳负离子和对位碳负离子。其中，邻位碳负离子可以作为亲核试剂，与二氧化碳的一个羰基进行亲核加成反应。加成产物经过芳构化和水解反应后，得到酚酸。

Kolbe-Schmitt 反应是向芳环上引入羧基的一种常用方法，常用的工业原料水杨酸(邻羟基苯甲酸)就是利用此法制备的，也是二氧化碳回收再利用的重要途径。

6. 常用羧酸的工业制备

1) 甲酸

甲酸(HCOOH，别名为蚁酸)是最简单的脂肪酸。甲酸(常温下 $pK_a = 3.75$)具有弱酸性，由于不含烷基，酸性比其他非取代脂肪一元酸强。甲酸还具有还原性和一定的腐蚀性，可被氧化为二氧化碳和水。工业上，一般在 160～200℃的温度和大约 8 个大气压下加热一氧化碳和氢氧化钠的混合物来获得甲酸钠盐。然后甲酸钠盐再用浓硫酸酸化成甲酸。例如：

$$\text{NaOH} + \text{CO} \xrightarrow{\text{高温，高压}} \text{HCOONa} \xrightarrow{H_2SO_4} \text{HCOOH}$$

另外，甲酸也可由甲醇或甲醛氧化制得，还可以通过氰化氢(HCN)或甲酸酯(HCOOR)水解反应制备。甲酸是一种重要的有机酸，广泛应用于化学、医药、皮革、染料、农业和橡胶等领域。

2) 乙酸

乙酸(CH_3COOH，别名为醋酸，为食醋的主要成分)是除甲酸以外最简单的有机一元弱酸(常温下 pK_a = 4.75)。工业上，常用乙醛氧化法制备乙酸。反应以乙酸锰为催化剂，用空气或氧气将乙醛氧化为乙酸：

$$CH_3CHO + O_2 \xrightarrow[\triangle]{Mn(OAc)_2} CH_3COOH$$

工业上还利用甲醇在金属有机铑(Rh)催化剂的作用下与 CO 发生交叉偶联反应制备乙酸：

$$CH_3OH + CO \xrightarrow[I_2]{[Rh(CO)_2I_2]^-} CH_3COOH$$

乙酸是大宗化工产品，是化学工业的重要原料。它合成的乙酸酐、乙酸酯、乙酸纤维素等可以用来生产乙酸纤维、喷漆溶剂、电影胶片、食品工业和化妆品工业的香精。它合成的乙酸乙烯酯是制备合成纤维维纶的主要原料。

3) 己二酸

己二酸[$HOOC(CH_2)_4COOH$，别名为肥酸]是一种重要的有机二元酸(室温下 pK_a = 4.41～5.41)。工业上，可以从苯出发制备己二酸。苯先还原为环己烷。然后用氧气在醋酸钴作用下将环己烷氧化为环己酮及环己醇混合物(酮醇油，又称 KA 油)。然后再进一步将混合物空气氧化为己二酸。

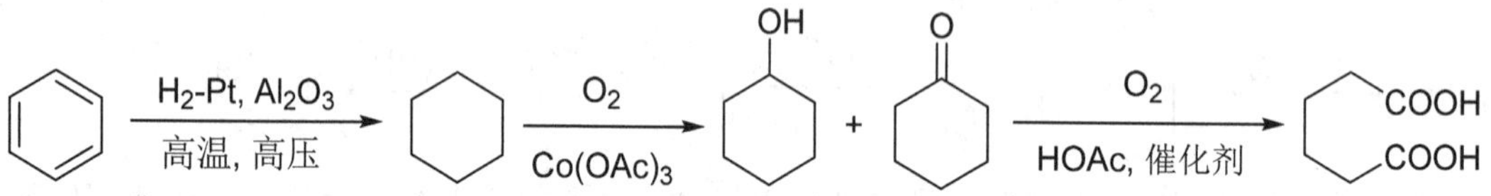

己二酸是工业上具有重要意义的二元羧酸，是产量第二大的二元羧酸，在化工生产、有机合成工业、医药、润滑剂制造、酵母提纯、杀虫剂、黏合剂、合成革、合成染料和香料的原料等方面都有重要作用。己二酸还能与己二胺缩聚成聚己二酰己二胺树脂(尼龙-66)。

4) 苯甲酸

苯甲酸(C_6H_5COOH，别名为安息香酸)是最简单的芳香酸。苯甲酸(常温下 pK_a = 4.2)属于一元弱酸但是酸性要比脂肪酸强。苯甲酸具有稳定的化学结构，不易被氧化。工业上常用空气氧化来自煤焦油或石油的甲苯、邻二甲苯或萘等原料或三氯甲苯水解法来制备苯甲酸。例如：

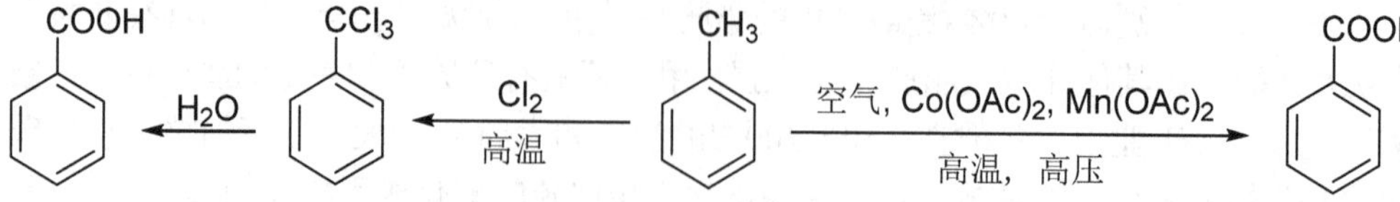

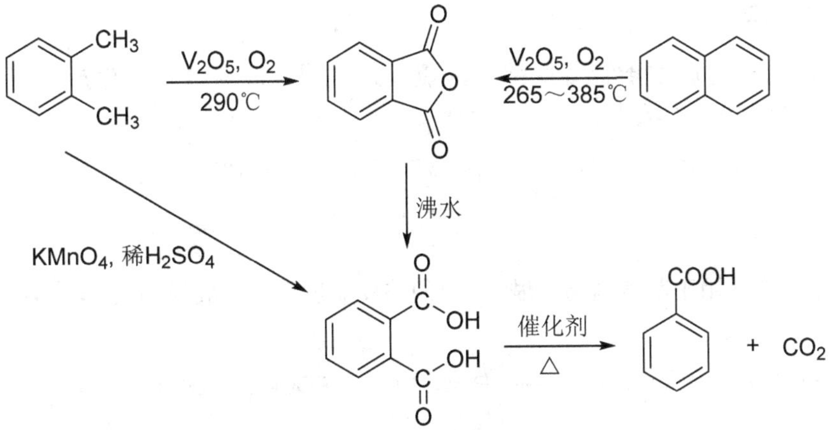

苯甲酸是一种重要化学反应中间体，通过其羧基和苯环上的反应，可以派生出很多衍生物。苯甲酸是一种重要的化工原料，主要用于制备苯甲酸钠防腐剂、药物、染料、增塑剂、媒染剂、杀菌剂和香料等。

5) 对苯二甲酸

对苯二甲酸[p-$C_6H_4(COOH)_2$]是产量最大的二元羧酸。工业上，对苯二甲酸由对二甲苯经硝酸氧化，或在钴盐催化下经空气氧化制得。对二甲苯先在催化剂作用下被氧气氧化成对甲苯甲酸，然后进一步氧化为对苯二甲酸。第一步氧化很容易，第二步氧化较困难，需要在较高温度下进行。生产中的主要问题是乙酸的消耗和乙酸对反应容器的腐蚀。

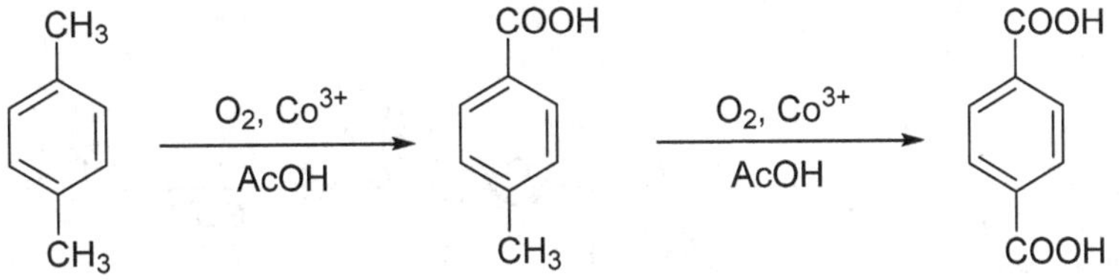

对苯二甲酸的应用比较集中，主要用来与乙二醇缩聚生产聚对苯二甲酸乙二醇酯(PET，又称涤纶树脂，俗称的确良)。对苯二甲酸还可以与丁-1,4-二醇缩聚制备聚对苯二甲酸丁二醇酯(PBT)。目前，PET 与 PBT 一起作为热塑性聚酯，成为五大工程塑料之一。对苯二甲酸的另一个重要应用是生产增塑剂。

11.6.2 酰卤的制备

酰卤是有机合成中非常重要的中间体，其中酰氯是最常用的酰卤，也是最活泼的酰基化试剂。一般常通过羧酸与亚硫酰氯、三氯化磷、五氯化磷、草酰氯、四氯化碳等发生酰基碳上的亲核取代反应来制备酰氯。

1. 亚硫酰氯制备酰氯

羧酸与亚硫酰氯反应是制备酰氯最常用的方法。这是因为副产物二氧化硫和氯化氢都是气体，容易分离，制备的酰卤纯度好，产率高。另外，亚硫酰氯的沸点只有 79℃，稍过量的亚硫酰氯可以通过蒸馏被分离出来。

$$R-COOH + SOCl_2 \longrightarrow R-COCl + SO_2\uparrow + HCl\uparrow$$

2. 三氯化磷制备酰氯

羧酸和三氯化磷的反应适用于制备低沸点酰氯。这是因为反应过程中生成的亚磷酸(H_3PO_3)不易挥发，有利于酰氯的蒸出。

$$3\ R-COOH + PCl_3 \longrightarrow 3\ R-COCl + H_3PO_3$$

3. 五氯化磷制备酰氯

羧酸与五氯化磷反应适用于制备高沸点酰氯，以便将反应过程中生成的 $POCl_3$ 蒸出而分离提纯酰氯。

$$R-COOH + PCl_5 \longrightarrow R-COCl + POCl_3 + HCl$$

4. 草酰氯制备酰氯

在二甲基甲酰胺的催化下，羧酸与草酰氯可以发生反应制备酰氯。

$$R-COOH + ClCOCOCl \longrightarrow R-COCl + CO + CO_2 + HCl$$

反应机理可能如下：

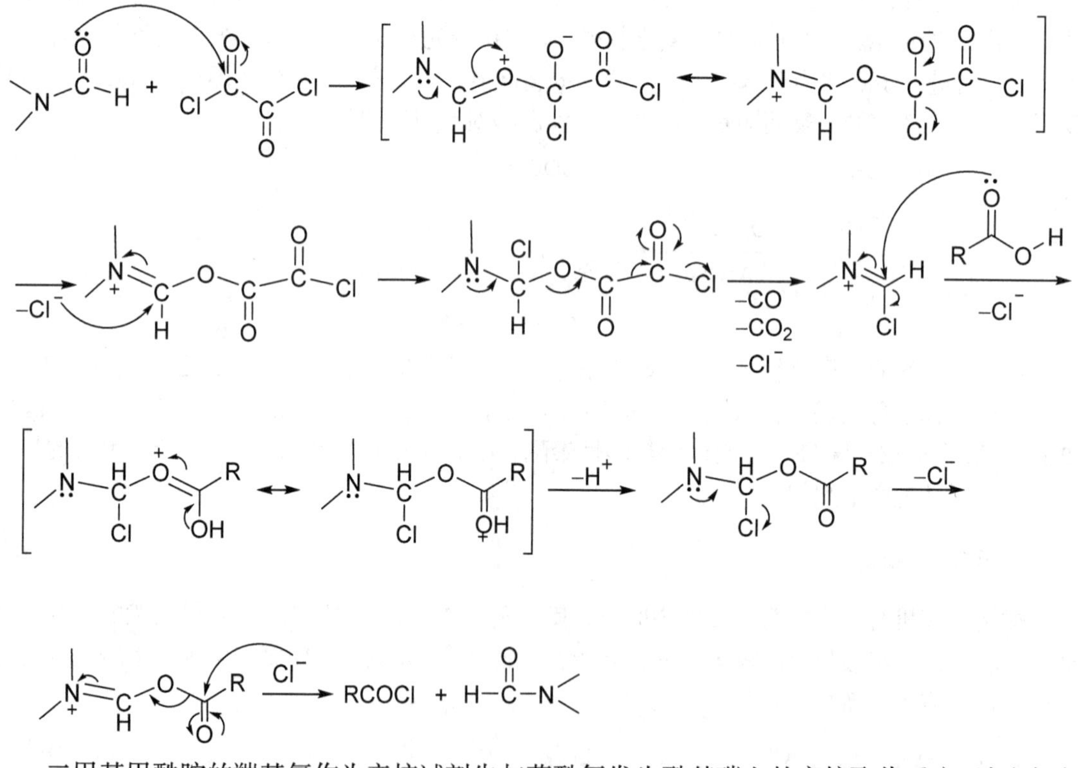

二甲基甲酰胺的羰基氧作为亲核试剂先与草酰氯发生酰基碳上的亲核取代反应，消去氯负离子生成一个亚胺盐化合物。然后亚胺盐化合物亚胺碳被亲核试剂氯负离子进攻，发生亲核取代反应，失去二氧化碳、一氧化碳和氯负离子，生成一个活性的氯代亚胺盐中间体。随后羧酸的羰基氧作为亲核试剂和氯代亚胺盐中间体发生亲核取代反应，失去氯负离子，得到酰氧基亚胺盐化合物。酰氧基亚胺盐化合物的羰基碳被亲核试剂氯负离子进攻，发生亲核取代反应，得到酰氯，同时又生成 *N*,*N*-二甲基甲酰胺。*N*,*N*-二甲基甲酰胺可以作为催化剂继续参与反应。

5. 四氯化碳和三苯基膦制备酰氯

羧酸还可以与三苯基膦、四氯化碳发生 Appel(阿佩尔)反应制备酰氯。

$$R-COOH + Ph_3P + CCl_4 \longrightarrow R-COCl + Ph_3PO + CHCl_3$$

反应机理如下：

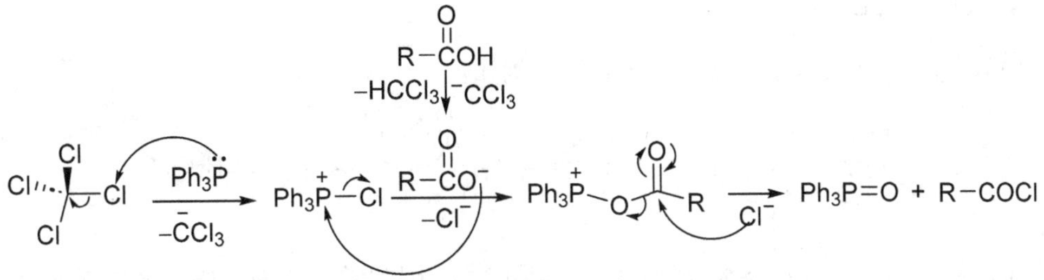

三苯基膦与四卤化碳反应，失去三氯化碳负离子，得到氯代三苯基膦正离子中间体。随后羧酸和三氯化碳负离子反应，生成羧酸根负离子。羧酸根负离子作为亲核试剂和氯代三苯基膦正离子中间体发生 S_N2 亲核取代反应，得到酰氧基三苯基膦正离子中间体。然后氯负离子作为亲核试剂和酰氧基三苯基膦正离子中间体的羰基发生亲核取代反应，三苯氧膦作为离去基团离去，得到酰氯。反应的推动力是三苯基氧膦的生成，其含有键能较强的 P═O 键，利于反应进行。

6. 其他卤化试剂制备酰氯

羧酸可以与氯化剂二(三氯甲基)碳酸酯($Cl_3COCOOCCl_3$, BTC，俗称三光气)反应生成酰氯。三光气具有高熔点、不易挥发、低毒性、低分解，参与化学反应时所需条件温和、产率高、选择性强等优点，因此被广泛应用于有机合成中。

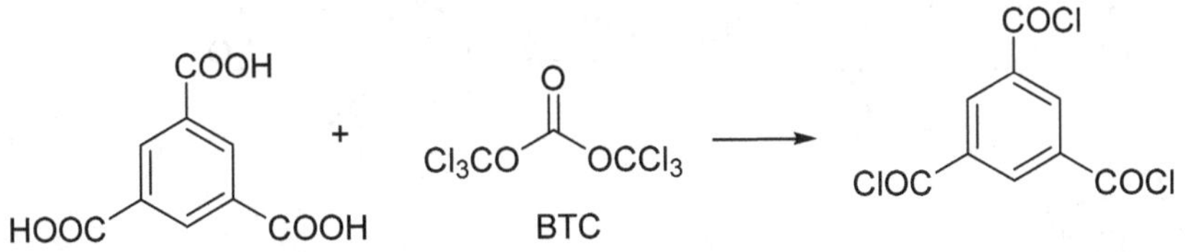

此外，羧酸与α,α-二氯甲基醚、四甲基-α-氯代烯胺等卤化试剂在一定条件下发生反应也能生成相应的酰氯，如下所示：

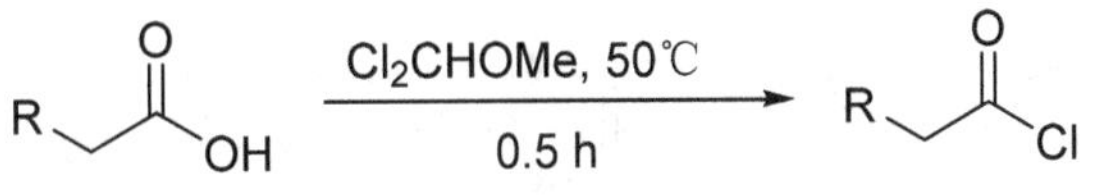

11.6.3　酸酐的制备

1. 酰氯与羧酸钠盐的亲核取代反应

在实验室中，常用干燥的羧酸钠盐为亲核试剂，与酰氯发生酰基碳上的亲核取代反应，用来制备酸酐或者混合酸酐(mixture acid anhydride)。例如：

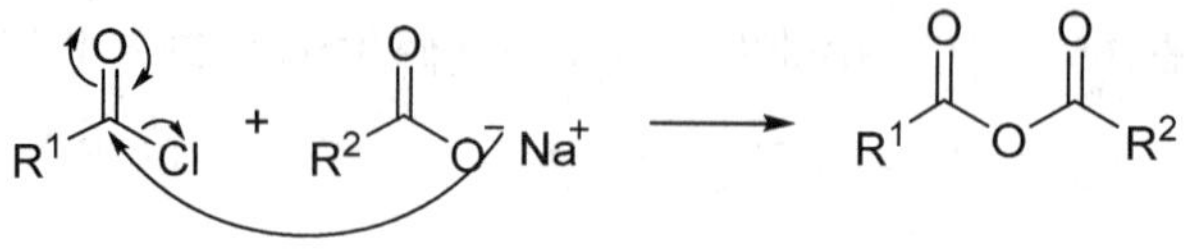

2. 羧酸脱水反应

脂肪族羧酸均可以经脱水反应制备酸酐。例如：

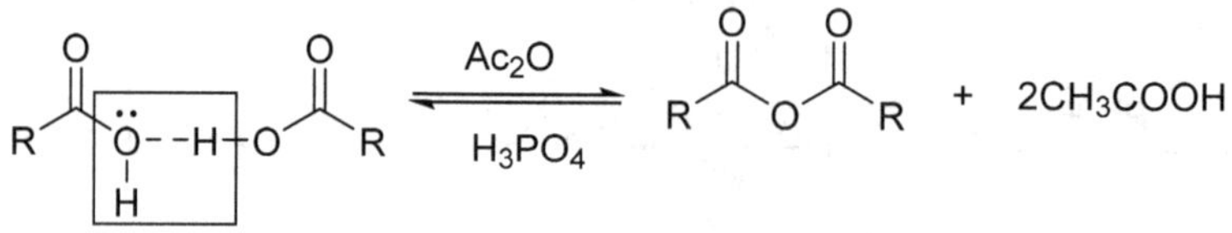

由于乙酸酐便宜，且易吸水成为乙酸，容易除去，因此常用乙酸酐作脱水剂制备沸点比乙酸高的羧酸酐。因为该反应为可逆反应，在反应过程中需要将乙酸蒸出来才能使反应不断地向右进行。

此方法也适用于二元羧酸如丁二酸、戊二酸、邻苯二甲酸在加热条件下脱水生成五元或六元环状的酸酐。在反应过程中产生的水通常用真空蒸馏法或者共沸法除去。例如：

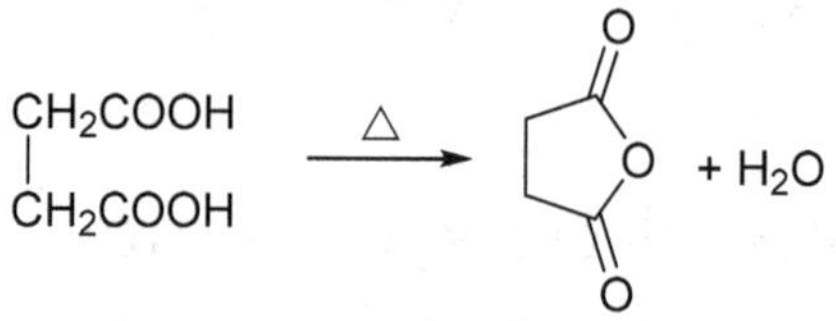

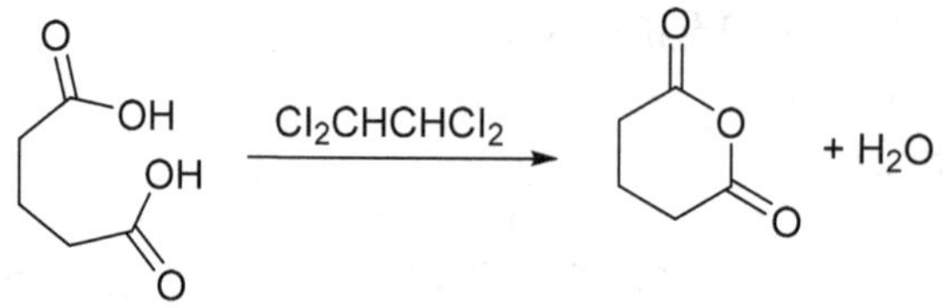

3. 芳烃氧化制备

在工业上很重要的一些酸酐通常用芳烃氧化的方法制备。例如：

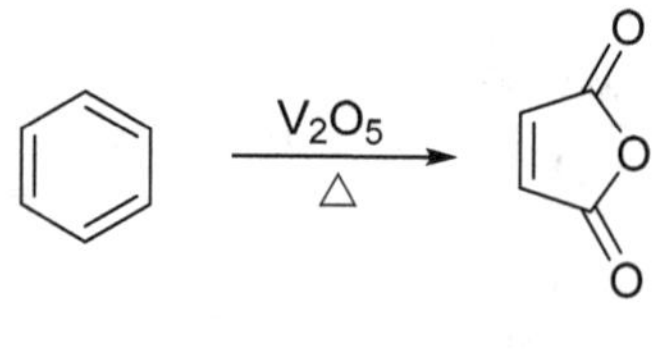

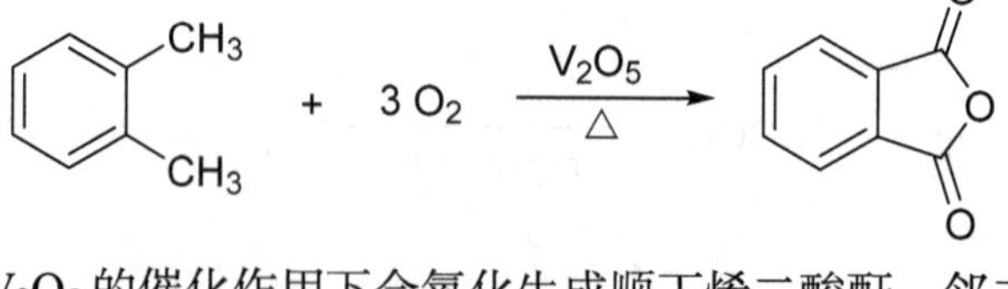

苯在高温条件及 V_2O_5 的催化作用下会氧化生成顺丁烯二酸酐，邻二甲苯可以被氧化成邻苯二甲酸酐。顺丁烯二酸酐和邻苯二甲酸酐都是重要的化合物。例如，顺丁烯二酸酐是合成高分子聚合物的重要单体，常用于制备不饱和聚酯树脂、醇酸树脂，也用于制备涂料、农药、医药、食品及润滑油添加剂等。邻苯二甲酸酐是重要的有机化合物中间体和有机化工原料，可以用来制备邻苯二甲酸酯类增塑剂、涂料、糖精和染料等。

4. 乙酸酐和烯酮的反应

乙酸酐是工业上最重要的酸酐，其最主要的工业生产方法是通过乙烯酮与乙酸反应制得。例如：

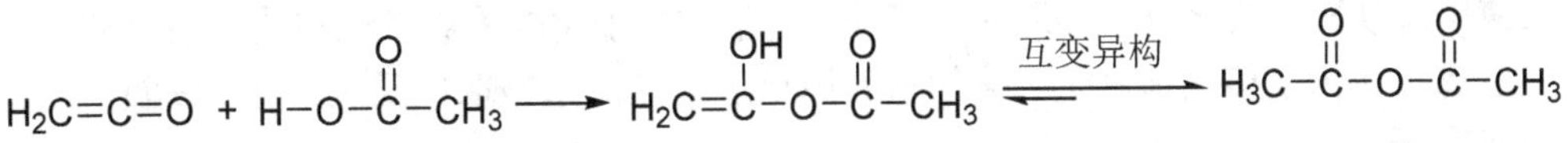

乙酸酐

乙酸酐常被用作乙酰化试剂。工业上用其制造乙酸纤维，进而加工成塑料、纤维、胶片及油漆等材料。

5. 烯酮的制备

烯酮是脂肪族羧酸分子内脱水生成的内酐。烯酮通常是用α-溴代酰溴与锌粉共热，然后通过β-消除反应失去两个溴原子得到的。

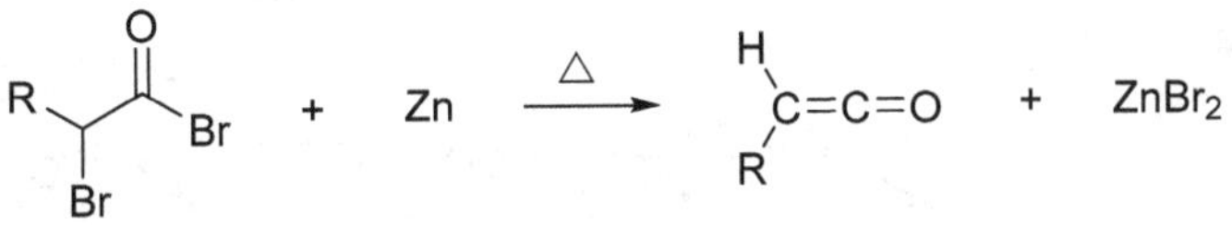

酰卤在碱的作用下可以通过 E2 消除反应失去卤化氢来制备烯酮。

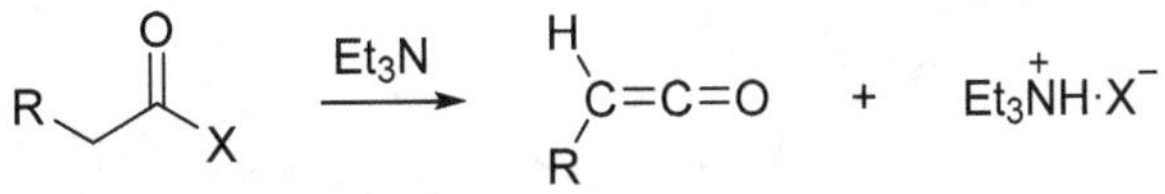

在工业制备方法中，乙酸或者丙酮可以在剧烈高温反应条件下热裂解为乙烯酮。

$$CH_3COCH_3 \xrightarrow{700\sim800℃} H_2C{=}C{=}O + CH_4$$

$$CH_3COOH \xrightarrow[700\sim740℃]{AlPO_4} H_2C{=}C{=}O + H_2O$$

乙酸或者丙酮的热裂解反应是按自由基机理进行的，机理如下：

链引发：$CH_3COCH_3 \xrightarrow{700℃} CH_3\cdot + CH_3CO\cdot$

$$CH_3CO\cdot \longrightarrow CH_3\cdot + CO$$

链增长：$CH_3COCH_3 + CH_3\cdot \longrightarrow CH_3COCH_2\cdot + CH_4$

$$CH_3COCH_2\cdot \longrightarrow H_2C{=}C{=}O + CH_3\cdot$$

11.6.4　酯的制备

酯可以通过羧酸与醇在酸性条件下发生酯化反应来制备，还可以通过羧酸盐与活泼卤代烃发生 S_N2 亲核取代反应来制备，也可以通过羧酸衍生物的醇解来制备。

另外，羧酸与重氮甲烷的反应可以用于制备羧酸甲酯。

$$CH_3COOH + CH_2N_2 \longrightarrow CH_3COOCH_3$$

反应机理如下：

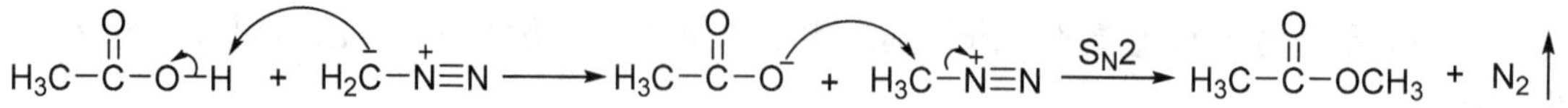

重氮甲烷从羧酸羧羟基中夺取一个氢质子，生成质子化的重氮甲烷和羧酸根负离子。然后羧酸根负离子作为亲核试剂对质子化的重氮甲烷进行 S_N2 亲核取代反应，生成羧酸甲酯，同时释放出氮气。

羧酸在酸性条件下与烯、炔的亲电加成反应也可以用来制备酯。*β*-烯烃的不饱和羧酸可以发生分子内的亲电加成反应生成内酯。例如：

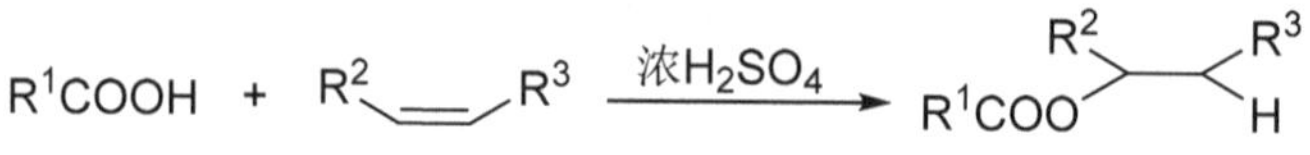

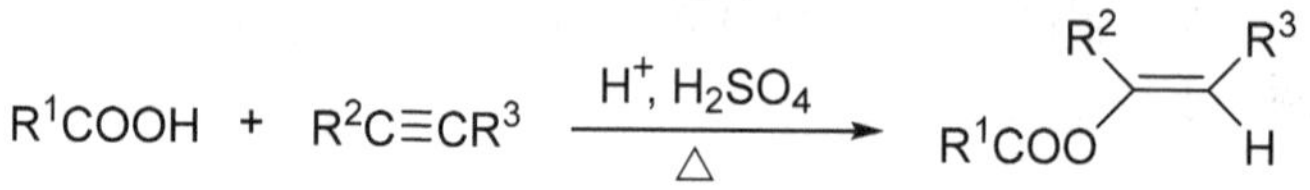

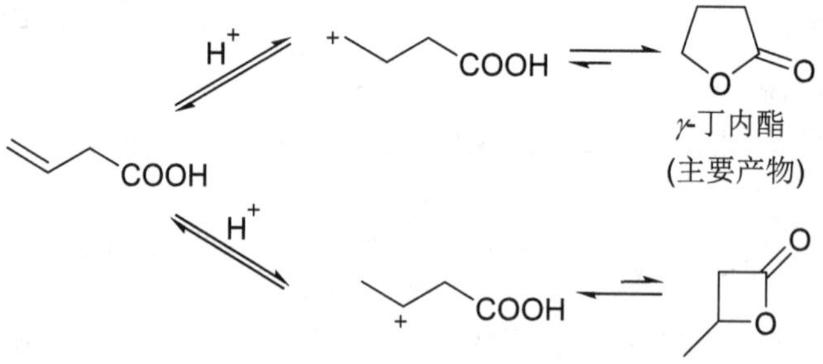

γ-丁内酯
(主要产物)

β-丙内酯
(次要产物)

11.6.5 酰胺的制备

酰胺可以通过羧酸衍生物的氨(胺)解制备，也可以通过腈的控制水解制备，还可以通过羧酸和氨反应的亲核取代反应制备。例如：

$$RCOW + NH_3 \longrightarrow RCONH_2 + HW$$

$$RCN \xrightarrow[40\sim50℃]{35\%\ HCl} RCONH_2$$

$$RCOOH + NH_3 \rightleftharpoons RCOO^-NH_4^+ \xrightarrow{\triangle} RCONH_2 + H_2O$$

11.6.6 腈的制备

腈通常用伯卤代烷与氰化钾(钠)的 S_N2 亲核取代反应来制备。例如：

$$RX + MCN \longrightarrow RCN + MX$$

腈还可以通过酰胺的失水反应制备。常用的失水剂有三氯氧化磷、五氧化二磷、亚硫酰氯等。其中五氧化二磷的效果最佳，可以得到高产率。

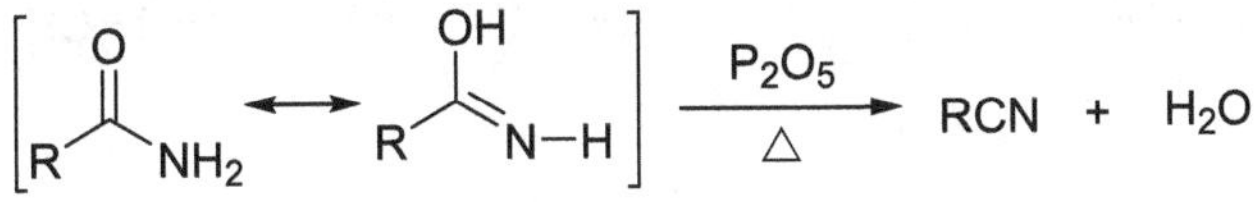

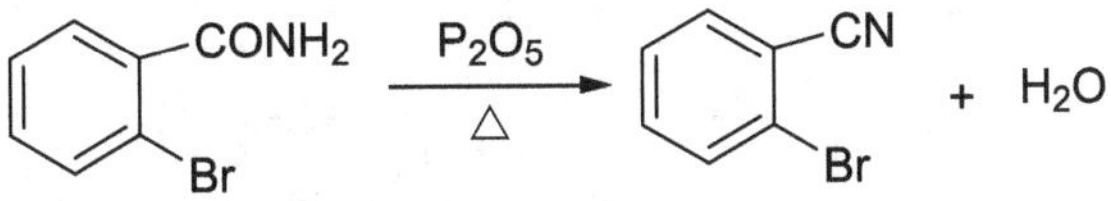

习　　题

11-1　用系统命名法和普通命名法命名下列化合物。

(1) 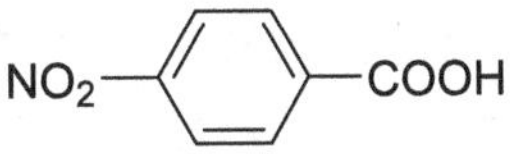　(2) $CH_3CH_2OCH_2COOH$　(3) 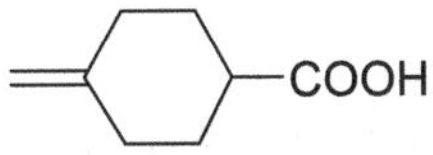

(4) $HC\equiv CCOOH$　(5) 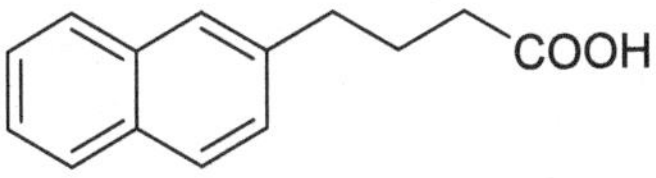　(6) 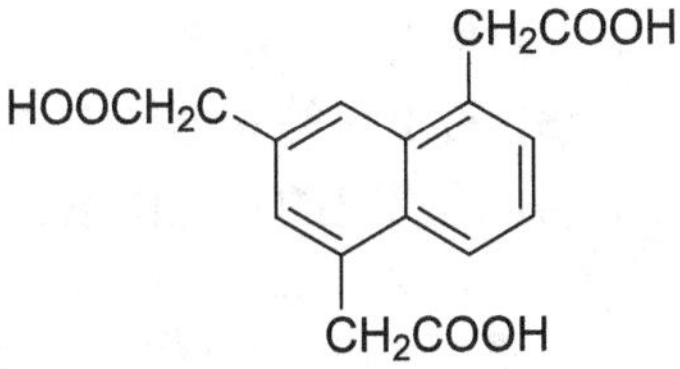

(7) 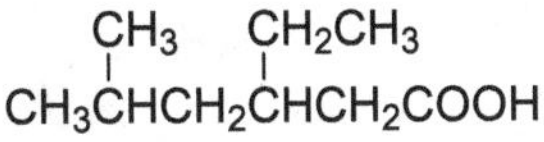　(8) 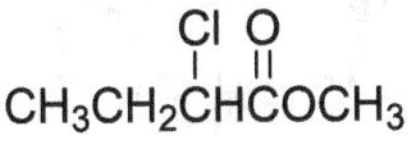　(9) 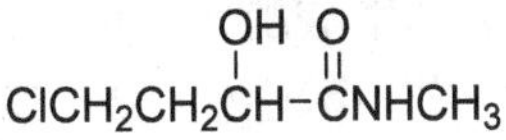

(10) 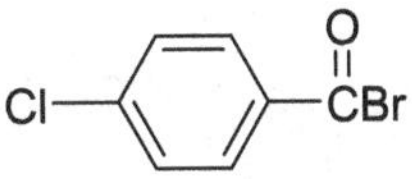　(11) 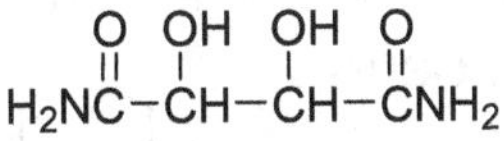　(12) 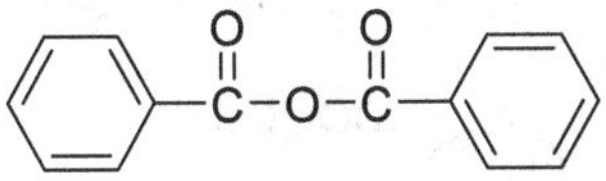

(13) 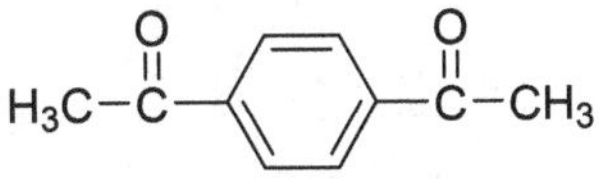　(14) 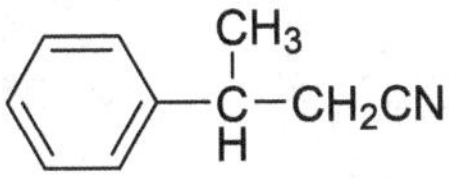　(15) 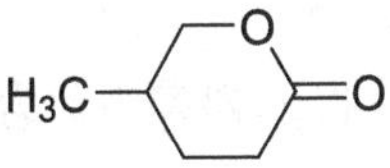

11-2　写出下列化合物的结构式和中文命名。

(1) dimethyl methylidenemaloate　(2) but-3-enenitrile

(3) acetonitrile　(4) monoethyl oxalate

11-3　分别用中英文命名下列化合物。

(1) 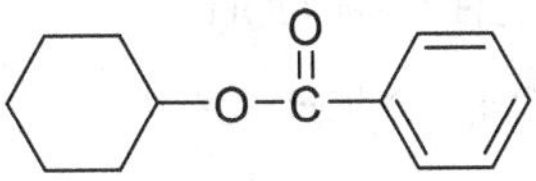　(2) $ClCH_2CH_2COOC_6H_5$

(3) $H_5C_2OOC(CH_2)_4COOH$

(4) 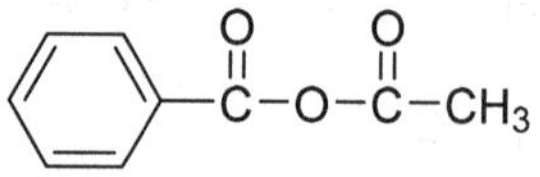

(5) $(CH_3)_2CHCH_2CONH_2$

(6) 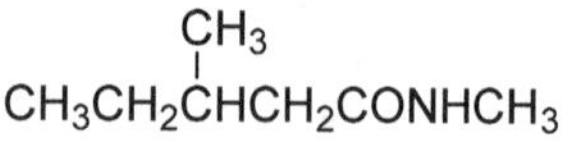

(7) 

(8) 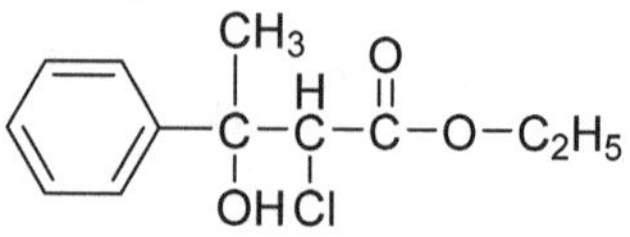

11-4　某羧酸的费歇尔投影式如下：

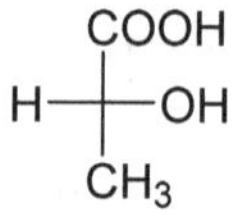

(1) 写出它的系统命名；
(2) 写出它的俗名；
(3) 写出它的立体异构体；
(4) 画出它的稳定构象。

11-5　写出 $H_2C{=}CH{-}\overset{O}{\overset{\|}{C}}{-}OCH_3$ 所有酯类同分异构体的数量。

11-6　将下列各组化合物按反应性排序。
(1) 苯甲酸酯化：正丙醇、乙醇、甲醇、二级丁醇；
(2) 苯甲醇酯化：2,6-二甲基苯甲酸、邻甲基苯甲酸、苯甲酸；
(3) 用乙醇酯化：乙酸、丙酸、α,α-二甲基丙酸、α-甲基丙酸。

11-7　将下列化合物按碱性水解反应速率排列。

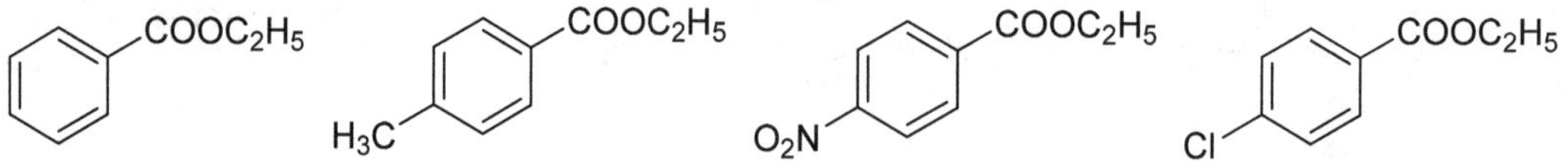

(a)　(b)　(c)　(d)

11-8　将下列各组化合物按碱性从强到弱的顺序排序。

(1) $CH_3CH_2CCl_2COO^-$　$CH_3CH_2CHClCOO^-$　$CH_3CH_2CH(CH_3)COO^-$

(2) 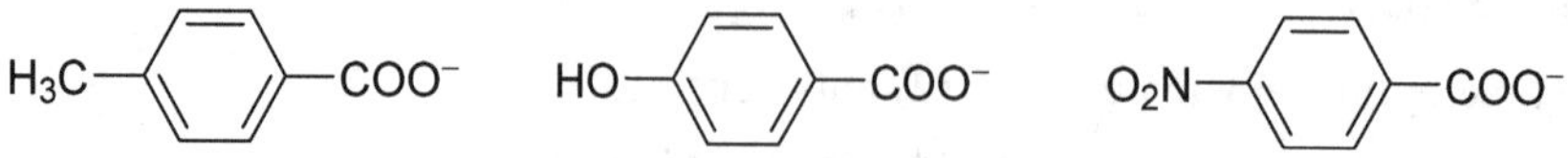

11-9　将下列化合物按沸点由大到小排列，并讨论分子量、结构和沸点的关系。

$HCOOH$　CH_3COOH　CH_3CH_2COOH　$CH_3CH_2CH_2COOH$

CH_3OH　CH_3CH_2OH　$CH_3CH_2CH_2OH$　$(CH_3)_2CHOH$

$CH_3CH_2CH_2CH_2OH$　$(CH_3)_2CHCH_2OH$

11-10　解释邻、间、对-溴苯甲酸的酸性大小顺序。

11-11　用化学方法区别下列各组化合物。

(1) 草酸，马来酸，丁二酸；

(2) 乙醇，乙醛，乙酸；

(3) 甲酸，乙酸，丙二酸。

11-12　回答下列问题：

(1) 饱和一元羧酸与 Cl_2 或 Br_2 直接作用也能生成α-卤代酸，但速率很慢，分析原因。

(2) 羧酸的α-卤代实际上是通过哪一类化合物的卤代来完成的？

(3) α-卤代酰卤与羧酸的交换反应是可逆的，平衡对逆向反应更有利，为什么羧酸的α-卤代反应还能顺利进行？

11-13　写出 $CH_3C(=O)^{18}OH$ 与 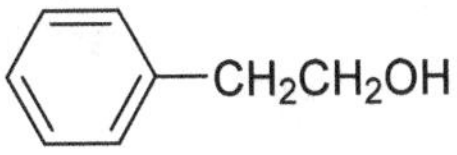 在酸催化下发生酯化反应的产物及其反应机理。

11-14　写出下列反应的主产物。

(1) $HOCH_2CH_2CHO \xrightarrow{HCN} \xrightarrow[\text{加热}]{H_3O^+}$

(2) $CH_3CH(Cl)CH_2CH_2COOH \xrightarrow{NaOH\text{-}H_2O} \xrightarrow{H_3O^+}$

(3) $CH_2(OH)CH(OH)CH(OH)CH(OH)CH(OH)COOH \xrightarrow{-H_2O}$

(4) 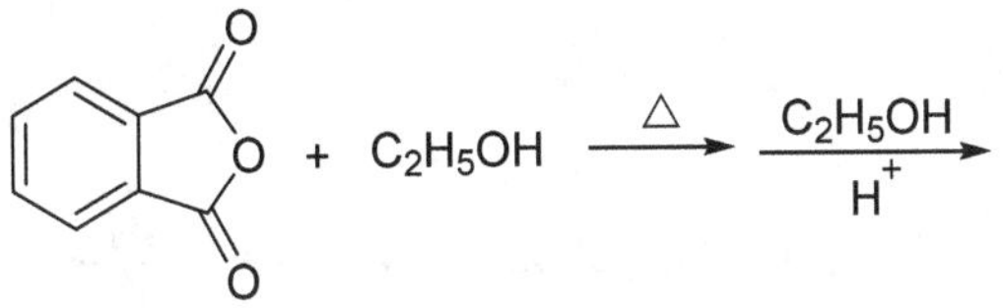

(5) 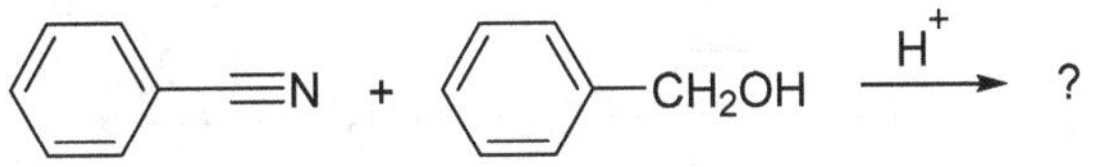

11-15　用指定的原料及必要的试剂合成下列化合物。

(1) 从 $H_3CHC=CH_2$ 合成 $H_3CHC=CHCOOH$；

(2) 从 $HO(CH_2)_6COOH$ 合成聚酯；

(3) 从 CH_3CH_2CHO 合成丁交酯；

(4) 从 $CH_3C(=O)CH_2CH_2COOH$ 合成 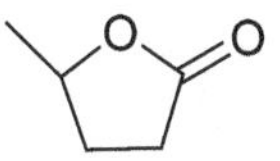；

(5) 从丁酸合成 2-甲基-己-2-醇；

(6) 从丁二酸合成 4-氧代己酸乙酯；

(7) 从丁酸合成 4-氰基-己-3-酮；

(8) 从 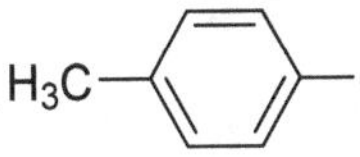 合成 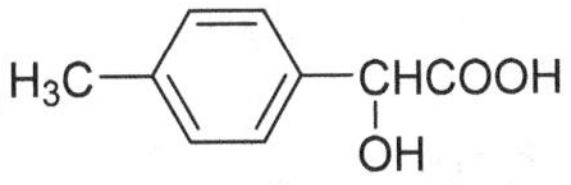。

11-16　完成并写出相应的反应机理。

$$H_2C{=}C{=}O \xrightarrow{HCHO} \xrightarrow[H^+]{C_2H_5OH}$$

11-17　羧酸与三氯化磷反应生成酰氯，提供合理的、可能的反应机理。

11-18　醇和浓盐酸反应可得到卤代烃，羧酸和浓盐酸反应能否得到酰卤？为什么？

11-19　环内含有酰胺键的化合物称为内酰胺。己内酰胺开环聚合可得到尼龙-6。写出该聚合反应的化学方程式。

11-20　写出下列化合物脱羧的反应机理。

(1) $CH_3CH_2CH_2CH(NO_2)COONa$ 在水中加热；

(2) $CH_3CH_2CH_2CH(NO_2)COOH$；

(3) $CH_3CH_2CH_2CH(CN)COOH$；

(4) 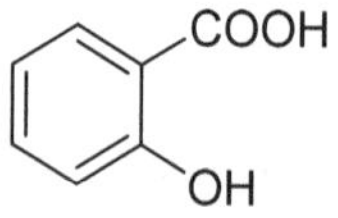 在硫酸溶液中。

11-21　完成下列反应，写出主要产物。

(1) 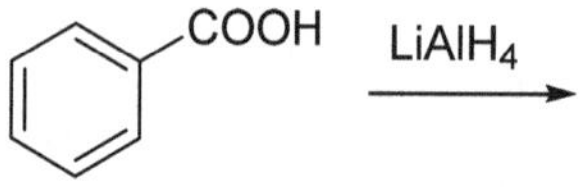

(2) 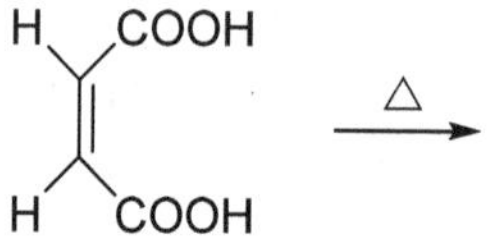

(3) 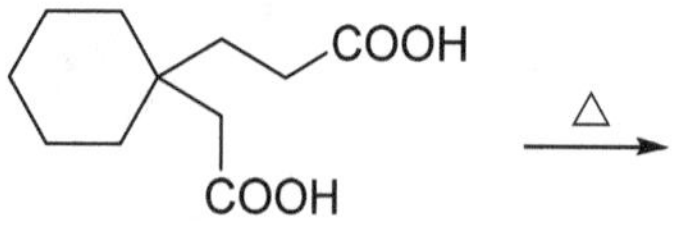

(4) 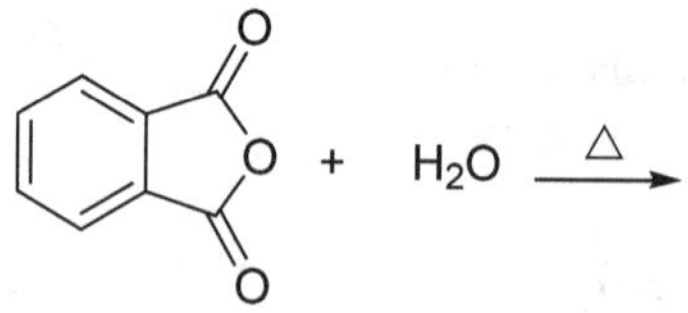

(5) 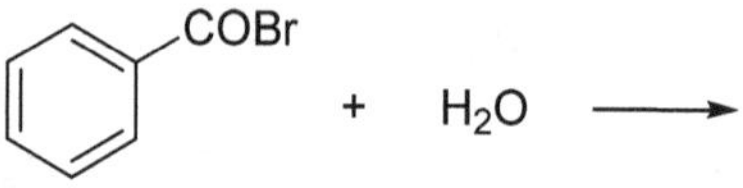

(6) $CH_3CH_2CH_2CN + H_2O \xrightarrow[\triangle]{OH^-} \xrightarrow{H^+}$

(7) 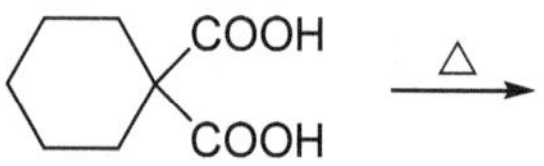

(8) 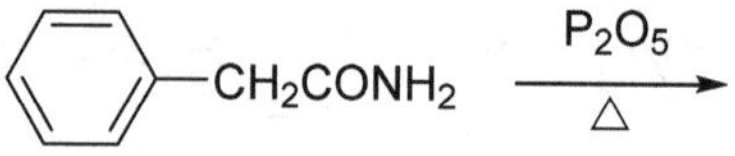

11-22　完成下列反应，写出主要产物。

(1) 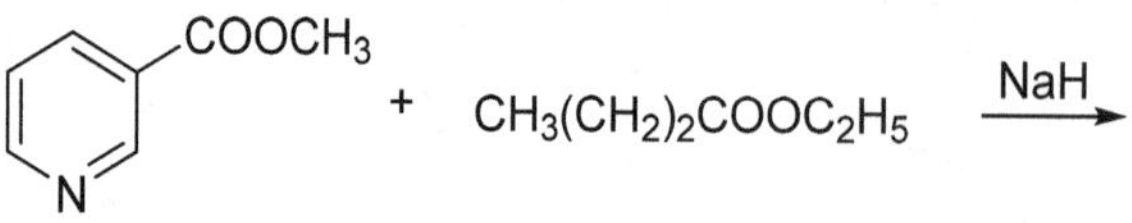

(2) 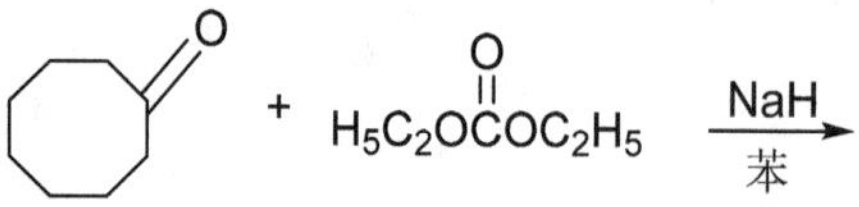

(3) 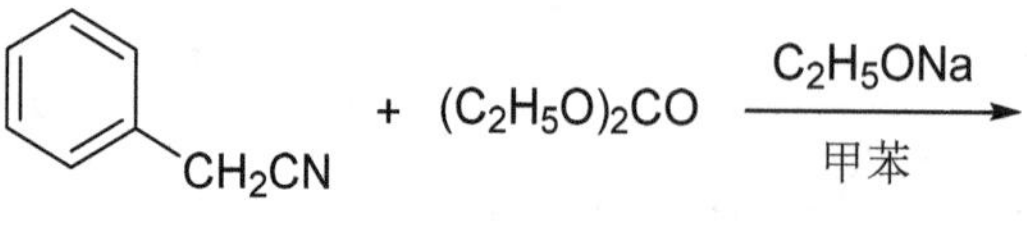

(4) 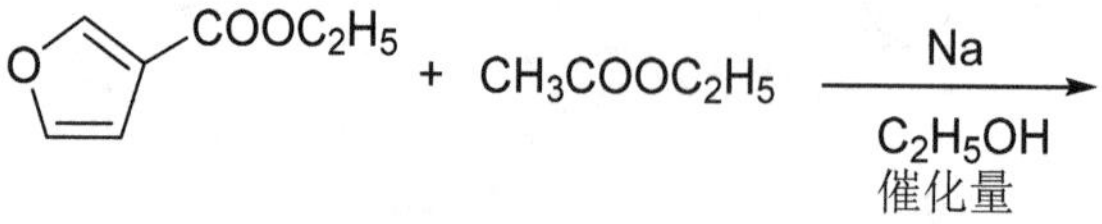

11-23　用合适的方法转变下列化合物。

(1) $(CH_3CH_2)_2C(CH_3)OH \longrightarrow (CH_3CH_2)_2C(CH_3)COOH$

(2) $CH_3CH_2CH_2CH_2OH \longrightarrow CH_3CH_2CH_2COCl$

(3) $CH_3CH(OH)CH_2CH_2Br \longrightarrow CH_3CH(OH)CH_2CH_2COOH$

(4) $CH_3CH_2CH_2COOH \longrightarrow CH_3CH_2CH_2OH$

(5) 

11-24　完成下列反应，写出主要产物。

(1) 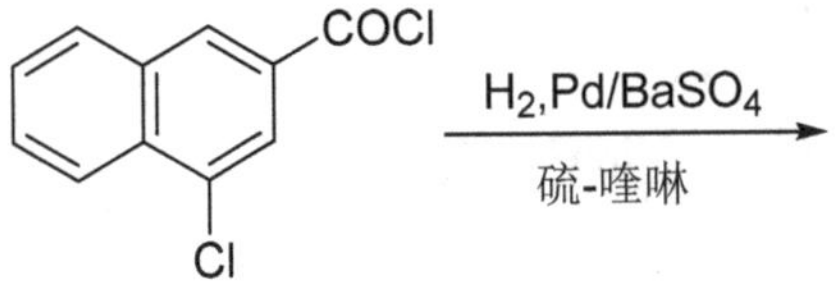

(2) 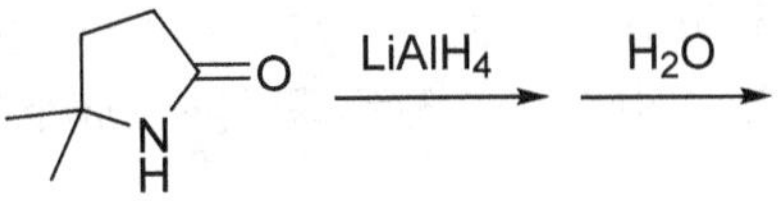

(3) 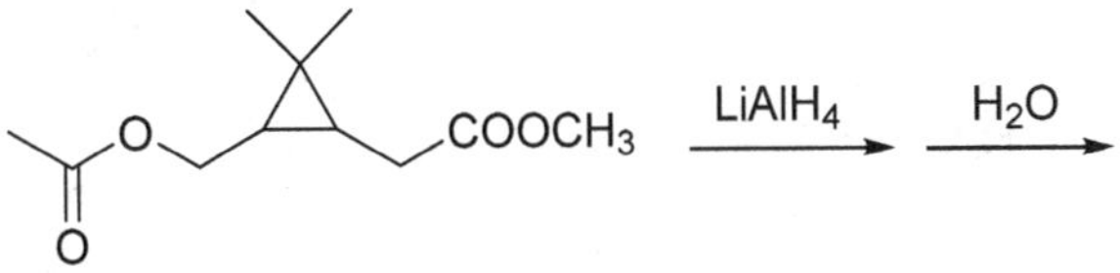

(4) $CH_3CH_2CH_2COOC_2H_5 \xrightarrow{LiAlH_4} \xrightarrow{H_2O}$

(5) 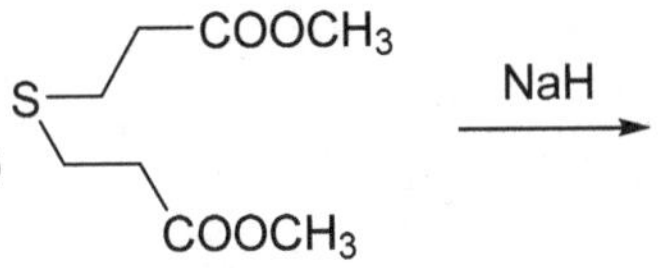

(6) 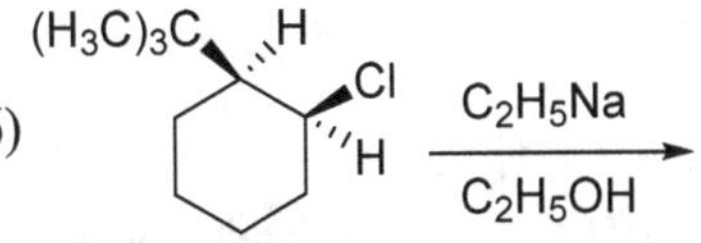

11-25　由指定原料合成下列化合物。

(1) 由甲醇及乙醛合成 2-羟基-2-甲基丙酸；

(2) 由四个碳以下的化合物合成 $HOOCCH_2CH_2CH(COOH)\text{-}CH(COOH)CH_2CH_2COOH$；

(3) 由四个碳以下的化合物合成 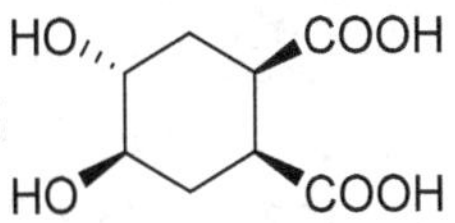；

(4) 由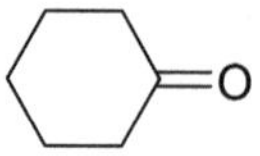合成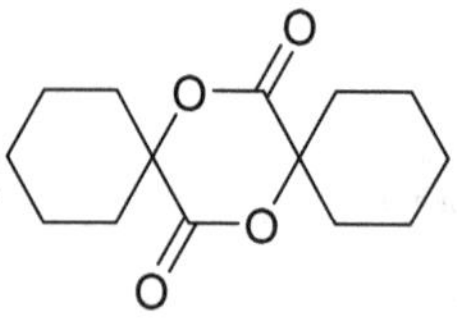；

(5) 由己二酸及苯甲腈合成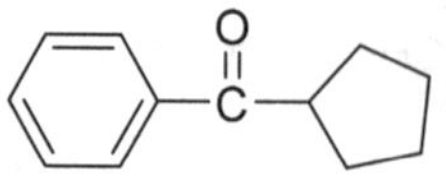；

(6) 由乙醛合成β-溴代丁酸。

11-26　由指定的原料合成下列化合物(无机试剂可任选)。

(1) 乙炔→丙烯酸甲酯；　　(2) 异丙醇→ α-甲基丙酸；

(3) 丁酸→乙基丙二酸；　　(4) 乙烯→ β-羟基丙酸。

11-27　甲苯与下列试剂会发生什么反应？用反应式表示。

(1) $KMnO_4$，然后用 Na_2CO_3 或 NaOH 处理；

(2) 三分子 Cl_2 光照，然后用 NaOH 水溶液加热，再用酸处理；

(3) 与 $KMnO_4$ 反应后再用 CH_3CH_2Li 处理。

11-28　要得到一个旋光性的碳氢化合物，但没有拆分的基团，一般是先用一个可拆分的有旋光性的原料进行反应，最后得到所需要的化合物。据此由(±)-3-苯基丁酸合成下列旋光性化合物。

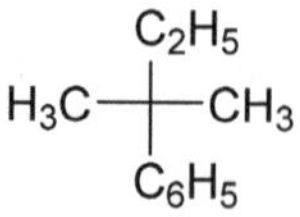

11-29　2,5-二甲基环戊-1,1-二羧酸(1)在合成时可得到两个熔点不同的无旋光性的化合物 A 及 B，试画出它们的立体结构。加热时，A 生成两个 2,5-二甲基环戊烷羧酸(2)，而 B 只生成一对外消旋体。写出 A 及 B 的立体结构。

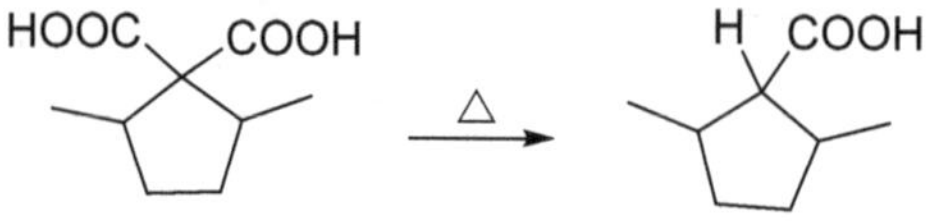

11-30　乙酸中也含有 $CH_3\overset{\overset{\large O}{\|}}{C}—$基团，但不发生碘仿反应，为什么？

11-31　当 *N*-环己基氨基甲酸乙酯与 1 mol 氢氧化钾在甲醇中于 65℃加热 100 h，此时得到 *N*-环己基甲酸甲酯。产率为 95%。试解释为什么不产生环己胺，用反应式表示。

11-32　有一个化合物 A 溶于水但不溶于乙醚，含有 C、H、O、N。A 加热后失去一分子水得到化合物 B，B 和氢氧化钠水溶液煮沸放出一种有气味的气体，得到一种不含氮的酸性物质 C，C 与氢化铝锂反应后的物质用浓硫酸作用，得到一种气体烯烃，分子量为 56，臭氧氧化后用 Zn、H_2O 分解得到一种醛和一种酮，推断 A 的结构式。

11-33　化合物 A 含有 C、H、O，分子量为 136，A 用高锰酸钾加热氧化成 B，B 的熔点为 212～214℃，分子量为 166，当 A 与碱石灰共热得到化合物 C，沸点为 110～112℃，C 用高锰酸钾氧化转变为 D，熔点为 121～122℃，分子量为 122。推测化合物 A～D 可能的结构式。

11-34　化合物 A 的分子式为 $C_4H_6O_2$，不溶于氢氧化钠溶液，不与 Na_2CO_3 发生作用，可使溴水褪色，有类似乙酸乙酯的香味。A 和氢氧化钠溶液共热后变成 CH_3CO_2Na 和 CH_3CHO。另一化合物 B 的分子式与 A 相同，与 A 一样不溶于氢氧化钠溶液，不与 Na_2CO_3 发生作用，可使溴水褪色，香味与 A 类似。但 B 与氢氧化钠溶液共热后生成醇和另一种羧酸钠盐，该钠盐用 H_2SO_4 中和后蒸馏出的有机物可使溴水褪色。推测化合物 A 和 B 可能的结构式。

11-35　一羧酸衍生物 A 的分子式为 $C_5H_6O_3$，它能与乙醇作用得到两个互为异构体的化合物 B 和 C；B 和 C 分别用 $SOCl_2$ 作用后再加入乙醇，都得到同一化合物 D。推测 A、B、C、D 可能的结构式。

11-36　$CH_3OOCCH_2CH_2CH_2CHO$ 与 HCN 反应后用碱处理，得到化合物 A；A 的分子量为 125，核磁共振氢谱只有 7 个质子，IR 谱图上在 1735 cm^{-1} 及 2130 cm^{-1} 处有吸收峰。推测化合物 A 的结构式，并提出一个合理的反应机理。

第 12 章　碳负离子和缩合反应、亲核加成-消除反应

12.1　碳 负 离 子

12.1.1　碳氢键酸性和α-氢的酸性

烃类化合物可以看作一类氢碳酸，与碳原子相连的氢原子以正离子解离出来的能力代表了烃类的酸性大小。将与官能团直接相连的碳原子标注为α-碳，α-碳上所连接的氢原子称为α-氢。α-氢以带正电荷质子的形式解离出来的能力即为α-氢的酸性，也称为α-氢的活性。判定化合物α-氢的酸性强弱的标准主要看化合物α-氢的 pK_a。pK_a 越小，意味着α-氢的酸性越强。表 12-1 列出了一些有机化合物α-氢的 pK_a，作为对比，水的 pK_a 为 15.74，乙醇的 pK_a 为 16。硝基甲烷的α-氢酸性最强，这是因为硝基具有极强的吸电子能力和对负电荷的离域能力。

表 12-1　某些有机化合物α-氢的 pK_a

化合物	CH_3SOCH_3	$CH_3COC_6H_5$	CH_3CN	CH_3NO_2
pK_a	29	16	25	10.21

影响α-氢酸性的主要因素有以下几个方面：

(1) α-氢的酸性强弱主要取决于与α-碳相连的官能团的吸电子能力。多数情况下官能团吸电子能力越强，α-氢的酸性越强。常见基团的吸电子能力排序为

$$—NO_2 > \rangle C{=}O > \rangle SO_2 > —COOR > —CN > —C\equiv > —C_6H_5 > —CH{=} > —R$$

(2) α-氢的酸性还取决于氢解离后的碳负离子结构的稳定性。一般来讲，α-氢解离后得到的碳负离子离域范围越大越稳定。以烯丙基负离子和环戊二烯负离子为例：

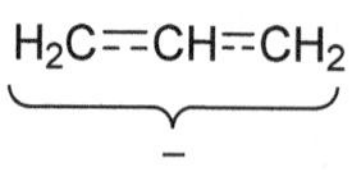

烯丙基负离子

环戊二烯负离子

丙烯失去一个质子后，形成的烯丙基负离子是一个普通的共轭体系；而环戊二烯失去一个质子后，形成的是一个具有 6 个π电子的单环平面型封闭共轭体系，即具有芳香性的环戊二烯负离子，结构特别稳定。丙烯的 $pK_a = 43$，环戊二烯的 $pK_a = 16$，可见形成的碳负离子结构的稳定性强弱对氢的酸性有巨大影响。具有更大共轭体系的芴(二苯并环戊二烯)$pK_a = 23$，反而不如环戊二烯，这是因为环戊二烯失去质子的过程伴随着芳香性的生成，能量差较大，而芴失去质子的过程是芳香性的扩展，虽然共轭体系更大，但能量的改变较小，所以酸性反而弱于环戊二烯。

(3) 在同一个碳原子上连接几个同样的活化基团，对氢离子的解离度的增加并不等于几个基团作用的简单加和。这可能是由于基团的堆积使这些原子不能在同一平面上，从而减弱了离域作用，因此就不能发挥其全部稳定碳负离子的作用，pK_a也就不能按倍数降低。

(4) 分子的几何形状也会对α-氢的酸性产生影响，戊-2,4-二酮的酸性比丙酮强，因为亚甲基上的氢受到两个羰基的吸电子影响。但是下列桥环体系的二元酮的酸性和一元酮的差不多，增加一个羰基并不增加它的酸性。这是碳负离子的结构所决定的。因为氢解离后，碳负离子不能和它旁边的羰基发生十分有效的共轭作用；这是因为如果发生作用，“桥头”上就要形成一个具有双键性质的键，由于桥环的刚性，双键π轨道难以有效重合，张力非常大。

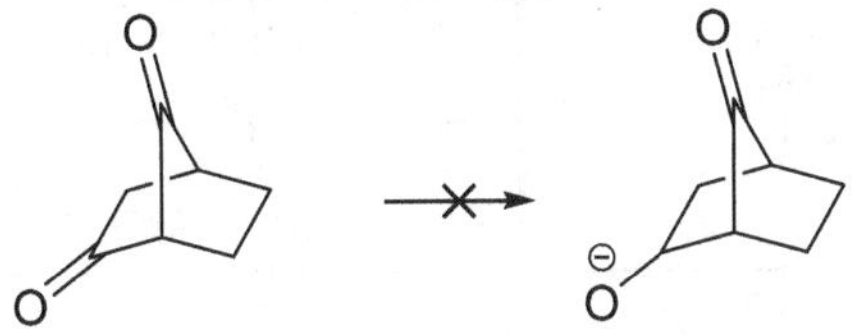

(5) α-氢的解离和介质的介电常数及溶剂化也很有关系。水等质子溶剂的介电常数很高，极性很大，最有利于化合物的解离，但是水不能作为溶剂去研究氢碳酸的解离，因为水是比很多氢碳酸强得多的一种酸，会对氢碳酸产生“拉平效应”。氢碳酸解离后，在低极性的溶剂中往往形成一个离子簇或离子对，很容易发生内返，再变为原来的氢碳酸，而不能形成自由的碳负离子。离子对在偶极溶剂内的产生并不显著，所以经常用偶极非质子溶剂(二甲亚砜、乙腈等)，可以有效减少离子对的形成，但要注意的是，这类偶极溶剂的α-氢也有一定酸性，但对大部分氢碳酸已经可以不考虑其拉平效应。

12.1.2　羰基化合物α-氢的活性分析

受羰基吸电子诱导效应的影响，羰基化合物α-碳原子上的氢较为活泼，并且羰基α-碳上的碳氢键与羰基有超共轭作用，α-氢作为质子解离后，碳负离子与羰基离域变为烯醇负离子，由于发生电子离域的作用，增加了碳负离子的稳定性。

羰基化合物的种类众多，它们的结构相同点是都含有羰基基团，但羰基所键连的其他结构单元是各不相同的，这种结构单元的差异性导致了众多羰基化合物的α-氢的活性也有差异。

如表 12-2 所示，酰氯和酸酐的α-氢酸性大于醛、酮的α-氢酸性，而酯α-氢酸性小于醛、酮的α-氢酸性，酰胺的α-氢酸性更小。在乙酰氯中，高电负性的氯具有吸电子诱导效应，另外氯原子上的孤对电子具有给电子共轭效应，但孤对电子活性相对较低，综合来看，氯的吸电子诱导效应大于给电子共轭效应，因此它的存在增强了羰基对α-碳的吸电子能力，从而也增强了α-氢的活性。同时，氯的吸电子效应也促使烯醇负离子因负电荷更分散而趋于更稳定。故酰氯α-氢的酸性比醛、酮的还强。另外，在酯中烷氧基的氧和酰胺中氨基的氮的给电子共轭效应都大于吸电子诱导效应。相应的孤对电子均可与羰基共轭而使体系变得更稳定。因此若解离α-氢，获得烯醇负离子，则需要相对较大的能量，因此它们的酸性比醛、酮弱。酰胺氮上的孤对电子碱性较强，使解离前共轭体系更稳定，要解离α-氢形成烯醇负离子需要的能量相对更多，故酸性比酯还弱。

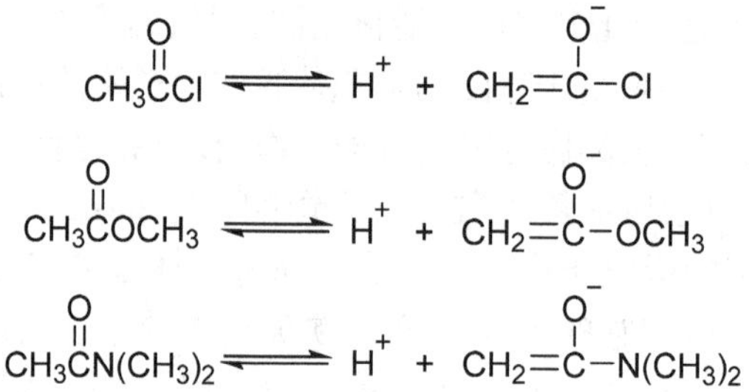

表 12-2　某些羧酸衍生物和腈的α-氢的酸性比较

化合物	α-氢的 pK_a	化合物	α-氢的 pK_a
CH_3COCl	16	CH_3COOCH_3	25
CH_3CHO	17	CH_3CN	25
CH_3COCH_3	20	$CH_3CON(CH_3)_2$	30

当醛基中的氢被烷基取代后，由于烷基的空间位阻比氢大，从动力学上讲，阻碍了碱对氢的进攻；另外由于烷基对羰基具有给电子超共轭效应，可以缓解羰基的缺电子，在热力学上有利。因此，醛的α-氢比酮的α-氢活泼。这种影响也可以在下面一系列酮和重氢的相对交换速率中显示，氢氘交换越快，说明氢越活泼。

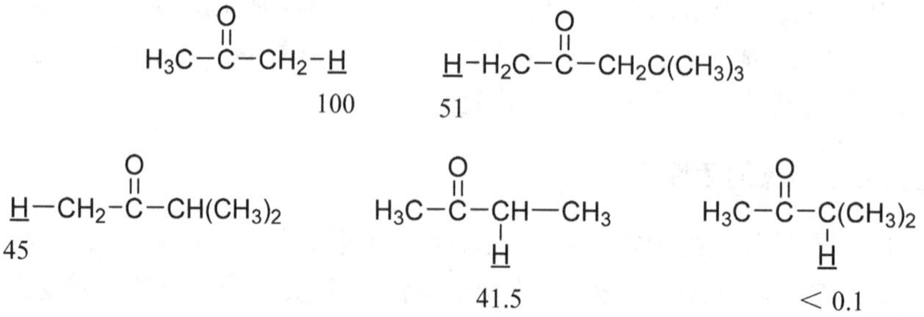

乙酰乙酸乙酯是典型的1,3-二羰基化合物，由于羰基中间的亚甲基受两个羰基的吸电子作用，该亚甲基上的氢特别活泼。同时与碱作用后，负离子可以同时和两个羰基发生共轭作用，形成离域范围大的五中心六电子大π键，因此会形成能量较低、特别稳定的负离子。

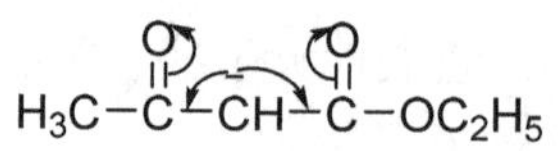

其他类型的1,3-二羰基化合物情况与乙酰乙酸乙酯相近，如硝基、氰基等其他的吸电子基团与羰基的作用类似，因此下列化合物都存在一个活泼的亚甲基，相应的性质也很接近。

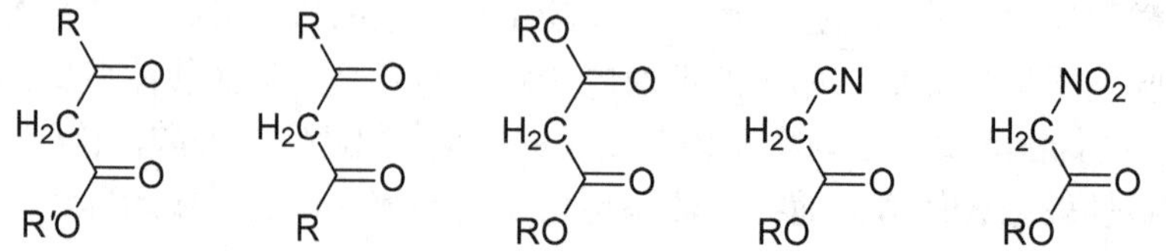

β-羰基酸酯　　β-二酮　　丙二酸酯　　氰乙酸酯　　硝基乙酸酯

12.2　酮式和烯醇式的互变异构

12.2.1　酮式和烯醇式的存在

活泼的α-氢可以完成α-碳和羰基氧之间往返移动，因此羰基化合物存在酮式和烯醇式这一对互变异构体，大多数情况下两者共存于一个平衡体系中。例如，丙酮的平衡体系如下：

酮式　　　　　烯醇式

乙酰乙酸乙酯的平衡体系如下：

酮式　　　　　烯醇式

酮式和烯醇式互变异构体都是真实存在的。例如，在乙酰乙酸乙酯体系中，在室温条件下，平衡体系中的酮式和烯醇式结构相互转换迅速，所以很难将其分离。但在低温条件下，酮式及烯醇式结构相互转变的速率变慢。若将乙酰乙酸乙酯冷却到−78℃，将变成一种结晶形的化合物，熔点为−39℃，该化合物不再与液溴发生加成反应，也不与三氯化铁发生体现烯醇单元的颜色反应，却能和与酮羰基反应的试剂发生加成反应，因此此时是酮式的异构体。由于盐酸可以催化酮式向烯醇式转化，因此若将乙酰乙酸乙酯和钠生成的化合物在−78℃时用足够量的盐酸酸化，将获得另一种不能结晶的异构体，该化合物不与酮的试剂发生反应，但能与三氯化铁发生颜色反应，因此此时是烯醇式的异构体。

尽管酮式和烯醇式同时存在于一个平衡体系中，但在绝大多数情况下，酮式异构体是主要的存在形式。但是随着结构中α-氢的活泼性提升，失去氢后形成的碳负离子的稳定性增强，烯醇式的异构体将成为平衡体系中的主要存在形式，而如果烯醇式有极高的稳定性(如具有芳香性骨架的烯醇式)，则几乎全部以烯醇式存在，见表 12-3。

表 12-3　一些化合物的烯醇式含量

化合物	酮式和烯醇式的互变异构	烯醇式含量/%
乙酸乙酯	$H_3C-C(=O)-OC_2H_5 \rightleftharpoons H_2C=C(OH)-OC_2H_5$	约 0
丙酮	$CH_3C(=O)CH_3 \rightleftharpoons CH_3C(OH)=CH_2$	1.5×10^{-4}
丙二酸二乙酯	$CH_3CH_2OC(=O)CH_2C(=O)OCH_2CH_3 \rightleftharpoons CH_3CH_2OC(OH)=CHC(=O)OCH_2CH_3$	7.7×10^{-3}
环己酮		2.0×10^{-2}

续表

化合物	酮式和烯醇式的互变异构	烯醇式含量/%
乙酰乙酸乙酯	$CH_3COCH_2COOCH_2CH_3 \rightleftharpoons CH_3C(OH){=}CHCOOCH_2CH_3$	7.5
戊-2,4-二酮	$CH_3COCH_2COCH_3 \rightleftharpoons CH_3C(OH){=}CHCOCH_3$	76.5
1-苯基丁-1,3-二酮	$C_6H_5{-}CO{-}CH_2{-}CO{-}CH_3 \rightleftharpoons C_6H_5{-}C(OH){=}CH{-}CO{-}CH_3$	90
1,1,1-三氟戊-2,4-二酮	$CH_3COCH_2COCF_3 \rightleftharpoons CH_3C(OH){=}CHCO{-}CF_3$	99
苯酚		100

在乙酰乙酸乙酯中，酮的羰基与酯的羰基相比更加“活泼”，因此在烯醇式异构体中，氢主要是与酮羰基一侧的氧相连。另一方面由于两种羰基活性上的差别，因此在乙酰乙酸乙酯中的亚甲基并不像乙酰丙酮中的亚甲基那样活泼，因而前者的酮式较为稳定，而后者则含有76%的烯醇式。依此类推，丙二酸二乙酯的亚甲基就更不活泼，其绝大部分都是酮式。

烯醇式及酮式的相对含量也受到溶剂极性的影响，非质子溶剂容易获得烯醇式，因为可以帮助分子内氢键形成。例如，乙酰乙酸乙酯的烯醇式含量在质子溶剂乙醇中为10%～13%，而在非质子溶剂正己烷中为49%。

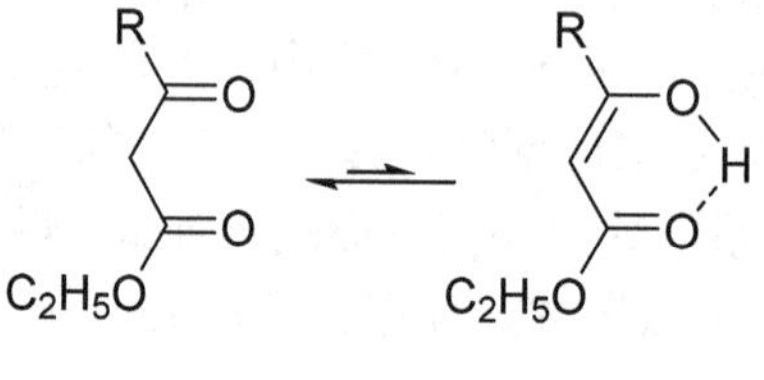

酮式　　　　烯醇式

12.2.2　烯醇化反应的概念及其反应机理

由酮式转变为烯醇式的反应称为烯醇化反应，通常在酸或碱催化下进行。

以戊-2,4-二酮烯醇化反应为例，在酸催化下的烯醇化反应机理如下：

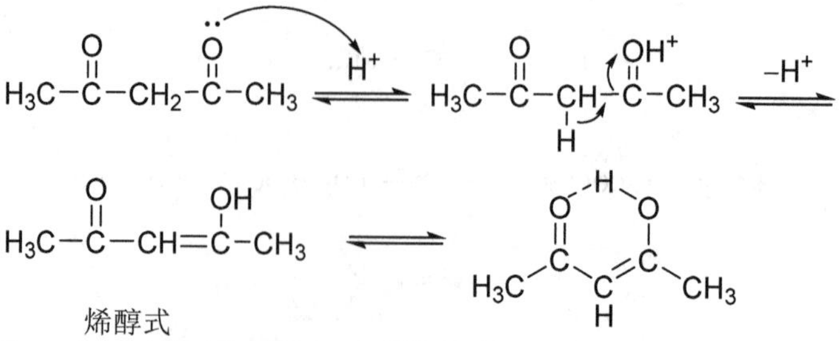

烯醇式

在碱作用下失去质子烯醇化反应机理如下：

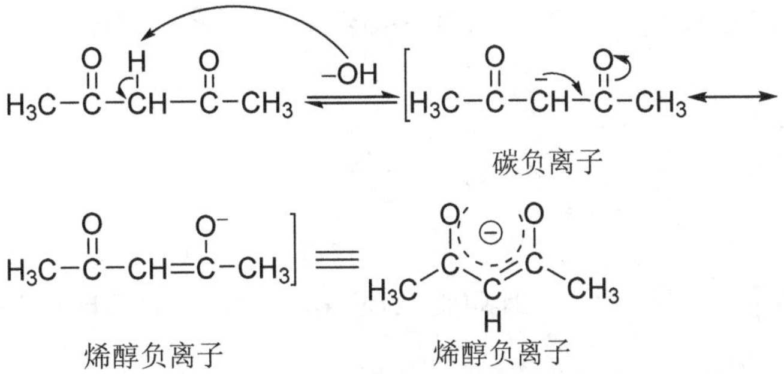

此外，乙酰乙酸乙酯也能在酸催化或碱夺氢下进行烯醇化反应。由于乙酰乙酸乙酯分子中有一个酯羰基和一个酮羰基，因此烯醇化反应存在区域选择性，由于酮羰基的活性比酯羰基活性高，并且两个羰基中间的碳上的氢活性远比只与酮羰基相连的碳所连的氢高，因此烯醇化优先在两种羰基所连的中间碳上发生，并且活性高的酮优先烯醇化。

在碱的作用下，一个不对称酮可以产生两种不同的烯醇负离子：

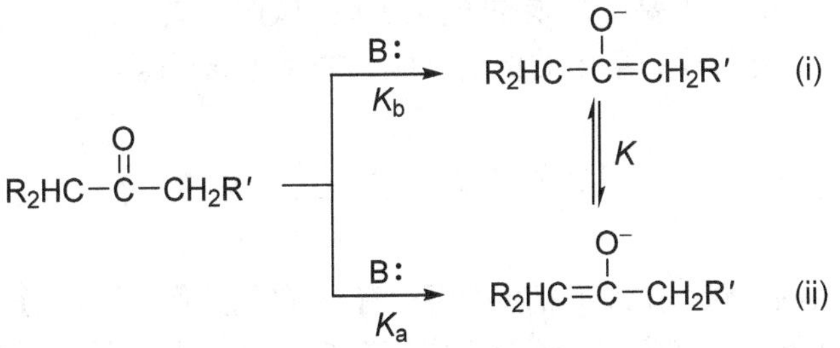

在上式中，由于质子酸性差异及空间位阻的影响，(i)较易形成，是动力学控制的反应；(ii)相对于(i)比较稳定，是热力学控制的反应。如果反应完全受动力学控制，那么两个不同类型质子被攫取的相对速率之比决定反应产物的比例。在上式中(ii)在热力学上比(i)稳定，二者 K_a/K_b 的比值决定产物比例，此时产物的比例是受热力学控制的。

在适当的条件下，得到动力学控制的产物(i)后，如果此时再加入过量的酮，由于(ii)比(i)稳定，过量的酮将与(i)进行质子交换，使(i)先转变成酮，酮再按比例得到(i)和(ii)两个产物，上述转换过程通过反复进行最终会达到一个动态平衡。总览上述整个转换过程，最终结果是(i)逐渐转变成了(ii) 。该过程可用下式表示：

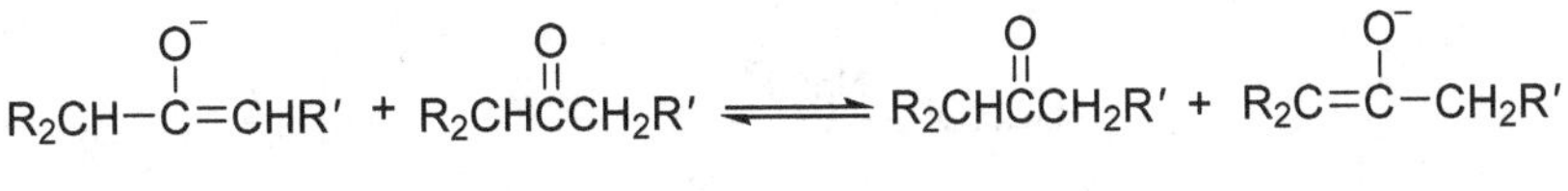

(i)　　过量酮　　酮　　(ii)

通过研究一系列酮的烯醇化反应，可以总结出如下规则：受热力学控制的，主要产物是取代基更多的烯醇负离子(ii)，因为烯醇负离子中双键的稳定性与双键碳原子上取代的单元个数是直接相关的，一般认为取代基越多双键越稳定。相反，受热力学控制的反应，主要产物是取代基最少的烯醇负离子(i)，这可能与两个不同质子的空间位阻有关，取代基更多的碳原子上的氢位阻较大，比较难以去掉。下面是两个不对称取代酮受热力学控制和受动力学控制产生烯醇负离子的含量对比：

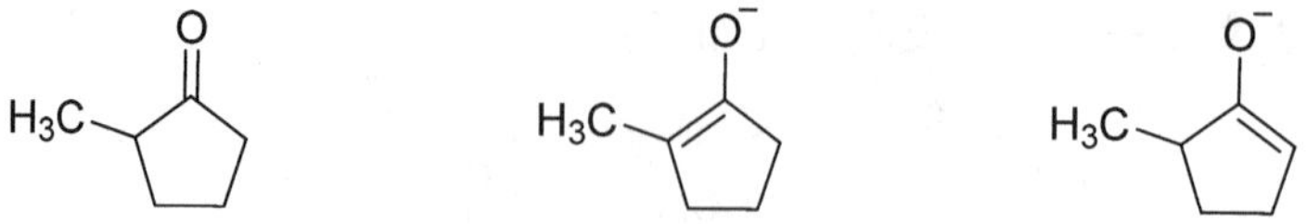

热力学控制	94	6
动力学控制	28	72

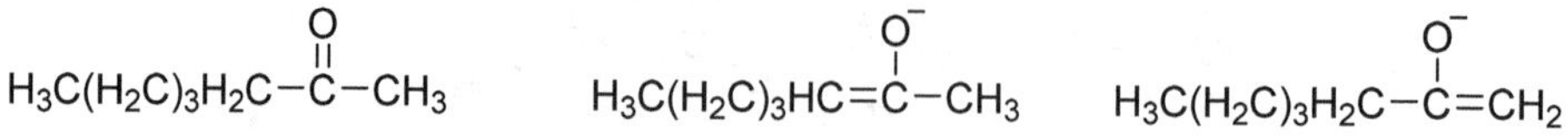

热力学控制	≈87	≈13
动力学控制	≈25	≈75

带有负电荷的烯醇负离子既可以与质子结合表现出碱性，又可以利用亲核性来进攻带正电荷的反应位点。因此，烯醇负离子既是碱，又是亲核试剂。烯醇负离子的碳端和氧端都带有部分负电荷，使其有两个后续的反应位点。这种具有两位反应性能的负离子称为两位负离子。两位负离子具有两位亲核性，反应在哪一端发生，取决于实际情况。一般来讲，碳端亲核性强，在发生亲核反应时，主要是负碳原子作为亲核试剂去进攻，形成新的碳碳键。氧端碱性比较强，更容易与正电荷较为集中的试剂反应，如氢正离子等。

12.3 缩合反应

在缩合剂(如无机酸、碱、盐或醇钠、醇钾、有机碱等)的作用下将分子内或分子间不相连的两个碳原子连接起来的反应统称为缩合反应。在缩合反应中，既有新的碳碳键形成，也同时伴随着水或其他比较简单的有机或无机分子的失去。新的碳碳键是通过一个带负电荷的碳和一个带正电荷的碳连接构成的。因此，实现缩合反应的关键是要创造一个带负电荷碳的体系(负碳体系)和一个带正电荷碳的体系(正碳体系)。

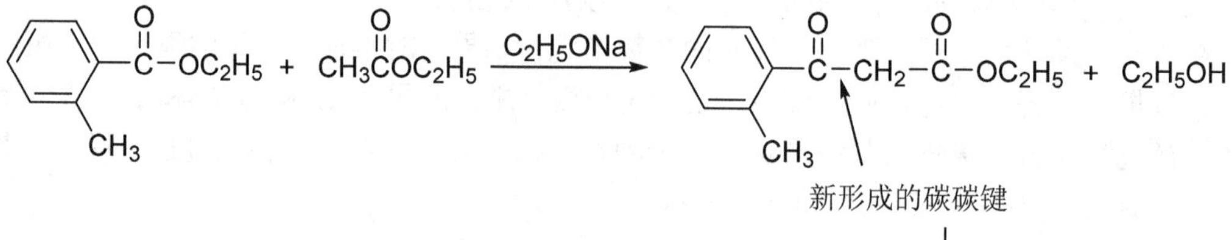

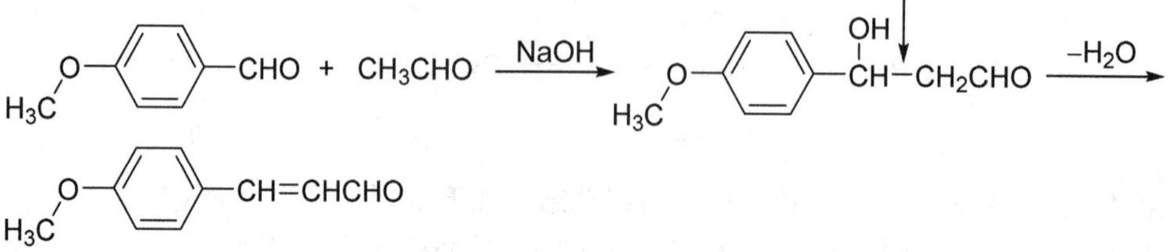

12.3.1 羟醛缩合反应分析

有α-氢的醛或酮在酸或碱的催化作用下，缩合形成β-羟基醛或β-羟基酮的反应，称为羟醛缩合反应。

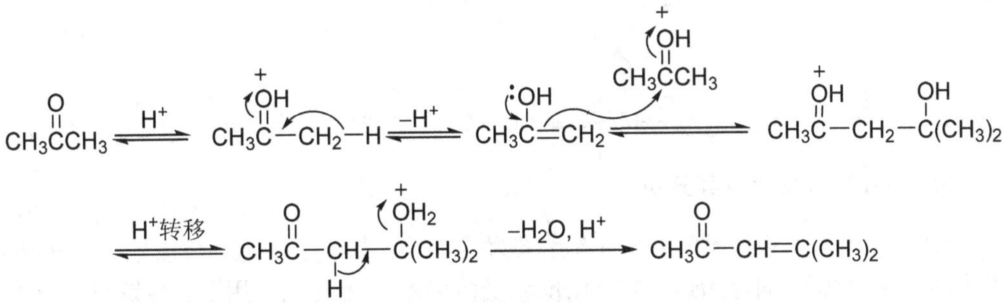

羟醛缩合反应的酸(磺酸、硫酸、Lewis 酸等)催化反应机理如下：

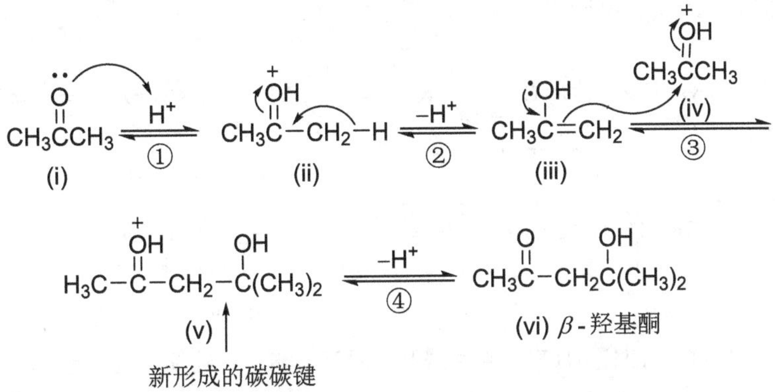

从反应机理可知：形成新碳碳键是③这一步。其中烯醇(iii)提供了亲核性的富电子π体系，质子化的丙酮提供了亲电的正碳中心，新碳碳键是通过亲核性的富电子π体系对活化的亲电的正碳中心进行亲核加成完成的。

大多数羟醛缩合反应是在碱(氢氧化钾、氢氧化钠、碳酸钠、氢氧化钡、乙醇钠及三级丁醇铝等)催化下进行的：

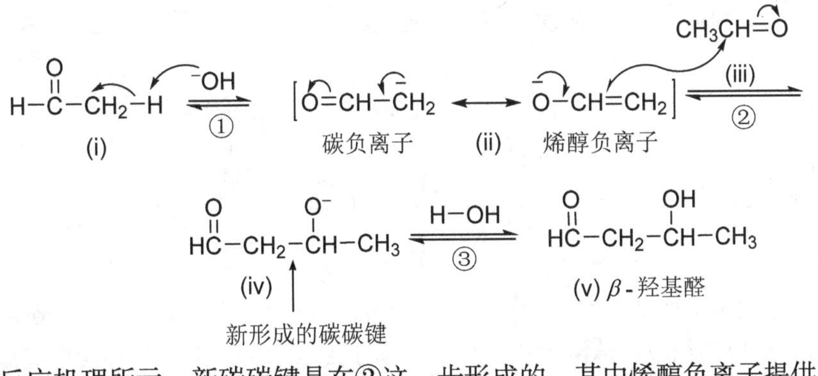

如上述反应机理所示，新碳碳键是在②这一步形成的。其中烯醇负离子提供了亲核性的富电子π体系，乙醛提供了亲电的碳体系，新碳碳键是通过亲核性的富电子π体系对羰基进行亲核加成得到的。

能够提供亲核性的富电子的负碳体系是很多的。从原则上讲，凡与吸电子基团相连的碳上的氢均有活性，在碱性条件下该活泼氢会被夺去，就会产生一个亲核性的富电子负碳体系，它们均能对醛、酮的羰基发生亲核加成形成新的碳碳键。例如，硝基甲烷在碱的作用下可产生碳负离子(也可以与硝基共振，形成 C=N 双键与氧负离子连接的体系)，此亲核性的富电子负碳离子进攻醛或酮的羰基碳，打开双键，并形成新的碳碳键，发生类似羟醛缩合型的反应：

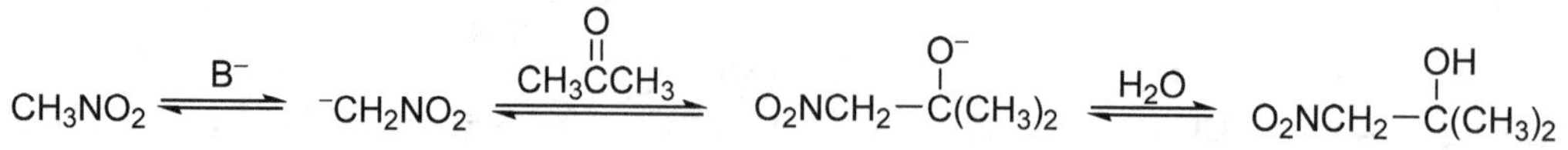

12.3.2　Michael 加成反应及其分析

一个能提供亲电共轭体系的α,β-不饱和羰基化合物，如α,β-不饱和醛或酮、α,β-不饱和酯、丙烯腈、硝基烯烃等[称为迈克尔(Michael)受体]在碱性催化剂作用下，容易与一个能提供亲核碳负离子的含碳、氮、氧或硫的化合物(称为 Michael 给体)，发生亲核 1,4-共轭加成反应，该类反应称为 Michael 加成反应。

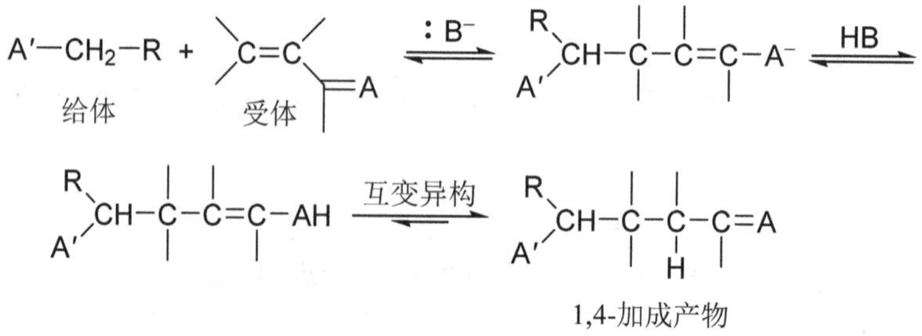

A = O、NH、NR等；A′ = 醛基、酮基、酯基、硝基、氰基等

常用的碱性催化剂有三乙胺、六氢吡啶、氢氧化钠(钾)、乙醇钠、三级丁醇钾、氨基钠及四级铵碱等。反应是可逆的，提高温度对逆反应有利。

丙二酸二乙酯和α,β-不饱和酮的反应机理如下：

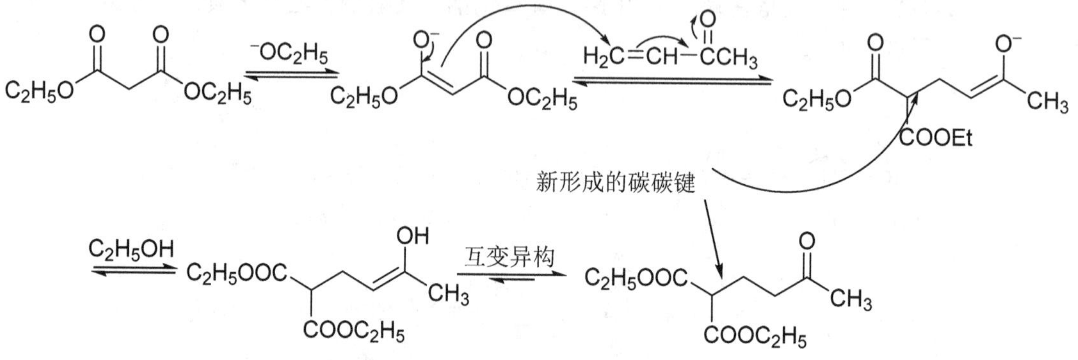

首先是碱夺取碳上的活泼氢，生成一个烯醇负离子，然后烯醇负离子的碳端与受体发生1,4-共轭加成，形成的加成物从溶剂中夺取一个质子形成烯醇，再互变异构形成最终产物，可以看作是丙二酸二乙酯的一种烷基化的方法。

不对称酮在进行 Michael 加成反应时，反应主要在多取代的α-碳上发生，如下面的例子得到 1,5-二酮衍生物：

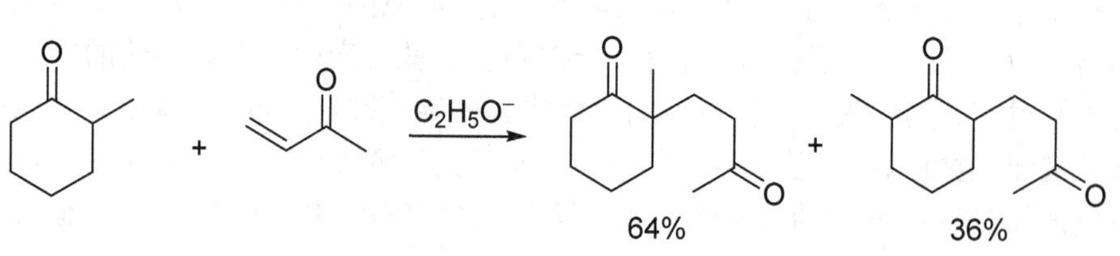

由于在碱性条件下，酮会进行自身缩合反应，因此为了抑制此缩合反应，Michael 加成需要在温度低一些、碱性弱一些的条件下进行，此时，酮会转化为热力学稳定的烯醇负离子。

Michael 加成反应主要用于合成 1,5-二羰基化合物：

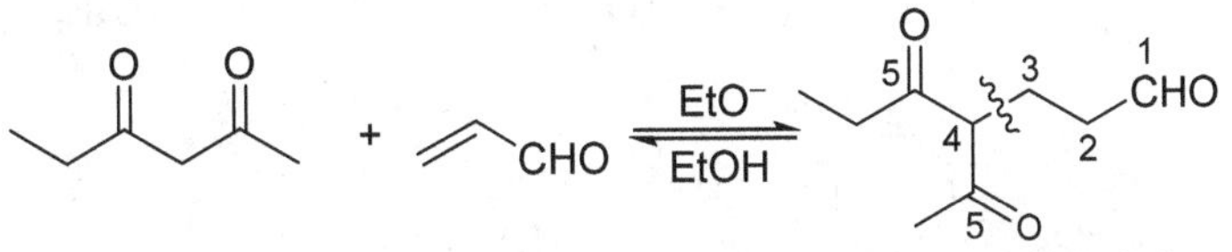

但若受体的共轭体系进一步扩大，也可以用来制备 1,7-二羰基化合物。

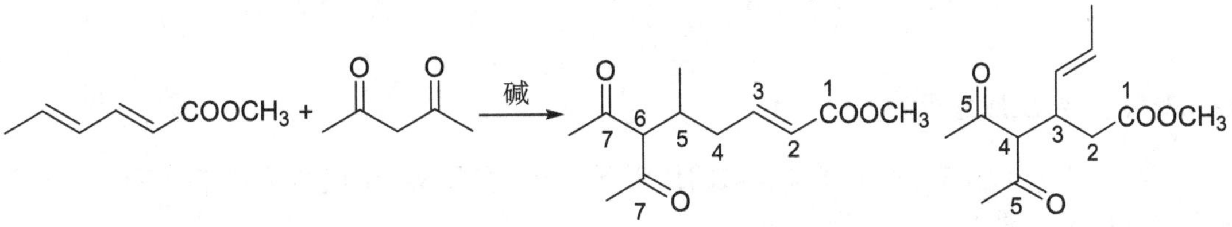

Michael 加成反应在合成上极为重要：

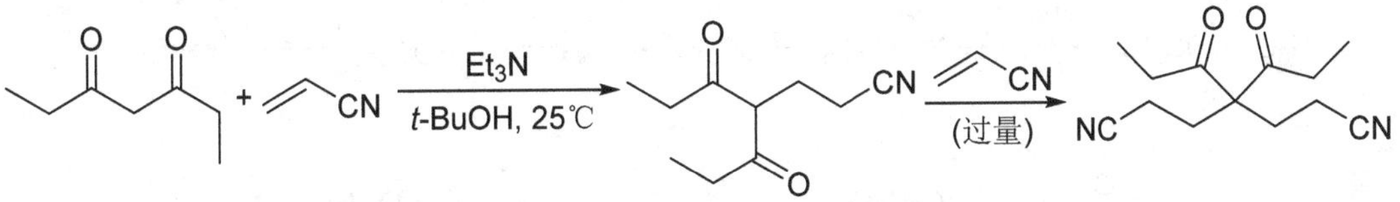

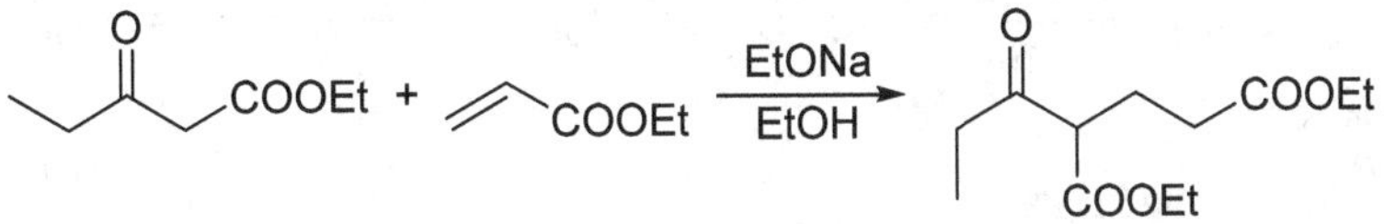

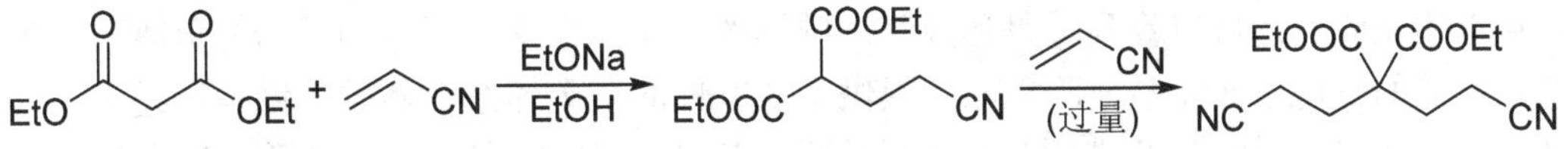

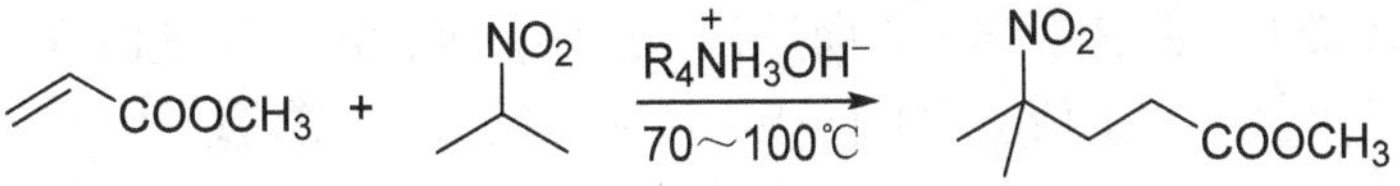

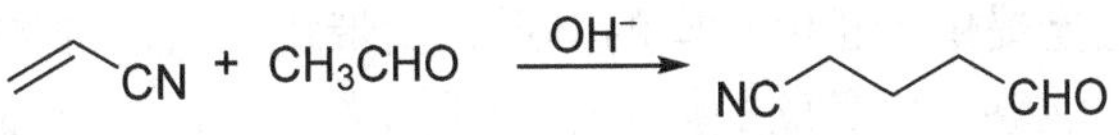

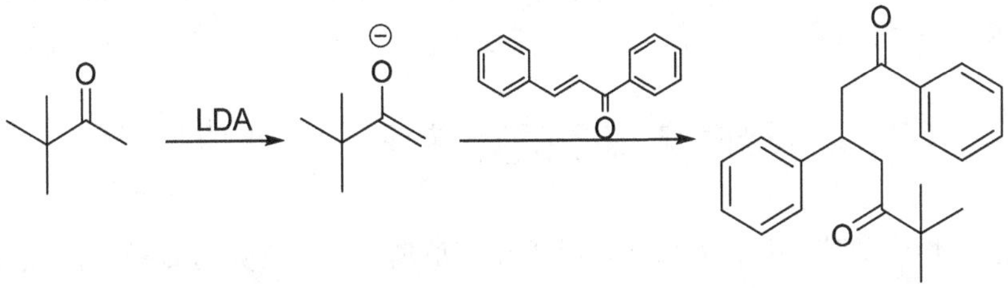

一定情况下，Michael 加成可以和羟醛缩合连续发生，如以胺或膦作为电子给体，可以发生贝里斯-希尔曼(Baylis-Hillman)反应。

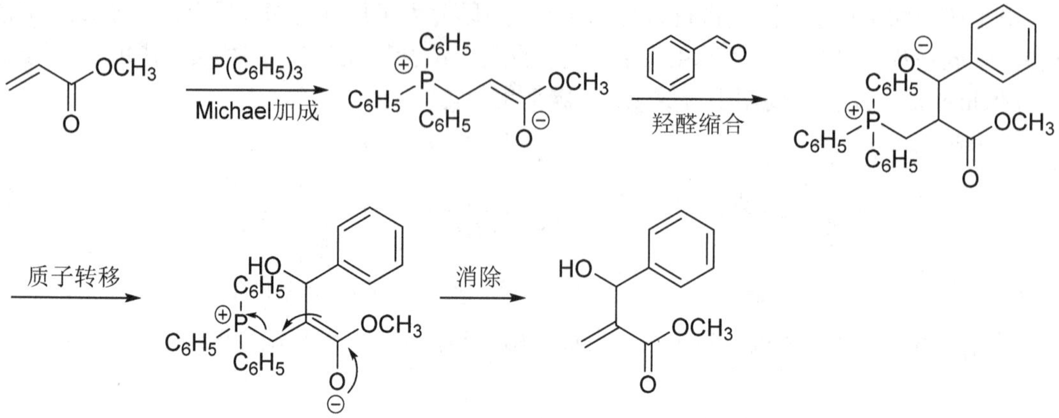

12.3.3　酯缩合反应分析

Claisen 酯缩合反应：两分子酯在碱的作用下失去一分子醇，生成β-羰基酯的反应。Claisen 酯缩合的反应机理如下：

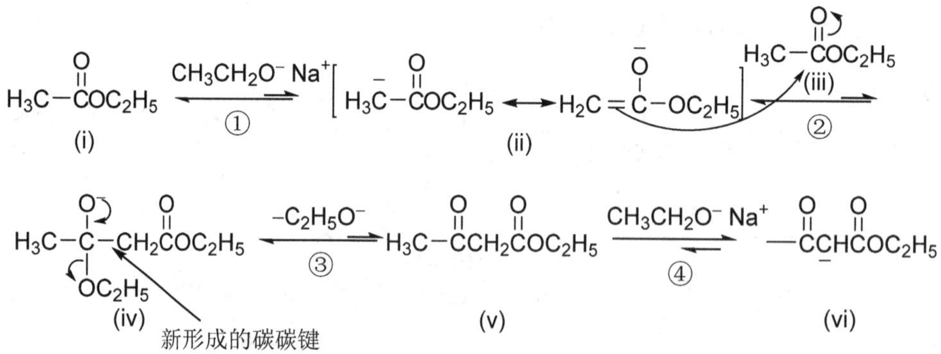

从上述反应机理可以看到②是形成新碳碳键的一步。在这步反应中，烯醇负离子提供了亲核性负碳的富电子π体系，乙酸乙酯提供了亲电性的正碳体系，新碳碳键是通过亲核性负碳的富电子π体系对酯羰基进行亲核加成-消除实现的。加成-消除结果是酰基碳上的亲核取代。④的平衡常数最大，是其中唯一正向进行的反应，因此该反应正向进行必须在缩合后两个羰基中间保留一个氢，对于羰基中间的碳上没有氢的 1,3-二羰基化合物，在碱中会发生逆 Claisen 酯缩合。

除了酯，酰卤和酸酐也能提供带正电荷碳的体系，受带负电荷碳的体系进攻，发生类似的酯缩合反应。另外，其他能够提供负碳的体系也能对酯羰基进行亲核加成发生类似酯缩合反应进而形成新的碳碳键。

12.4　烯醇负离子的烃基化、酰基化反应

在羧酸衍生物中的酯、酮、醛都可以形成烯醇负离子，形成具有亲核性的负碳中心，相应的化合物作为亲核试剂在有机合成中的作用很大，尤其是由酯和酮形成的烯醇负离子应用广泛。本节重点介绍烯醇负离子的烃基化、酰基化反应。

12.4.1　酯的烃基化、酰基化反应

1. 酯的烃基化反应

酯的α-氢通过 S_N2 反应机理被烃基取代，就是相应的酯的烃基化反应。反应通式为

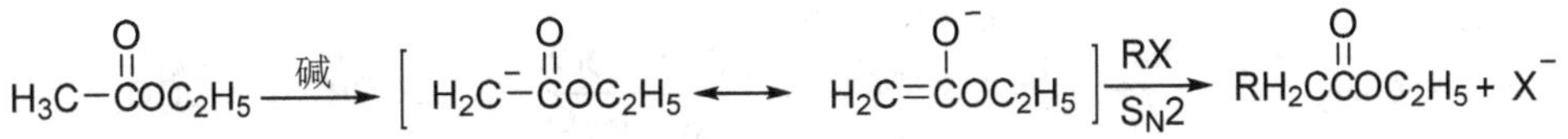

首先，碳负离子为亲核试剂，因此苯型和乙烯型卤代烃不能使用。其次，碳负离子为强碱性试剂，三级 RX 和二级 RX 遇强碱性试剂易发生消除反应，所以更适宜发生烷基化反应的卤代烃为一级 RX。例如：

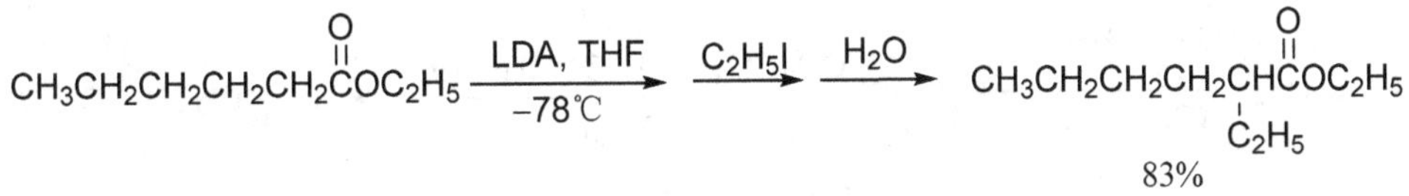

需要注意的是，此类烃化反应应当避免使用碳上带有强烈正电性的 RX，如三氟甲磺酸酯，否则会在氧上发生烃基化生成烯醇醚副产物，而使用重氮甲烷等重氮化物则会完全在氧上烷基化。

2. 酯的酰基化反应

酯的酰基化反应是酯的α-氢被酰基取代的反应，具体的取代途径有以下几种：

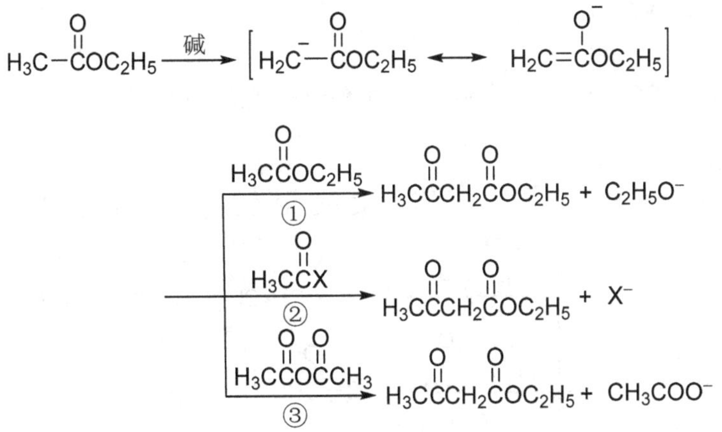

反应①实际上就是上述酯缩合反应。反应②是通过碳负离子对酰卤进行亲核加成-消除来完成酰基化反应的。酰卤的羰基碳正电性高，会在负电性高的氧上酰化，通常需要在体系中加入氯化镁中和氧上的负电荷或制备烯醇硅醚才可以完全在碳上反应。反应③是通过碳负离子对酸酐进行亲核加成-消除来完成酰基化反应的。需要注意的是，由于酰卤和酸酐都容易与质子溶剂反应，因此在发生反应②和③时应避免使用质子性溶剂。

另外，有时需要与碳酸二甲酯缩合时，由于碳酸二甲酯活性较低，通常用草酸二甲酯代替，再在 175℃下脱一氧化碳制备。

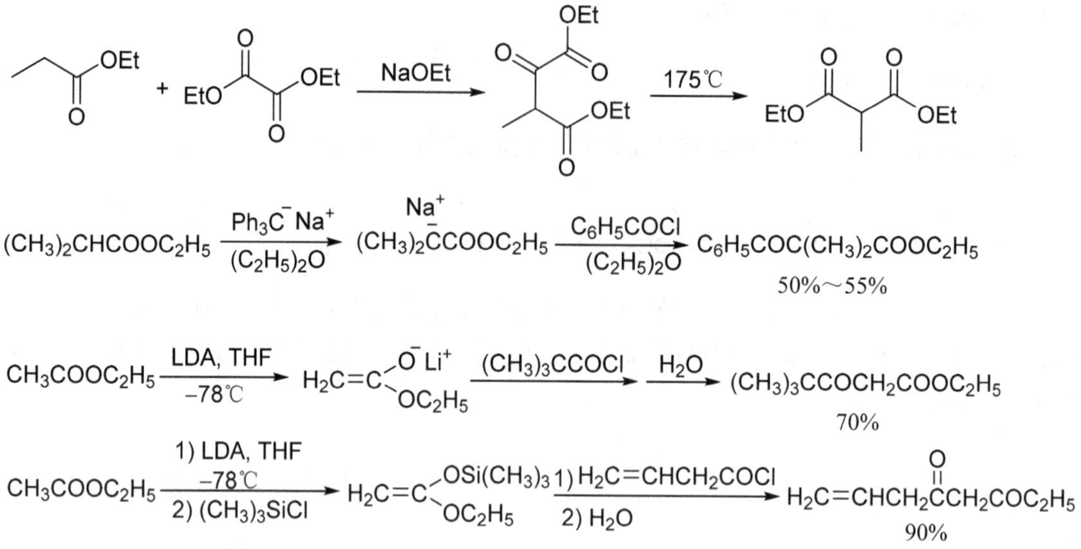

12.4.2　酮的烃基化、酰基化反应

与酯的情况类似，酮的α-碳位置也可以发生烃基化和酰基化反应。

1. 对称酮的烃基化、酰基化反应

首先是对称的酮在碱的作用下生成一种烯醇负离子，烯醇负离子和卤代烃发生亲核取代反应，获得烃基化酮；碳负离子和酰卤、酸酐、酯经亲核加成-消除过程，得到酰基化酮。各种情况代表性的反应式如下：

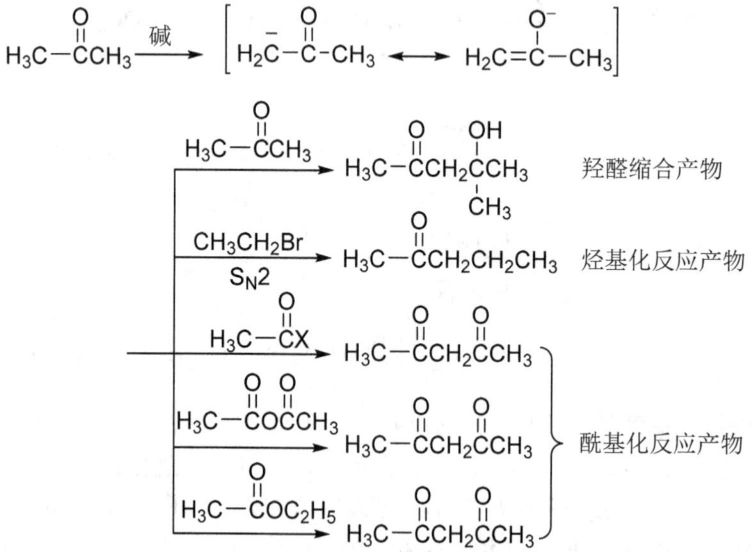

在烃基化反应以及酰基化反应过程中，两分子酮的自身羟醛缩合都会对交叉缩合反应产生干扰。要使一元酮尽可能地发生烃基化或酰基化反应，必须用足够强的碱，将反应物酮迅速地全部变为烯醇负离子，从而抑制自身羟醛缩合反应的可能性。例如，在足量的氨基钠、三苯甲基钠、氢化物等的条件下将简单的对称的一元酮全部变为烯醇负离子，随后再加入烃基化试剂或酰基化试剂，高效率地得到目标分子。与酯的烃基化反应类似，当使用酰卤和酸酐作为酰基化试剂时，反应必须在非质子性溶剂中进行。例如：

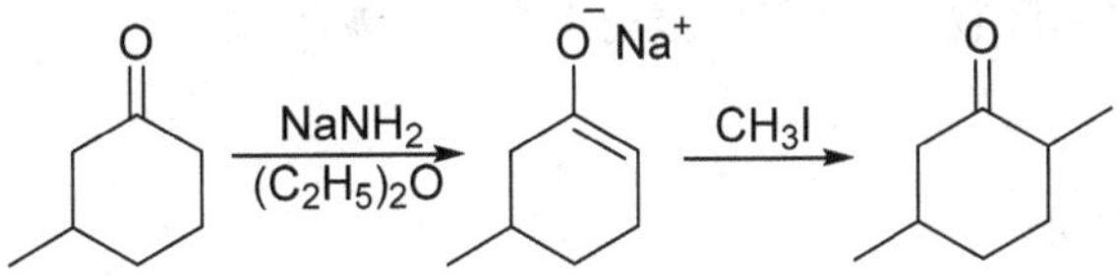

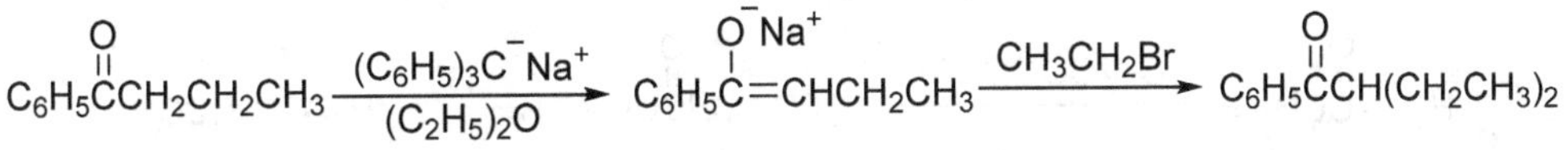

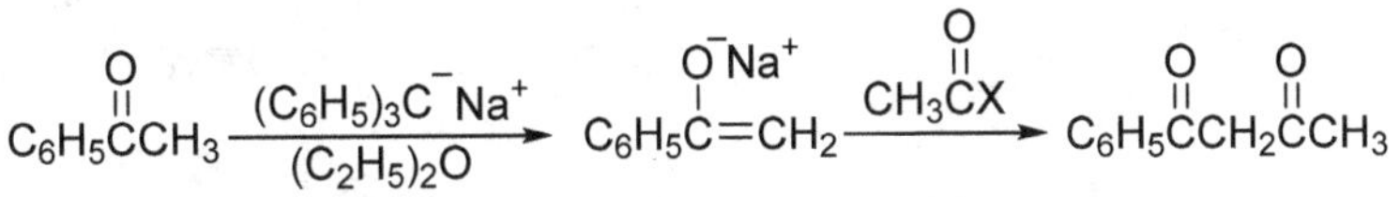

醛酮在与丁二酸酯缩合时会发生邻基参与，如：

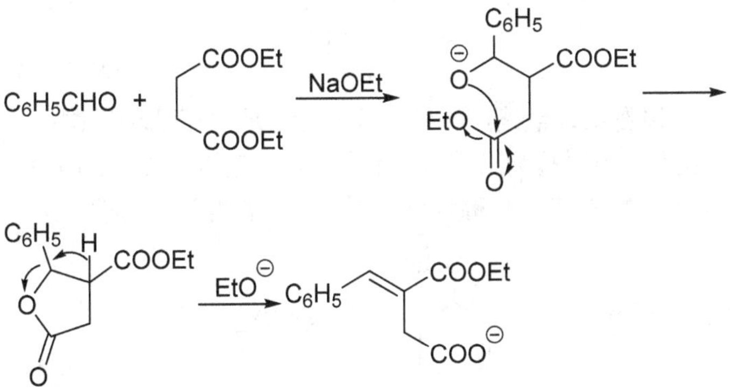

2. 不对称酮的烃基化和酰基化反应

不对称酮有两种不同的α-碳，相应的反应在两种α-碳上都可以发生，因此烃基化和酰基化反应就涉及反应位点的区域选择性问题。

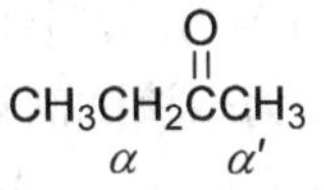

若要得到热力学控制的产物，可通过以下途径实现：

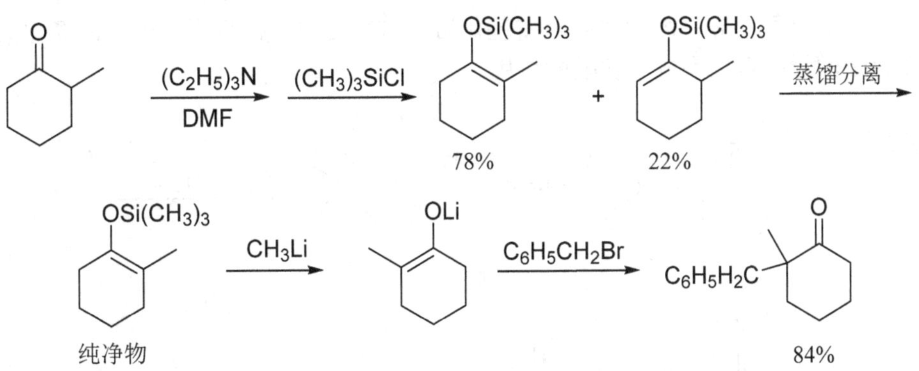

若要得到动力学控制的产物，即取代在空间位阻小、α-氢酸性较大的那个碳上发生，则反应要在非亲核性强碱(NaH、LDA 等)催化下，于非质子溶剂中进行。

例如，在氢化钠强碱催化作用下，丁-2-酮和乙酸乙酯在乙醚溶液中缩合，虽然得到了动力学控制和热力学控制的两种产物，但以动力学控制的产物为主：

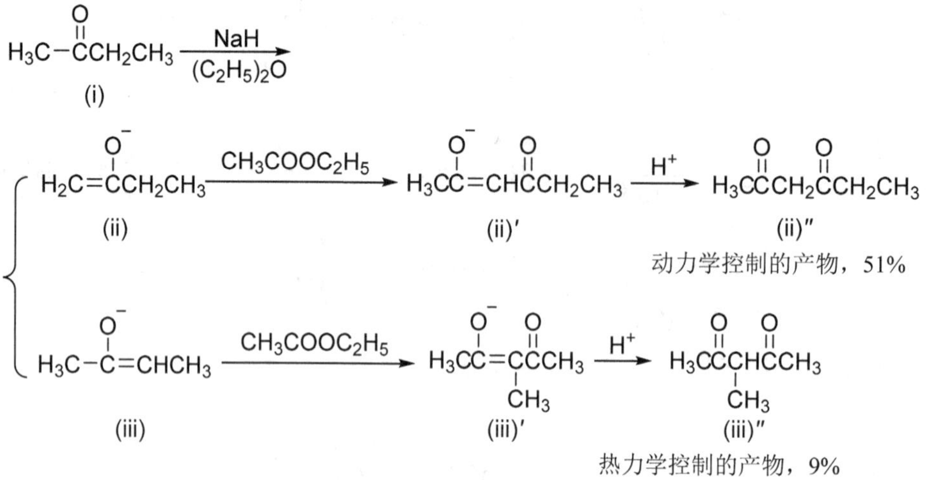

从上面的反应式可以看出，最终产物的选择实际上取决于两种异构的烯醇负离子的相对含量。在上述例子中，主要是由甲基给出质子而不是由亚甲基给出质子，所以主要得到动力学控制的缩合产物。用大位阻的强碱 LDA 作碱性催化剂，也主要得到动力学控制的最终产物，如：

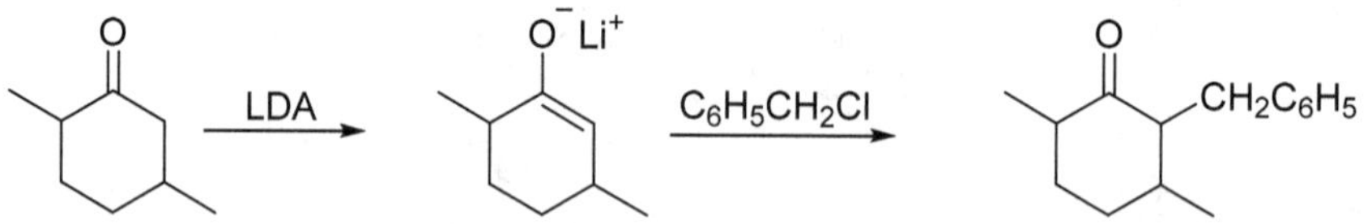

制备动力学控制产物的另一种方法是不对称酮经烯胺实现烃基化、酰基化。烯胺通常是用至少具有一个α-氢的酮和一个二级胺在酸的催化作用下制备的。需要注意的是，由于双键的刚性构型和空间位阻效应，当不对称酮和二级胺反应时，主要生成双键碳上取代最少的烯胺。然后烯胺作为亲核试剂和卤代烃(也可以是其他烃基化试剂)经由 S_N2 反应实现区域选择性的烃基化反应(一般得到动力学控制的产物)，最后烃基化的烯胺通过亚铵盐经酸性水解得动力学控制的α-烃基化的酮。另外，烯胺作为亲核试剂对酰卤(也可以是酯和酸酐)进行亲核加成-消除反应完成酰基化，最后酰基化的烯胺通过亚铵盐经酸性水解得动力学控制的 1,3-二酮。

烯胺和酰氯在碳上进行酰基化，经水解得到 1,3-二酮的反应过程中，一般是用两分子的烯胺和一分子的酰氯反应。因为烯胺经酰基化后，碱性变弱，很难再与产生的氯化氢反应，所以使用过量的烯胺可以完成中和酸的作用。

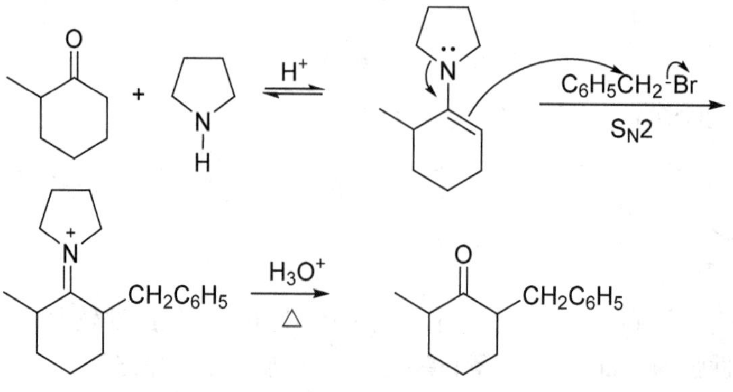

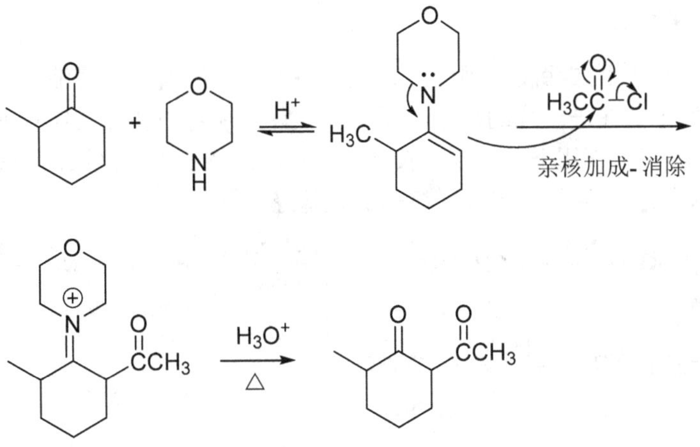

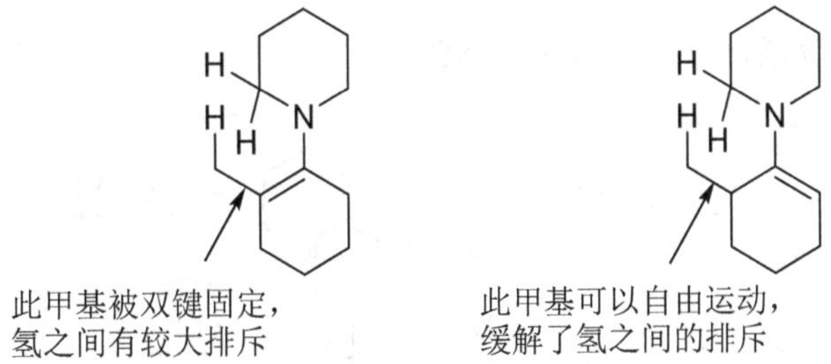

烯胺也能进行 Michael 加成反应，加成反应总是在取代最少的α-碳原子上进行，最终得到动力学控制的产物，并且可以避免使用低温的条件。例如：

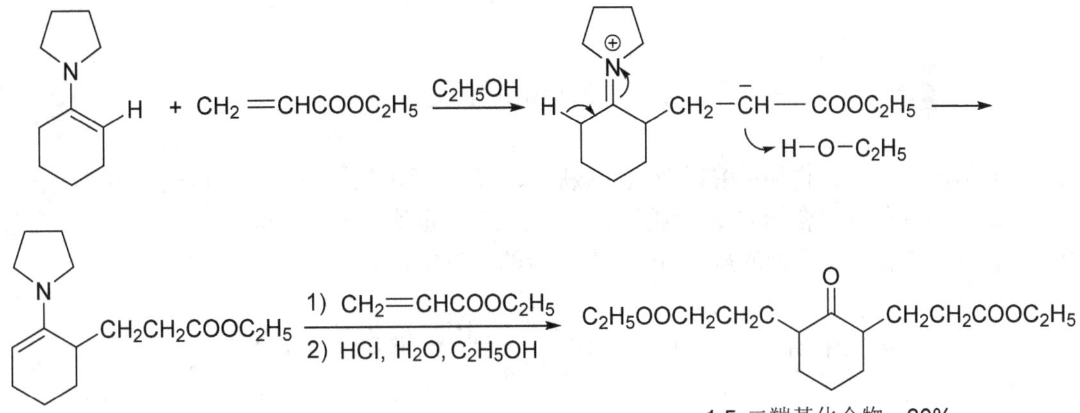

1,5-二羰基化合物，60%

烯胺也可以发生羟醛缩合，并且烯胺的生成和缩合可以进行“一锅煮”，而缩合后亚胺也可以水解重新生成胺，这样就相当于胺催化了羟醛缩合，通过控制亚胺的立体构型可以控制缩合产物的手性。例如，2021 年诺贝尔化学奖授予了 MacMillan，表彰他在有机小分子不对称催化所做的工作，最早期最经典的反应就是脯氨酸催化的羟醛缩合。

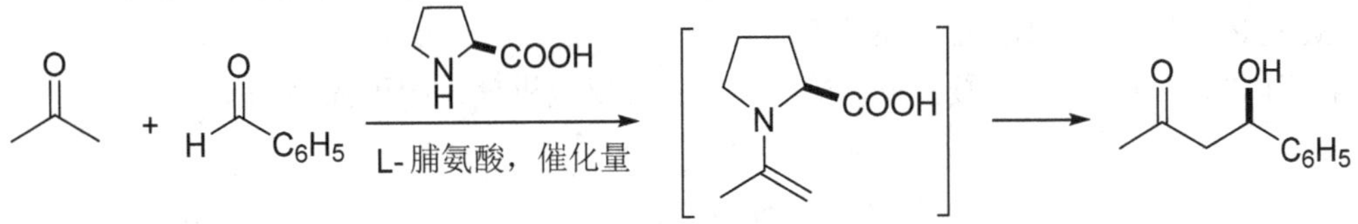

12.4.3　醛的烃基化反应

醛基与酯和酮相比更加活泼，因此醛在碱性条件下极易发生羟醛缩合反应。为了避免自身缩合副反应的发生，在进行醛的烃基化反应时，首先须将醛和胺反应转变为亚胺，然后在格氏试剂或 LDA 等强碱作用下，形成亚胺碳负离子的亲核试剂，再加入烃基化试剂，完成烃基化反应后再水解除去亚氨基，得到最终的α-烃基醛。例如：

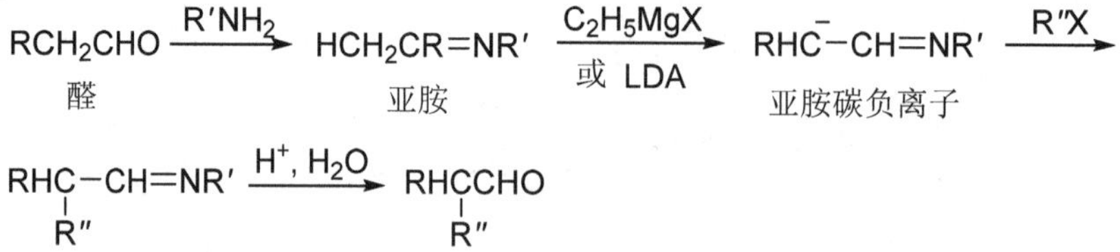

$R' = (CH_3)_3C$、环己基等

烃基化的醛也可以通过以下方法从腈制备：

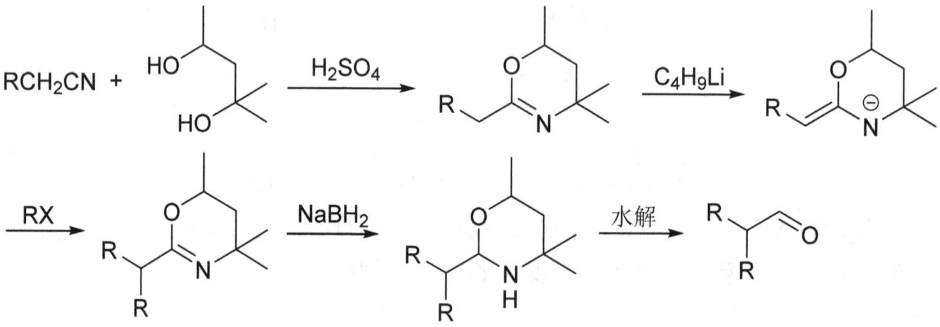

12.5　Mannich 反应

具有活泼氢的化合物和甲醛以及氨或胺脱水缩合，活泼氢被胺甲基或取代胺甲基代替，生成含β-氨基的羰基化合物的反应称为胺甲基化反应，也称为 Mannich(曼尼希)反应，简称曼氏反应，其产物称为曼氏碱或盐。Mannich 反应的一般式如下：

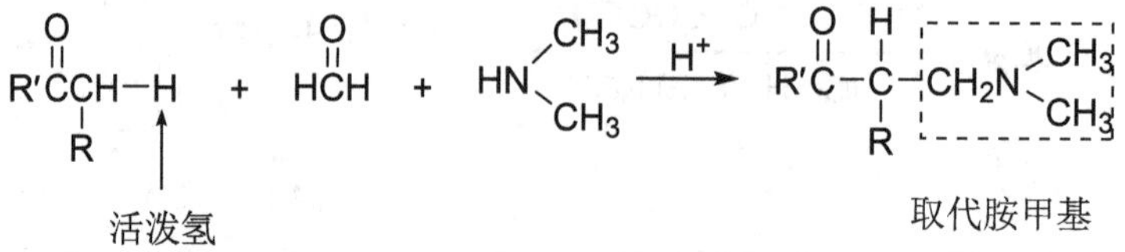

这个反应可应用的原料很多，可以发生此反应的含α-活泼氢的化合物，除醛酮外，还可以是羧酸、酯、硝基化合物、腈、末端炔烃、对位未被取代的酚，以及吲哚、吡咯、噻吩等。最常用的醛是甲醛，也可用其他醛。胺一般用二级胺，如二甲胺、六氢吡啶等。这个反应一般在水、醇或乙酸溶液中进行，反应中常加入少量盐酸，以提供酸性环境(或用胺盐酸盐或缓冲溶液)。Mannich 反应中以酮的反应最常见。

若以丙酮、甲醛、二甲胺为反应物，Mannich 反应机理过程可描述如下：

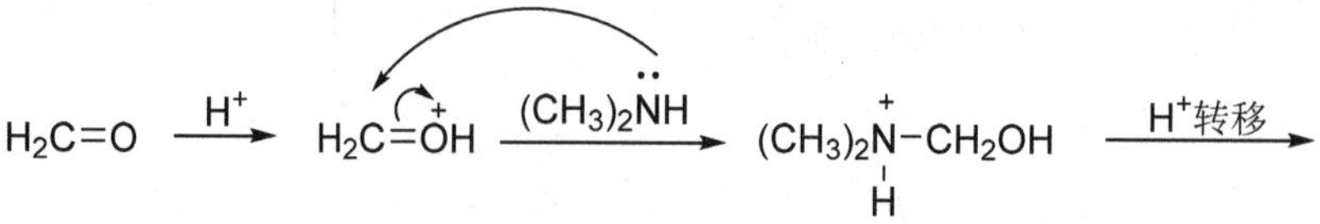

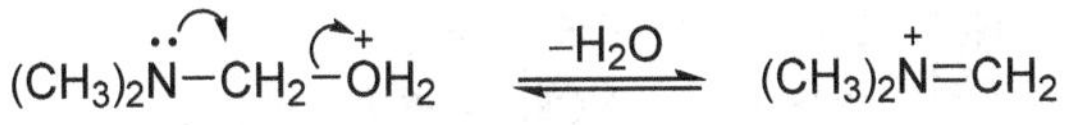

(i)

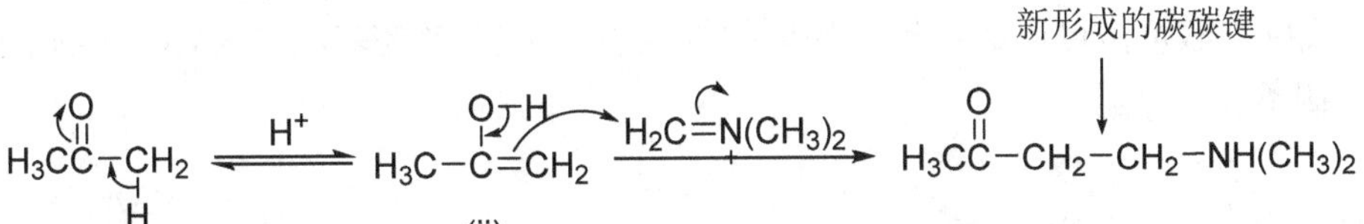

(ii)

从反应机理可以看出：首先生成 *N*-羟甲基胺，随后失水生成亚胺盐(i)，其是提供正碳的体系；(ii)是提供负碳的体系，(ii)和(i)发生亲核加成反应形成了新的碳碳键。

需要指出的是，在 Mannich 反应中，当使用氮原子上含有多个氢的氨或者伯胺时，若活泼氢化合物和甲醛过量，则得到多取代的 Mannich 碱。当活泼氢化合物具有 2 个或 2 个以上的活泼氢时，在甲醛和胺过量的情况下，得到多取代胺甲基产物。利用上面的性质可以合成环状化合物，因此 Mannich 反应在有机合成中有广泛的用途。例如，在仿生条件(模仿生物体内的条件)下，用丁二醛、甲胺、3-氧代戊二酸经 Mannich 反应，然后脱羧生成托品酮在历史上曾经是一件很轰动的事情。托品酮催化氢化可生成药物托品。托品又称莨菪碱。诺贝尔奖得主 Willstatter 曾于 1896 年首次完成托品酮的全合成，以环庚酮为起始原料，用了 15 步反应，以 0.75%总产率制备了托品酮，1917 年 Robinson 以 Mannich 反应合成了托品酮，被 Willstatter 称为“出类拔萃的合成”。

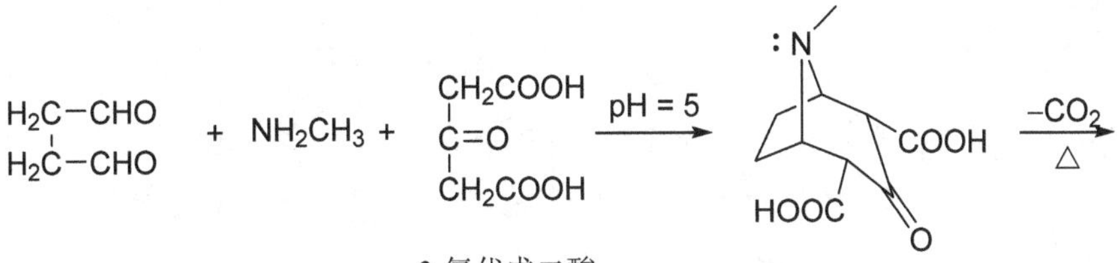

3-氧代戊二酸

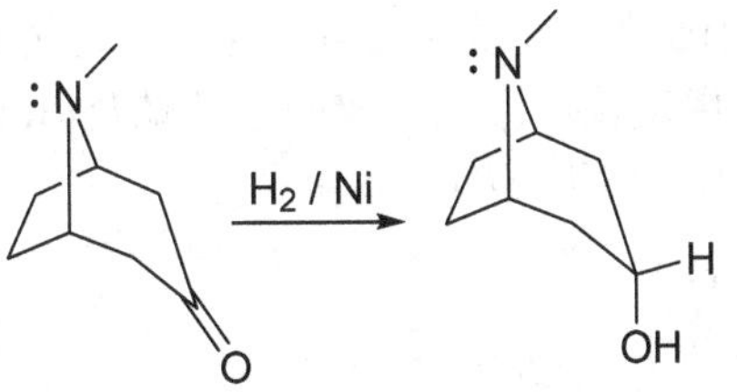

托品酮　　(i) 托品

原料中的 3-氧代戊二酸含有两个活泼亚甲基，它们分别和丁二醛的两个醛基进行亲核加成，同时和甲胺上的两个氢失去水，一步发生关环作用。若用 3-氧代戊二酸酯代替 3-氧代戊二酸，由于脱羧无法发生，得到的产物还有条件再发生胺甲基化反应，最后形成三环体系的化合物。因此，Mannich 反应在合成多环系化合物中很有用。

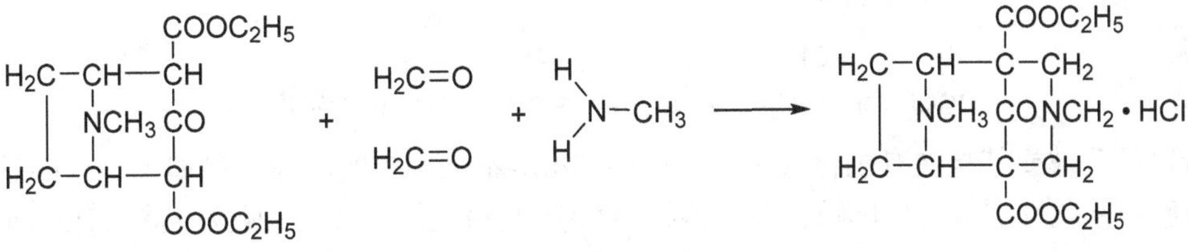

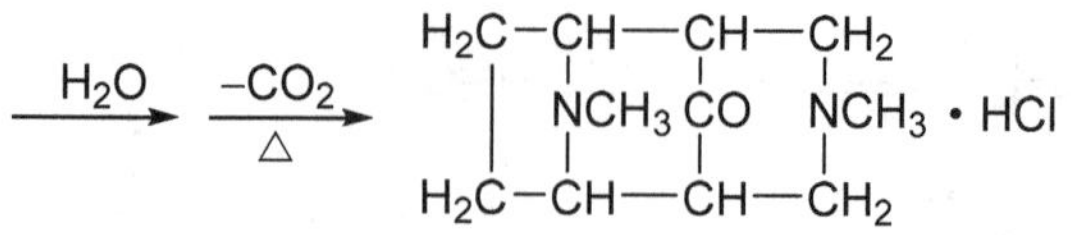

3-氧代戊二酸可由可以通过植物提取的柠檬酸(3-羧基-3-羟基戊二酸)在发烟硫酸中脱除一氧化碳制备。

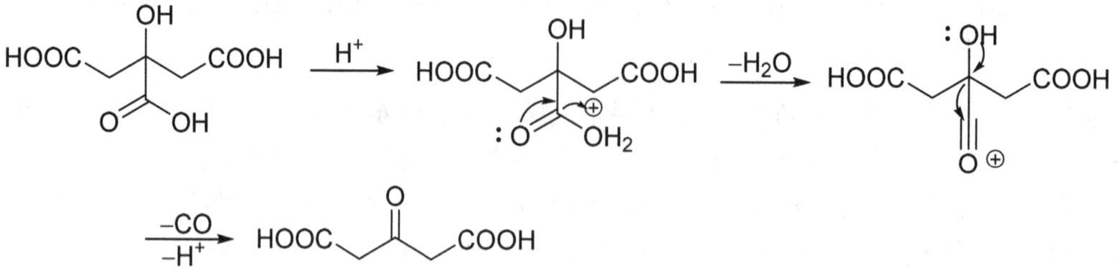

酚类、吲哚、吡咯、噻吩等结构都含有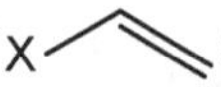结构，有类似于烯醇的反应性，因此酚的对位或邻位上的双键有足够活泼性，也可发生曼氏反应。酚和醛在酸中直接反应生成高聚物，但加入二级胺可以控制反应只缩合一步。例如，对甲苯酚进行此反应时，可得到下列两个化合物：

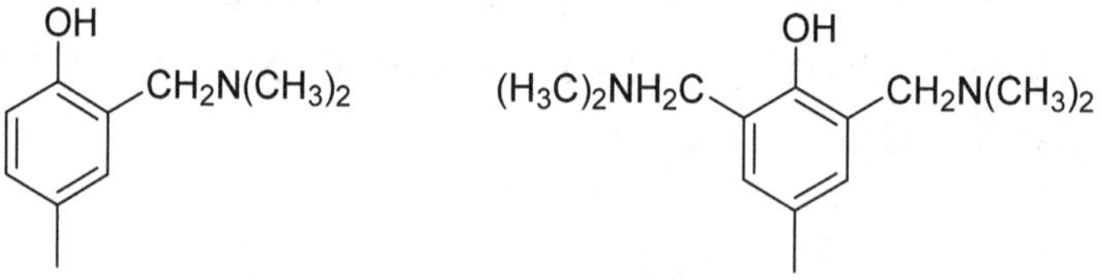

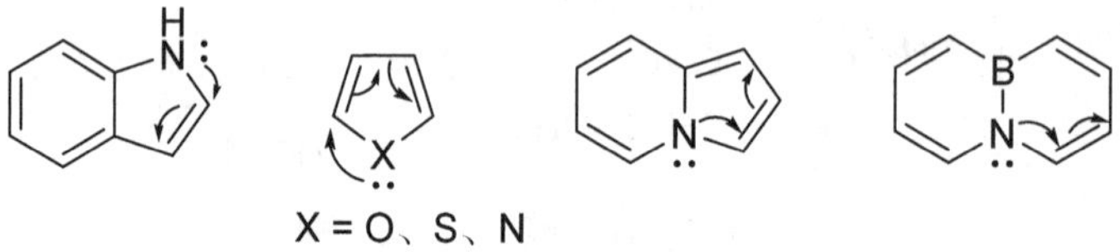

Mannich 反应的产物曼氏碱或其盐(如盐酸盐)通常比较稳定，容易保存。这些曼氏碱在蒸馏时发生分解，或在碱作用下分解，或通过彻底甲基化反应、形成四级铵碱及 Hofmann 消除反应，或通过氧化、形成氧化胺发生 Cope 消除均可提供α,β-不饱和酮。

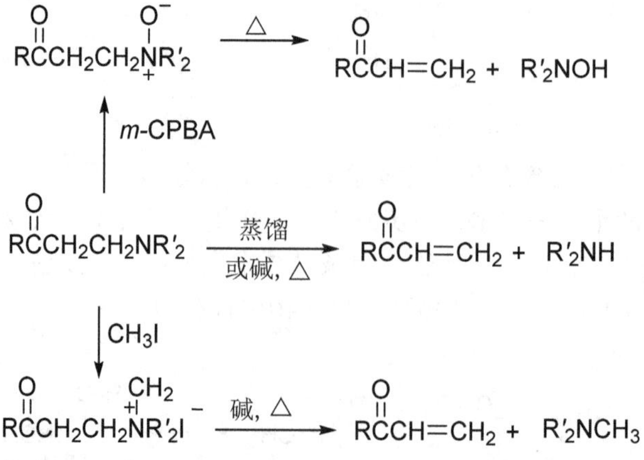

所以曼氏碱或其盐在有机合成中可以被用作α,β-不饱和酮的前体。例如，具有α-氢的酯可通过胺甲基化反应得到曼氏碱，然后再经彻底胺甲基化反应，形成四级铵碱和 Hofmann 消

除反应，就可以在酯的α-位引入一个亚甲基。

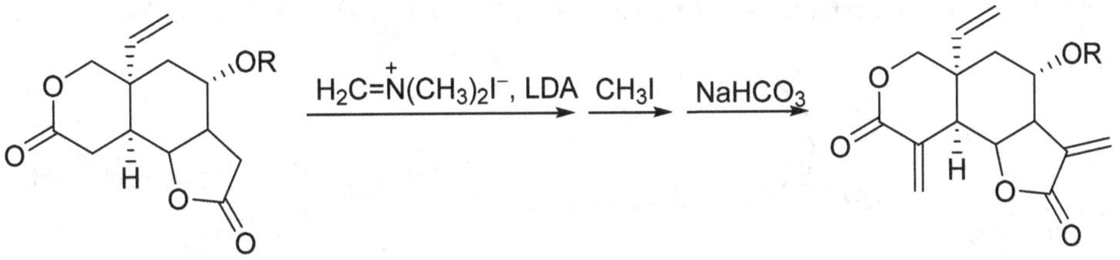

Mannich 反应也可以合成与托品类似的桥环化合物。

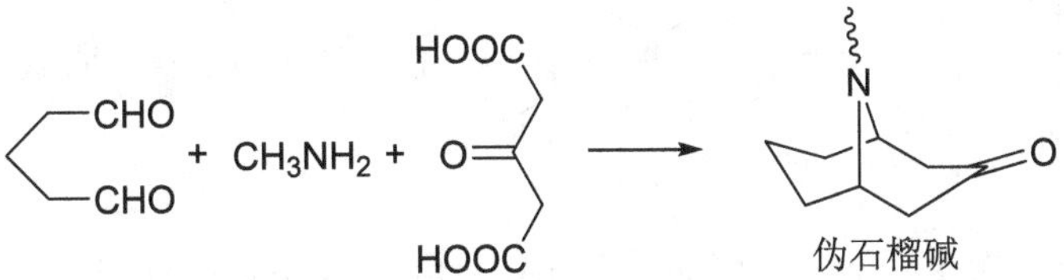

12.6 Robinson 增环反应

环己酮及其衍生物在碱(如氨基钠、醇钠等)存在下，与曼氏碱的季铵盐反应得到含有α,β-不饱和酮单元的二并六元环的反应称为 Robinson(鲁宾逊)增环反应，是由鲁宾逊于 1935 年首先报道的。

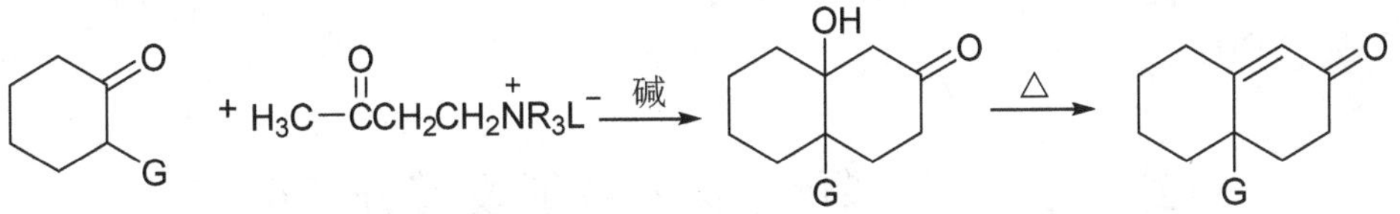

G = H、R、Ar、COOR、$\overset{O}{\overset{\|}{O}}$CR 等

Robinson 增环反应是个串联反应，实际上是分三步完成的：

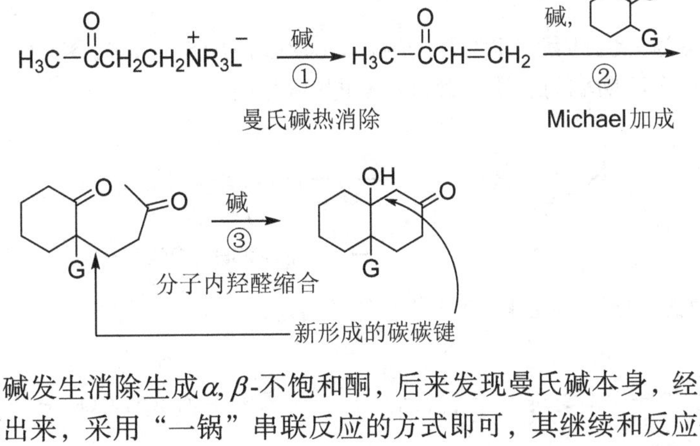

首先是曼氏碱发生消除生成α,β-不饱和酮，后来发现曼氏碱本身，经加热后得出的不饱和酮无需分离出来，采用“一锅”串联反应的方式即可，其继续和反应体系中环酮的碳负离子发生 Michael 反应得(i)(1, 5-二羰基化合物)，紧接着再发生分子内的羟醛缩合反应，

形成一个新的六元环(ii)(β-羟基酮)。在很多情况下可以分离出未关环前的共轭加成物，然后再用催化量的氢氧化钠的乙醇溶液，即发生关环作用。(ii)失水得(iii)(环状α,β-不饱和羰基化合物)。

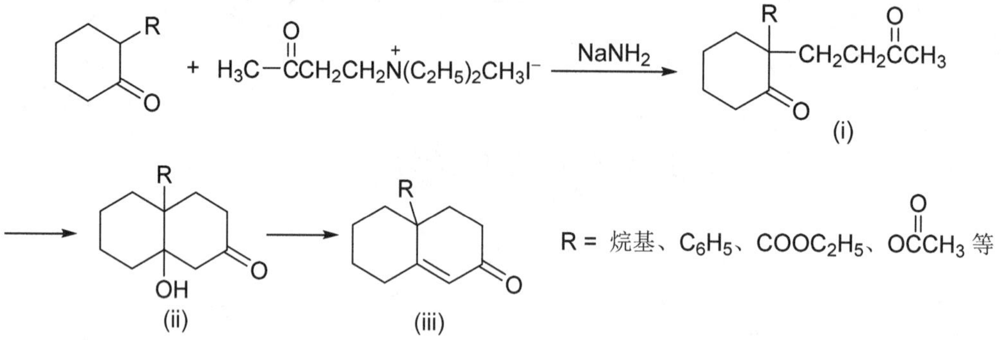

上述反应的特点除在一个环上再加一个环外，由于 Michael 加成反应总是在取代基较多的碳原子上进行，利用这个特性，还可在两个环相稠合的碳原子上引入角甲基。角甲基是指两个环共用碳上的甲基，这个甲基很难用其他方法引入，并且这种结构广泛存在于甾体化合物中。例如：

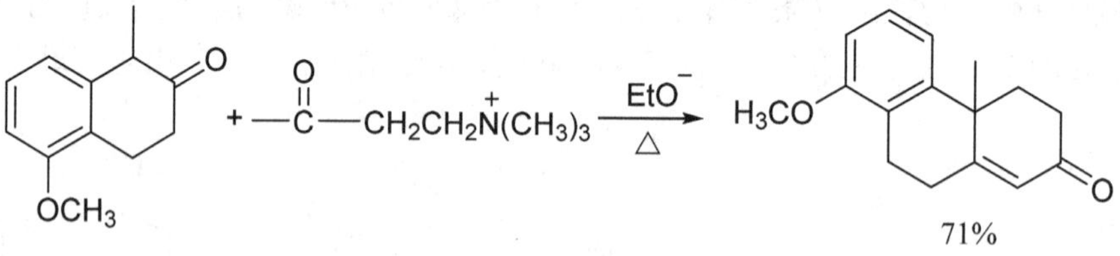

12.7　β-二羰基化合物的特征及其分解反应

β-二羰基化合物包含很多，其中乙酰乙酸乙酯和丙二酸二乙酯是两个最重要的化合物，本节以它们及其衍生物为例讲述β-二羰基化合物的特征及其在有机合成中的应用。

12.7.1　乙酰乙酸乙酯和丙二酸二乙酯的合成

乙酰乙酸乙酯为无色具有水果香味的液体，沸点约为 181℃，微溶于水，可溶于多种有机溶剂。在工业上其由乙烯酮的二聚体通过乙醇醇解得到：

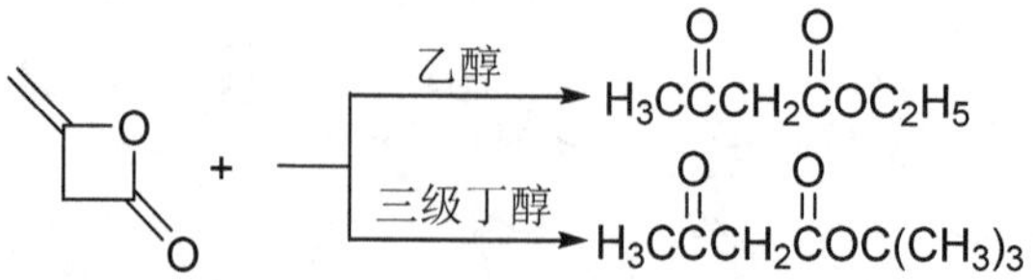

在实验室内大多通过乙酸乙酯的自身缩合来制备：

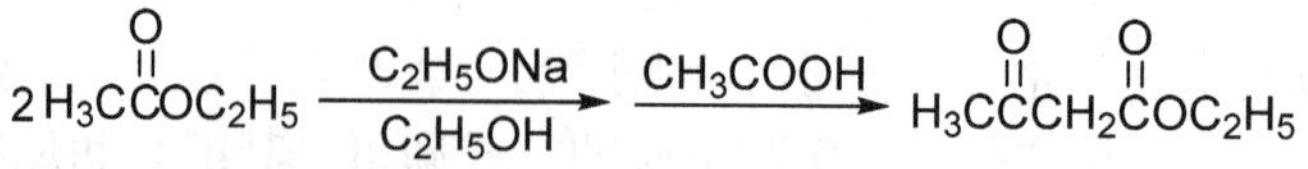

丙二酸二乙酯是无色具有香味的液体，沸点约为 199℃，微溶于水。

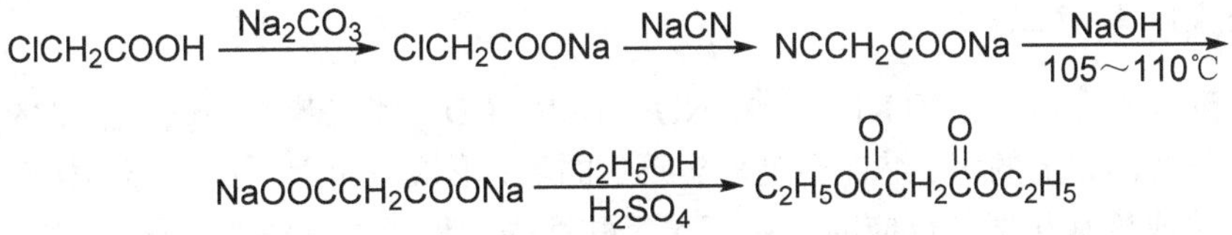

丙二酸很容易受热脱羧，因此丙二酸二乙酯一般不从丙二酸直接酯化得到，一般采用氯乙酸经中和反应生成氯乙酸钠，然后经过 S_N2 反应转化为氰乙酸钠(注意：必须在碱中反应，否则会有危险)，后者在氢氧化钠溶液中于 105～110℃水解生成丙二酸二钠，最后经酯化生成丙二酸二酯。合成丙二酸二乙酯的第二种途径是使氰乙酸直接与乙醇反应：

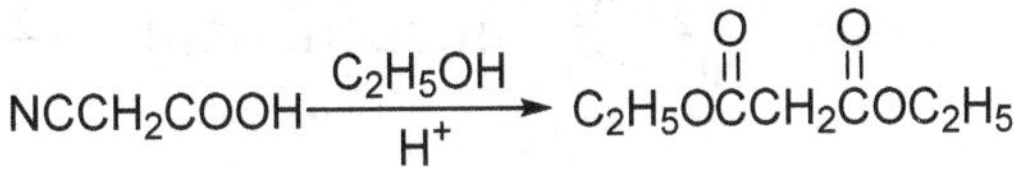

12.7.2　*β*-二羰基化合物的烃基化、酰基化反应

1. *α*-烃基化及*α*-酰基化

β-二羰基化合物中间的亚甲基上的氢十分活泼，在碱的作用下很容易形成离域烯醇负离子体系。负电荷可以分布在氧上或碳上，所以烯醇负离子属于两位负离子，具有两位反应特征。例如：

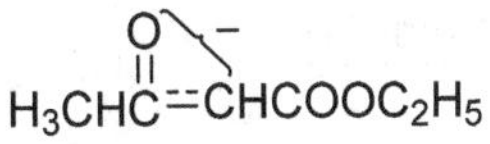

由于烯醇负离子的氧端电负性比碳端强，因此负电荷更多地集中在氧端上，溶剂可以通过形成氢键与氧结合，因此氧和碳相比较，氧端能发生更强的溶剂化作用，而碳端的亲核性比氧强，这样使碳更容易与伯卤代烃发生 S_N2 的烃基化反应；另一个原因是氧端烃基化的过渡态势能比碳端烃基化的过渡态势能高，因此碳烃基化的速率比氧烃基化快。最终导致得到碳烃基化产物。同理，酰基化反应也在碳端上发生。例如，与乙酰乙酸乙酯类似的*β*-二羰基的*α*-烃基化和*α*-酰基化可以表述如下：

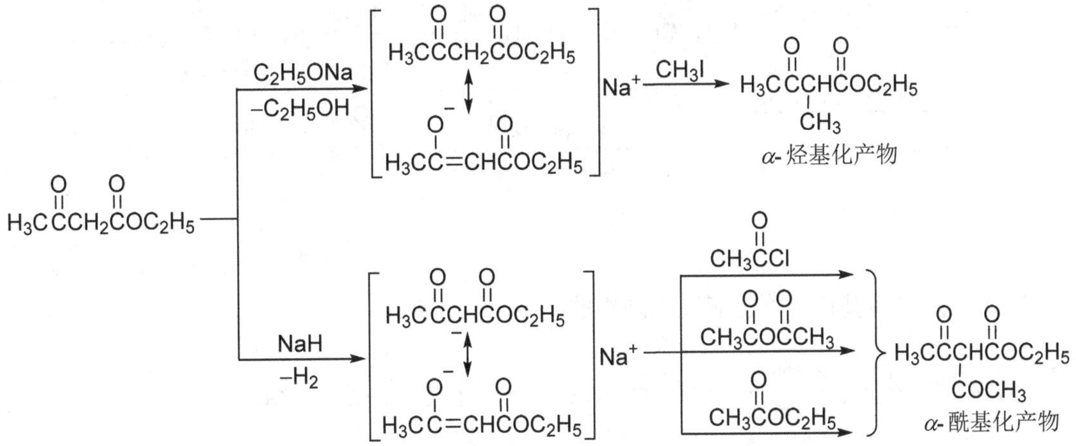

首先，乙酰乙酸乙酯在碱的作用下生成烯醇负离子，之后烯醇负离子与伯卤代烷反应得到*α*-烃基化产物，需要指出的是，叔卤代烃在碱性条件下容易发生消除反应，难以发生反应。与酰基化试剂(如酰卤或者酸酐等)反应则得*α*-酰基化产物。

2. γ-烃基化及γ-酰基化

乙酰乙酸乙酯在两分子的 KNH_2、$NaNH_2$、NaH、LDA 和三苯甲基钠等强碱的作用下，首先失去酸性强的α-碳上的氢，继而会攫取γ-碳上的氢，形成双负离子中间体。双负离子与只和一分子卤代烷或酰基化试剂反应时，由于α-氢酸性强，形成的烯醇负离子稳定，因此试剂选择在γ-位进行反应，迫使负电荷保留在更稳定的α-位。若用二分子卤代烷或酰基化试剂，则γ-位与α-位均可发生相应的烃基化及酰基化反应。

上述反应可表述如下：

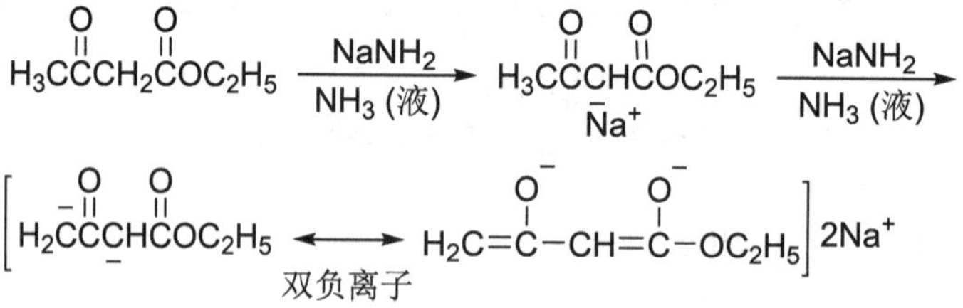

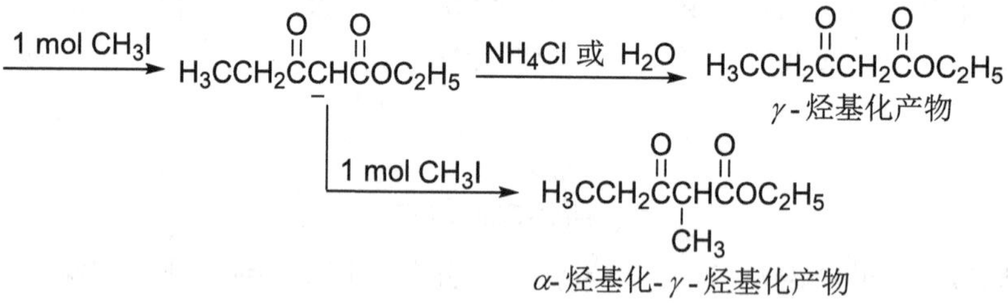

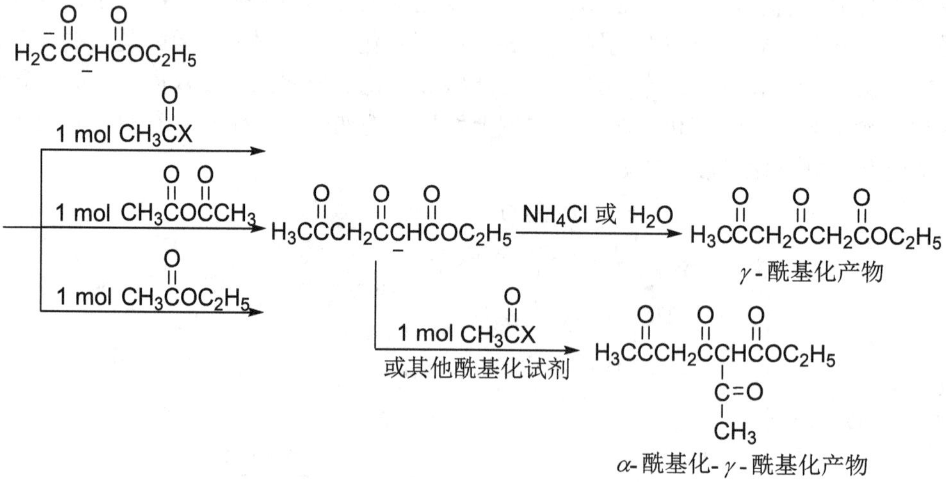

其他的β-二羰基化合物也能发生同样的反应。例如：

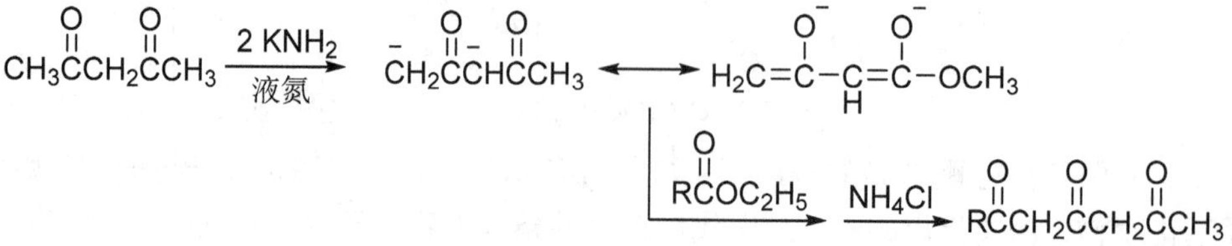

利用上述反应，控制碱的用量，可以选择性地进行区域选择性的反应。例如，利用下面的

两个合成途径实现环酮的区域选择性的烃基化反应。

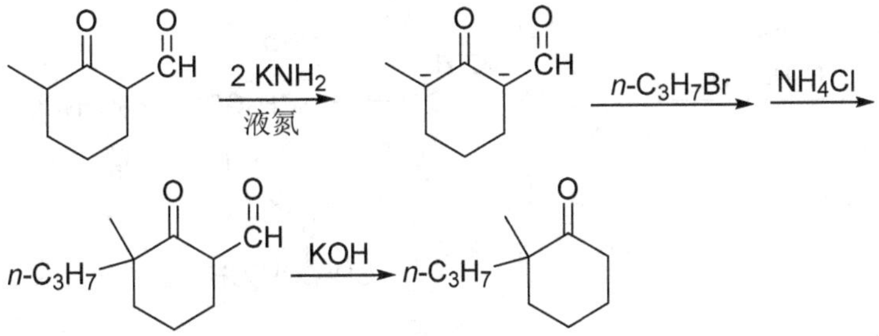

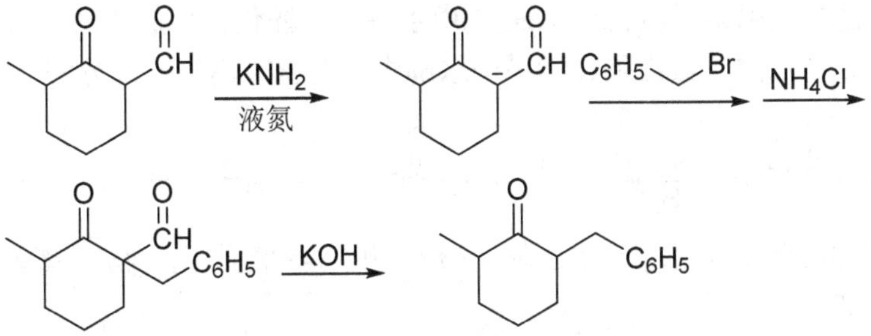

12.7.3 β-二羰基化合物的酮式分解、酸式分解和酯缩合的逆反应

1. 酯缩合反应的逆反应

酯缩合反应具有可逆性。乙酸乙酯通过正向的酯缩合反应可生成乙酰乙酸乙酯，乙酰乙酸乙酯通过逆向的酯缩合反应又能分解回乙酸乙酯。由此，β-二羰基化合物可以通过逆向的酯缩合反应重新得到相应的原料。例如：

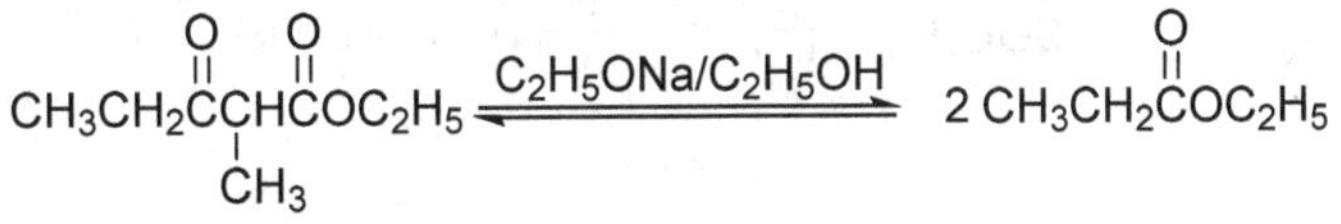

此反应的机理如下：

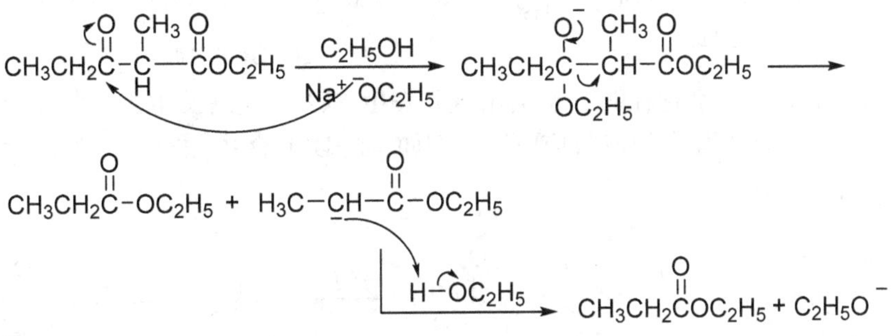

酮酯缩合的β-二羰基产物也可以通过逆向反应回退成相应的原料。例如：

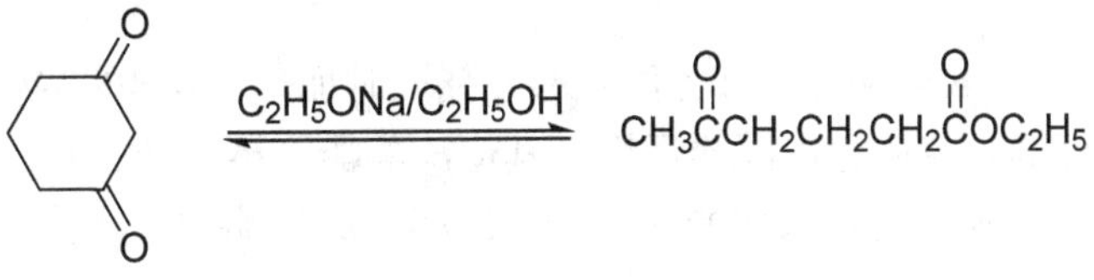

此反应机理如下：

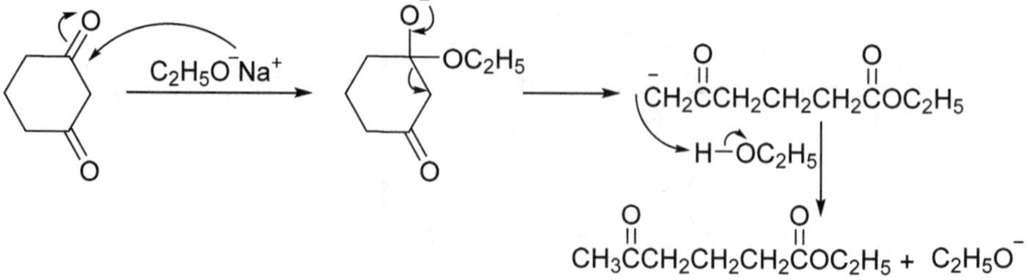

2. 酮式分解

乙酰乙酸乙酯在稀碱溶液(如 5% NaOH)中水解，再酸化，生成乙酰乙酸，稍加热失羧，生成丙酮。因此，将乙酰乙酸乙酯在稀碱中水解失羧的反应称为酮式分解。

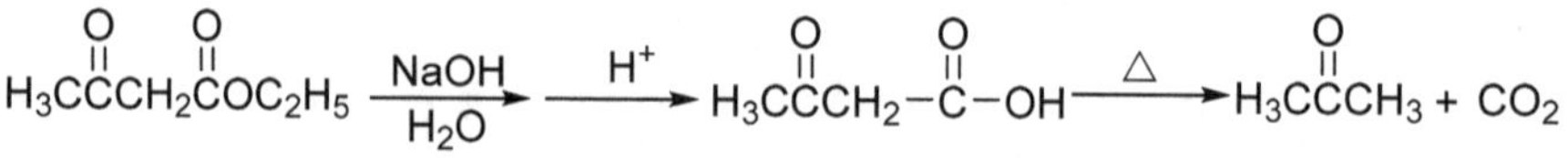

该概念也同样适用于其他取代的乙酰乙酸乙酯的β-酮酯类化合物，其酮式分解会得到丙酮的衍生物。例如：

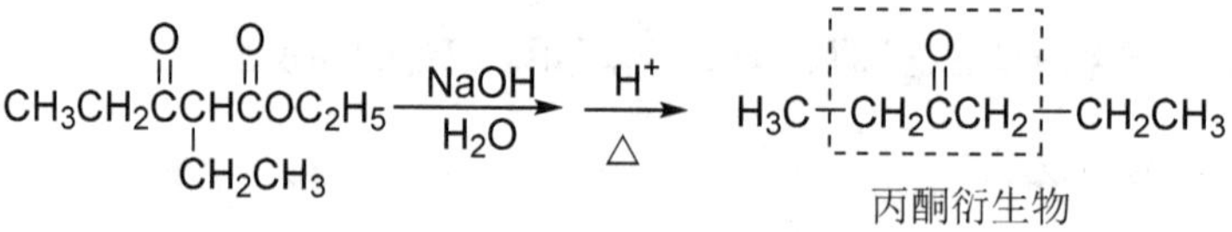

丙酮衍生物

丙二酸二乙酯或取代的丙二酸二乙酯等β-二酯化合物经酮式分解得乙酸或乙酸的衍生物。

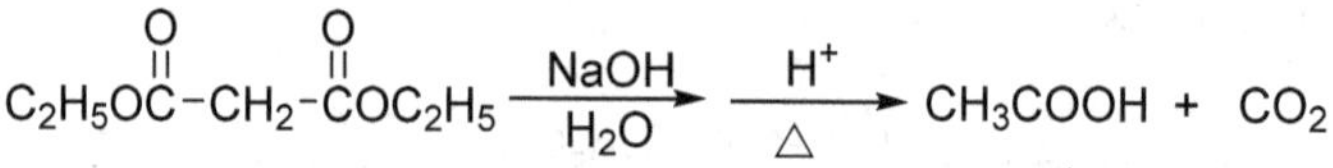

乙酸

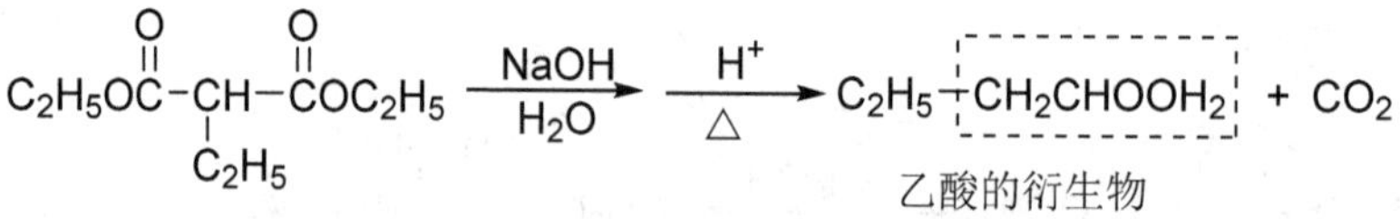

乙酸的衍生物

在有极活泼的亲核试剂存在时，也会出现先发生 S_N2 反应后发生脱羧的现象，反应结果与酮式分解相同，通常由强烈的熵效应驱动。例如，在 DMSO 中加热回流时，Cl^-会引发乙酰乙酸乙酯发生如下反应：

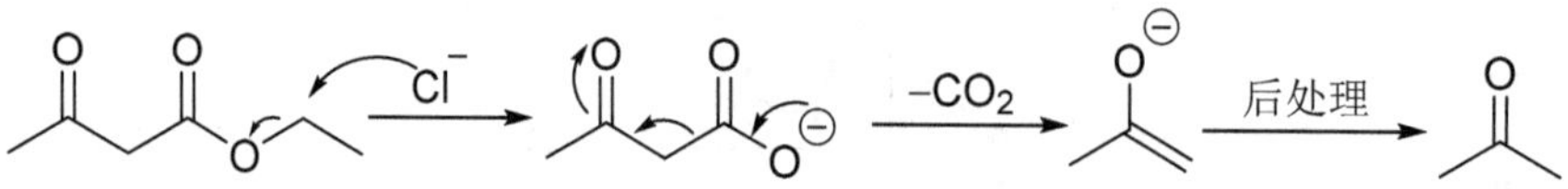

3. 酸式分解

用浓的强碱溶液(如 40% NaOH)和乙酰乙酸乙酯同时加热，得到的主要产物再酸化得两种酸，因此称为酸式分解。该概念也同样适用于其他β-酮酯、β-二酯、β-二酮化合物。其中取代的乙酰乙酸乙酯的β-酮酯类和取代的丙二酸二乙酯的β-二酯类酸式分解的产物是乙酸的衍生物。其中β-二酮化合物在浓的强碱作用下，也能进行酸式分解为羧酸和酮。

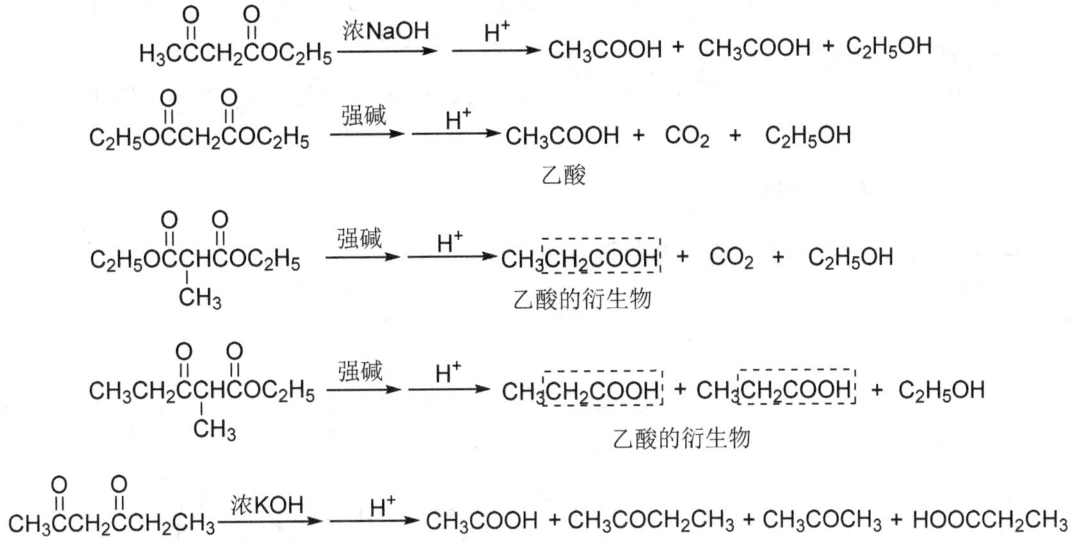

乙酰乙酸乙酯酸式分解也可以看作酯缩合的逆反应，其反应机理如下：

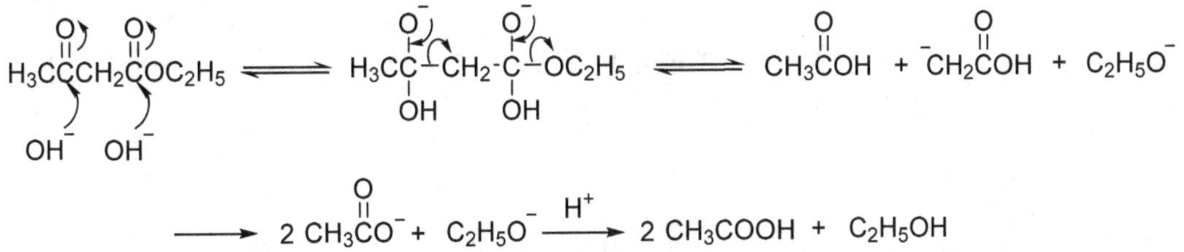

综上所述，通过酯缩合的逆反应、酮式分解、酸式分解等反应，β-二羰基化合物可以化繁为简转变为乙酸乙酯及其衍生物、丙酮及其衍生物、乙酸及其衍生物。

12.8　β-二羰基化合物在有机合成中的应用和β-二羰基化合物的经典人名反应简介

12.8.1　β-二羰基化合物在有机合成中的应用

乙酰乙酸乙酯、丙二酸二乙酯及其他β-二羰基化合物的碳负离子或烯醇负离子，可以作为亲核试剂与卤代烷或酰氯等发生亲核取代。或与α,β-不饱和醛、酮、酸、酯等发生 Michael 加成等，其结果是在亚甲基碳上或γ-碳上引入一个烃基、一个酰基或其他各种基团，然后再串联酮式、酸式分解或酯缩合的逆反应，就可以得到各种不同的化合物。

1. 制备甲基酮或取代乙酸衍生物

实例一　以乙酸乙酯为起始原料合成①4-苯基丁-2-酮、②苯丙酸。

合成路线：

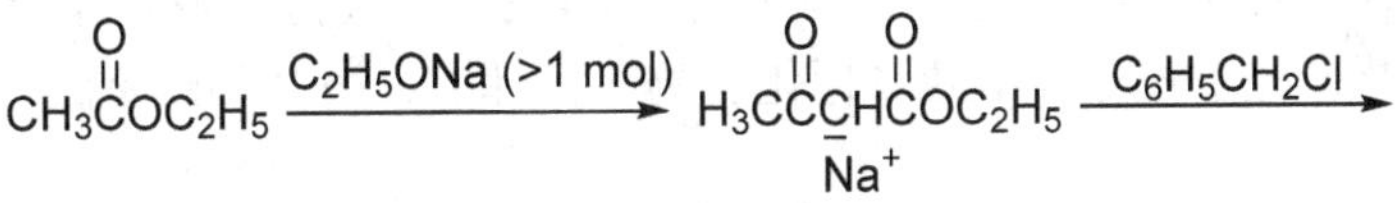

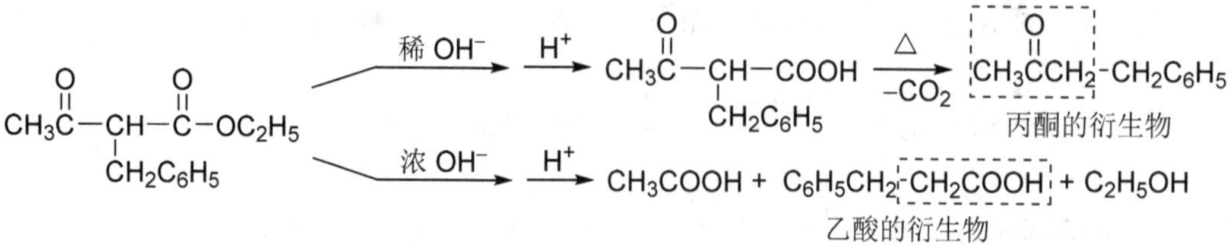

2. 制备β-二酮或β-酮酸

实例二　由乙酰乙酸乙酯为起始原料合成壬-2,4-二酮。
合成路线：

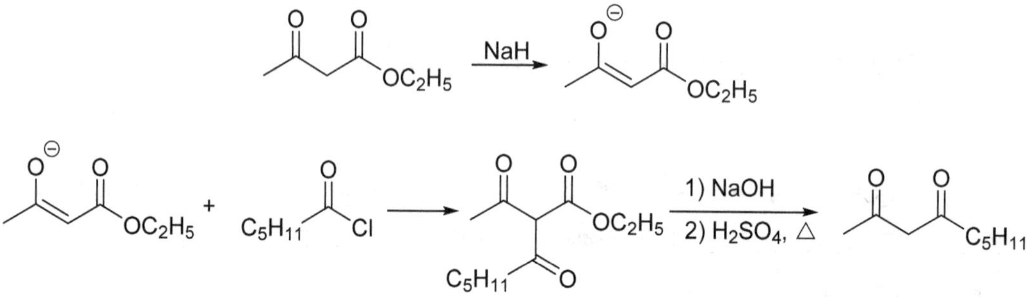

在上述反应中，通过烯醇负离子的酰基化反应，再酮式分解，实现了由一种β-二羰基化合物到另一种β-二羰基化合物的转换。

3. 制备环己基酮衍生物

实例三　以乙酸乙酯为起始原料合成甲基环己基酮。
合成路线：

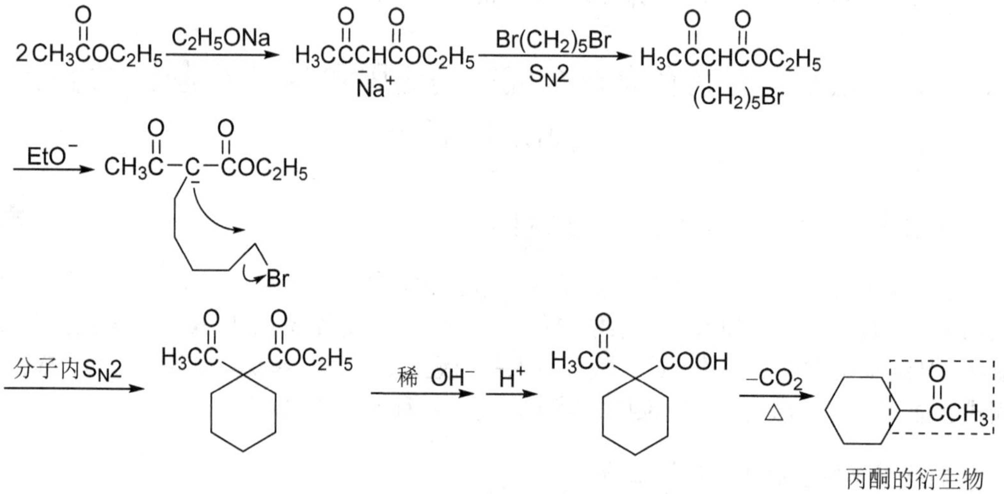

乙酰乙酸乙酯分子中的亚甲基上有两个活泼氢，在乙醇钠作用下失去一个活泼氢形成钠盐，与1,4-二溴戊烷发生 S_N2 反应后，亚甲基上还有一个活泼氢，可以再一次生成钠盐，再一次和卤代烷发生分子内的 S_N2 反应，结果形成一个环状化合物。此环状化合物可看作一个取代的乙酰乙酸乙酯，经酮式分解得到目标化合物。实际上，甲基环己基酮也可以看作一个丙酮的衍生物。

4. 制备二元羧酸或螺环羧酸

实例四 由丙二酸二乙酯为起始原料合成螺[3.3]庚烷-2,6-二羧酸。

合成路线：

$$4\,CH_2O + CH_3CHO \xrightarrow{NaOH} C(CH_2OH)_4 \xrightarrow{HBr} C(CH_2Br)_4$$

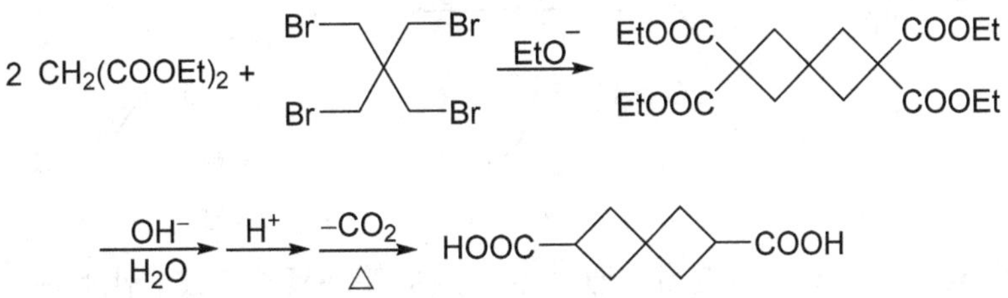

上述合成路线是制备螺环二元羧酸的途径之一。其实利用类似的方法还可以制备各种单环和螺环化合物。例如：

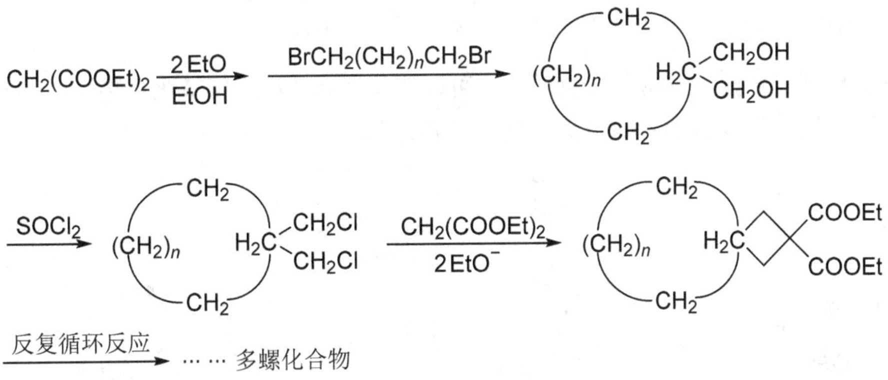

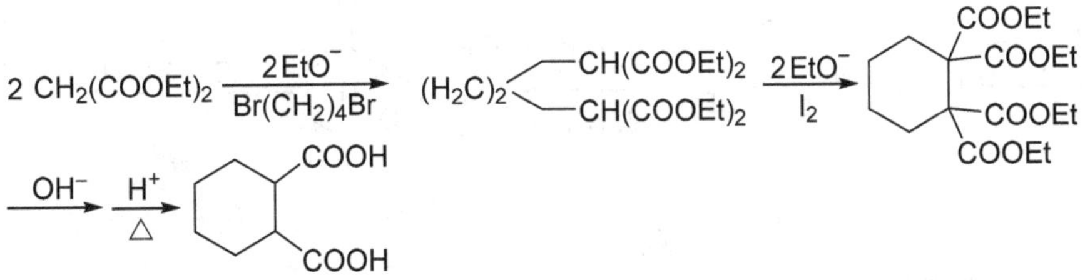

在上述反应中，I_2在反应中的作用是将两个丙二酸二乙酯的亚甲基碳连接起来。

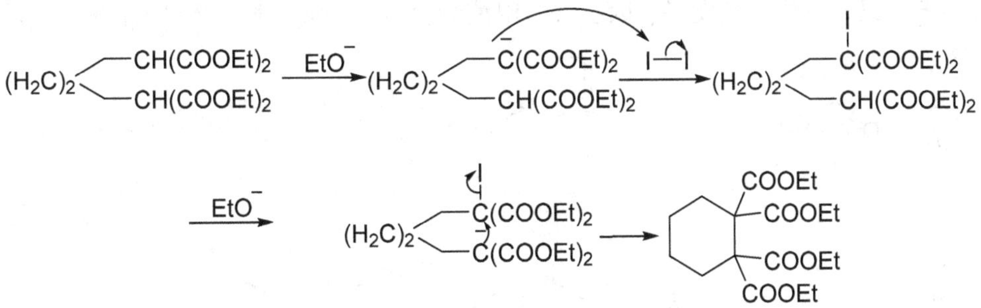

用丙二酸二乙酯为起始原料合成 3,8-二甲基-2,7-二氧杂螺[4.4]壬烷-1,6-二酮。

合成路线：

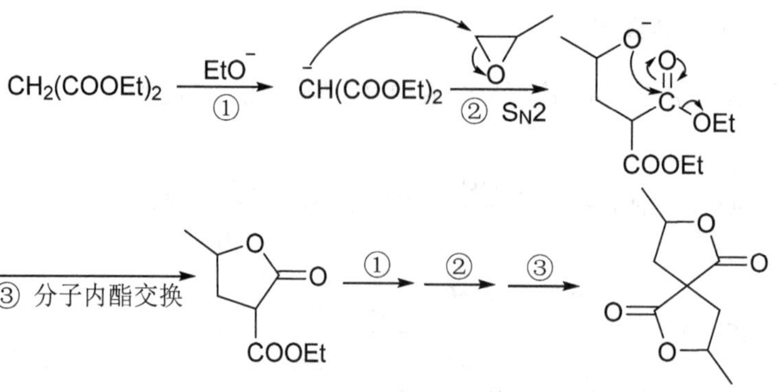

3,8-二甲基-2,7-二氧杂螺[4.4]壬烷-1,6-二酮

(双内酯螺环化合物)

烯醇负离子具有很强的亲核能力，通过 S_N2 反应使环氧乙烷或取代的环氧乙烷开环生成氧负离子，经分子内的酯交换反应制备 1,3-二羰基化合物，然后再重复一遍就可以得到最终目标分子。

5. 以丙酮、乙酰乙酸乙酯、1-氯戊烷合成二氢茉莉酮

烯醇负离子与α-卤代羰基化合物反应，可以用于制备 1,4-二羰基化合物，1,4-二羰基化合物随后可以发生关环或者缩合以合成其他化合物。

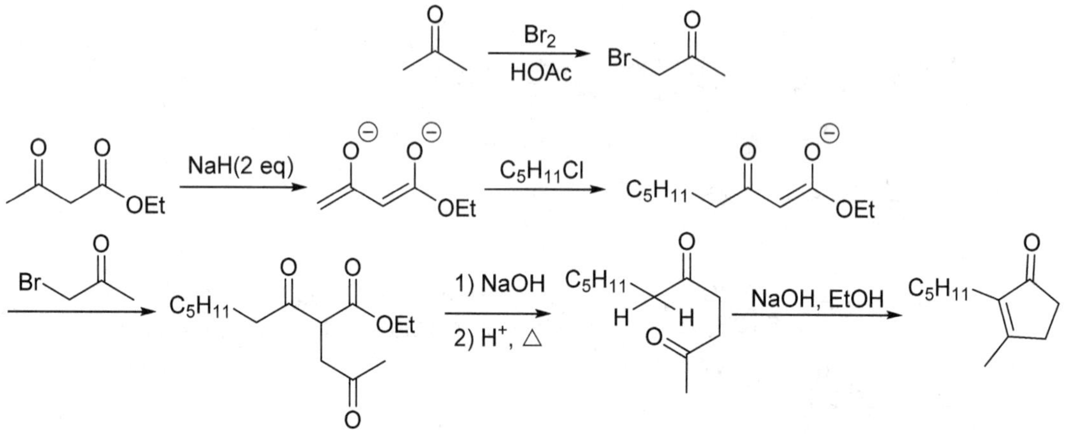

6. 制备 1,5-二羰基化合物

实例五　以环戊酮、正戊醛、丙二酸二甲酯为原料，合成香料二氢茉莉酮酸甲酯。

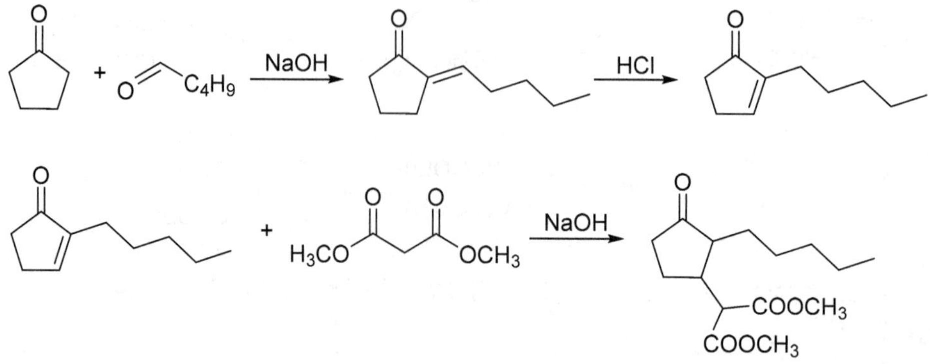

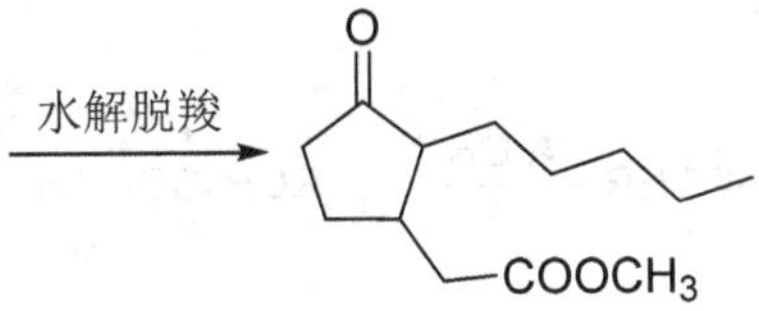

12.8.2 Perkin 反应

1868 年，蒲尔金(W. H. Perkin)发现苯甲醛与乙酸酐在乙酸钠催化下，一步生成肉桂酸，后者是一种重要的香料。在该反应发现之前，肉桂酸是通过苯甲醛和乙醛发生羟醛缩合后再使用重铬酸钾氧化制备的，面临产率低、副产物多、污染严重等问题，于是 Perkin 提出了使用酸酐和碱一步合成的方法。

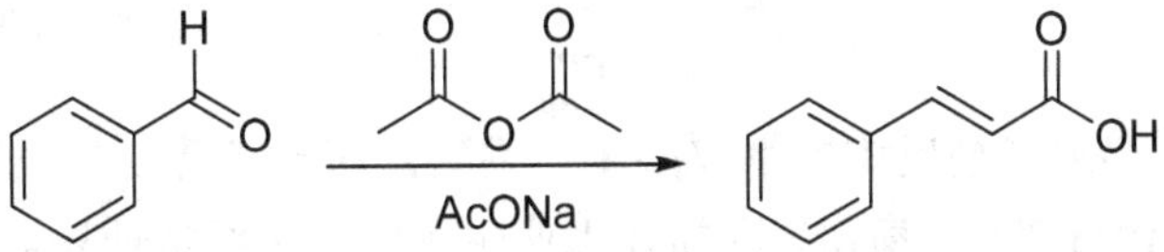

后来，进一步发现其他的芳香醛在碱性催化剂的作用下，也能与酸酐反应生成β-芳基-α, β-不饱和酸，将该类反应称为 Perkin 反应。所用的碱性催化剂通常是与酸酐相对应的羧酸盐。通常情况下，以热力学稳定的反式烯烃的衍生物为主要产物。

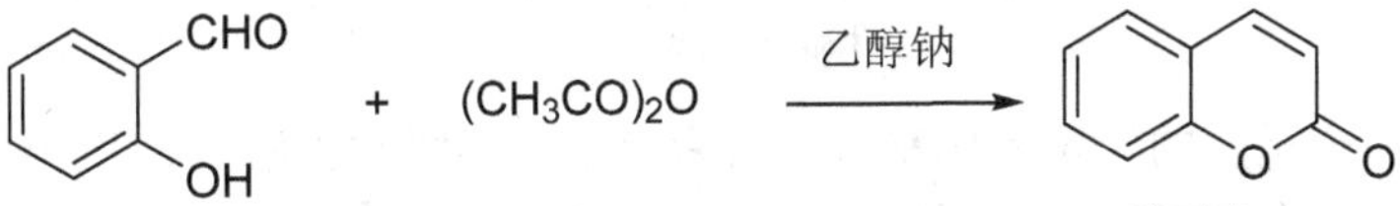

香豆素

但水杨醛发生 Perkin 反应生成的香豆素的内酯结构是由顺式香豆酸得到的。推测环内酯的形成可能是促使产生顺式异构体的一个原因。事实上此反应中也得到少量反式香豆酸，不能形成内酯。

Perkin 反应的一般式如下：

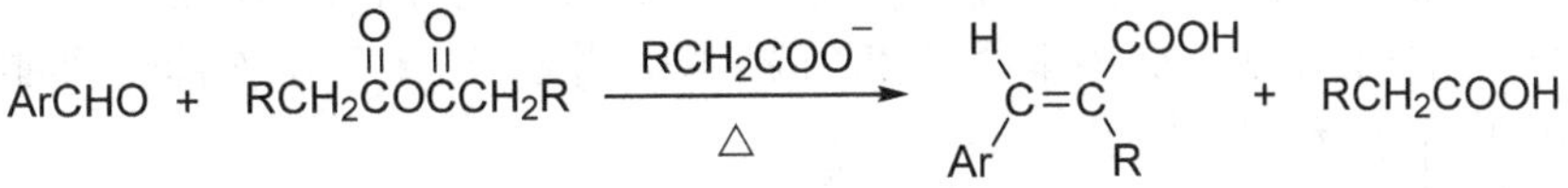

若用苯甲醛和乙酸酐在乙酸钠催化下反应，得到肉桂酸：

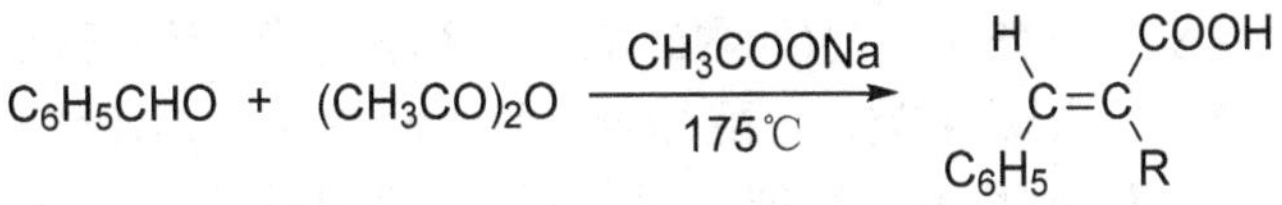

肉桂酸

反应过程首先是酸酐在相应羧酸盐的作用下，生成碳负离子(i)，(i)和芳香醛亲核加成后产生烷氧负离子(ii)，(ii)经过六元环状中间体发生分子内的亲核取代，关环再开环得到(iii)，这步相当于酸酐的醇解反应，(iii)和酸酐反应得到一个混合酸酐(iv)，(iv)再失去质子及RCH_2COO^-，产生一个不饱和的酸酐(v)，(v)经水解得到β-芳基-α,β-不饱和酸，主要得到的是 *E* 型双键产物。

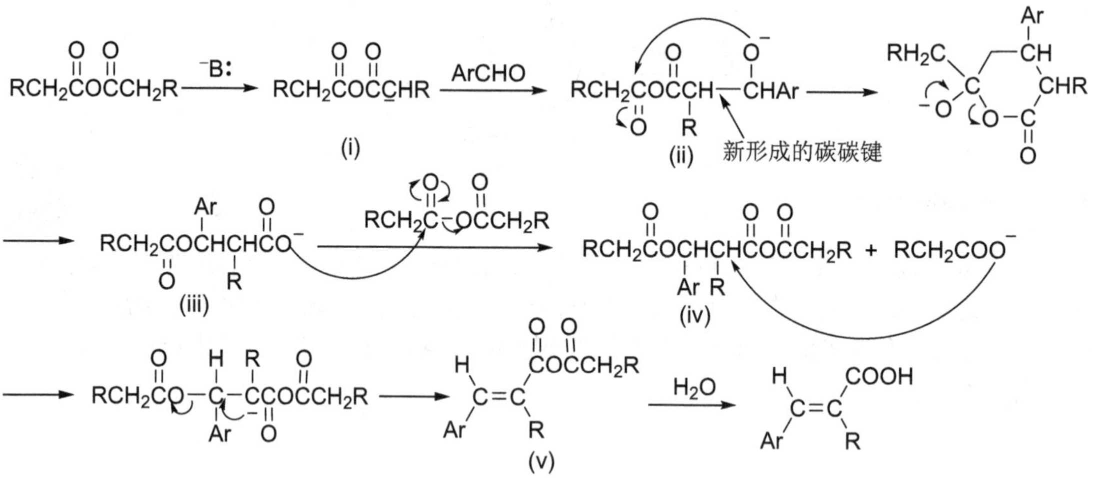

Perkin 反应的主要缺点是反应底物仅限于芳香醛，而且通常反应温度较高、产率有些比较低，但它所用原料相对便宜、易得，因而在工业生产中还是经常使用。例如，制药工业中在合成治疗吸虫病的药物呋喃丙胺时，中间体呋喃丙烯酸就是通过 Perkin 反应制备的。

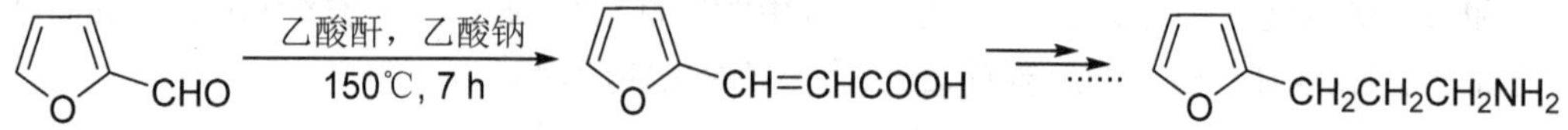

呋喃丙烯酸，74%　　　　呋喃丙胺

Perkin 反应一个重要的应用是用来合成香豆素。水杨醛和乙酸酐在乙醇钠的碱性条件下，一步得到具有内酯结构的香豆素。值得注意的是，该内酯结构是由顺式的香豆酸中间体得到的。产物形成大的共轭体系，促使了顺式中间体的生成和最终形成内酯环。

12.8.3　Knoevenagel 反应

1894 年，克脑文盖尔(Knoevenagel)报道了丙二酸二乙酯和甲醛在二乙胺的催化下发生缩合反应。他同时发现在伯胺和仲胺的催化下，甲醛或其他醛和乙酰丙酮也可以发生这种类型的反应。1896 年，Knoevenagel 用苯甲醛和乙酰乙酸乙酯在 0℃、哌啶作催化剂时得到一种单一的不饱和产物。该反应通式为

$$H_2C(X)-Y + R^1-C(R^2)=O \longrightarrow X-C(Y)=C(R^2)-R^1$$

随后，将具有活性亚甲基的化合物(如丙二酸酯、β-酮酸酯、氰乙酸酯、硝基乙酸酯等)在弱碱的催化作用下，与醛、酮发生类似羟醛缩合，脱水而得到α, β-不饱和化合物的反应，称为 Knoevenagel 缩合反应。常用的碱性催化剂有吡啶、六氢吡啶，以及其他一级胺、二级胺等。反应一般在苯和甲苯中进行，同时将产生的水分离出去，此法所需温度较低，产率高，也可以通过微波促进反应。下面是 Knoeveagel 反应的一个实例：

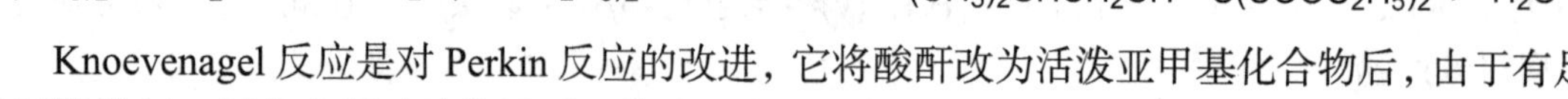

Knoevenagel 反应是对 Perkin 反应的改进，它将酸酐改为活泼亚甲基化合物后，由于有足够活泼的氢，因此在弱碱的作用下，就可以产生足够浓度的碳负离子进行亲核加成。因为使用了弱碱，可以避免醛、酮的自身缩合，因此除芳香醛外，酮及脂肪醛均能进行反应，扩大了

使用范围。

关于 Knoevenagel 反应的机理有多种解释，但是人们普遍公认的有两种。

一种反应机理类似于羟醛缩合，反应在极性溶剂中进行，在碱催化剂(如三级胺等)存在下，活性亚甲基化合物形成碳负离子，然后与醛、酮缩合。其反应机理如下：

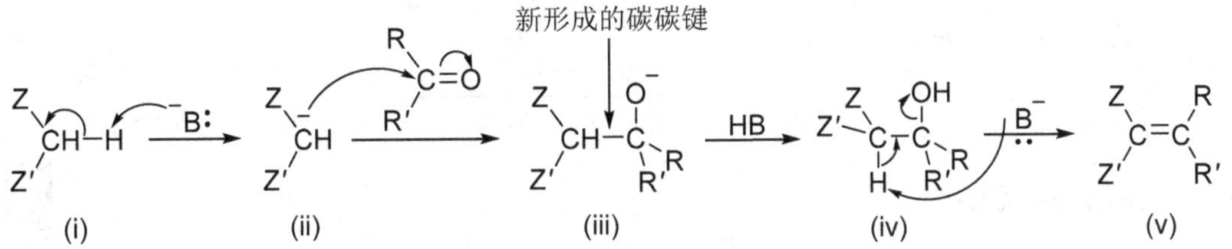

Z 或 Z′ = CHO、COR、COOR、COOH、CN、NO_2 等吸电子基团，两者可以相同也可以不同。NO_2 的吸电子能力很强，有一个就足以产生活泼氢。

另外一种反应机理是羰基化合物在伯胺或仲胺的催化下形成亚胺过渡态，然后与活性亚甲基化合物所形成的碳负离子加成。

这类反应有时不仅需用有机碱(如伯胺、仲胺或铵盐)作催化剂，还需用有机酸共同催化才能使反应发生，并可提高产率。

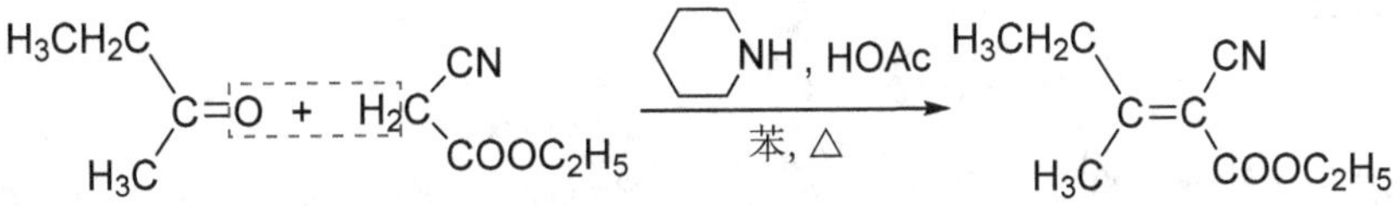

在此种反应的反应机理普遍认为是羰基化合物在伯胺、仲胺或铵盐的催化下先缩合形成亚胺活泼中间体，然后与活性亚甲基化合物所形成的碳负离子发生加成反应，最后消去胺形成双键。

其反应机理如下：

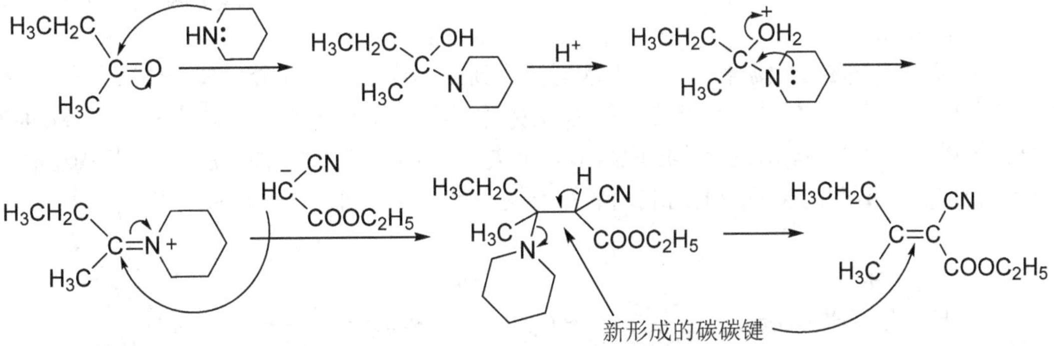

Knoevenagel 反应在制备各类α, β-不饱和化合物方面有比较广泛的应用。例如：

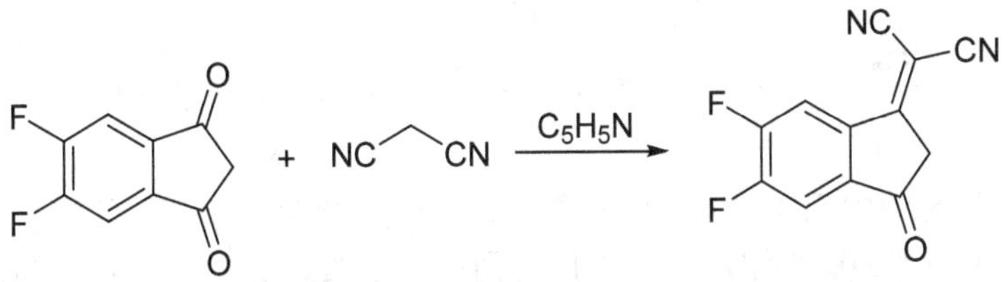

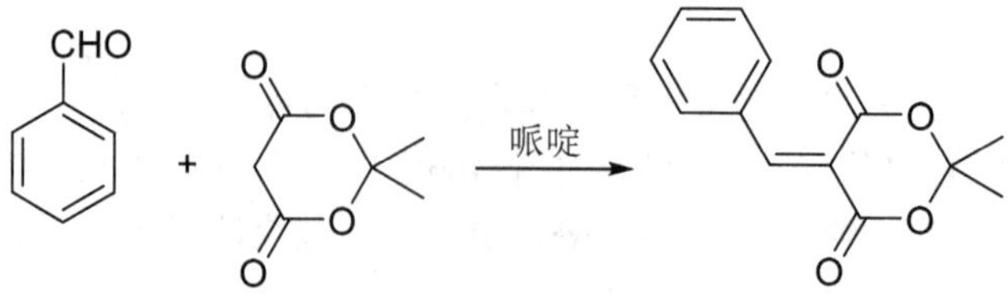

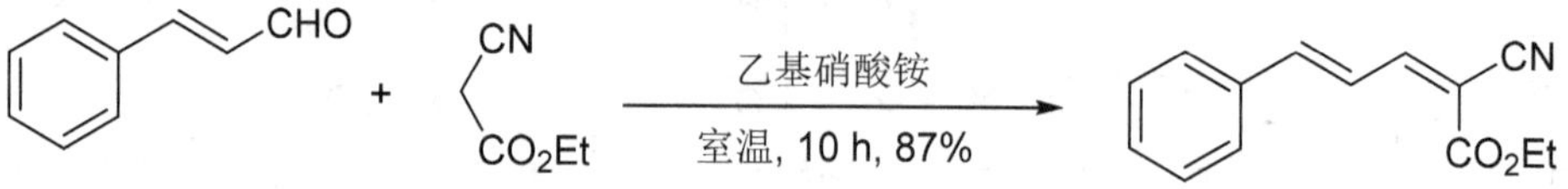

12.8.4 Darzens 反应

α-卤代羧酸酯在强碱(如醇钠、氨基钠等)作用下能够与醛或酮反应，生成α, β-环氧羧酸酯，这个反应称为达参(Darzens)反应，反应通式如下：

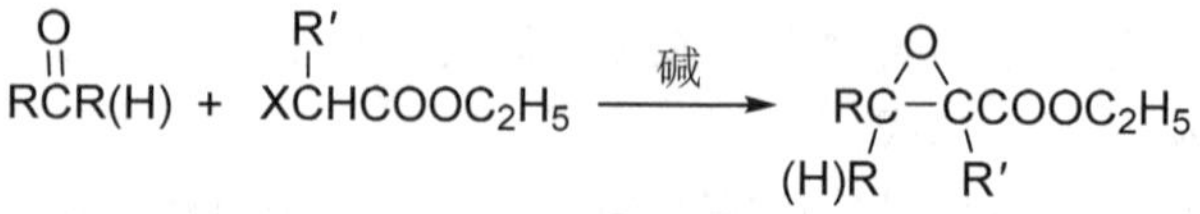

例如，α-氯代乙酸乙酯在叔丁醇钾存在下与环己酮缩合，得到α, β-环氧羧酸酯。

其反应机理如下：

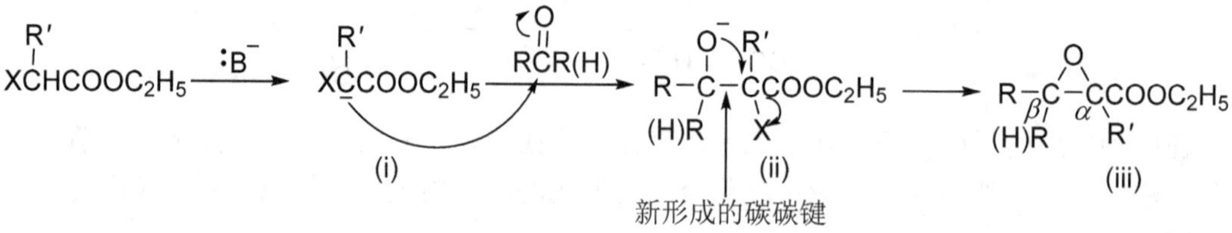

α-卤代羧酸酯在强碱的条件下，首先生成碳负离子中间体(i)；(i)与醛或酮的羰基进行亲核加成，得到烷氧负离子中间体(ii)；(ii)带负电荷的氧进攻α-碳，迫使卤离子离去，最终生成α, β-环氧羧酸酯(iii)。

α, β-环氧羧酸酯在很温和的条件下水解，得到很不稳定游离的酸，其受热后容易脱羧失去二氧化碳，得到烯醇结构，再互变异构为醛或酮。因此，Dazen 反应与酯水解和脱羧反应的组合，提供了由醛(或酮)出发合成比原料多一个碳的新醛(或酮)的一种方法。得到醛或酮的选择性主要取决于α-卤代羧酸酯上的取代基的个数。例如，下列化合物经水解得到醛：

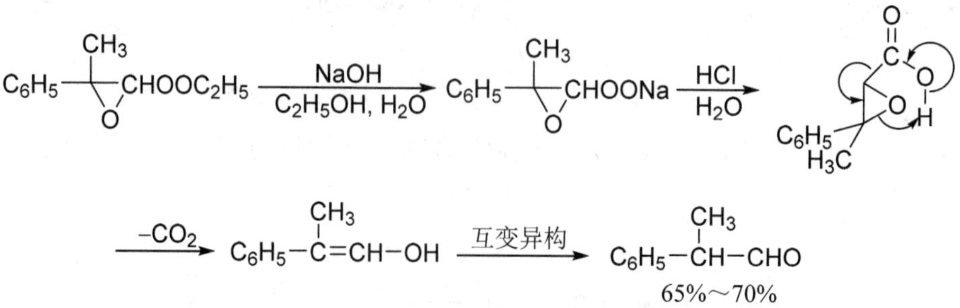

在生产维生素 A 的中间体时，开始的原料就是用β-紫罗兰酮和氯乙酸甲酯进行 Dazen 反应，生成的环氧羧酸酯经碱性水解、再酸化得到一个十四碳醛，产率为 78%：

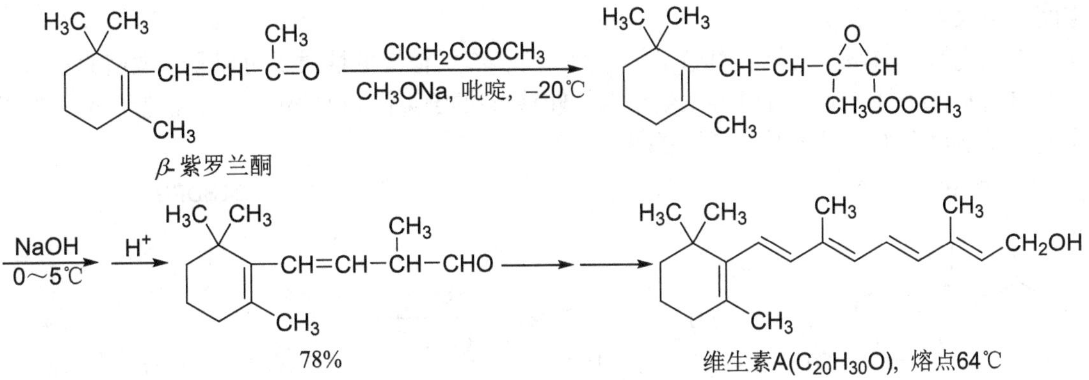

12.8.5 Reformatsky 反应

早期有机化学研究还未发展出大位阻强碱时，为了获得酰基负离子，常通过 Reformatsky 反应进行缩合。Reformatsky 反应在惰性溶剂中通过锌和α-溴代酯反应制备有机锌试剂，再通过有机锌试剂进攻酮或醛羰基得到β-羟基酸酯类产物。β-羟基酸酯很易失水，生成α,β-不饱和酯。

这个反应不能用镁代替锌，这是本反应的特点。有机锌试剂反应温和，如果用镁代替锌则生成的格氏试剂会优先与酯反应。通常有机锌试剂可以不分离，直接原位发生反应，是“一锅煮”反应。锌通常也可以被一些活性类似的金属或化合物替代，基团兼容性和选择性往往更高。

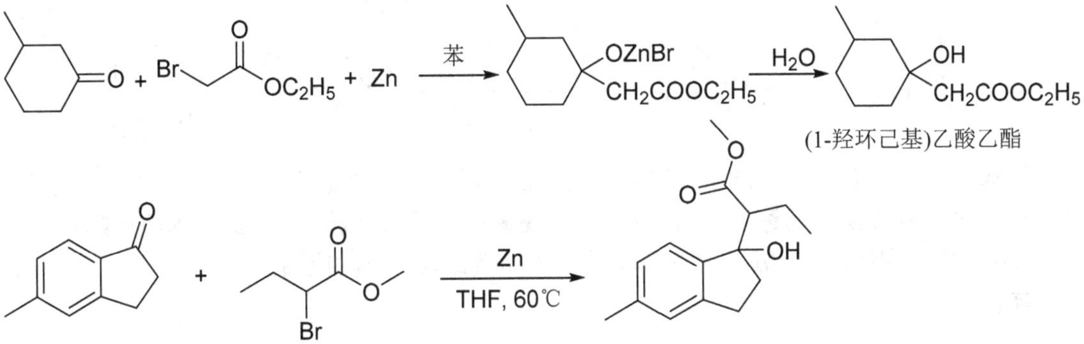

其反应机理如下：

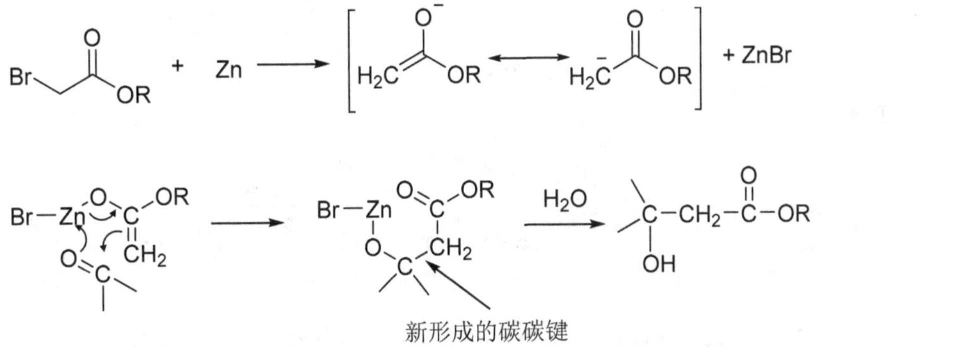

首先是α-溴代酸酯与锌反应得中间体有机锌试剂，然后有机锌试剂与羰基进行加成，再水解得产物。α-溴代酸酯的α-碳上有烷基或芳基均可进行反应，芳香醛、酮也均可反应，唯有

空间位阻太大时，不能反应。

二碘化钐中的钐为二价，而稳定价态为三价，有类似锌的性质，可以先攫取卤原子形成一个自由基，条件合适时可以再发生单电子转移形成类似于有机锌试剂的有机钐试剂，二者本质都是碳负离子，因此可以与羰基加成。

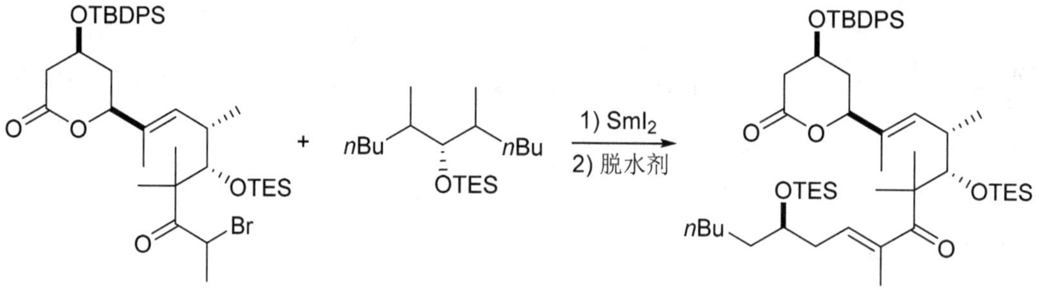

12.8.6　Henry 反应

Henry(亨利)反应指含α-H 的硝基化合物与醛的亲核加成反应，产物为β-羟基硝基化合物。随后可以通过其他反应转化为其他官能团。Henry 反应通常在碱催化下进行。

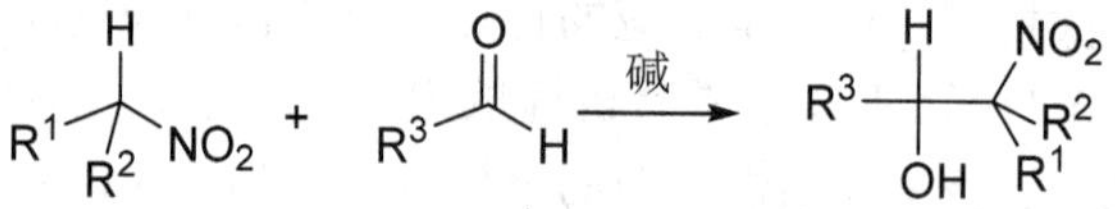

其反应机理如下：

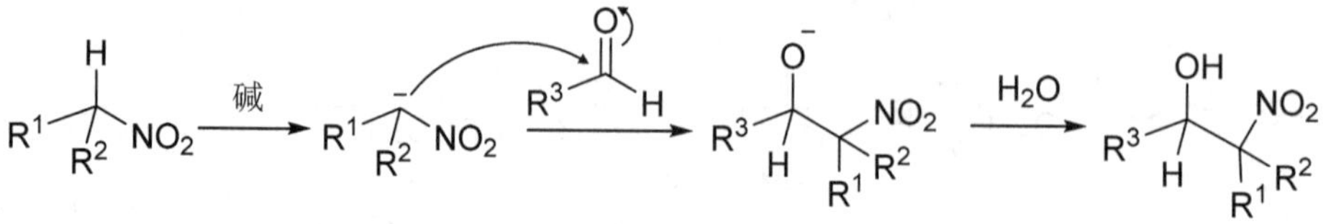

酮的 Henry 反应很慢。通常硝基化合物的活性顺序为：硝基乙烷 > 硝基甲烷 > 2-硝基丙烷，羰基化合物的活性顺序为：正丙醛 > 异丁醛 > 新戊醛 > 丙酮 > 苯甲醛 > 丙酸甲酯。

Henry 反应在制备各类β-羟基硝基化合物方面有比较广泛的应用。例如：

实例一

实例二

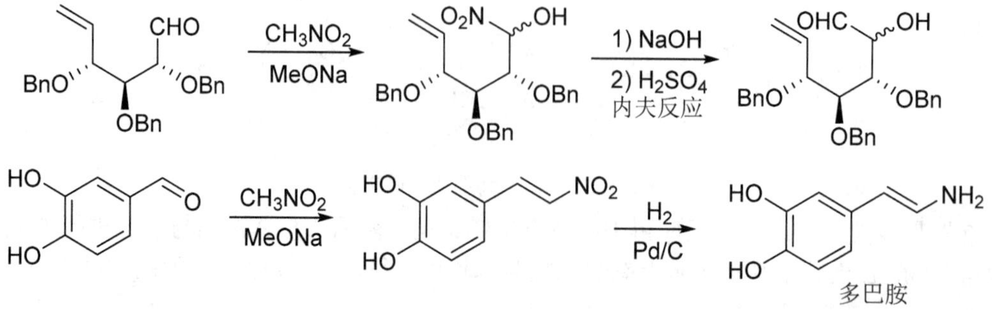

12.8.7　叶立德反应

元素周期表第三周期的元素，特别是硫和磷元素，与碳结合时，碳带负电荷，硫或磷带正电荷，碳和硫或磷彼此相邻，并同时保持完整的电子偶(碳是 8，磷、硫可以超过 8)，这称为叶立德(ylide，或译为邻位双性离子)。由磷形成的叶立德称为磷叶立德(phosphorus ylide)，其结构可用下式表示：

$$\underset{\text{(i)}}{Ph_3\overset{+}{P}-\overset{-}{C}H_2} \longleftrightarrow \underset{\text{(ii)}}{Ph_3P=CH_2}$$

除磷叶立德外，还有硫叶立德(sulfur ylide)、氮叶立德(nitrogen ylide)及砷叶立德。

1. Wittig 反应

磷叶立德是德国化学家魏悌息(Wittig)于 1953 年发现的，所以也称为 Wittig 试剂。Wittig 试剂可用四级鏻盐在强碱作用下失去一分子卤化氢制得。例如，三苯膦和溴代甲烷形成稳定的鏻盐溴化三苯基甲基鏻(iii)，(iii)在干燥的乙醚中和氮气流下用强碱苯基锂处理，即得到磷叶立德(i)。

$$Ph_3P + CH_3Br \longrightarrow \underset{\text{(iii)}}{Ph_3\overset{+}{P}-CH_2\cdot\overset{-}{Br}} \xrightarrow[\text{干燥乙醚}]{PhLi} \underset{\text{(i)}}{Ph_3\overset{+}{P}-\overset{-}{C}H_2}$$

磷叶立德(i)是黄色固体，对水或空气都不稳定，因此在合成时一般不将它分离出来，直接进行下一步反应。

在制备磷叶立德时，对于活泼卤代烷形成的磷盐，可用比较弱的碱，如碳酸钠、氢氧化钠、醇钠等将质子夺去，形成磷叶立德。对于不活泼的卤代烷形成的磷盐，则须用强碱，如烷基锂等处理。磷可以利用其 3d 轨道，与碳 p 轨道重叠成 pd-π 键。这个 π 键具有很强的极性，可以和醛或酮的羰基进行亲核加成，形成烯烃，这个反应称为 Wittig 反应：

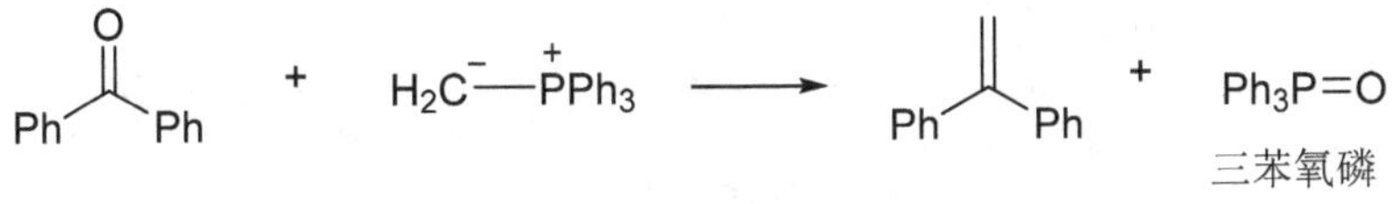

Wittig 反应的反应机理如下：

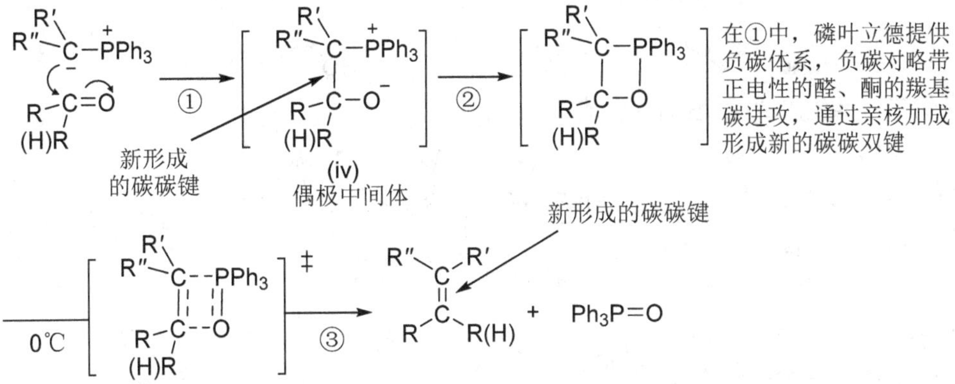

磷叶立德试剂与醛、酮发生亲核加成，形成偶极中间体(dipole intermediate)(iv)；这个偶极中间体在−78℃时比较稳定，当温度升至 0℃时，即分解得到烯烃。

磷叶立德与羰基化合物发生亲核反应时，与醛反应最快，酮其次，酯最慢。利用羰基不同的活性，可以进行选择性的反应。例如，一个羰基酸酯和磷叶立德反应，首先是羰基反应，变成一个碳碳双键：

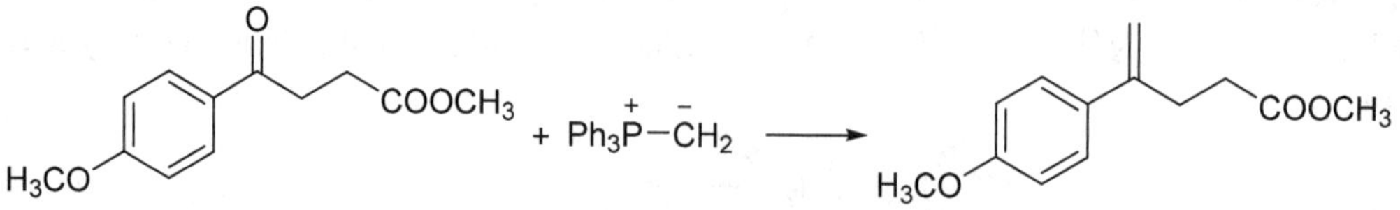

利用 Wittig 反应合成的烯烃类化合物，产物中碳碳双键的位置总是相当于原来碳氧双键的位置，没有双键位置不同的其他异构体，但是产物立体化学不能准确地预先判定。一般地讲，产物烯烃的构型取决于磷叶立德的活性，当磷叶立德很活泼时，总是产生顺反异构体混合物：

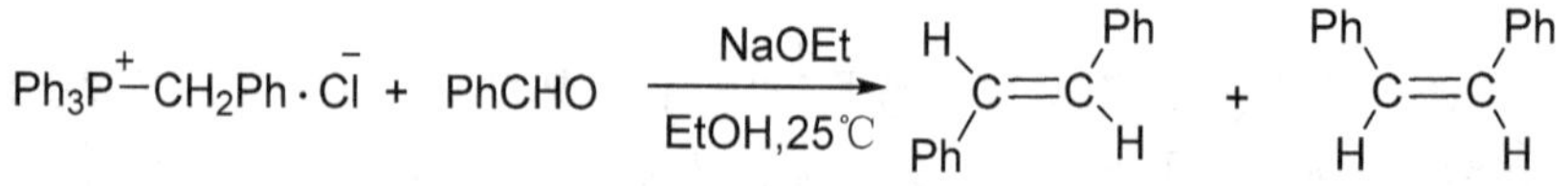

35% 41%

用比较稳定的磷叶立德，如α-碳上连有一个羰基时，产物的取向则有一定的立体选择性，往往是含羰基的基团和β-碳原子上较大的基团位于反式的位置。例如，乙醛和磷叶立德(v)反应，(vi)是主要产物：

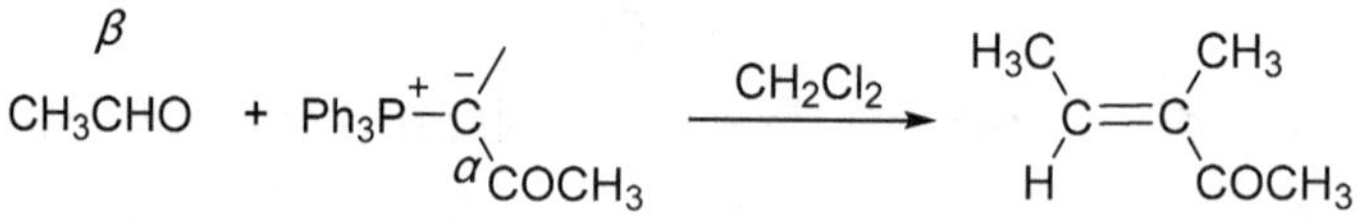

(v) (vi) 96%

下面举两个例子说明 Wittig 反应在合成多烯类天然产物时的用途。

实例一 维生素 D_2 的合成：

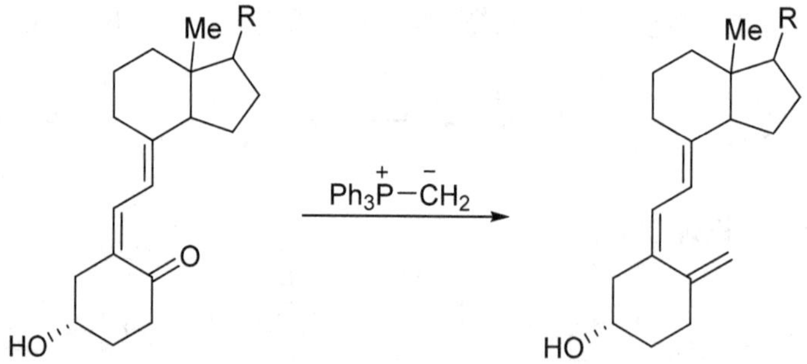

实例二 维生素 A_1 乙酸酯的合成：

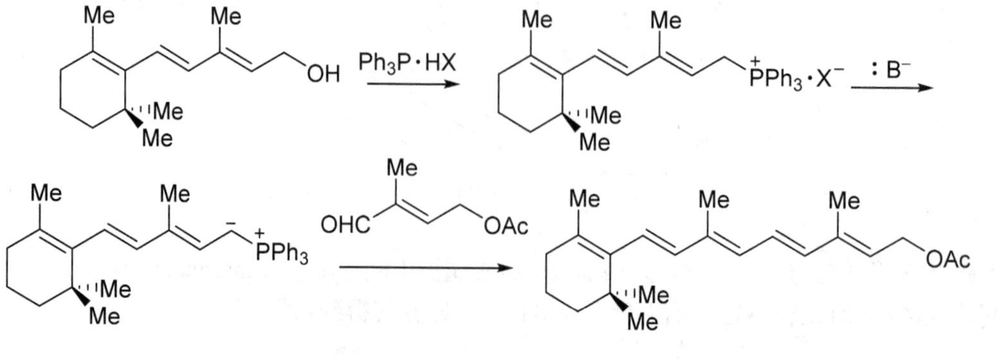

2. Wittig-Horner 反应

用亚磷酸酯代替三苯膦制备的磷叶立德称为魏悌息-霍纳尔(Wittig-Horner)试剂。例如，亚磷酸乙酯和溴代乙酸乙酯反应得到磷酸酯(vii)，(vii)在氢氧化钠作用下放出一分子氢形成 Wittig-Horner 试剂(viii)。

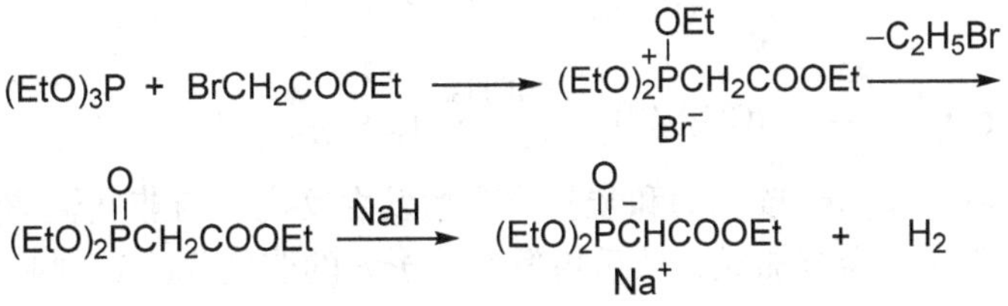

(vii) (viii)

Wittig-Horner 试剂很容易与醛、酮反应生成烯烃。此反应称为 Wittig-Horner 反应。例如，(viii)与丙酮反应，生成α, β-不饱和酸酯：

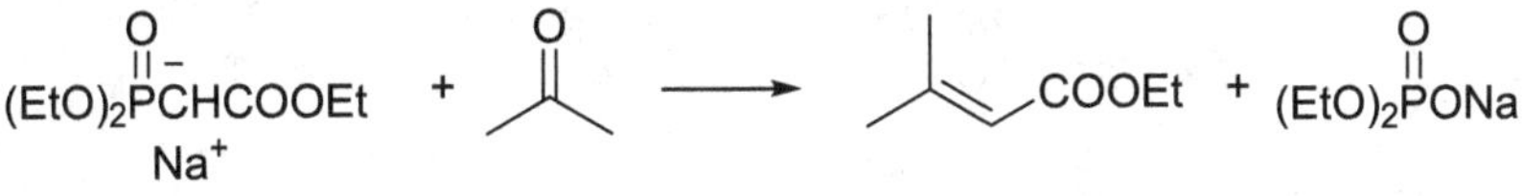

(viii) 70% (ix)

反应中另一个生成物 *O,O*-二乙基磷酸钠(ix)溶于水，很容易与生成的不饱和酸酯分离。Wittig-Horner 反应的反应机理如下：

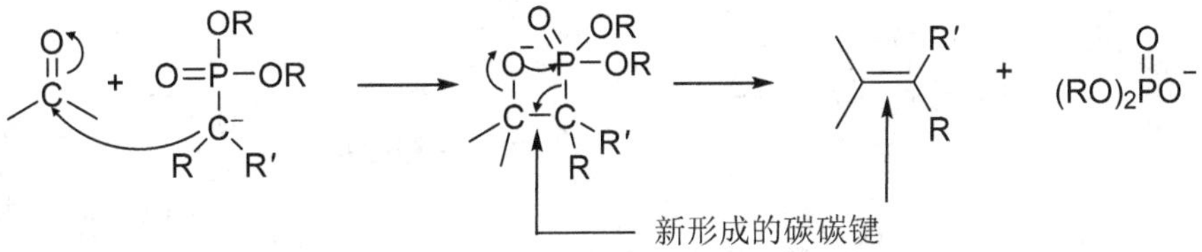

Wittig-Horner 试剂的立体选择性很强，产物主要是 *E* 型的。下面是用 Wittig-Horner 反应合成多烯类化合物的实例。

实例一 制备丙二烯衍生物：

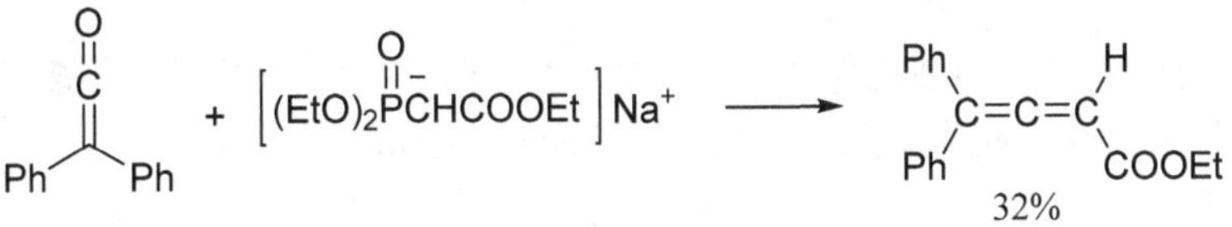

实例二 合成多烯类天然产物：

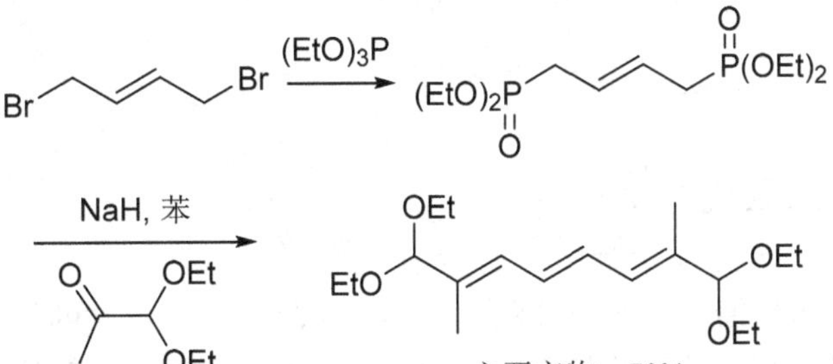

主要产物，70%

3. 硫叶立德的反应

最常用的硫叶立德，可由二甲亚砜或二甲硫醚与碘甲烷制备：

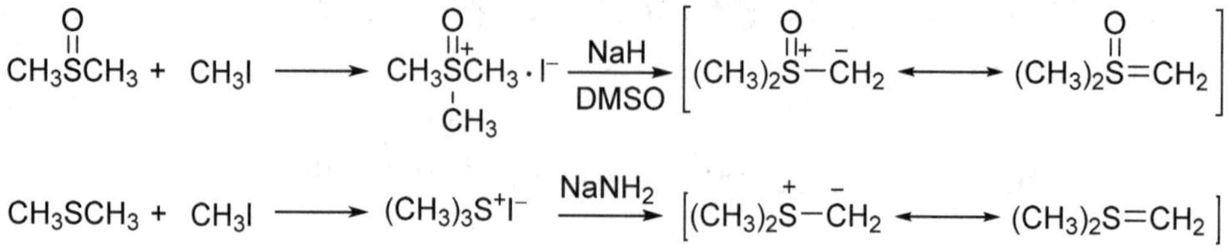

硫叶立德同样可以作为亲核试剂和羰基化合物发生反应。与非共轭的醛、酮反应，得到环氧化合物。反应首先是亲核加成，然后再发生分子内的取代反应。例如：

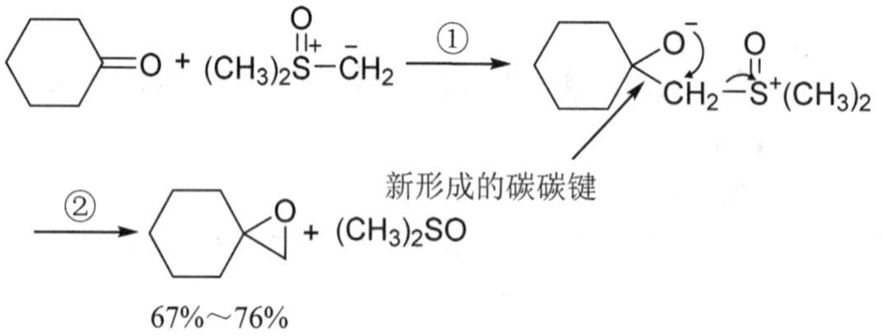

在①中，硫叶立德提供负碳体系，对酮略带正电性的羰基碳进攻，通过亲核加成形成新的碳碳键

与α, β-不饱和酮反应，发生共轭加成，然后再发生分子内的取代反应，即得到环丙烷的衍生物。

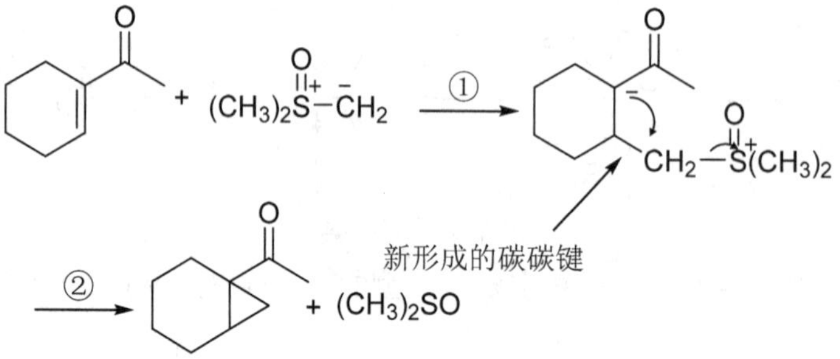

在①中，硫叶立德提供负碳体系，对共轭体系中略带正电性的β碳进攻，通过共轭加成形成新的碳碳键

12.8.8　安息香缩合反应

苯甲醛在氰离子(CN⁻)的催化作用下，发生双分子缩合生成安息香，很多芳香醛也能发生这类反应，因此称此类反应为安息香缩合反应(benzoin condensation)。

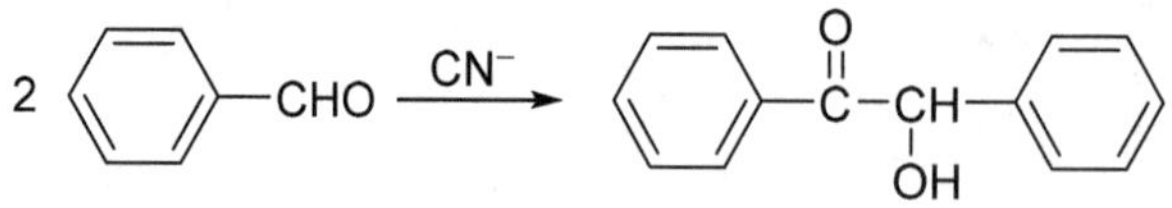

安息香(苯偶姻)

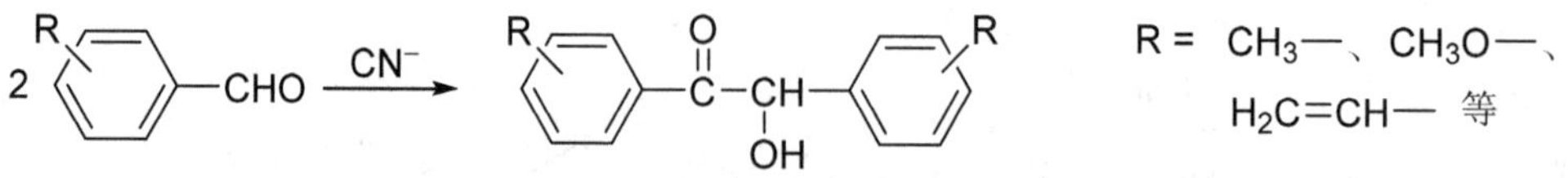

从上面的反应式可以看出，此反应相当于两分子醛发生了羰基的加成反应。一分子醛将与羰基碳相连的氢给到另一分子醛的羰基上的氧，而两个醛的羰基碳原子彼此连接在一起。给出氢的醛称为给体，接受氢的醛称为受体。不是所有的醛都能承担这两种作用，即并不是

所有的醛都能自身缩合成安息香类化合物。

以苯甲醛为例，这类缩合反应的机理如下：

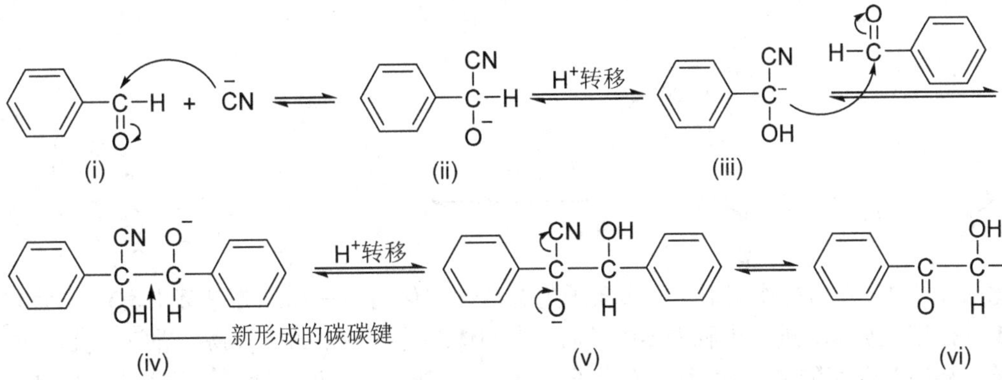

首先是(i)与 CN^-发生亲核加成反应(ii)，(ii)中的质子从碳转移到氧上生成(iii)，(iii)通过对另一个分子醛的亲核加成将两个分子连接在一起生成(iv)，(iv)中质子转移形成(v)，(v)失去 CN^-得到产物(vi)。在上述过程中，CN^-的作用有三个：①作为亲核试剂对羰基进行加成；②作为吸电子基团迫使原来醛基的质子离去，转移到氧上；③最后作为离去基团脱除。

在安息香缩合反应过程中，醛(i)中的羰基是极性基团，羰基碳呈正电性，具有亲电性；但是在(iii)中，该碳原子已转变为负电性，具有亲核性。同一个碳原子，前后的反应性完全翻转，所以称为极性翻转。安息香缩合反应是人们最早知道按这种方式进行的反应。以上极性翻转的概念可以使人们开阔思路，并进一步丰富了有机反应。该方法虽然简单，且产率较高，但是使用剧毒性的催化剂大大限制了其应用。

后来人们发现氮杂环卡宾具有氰负离子相似的催化性质，可以催化苯甲醛的缩合反应，用于制备安息香。其使用的催化剂前体为维生素 B_1，在氢氧化钠的作用下，脱去质子生成活性催化剂——卡宾(氮杂环卡宾)。卡宾对苯甲醛进行亲核加成，进一步脱去α-质子之后，中间体对另一分子的苯甲醛进行亲核加成。通过质子转移以及卡宾的离去，最终得到安息香。该方法具有反应条件温和、绿色环保等优点，因此被广泛使用。

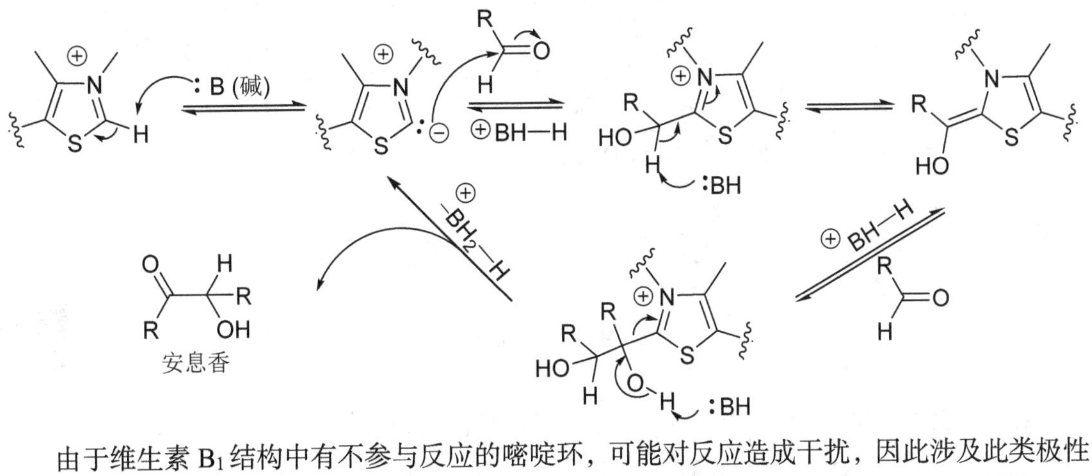

由于维生素 B_1 结构中有不参与反应的嘧啶环，可能对反应造成干扰，因此涉及此类极性反转时常使用氮杂环卡宾 NHC 或者将维生素 B_1 结构中的嘧啶环更换为羟基的简化结构。生成的极性反转的碳负离子也通常可以进行其他反应。例如：

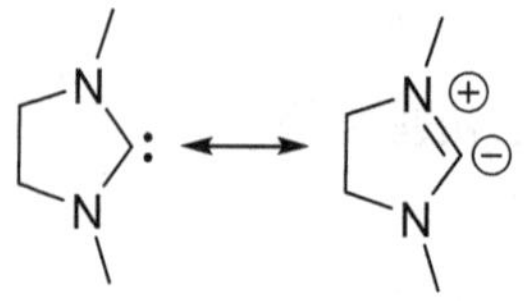

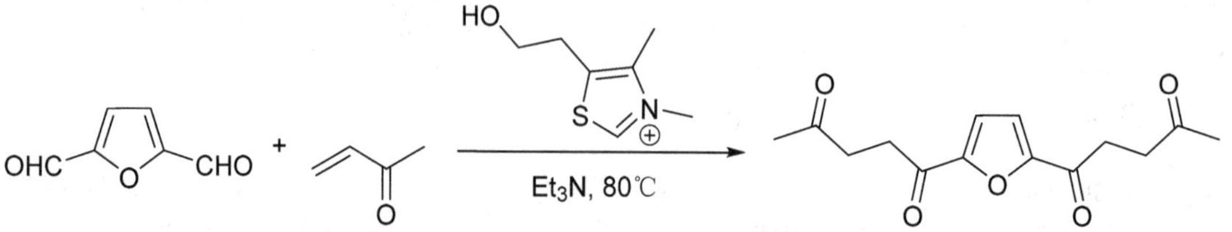

催化剂前体 **2**，在碱的作用下，脱去质子生成活性催化剂——卡宾(氮杂环卡宾)。卡宾对化合物 **1** 进行亲核加成，进一步脱去α-质子后，中间体对另一分子的化合物 **1** 进行亲核加成。通过质子转移以及卡宾的离去，最终得到化合物 **3**。之后新制的二氧化锰将β-碳上为不饱和键的二级醇氧化为酮即化合物 **4**。随后，在 CH_2Cl_2 溶液中，在氧化剂 $FeCl_3$ 的作用下发生成环反应，得到最终化合物 **5**，其是构筑多种有机光电材料的重要前体。

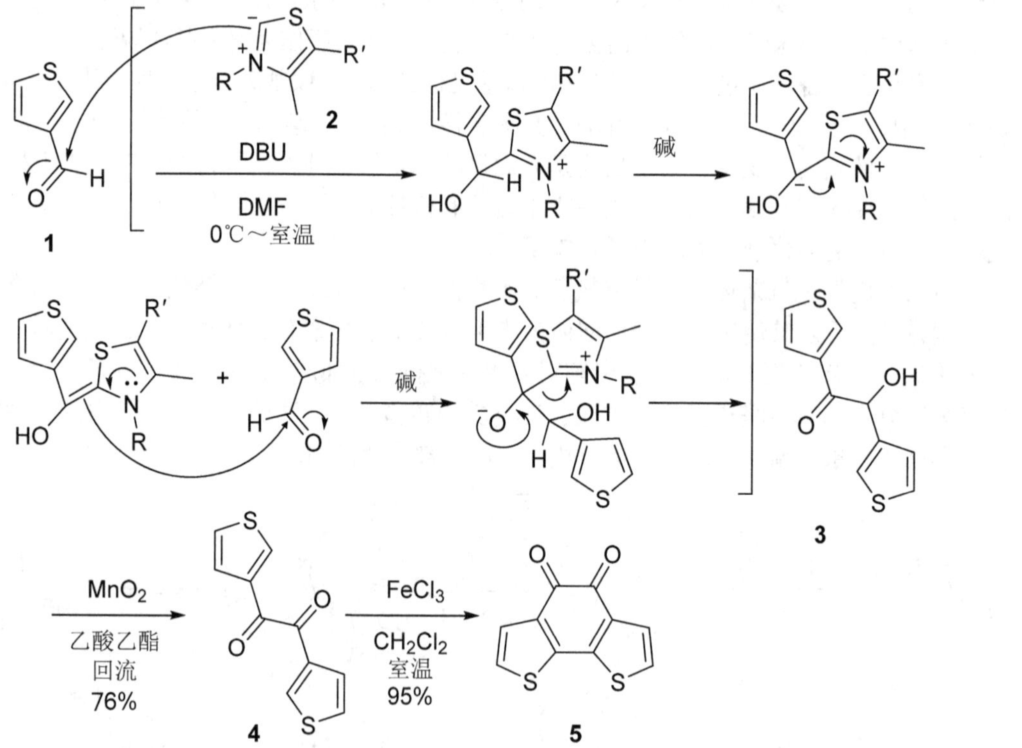

习　　题

12-1　比较下列化合物α-氢酸性的大小，按酸性由大到小排序。

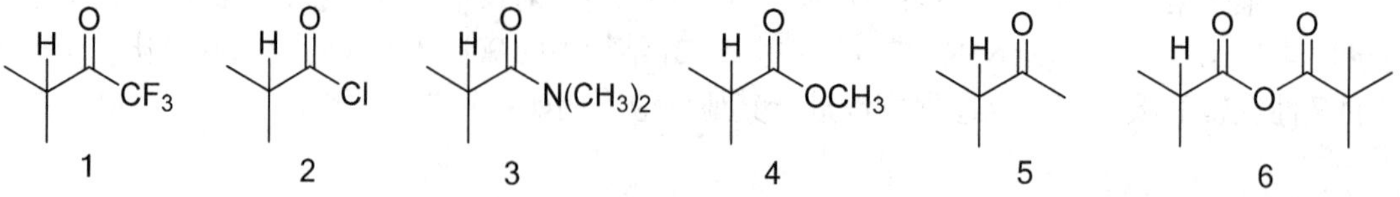

12-2　将戊-2,4-二酮、乙酰乙酸乙酯、丙二酸二乙酯、α-硝基乙酸乙酯、α-氰基乙酸乙酯、二硝基甲烷的 pK_a 由小到大排序。

12-3　HNF 是重要的固体火箭推进剂，由三硝基甲烷和水合肼低温下反应制得。画出 HNF 的结构式并解释为什么二者会发生反应。

12-4　给出下列化合物稳定的互变异构体。

(1)
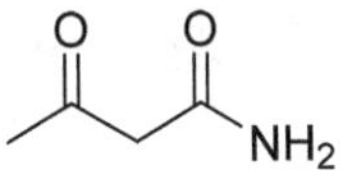
(2)
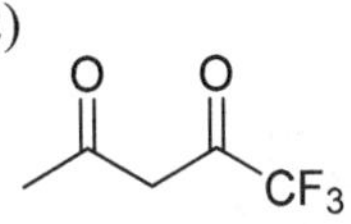
(3)
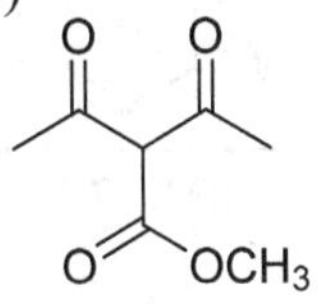

(4)
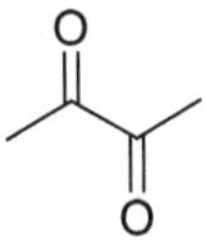
(5)
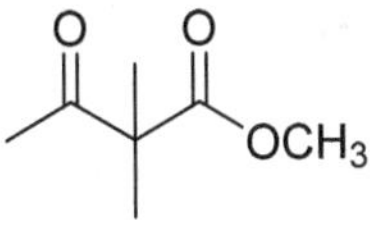
(6)
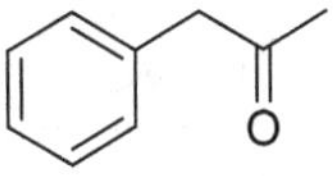

12-5　写出下列反应产物。

(1)
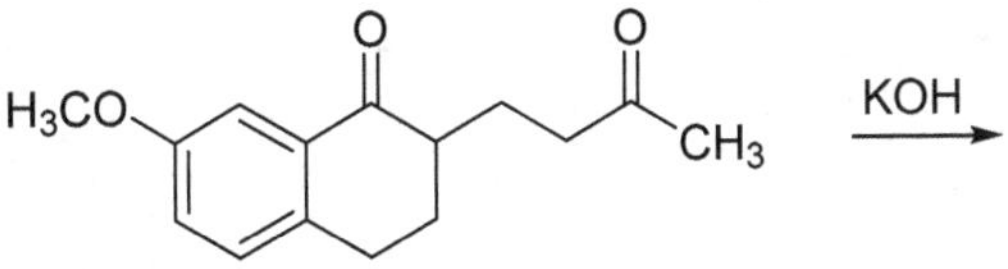

(2)
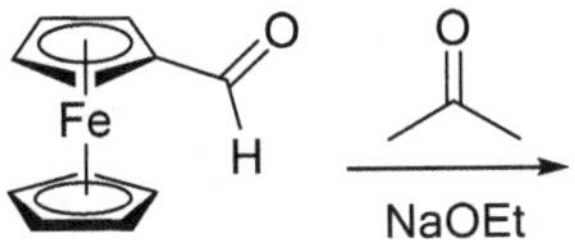

(3)
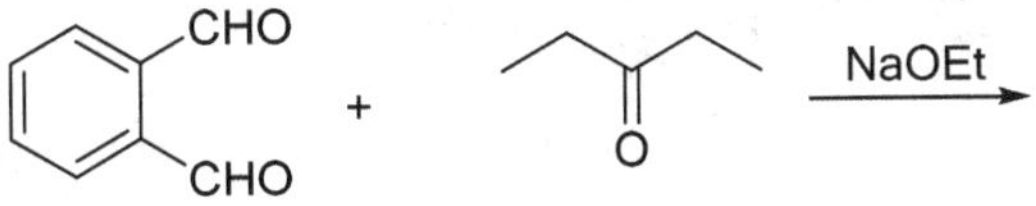

(4)
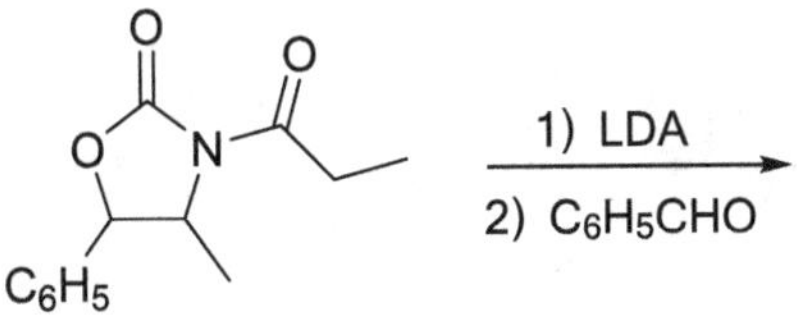

(5)
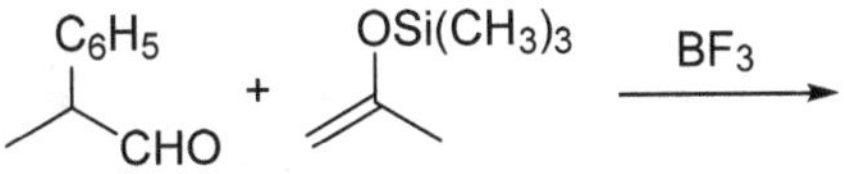

12-6　写出下面反应的机理。

(1)
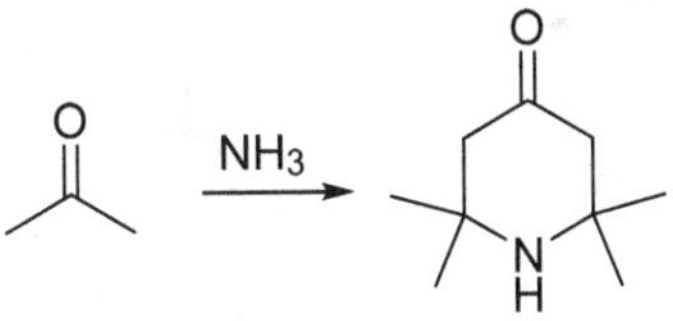

(2) 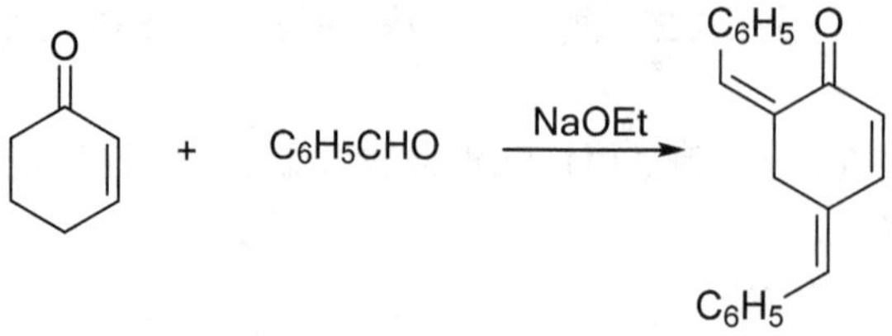

(3) 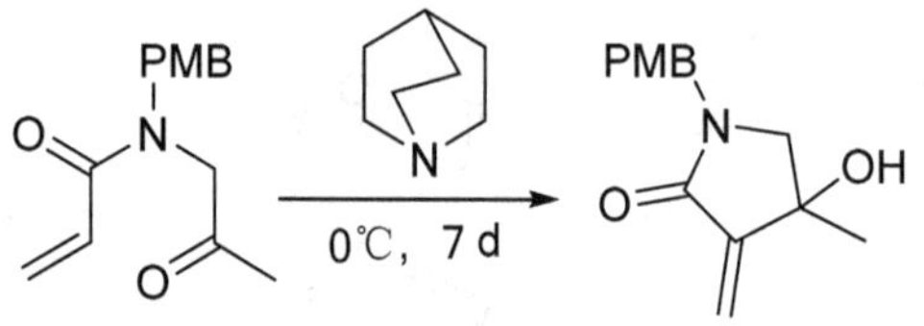

12-7 写出下面反应的产物。

(1) 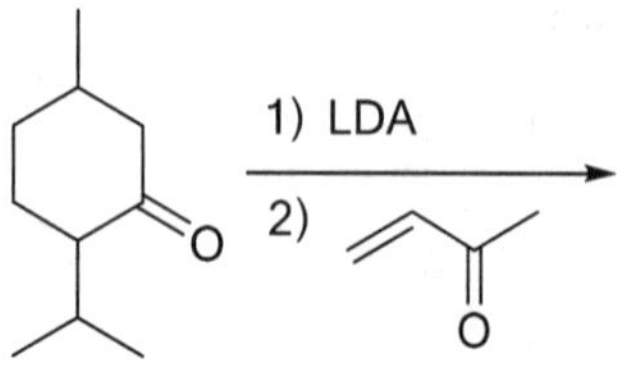

(2) 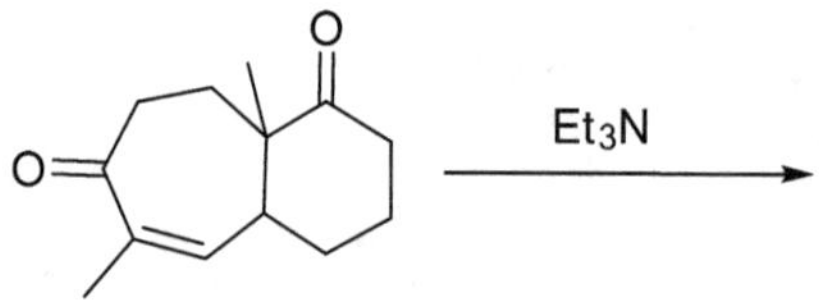

12-8 写出反应机理。

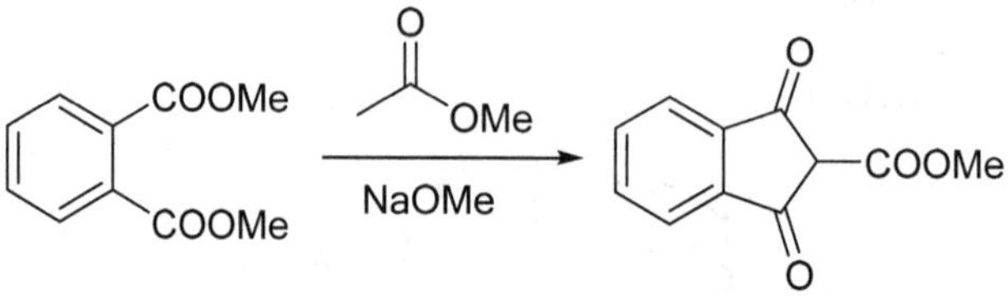

12-9 写出反应产物或原料。

(1) 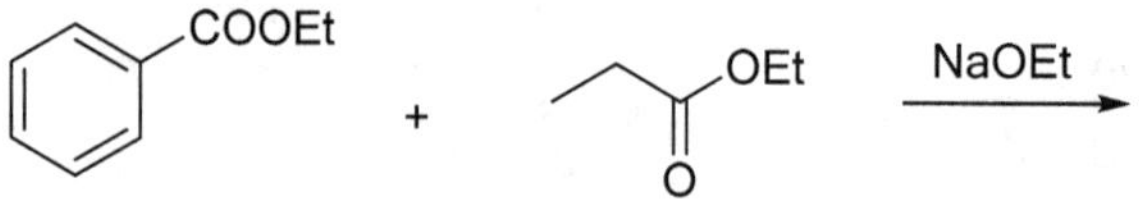

(2) 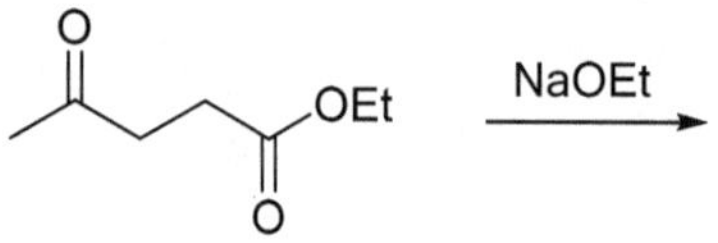

(3) 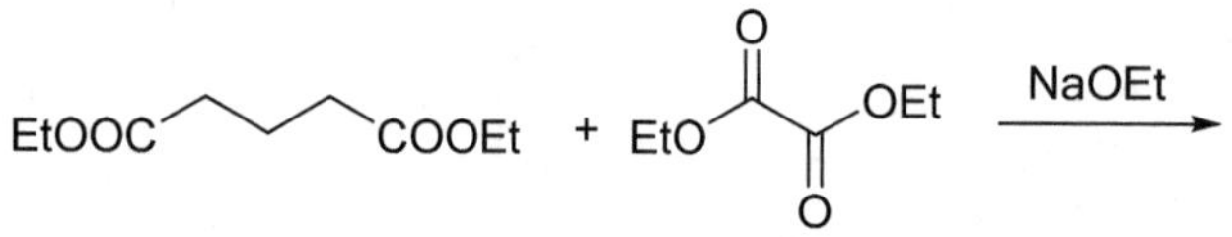

(4) 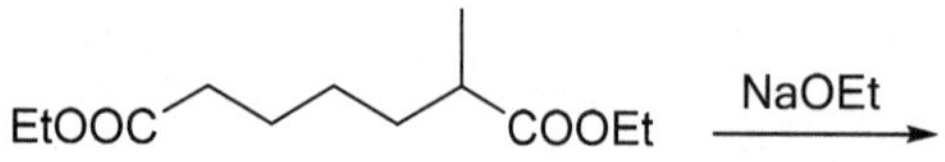

(5) 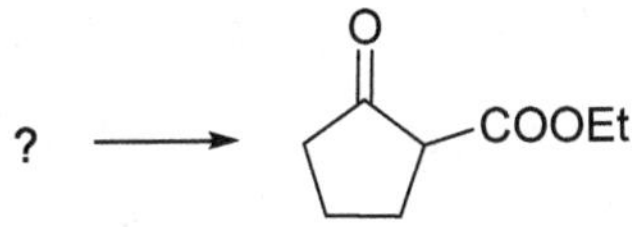

(6) 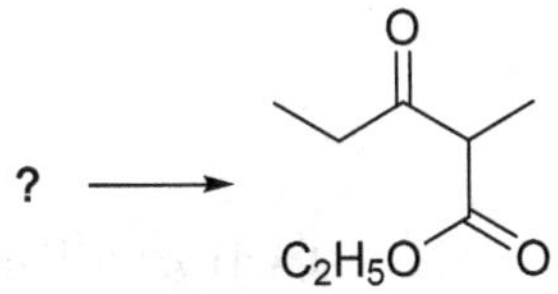

12-10　写出下列反应产物。

(1) 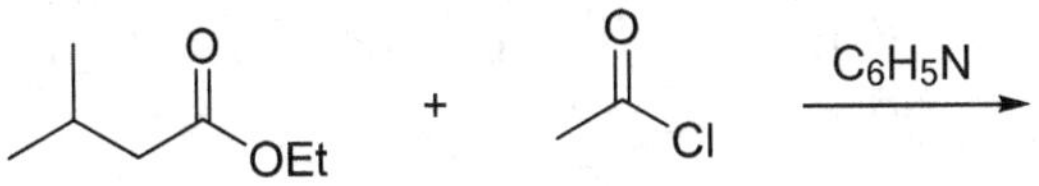

(2) 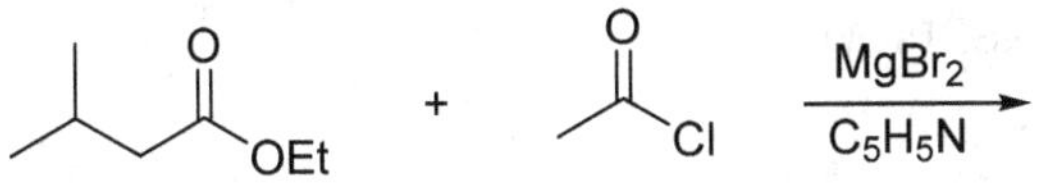

(3) 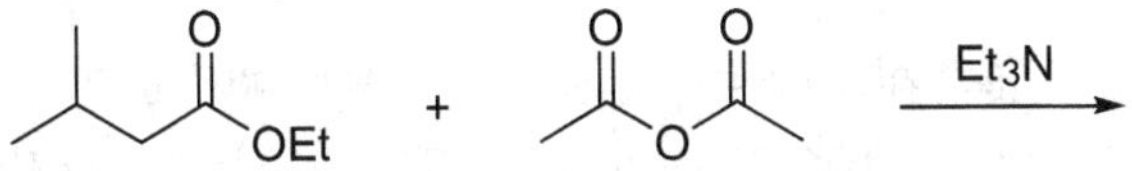

(4) 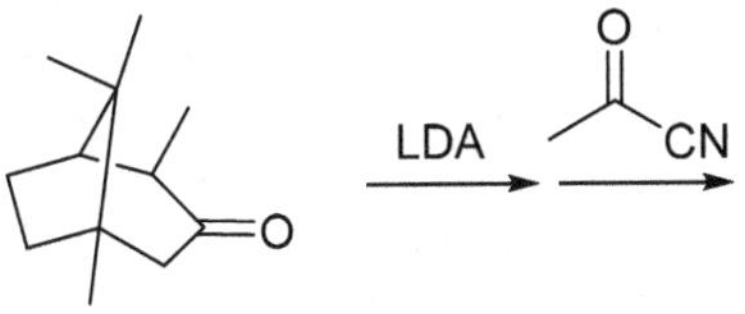

(5) 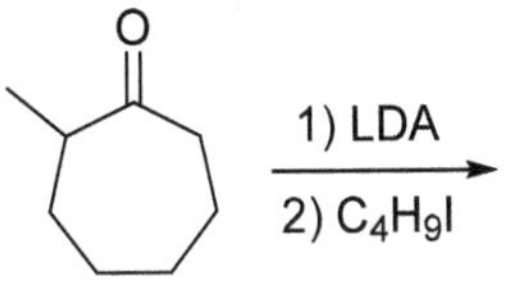

(6) 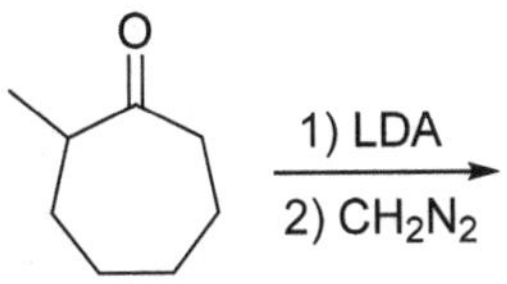

(7) 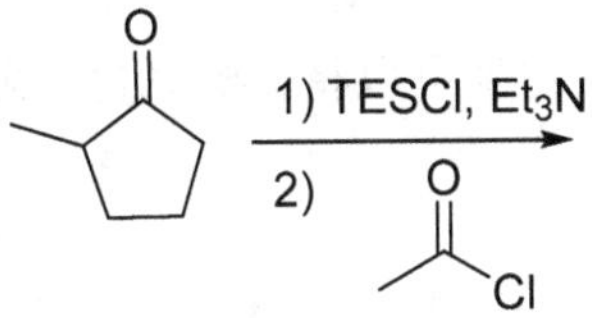

(8) 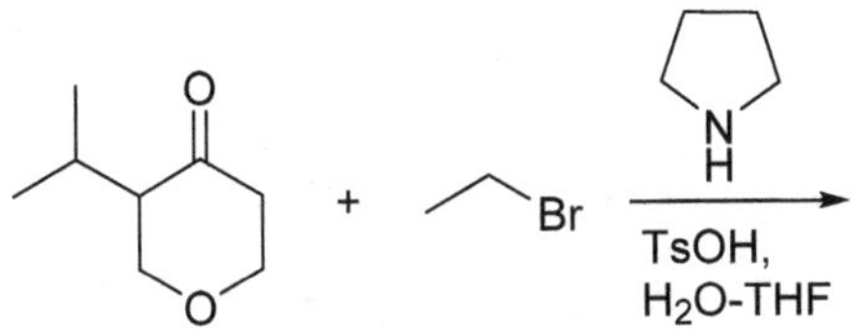

(9) 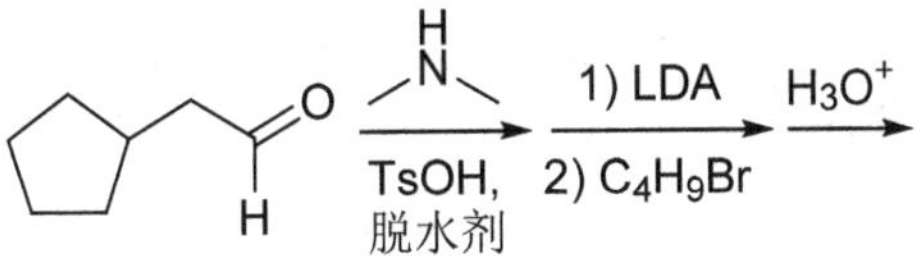

(10) 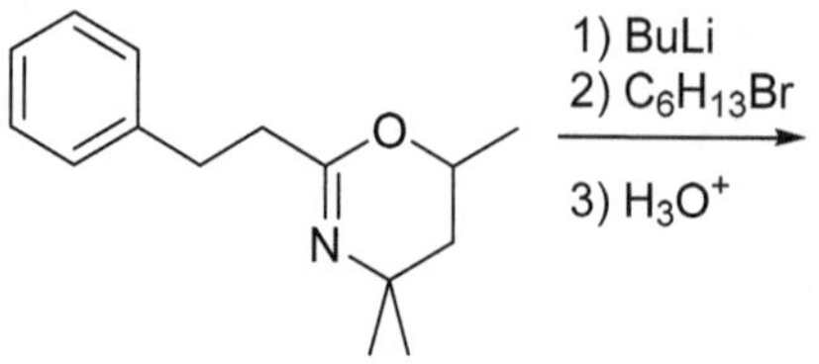

12-11　写出反应机理(不要求立体化学)。

其中 0.4 AMS 是 400 pm 孔径分子筛，目的是脱除反应体系中的水。TsOH 是对甲基苯磺酸。

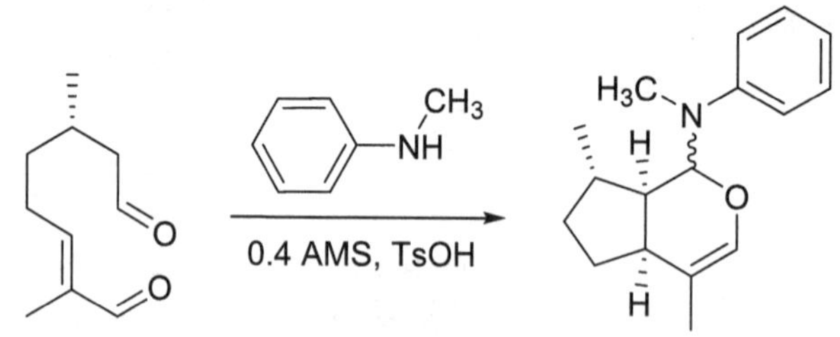

12-12　完成下面的合成。

(1) 由于丁二醛稳定性差且黏度高，通常在实验中用 2,5-二甲氧基呋喃代替丁二醛，在体系中原位水解生成丁二醛发生反应。以 2,5-二甲氧基四氢呋喃、甲氨盐酸盐、3-氧代戊二酸、苯甲酸作为原料合成药物托品醇苯甲酸酯。

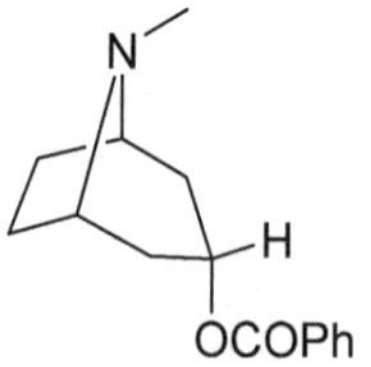

(2) 以吲哚和两个碳以下的化合物为原料合成下面的分子。

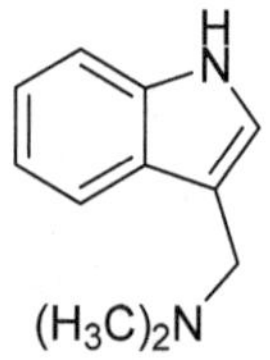

(3) 以哌啶、甲醛、丙酮为原料合成鹰爪豆碱(提示：氯化汞可以将哌啶氧化为亚胺)。

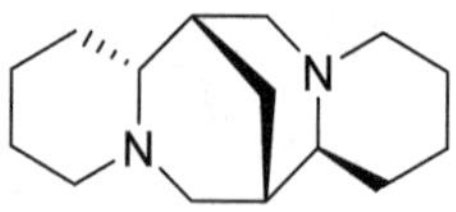

12-13　完成下面的反应。

(1) 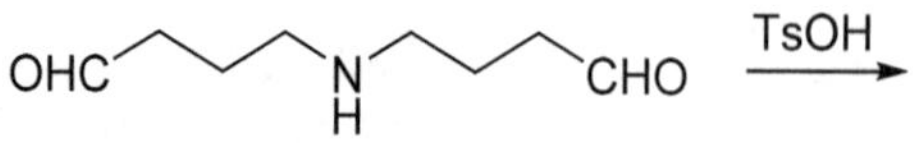

(2) 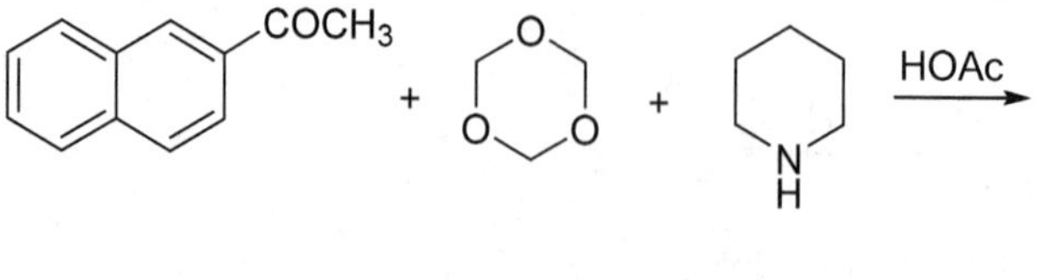

(3) 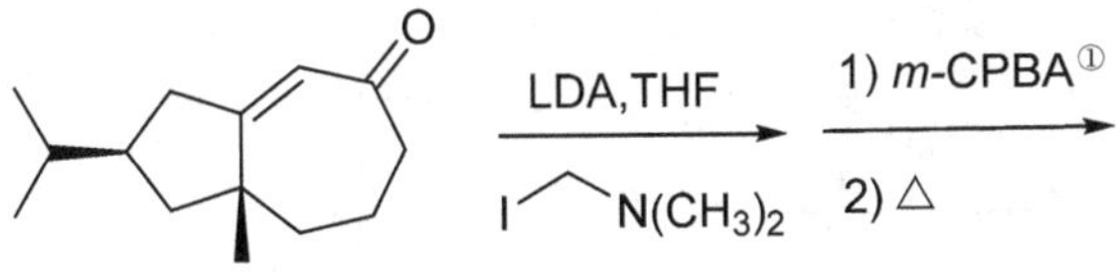

12-14　完成下面的反应。

(1) 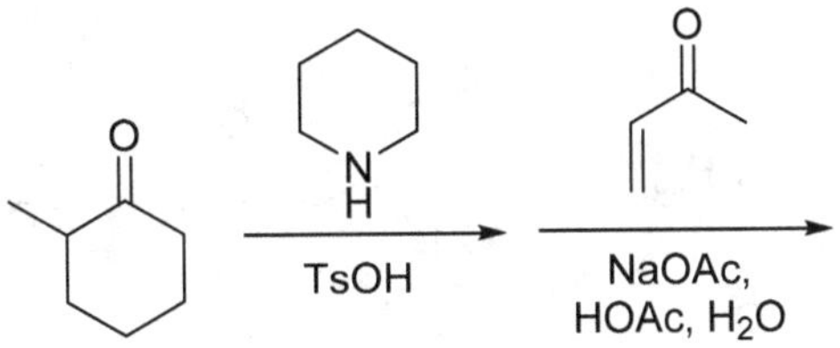

(2) 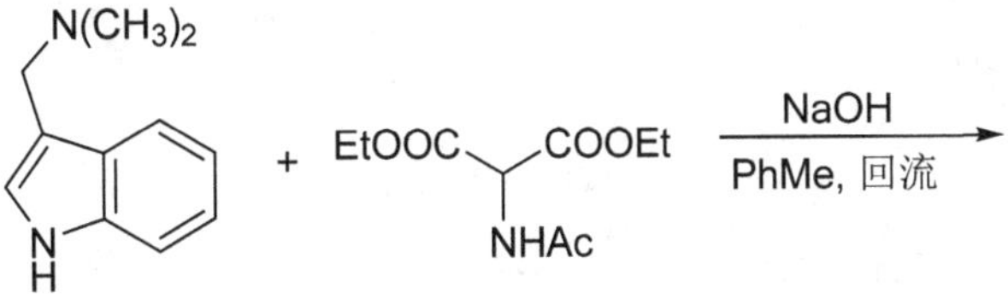

(3) 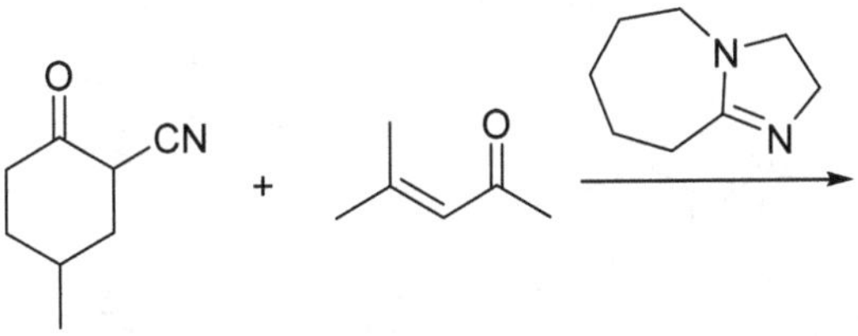

(4) 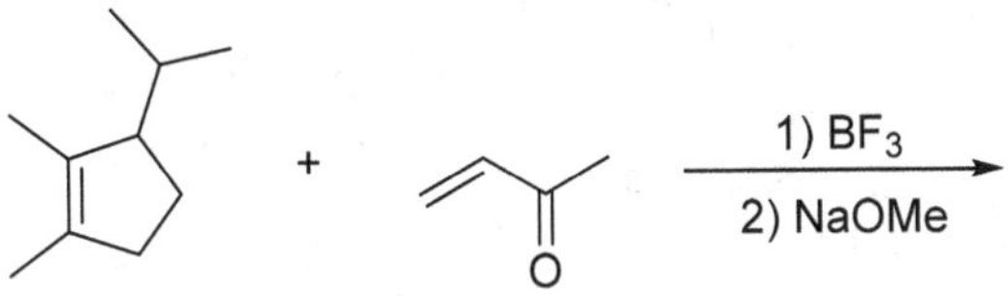

12-15　以乙酰乙酸乙酯或丙二酸二乙酯，以及四个碳以下的有机物和必要的无机试剂合成以下化合物。

(1) 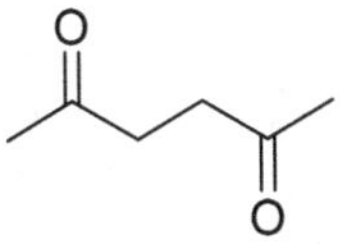　(2) 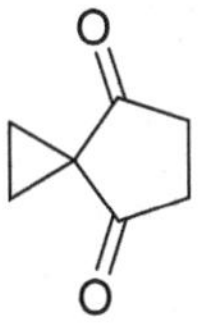　(3) 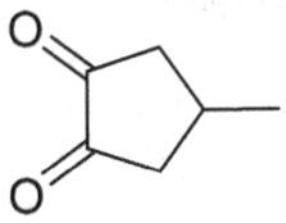　(4) 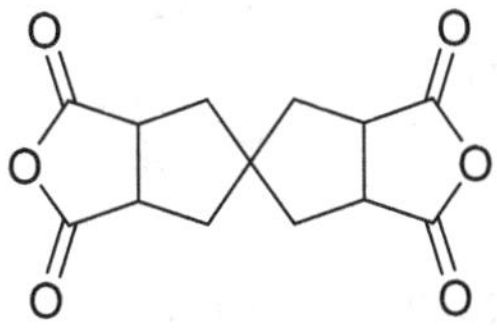

12-16　完成以下反应。

(1) 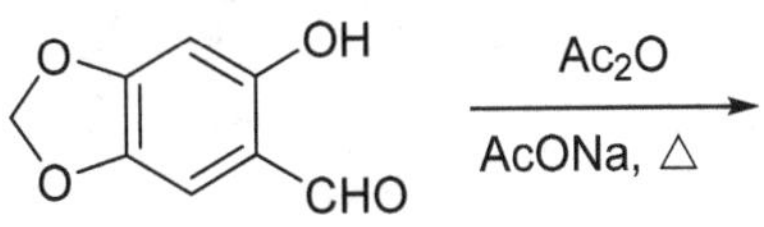

(2) 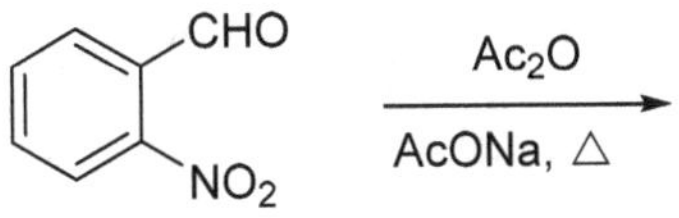

① 间氯过氧苯甲酸。

(3) 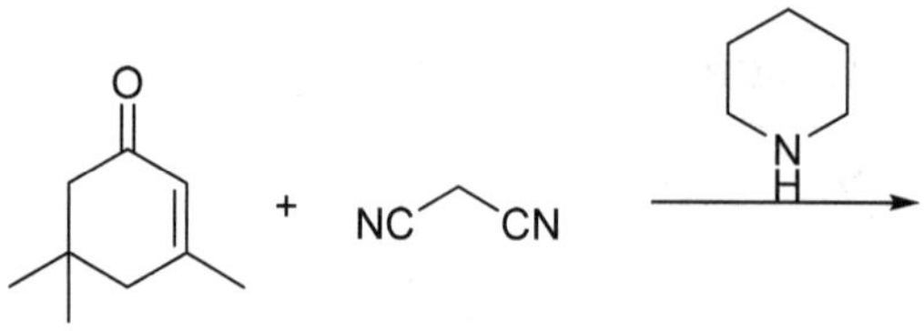

(4) 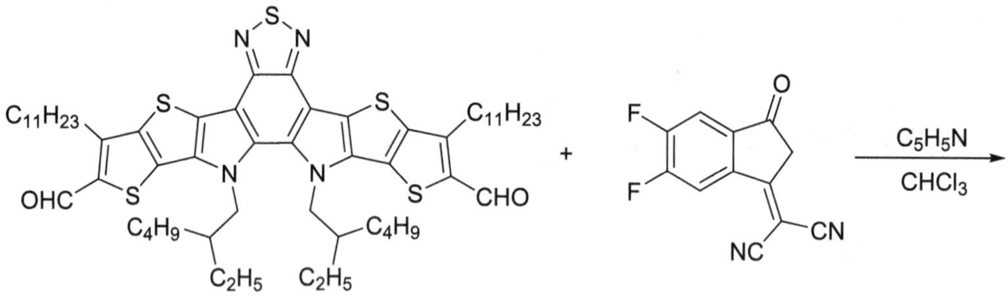

(5) 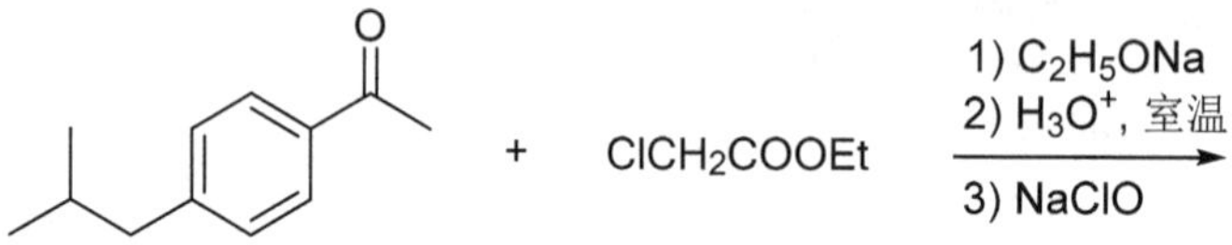

12-17　写出下面反应的机理。

(1) 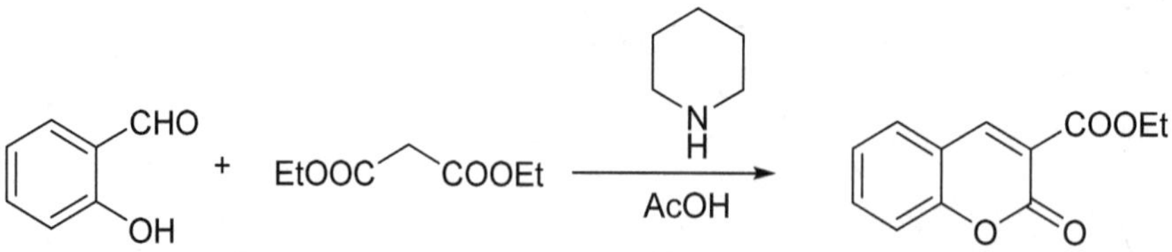

(2) 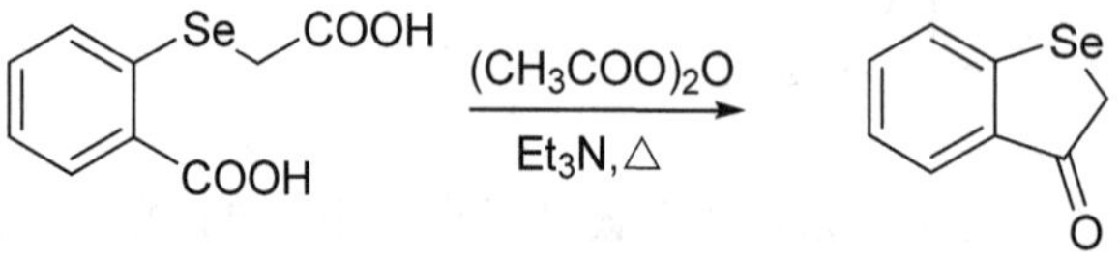

(3) 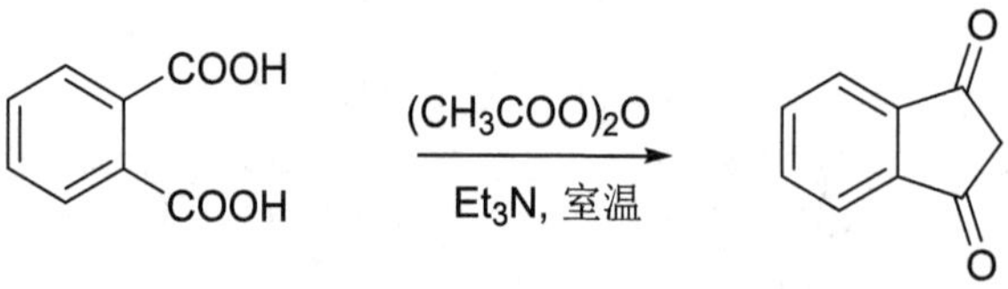

12-18　写出下面反应的产物。

(1) 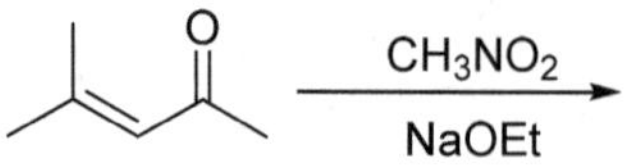

(2) 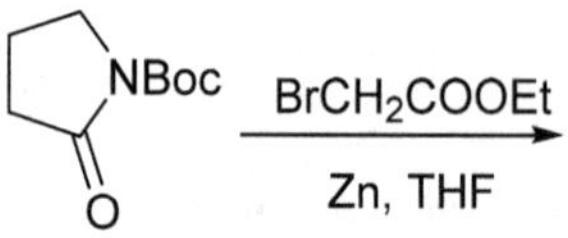

(3) 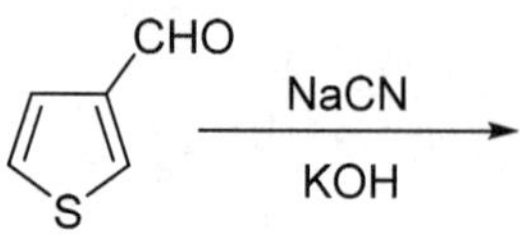

(4) 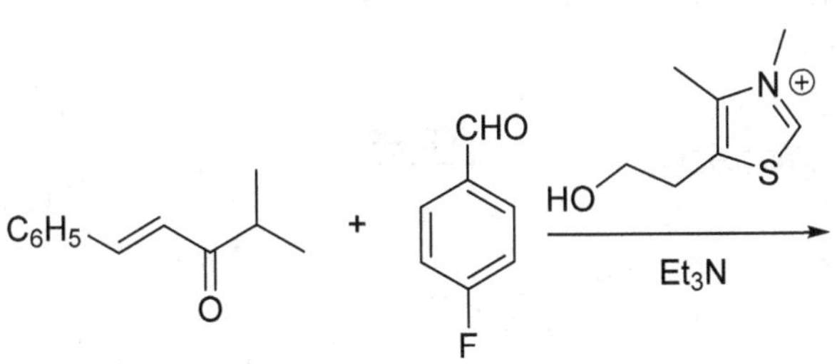

12-19　完成下面的反应。

(1) 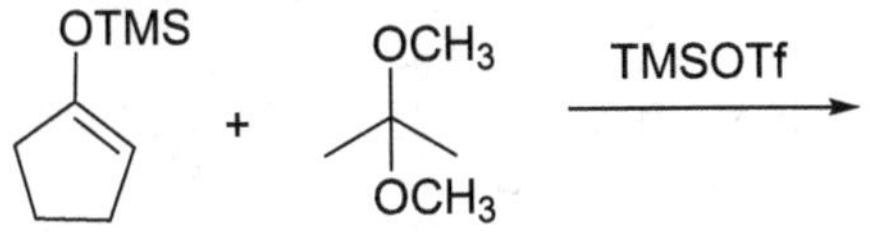

(2) 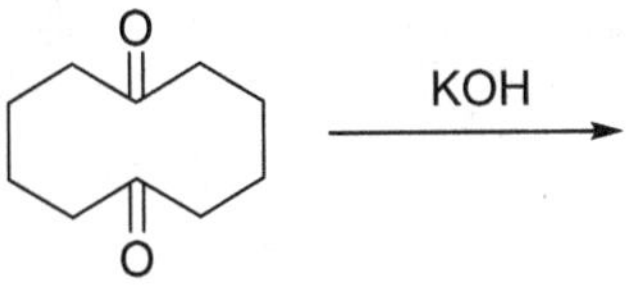

(3) 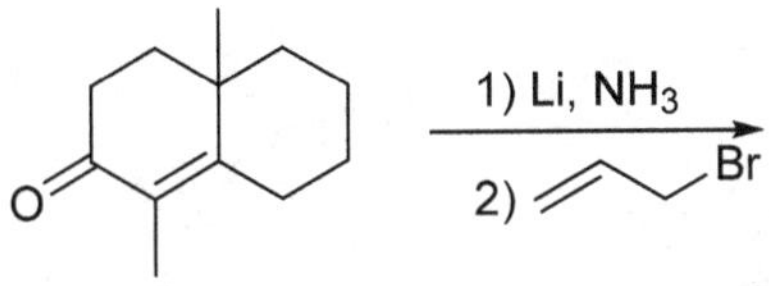

(提示：锂、液氮体系会产生溶剂化，电子对共轭体系进行1,4-加成，发生类似Birch反应)

(4) 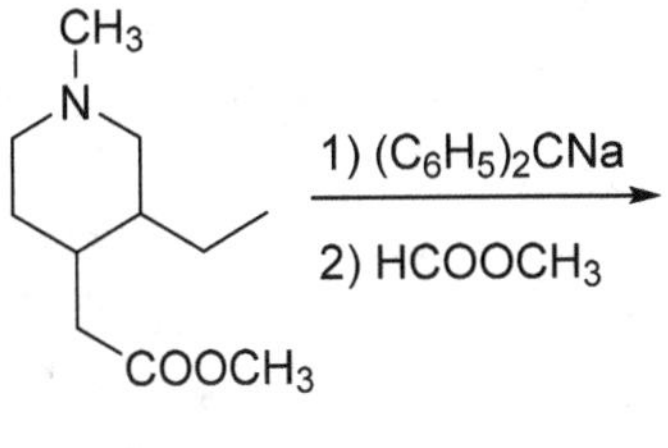

(5) 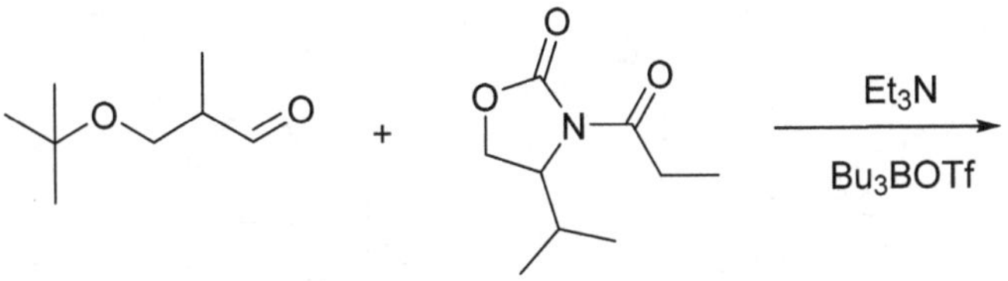

(6) 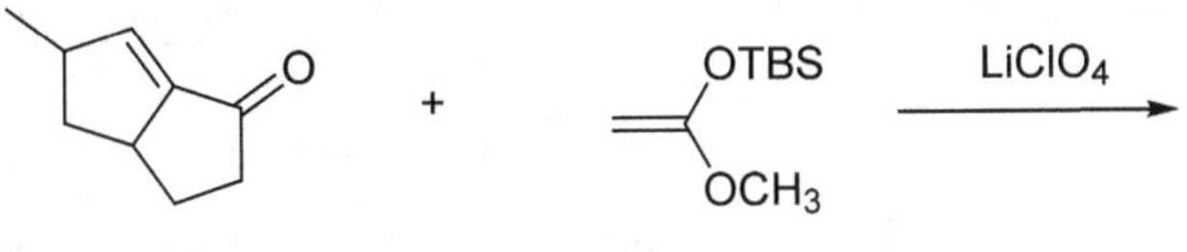

(7) 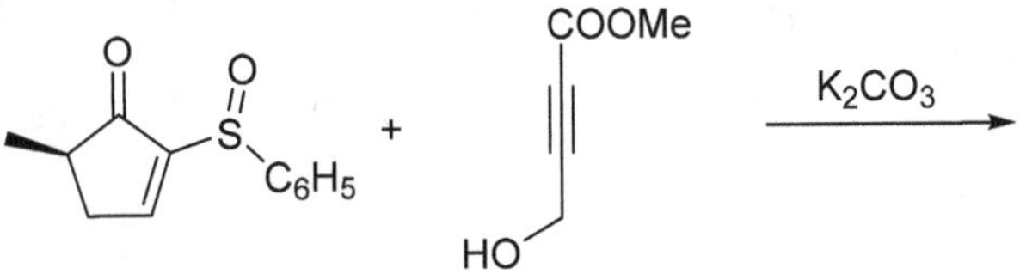

(8) 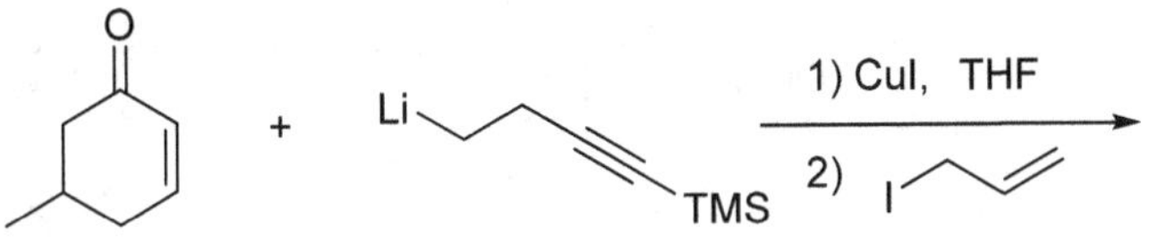

(9) 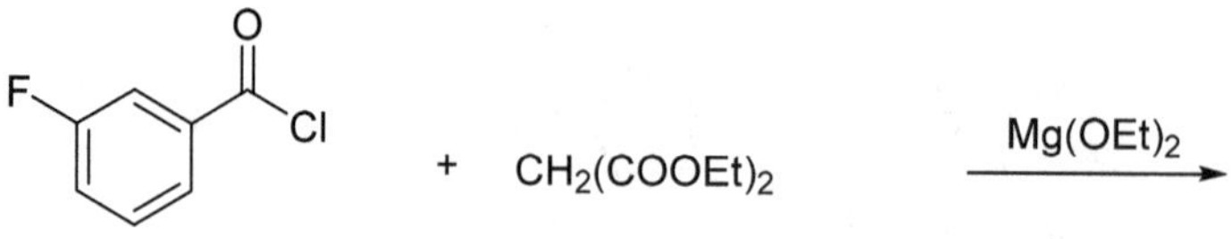

(10) 

(11) 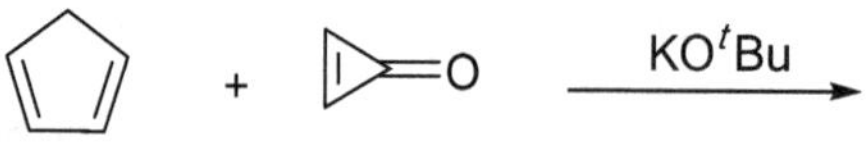

(12) 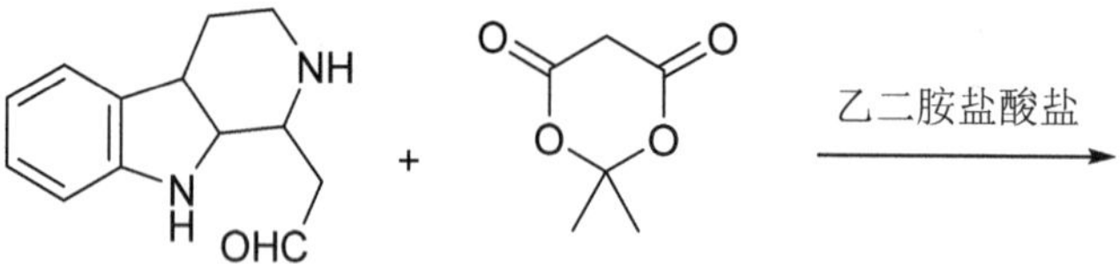

(13) 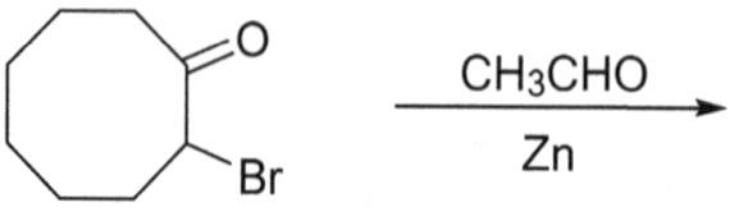

(14) 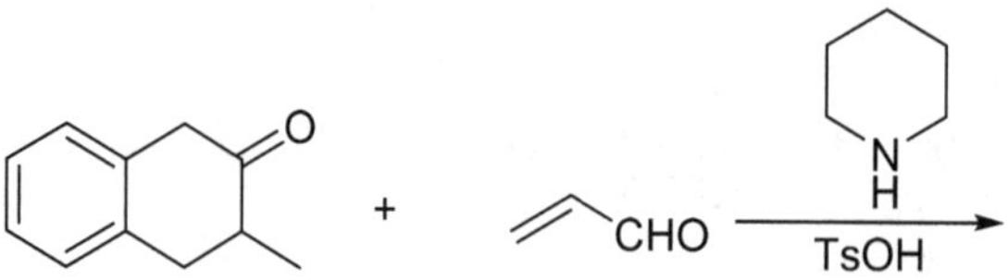

(15) 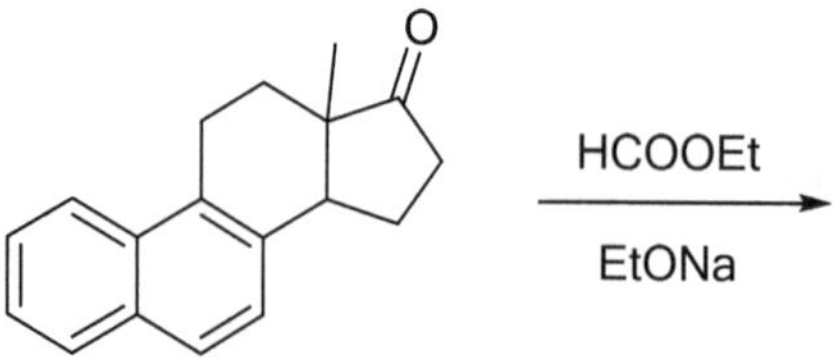

12-20　写出下列反应的机理。

(1) 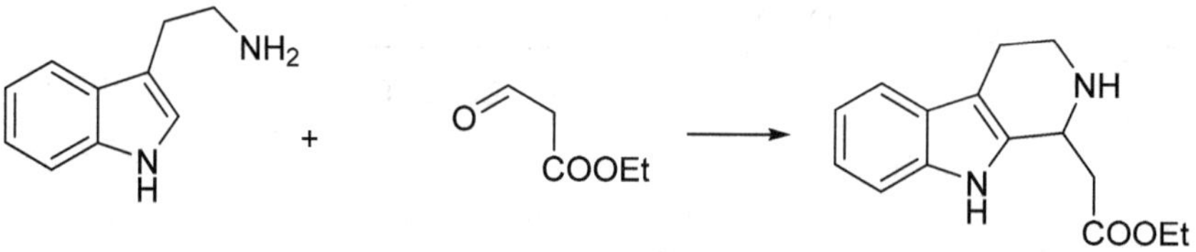

(2) 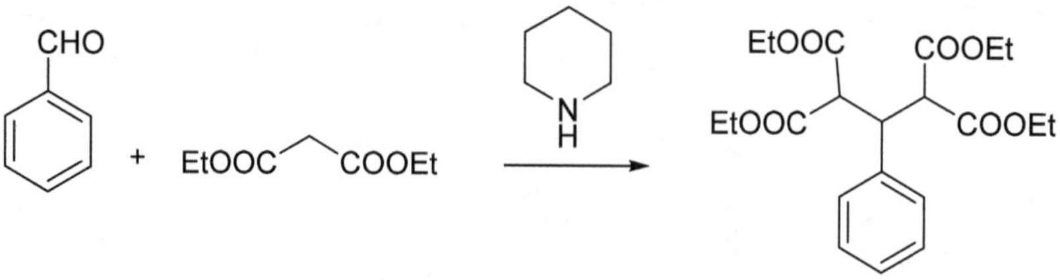

(3) 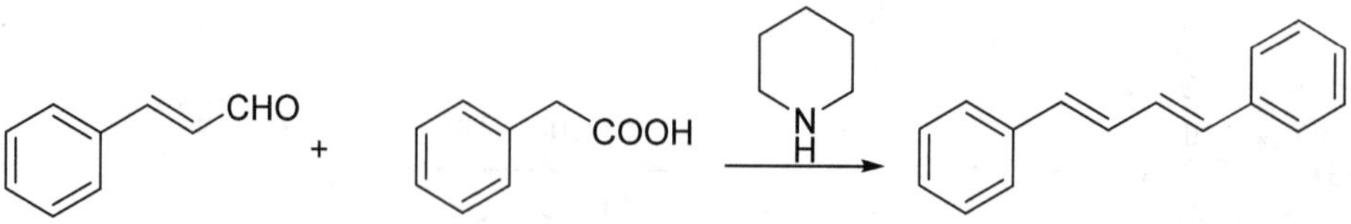

(4) 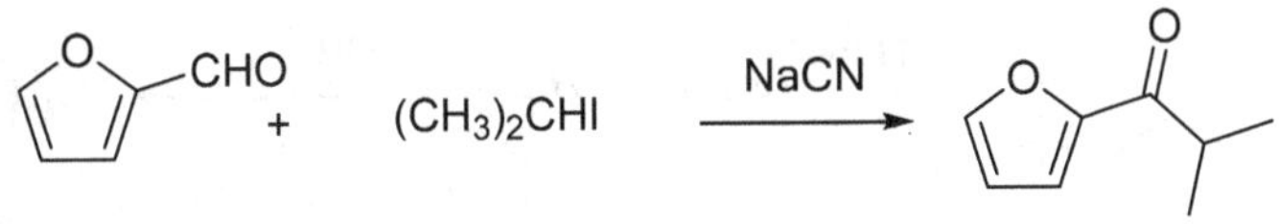

(5) 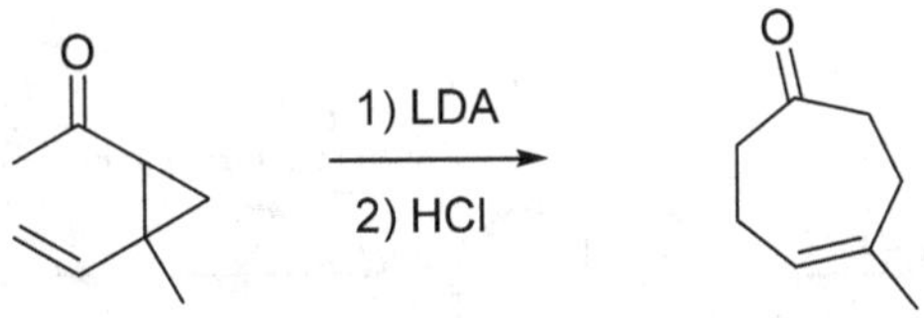

12-21 用乙酰乙酸乙酯、丙二酸二乙酯和四个碳以下的原料合成下面的化合物。

(1) 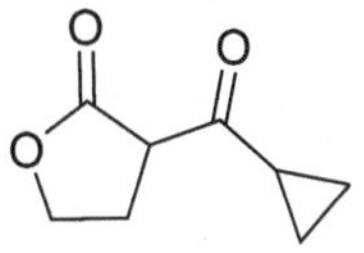

(2) 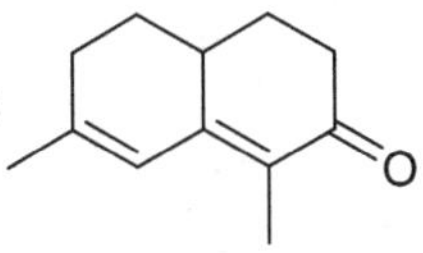

(3) 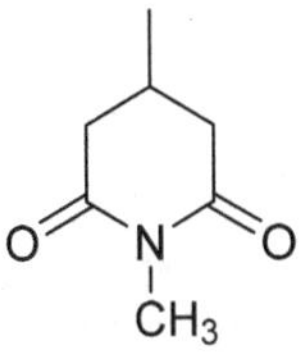

(4) 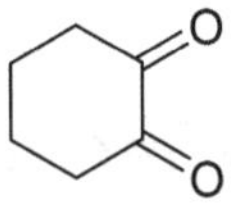

(5) 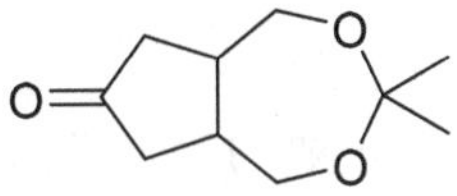

12-22 荆芥内酯(nepetalactone)最早于 1941 年从荆芥中分离，对猫科动物有特殊作用。早期的全合成路线如下，补全路线中缺失的化合物，并设计合成路线，以丙二酸二乙酯和四个碳以下的化合物合成起始原料 A。

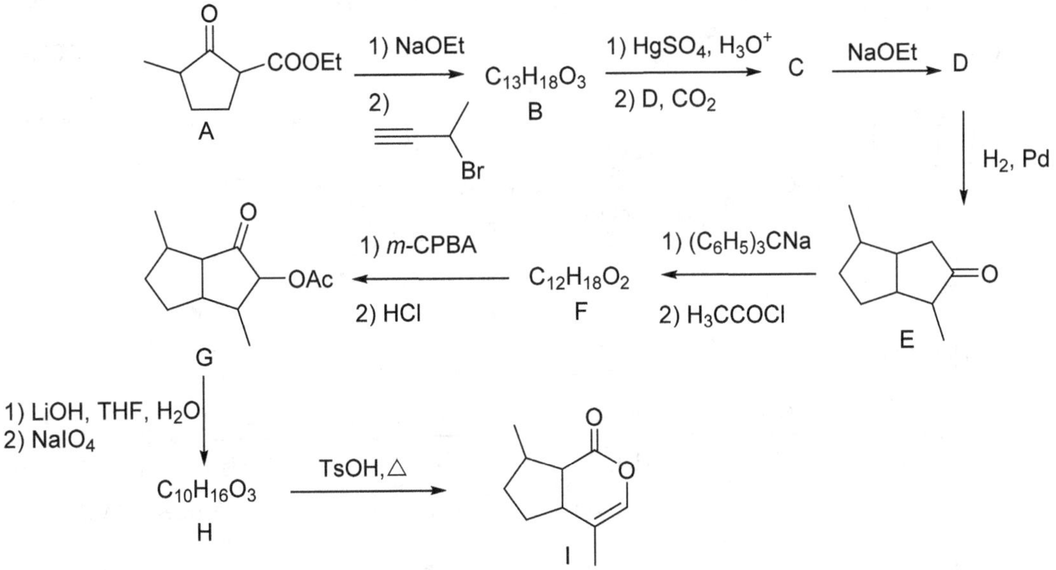

12-23 马榄醇(maaliol)是一种重要的单萜，其于 1960 年被首次全合成，补全路线。
(选做：结合之前学过的关于沃尔夫-基希纳-黄鸣龙反应及氢-烯丙基加成反应相关内容，给出 G 到 H 的反应机理。)

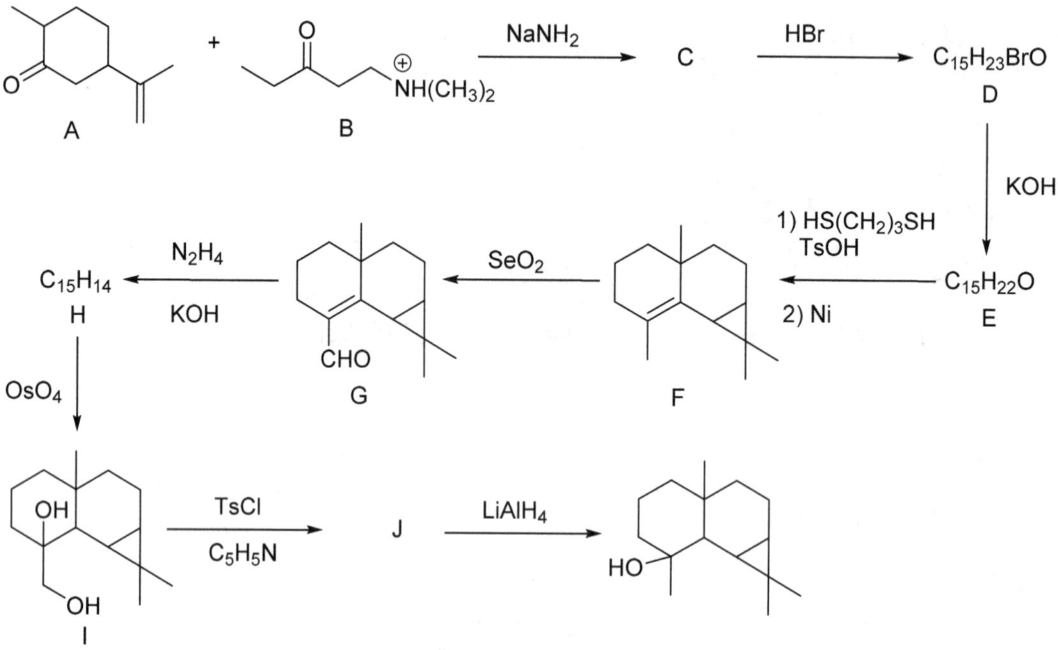

12-24 石竹烯(caryophyllene)是一种重要的倍半萜，广泛存在于精油中。由 Corey 于 1963 年首次完成合成。补全合成路线并给出最终产物石竹烯的结构。

(选做：从立体化学角度解释第一步中随后加入 KOH 的作用，给出 K 到 L 的反应机理。)

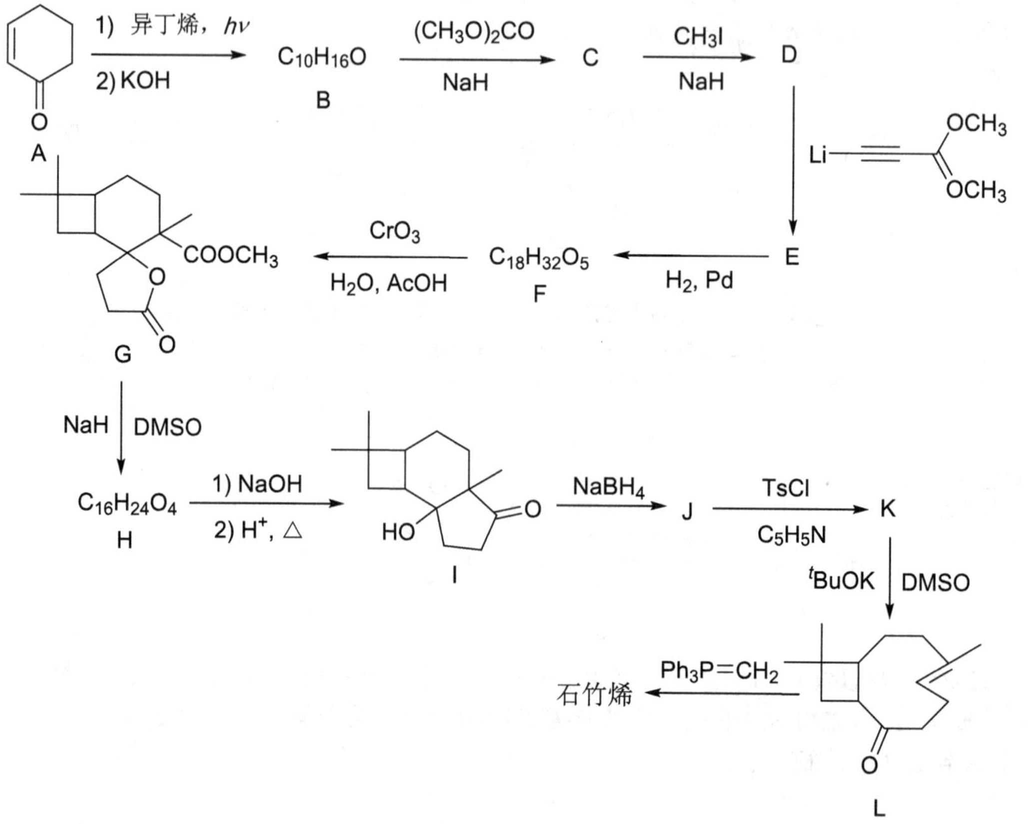

第 13 章　有机含氮化合物

有机含氮化合物(nitrogenous organic compound)一般是指分子中含有碳氮键的有机化合物，主要包括胺(amine，RNH_2，R^1R^2NH，$R^1R^2R^3N$)、硝基化合物(nitro compound，—NO_2)、重氮化合物(diazo compound，—N_2)、肼(hydrazine，—$NHNH_2$)、偶氮化合物(azo compound，—N═N—)、酰胺化合物、腈、氮杂环(azacycle)、生物碱(alkaloid)、氨基酸(amino acid)、蛋白质(protein)和核酸(nucleic acid)等。有时，硝酸酯(nitrate ester，—ONO_2)、亚硝酸酯(nitrite ester，—ONO)等也归为有机含氮化合物。其中，酰胺化合物、腈等羧酸衍生物已经在第 11 章中有所讨论，本章主要讨论胺、硝基化合物、重氮化合物、肼、偶氮化合物等，而氮杂环、生物碱、氨基酸、蛋白质和核酸会在后面的章节中进行讨论。

13.1　胺

胺是氨(ammonia，NH_3)分子中的一个或多个氢原子被烃基取代后的产物。胺是比较重要的有机含氮化合物，广泛存在于自然界，具有极其重要的生理活性和生物活性，如蛋白质、核酸、氨基酸、生物碱、抗生素和许多激素等，都是胺的复杂衍生物。此外，胺还是合成药物、染料、农药等的重要原料。目前大多数药物、染料和农药都是胺或者胺的衍生物。

13.1.1　胺的分类和命名

1. 分类

根据分子中烃基的种类不同，胺可以分为脂肪胺(fatty amine)和芳香胺(aromatic amine)。例如：

$N(CH_2CH_3)_3$

三乙胺

triethylamine

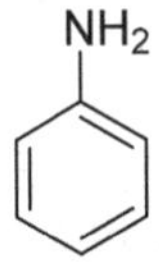

苯胺

aniline

根据分子中氨(胺)基的骨架不同，胺可以分为环状胺(cyclic amine，氮原子在环上)与非环状胺(noncyclic amine)。例如：

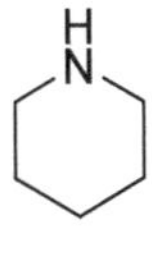

六氢吡啶或哌啶

acacyclohexane

piperidine

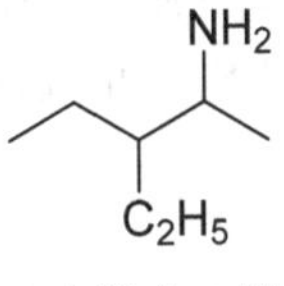

3-乙基戊-2-胺

3-ethylpentan-2-amine

根据分子中与氮原子相连的烃基的数目，胺可以分为一级(伯)胺(primary amine，RNH_2)、二级(仲)胺(secondary amine，R^1R^2NH)、三级(叔)胺(tertiary amine，$R^1R^2R^3N$)、四级(季)铵盐(quaternary ammonium salt，$R^1R^2R^3R^4N^+X^-$)或季铵碱(quaternary ammonium hydroxide，$R^1R^2R^3R^4N^+OH^-$)。例如：

$CH_3CH_2NH_2$
乙胺
ethylamine

$(C_2H_5)_2NH$
二乙胺
diethylamine

$(C_2H_5)_3N$
三乙胺
triethylamine

$(C_2H_5)_4N^+Cl^-$
氯化四乙胺
tetraethylammonium chloride

$(C_2H_5)_4N^+OH^-$
氢氧化四乙胺
tetraethylammonium hydroxide

胺的分类和醇是不同的。胺是按照氮原子相连的烃基的数目区分为一级胺、二级胺和三级胺。而醇是根据烃本身的结构(即羟基所连碳原子的级数)区分为一级醇、二级醇和三级醇。例如：

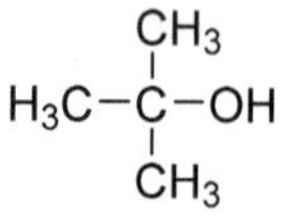
叔丁醇
tert-butylalcohol
2-methylpropan-2-ol
三级醇

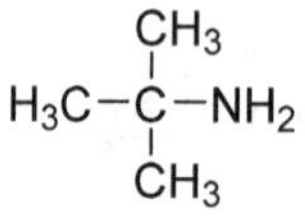
叔丁胺
tert-butylamine
2-methylpropan-2-amine
一级胺

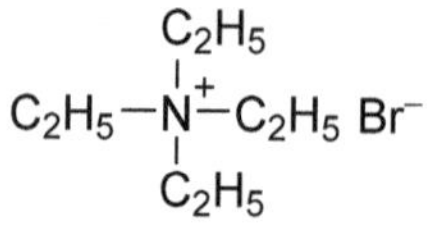
溴化四乙铵
tetraethylammonium bromide
四级铵盐

此外，还可根据分子中含有氨(胺)基的个数，将胺分为一元胺[含有一个氨(胺)基的有机化合物]，二元胺[含有两个氨(胺)基的有机化合物]和多元胺[含有多个氨(胺)基的有机化合物，polyamine，又称聚胺]。例如：

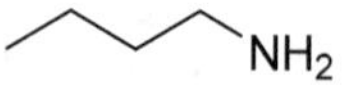
正丁胺
n-butylamine

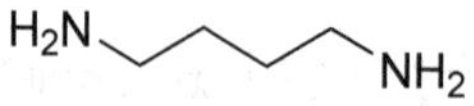
丁-1,4-二胺
putrescine

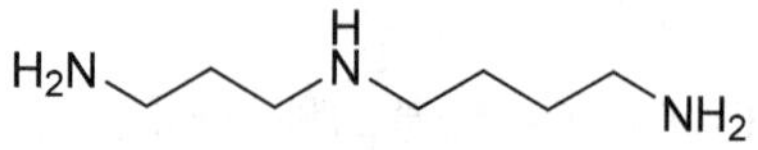
N-(3-氨丙基)丁-1,4-二胺
spermidine

2. 命名

当氨基在化合物中为主体基团时，胺的命名方法主要包括以下三种：

(1) 将除氨(胺)基以外的其他基团作为取代基，按照英文首字母的顺序依次放在“胺”前，即取代基数目+取代基名称(按照英文首字母的顺序排列，不同基团用括号隔开)+胺。

(2) 以氮烷(NH_3)作为母体，胺看作是氮烷上的氢被其他烃基所取代的产物，同样按照英文首字母的顺序将其他基团依次放在“氮烷”前，即取代基数目+取代基名称(按照英文首字母的顺序排列，不同基团用括号隔开)+氮烷。

上述两种方法适用于各种简单胺的命名。例如：

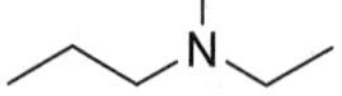
乙基(甲基)丙基胺
乙基(甲基)丙基氮烷
N-ethyl-*N*-methylpropanamine

(3) 而对于一些比较复杂的伯胺来说，命名时选最长的碳链为主链，称某胺或某氮烷，然后确定母体氢化物并置于主体前，即：取代基位次+取代基名称+母体氢化物+氨基的位次+胺(氮烷)。例如：

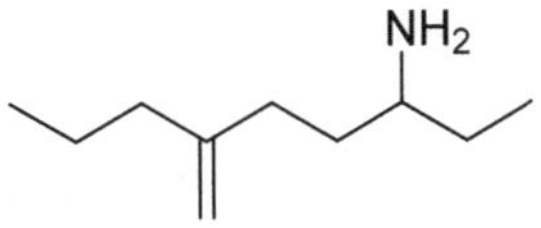

6-甲亚基壬-3-胺
6-甲亚基壬-3-氮烷
6-甲亚基壬烷-3-胺
6-methylidenenonan-3-amine

英文名称是将相应碳数烃的词尾去掉“e”加上“amine”，即可。

二元胺或多元胺参照上述第二种或第三种命名方法，但需要标明氮原子的位次，以“N^x”表示，并置于氮上取代基的前面。取代基按照英文首字母的顺序排序。例如：

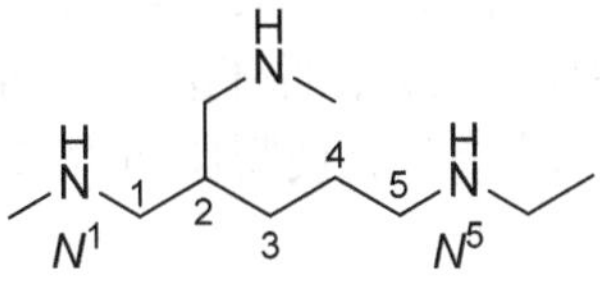

N^5-乙基-N^1-甲基-2-[(甲基氨基)甲基]戊烷-1,5-二胺
N^5-ethyl-N^1-methyl-2-[(methylamino)methyl]pentane-1,5-diamine

当氨基在化合物中不是主体基团时，胺的命名方法是将氨基作为取代基，以“烃基氨基或氨叉基”来表示。例如：

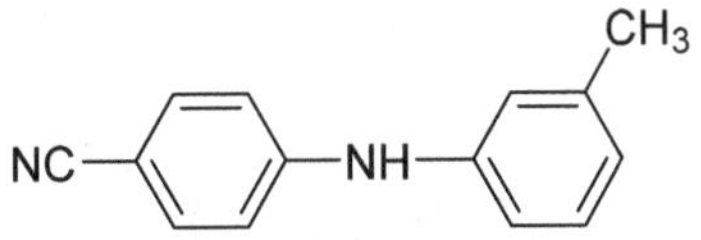

4-[(3-甲基苯基)氨基]苯腈
4-[(3-methylphenyl)amino]benzonitrile

对于环状胺来说，首先确定环的大小，并以其为后缀，然后以环中杂原子的数目和位次为前缀。一般以杂环中氮原子所在的位置为 1 号位，如果环上还有其他的取代基，需要标明取代基的位次与名称。英文名称是在对应环烷烃的英文名称前加上前缀“aza”。此外，一些环状胺可以采用一些特定的名称来命名。例如：

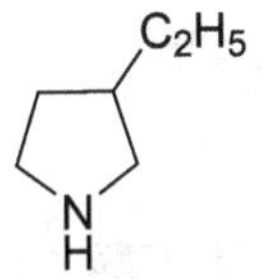

3-乙基氮杂环戊烷
3-乙基四氢吡咯
3-ethylazacyclopentane
3-ethylpyrrolidine

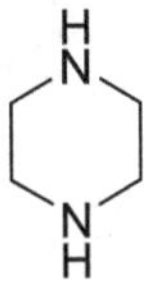

1,4-二氮杂环己烷
六氢吡嗪，哌嗪
1,4-diazacyclohexane
hexahydropyrazine, piperazine

一般的铵盐命名时，选择某胺作为母体，后面加上对应酸的盐名称，即“某胺某酸盐”。

而对于季铵盐和季铵碱来说，以“铵”为母体，命名时先将负离子加“化”置于正离子的前面，再将正离子部分的取代基按英文首字母顺序依次列出写在“铵”之前，即：负离子+化+取代基数目+取代基名称+铵。英文名称是将各个基团的名称置于“ammonium”前，负离子的部分置于最后。例如：

$CH_3NH_2 \cdot HCl$

甲胺盐酸盐

methanamine hydrochloride

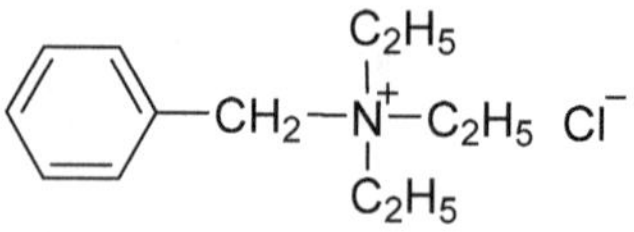

氯化苄基(三乙基)铵

benzyltriethylammonium chloride

13.1.2　胺的结构

脂肪胺和氨的结构相似。这是因为脂肪胺和氨的氮原子都是 sp^3 杂化，都采用三个 sp^3 杂化轨道与三个氢的 s 轨道或者其他基团碳原子的杂化轨道重叠形成三个 σ 键，剩下一对孤对电子占据第四个 sp^3 轨道。由于参加杂化的各原子轨道中所含的未成对电子数不相等，因此脂肪胺与氨中的氮原子为不等性的 sp^3 杂化，使得脂肪胺和氨呈现棱锥形的结构，键角都接近 109°，平面角度为 125°。

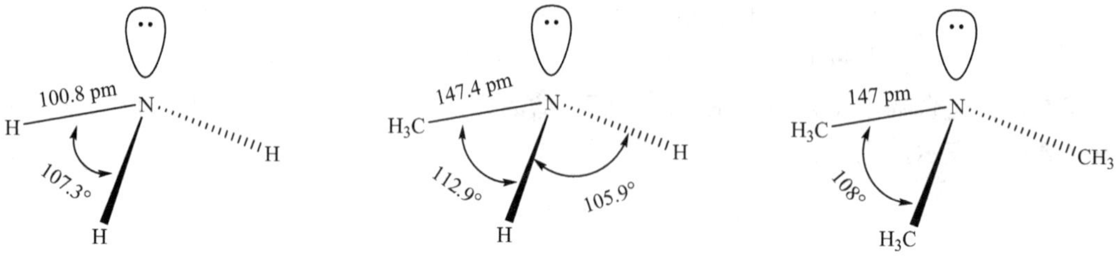

氨的结构　　　　甲胺的结构　　　　三甲胺的结构

芳香胺也一样具有棱锥形的结构，H—N—H 键角略微增大，为 113.9°，但 H—N—H 平面与苯环平面交叉的二面角却发生了很大的变化，为 142.5°。这是由于芳香胺中氮原子的孤对电子所在的杂化轨道具有更多的 p 轨道成分，因此在一定程度上可以与苯环的π电子轨道相互作用，发生重叠，形成氮原子参与苯环的共轭离域分子轨道。当氮原子上的杂化轨道和芳环的π电子轨道接近平行时，其重叠程度最大，共轭效应也最强。

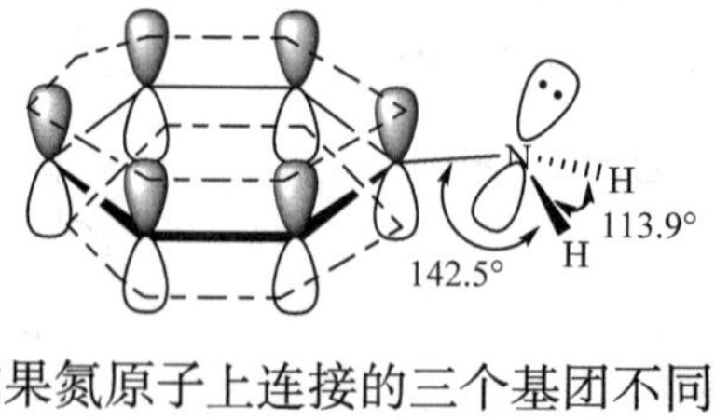

在二级胺及三级胺中，如果氮原子上连接的三个基团不同，应该存在两个具有光学活性的对映体，它们之间互为镜像。但这种胺的对映体却没有分离得到。这是由于胺对映体之间互相转换所需要的活化能很低，一般为 25.7～37.6 kJ/mol。因此在室温条件下，对映体之间可以发生快速地转换而难以分离。个别的杂环三级胺由于氮原子处于刚性环上，翻转受到限制，因此可以解析成稳定的对映体。在四级铵盐中，氮原子上的 sp^3 杂化轨道都用于成键，这使得其结构类似于以碳为手性中心的化合物。当四级铵盐氮原子上的四个基团不同时，理论上具有旋光异构体。事实上当四级铵盐的四个取代基(如分别为甲基、乙基、烯丙基、苯基)较大时，可以实现旋光异构体的拆分，得到一对旋光相反的对映体。

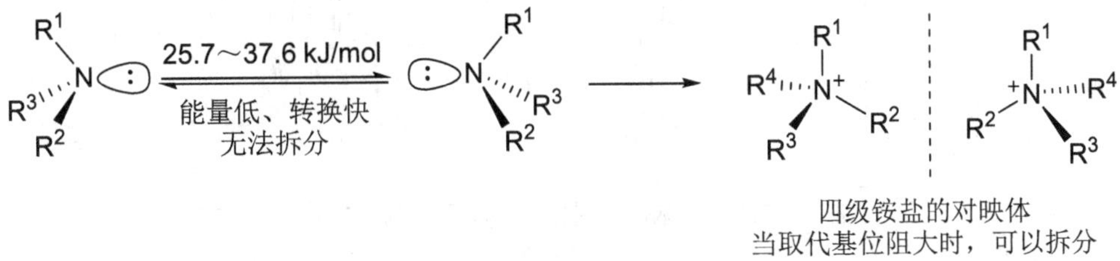

13.1.3　胺的光谱性质

在红外光谱图中，胺有三个特征吸收，分别是 N—H 键的伸缩振动、N—H 键的弯曲振动和 C—N 键的伸缩振动。

胺的 N—H 键的伸缩振动吸收在 3500～3300 cm^{-1}，是非常重要的特征吸收(图 13-1)。

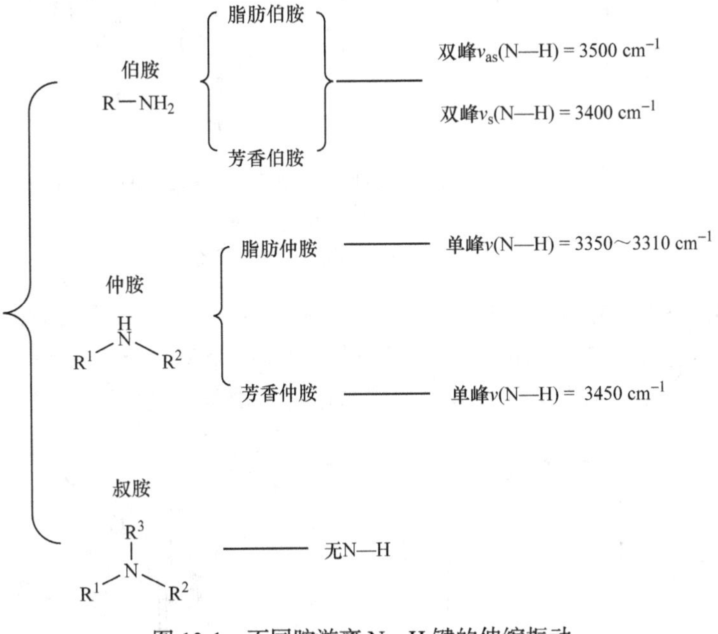

图 13-1　不同胺游离 N—H 键的伸缩振动

游离伯胺 N—H 的伸缩振动吸收出现在 3500～3400 cm^{-1} 处，有两个吸收峰，分别对应于 NH_2 中的两个 N—H 的对称伸缩振动(ν_s)和不对称伸缩振动(ν_{as})。其中，脂肪伯胺在 N—H 伸缩振动区域的低一侧有肩峰，强度是中到弱。图 13-2 为异丙胺的红外光谱图。而芳香伯胺由于 N—H 伸缩振动的倍率和 N—H 弯曲振动会发生共振，因此会出现一个尖锐独立的小峰。图 13-3 为对苯二胺的红外光谱图。N—H 键缔合后伸缩振动会向低波数方向移动，但位移程度不及 O—H 吸收峰的情况，一般不大于 100 cm^{-1}。缔合后伸缩振动的吸收峰会较弱且比较尖锐。

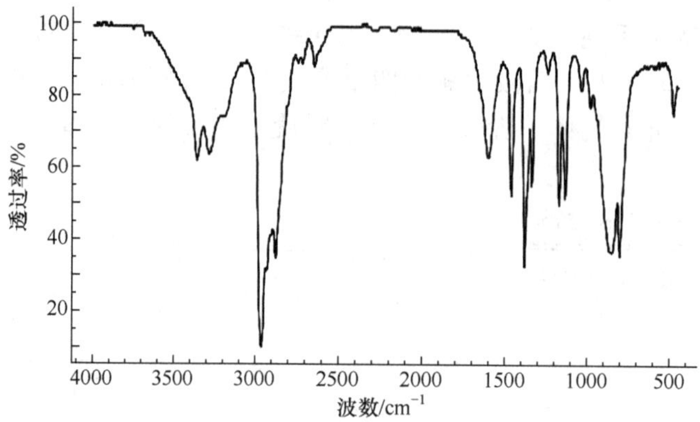

图 13-2　异丙胺的红外光谱图

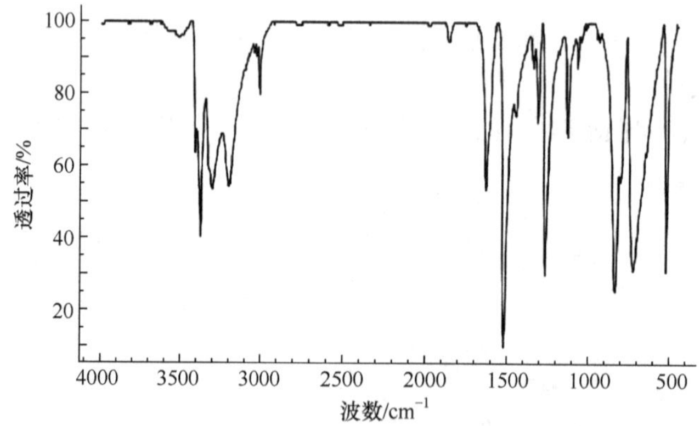

图 13-3　对苯二胺的红外光谱图

脂肪仲胺稀溶液 N—H 的伸缩振动在 3350～3310 cm^{-1}，只有一个吸收峰。而芳香仲胺稀溶液 N—H 的伸缩振动在 3450 cm^{-1} 区域，同样也只有一个吸收峰。图 13-4 为二乙胺的红外光谱图。可以用 N—H 伸缩振动的双峰或单峰来区分是伯胺还是仲胺。

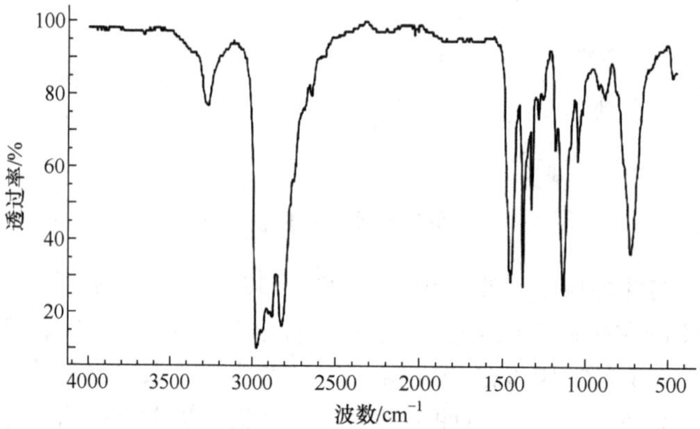

图 13-4　二乙胺的红外光谱图

叔胺没有 N—H 键，故没有 N—H 伸缩振动吸收峰，很难用红外光谱进行有效的鉴别。图 13-5 为 *N*,*N*-二甲基苯胺的红外光谱图。

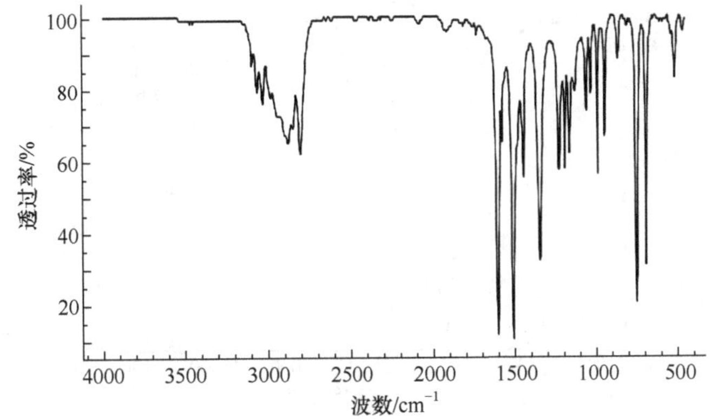

图 13-5　*N*,*N*-二甲基苯胺的红外光谱图

此外，胺的 N—H 键的面内弯曲振动(吸收峰一般在 1650～1540 cm^{-1} 区域，强度中等)和面外弯曲振动(吸收峰一般在 900～650 cm^{-1} 的范围表现为宽峰，强度很大)的特征峰很强，可用于鉴定。脂肪伯胺的面内弯曲振动吸收在 1615 cm^{-1} 附近，是中或强吸收，而面外弯曲振动吸收在 910～770 cm^{-1} 处，是宽且强的吸收。对于芳香伯胺来说，由于 N—H 键的面内弯曲振动的吸收频率与芳环骨架振动的吸收频率相近，可能相互重叠或掩盖，难以区分。脂肪仲胺的面内弯曲振动位于 1500 cm^{-1} 处，吸收很弱，多数观察不到，而其面外弯曲振动吸收在 910～770 cm^{-1} 处，是宽且强的吸收。

胺的 C—N 键的伸缩振动在 1350～1000 cm^{-1} 附近，处于指纹区，鉴别意义不大。

伯胺和仲胺在成盐后，由于 NH_3^+ 会产生不对称和对称的伸缩振动，在 3000～2800 cm^{-1} 会出现强且宽的吸收带，称为“铵谱带”。

由于 N—H 的伸缩振动，伯胺盐在 3200～2250 cm^{-1} 会出现强且宽的吸收。此外，在 2600～2500 cm^{-1} 会出现中等强度的多重复合谱带。在 2200～2100 cm^{-1} 有弱的吸收峰，有时可能不出现。由于 N—H 的弯曲振动，伯胺盐在 1600～1570 cm^{-1} 和 1550～1504 cm^{-1} 附近有吸收。图 13-6 为乙胺盐酸盐的红外光谱图。

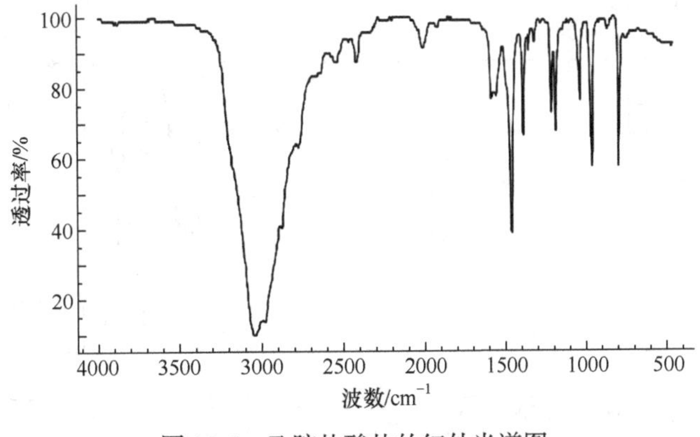

图 13-6　乙胺盐酸盐的红外光谱图

由于 N—H 的伸缩振动，仲胺盐在 3000～2200 cm^{-1} 出现宽的吸收峰或系列尖带。此外，在 2600～2500 cm^{-1} 有明显的多重峰。由于 N—H 的弯曲振动，仲胺盐在 1620～1570 cm^{-1} 有吸收峰。图 13-7 为二乙胺盐酸盐的红外光谱图。

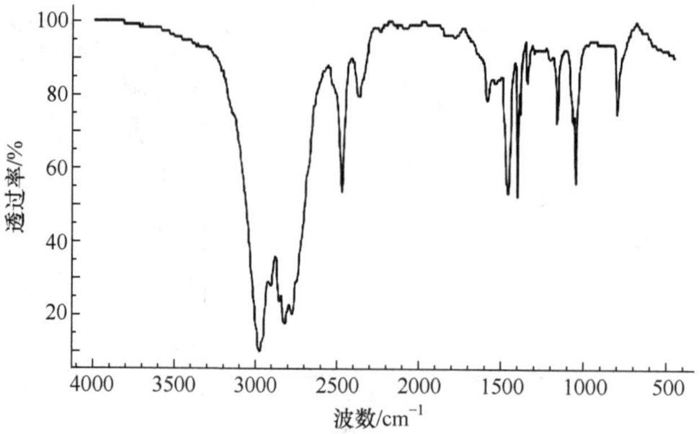

图 13-7　二乙胺盐酸盐的红外光谱图

叔胺盐中 N—H 键的伸缩振动吸收在 2750～2200 cm^{-1} 呈宽峰或系列尖带。图 13-8 为三乙胺盐酸盐的红外光谱图。

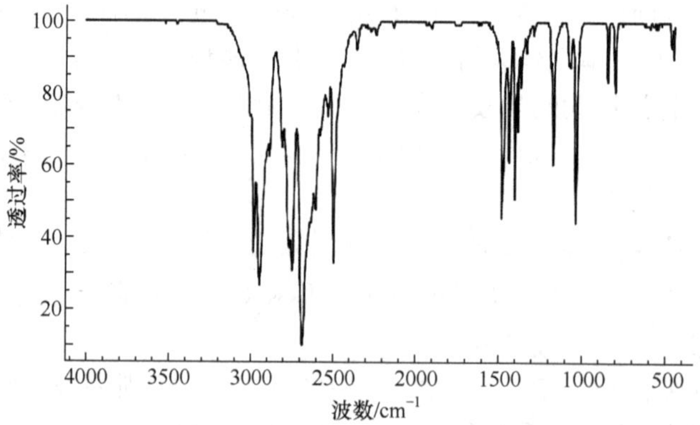

图 13-8　三乙胺盐酸盐的红外光谱图

由于没有 N—H 键，季铵盐不会在红外光谱中出现任何 N—H 的特征吸收峰。图 13-9 为溴化四乙铵的红外光谱图。

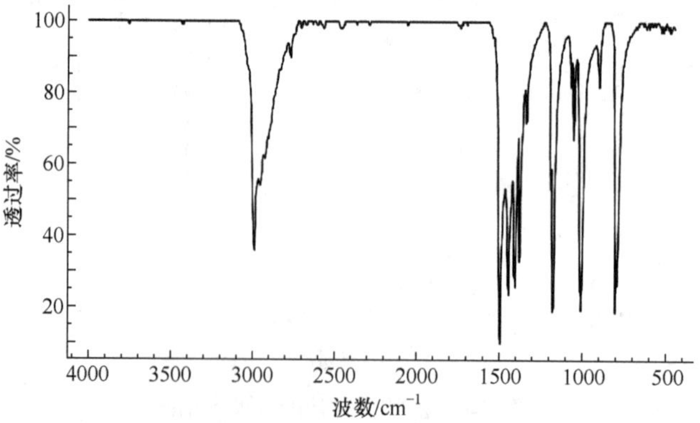

图 13-9　溴化四乙铵的红外光谱图

因此，确定有机样品是否为胺的最好办法是将有机样品用无机酸进行处理，然后观察其红外光谱的 3000～2800 cm^{-1} 范围内是否出现宽而强的“铵谱带”。如果出现了“铵谱带”，那有机样品就可以断定为伯胺和仲胺。然后再根据各类胺的红外特征吸收，确定是哪类胺。通常以 N—H 键伸缩振动的峰形来区分伯胺和仲胺。

胺的核磁共振氢谱和醇(醚)相似。由于氮的电负性比碳大，因此氮原子具有一定的吸电子诱导效应，氢原子的核外电子云密度会降低，屏蔽效应减弱，有效磁场增加，导致 α-碳上的氢质子的化学位移 δ 移向低场，为 2.7～3.1。而 β-H 受氮的影响较小，化学位移 δ 处在高场，为 1.1～1.71。由于形成氢键的程度不同，胺中氮上氢质子的化学位移 δ 会有所变化，因此通过核磁的手段来辨别胺中氮上的氢质子比较困难。一般情况下，脂肪伯胺和仲胺中与氮直接相连的氢质子的化学位移 δ 为 0.4～3.5；而芳香胺中与氮直接相连的氢质子的化学位移 δ 为 2.9～4.8，且不容易被邻近的氢质子裂分。

13.1.4　胺的物理性质

低级脂肪胺是气体，且具有难闻的气味，如具有鱼腥味的三甲胺等。三个碳及以上的脂肪胺是易挥发的液体，高级胺为固体。芳香胺为低熔点的固体或高沸点的液体，具有特殊的气味。并且芳香胺的毒性很大，如吸入、食入或通过皮肤吸收苯胺会导致人中毒，吸入约 1 g 的苯胺就会对人体造成严重的损伤。

低级胺在水中的溶解性都比较大，这是由于胺可以(铵盐不可以)与水形成氢键。其中，一级胺和二级胺自身分子间可以形成氢键，因此既可以作为质子给体，也可以作为质子受体。而三级胺不能形成自身分子间氢键，因此只能作为质子受体。高级胺由于烷基成分的增加，在水中溶解度均不大。但可以将高级胺置于酸性水溶液(如稀盐酸水溶液)中，使其形成铵盐，从而增加其溶解性。胺的水溶性不如醇，这是由于氮的电负性比氧弱，导致胺的氢键强度不如醇，但强于烷烃。同时，由于氢键较弱，胺的沸点也会低于相近分子量的醇，但高于相近分子量的非极性化合物。叔胺不能形成自身分子间的氢键，其沸点弱于分子量相近的伯胺或仲胺。大多数胺能溶于醇、醚、苯等有机溶剂。表 13-1 给出了常见胺类化合物的物理性质。

表 13-1　常见胺类化合物的物理性质

化合物	熔点/℃	沸点/℃	溶解度/[g/(100 g · H_2O)]
甲胺	−92	−7.5	易溶
乙胺	−80	17	∞
正丙胺	−83	49	∞
正丁胺	−50	78	易溶
异丙胺	−101	34	溶
二甲胺	−96	7.5	易溶
二乙胺	−39	55	易溶
三乙胺	−115	89	14
环己胺	−18	134	微溶
乙二胺	8	117	溶

13.1.5　胺的化学性质

胺和醇一样，既具有酸性又具有碱性。胺的酸性来源于 N—H 键中的氮原子具有吸电子诱导效应，使得 N—H 键的成键电子在一定程度上偏向氮原子，因此氢质子容易解离而具有酸性。而胺的碱性以及亲核性则来源于氮原子上未成键的孤对电子，它既能够与氢质子相结合使胺呈碱性，也能够使胺作为亲核试剂发生各种反应。相对于胺的酸性，胺的碱性和亲核性在合成上用途更广且更为重要。

酸性

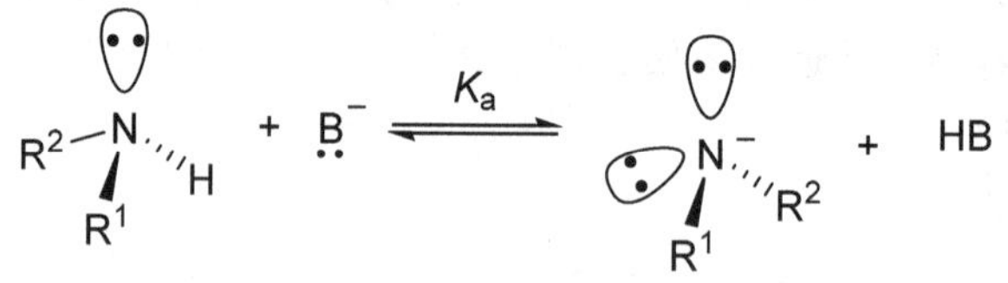

碱性

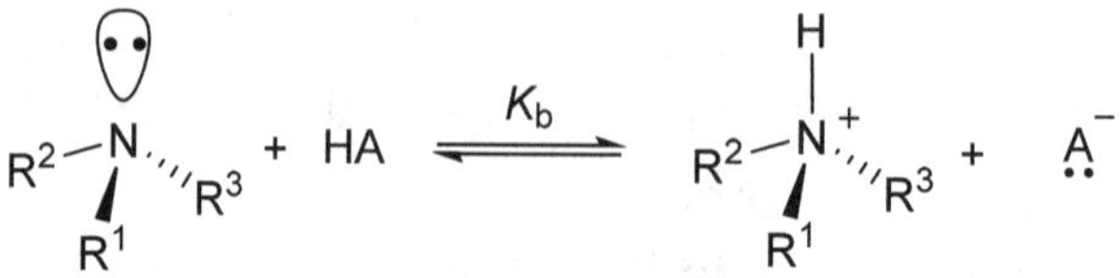

1. 胺的酸性

相比较，胺的酸性(脂肪胺的 pK_a 很大，约为 35)比相应的醇弱得多，大约小 20 个数量级。这主要是由于氮原子的电负性比氧原子小，导致胺中 N—H 键中氮原子的吸电子诱导效应不如醇中 O—H 键中氧原子的吸电子诱导效应。因此，当胺的负离子(R_2N^-)和醇发生反应时，醇羟基上的质子会转移到氨或胺的负离子上，从而形成烷氧基负离子(RO^-)。这一反应平衡过程强烈倾向于 RO^-，平衡常数约为 10^{20}。由此可以看出，R_2N^-具有很强的碱性，与其共轭酸胺为弱酸性对应。常利用胺的碱性来脱除醇或某些官能团中具有较强酸性的α-氢质子。

$$R_2N^- + ROH \rightleftharpoons RO^- + R_2NH$$

由于胺的酸性弱，必须通过非常强的碱，才可以实现胺的去质子过程。例如，在低温条件下，向二异丙基胺的四氢呋喃溶液中缓慢滴加正丁基锂，可制备用途广泛的非亲核性强碱试剂二异丙基氨基锂。

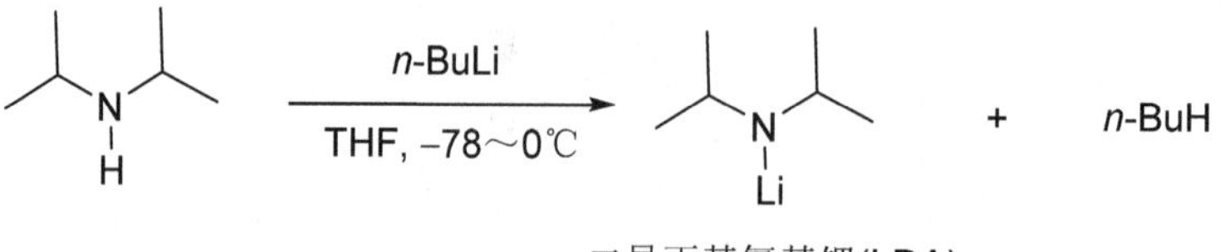

二异丙基氨基锂(LDA)

2. 胺的碱性

当胺溶于水中时，可与水中的质子作用，发生下列解离反应，形成稳定的铵离子和氢氧根负离子，因此胺的碱性比相应的醇强。这是由于胺中氮原子的孤对电子比醇中氧原子的孤对电子更容易接受质子。

$$R-\ddot{N}H_2 + H_2O \rightleftharpoons R-\overset{+}{N}H_3 + OH^-$$

胺在水溶液中的解离程度可以反映胺与质子的结合能力，即胺的碱性强弱。通常用胺的水溶液的碱解离常数 K_b 或其对数的负值 pK_b 表示胺的碱性强度。K_b 可以用铵离子浓度与氢氧负离子浓度的乘积除以未解离的胺的总浓度表示。其中，由于使用稀的水溶液，水的浓度可以看作常数而忽略。

$$R-\ddot{N}H_2 + H^+ \rightleftharpoons R-\overset{+}{N}H_3$$

$$K_b = \frac{[RNH_3^+][OH^-]}{[RNH_2]} \tag{13-1}$$

$$pK_b = -\lg K_b \tag{13-2}$$

通过其共轭酸 RNH_3^+ 的酸解常数 K_a 或其对数的负值 pK_a 也可以表示碱的强度：

$$R-\overset{+}{N}H_3 + H_2O \rightleftharpoons R-NH_2 + H_3O^+$$

$$K_a = \frac{[RNH_2][H_3O^+]}{[RNH_3^+]} \tag{13-3}$$

$$pK_a = -\lg K_a \tag{13-4}$$

RNH_2 的碱解离常数 K_b 与 RNH_3^+ 的酸解离常数 K_a 之间的关系为

$$K_a \cdot K_b = K_w \tag{13-5}$$

式中，K_w 为水的离子积，在 25℃时为 1×10^{-14}，若用 pK_a 和 pK_b 表示，则：

$$pK_a + pK_b = 14 \tag{13-6}$$

因此，K_b 越大或 pK_b 越小，氮上的孤对电子越容易与质子结合，胺的碱性越强；胺的共轭酸 K_a 越大或 pK_a 越小，胺的碱性越弱。

常见胺的 pK_b 如下所示：

	氨	甲胺	二甲胺	三甲胺	苯胺	对甲苯胺	对氯苯胺	对硝基苯胺
pK_b	4.76	3.36	3.28	4.30	9.37	8.92	10.02	13.00

1) 脂肪胺的碱性

与氨相比较，脂肪胺中烷基的给电子效应一方面使得脂肪胺氮原子上的电荷密度增加，更容易接受质子，另一方面使得胺与酸反应后形成的铵离子因正电荷分散更加稳定。铵正离子越稳定，其越容易形成，说明脂肪胺越容易接受质子，即脂肪胺的碱性越强，因此脂肪胺的碱性通常比氨强。

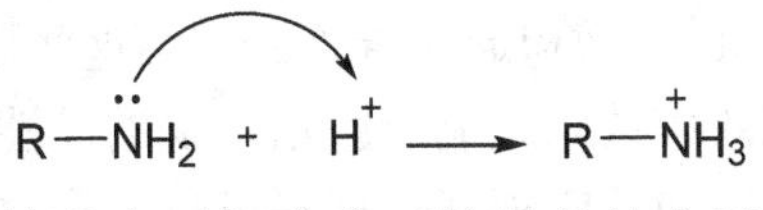

不过，脂肪胺在水中的碱性强度不仅取决于烷基的给电子效应，还与生成的铵正离子溶剂化程度相关。相比较，当一级胺中引入第二个烷基成为二级胺时，虽能进一步增强碱性，但所增大碱性的净的效果不如引入第一个基团时大，而引入第三个烷基成为三级胺时，碱性却又下降。这主要是因为随着胺中氮原子上烷基取代基逐渐增多，胺与水形成氢键的机会更低，溶剂化的程度越小，胺正离子更不稳定，不容易形成，胺的碱性会减弱。

另外，空间位阻也对胺的碱性产生影响。如果取代烷基越大，占据的空间也大，氮原子周围的空间会变得拥挤，使质子不易接近，就会导致胺的碱性降低。

溶剂的不同也会影响胺的碱性。如以正丁基取代的胺为例，因为胺可以在水中能够形成氢键产生溶剂化作用，因此在水中胺碱性的强弱次序为：二级胺＞一级胺＞三级胺。而胺在氯苯和苯中不能形成氢键，因此在苯中碱性的强弱次序为：二级胺＞三级胺＞一级胺，在氯苯中碱性的强弱次序为：三级胺＞二级胺＞一级胺。

表 13-2 给出了一些简单脂肪胺的 pK_b 及其共轭酸的 pK_a。

表 13-2　脂肪胺的 pK_b 和共轭酸的 pK_a

胺	pK_b(25℃)	共轭酸	pK_a(25℃)
NH_3	4.76	NH_4^+	9.24
CH_3NH_2	3.36	$CH_3NH_3^+$	10.62
$(CH_3)_2NH$	3.28	$(CH_3)_2NH_2^+$	10.73
$(CH_3)_3N$	4.30	$(CH_3)_3NH^+$	9.79
$CH_3CH_2NH_2$	3.36	$CH_3CH_2NH_3^+$	10.64
$(CH_3CH_2)_2NH$	3.06	$(CH_3CH_2)_2NH_2^+$	10.94
$(CH_3CH_2)_3N$	3.25	$(CH_3CH_2)_3NH^+$	10.75

环状胺如五元杂环四氢吡咯、六元杂环哌啶、吗啉等的氮原子一般连接两个烷基，因此具有典型的二级胺的碱性。

2) 芳香胺的碱性

相比于氨和脂肪胺，芳香胺(pK_b = 9.40)的碱性比较弱。这主要是由于芳香胺中，氮原子孤对电子所处的杂化轨道可以与苯环的 p 轨道部分重叠，使得氮上的孤对电子部分转向苯环，形成一个均匀的共轭离域体系而变得稳定。因此，氮原子上电子云密度下降，其质子化的能力下降，所以芳香胺的碱性下降。

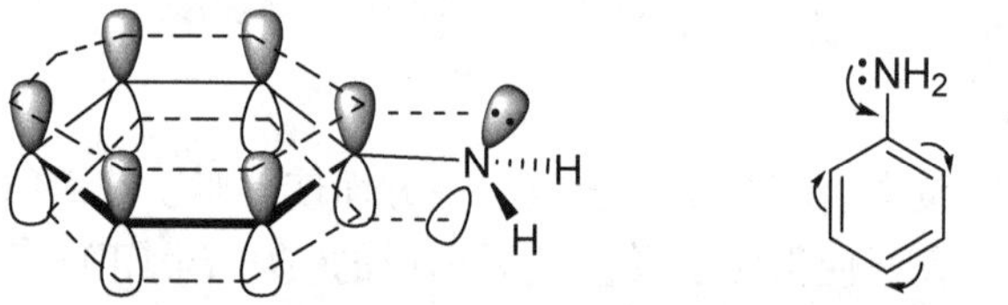

苯环上的取代基对苯胺的碱性有显著影响。一般来说，给电子取代基可以使相应苯胺衍生物的碱性增加，而吸电子取代基可以导致相应苯胺衍生物的碱性减弱。当这些取代基处在氨(胺)基的间位时，此时取代基诱导效应起主导作用。当这些取代基位于氨(胺)基的邻、对位时，取代基的诱导效应和共轭效应共同影响苯胺衍生物的碱性。另外，当取代基处于邻位的时候，还会受到分子内氢键、空间效应等其他因素影响，导致邻位取代的苯胺衍生物的碱性发生异常变化。表 13-3 给出了一些取代苯胺的 pK_b。

表 13-3　各种取代苯胺的碱性

取代基	pK_b		
	邻	间	对
H	9.37	9.37	9.37
OH	9.28	9.83	8.50
OMe	9.48	9.77	8.66

续表

取代基	pK_b		
	邻	间	对
CH_3	9.56	9.28	8.90
NO_2	14.26	11.53	13.00
Cl	11.35	10.38	10.02

烷基的碳为 sp^3 杂化，相比于苯胺的 sp^2 杂化的碳原子，具有给电子的诱导效应；另外，烷基可以通过C—H键和苯环的超共轭效应在一定程度上增加氮原子孤对电子的电子云密度。但这两种效应对碱性的影响不是很大，如甲基位于氨基对位和间位时，苯胺的碱性只是略微增加，而甲基位于邻位时，由于氮上孤对电子周围的空间变得更为拥挤，难以接受质子，因此碱性比苯胺更弱。

羟基(—OH)、烷氧基(—OR)、酯基(—OCOR)、胺基(—NH、—NHR)、酰胺基(—NHCOR)等取代基与苯环相连的杂原子的电负性比碳大，因此具有吸电子诱导效应。同时这些杂原子上存在孤对电子，也具有给电子共轭效应。在邻对位时，总体来说，给电子共轭效应会大于吸电子诱导效应，使得苯胺的碱性增强。在间位时，吸电子的诱导效应起主导作用，因此会使苯胺的碱性减弱。

铵基($—NH_3^+$)、卤素原子(—Cl)、硝基($—NO_2$)、磺酸基($—SO_3H$)、羧基(—COOH)等取代基具有很强的吸电子诱导效应。其中，有些取代基带有杂原子的双键，同时具有吸电子的诱导效应和共轭效应，因此当这些基团位于氨基的邻、对位时，能够明显减弱氮上孤对电子的电子云密度，使其难以与质子结合，从而减弱苯胺衍生物的碱性。

3. 胺的成盐反应

1) 铵盐

胺具有碱性，因此可以与各种酸如硫酸、盐酸、硝酸、草酸和乙酸等发生反应生成铵盐。此时，氮上的孤对电子会与氢质子结合形成共价键。铵盐是离子化合物，固体、无味。它的无机酸盐在水中溶解度大，它的有机酸盐在水中溶解度较小，二者均不溶于非极性的有机溶剂。铵盐是弱碱形成的盐，因此当其与强碱反应时，铵盐可以脱去质子重新转变为原来的胺。例如：

$$R\ddot{N}H_2 \underset{\text{碱}(OH^-)}{\overset{\text{酸}(H^+)}{\rightleftharpoons}} R\overset{+}{N}H_3$$

可以利用这种性质，将胺与其他有机化合物进行分离。例如，当胺与一种中性有机化合物共存时，可以先用稀盐酸对混合体系进行处理。此时，胺会与盐酸成盐，并溶于其中，而中性有机化合物不溶。将二者分开后，再对铵盐溶液用碱进行中和，即可分离回收胺。

胺和酸反应生成铵盐这一性质在许多领域具有广泛的应用。一些铵盐具有一定的熔点或分解点，可以用于鉴定胺。此外，常通过将一对消旋的有机酸和具有光学活性的天然有机碱成盐反应，实现光学拆分。另外，铵盐具有很好的稳定性和水溶性，很难发生氧化等副反应，且没有类似于胺的鱼腥味，因此可以将许多药物和具有生理活性的胺以盐的方式保存和使用。

2) 四级铵盐

在加热的条件下，三级胺能与卤代烷发生成盐反应生成四级铵盐，也称季铵盐。此时，氮上的孤对电子会与烷基正离子结合形成共价键。

$$R^1R^2R^3N + R^4X \xrightarrow{\triangle} R^1R^2R^3R^4\overset{+}{N}X^-$$

四级铵盐和无机盐一样都是离子化合物，因此具有相似的性质，易溶于水，水溶液能导电，不溶于乙醚，熔点高，通常会在熔点前分解。四级铵盐可以作表面活性剂，降低表面张力。四级铵盐常作为相转移催化剂应用在有机反应中。

相转移催化剂(phase transfer catalyst)是一类能够将反应物从一相转移到另一相，从而提高异相反应速率的催化剂。在非均相的有机反应中，一般会存在有机相和水相两相，有机底物会溶解在有机相中，而离子型化合物会溶解在水中。若没有相转移催化剂的存在，反应物只能在两相的界面处接触，反应很慢，难以进行。例如，在氰化钠(NaCN)与溴代烷烃的取代反应中，NaCN 是离子型化合物，易溶于水中，而溴代烷烃溶于有机相，二者处于互相不溶的两相中，使得该反应速率很慢，产率很低。若在上述体系中加入相转移催化剂溴化正十六烷基三正丁基铵[$(n\text{-}C_4H_9)_3(C_{16}H_{33})N^+Br^-$]，其能够溶解在有机相和水相中，不断将 CN^-从水相运送到有机相中。不同于在水相，CN^-在有机相中不会被包裹，溶剂化程度很小，具有很强的活性，几乎能与溴代烷烃定量发生反应，得到 RCN。随后在反应中产生的 Br^-能够被相转移催化剂持续不断地运送到水相。在整个过程中，相转移催化剂起到了在两相循环运送负离子的作用，并没有被消耗。

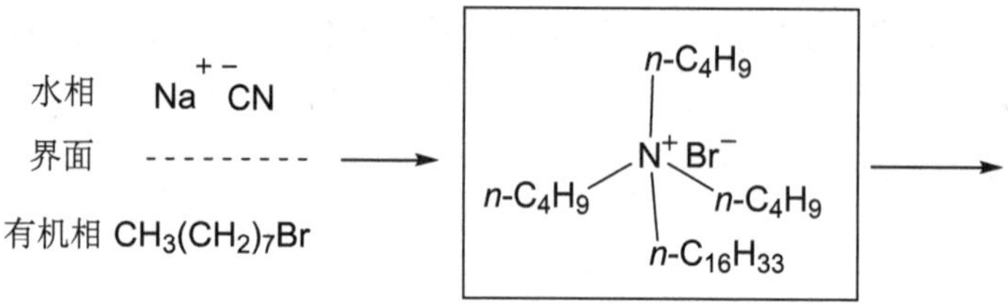

相转移催化剂

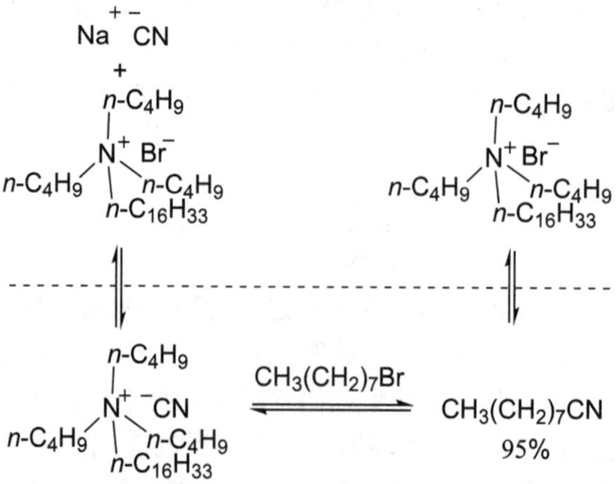

相比于传统的方法，相转移催化剂具有突出的优势，如加快反应速率、提高反应产率、降低反应温度以及操作简便等。因此，相转移催化剂被广泛地应用于各种有机反应(如取代、氧化、还原、置换、聚合反应等)中。目前常作为相转移催化剂的为含 15～25 个碳原子的四级铵盐如氯化四正丁基铵、氯化三正辛基甲基铵等都有较好的催化作用。尽管四级铵盐有上述优势，但其在高温、碱性条件下很容易发生消除反应。为了解决这一问题，主要是对现有的四级铵盐进行改进。目前，可以将四级铵盐中心氮原子改为磷原子，形成在高温(＞200℃)时仍很稳定的鏻盐如溴化三正辛基乙基鏻和溴化正十六烷基三正丁基鏻，还可以使用稳定性更高的冠醚类或聚乙二醇类的相转移催化剂。

相转移催化反应不仅投入催化剂的用量少，而且能够有效减少有害溶剂的使用，因此广泛应用于医药、农药、香料、特种高分子、染料等行业。

4. 四级铵碱和 Hofmann(霍夫曼)消除

1) 四级铵碱

与一级胺、二级胺、三级胺形成的铵盐不同，四级铵盐与强碱如氢氧化钠(NaOH)、氢氧化钾(KOH)发生中和作用时，不会将胺游离出来，而是生成四级铵碱(季铵碱)，形成平衡体系。例如：

$$R^1R^2R^3R^4\overset{+}{N}\overset{-}{X} + MOH \rightleftharpoons R^1R^2R^3R^4\overset{+}{N}\overset{-}{O}H + MX$$

也可以通过湿的氧化银与四级铵盐发生反应，可以产生卤化银沉淀，从而使反应平衡发生移动，得到具有吸湿性的四级铵碱固体。

$$R_4\overset{+}{N}\overset{-}{X} + Ag_2O \xrightarrow{H_2O} R_4\overset{+}{N}\overset{-}{O}H + AgX\downarrow$$

四级铵碱是强碱，碱性强度与氢氧化钠、氢氧化钾相当。

2) Hofmann 消除反应

与醇和卤代烃一样，四级铵碱也能通过消除反应转化为烯烃。而中性胺不能进行类似的消除反应。这主要是因为胺的—NH_2或—NHR 基团属于强碱，不是好的离去基团，因此胺不能像醇和卤代烃一样发生消除反应。但在四级铵碱中，—NH_2或—NHR 转化成了好的离去基团$^+NR_3$，因此消除反应能够顺利发生。通常将四级铵碱在 100～200℃的加热条件下发生消除反应，分解生成烯烃和叔胺的反应称为 Hofmann 消除反应。例如：

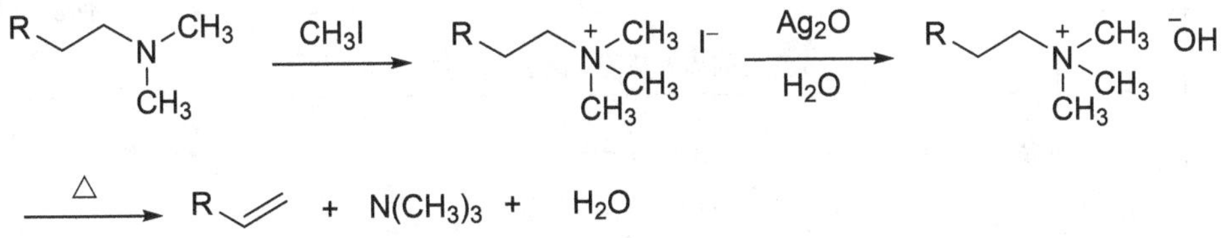

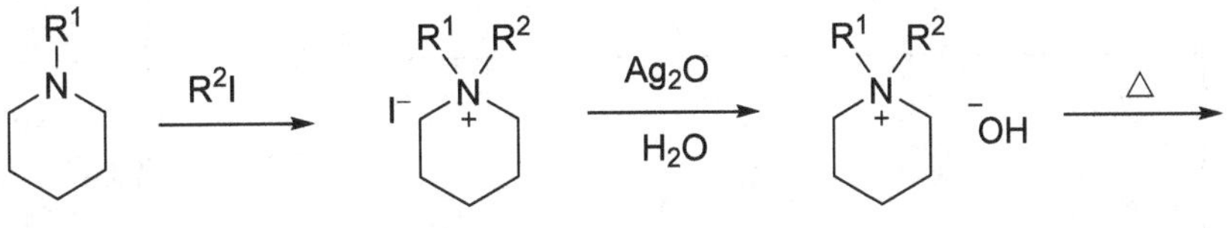

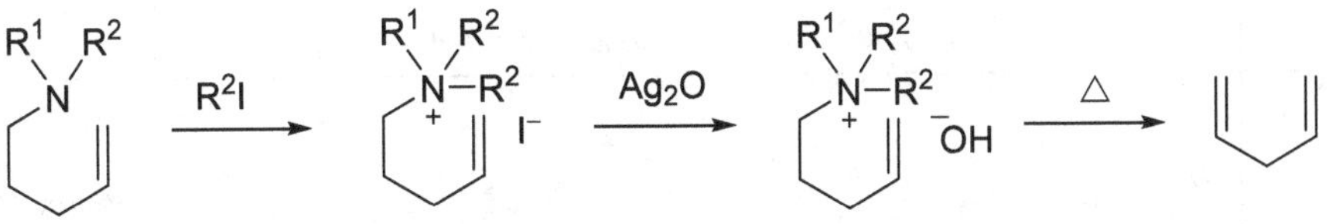

Hofmann 消除反应是在碱和加热作用下的β-消除反应。在消除反应过程中，氢氧根负离子(^-OH)进攻铵基的β-氢原子，促进β-氢原子的断裂和三级胺的离去，最后生成烯烃。因此在反应过程中，需要满足以下原则：首先，只有位于四级铵碱β-碳上的氢原子才能被碱夺取；其次，在立体化学上，离去基团三级胺和β-氢原子必须处于反式共平面。

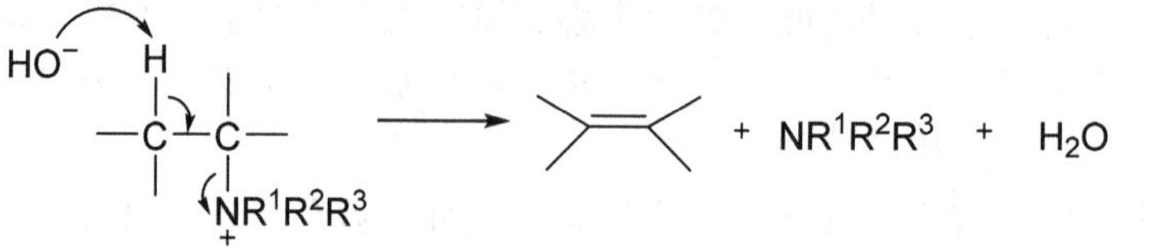

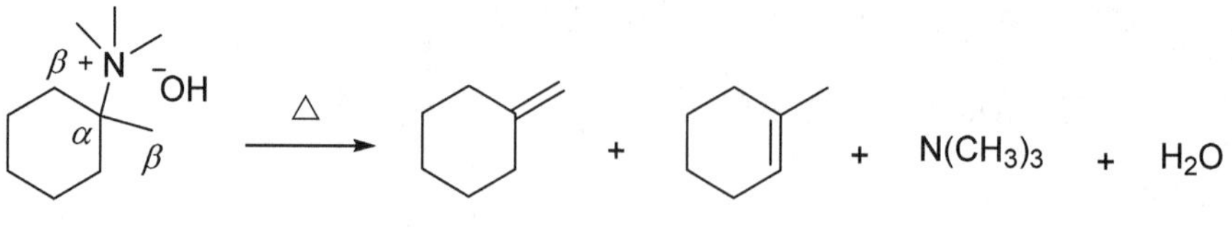

99%　　1%

$$\overset{\beta}{CH_3}\overset{\alpha}{CH_2}\overset{+}{N}(CH_3)_2(\overset{\alpha}{CH_2}\overset{\beta}{CH_2}R)^{-}OH_2 \xrightarrow{\triangle} H_2C{=}CH_2 + (CH_3)_2NCH_2CH_2R + H_2O$$

β-消除反应按照何种机理进行与许多因素有关，如离去基团的能力、溶剂的极性、反应试剂的碱性强弱等。一般分为 E1 单分子消除、E2 双分子消除、E1cb 单分子共轭消除等。表 13-4 列出β-消除反应的相关机理过程和实例。

表 13-4　消除反应机理

分类		反应机理	实例
E1 单分子消除		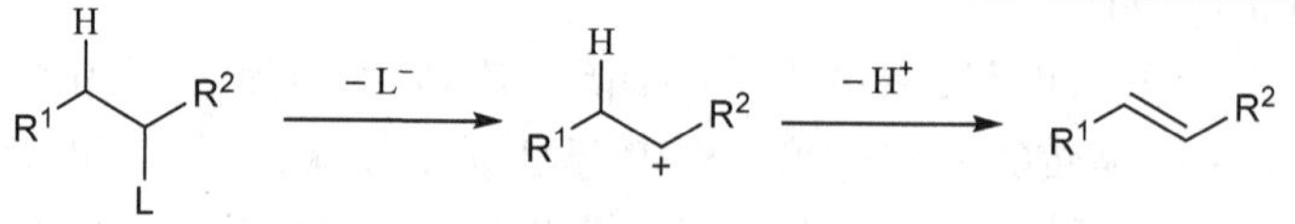	醇失水；三级卤代烷烃在强极性溶剂中失卤化氢
E2 双分子消除	似 E1	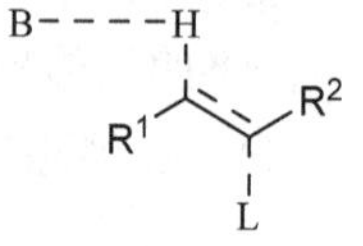 L是好的离去基团，离去能力强于H	热力学控制的产物；卤代烷烃的 E2 消除[符合 Zaitsev(扎依采夫)规则]
	E2	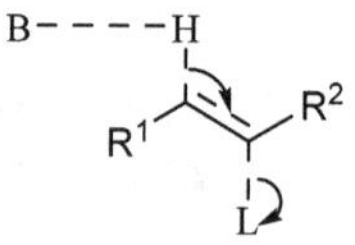	
	似 E1cb	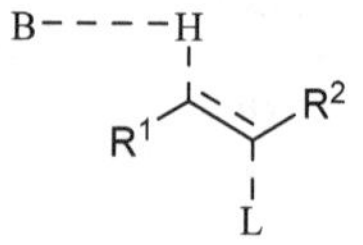 L不是好的离去基团，离去能力弱于H	动力学控制的产物；四级铵碱的 E2 消除(符合 Hofmann 规则)
E1cb 单分子共轭消除		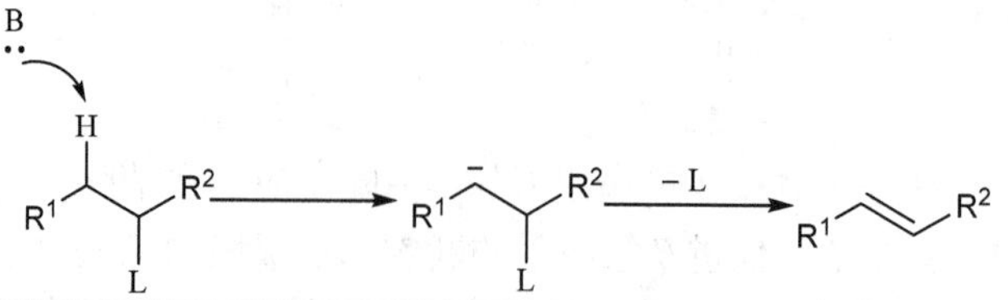	碳负离子很不稳定，此情况不常见

当反应底物中离去基团的离去能力强，溶剂的极性强，且试剂的碱性不强时，离去基团优先离去，形成碳正离子的中间体，按照 E1 或似 E1 过渡态发生反应；当反应底物中离去基团的离去能力不是很强，且离去基团的β-碳或α-碳上有吸电子基团，使其β-氢具有一定的酸性，此时若试剂的碱性强，可以优先消除β-碳上的氢质子，按照 E1cb 或似 E1cb 过渡态发生反应；如果反应物中离去基团的离去能力不是很强，β-氢酸性不强，且试剂的碱性也不强时，按照 E2 过渡态发生反应。

在四级铵碱的 Hofmann 消除反应中，NR_3^+上带有正电荷，具有强的吸电子诱导效应，能够使β-碳上的氢具有较强的酸性。在强碱作用下，四级铵碱的β-氢能够离去，此过程与好的离去基团 NR_3^+ 的离去同时进行，因此这是一种 E2 消除反应。但 R_3N 的离去能力比β-氢弱，因此四级铵碱的消除反应虽然是 E2 反应，实际上是以似 E1cb 过渡态完成的。因此，β-氢的酸性是 Hofmann 消除反应中的一个关键因素。当四级铵碱的一个基团上有两个β-氢时，取代基较少的β-碳上的氢受到的给电子效应弱，酸性较强。同时，这个氢原子的空间位阻也较小，容易被碱进攻夺取，反应速率也更快，从而形成由动力学控制的 Hofmann 消除产物，即双键碳上取代基较少的烯烃。这称为 Hofmann 规则。

然而，在卤代烃中，由于卤原子是个较弱的吸电子基团，β-碳上氢原子的酸性较弱，不容易被碱夺取，而卤素负离子与氢离子相比是一个好的离去基团，其优先离去形成碳正离子，此时是按照 E1 或似 E1 过渡态发生反应。因此，当卤代烃上存在两个β-碳且上面均有氢时，遵循 Zaitsev 规则，优先消除连有取代基多的β-碳上的氢，从而得到热力学控制的 Zaitsev 消除产物，即双键碳上取代基较多、更稳定的烯烃。不过，当卤代烃含有强的吸电子基团，使β-氢具有较强的酸性，在碱性的条件下，会比离去基团优先离去，反应就符合 Hofmann 规则。另外，随着卤原子吸电子诱导效应的增加，主要产物由 Zaitsev 消除产物逐步地变为 Hofmann 消除产物。当卤原子是氟原子时，它的吸电子能力与 NR_3^+ 接近，使得氟原子周围的碳上的氢原子酸性大，在碱作用下离去倾向比氟原子大，因此氟代烷主要发生 Hofmann 消除反应。

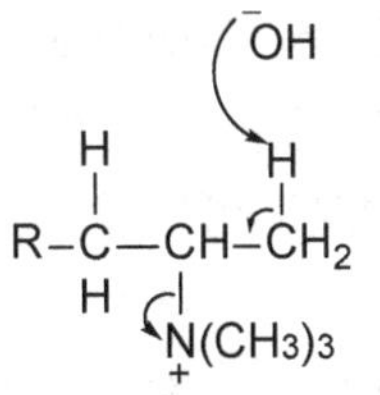

四级铵碱的E2消除反应：
碱进攻β-碳上取代基较少、酸性更强的氢
反应速率快

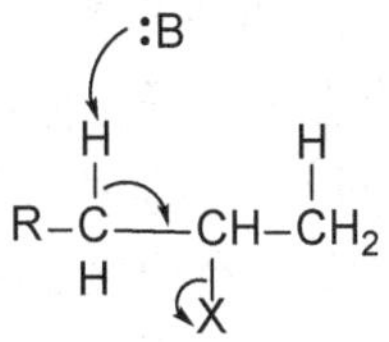

卤代烷烃的E2消除反应：
碱进攻β-碳上取代基较多的氢
产物稳定

构象分析表明 Hofmann 消除反应更容易得到 Hofmann 消除产物。例如：

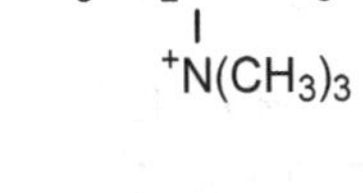

构象分析

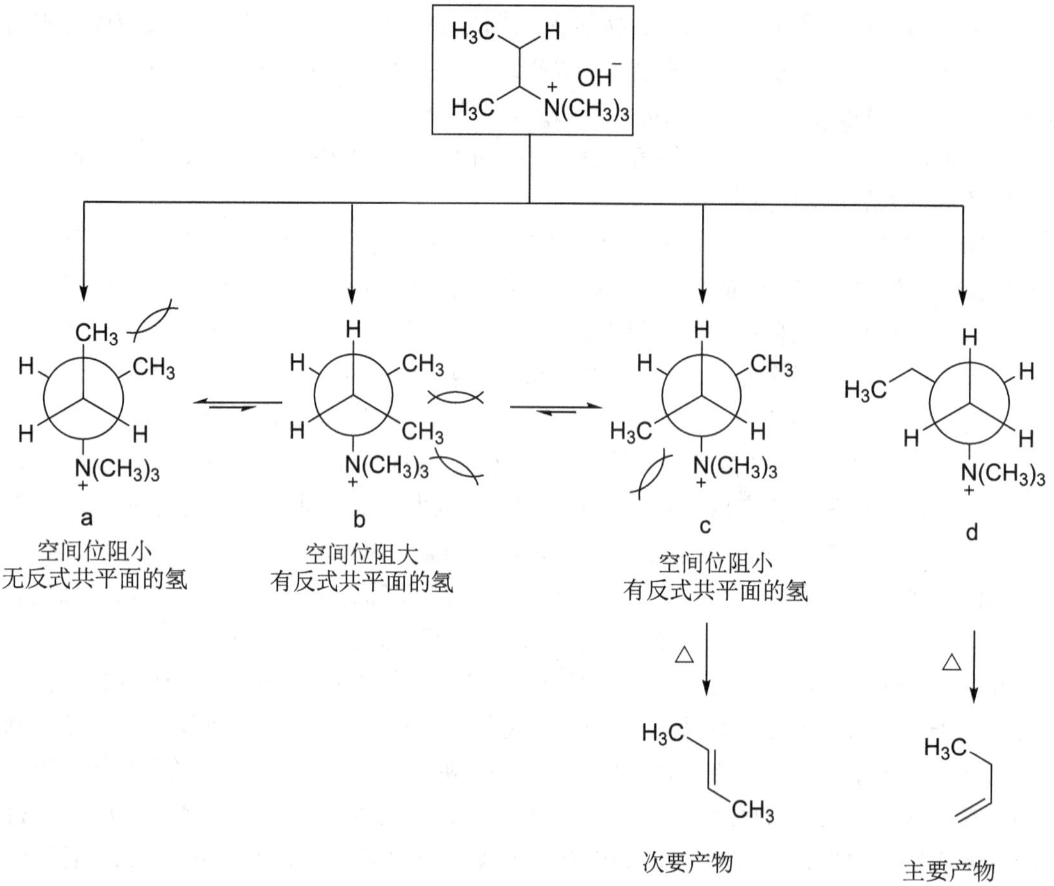

在构象 a 中，两个甲基处于邻交叉的位置，在空间上比较拥挤，不稳定，且在 $N(CH_3)_3^+$ 的对交叉位(反式)没有氢原子，不能发生消除反应；在构象 b 中，尽管在 $N(CH_3)_3^+$ 的对交叉位(反式)存在氢原子，符合 Hofmann 消除反应的原则，但 $N(CH_3)_3^+$ 以及两个甲基互相位于邻交叉的位置，在空间上变得更为拥挤，使得构象 b 很不稳定；在构象 c 中，尽管在 $N(CH_3)_3^+$ 的对交叉位(反式)存在氢原子，符合 Hofmann 消除反应的原则，但 $N(CH_3)_3^+$ 与一个甲基处于邻交叉的位置在空间上比较拥挤，不稳定，因此虽然该情况下可以发生消除反应，但生成的是次要产物(*E*)-丁-2-烯；在构象 d 中，三个氢原子均可与 $N(CH_3)_3^+$ 处于对交叉位(反式)，且该构象在空间上不拥挤，最为稳定，能够发生 Hofmann 消除得到产物丁-1-烯。因此，从构象分析的观点考虑，此消除反应的主要产物为丁-1-烯；次要产物为(*E*)-丁-2-烯。

四级铵碱的β-碳上氢原子消除由易到难的顺序为 $CH_3 > RCH_2 > R_2CH$。

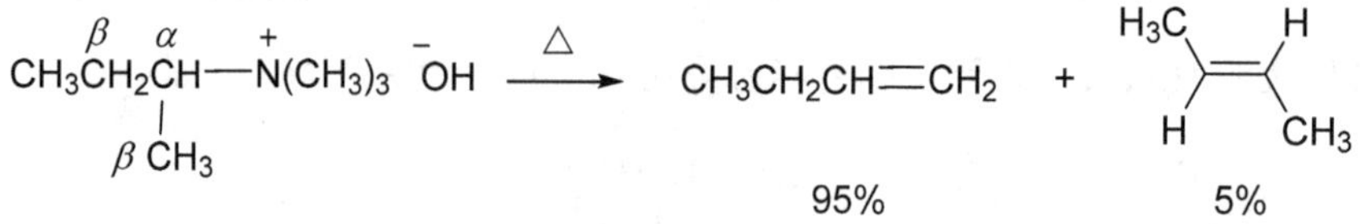

此外，空间位阻也会对 Hofmann 消除产生影响。当四级铵碱中同时存在多个β-氢时，需要综合考虑酸性以及空间位阻对β-氢原子的影响。当氢原子的酸性相近时，空间位阻小的氢原子会优先被碱进攻夺取。另外，符合反式共平面原则的氢原子优先被消除。例如：

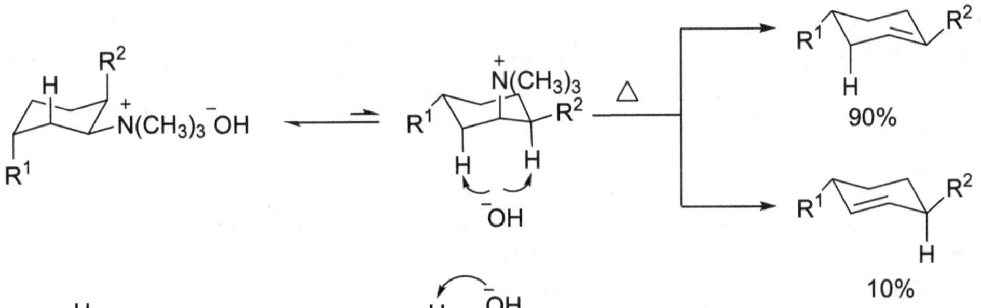

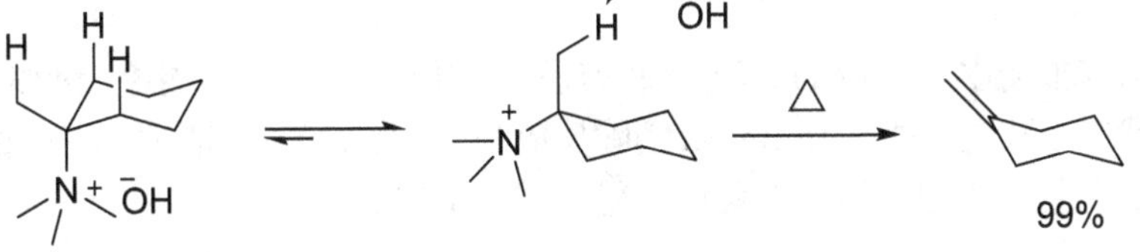

若四级铵碱β-氢原子所处的空间环境过于拥挤、空间位阻过大时，Hofmann 消除反应不能正常进行。例如：

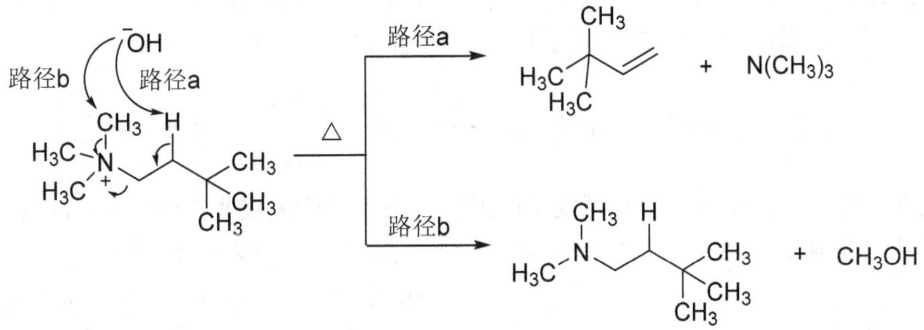

如果四级铵碱β-碳上有苯基、乙烯基、羰基等取代基，这些取代基由于一定的吸电子效应，会使与该基团相连的β-碳上氢的酸性比未取代的β-碳上的氢更强，且形成的产物会与这些取代基共轭而更加稳定，反应就不符合 Hofmann 规则。例如：

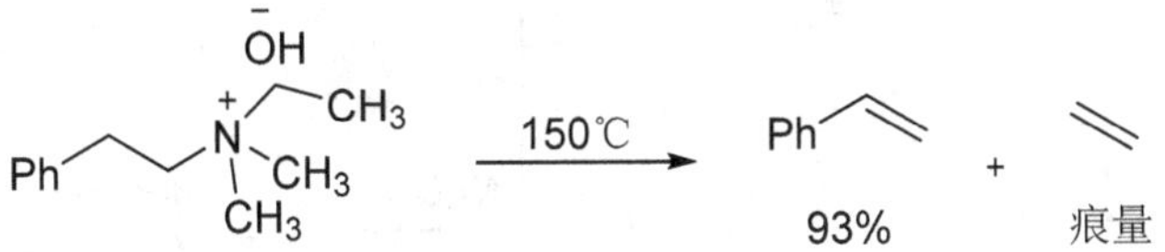

如果四级铵碱氮上的四个烃基均为甲基，这时候反应底物中没有β-氢原子存在。在加热条件下，四甲基铵碱会发生分解反应，生成三甲胺及甲醇。该反应没有烯烃产生，不符合 Hofmann 反应的定义，但习惯上也将它看作是 Hofmann 反应的一个特例。

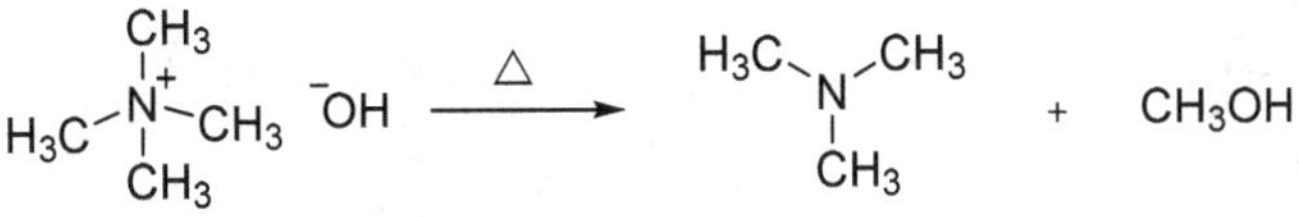

Hofmann 消除反应可给出未知物结构的有效信息，可用于胺的结构测定。例如，用足够量的碘甲烷处理胺，胺氮原子上的氢被甲基逐个取代，最后三级胺与碘甲烷形成碘化四级铵盐，这个反应称为彻底甲基化反应。由于不同级胺的氮上氢的数目不一样，因此根据消耗碘甲烷的物质的量可以判断原料胺的级数。一级胺需要消耗三当量的碘甲烷，二级胺需要消耗二当量的碘甲烷，而三级胺只需要一当量的碘甲烷。此外，四级铵盐用湿氧化银处理，得到相应的四级铵碱，然后通过 Hofmann 消除最终得到烯烃产物。据此可以反推原料胺可能的结构。

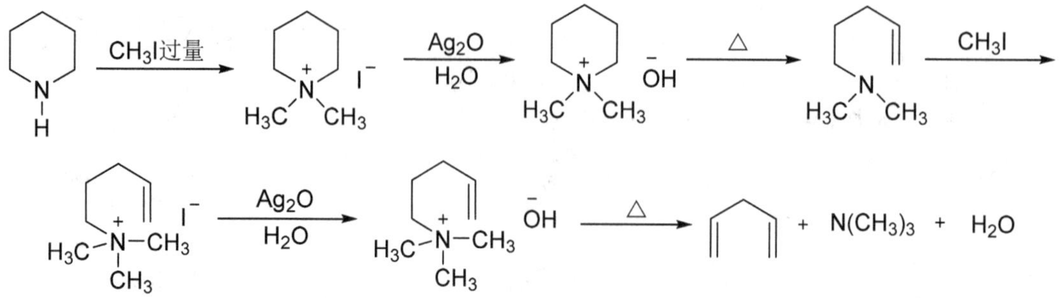

除了可以推断原本胺的结构，Hofmann 消除反应还可以用于难以合成的端烯。例如，上面的戊-1,4-二烯可通过环状二级胺进行两次 Hofmann 消除反应制得。但如果采用其他方法，由于该物质的双键不处于共轭的位置，双键容易发生移位，得到戊-1,3-二烯。

5. 胺的酰基化和磺酰化反应

胺可以作为亲核试剂与酰氯或酸酐发生酰基化反应生成酰胺(见第 11 章)。在芳胺的氮原子上引入酰基，可以保护氨基或降低氨基对芳环的活化作用，在有机合成上具有重要意义。

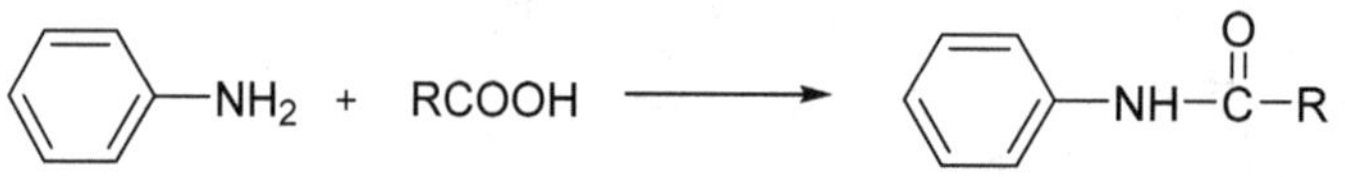

胺也可以作为亲核试剂与磺酰氯发生磺酰化反应生成磺酰胺。胺和磺酰氯(特别是苯磺酰氯及对甲苯磺酰氯)在碱性条件下的磺酰化反应统称为 Hinsberg(兴斯堡)反应。

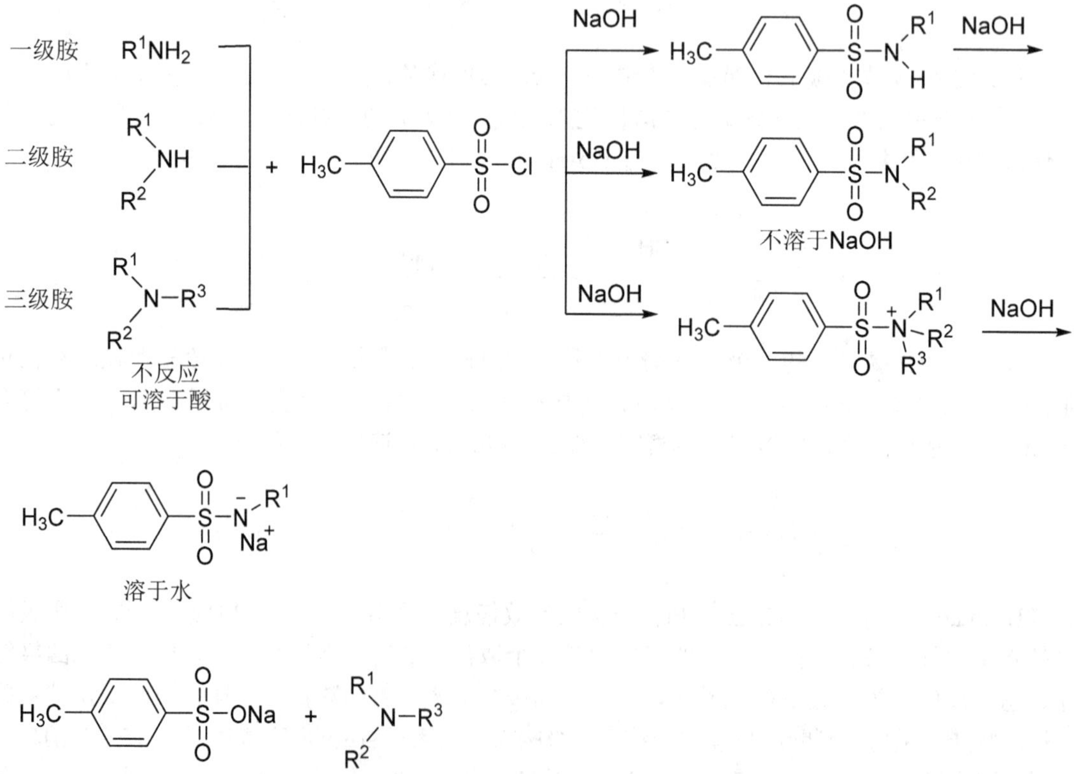

一级胺产物后续反应：

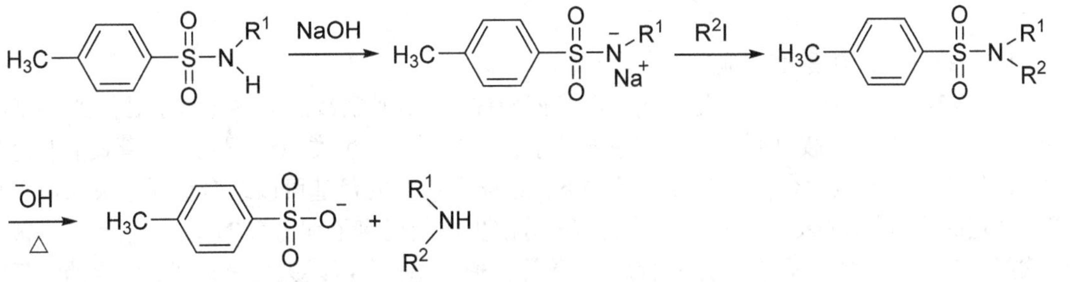

二级胺产物后续反应：

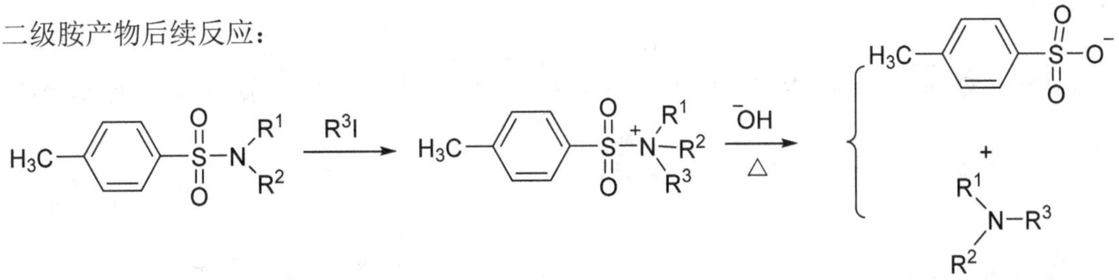

在 NaOH 水溶液中，一级胺可以与磺酰氯发生磺酰化反应，生成氮上单烷基取代的磺酰胺。由于磺酸基的吸电子效应，得到的磺酰胺的氮原子的氢具有弱酸性，可以继续与 NaOH 水溶液发生中和反应，生成可以溶解于水溶液中的盐。随后形成的盐可以与碘代烷继续发生 S_N2 反应，得到氮上二烷基取代的磺酰胺。此磺酰胺在碱性条件下与水发生水解反应，生成磺酸根负离子和二级胺。二级胺同样能与磺酰氯发生磺酰化反应，生成氮上二烷基取代的磺酰胺。但此磺酰胺的氮上并没有氢，因此不溶于碱。该磺酰胺可与碘代烷继续发生 S_N2 反应，得到磺酰铵盐。磺酰铵盐在碱性条件下与水发生水解反应，生成磺酸根负离子和三级胺。三级胺与磺酰氯反应也可以发生磺酰化反应，生成磺酰铵盐。磺酰铵盐在碱性条件下与水很容易发生水解反应，生成磺酸根负离子和三级胺。从总的结果来看没有发生磺酰化反应。不发生 Hinsberg 反应的三级胺可溶于酸。

因此，可以通过该反应现象、生成的磺酰胺的性质和后续反应的不同，来分离与鉴定一级胺、二级胺和三级胺。

6. 胺与亚硝酸的反应

胺可以作为亲核试剂和亚硝酸发生亲核加成反应，然后根据胺的种类和产物稳定性的不同，最终生成不同的产物。反应机理如下所示：

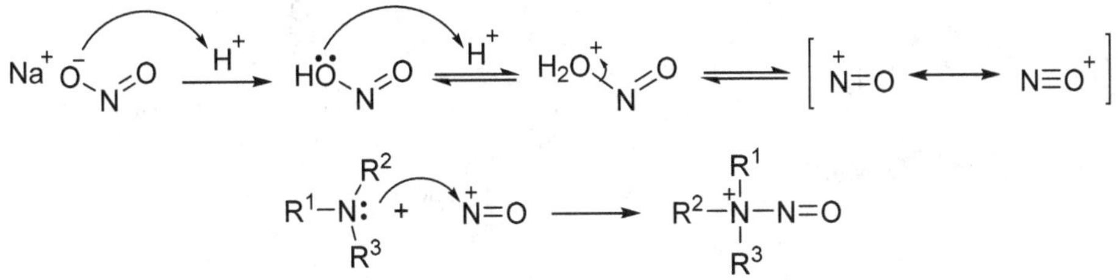

首先，亚硝酸钠与酸(通常为盐酸)反应生成不稳定的亚硝酸。亚硝酸在酸性条件下质子化

后失去水，生成亚硝酰正离子(NO^+)。然后胺氮原子上的孤对电子亲核进攻 NO^+，生成加成产物 *N*-亚硝铵盐。根据胺的级数，即氮原子上氢原子的个数不同，*N*-亚硝铵盐有不同的后续反应。

1) 一级胺与亚硝酸的反应

一级胺与亚硝酸反应会生成不稳定的 *N*-亚硝铵盐。*N*-亚硝铵盐失去氢质子后得到 *N*-亚硝基胺。由于 *N*-亚硝基胺氮原子上还存在氢原子，因此可以发生类似于酮式和烯醇式的互变异构而转化为羟基偶氮化合物。在酸性条件下，该化合物上的羟基可以结合氢质子失水离去形成不稳定的重氮盐(diazonium salt)，其会自发分解生成碳正离子和氮气(N_2)。碳正离子可被亲核试剂进攻，发生取代反应，得到卤代烃、醇等各种产物；也可以失去氢离子，发生消除反应得到烯烃。

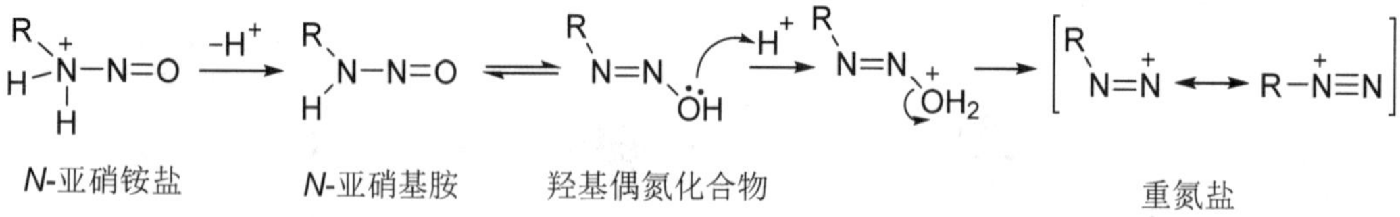

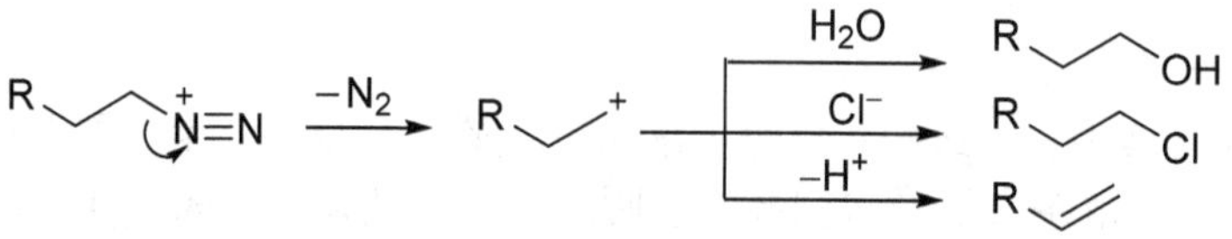

这个碳正离子还可以进行重排，生成更稳定的碳正离子。重排后的碳正离子又可发生取代反应与消除反应。

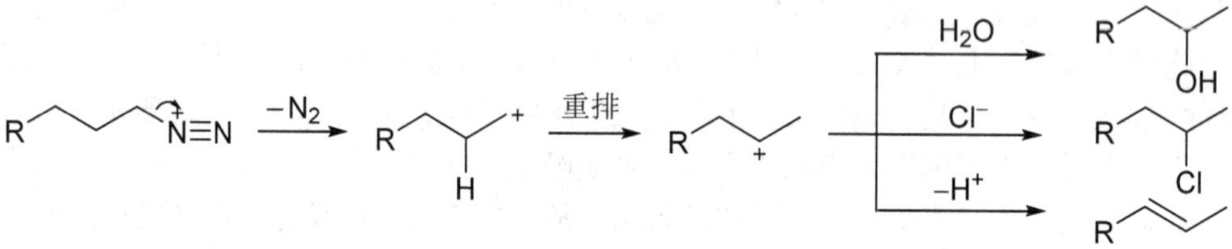

在反应中，取代反应、消除反应和重排反应之间会进行竞争，但是这些反应的活化能差别很小，故几个反应可以同时进行，使反应体系中的产物比较复杂。

一级胺与亚硝酸反应释放的氮气是定量的，因此该反应可用来测定一级胺的含量。

在一级胺和亚硝酸的反应基础上发现的 Tiffeneau-Demjanov(蒂芬欧-捷姆汤诺卡)扩环重排反应在合成上具有很重要的应用价值。例如，1-氨甲基环烷醇用亚硝酸处理时会很快发生 Tiffeneau-Demjanov 重排而生成增加一个碳的环酮，因此这是一种从低级环酮合成高级环酮(增加一个碳)的很好的方法，适用于制备五元环到七元环的酮。

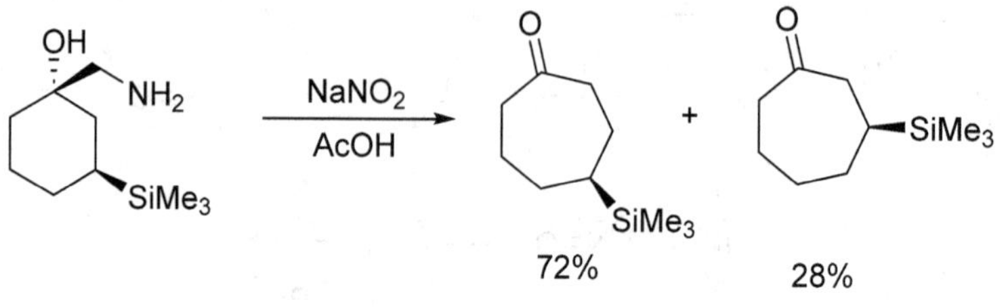

Tiffeneau-Demjanov 扩环重排反应的机理如下所示：

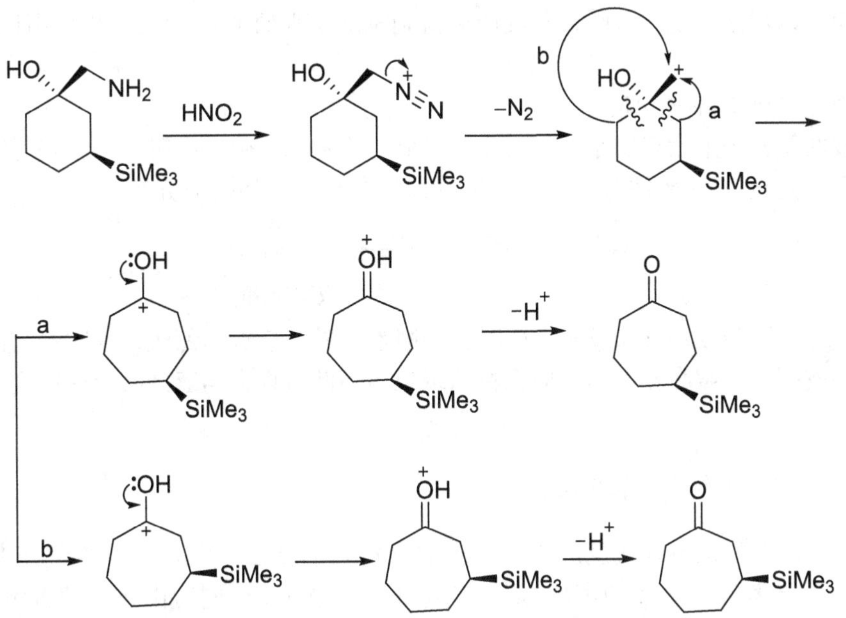

首先 1-氨甲基环烷醇的胺甲基与亚硝酸反应生成不稳定的环甲基重氮盐，其会自发分解生成环甲基碳正离子和氮气。环甲基碳正离子可以经历 a、b 两种烷基迁移路线，得到两种不同的环上增加一个碳的环烷基酮。

由于 1-氨甲基环烷醇可由氰化氢对环己酮亲核加成反应后再还原得到，也可以通过在碱性条件下硝基甲烷负离子对环己酮亲核加成反应后，再将硝基还原为氨基得到，因此也可以从环己酮出发通过 Tiffeneau-Demjanov 扩环重排而生成增加一个碳的环庚酮。例如：

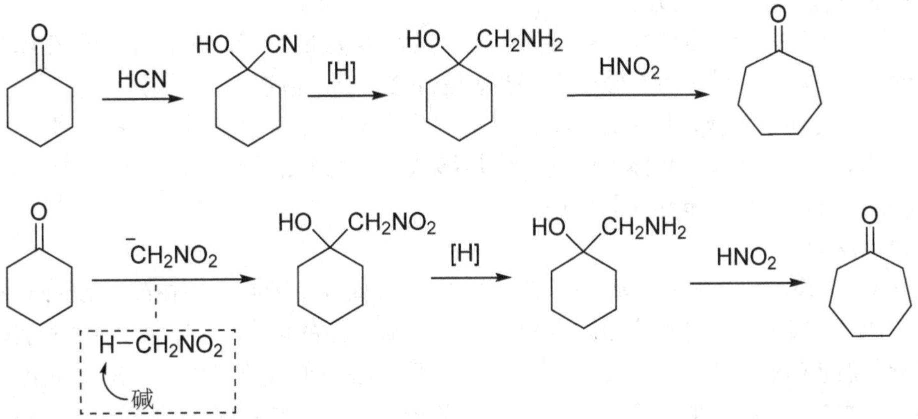

2) 二级胺与亚硝酸的反应

二级胺与亚硝酸反应得到 *N*-亚硝铵盐。此 *N*-亚硝铵盐中氮原子上有一个氢质子，失去该氢质子后转化为黄色油状或固体的 *N*-亚硝基二级胺。这类产物的氮上没有可供转移的氢，因此产物是稳定的。

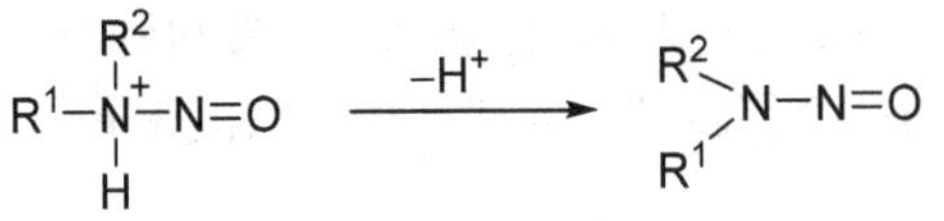

N-亚硝基胺(强致癌作用)

此反应可以用来鉴定二级胺，若反应后得到难溶于水的黄色油状液体或固体，即可认为是二级胺。

3) 三级胺与亚硝酸的反应

三级胺的氮原子上没有氢原子，因此在氮上不能发生亚硝化作用。三级胺可以与亚硝酸形成一个不稳定的 *N*-亚硝铵盐，在低温下可稳定存在，但加热会分解。

$$R_3N + HNO_2 \longrightarrow R_3\overset{+}{N}HN\overset{-}{O_2}$$

叔胺亚硝酸盐

综上所述，胺与亚硝酸盐发生反应时，伯胺参与的反应放出氮气，仲胺参与的反应生成黄色油状物或固体，叔胺参与的反应无特殊现象，因此可根据与亚硝酸反应的现象区别三种不同的胺。

7. 芳香胺苯环上的亲电取代反应

氨(胺)基在芳香亲电取代反应中是一类非常特殊的基团。首先，氨(胺)基能够通过氮上的孤对电子参与苯环 π 体系的离域，具有给电子的共轭效应。同时由于氮的电负性比碳大，因此氨(胺)基又具有吸电子诱导效应。但氨(胺)基的给电子共轭效应强于吸电子诱导效应，所以对于苯环来说，氨(胺)基是强的给电子基团，H_2N—、RNH—、R_2N—、ArNH—等都是邻、对位定位基。但当氨(胺)基与酸反应生成铵盐后，氮上的孤对电子与 H^+成键，无法与苯环 π 体系共轭，失去了给电子的共轭效应。另外由于氮原子上带有正电荷增强了氨(胺)基的吸电子诱导效应，因此铵基 H_3N^+—、RN^+H_2—、R_2N^+H—、R_3N^+—、ArN^+H_2—等为强的吸电子基团，是间位定位基。氨(胺)基转变为铵盐后导致其在定位方向上和定位能力上的巨大差别在合成上十分有用。

一般来说，芳香亲电取代反应需要质子酸或 Lewis 酸的参与。在芳香胺的亲电取代反应中，需要考虑在酸性条件下芳香胺的氨(胺)基是否会与其反应成盐而影响取代基的定位效应。但胺和铵盐之间存在平衡，且芳香胺的亲电取代反应速率比铵盐的形成要快得多。因此，只有当反应在极强的酸性条件且体系胺的浓度足够低的情况下，平衡才会以铵盐的形成为主导，芳香亲电取代反应才会在苯环的间位进行。

1) 卤化反应

由于氨(胺)基是一个强活化基，具有很强的给电子能力，因此即使在没有 Lewis 酸催化的情况下，苯胺也极易发生芳香亲电取代反应，且不需要纯的卤素单质，如溴化时与溴水反应即可，不需要纯 Br_2。直接卤化时，除与碘反应能停留在一取代阶段生成对碘苯胺外，氯化或溴化反应都很难停留在一取代阶段，会直接生成三取代的产物 2,4,6-三卤苯胺。

若需制备一氯代或一溴代苯胺，常用的一个方法是乙酰化保护氨(胺)基的方法。先将苯胺与乙酸酐反应进行乙酰化，得到酰胺化合物。此时由于乙酰基具有吸电子效应，能够减少氨(胺)基氮原子上孤对电子的电子云密度，从而降低其与苯环的离域程度，使得氨(胺)基从原来的强活化基团转变成一个中等强度的活化基团。得到的酰胺化合物进行氯化和溴化，反应就能停留在一取代阶段。由于乙酰氨(胺)基的位阻较大，主要得到对位取代产物。随后，一氯代或溴代产物进行水解去除乙酰基就能得到一氯代或一溴代的苯胺。

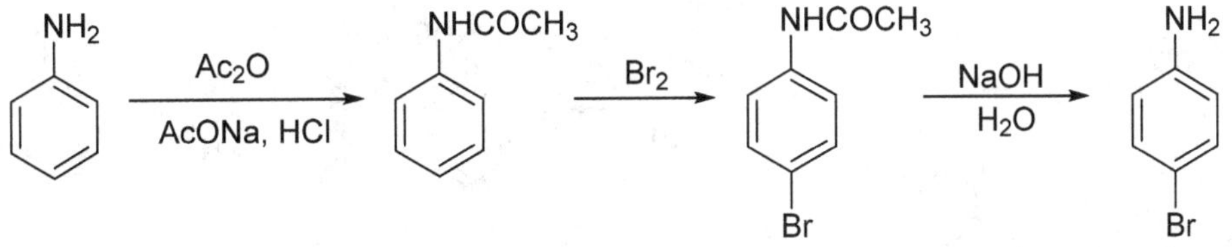

若苯胺对位有取代基占据时，将生成邻位取代产物。

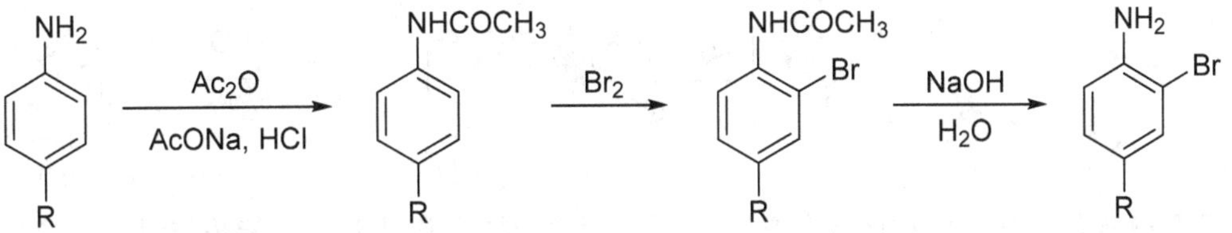

2) 磺化反应

在浓硫酸或发烟硫酸中，苯胺可以直接发生磺化反应。由于氨基具有碱性，因此磺化时硫酸首先与苯胺发生中和反应，得到硫酸氢苯铵盐。硫酸氢苯铵盐在 180～190℃条件下脱水得到苯氨基磺酸。苯氨基磺酸可以发生重排反应得到对氨基苯磺酸。在对氨基苯磺酸中，由于磺酸是强酸，胺是弱碱，可以发生分子内的酸碱反应，生成强酸弱碱内盐。内盐分子中既有正离子又有负离子，将这种在同一个分子内同时具有正负离子的化合物称为两性离子。硫酸氢苯铵盐可以用发烟硫酸为磺化试剂，在室温继续进行磺化反应，主要得间位取代产物。苯氨基磺酸可以用浓硫酸继续磺化，反应在长时间加热的条件下进行，主要得对位取代产物。

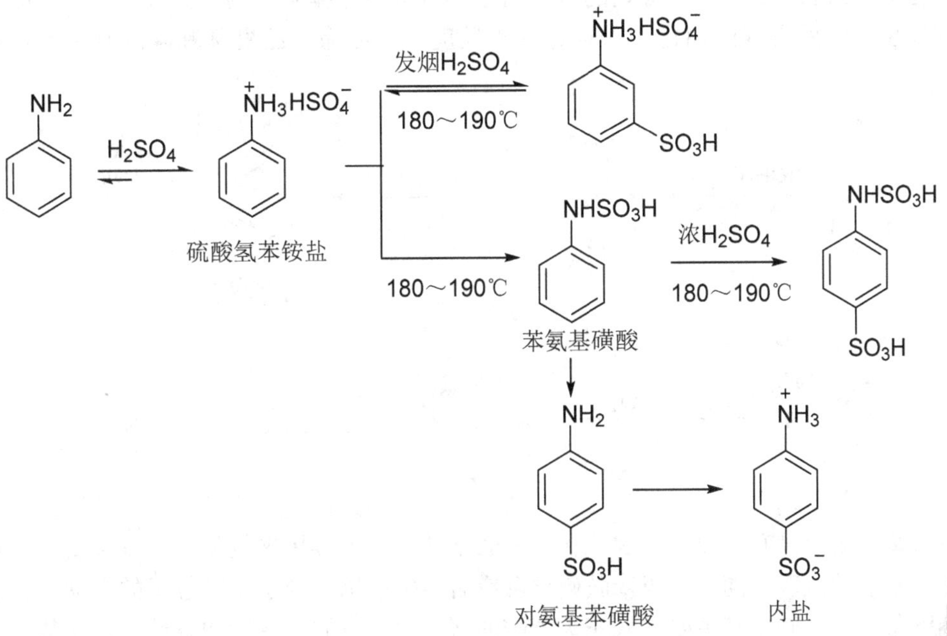

3) 硝化反应

苯胺直接硝化时，因氨基容易被硝酸氧化，产率往往很低，因此很少直接用硝酸将苯胺硝化。为防止苯胺被氧化，制备硝基苯胺时常利用胺的乙酰化来保护氨基，然后进行硝化、水解将乙酰基除去，得到硝化苯胺。

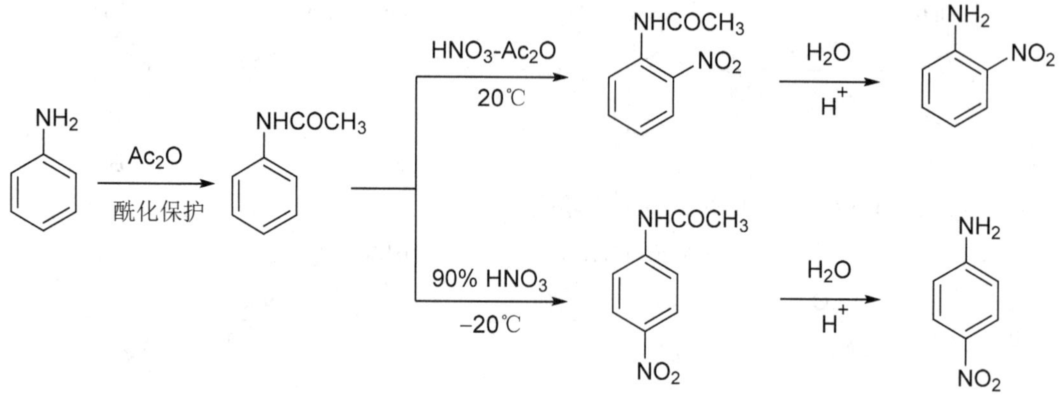

乙酰氨基具有邻、对位的定位效应，因此硝化产物通常是邻硝基苯胺与对硝基苯胺的混合物。在不同的反应条件下，邻位与对位产物的比例不同，如在 HNO_3-Ac_2O 条件下，控制反应温度为 20℃，则主要得到邻硝基苯胺；而在 90%的 HNO_3 条件下，控制反应温度在−20℃左右，则主要得到对硝基苯胺。邻硝基苯胺由于氨基与硝基的距离相近，能够形成分子内氢键，呈六元螯环结构，因而沸点相对较低；而对硝基苯胺由于氨基与硝基的距离很远，只能通过分子间氢键缔合，沸点较高。通过二者物理性质的差别，可用水蒸气蒸馏的方法实现它们的分离。

若要只得到邻位硝化的产物，则需要在苯胺的对位先引入占位基团。例如，苯胺先进行乙酰化，然后再发生磺化反应引入磺酸基。由于磺酸基和乙酰氨基的位阻都很大，此时磺酸基只能位于乙酰氨基的对位。得到的苯胺衍生物继续发生硝化反应，引入的硝基只能到乙酰氨基的邻位。然后得到的硝化产物通过水解反应，即可除去乙酰基和磺酸基，得到邻硝基苯胺。

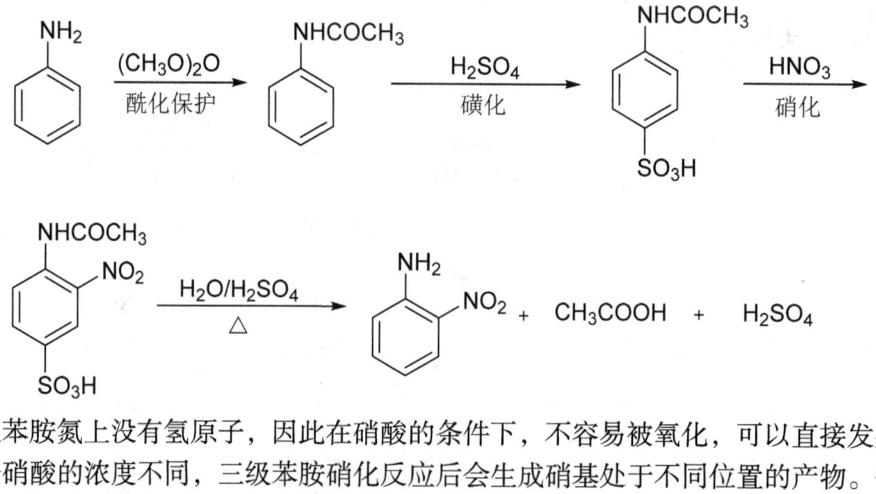

三级苯胺氮上没有氢原子，因此在硝酸的条件下，不容易被氧化，可以直接发生硝化反应。根据硝酸的浓度不同，三级苯胺硝化反应后会生成硝基处于不同位置的产物。例如，如果在稀酸条件下，则硝基主要进入三级苯胺的邻、对位；如果在浓酸条件下，氨基会转化为铵盐，转化为吸电子的基团，则硝基主要进入三级苯胺的间位。

4) 酰基化反应

在苯胺的酰基化反应中，由于氮原子具有强亲核能力以及苯环自身具有芳香性，因此需要考虑氨基酰基化和芳环酰基化的竞争反应。一级、二级芳胺的氮上有氢，因此除了苯环的碳上能发生酰化反应，氨基的氮上也可以，导致反应的产率往往较低。但氨基用酰基保护后，芳环碳上的酰基化反应可以顺利进行，主要得到对位取代的产物。

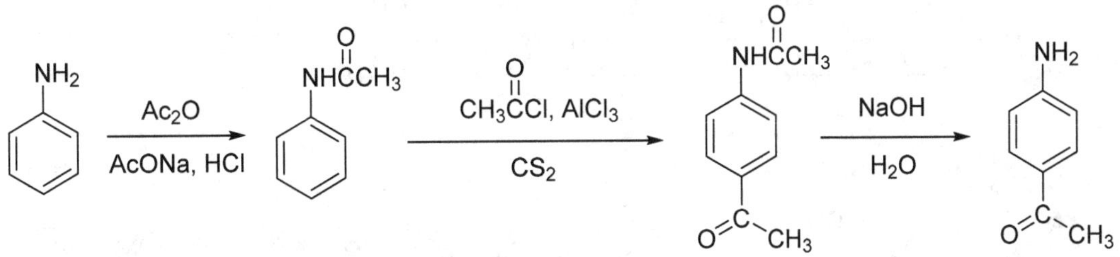

氮上没有氢的三级芳胺在温和条件下可直接进行傅-克酰基化反应，主要得到对位取代的产物。

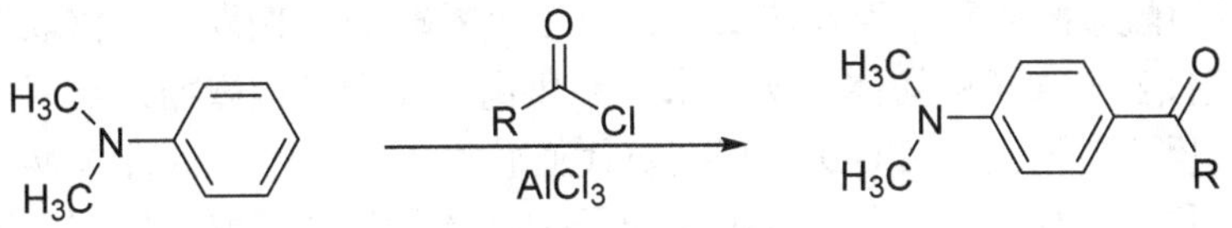

5) 甲酰化反应

N,*N*-二烷基苯胺与三氯氧磷($POCl_3$)、*N*,*N*-二烷基甲酰胺作用，在苯环上引入甲酰基的反应称为 Vilsmeier (维尔斯迈尔)反应。这是向苯环引入甲酰基的方法之一。

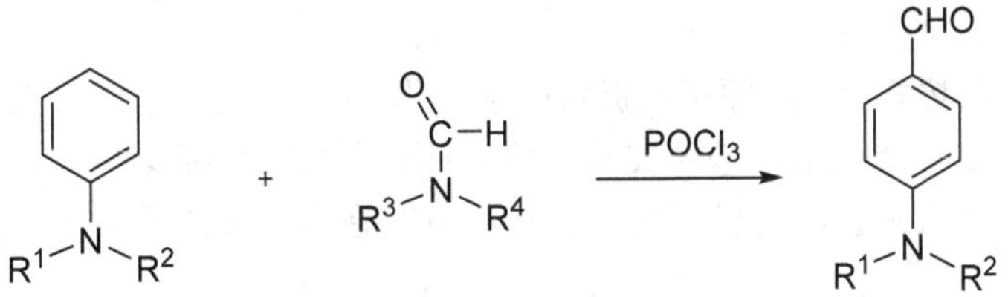

此反应的可能机理如下：

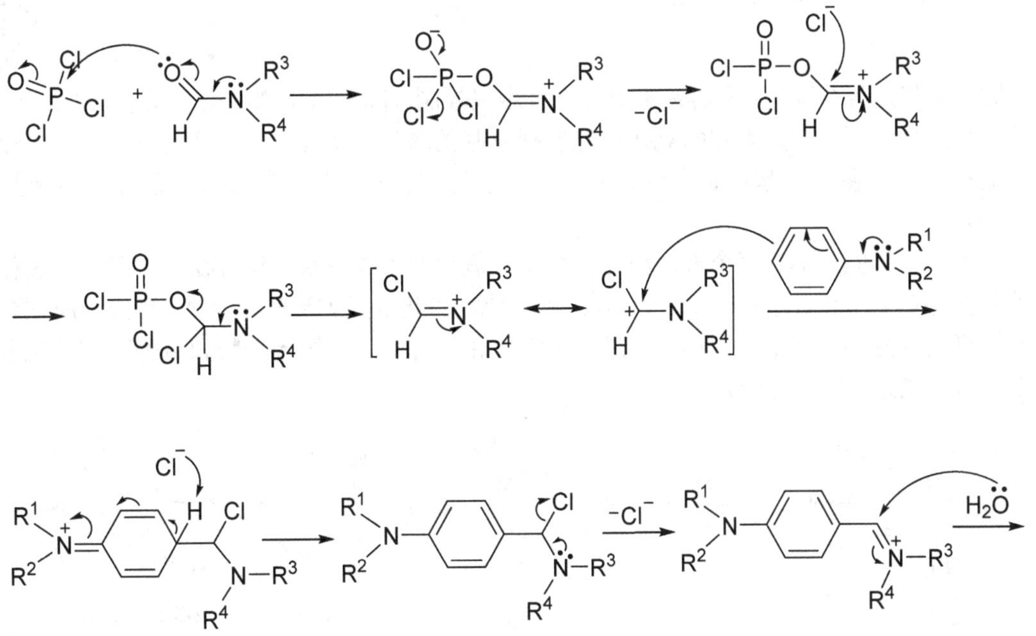

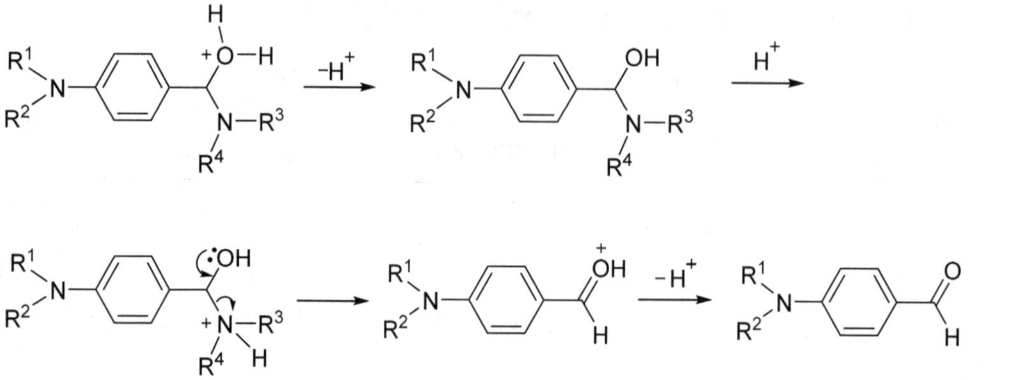

N,*N*-二烷基甲酰胺酰基氧作为亲核试剂，与三氯氧磷($POCl_3$)发生亲核取代反应，消去氯负离子，得到氧代亚胺离子中间体。接下来，氯负离子作为亲核试剂，与氧代亚胺离子中间体发生亲核取代反应，消去 Cl_2POO^-，得到氯代亚胺离子中间体。然后 *N*,*N*-二烷基苯胺胺基对位苯环碳原子作为亲核试剂，与氯代亚胺离子中间体发生亲核取代反应，消去氯负离子，得到苯代亚胺离子中间体。随后，水作为亲核试剂，与苯代亚胺离子中间体进行亲核加成反应，失去氢质子后，得到邻羟基胺化合物。邻羟基胺化合物的胺基氮原子在酸性条件下质子化，然后消去胺基，得到 *N*,*N*-二烷基苯甲醛正离子。最后，*N*, *N*-二烷基苯甲醛正离子失去氢质子后，生成 *N*,*N*-二烷基苯甲醛。

在此反应中，亚胺盐由于氮原子上孤对电子的作用，是一个弱的亲电试剂。因此，只有当苯环上连有羟基、氨基等强活化基团或者呋喃、吡咯、噻吩和吲哚等富电子芳环体系，才能进行此芳香亲电取代反应。将这种通过亚胺盐的方式在富电子体系芳环中引入甲酰基的方法称为 Vilsmeier-Haack 甲酰化。

8. 胺的氧化和 Cope 消除反应

1) 胺的氧化

胺，尤其是芳香胺，非常容易被氧化，且难以控制。随着氧化剂种类及反应条件的不同，胺的氧化产物也不同。芳香胺的氧化反应包括氨基的氧化以及富电子苯环的氧化。由于氮原子上的孤对电子参与了苯环 π 体系的离域，因此与脂肪胺相比，芳香胺的氧化条件要显得强一些。

一级胺的氮原子上有两个氢，因此很容易被氧化而生成一系列化合物。一级芳香胺很容易被 H_2SO_5(Caro 酸)、H_2O_2/HOAc、$NaBO_3$ 等氧化剂氧化成芳香羟胺化合物。芳香羟胺化合物接着被氧化成芳香亚硝基化合物。在过酸等强氧化条件下，一级芳香胺和芳香亚硝基化合物可以被氧化成芳香硝基化合物。例如：

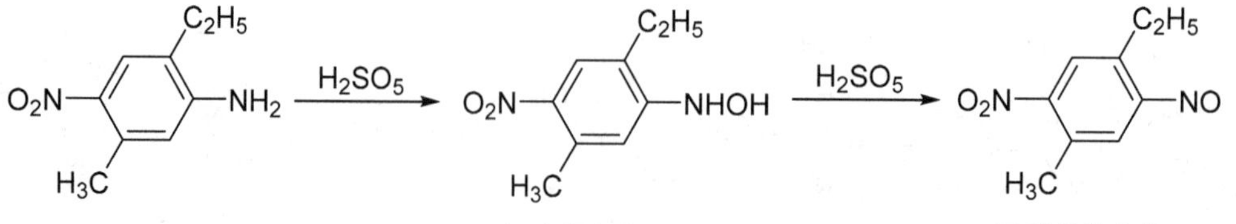

羟胺化合物　　亚硝基化合物

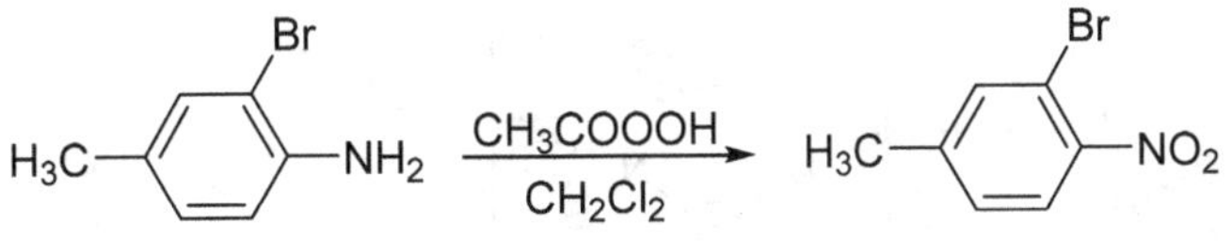

在中性 $KMnO_4$ 或过酸的作用下，苯胺可以转化为芳香硝基化合物：

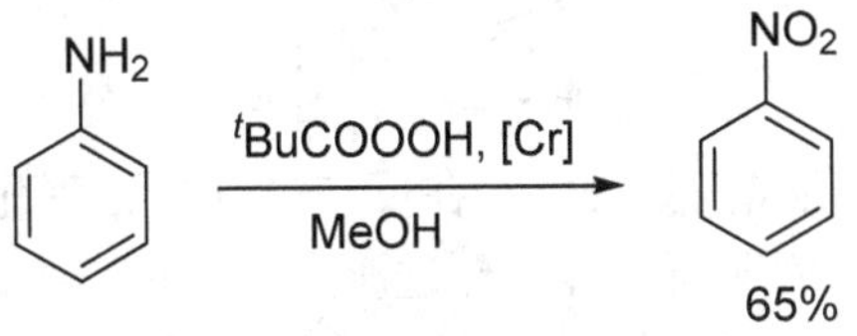

二级胺易被氧化成羟胺，在氧化过程中会生成较多的副产物，产率低，在合成上用途不大。但二级芳香胺被氧化为芳香羟胺后，它很难继续被氧化。

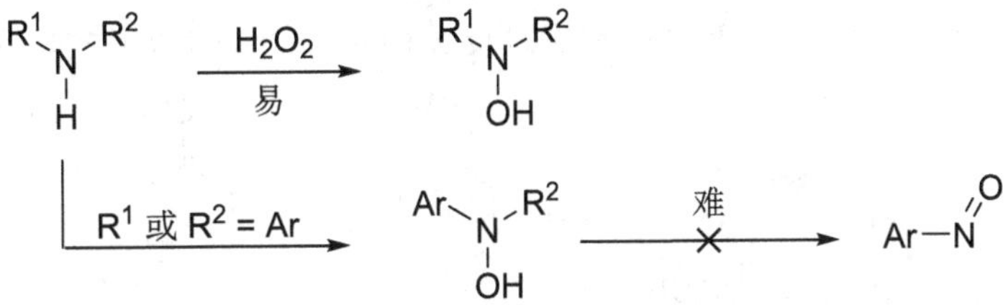

目前，一级胺和二级胺的氧化机理尚不明确，但通常认为其中有自由基的参与。

三级芳胺及四级铵盐由于氮原子上没有氢，很难被氧化。但过氧化氢或过酸能将三级胺氧化为氧化胺(amine oxide)，产率很高。例如，*N*,*N*-二烷基苯胺与过氧化氢可以发生氧化反应，生成无水氧化胺。

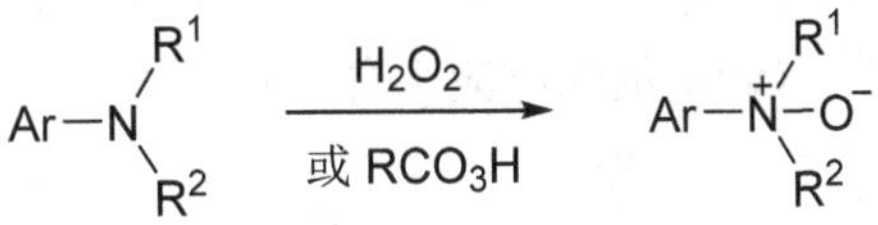

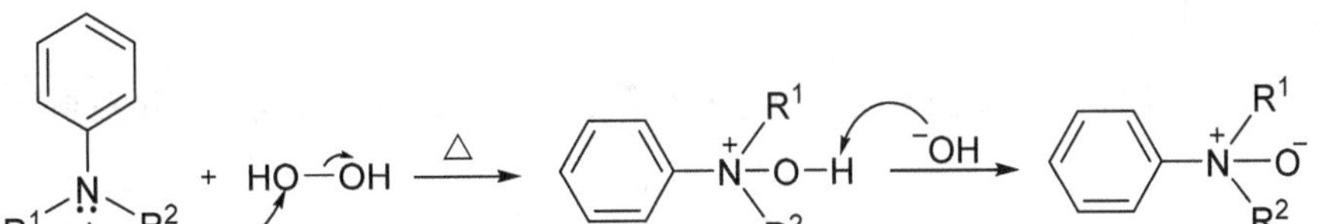

2) Cope 消除反应

氧化胺的氧原子上带有负电荷，具有一定的碱性，因此与 Hofmann 消除反应类似，当加热到 150～200℃时，*β*-氢原子会发生消除反应得到烯烃和羟胺衍生物。此反应称为 Cope 消除反应。例如：

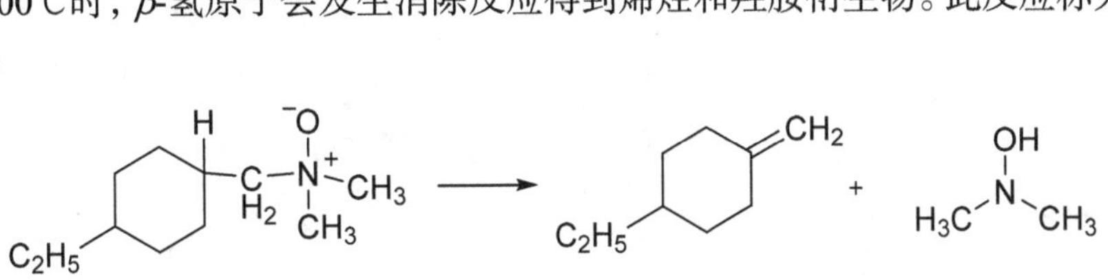

反应机理如下所示：

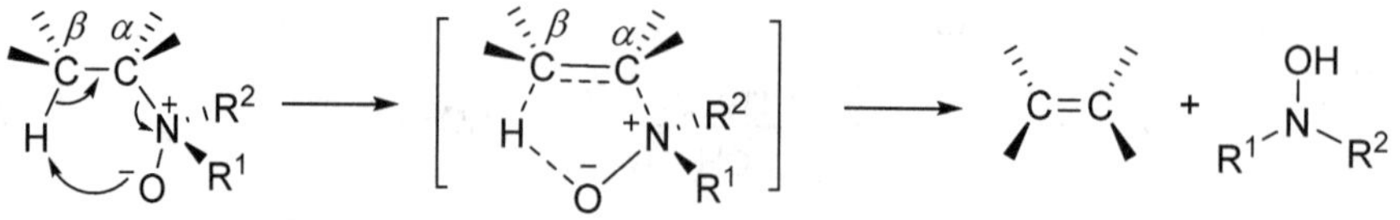

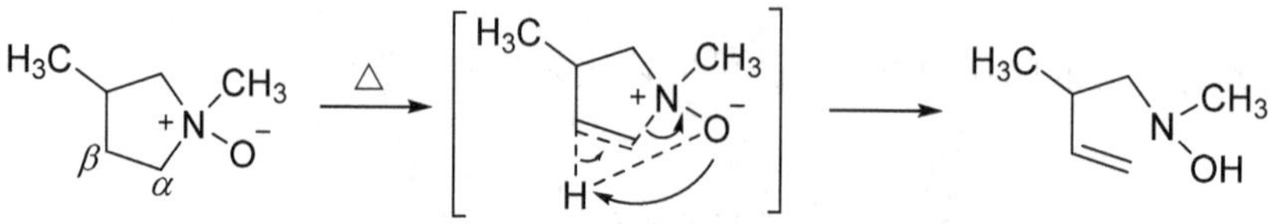

Cope 消除反应属于 E2 顺式消除反应。在反应过程中，氧化胺的氧负离子作为碱分子内进攻β-位上的氢离子，形成一个平面的五元环过渡态。在此环状过渡态中，β-氢原子和氧化胺的 N—O 基必须在同一侧。从构象的角度来看，此时α-和β-位碳原子上的原子或取代基呈重叠型。这样的过渡态极不稳定，需要较高的活化能，因此很快能发生消除反应。环状的氧化胺则需要形成稠环的过渡态。

如果氧化胺有两种β-氢时，消除反应会得到混合物，但会更倾向于生成取代基较少的烯烃，即 Hofmann 产物为主。若得到的烯烃有顺反异构体时，一般以反式异构体为主。例如：

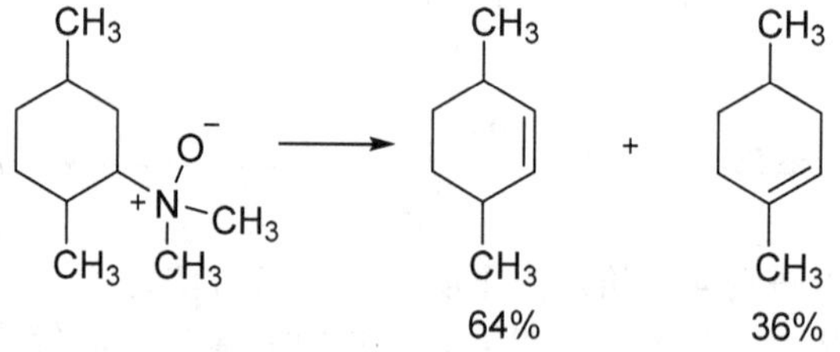

三级胺的氧化以及随后氧化胺的热消除能够在同一体系下完成。当以四氢呋喃或二甲亚砜作为溶剂时，该反应甚至能在室温下进行。该反应条件温和且副反应少，在反应过程中并没有涉及重排反应，因此是制备多种烯烃的有效方法之一。例如，作为重要温敏材料原料的 *N*-异丙基丙烯酰胺(NIPAM)就可以用 Cope 消除反应来合成：

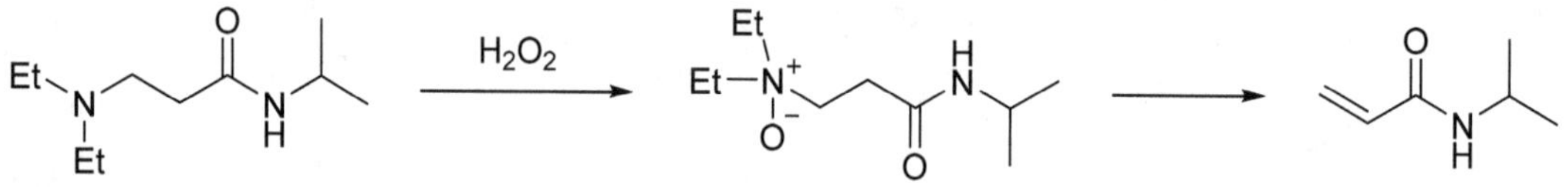

Cope 消除反应的产物除了烯烃以外还有羟胺，因此可以通过 Cope 消除来制备二级羟胺。例如：

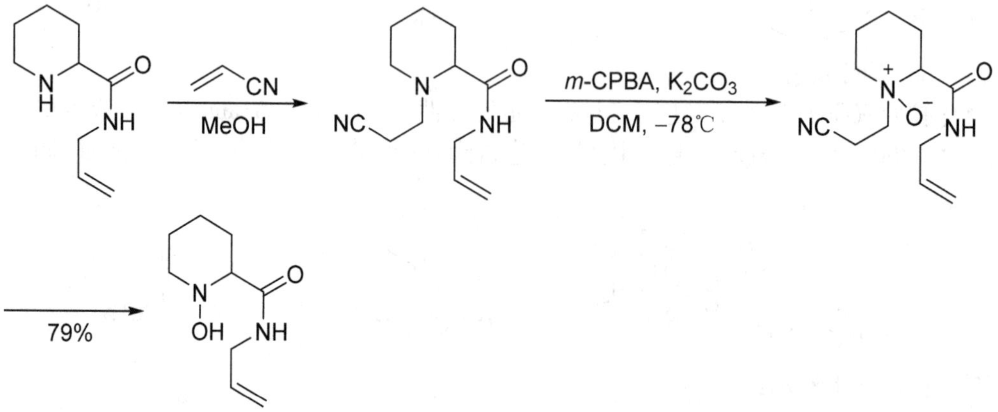

3) 苯环的氧化

氨基具有很强的给电子共轭效应，使得苯环上的电子云密度增加，因此苯胺的苯环也很容易被氧化。根据氧化剂种类的不同，苯胺可以转化为各种染料。例如，苯胺在氯酸盐和钒盐的反应体系下，可以转化为黑色染料苯胺黑；而以砷酸(H_3AsO_4)为反应条件，可以转化为紫色的苯胺(violaniline)。在苯胺的硫酸溶液中加入重铬酸钠或二氧化锰进行低温氧化，可以制备苯醌。

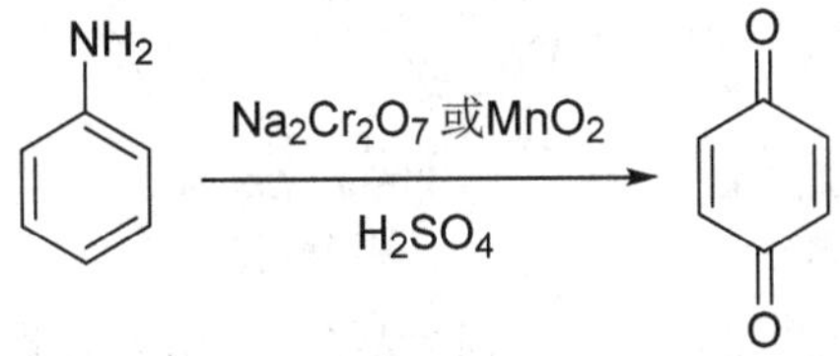

苯胺在盐酸和氯酸钾的反应条件下可以直接被氧化为四氯苯醌(chloranil)。

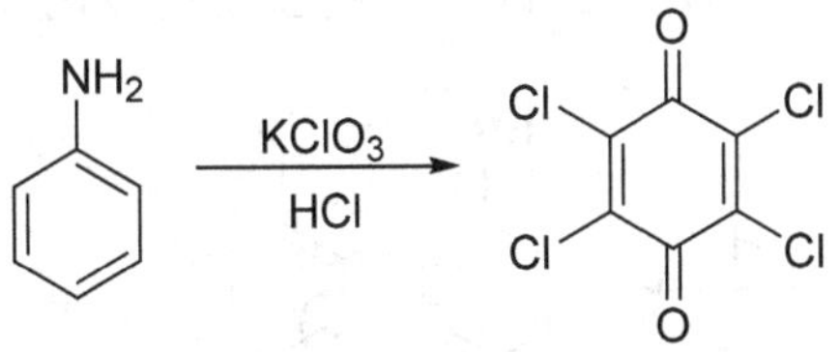

在 Fremy 盐(自由基氧化剂)或重铬酸的作用下，苯胺衍生物可以被氧化为苯醌衍生物。

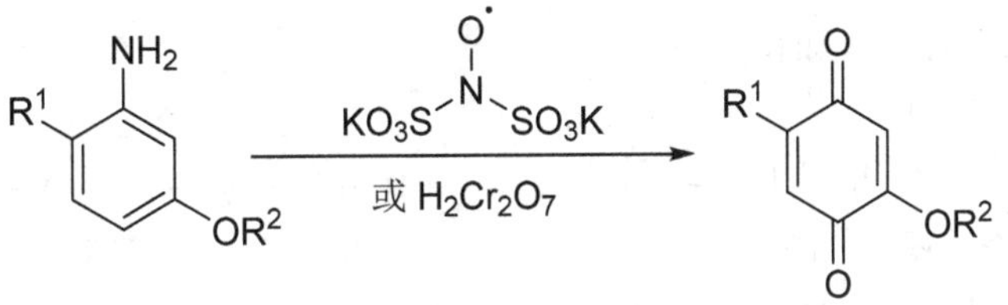

在过硫酸铵(ammonium persulfate)的作用下，苯胺可以形成导电聚合物——聚苯胺(polyaniline，PANI)。聚苯胺是近年来研究最多的导电高分子材料之一。

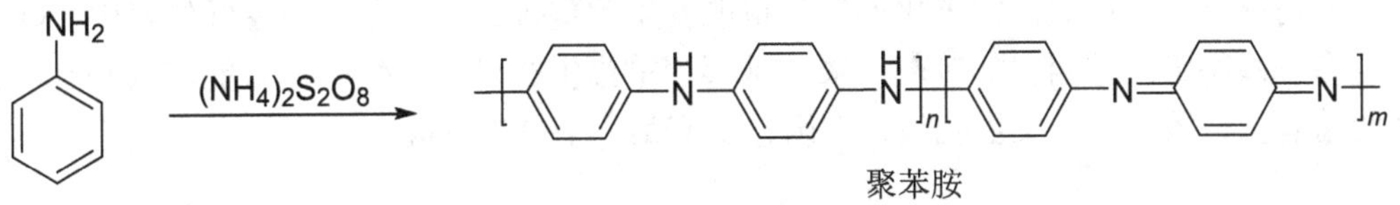

聚苯胺

9. 重排反应

1) 联苯胺重排

联苯胺(氢化偶氮苯)及其衍生物能在酸催化的条件下发生重排，生成 4,4′-二氨基联苯和 2,4′-二氨基联苯及其衍生物，称为联苯胺重排(benzidine rearrangement)反应。当反应底物为最简单的联苯胺时，反应除了主要生成 4,4′-二氨基联苯和 2,4′-二氨基联苯外，还可以生成 2,2′-二氨基联苯、邻苯氨基苯胺和对苯氨基苯胺副产物。邻苯氨基苯胺和对苯氨基苯胺两个化合物又称半联胺。

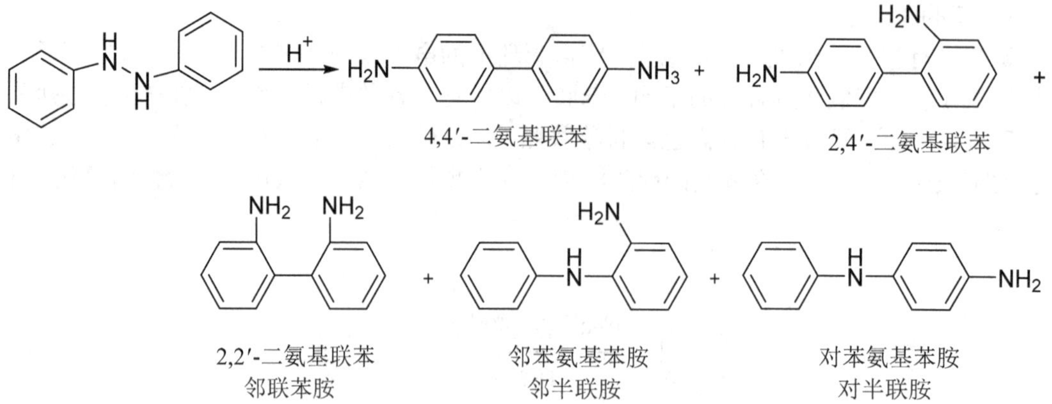

联苯胺的重排是分子内进行的，这一过程已经被同位素示踪实验结果和交叉实验结果证明。关于联苯胺重排的详细反应机理，目前尚无完全统一的定论，这里只简略地介绍其中讨论较多的一种理论，即班特尔普(D. V. Banthorpe)等提出的极化过渡态理论。

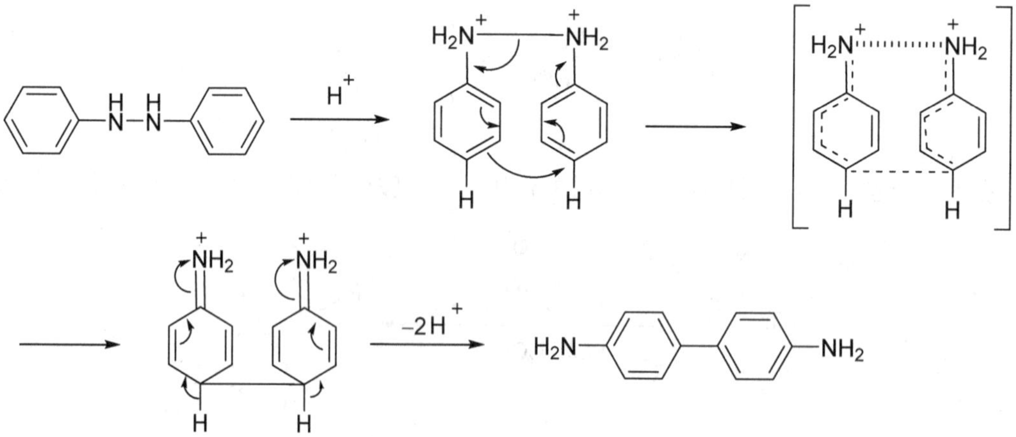

联苯胺经过了[5,5] σ 重排，碳碳键的形成与氮氮键的断裂是在同一决速步进行的。该机理可以解释为什么生成 4,4′-二氨基联苯，但还是不能准确解释为什么会生成 2,4′-二氨基联苯。

一般情况下，对位取代的氢化偶氮苯也能发生此重排，此时重排会在邻位发生。除了当对位连有一些特定的基团，如羧基、磺酸基等，重排仍在对位发生，这可能与这些基团容易发生脱落有关，羧基容易发生脱羧，而磺化反应是一个可逆反应。

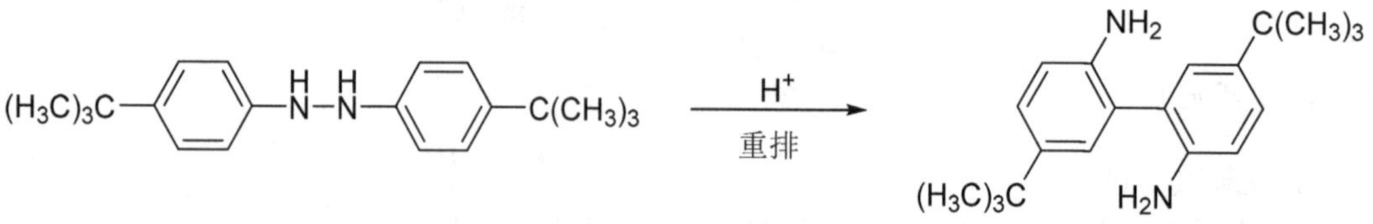

重排反应也可在惰性溶剂与 80～130℃无酸条件下进行(又称热重排)。不过热重排反应的区域选择性不如酸催化重排反应的区域选择性。

2) 氧化偶氮苯重排

氧化偶氮苯在硫酸或其他强酸的作用下可以转化为对羟基取代的偶氮苯，此重排反应称为 Wallach(瓦拉赫)重排，此反应所需的酸浓度较高(60%～100% H_2SO_4)。

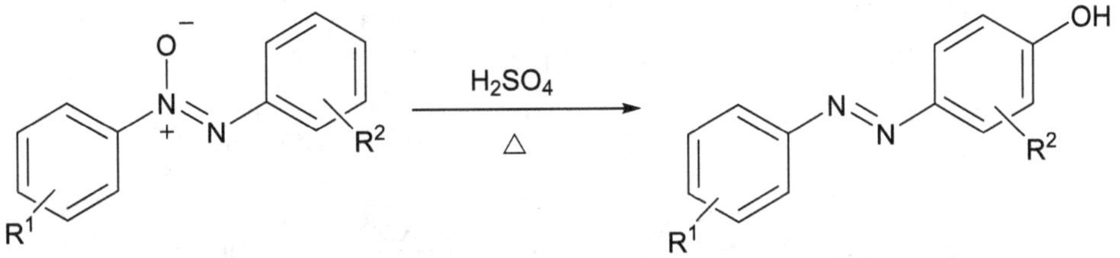

^{1}H NMR 研究表明，在反应过程中可能形成双氮正离子中间体。反应机理如下所示：

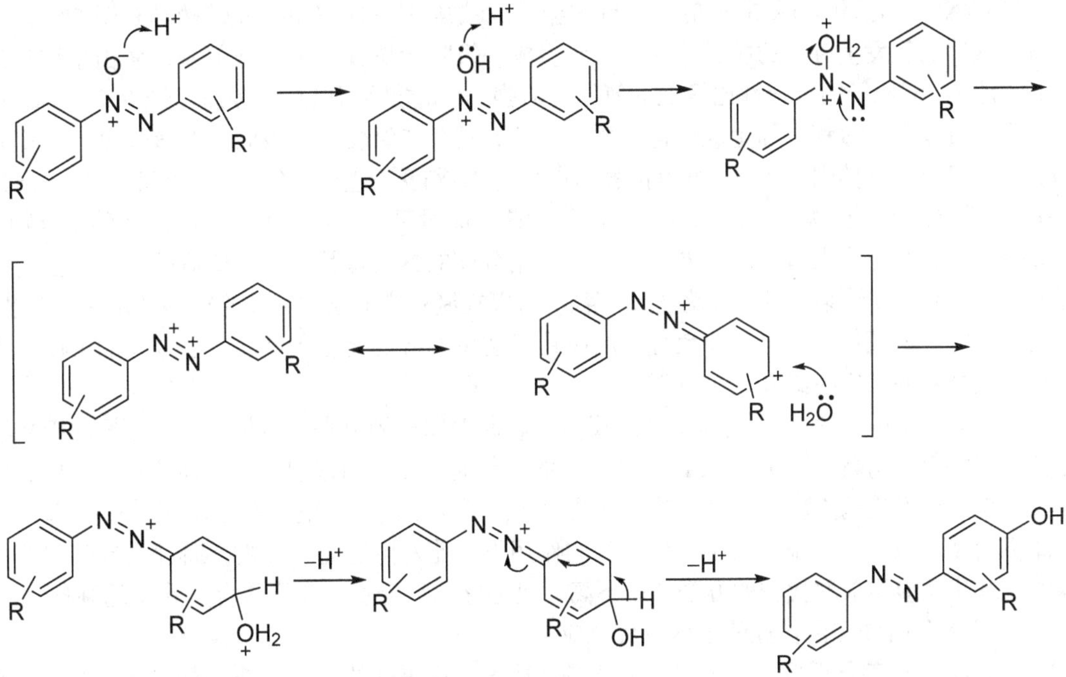

氧化偶氮苯的氧负离子在酸性条件下与两个氢质子结合，得到氧化偶氮苯质子化中间体。氧化偶氮苯质子化中间体失去水，得到双氮正离子中间体。双氮正离子中间体经过互变异构，得到苯环碳正离子中间体。然后，水作为亲核试剂进攻苯环碳正离子，失去两个氢质子，经过互变异构，最终得到酚羟基取代的偶氮苯。通过该反应可以制备酚羟基取代的偶氮苯及偶氮萘。这些偶氮化合物在制备染料、油漆、肥皂及树脂等方面有广泛的应用。

13.1.6　胺的制备

胺可以通过氨或胺参与的各种反应来制备，也可以通过非胺型含氮化合物的转化来制备。

1. 烷基化反应

1) 氨或胺和卤代烃的亲核取代反应

氨(胺)基的氮原子上的孤对电子具有较强的亲核能力，因此氨或胺可以作为亲核试剂，与卤代烃发生 S_N2 亲核取代反应。通过氨或胺和卤代烃的亲核取代反应，在胺的氮原子上引入烷基，称为 Hofmann(霍夫曼)烷基化(alkylation)反应。例如：

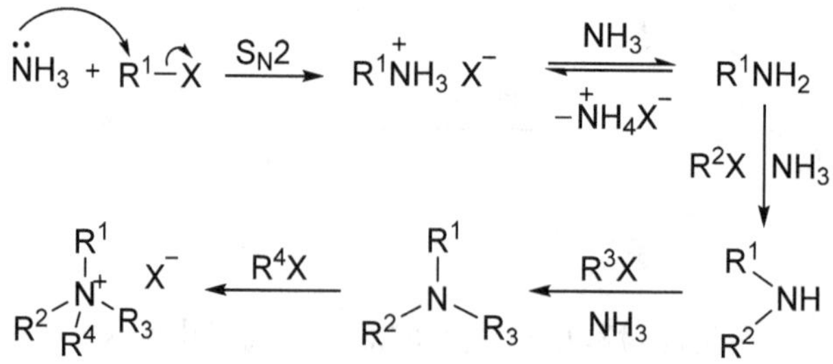

当氨(NH_3)与卤代烃(R^1X)反应时，首先会生成铵盐($R^1NH_3^+X^-$)。此铵盐具有弱酸性，可以与弱碱性的氨发生可逆的质子转移，从而生成一级胺 R^1NH_2。而生成的一级胺由于烷基的给电子能力，氮原子的亲核性比氨上的氮原子略强，因此能够与氨竞争和卤代烃(R^2X)的反应，从而再次重复上述过程，即生成铵盐、质子转移，得到二级胺。二级胺的亲核性进一步提升(此时也要考虑空间位阻效应)，可以接着与卤代烃(R^3X)反应生成三级胺；三级胺很快与卤代烃(R^4X)反应，得到四级铵盐。综合整个过程，该反应最后会得到多种原料和产物的混合物。若混合物的各组分沸点有一定的差距，可以采用分馏的方式将其分离，这适用于工业上的大规模生产。如果想让某一种胺作为主要产物，可以控制反应的条件，如原料的摩尔比、温度、时间等。对于该反应，小分子和大分子的卤代烃选用的溶剂会有所不同，小分子的可用水作溶剂，大分子的可用醇或液氨作溶剂。

由于 Hofmann 烷基化反应属于 S_N2 反应，因此卤原子的离去能力越强、卤代烃的级数越低，反应的活性越高，即 RI＞RBr＞RCl，一级卤代烷＞二级卤代烷＞三级卤代烷。其中，三级卤代烷容易发生消除反应。卤代苯化合物由于卤原子上的孤对电子参与苯环π体系的离域，因此不活泼，只有在高温、高压及催化剂的作用下才能发生反应。总之，通过氨或胺与卤代烃的烷基化反应生成取代胺的方法产率不高，且通常为混合物，并不适合实验室的制备。

2) 叠氮化合物和卤代烃的亲核取代反应

Hofmann 烷基化反应的一个改进方法是选用亲核性更好的试剂来进攻卤代烷，可以有效提升反应的效率和产物的纯度。相比于氨来说，叠氮负离子 N_3^- 在 S_N2 反应中的亲核性更强，可以与一级和二级卤代烷反应生成对应的叠氮化合物。烷基叠氮化合物的亲核能力很弱，不会发生第二次烷基化，大大提高了反应的效率和产率。但低分子量的叠氮化合物容易爆炸，需要注意安全、规范地进行操作。然后叠氮化合物通过还原，即可得到一级胺。这是制备一级胺的好方法之一。可以通过催化氢化、$LiAlH_4$、PPh_3 等方法将叠氮化合物还原为胺。

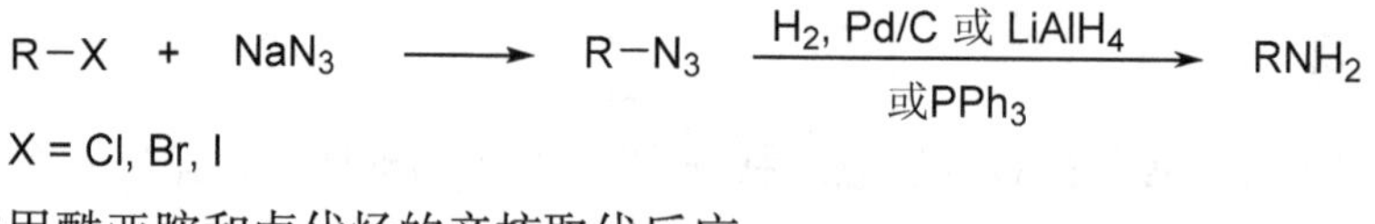

3) 邻苯二甲酰亚胺和卤代烃的亲核取代反应

此外，在邻苯二甲酰亚胺中，亚胺氮上的氢由于受到两侧羰基吸电子效应的影响，具有较强的酸性($pK_a = 8.3$)，因此能被碱(NaOH 或 KOH)夺取，形成亲核能力更强的氮负离子。其可以作为亲核试剂，与卤代烷发生 S_N2 反应(手性碳构型翻转)。产物的氮原子上已经连有三个取代基，且由于两侧羰基的吸电子效应和共轭效应，削弱了氮上孤对电子的电子云密度，导致其亲核能力很弱，因此无法继续与卤代烷反应，水解后转化为一级胺。此反应称为 Gabriel(盖布瑞尔)合成法，也是制备一级胺的好方法之一。

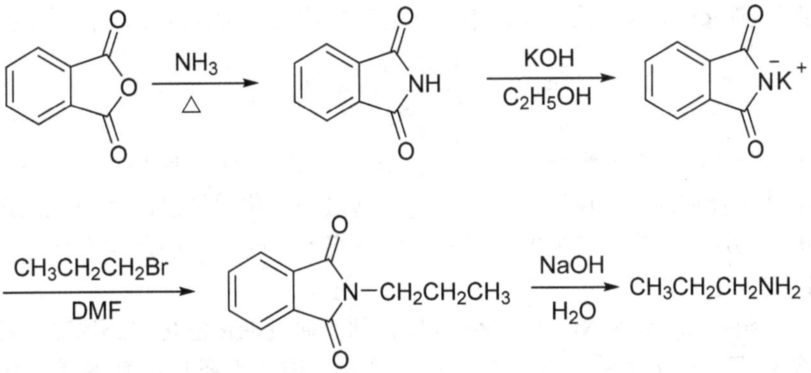

通常该反应速率比较慢，但若选用一些极性非质子溶剂如 *N*,*N*-二甲基甲酰胺(DMF)或冠醚等，可以加速此反应的进行。除了在碱性条件下水解外，还可以用肼解反应来得到一级胺。

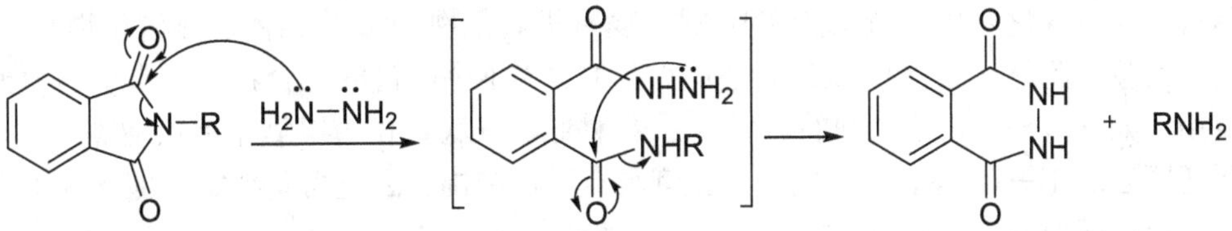

Gabriel 合成法还可以用于制备α-氨基酸。在反应中，邻苯二甲酰亚胺的钾盐作为亲核试剂，与 α-位卤代的酸、酯、酰胺发生 S_N2 反应，得到的亲核取代产物水解后可以得到产率、纯度都很高的α-氨基酸。

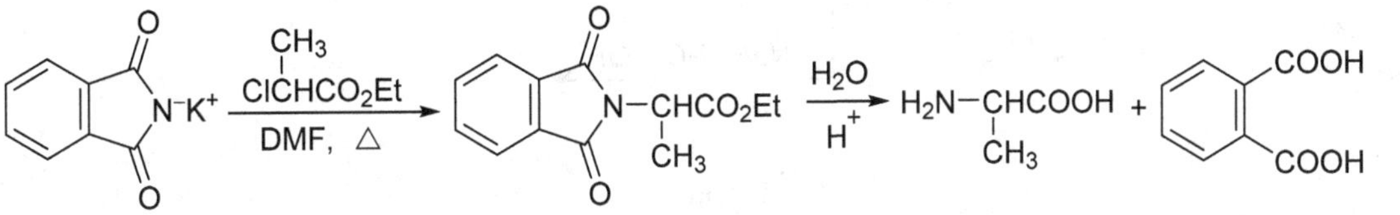

4) 氨或胺和醇的烷基化反应

在催化剂、加热、加压条件下，醇或酚可以代替卤代烃作为烷基化试剂，与氨或胺发生 S_N2 烷基化反应，转化为胺。但通常得到的是一级胺、二级胺、三级胺的混合物。工业上常使用此法生产甲胺、二甲胺、三甲胺及其他较低级的胺，然后通过蒸馏分离。

$$ROH + NH_3 \xrightarrow[\triangle]{\text{催化剂}} RNH_2 + H_2O$$

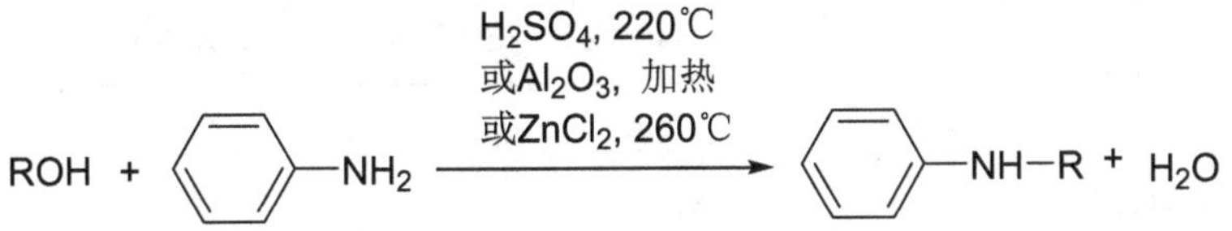

2. 还原反应

1) 硝基化合物的还原

将硝基化合物还原成一级胺的方法有以下几种。

(1) 在酸性(如盐酸、硫酸或乙酸等)条件下，常用铁(Fe)、锌(Zn)、锡(Sn)等金属作为还原剂进行硝基化合物的还原反应。工业上一般使用铁屑和盐酸，但该方法在反应过程中会产生大量的废渣和废液，如果不加以后处理，会对环境造成严重的污染。Sn 或 $SnCl_2$ 和盐酸的反

应体系以及铁粉和 $FeSO_4$ 的酸性反应体系是实验室常用的两种还原手段。例如：

$$RNO_2 \xrightarrow[H_2SO_4]{Fe/FeSO_4} RNH_2$$

(2) 在碱性条件下，常用硫化铵($H_2S/NH_3 \cdot H_2O$)、硫氢化钠(NaHS)、硫化钠(Na_2S)等作为还原剂进行硝基化合物的还原反应。该反应可以通过加入化学计量的还原试剂选择性地将二硝基化合物进行还原，但当两个硝基所处的化学环境不同时，目前还没有很好的手段来预测哪个硝基可以先被还原。

(3) 在中性条件下，常用 Ni、Pt、Pd 等催化剂，通过催化氢化法还原硝基化合物。工业上常在中性条件下，用雷尼镍或铜在加压下实现对酸或碱性条件敏感的硝基化合物的还原反应。

2) 肟的还原

肟可以通过催化氢化、Na/C_2H_5OH 或金属有机氢化物(如氢化铝锂、硼氢化物等)等还原方法还原为胺。此外，通过 *O*-取代肟还原得到的含有 N—O 键的化合物在日常生活中也有重要的应用，如许多抑菌、杀虫剂的主要成分(拌种胺、异噁草松、甲氧哌啶乙酯等)就含有 *O*-取代肟还原后的 N—O 键。但它们大多数都具有手性结构，因此需要特定的催化剂来实现肟的不对称氢化还原。

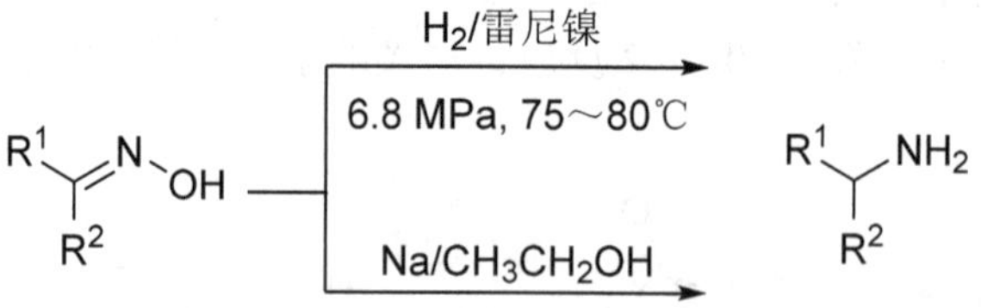

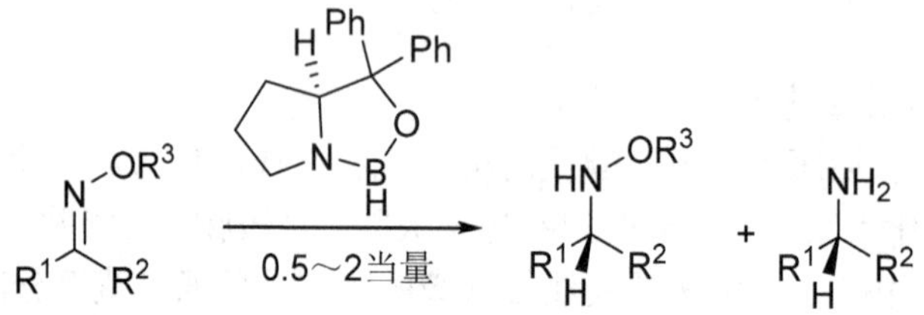

3) 腈的还原反应

腈可用催化氢化法或用氢化铝锂还原成一级胺。

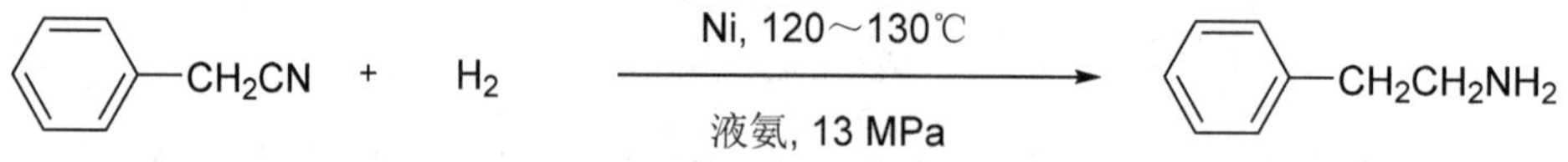

4) 酰胺的还原反应

酰胺很不易还原，可以用氢化铝锂还原为胺。酰胺也可用催化氢化法还原，需用特殊的催化剂并在高温高压下进行，产物为胺。

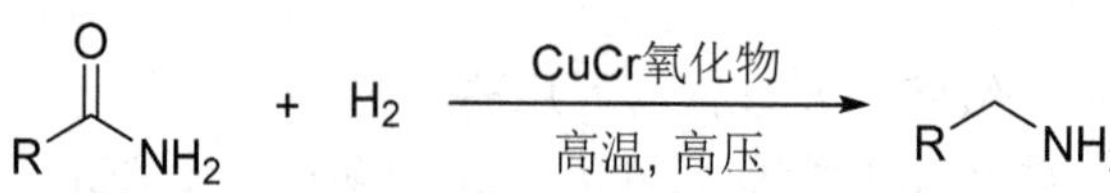

5) 醛、酮的还原胺化反应

氨或胺的氮上有孤对电子，可以作为亲核试剂和醛、酮在酸性条件下发生亲核加成反应，脱水后生成亚胺。与醛、酮中的碳氧双键相似，亚胺中的碳氮双键可以通过催化氢化或金属有机氢化物氢化等方法生成胺，这个反应称为还原胺化反应。还原胺化反应通常采用一锅煮的方法来进行，因此在还原阶段，原料的碳氧双键以及产物的碳氮双键之间会存在竞争关系。反应成功的要点在于还原试剂的选择，要选用与亚胺双键反应速率比相应的碳氧双键更快的催化剂，如氰基硼氢化钠($NaBH_3CN$)。例如，在 pH 为 2～3 的酸性条件下，可以使用氰基硼氢化钠将酮还原为胺。

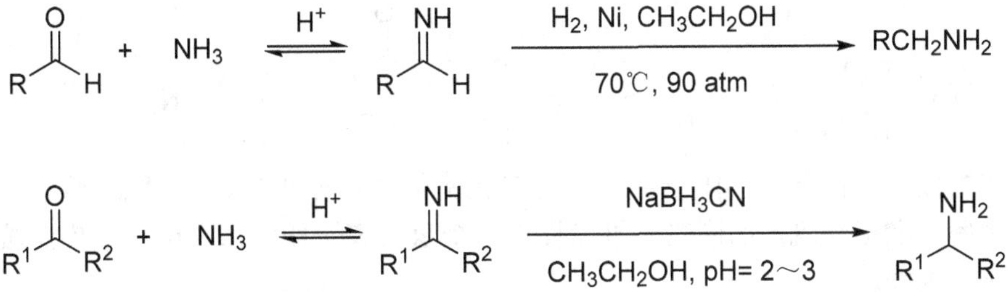

当与醛、酮发生反应时，氨通常是以水溶液的形式存在，因此羰基化合物在这个反应体系中生成亚胺的产率很低，并且许多还原试剂在水溶液中也不稳定。利用甲酸铵替换氨可以解决这些问题。醛或酮被甲酸铵在高温下还原为胺的反应称为 Leuckart-Wallach(刘卡特-瓦拉赫)反应。甲酸铵作为还原试剂，既提供氢正离子，又提供氢负离子。反应机理如下所示：

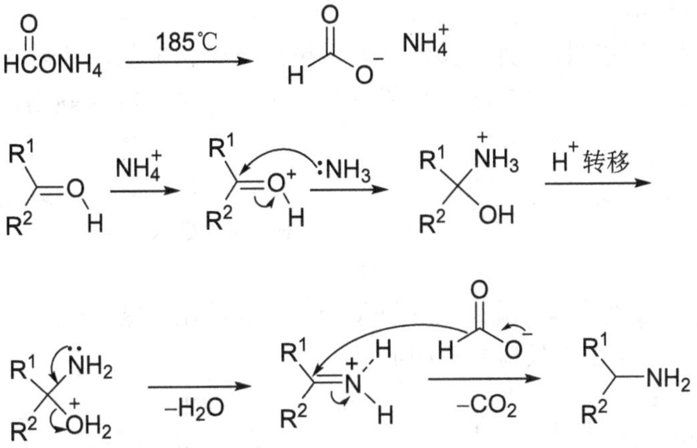

甲酸铵在高温下分解为铵根离子和甲酸根负离子。铵根离子作为亲核试剂和醛或酮发生亲核加成反应，脱水后生成亚胺离子中间体。然后甲酸根在脱羧的同时，可以提供一个氢负离子作为亲核试剂来进攻亚胺离子中间体，将其还原成胺。

醛、酮也可以在甲酸和氨或胺共混的条件下被还原为胺。

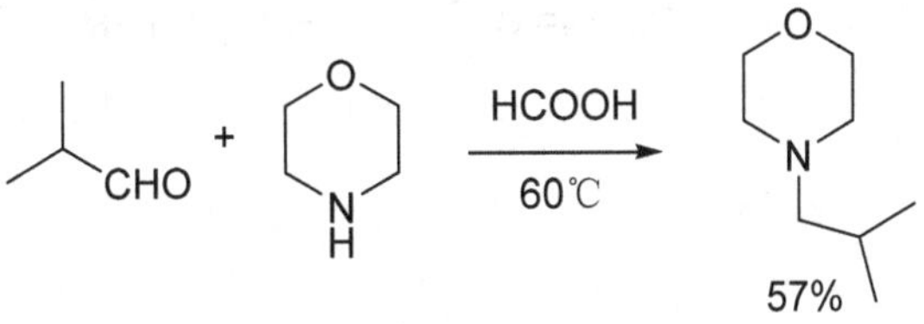

甲醛在甲酸与氨或胺共混的条件下，被还原生成胺的反应称为 Eschweiler-Clarke(埃斯韦勒-克拉克)甲基化反应。该反应条件比较温和，是 Leuckart 反应的一种改进。在反应中，甲酸作为还原试剂，既提供氢正离子，又提供氢负离子。反应机理如下所示：

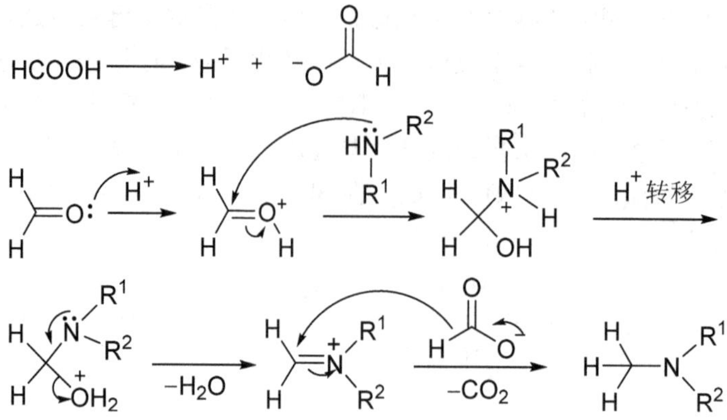

在甲酸的酸性条件下，胺作为亲核试剂与甲醛发生亲核加成反应，脱水后生成亚胺离子中间体。然后甲酸根在脱羧的同时，可以提供一个氢负离子作为亲核试剂进攻亚胺离子中间体，将其还原成胺。

3. 重排反应

酰卤或酸酐可以与氨或胺得到酰胺，这些酰胺衍生物可被还原成胺，也可通过重排反应转化成少一个碳的一级胺。

1) Lossen 重排反应

苯甲酰氧肟苯甲酰在碱性和加热条件下发生重排反应，苯基迁移到氮原子上，氮原子的苯甲酰氧基团离开，生成苯基异氰酸酯和苯甲酸。此反应称为 Lossen(洛森)重排反应。

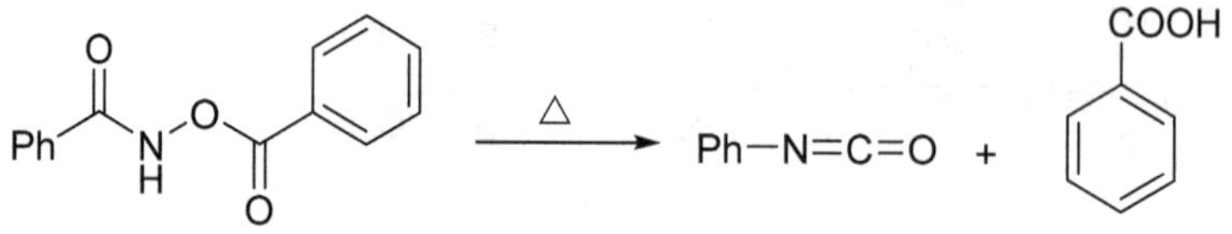

当碱夺取了苯甲酰氧肟苯甲酰氮上的氢质子，使其转化为氮负离子后，后续重排反应可以直接在热水中进行。可能的反应机理如下：

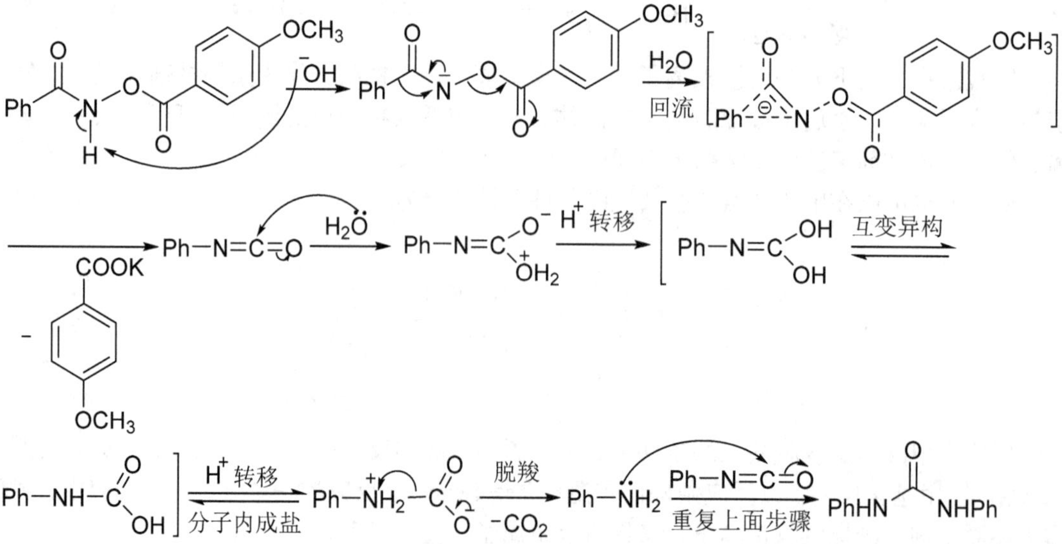

对甲氧基苯甲酰氧肟苯甲酰钾盐在热水中就可以发生重排反应，苯基迁移到氮原子上，氮原子的对甲氧基苯甲酰氧基团离开，生成苯基异氰酸酯和对甲氧基苯甲酸。异氰酸酯具有累积双键结构，其羰基很容易与水、醇或胺等分子发生亲核加成反应。然后水作为亲核试剂和苯基异氰酸酯的羰基发生亲核加成反应，得到的加成产物通过氢质子转移、互变异构、分子内成盐、脱羧失去二氧化碳等反应，最终得到苯胺。苯胺可以作为亲核试剂进攻苯基异氰酸酯的羰基，重复上面的反应步骤，最终生成二苯基脲。

氮原子上离去基团的离去能力起着关键的作用。氧肟酸在任何条件下都不能发生 Lossen 重排反应。氧肟苯甲酰可以在碱性且加热条件下发生 Lossen 重排反应。当将氧肟苯甲酰转化为氧肟磺酰或磷酰时，Lossen 重排反应可以自发进行。

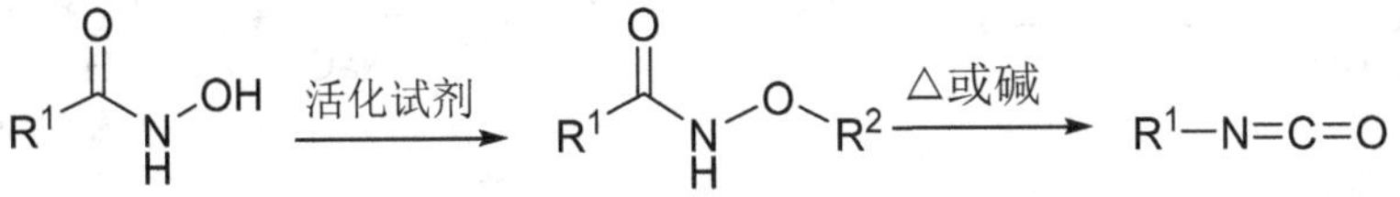

2) Hofmann 重排

在加热或无水条件下，一级酰胺与次卤酸盐(NaOCl 或 NaOBr)的碱溶液或 1 倍量的卤素的氢氧化钠溶液或氢氧化钾溶液可以发生 Hofmann 降解反应(见第 11 章)，通过形成氮宾和异氰酸酯中间体，生成比酰胺少一个碳原子的一级胺的反应，也称为 Hofmann 重排反应。

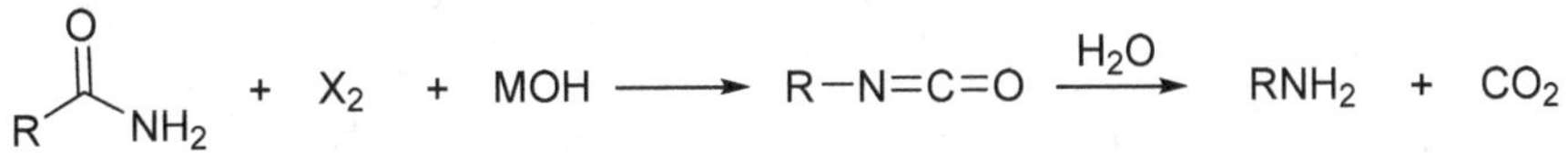

反应机理可能如下所示：

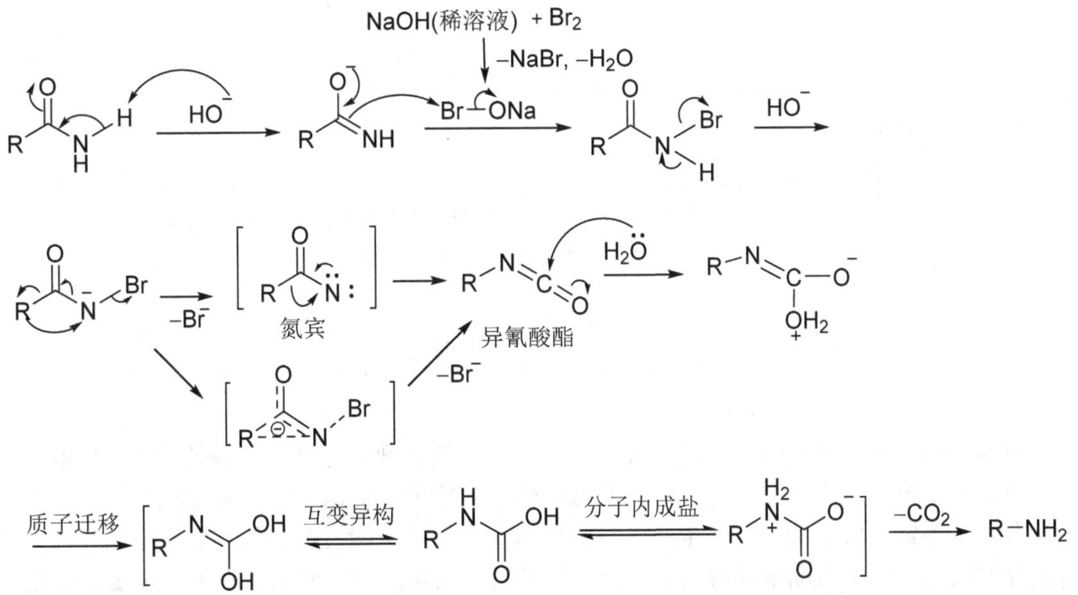

首先酰胺和碱发生中和反应，得到酰胺盐。然后酰胺盐作为亲核试剂与次溴酸钠(NaOBr)发生 S_N2 亲核取代反应，得到 *N*-溴代酰胺中间体。*N*-溴代酰胺中间体在碱的作用下失去氢质子，形成 *N*-溴代酰胺负离子。*N*-溴代酰胺负离子中溴负离子带着键合电子离去，生成不稳定的酰基氮宾活性中间体。酰基氮宾是反应过程中的活性中间体，其氮原子上只有 6 个电子，与卡宾的结构类似，具有高度的反应活性，只能瞬时存在。酰基氮宾烷基负离子迅速重排，从羰基碳上迁移至氮上形成异氰酸酯。该过程也可以认为 *N*-溴代酰胺负离子溴负离子的离去和烷基的重排是协同的过程，迅速重排生成异氰酸酯。然后水作为亲核试剂与异氰酸酯的羰基发生亲核加成反应，得到的加成产物通过氢质子转移、互变异构、分子内成盐、脱羧失去二氧化碳后，最终形成少一个碳的伯胺。

Hofmann 重排反应比较复杂，需要经过很多过程。但该反应产率很高，得到的产物也比较纯，因此在合成上有很大的应用价值。例如，*N*-乙基乙二胺可以作为许多药物、抗生素的基本合成原料之一，其可以通过 Hofmann 重排反应来合成：

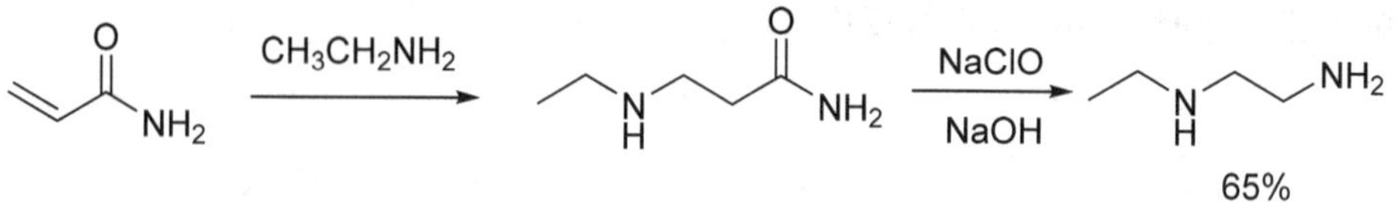

3) Curtius 重排反应

酰氯或酸酐和叠氮化钠或者羧酸和叠氮磷酸二苯酯羧酸重排生成异氰酸酯，并水解生成少一个碳的一级胺的反应，称为 Curtius(柯提斯)重排反应。

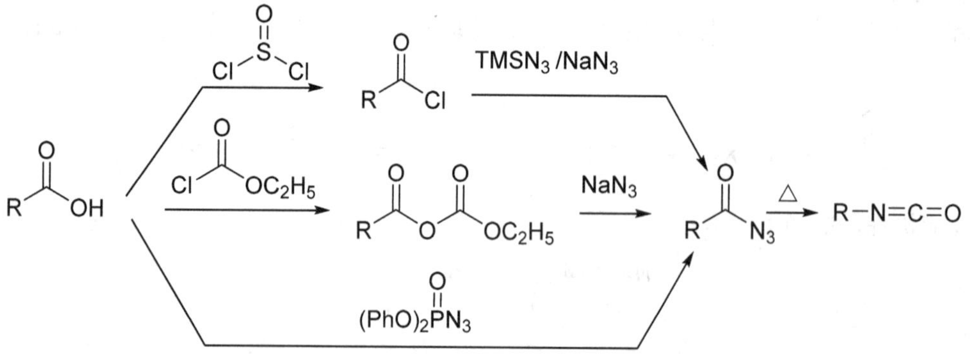

反应机理如下：

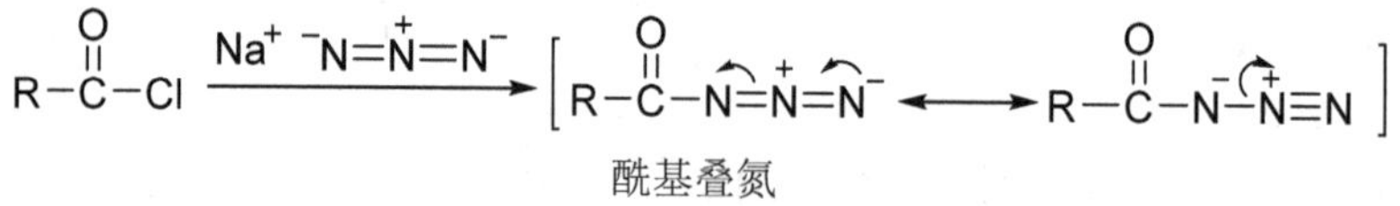

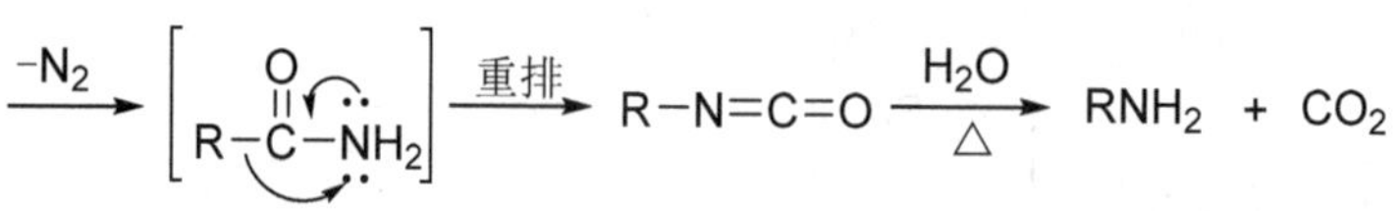

羧酸先转变为酰氯或酸酐。随后叠氮化钠作为亲核试剂，与酰氯或酸酐发生亲核取代反应，得到酰基叠氮。也可以通过羧酸和叠氮磷酸二苯酯的反应制备酰基叠氮化合物。酰基叠氮化合物不稳定，极易失去氮气生成酰基氮宾活性中间体。然后酰基氮宾活性中间体快速重排成异氰酸酯。异氰酸酯水解得到少一个碳原子的一级胺。当此反应在质子酸或 Lewis 酸的催化下，反应温度可大幅度降低。在无水或无亲核试剂的情况下，可以分离得到异氰酸酯。

Curtius 重排反应的普适性很好，可以兼容含有各种官能团的羧酸，在芳香胺以及烷基胺的制备中有广泛的应用。

4) Schmidt 重排反应

醛、酮以及羧酸和叠氮酸在路易斯酸或硫酸的催化下重排生成异氰酸酯，并水解生成少一个碳的一级胺的反应称为 Schmidt(施密特)重排反应，也是对 Curtius 重排反应的改进。

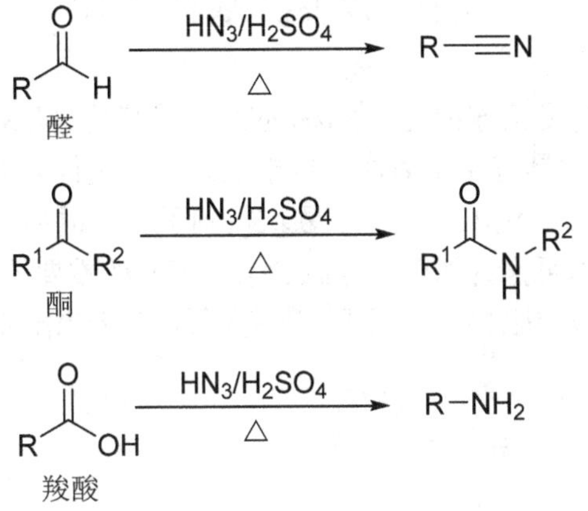

反应机理如下所示：

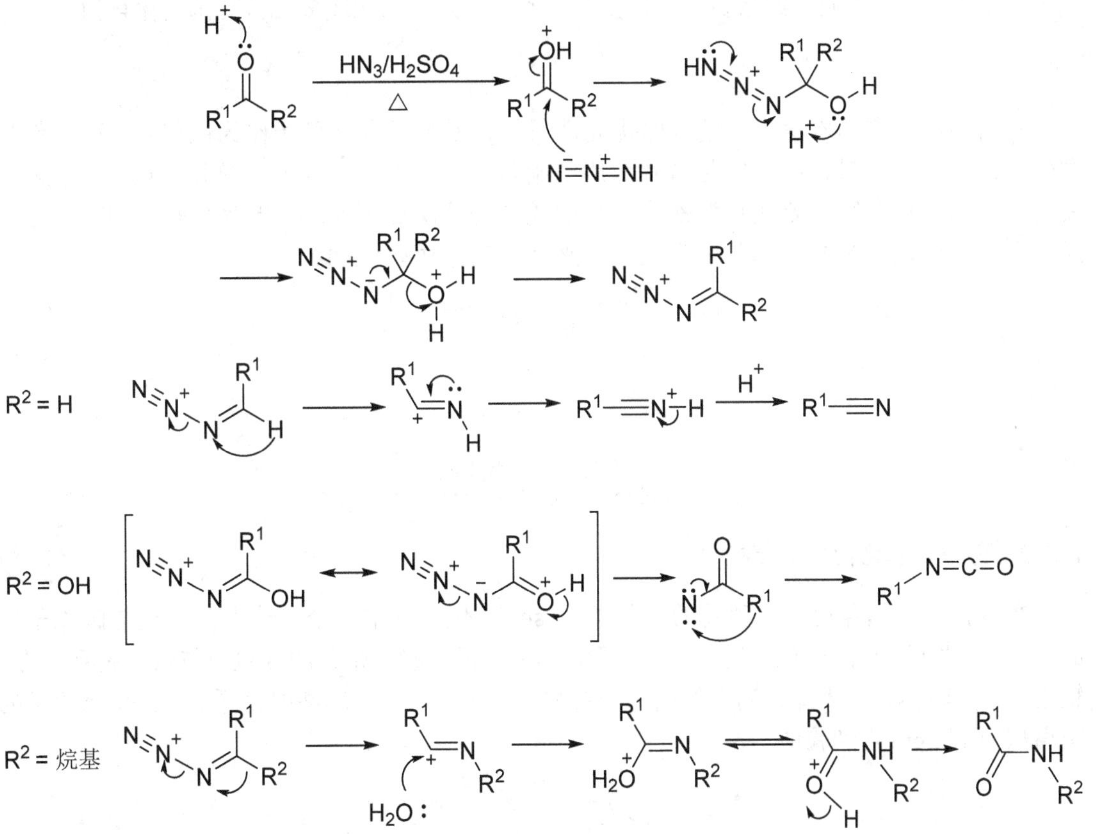

叠氮酸作为亲核试剂，与质子化的醛、酮以及羧酸发生亲核加成反应。在酸性条件下，加成产物失去水，得到亚胺中间体。然后根据亚胺中间体的 R^2 基团的不同，Schmidt 重排反应可以得到不同的化合物。当 R^2 为 H 时，氢重排到氮原子上，同时失去氮气，互变异构后，最终得到氰类化合物；当 R^2 为羟基时，通过互变异构，失去氮气，得到酰基氮宾活性中间体，

然后 R^1 重排到氮原子上，最终会得到异腈酸酯；而当 R^2 为烷基时，R^2 重排到氮原子上，同时失去氮气，经过水亲核加成、失去氢质子、异构化后，最终会得到酰胺。

13.2　芳香硝基化合物

硝基($—NO_2$)与苯环直接相连的化合物称为芳香硝基化合物(aromatic nitro compound，$Ar—NO_2$)。芳香硝基化合物具有制备简便、价格低以及稳定性好等优点，是制备芳香化合物的重要合成骨架，在化妆品、化工以及军事领域得到了广泛的应用。硝基苯最大的工业用途是可制造苯胺。一氯硝基苯可作为医药、橡胶、染料工业的重要原料。多硝基苯性质不稳定，具有爆炸性，是制备火炸药的原料，如现代火药起源苦味酸和第二代炸药 TNT 都是芳香多硝基化合物。

13.2.1　芳香硝基化合物的分类和命名

1. 分类

根据苯环上所含硝基的数目，可以分为一元、二元、三元或多元芳香硝基化合物。

2. 命名

在官能团命名的次序中，硝基的优先性很低，因此通常其只能作为取代基，而不作为主体基团。在命名时，在母体化合物前用“硝基”作为前缀。英文名称用“nitro”表示。命名芳香硝基化合物时要注意使次序高的取代基的位次尽可能小。当两个取代基次序相同时，则按照取代基英文名称首字母的先后来确定其位次。例如：

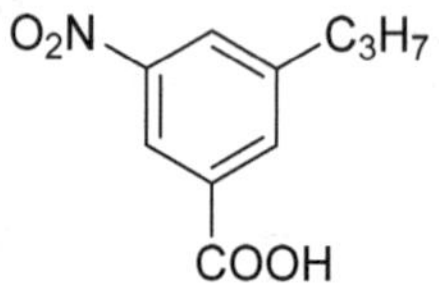

3-硝基-5-丙基苯甲酸
3-nitro-5-propylbenzoic acid

13.2.2　芳香硝基化合物的结构

在芳香硝基化合物中，硝基的氮原子为 sp^2 杂化，其中一个 sp^2 杂化轨道与碳原子形成 σ 键，另外两个 sp^2 杂化轨道与氧原子形成 σ 键。而未参与杂化的 p 轨道与两个氧原子的 p 轨道形成共轭体系。因此，硝基的结构是对称的。这也可以从硝基中氮原子与两个氧原子的距离都为 121 pm 得到验证。

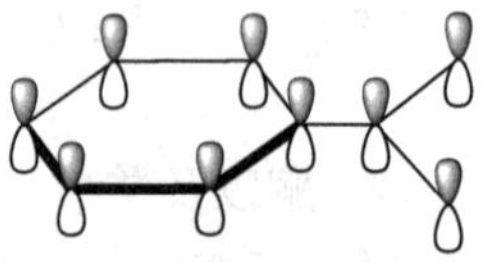

与羧酸根负离子一样，硝基也可以与苯环形成一个离域结构。这是由于硝基和苯环处于一个平面上，其氮原子以及两个氧原子的 p 轨道与苯环上的 p 轨道呈平行状态，从而形成一个更大的共轭体系。

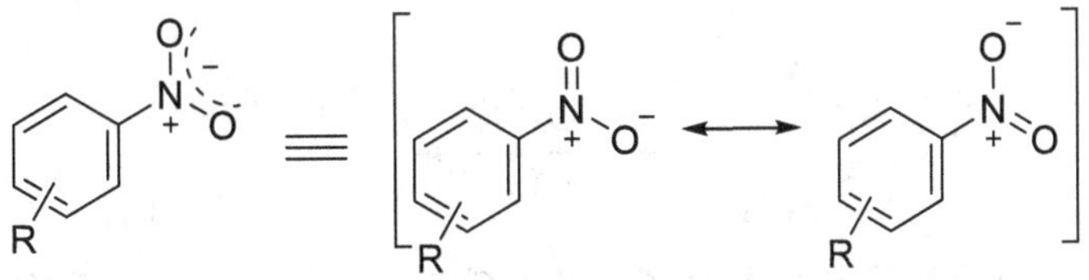

此外，硝基是强的吸电子基团，这导致芳香硝基化合物的偶极矩很大，极性很强，是有机化合物的良好溶剂。例如，在傅-克反应中常使用硝基苯作为溶剂，这是因为反应所用到的三氯化铝能够与硝基苯形成配合物而溶解。

13.2.3　芳香硝基化合物的物理性质

一元芳香硝基化合物都是高沸点的液体。二元和多元芳香硝基化合物为无色或黄色固体。不溶于水，有毒。

13.2.4　芳香硝基化合物的化学性质

1. 还原反应

通过还原反应，芳香硝基化合物能够转变为苯胺及其衍生物。在不同的条件下，硝基会被转化为不同的基团。在还原条件比较强如催化氢化时，硝基可以直接被还原为氨基。而控制适当的反应条件在温和的还原剂下进行反应，则可以使反应停留在某一阶段，转换为各种各样的化合物，如芳香亚硝基化合物、芳香羟胺化合物、芳香偶氮化合物、芳香肟化合物和芳香叠氮化合物。这也是制备苯胺衍生物的有效办法。

$$ArNO_2 \xrightarrow{[H]} ArNH_2$$

还原芳香硝基化合物的方法很多，主要分为以下几类。

1) 活泼金属还原法

活泼金属如 Fe、Zn、Sn、In 及其盐如 $FeSO_4$、$SnCl_2$ 等还原剂可以在酸性如盐酸、硫酸或乙酸或中性(水)的条件下，将芳香硝基化合物还原成相应的胺。

铁屑还原是应用最为广泛的还原方法。常用的铁屑还原体系有三种：Fe/HCl/THF 或 C_2H_5OH 体系、Fe/CH_3CH_2COOH 体系、铁屑和氯化铵在甲醇和水混合溶液中回流(此条件容易形成偶氮化合物，需要氮气保护)。其中 Fe/HCl/THF 或 C_2H_5OH 体系最为便宜，还具有较强的还原能力，基本上适用于所有硝基化合物，还原过程分子结构中羰基、氰基、卤素、碳碳双键基本不受影响。并且此还原方法具有工艺简单、操作条件温和、生产较易控制、副反应少、对设备要求低、选择性好、产品质量好等优点，在工业上得到广泛应用。但此法需要处理在反应中产生的大量废液、废渣，否则会造成环境污染。

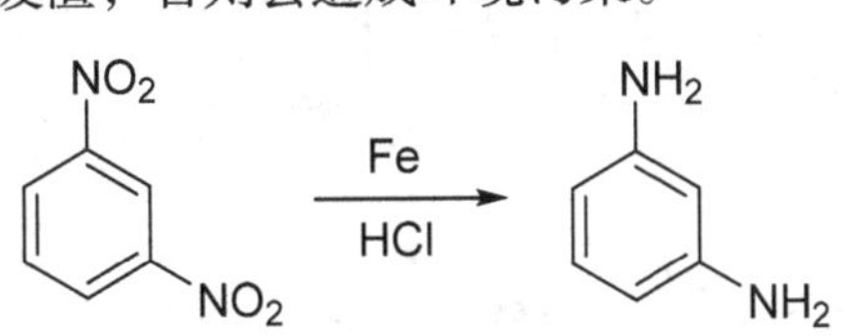

硫酸亚铁作还原剂，在酸性介质中可以将芳香硝基、芳香亚硝基和芳香羟胺等化合物还原为相应的氨基，是比较好的制备芳香胺的方法。此方法对分子结构中的卤素、碳碳双键和氰基没有影响。

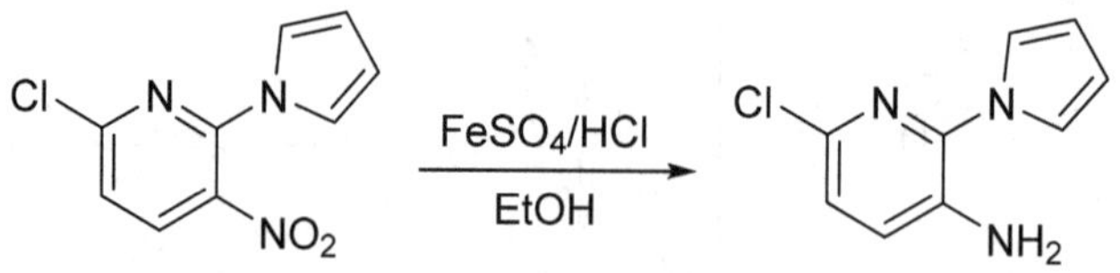

在实验室中，通常采用锡和盐酸来还原芳香硝基化合物。通过向反应一段时间后的体系中分批少量加入 Sn 粒，可得到很好的还原效果。

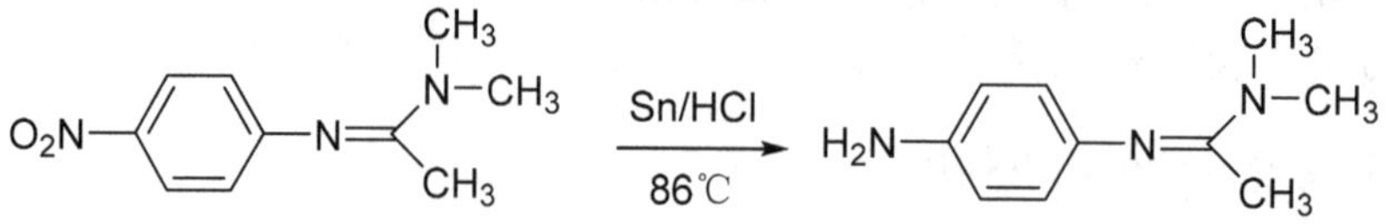

驱虫药甲氨基苯脒中间体

对于 3-硝基苯甲醛来说，用氯化亚锡和盐酸作为还原剂，硝基可以还原为氨基，但可避免醛的还原。若用锌和盐酸作为还原剂，不仅硝基可以还原为氨基，醛也被还原为甲基。

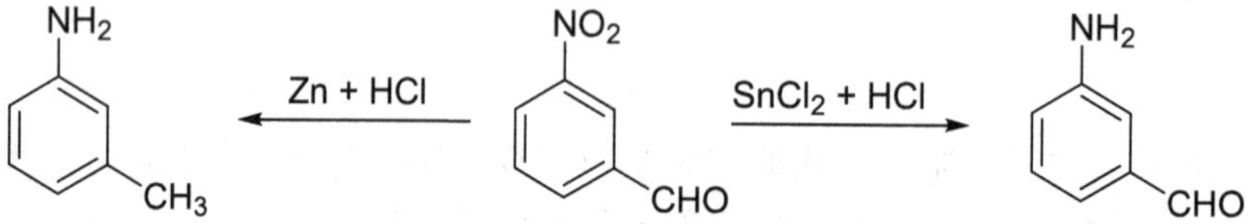

在酸性条件下，芳香硝基化合物主要发生单分子还原反应。通过对于还原条件的控制，可使反应停留在某一阶段，得到各种中间还原产物。例如，硝基苯发生单分子还原反应时，各还原产物和相互转化关系如下所示：

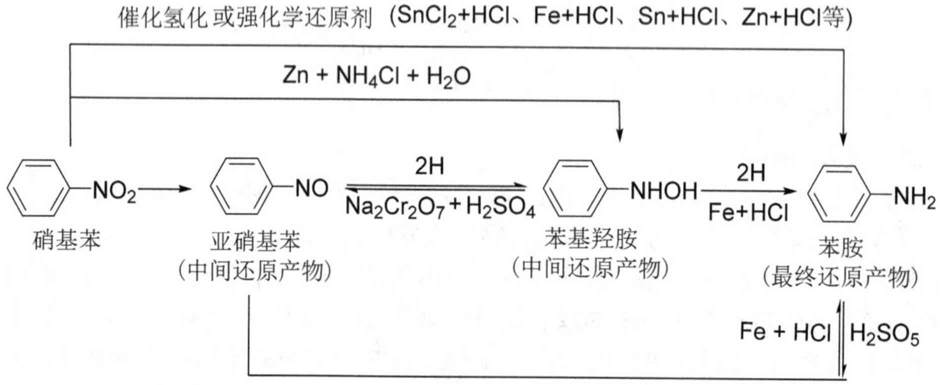

在酸性条件下，芳香硝基化合物的活泼金属还原法的可能机理如下所示：

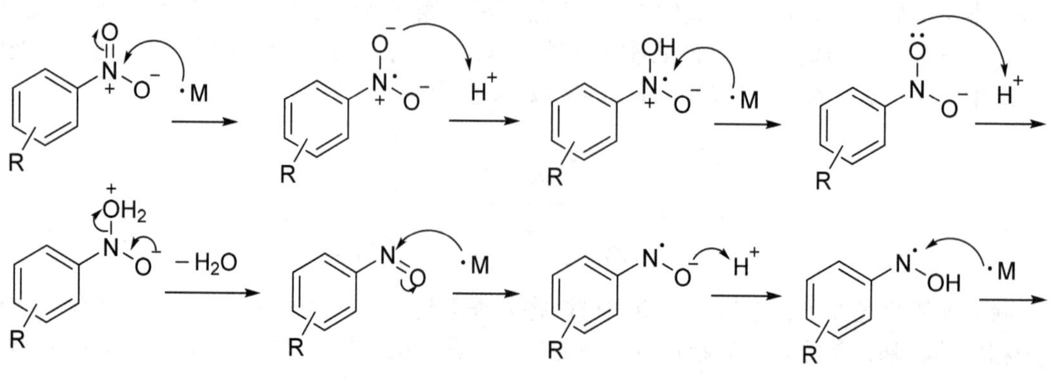

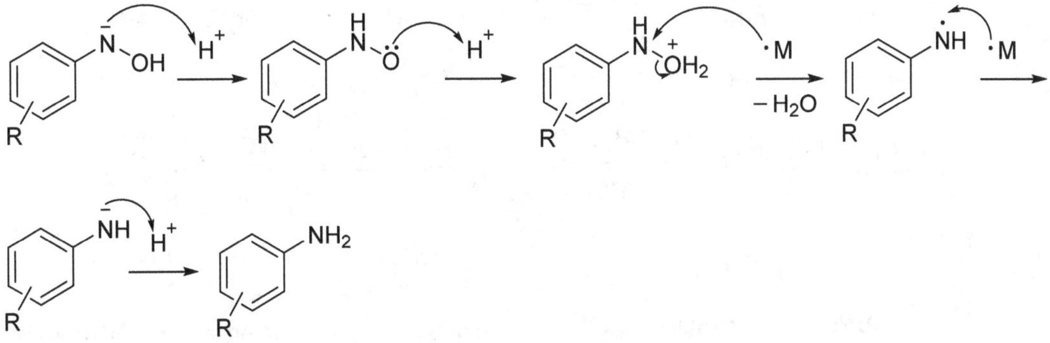

芳香硝基化合物也可以在弱酸性及中性溶液如锌粉(Zn)/H_2O 中性还原体系中还原成芳基羟胺。但很难将产物从原体系中分离出来，因此很少用该方法制备芳基羟胺。苯基羟胺在强酸性的还原条件下十分活泼，非常容易转变为苯胺。将羟胺还原为胺的其他反应体系还包括 CS_2/CH_3CN、$In/EtOH/NH_4Cl/H_2O$。

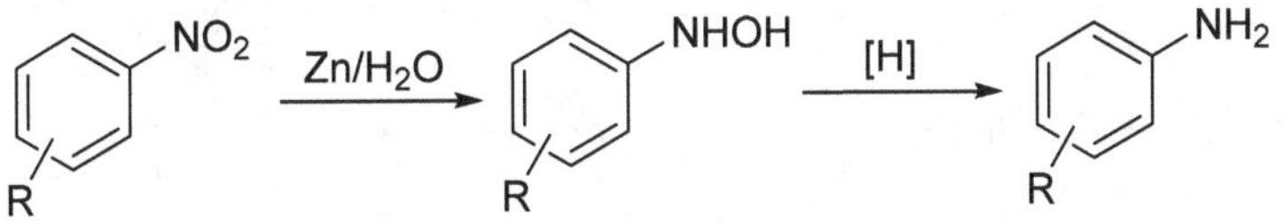

在碱性条件下，芳香硝基化合物和它的多种单分子还原产物可以发生相互作用，生成双分子还原产物。通过对还原条件的控制，如选用不同的催化体系，可以分别得到偶氮氧化物、偶氮化合物以及氢化偶氮化合物中间还原产物。在强酸以及金属参与的条件下，这些中间还原产物可再被还原，最终生成苯胺。它们之间的关系如下所示：

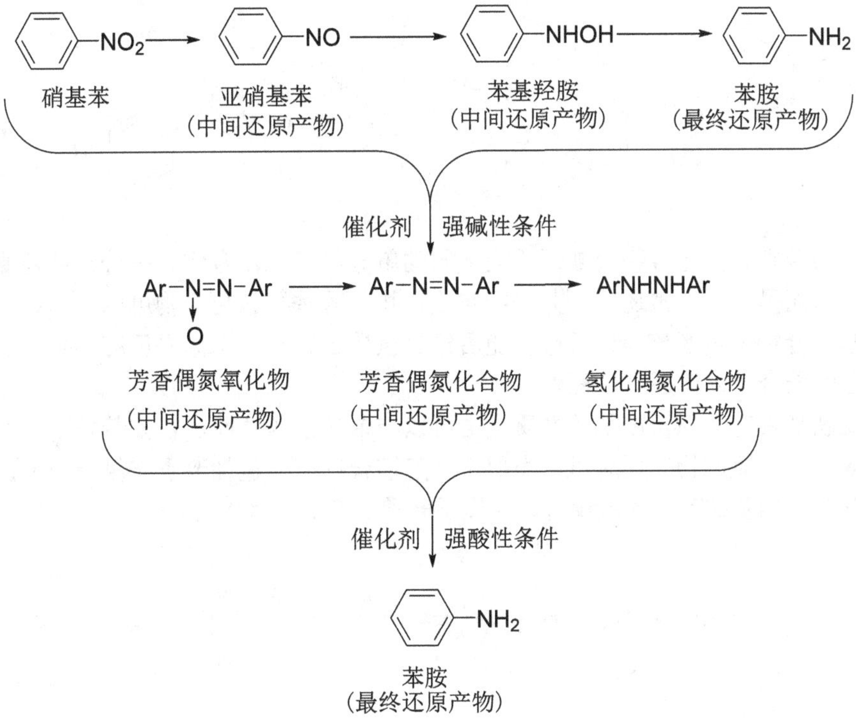

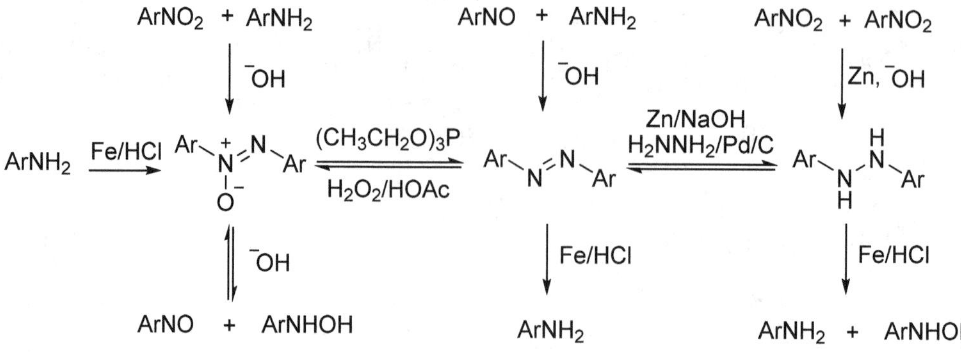

例如，芳香硝基化合物在亚砷酸钠(Na_3AsO_3)、碲氢化钠(NaTeH)、乙醇钠等存在的条件下，能够被还原为偶氮氧化物。

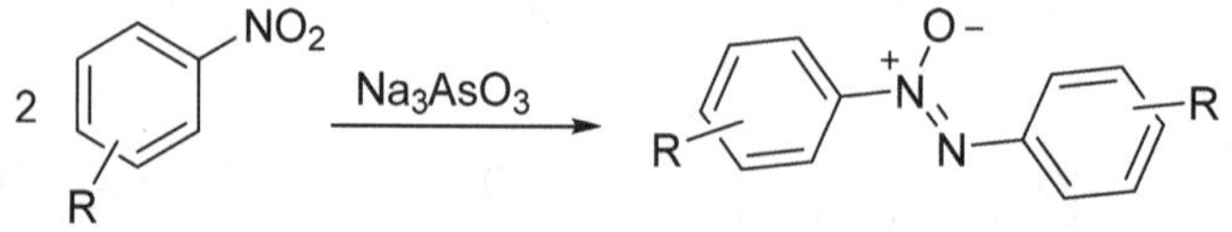

其可能的反应机理如下所示：

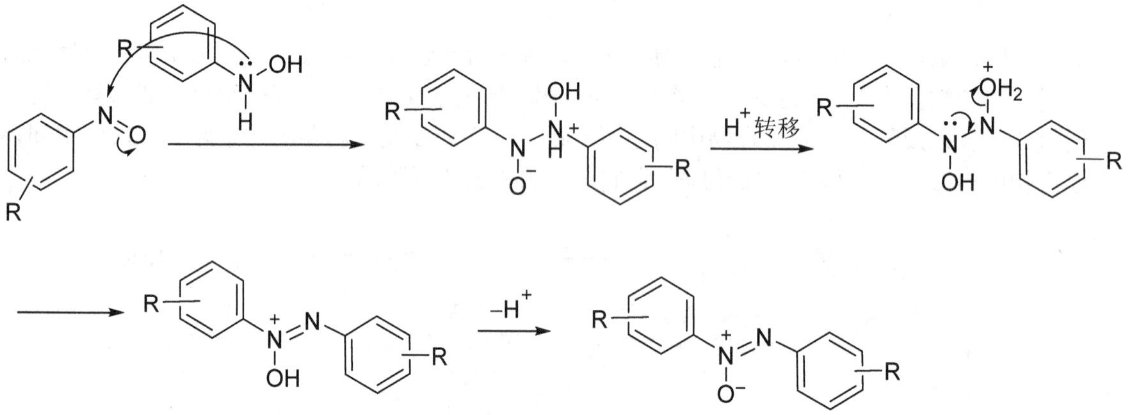

两分子的芳香硝基化合物会被还原成不同的单分子还原化合物，一分子被还原为芳香亚硝基化合物，而另一分子被还原为芳香羟胺化合物。芳香羟胺化合物可以作为亲核试剂，与芳香亚硝基化合物发生亲核加成反应，随后经过氢质子转移、水离去反应，生成氧化偶氮化合物。二者的结合过程比还原过程更快。

芳香亚硝基具有类似于羰基的性质，也可以与单分子的还原产物如芳香胺等发生相互作用，生成双分子还原产物。反应机理类似于羟醛缩合反应，包括芳香胺氮原子上孤对电子作为亲核试剂对亚硝基的亲核加成反应、氢质子转移、β-消除水等过程。

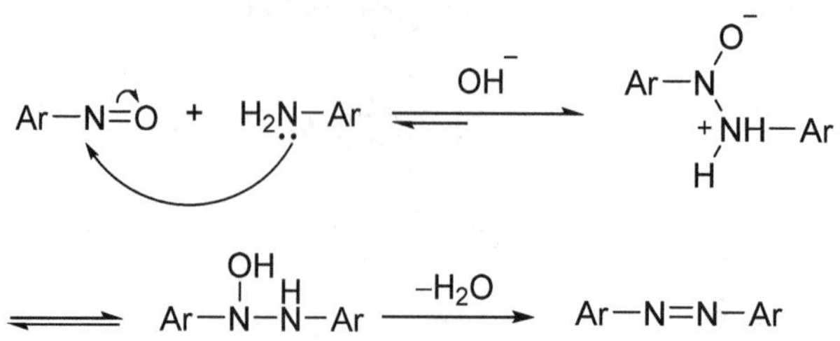

2) 含硫化合物还原法

芳香硝基化合物可以被硫化碱如硫化钠、硫氢化钠、多硫化钠、多硫化铵、硫氢化铵还原为胺，称为 Zinin(齐宁)还原法。相比于活泼金属还原法，该方法相对比较缓和，可以将多元芳香硝基化合物进行选择性地部分还原。在进行部分还原时，需要严格控制反应的温度以及硫化碱的用量，避免全部还原的情况出现。

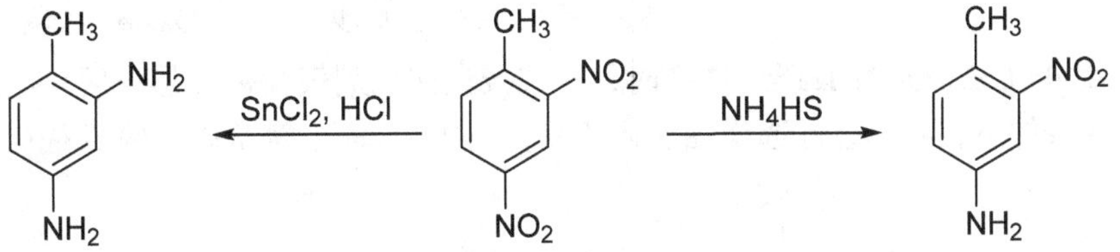

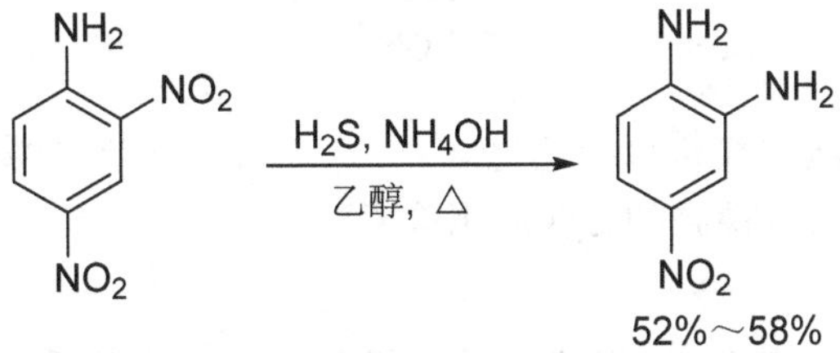

当芳香硝基化合物中含有对酸敏感的基团如醚、硫醚等，使用铁粉还原会破坏硝基化合物的结构，这种情况就可以用硫化碱进行还原。芳环上取代基的电子效应很大程度上会影响硝基还原反应的速率。给电子基团会减缓反应速率，吸电子基团会加速反应速率，如间二硝基苯胺的还原速率比间硝基苯胺快 1000 多倍。而采用硫化钠对带有甲基、羟基、甲氧基的邻、对位硝基化合物部分还原时，邻位的硝基会首先被还原。目前，此还原反应的机理还不明确，可能是 S^{2-}作为富电子体系优先进攻硝基上的氧原子。

硫化碱还原法是一种比较成熟的生产工艺，目前国内大部分企业都采用该法生产芳胺，其主要优势在于反应比较温和、产物易分离、易实现封闭式生产、生产周期较短、设备的腐蚀性较小等。但使用硫化碱试剂的生产成本较高，产率比铁屑还原法低，同时在还原过程中会产生大量污染环境的废液以及释放有害的气体，危害操作者以及周围的环境，社会效益和经济效益欠佳，因此该方法一般只用于特殊原料还原制备芳香胺。

除了硫化碱以外，一些含氧硫代物，如硫代硫酸钠、亚硫酸钠、连二亚硫酸钠(又称保险粉)等也可用于芳香硝基化合物的还原。

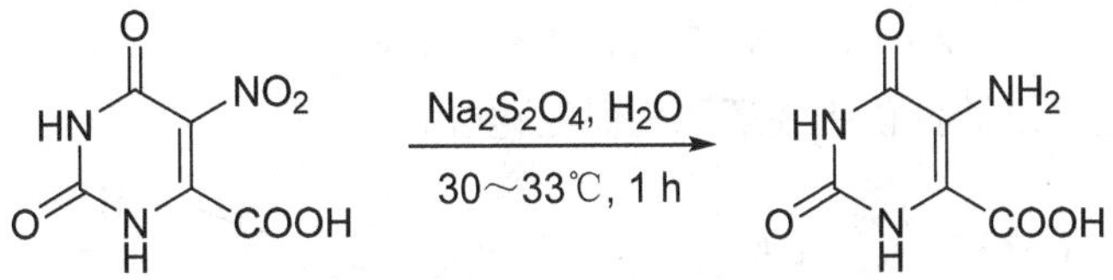

抗凝血药莫哌达醇(mopidamol)中间体

3) 催化氢化法

催化氢化法是直接使用氢气作为还原剂，多以负载于二氧化硅、三氧化二铝、活性炭等载体上的 Pt、Pd、Ni、Cu、Au 等金属或者其氧化物作为催化剂，将芳香硝基化合物还原为芳胺的方法。催化氢化反应在中性条件下进行，因此对于对酸性或碱性条件敏感的化合物，可用此法还原。但需要注意，该反应条件比较强烈，当分子内存在一些对加氢敏感的官能团，如卤素、双键和三键时，也可能会被还原。

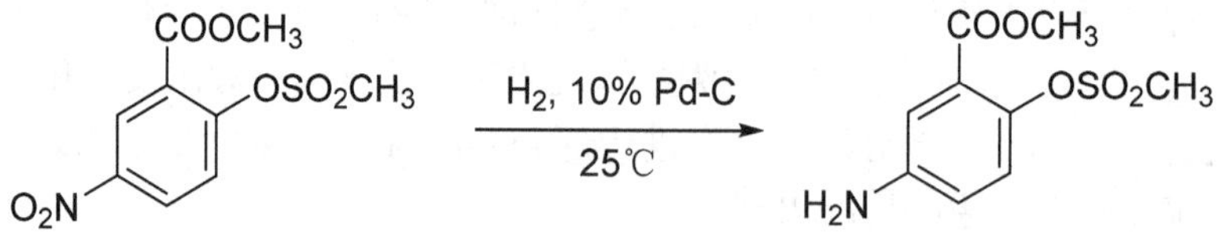

抗菌药奥沙拉泰(olsalazine)中间体

而当使用 Pd/C/$HCOONH_4$ 还原体系时，甲酸铵在催化剂表面被加热分解，产生氢气和二氧化碳，在此条件下，可以进行选择性催化还原，羧基、酯基、氰基以及酰氨基均不受影响。

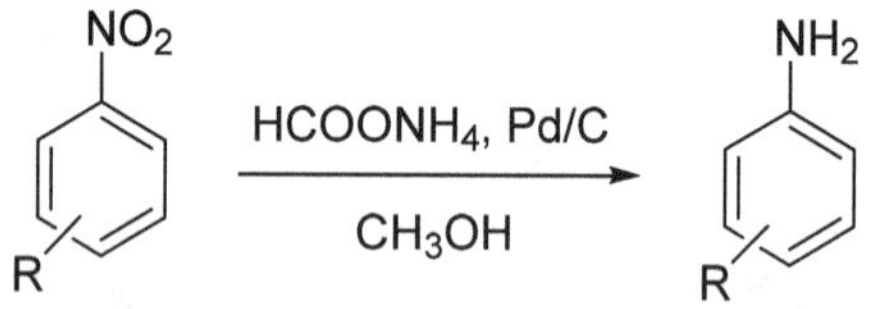

总的来说，催化氢化法比较符合绿色化学的要求，是合成芳香胺的一种干净和简便的还原方法，工艺相对成熟，具有很高的工业应用价值。

4) 金属氢化物法

硼氢化钠可以作为还原剂将芳香硝基化合物还原为苯胺。芳香硝基化合物分子结构中若含有羰基、酯基及重键等，也会同时被还原。而甲基、羟基、氨基、甲氧基、氯等不受还原影响，也不会影响还原反应的速率。

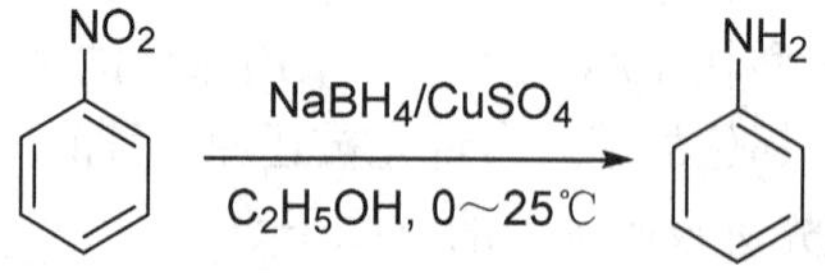

如果在硼氢化钠的还原反应中加入硒(Se)，则芳香硝基化合物含有的氰基、羰基、酯基、羧基、氯、碘和双键等基团不受还原的影响。在反应中，Se 和 $NaBH_4$ 会优先进行反应，生成活性组分 NaHSe，最终将硝基还原为羟胺化合物。

$$NaBH_4 + Se + 3\,C_2H_5OH \longrightarrow NaHSe + B(OC_2H_5)_3 + 3\,H_2$$

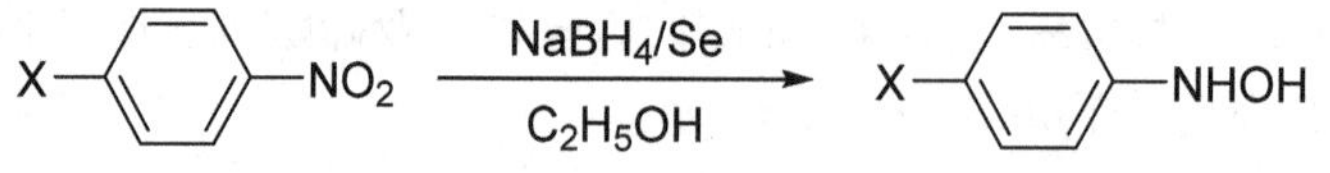

X = Cl、CN、COOEt、H、Me等

芳香硝基化合物还可以被氢化铝锂还原为偶氮化合物。

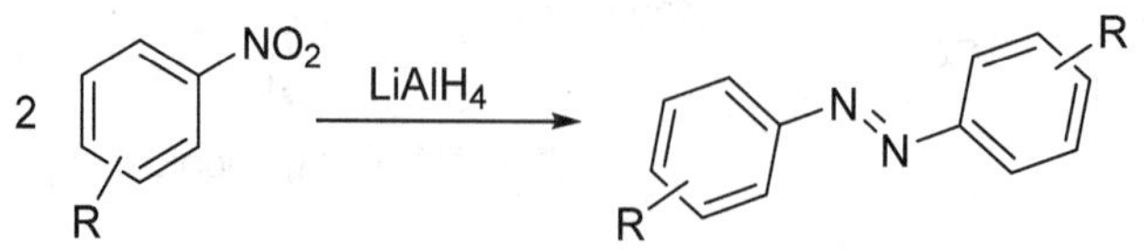

5) 水合肼还原法

水合肼还原法使用的催化剂主要有两类：第一类催化剂为 Pd/C、Pt/C 和雷尼镍等贵金属及其合金。此类催化剂尽管能顺利地还原芳香硝基化合物，且产率较高，但这类催化剂没有选择性，其他基团也会被还原。此外，这类催化剂需要高浓度且大大过量的水合肼(95%～100%)，价格昂贵且制备较复杂。第二类催化剂为 $FeCl_3 \cdot 6H_2O$/C、$Fe(OH)_3$/C，这类催化剂克

服了第一类催化剂的缺点，它的还原效率非常高，产率一般为 85%～98%，且不需要高浓度和过量的水合肼。苯侧链上有—CN、—COOR 等基团时不受影响。

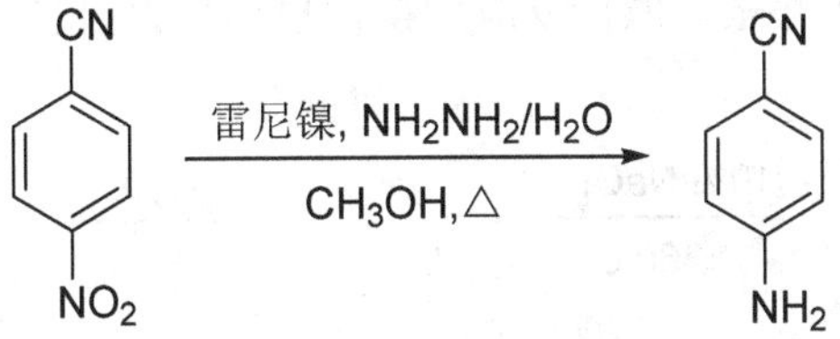

水合肼还原法制备芳香胺，具有设备投资小、反应条件温和、还原产率高、可进行部分还原等特点。尤其是适合小批量，短路线芳香胺化合物的生产。尽管水合肼具有一定的毒性，但以水合肼作为氢源和三氯化铁以及水组合用于芳香硝基化合物的还原制备芳胺只产生无害的氮气和水，对环境友好，且水合肼的价格也逐渐降低，使其越来越广泛地应用在工业生产中。

2. 芳香亲核取代反应

芳环上的一个基团被一个亲核试剂取代的反应称为芳香亲核取代反应(nucleophilic aromatic substitution，S_NAr)，是亲核取代反应的一类。然而，在苯环当中，sp^2 杂化轨道的后部指向苯环的中心，且苯环呈平面构型，无法实现 S_N2 的反式进攻；另外若要按照 S_N1 机理来进行，首先需要形成稳定的碳正离子中间体，但由于苯环正离子的轨道与苯环的 p 轨道垂直，无法参与 π 共轭体系，因此极不稳定，S_N1 反应更不利于进行。由此可以看出，适用于饱和碳原子有机化合物体系中进行的亲核取代机理并不适合芳香体系。

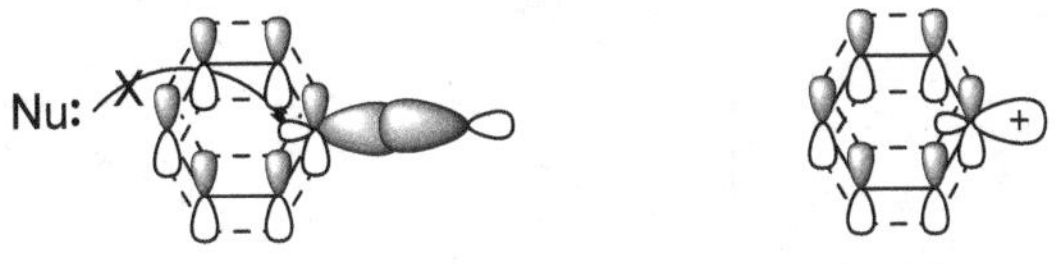

无法反式进攻　　　苯正离子不稳定

例如，环己醇可以发生 S_N2 亲核取代反应，而当氯苯上没有其他取代基时，OH^-很难与其直接发生亲核取代反应生成苯酚。

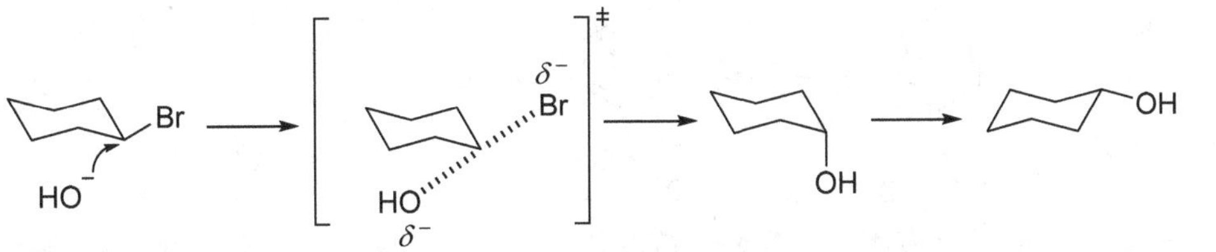

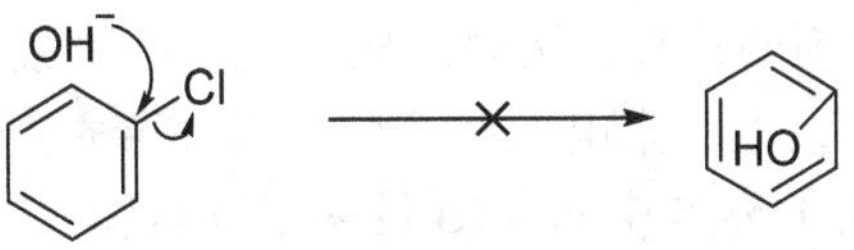

因此可以判断，芳香亲核取代反应需要通过一些特定的机理来实现。目前，芳香化合物的亲核取代反应机理主要有以下几种。

1) S_N2Ar 芳香亲核取代反应

若芳香化合物的芳环上没有吸电子基团，亲核试剂难以打破芳香 π 电子体系，二者的芳香亲核取代反应需要非常高的能量，因此通常在极端条件下进行。若芳香化合物的芳环上被取代基团的邻、对位含有硝基时，可以与亲核试剂在加热的条件下发生亲核取代反应。随着硝基取代基数量的增加，芳香亲核取代反应的条件也会变得温和。例如：

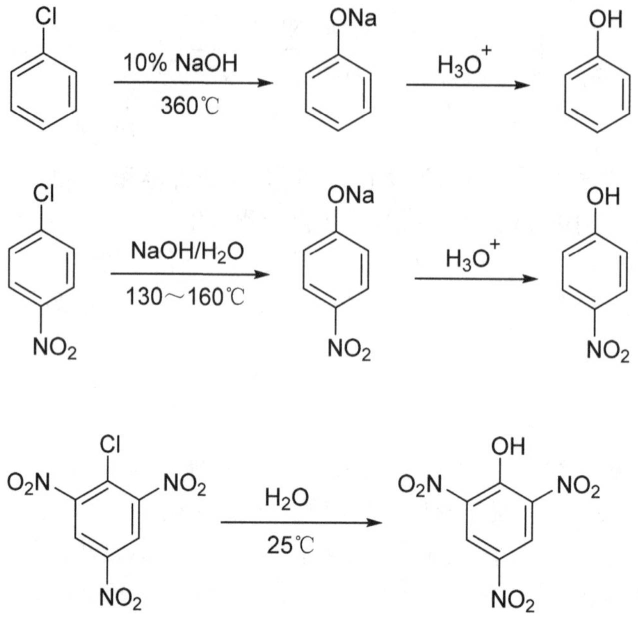

反应机理可表示如下：

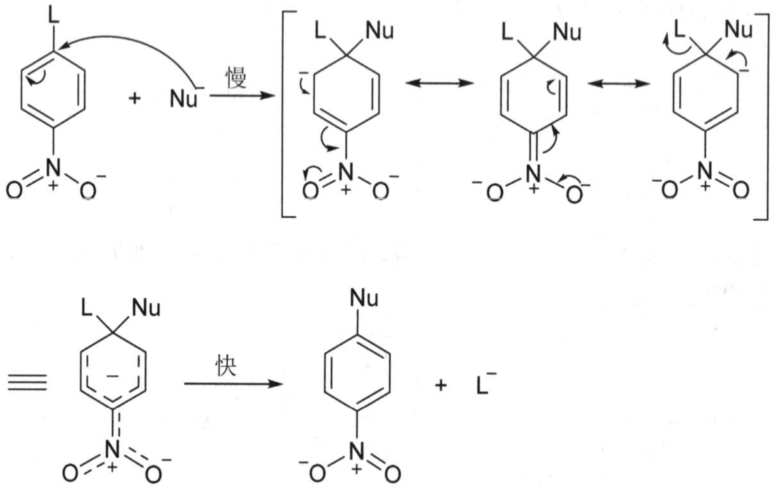

与芳香亲电取代反应相似，芳香亲核取代反应过程也是分两步进行的。在芳香亲电取代反应中，第一步是亲电试剂的进攻，从而形成σ正离子离域中间体(σ正离子配合物)，然后离去基团带着正电荷离去，生成亲电取代产物。而在芳香亲核取代反应中，第一步是亲核试剂的进攻，生成σ负离子离域中间体(σ负离子配合物)，随后离去基团带着负电荷离去，生成亲核取代产物。

实验表明：在这两步反应中，第一步的反应速率与芳香化合物以及亲核试剂的浓度都成正比，这是动力学上二级反应的特征，且这一步是整个反应的决速步，所以该反应为双分子反应。因此，将整个反应称为双分子芳香亲核取代反应，用 S_N2Ar 表示。反应经历的亲核加成-消除机理过程的能量变化见图 13-10。

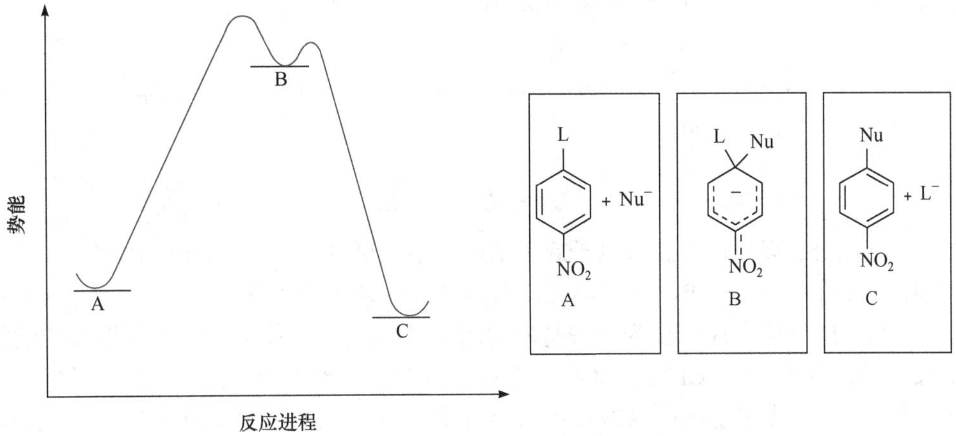

图 13-10　双分子芳香亲核取代反应的势能图

由此可以看出，S_N2Ar 反应能否顺利进行的关键因素是能否形成较为稳定的σ负离子配合物。如果芳香化合物被取代基团的邻、对位上连有吸电子基团，则可以通过其吸电子的共轭效应和诱导效应使得σ负离子配合物的负电荷分散而稳定。而σ负离子配合物越稳定，亲核取代反应越容易发生。且芳环上连有越多的吸电子基团，芳环越缺电子，越容易被亲核试剂进攻，生成的σ负离子配合物越稳定。此外，离去基团只有在这些强吸电子基团的邻、对位，才能顺利离去。当两个强吸电子基团处于芳环的邻位时，不管它们是否相同，其中一个也可以被亲核试剂取代。处于吸电子基团间位的离去基团不发生反应。

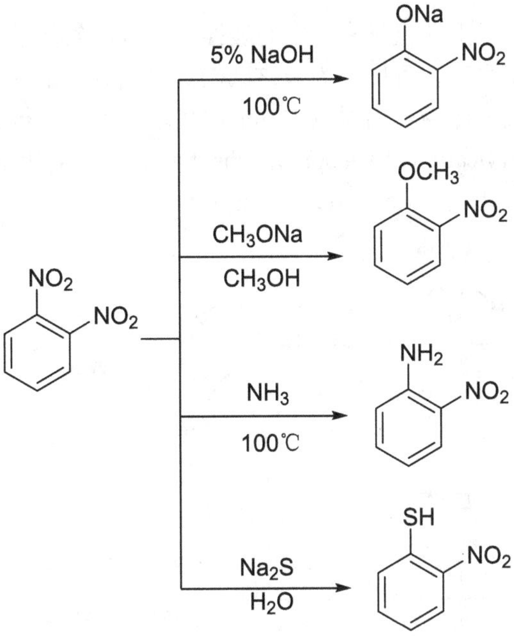

在芳香硝基化合物中，硝基可以通过吸电子的诱导效应和共轭效应共同作用使得邻、对位的碳上电子云密度明显降低，成为亲核试剂进攻的中心，亲核取代反应容易进行。此时硝基成为一个致活的邻、对位定位基团。

除了硝基以外，其他的吸电子基团也能使芳环更加缺电子而被活化，从而加速芳香亲核取代的反应速率。这些吸电子基团的活化能力由强到弱的顺序为

$$-\overset{+}{N}_2 > -\overset{+}{N}R^1R^2R^3 > -NO > -NO_2 > -CF_3 > -COR$$

$$> -CN > -COOH > -Cl > -Br > -I > -C_6H_5$$

除了羟基以外，其他带有孤对电子或负电荷的亲核试剂，如 H^-、HS^-、RO^-、CN^-、^-SCN、^-OH、$^-CH_2$、^-CHX、R_3N、RC^-HM^+等也能对芳环进行亲核取代反应。

S_N1 和 S_N2 的反应中速控步为离去基团的离去(即与离去基团与碳之间所形成的键的键能有关)，反应活性为 I>Br>Cl>F。而在 S_N2Ar 反应中，速控步为亲核试剂进攻形成带有负电荷的σ配合物，因此碳卤键的断裂快慢不会影响反应的速率。不同卤素的极化能力是不同的。卤原子的电负性越强，与其相连的σ键就容易被极化，使得相连碳原子的电子云密度降低，越容易被亲核试剂进攻发生亲核加成，从而使反应的速率加快。因此卤素离去基团对 S_N2Ar 反应速率的影响表现为 F>Cl>Br>I。由于在 S_N2Ar 反应中反应速率与离去基团的离去能力无关，一些被认为不好的离去基团如烷氧基、硝基、砜基、亚砜基等也可以在 S_N2Ar 反应中作为离去基团。比较常见的离去基团以及它们的极化能力顺序如下所示：

$$F > NO_2 > Cl > Br > I > OSO_2R > N_2 >$$

$$^+NR_3 > OAr > OR > SR > SAr > SO_2R > NR_2$$

2) VNS 间接芳香亲核取代反应

吸电子基团α-位碳原子上的氢具有一定的酸性，在碱性条件下，能够形成碳负离子。当该碳负离子上连有离去基团时，可以作为亲核试剂，取代芳香硝基化合物的邻位和对位氢原子，形成邻位和对位取代的产物。当对位被其他取代基占据时，得到邻位取代产物。此类反应称为间接亲核取代反应(vicarious nucleophilic substitution, VNS)。吸电子基团有—CN、—SO_2Ar 或 SO_2OR 等，离去基团一般情况下为卤素 F、Cl、Br、I。

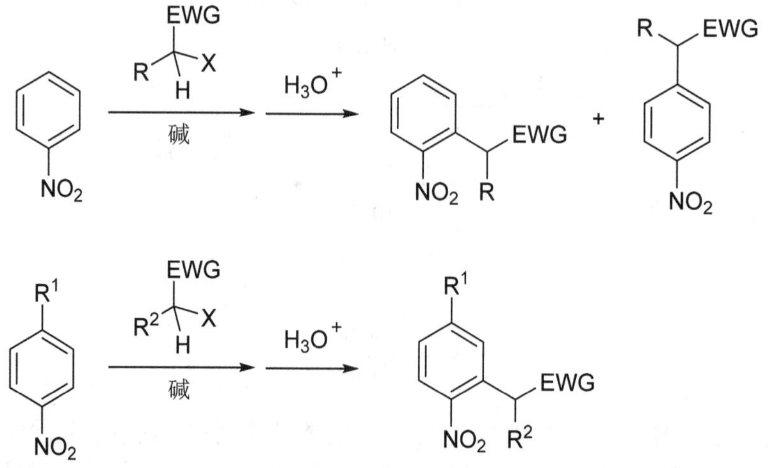

EWG = CN、SO_2Ar、SO_2OR等　　　X = F、Cl、B、I等

该反应的机理如下所示：

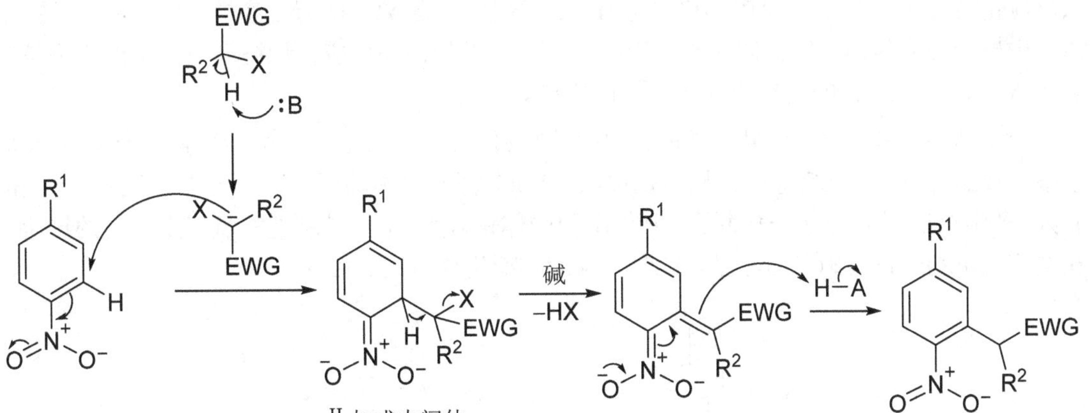

σ^{H}-加成中间体

首先在碱的作用下，吸电子基团附近具有酸性的氢会被拔除，形成碳负离子。该碳负离子可以作为亲核试剂进攻硝基邻位上带有正电性的碳原子，得到σ^{H}-加成中间体。由于芳环上的氢很难以氢负离子的形式离去，因此该反应不同于 S_N2Ar 反应，其是在碱的作用下发生 E2 机理的β-消除反应失去 HX，从而得到环外双键加成产物。该产物在酸性条件下获得氢质子，最终得到邻位取代的产物。由上述机理中可以看出，碱需要过量。一方面是为了拔除具有酸性的氢，形成碳负离子；另一方面是为了发生消除反应。此外，后续反应需加入酸使产物恢复芳香性，否则反应只会停留在环外加成产物阶段。

VNS 反应是一类特殊的芳香亲核取代反应，反应物适用范围非常广泛。硝基取代的苯环和萘环都可以作为反应底物。除了碳负离子外，一些过氧化合物的负离子、羟胺、肼的衍生物以及磺酰胺都可以作为亲核试剂在亲电芳环上引入各种含 C、O、N 原子的取代基，从而生成各种硝基化合物的衍生物。

对比 VNS 反应和 S_N2Ar 反应，两个反应的决速步骤是不同的。在 S_N2Ar 反应中，速控步为亲核试剂进攻形成带有负电荷的σ配合物，而在 VNS 反应中，速控步为σ^{H}-加成中间体的β-消除反应。但由于二者首先都是亲核试剂发生进攻，因此会产生竞争反应。碱的浓度和强度以及芳环亲电性的强弱会影响两种反应所生成产物的比例。一般来说，碱的浓度越大、碱性越强以及芳环的亲电性越强，越容易发生 VNS 反应。

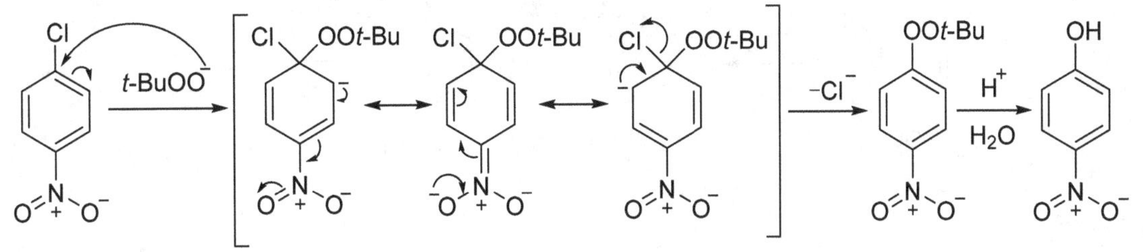

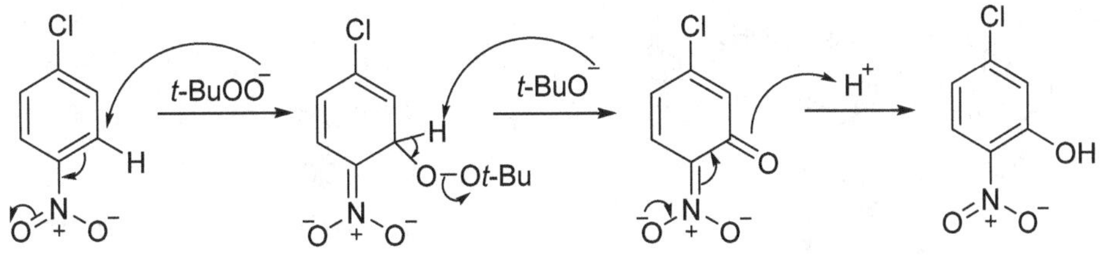

如上图所示，当反应在 *t*-BuOOK/*t*-BuOK 体系中进行时，如果体系中碱的浓度很低，那么反应主要会按照 S_N2Ar 反应的机理进行，最终生成卤素离去的芳香亲核取代产物。而如果体系中碱的浓度很高，则会倾向于在碱的作用下，发生消除反应，最终反应的主产物为按照 VNS 反应的机理进行的间接芳香亲核取代产物。

由于硝基具有吸电子的共轭效应，因此硝基邻、对位碳原子的正电性更强，为 VNS 反应亲核进攻的位点。但该反应的速控步是按照 E2 机理进行的消除反应，需要满足反式共平面的原则，若亲核试剂上的吸电子基团或其他基团的体积过大，会与硝基上的氧产生一定的排斥，在空间上不利于进攻硝基的邻位。此时，反应主要生成对位取代的产物。

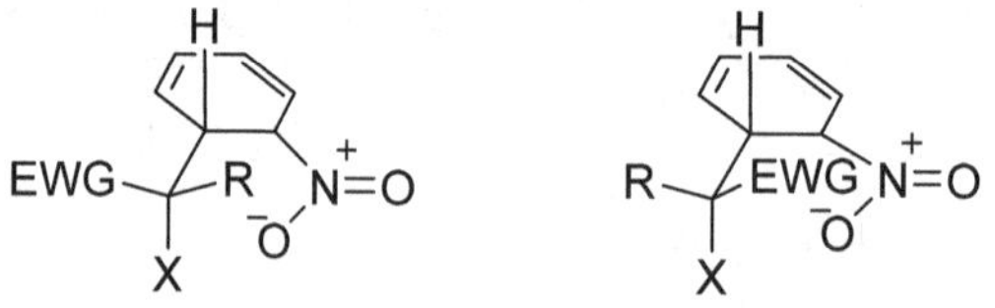

邻位进攻，空间位阻过大

3) 苯炔中间体(消除-加成)机理

在强碱作用下，没有其他吸电子基团的卤苯可以进行芳香亲核取代反应。在该反应中，底物上没有连有硝基那样的强吸电子基团，并且由产物可以看出亲核试剂进攻的位点不一定是离去基团原先所占的位点，因此该反应不是按照 S_N2Ar 反应机理进行的。另外，反应底物也不能转化为重氮盐，通过好的离去基团氮气释放进行反应，因此该反应也不是按照 S_N1Ar 或 $S_{NR}1Ar$ 反应机理进行的。

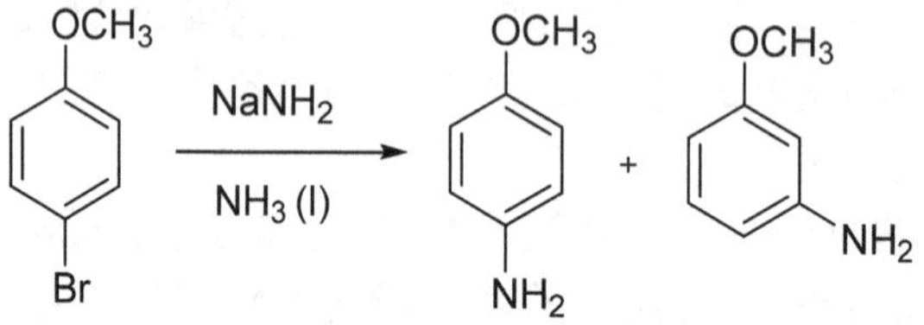

研究表明此反应机理不同于以往的芳香亲核取代反应机理，其中经历了苯炔中间体。反应可能的机理如下所示：

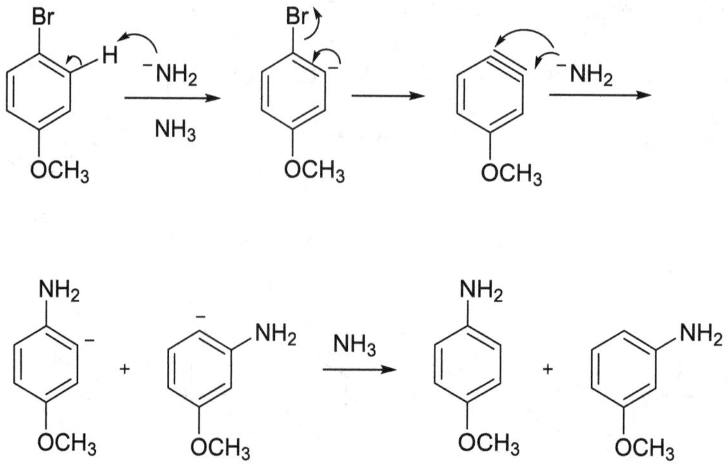

由于苯环溴具有吸电子诱导效应，因此对溴苯甲醚中处于溴邻位的氢质子带有一定的酸性。强碱$^{-}NH_2$可以拔除邻位氢质子，得到苯环碳负离子。随后溴负离子离去，得到苯炔中间体(benzyne intermediate)。然后，强碱$^{-}NH_2$可以与苯炔三键上两个碳发生亲核加成反应，并在氨中得到氢质子后，生成对位和间位氨基取代的苯甲醚。

上述机理表明，该反应主要经历了两个过程。第一个过程是通过消除反应生成苯炔。氢质子的酸性以及卤素基团的离去能力都会影响这个过程。这一过程首先是碱拔去氢质子，其次是卤素基团的消除离去。由于后者进行更为困难，因此当比较不同卤素取代的苯环的反应活性时，离去能力更强的 I 和 Br 反应活性会比 Cl 和 F 更高。而溴和碘的离去能力都很强，此时氢质子的酸性以及其被拔除后所形成的碳负离子的稳定性成了影响反应活性的主导因素。在苯炔的结构中，碳碳三键中的碳原子并不是采用一般的 sp 杂化，而是 sp^2 杂化。两个单电子分别位于两个碳原子的 sp^2 杂化轨道。这两个杂化轨道与苯炔的π体系垂直，因此无法受到取代基共轭效应的影响。溴的吸电子诱导效应比碘更强，使得氢质子的酸性更强，氢质子被拔除后所形成的碳负离子也会更稳定，因此反应活性 Br＞I。而氯和氟的吸电子诱导效应都很强，此时基团的离去能力成了影响反应活性的主导因素，氯的离去能力比氟强，因此反应活性 Cl＞F。总的来说，卤化物反应活性顺序为 Br＞I＞Cl＞F。

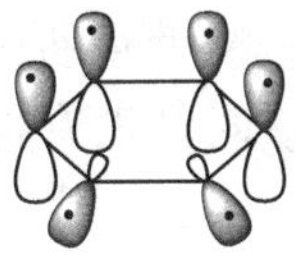

带有取代基的卤苯根据卤素所处的位置不同，消除反应后所得到的苯炔也会不同。当卤素位于取代基邻位时，由于卤素旁只有一个氢质子，因此只能生成 3-取代的苯炔；当卤素位于取代基的对位时，尽管卤素旁有两个氢质子，但由于此时为对称结构，两个氢质子等效，因此只能生成 4-取代的苯炔；当卤素位于取代基间位时，卤素旁有两个不等效的氢质子，因此会生成 3-取代的苯炔或 4-取代的苯炔或两种都有。

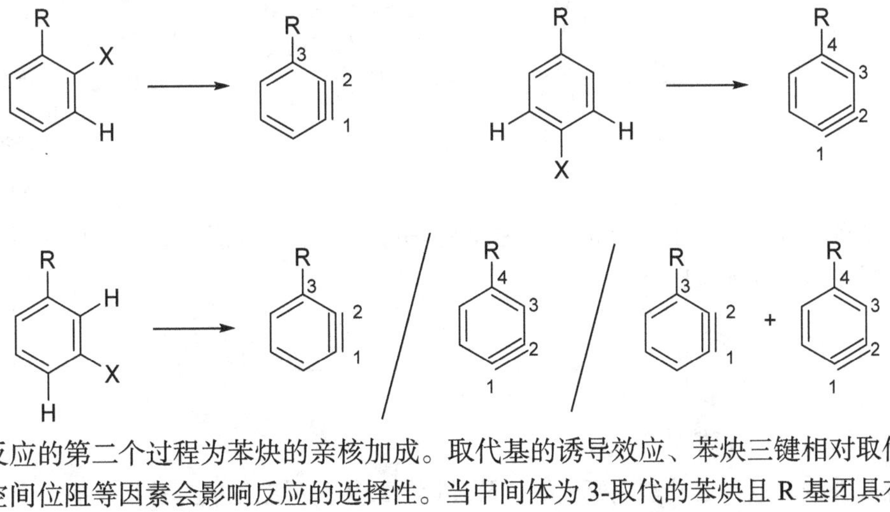

该反应的第二个过程为苯炔的亲核加成。取代基的诱导效应、苯炔三键相对取代基的位置以及空间位阻等因素会影响反应的选择性。当中间体为 3-取代的苯炔且 R 基团具有吸电子诱导效应时，通过路径 b 得到的碳负离子由于受到取代基吸电子诱导效应的影响，负电荷能够被分散而稳定，并且此时 R 基团与氨基相隔较远，空间位阻小。而通过路径 a 得到的碳负离子距离 R 基团较远，受到吸电子诱导效应的影响很小，负电荷不能被稳定，且此时 R 基团与氨基相隔很近，空间位阻大。因此，尽管理论上亲核试剂有两种进攻方式，但最终只能得到负电荷位于两个基团中间的产物。而当中间体为 4-取代的苯炔且取代基 R 为吸电子基团时，不管亲核试剂以何种方式进攻，所得到的碳负离子距离吸电子基团都很远，受到吸电子诱导效应的影响都很小，因此两种进攻方式的可能性相同，没有选择性，得到产物的比例为 50∶50。

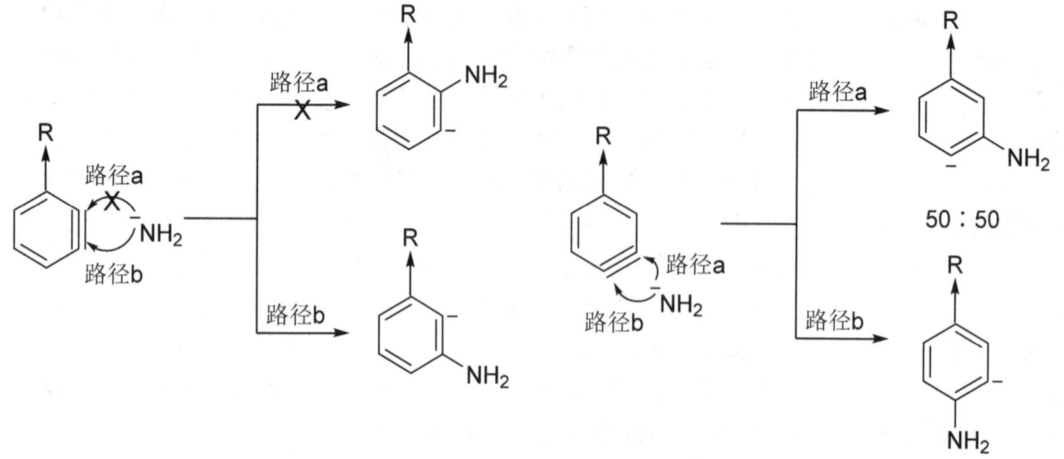

而当 R 基团具有给电子诱导效应时，会使得所生成的碳负离子不稳定，因此无论亲核试剂以何种方式进攻 3-取代或 4-取代的苯炔时都没有选择性，得到产物的比例为 50∶50。

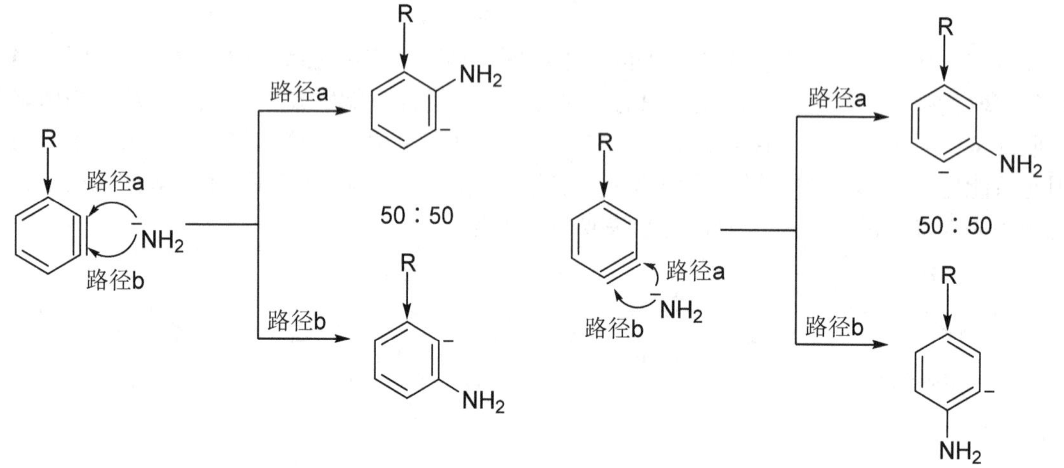

此外，苯炔还可以发生一般的碳碳三键所能进行的反应，如能被卤素、卤化汞等亲电试剂进攻，发生亲电加成反应。

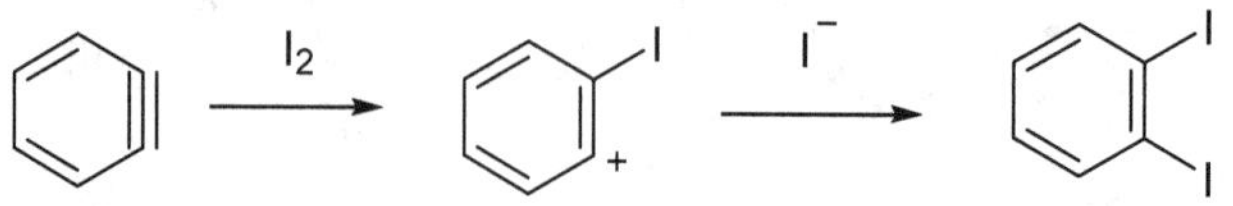

4) 芳香自由基亲核取代($S_{NR}1Ar$)

一级芳香胺可以与亚硝酸或亚硝酸盐及过量的酸体系反应生成芳香重氮盐。由于重氮正离子能与苯环π体系共振离域，使其正电荷得到分散，因此相比于脂肪重氮盐，芳香重氮盐更稳定。芳香重氮盐可以发生芳香亲核取代反应。在亲核试剂的作用下，芳香重氮盐可以发生分解，在释放氮气的同时形成相应亲核基团如卤素、氰基、羟基取代的芳香化合物。

在不同的反应条件下，芳香重氮盐参与的芳香亲核取代反应有不同的反应机理。

芳香重氮盐通过苯基自由基中间体参与的芳香亲核取代反应均统称为芳香自由基取代反应(aromatic substitution of free radical type)，简称为芳香自由基亲核取代($S_{NR}1Ar$)。

(1) Sandmeyer 反应。

将芳香重氮盐的水溶液与碘化钾一起加热，重氮基很容易被碘取代，生成芳香碘化物，同时放出氮气。氯离子和溴离子的亲核能力较弱，会发生很多副反应，使反应的产率很低，因此用同样的方法很难将氯、溴引入苯环。

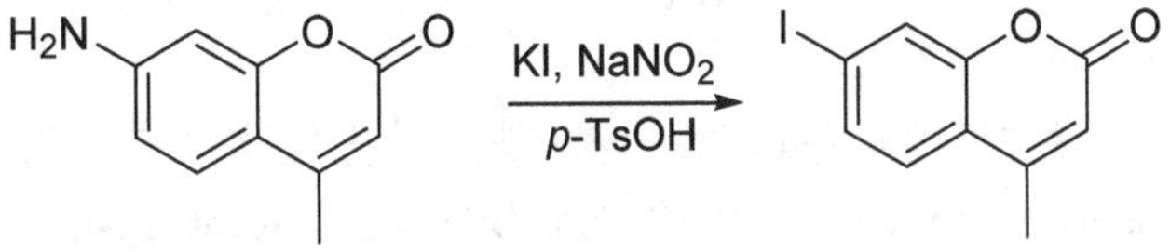

在亚铜离子如氯化亚铜或溴化亚铜、乙炔亚铜、氰化亚铜等的催化下，芳香重氮盐在氢卤酸溶液中加热，重氮基可分别被氯或溴、炔烃、氰基等取代，在释放氮气的同时生成相应亲核基团如氯或溴、炔烃、氰基取代的芳香化合物，称为 Sandmeyer(桑德迈尔)反应。

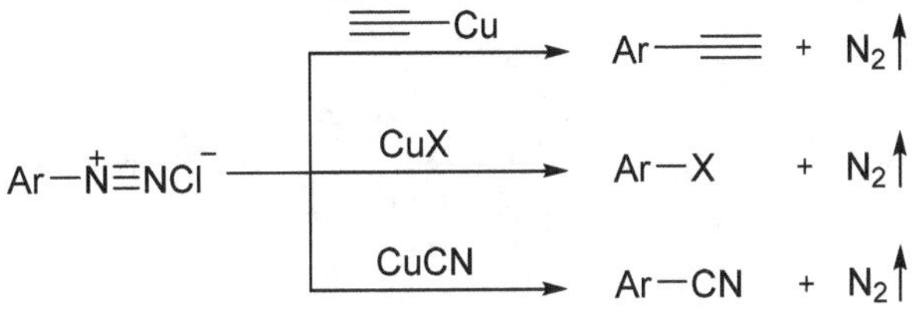

反应机理如下：

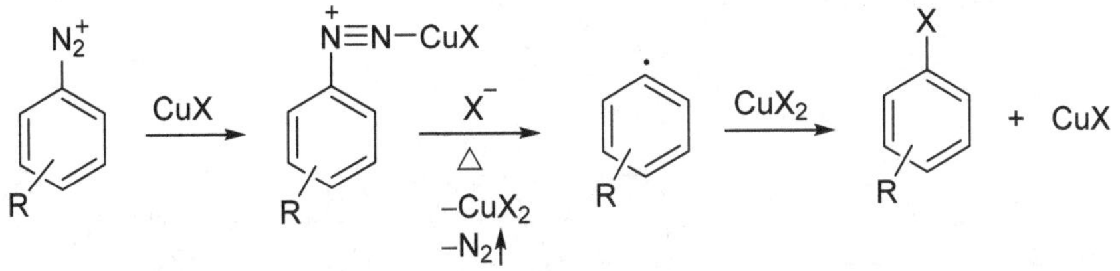

芳香重氮卤化盐首先通过亚铜盐的电子转移被还原为苯基重氮自由基，接着释放氮气，形成苯基自由基，原来的亚铜会从一价变为二价。然后，苯基自由基会从卤化铜中夺取一个卤自由基，生成对应的卤苯，此时二价的卤化铜又变回一价的卤化亚铜。由此可见，卤化亚铜在反应过程中先被消耗，然后又重新生成，起到了催化剂的作用，但其用量必须与反应底物的物质的量相同。

如果想得到氰基取代的芳香化合物，可以将催化剂由氯化亚铜改为氰化亚铜。但反应需在中性条件下进行，避免氰根负离子在酸性条件下生成有毒、易挥发的氢氰酸。该反应的反应机理以及适用的底物与 Sandmeyer 反应相同。

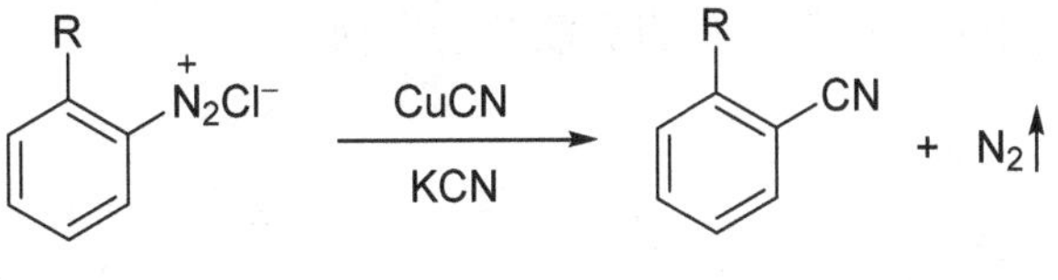

(2) Gattermann 反应。

在金属铜和氢卤酸的作用下，芳香重氮化合物也可以发生 $S_{NR}1Ar$ 反应，转化为芳香卤化物，称为 Gattermann(加特曼)反应。不同于 Sandmeyer 反应，该反应不需要使用和反应底物物质的量相当的催化剂，只需要催化量的铜。并且在一般条件下，该反应的温度更温和，操作更为简便，产率更高。该反应的机理与 Sandmeyer 反应类似。

$$Ar-\overset{+}{N}\equiv N\overset{-}{Cl} \xrightarrow[Cu]{HX} Ar-X$$

$$X = Cl、Br$$

Sandmeyer 反应和 Gattermann 反应的可能副产物为联苯和偶氮苯或二者的衍生物，其原因在于反应中生成的苯基自由基非常活泼。

(3) Gomberg-Bachmann 反应。

在碱性条件下，芳香重氮盐中的芳基与其他芳香化合物反应，偶联生成联苯或联苯衍生物的反应称为 Gomberg-Bachmann(刚穆伯-巴赫曼)反应。Gomberg-Bachmann 反应是一个芳基化的过程，总的结果来看是一个芳香化合物芳环上的氢被重氮盐的芳基所取代。

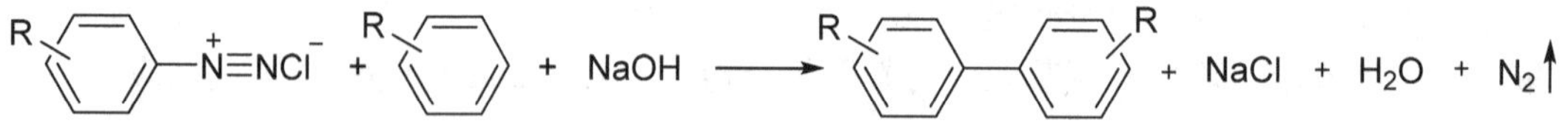

反应机理如下所示：

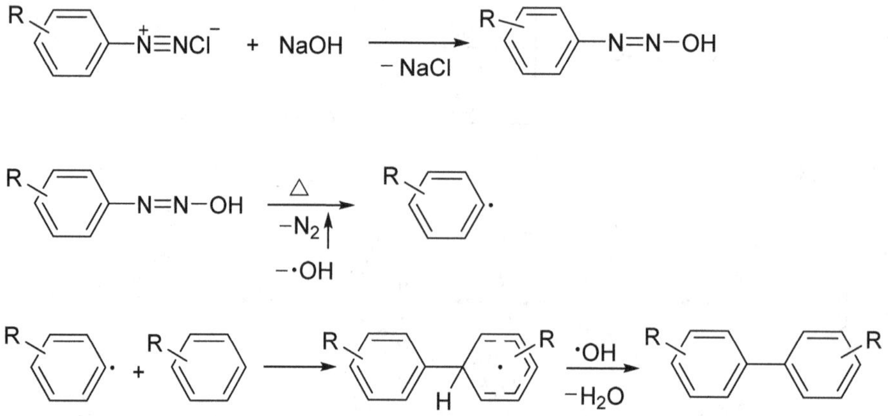

反应是在氢氧化钠水溶液和苯的两相体系中进行的。重氮盐在氢氧化钠水溶液的作用下，会由原来的盐类物质转化为完全是共价键的氢氧化重氮苯，从而溶于有机相苯中。随后氢氧化重氮苯在加热的条件下分解为苯基自由基、氮气和氢氧根自由基。然后苯基自由基进攻芳香化合物的苯环碳原子，氢自由基离开，发生自由基取代反应，最终生成联苯。

通过上述反应，可以有效地制备联苯以及不对称的联苯衍生物。但在反应的过程中，重氮盐很容易与其他物质发生副反应，使得该反应的产率较低，大部分都小于 40%。

这一类反应还可以在中性溶剂中进行。例如，在偶极非质子溶剂二甲亚砜(DMSO)中，氟硼酸苯重氮盐可以与亚硝酸钠反应，释放氮气，形成苯自由基。当溶液中存在有其他芳香化合物，二者会发生自由基取代反应，得到联苯衍生物。

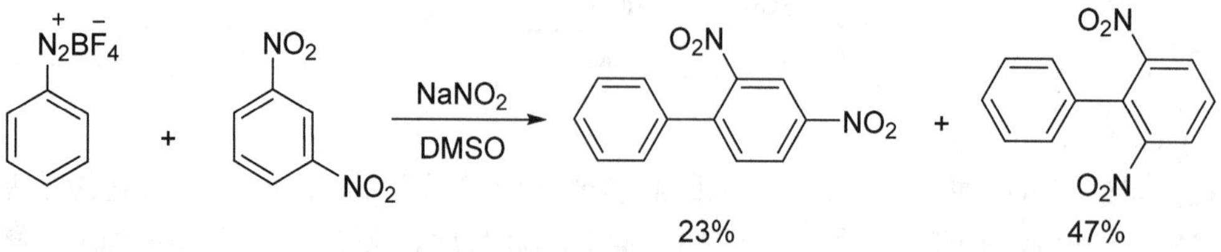

该反应的机理如下所示：

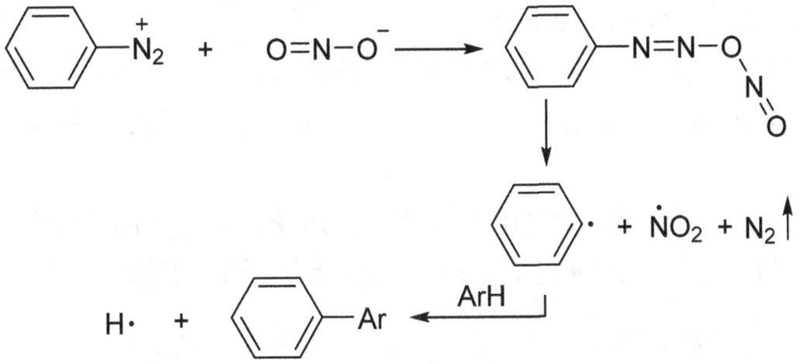

该反应最后主要形成偶联于芳环取代基邻、对位的产物，与芳环取代基的定位效应无关。该反应的产率高、反应条件温和，具有很广泛的应用。

(4) Pschorr 反应。

在碱性或稀酸的条件下，一些重氮盐在铜粉的催化下可以发生分子内的 $S_{NR}1Ar$ 反应，即 Pschorr(普塑尔)反应。

Y = CH=CH、CH_2CH_2、NH、CO、CH_2等

菲环可以通过 Pschorr 反应合成，该反应的机理如下所示：

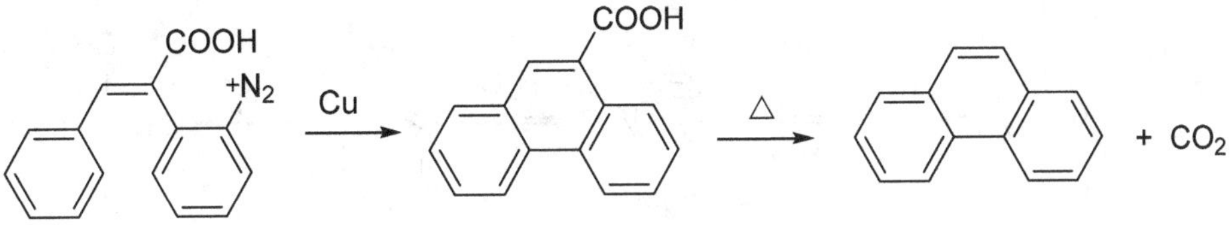

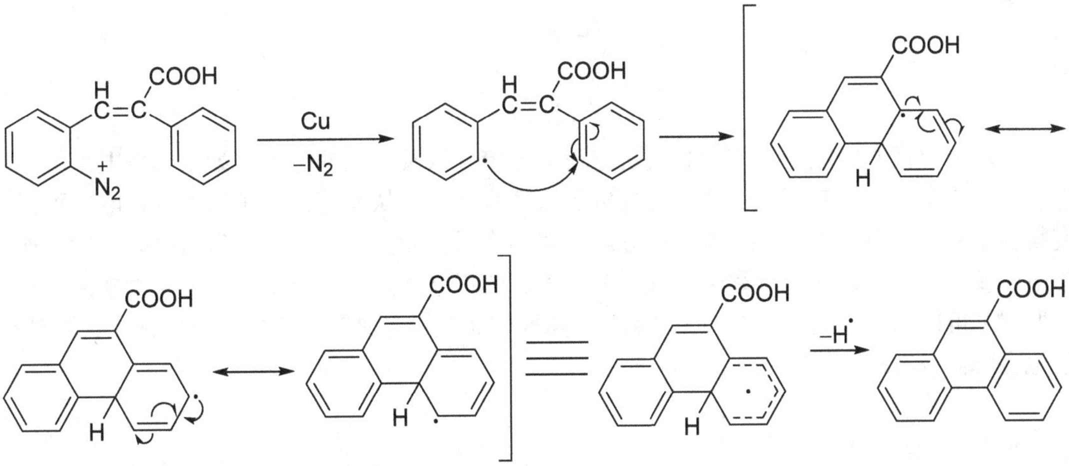

一般认为，Pschorr 反应是通过分子内的芳香自由基对另一个芳环进行自由基取代发生的，其反应机理与 Gomberg-Bachmann 反应类似。在 Pschorr 反应当中，原料的两个苯环必须都在双键的同一侧，并在同一平面上。产生的苯环自由基需要维持一定的寿命，要大于或等于两个苯环转动到同一平面上所需的时间。Pschorr 反应产率高且反应条件温和，是构建二芳基三环化合物的重要反应。

5) 芳香正离子亲核取代(S_N1Ar)机理

芳香重氮盐通过苯基正离子中间体参与的芳香亲核取代反应均统称为芳香正离子亲核取代反应(aromatic substitution of aromatic cation type)，简称为芳香正离子亲核取代(S_N1Ar)反应。

(1) 水解反应。

在一般情况下，重氮盐的酸性水溶液不稳定，即使在零度的条件下，也会缓慢水解生成酚并释放氮气。提高反应温度和酸的浓度可以加快水解反应的速率。

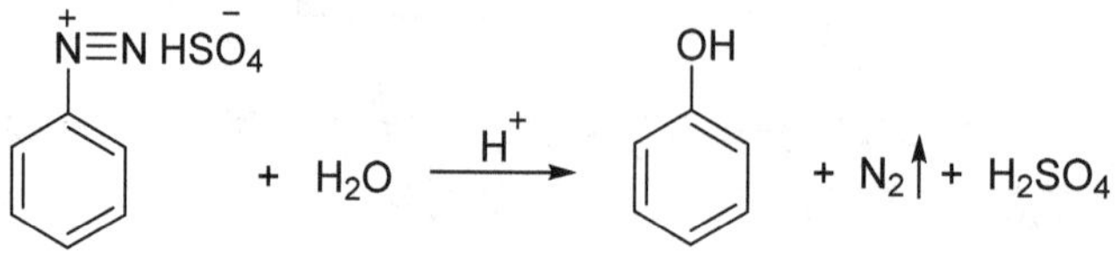

该反应属于单分子芳香亲核取代反应。反应分为两步进行：第一步为重氮盐分解形成苯正离子并释放氮气。这一步反应是可逆的，也是决速步。苯正离子的正电荷位于 sp^2 杂化轨道，该轨道与苯环的平面平行，而与形成苯环π电子离域体系的 p 轨道垂直，因此该轨道不能与苯环的π电子体系重叠离域，使得正电荷不能分散而变得不稳定。因此苯正离子极为活泼，容易被水分子进攻，发生亲核加成反应，失去氢质子后得到酚。这也是从苯出发合成苯酚的方法之一。

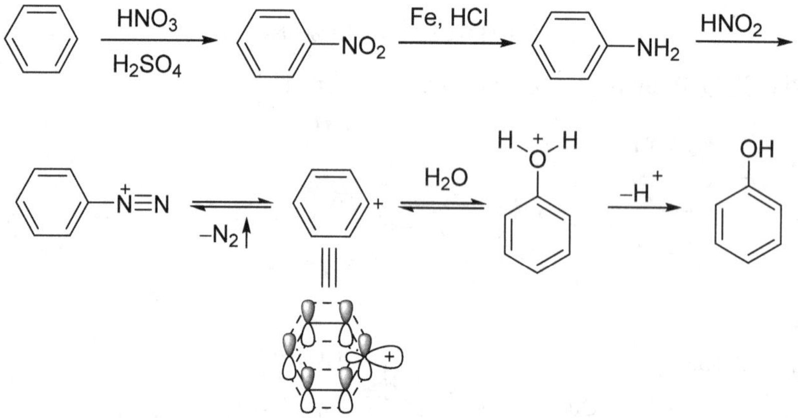

苯环上取代基的电子效应会影响正电荷的稳定性以及反应的速率。如果苯环上重氮基的邻、对位连有吸电子基团，会使苯环的电子云密度降低，从而使得苯正离子的正电性更强，变得更不稳定难以形成，导致重氮盐分解的速率降低。而如果苯环上重氮基的邻、对位连有给电子基，尽管可以在一定程度上减弱苯正离子的正电性，但对于反应物重氮盐来说，给电子取代基可以通过共轭效应与重氮基共轭，从而使碳氮键更具有双键的性质，断裂变得困难，这也会降低重氮盐的分解速率。

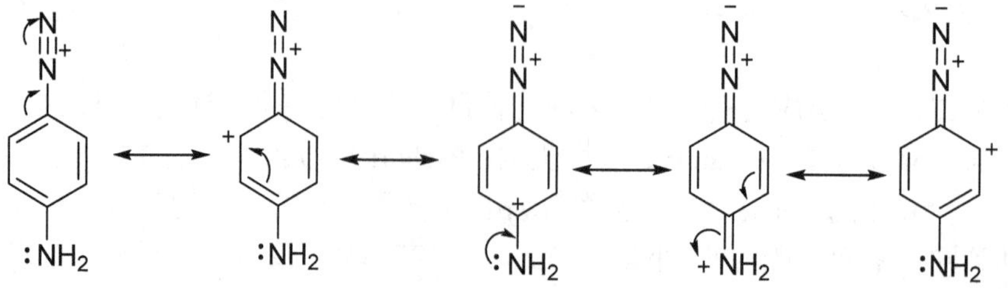

(2) Schiemann 反应。

氟硼酸和芳香重氮盐的反应可以生成氟硼酸盐。此盐溶解度较小，且在光照或加热条件下，会分解释放氮气同时生成氟苯。这就是 Schiemannn(席曼)反应。此反应可以从苯胺出发得到当时极其难制备的氟苯，因此成为一种非常重要且最常用的制备芳香氟化物的方法。

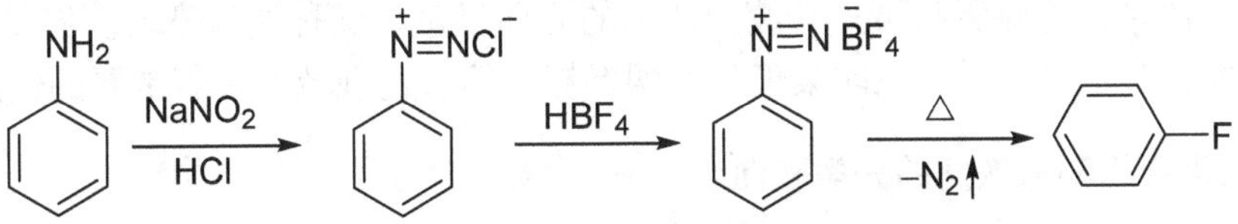

此反应也是单分子芳香亲核取代反应，可能的反应机理如下所示：

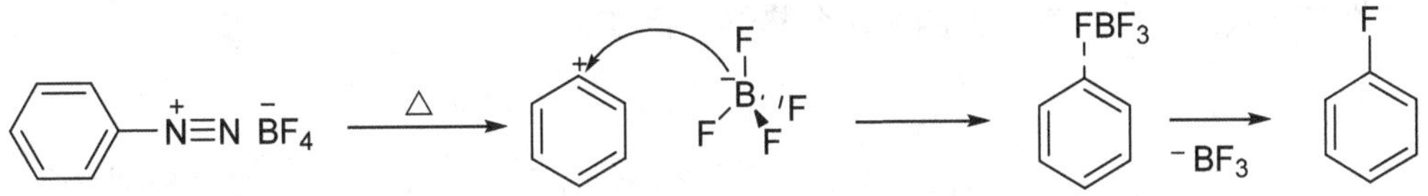

在盐酸溶液中，芳胺与亚硝酸钠溶液进行重氮化反应，得到盐酸重氮盐。由于盐酸重氮盐在干燥后十分不稳定，容易爆炸，因此盐酸重氮盐和冷的氟硼酸或氟硼酸钠反应，可以得到比较稳定的氟硼酸重氮盐，氟硼酸盐加热分解为苯正离子中间体。然后氟硼酸根负离子(BF_4^-)进攻苯正离子中间体，生成 $PhBF_4$，再分解成氟苯。

13.2.5　芳香硝基化合物的制备

1. 硝化反应

在浓硝酸和浓硫酸的条件下，苯可以直接转化为硝基苯。由于该反应条件比较剧烈，当苯环上连有其他易被氧化的基团如氨基等时，需要对这些基团进行保护。

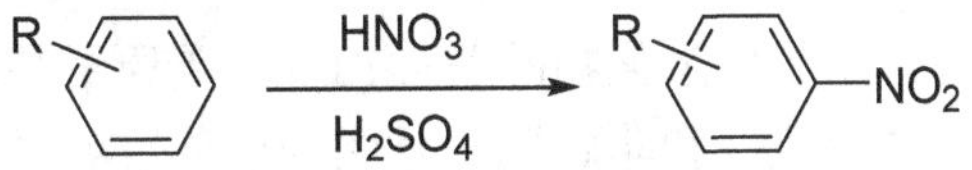

2. 氧化反应

在过酸、中性 $KMnO_4$ 等强氧化条件下，一级芳香胺和芳香亚硝基化合物可以被氧化成芳香硝基化合物。例如：

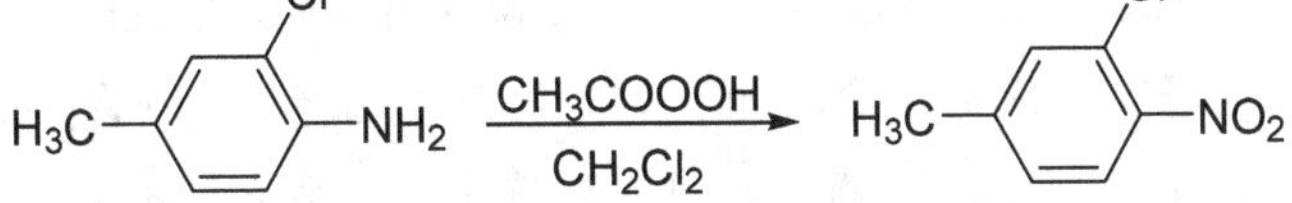

13.3　重氮化合物

重氮化合物是指分子中含有氮氮重键基团(N_2)的有机化合物。重氮化合物具有较高的化学反应活性，是十分重要的有机合成中间体，化学性质多样而丰富，广泛应用于有机合成化学、高分子科学、化学生物学等领域。脂肪重氮化合物(diazo，$R^1R^2C{=}N_2$)是指一类由烷基与重氮基(N_2)双键相连接的有机化合物。脂肪重氮化合物有多个共振式，大多不稳定，具有爆炸性。芳香重氮化合物(aromatic diazo，Ar—N═N—X，X 为非碳原子基团)和重氮盐(aromatic diazonium salt, [Ar—N^+≡N]X^-)是指一类由重氮基一端与芳香环相连接，另一端与非碳原子直接相连的有机化合物。芳香重氮盐是芳香亲核取代反应中的通用试剂，常用来制备多种芳香化合物。芳香重氮盐与酚、芳香胺的偶联反应能够合成一系列芳香偶氮化合物(azo, Ar^1—N═N—Ar^2)。芳香偶氮化合物常具有较深的颜色，是源于两端的芳环可以通过偶氮基(—N═N—)形成一个大的共轭体系，能够吸收可见光波长范围的光而显色，又称偶氮染料。偶氮染料是规模最庞大的一类化学合成染料，在印染工艺、塑料橡胶等着色领域发挥着重要的作用。

13.3.1　重氮化合物和重氮盐的分类和命名

根据 R 烃基的种类以及和重氮基的连接方式，重氮化合物可分为脂肪或芳香重氮化合物、脂肪或芳香重氮盐、脂肪或芳香偶氮化合物等。例如：

CH_2N_2

重氮甲烷
diazomethane

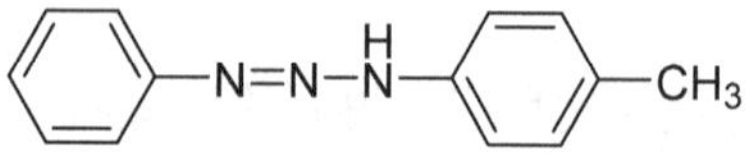

苯重氮氨基对甲苯
benzodiazolamino-*p*-toluene

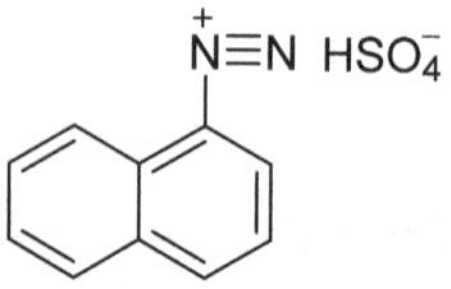

α-萘基重氮硫酸氢盐
α-naphthyldiazo bisulfate

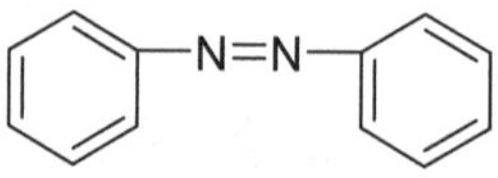

偶氮苯
azobenzene

脂肪重氮化合物命名时，先找到母体氢化物，然后在其前面加上前缀“重氮”，英文用“diazo”表示。例如：

CH_2N_2

2-重氮丙烷
2-diazopropane

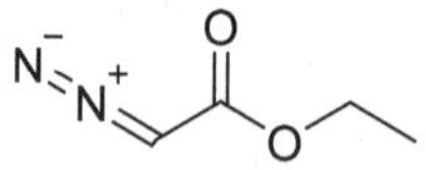

重氮乙酸乙酯
ethyl diazoacetate

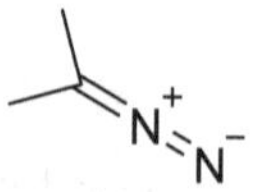

重氮甲烷
diazamathane

芳香重氮化合物命名时，在母体氢化物的前面加上非碳原子基团的名称和“重氮”，也可以在母体氢化物的后面加上“重氮”和非碳原子基团的名称。英文名称为“benzenediazo”加上非碳原子基团的英文名。例如：

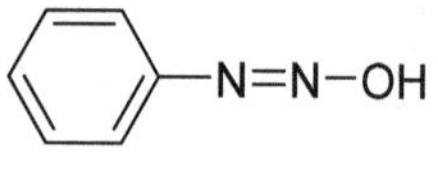

氢氧化重氮苯
benzenediazohydroxide

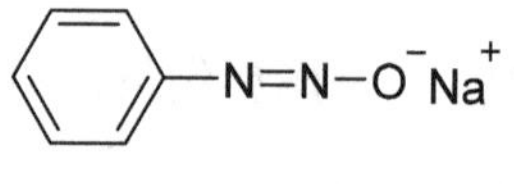

苯重氮酸钠
sodium benzenediazoate

重氮盐命名时，在母体氢化物的前面加上对应负离子的名称，在后面加上后缀“重氮盐”，也可以在母体氢化物的后面加上“重氮”和对应负离子的名称，在最后加上后缀“盐”。英文名称为相应母体氢化物的英文加上“diazonium”以及对应负离子的英文名。例如：

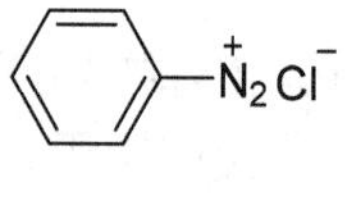

氯化苯重氮盐或
苯重氮盐酸盐
benzenediazonium chloride

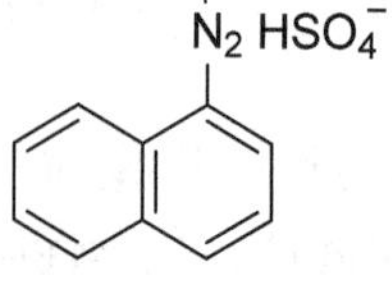

α-萘基重氮硫酸盐
α-naphthyldiazonium sulfate

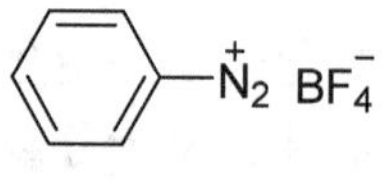

苯重氮氟硼酸盐
benzenediazonium chloride

偶氮化合物命名时，在母体氢化物的前面加上“偶氮”。英文名称为母体氢化物的英文前加上“azo”的英文名。例如：

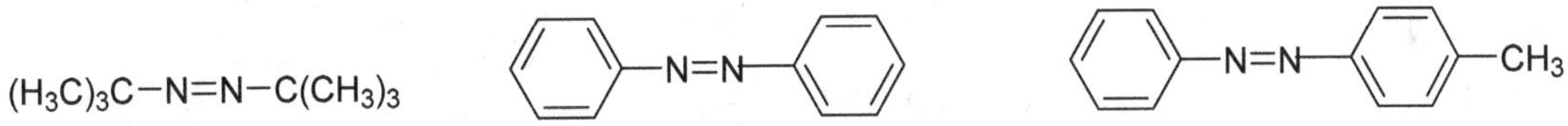

偶氮二异丁烷 azodiisobutane　　偶氮苯 azobenzene　　对甲基偶氮苯 *p*-methylazobenzene

13.3.2　重氮化合物的结构

1. 重氮甲烷的结构

重氮甲烷是最简单的重氮化合物，它的分子式是 CH_2N_2。

根据物理的方法进行测量，重氮甲烷是一个线型分子，但其结构比较特别，具有多个共振式，没有一个共振结构式能比较圆满地表示它的结构：

$$H_2\overset{-}{C}-\overset{+}{N}\equiv N \longleftrightarrow H_2C=\overset{+}{N}=\overset{-}{N} \longleftrightarrow H_2\overset{+}{C}-N=\overset{-}{N}$$

尽管上述几种结构正负电荷分离，理论上应该具有较强的极性。但通过实际测量发现，重氮甲烷的偶极矩并不大。这可能是因为在重氮甲烷的分子中，碳原子 sp^2 轨道上的两个电子和两个氮原子上的 p 电子互相重叠形成了三原子四电子的大 Π 键，分散了电荷，使电子云密度区域平均化。

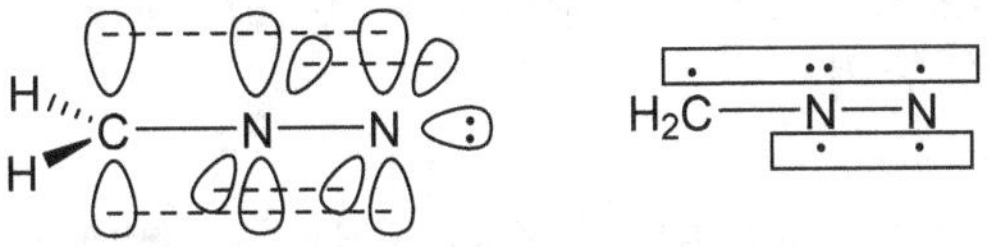

2. 重氮盐的结构

重氮盐也是线型结构。由于重氮正离子能与苯环 π 体系共振离域，使其正电荷得到分散，因此相比于脂肪重氮盐，芳香重氮盐更稳定。当芳环上含有卤素、硝基、磺酸基等取代基时，可以增加重氮盐的稳定性。重氮盐也具有共振结构。

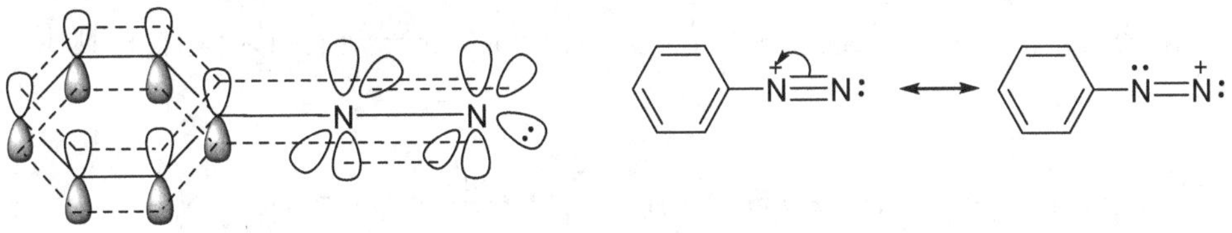

当温度超过 50℃时，芳香重氮盐会分解，在释放氮气的同时生成极为活泼的苯基正离子。

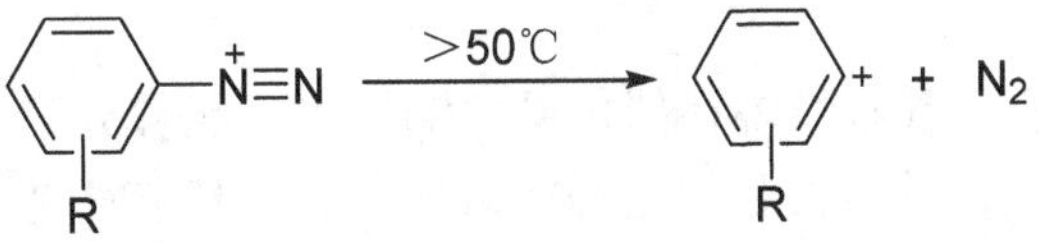

重氮盐能溶于水发生离子化反应，使其水溶液具有较好的导电能力。在碱的作用下，重氮盐会转变为一种极不稳定的氢氧化重氮苯(diazonium hydroxide)，其碱性很强，与氢氧化钠、氢氧化钾相当。当碱过量时，该游离碱会转变为重氮酸盐(diazate salt)。重氮盐与重氮酸盐的转变过程如下所示：

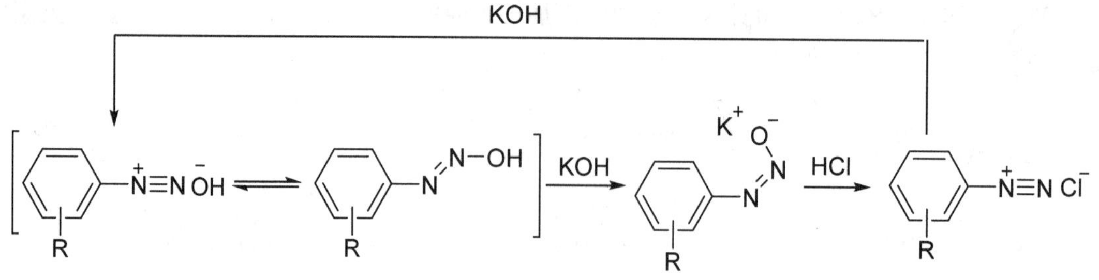

13.3.3　重氮化合物的物理性质

重氮甲烷(diazomethane，CH_2N_2)在常温常压下是一种黄色有毒的气体，其性质很不稳定，在气态或浓溶液中很容易爆炸，但当其溶于乙醚时比较稳定，因此一般都是用它的乙醚溶液。重氮盐具有盐的性质，不溶于醚，但可溶于水，其水溶液呈中性。重氮盐在冷水中比较稳定，在较高温度时容易分解。芳基重氮硫酸盐比芳基重氮盐酸盐稳定，而氟硼酸的重氮盐最稳定，只有在高温下才会分解。

13.3.4　重氮化合物的化学性质

1. 重氮甲烷的化学性质

重氮甲烷非常活泼，具有较高的反应活性，是十分重要的有机合成中间体。重氮甲烷的碳原子既有亲核性又有亲电性，能够发生多种类型的反应，而且反应条件温和，副反应少，在有机合成等领域有广泛的应用。

1) 与酸性化合物的反应

重氮甲烷是一类很重要的甲基化试剂。在重氮甲烷和羧酸的反应中，重氮甲烷可以夺取羧酸羧羟基中的氢质子，转变为甲基重氮正离子中间体。重氮正离子基团的正电性极强，是一类非常重要的离去基团，易发生 S_N2 亲核取代反应。然后羧酸根离子作为亲核试剂，进攻甲基重氮正离子中间体的碳原子，发生 S_N2 反应，释放氮气，生成甲酯。重氮甲烷也可以与酚、烯醇(如β-二酮和β-酮酯)等化合物发生类似的反应，最终生成甲醚。

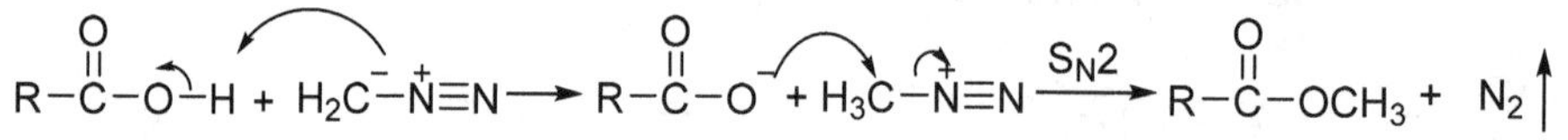

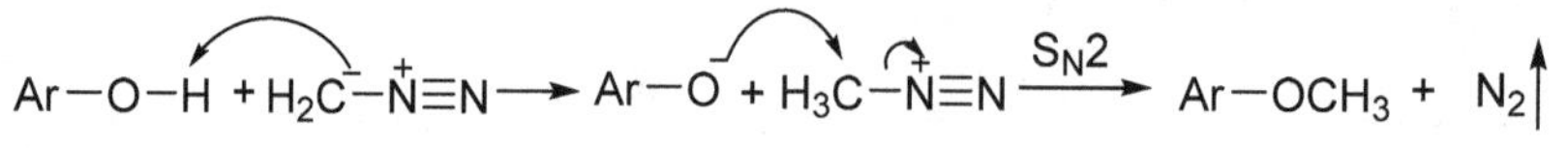

该反应条件温和，产率高(几乎定量)，但价格昂贵，且有毒性、易爆炸。

2) 形成卡宾的反应

在光照或加热条件下，重氮甲烷在催化量的铜作用下能够分解成最简单的卡宾——亚甲基卡宾(methylene carbene)，反应过程中会释放氮气。亚甲基卡宾是一类非常有用的有机合成中间体。

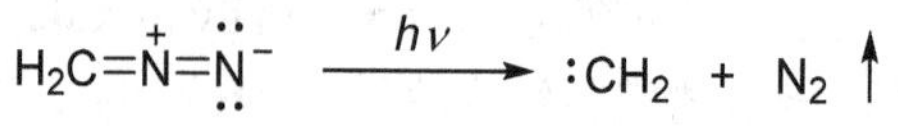

亚甲基卡宾

重氮甲烷的衍生物能形成有取代基的卡宾。α-重氮酮在 Ag_2O 作用下消除氮气，分解成酰基卡宾中间体，随后经烷基重排生成乙烯酮衍生物的反应称为 Wolff(瓦尔夫)重排反应。

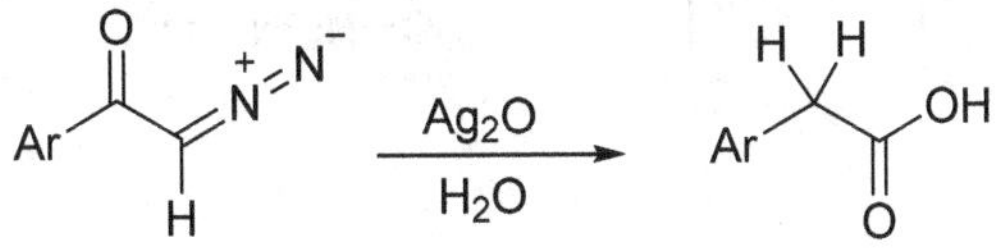

Wolff 重排反应的可能机理如下所示：

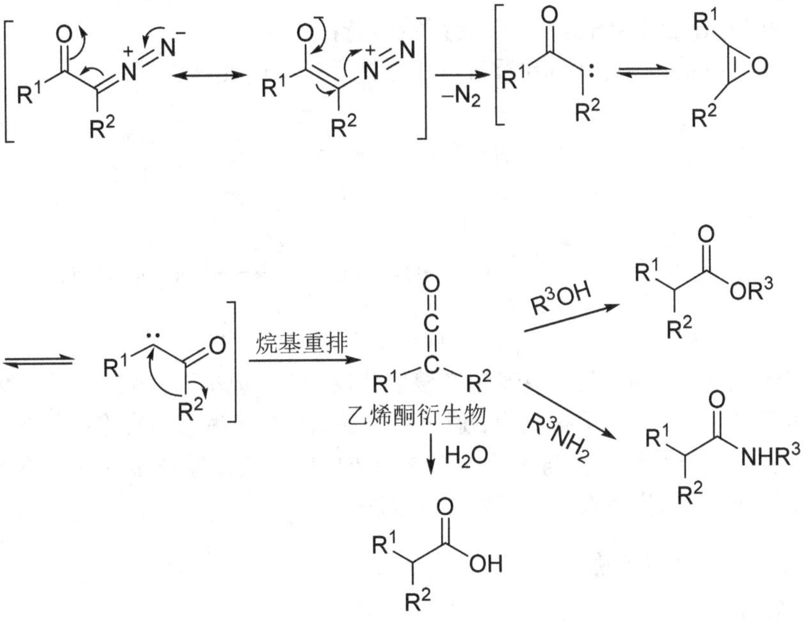

生成的乙烯酮衍生物的羰基可以与各种各样的亲核试剂反应，如与水反应生成羧酸、与醇反应生成酯、与胺反应生成酰胺，从而得到不同的羧酸以及羧酸衍生物。

3) 与醛、酮的反应

重氮甲烷与醛、酮的反应是制备多一个碳原子酮的方法之一。

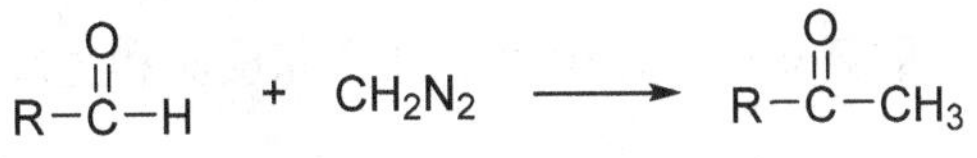

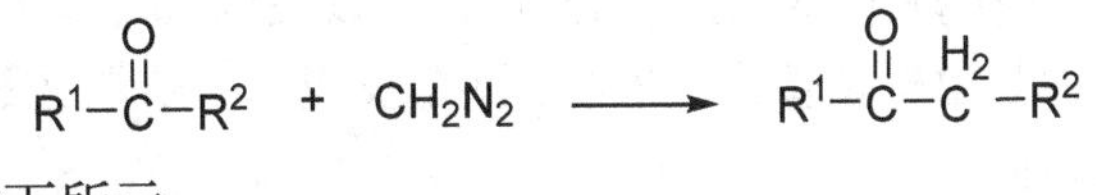

反应可能的机理如下所示：

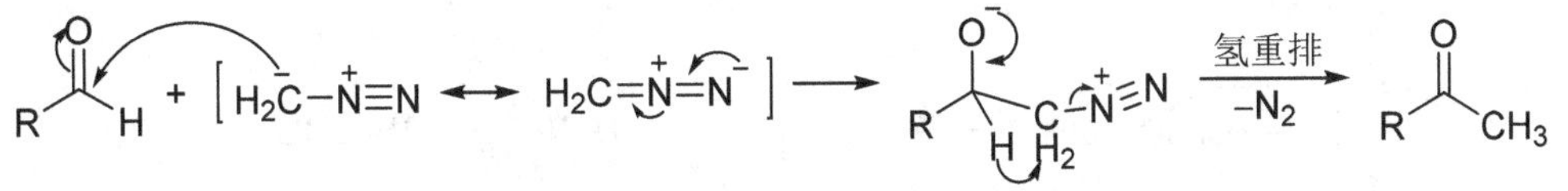

重氮甲烷先与醛的羰基发生亲核加成反应，得到加成产物。加成产物中电荷转移促进氢重排且释放氮气，得到了多一个碳的酮。一般来说，基团转移顺序为 $H > CH_3 > RCH_2 > R_2CH > R_3C$。

当反应底物为环酮时，主要发生烷基重排得到扩环的产物，同时会有环氧化合物副产物生成，因此可以利用该反应制备增一个碳的环酮。例如：

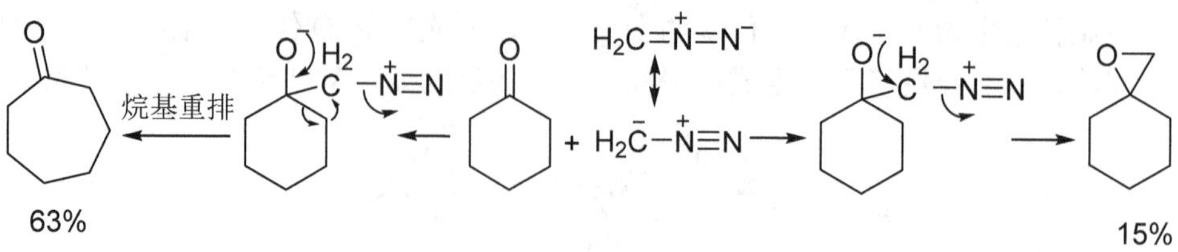

4) 与酰氯的反应

羧酸或酰氯可以与重氮甲烷反应，在氧化银催化以及与水共热条件下可以得到多一个碳原子的羧酸，称为 Arndt-Eistert(阿恩特·艾斯特尔特)反应。

反应机理如下所示，其中 Wolff 重排反应是这个反应的关键步骤：

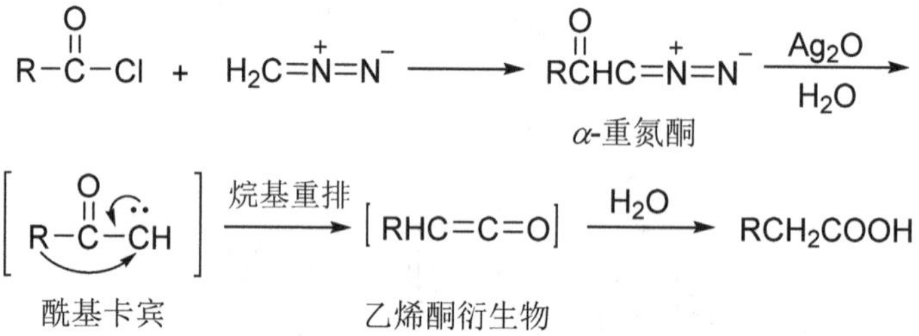

重氮甲烷作为亲核试剂，与酰氯发生亲核取代反应，生成α-重氮酮。α-重氮酮在氧化银催化下与水共热可以发生 Wolff 重排反应，通过释放氮气、形成酰基卡宾中间体和烷基重排，生成乙烯酮衍生物。乙烯酮衍生物与水发生亲核加成反应生成比原料多一个碳原子的羧酸。如果最后一步用醇或氨(胺)代替水，则得到酯或酰胺。

2. 芳香重氮盐的化学性质

1) 芳香亲核取代反应

芳香重氮盐反应活性很高，是 $S_{NR}1Ar$ 和 S_N1Ar 芳香亲核取代反应中的通用试剂，能被卤素、氰基、羟基等多种基团取代，常用来制备多种芳香化合物，在有机合成和工业生产领域有广泛的应用。

2) 重氮盐的还原

在还原剂的作用下，芳香重氮盐可以发生去氨基还原反应和生成肼的还原反应。

(1) 去氨基还原反应。

芳香重氮盐的重氮基在特定还原剂的作用下可以被氢原子取代，称为脱重氮基反应(deamination)。由于重氮盐是由氨基转化而来的，这个反应总的结果是氨基转变为氢，因此也将该反应称为去氨基还原反应。

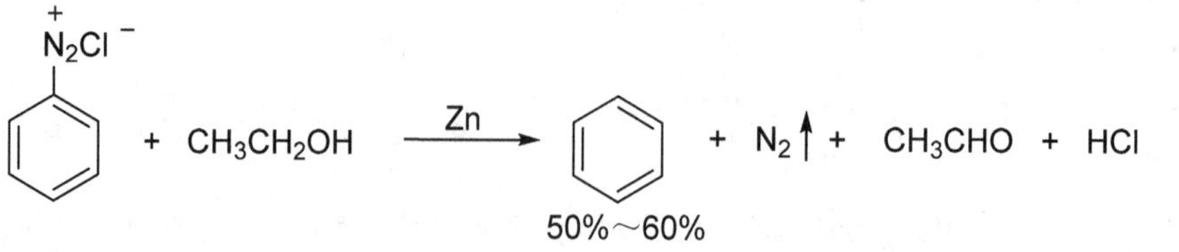

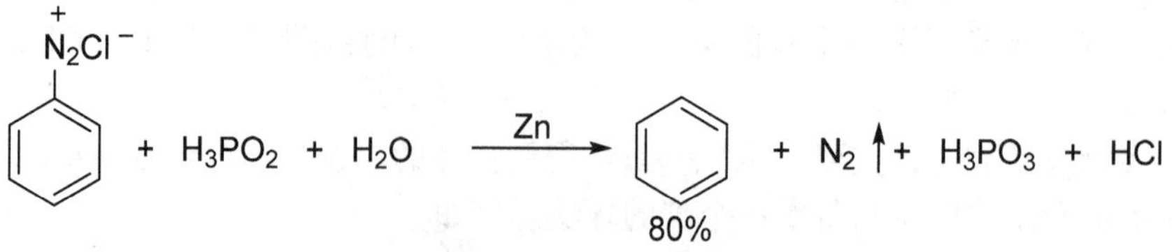

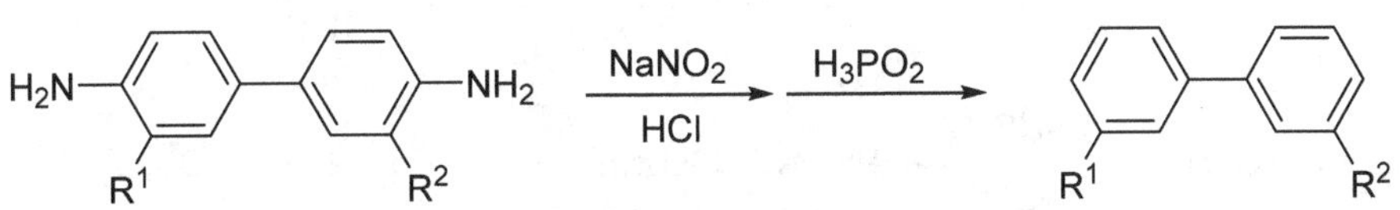

常用的还原剂有 $NaBH_4$、乙醇、次磷酸(H_3PO_2)、三正丁基锡甲烷[*n*-$(CH_3CH_2CH_2CH_2)_3SnH$]或三乙基硅甲烷[$(CH_3CH_2)_3SiH$]等。当使用乙醇作还原剂时，由于乙醇本身可能会参与反应，因此会有副产物芳基乙基醚产生。通常可以在反应体系中加入少量的锌粉或者其他的还原剂来避免或减少醚的生成。当使用次磷酸作还原剂时，可以加入 Cu_2O 提高产率。此外还可以在甲醇或二甲基甲酰胺中，使用硼氢化钠将氟硼酸重氮盐还原；也可以在醚或乙腈中，用三正丁基锡甲烷或三乙基硅甲烷还原，反应条件都比较温和、反应快且产率高。

反应机理如下所示：

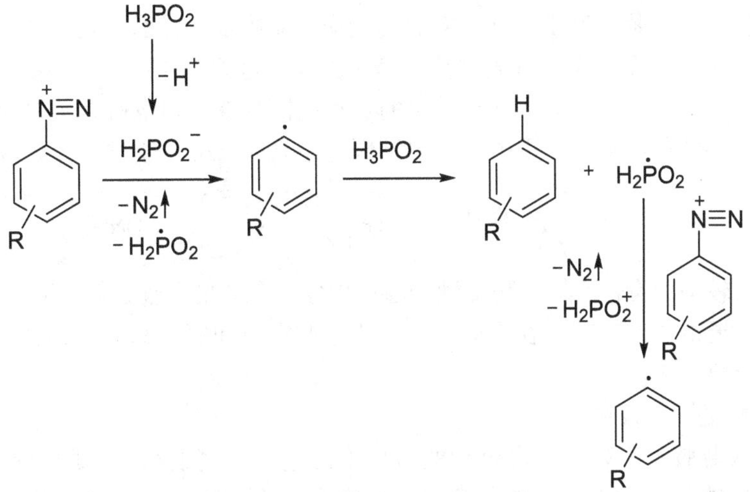

与 Sandmeyer 反应类似，芳香重氮盐的去氨基还原反应也需要经过苯基自由基。芳香重氮盐在失去氮气后会从 $H_2PO_2^-$ 得到一个电子从而生成苯基自由基和 $H_2PO_2\cdot$ 自由基，这是一个单电子还原反应。然后苯基自由基从还原剂 H_3PO_2 得到氢原子，生成芳香化合物和 $H_2PO_2\cdot$ 自由基。得到的 $H_2PO_2\cdot$ 自由基可以与芳香重氮盐继续反应生成苯基自由基。

芳香重氮盐的去氨基还原反应在有机合成上有很多应用价值，可以用来合成一些难以直接合成的有机化合物。例如，1,3,5-三溴苯无法用苯直接溴化的方法制得。但用苯胺作原料，利用氨基的定位效应，可以经过溴化将溴引入其邻、对位，然后经过重氮化反应生成重氮盐，再通过去氨基化反应将氨基脱除，就可以得到 1,3,5-三溴苯。

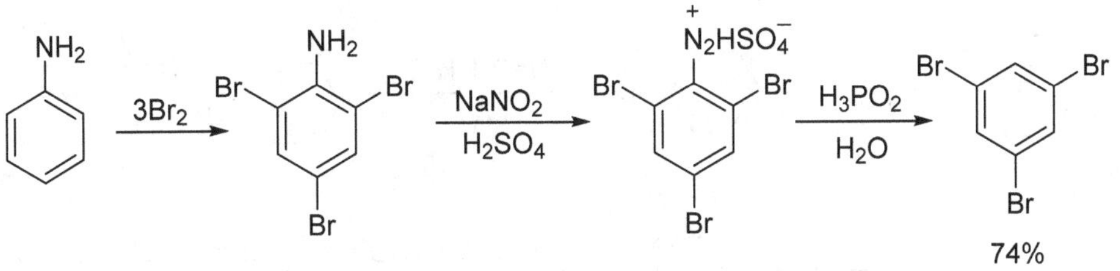

(2) 生成肼的还原反应。

重氮盐可以被一些特定的催化剂还原得到苯肼(phenylhydrazine)。这些还原剂包括亚硫酸氢钠、亚硫酸钠、硫代硫酸钠、氯化亚锡和盐酸体系等。

反应机理如下：

$$\mathrm{Ph-\overset{+}{N}\equiv NCl^- \xrightarrow[-NaCl]{NaHSO_3} \underset{\text{亚硫酸重氮盐}}{Ph-\overset{+}{N}\equiv NSO_3^-Na^+} \longrightarrow \underset{\text{苯偶氮磺酸钠}}{Ph-N=N-SO_3^-Na^+}}$$

$$\mathrm{\xrightarrow{HCl} \underset{\text{芳肼磺酸钠}}{Ph-NHNHSO_3^-Na^+} \xrightarrow[\triangle]{\text{浓}HCl} \underset{\text{芳肼盐酸盐}}{Ph-\overset{H}{N}-NH_2\cdot HCl} + NaHSO_3}$$

$$\mathrm{Ph-\overset{H}{N}-NH_2\cdot HCl \xrightarrow{NaOH} PhNHNH_2 + NaCl + H_2O}$$

在亚硫酸氢钠溶液的作用下，原来的重氮盐能够转化为亚硫酸重氮盐，该重氮盐能够迅速发生重排反应生成苯偶氮磺酸钠。接着向反应体系中加入盐酸，使其结合亚硫酸根，形成亚硫酸将偶氮化合物还原为苯肼磺酸钠。随后加入浓盐酸，加热除去磺酸基，形成苯肼盐酸盐沉淀。最后在反应体系中加入化学计量的氢氧化钠溶液，制备得到游离的苯肼。

而若在碱性的条件下，使用硫代硫酸钠作为还原剂，可以通过一步反应得到苯肼。

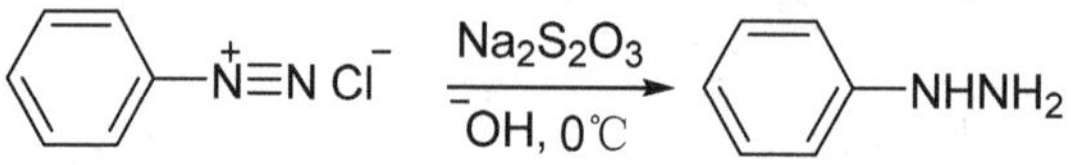

苯肼具有较强的毒性，与皮肤接触会出现皮疹。苯肼在强烈的条件下可还原成苯胺和氨。苯肼是一类重要的羰基试剂，在实验室中常用于鉴定醛和酮。苯肼是染料、显影剂、农药等很多领域的重要原料。

3) 重氮盐的偶联反应

由于三级芳胺、酚等芳香化合物的苯环上的电子云密度很高，即使重氮盐正离子为弱的亲电试剂也能与其发生亲电取代反应，生成偶氮化合物，通常将这种反应称为重氮偶联反应。

(1) 与酚的偶联反应。

只有在 pH 为 8～10 的弱碱性条件下，重氮盐才能与酚发生偶联反应。由于苯环具有一定的吸电子性，可以增加羟基氧氢键的极性，因此酚是弱酸性物质。在碱性条件下，酚可以被夺取酸性氢转变为酚氧负离子。相比于酚羟基来说，酚氧负离子具有更强的给电子共轭效应，能使邻、对位的电子云密度更大，更有利于亲电试剂重氮盐进攻而发生偶联反应。因此重氮盐与酚的偶联反应要在弱碱的条件下进行。但如果碱性太强，重氮盐在强碱性条件下会转变成重氮氢氧化物或重氮酸盐，从而使偶联反应速率降低或反应终止。

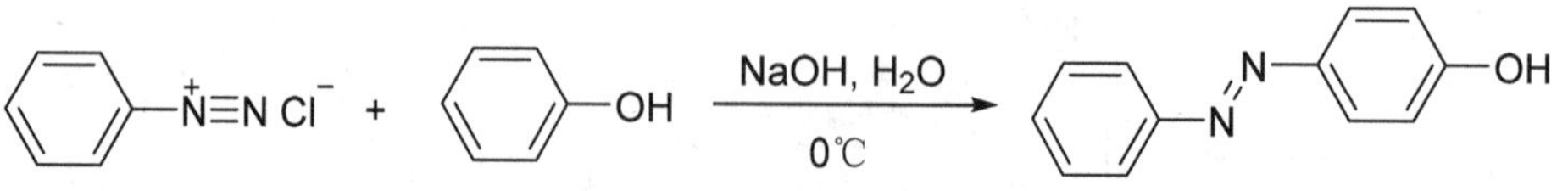

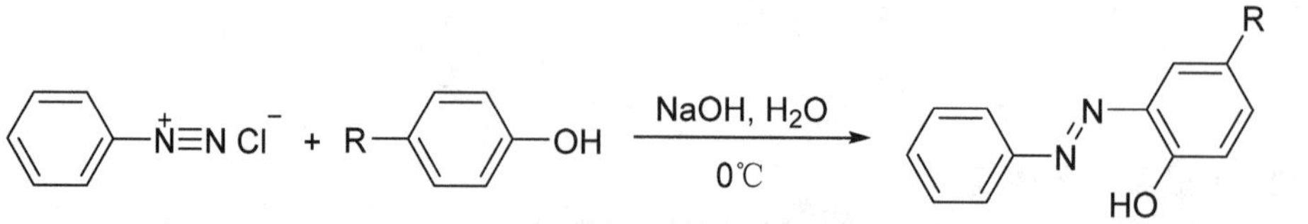

酚羟基具有邻、对位定位效应，又因为偶联的重氮盐位阻很大，所以偶联反应一般在羟基的对位发生；当对位有取代基时，可以得到邻位偶联产物。

(2) 与芳胺的偶联反应。

重氮盐与三级芳胺在弱酸性(pH = 5～7)溶液中也能发生重氮偶联反应，生成对氨基偶氮化物，若氨基的对位有取代基，则偶联在邻位发生。三级芳胺的氮原子上没有氢，无法与水形成氢键，在水中的溶解度很低。因此常在弱酸条件下进行该反应，三级芳胺此时会与氢质子结合形成铵盐而增加其水溶性。但如果反应体系的酸性过强，会使大多数芳胺都转化为铵盐，偶联反应难以进行。

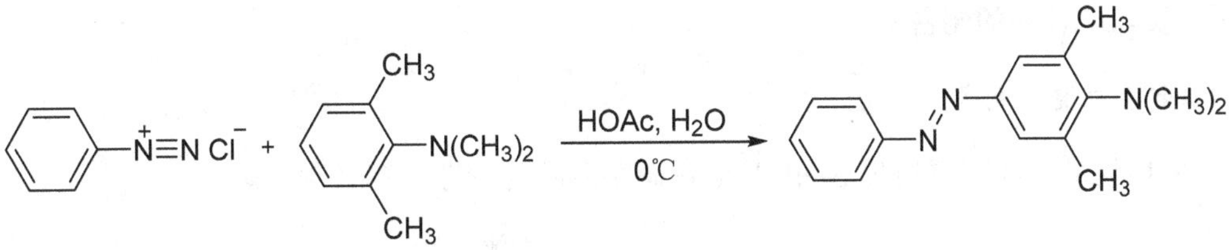

不同于三级芳胺，一级和二级芳胺氨基上还有氢，水溶性好。氨基上的氮原子可以作为亲核试剂进攻重氮盐，发生亲核取代反应，从而生成苯重氮氨基苯。其中以一级胺为原料生成的苯重氮氨基苯的氮上还存在一个氢，因此可以发生互变异构。苯重氮氨基苯在稀盐酸溶液中加热，可分解成酚、胺和氮气。

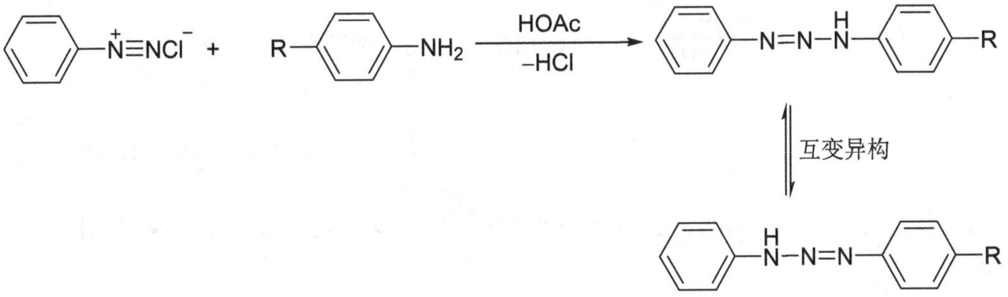

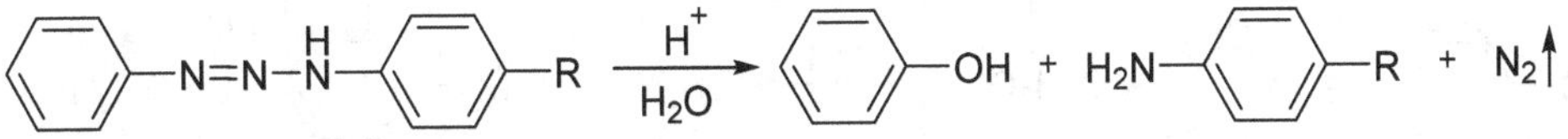

在加热的条件下，苯重氮氨基苯在酸性条件下可以发生重排反应，生成对氨基偶氮苯。反应机理如下：

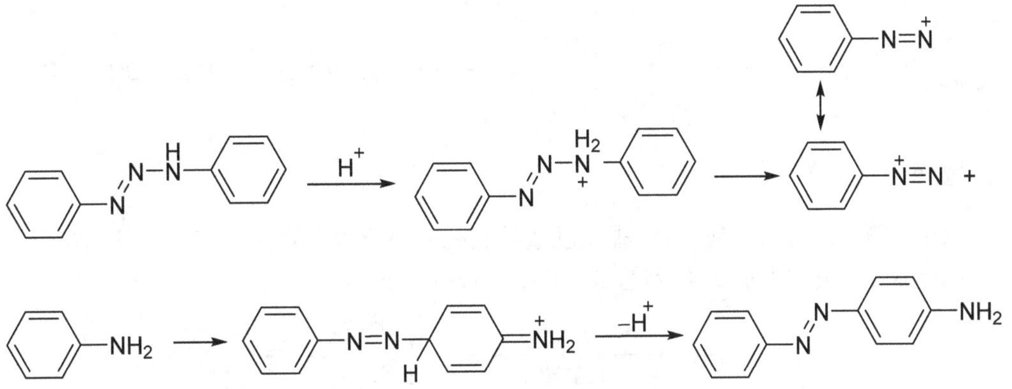

这是分子间的重排反应。首先胺基上的氮与氢质子结合，变成一个好的离去基团。接着，苯重氮氨基苯质子化产物分解生成重氮盐和苯胺。重氮盐的重氮基作为亲电试剂进攻苯胺氨基对位的碳原子，发生亲电取代反应，生成对氨基偶氮苯。

以二级芳胺和重氮盐为原料生成的苯重氮氨基化合物更容易发生重排反应。因此通过二级芳胺制备苯重氮氨基化合物时，产物中通常会混有一部分偶氮化合物。

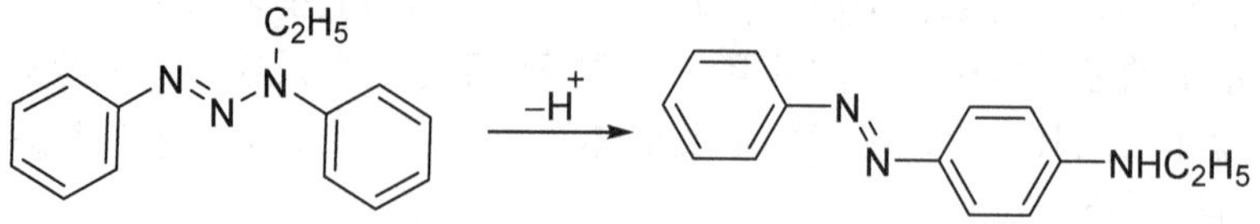

13.3.5 重氮化合物的制备

1. 重氮甲烷的制备

重氮甲烷的合成可以通过*N*-甲基-*N*-亚硝基酰胺的碱性分解来制备。

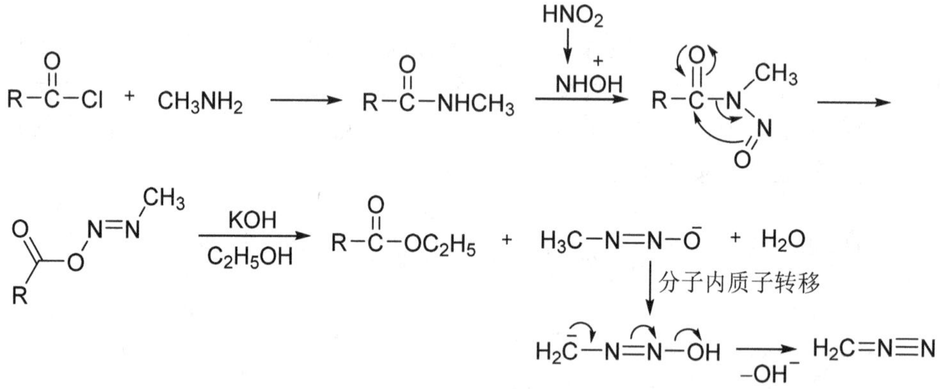

当酰基为对甲苯磺酰基时，也可以制备重氮甲烷，这也是制备重氮甲烷的一种简便、常用的方法。

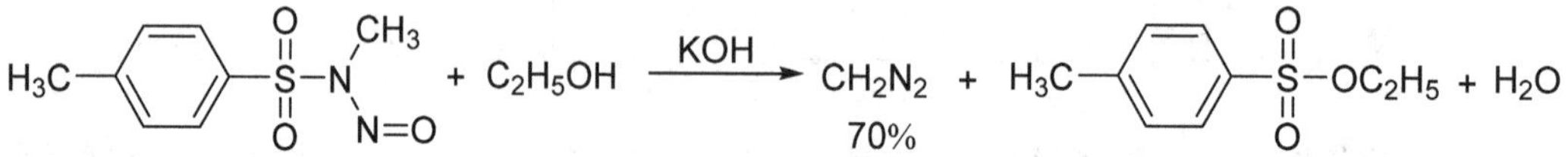

若要制备其他重氮化合物，可以将反应底物酰胺氮上的甲基替换为其他烃基。

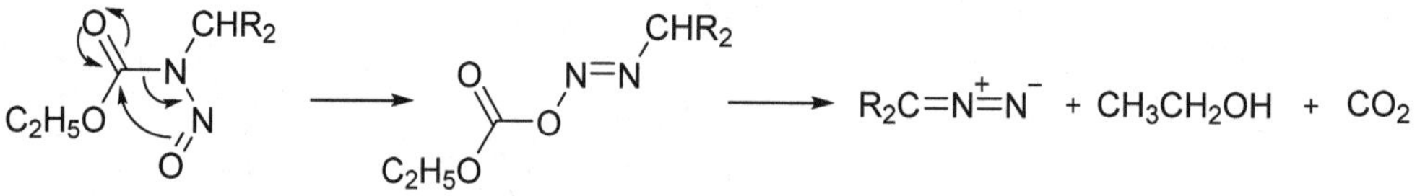

2. 重氮盐的制备

一级芳香胺和亚硝酸或亚硝酸盐及过量的酸在低温下可以转化为芳香重氮盐(diazonium salt)，此转换反应也称为重氮化反应(diazotization reaction)。

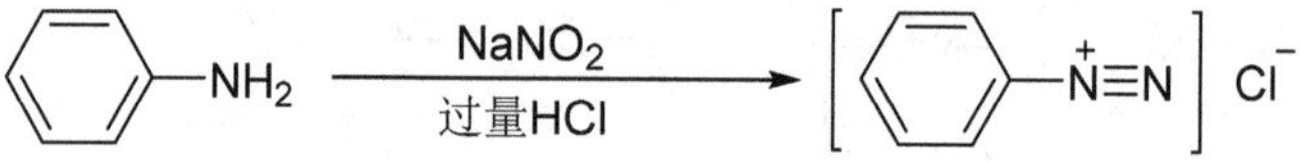

重氮盐是无色结晶体，干燥情况下极不稳定，爆炸性能强，所以通常都不将它从溶液中分离出来，而是直接进行下一步反应。

习　题

13-1　根据中文名称写出下列化合物的结构式。

(1) *N*-乙基-2,2-二甲基丙胺　(2) 丁-3-炔胺　(3) 戊-1,5-二胺　(4) (*R*)-反辛-4-烯-2-胺

13-2　写出下列分子的中文名称。

(1) $(C_6H_5CH_2)_2NH$　(2) $CH_2{=}CHNHCH_2CH_2CH_3$　(3) $(CH_3CH_2)_3N \cdot HCl$

(4) 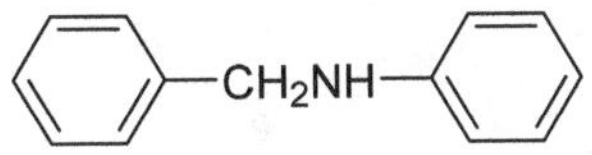

(5) 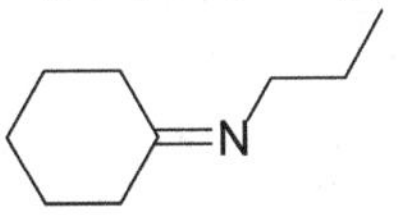

13-3　用相应的卤代烷作为原料，通过直接烷基化的方法合成下列化合物。

(1) 己-1-胺　(2) 碘化正丙基(三甲基)铵　(3) 六氢吡啶

13-4　利用 NaN_3 和盖布瑞尔合成法合成下列化合物。

(1) 戊-1-胺　(2) 环己胺　(3) 甘氨酸　(4) 3-乙基己胺

13-5　利用还原胺化反应合成下列化合物。

(1) 以六氢吡啶为原料合成 *N*-环戊基六氢吡啶；

(2) 以四氢吡咯为原料合成 *N*-乙基四氢吡咯；

(3) 以环己酮为原料合成环己胺；

(4) 以环戊醇为原料合成环戊胺。

13-6　完成下列反应式。

(1) 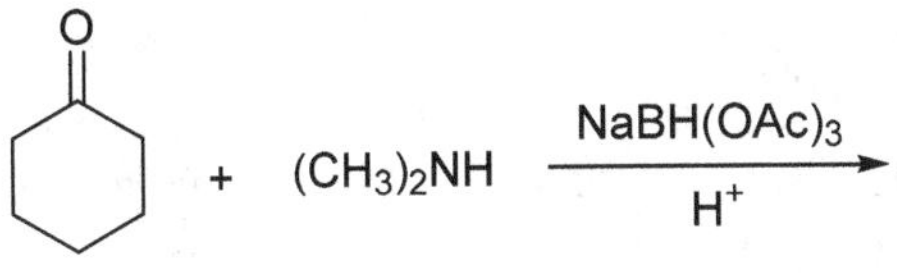

(2) 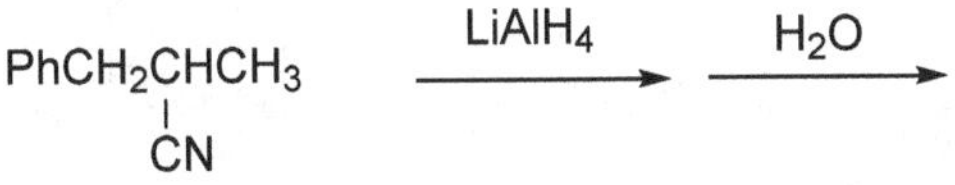

(3) 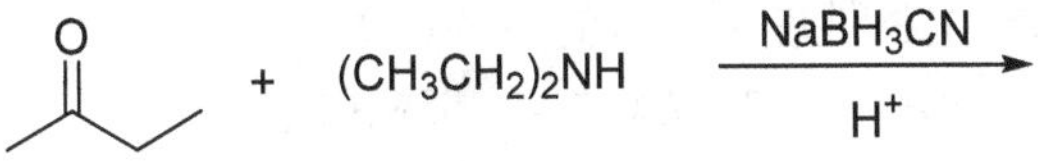

13-7　用环己醇、不超过四个碳的有机物和适当的无机试剂为原料合成下列化合物。

(1) 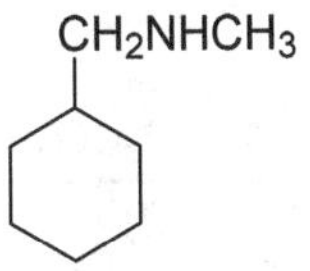

(2) 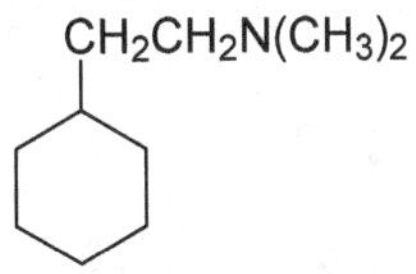

(3) 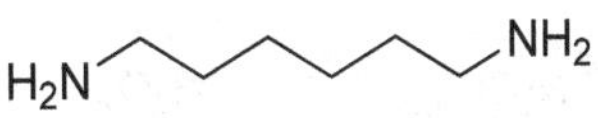

(4) 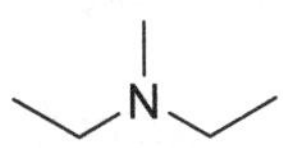

13-8　根据 Hofmann 消除反应的机理推测以下列底物为原料的彻底甲基化、Ag_2O 处理后加热的主要产物。

(1) 环己胺　(2) 2,4-二甲基四氢吡咯

(3) *N*-乙基六氢吡啶

(4) 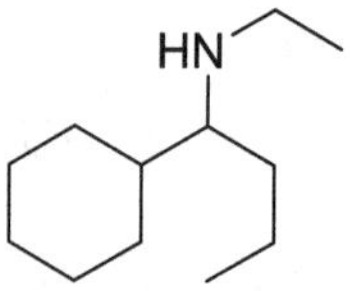

13-9 完成下列反应式。

(1) 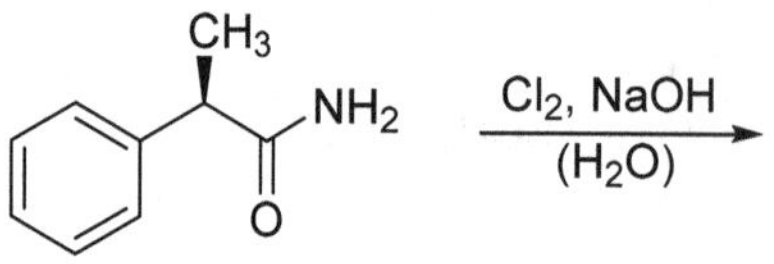

(2) 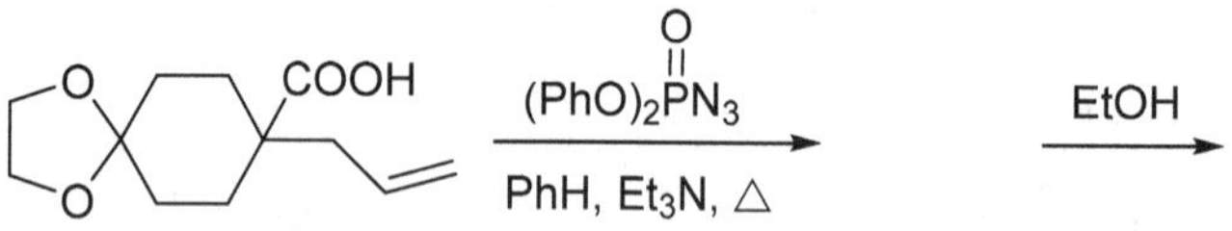

(3) 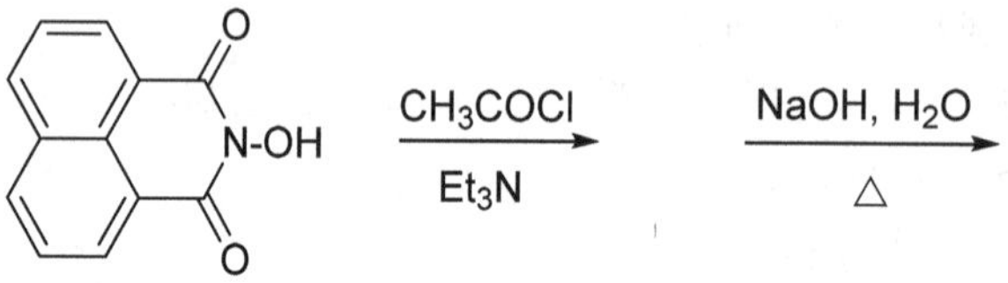

(4) 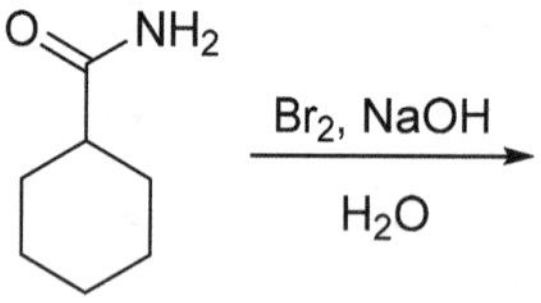

13-10 将下列化合物按碱性从强到弱的顺序排列。

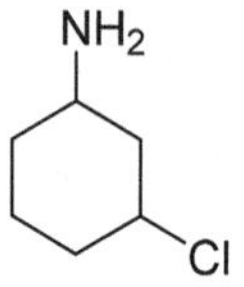

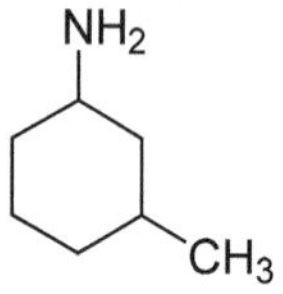

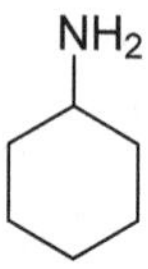

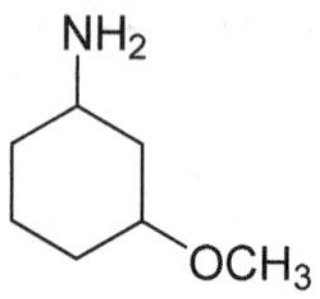

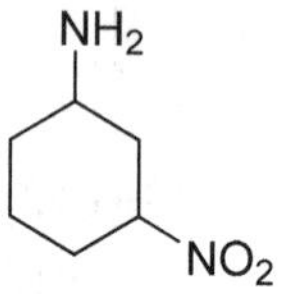

13-11 写出下列三级胺经过氧化氢溶液处理并加热后的主要产物。

(1) *N*,*N*-二甲基环己胺 (2) *N*,*N*-二乙基环己胺

(3) *N*-乙基六氢吡啶 (4) *N*,*N*-二甲基-1-甲基环己胺

13-12 完成下列反应式(注意产物的立体化学)。

(1) 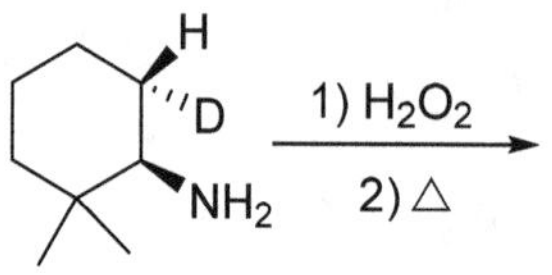

(2) 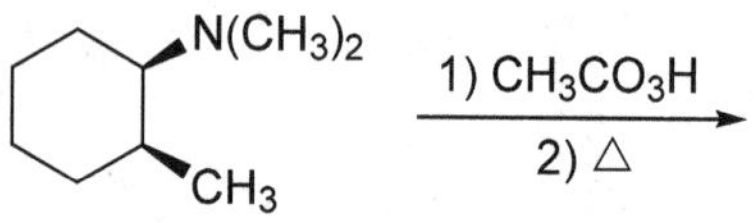

(3) 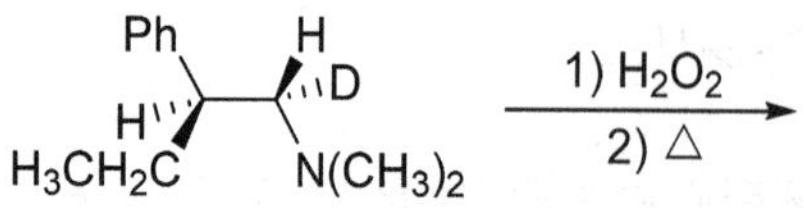

(4) 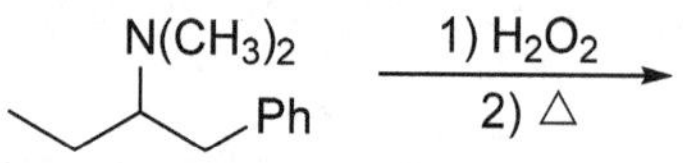

13-13 设计一个方案鉴别下列胺类化合物。

己胺，六氢吡啶，*N*-甲基六氢吡啶。

13-14 完成下列反应式。

(1) 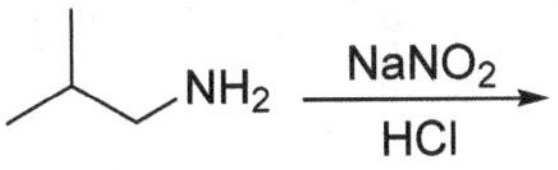

(2) 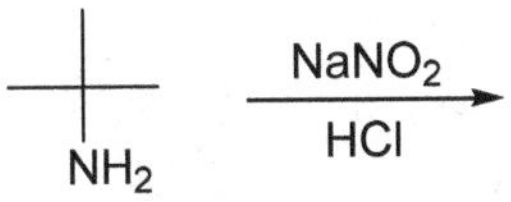

(3) 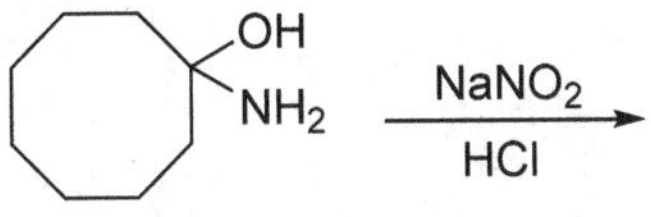

(4) 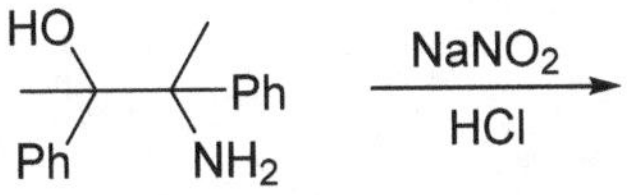

13-15 硝基苯及其单分子还原产物之间是通过类似于羟醛缩合的反应过程生成双分子还原产物的。写出硝基苯与苯胺反应生成氧化偶氮苯的反应机理。

13-16 完成下列反应式。

(1) 

(2) 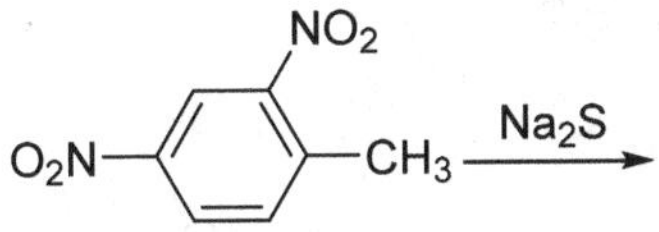

(3) 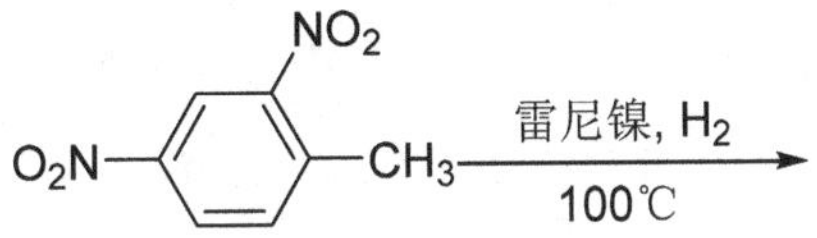

(4) 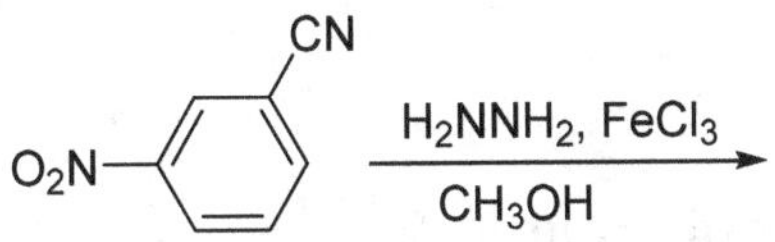

13-17 苯胺被 Fremy 盐氧化时产物为苯醌，解释氨基是如何被消除的。

13-18 说明得到下列实验结果的原因。

(1) 在芳香亲电取代反应中，在不同反应条件下，苯胺分别转化为邻、间、对位产物，说明产物不同的原因。

(2) 苯胺与乙酰氯或乙酸酐反应，优先生成乙酰苯胺。

13-19 完成下列反应。

(1) 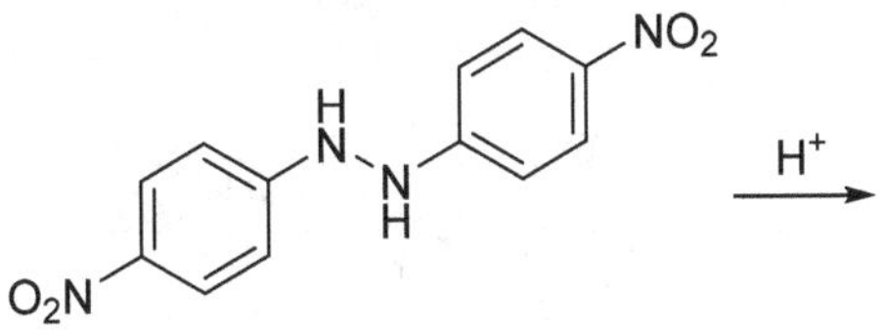

(2) 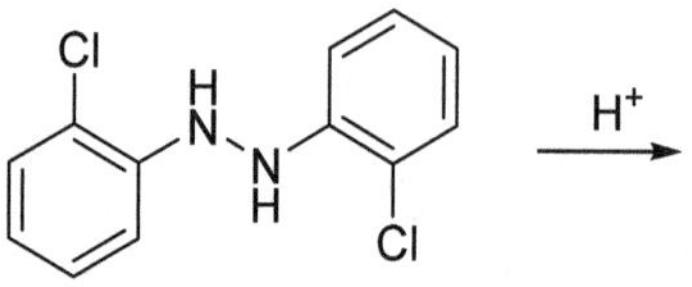

(3) 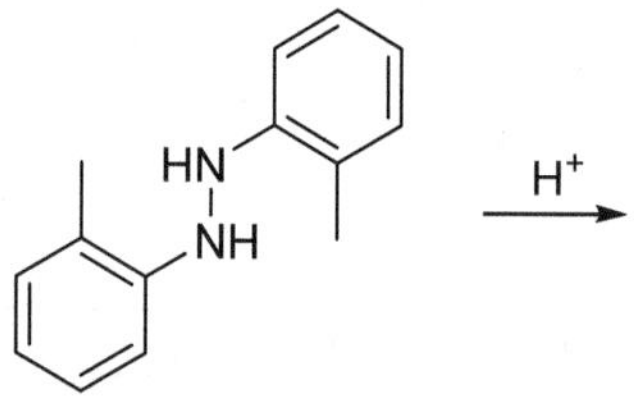

(4) 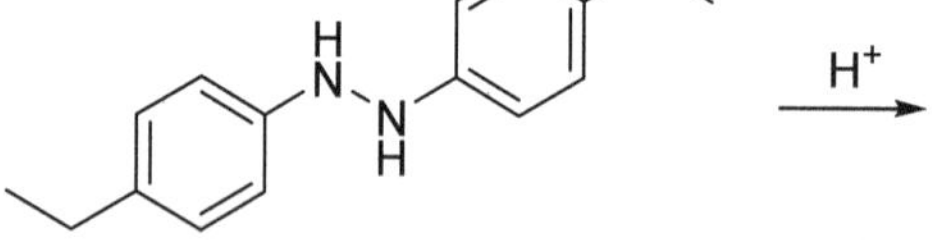

13-20　大多数芳香硝基化合物都是由芳环直接硝化制备的。例如，爆炸值最高的炸药 *N*-甲基-*N*-2,4,6-四硝基苯胺可以由苦味酸作原料合成。分别用所给的试剂为原料合成 *N*-甲基-*N*-2,4,6-四硝基苯胺。

(1) 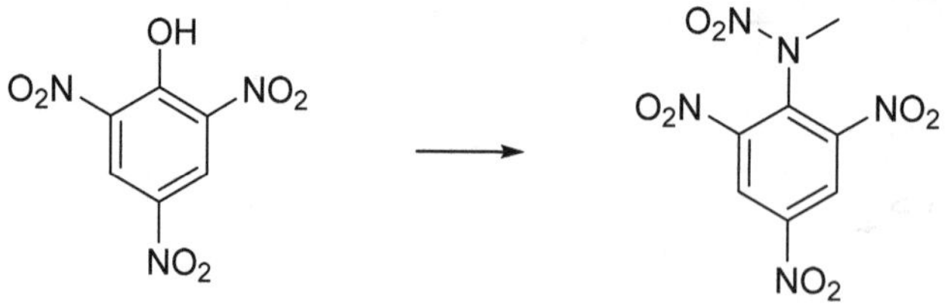

(2) 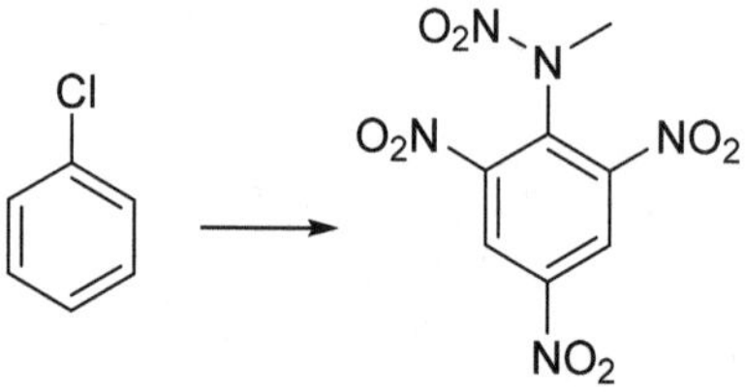

13-21　说明常用芳香重氮硫酸氢盐水解制备酚类化合物的原因。

13-22　以苯为原料合成以下化合物。

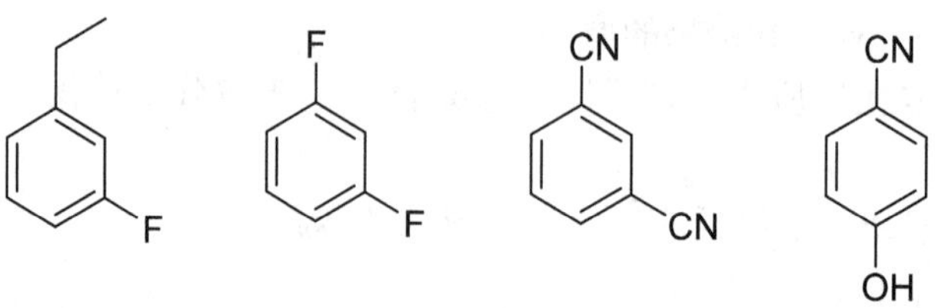

13-23　完成下列反应式。

(1) 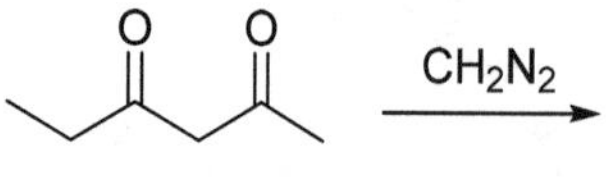

(2) 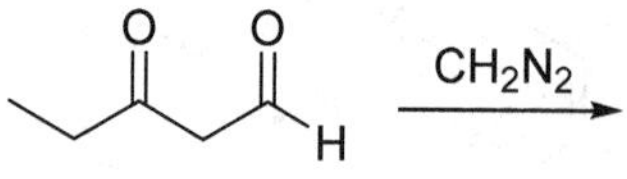

(3) 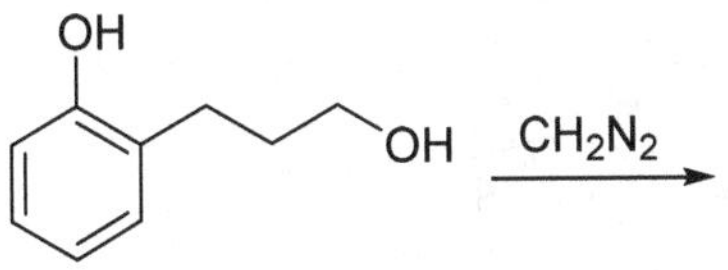

(4) 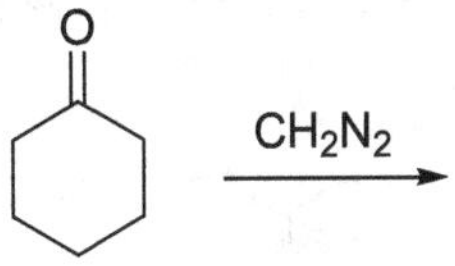

(5) 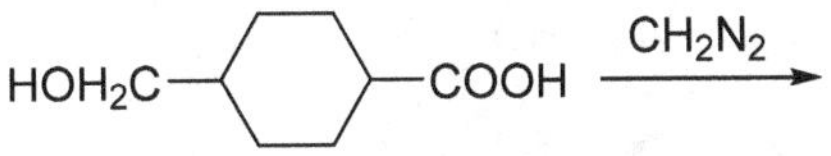

(6) 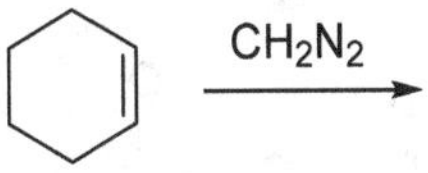

13-24　根据指定的原料和必要的试剂合成目标化合物。

(1) 从戊二酸合成己二酸二乙酯；

(2) 从 2-甲基-2-苯基丁酸合成 3-甲基-3-苯基戊酸。

13-25　完成下列反应式。

(1) 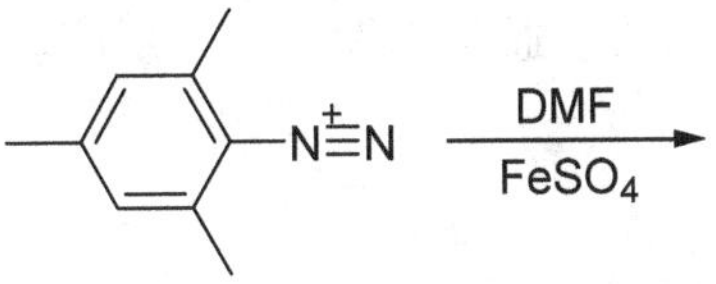

(2) 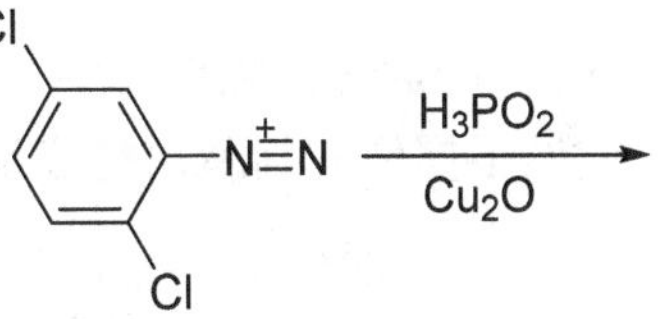

(3) 

(4) 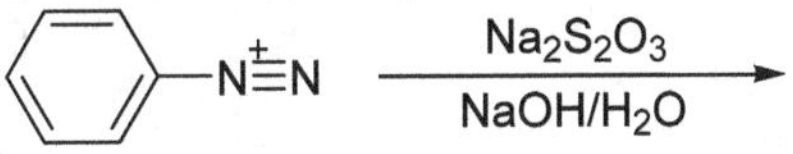

13-26　已知重氮盐去氨基还原反应：反应中，$FeSO_4$起催化作用，DMF 可作为氢原子给体，写出此反应转换的机理(提示：从自由基反应的链引发开始，DMF 自身转化成 CO 和亚胺)。

13-27　完成以下反应。

(1) 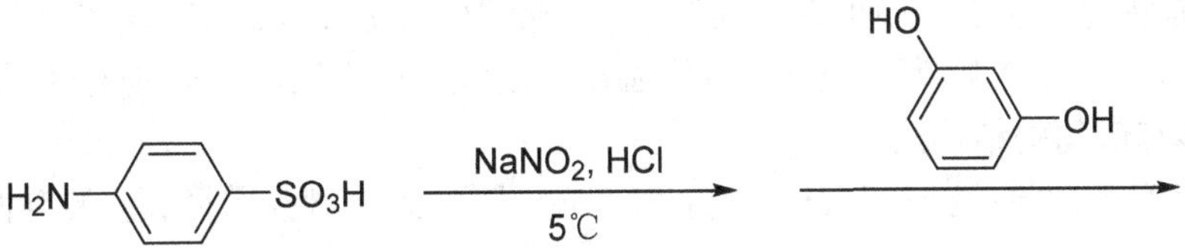

(2) 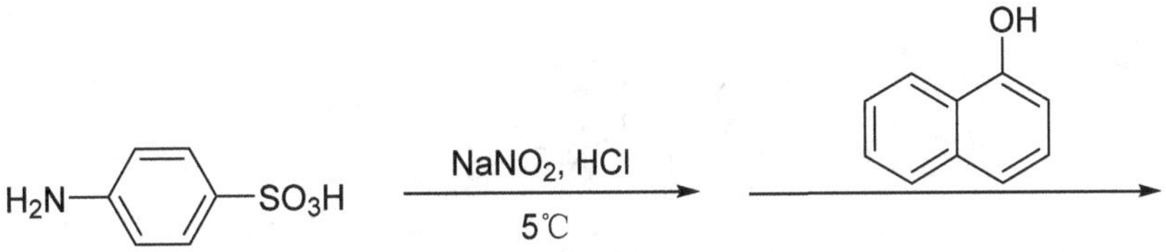

(3) 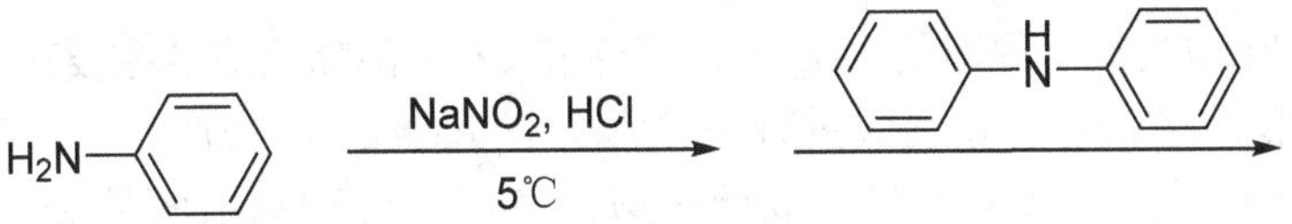

13-28　画出以下转化分布的、合理的反应机理。

(1) 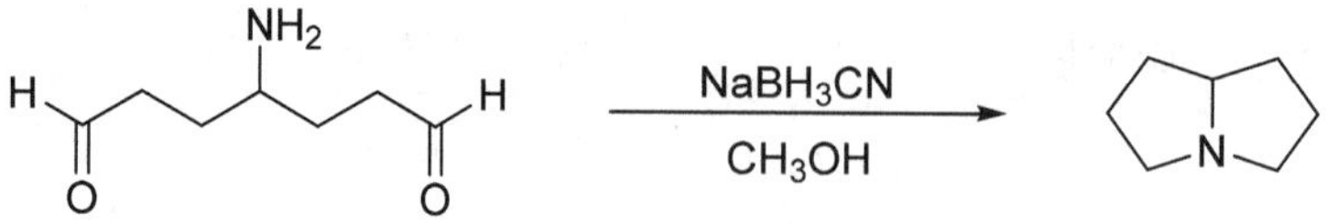

(2) 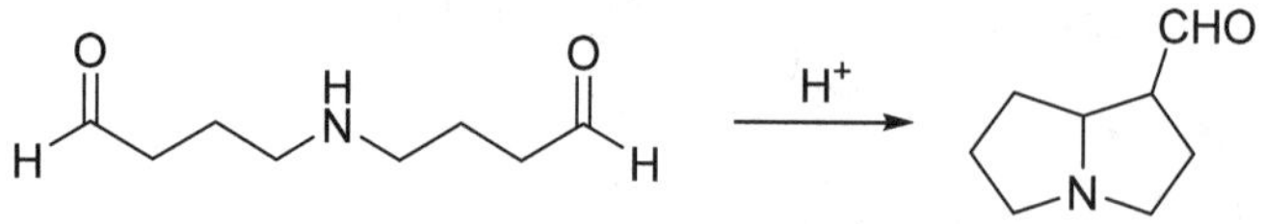

(3) 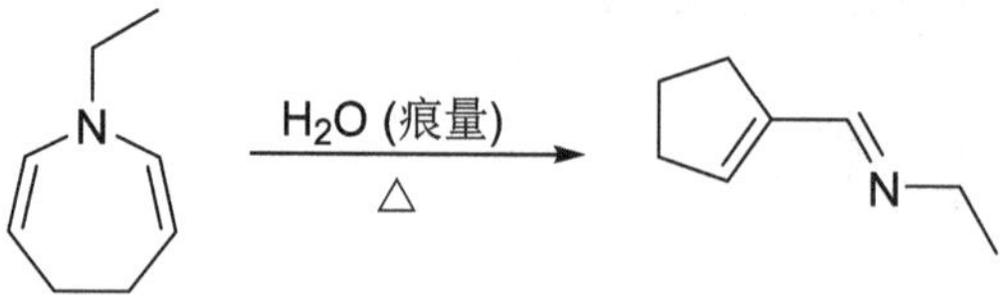

13-29　在 Hofmann 消除反应中，如果β-位有羟基存在，通常不发生消除反应。你认为会发生哪种反应？根据你的判断，完成下列反应式。

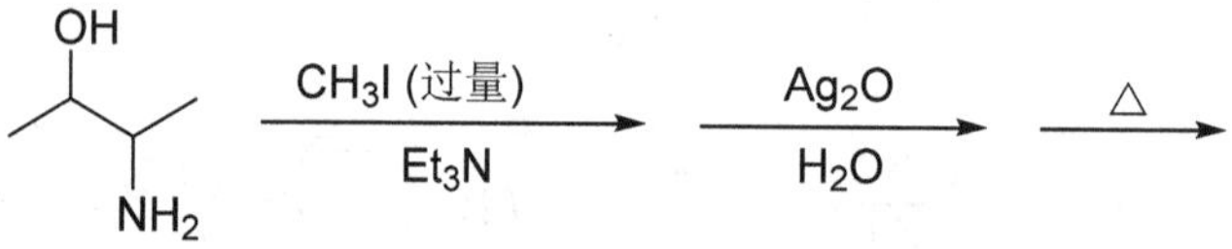

13-30　利用所提供的试剂为原料合成目标化合物。

(1) 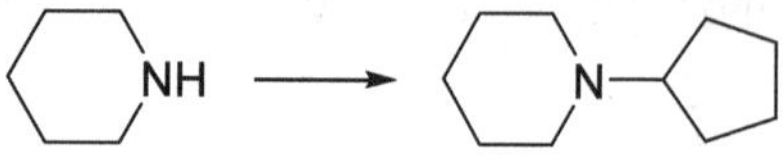

(2) 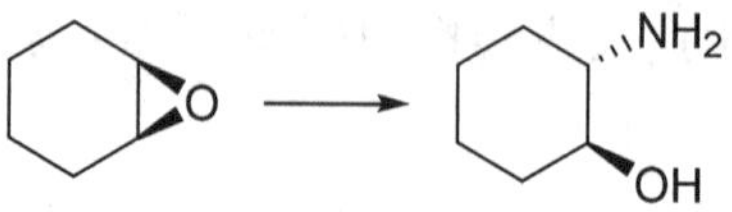

(3) 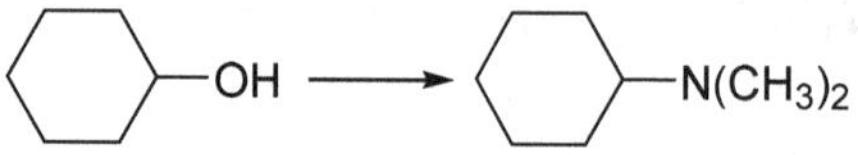

(4) 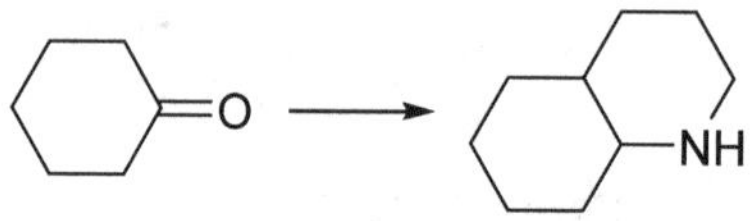

13-31　在还原胺化反应中，如果以氨为原料，产物为一级胺；以一级胺为原料，产物为二级胺；以二级胺为原料，产物为三级胺。分别画出苯乙酮与以上胺类化合物经还原胺(氨)化反应的所有中间体和产物的结构式。

13-32　下列三级胺可通过 Hofmann 消除和 Cope 消除反应制备烯烃，它具有两个手性中心。

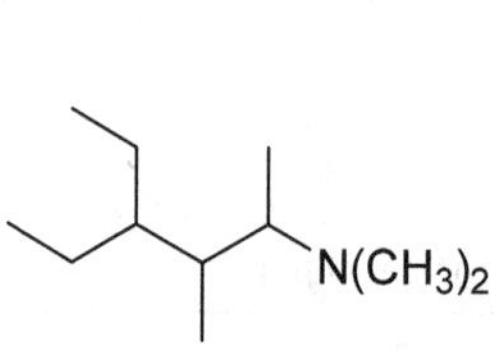

(1) 画出此三级胺的(*R*, *R*)和(*R*, *S*)的立体构型。

(2) 分别画出以(*R*, *R*)和(*R*, *S*)为原料的 Hofmann 消除和 Cope 消除反应的主要产物。

(3) 在 Hofmann 消除和 Cope 消除反应过程中，常会有 Zaitsev 产物产生。在 Hofmann 消除反应中，(*R*, *R*)-异构体的 Zaitsev 产物的双键构型为 *Z* 型。分别画出两种 Zaitsev 产物的结构式，并解释其不同的原因。

13-33　下列各化合物中哪一个氮原子的碱性最强？

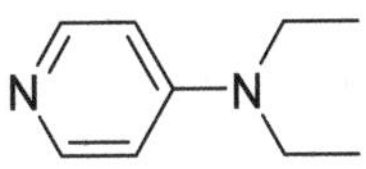 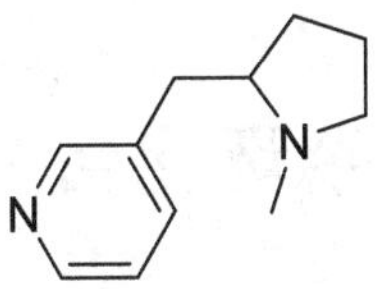 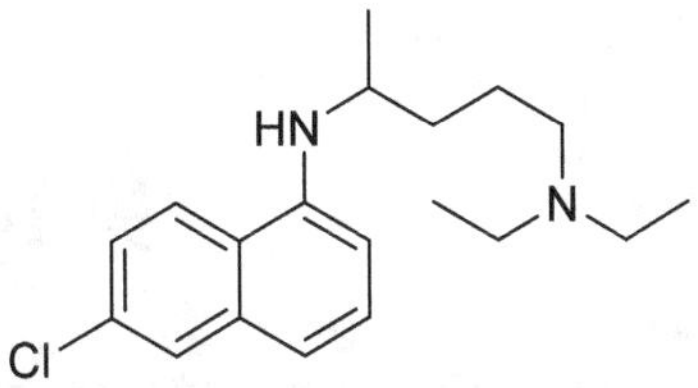

13-34　以苯胺以及必要的有机试剂和无机试剂为原料合成以下化合物。

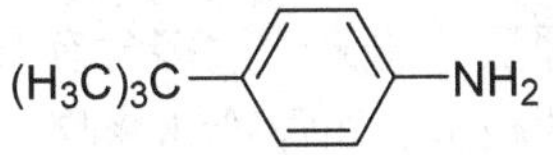 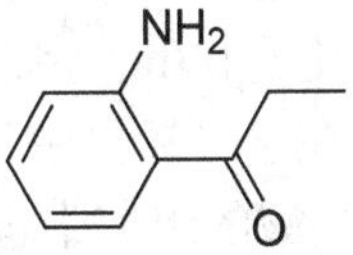

13-35　以苯以及必要的有机试剂和无机试剂为原料合成以下化合物。

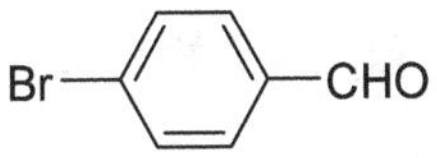 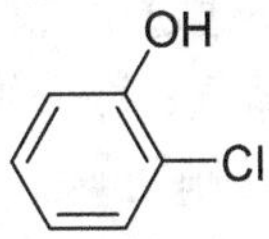 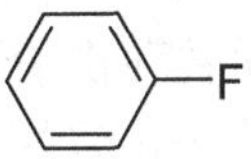 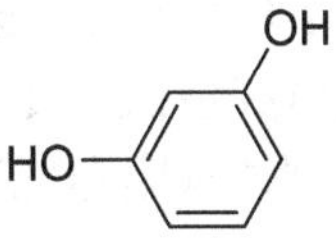

13-36　以下两个胺的共轭酸 pK_a 相差 40000 倍。判断哪个胺的碱性更强，并说明理由。

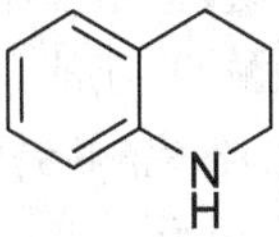 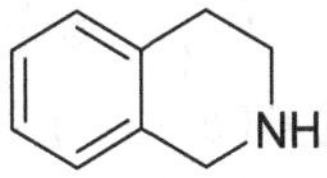

13-37　以下三种化合物均能发生芳香亲电取代反应，按反应性从高到低进行排序。

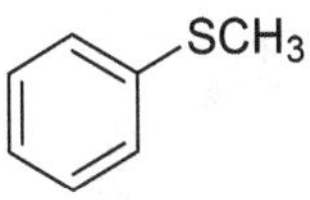 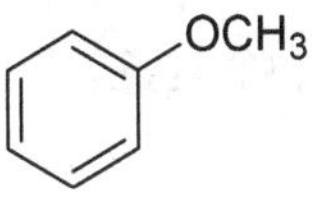 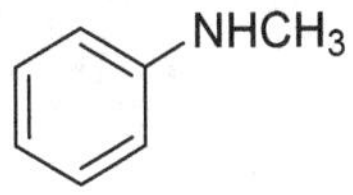

第 14 章　杂环化合物

在有机化学中，通常将碳原子和氢原子以外的原子统称为杂原子(heteroatom)，如氮原子、氧原子和硫原子等。如果组成环的原子中包含杂原子，这类环称为杂环(heterocycle)，含有杂环的有机化合物称为杂环化合物(heterocyclic compounds)。

杂环化合物广泛存在于自然界中，具有生理活性的分子大多含有杂环，在生命过程中起至关重要的作用。例如，核酸的组成中包含重要的碱基，如嘌呤和嘧啶，它们都是含氮杂环化合物，这些碱基对于遗传信息的存储和传递至关重要；血红素和叶绿素是动植物体内重要的色素，分子中含有卟啉环，这是一种由四个吡咯环通过甲烷桥连而成的大环结构，血红素与蛋白质结合形成血红蛋白，负责在哺乳动物中运输氧气；部分维生素和抗生素也含有杂环结构，它们在维持生物体健康和抵抗疾病方面发挥着重要作用等。

此外，在药物领域也有广泛的应用。例如，青霉素为β-内酰胺类抗生素，其基本骨架由β-内酰胺和四氢噻唑稠合而成，用于治疗由葡萄球菌、链球菌所引起的一些疾病，如肺炎、脑炎等；帕唑帕尼是一种含有吡啶结构的多靶点酪氨酸激酶抑制剂，用于治疗肾细胞癌；西他列汀是一种用于治疗 2 型糖尿病的 DPP-4 抑制剂，含有吡咯烷酮结构等。

本章将重点讨论杂环化合物的反应、合成等相关知识。

14.1　杂环化合物的分类

杂环化合物可分为脂杂环化合物和芳香杂环化合物两大类。其中，化合物分子内杂环没有芳香共轭体系的化合物称为脂杂环化合物；反之，与苯类似，分子内杂环可以体现芳香性的杂环化合物称为芳香杂环化合物。根据环的大小，可将杂环化合物分为三元、四元、五元、六元和七元杂环等类型。此外，根据键合方式不同，杂环化合物可分为单杂环化合物、多杂环化合物和稠杂环化合物，单杂环化合物是指分子中只含有一个杂环的化合物，多杂环化合物是指分子中苯环(或单杂环)与一个(或多个)单杂环通过单键相连而成的化合物，稠杂环是指由苯环(或单杂环)与一个(或多个)单杂环共用两个相邻原子稠合而成的化合物。最常见的杂环化合物是五元和六元单杂环和稠杂环化合物。以下为常见的杂环化合物。

四氢呋喃
tetrahydrofuran

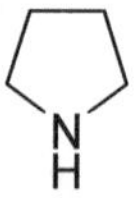

四氢吡咯
pyrrolidine

四氢噻吩
tetrahydrothiophene

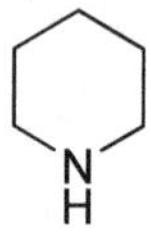

六氢吡啶
piperidine

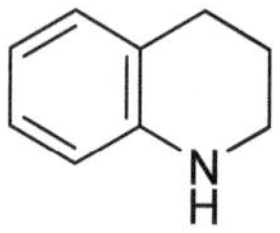

四氢喹啉
tetrahydroquinoline

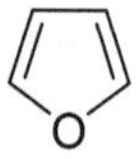

呋喃
furan

吡咯
purrole

噻吩
thiophene

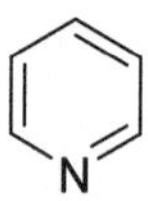

吡啶
pyridine

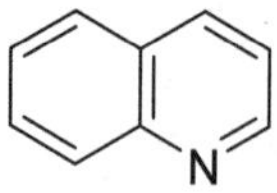

喹啉
quinoline

14.2　杂环化合物的命名

14.2.1　杂环母核的命名

杂环化合物通常有俗名或常用名称，国际上大多采用常用名称和习惯名称，我国一般也共用两种方法。对芳香杂环而言，中文名称常采用它们的外文名称音译，并在同音的汉字旁加上口字旁。例如：

呋喃
furan

吡咯
purrole

噻吩
thiophene

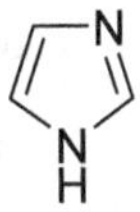
咪唑
imidaazole

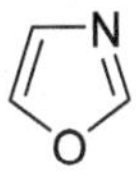
噁唑
oxazole

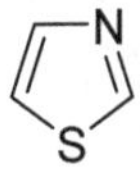
噻唑
thiazole

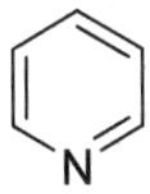
吡啶
pyridine

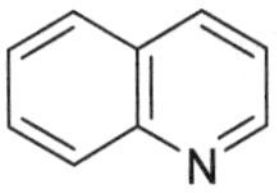
喹啉
quinoline

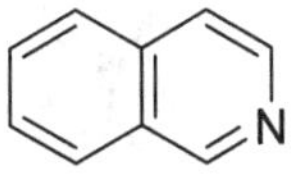
异喹啉
isoquinoline

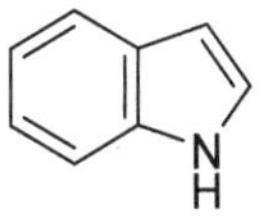
吲哚
indole

饱和杂环的命名方式通常采用芳香杂环为母体，将其加氢成饱和体系，以加氢的个数进行命名。例如：

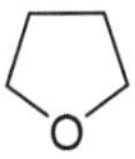
四氢呋喃
tetrahydrofuran

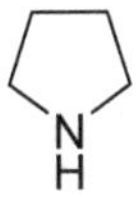
四氢吡咯
pyrrolidine

四氢噻吩
tetrahydrothiophene

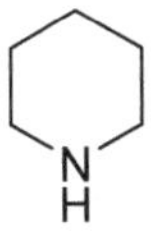
六氢吡啶(哌啶)
piperidine

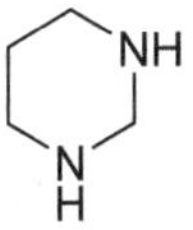
六氢吡嗪
hexahydropyrimidine

此外还可以采用置换命名法，将饱和的杂环母核看作相应饱和环烷烃的衍生物，即母核碳环中一个碳原子或多个碳原子被杂原子取代而成，因此命名时只需在碳环母体名称前加上表示杂原子及其种类的前缀，如氮杂(aza)、氧杂 (oxa)、硫杂(thia)、磷杂(phospha)等。以下为一些常见脂杂环的中文及英文命名。

氧杂环丙烷
(环氧乙烷)
oxirane

氮杂环丙烷
(吖啶)
aziridine

硫杂环丙烷
thiirane

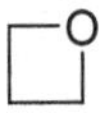
氧杂环丁烷
(1,3-环氧丙烷)
oxetane

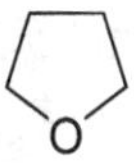
氧杂环戊烷
(四氢呋喃)
oxolane

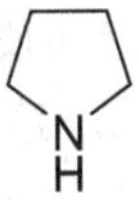
氮杂环戊烷
(四氢吡咯)
ozolidine

硫杂环戊烷
(四氢噻吩)
thiolane

14.2.2　杂环母核的编号

杂环母核的编号比较复杂，本章仅介绍与内容有关的比较简单的原则。

(1) 杂环母核编号时，将杂原子定为 1 号，碳原子可以按顺序规则依次排序。

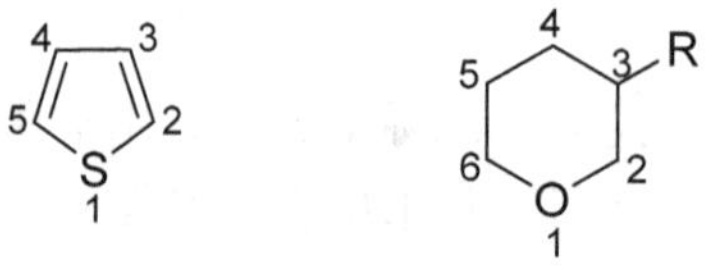

(2) 当母核上有两种以上杂原子时，杂原子按化合价大小排列，小的在前，大的在后；相同价数的杂原子，按杂原子原子序数大小排列，小的在前，大的在后。例如，氮、氧、硫的排序为氧、硫、氮。

(3) 当母核上有两种以上杂原子同时含有取代基时，首先要使杂原子编号尽可能小，然后再按最低系列原则考虑取代基的编号。例如，下面的化合物应命名为 4,5-二甲基嘧啶。

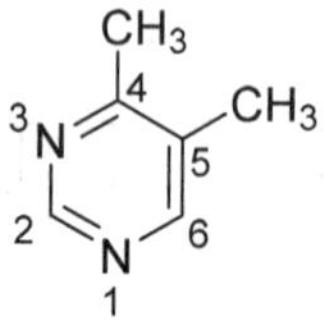

(4) 苯并杂环的稠杂环化合物，编号方式与稠环芳烃相同，但编号一般从杂环开始，然后再编苯环。例如：

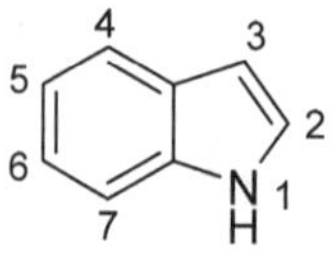

14.3　脂杂环化合物

14.3.1　脂杂环化合物的化学性质

大环类脂杂环的化学性质与对应的开链化合物的性质相似，如四氢呋喃与醚的性质相似。小环类脂杂环由于分子内环张力较大、易发生开环反应，比对应的开链化合物性质活泼，如环氧乙烷比一般的醚类化合物具有更活泼的化学性质。

1. 氧杂环的化学性质

环氧化合物(又称环醚)由于环张力的作用通常具有更强的亲核能力。此现象归因于环状结构对氧原子上烷基的影响，导致键角缩小，进而使得氧原子上的孤对电子充分暴露（空间位阻降低），从而促进了孤对电子与缺电子体系的反应性。因此，环氧化合物的核心化学特性表现为易于发生开环反应，其反应驱动力源于环张力的释放。例如，氧杂环乙烷在碱的催化下，可以在乙醇溶液中发生开环反应，生成链状醚，产率 50%。

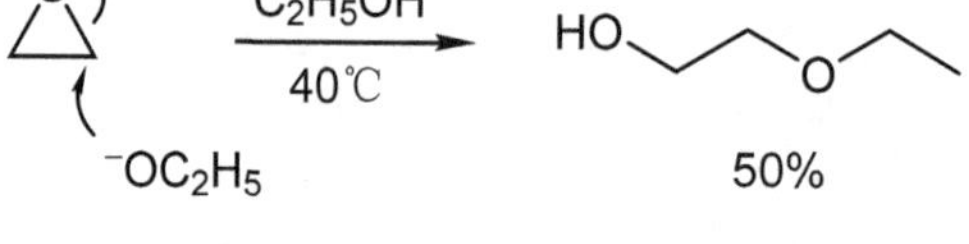

但是，随着环的增大，环氧化合物的反应活性越来越弱。例如，四氢呋喃基本不会在乙醇钠溶液中发生开环反应。因此，四氢呋喃和二氧六环在有机反应中常作为溶剂，它们可以通过与金属离子的配位(使金属离子更加稳定)将金属有机化合物溶解。烷基锂在反应过程中也常用四氢呋喃作溶剂。

2. 氮杂环的化学性质

氮原子的电负性小于氧原子，因此氮原子具有更强的亲核能力，能发生更丰富多样的反应。简单的氮杂环类化合物主要有

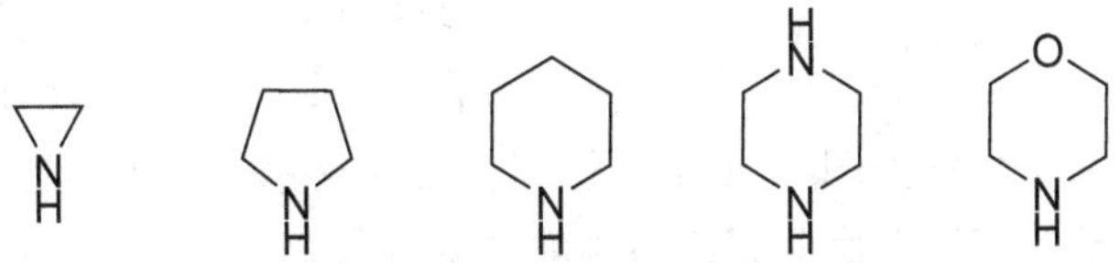

脂肪族氮杂环的基本反应与开链胺类化合物一样，主要发生亲核加成和亲核取代两类反应。环状胺中氮原子的亲核能力比链状胺的强。例如，在以下反应中，环状三级胺的反应速率比三乙胺快 40 倍以上。

$$R_3N + CH_3I \longrightarrow R_3\overset{+}{N}{-}CH_3 + I^-$$

	Et_3N	
反应速率	1	63

但是，这种位阻效应有时也会被氮原子α-位上的取代基影响，随着取代基数目和体积的增加，位阻效应逐渐增强，试剂的亲核性基本消失，碱性却不减反增。例如，2,2,6,6-四甲基六氢吡啶(TMP)基本与二异丙基胺一样，与烷基锂作用后成为一种大空间位阻的强碱 LiTMP。

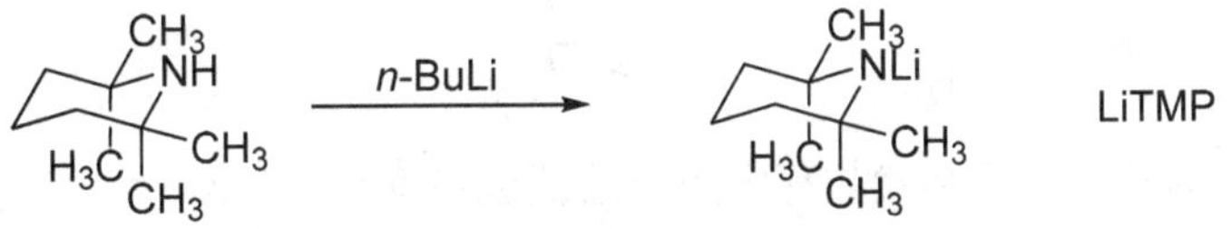

氮杂环类化合物，即使是三元环和四元环相对都比较稳定，但是当氮原子被质子化后，氮杂环丙烷与环氧乙烷一样非常容易进行开环反应。

氮原子也可以通过亲核反应形成正离子，然后开环。

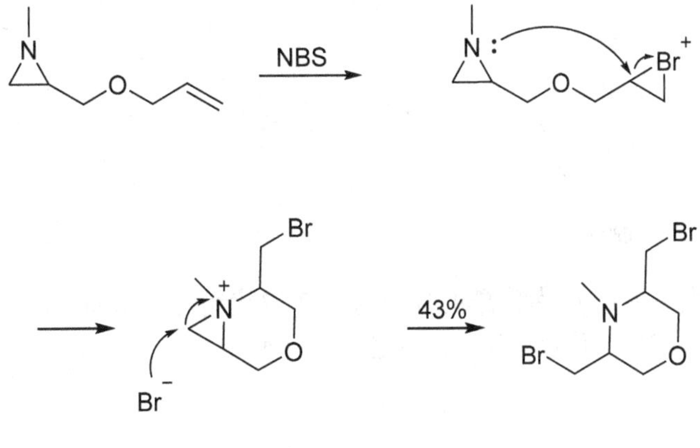

3. 硫杂环的化学性质

硫原子电负性小于氧和氮的，使得硫杂环化合物具有独特的化学性质。硫原子能稳定相连碳负离子，导致硫杂环化合物在碱性条件下易形成负离子，成为有机合成中的重要试剂。例如，丙-1,3-二硫醇可与醛羰基反应生成缩硫醛保护羰基，碱作用下形成碳负离子，使羰基碳原子极性反转，便于亲核反应。

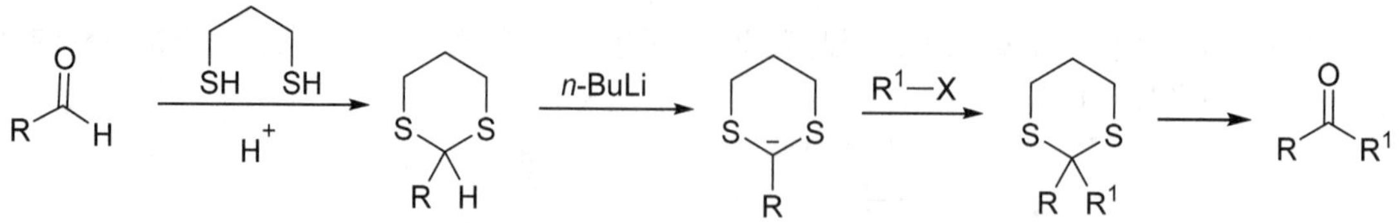

但是，相对而言，单个硫原子取代的碳原子上氢原子的酸性不够强。可以通过将硫原子氧化成亚砜以增加氢原子的酸性，反应完成后再将亚砜还原。

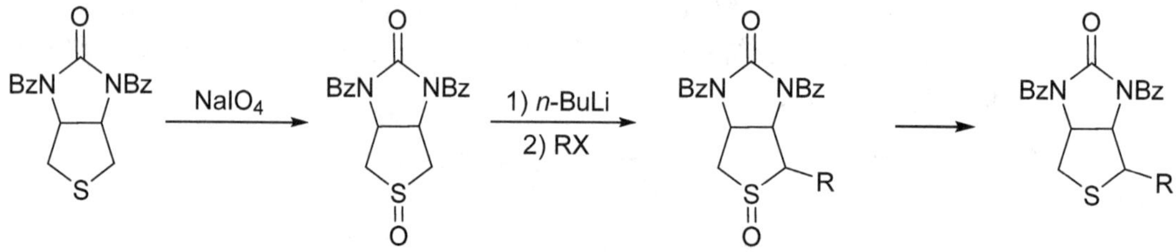

14.3.2　脂杂环化合物的立体化学

脂杂环化合物的立体构型基本与碳环一致。对只有一对孤对电子的氮杂环而言，其孤对电子通常位于直立键上；而对于有两对孤对电子的氧杂环和硫杂环，这两对孤对电子分别在直立键和平伏键上。

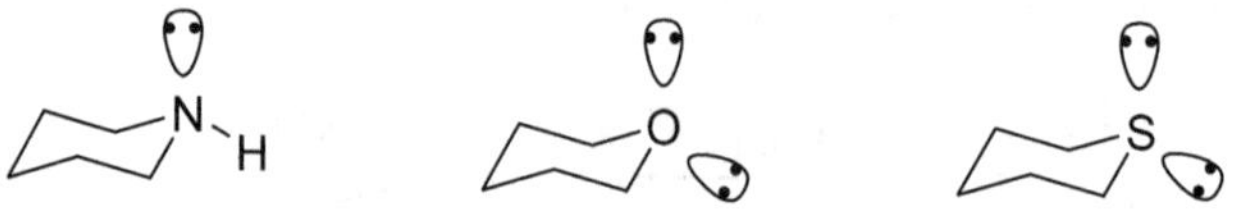

位于水平状态的孤对电子必然与环内两根碳碳键呈反平行状态，而处于垂直状态的孤对电子也必然与两根垂直键呈平行状态，另外还有两根垂直键与其呈反平行状态，这在有机化学反应中具有极其关键的作用。在接下来的转换过程中，由于氧原子上的两对孤对电子均未与离去基团乙酸根负离子呈反式位置，孤对电子难以贡献到 C—O 键的 σ^* 反键轨道上，也就很难形成羰基氧鎓离子。

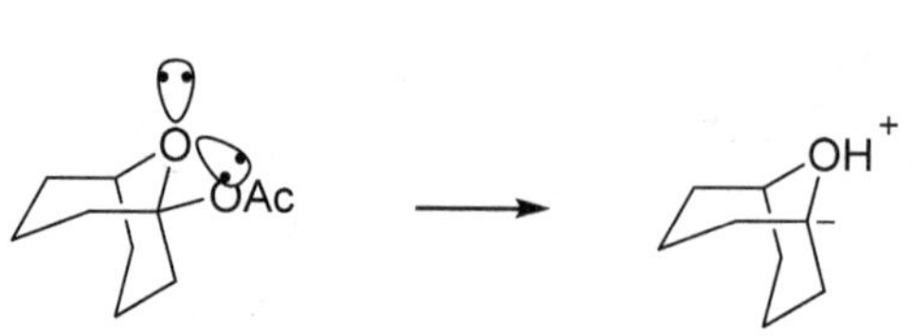

14.3.3　脂杂环化合物的制备

脂杂环化合物大多通过 β-卤代醇的分子内 S_N2 取代制得。例如，在碱性条件下，α-卤代醇可以通过分子内的亲核取代反应制备环氧乙烷衍生物。

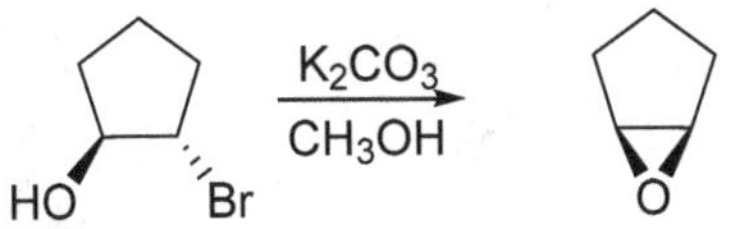

更大环系的氧杂环类化合物也可以通过类似的方法合成。

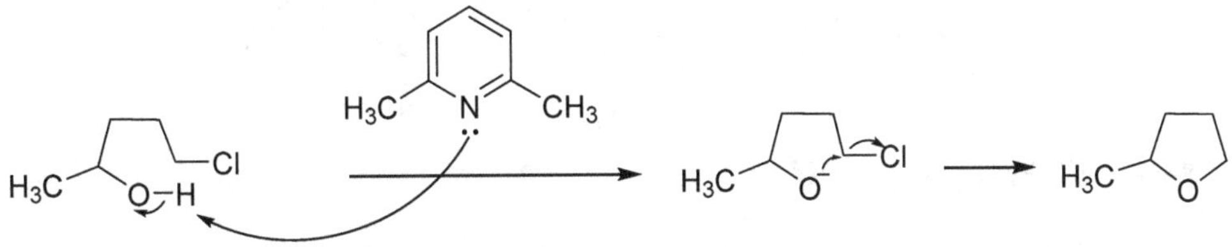

对于氮杂环类化合物，也可以通过以上方法进行制备。

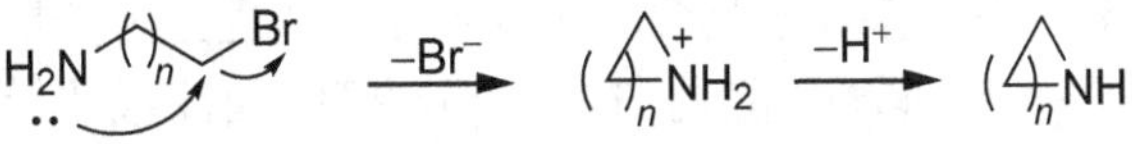

实验结果表明，在这些杂环的形成过程中，反应速率从快到慢的顺序如下：

五元环 > 六元环 > 三元环 > 七元环 > 四元环 >八元环

实际上，该结果可归因于以下两个方面：①三元环和四元环由于环张力的存在，难以形成，因此三元环的形成速率最缓慢；②从反应物的构象角度分析，随着碳链长度的增加，在反应过程中分子构象的可能性增多，这导致了反应速率的降低，在这种情况下，三元环的形成相对较为容易。

综合考虑以上两种因素，五元环的形成速率最快。

14.4　五元芳香单杂环化合物——呋喃、噻吩和吡咯

14.4.1　呋喃、噻吩和吡咯的结构与物理性质

最常见的单杂原子五元芳香杂环化合物是呋喃、噻吩和吡咯，在这三个化合物分子中，杂原子采取 sp^2 杂化，p 轨道上的孤对电子参与构建共轭体系，符合休克尔规则，所以这三个杂环化合物均具有芳香性。它们都是无色的液体，部分物理性质如表 14-1 所示。

表 14-1　呋喃、噻吩和吡咯的物理性质

化合物	熔点/℃	沸点/℃	偶极矩/deb
呋喃	−86	31	0.7
噻吩	−38	84	0.5
吡咯	−24	131	1.8

与饱和的脂杂环相比，由于杂原子的给电子共轭效应，呋喃和噻吩的偶极矩变小，方向未变。而吡咯分子中氮原子的给电子共轭作用比氧和硫原子强，因此吡咯分子偶极矩的方向与吡咯烷相反，前者指向 3 位和 4 位碳原子，后者指向氮原子。呋喃、噻吩和吡咯的静电势图如下所示。

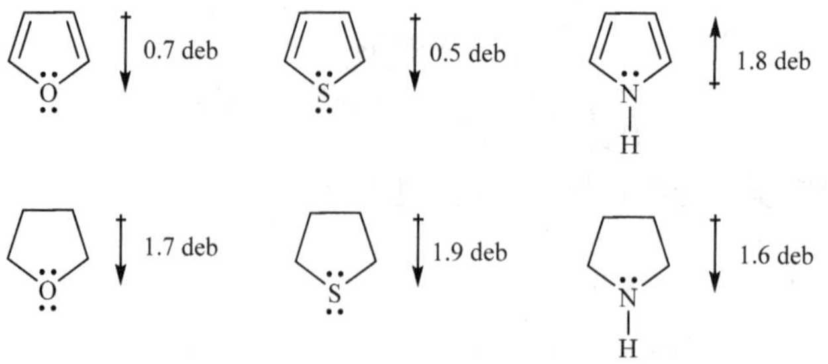

14.4.2 呋喃、噻吩和吡咯的化学性质

1. 酸性和碱性

呋喃、噻吩与吡咯分子中的杂原子均含有孤对电子，从理论上分析，这些孤对电子可以与质子结合，均应该体现出一定的碱性。但是，这三个芳杂环在酸性条件下却表现出不同的性质。

吡咯分子中氮原子上的孤对电子参与构建芳香共轭体系，因此吡咯的碱性显得非常弱。只有在强酸的作用下，吡咯才会质子化，而且质子化的位点不在氮原子上，而在 C-2 位上。

与此相反，吡咯氮原子上的氢呈弱酸性，且较哌啶强，与醇的酸性(pK_a=16～19)相似。因此，强碱(如 $NaNH_2$、NaH)可将吡咯完全转化为其钠盐，在惰性溶剂中用金属钠或钾也可将它转变为相应的盐。

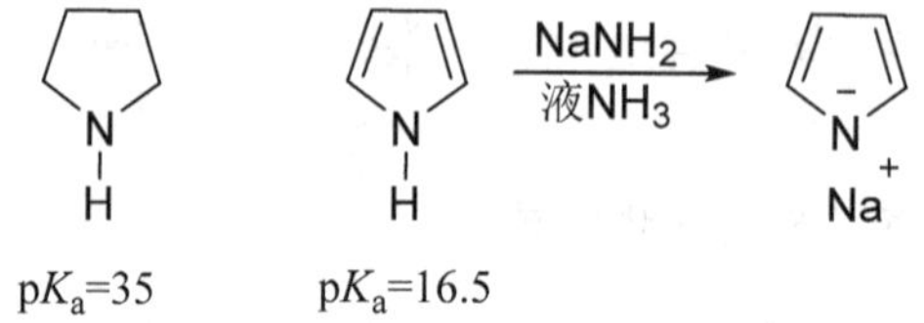

吡咯在强碱的催化下可以作为亲核试剂进行亲核取代反应，如 *N*-烷基化与 *N*-酰基化反应。

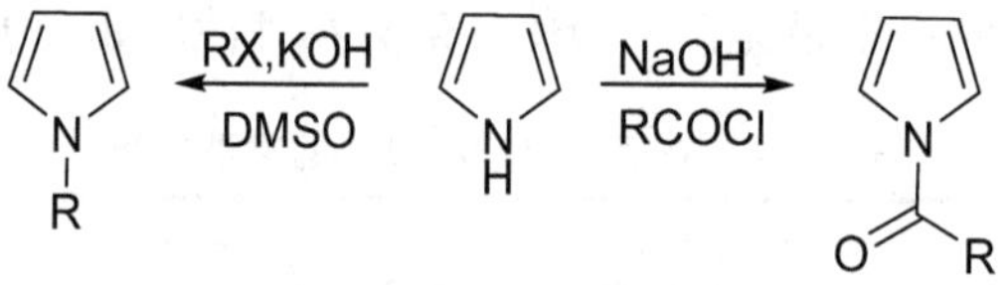

呋喃和噻吩的杂原子上没有氢，但与杂原子相连的 sp^2 杂化碳原子上的氢(即 α-H)具有弱酸性，可被强碱夺取，从而生成呋喃基锂和噻吩基锂，后者可作为亲核试剂进行烷基化、酰基化等反应。例如：

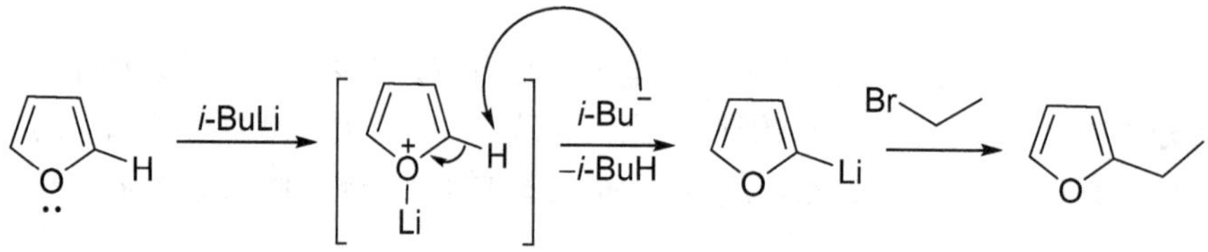

2. 亲电取代反应

呋喃、噻吩和吡咯都具有芳香性，与苯环性质类似，一个重要特征是它们都容易发生亲电取代反应。苯具有 Π_6^6 的大 Π 键，而呋喃、噻吩和吡咯具有 Π_5^6 的大 Π 键，由于杂原子采用孤对电子参与共轭，芳杂环上的电子云密度较苯环高，因此在发生亲电取代反应时它们的反应活性较苯环高，与苯酚、苯胺相似。这些化合物的亲电取代反应活性次序为吡咯 > 呋喃 > 噻吩 > 苯。

在室温下，噻吩用 95%的浓硫酸即可磺化，吡咯、呋喃、噻吩的氯代、溴代和碘代以及吡咯的酰基化可不用催化剂。例如：

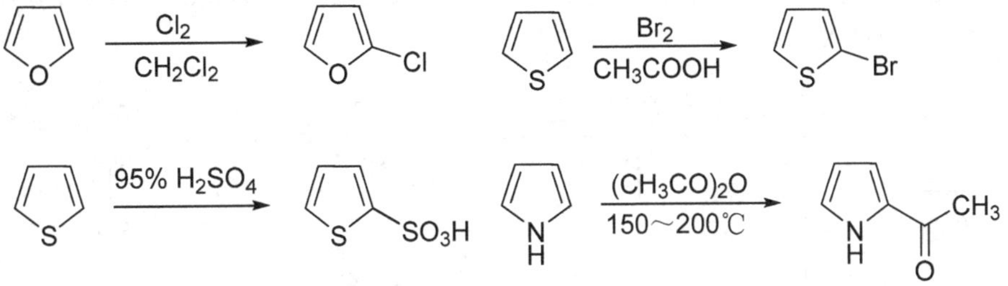

吡咯甚至可直接与羧酸在质子酸催化下进行酰基化反应，例如：

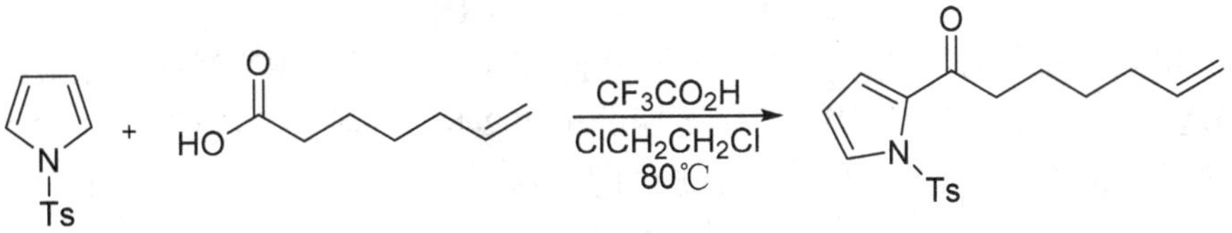

呋喃、吡咯等化合物的化学性质活泼，在无机强酸中不稳定。例如，呋喃、吡咯遇到强酸或氧化剂容易开环或聚合成高聚物。

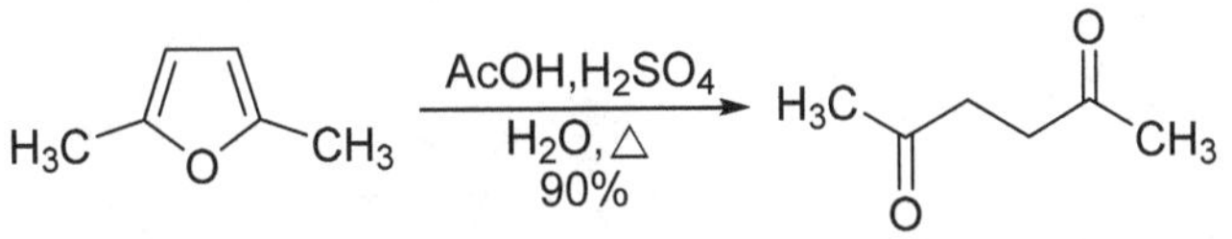

因此，呋喃和吡咯的亲电取代反应通常需要在较为温和的条件下进行，以降低副反应的发生概率。在进行磺化反应时，由于浓硫酸的使用可能导致过度反应，因此通常选择使用吡啶与三氧化硫的加合物作为磺化试剂；而在硝化过程中，为防止氧化作用，一般采用硝酸乙酸酐（$AcONO_2$）作为硝化剂。例如：

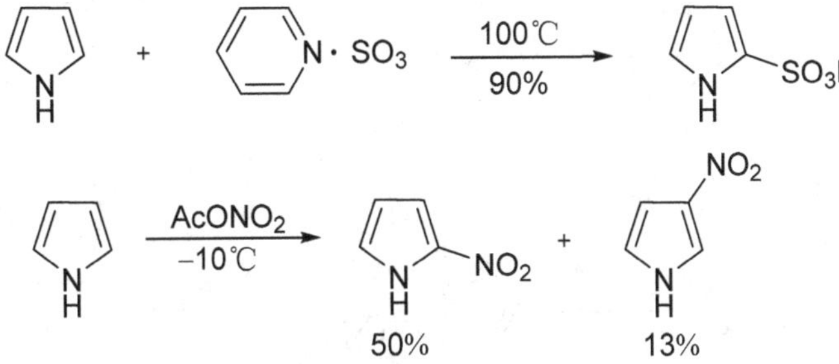

对于呋喃和噻吩、酰基化时用比三氟化铝更温和的三氟化硼、四氯化锡为催化剂。例如：

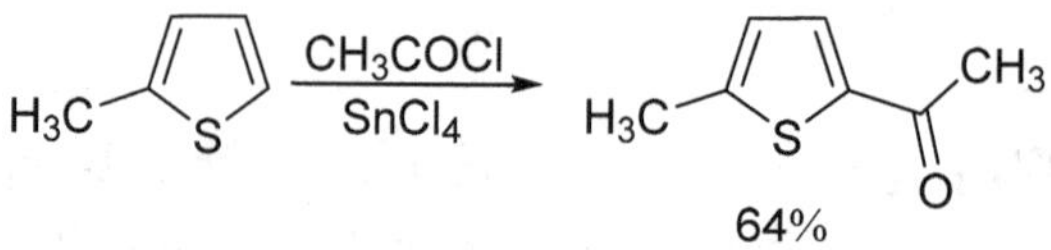

呋喃、噻吩和吡咯环上有两种不同化学环境的氢，因此它们的取代位置有两种，即α-位取代和β-位取代，通常以α-取代为主。无论是α-位还是β-位，其亲电取代反应的活性均比苯大。例如，噻吩进行硝化，α-位的活性为苯的 3.2×10^7 倍，β-位的活性为苯的 1.9×10^4 倍。

通过比较取代反应中间体的稳定性，可以解释两个位置的反应活性。以吡咯的亲电取代反应为例，α-位取代时形成的σ配合物有三个共振结构，正电荷分散在三个原子上；β-位取代时只有两个共振结构，正电荷分散在两个原子上。可见，α-位取代所形成的中间体比β-位的稳定，故α-位取代的反应活性更高。

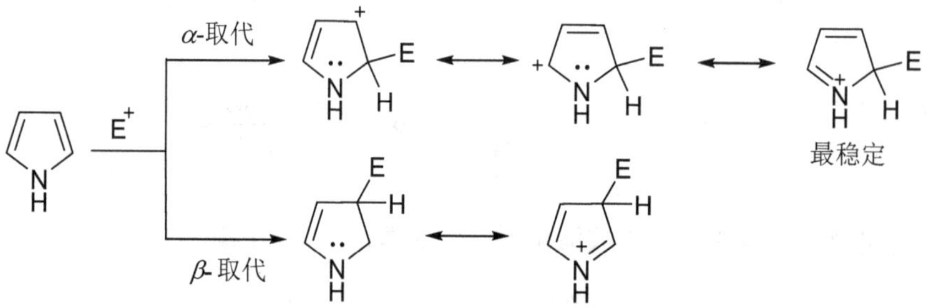

与苯酚相似，吡咯也可在酸催化下与醛缩合。例如，一类应用广泛的荧光染料硼二吡咯(BODIPY)是在质子酸(如三氟乙酸)催化下，两分子的2,4-二甲基吡咯与芳甲醛缩合，得到的亲电取代产物经氧化和与三氟化硼配位，形成的配合物。

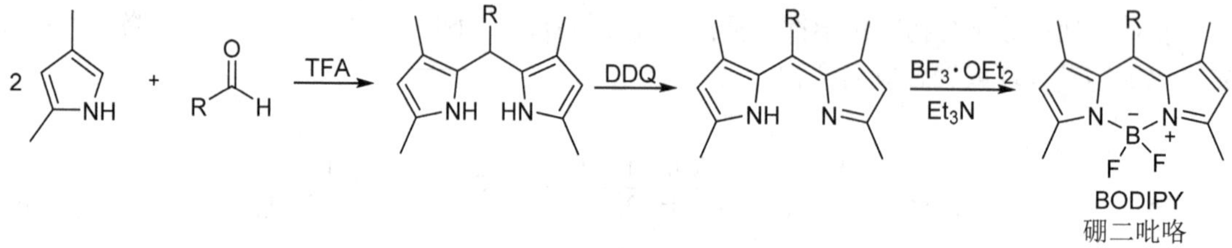

酸催化三分子缩合反应的机理如下：

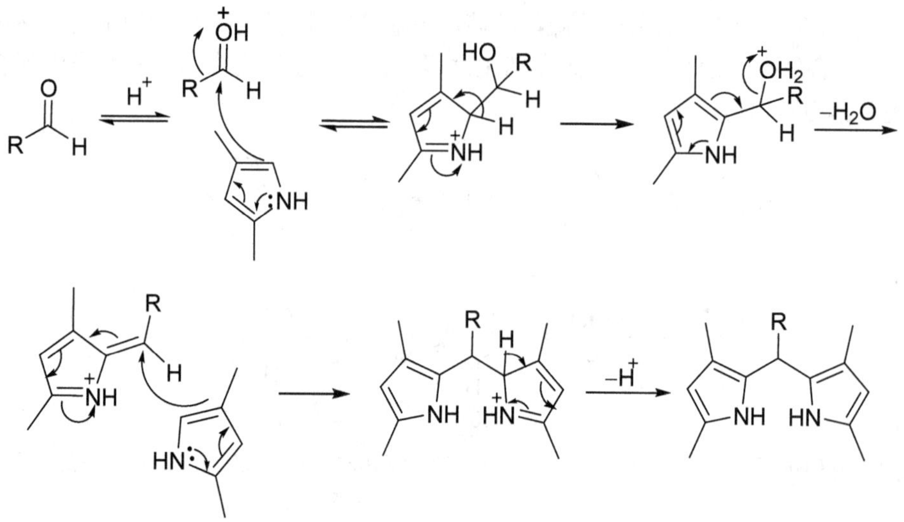

吡咯和呋喃能够与弱亲电试剂芳基重氮盐发生亲电取代反应，生成偶氮化合物。该反应过程可涉及迈克尔加成和曼尼希反应，均遵循 2/5 位优先的选择性规律。然而，在 2-位和 5-位被占据的情况下，反应也可于 3-位进行。例如：

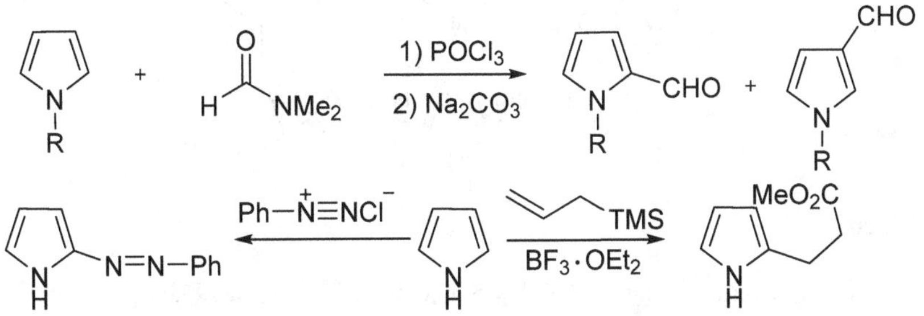

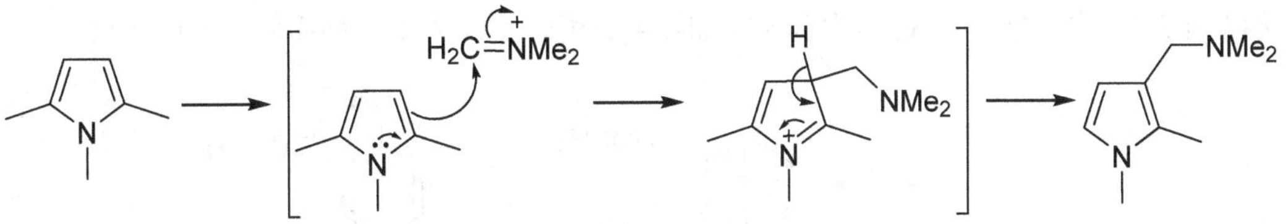

吡咯也可以发生 Vilsmeier 反应。例如：

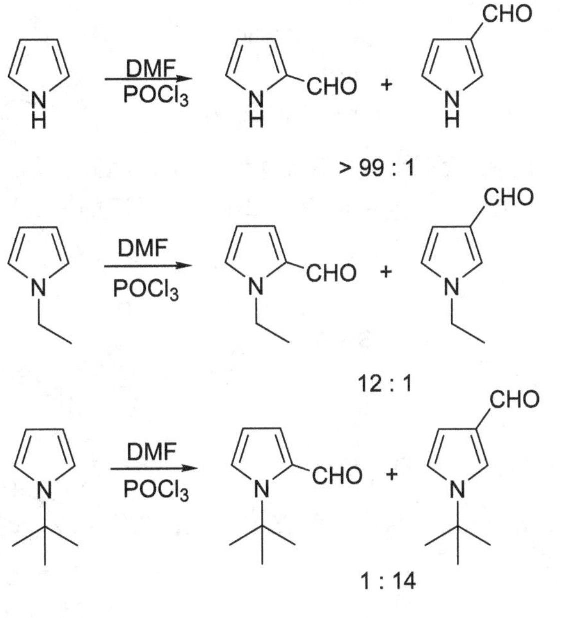

吡咯进行 Vilsmeier 反应时，主要取代产物为 2-位取代产物；随着吡咯氮上基团的体积的增大，3-位取代产物比例增加，当氮上连有叔丁基时，3-位取代产物成为主要产物。

3. 还原反应

五元杂环化合物表现出显著的化学活性，其芳香性相较于苯有所减弱，通常展现出不饱和化合物的特性。以呋喃和吡咯为例，在镍的催化作用下，它们分别加氢生成四氢呋喃和四氢吡咯；使用锌作为还原剂时，吡咯可还原为二氢吡咯。噻吩在镍催化下的加氢反应主要产物为正丁烷；若目标产物为四氢噻吩，则需采用其他类型的催化剂。

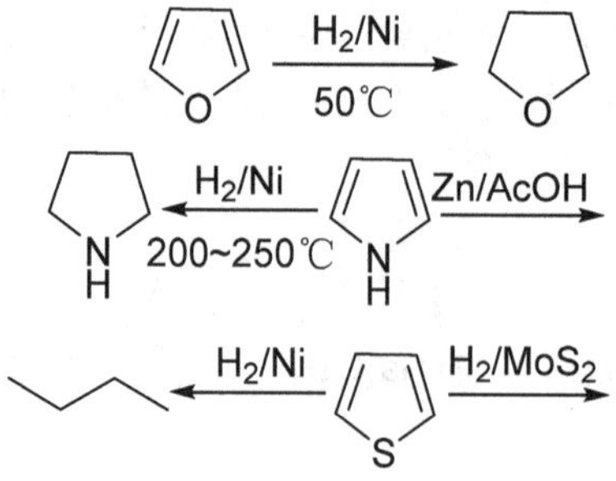

4. Diels-Alder 反应

呋喃易于进行 Diels-Alder 反应，与乙炔类亲双烯体进行加成反应后，所得产物在酸性条件下可转化为 2,3-二取代苯酚。通过选择性催化氢化，还原产物经逆向 Diels-Alder 反应可转化为呋喃-3,4-二甲酸酯，该过程为合成呋喃-3,4-二甲酸酯提供了一种简便的合成策略。

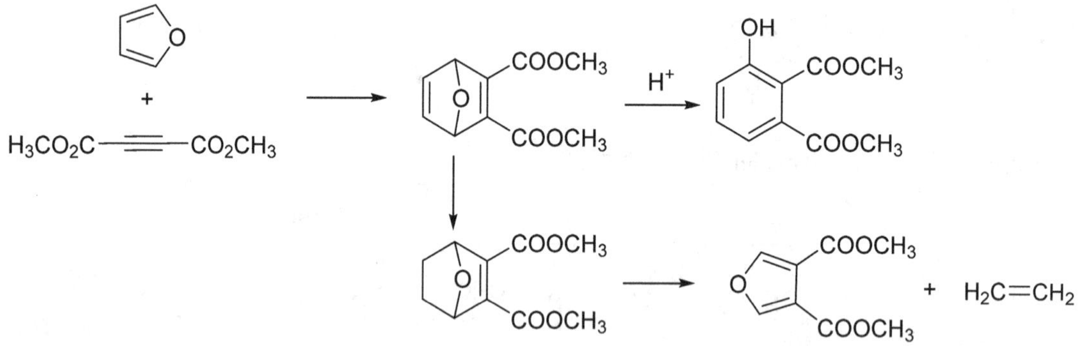

吡咯的氮亲核性较强，一般不能作为双烯体参与 Diels-Alder 反应，但 *N*-取代的吡咯亲核性减弱，可与活泼的亲双烯体发生这一反应。噻吩能与活泼的亲双烯体在加压下发生 Diels-Alder 反应。例如：

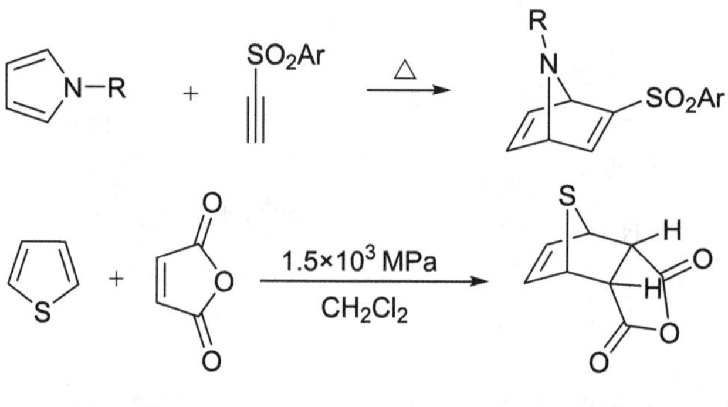

14.4.3　呋喃、噻吩和吡咯的制备

工业上由糠醛制备呋喃是较为常用的方法之一。糠醛的来源广泛，可由稻糠、玉米芯等含有多聚戊醛糖的农副产品以热酸处理制得。该方法的原料来源广泛，且是可再生的，只要有光合作用，就会有用之不竭的原料，有助于减少对化石资源的依赖，并且生物质的可再生性使其成为一种环境友好的原料。

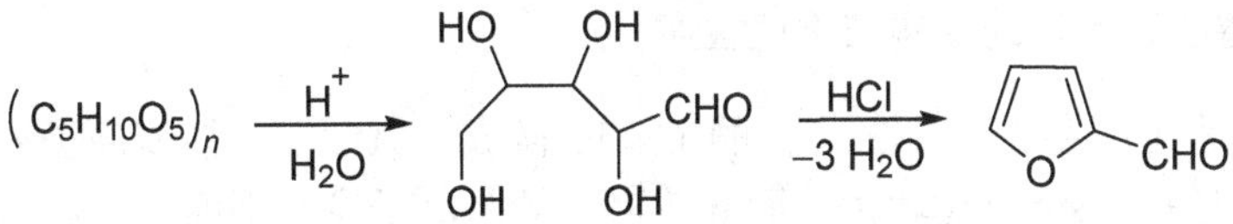

噻吩是由丁烷与硫，或丁二烯与二氧化硫在高温下反应制备。吡咯则由丁-2-炔-1,4-二醇或呋喃与氨反应来合成。

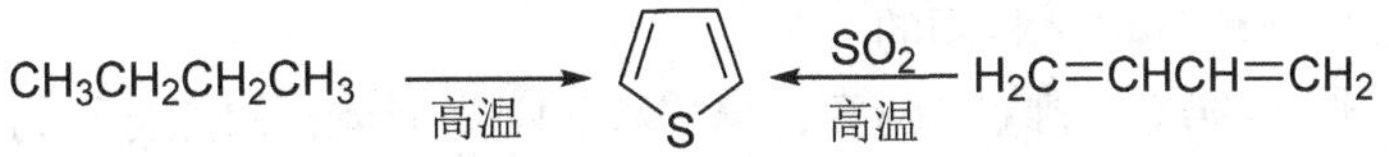

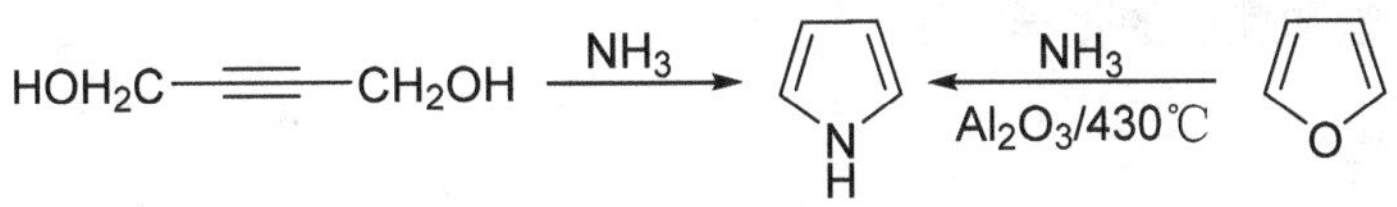

Paal-Knorr 反应是制备呋喃、噻吩和吡咯及其衍生物的常用方法，该反应采用 1, 4-二酮与适当的试剂缩合环化而得。取代呋喃由 1,4-二酮在酸催化或脱水剂(如 P_2O_5)存在下脱水合环而成；取代的吡咯和噻吩可分别由 1,4-二酮与氨(或胺)和硫化物缩合而成。例如：

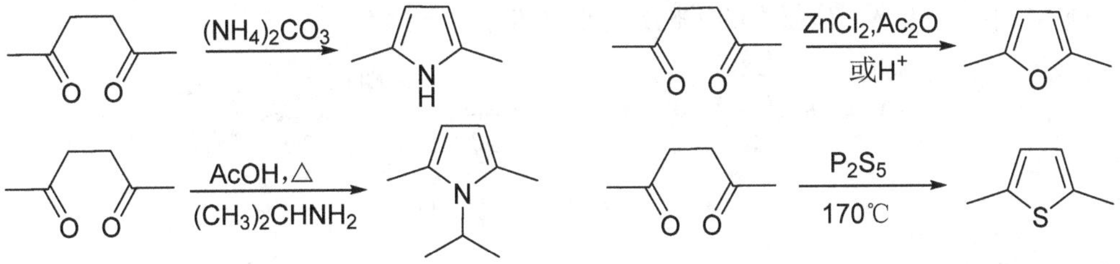

14.5　含有两个杂原子的五元杂环化合物——咪唑、噻唑和噁唑

含有两个或两个以上杂原子的五元杂环分子称为唑，常见的唑类分子有咪唑、噻唑和噁唑。咪唑、噻唑和噁唑杂环广泛存在于自然界中，是一些药物或有机功能材料分子的核心。例如，20 种常见氨基酸之一的组氨酸含有咪唑环，头孢类药物头孢克肟含有噻唑环。青霉素 G、阿莫西林等抗生素分子的核心部分是由β-内酰胺和四氢噻唑环组成的多环体系。

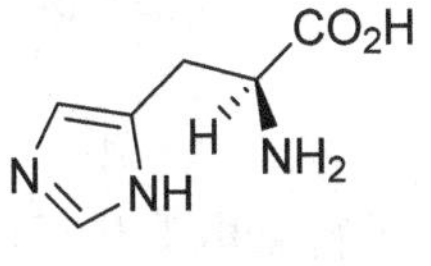

组氨酸

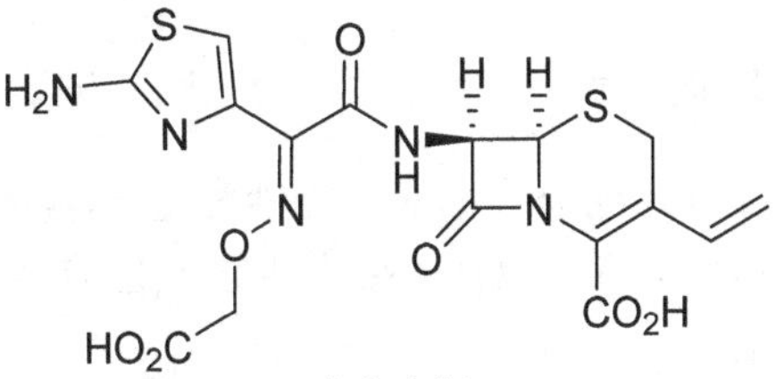

头孢克肟

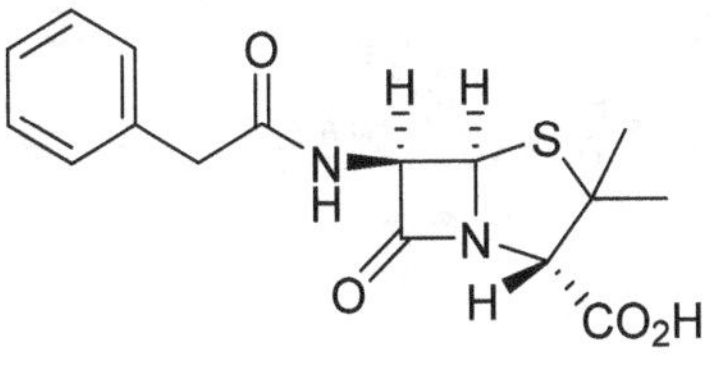

青霉素G

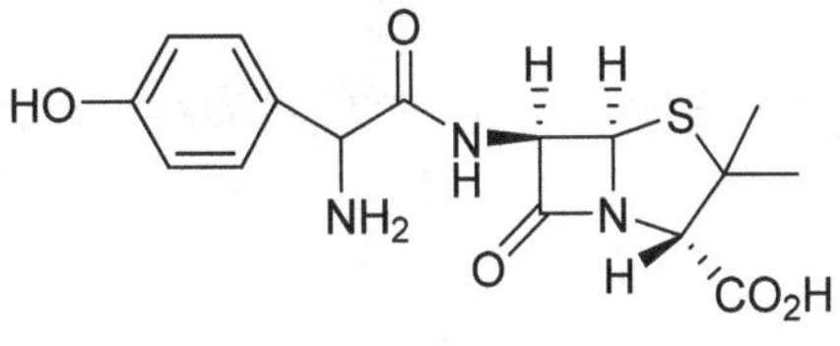

阿莫西林

14.5.1　咪唑、噻唑和噁唑的结构与物理性质

唑可以看作是五元芳杂环上 3 号位的 C—H 换成了氮原子，该氮原子采取 sp^2 不等性杂化，孤对电子占据一个 sp^2 杂化轨道，而 p 轨道上的单电子参与平面共轭体系的构建，符合休克尔规则，所以咪唑、噻唑和噁唑具有一定程度的芳香性。

咪唑存在互变异构现象，即咪唑环 N—H 上的氢原子可以在两个氮之间发生迁移，因此 4 号位和 5 号位的碳的化学环境是相同的。

咪唑为固体，熔点 90℃，沸点 263℃，噻唑和噁唑为液体，沸点分别为 70℃和 117℃。

14.5.2　咪唑、噻唑和噁唑的化学性质

1. 酸性和碱性

咪唑、噻唑和噁唑环上的 3 号位氮原子采取 sp^2 不等性杂化，孤对电子占据一个杂化轨道，不参与芳环构建，碱性较强，可结合质子。但这对孤对电子 s 成分较多，靠近核，故碱性比一般的胺弱。

与吡咯相似，咪唑 1-位氮上的氢也具有弱酸性($pK_a = 14.5$)。

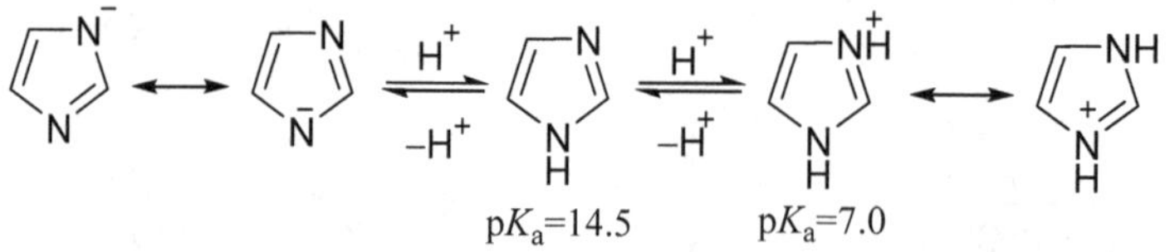

2. 烷基化反应

在碱性条件下，咪唑可与卤代烷发生 *N*-烷基化反应。当咪唑环的 4-位存在取代基时，将产生 1,4-和 1,5-二取代两种异构体。然而，由于空间位阻效应，主要产物为 1,4-二取代异构体。例如：

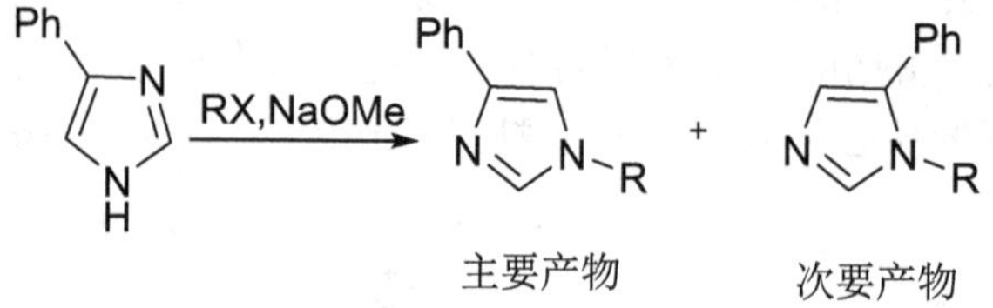

3. 亲电取代反应

咪唑能进行亲电取代反应，噻唑和噁唑本身难以进行亲电取代反应，但环上有活化基团时，反应也容易进行。取代主要发生在 5-位或 4-位，5-位更优先。例如：

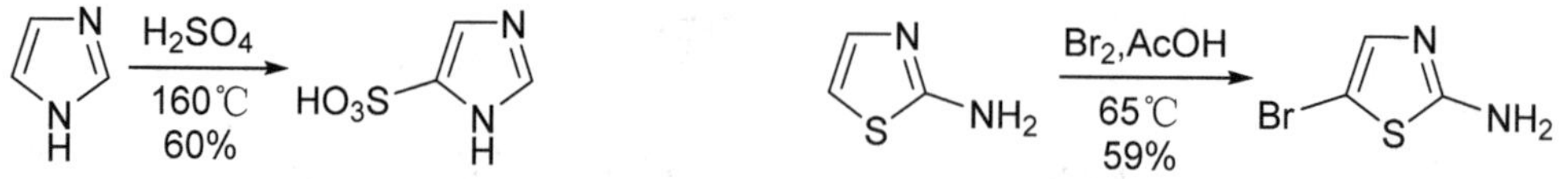

当咪唑环上有取代基时，产物可能是互变异构体的混合物。例如：

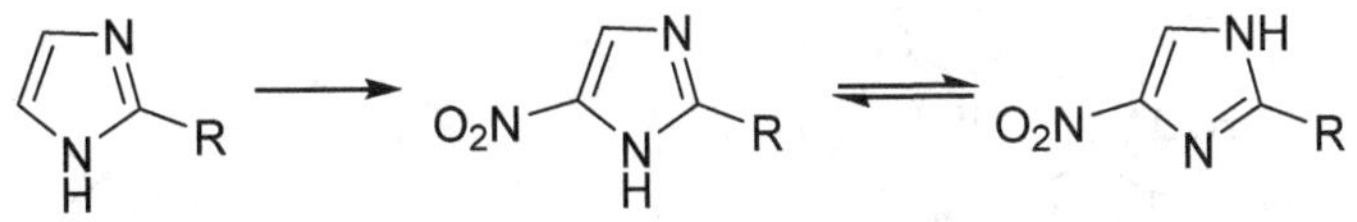

2,5-二取代产物　　2,4-二取代产物

4. 亲核取代反应

由于 3-位上氮原子的吸电子作用，2-卤代的咪唑、噻唑和噁唑可发生亲核取代反应。例如：

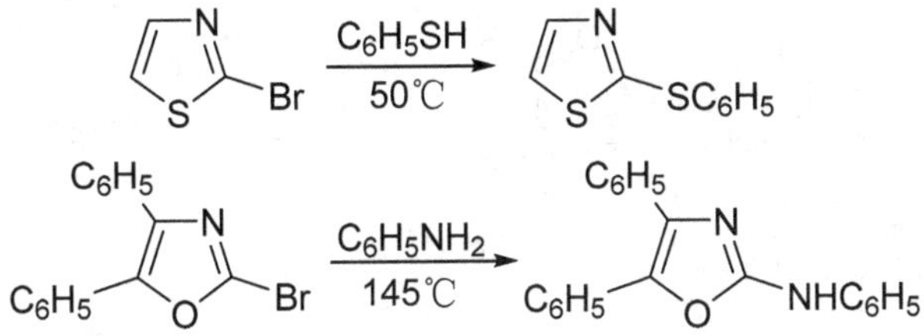

14.5.3　咪唑、噻唑和噁唑的制备

1. 由氮杂-1,4-二羰基化合物制备

咪唑、噻唑和噁唑环的制备方法之一是用 2 号位氮取代的 1,4-二羰基化合物在适当条件下环化得到。例如：

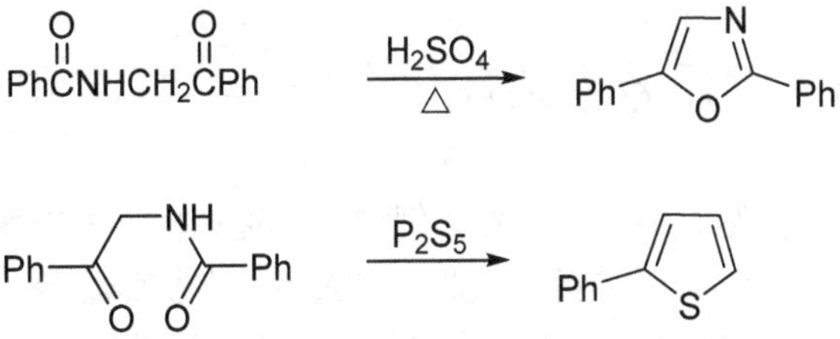

2. 由α-卤代酮制备

噻唑的制备也可由酰胺硫代之后与α-卤代酮缩合而得。例如，消炎镇痛药芬替酸的合成如下。

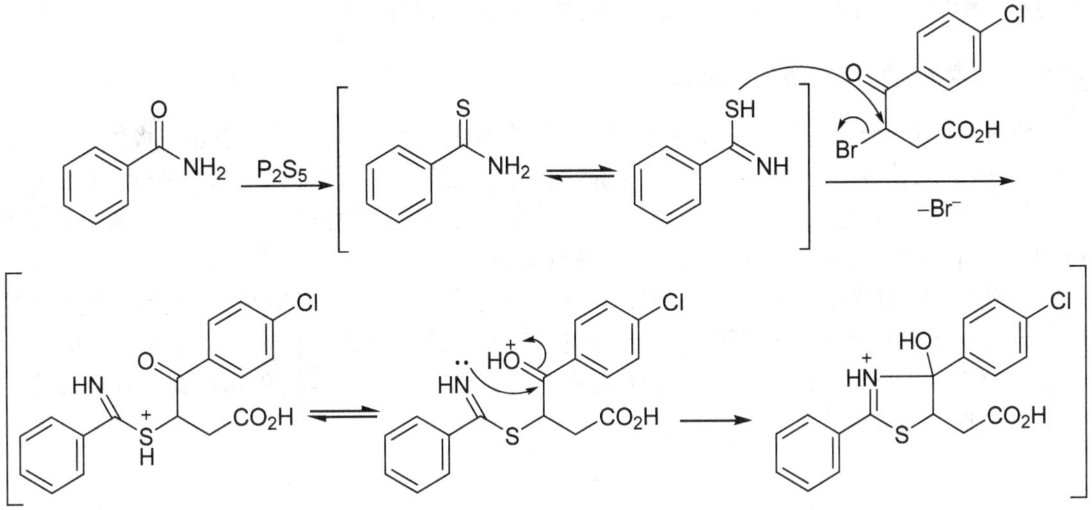

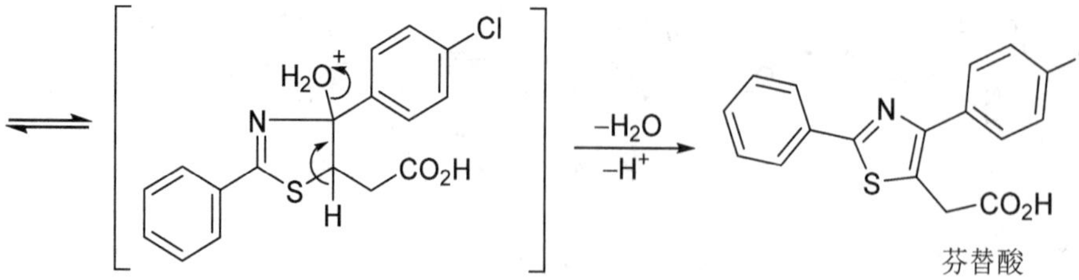

芬替酸

咪唑类化合物也可由类似的方法合成。

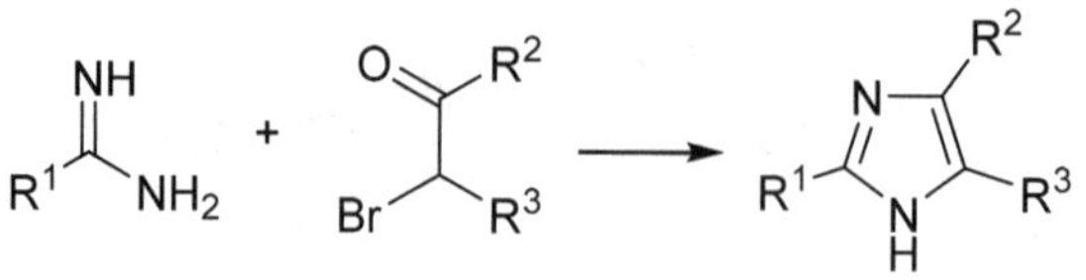

3. 由1,2-二羰基化合物制备

咪唑类化合物可用1,2-二羰基化合物、氨(或胺)与醛缩合来制备，如工业上4-甲基咪唑的合成。

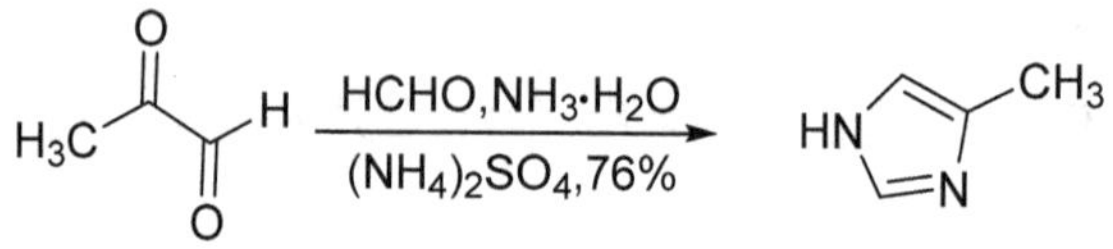

14.6　六元芳香杂环化合物——吡啶和嘧啶

吡啶和嘧啶衍生物在自然界中广泛存在。例如，烟酸（吡啶-3-甲酸）和烟酰胺，它们是维生素B族的重要组成部分，能够促进新陈代谢。烟酸还具有扩张血管的功效，可通过烟碱（又称尼古丁）的氧化过程获得。吡哆醛、吡哆胺和吡哆醇统称为维生素B_6，它们在动植物体内广泛分布，尤其是在谷类植物的外皮中含量丰富。维生素B_6的缺乏可能会引起呕吐、中枢神经系统过度兴奋等不良生理反应。此外，一些吡啶衍生物在农药和医药领域也扮演着重要角色。例如，吡氯灵和病定清是植物杀菌剂，用于防治植物疫霉病和腐霉病等多种植物病害；5-氟尿嘧啶是一种用于治疗肿瘤的药物。嘧啶类碱基是构成核酸的关键成分。

14.6.1　吡啶和嘧啶的结构与物理性质

吡啶含有6个π电子的环状共轭体系，具有芳香性。吡啶的结构可以看作是将苯上的一个—CH_2—结构替换为氮原子，氮原子采取sp^2杂化，p轨道上的一个单电子参与共轭，形成芳香性结构。^{1}H NMR数据也证实了它的芳香性。嘧啶的结构与吡啶相似，嘧啶环上的两个氮原子分别采取sp^2杂化，p轨道上的单电子参与构建芳香共轭体系。

从吡啶的共振式可以看出，氮原子上电子云密度较大，带部分负电荷，这是因为氮原子的电负性相对于碳原子较大；而碳原子上的电子云密度较低，且2-位、4-位和6-位碳的电子云密度比3-位和5-位碳更低，带部分正电荷，这是因为2-位、4-位和6-位碳具有带部分正电荷的共振极限式。

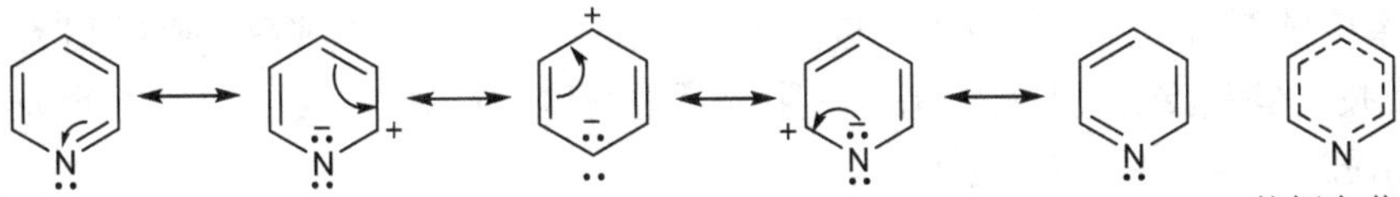

共振杂化体

吡啶从炼焦气和焦油内提炼，工业上用无机酸从焦油的轻油部分中提取。吡啶是无色有特殊气味的液体，沸点为 115.2℃，易溶于水、乙醇、醚等多数有机溶剂，是一种良好的溶剂和重要的化工原料。嘧啶的熔点为 22℃，沸点为 124℃。嘧啶衍生物广泛存在于自然界，如维生素 B_1、尿嘧啶、胞嘧啶及胸腺嘧啶都含有嘧啶环。

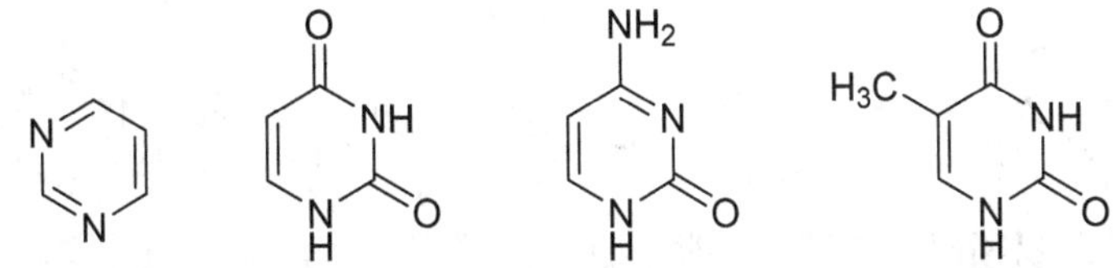

嘧啶　pyrimidine　　尿嘧啶　uracil　　胞嘧啶　cytosine　　胸腺嘧啶　thymine

它们是羟基嘧啶的互变异构体，平衡状态下以酮式(酰胺型)为主。

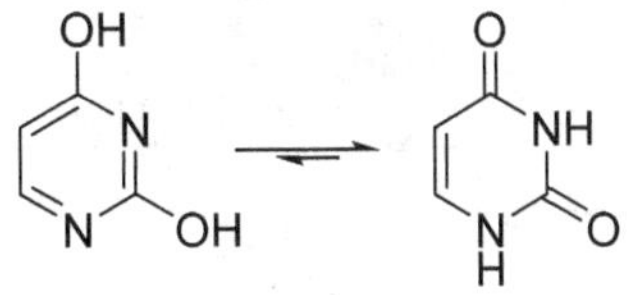

14.6.2　吡啶和嘧啶的化学性质

1. 碱性与亲核性

吡啶分子中氮原子上的孤对电子未参与 π 共轭体系，赋予了其碱性特征。相较于脂肪族胺类化合物，如六氢吡啶（其共轭酸的 pK_a 为 11），吡啶的碱性较弱；然而，与苯胺（其共轭酸的 pK_a 为 4.58）相比，吡啶的碱性更强。此外，吡啶的碱性远超吡咯（吡咯环上的氮原子孤对电子参与了共轭），使其成为有机合成中广泛使用的碱性试剂。当吡啶环上带有给电子基团时，碱性增强；反之，当吡啶环上连有吸电子基团时，碱性减弱。例如：

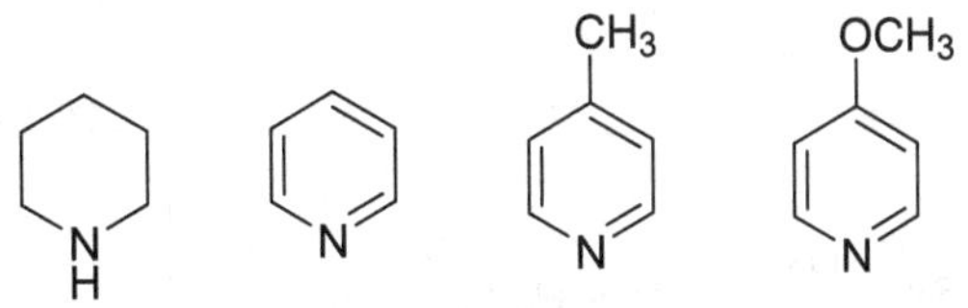

共轭酸的pK_a	11	5.32	6.0	6.5

吡啶能作为亲核试剂与卤代烷进行亲核取代反应生成季铵盐。例如，与碘甲烷反应生成季铵盐，季铵盐加热至 290～300℃，失去碘化氢生成 2-甲基吡啶和 4-甲基吡啶。

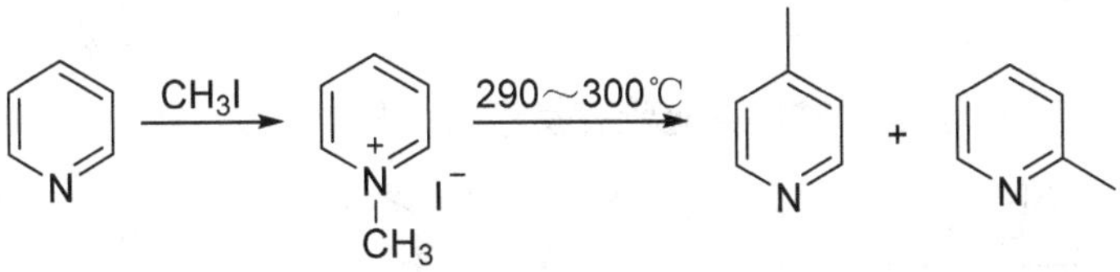

在酯的合成过程中，酰氯或酸酐与醇的反应通常以吡啶作为催化剂。在该催化作用下，吡

啶首先作为亲核试剂对酰氯进行攻击，进而发生亲核取代反应，形成酰基吡啶阳离子中间体。随后，醇（或胺）作为亲核试剂对酰基吡啶阳离子中间体进行攻击。最终，吡啶作为离去基团，促使酯（或酰胺）与吡啶盐酸盐的生成。

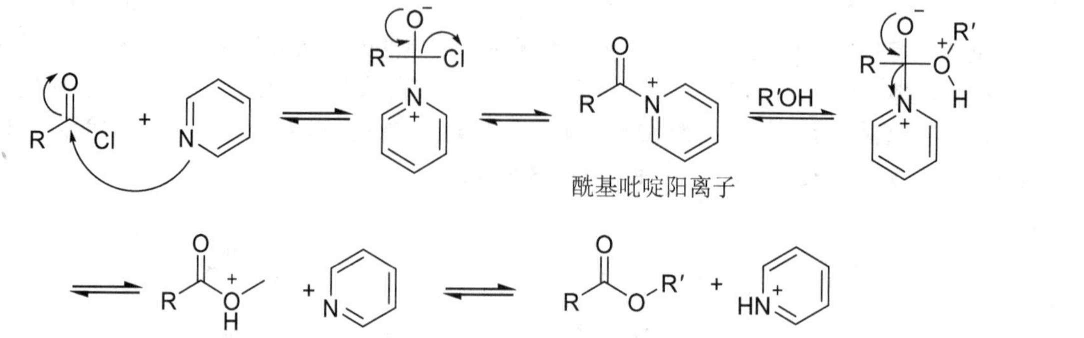

吡啶作为一种路易斯碱，能够与某些金属（路易斯酸）形成配位化合物。例如，吡啶与三氧化铬结合，形成一种易于燃烧的配位化合物。当该化合物经过盐酸处理后，会生成氯铬酸吡啶盐（PCC），这是一种相对安全的化合物。氯铬酸吡啶盐是一种温和的氧化剂，其 pK_a 为 5，能够将伯醇氧化为相应的醛，以及将仲醇氧化为相应的酮。

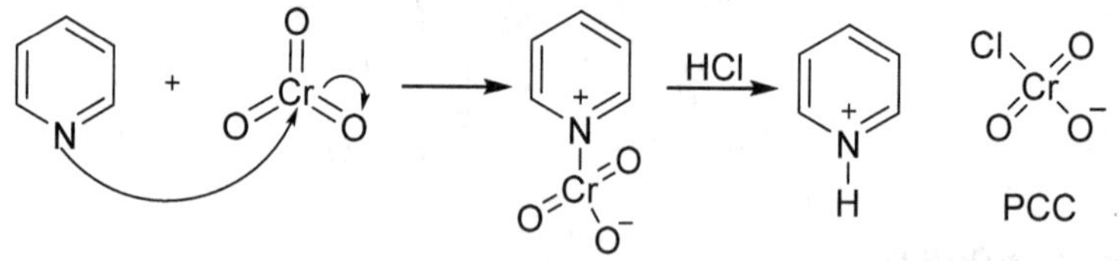

三氧化硫与吡啶形成的配合物是稳定的固体(熔点约为 160℃)，这种温和的商业化试剂可用于呋喃等对酸敏感或反应活性较低的芳(杂)烃的磺化。

2. 亲电取代反应

吡啶具备发生亲电取代反应的能力，然而，由于氮原子的电负性高于碳原子，导致吡啶环上的电子云密度相对较低。因此，其亲电取代反应的活性与硝基苯相仿，无法进行傅-克反应。硝化、磺化以及卤化反应通常需要在较为激烈的条件下才能进行，并且这些反应主要发生在 3-位。例如：

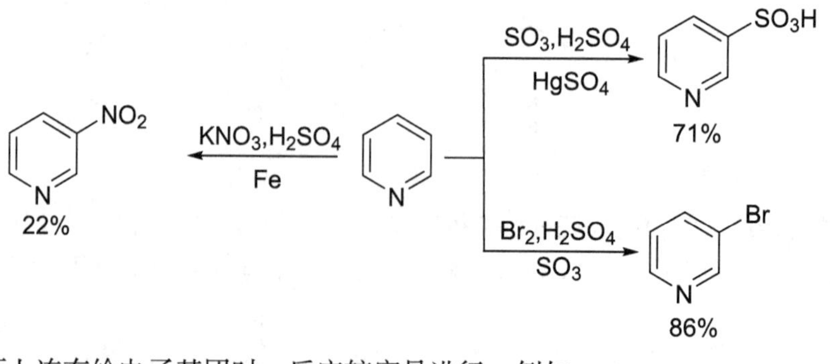

当吡啶环上连有给电子基团时，反应较容易进行。例如：

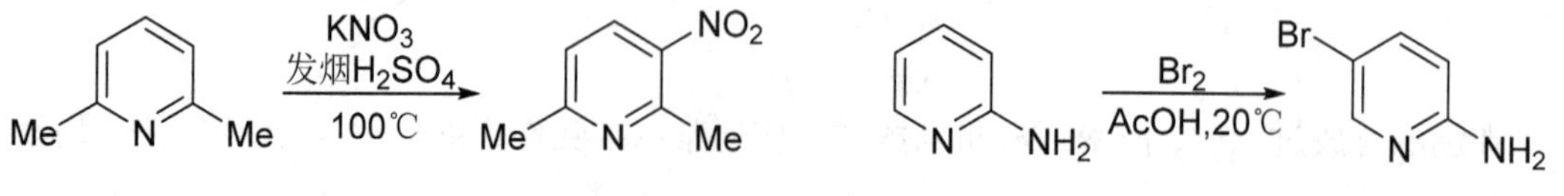

从亲电试剂进攻不同位置形成的正离子中间体可以看出，进攻 3(或 5)-位要比 2(或 6)-位及 4-位形成的中间体稳定，因为进攻 2-、6-、4-位所形成的中间体有特别不稳定的六电子氮正离子存在，因此亲电取代反应主要发生在 3(或 5)-位上。

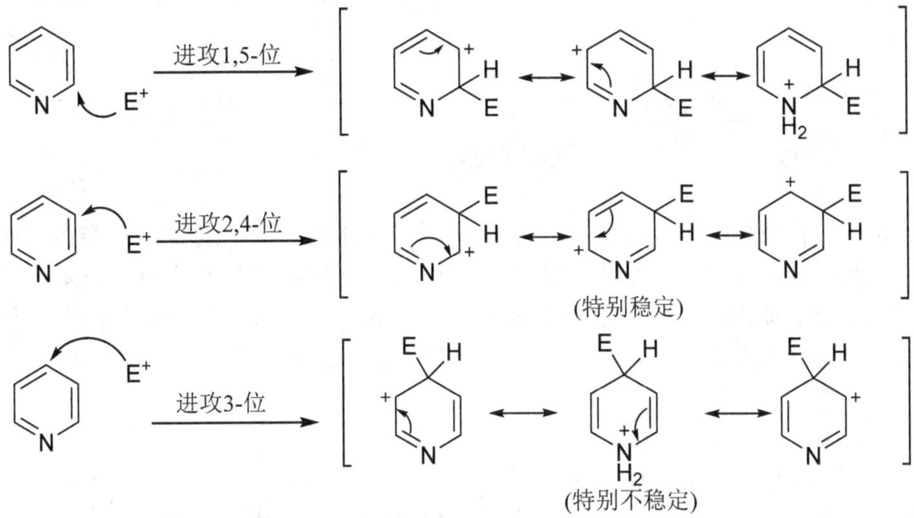

在吡啶与过氧化氢的反应中，吡啶-*N*-氧化物得以生成。相较于吡啶本身，吡啶-*N*-氧化物在芳环亲电取代反应中的活性显著提升，并且取代位置发生改变，主要产物为 4-取代物。吡啶-*N*-氧化物与 PCl_3 的反应能够轻易脱去氧原子，此过程为合成 4-取代吡啶提供了一种简便的合成策略。

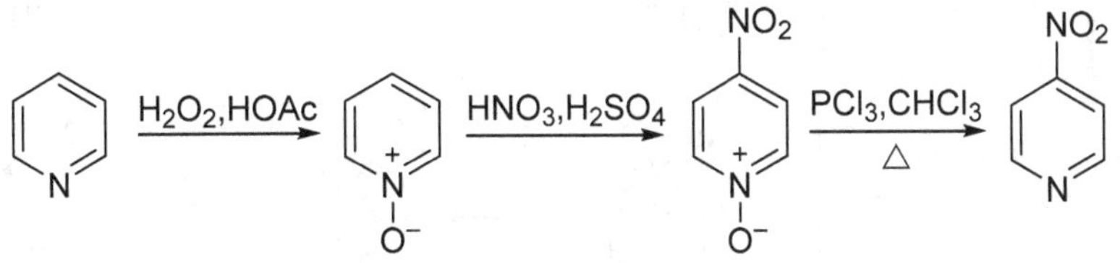

三氯化磷在脱去吡啶氮原子上的氧后生成三氯氧磷，机理如下：

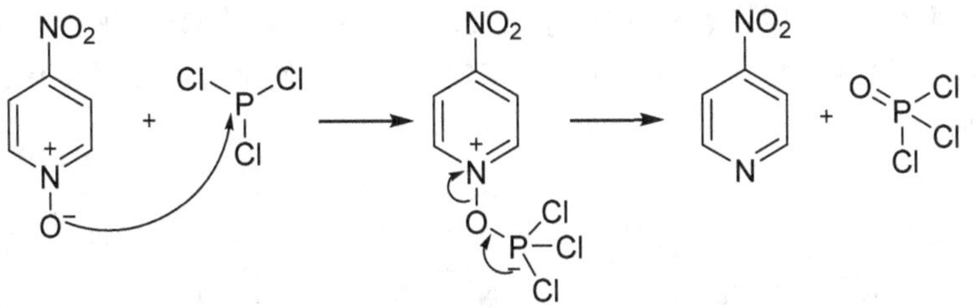

由于在 1,3-位有两个氮，嘧啶比吡啶更难发生亲电取代反应。当嘧啶环上有给电子的活化基团(如—NH_2、—OH 等)时，亲电取代较容易进行。例如：

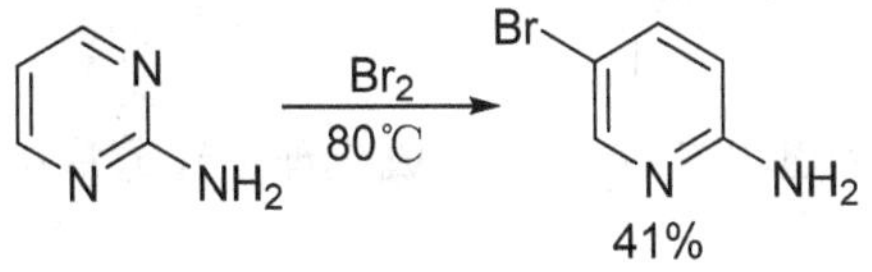

3. 亲核取代反应

吡啶虽然不易进行亲电取代，但由于氮的吸电子作用使环上的电子云密度降低，有利于亲核取代。与硝基苯类似，吡啶的 2-位、4-位和 6-位上的卤素很容易被亲核试剂取代。例如：

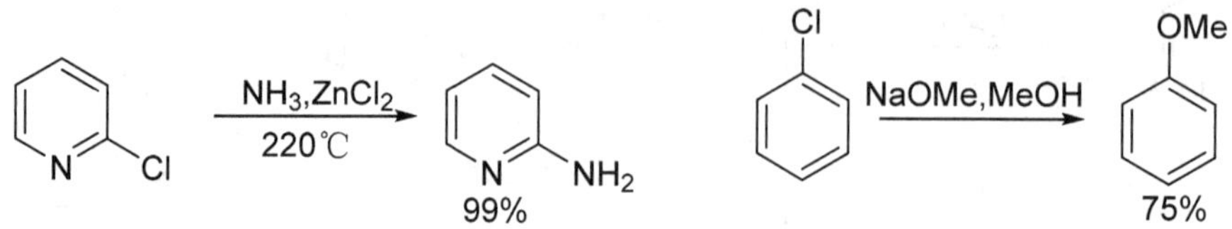

吡啶亲核取代反应的速率主要取决于负离子中间体的形成。通过观察亲核试剂对不同位置的进攻所形成的中间体，可以发现，进攻 2(或 6)-位及 4-位所形成的中间体比进攻 3(或 5)-位的更为稳定，原因在于前者能够形成特别稳定的八电子氮负离子（八隅体）。因此，亲核取代反应主要发生在 2-位、4-位、6-位上，其中尤以 2(或 6)-位为主，而 4-位的产物相对较少。

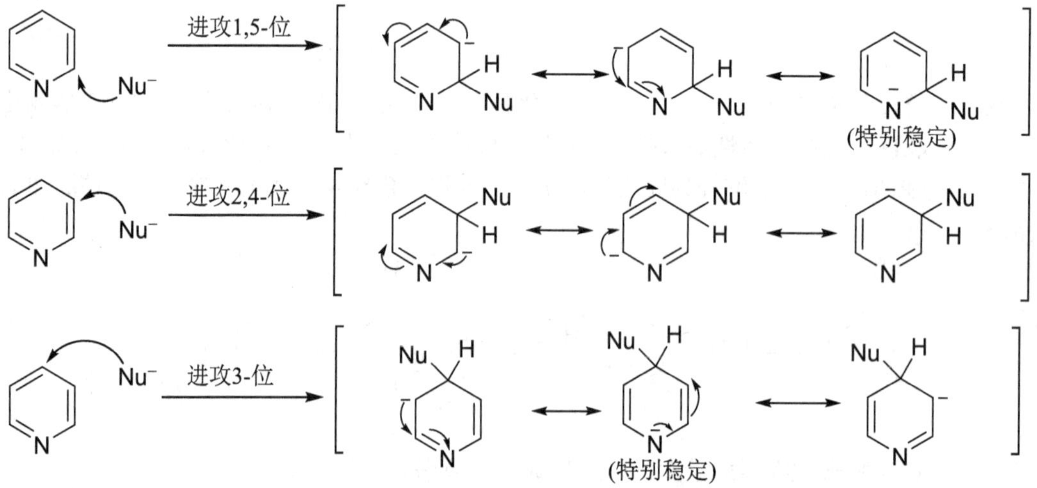

吡啶的亲核取代反应活性很高，以至于吡啶环上的氢也能被取代。例如，吡啶与强碱性的氨基钠作用生成 2-氨基吡啶，与烷基锂或芳基锂反应，可使吡啶直接烃基化，这个反应称为 Chichibabin 反应。

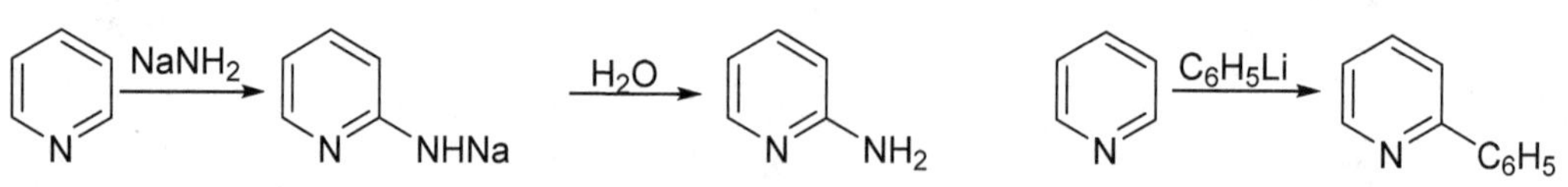

Chichibabin 反应一般认为是通过加成-消除机理进行的，反应产生一分子氢气。

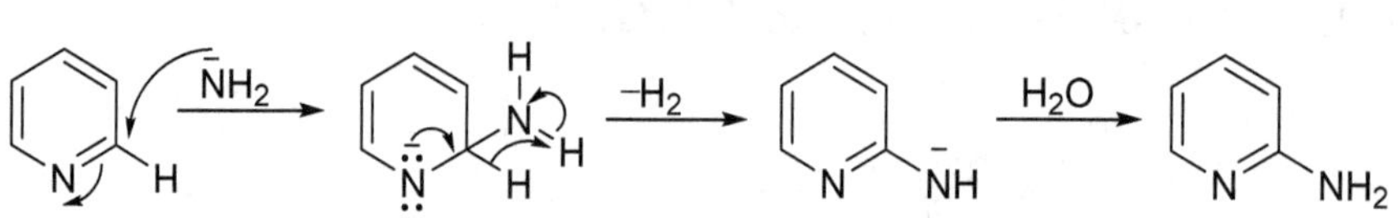

卤代吡啶在强碱性条件下也可经过消除-加成机理，经芳炔中间体发生亲核取代。例如：

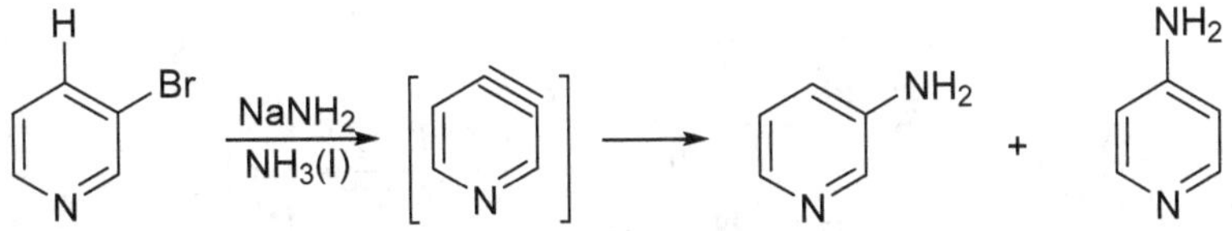

吡啶-*N*-氧化物也可在路易斯酸存在下与亲核试剂发生亲核取代，反应机理为加成-消除机理。例如：

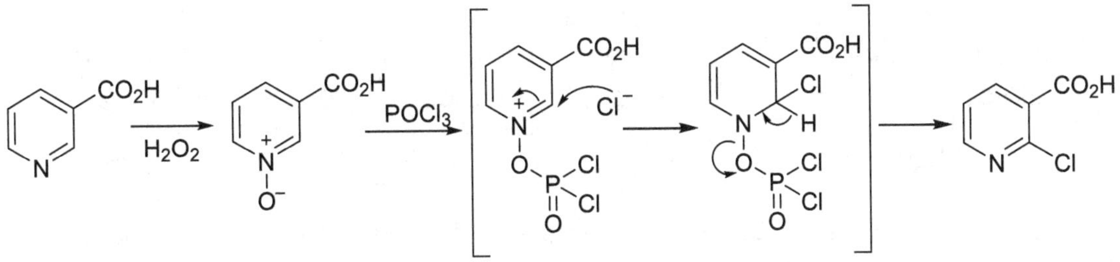

4. 氧化还原反应

除容易形成吡啶的 *N*-氧化物外，吡啶环一般不易被氧化。具有 α-氢的烷基吡啶可发生侧链氧化，生成吡啶甲酸。例如：

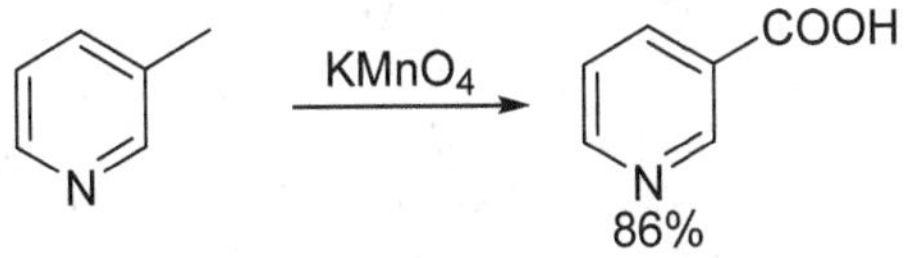

与氧化反应活性相反，还原反应则优先发生在电子云密度较小的吡啶环上。例如，治疗消化道溃疡的药物曲昔派特的制备过程，最后一步即为催化加氢过程，该过程有选择性地将吡啶环还原。

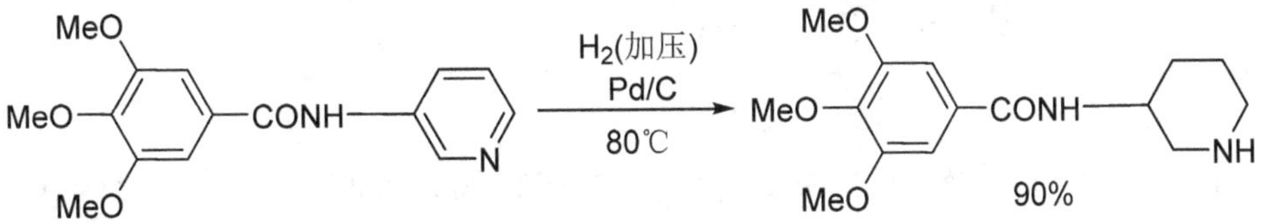

14.6.3　吡啶的制备

吡啶和一些简单的烷基吡啶可从焦油和炼焦气中获得。Hantzsch 吡啶合成法是合成吡啶的经典方法之一，其通过两分子 β-二羰基化合物与醛和氨缩合为二氢吡啶，后者经氧化脱氢生成多取代吡啶。例如，β-酮酸酯与醛和氨反应，首先生成 1,4-二氢吡啶衍生物，用硝酸氧化即生成吡啶-3,5-二甲酸双酯，后者经酯水解和脱羧可进一步转化为其他的取代吡啶。

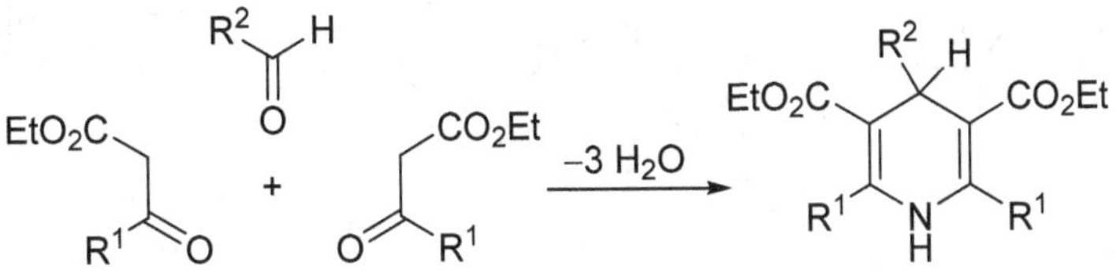

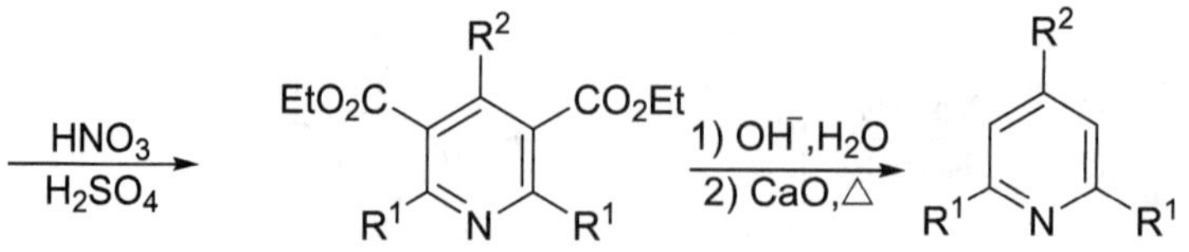

二氢吡啶的形成经历了以下两个阶段。

第一阶段：1,3-二羰基化合物与醛发生克脑文盖尔缩合，生成α,β-不饱和羰基化合物。

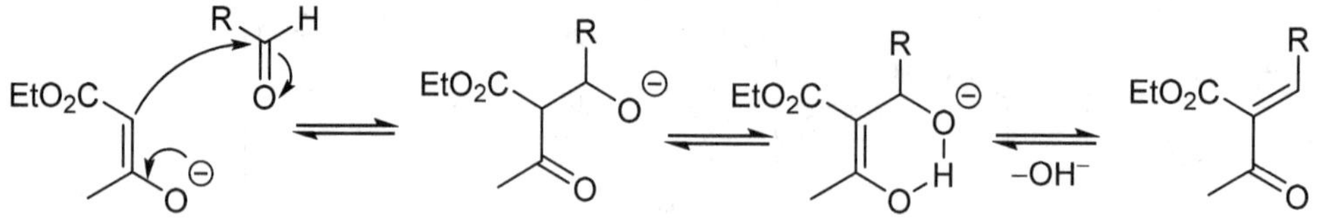

第二阶段：另一分子 1,3-二羰基化合物对α,β-不饱和羰基化合物进行 Michael 加成，随后与氨气进行缩合，后者经历分子内的亲核加成和脱水，缩合生成最终产物 1,4-二氢吡啶衍生物。

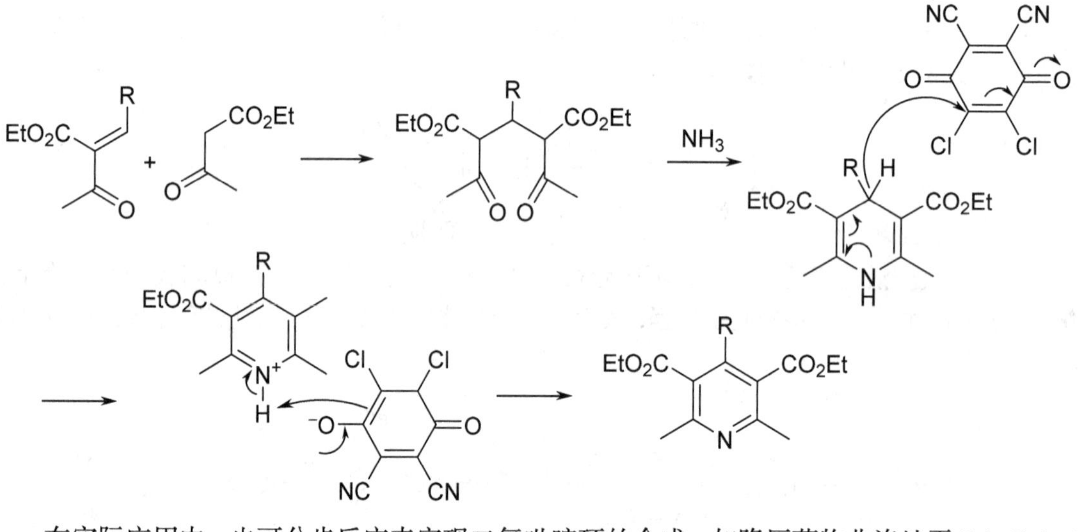

在实际应用中，也可分步反应来实现二氢吡啶环的合成，如降压药物非洛地平(felodipine)的工业化合成。

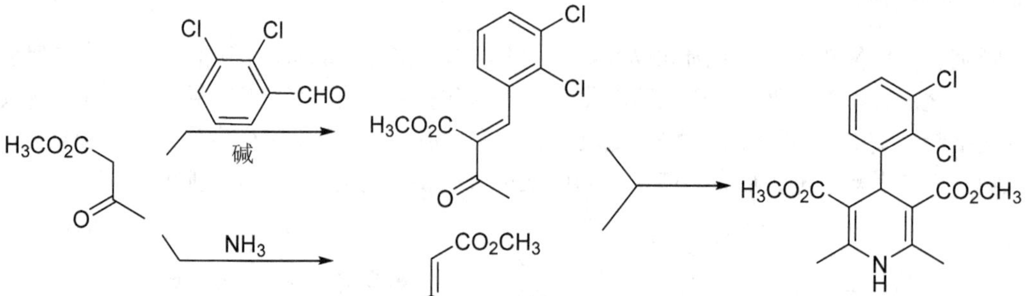

非洛地平

14.7　苯并五元杂环——吲哚

吲哚是由苯和吡咯稠合而成，吲哚的两个环均为平面结构，形成平面环状共轭体系，符合休克尔规则，因此整个分子具有芳香性。吲哚是弱碱，在 DMSO 溶液中的 $pK_a = 16$，与吡咯类似，它易发生亲电取代反应。吲哚系化合物在自然界广泛存在，如吲哚-3-乙酸和色氨酸，前者是一种植物生长调节剂，后者则是一种必需氨基酸。

14.7.1　吲哚的结构与物理性质

吲哚又称苯并吡咯，是具有 10 个 π 电子的芳香体系，其中 8 个来自双键，2 个是氮原子上的孤对电子。吲哚的共振结构如下。

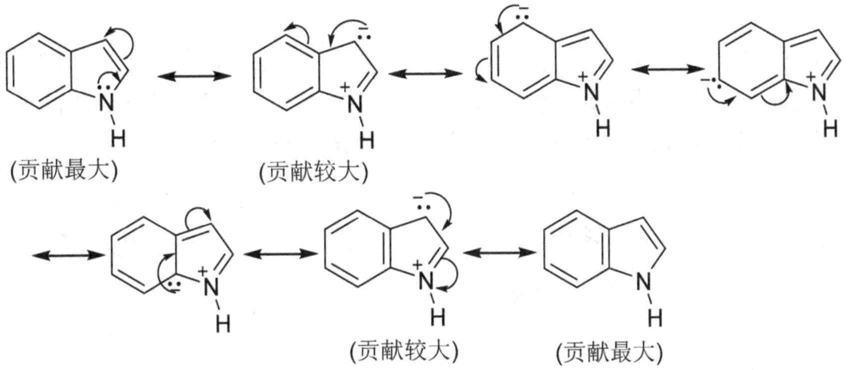

吲哚分子中无论是苯环一侧还是吡咯有一侧，其电子云密度比苯大，属于富电子的芳香化合物。吲哚常温下为白色片状晶体，熔点为 52℃，有臭味，在极稀薄的浓度时有香味，可用作香料。

14.7.2　吲哚的化学性质

1. 吲哚的弱酸性与亲核性

吲哚为苯并吡咯，化学性质与吡咯相似，有弱酸性，与强碱作用可生成盐，也可在碱性条件下与卤代烷发生 *N*-烷基化反应。例如，伊普吲哚(iprindole)是一种抗抑郁症药物，工业制备中的最后一步反应是吲哚衍生物的 *N*-烷基化反应。

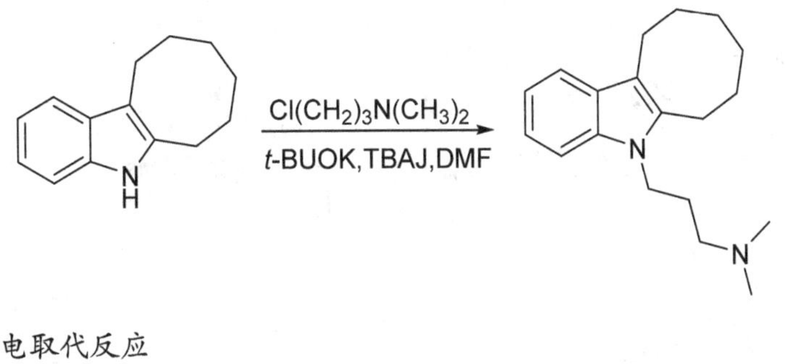

2. 吲哚的亲电取代反应

吲哚的亲电取代反应活性较高，其 3-位氢具有弱酸性，强碱可以将其拔除，因此吲哚容易发生亲电取代反应，且反应主要发生在较活泼的 3-位上。为避免上述 *N*-烷基化的发生，该反应在中性或酸催化下进行。例如：

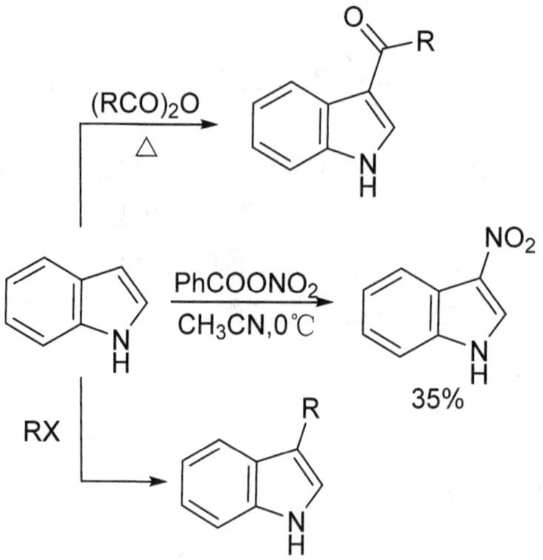

吲哚取代反应的选择性可以通过分析其中间体的相对稳定性得到解释。生成 3-取代吲哚的σ络合物中间体保留了苯环的芳香性，较稳定；相比之下，2-取代吲哚的中间体破坏了苯环的芳香性，较不稳定，故反应优先通过前者进行，生成 3-取代产物。

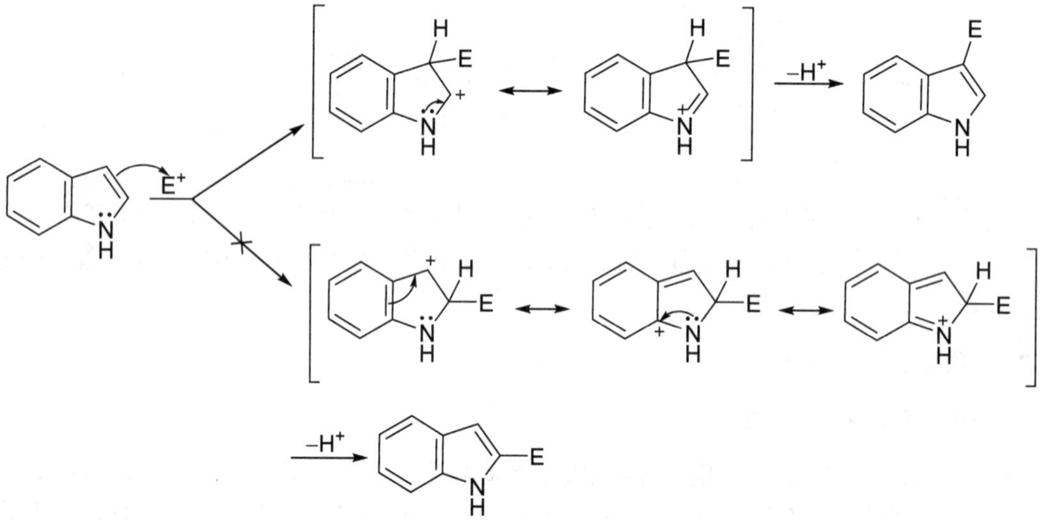

如果吲哚的 3-位上有取代基，亲电取代反应先发生在 3-位上，然后重排至 2-位。例如：

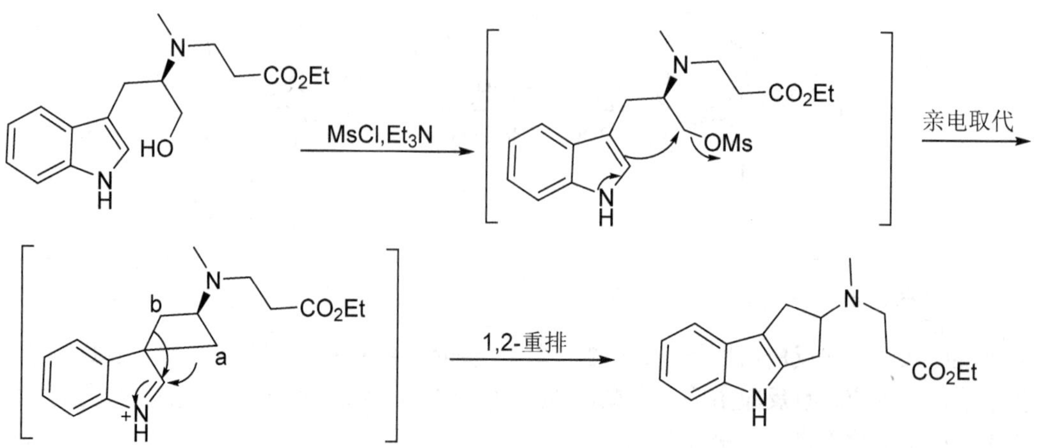

在上述反应中，尽管起始原料为旋光纯的手性化合物，由于螺环中间体在扩环重排时，其 a 和 b 两个碳均可进行重排，故最后得到外消旋化的产物。

与苯酚、吡咯和呋喃等五元芳杂环相似，吲哚容易发生 Mannich 反应，生成 3-(氨基甲基)取代的衍生物，也容易发生 Vilsmeier 反应，生成 3-甲酰基吲哚。例如：

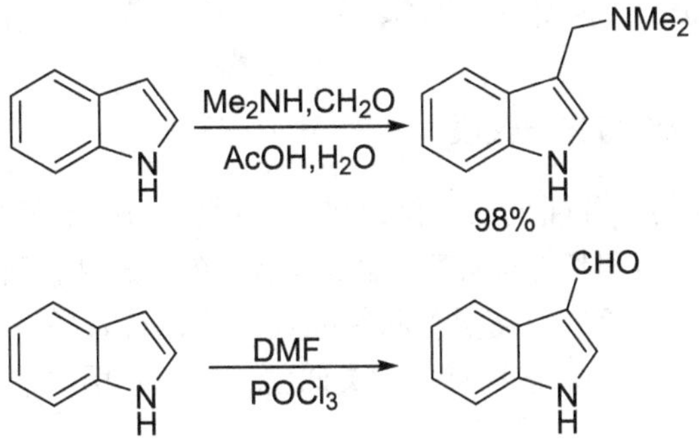

14.7.3 吲哚的制备

吲哚环的合成方法很多，其中 Fischer 吲哚合成法是最为广泛使用的方法之一。该方法是苯腙在酸催化下加热重排、消除一分子氨得到取代吲哚的环化反应。

常用醛(或酮)与苯肼(或取代苯肼)在乙酸中加热回流得苯腙，苯腙不经分离立即在酸催化下进行环化而得吲哚。最常用的催化剂是氯化锌、三氟化硼、多聚磷酸。

这个反应经历了以下三个阶段。

第一阶段：在酸催化下苯肼与醛或酮缩合形成腙。

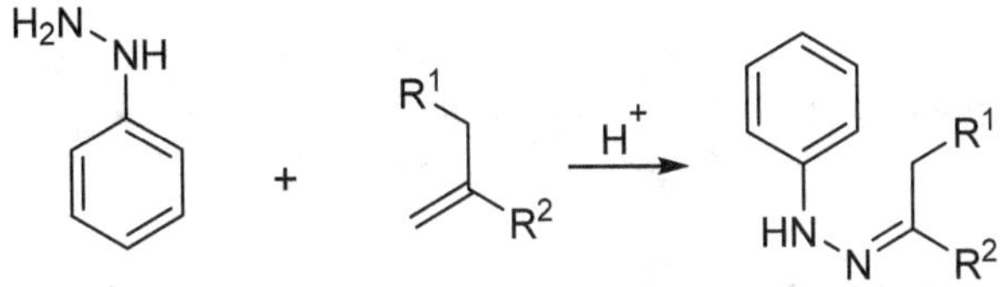

第二阶段：A 在酸催化下异构化成烯胺，接着发生[3,3]重排，形成亚胺阳离子。

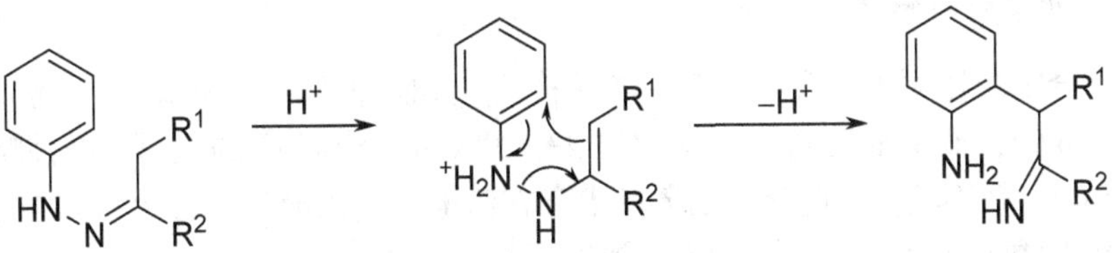

第三阶段：经历分子内亲核加成，生成环状中间体，后者消除一分子 NH_3 和质子后得到更稳定的吲哚环。

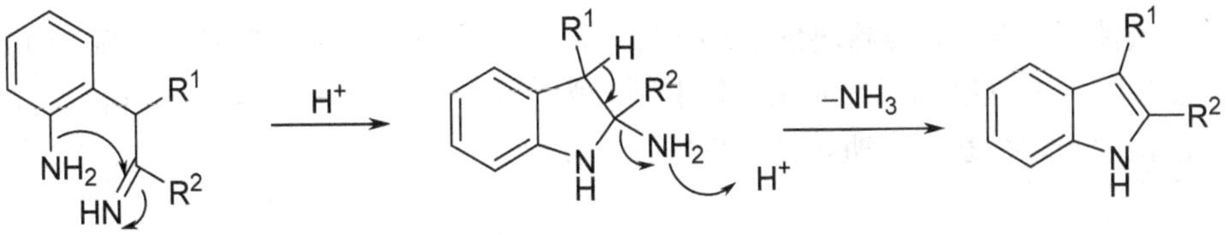

工业制备 2-苯基吲哚(一种阳离子染料的中间体)，用的就是这一方法。

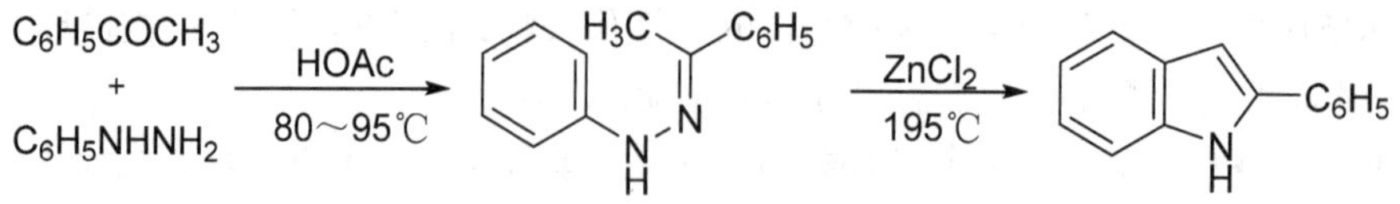

14.8　苯并六元杂环——喹啉和异喹啉

14.8.1　喹啉和异喹啉的结构与物理性质

喹啉和异喹啉是常见的芳香性稠杂环化合物。喹啉是一种具有特殊芳香气味的无色液体或白色结晶，可溶于水、醇、醚和苯等有机溶剂，具有较好的溶解性，密度大约为 1.1 g/cm^3，沸点为 234.1℃。异喹啉是一种无色的低熔点片状结晶或固体，有时呈现液体形态，随着存放时间的增加，其颜色可能会逐渐变黄。它具有一种类似茴香油和苯甲醛混合物的独特香味，熔点为 24～28℃，沸点为 242℃。

喹啉和异喹啉都是具有 10 个 π 电子的芳香性体系，氮原子上还有一对孤对电子，故具有碱性和亲核性。从喹啉的共振结构可以看出，由于氮原子的吸电子作用，吡啶环和苯环上的电子云密度都比苯环有所降低，其中吡啶环的电子云密度更低。故亲电取代反应活性较苯低，且发生在苯环上。

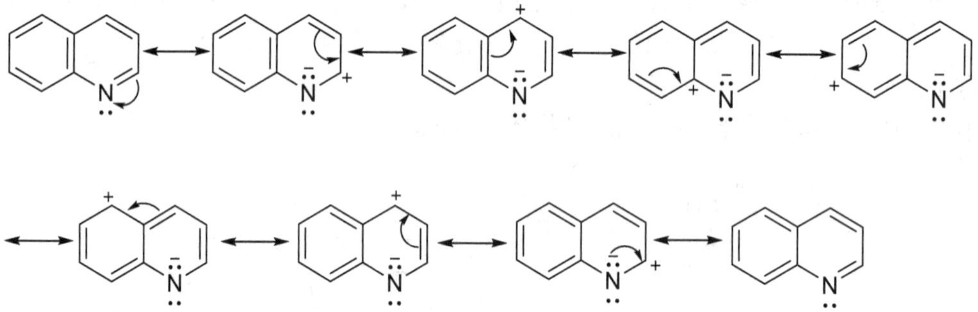

14.8.2　喹啉和异喹啉的化学性质

1. 喹啉和异喹啉的碱性

吡啶类化合物的氮原子表现出一定的碱性特征。具体而言，喹啉的氮原子碱性较弱，其共轭酸的 pK_a 为 4.94，低于吡啶的共轭酸 pK_a5.23。相对地，异喹啉的氮原子碱性略强，其共轭酸的 pK_a 为 5.40，高于吡啶。此外，当芳环上存在给电子基团时，碱性会得到增强，例如，8-羟基喹啉的共轭酸 pK_a 为 5.13，显示出比喹啉更强的碱性。

2. 亲电取代反应

在酸性条件下，喹啉和异喹啉的杂环氮原子能够接受质子，从而带有正电荷。因此，亲电取代反应在吡啶环上难以进行，而在苯环上则较为容易发生，主要发生在 5-位和 8-位。此外，其反应活性相较于苯和萘也有所降低。例如：

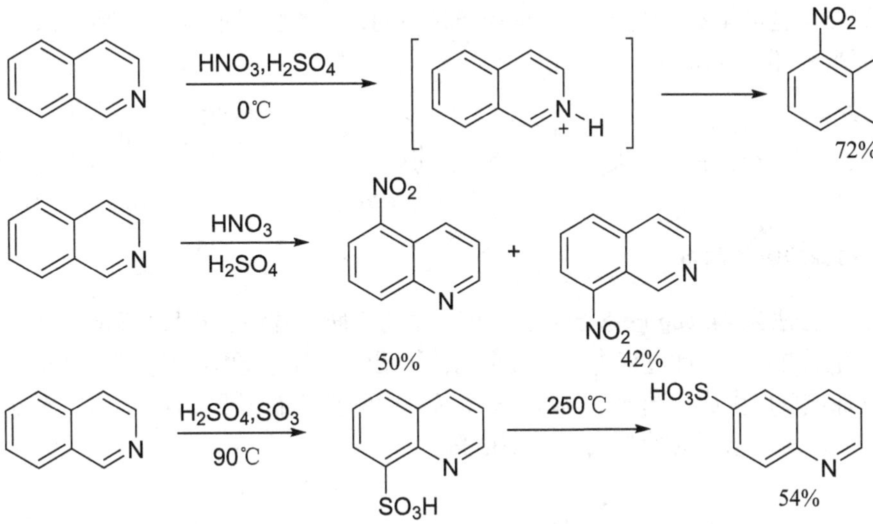

3. 亲核取代反应

与吡啶相似，喹啉和异喹啉也可以进行亲核取代反应，通过加成-消除机理或芳炔机理进行，且喹啉与异喹啉进行亲电取代反应的活性比吡啶更高。反应时喹啉主要在 2-位发生，4-位较少，2-位被烃基占据，反应发生在 4-位；异喹啉主要在 1-位发生，几乎没有 3-位产物。例如：

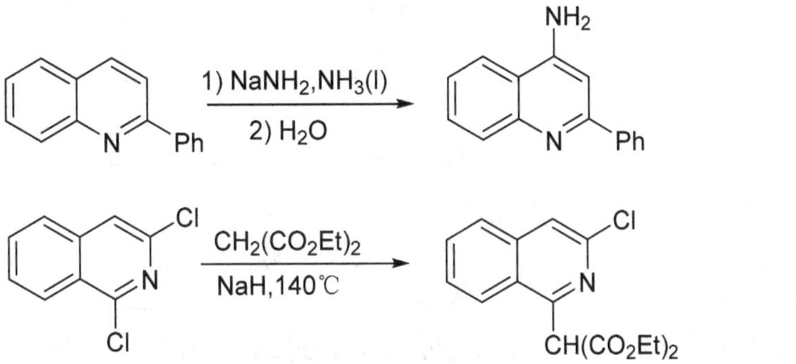

喹啉-*N*-氧化物在酰基化试剂存在下与亲核试剂反应，也可得到亲核取代产物。其机理与吡啶-*N*-氧化物的反应类似。

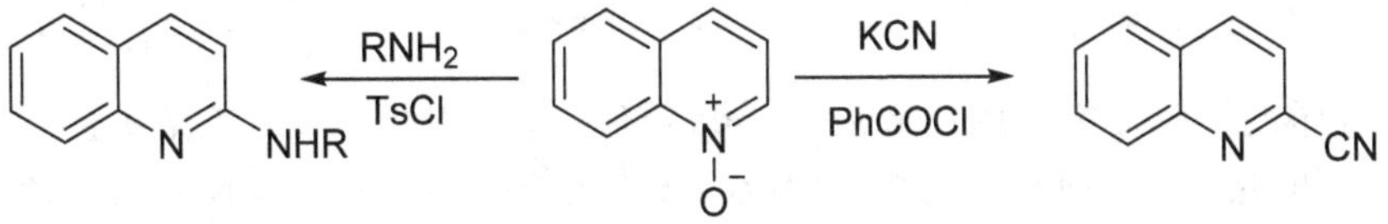

4. 氧化还原反应

强的氧化剂可将喹啉和异喹啉的苯环氧化断裂，氧化优先发生在较富电子的环，即发生在苯环上，而不是发生在吡啶环上。例如：

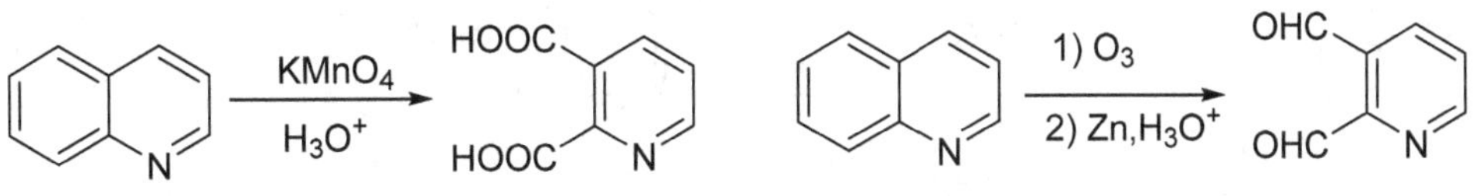

喹啉和异喹啉也可能发生还原反应，反应条件不同，产物也不同，由于吡啶环相对缺电子，所以优先还原吡啶环。例如：

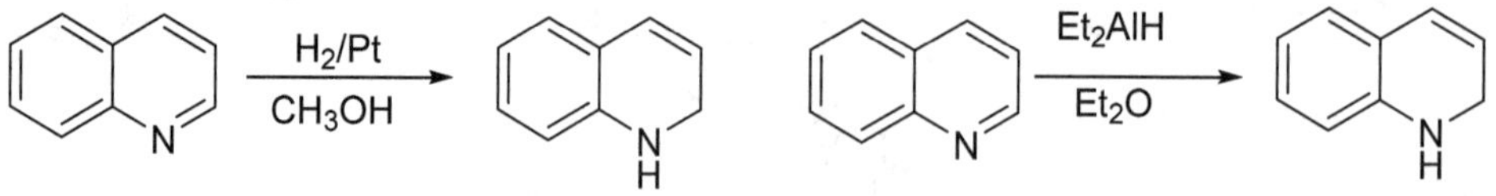

14.8.3　喹啉和异喹啉的制备

喹啉的经典方法为 Skraup 喹啉合成法，该方法将苯胺、甘油、硫酸和硝基苯的混合物通过一步反应，生成喹啉。在此过程中，甘油在硫酸作用脱水而生成丙烯醛，然后丙烯醛与苯胺发生 Michael 加成反应生成 3-苯氨基丙醛，3-苯胺基丙醛在酸催化下成环、脱水、氧化得到喹啉。此反应实际上是一步操作完成的，产率很高。

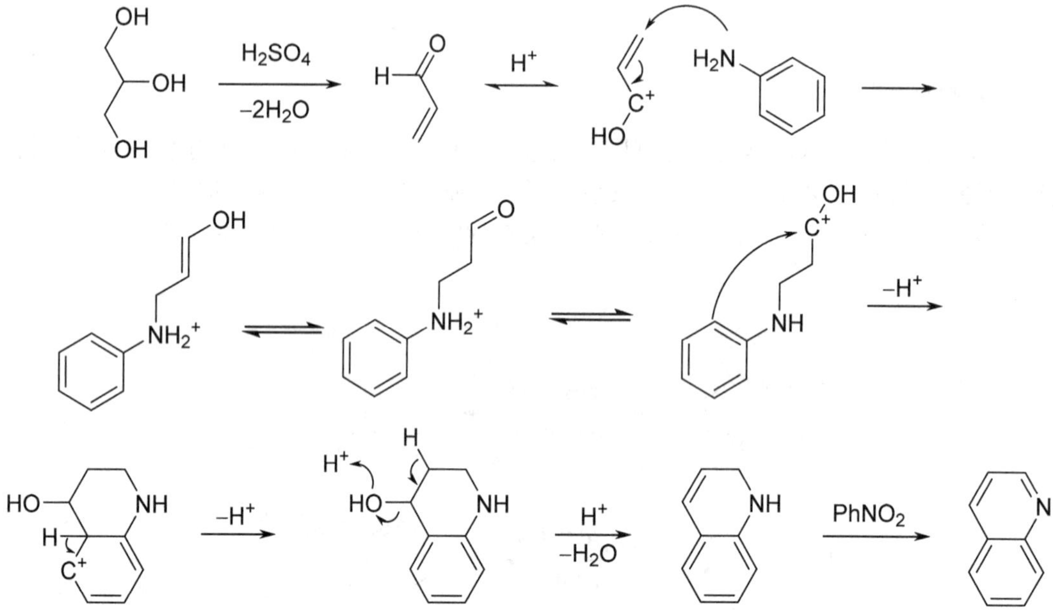

若用α,β-不饱和醛或酮代替甘油，可直接进行反应。例如：

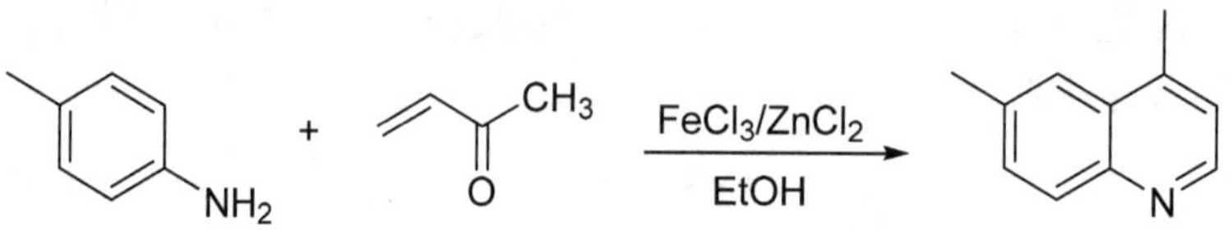

合成异喹啉的经典方法是 Pomeranz-Fritsch 反应，即苯甲醛与 2,2-二烷氧基乙胺(α-氨基乙醛的缩醛)之间的缩合。反应经历亚胺的形成、分子内的傅-克反应和消除过程。硫酸作为该反应的催化剂。

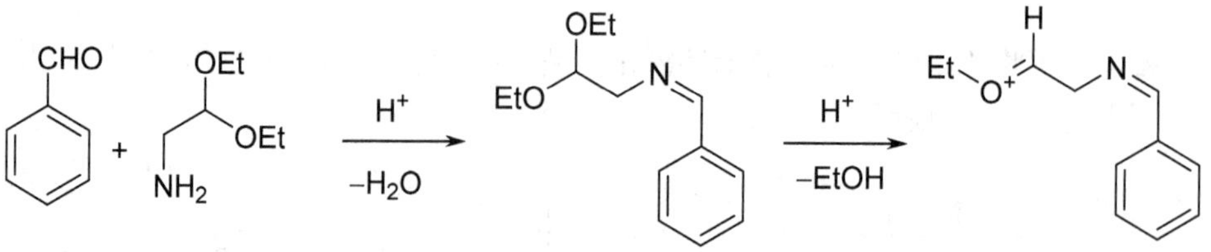

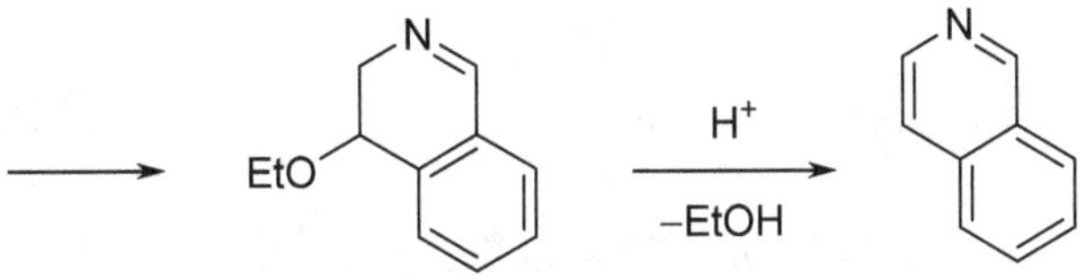

习　　题

14-1　根据以下英文名称画出其结构简式，并给出中文名称。

(1) aziridine；　(2) azetidene；　(3) dioxolane；　(4) oxirane；　(5) thione。

14-2　根据以下中文名称给出其结构简式。

(1) 3-甲基氧杂环戊烷；　　(2) 2-氟硫杂环丁烷；

(3) *N*-乙基-(2*S*,3*S*)-2,3-二甲基氮杂环丙烷；　　(4) 2,5-二甲基噻吩。

14-3　写出合理的、分步的反应机理。

(1) 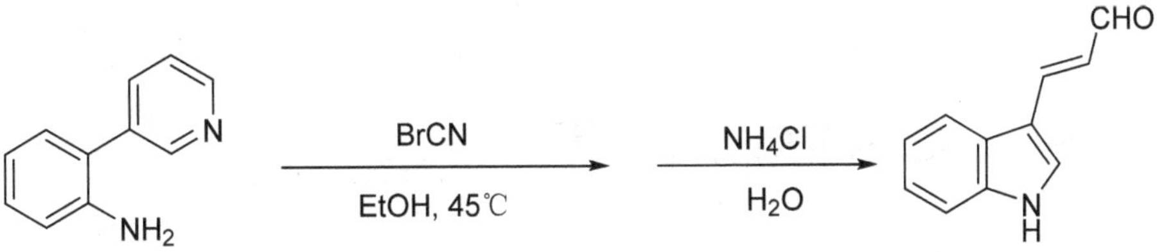

(2) 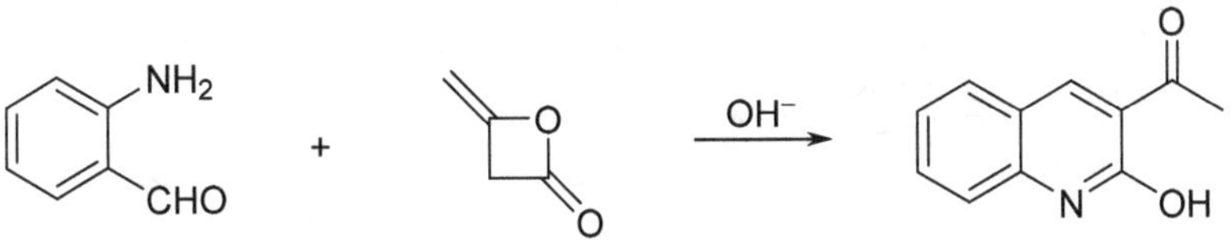

14-4　完成下列反应。

(1) 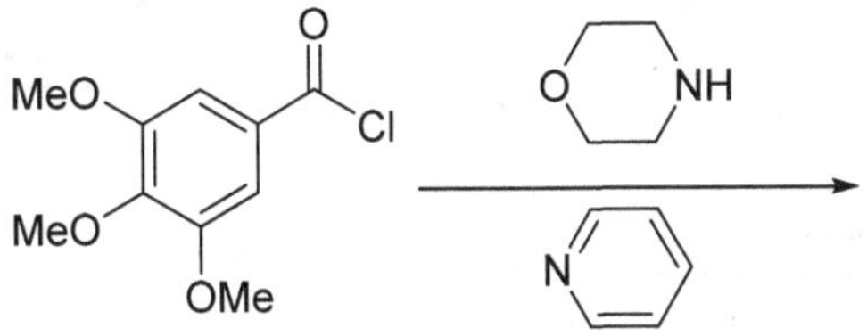

(2) 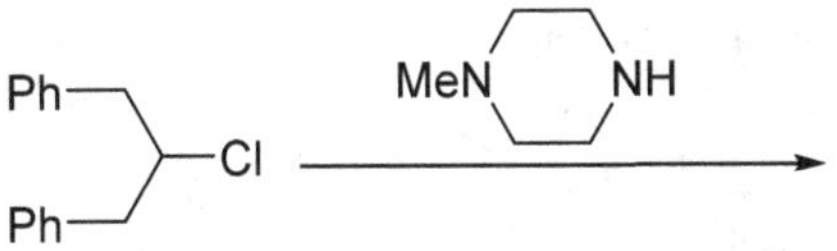

(3) 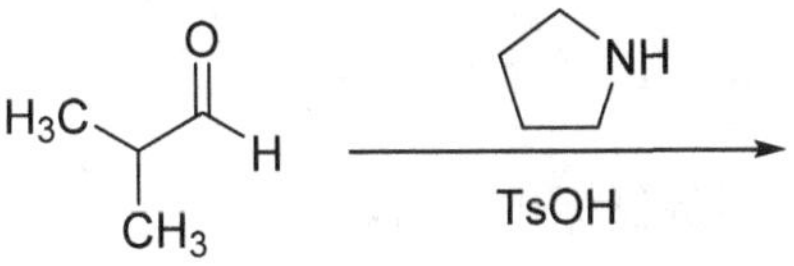

(4) 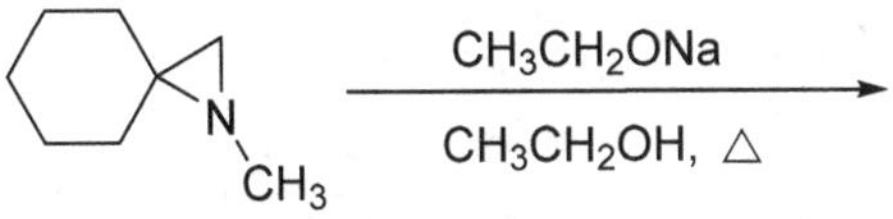

14-5　完成以下反应，画出产物的所有立体构象，并判断哪种构象最稳定。

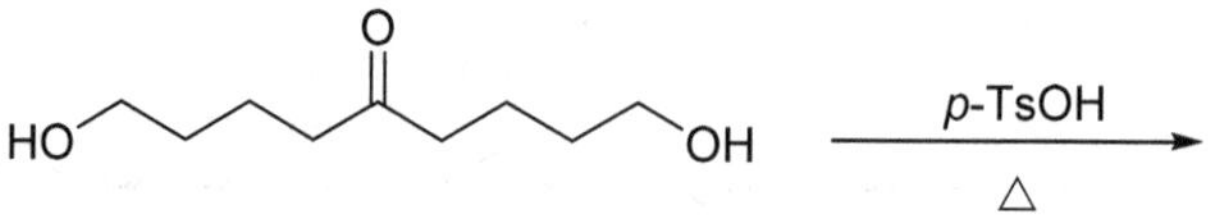

14-6　画出以下化合物稳定的立体构象，并解释。

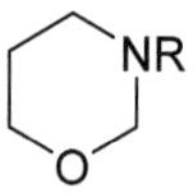
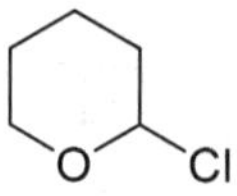
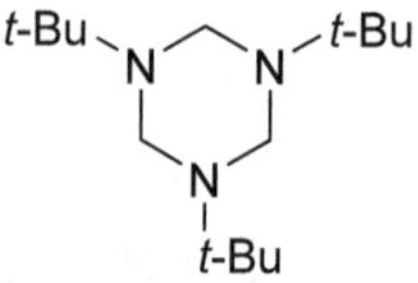

14-7　完成以下反应。

(1) 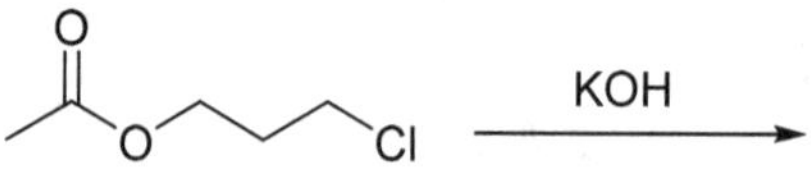

(2) 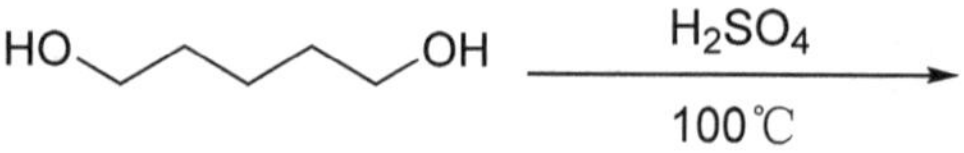

(3) 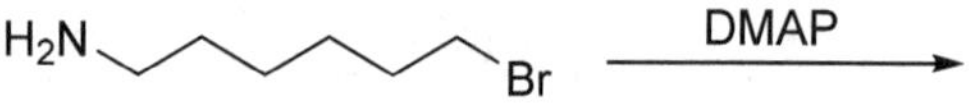

(4) 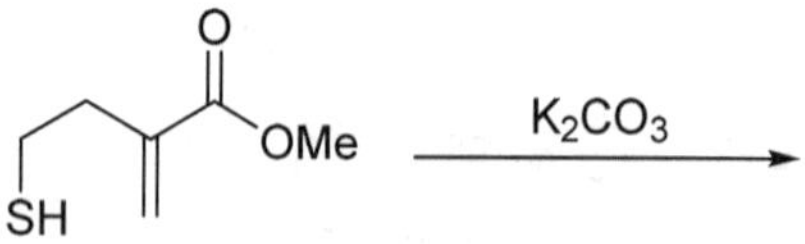

(5) 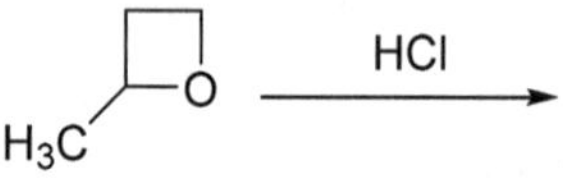

(6) 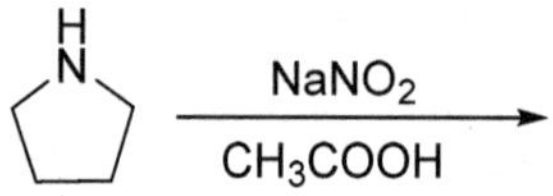

14-8　写出合理的、分步的反应机理。

(1) 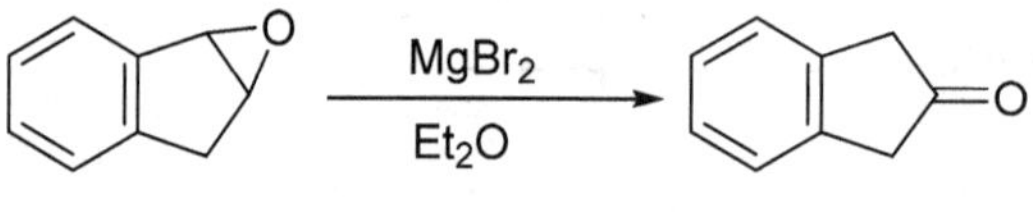

(2) 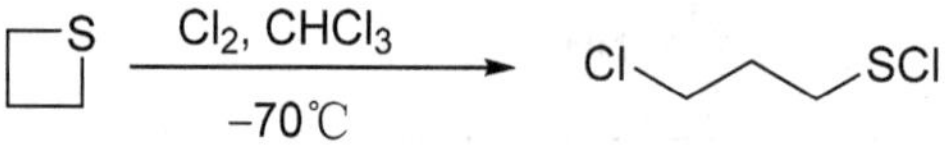

14-9　以所给的试剂为原料制备目标化合物。

(1) 

(2) 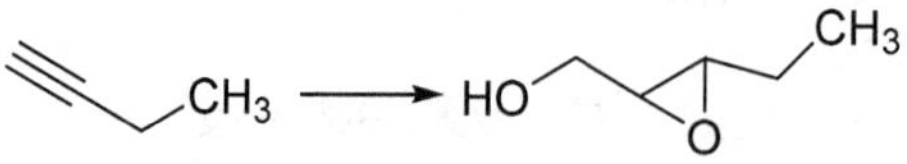

(3) 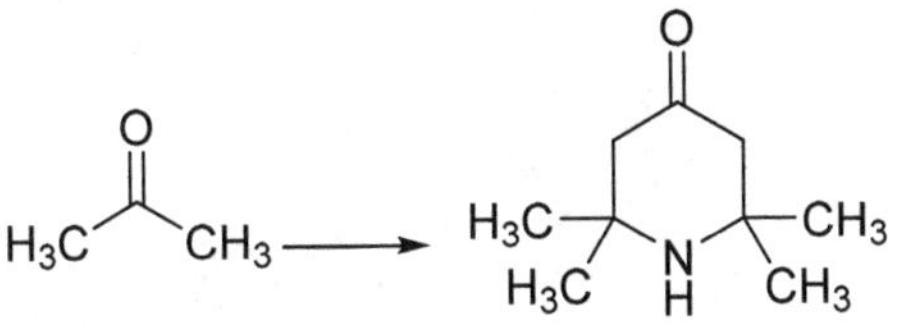

(4) 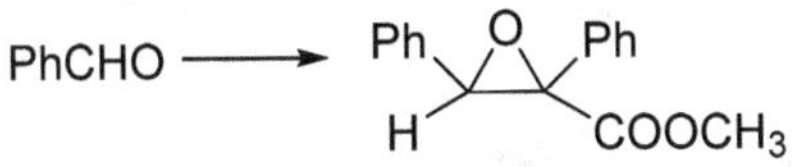

14-10 预测下列反应的主要产物。

(1) 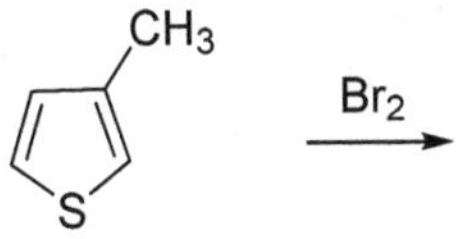

(2) 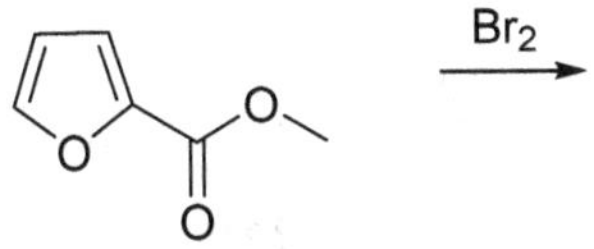

(3) 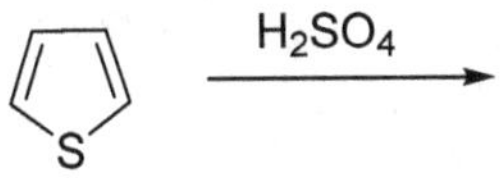

(4) 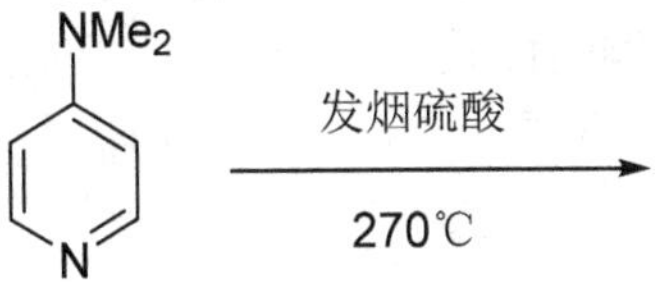

(5) 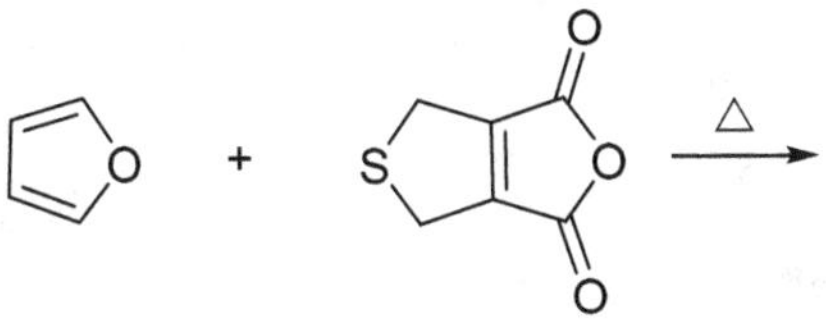

(6) 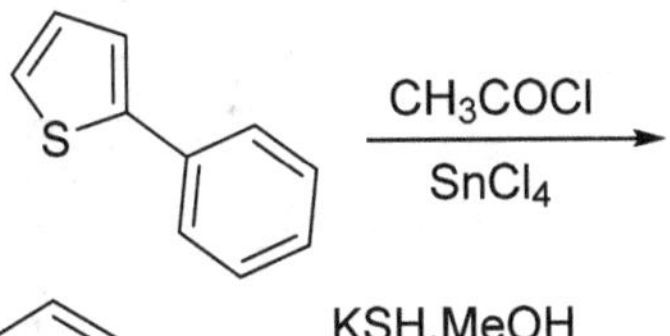

(7) 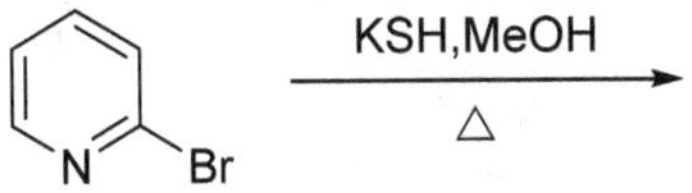

(8) 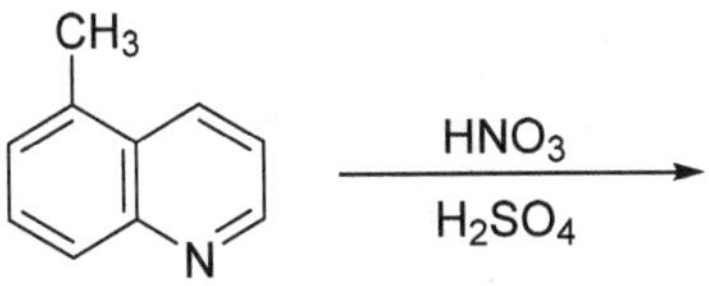

(9) 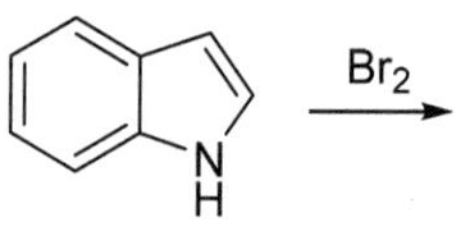

(10) 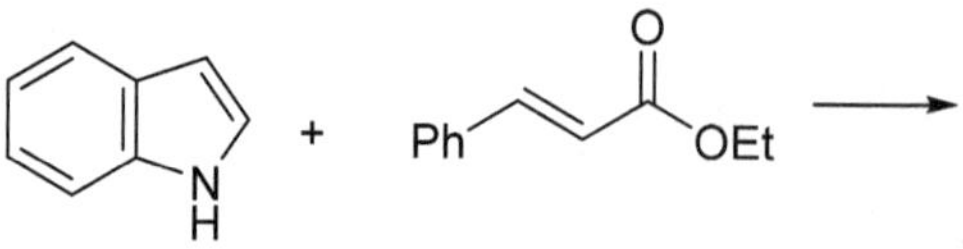

14-11 用 Hantzsch 吡啶合成法合成下列吡啶衍生物。

(1) 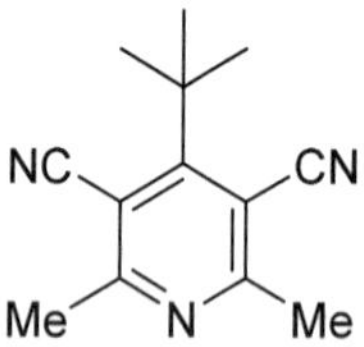

(2) 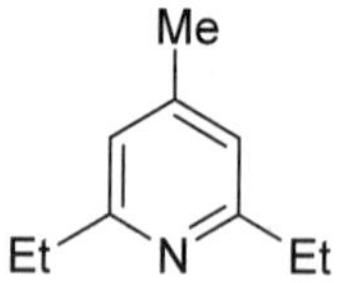

14-12 用 Mannich 反应和其他转化合成下列化合物。

(1) 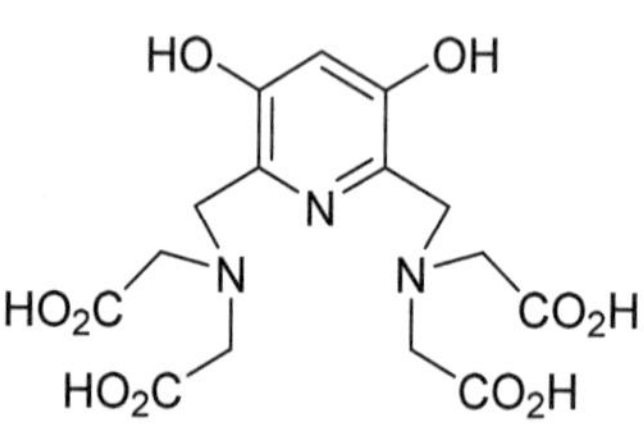

(2) 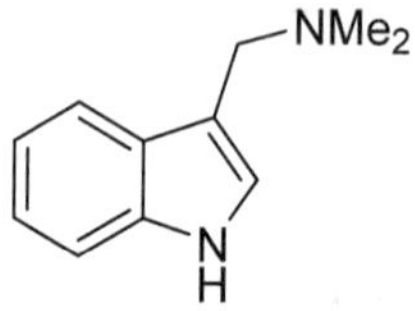

(3) 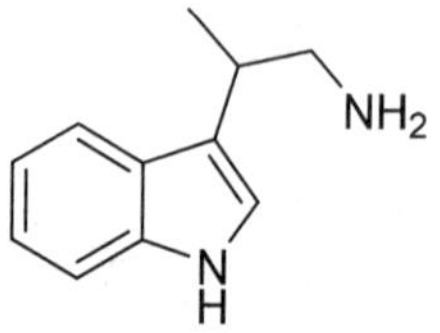

14-13 某杂环化合物 $C_5H_4O_2$ 经氧化后生成羧酸 $C_5H_4O_3$，将此羧酸的钠盐与碱石灰作用，转变为 C_4H_4O，后者与钠不发生反应，也不具备醛和酮的性质。试推测该杂环化合物的结构。

14-14 α-吡喃酮与 Br_2 反应主要生成取代产物，而不是 C═C 加成产物，试写出取代产物的结构和反应的机理。

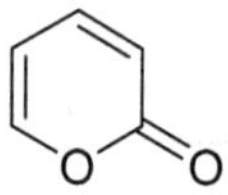

α-吡喃酮
2*H*-pyran-2-one

第 15 章　糖类化合物

糖类一般由碳、氢和氧三种元素组成。人们最初发现的一些该类化合物除碳原子外，氢原子数与氧原子数之比与水相同，可用通式 $C_m(H_2O)_n$ 表示，它们看起来是“碳的水合物”，故曾称为碳水化合物(carbohydrate)。例如，葡萄糖的分子式为 $C_6H_{12}O_6$，可用 $C_6(H_2O)_6$ 表示。但后来发现，这类化合物并不是由碳和水结合而成，且有一些化合物如鼠李糖 $C_6H_{12}O_5$ 的结构和性质虽与这类化合物相似，但分子式不符合上述通式。另外有一些化合物如乙酸 $C_2H_4O_2$ 等，分子式虽然符合 $C_m(H_2O)_n$，但其结构和性质与糖类不同。因此，碳水化合物这一名词已失去原有含义，但因沿用已久，现仍有使用。简单碳水化合物被称为糖或糖类(sugar)，大多数糖的英文名的词尾是-ose。葡萄糖(glucose)是血液中的主要糖，水果和蜂蜜中的主要糖是果糖(fructose)等。糖类作为非常重要的一类生物有机化合物广泛存在于自然界，它们是生命过程的主要能量来源和植物细胞壁的“建筑材料”，也是工业原料之一。糖类在生理过程中与蛋白质和核酸一样，也起重要作用。例如，细胞之间的通信、识别和相互作用，细胞的运动和黏附等均有糖类化合物的参与。

自然界中的糖类化合物主要是由绿色植物通过光合作用合成的，光合作用是利用太阳能减少或“固定”二氧化碳的过程。藻类和高等植物的光合作用发生在称为叶绿体的细胞器中。光合作用的整体方程可以写作：

$$x\,CO_2 + x\,H_2O \xrightarrow[\text{绿色植物}]{\text{太阳光}} \underset{\text{碳水化合物}}{(CH_2O)_x} + x\,O_2$$

在一般的光合作用过程中，存在许多酶催化反应，并不是所有的都已经被完全理解。然而，光合作用始于植物重要的绿色色素叶绿素 (chlorophyll) 对光的吸收。叶绿素的绿色以及它在可见光区域吸收阳光的能力主要是由于其拓展的共轭系统(图 15-1)。当阳光的光子被叶绿素捕获时，能量以一种化学形式提供给植物，可以用来进行反应，将二氧化碳还原为碳水化合物，将水氧化为氧气。

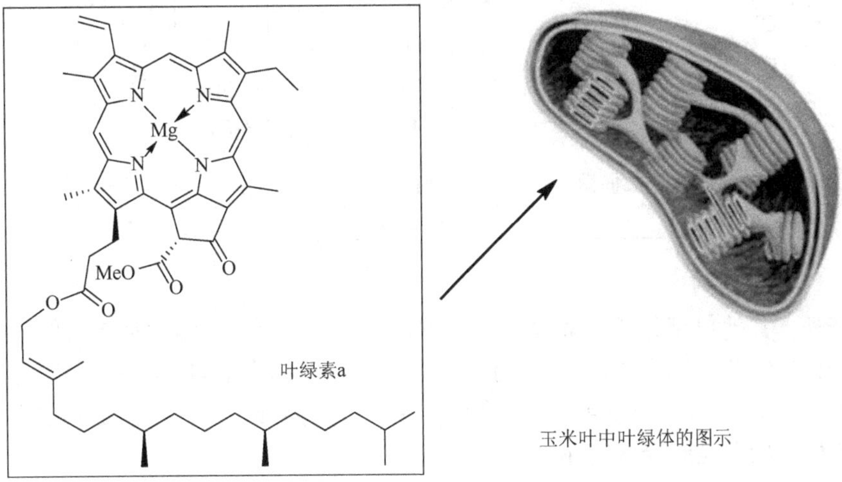

图 15-1　叶绿素 a 的分子结构

碳水化合物是太阳能的主要化学储存库。当动物或植物将碳水化合物代谢为二氧化碳和水时，它们的能量被释放：

$$\underset{\text{碳水化合物}}{(CH_2O)_x} + x\,O_2 \longrightarrow x\,CO_2 + x\,H_2O + \text{能量}$$

碳水化合物的代谢也通过一系列酶催化反应进行，其中每一个产生能量的步骤都是氧化过程(或氧化的结果)。

15.1　单糖的结构、命名和化学性质

从结构上看，糖类是多羟基醛或多羟基酮，以及能水解生成多羟基醛或多羟基酮的一类化合物。糖类可分为以下三大类：

(1) 单糖(monosaccharide)，不能水解成更小分子的多羟基醛或多羟基酮的糖类，如葡萄糖和果糖等。

(2) 寡糖(oligosaccharide)，能水解成两个或几个(2～10)分子单糖的糖类，或称为低聚糖。其中最重要的是二糖(也称双糖)，如蔗糖、麦芽糖和纤维二糖等。

(3) 多糖(polysaccharide)，水解后能产生多个分子单糖(一般为大于 10)的糖类，常见的多糖如淀粉和纤维素等。

按分子中所含碳原子的数目，单糖可分为丙糖、丁糖、戊糖和己糖等。分子中含有醛羰基的糖称为醛糖，含有酮羰基的糖称为酮糖。自然界中所发现的单糖主要是戊糖和己糖。最重要的戊糖是核糖，最重要的己糖是葡萄糖和果糖。最简单的单糖是丙醛糖(甘油醛)和丙酮糖(1,3-二羟基丙酮)。除丙酮糖外，其他未脱氧的单糖分子中都含有一个或多个手性碳原子，立体异构体的数目很多，故常以它们的来源命名，并以 Fischer 投影式来表示它们的结构。按规定，糖分子的羰基必须写在投影式的上端，碳链的编号从羰基一端开始。

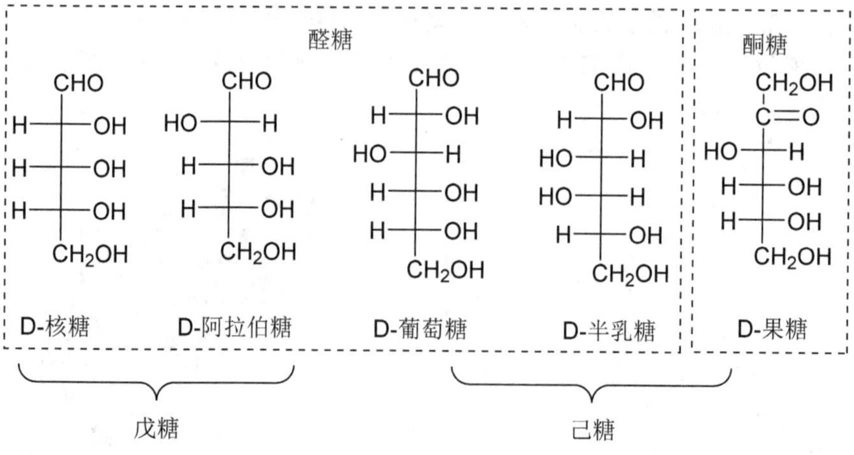

除丙酮糖外，其他单糖分子中都含有一个或多个手性碳原子，因此都有立体异构体。例如，己醛糖分子中有四个不同的手性碳原子，故有 $2^4 = 16$ 种立体异构体，葡萄糖是其中之一；己酮糖分子中有三个不同的手性碳原子，故有 $2^3 = 8$ 种立体异构体，果糖是其中之一。碳原子数相同的醛糖和酮糖是同分异构体。

15.1.1　单糖的 D/L 标记法

单糖构型的确定是以甘油醛为标准的。凡由 D-(+)-甘油醛经过增碳反应转变成的醛糖称为 D 型；由 L-(−)-甘油醛经过增碳反应转变成的醛糖称为 L 型。自然界存在的单糖绝大部分是 D 型(也称 D 型糖家族，或 D-Family)。下图显示了由 D-(+)-甘油醛衍生出的不同碳数目的常见 D 型糖类。

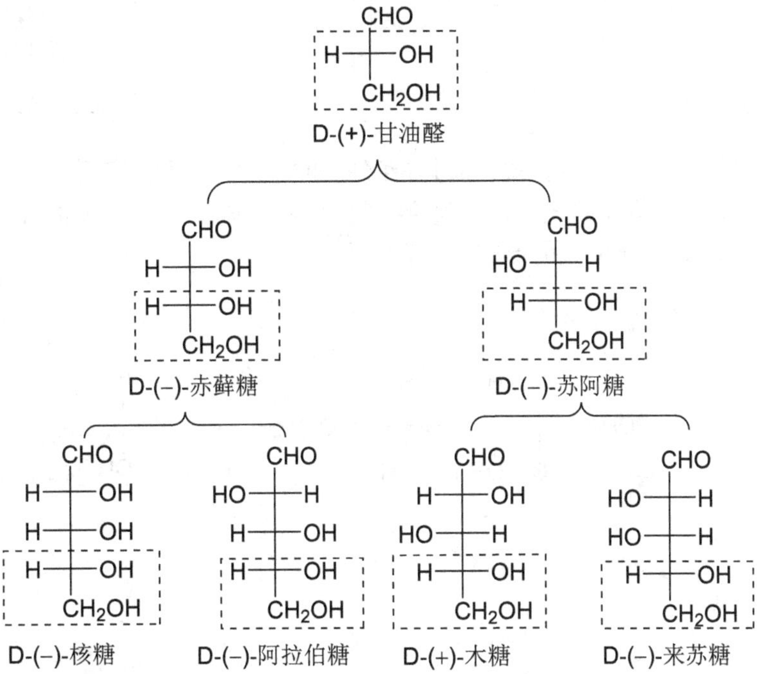

D 型糖类与 L 型糖类是对映体，故可根据上述 D 型糖类推导出相应的 L 型糖类。另外，单糖的构型还可通过与甘油醛对比来确认，如分子中距离醛基最远的手性碳原子(如己糖是第五个碳原子)与 D-(+)-甘油醛的手性碳原子构型相同时，称为 D 型；与 L-(+)-甘油醛相同时，称为 L 型。

15.1.2　单糖的环状结构

上述标记法主要是针对糖分子的开链式结构，但其并不能解释它们的一些物理化学性质。例如，某些新配制的单糖水溶液随时间的变化，其比旋光度逐渐增加或减小，最后达到恒定值，这种现象称为变旋光现象。

例如，D-(+)-葡萄糖能分离出两种结晶形式：其一熔点为 146℃，25℃时在 100 g 水中的溶解度是 82 g，比旋光度为+112° · dm^2 · kg^{-1}；另一种熔点为 150℃，15℃时在 100 g 水中的溶解度为 154 g，比旋光度为+19° · dm^2 · kg^{-1}。其中任何一种结晶溶于水后，其比旋光度都逐渐变成+52.5° · dm^2 · kg^{-1}，这种事实用开链式结构不能圆满解释。通过深入研究，并从醇与醛作用能生成半缩醛，以及γ- 和 δ -羟基醛主要以环状半缩醛的形式存在得到启发，认为单糖如葡萄糖也可能以五元或六元环状半缩醛的形式存在。实际上 D-(+)-葡萄糖主要以 δ-氧环式存在，即 δ-碳原子(C-5)上的羟基与醛作用生成了环状半缩醛。将这种具有六元环结构的糖类称为吡喃糖。与此相似，具有五元环结构的糖类称为呋喃糖。

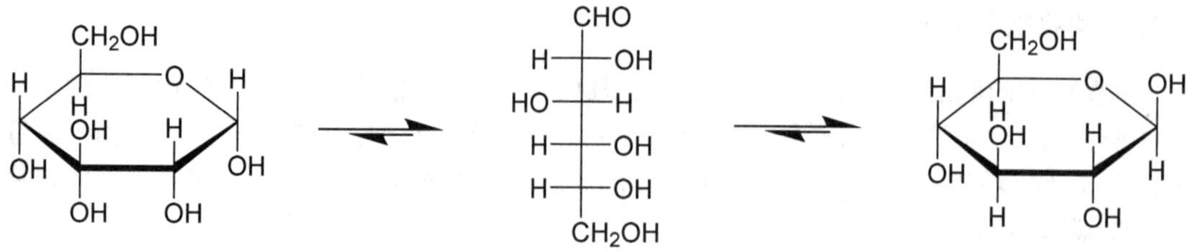

Ⅱ-a　　Ⅰ　　Ⅱ-b

α-D-(+)-葡萄糖　　β-D-(+)-葡萄糖

熔点：146℃，$[\alpha]_D^{20}=+112°$　　熔点：150℃，$[\alpha]_D^{20}=+19°$

上式中的(Ⅰ)是 Fischer 投影式，而其余两种(Ⅱ)结构是一种用五元或六元环平面表示单糖氧环式各原子在空间排布的式子，称为哈沃斯(Haworth)式。从葡萄糖的 Fischer 投影式到六元环状半缩醛的 Haworth 式的形成，可表示为：

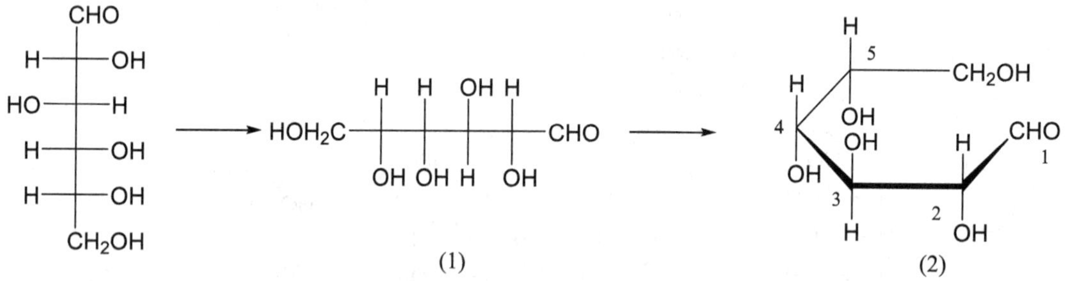

(1)　　(2)

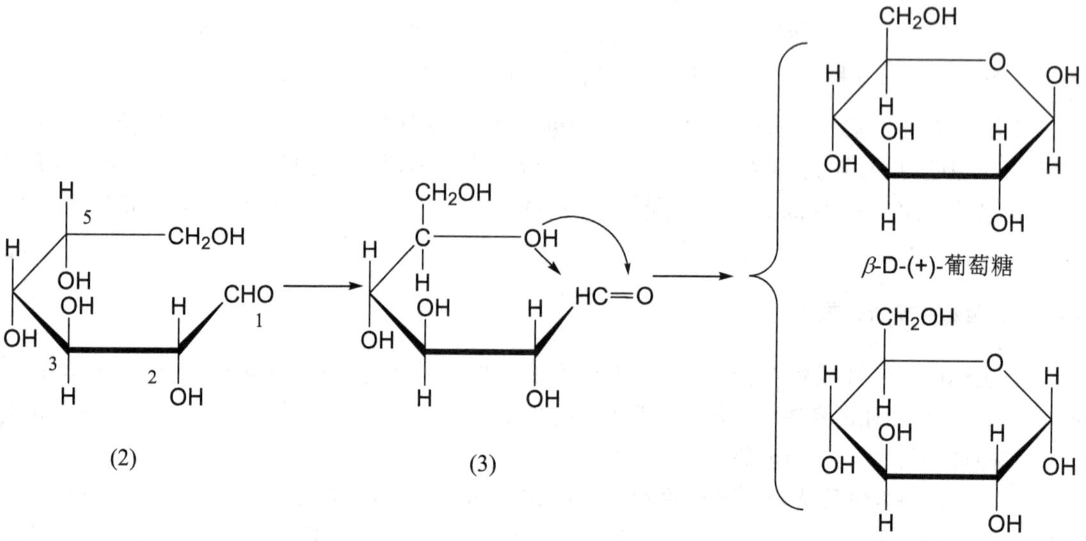

(2)　　(3)

β-D-(+)-葡萄糖　　α-D-(+)-葡萄糖

Haworth 式是以英国伯明翰大学的化学家哈沃斯(W. N. Haworth)在 1926 年，与赫斯特(E. L. Hirst)证明了葡萄糖缩醛的环状形式由六元结构组成环状而得名。哈沃斯因其在碳水化合物化学方面的杰出成就而获得 1937 年诺贝尔化学奖。

从开链式转换为氧环式，首先要将开链式结构(1)顺时针先转 90°，并将碳链卷成环状(2)；接着绕 C-4—C-5 键将 C-5 先转 120°，使 C-5 上的羟基与羰基碳(C-1)靠近(3)；然后 C-5 上的羟基与羰基加成，生成两种六元环状半缩醛α-D-(+)-葡萄糖和β-D-(+)-葡萄糖。对比开链式和氧环式可以看出，氧环式比开链式多一个手性碳原子，所以有两种异构体存在。这个手性碳原子(半缩醛的碳原子 C-1)称为苷原子，它所连接的羟基(半缩醛的羟基)称为苷羟基。苷羟基与 C-5 上的羟甲基处在环的异侧者称为α-D-(+)-吡喃葡萄糖，处于同侧者称为β-D-(+)-吡喃葡萄糖。它们之间的差别仅在于第一个手性碳原子的构型不同，而其他手性碳原子的构型完全相同，故它们彼此互为差向异构体，也称为端基异构体。在糖类中，这种差向异构体称为异头物(anomer)，苷原子称为异头碳(anomeric carbon)。

D-(−)-果糖(D-fructose)也具有开链式和氧环式结构，在水溶液中，链式和氧环式处于动态平衡，故也有变旋光现象。游离的 D-(−)-果糖具有α-D-呋喃果糖(α-D-fructofuranose)和α-D-吡喃果糖(α-D-fructopyranose)两种存在形式，达到平衡后两者的比例为 32∶68(图 15-2)。

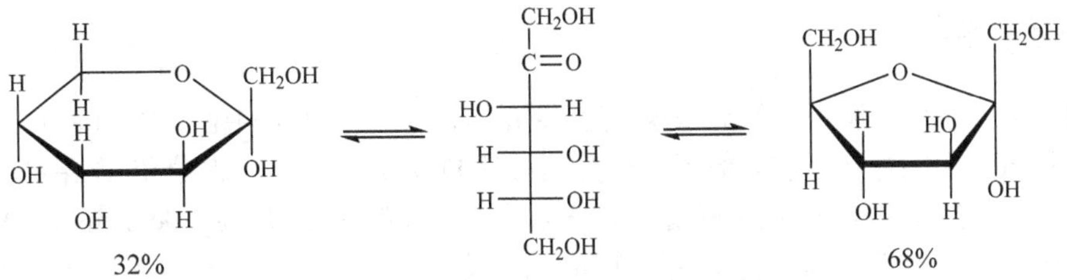

图 15-2　果糖的开链结构和两种氧环式结构

15.1.3　单糖的构象

由于六元环不是平面形的，上述吡喃糖的哈沃斯式并不能真实地反映环状半缩醛的立体结构。吡喃糖中的六元环与环己烷环相似，具有椅式构象，环上取代基处于 e 键时是稳定构象。例如，在β-D-(+)-吡喃葡萄糖分子中所有的大基团都处在平伏键上；而在α-D-(+)-吡喃葡萄糖分子中，其苷羟基处在直立键上。由于羟基处在平伏键上要比处在直立键上的能量较低较稳定，因此β-D-(+)-吡喃葡萄糖要比α-D-(+)-吡喃葡萄糖稳定。在葡萄糖水溶液中，异构体通过开链式结构逐渐达到动态平衡，发生变旋光现象。由于β-异构体较稳定。在平衡时β-异构体约占 64%，α-异构体约占 36%，开链式极少(<0.01%)。

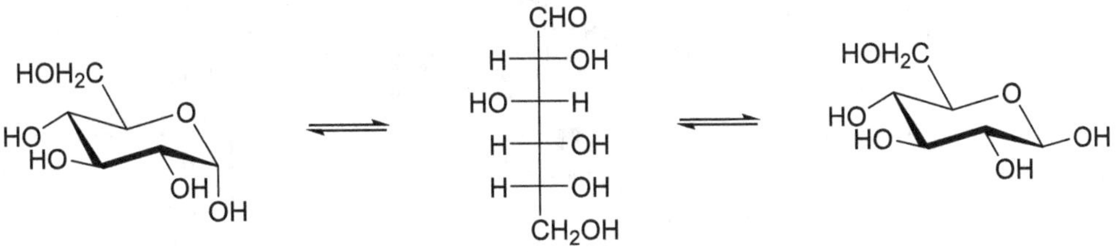

α-D-(+)-吡喃葡萄糖	D-(+)-葡萄糖平衡混合物	β-D-(+)-吡喃葡萄糖
$[\alpha]_D^{20}=+112°$	$[\alpha]_D^{20}=+52.5°$	$[\alpha]_D^{20}=+19°$

其他 D-己醛糖的构象与葡萄糖相似。在多数 D-己醛糖的稳定构象式中，CH_2OH 均处于 e 键上，但只有 β-D-(+)-吡喃葡萄糖的构象式中，所有较大基团(—CH_2OH、—OH)均处于 e 键，这可能是葡萄糖比其他单糖在自然界中存在较广的原因之一，如淀粉、纤维素等均是由葡萄糖单元组成的。

然而，吡喃糖的β单体并不总是更稳定。对于 D-甘露糖，平衡有利于α-异头物，这主要是由超共轭效应引起的(图 15-3)。氧原子孤对电子的 n 轨道可以与 C-1-羟基半缩醛键的 σ*轨道重叠。这种效应类似于导致乙烷的最低能量构象为交叉式构象的效应。

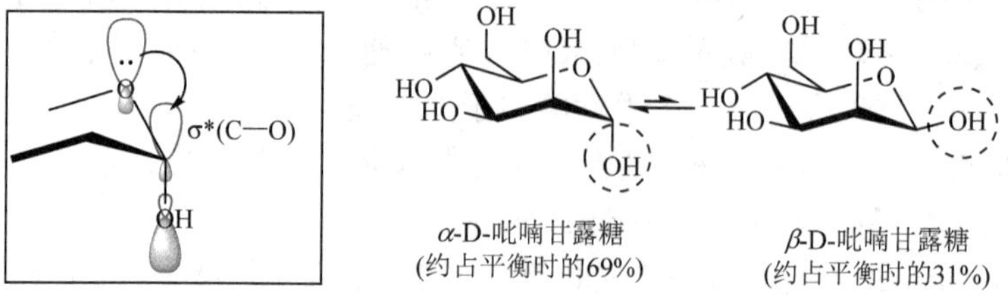

图 15-3　吡喃甘露糖的两种构象及平衡时的比例

15.1.4　单糖的化学性质

1. 差向异构化

将单糖溶于水中，碱可引发羰基-烯醇互变异构，最终导致异构化产物。例如，D-葡萄糖水溶液在稀氢氧化钠存在下放置数天，可分离得到 D-葡萄糖、D-甘露糖和 D-果糖(图 15-4)。这个反应称为差向异构化或洛布雷 · 德 · 布律-埃肯施泰因(Lobry de Bruyn-Alberda van Ekenstein)转化，这是两位荷兰化学家洛布雷 · 德 · 布律(Lobry de Bruyn)和埃肯施泰因(Alberda van Ekenstein)在 1895 年发现的。这个反应可以认为是葡萄糖烯醇化的结果：葡萄糖和甘露糖互为 C-2 的差向异构体。由于 C-2 处于羰基的 α-位，在这些条件下的差向异构化只发生在 C-2 上。D-葡萄糖通过烯醇中间体异构化为 D-果糖是糖酵解(glycolysis)中的重要过程。

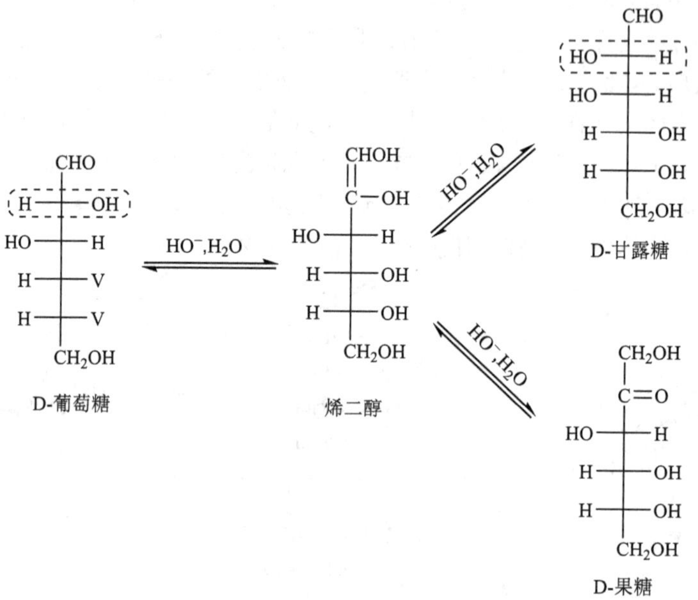

图 15-4　D-葡萄糖在碱性溶液中的差向异构化

当与单糖进行反应时，通常重要的是防止这些异构化，从而保持所有手性中心的立体化学。一种方法是首先将单糖转化为甲基糖苷。因为醛基已经转化，可以在碱性介质中安全地进行反应。

2. 氧化反应

单糖可被多种氧化剂氧化，表现出还原性。主要的氧化剂有：①Tollens 试剂、Fehling 试剂和 Benedict’s 试剂；②溴水；③硝酸；④高碘酸等。所用氧化剂不同，其氧化产物不同。

1) Tollens 试剂、Fehling 试剂和 Benedict’s 试剂——对糖中半缩醛结构的测定

醛糖和酮糖都可被 Tollens 试剂(银氨溶液)、Fehling 试剂(硫酸铜+酒石酸钾+氢氧化钠的混合溶液)、Benedict’s 试剂(一种碱性的柠檬酸铜溶液，为 Fehling 试剂的改良版)氧化，分别有银镜和氧化亚铜的砖红色沉淀产生。葡萄糖与 Tollens 试剂的反应，可被用于在玻璃制品上镀银。通常将这种能够还原 Tollens 试剂、Fehling 试剂、Benedict’s 试剂的糖类称为还原糖，反之则称为非还原糖。与酮不同，α-酮糖能与 Tollens 试剂、Fehling 试剂等反应，是因为醛糖和酮糖在稀碱的作用下，发生醛糖和酮糖的互变重排。

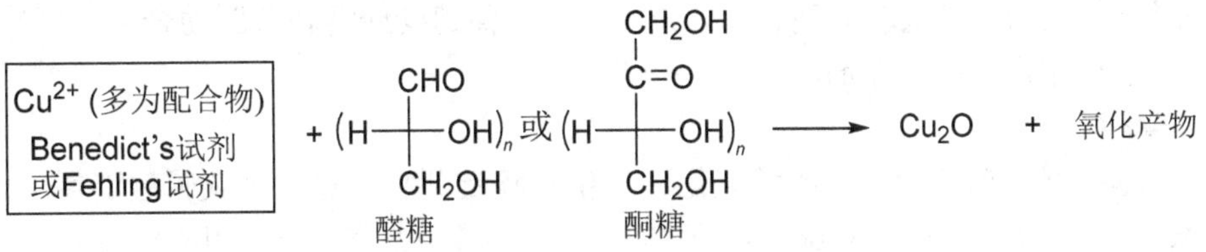

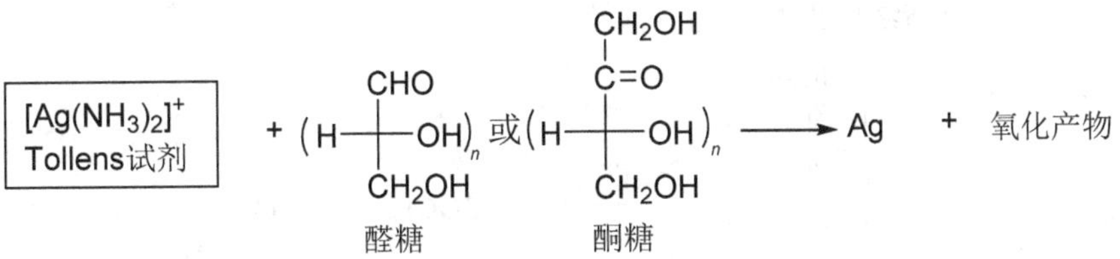

该现象也可以通过糖的氧环式构型理解(图 15-5)。在水溶液中，半缩醛形式(氧环式)的糖与浓度相对较小但并非不显著的非环醛或α-羟基酮平衡存在。正是后两者发生氧化，促使平衡向产生更多醛或α-羟基酮方向移动，然后进行氧化，直到一种反应物耗尽。而仅含有缩醛基团的碳水化合物不会与 Tollens 试剂或 Benedict’s 试剂反应，它们被称为非还原糖。

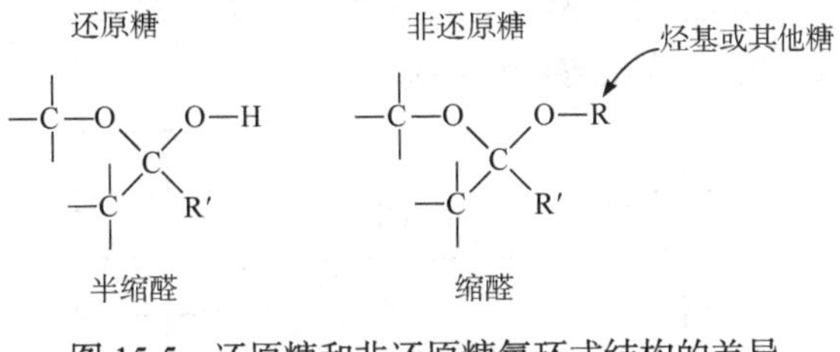

图 15-5　还原糖和非还原糖氧环式结构的差异

2) 溴水和硝酸

溴水只能氧化醛糖，不能氧化酮糖。在 pH = 5～6 的缓冲溶液中用溴水氧化醛糖，可将醛糖转化为糖酸(aldonic acid)。稀硝酸和亚硝酸的氧化作用比溴水强，可使醛糖的醛基和末端的羟甲基同时氧化生成糖二酸(aldaric acid)。

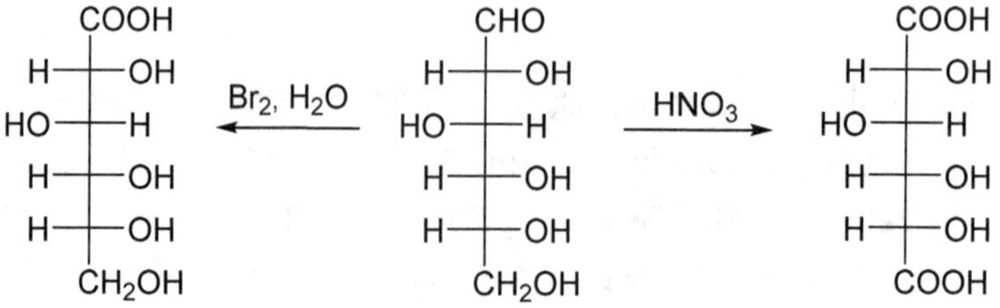

D-葡萄糖酸　　D-葡萄糖　　D-葡萄糖二酸

上述反应比较复杂，产物除糖酸外还有重排和降解等产物生成，故无制备价值，但可用来鉴别糖类。糖酸由于分子内既有羧基又有羟基容易形成内酯，糖二酸也容易生成内酯。葡萄糖酸的某些盐类具有重要用途。例如，葡萄糖酸钠可以在建筑、纺织印染和金属表面处理以及水处理等行业作高效螯合剂、钢铁表面清洗剂、玻璃瓶清洗剂，在电镀工业用于铝氧着色，在混凝土行业用作高效缓凝剂、高效减水剂等；葡萄糖酸钙和鱼肝油合用，可补充钙质。葡萄糖酸内酯可用作食品添加剂。

3) 高碘酸

与α-二醇相似，单糖能被高碘酸氧化，发生碳碳键断裂，每一个碳碳键消耗 1 mol 高碘酸。例如，1 mol 葡萄糖消耗 5 mol 高碘酸，生成 5 mol 甲酸和 1 mol 甲醛，并且这种反应是定量进行的，是研究单糖结构最有用的方法之一。

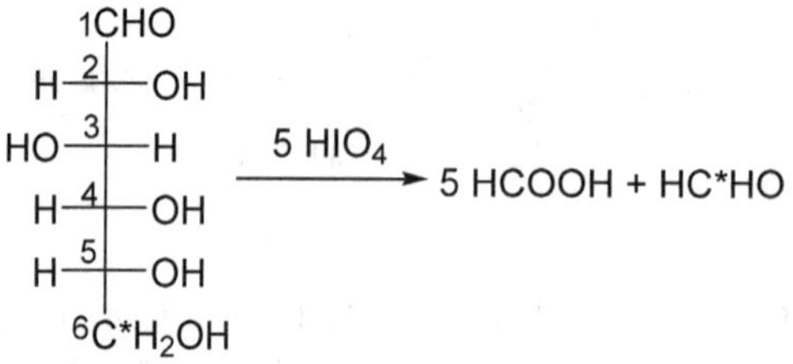

3. 还原反应

与醛和酮的羰基相似，单糖分子中的羰基也可被还原成羟基。实验室中常用的还原剂有硼氢化钠等，工业上则采用催化加氢，催化剂有铅、雷尼镍(Raney Ni)等。例如，工业上用 D-葡萄糖催化加氢生产山梨糖醇。山梨糖醇无毒，为无色无臭晶体，略有甜味和吸湿性，是合成维生素 C、某些表面活性剂和炸药等的原料。

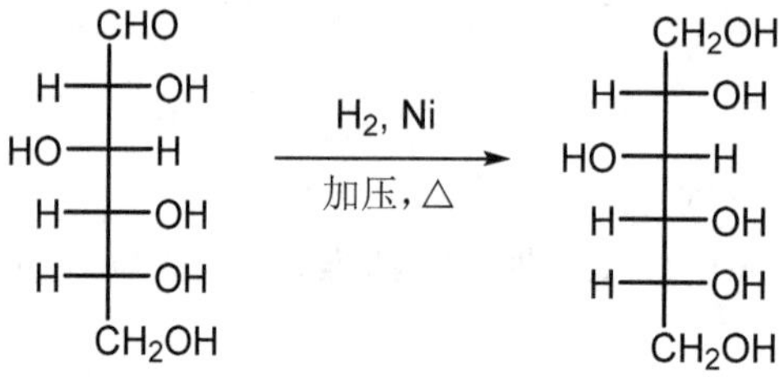

D-葡萄糖　　山梨糖醇

4. 脎的生成

醛糖和酮糖与苯肼作用，生成相应的苯腙。当苯肼过量时，则生成一种不溶于水的黄色结晶，称为脎(音：sà)(osazone)。

D-葡萄糖在一分子苯肼作用下生成 D-葡萄糖苯腙，进一步与 2 当量的苯肼反应可生成 D-

葡萄糖脎。

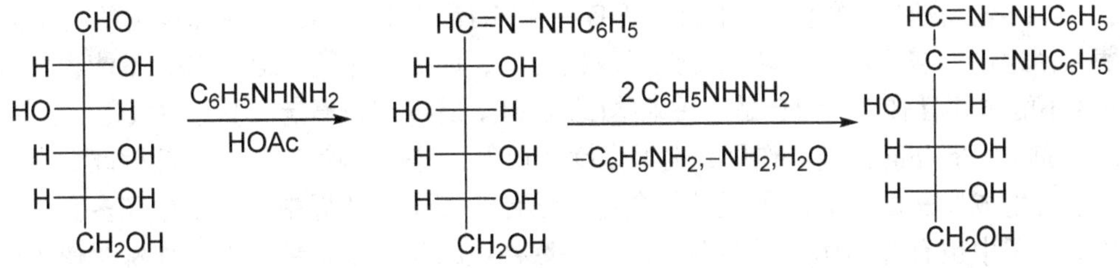

D-葡萄糖　D-葡萄糖苯腙　D-葡萄糖脎

目前对于该反应的机理可表示为以下路线：

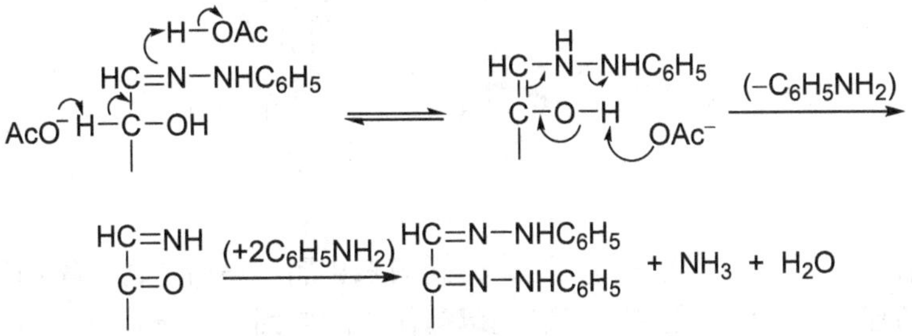

脎的形成导致 C-2 的手性中心丢失，但不影响其他手性中心，且脎的生成只发生在 C-1 和 C-2 上，因此只是 C-1 和 C-2 不同的糖，将生成相同的脎。例如，D-葡萄糖和 D-甘露糖产生相同的脎：

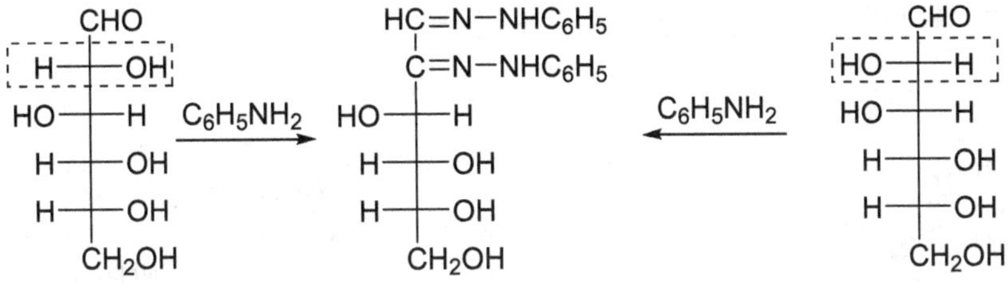

D-葡萄糖　D-甘露糖

换言之，凡能生成相同脎的己糖，C-3、C-4 和 C-5 的构型是相同的。不同的糖一般生成不同的脎，即使能生成相同的脎，其反应速率和析出糖脎的时间也不相同，因此可利用脎的生成鉴别糖。

5. 糖苷的生成

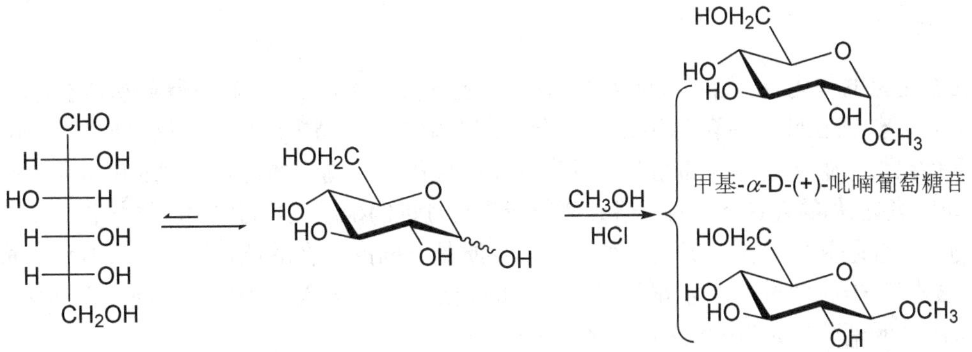

甲基-α-D-(+)-吡喃葡萄糖苷

甲基-β-D-(+)-吡喃葡萄糖苷

在糖分子中，苷羟基上的氢原子被其他基团取代后的化合物称为糖苷。例如，在氯化氢催化下，D-(+)-葡萄糖与甲醇作用，生成甲基-D-(+)-吡喃葡萄糖苷。α-D-(+)-吡喃葡萄糖和β-D-(+)-吡喃葡萄糖通过开链式可相互转变，但形成糖苷后，因分子中已无苷羟基，不能再转变成开链式，故不能再相互转变。糖苷是一种缩醛(或缩酮)，所以比较稳定，不易被氧化，不与苯肼、Tollens 试剂和 Fehling 试剂等作用，也无变旋光现象，对碱也稳定。但在稀酸和酶的作用下，糖苷易水解生成原来的糖和醇等羟基化合物。糖苷广布于自然界中，低聚糖和多糖均含苷结构，核酸分子中也有苷结构单元存在。许多天然存在的化合物是糖苷类，如柳树树皮中发现的一种化合物——水杨苷(salicin)：

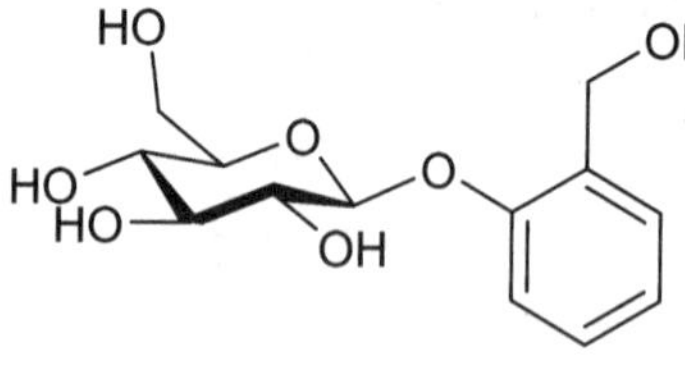

水杨苷

早在古希腊时期，人们就用柳树皮制成的制剂来止痛。最后，化学家们从其他植物材料中分离出了水杨苷，并证明它是柳树皮制剂镇痛作用的原因。水杨苷可以转化为水杨酸，水杨酸又可以转化为应用最广泛的现代止痛药阿司匹林。大多数的糖苷属于氧-糖苷，除此以外，根据苷原子的不同又可分为硫-糖苷、氮-糖苷、碳-糖苷等。以氮-糖苷为例，其指的是糖的 C-1 直接与碱基的氮原子相结合的一类糖苷，也称氮苷，它们是生物化学中非常重要的物质，如核苷类的腺苷、胸腺苷、胞苷、鸟苷等都属于氮-糖苷。

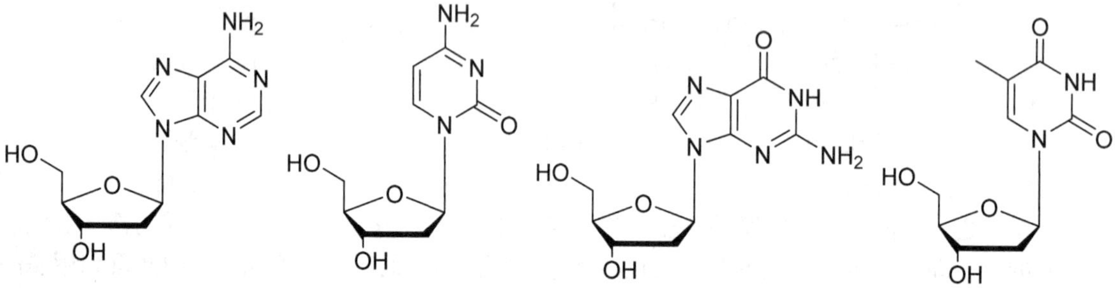

腺苷　adenine　　胞苷　cytidine　　鸟苷　guanosine　　胸腺苷　thymidine

6. 醚的生成

在氯化氢的催化下，糖(如葡萄糖)的苷羟基能转变成醚(苷)，但其他醇羟基则不能(参考缩醛的生成)。然而在威廉姆森(Williamson)合成醚的条件下，糖中的醇羟基能生成醚。例如，在氧化银存在下，葡萄糖或葡萄糖苷与过量的碘甲烷作用，糖中的羟基被彻底甲基化。另外，在碱(如氢氧化钠)的存在下，葡萄糖或葡萄糖苷与过量的硫酸二甲酯作用，同样得到彻底甲基化产物。苷羟基和醇羟基生成的两种醚，其性质是不同的。在酸催化下，苷羟基所生成的醚(苷)易被水解成半缩醛(酮)，而醇羟基所生成的醚则难发生水解。利用糖的彻底甲基化然后水解，可以证明葡萄糖是以六元环形式存在的。

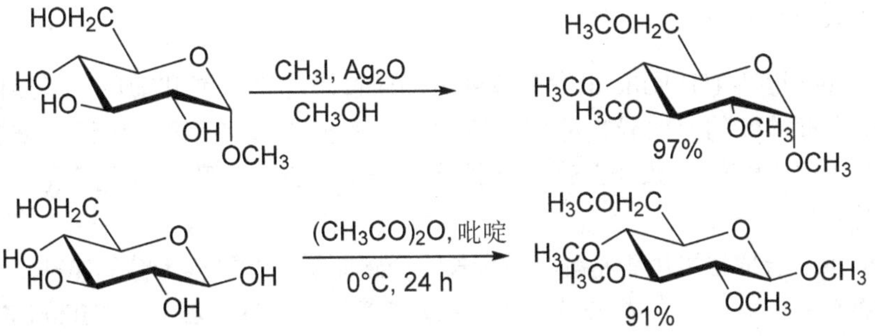

7. 酯的生成

糖分子中的羟基也能发生酰基化反应生成酯。例如，用过量的乙酸酐和弱碱(如吡啶或乙酸钠)处理单糖可将所有羟基(包括异聚羟基)转化为酯基。如果反应在低温(如 0℃)下进行，则反应发生立体专一性；α-异头物生成α-乙酸酯，β-异头物生成β-乙酸酯。乙酸酯是碳水化合物羟基的常用保护基团。葡萄糖与乙酐(或乙酰氯等)反应也可以生成葡萄糖五乙酸酯：

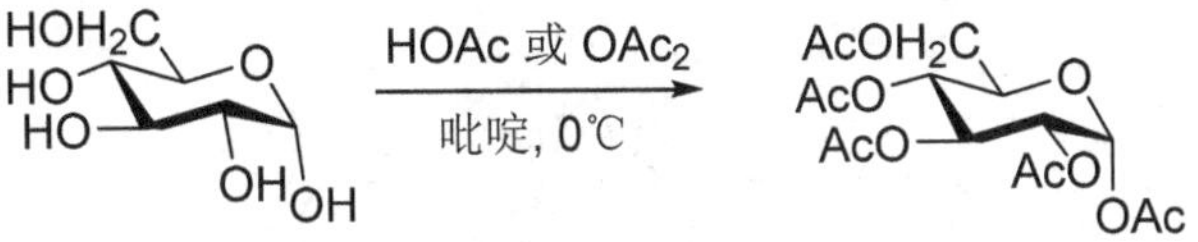

糖能生成酯的反应，在工业上也已获得应用，如蔗糖酯和纤维素酯的生产。糖与磷酸作用生成磷酸酯。这类化合物通常是在适当的酶存在下，糖和磷酰化试剂三磷酸腺苷作用而成，如α-D-呋喃果糖-1, 6-二磷酸。这类化合物是生物体内糖代谢过程中的重要中间体。又如，核糖和脱氧核糖与磷酸生成的磷酸酯是核糖核酸和脱氧核糖核酸的重要组成部分。

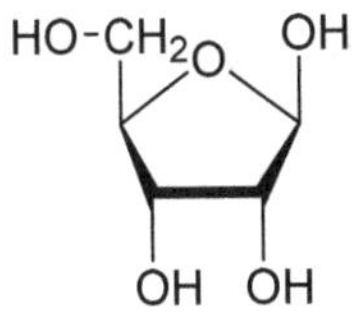

β-D-核糖

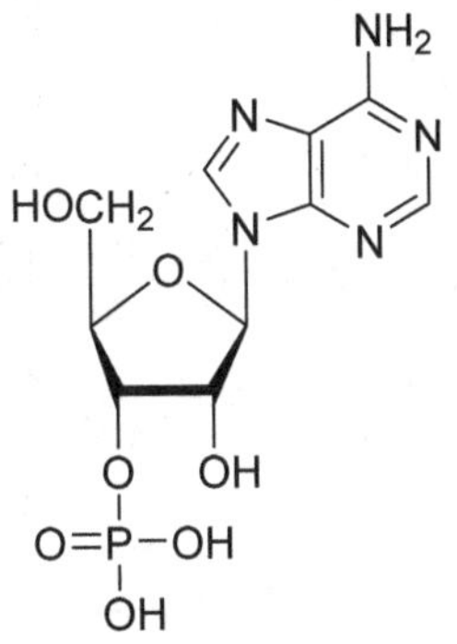

腺苷-3′-磷酸

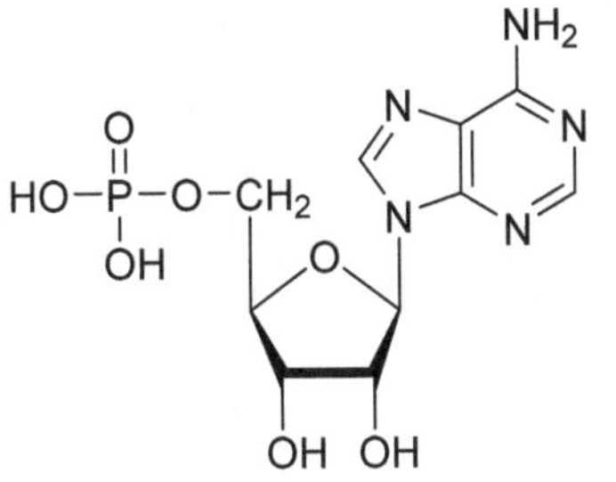

腺苷-5′-磷酸(AMP)

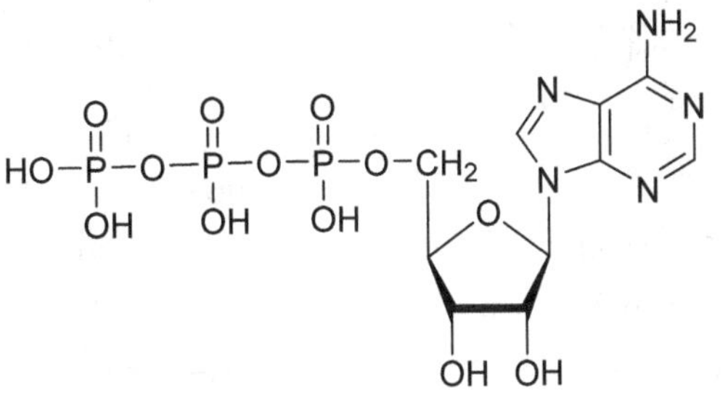

三腺苷磷酸(ATP)

5′-三磷酸-9-β-D-呋喃核糖基腺嘌呤

8. 醛糖的递升和递降

1885 年，克利安尼(H. Kiliani)发现醛糖可以通过添加氰化氢和随后水解差向异构氰醇而转化为具有一个额外碳的差向异构醛酸。费歇尔后来扩展了这一方法，证明从醛酸中获得的醛酸内酯可以还原为醛糖。如今，这种延长醛糖碳链的方法被称为克利安尼-费歇尔(Kiliani-Fischer)合成法。

Kiliani-Fischer 合成法可用于将醛糖链延长一个碳原子，常被称为糖的递升。可以用图 15-6 中的 D-甘油醛(一种丙醛糖)合成 D-苏阿糖和 D-赤藓糖(丁醛糖)来说明 Kiliani-Fischer 合成。将氰化氢添加到甘油醛中会产生两种差向异构氰醇，因为该反应会产生一个新的手性中心。氰醇可以很容易地分离(因为它们是非对映异构体)，并且每一种都可以通过水解、酸化、内酯化和在 pH 3～5 下用 Na-Hg 还原而转化为醛糖。一种氰醇最终产生 D-(−)-赤藓糖，另一种产

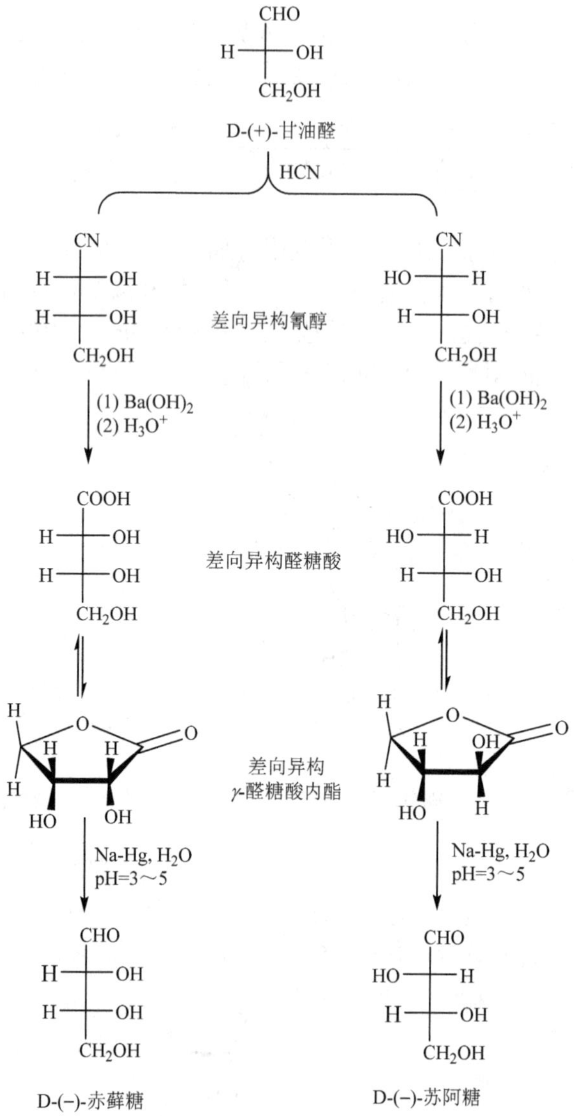

图 15-6　Kiliani-Fischer 合成(递升)

生 D-(−)-苏阿糖。可以确定从 Kiliani-Fischer 合成中获得的醛四糖都是 D 糖，因为起始化合物是 D-甘油醛，其手性中心不受合成影响。在 Kiliani-Fischer 合成的基础上，无法知道在 Fischer 投影中哪个醛四糖在右侧具有两个—OH 基团，哪个在左侧具有—OH 基团。然而，如果将这两种醛四糖都氧化成糖二酸，一种[D-(−)-赤藓糖]会产生一种无旋光的(内消旋)产物，而另一种 [D-(−)-苏阿糖]会产生一种旋光的产物。

而相反的，也可以通过化学方法实现从高一级醛糖向低一级醛糖的转化，即递降，如 Ruff 降解可用于将链缩短一个类似的单位。Ruff 降解包括：①使用溴水将醛糖氧化为醛糖酸；②使用过氧化氢和硫酸铁将醛糖酸氧化脱羧为下一个较低的醛糖。例如，D-(−)-核糖可以降解为 D-(−)-赤藓糖(图 15-7)。

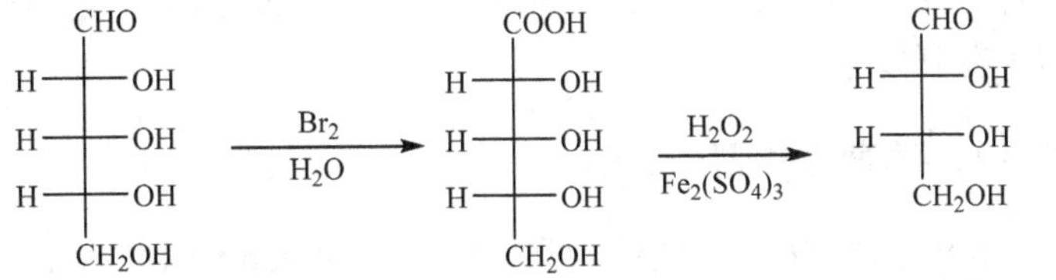

D-(−)-核糖　　D-核糖酸　　D-(−)-赤藓糖

图 15-7　Ruff 降解(递降)

15.1.5　脱氧糖

单糖分子中的某个羟基脱去氧原子后得到脱氧糖。例如：

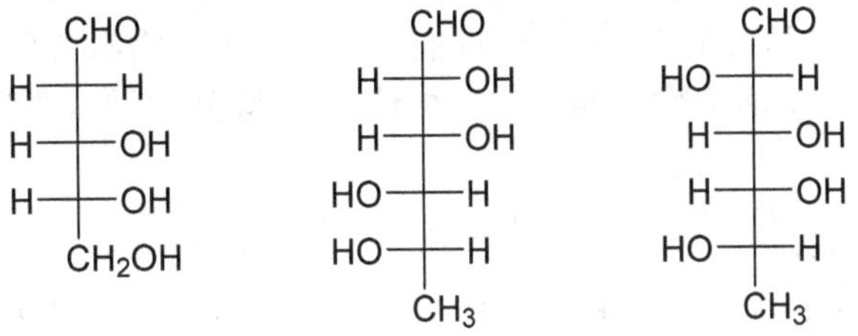

2-脱氧-D-核糖　　L-鼠李糖　　L-岩藻糖

2-脱氧-D-核糖是 D-核糖 C-2 上羟基的脱氧产物，两者均是核酸的重要组成部分，是重要的戊糖；L-鼠李糖是 L-甘露糖 C-6 上羟基的脱氧产物，它是植物细胞壁的成分；L-岩藻糖是 L-半乳糖 C-6 上羟基的脱氧产物，它是藻类糖蛋白的成分。

15.1.6　氨基糖

糖分子中除苷羟基外，其他羟基被氨基或取代氨基取代后的化合物称为氨基糖。多数天然氨基糖是己糖分子中 C-2 上的羟基被氨基或取代氨基取代的产物。例如，2-脱氧-2-氨基-β-D-葡萄糖(Ⅰ)、2-脱氧-2-氨基-β-D-半乳糖(Ⅱ)和 2-脱氧-2-乙酰氨基-β-D-葡萄糖(Ⅲ)，其结构式为

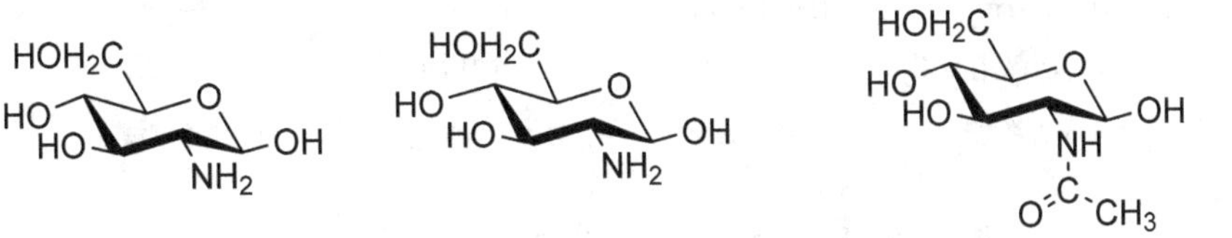

2-脱氧-2-氨基-β-D-葡萄糖　　2-脱氧-2-氨基-β-D-半乳糖　　2-脱氧-2-乙酰氨基-β-D-葡萄糖

它们是很多糖和蛋白质的组成部分，广泛存在于自然界中，具有重要的生理作用。例如，2-脱氧-2-乙酰氨基-β-D-葡萄糖(Ⅲ)是甲壳质的组成单元。甲壳质存在于虾、蟹和某些昆虫的甲壳中，其天然产量仅次于纤维素，其结构类似于纤维素。

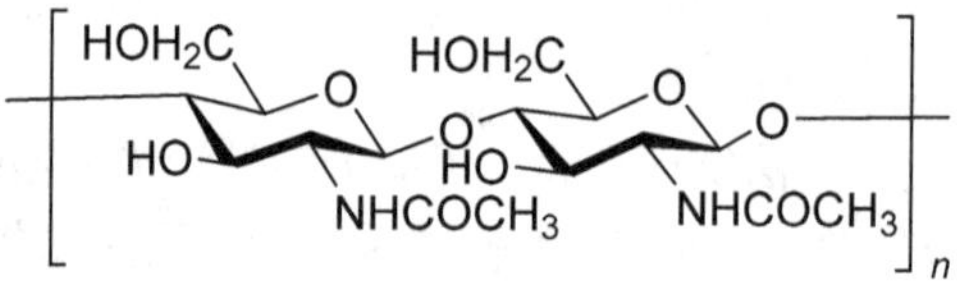

甲壳质

甲壳质又称甲壳素，与氢氧化钠溶液作用生成可溶性甲壳质，可用于纺织品的防缩和防皱处理、防雨篷布的上浆、直接染料和硫化染料的固色等，也可用作人造纤维和塑料的原料。甲壳质的用途目前仍在开发中。

15.1.7　Fischer 对 D-(+)-葡萄糖构型的证明

Fischer 于 1888 年开始研究(+)-葡萄糖的立体化学，距 van't Hoff 和 Le Bel 提出有关碳的四面体结构仅 12 年。一开始，Fischer 只能获得一小部分数据：只有少数单糖是已知的，包括(+)-葡萄糖、(+)-阿拉伯糖和(+)-甘露糖[(+)-甘露糖刚刚由 Fischer 合成]。已知糖类(+)-葡萄糖和(+)-甘露糖是己醛糖，(+)-阿拉伯糖是戊醛糖。

由于己醛糖具有四个手性中心，因此可能有 2^4 个立体异构体——其中只有一个结构是(+)-葡萄糖。Fischer 意识到他将无法区分对映体构型，因为当时尚未开发出确定有机化合物绝对构型的方法，因而他决定将可能的结构集中在图 15-8 中给出的具有 D 构型的八个结构上(结构 1～8)。直到 1951 年，毕吉伯确定了 L-(+)-酒石酸[以及 D-(+)-甘油醛]的绝对构型时，Fischer 将(+)-葡萄糖“随意地”指认为 D 构型的结构类别的做法才被证明是正确的。

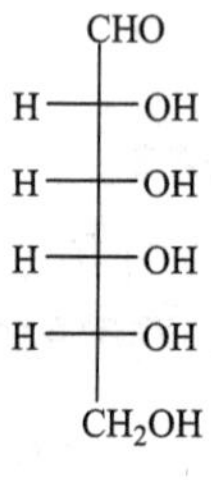

D-(+)-阿罗糖
1

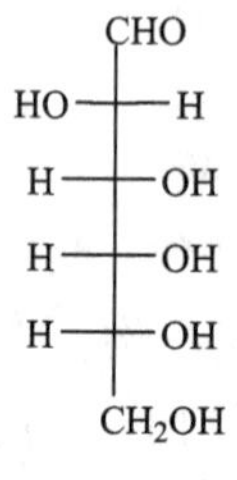

D-(+)-阿卓糖
2

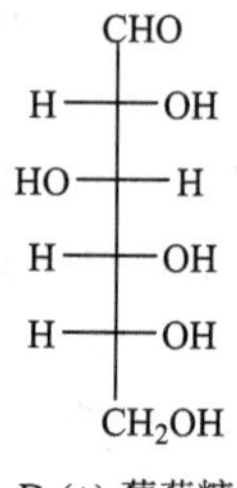

D-(+)-葡萄糖
3

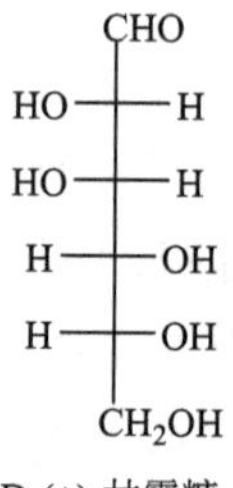

D-(+)-甘露糖
4

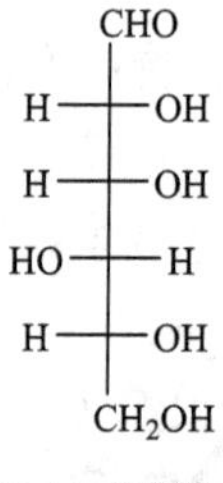

D-(−)-古洛糖
5

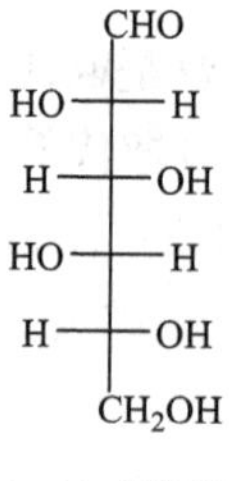

D-(+)-艾度糖
6

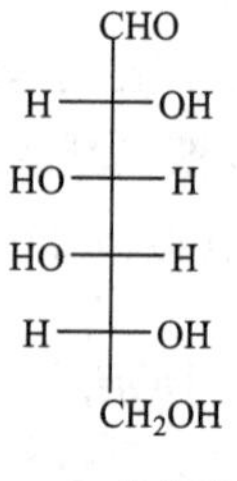

D-(+)-半乳糖
7

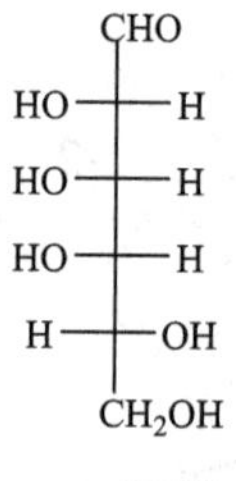

D-(+)-塔罗糖
8

图 15-8　Fischer 提出的 D-葡萄糖的可能分子构型

Fischer 将结构 3 指认为(+)-葡萄糖是基于以下推理：

(1) (+)-葡萄糖的硝酸氧化得到旋光醛二酸。这排除了结构 **1** 和结构 **7**，因为这两种化合物都会产生内消旋糖二酸。

(2) (+)-葡萄糖降解产生(−)-阿拉伯糖，(−)-阿拉伯糖的硝酸氧化产生旋光醛糖酸。这意味着(−)-阿拉伯糖不能有结构 **9** 或结构 **11**，必须有结构 **10** 或结构 **12**。进而确定(+)-葡萄糖不能是结构 **2**、结构 **5** 或结构 **6**。就留下了结构 **3**、结构 **4** 和结构 **8** 作为(+)-葡萄糖的可能结构。

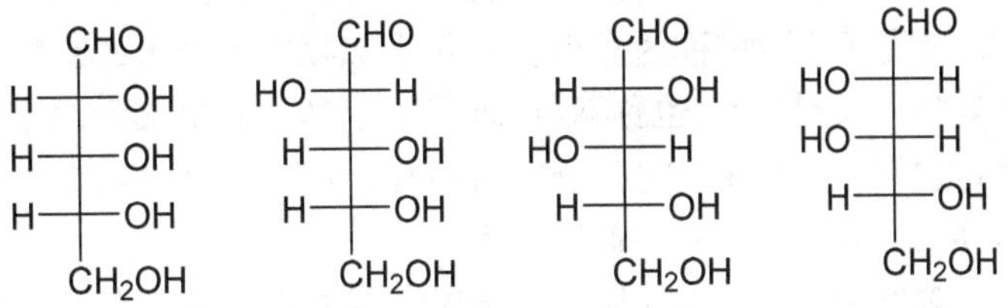

D-(−)-核糖 **9**　　D-(−)-阿拉伯糖 **10**　　D-(+)-木糖 **11**　　D-(−)-来苏糖 **12**

(3) Kiliani-Fischer 合成以(−)-阿拉伯糖开始，得到(+)-葡萄糖和(+)-甘露糖；(+)-甘露糖的硝酸氧化得到旋光醛糖酸。这与(+)-葡萄糖产生不同但具有旋光活性的醛糖酸的事实一起，建立了结构 **10** 作为(−)-阿拉伯糖的结构并消除了结构 **8** 作为(+)-葡萄糖的可能结构。如果(−)-阿拉伯糖由结构 **12** 表示，Kiliani-Fischer 合成将得到两种己醛糖——结构 **7** 和结构 **8**，其中之一的结构 **7** 会在硝酸氧化时产生光学惰性的醛糖酸。

(4) 现在保留两个结构，结构 **3** 和结构 **4**；一种结构代表(+)-葡萄糖，一种结构代表(+)-甘露糖。Fischer 意识到(+)-葡萄糖和(+)-甘露糖是差向异构的(在 C-2 处)，但决定哪种化合物由哪种结构代表是最困难的。

(5) Fischer 已经开发出一种有效交换醛糖链的两个端基(醛和伯醇)的方法。并且，Fischer 以绝妙的逻辑意识到，如果(+)-葡萄糖具有结构 **4**，则端基互换会产生相同的己醛糖：

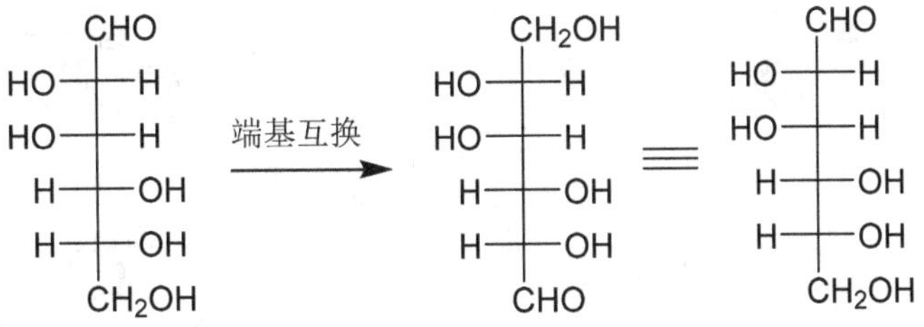

D-(+)-甘露糖 **4**　　D-(+)-甘露糖 **4**

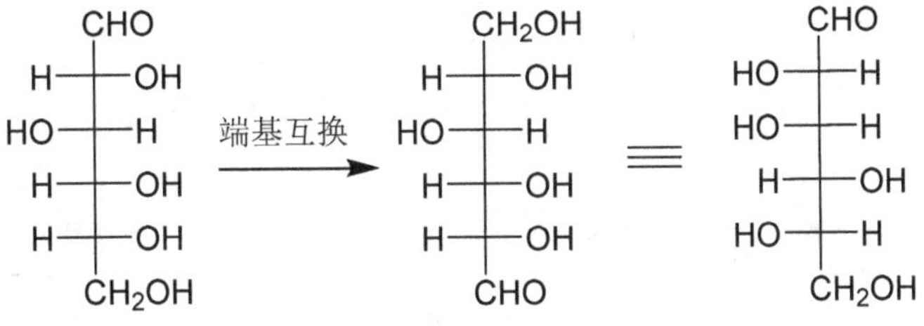

D-(+)-葡萄糖 **3**　　L-古洛糖 **13**

Fischer 进行了从(+)-葡萄糖和产物开始的端基交换合成了新的己醛糖 13。这一结果证明(+)-葡萄糖具有结构 **3**。

15.2 寡糖的种类、结构及化学性质

寡糖又称低聚糖，至今科学界对“寡”的数目并没有严格规定。1959 年，J. A. Jhone 建议将在 9 个及以下的单糖残基低聚物称为寡糖。近年来文献中所报道的寡糖分子中的链节数为 2～10。寡糖的种类繁多，仅对二糖(也称双糖)而言，IUPAC 的定义为两个单糖通过糖苷键连接的化合物。受区域选择与立体选择的影响，有α-苷和β-苷之分、呋喃型糖与吡喃型糖之分等。最常见的二糖有蔗糖、麦芽糖和纤维二糖等。

寡糖的命名有习惯命名和系统命名两种。习惯命名沿用已久，至今仍广为采用，如麦芽糖、乳糖、蔗糖等。而系统命名则主要针对新发现并被证实的寡糖，以二糖为例，常见的二糖结构和相应的习惯命名及系统命名见图 15-9。系统命名法考虑非还原二糖和还原二糖两种情况，前者命名与苷类似，称为某糖基某(醛或酮)糖苷，还原性二糖称为某糖基某(醛或酮)糖。需要用“D”或“L”和“α”或“β”来表示单糖残基的构型以及糖苷键的构型；用“→”表示苷键连接的碳原子和连接方向。例如，非还原性糖的代表蔗糖的系统命名为α-D-吡喃葡萄糖基-(1→2)-β-D-呋喃果糖苷，还原性糖的代表麦芽糖的系统命名为α-D-吡喃葡萄糖基-(1→4)-D-吡喃葡萄糖。

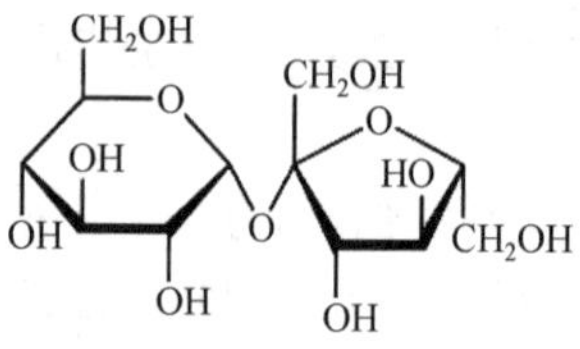

蔗糖
α-D-吡喃葡萄糖基-
(1→2)-β-D-呋喃果糖苷

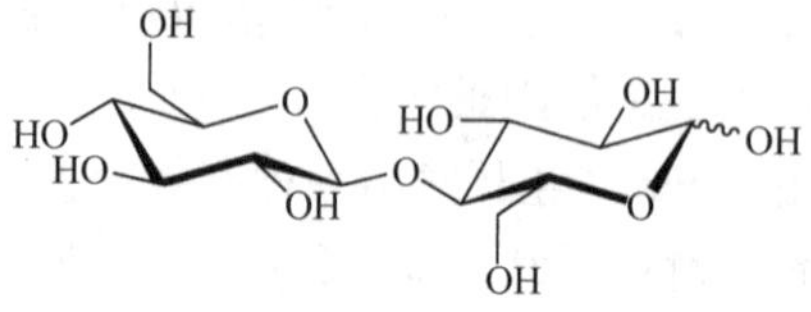

纤维二糖
β-D-吡喃葡萄糖基-
(1→4)-D-吡喃葡萄糖

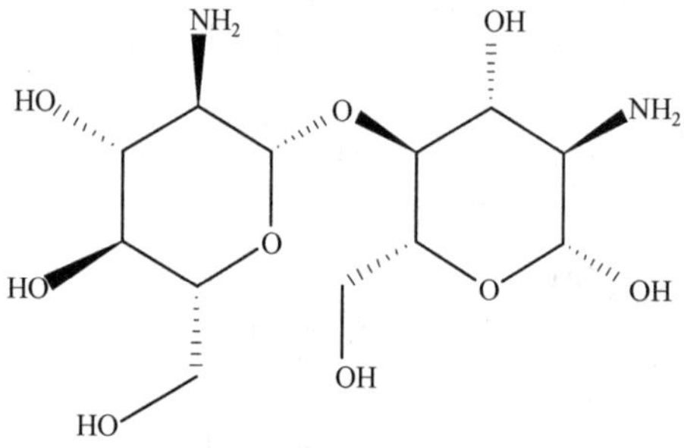

壳二糖(几丁二糖)
β-D-氨基葡萄糖基-
(1→4)-D-氨基葡萄糖

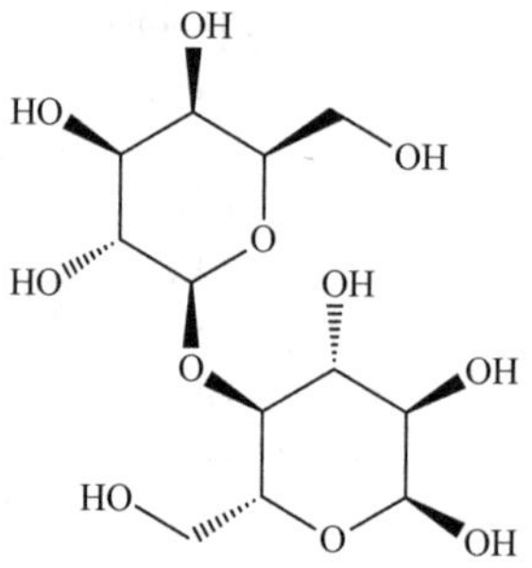

乳糖
β-D-吡喃半乳糖-
(1→4)-D-葡萄糖

图 15-9 常见二糖的结构和名称

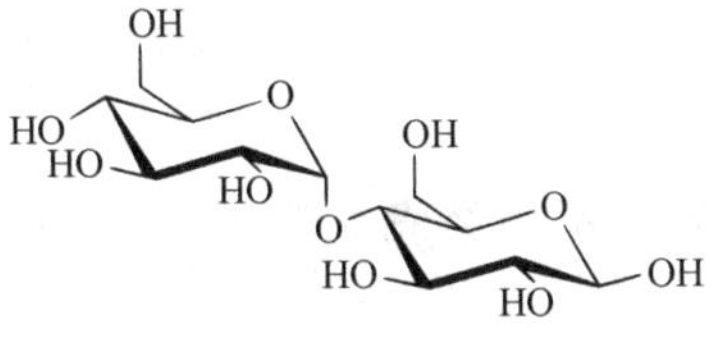

麦芽糖
α-D-吡喃葡萄糖基-
(1→4)-D-吡喃葡萄糖

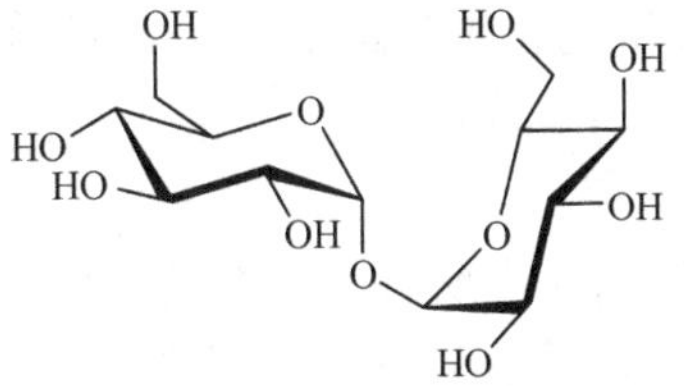

海藻糖
α-D-吡喃葡萄糖基-
(1→4)-α-D-吡喃葡萄糖苷

图 15-9 (续)

15.2.1 蔗糖

蔗糖是自然界分布最广的二糖，在甘蔗和甜菜中含量较高，故又称甜菜糖。它是无色晶体，熔点为 180℃，易溶于水。蔗糖的甜味超过葡萄糖，但不如果糖，它们的相对甜度是葡萄糖：蔗糖：果糖 = 1：1.45：1.65。

蔗糖的分子式为 $C_{12}H_{22}O_{11}$，在酸或酶的催化下，水解生成 D-(+)-葡萄糖和 D-(−)-果糖等物质的量的混合物，说明蔗糖是一分子葡萄糖和一分子果糖的脱水产物。它不能还原 Fehling 试剂和 Tollens 试剂，说明不是还原糖。它不与苯肼作用生成脎或腙，也没有变旋光现象。这些都说明蔗糖分子中没有苷羟基，不能转变成开链式。也说明它是由葡萄糖和果糖的苷羟基之间脱水而成的糖，它既是葡萄糖苷也是果糖苷。

蔗糖的构型可利用酶来确定，因为酶对糖类的水解是有选择性的。例如，麦芽糖酶只能使α-葡萄糖苷水解，而对β-葡萄糖苷无效；苦杏仁酶只能使β-葡萄糖苷水解，而对α-葡萄糖苷无效。由于蔗糖能用麦芽糖酶水解，说明它是一个α-葡萄糖苷。另外，蔗糖也能用一种使β-果糖苷水解的酶(转化糖酶)进行水解，说明它也是一个β-果糖苷。上述事实说明蔗糖具有如下结构式：

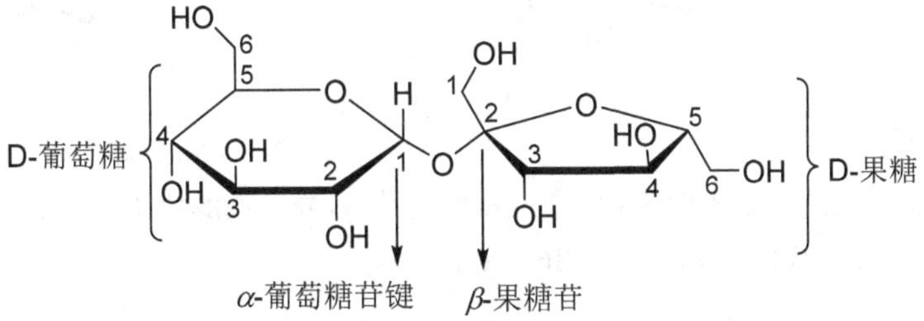

蔗糖[α-D-吡喃葡萄糖基-(1→2)-β-D-呋喃果糖苷]

蔗糖水解后生成一分子葡萄糖和一分子果糖，故其系统命名为：α-D-吡喃葡萄糖基-(1→2)-β-D-呋喃果糖苷。果糖是左旋的、比旋光度为−92.4° · $dm^2 \cdot kg^{-1}$。葡萄糖是右旋的，比旋光度为+52.5° · $dm^2 \cdot kg^{-1}$。因为果糖的比旋光度(绝对值)比葡萄糖大，所以蔗糖水解后的混合物是左旋的。在蔗糖水解过程中，比旋光度由右旋逐渐变到左旋，所以蔗糖的水解也称为转化反应，生成的葡萄糖和果糖的混合物称为转化糖。

蔗糖分子中含有羟基，与醇相似，也能生成酯。如在碳酸钠存在下，蔗糖与硬脂酸甲酯作用，经酯交换生成蔗糖单硬脂酸酯，简称蔗糖酯。

蔗糖单硬脂酸酯是一种非离子表面活性剂。它是无毒、无臭、无味的物质，其最大的特点是对人体无害，进入人体后经消化转变成蔗糖和脂肪酸，成为营养物质，因此主要用于食品、医药和化妆品中。例如，其可作为糖果等的改性剂，冰激凌等以及化妆品的乳化剂，维生素

A、D 的增溶剂，维生素 K 的悬浮剂等。

15.2.2　麦芽糖

淀粉经麦芽中所含的淀粉糖化酶或唾液酶作用，可部分水解成麦芽糖。它是白色晶体，熔点 160～165℃，甜味不如蔗糖。

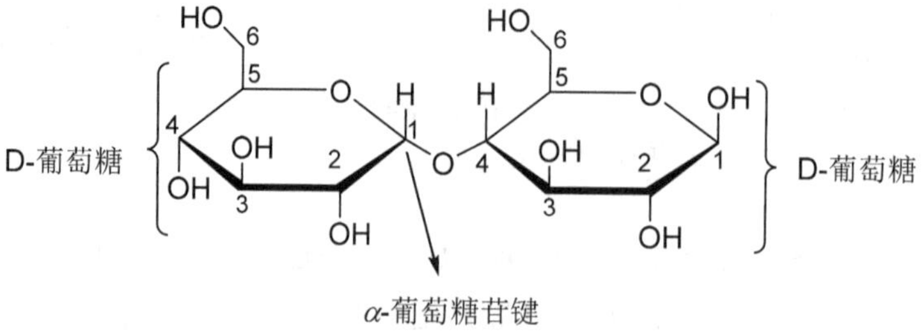

麦芽糖[α-D-吡喃葡萄糖基-(1→4)-D-吡喃葡萄糖]

麦芽糖的分子式也是 $C_{12}H_{22}O_{11}$，用无机酸水解，仅得到葡萄糖，说明它是由两分子葡萄糖脱水而得。它具有单糖的性质，有变旋光现象，能生成脎和腙，能还原 Fehling 试剂和 Tollens 试剂，是一种还原糖。许多事实表明，麦芽糖分子是由一分子 α-葡萄糖的苷羟基与另外一分子葡萄糖 C-4 上的羟基脱水而成(一般将以这种形式相连的苷键称为 α-1→4 苷键)；其中一分子葡萄糖中还有苷羟基，故有 α-和β-两种异头物，且两种异头物处于动态平衡，其结构式如下：

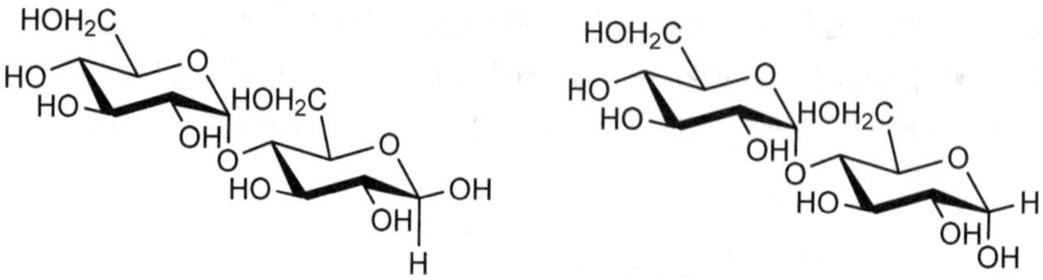

D-麦芽糖(β-异头物)　　D-麦芽糖(α-异头物)

麦芽糖的α-异头物的比旋光度为+168° · dm² · kg⁻¹，β-异头物的比旋光度为+112° · dm² · kg⁻¹，经变旋光达到平衡后，其比旋光度为+136° · dm² · kg⁻¹。

15.2.3　纤维二糖

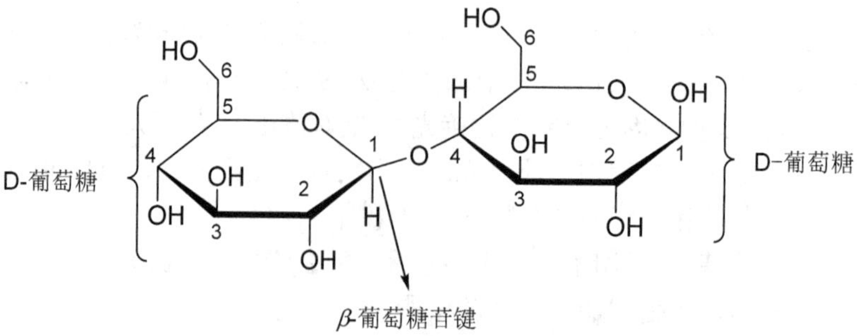

β-纤维二糖[β-D-吡喃葡萄糖基-(1→4)-D-吡喃葡萄糖]

纤维二糖是一种白色晶体，熔点为 225℃，可溶于水，是右旋的。纤维二糖的分子式也是

$C_{12}H_{22}O_{11}$，可以通过纤维素部分水解得到。其化学性质与麦芽糖很相似，也是还原糖。但与麦芽糖不同，纤维二糖的水解可被β-葡萄糖苷酶而不是α-葡萄糖苷酶所催化，因此纤维二糖与麦芽糖是异构体，它是一个β-葡萄糖苷。

15.2.4　乳糖

乳糖也是一种常见的二糖，存在于人类、奶牛和几乎所有其他哺乳动物的乳汁中。乳糖是一种还原糖，可水解生成 D-葡萄糖和 D-半乳糖；糖苷键为β，其结构如下所示：

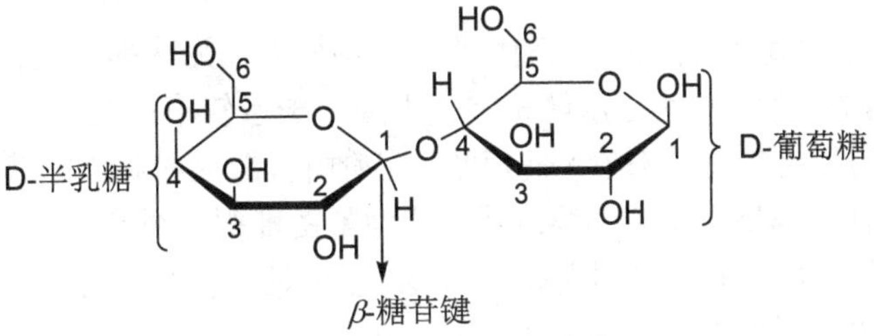

乳糖[β-D-半乳吡喃糖基-(1→4)-D-葡萄糖]

乳糖有两种端基异构体：α-乳糖和β-乳糖，在水溶液中可互相转化。α-乳糖很容易结合一分子结晶水。该化合物是白色、水溶性、非吸湿性固体，具有温和的甜味，常被用于食品工业。乳糖的甜度约是蔗糖的五分之一，乳中 2%～8%的固体成分为乳糖。幼小的哺乳动物肠道能分泌乳糖酶分解乳糖为单糖。哺乳动物成年后，体内乳糖酶的活性大大降低，而人类除了高加索人种外，也是如此。故饮用乳类产品可产生腹泻、腹胀等症状，称为乳糖不耐症。

15.2.5　寡糖的合成

寡糖的合成一直以来都是糖化学的研究热点和难点，这种困难主要来源于寡糖分子结构的复杂性。例如，糖分子中有多个羟基，以及部分糖分子中含有氨基等基团。此外，糖苷键也可形成α-和β-两种异构体等。目前，寡糖的逐步缩合定向合成是寡糖合成中最成熟和最有效的方法，也是最早开发的合成策略。其中代表性的合成反应就是 1901 年创立的 Koenigs-Knor 反应。它通常用一个卤代糖作为糖基给体，而用另外一个保护的糖基作为受体，在重金属盐(通常是 Hg 盐)的催化下进行偶联得到寡糖，具体见下式。

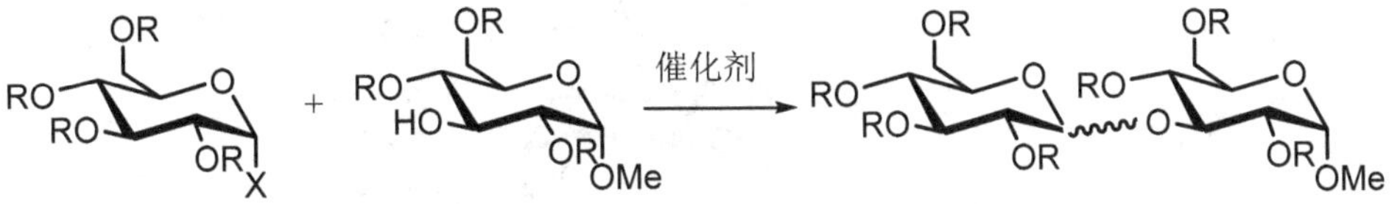

R：乙酰基等；X：Br、Cl、F等

15.3　多糖的种类、结构及化学性质

多聚糖简称多糖，是指由 10 个以上单糖基通过苷键连接而成的。通常多糖由几百个甚至几千个单糖聚合而成，其性质已经完全不同于单糖，无甜味，且强还原性消失。按照多糖的习惯名称，多糖可分为淀粉、糖原、纤维素、甲壳质、树胶、果胶等；按照在生物体内的功能可分为支持组织的多糖，如纤维素、甲壳质等，分子呈直链糖型；另一类为动植物储存养分

的营养性多糖，可溶于水，成胶体溶液，如淀粉、肝糖原等，多数为支链糖型。多糖是高分子化合物，其水解的最终产物是单糖。当水解产物是一种单糖时称为同(均)多糖，如淀粉和纤维素。水解产物不止一种单糖(有些还含有其他物质)时，称为杂(异)多糖，如阿拉伯胶(水解的最后产物是 D-半乳糖、L-阿拉伯糖、L-鼠李糖和 D-葡萄糖酸)。多糖是许多单糖分子彼此脱水而成的糖苷。与单糖和二糖不同，多糖没有甜味。某些多糖分子的末端虽含有苷羟基，但因分子量很大，其还原性极不显著。

15.3.1　淀粉

淀粉存在于许多植物的种子、茎和块根中，它是无色无味的颗粒，没有还原性，不溶于一般有机溶剂。用酸处理淀粉使之水解，首先生成分子量较小的糊精，继续水解得到麦芽糖和异麦芽糖，水解的最终产物是 D-(+)-葡萄糖。淀粉由直链淀粉和支链淀粉组成。直链淀粉是一种线形聚合物，其结构呈卷绕着的螺旋形。这种紧密堆积的线圈式结构，不利于水分子接近，故难溶于水。在稀酸中水解，得到麦芽糖和 D-(+)-葡萄糖，说明它是由葡萄糖单元通过 α-1,4-糖苷键连接起来的。其结构式可表示如下：

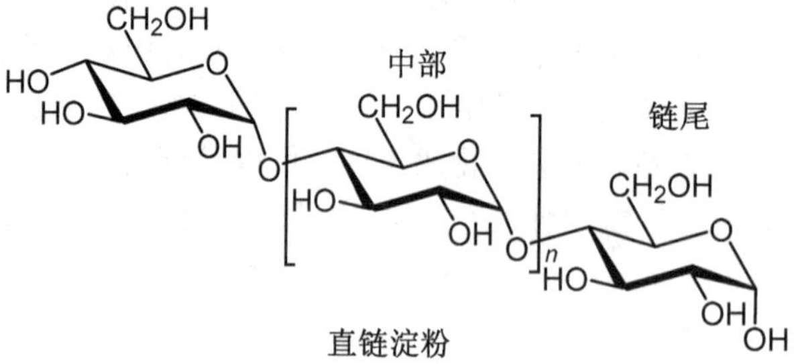

直链淀粉

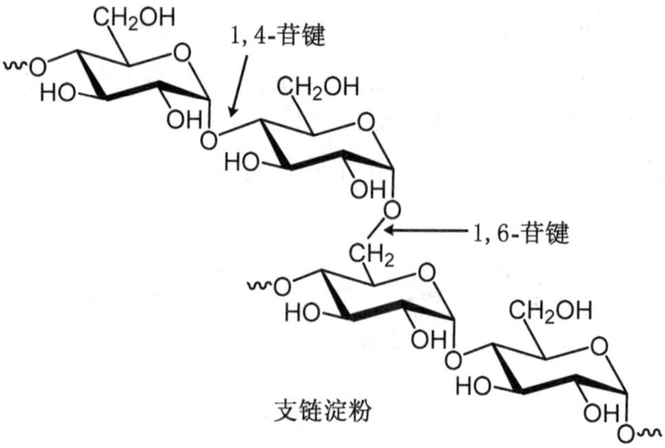

支链淀粉

支链淀粉与直链淀粉相比，具有高度分支，容易与水分子接近，故溶于水。支链淀粉遇碘呈现红紫色。与直链淀粉一样，支链淀粉在稀酸中水解，最后生成 D-(+)-葡萄糖。但部分水解时，产物除 D-(+)-葡萄糖外，还有麦芽糖和异麦芽糖。异麦芽糖是两个 D-(+)-葡萄糖通过 α-1, 6-糖苷键连接而成。异麦芽糖的存在说明支链淀粉分子中的葡萄糖除了以 α-1,4-糖苷键相连外，还有以 α-1,6-糖苷键相连者。

淀粉用热水处理后，约得到 20%的直链淀粉和 80%的支链淀粉。支链淀粉不仅有支链，且所含葡萄糖单元比直链淀粉多很多，故二者在性质上不完全相同。直链淀粉能够结合等于其质量 20%的碘。由于直链淀粉的作用，淀粉遇碘呈蓝色。这两种淀粉可采用多种方法进行分离，从而得到单一纯品(图 15-10)。

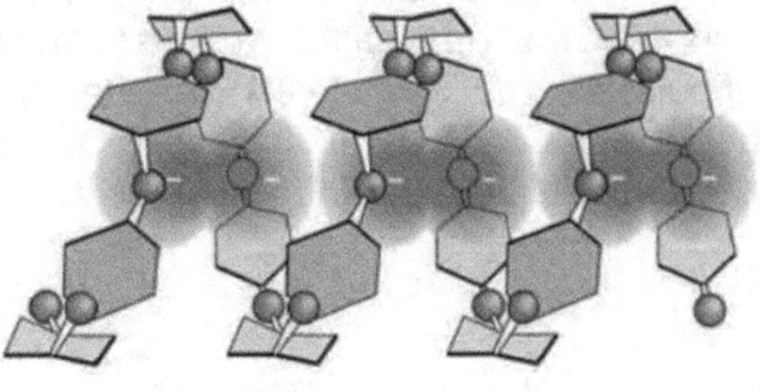

图 15-10　淀粉与碘形成的配合物结构示意图

淀粉经某种特殊酶(如环糊精糖基转化酶)水解得到的环状低聚糖称为环糊精(cyclodextrin，CD)。环糊精一般是由 6、7 或 8 个等单元 D-吡喃葡萄糖通过 1,4-糖苷键结合而成，根据所含葡萄糖单元的个数(6、7 或 8)分别称为α-、β-和γ-环糊精(α-、β-和γ-CD)。环糊精的结构形似圆筒，略呈“V”字形，分子中所有的葡萄糖单元均为椅式构象。环糊精的结构如图 15-11 所示。

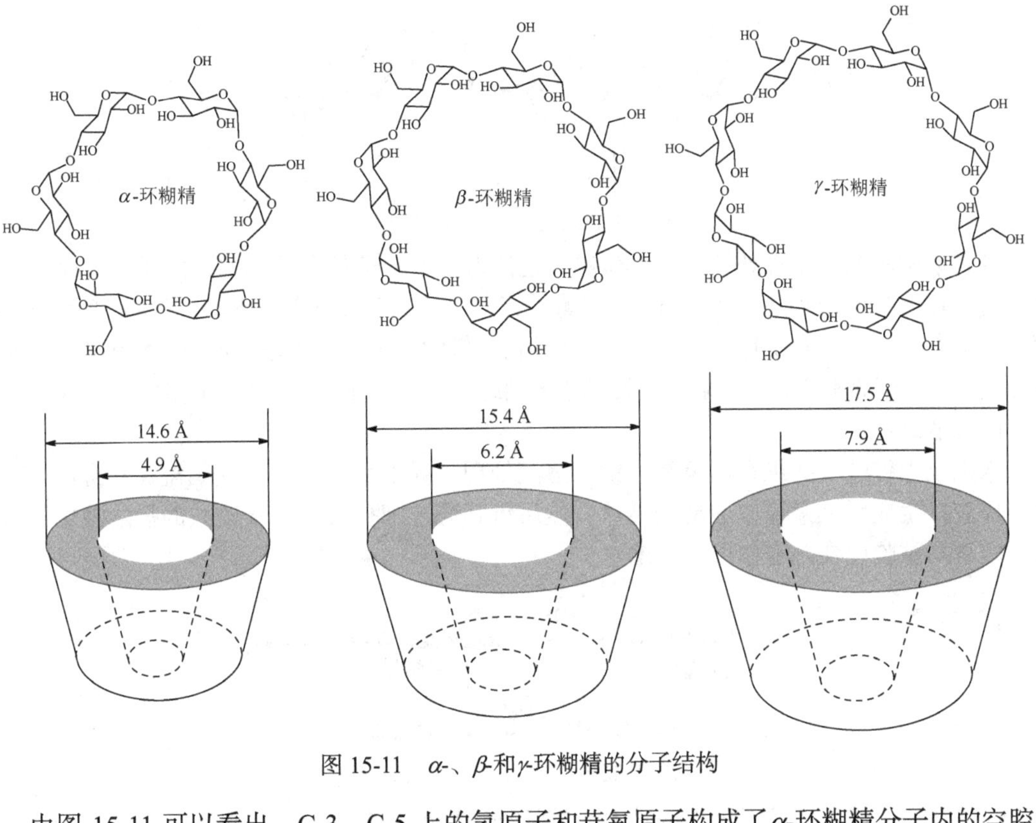

图 15-11　α-、β-和γ-环糊精的分子结构

由图 15-11 可以看出，C-3、C-5 上的氢原子和苷氧原子构成了α-环糊精分子内的空腔内

壁，故具有疏水(亲油)性；而羟基则分布在空腔的外边(上边或下边)，故具有亲水(疏油)性，从而构成比较固定的亲油空腔和亲水外壁。另外，由于组成环糊精的葡萄糖单元不同，其空腔大小各异的孔径分别为 0.6 nm、0. 8 nm 和 1 nm。与冠醚相似，不同的环糊精可以包含不同大小的分子。例如，α-环糊精能与苯形成包合物，而 γ-环糊精能包合蒽分子。

环糊精因空腔的大小和内壁与外壁的亲油性与亲水性不同，在有机合成和医药等工业中具有重要应用价值。例如，苯甲醚在酸性溶液中用次氯酸(弱的氯化试剂)进行氯化反应，生成邻氯苯甲醚和对氯苯甲醚的混合物，若加入少量α-环糊精，则主要生成对位异构体。因为α-环糊精与苯甲醚形成包合物后，甲氧基的邻位包合在环糊精空腔内，而其对位则暴露在空腔之外，有利于试剂的进攻，故对位产物增多。环糊精能够包合中性的无机和有机分子，以及多肽和糖类等生物分子，形成稳定的配合物。

15.3.2　纤维素

纤维素在自然界中分布很广，是构成植物的主要成分，如棉花中含 90%以上，木材中约含 50%。纤维素的纯品无色、无味、无臭，不溶于水和一般有机溶剂。与淀粉一样，纤维素也不具有还原性，其分子式也接近($C_6H_{10}O_5$)。纤维素的分子量比淀粉大很多，其葡萄糖单元为 500～5000。纤维素比淀粉更难水解，一般需要在浓酸中或用稀酸在加压下进行。在水解过程中可以得到纤维四糖、纤维三糖和纤维二糖等，但水解的最终产物也是 D-(+)-葡萄糖。与淀粉水解所得二糖不同，纤维素水解所得二糖是纤维二糖。因为纤维二糖是 β-1,4-苷，说明纤维素是由许多葡萄糖单元通过 β-1,4-糖苷键连接起来的。其结构式可表示如下：

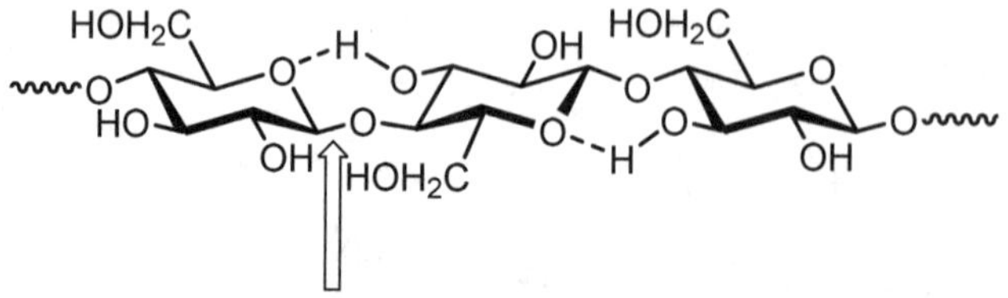

纤维素中的糖苷键都处于平伏键位置，这使得整个分子是直线形的，同时这也使 3 位的羟基可与环上氧原子之间形成氢键。纤维素难以水解，由于人体内缺乏必需的酶，所以人不能消化纤维素，只有牛羊等拥有多个胃的反刍动物，借助细菌的帮助才能消化。纤维素在人们的日常生活中应用非常广泛，一般都需要基于天然纤维素进行化学的修饰和改性。

1) 黏胶纤维

木浆或棉籽绒等纤维素用氢氧化钠水溶液处理，纤维素中含有羟基钠盐，它可以与二硫化碳反应，生成纤维素黄原酸酯的钠盐，然后将其通过细孔挤压到稀硫酸的盐溶液中进行水解，则得到黏胶纤维，也称再生纤维素。

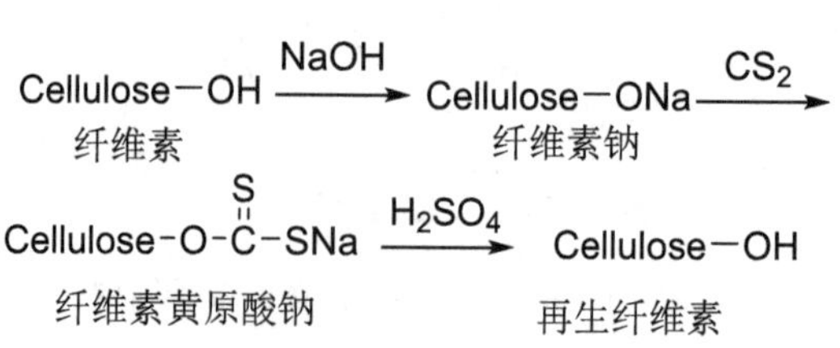

纤维素经上述处理后得再生纤维素，其长纤维称为人造丝，供纺织和针织等用；其短纤

维称为人造棉、人造毛，供纯纺或混纺用。

2) 纤维素酯

纤维素分子中含有羟基，与醇相似，能与酸生成酯。例如，在少量硫酸存在下，用乙酐和乙酸的混合物与纤维素作用，则生成纤维素醋酸酯(也称醋酸纤维素)。

三醋酸纤维素部分水解可得二醋酸纤维素，后者溶于乙醇和丙酮，不易燃，可用来制造人造丝、胶片和塑料等。纤维素与浓硫酸和浓硝酸作用生成纤维素硝酸酯(也称硝酸纤维素)，随酸的浓度和反应条件不同，酯化程度不同，所得酯的含氮量不同。含氮量在 13%左右的称为火棉，它易燃且有爆炸性，是制造无烟火药的原料。含氮量在 11%左右的称为胶棉，它易燃而无爆炸性，是制作喷漆和赛璐珞等的原料。

3) 纤维素醚

纤维素与碱作用生成纤维素钠盐，然后与卤代烷反应生成纤维素醚。最常见的有纤维素甲醚(甲基纤维素)和纤维素乙醚(乙基纤维素)。甲基纤维素可用作分散剂、乳化剂和上浆剂等，在医学上用作灌肠剂。乙基纤维素用于制造塑料、涂料和橡胶的代用品等，也用作纺织品整理剂。

在上述反应中，若用氯乙酸钠代替氯乙烷则得到羧甲基纤维素钠：

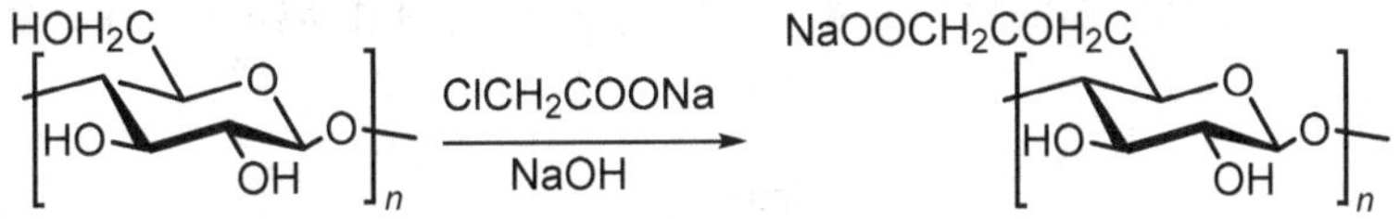

羧甲基纤维素钠大量用作油田钻井泥浆处理剂，还广泛用作纺织品浆料、造纸增强剂等。

15.4　糖化学的发展及应用

糖类的研究已有百余年的历史，在经历了一个相对寂静的时期之后，近年又开始活跃起来。近 30 多年，特别是近 10 年的研究，彻底改变了人们对糖的原有认识。长期以来，人们一直认为糖只是一种能量物质(如葡萄糖、动物体内的糖原、植物体内的淀粉等)或结构物质(如纤维素、甲壳质等)。20 世纪 50 年代以后，随着对糖和糖复合物(如糖脂、糖蛋白、蛋白聚糖等)的分离、纯化以及结构鉴定技术的进步，人们才开始认识到糖的结构要比核酸和蛋白质的结构复杂得多。糖生物学研究所积累的研究证据已经表明：糖是除核酸和蛋白质之外的另一类重要的生命物质，多糖、寡糖以及它们与蛋白质、脂类等结合形成的糖复合物涉及细胞，特别是多细胞的生命活动的全部时间和空间的过程。首先它们作为信息分子参与细胞的各种识别过程，与包括传递生物信息、参与机体的免疫调节与细胞分化、受精、胚胎发育、血液系统、感染、衰老等多方面工程密切相关。其次，糖的结构也影响与其相连的蛋白质的功能，如影响蛋白质的折叠、溶解度、半衰期、抗原性及生物活性等。“糖与核酸、蛋白质并列为生命体中最重要的三种大分子”的概念已经被越来越多的人所接受。

作为糖化学的一个重要分支，糖类药物化学研究始于 1943 年，80 余年来人们从动物、植物、微生物中提取分离了大量多糖和糖类物质，用作治疗或辅助治疗药物，其也是中药的主要作用成分。狭义的糖类药物(carbohydrate drug)是指不含糖类以外其他组分的药物，主要包括不同来源的单糖、寡糖、多糖及其衍生物等，如阿卡波糖、肝素等。广义的糖类药物(carbohydrate drug)可拓展至为数众多的结构中含有糖基或糖链的药物，包括糖苷类药物、糖缀合物药物(糖蛋白、糖脂等)、拟糖复合物等，如恩格列净、盐酸阿柔比星、地高辛等。从更广泛的角度来讲，许多以糖相关物质作为靶点的药物(carbohydrate-related drug)也可视作糖类药物，如磷酸奥司他韦等。糖类药物的研发在世界范围内日益活跃，批准上市的糖类药物数量和销售量不断上升。以六元环的吡喃糖、五元环的呋喃糖、氮杂糖和高碳糖唾液酸等为结构骨架进行药物信息检索，可查到糖类化学药物有150多种，其中已上市的药物有70种。这些药物被广泛应用于感染性疾病、肿瘤、心脑血管疾病、内分泌和代谢疾病、呼吸系统疾病、皮肤病、神经系统疾病、肌肉骨骼和结缔组织疾病、消化系统疾病、血液系统疾病等领域。恩格列净、达格列净、依诺肝素、布瑞亭等“重磅炸弹”级糖类药物在2019年全球销售额均超过10亿美元。

总的来说，我国的糖药物学研究与国际研究的先进水平相比，尚有较大差距，但只要国内糖化学家与药物学家在现有基础上发挥其学科的相互交叉、渗透和协同努力的优良传统，必将推动我国糖药物学研究和产业化的发展。

15.5　糖类化合物的化学反应小结

除少数例外，糖类化合物的反应是前面章节中研究过的官能团的反应，特别是醛、酮和醇的反应。

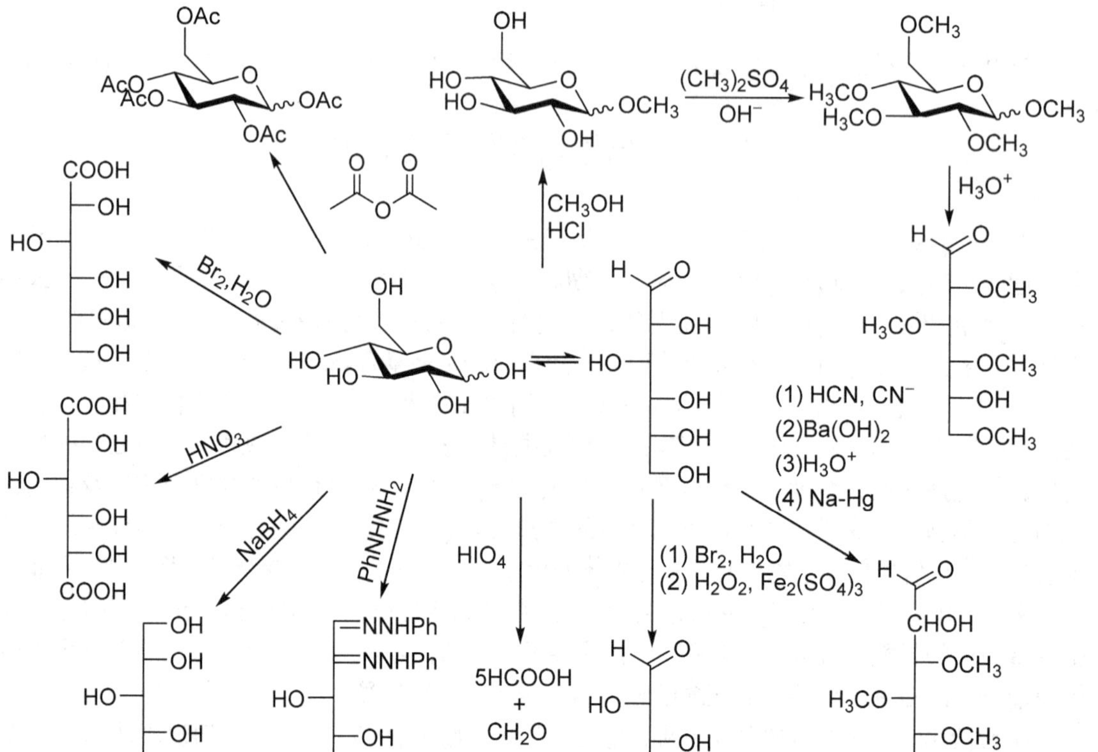

糖类化合物最主要的反应是半缩醛和缩醛的形成和水解。半缩醛基团形成糖类化合物中的吡喃糖环和呋喃糖环，缩醛基团形成糖苷衍生物并将单糖连接在一起形成二糖、三糖、低聚糖和多糖。糖类化合物的其他反应包括醇、羧酸及其衍生物的反应。糖类化合物羟基的烷基化生成醚。羟基的酰化反应生成酯。烷基化和酰化反应有时用于保护糖类化合物羟基不受反应的影响，而在其他地方发生转化。

水解反应涉及将碳水化合物的酯和内酯衍生物转化回多羟基形式。醛和酮的烯醇化导致醛糖和酮糖的差向异构化和相互转化。醛类和酮类的加成反应也很有用，如在生成脎时添加氨衍生物、在 Kiliani-Fischer 合成中添加氰化物、Kiliani-Fischer 合成中的腈水解生成羧酸等。

氧化和还原反应在糖类化合物化学中也占有一席之地。醛和酮的还原反应，如硼氢化还原和催化氢化，用于将醛糖和酮糖转化为糖醇。Tollens 试剂和 Benedict's 试剂的氧化是对糖中半缩醛结构的测试。溴水将醛糖的醛基氧化成羧酸以及硝酸将醛糖的醛基和末端羟甲基氧化为醛酸(二羧酸)。糖类化合物的高碘酸盐裂解产生可用于结构阐明的氧化片段。

习　题

15-1　画出 D-核糖的呋喃糖和吡喃糖形式的结构。展示如何使用高碘酸盐氧化来区分甲基呋喃核糖苷和甲基吡喃核糖苷。

15-2　大多数吡喃醛糖最稳定的构象是其中最大的基团—CH_2OH 是平伏键(a 键)的。然而，α-D-艾都吡喃糖(idopyranose)主要以带有直立键—CH_2OH 基团的构象存在。写出 α-D-艾都吡喃糖的两种椅式构象的结构式(一种带有—CH_2OH 基团直立键，一种带有—CH_2OH 基团平伏键)，并解释。

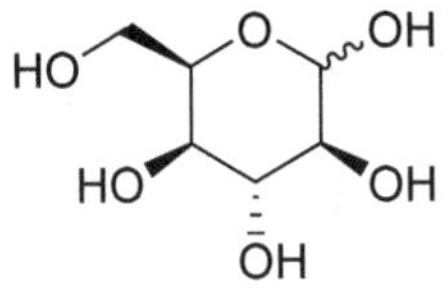

15-3　当芽孢杆菌在富含直链淀粉的培养基上生长时，可以从脱脂芽孢杆菌中分离出一组称为夏丁格糊精的寡糖。这些寡糖都是非还原性的。当用酸或α-葡糖苷酶处理时，典型的夏丁格糊精会发生水解，产生 6、7 或 8 个分子的 D-葡萄糖。夏丁格糊精完全甲基化，然后酸水解仅产生 2,3,6-三甲基-D-葡萄糖。写出夏丁格糊精的可能结构。

15-4　木糖醇是一种用于无糖口香糖的甜味剂。从适当的单糖开始，概述木糖醇的一种可能合成方法。

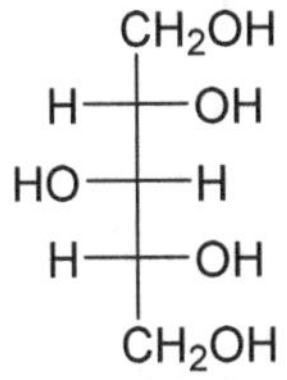

木糖醇

15-5　商业合成维生素 C 的起始材料是 L-山梨糖(参见以下反应)；它可以由 D-葡萄糖通过以下反应顺序合成：

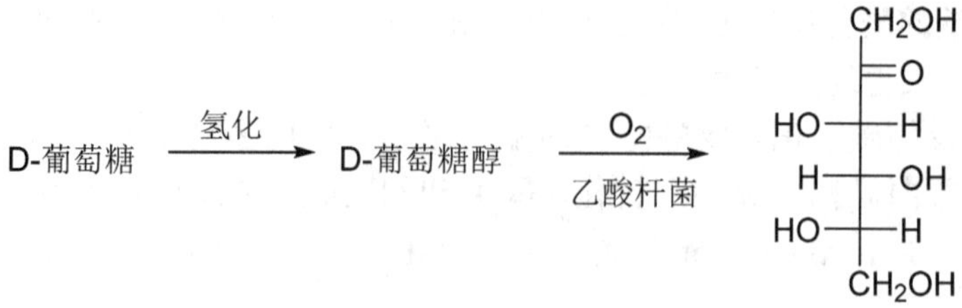

该序列的第二步说明了细菌氧化的使用；微生物乙酸杆菌以 90%的产率完成这一步骤。合成的总体结果是将 D-己醛糖(D-葡萄糖)转化为 L-己酮糖(L-山梨糖)。这说明细菌氧化过程具有怎样的特异性？

15-6 一个二糖 A($C_{11}H_{20}O_{10}$)能被α-葡萄糖酶水解，生成 D-葡萄糖和 D-戊糖。A 能被 Feling 试剂氧化，用硫酸二甲酯和氢氧化钠甲基化生成一个七甲醚 B。酸催化水解 B 生成 2,3,4,6-四-*O*-甲基-D-葡萄糖和一个戊糖的三-*O*-甲基醚 C，用溴水氧化 C 生成 2,3,4-三-*O*-甲基-D-核糖核酸。写出醇 A、B、C 的结构式。

15-7 用化学方法区分下列化合物：

(1) D-葡萄糖和 D-果糖；

(2) 乙醛、丙酮、葡萄糖、果糖。

第 16 章　氨基酸、多肽、蛋白质和核酸

16.1　氨基酸的结构、命名及物理性质

氨基酸是带有氨基的羧酸，因此羧酸分子中烃基上的一个或几个氢原子被氨基取代后生成的化合物称为氨基酸，分子中既含有氨基(—NH_2)，又含有羧基(—COOH)。根据氨基和羧基的相对位置，氨基酸可以分为α-氨基酸、β-氨基酸、γ-氨基酸等。

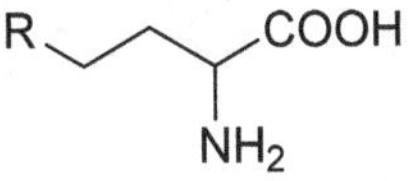
α-氨基酸

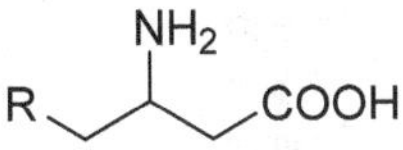
β-氨基酸

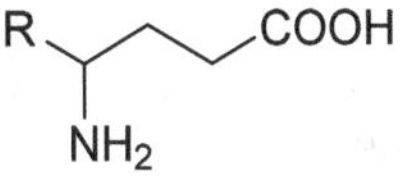
γ-氨基酸

自然界中有 500 多种氨基酸，但是从最小的生物到人类，所有物种中的蛋白质主要由 20 种氨基酸组成，这些氨基酸均为α-氨基酸。有些氨基酸在哺乳动物体内不能自己合成而必须从食物中摄取，这些氨基酸称为必需氨基酸。当食物中缺乏必需氨基酸时，就会影响动物的生长和发育。动物种类不同，所需的必需氨基酸也不同。对成人而言，必需氨基酸有以下八种：赖氨酸、色氨酸、苯丙氨酸、甲硫氨酸、苏氨酸、异亮氨酸、亮氨酸、缬氨酸。另外，组氨酸为婴幼儿所必需的。此外，精氨酸、胱氨酸、酪氨酸、牛磺酸为早产儿所必需的。

氨基酸有不同的分类方法。按 R 基团的不同，氨基酸可分为脂肪族氨基酸、芳香族氨基酸和杂环族氨基酸。按分子中氨基和羧基的数目，氨基酸又可分为中性氨基酸(氨基数目和羧基数目相等)、酸性氨基酸(羧基数目大于氨基数目)和碱性氨基酸(氨基数目大于羧基数目)。

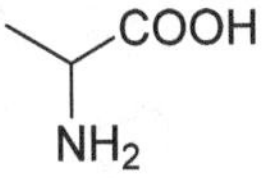
丙氨酸
中性氨基酸

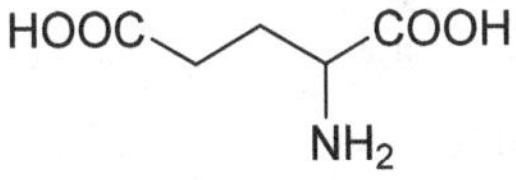
天冬氨酸
酸性氨基酸

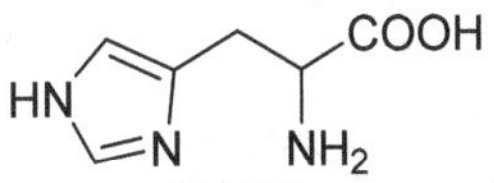
组氨酸
碱性氨基酸

α-氨基酸可用通式 $RCH(NH_2)COOH$ 表示。由通式可知，除了甘氨酸(R = H)外，α-氨基酸中的α-碳原子都是手性碳原子。α-氨基酸中的手性碳原子可以用 *R* 和 *S* 构型法标记，但与糖一样，由于研究早期这些氨基酸均有相应的俗名，习惯用 D 或 L 构型法标记。以丙氨酸($R = CH_3$)为例，将α-氨基酸用 Fischer 投影式表示的方式如下：

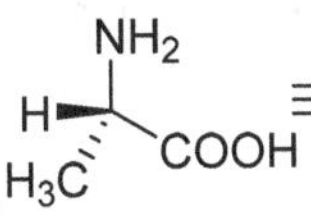
L-丙氨酸

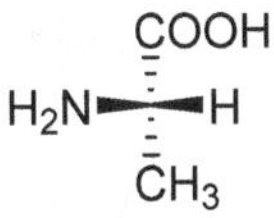
楔形透视式

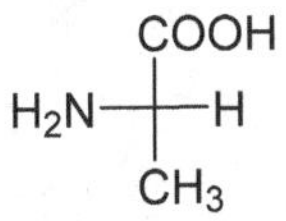
Fischer投影式

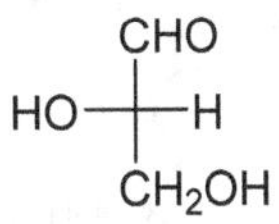
L-甘油醛

羧基写在竖线的上方，R 基写在竖线的下方，氨基和氢写在横线的两侧。若氨基的位置与 L-甘油醛中羟基的位置一致，就定义为 L-氨基酸；与 D-甘油醛中羟基的位置一致，就定义为 D-氨基酸。天然氨基酸多数是 L 构型的。L 构型的氨基酸α-碳原子的手性为 *S* 构型。但是，

正如在糖类化合物中一样，L 构型的氨基酸的比旋光并不一定为左旋。例如，L-缬氨酸和 L-异亮氨酸的比旋光均为右旋。

氨基酸可以按国际纯粹与应用化学联合会规定的原则命名，但为方便，氨基酸的名称一般都以俗名表示。此外，每个氨基酸还都有一个缩写符号，作为这个氨基酸的代号(表 16-1)。

表 16-1　20 种常见氨基酸的名称和结构式

结构式	名称	三字码	一字码	α-羧酸的 pK_a	α-氨基的 pK_a	等电点 pI
中性氨基酸						
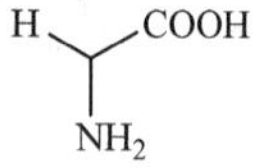	甘氨酸 (α-氨基乙酸) glycine	Gly	G	2.34	9.60	5.97
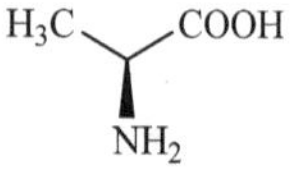	丙氨酸 (α-氨基丙酸) alanine	Ala	A	2.35	9.87	6.00
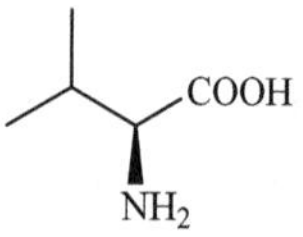	缬氨酸 [a] (β-甲基-α-氨基丁酸) valine	Val	V	2.29	9.72	5.96
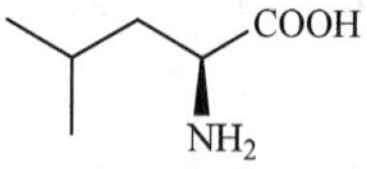	亮氨酸 [a] (γ-甲基-α-氨基戊酸) leucine	Leu	L	2.33	9.74	5.98
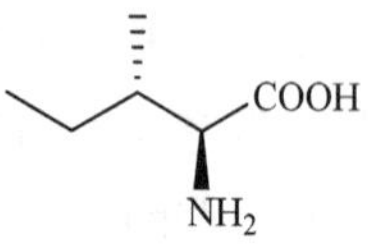	异亮氨酸 [a] (β-甲基-α-氨基戊酸) isoleucine	Ile	I	2.32	9.76	6.02
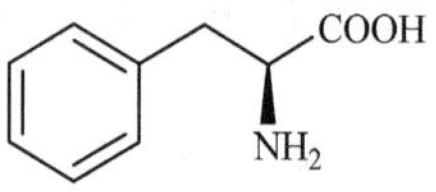	苯丙氨酸 [a] (β-苯基-α-氨基丙酸) phenylalanine	Phe	F	2.58	9.24	5.48
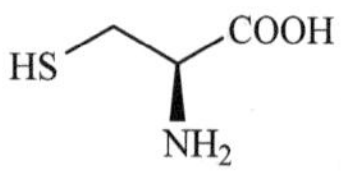	半胱氨酸 (α-氨基-β-巯基丙酸) cysteine	Cys	C	1.86	8.35	5.07
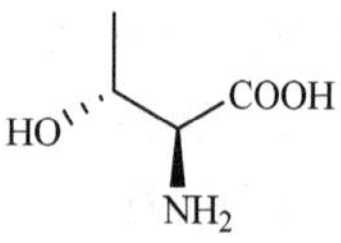	苏氨酸 [a] (α-氨基-β-羟基丁酸) threonine	Thr	T	2.09	9.10	5.60
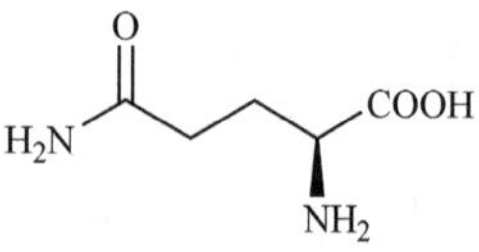	谷氨酰胺 (α-氨基戊酰胺酸) glutamine	Gln	Q	2.17	9.13	5.65
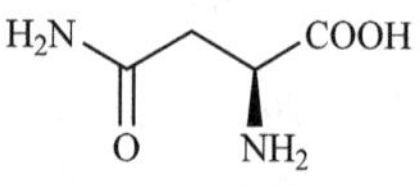	天冬酰胺 (α-氨基丁酰胺酸) asparagine	Asn	N	2.02	8.80	5.41
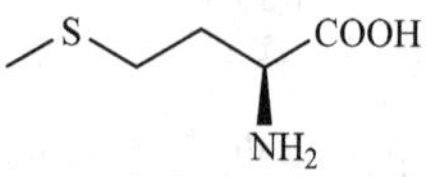	蛋氨酸 [a] (α-氨基-γ-甲硫基戊酸) methionine	Met	M	2.17	9.27	5.74

续表

结构式	名称	三字码	一字码	α-羧酸的 pK_a	α-氨基的 pK_a	等电点 pI
	中性氨基酸					
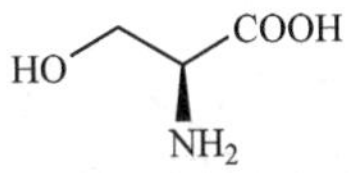	丝氨酸 (α-氨基-β-羟基丙酸) serine	Ser	S	2.19	9.44	5.68
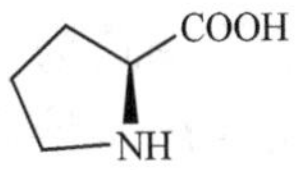	脯氨酸 (α-四氢吡咯甲酸) proline	Pro	P	1.95	10.64	6.30
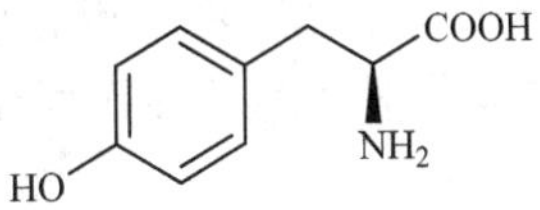	酪氨酸 (α-氨基-β-对羟苯基丙酸) tyrosine	Tyr	Y	2.20	9.11 10.07[c]	5.66
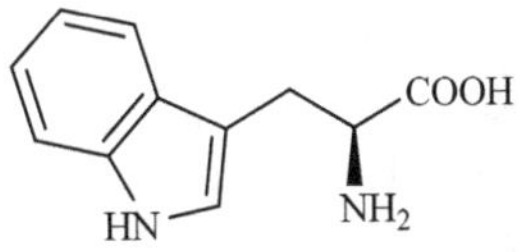	色氨酸[a] [α-氨基-β-(3-吲哚基)丙酸] tryptophan	Trp	W	2.43	9.44	5.89
	酸性氨基酸					
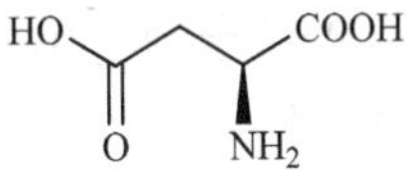	天冬氨酸 (α-氨基丁二酸) aspartic acid	Asp	D	1.88 3.65[b]	9.60	2.97
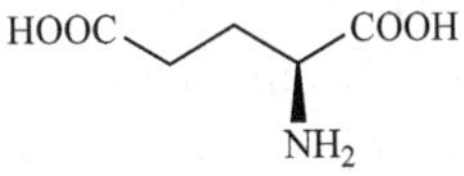	谷氨酸 (α-氨基戊二酸) glutamic acid	Glu	E	2.13 4.32[b]	9.95	3.22
	碱性氨基酸					
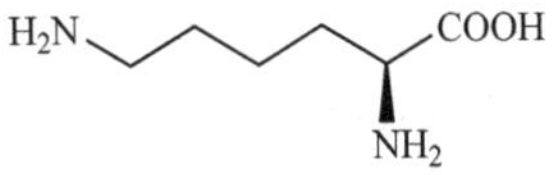	赖氨酸[a] (α,ω-二氨基己酸) lysine	Lys	K	2.18	8.95 10.53[c]	9.74
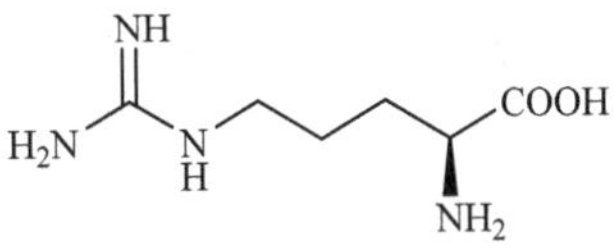	精氨酸 (α-氨基-δ-胍基戊酸) arginine	Arg	R	1.82	8.99 13.20[c]	10.76
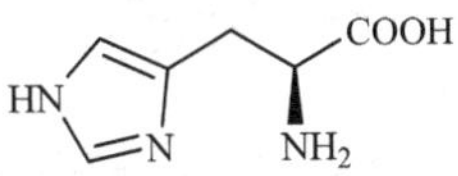	组氨酸 [α-氨基-β-(4-咪唑基)丙酸] histidine	His	H	1.81	9.15 6.05[c]	7.59

a. 这八个氨基酸为必需氨基酸；b. 非α-位羧基取代基的 pK_a；c. 非α-位碱性取代基的 pK_a。

氨基酸是无色结晶。除胱氨酸和酪氨酸外，它们都易溶于水；除脯氨酸和半胱氨酸外，一般都难溶于有机溶剂。有些氨基酸有甜味，有些有苦味，有些无味。味精即谷氨酸的钠盐，它具有鲜味。

氨基酸极性较大，在水中有一定的溶解度，但不溶于有机溶剂。氨基酸的偶极矩数值都很大，由于两性离子间静电引力较强，因此氨基酸的熔点很高，熔点一般在 200℃以上，比对应的羧酸高，多数氨基酸受热分解而不熔融。

16.2　氨基酸的化学性质

16.2.1　等电点

氨基酸是两性分子(amphoteric molecule)，分子中既有碱性基团(氨基)，又有酸性基团(羧基)，它们同时具有胺和羧酸的性质，既能与酸发生反应，又能与碱发生反应。因此，氨基酸在水溶液中的组成主要取决于溶液的 pH。铵离子的 pK_a 为 10～11，羧酸的 pK_a 为 2～5，在中性溶液中，氨基酸的主要存在形式为两性离子(zwitterion)；而在强酸性(pH＜1)溶液中，羧酸根负离子结合氢离子形成电中性羧酸基团，氨基酸主要以铵正离子形式存在；在强碱性(pH＞13)溶液中，铵正离子失去氢离子形成电中性氨基，氨基酸主要以羧酸根负离子形式存在。

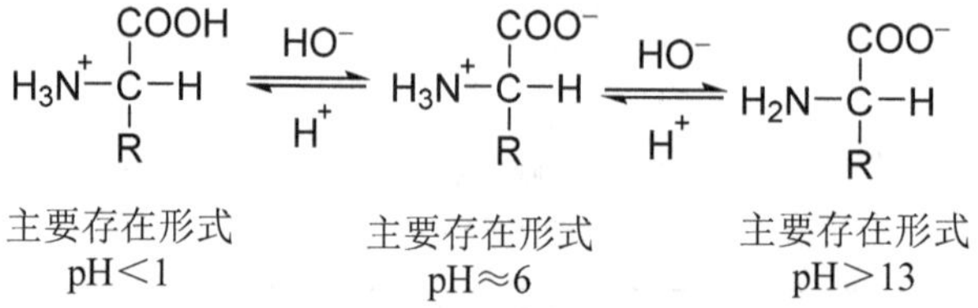

上述平衡说明：在足够浓的强碱性溶液中，氨基酸将以负离子的形式存在；而在足够浓的强酸性溶液中，氨基酸将以正离子的形式存在。例如，将氨基酸置于特定的电场中，若氨基酸以正离子形式存在，则向负极移动；若氨基酸以负离子形式存在，则向正极移动。可以通过调节溶液的酸碱性找到合适的 pH，在该 pH 下氨基酸主要以两性离子形式存在，整体呈电中性，在电场中没有净电荷迁移。该 pH 即为该氨基酸的等电点(isoelectric point，pI)。

等电点的重要意义在于，此时溶液中以两性离子形式存在的氨基酸浓度最大，而它的溶解度最小，可以结晶析出。大于或小于等电点的 pH 环境中，由于氨基酸具有两性离子性质，溶解度增大，不易结晶。

不同的氨基酸有不同的等电点，既可以通过测定等电点来鉴别氨基酸，也可以通过其羧基和氨基的 pK_a 的表达式计算其 pI。对中性氨基酸而言，在溶液处于等电点时，氨基酸主要以电中性形式存在，质子化与去质子化倾向相同。以甘氨酸为例，有

$$H_3NCH_2COOH \longleftrightarrow H_4\overset{+}{N}CH_2COO^-$$

很容易证明，此时溶液的 pH 就是甘氨酸的两个 pK_a 的平均值。因此，甘氨酸的等电点近似为其两个 pK_a 的平均值。

若氨基酸的侧链上还含有其他官能团，以酪氨酸为例，其结构中还含有弱酸性的酚羟基：

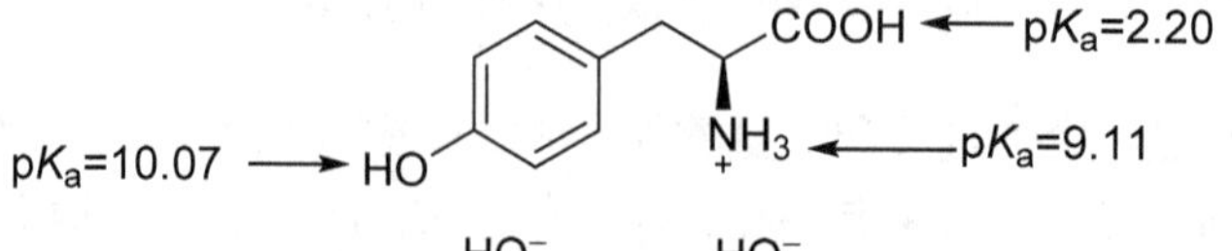

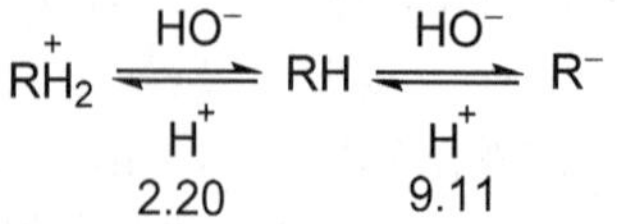

其中，RH 代表氨基酸分子。由于酚羟基的 pK_a 大于 H_3N^+的 pK_a，因此其 pI 为$(2.20 + 9.11) / 2 \approx 5.66$。

碱性氨基酸的侧链上还含有其他的碱性官能团，以赖氨酸为例，其结构中还含有碱性的

氨基：

$$RH_3^{2+} \underset{H^+}{\overset{OH^-}{\rightleftharpoons}} \overset{+}{R}H_2 \underset{H^+}{\overset{OH^-}{\rightleftharpoons}} RH \underset{H^+}{\overset{OH^-}{\rightleftharpoons}} R^-$$

2.18　　8.95　　10.53

在酸性介质中，两个氨基均可以被质子化，生成双正离子。当溶液的 pH 变大时。羧基上的质子优先离去，然后 C-2 位铵正离子再失去质子，最后最远端的铵正离子才失去质子。因此，赖氨酸的等电点 pI 为(8.95 + 10.53) / 2 = 9.74。

通常，中性氨基酸的等电点 pI= 5.1～6.8；酸性氨基酸的等电点 pI= 2.8～3.2；碱性氨基酸的等电点 pI = 7.6～10.8。

16.2.2 亚胺化反应——氨基酸的鉴定

氨基与醛(酮)羰基反应生成亚胺或亚胺正离子也是胺类化合物的一个重要反应。此反应是 α-氨基酸的一个重要鉴定反应的一部分。茚三酮是 1*H*-茚-1,2,3-三酮的水合物，除脯氨酸和羟脯氨酸外，蛋白质中所有 α-氨基酸都能与茚三酮反应，生成一种紫色化合物。该反应十分灵敏，是鉴定氨基酸最简便的方法。其反应的过程如下：

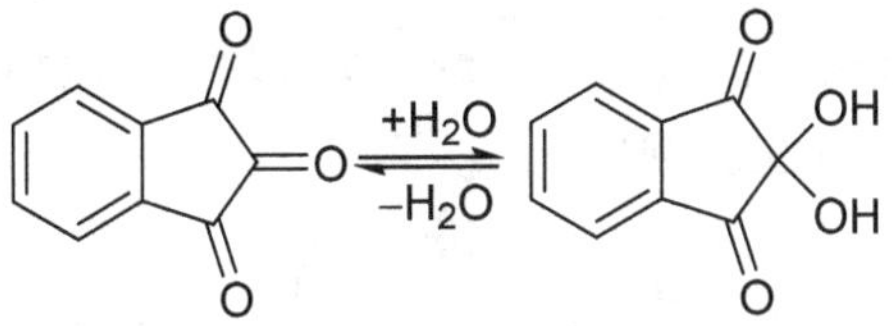

茚-1,2,3-三酮　　水合茚三酮

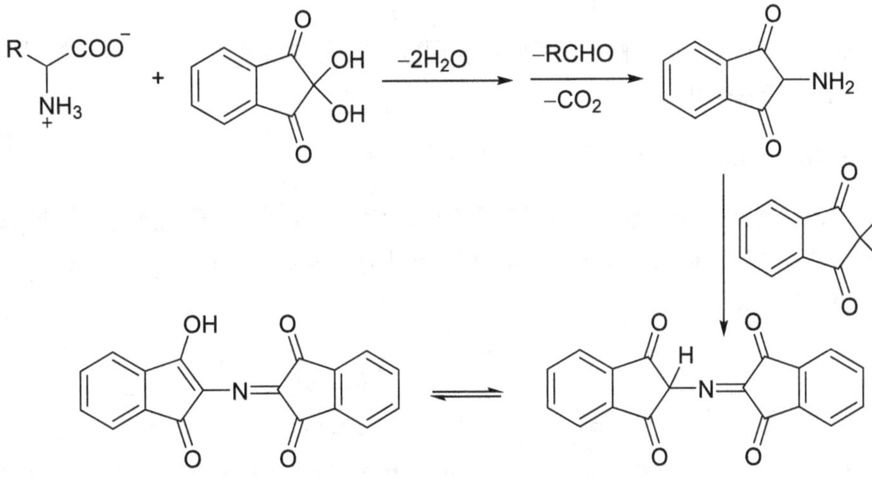

紫色

用薄层色谱法分离氨基酸，都以茚三酮为显色剂，反应若在溶液中进行，则得到的紫色溶液在 570 nm 处有强吸收峰。脯氨酸中的氨基为二级胺，它与水合茚三酮反应时呈橙黄色。

16.2.3　氨基酸金属盐配合物的形成

许多α-氨基酸，如组氨酸、色氨酸、半胱氨酸等，可与金属盐以一定比例(2∶1 或 1∶1)形成分子配合物(molecular complex)，生成形状很好的结晶。利用该性质，可以沉淀某些蛋白质，进而对该蛋白质进行纯化和分析。例如，甘氨酸的铜盐结构如下：

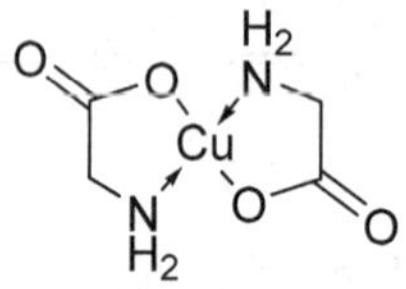

将金属离子固载化后，蛋白质表面氨基酸残基与金属离子的结合力较强时，氨基酸残基上负离子会与金属离子结合形成复合物，取代原先结合的水分子或负离子，这样就能使蛋白质分子结合在这些固体表面上。生化学家利用此作用原理进行蛋白质分离，从而发展了金属螯合亲和层析，又称固定化金属离子亲和层析(immobilized metal ion affinity chromatography，IMAC)。目前常用的是将带有六个组氨酸的蛋白质固定于镀镍的玻璃板上，发展了 His-Tag 纯化标签，结合金属螯合和层析，为重组蛋白质的分离纯化提供了一种有力的工具。

16.3　氨基酸的合成

16.3.1　Strecker 合成法——醛的氨氰化法

斯瑞克(A. Strecker)合成法是用醛与氢氰酸和氨(或与氰化铵)发生作用，得到α-氨基氰化物，再经过水解，生成(±)-氨基酸。例如：

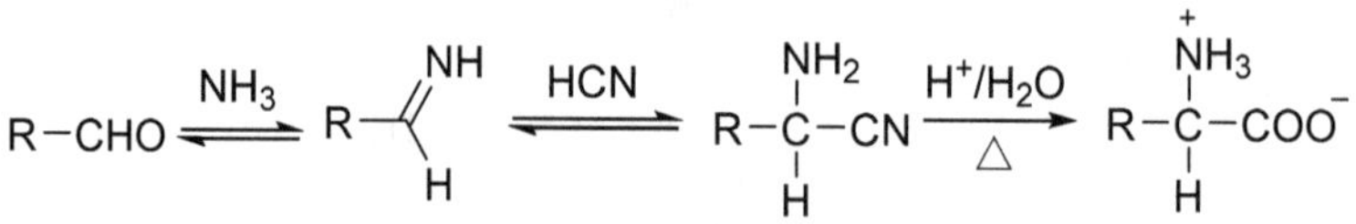

泽林斯基(N. D. Zelinsky)后来改进了此法，用醛、氯化铵和氰化钾的混合水溶液反应，避免了直接使用氢氰酸或氰化铵。

16.3.2　Hell-Volhard-Zelinskyα-溴化法

利用氨作为亲核试剂对羧酸的α-位进行亲核取代反应是合成氨基酸的最快捷有效的方法。因此，赫尔-乌尔哈-泽林斯基(Hell-Volhard-Zelinsky)α-溴化法首先对羧酸的α-位进行溴化，然后再与氨进行亲核取代，生成氨基。

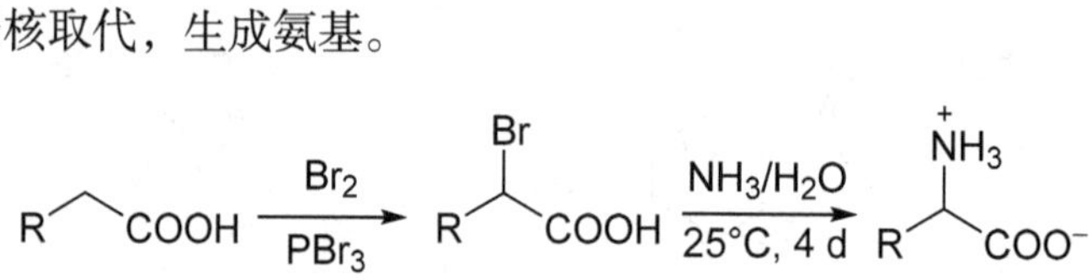

氨在这里不产生多元烷基化的产物，原因是氨基酸的氨基比胺的碱性弱，亲核的能力稍差，反应可控制在一元烷基化阶段。

16.3.3　盖布瑞尔法

用卤代酸酯和邻苯二甲酰亚胺钾反应，然后水解，可以生成很纯的氨基酸。

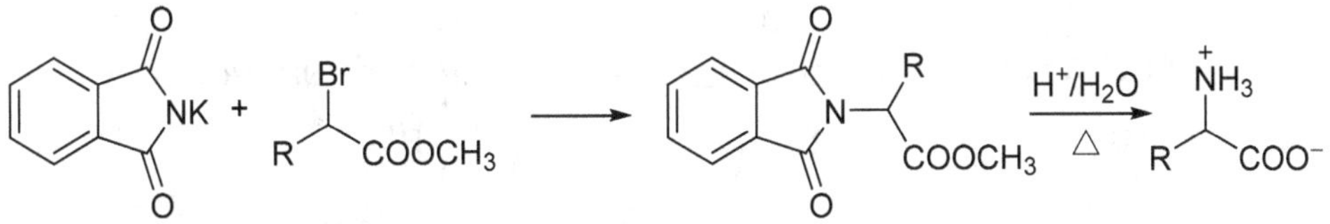

为了提高此亲核取代反应的产率，通常采用α-溴代丙二酸二乙酯为原料，可以得到以下产物：

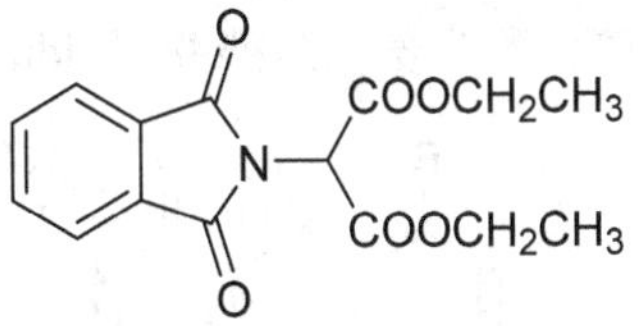

由于此化合物的α-位氢原子具有很强的酸性，在碱的作用下可以形成α-碳负离子，可以在该位点继续进行各种亲核取代反应从而制备带有各种取代基的氨基酸，如蛋氨酸、苯丙氨酸、丝氨酸、天冬氨酸等。

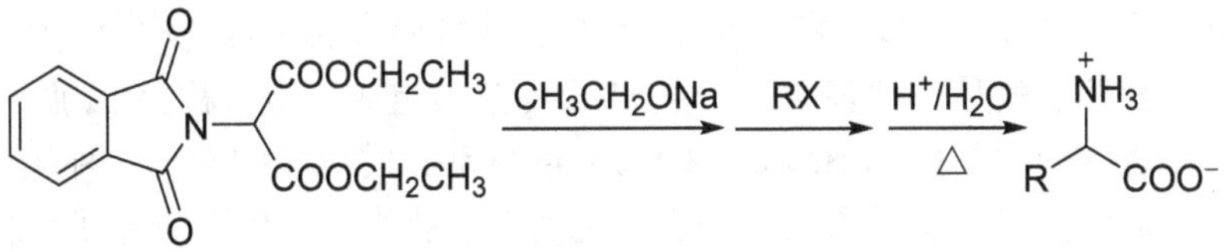

此时，RX 可以是卤代烷，可以为α,β-不饱和酯，也可以是 1,3-二溴丙烷。采用这些方法合成的氨基酸大多是消旋体，往往需要进一步分离。

16.3.4　丙二酸酯法

丙二酸酯与亚硝酸反应生成亚硝基丙二酸酯，后者立即重排成肟，肟在乙酐存在下催化加氢，生成乙酰氨基丙二酸酯：

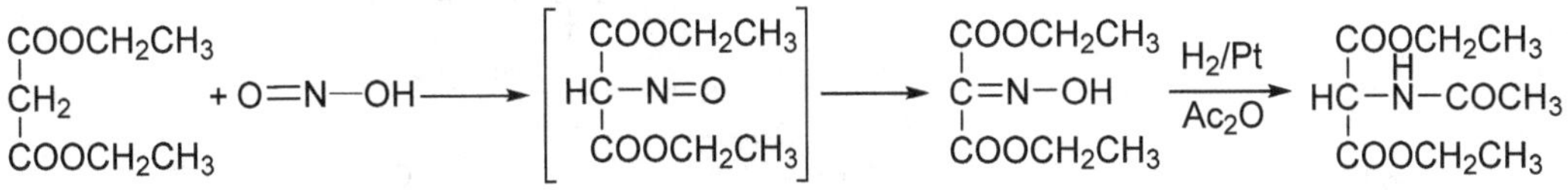

乙酰氨基丙二酸酯

乙酰氨基丙二酸酯经烃化、水解和脱酸后得到氨基酸。例如：

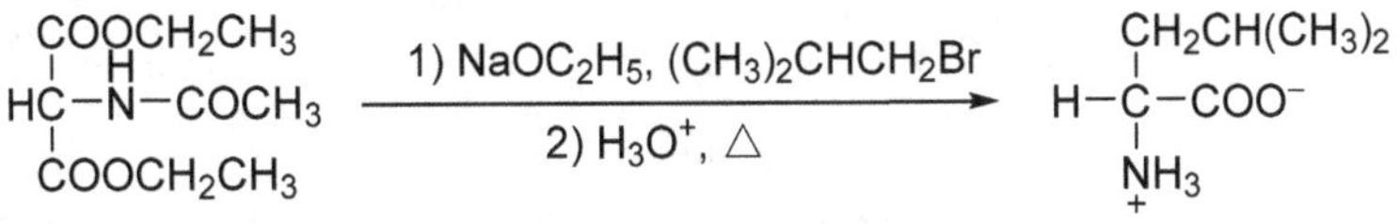

乙酰氨基丙二酸酯

16.4　多肽的定义、命名和结构

16.4.1　多肽的定义

一个氨基酸的羧基与另一个氨基酸的氨基之间脱水缩合形成的酰胺类化合物称为肽(peptide)。肽分子中的酰胺键称为肽键(peptide bond)。肽也是以两性离子形式存在的。

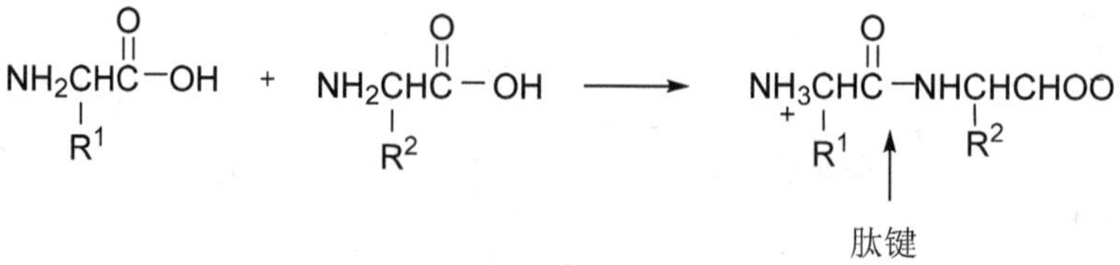

由两个氨基酸之间脱水缩合形成的肽称为二肽(dipeptide)，由多个氨基酸之间脱水形成的肽称为多肽(polypeptide)，由 10 个以下氨基酸相连而成的肽称为寡肽(oligopeptide)。肽链中的氨基酸因脱水缩合后而基团不完整，称为氨基酸残基(residue)。

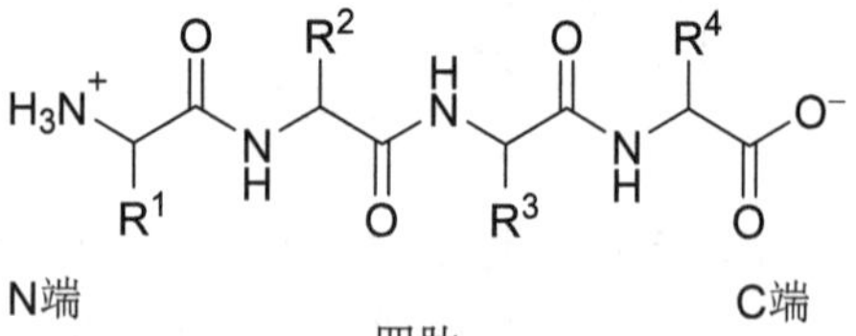

四肽

多肽是蛋白质水解的中间产物，多肽和蛋白质之间并没有严格的区分，通常将由低于 50 个氨基酸形成的化合物称为多肽，将由高于 50 个氨基酸形成的化合物称为蛋白质。例如，治疗糖尿病的药物胰岛素就是一种多肽，它由 51 个氨基酸组成，也可称为 51 肽。

1902 年，伦敦大学医学院的 Bayliss 和 Starling 从动物的胃肠中发现一种能引起胰腺分泌活动的物质——促胰液素，这是人类第一次发现活性多肽物质。伴随着分子生物学、生物化学技术的飞速发展，多肽的研究取得了惊人的、划时代的进展，到目前为止，人们发现存在于生物体的多肽有数万种。1953 年，人工合成了第一个有生物活性的多肽——催产素(oxytocin)。

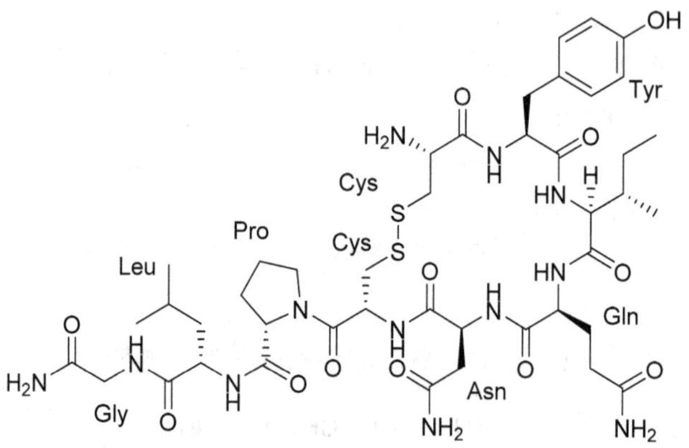

催产素

蛋白质实际上就是分子量较大的多肽，一般情况下，分子量在 10000 以上的多肽称为蛋白质，多肽的结构一般也被称为蛋白质的一级结构(图 16-1)。

16.4.2 多肽的命名

虽有环肽存在，但绝大多数的肽呈链状，称为多肽链。N 端(N-terminal end)：保留游离 α-NH_2 的一端，也称氨基末端，一般写在肽链的左边。C 端(C-terminal end)：保留 α-CO_2H 的一端，也称羧基末端，通常写在肽链的右边(图 16-2)。

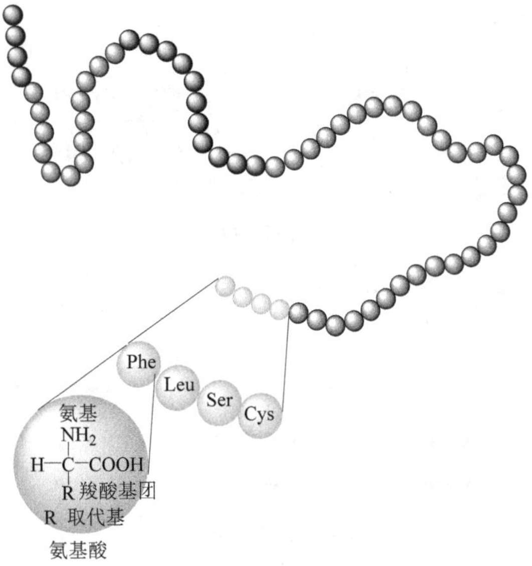

图 16-1　蛋白质的一级结构示意图

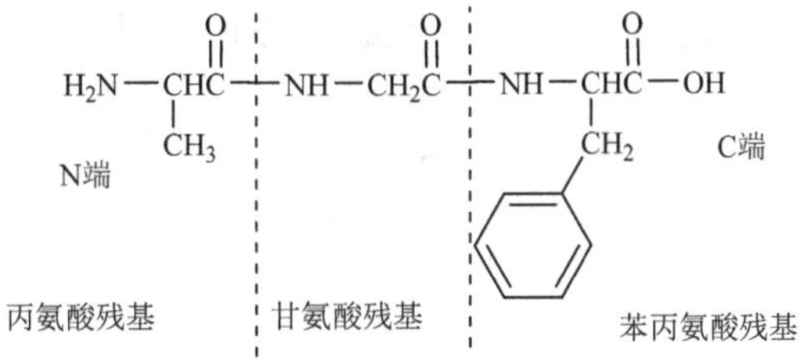

丙氨酰甘氨酰苯丙氨酸

丙-甘-苯丙(Ala-Gly-Phe)

alanylglycylphenylalanine

图 16-2　多肽的命名

多肽的命名是以 C 端的氨基酸为母体，从 N 端开始命名。除了母体氨基酸外，其余的氨基酸残基作为酰基，依次排序在母体名称之前，称为某氨酰(基)某氨酸。例如，图 16-2 中的结构，从左到右分别是丙氨酸残基、甘氨酸残基和苯丙氨酸残基，因此该多肽可命名为丙氨酰甘氨酰苯丙氨酸，为了表述方便，往往将其简写为相应氨基酸残基组成的结合，如 Ala-Gly-Phe。

此外，有些氨基酸中存在多个羧基或氨基，需要指出哪个羧基或氨基参与形成肽键。例如，谷胱甘肽(glutathione)可命名为γ-谷氨酰半胱氨酰甘氨酸，其中γ是指谷氨酸用γ-羧基，而非α-羧基与半胱氨酸的氨基结合，其结构见图 16-3。谷胱甘肽是在所有的活细胞中都存在的三肽，在眼睛的晶状体中浓度特别高。由于其中半胱氨酸的巯基容易被酶催化氧化为二硫键桥接的二聚体，它具有生物还原剂的功能。

所有链状多肽都有一个共同的骨架。肽的结构不仅取决于组成肽链的氨基酸种类和数目，也与肽链中各氨基酸残基的排列顺序有关。许多种氨基酸按照不同的排列顺序，构成了自然界中种类繁多的多肽和蛋白质(图 16-4)。

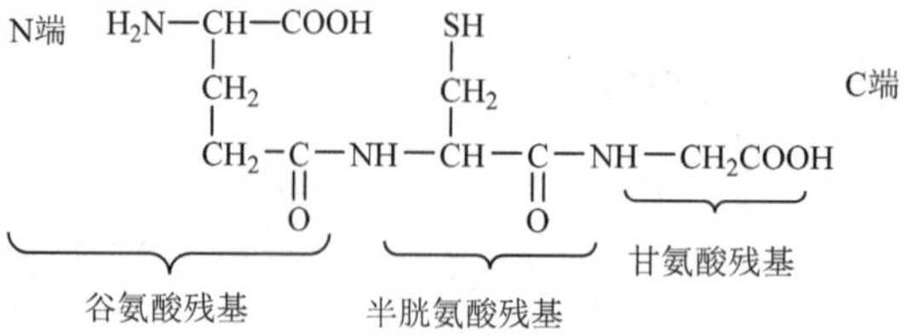

图 16-3　谷胱甘肽的结构

3种不同的氨基酸 ⟶ 三肽　6种异构体

4种不同的氨基酸 ⟶ 四肽　24种异构体

图 16-4　肽结构的多样性

16.4.3　多肽的结构

肽键是多肽和蛋白质的基本化学键，组成肽键的四个原子与相邻的两个α-C 原子共同构成肽单位(peptide unit)。

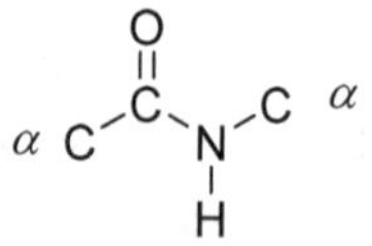

肽单位

20 世纪 30 年代末，鲍林(L. Pauling)和科里(R. B. Corey)应用 X 射线衍射技术研究了氨基酸和寡肽的晶体结构，目的是获得一组标准的键长和键角，以推导肽的构象，他们提出了肽键的刚性和平面性结构特点。肽键中的 N 原子与羰基之间存在 p-π 共轭，肽键中的 C—N 键具有部分双键特性，不能自由旋转，有一定的刚性，并导致与其相连的两个基团有顺反异构体存在(实际以反式存在)。同时，使构成肽单位的六个原子都位于同一个平面，称为肽平面。

肽键的共振结构式及反式构型

多肽酰胺键中的 C—N 键，由于氮原子孤对电子的离域，使得羰基碳、氮及与它们直接相连的原子共处于同一个平面即酰胺平面中。同时也使碳氮键具有某些双键性质，这从键长数据可以看出：酰胺键中的碳氮键键长为 132 pm，比一般有机胺的碳氮单键 149 pm 短，比碳氮双键的 127 pm 长。共轭一方面降低了氮原子的碱性，阻碍了酰胺 C—N 键的自由旋转。另一方面与酰胺官能团邻近的 C_α—C 和 C_α—N 键，均为典型的单键，可自由旋转。因此，多肽既是刚性的，又具有充分的活动性，足以采取多种构象。一般用 φ 代表 C_α—C 键的旋转角度，用 ψ 代表 C_α—N 键的旋转角度。如果每一个氨基酸残基的 φ 和 ψ 角度已知，就可以决定相邻肽单位平面的相对空间位置，多肽主链的构象就可以确定。

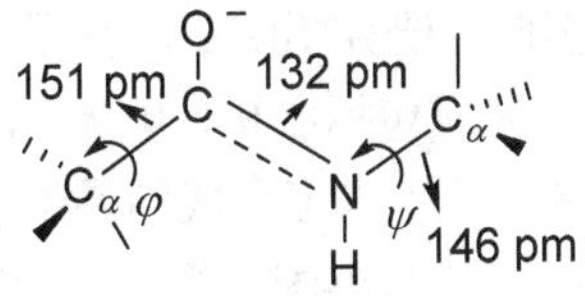

肽键的平面性与各键键长

多肽链的另一个结构特点与肽链中是否存在半胱氨酸有关。半胱氨酸中有一个巯羟基(巯基)，半胱氨酸温和氧化形成胱氨酸，胱氨酸可以还原为半胱氨酸。

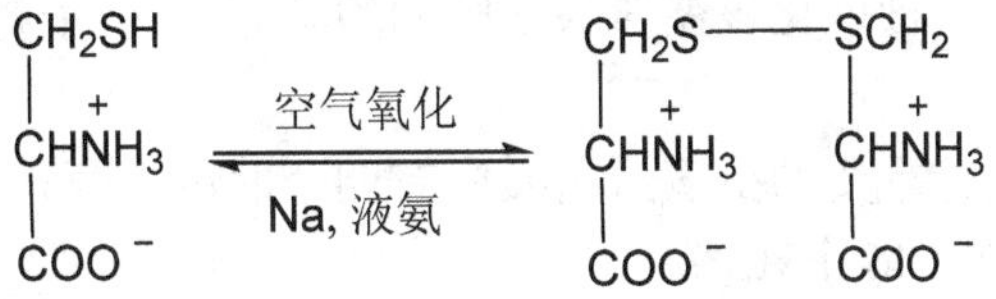

半胱氨酸　　　　　　　　胱氨酸

因此，一个多肽链中有两个半胱氨酸残基(—NH—CH(CH_2SH)CO—)，就可结合成二硫键，并可成环，形成一个胱氨酸残基。例如：

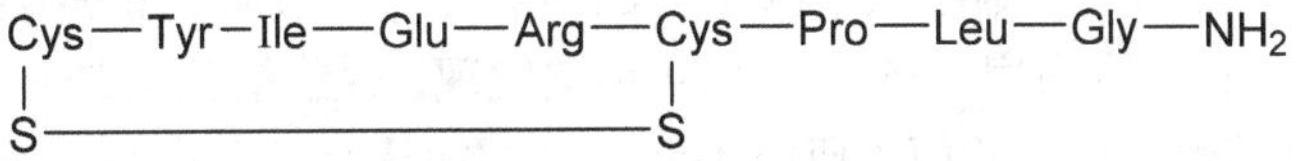

牛催产素(bovine oxytocin)

牛催产素中最右侧的 NH_2 表示为甘氨酸的—COOH 被转化为—$CONH_2$。如果两个肽链中均有一个半胱氨酸残基，那么这两条肽链可以通过二硫键结合起来。例如，胰岛素(insulin)中有两条肽链，一条 A 链(21 肽)上有四个半胱氨酸残基，一条 B 链(30 肽)有两个半胱氨酸残基。A 链和 B 链各用两个半胱氨酸残基的—SH 氧化后形成两个二硫键(—S—S—)，从而形成一个大环，此外 A 链上尚有两个半胱氨酸残基的—SH 氧化成一个小环，这些半胱氨酸残基均氧化成了胱氨酸残基。不同种属的胰岛素的结构是基本相似的，只有一两个氨基酸不同。例如，人的胰岛素 B 链的 C 端是苏氨酸，而牛的是丙氨酸，牛胰岛素的结构如图 16-5 所示。

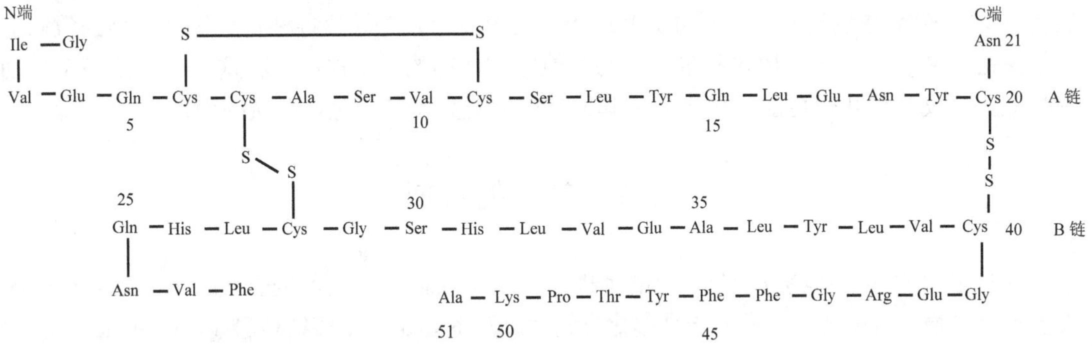

图 16-5　牛胰岛素的结构

人工合成牛胰岛素是世界上首个在体外全合成且仍具有完整结构的功能性蛋白质。该研究项目始于 1958 年，研究团队由来自北京大学化学系、中国科学院上海生物化学研究所、上海有机化学研究所的研究者组成。在 1965 年 9 月 17 日，经过 14 天冷冻，装有重组分子的小管中已可以观察到牛胰岛素的结晶。进一步实验表明，这种重组的牛胰岛素分子的水溶液在注射到小鼠体内后，确实可以引发小鼠的惊厥。至此，研究团队成功获得了在体外人工全合成的、具有生物活性的结晶牛胰岛素。1966 年 3 月，在完成包括层析、电泳、酶解分析等一系列补充实验后，研究团队向《中国科学》英文版杂志投递了关于人工合成结晶牛胰岛素的论文。中国成功合成结晶牛胰岛素的消息在国际上造成了很大的影响。英国广播公司(BBC)曾在黄金时段播报了这一新闻。1966 年 4 月，邹承鲁、王应睐、龚跃亭三人在波兰华沙召开的欧洲生化联合会(FEBS)第三次会议上报告了这一成果。1966 年 8 月，*Science* 报道了人工合成结晶牛胰岛素。

现在已经实现了上万种其他多肽和蛋白质的顺序分析，包括：

(1) 牛核糖核酸酶。这种催化核糖核酸水解的酶具有 124 个氨基酸残基的单链和四个链内二硫键。

(2) 人血红蛋白。这种重要的携氧蛋白质中有四个肽链。两条相同的α-链各有 141 个残基，两条相同的β-链各有 146 个残基。

(3) 牛胰蛋白酶原和糜蛋白酶原。这两种消化酶前体分别具有 229 个和 245 个残基的单链。

(4) 丙种球蛋白。这种免疫蛋白在四条链中共有 1320 个氨基酸残基。两条链各有 214 个残基；另外两个各有 446 个。

(5) p53 蛋白。一种称为 p53(p 代表蛋白质)的抗癌蛋白由 393 个氨基酸残基组成，具有多种细胞功能，但最重要的是控制导致细胞生长的步骤。它通过阻止正常细胞的异常生长来充当肿瘤抑制因子，从而预防癌症。p53 于 1979 年被发现，最初被认为是一种由癌基因(一种导致癌症的基因)合成的蛋白质。然而，研究表明，最初被认为具有这种致癌特性的 p53 形式是正常蛋白质的突变形式。未突变(或野生型)p53 显然协调了对可能导致癌症的 DNA 变化的一系列复杂反应。当 p53 发生突变时，它不再为细胞提供预防癌症的作用；相反，它的作用是增加异常生长。每年被诊断患有癌症的人半数以上存在突变形式的 p53 基因在相关癌细胞中。不同形式的癌症已被证明是由蛋白质的不同突变引起的，与突变 p53 相关的癌症类型包括大多数身体部位的癌症，如脑癌、乳腺癌、膀胱癌、宫颈癌、结肠癌、肝癌、肺癌、卵巢癌、胰腺癌、前列腺癌、皮肤癌、胃癌等。

(6) Ras 蛋白。Ras 蛋白是与细胞生长和细胞对胰岛素的反应相关的修饰蛋白。它们属于一类称为异戊二烯化蛋白质的蛋白质，其中源自类异戊二烯生物合成的脂质基团作为硫醚附加到 C 端半胱氨酸残基上。这证明了 Ras 蛋白的突变形式是导致各种真核细胞类型的致癌变化的关键蛋白质。异戊二烯化和蛋白质的其他脂质修饰的一个作用是将这些蛋白质锚定到细胞膜上。异戊二烯化也可能有助于分子其他蛋白质对异戊二烯化蛋白质的识别。

16.5　多肽的合成

许多蛋白质和多肽具有十分重要的生理作用，是生命不可缺少的物质。体内的酶(enzyme)大多是蛋白质。很多已分离成为结晶形化合物，如胰岛素(5 肽)、核糖核酸酶(ribonuclease)(124 肽)、胰凝固蛋白酶(246 肽)。体内也有许多多肽是由三四个到十几个氨基酸组成的，同样具有强烈的生理作用。多肽可以从蛋白质部分水解得到，蛋白质部分水解时，往往有几个酰胺键断裂，形成若干多肽的复杂混合物。但也有许多多肽并非蛋白质的水解产物，而是本来就存在于动植物体内的天然产物，如兔体中存在的 Delta 促睡眠肽(delta sleep-inducing peptide)是一种多肽。从肽的定义可以看出，多肽的合成实际上就是将各种氨基酸按一定的顺序连接起来。

基于之前学习的内容可以看到，酰胺键的合成是一个相对简单的方法。必须首先通过将酸的羧基转化为酸酐或酰氯来“激活”酸的羧基，然后让它与胺反应：

然而，当羧基和氨基同时存在于同一个分子中时，问题就变得有些复杂了，就像它们在氨基酸中一样。氨基酸中既有氨基，又有羧基，因此两种不同的氨基酸接肽时可能产生四种产物。多种氨基酸接肽时情况就更复杂，若氨基酸上有侧链，侧链上的官能团也会干扰反应，而且不同氨基酸的顺序也很重要。以简单的二肽丙氨酰甘氨酸 AG 的合成为例，可能首先通过将丙氨酸的羧基转化为酰氯来激活它，然后可以让它与甘氨酸反应。然而，无法阻止丙氨酰氯与自身发生反应。所以反应不仅会产生 AG，还会产生 AA，它还可能导致 AAA 和 AAG 等。因此产率很低，并且会遇到分离二肽、三肽和高级肽的难题。因此，在接肽时要按照结构的需要，将不参与接肽的氨基和羧基保护起来，使它们不能形成肽键。如果需要，其他侧链也需要保护。选用的保护基必须符合：①易在预定的部位引入；②在某特定的条件下，保护基很容易除去，同时不会影响分子的其他部分，特别是已接好的肽键。

1. 氨基的保护

用于保护氨基的两个最重要的化合物是氯代甲酸苯甲酯和氯代甲酸叔丁酯。

1) 氯代甲酸苯甲酯

氯代甲酸苯甲酯也可称为苄氧甲酰氯，是用光气和苯甲醇反应制备的。

$$C_6H_5CH_2OH + COCl_2 \longrightarrow C_6H_5CH_2OCOCl$$

$$C_6H_5CH_2OCOCl \xrightarrow[\text{Pd-C}]{H_2} C_6H_5CH_3 + CO_2 + HCl$$

该酰氯有一个特点，就是用催化氢解法可以将它分解成甲苯和二氧化碳及盐酸，因此在接肽完成后，很容易用催化氢解法将其除去。下面以甘氨酸为例来介绍上保护基、接肽、去保护基的过程。

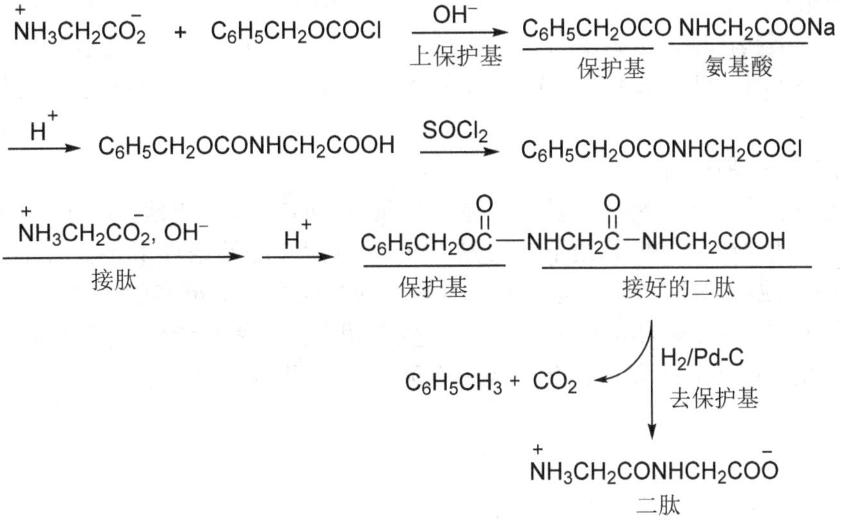

若采用强酸性、强碱性条件去保护基，虽然保护基能去除，但形成的肽键也将被水解破坏，是不可取的。用温和的酸性水解方法，如用乙醚、乙酸乙酯、硝基甲烷为溶剂，冷 CF_3COOH 为酸性试剂，也可以在保存肽键的情况下去保护基。

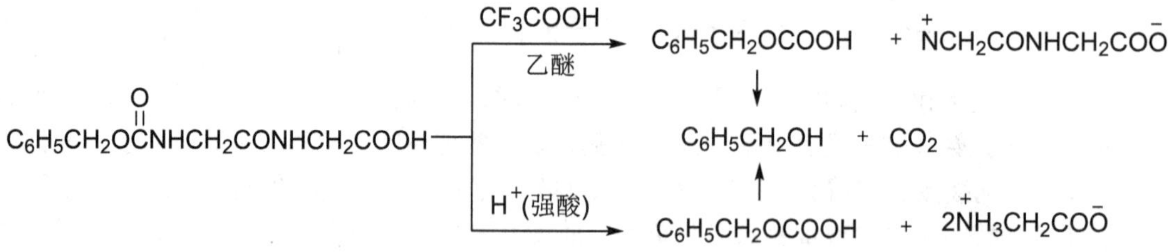

在上述反应中接在氨基上的保护基 $C_6H_5CH_2OC(=O)—$ 的英文名称是 benzoxycarbonyl，为简便起见，用符号 Z 代替，因此未去保护时的化合物可简写为 Z—$NHCH_2CONHCH_2COOH$，上式还可以更简便地写为 Z-甘-甘或 Z-Gly-Gly。

2) 氯代甲酸叔丁酯

氯代甲酸叔丁酯的结构式为 $(CH_3)_3COC(=O)Cl$，也可以称为叔丁氧基甲酰氯，具有上述苯甲氧基甲酰氯类似的性质。下面也以甘氨酸为例来介绍上保护基、接肽、去保护基的过程：

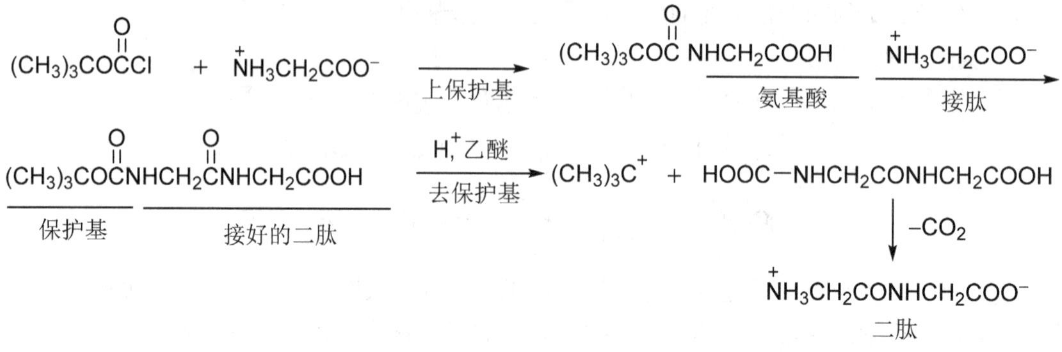

式中，保护基 $(CH_3)_3COC(=O)—$ 的英文名称为 *t*-butoxycarbonyl，缩写名为 Boc，叔丁基对催化氢化及稀碱都不起作用，只能用温和酸性水解法除去。因此，在同一化合物中若有两个或多个氨基，分别用 Z 和 Boc 保护，则通过采用不同的分解法处理，能有选择地保留某一个酰胺键。

3) 9-芴基甲基氯甲酸酯

除上述两种保护基团外，9-芴基甲基氯甲酸酯(简称 Fmoc)也是目前较为重要的氨基保护基团。与其他两种保护基团不同的是，Fmoc 基团在酸性条件下是稳定的，但可以使用哌啶(仲胺)的温和碱性条件去除，这就为多肽的合成提供了更多的选择性。此外，Fmoc 基团的另一个特点是，芴(fluorene)基是一个生色团，有显著的紫外-可见吸收以及光致发光性质，因此使用 Fmoc 基团保护的氨基酸可以使多肽合成过程受到光谱分光仪的监测(图 16-6)。

保护

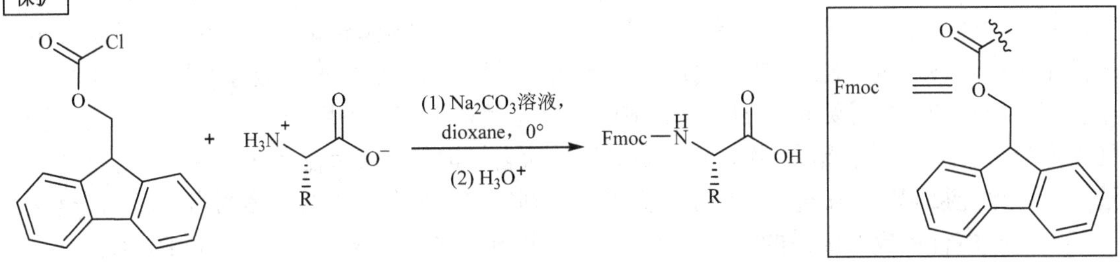

去保护

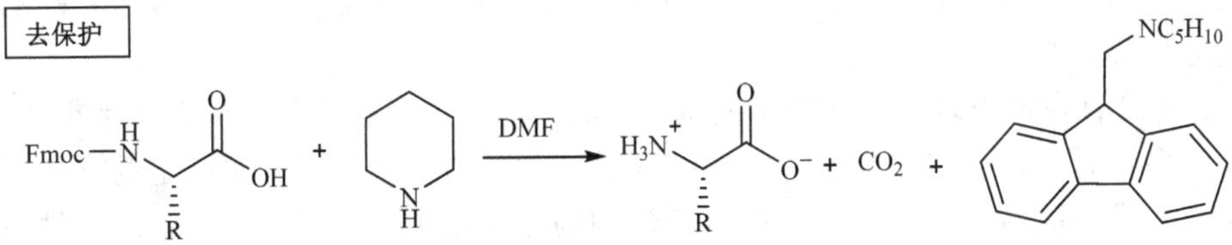

图 16-6　9-芴基甲基氯甲酸酯对氨基酸的保护和去保护

2. 羧基的保护

羧基可以通过将其变成甲酯、乙酯、叔丁酯或苄酯来进行保护，接肽完成后，由于酯比酰胺易水解，甲酯可以在室温下通过稀碱水解除去，叔丁酯用温和酸性水解法除去，苄酯可以通过催化氢解法除去。下面仅将上保护基和去保护基的反应列出。

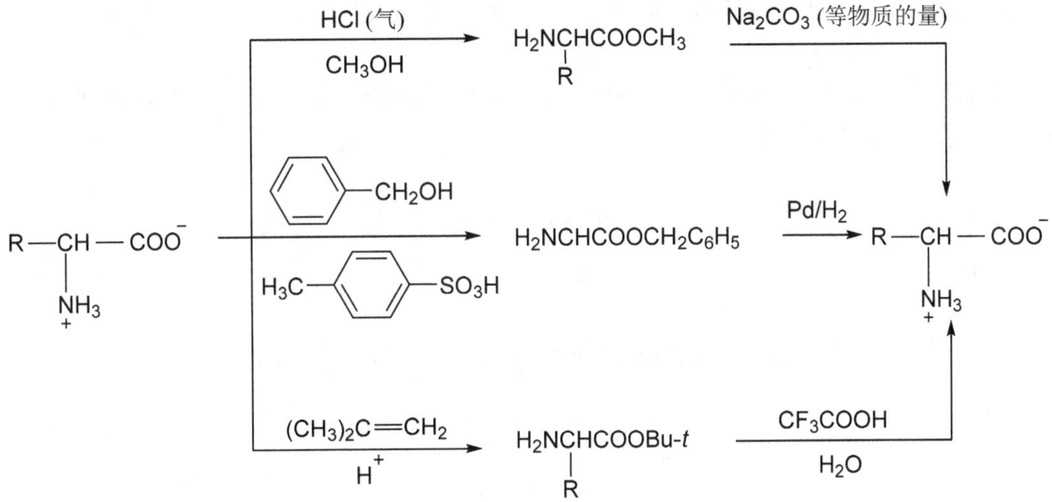

有时在接肽时，也可用游离的羧基即 C 端未加保护的氨基酸。

3. 侧链的保护

有许多氨基酸的侧链上带有某些官能团，在合成含有这些氨基酸(如精氨酸、半胱氨酸等)的多肽时，这些侧链的基团需要保护起来，特别是巯基，很容易发生氧化还原反应，一般用苯甲基将它保护起来，形成半胱氨酸的苯甲硫醚。

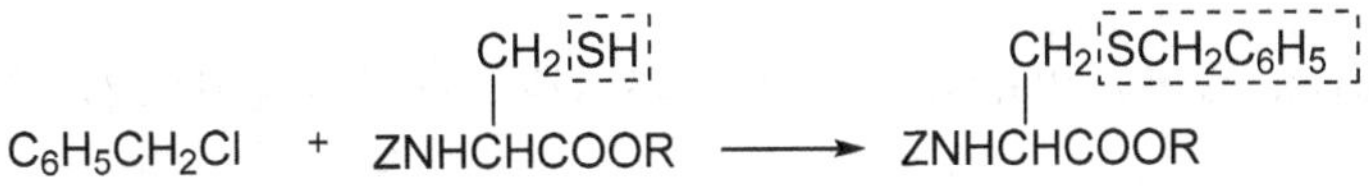

该保护基团在钠、液氨的作用下，又分解为原来的半胱氨酸，在空气中氧化，即变为一个二硫键，将两个半胱氨酸连接起来了。胰岛素分子中有一个小环和一个大环，小环是A链中的两个半胱氨酸通过二硫键连接形成的，大环是A链中的两个半胱氨酸分别与B链中的两个半胱氨酸通过两个二硫键形成的。在合成时，就是用苯甲基保护用于 A、B 链对接的半胱氨酸，等两条肽链全部合成后，用钠和液氨处理，除去保护基，然后在空气中氧化，将这两条链通过二硫键连接起来。在进行实验前，应当考虑到这一反应的复杂性，因为当将A、B链混在一起时，有多种形成二硫键的途径，如A、B链以相反的方向连接，A、A和B、B，顺或反方向连接，A 链的四个巯基链中或链间的多种连接方式等，所以产物是一个非常复杂的混合物，能否生成或分离出希望得到的化合物是一个很重要的问题。事实上，这步反应得到的目标化合物的产量是非常少的。

到目前为止，还没有发现更好的保护巯基的基团，因此这一反应在多肽合成上非常重要。除此以外，在合成多肽时，还应当考虑高级结构的问题，如何将一个肽链按照一定的方式折叠起来。一般来说合成多肽后，只要一级结构氨基酸的顺序确定了，就可以在一定的条件下形成它特有的三级结构，这与之前提到的肽键自身的几何结构有关。

4. 接肽方法——羧基的活化

将两个相应的氨基被保护的及羧基被保护的氨基酸放在溶液内，并不形成肽键。要形成酰胺键，经常用的手段是将羧基活化，其方法是将它变成混合酸酐，或者将它变为活泼酯，这样就增加了羧基的亲电能力。在制备普通酰胺时，不用羧酸本身，而是用酰氯或酯与胺反应，或者用强的失水剂使羧基和氨基脱去一分子水，形成酰胺键。

1) 混合酸酐法

混合酸酐法(mixed anhydride method)是先将羧酸转变成混合酸酐，然后通过酸酐的氨解完成接肽。具体过程可表述如下：

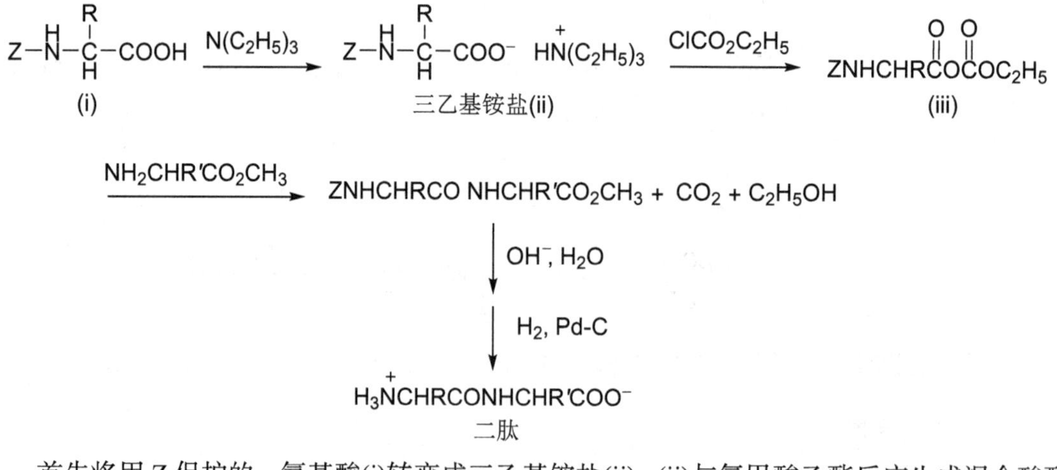

首先将用Z保护的α-氨基酸(i)转变成三乙基铵盐(ii)，(ii)与氯甲酸乙酯反应生成混合酸酐(iii)，(iii)与一个氨基酸的酯反应，后者的氨基就被酰化，生成一个氨基被酯保护的二肽，用碱水解酯，然后催化氢解，将保护基去掉得二肽。

2) 活化酯法

活化酯法(activatd ester method)是先将羧基转变成活性好的酯基，然后通过酯的胺解完成接肽。具体过程表述如下：

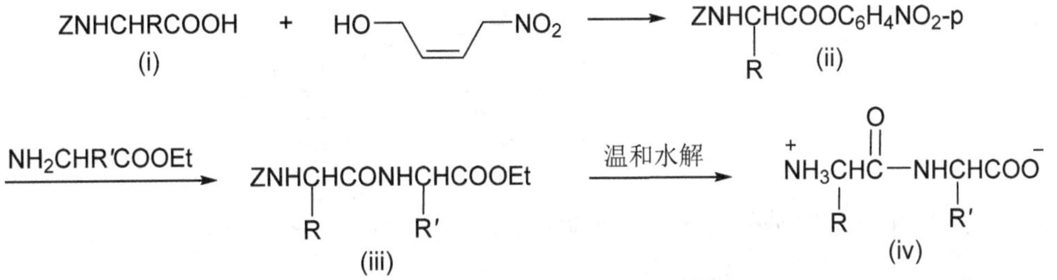

首先将 Z-氨基酸(i)转换成对硝基苯酯(ii)，这是常用的活泼酯，由于硝基的吸电子作用，酯羰基活性增大。然后(i)与氨基酸酯反应，生成肽键。最后通过温和水解将保护基 Z 和酯基除去。酰卤、混合酸酐或活泼酯都比羧基活泼，因为—X、—OR(R 中有吸电子基)、—OCOOR，都是比—OH 较好的离去基团。

3) 碳二亚胺法

除用活化羧基的方法外，现在还用有效的失水剂[或称缩合剂(condensating agent)]使氨基和羧基结合起来。其中最重要的一个就是前面提到的二环已基碳二亚胺(*N*,*N*′-dicyclohexylcarbodiimide, DCC)。二环已基碳二亚胺通过下面方法制得。

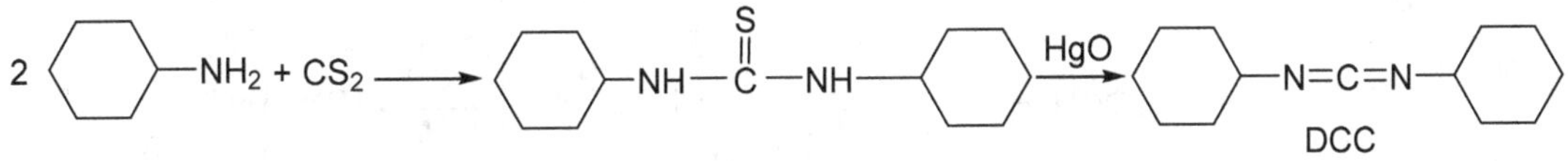

二环已基碳二亚胺可以使醇或胺酰化，自身在反应中与水结合变为不溶的二环已基脲。这个副产物有时很难与产物分离。

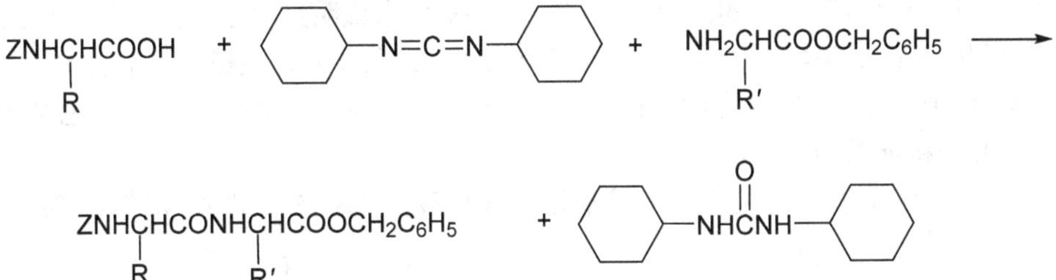

二环已基脲

将二环已基脲除去后，就得到氨基被 Z 保护且羧基被苯甲基保护的二肽，用 Pd-C 催化氢化，一步将两个保护基去掉，得到游离的二肽。

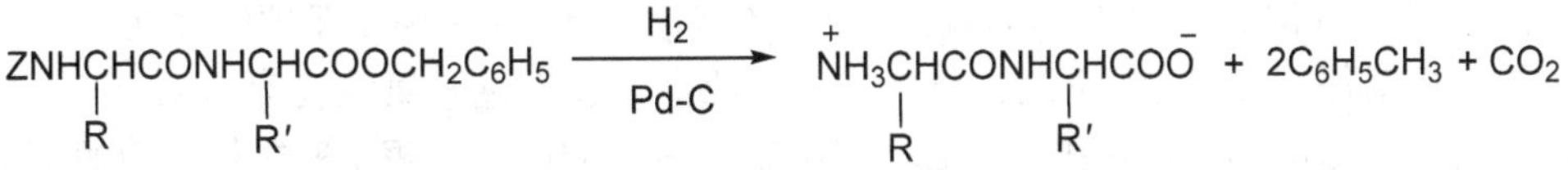

二肽

4) 环酸酐法

氨基酸含有两个反应的基团，它应当可以聚合成多聚氨基酸，但实际上，氨基酸很难聚合，其原因可能是氨基酸中的反应基团形成了两性离子，从而降低了它们的反应性能。个别的氨基酸经酯化后，可以聚合。例如，侧链简单的甘氨酸甲酯可以聚合成聚甘氨酸，即由甘氨酸形成一个长的肽链。刘赫斯(H. Leuchs)发现氨基酸 N 上的羧基衍生物能通过分子内失水形成一个酸酐，该酸酐具有下列结构：

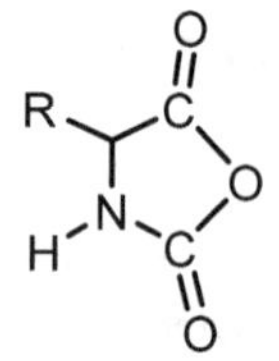

该酸酐可以用一个氨基酸与光气反应制备：

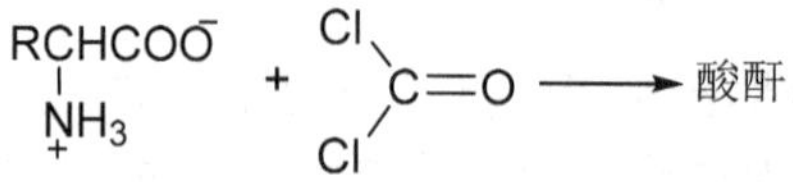

后来发现这个酸酐在微量水的作用下，可以聚合成高分子量聚氨基酸。通过这个酸酐可以制备多种氨基酸高聚物，因此这是一个非常重要的反应。虽然天然的蛋白质、多肽绝大部分是由不同的氨基酸聚合而成的。但也有少数是由相同的氨基酸聚合而成的。例如，通过羧基聚合而成的聚谷氨酸存在于某些细菌的囊胞内，假如将上面的酸酐加入另一种氨基酸的溶液中，控制 pH，在低温下，氨基即与酸酐的羰基发生反应，得到一个氨基甲酸的衍生物，马上失去二氧化碳，得到一个二肽：

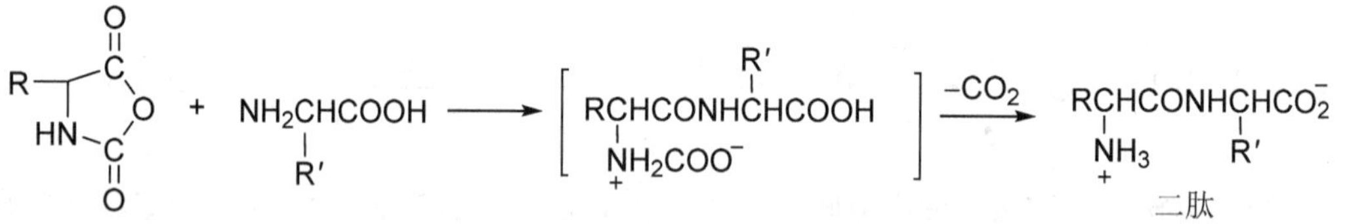

二肽

假如用一个肽和上面的酸酐反应，就可以形成高一级的肽，即肽在它的 N 端再加上一个氨基酸。通过以上对接肽方法的讨论，可以举一个实例来说明这个工作是如何进行的。在兔体中发现的促睡眠的肽类物质，称为 Delta 促睡眠肽，其在体内存量极微，生理效能很强，每千克体重给 9×10^{-9} mol 的剂量就可导致兔的正常睡眠。它是一个九肽，N 端是色氨酸，C 端是谷氨酸，其结构如图 16-7 所示。

图 16-7 中，每个方框代表某一个或某几个氨基酸，方框的左端为 N 端，右端为 C 端。例如，第一行第一个方框表示 N 端被 Z 保护，C 端以酰肼($-\overset{\overset{O}{\|}}{C}NHNH_2$)形式存在的丙-丝二肽。酰肼在亚硝酸的作用下可变为酰叠氮($-CON_3$)，叠氮($-N_3$)是一个很好的离去基团，所以$-CON_3$与氨基反应很容易形成酰胺，这是制备肽的一种常用方法，称为叠氮法(azide method)。第二个方框表示 N 端为游离的氨基，C 端和侧链均用 Boc 保护的甘-谷二肽。注意侧链上的保护基都写在方框上面(图 16-7)。上述两个二肽经过叠氮法变为 N 端用 Z 保护，C 端及侧链的羧基均用 OBu-*t* 保护的四肽，即第二行右边的四肽方框。第二行左面的两个方框分别代表 N 端用 Z 保护、C 端游离(OH)的丙氨酸和 N 端及 C 端均为游离的甘-甘二肽，它们通过混合酸酐法结合成为三肽。第三行中的天冬氨酸的 C 端用了一个新型的前面没有讨论过的活泼酯(OSu)保护，*β*-羧基用 OBu-*t* 保护，OSu 是 *N*-羟基丁二酰亚胺(succinimide)和羧酸形成的酯：

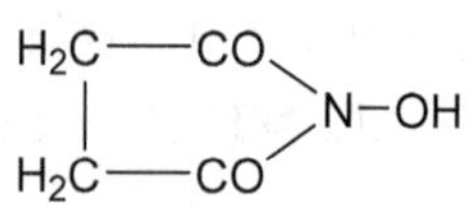

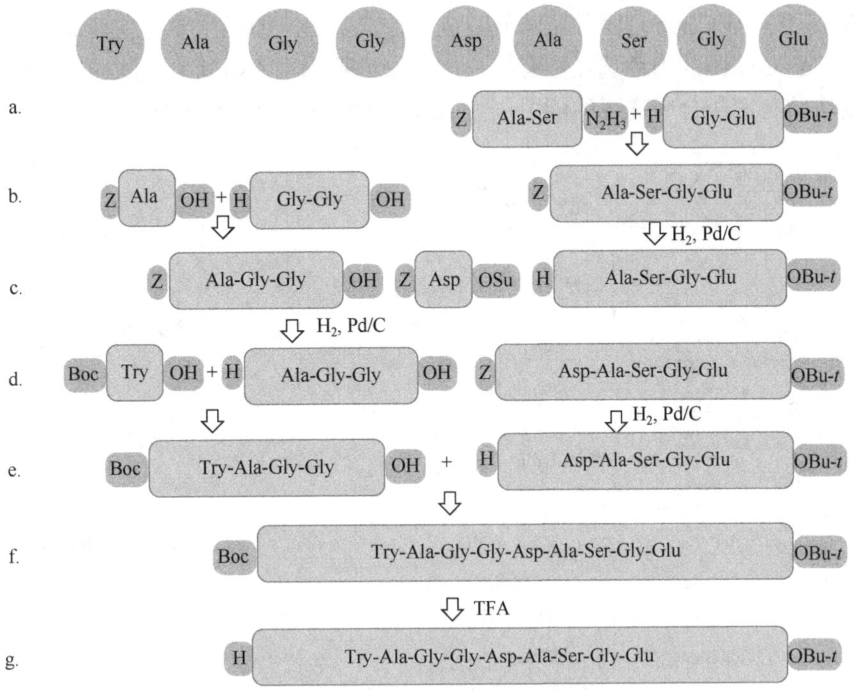

图 16-7　多肽合成的示意图

这个活泼酯和 C 端保护的 Ala-Ser-Gly-Glu 四肽结合形成五肽。这样一步一步地连接，最后得到 N 端是 Boc 保护的，C 端及侧链(Asp 及 Glu 的β-和γ-羧基)均被 OBu-*t* 保护的九肽，最后经酸处理，就得到游离的九肽，H 和 OH 分别表示 N 端和 C 端是游离的—NH_2 和—CO_2H 基团。

5) 多肽的固相合成

接肽是一项非常烦琐的工作，接一侧链最简单的二肽，至少需要保护氨基、连接和去掉氨基保护基三个步骤，还没有把保护羧基的步骤算在内，因羧基有时可以不必保护。这样，接一个 51 肽就需要几百个步骤。更困难的是，经过如此多的步骤，就算是每步产量都很高，最后的产物也非常少了。有机体合成蛋白质是有条不紊的，按一定的顺序选择所需要的氨基酸进行合成，并且非常迅速，与现在实验室的手段无法比较，人类能不能学习有机体的方法，达到生物合成蛋白质的境界呢？为此，梅里菲尔德(R. B. Merrifield)(洛克菲勒大学)开发的用于自动化该过程的程序是肽领域的一项突破合成。Merrifield 的方法被称为固相肽合成(solid phase peptide synthesis, SPPS)，他因此获得了 1984 年诺贝尔化学奖，固相肽合成依赖肽残基的合成，而肽的一端仍然附着在不溶性塑料珠上。保护基团和其他试剂仍然是必要的，但由于正在合成的肽固定在固体支持物上，副产物、过量试剂和溶剂可以在每个合成步骤之间简单地冲洗掉，无需中间纯化。在最后一步之后，多肽从聚合物载体上裂解下来，并通过高效液相色谱进行最终纯化(图 16-8)。该方法效果很好，被开发成一个自动化过程。固相肽合成开始于第一个氨基酸通过其羧基与聚合物链的连接，通常在其间有一个接头或间隔分子。然后通过在固体支持物上生长的肽的 N 端氨基与新氨基酸的羧基之间形成酰胺键来添加每个新氨基酸。二异丙基碳二亚胺(与 DCC 的反应性相似)用作酰胺键形成试剂。为防止在偶联每个新残基时发生不希望的反应，使用保护基团来封闭所添加残基的氨基。一旦新的氨基酸与生长中的肽偶联并且在添加下一个残基之前，新的 N 端的保护基团就会被去除，使得肽准备开始酰胺键形成的下一个循环。在多肽的自动合成中，尽管 Merrifield 最初的固相肽合成方法使用 Boc 基团来保护与生长肽偶联的残

基的 α-氨基基团，但 Fmoc 基团的优势使其成为首选基团。原因主要与在其他保护基团存在的情况下去除 Fmoc 基团的出色选择性有关，这些保护基团用于阻断生长肽的反应侧链，以及通过分光光度法监测固相合成进程的能力作为 Fmoc 基团在每个循环中释放。

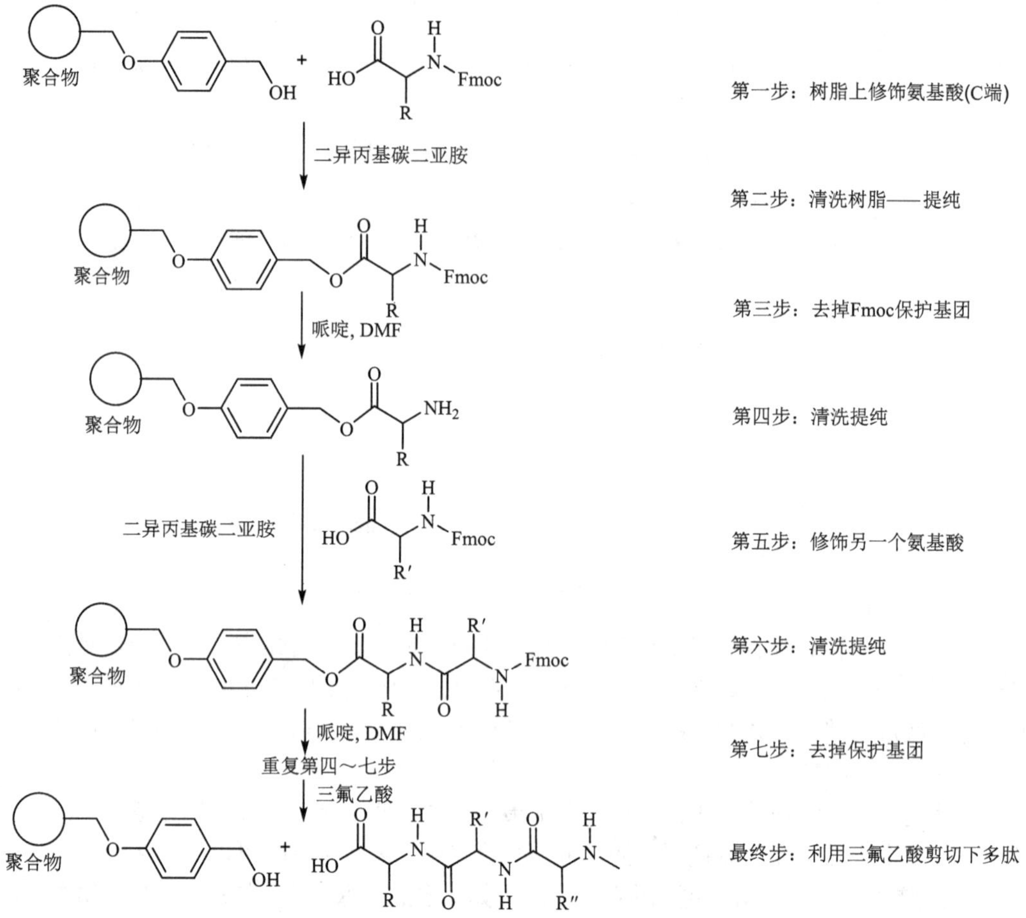

图 16-8　一种用于固相多肽自动合成的方法

如前所述，碱性条件(DMF 中的哌啶)用于去除 Fmoc 基团。另一方面，肽残基侧链的保护基团通常被酸不稳定部分封闭。碱不稳定 Fmoc 基团和酸不稳定侧链保护基团被称为正交保护基团，因为一组保护基团在去除另一组保护基团的条件下是稳定的，反之亦然。Boc 基团的去保护反应需要在强酸条件下进行易产生副产物，Fmoc 去除的基本条件避免了这些有问题的副反应。固相肽合成的巨大优势在于，肽在每个阶段的纯化都可以通过简单地冲洗固态支持物的填料来洗去多余的试剂、副产物和溶剂。此外，在合成过程中将肽连接到固体支持物上允许合成中的所有步骤由机器在重复循环中进行。自动肽合成仪可在 40 min 内完成一个循环，并可进行 45 个循环的无人值守操作。虽然不如体内蛋白质合成有效，DNA 指导的酶可以在大约 1 min 内催化组装具有 150 个氨基酸的蛋白质，但自动肽合成与手动合成肽的烦琐过程相去甚远。自动肽合成的一个标志性例子是核糖核酸酶的合成，这是一种具有 124 个氨基酸残基的蛋白质。合成过程涉及 369 个化学反应和 11930 个自动化步骤——所有步骤均未分离中间体。合成核糖核酸酶不仅具有与天然酶相同的物理特性，而且具有与天然酶相同的生物活性。总产率为 17%，这意味着每个单独步骤的平均产率大于 99%。

16.6　多肽结构的测定

多肽和蛋白质是由 20 种氨基酸形成的多聚酰胺。要测定多肽和蛋白质的结构，首先要测定分子中的氨基酸顺序(amino acid sequence)，但是分子很大，测定这个顺序几乎是不可能的。前面已提到两个不同的氨基酸有两种顺序。即便是结构不复杂的蛋白质，如最小的胰岛素，也有 51 个 17 种不同的氨基酸，可能排列的次序几乎是无穷的。但是到了 20 世纪 50 年代，随着生物化学的进步、分离分析方法的发展，终于将这个困难的问题解决了，首次测定了胰岛素结构，这是有机化学及生物化学一件划时代的大事，为生命科学的研究开辟了一条重要道路。

测定一个蛋白质或肽链的一级结构需要进行下列几项工作。

1. 切断二硫键

多肽或蛋白质中若存在二硫键，需要切断，切断的方法是用过酸氧化，这时二硫键氧化为—SO_3H，半胱氨酸单元以磺酸基丙氨酸单元(HO、SCH、CHC—)存在。若多肽或蛋白质中没有二硫键，则不需要用过酸处理。

2. 测定氨基酸组成及其相对比例

首先将蛋白质用 6 $mol \cdot L^{-1}$ 的盐酸在 120℃下加热 20 h 彻底水解，色氨酸对酸不稳定，在水解过程中，即被部分地分解，其他的氨基酸混合物经提纯后，进行纸色谱分析，然后用茚三酮显色，各氨基酸在一定的条件下具有一定的 R 值，因此可以很迅速地鉴别各种氨基酸，用比色的方法，即可测定各氨基酸的相对含量。近年来由于蛋白质化学的发展，被分离出的纯的结晶形蛋白质的数目一天比一天增多，因此需要更简便迅速的方法进行分析。现在这个工作都是在氨基酸自动分析仪(amino acid automatic analyzer)内进行的。这个仪器有两根离子交换树脂柱，一根可分离碱性氨基酸及氨等碱性物质如赖氨酸，由谷酰胺和天冬酰胺水解而来的氨和色氨酸部分分解而来的氨；另一根用来分离其他的氨基酸。将氨基酸的水解液分别放在这两根柱上，然后用适当 pH 溶液进行洗脱，洗脱液即自动地和茚三酮溶液混合，产生的紫色就通过光电比色计，光电比色计对不同时间内洗脱的流出液自动作出曲线，然后与一个已知氨基酸混合物的曲线比较，就可决定原来的未知物含有哪些氨基酸。曲线中的每一个峰代表一个氨基酸，峰下的面积代表相对的含量(图 16-9)。

3. 测定肽或蛋白质中各氨基酸的排列顺序

分析氨基酸后，需要测定肽链或蛋白质中氨基酸的顺序，通常可由下列几种方法配合使用。

1) N 端氨基酸单元的分析

最常用的有下列两种方法：

(1) 桑格尔方法：该法是桑格尔(F. Sanger)首先提出的，他利用氨基很容易和 2,4-二硝基氟苯(DNP)发生芳香亲核取代反应，如用一个肽和 2,4-二硝基氟苯反应，显然链的 N 端游离氨基与它反应，然后将这个 N 端带有 2,4-二硝基苯基的肽链彻底水解，在水解产物中，只有一

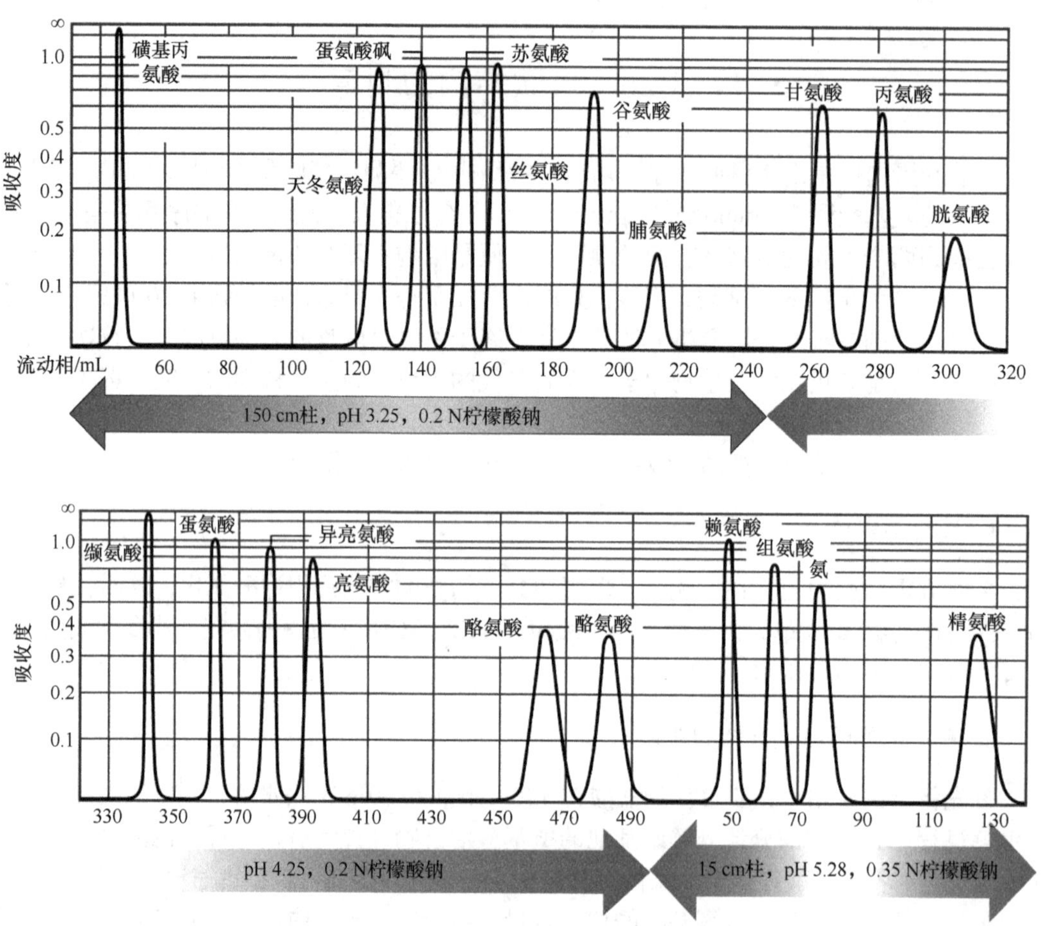

图 16-9 自动分析仪得到的氨基酸分析数据

个氨基酸的α-氨基的氢被 DNP 取代。各种氨基酸的 DNP 标记化合物都是黄色的，并且都各有一个 *R* 值，因此很容易鉴别，所以通过这种方法很容易辨认出肽中的 N 端是哪一种氨基酸，这个关系可以用下式表示：

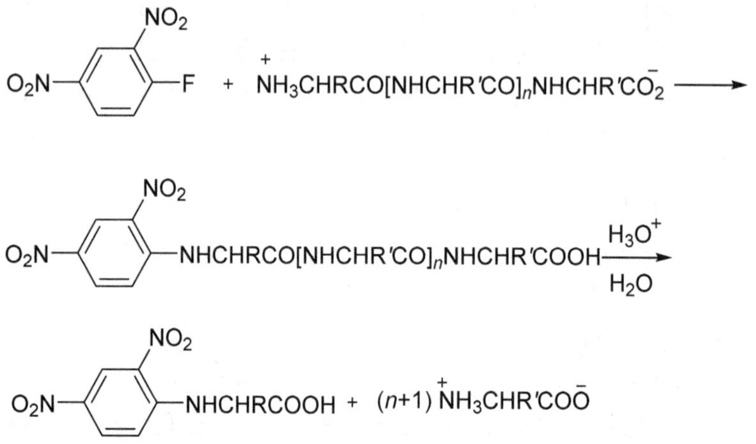

N端氨基酸的DNP衍生物
(黄色)

Sanger 方法的缺点是在水解、分离确定 N 端氨基酸的同时，其他的肽键也被破坏了。

(2) 埃德曼方法：另一种标记 N 端氨基的方法称为埃德曼(Edman)方法，用异硫氰酸苯酯和 N 端的氨基反应，生成苯氨基硫代甲酸衍生物。该化合物在无水氯化氢作用下，发生一种关环作用，形成苯基乙内酰硫脲的衍生物，从肽链上断裂，而肽链中的酰胺键不受影响：

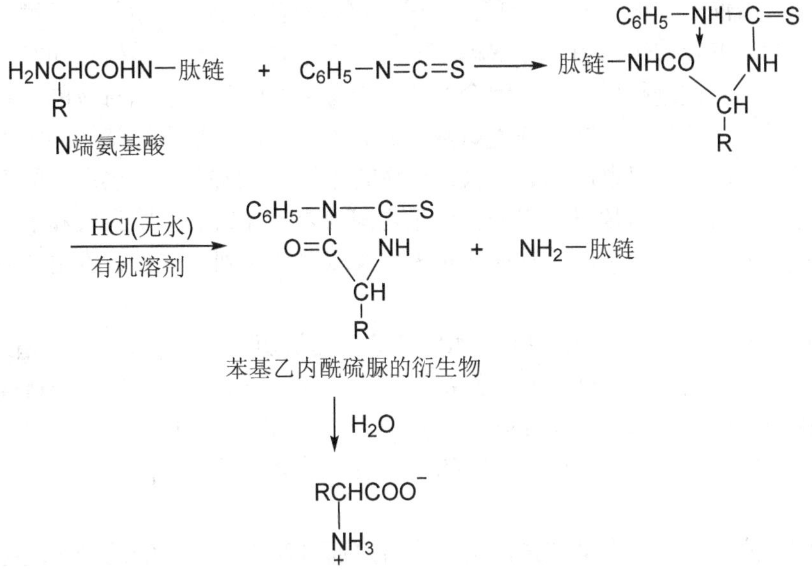

一个肽链经上列反应后其结果是失去一个 N 端的氨基酸，这个氨基酸可以作为取代苯基乙内酰硫脲进行鉴定。失去一个氨基酸的肽键还可以收回，再重复上面的反应，进行第二个 N 端的标记。这种方法已经可以自动化。假如肽链不长，一般该方法是可靠的。

2) C 端氨基酸单元的分析

C 端的氨基酸单元可以通过羧肽酶(carboxypeptidase)催化水解的方法确定。羧肽酶可以选择性切断游离羧基相邻的肽键，在溶液中切下来的氨基酸是 C 端位置的，已切断了 C 端氨基酸的肽链，再与羧肽酶作用，如此不断进行，可以使整个多肽或蛋白质水解为氨基酸。根据氨基酸出现的时间，可以推断 C 端氨基酸的排列顺序。实际上此法最多只能鉴定 3～4 种氨基酸，因此对于长链用处不大，但可用于小肽(二肽、三肽等)C 端氨基酸的顺序鉴定。

(1) 用酶催化使肽键部分水解。测定肽链氨基酸顺序的一个关键是部分分解，将一个长的肽链分解为许多小肽，然后将这些小肽分离，再进行氨基酸分析，N 端基标记，这样多次重复下去，最终得到整个肽链氨基酸的顺序。许多消化道内分泌出来的酶可以使肽键水解。有些酶的专一性并不很强，但是有些酶的水解是具有高度专一性的，不同的酶只能分解不同氨基酸的肽键。例如，谷-半胱-甘三肽中三种氨基酸可以有六种排列方式，若用不同的酶，将谷-半胱-甘三肽部分水解，一种酶水解得到谷-半胱二肽和甘氨酸，另一种酶水解得到谷氨酸和半胱-甘二肽，因此三肽是谷-半胱-甘。Sanger 用糜蛋白酶(chymotrypsin)分解胰岛素的肽键。这种酶专一性虽然不是很强，但是它有一个特点，能使芳香的氨基酸在羧羰基处水解。例如，A 链用这种酶水解，分裂成三个小肽，第一个水解是在 14～15 氨基酸处，第二个水解是在氨基酸 19～20 处，因此可以将 A 链分成三段。显然这种酶使酪氨酸在它的羧羰基处水解，而不能在氨基处水解。用这种方法，使用不同的酶，结合端基标记和氨基酸分析，就可一步一步地将一个肽链中的氨基酸顺序“拼搭”出来。Sanger 领导的一个小组用以上方法测定了胰岛素分子中全部氨基酸的顺序，这是蛋白质化学的一个里程碑。

(2) 使用质谱法和序列数据库进行肽结构测序。

确定多肽序列的其他方法包括质谱法和部分肽序列与已知完整序列数据库的比较。

梯形测序法：质谱法特别强大，因为复杂技术允许以非常高的精度对蛋白质进行质量分析。一种基于质谱仪的方法，称为“梯形测序”，制备酶消化物，产生每个长度相差一个氨基酸残基的肽片段的混合物(如使用羧肽酶)。这一系列肽，每一个都是从链中切割下来的并含有一个连续的残基。对此进行质谱分析混合物产生与每种肽的分子量相对应的一系列峰。光谱中的每个峰与下一个峰的不同之处在于氨基酸的分子量，这就是它们结构的区别。有了这些数据，就可以攀登高峰从权重最低的片段到最高的片段(反之亦然)，“读取”的序列是从每个峰之间的质量差异得出的肽片段获得的。质量之间的差异导致每个肽片段和下一个代表序列中该点的氨基酸分隔，因此可以从片段质量梯中读取整个序列。这种技术也被应用于寡核苷酸的测序。

串联质谱(MS/MS)：类似于用酸部分水解的肽的随机切割，也可以通过质谱来完成。一个引入质谱仪的完整蛋白质可以通过与故意泄漏到质谱仪真空室中的气体分子碰撞而被切割成更小的片段[碰撞诱导解离(collision-induced dissociation，CID)]。这些肽片段可以使用串联质谱(MS/MS)技术单独选择进行分析。这些随机片段的质谱可以与质谱数据库进行比较以确定蛋白质序列。

部分水解和序列比较：在某些情况下，也可以通过对未知多肽的几个氨基进行测序来确定其序列。将该部分序列与完整多肽或蛋白质的已知序列数据库进行比较。如果未知肽是以前研究过的肽，则此程序有效。由于理论上存在的序列排列可能性之多和给定蛋白质结构的独特性，只有 10～25 个肽残基的序列通常足以生成只有一种或少数几种已知的多肽匹配的数据。部分序列可以通过埃德曼法或质谱法确定。例如，溶菌酶与 129 个氨基酸残基可以仅根据其前 15 个氨基酸残基的序列来识别。通过计算机化数据库进行基于序列比较的结构确定是生物信息学新兴领域的一部分。使用数据库的类似方法是推断编码部分肽序列的 DNA 序列，并将该 DNA 序列与已知 DNA 的数据库进行比较。如果找到令人满意的匹配，则可以使用遗传密码从 DNA 序列中读取多肽的剩余序列。此外，推断的部分肽的寡核苷酸序列可以化学合成并用作探针以寻找编码蛋白质的基因。该技术是用于克隆和表达大量目标蛋白质的分子生物学方法的一部分。

16.7 蛋白质的结构和特性

16.7.1 蛋白质的分子形状

测定蛋白质或肽的氨基酸顺序，只是完成了一级结构(primary structure)的测定，蛋白质的专一生理作用还要取决于它们的高级结构，即其二级结构(secondary structure)、三级结构(tertiary structure)和四级结构(quaternary structure)。

1. 二级结构

蛋白质的二级结构是指多肽链主链骨架中各个肽段所形成的规则的或无规则的构象。多肽链主链骨架中形成的有规则的构象主要是依靠氢键维持的，最常见的二级结构是α-螺旋结构(α-helix structure)和β-折叠结构(β-pleated structure)。

(1) α-螺旋结构：多肽链主链骨架围绕一个轴一圈一圈地上升，从而形成一个螺旋式的构象，称为螺旋结构。螺旋旋转的方向有左手和右手之分，因此螺旋结构分为左手螺旋(left-handed helix)和右手螺旋(right-handed helix)，按照氢键形成方式不同，可以将螺旋分为α-系螺旋和γ-系螺旋。在各种形成的螺旋构象中，只有右手α-螺旋是最稳定的构象，因此它存在于大多数蛋白质中。例如，纤维蛋白中，形成一个右手螺旋，这个螺旋每转一圈的距离约是 540 pm。这样的旋转幅度约相当于 3.6 个氨基酸单位。这些关系可以用图 16-10 表示。图 16-10 中的虚线代表分子中的氢键，这个螺旋是通过肽链中氮上的氢和羰基的氧形成氢键固定下来的，氢键对于生命现象起重要的作用。

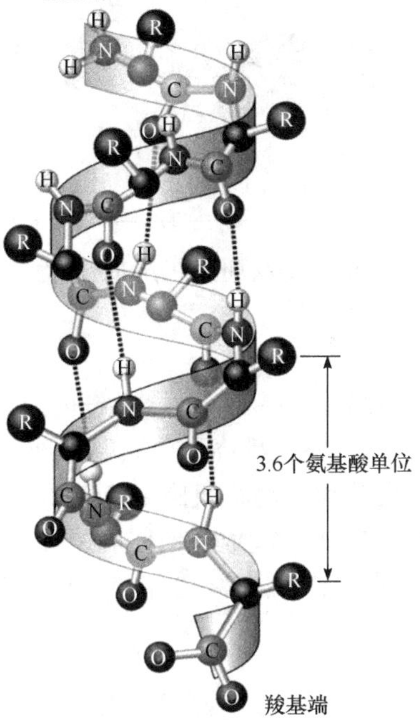

图 16-10　蛋白质肽链的螺旋结构示意图

到目前为止，仅在嗜热菌蛋白酶中发现了一个左手α-螺旋。但也并不是所有的多肽链都可以形成α-螺旋。一般地，侧链不太大且不带有电荷或极性基团的多肽链，比较容易形成稳定规则的螺旋。由于肽链中电荷彼此间的排斥，不但会影响螺旋的稳定性，也会使螺旋变得不规则，因此酸性或碱性氨基酸形成的肽链，它们螺旋的规则性和 pH 有关。例如，聚谷氨酸在低 pH 时，由于羧基不发生电离，可以形成一个规则的α-螺旋，但当 pH 升高时，羧基解离为带负电荷的 COO^-基团，螺旋就变得不规则了。α-螺旋的概念及 X 射线衍射的证实，都是由鲍林提出的，在生物高分子化学中起非常重要的作用，许多重要的生理作用，都可以由这个基本概念加以推广而得以解释，也就是说，高级结构这个概念是从α-螺旋开始的。

(2) β-折叠是一种较伸展的锯齿形主链构象。两条β-折叠平行排布，彼此以氢键相连，可以构成β-折叠片，称为β-折叠。β-折叠片又分为平行β-折叠片(parallel β-pleated sheet)和反平行β-折叠片(anti-parallel β-pleated sheet)两种类型。前者是指所有的股段走向相同，后者是指走向相反。从能量上分析，反平行β-折叠片更稳定，因为其形成的氢键 N—H⋯O 三个原子几乎位于同一条直线上，此时氢键最强。图 16-11 是一种丝心蛋白(蚕丝和蛛丝的主要成分)的β-折叠结构。它是由两个肽链形成的折叠结构，像一个扇面。图 16-11 中的链间氢键同样用虚线表示，侧链交叠地堆叠在肽链的上面和下面。分析丝心蛋白的氨基酸，发现大部分是甘氨酸、丝氨酸、丙氨酸等，它们的侧链都很小，因此可以成为稳定折叠的结构。丝心蛋白也含少量不适合这种结构的其他氨基酸，如缬氨酸和酪氨酸，它们构成盘曲区段并周期性地干扰β-折叠层结构，可能就是丝纤维有弹性的原因。

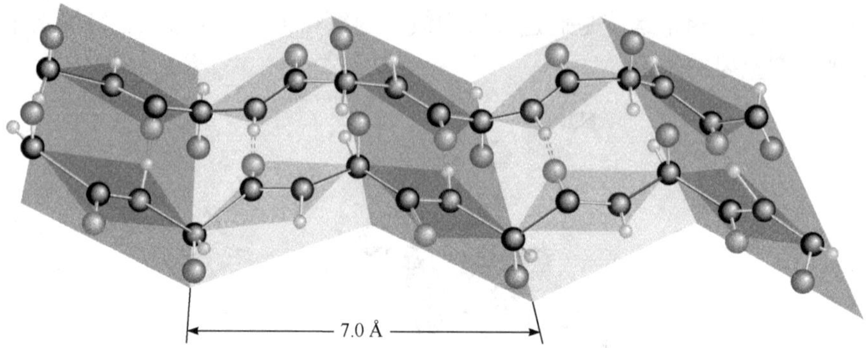

图 16-11 丝心蛋白的β-折叠结构

2. 三级结构

蛋白质的三级结构是指在二级结构的基础上，多肽链间通过氨基酸残基侧链的相互作用，在三维空间沿多个方向进行卷曲、折叠、盘绕形成紧密的球状结构。图 16-12 是肌红蛋白(myoglobin)的三维结构。肌红蛋白是哺乳动物肌肉中负责储藏和输送氧的蛋白质。分子量为17800，分子中有 153 个氨基酸残基和一个血红素(heme)辅基，由 1 条多肽链构成，肽链中有 77%是α-螺旋构象，但在拐角处都有一段 1～8 个氨基酸残基的松散肽链，使α-螺旋体受到破坏。

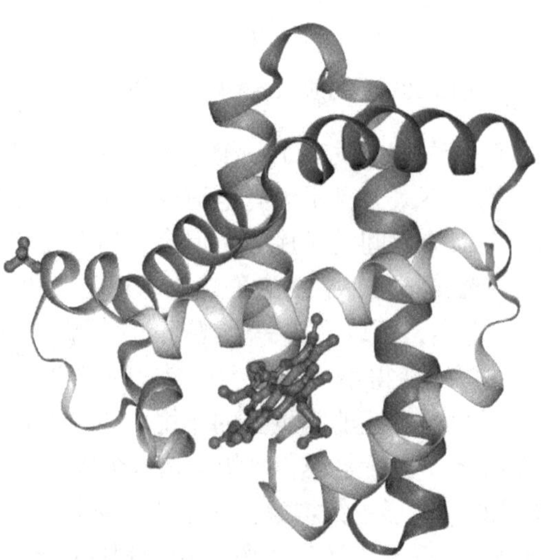

图 16-12 肌红蛋白的三维结构

X 射线衍射测定肌球蛋白的高级结构是非常有效的，这个肽链折叠出一个憎水的囊袋，恰好可以嵌入血红素分子，并且囊袋中有一个组氨酸，它在囊中的地位又恰好能与血红素的铁原子形成第五个向心配合键。具有极性基团侧链的氨基酸残基几乎全部都分布在分子的表面，而使肌红蛋白具有可溶性。

球蛋白一个最突出的性质是很不稳定。在光照、加热或遇酸碱后失去原来的物理、化学及生理性质，称为变性(denaturation)。变性可分为可逆变性和不可逆变性。例如，蛋白经微热后，就凝固变为不透明的硬块，凝固就是一种变性。一般来说，没有方法可以将凝固后的蛋白变为原来可溶的蛋白，因此上述的凝固变性是一种不可逆变性，不可逆变性给研究增加了许多困难。但也有一些蛋白质的变性是可逆的。目前已知变性是蛋白分子中的结构发生了深刻的变化。早在 1931 年，我国著名生物化学家吴宪认为：变性是肽链受到变性试剂或光、热的作用后，原肽链分子中的弱键遭到了破坏，肽链重新排列的缘故。这个理论的基本要点是正确的，不过在当时，对链中及链间的氢键以及二硫键等的概念还没有明确提出。肽链不同、反应条件不同，引起肽链变性的程度也不同。例如，图 16-13 中，(1)代表原来的分子；(2)代表链中的各种氢键及二硫键等均被破坏，原分子成为一个不折叠的分子；(3)表示原来的分子已变为另一种折叠的形状。这些情况以及还有许多可能的中间的情况都是可能的，所以变性从分子上考虑可以由微小结构上的改变到全部肽链的重排。蛋白质的变性主要是由二级结构和三级结构的改变引起的。

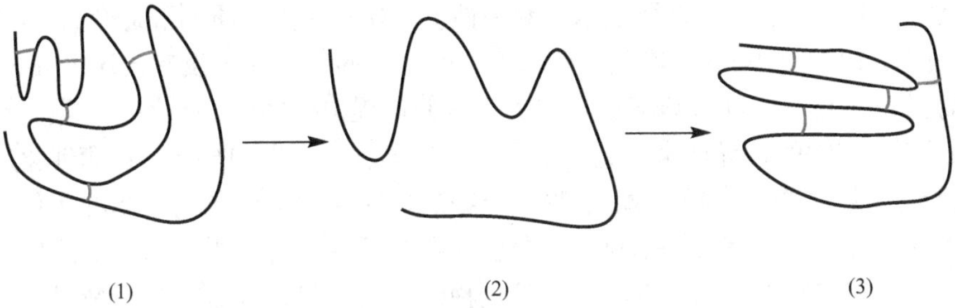

图 16-13　蛋白质中肽链变性示意图

3. 四级结构

许多球状蛋白质是由二条或多条肽链构成的，这些多肽链本身都具有球状的三级结构，称为亚基(subunit)或原聚体(protomer)。由少数亚基聚合成的蛋白质称为寡聚蛋白质(oligomeric protein)，由几十个甚至上千个亚基聚合成的蛋白质称为多聚蛋白质(polyprotein)。寡聚蛋白质中亚基的种类、数目、空间排布及相互作用称为蛋白质的四级结构(quaternary structure)。最简单的寡聚蛋白质是血红蛋白(hemoglobin)，分子量为 65000，由两条α-链和两条β-链构成，α-链和β-链的三级结构与肌红蛋白相似，见图 16-14。X 射线结构分析表明：去氧血红蛋白和氧合血红蛋白的四条肽链的三级结构是相似的，但四级结构有很大不同。当血红蛋白与氧结合时，四条肽链都发生了转动，因而使四个亚基间的接触点发生了变化，两个α-血红素互相接近，距离为 1 Å；而两个β-血红素则互相分离，距离为 6.5 Å。

16.7.2　酶的结构和功能

在生命体内的化学反应一般称为生物化学反应，其反应条件往往非常温和，具有很高的

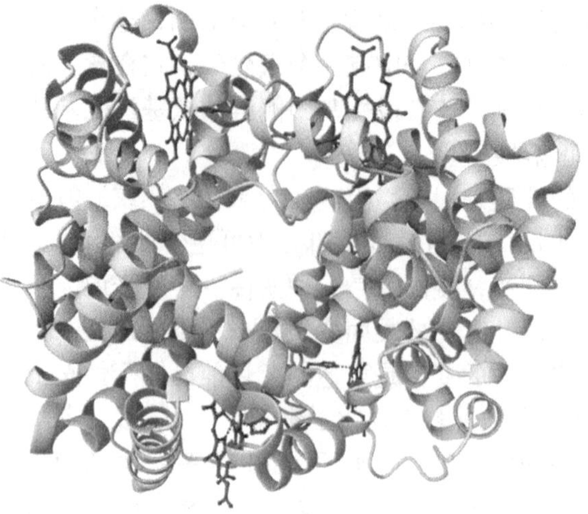

图 16-14　人血红蛋白的结构

效率和立体专一性。生物化学具有这样的特性是因为其是在被称为酶的生物催化剂催化下完成的。酶有能力大大提高反应速率；在大多数情况下，酶催化反应的速率比未催化反应的速率快 10^6～10^{12} 倍。对于活生物体，这种幅度的速率增强很重要，因为它们允许反应以合理的速率发生，即使是在活细胞中存在的温和条件下(大约中性的 pH 和约 35℃的温度)。酶的催化专一性远大于大多数化学催化剂所显示的专一性。例如，在蛋白质的酶促合成中(通过核糖体上发生的反应)，由超过 1000 个氨基酸残基组成的多肽的合成几乎没有错误。Fischer 于 1894 年发现了酶区分 α-糖苷键和 β-糖苷键的能力，这使他提出了酶的特异性。根据“锁钥假说”，酶(锁)及其底物(钥匙)的特异性来自它们的几何互补形状，见图 16-15。在酶催化反应中，酶和底物结合形成酶-底物复合物。酶-底物复合物的形成通常会诱导构象酶的变化称为诱导契合，使其能够结合底物更有效。基材的结合会导致其某些结合变得紧张，因此更容易断裂。反应产物通常具有与底物不同的形状，并且这种改变的形状，或者在某些情况下是另一种分子的介入，导致复合体解离。然后酶可以接受另一个分子的底物，并重复整个过程。

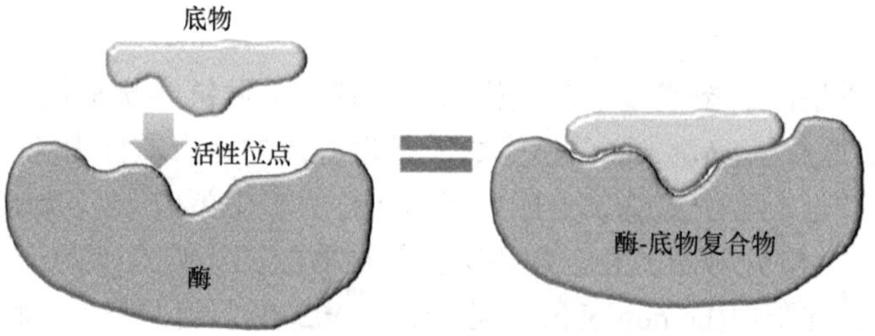

图 16-15　“锁钥”假说示意图

底物与酶结合并发生反应的地方称为活性位点(active site)。将底物结合到活性位点的非共价力与解释蛋白质构象的力相同：分散力、静电力、氢键和疏水相互作用。位于活性位点的氨基酸排列成这样，它们可以与底物发生特异性相互作用。酶催化的反应是立体特异性的，因为酶是手性的。酶的特异性源于酶与其底物的结合方式。α-糖苷酶只会结合糖苷的 α 立体异构形式，而不是 β 形式。代谢糖的酶仅结合 D 糖；合成大多数蛋白质的酶仅结合 L 氨基酸等。尽管酶立体特异性地催化反应，但它们通常在几何特异性方面差异很大。几何特异性是指与底物化学基团特性相关的特异性。有些酶只接受一种化合物作为它们的底物。然而，其他一些酶会接受一系列具有相似基团的化合物。例如，胰凝乳蛋白酶也称为糜蛋白酶(chymotrypsin)，其结构如图 16-16 所示。胰凝乳蛋白酶是一种能够分解蛋白质的消化性酶，活性基团为丝氨酸，故其也属于丝氨酸蛋白酶。胰凝乳蛋白酶在络氨酸、色氨酸和苯丙氨酸的羧基处切断肽键，从而裂解蛋白质。

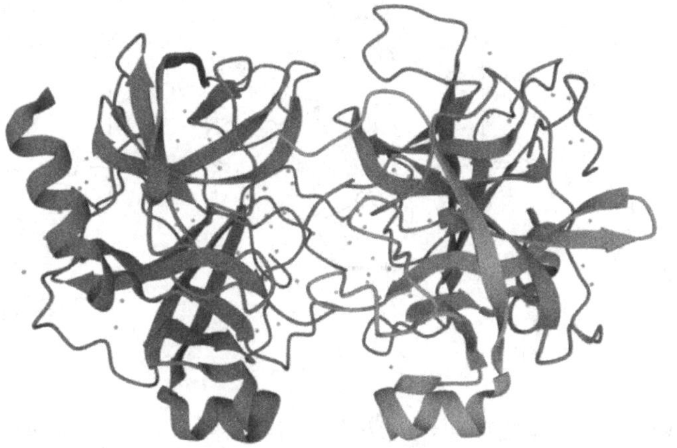

图 16-16　胰凝乳蛋白酶的三维结构

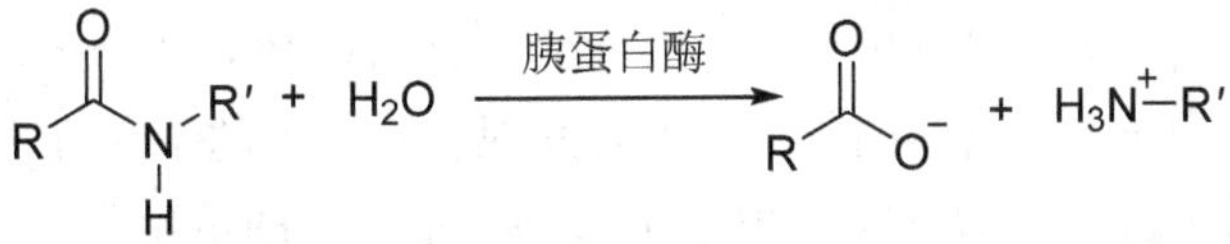

一些酶需要辅因子的存在。辅因子可以是金属离子，如人类碳酸酐酶的锌原子；也可以是其他的有机分子，如辅酶 A、NAD、NADP 等。这类对酶催化起到辅助作用的物质称为辅酶(coenzyme)。许多水溶性维生素是辅酶的前体。例如，烟酸是 NAD 的前体，泛酸是辅酶 A 的前体。辅酶在酶促反应过程中发生化学变化，如 NAD 转换为 NADH。另一些情况下，酶辅因子与酶通过较为牢固的方式结合，在这种情况下称为辅基(prosthetic group)。

通过溶菌酶的生理活动解释酶的作用模式。溶菌酶是一种通过水解破坏革兰氏阳性菌细胞壁的酶细胞肽聚糖聚合物中的特定缩醛键，导致裂解和细胞死亡。溶菌酶的三维结构如图 16-17 所示。发现溶菌酶的研究本身就是一个有趣的故事。1992 年，弗莱明(A. Fleming)将自己的鼻涕滴落在细菌培养物中，一段时间后他兴奋地发现黏液附近的细菌被溶解掉，深入

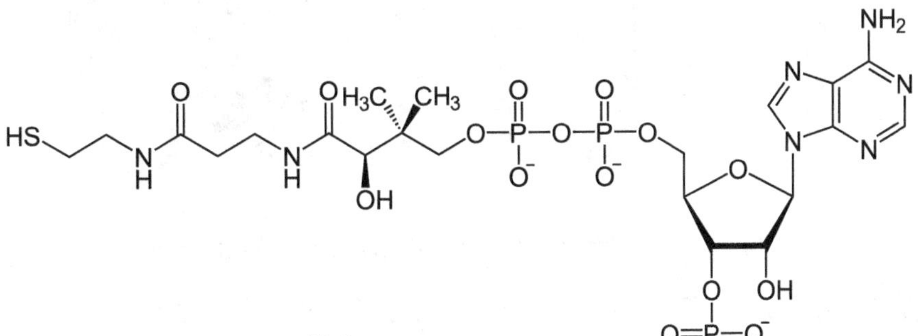

辅酶A (CoA)

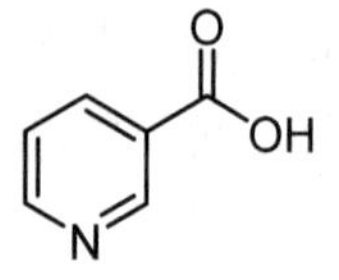

烟酸
niacin

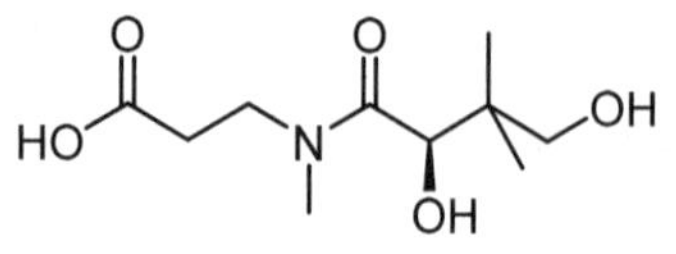

泛酸
pantothenic acid

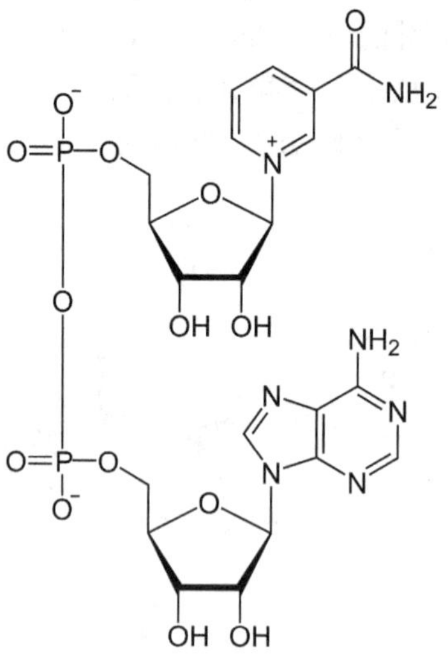

烟酰胺腺嘌呤二核苷酸(NAD)

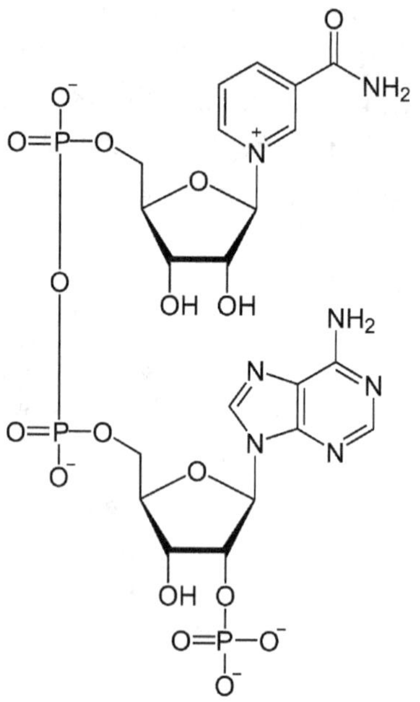

烟酰胺腺嘌呤二核苷酸磷酸
($NADP^+$)

研究之后，他很快确定黏液的抗菌作用是由于酶的存在，他称这种物质为溶菌酶，因为它有裂解或溶解细菌细胞的能力。溶菌酶很快在人体的许多组织和分泌物中以及在植物中被发现，而其在蛋清的存在最为丰富。遗憾的是，弗莱明发现它对有害的细菌几乎没有作用。而直到7年之后，弗莱明才通过进行类似的实验揭示了一种真正有效的抗生素——青霉素的存在。

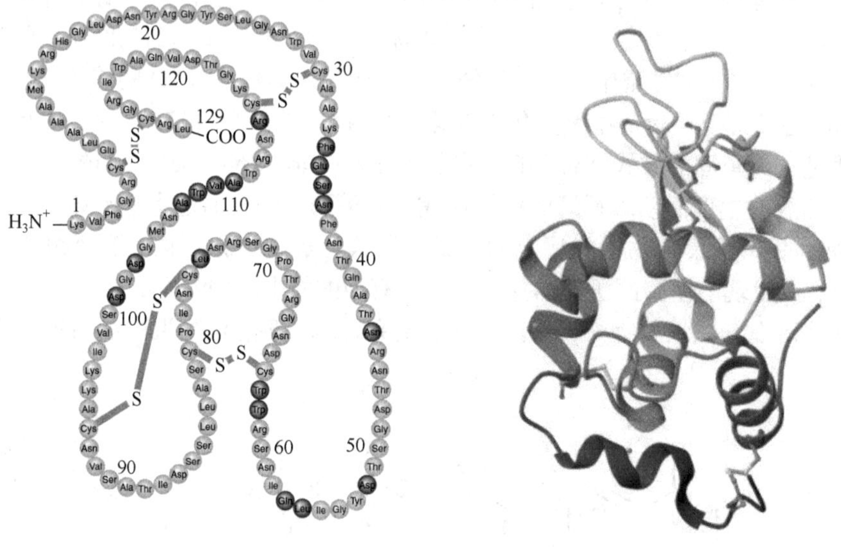

(a)　　(b)

图 16-17　鸡蛋清溶菌酶的一级结构(a)以及 X 射线晶体结构(b)

如前所述，溶菌酶革兰氏阳性细菌细胞壁水解肽聚糖聚合物中的糖苷键。*N*-乙酰氨基葡萄糖(NAG)和 *N*-乙酰胞壁酸(NAM)是该多糖的主要重复单元。溶菌酶可选择性地对其进行特异性水解，溶菌酶催化的整个反应如下：

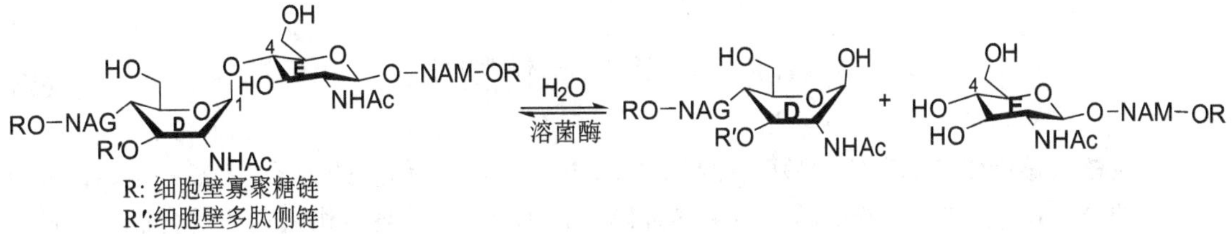

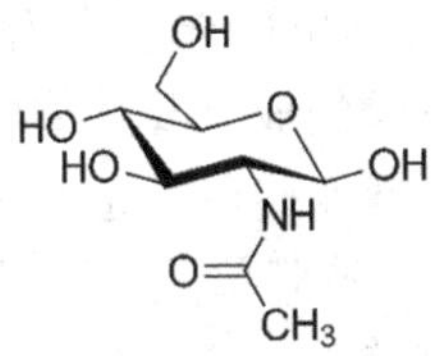

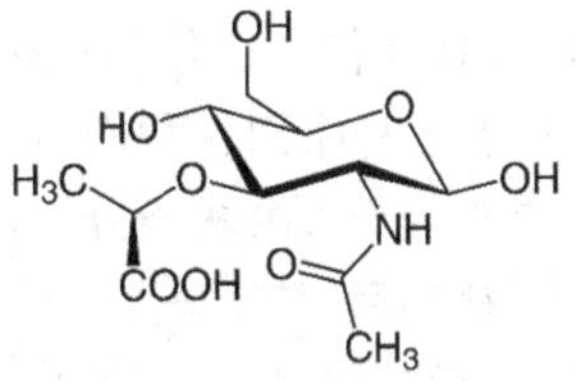

N-乙酰氨基葡萄糖(NAG)　　*N*-乙酰胞壁酸(NAM)

溶菌酶在其三级结构的裂缝中结合细胞壁底物，使得 Glu-35 残留物一侧靠近基材，Asp-52 靠近另一侧。两个氨基酸残基都以促进与 D-E 糖苷反应的方式定位多糖的连接。来自质谱的有力证据表明溶菌酶的机制包括连续的 S_N2 反应和共价酶-底物中间体(基于不列颠哥伦比亚大学的斯蒂芬威瑟斯及其同事的工作)。Asp-52 在第一步中充当亲核试剂，将底物共价键合到酶。水分子在第二步中充当亲核试剂以完成形成产物并从活性位点释放底物。在这两个步骤中，Glu-35 作为一般的酸碱催化剂。

当溶菌酶与底物结合时，活性位点裂缝轻微闭合，寡糖底物 D 环的 C-1 向下移动。Asp-52 的羧酸盐基团从下方进攻环 D 的 C-1，使得环 E 的 C-4 氧原子成为离去基团。环 E 的 C-4 氧作为中性基团离开，因为它同时被 Glu-35 的羧酸基团质子化。推测此 S_N2 反应的过渡态是在船式到椅式构象变化期间环 D 几乎平面的构型。正如 S_N2 反应所预期的，此步骤发生构型反转，并留下一部分底物与酶共价结合。

第二步，一个水分子占据环 E 原来的位置，进攻 C-1 并取代 Asp-52 的羧酸盐基团。Glu-35 阴离子在水分子与环 D 的 C-1 键合时，脱去水分子的质子。进而整个溶菌酶分子成为离去基团。整个过程也可以逆向进行，从活性位点释放底物，并使溶菌酶准备好另一个催化循环。

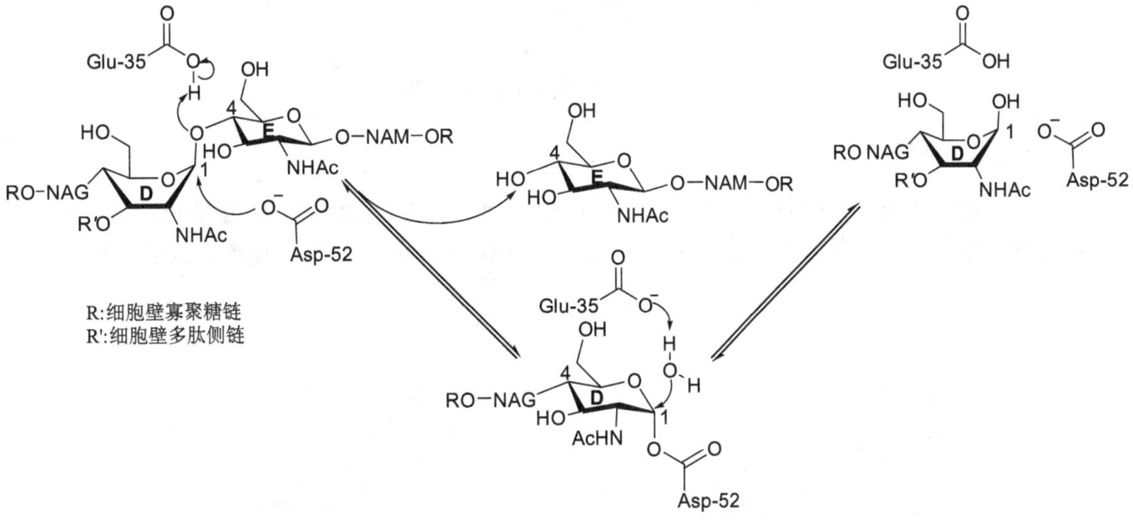

溶菌酶的双重S_N2取代机理

16.8　核酸和遗传物质

脱氧核糖核酸(DNA)和核糖核酸(RNA)是细胞中携带遗传信息的分子。DNA 是蛋白质合成指令的分子档案。RNA 分子通过转录和翻译来自 DNA 的信息以供蛋白质的合成。存储的遗传信息，可以通过代代相传，而使用遗传信息来创建细胞的所有工作部分取决于 DNA 和 RNA 的分子结构。基于这些原因，我们将重点对这些核酸的成分及其结构特性给予关注。

DNA 是一种生物大分子，由两条分子链组成，由氢键连接在一起。它的整体结构像是一个扭曲的梯子，称为双螺旋结构。其骨架是由交替的糖和磷脂单元，通过杂环碱基的氢键连接。DNA 分子是非常长的聚合物。如果来自人的一个细胞的 DNA 被提取出来并端对端拉直放置，大约 1 m 长。如果将 DNA 包装到细胞核的微观容器中，它们会超螺旋并捆绑成 23 对染色体。DNA 双螺旋结构中涉及四种类型的杂环碱基，正是这些碱基的序列携带了蛋白质合成的信息。人类 DNA 由大约 30 亿个碱基对组成。编码给定蛋白质的每一段 DNA 称为基因，而生物体中由 DNA 编码的所有遗传信息的集合就是它的基因组(图 16-18)。

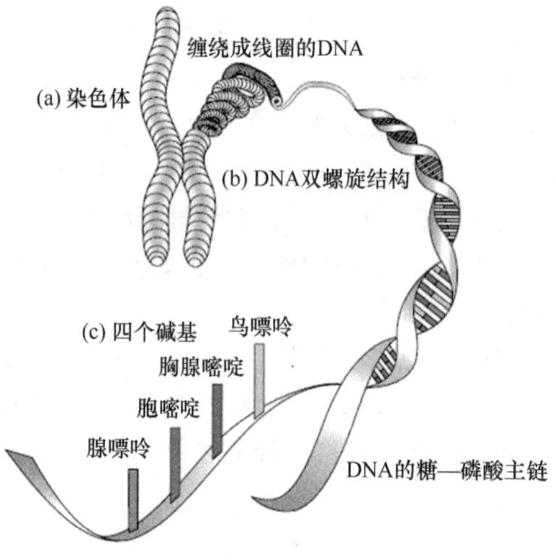

图 16-18　染色体的结构示意图

16.8.1　核苷酸和核苷

核酸在温和条件下降解产生称为核苷酸的单体单元。核苷酸经过完全水解可产生：①来自嘌呤或嘧啶家族的杂环碱基；②一种五碳单糖，即 D-核糖或 2-脱氧-D-核糖；③磷酸根离子。

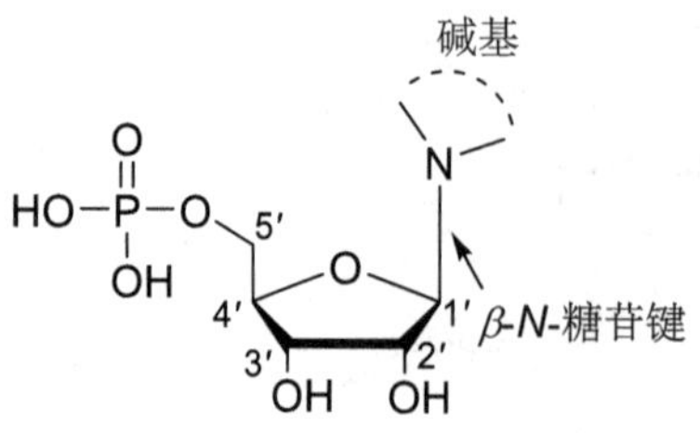

核苷酸

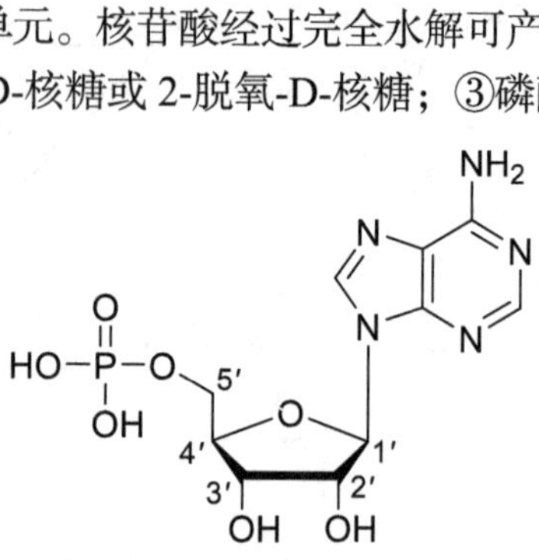

腺苷酸

一种典型的核苷酸的中心部分是单糖，它总是作为五元环，即呋喃糖苷。核苷酸的杂环碱基是通过 *N*-糖苷键连接到核糖或脱氧核糖单元的 C-1，该键总是 *β*-构型。核苷酸的磷酸基团以磷酸酯的形式存在并且可以连接在 C-5 或 C-3 处(在核苷酸中，单糖部分的碳原子用撇号表示，即 1′、2′、3′等)。去除核苷酸的磷酸基团将其转化为一种称为核苷的化合物。可以从 DNA 中得到的核苷都含有 2-脱氧-D-核糖作为它们的糖成分和四种杂环碱基之一：腺嘌呤(A)、鸟嘌呤(G)、胞嘧啶(C)或胸腺嘧啶(T)。相关的碱基以及对应的核苷见下图。

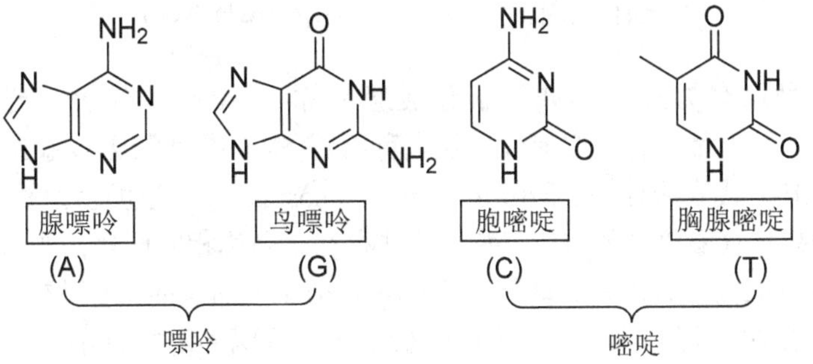

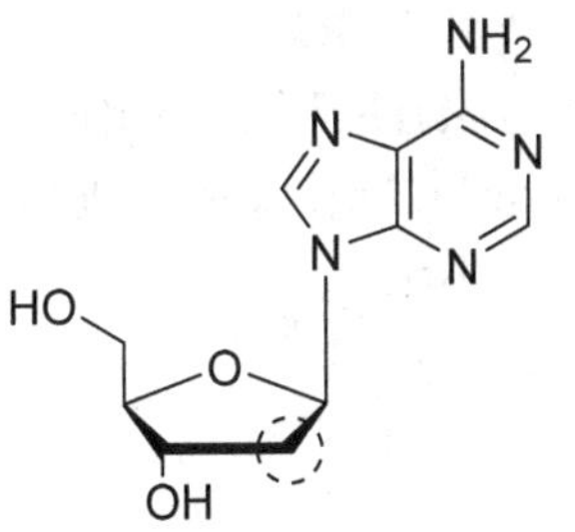
2′-脱氧腺苷

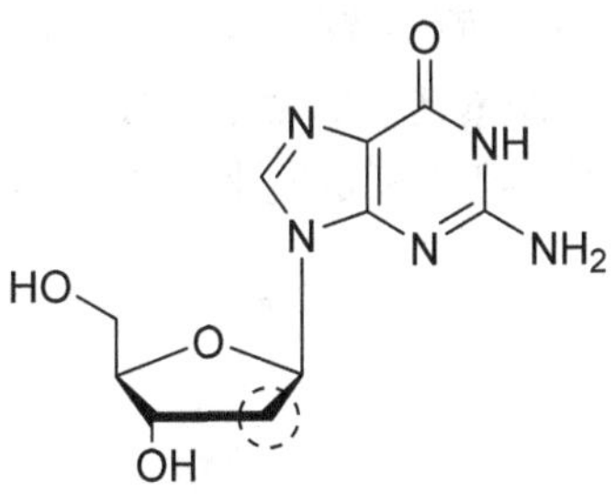
2′-脱氧鸟苷

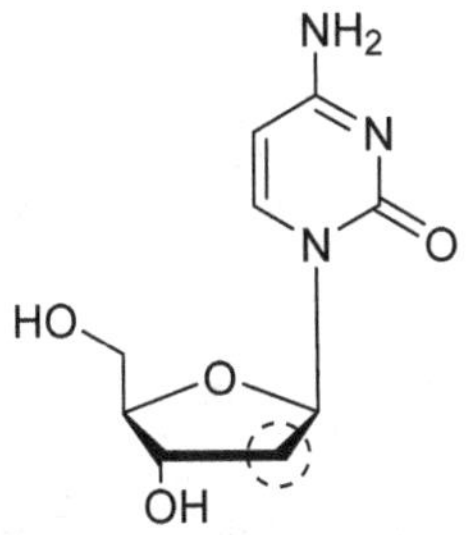
2′-脱氧胞苷

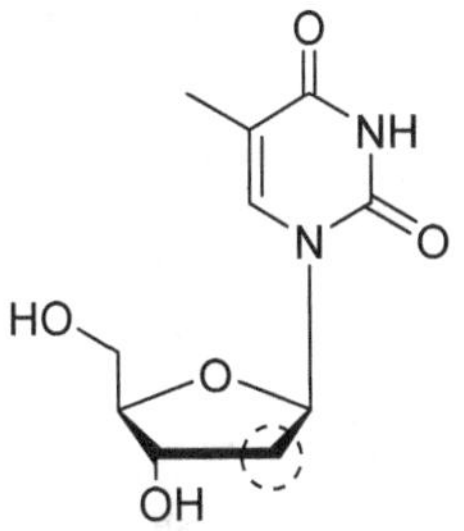
2′-脱氧胸腺苷

从 RNA 中获得的核苷含有 D-核糖作为它们的糖单元，腺嘌呤、鸟嘌呤、胞嘧啶或尿嘧啶作为它们的杂环碱基。

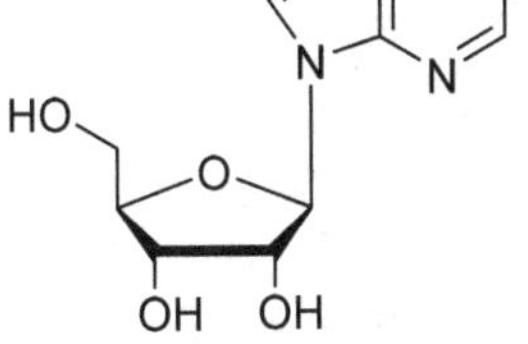
腺苷

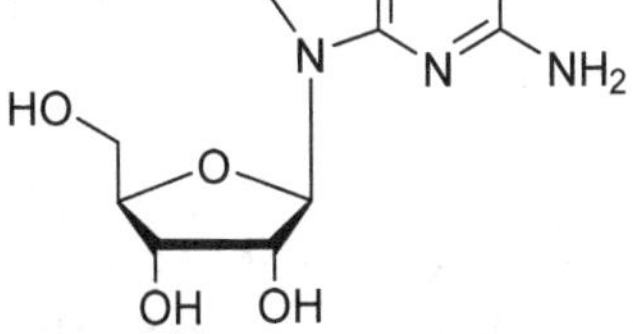
鸟苷

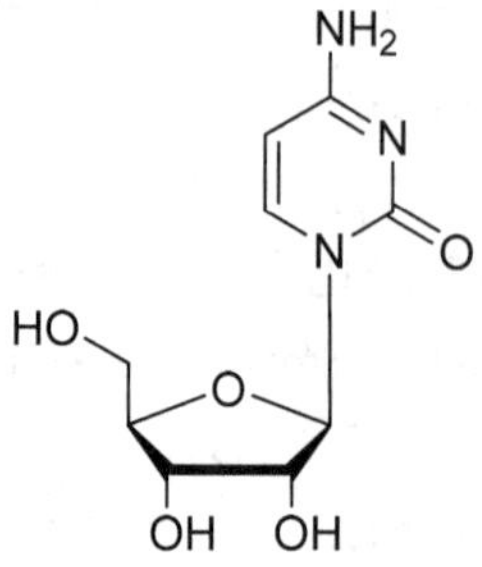

胞苷

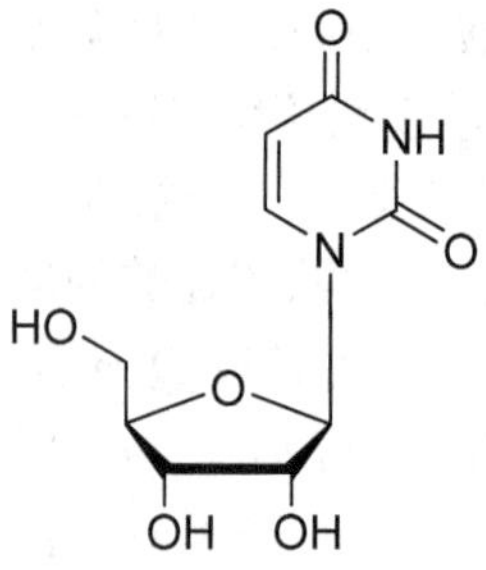

尿苷

核苷酸有多种命名方式。例如，腺苷酸通常称为 AMP，代表腺苷一磷酸(adenosine monophosphate)。磷酸基团的位置是有时使用名称腺苷-5′-单磷酸酯或 5′-腺苷酸明确指出。尿苷酸通常被称为 UMP，代表尿苷一磷酸(uridine monophosphate)，它也可以称为尿苷-5′-单磷酸酯或 5′-尿苷酸。如果核苷酸以二磷酸或三磷酸形式存在，名称相应调整，如 ADP 为腺苷二磷酸(adenosine diphosphate)或 GTP 表示鸟苷三磷酸(guanosine triphosphate)。核苷和核苷酸也存在于除 DNA 和 RNA 结构以外的其他地方。例如，腺苷单元是两种重要的辅酶——NADH 和辅酶 A 的结构一部分(见前文)。而腺苷的 5′-三磷酸酯——ATP(见 13.1.3 节)是重要的能量来源。3′,5′-环腺苷酸(或环 AMP)是激素活性的重要调节剂。细胞通过腺苷酸环化酶的作用从 ATP 合成这种化合物。实验室可通过 5′-腺苷酸的脱水制得 3′,5′-环腺苷酸与二环己基碳二亚胺。

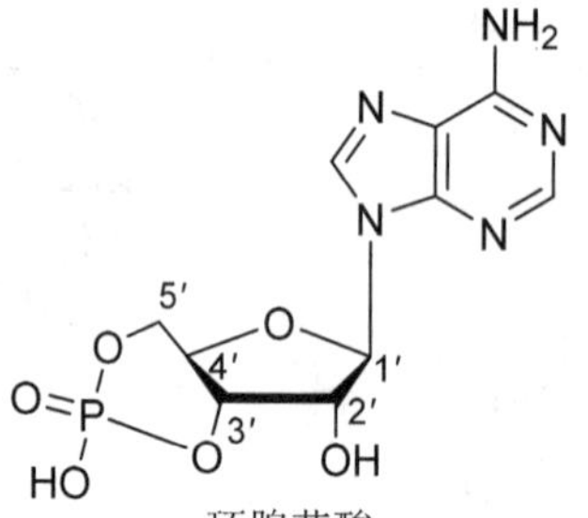

环腺苷酸

16.8.2　DNA

1. 一级结构

核苷酸与核酸的关系就像氨基酸与蛋白质的关系一样，前者是后者的单体单元。蛋白质中的连接键是酰胺基(肽键)；在核酸中它们是磷酸酯键。磷酸酯连接一个核糖(或脱氧核糖)的 3′—OH 与另一个的 5′—OH。这使得核酸成为一条长长的无支链糖和磷酸酯单元的“骨架”，杂环碱基在链中有规律地分布，沿着 DNA 链的碱基序列，其中包含编码的遗传信息。图 16-19 中核酸片段中碱基的排列顺序可标记为

$$5' \leftarrow \text{A—T—G—C} \rightarrow 3'$$

2. 二级结构

沃森(J. Watson)和克里克(F. Crick)于 1953 年给出了一个 DNA 的二级结构模型，提出后不久通过威尔金斯(M. Wilkins)的 X 射线分析验证，这项工作为 Crick、Watson 和 Wilkins 赢得了 1962 年诺贝尔生理学或医学奖。许多人认为，富兰克林(R. Franklin)的 X 射线数据也是解决 DNA 结构的关键，应该分享诺贝尔奖。DNA 的二级结构特别重要，因为它使我们能

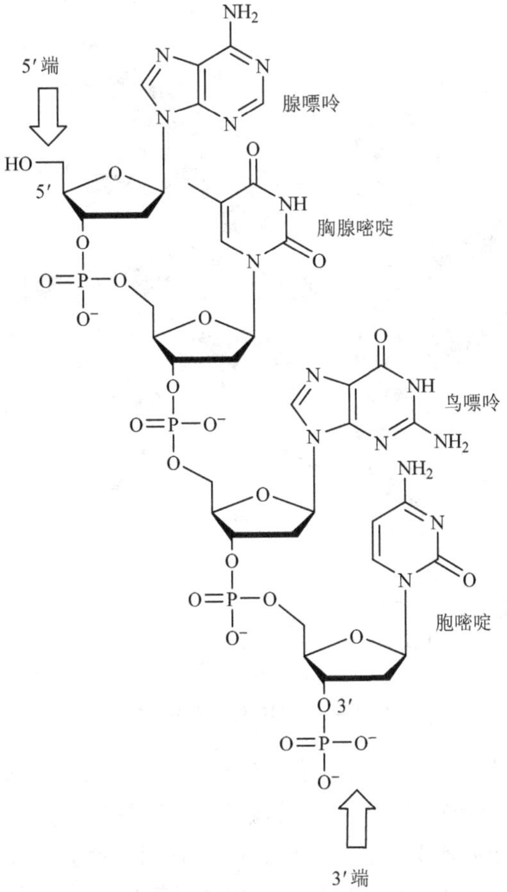

图 16-19　脱氧核糖核酸的一级结构

够了解遗传信息是如何保存的，它如何在细胞分裂过程中传递，以及如何通过转录为蛋白质合成提供模板。对于 Watson 和 Crick 提出的结构模型最为重要的证据是查尔加夫(E. Chargaff)在 20 世纪 40 年代末的一项早期观察，即从各种物种，如妊娠黄体、小麦胚芽、人类胸腺等的 DNA 中获得的杂环碱基的百分数具有一定的规律性。

Chargaff 指出，对于所有被研究的物种：嘌呤的总摩尔分数约等于嘧啶的总摩尔分数，即(%G+%A) / (%C+%T) ≈ 1；腺嘌呤的摩尔分数几乎等于胸腺嘧啶的摩尔分数(即 %A/%T≈1)，鸟嘌呤的摩尔分数几乎等于胞嘧啶的摩尔分数(即%G / %C≈1)。

Chargaff 还指出，不同物种之间的比例(%A + %T)/(%G + %C)是不同的。此外，他指出，该比例对于特定的物种的 DNA 是特征的，而从同一动物的不同组织获得的 DNA 则是相同的，并且不随个体生物的年龄或生长条件而发生明显变化。Watson 和 Crick 通过获得的 X 射线衍射数据，得到了模型化合物的嘌呤环和嘧啶环的键长和键角。此外，他们从 Franklin 和 Wilkins 得到的数据中表明 DNA 中的重复距离为 34 Å。根据这些数据，Watson 和 Crick 提出了一个双螺旋线模型作为研究对象 DNA 的二级结构(图 16-20)。

根据这个模型，有两条核酸链通过与对应链上碱基对之间的氢键连接在一起。这个双链缠绕成螺旋，两条链共用同一轴线。碱基对在内侧而糖-磷酸主链位于外侧。螺旋的螺距是 10 个连续的核苷酸对产生一个完整的旋转(重复距离 34 Å)。双螺旋结构的外部宽度约为 20 Å，

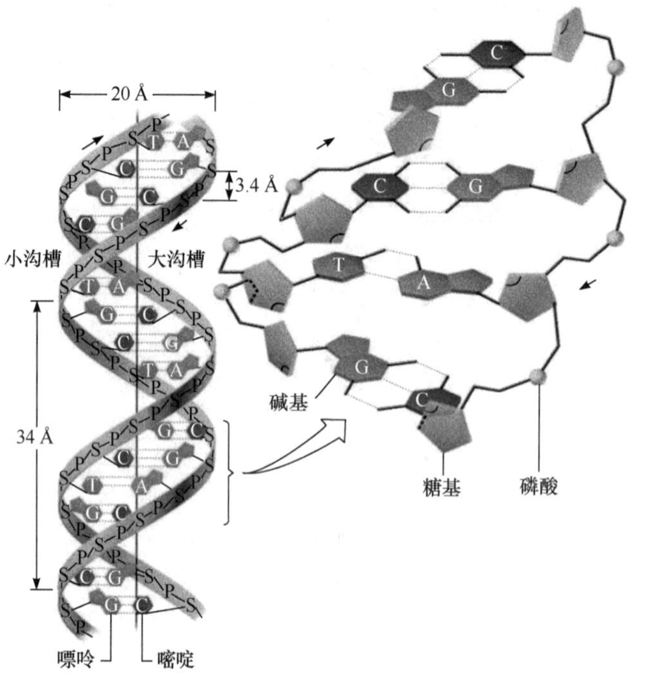

图 16-20　DNA 结构示意图

相对链上核糖单元的 1 位置之间内部距离约为 11 Å。Watson 和 Crick 利用分子尺度模型观察到双螺旋仅允许嘌呤-嘧啶型碱基对之间形成氢键。嘌呤-嘌呤碱基对之间不会出现氢键，因为这些基团太大，而嘧啶-嘧啶碱基对不会出现，因为它们距离太远而难以形成有效的氢键。

Watson 和 Crick 在他们的提案中又向前迈出了关键的一步。假设含氧杂环碱以酮的形式存在，他们认为通过氢键的碱基配对只能以一种特定的方式发生：腺嘌呤(A)与胸腺嘧啶(T)，胞嘧啶(C)与鸟嘌呤(G)。

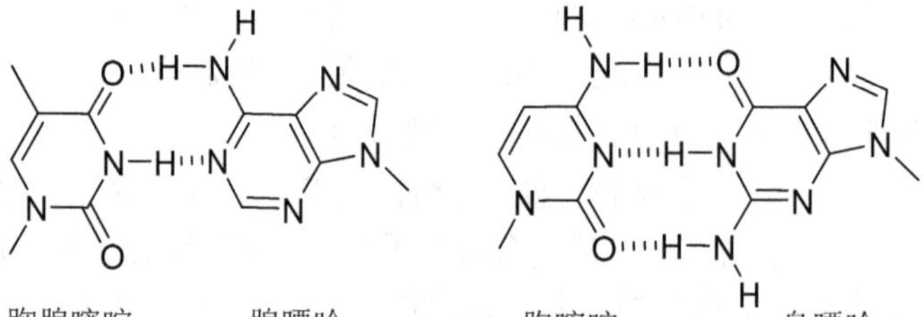

特定的碱基配对也意味着两条 DNA 链是互补的。只要腺嘌呤出现在一条链中，胸腺嘧啶必须出现在另一条链的对面；胞嘧啶出现在一条链中，鸟嘌呤必须出现在另一条链中。注意，虽然 DNA 的糖磷酸骨架是完全规则的，但沿着骨架的杂环碱基对序列可以假设许多不同的排列。这很重要，因为碱基对的精确序列携带着遗传信息。还要注意，双链的一条链与另一条链是完全互补的。如果知道一条链的碱基序列，就可以写出沿着另一条链的序列，因为 A 总是与 T 配对，G 总是与 C 配对。两条链的互补性解释了 DNA 分子如何在细胞分裂时自我复制，从而将遗传信息传递给两者中的每一个子细胞。细胞分裂之前 DNA 双链就开始解开。沿着每条链形成互补链，见图 16-21。每个链实际上都充当模板以形成其互补。当解旋和复制完成后，就会有两个完全相同的 DNA 分子，然后可以将这两种分子传递给每个子细胞。

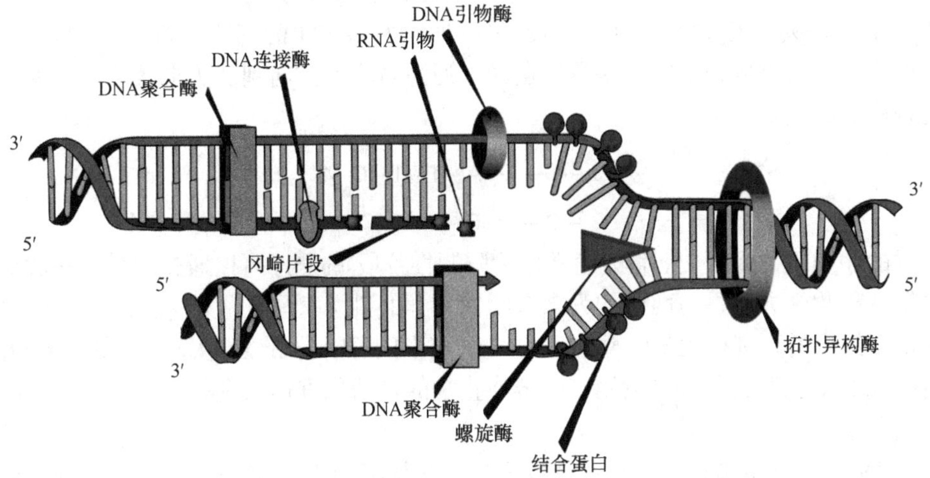

图 16-21 DNA 复制图示：双螺旋被螺旋酶和拓扑异构酶解开

接下来，一个 DNA 聚合酶产生前导链拷贝，另一种 DNA 聚合酶与滞后链结合。这种酶在 DNA 连接酶将它们连接在一起之前会产生不连续的片段(称为冈崎片段)。

16.8.3 RNA 和蛋白质的合成

Watson-Crick 假说发表后不久，科学家们开始将其扩展为 Crick 所说的“分子遗传学的中心法则”。该法则指出，遗传信息的流动如下：

DNA→RNA→蛋白质

蛋白质的合成对细胞的功能很重要，因为蛋白质(作为酶)催化它的生化反应。即使是非常原始的细菌细胞也需要多达 3000 种不同的酶。这意味着这些细胞的 DNA 分子必须含有相应数量的基因来指导这些蛋白质的合成。基因是包含指导一种蛋白质(或一种多肽)合成所需信息的 DNA 分子片段。

DNA 主要存在于真核细胞的细胞核中。蛋白质合成主要发生在称为细胞质的细胞部分。蛋白质合成需要发生两个主要过程；第一个发生在细胞核中，第二个发生在细胞质中。第一个是转录，这是一个将遗传信息转录到一种称为信使 RNA(mRNA)的 RNA 形式的过程。 第二个过程涉及另外两种形式的 RNA，称为核糖体 RNA (rRNA)和转移 RNA (tRNA)。

16.8.4 确定 DNA 的碱基序列

用于测序 DNA 的策略的某些方面类似于用于测序蛋白质的方法。两种类型的分子都需要适合用于聚合物的方法，但在 DNA 的情况下，单个 DNA 分子太长以至于有必要将其切割成更小、易于管理的片段。DNA 和蛋白质之间的另一个相似之处是，每个分子的结构都由一小组分子构建块组成，但在 DNA 的情况下，只涉及四个核苷酸单体单元，而不是用于合成蛋白质的 20 个氨基酸结构单元。最后，蛋白质和核酸都是带电分子，可以使用色谱法根据大小和电荷进行分离。

该过程的第一部分是通过使用称为限制性核酸内切酶的酶来完成的。这些酶在特定碱基序列处切割双链 DNA。现在已知有数百种限制性核酸内切酶。例如，称为 *Alu*I 的一种酶能够切割 AGCT 序列中 G 和 C 之间的连接。另一种称为 *Eco*R1 的酶切割 GAATTC 序列中 G 和 A 之间的连接。限制酶识别的大多数位点的序列为当从 5 方向到 3 方向读取时，两条链中具有相同顺序的碱基对。例如：

$$5'\leftarrow G—A—A—T—T—C\rightarrow 3'$$

$$3'\leftarrow C—T—T—A—A—G\rightarrow 5'$$

这样的序列被称为回文。片段(通常称为限制性片段)的测序可以通过化学方法或酶的帮助进行。第一种化学方法是由两位均为来自哈佛大学的科学家马克萨姆(A. Maxam)和吉尔伯特(W. Gilbert)提出的；剑桥大学的桑格(F. Sanger)于同年引入了链终止(双脱氧核苷酸)方法。基本上所有 DNA 测序目前都是使用基于链终止法的自动化进程完成的，包括酶促反应和 2′,3′-双脱氧核苷酸。

用于 DNA 测序的链终止方法涉及以一种方式复制 DNA，该方式产生一系列长度相差一个碱基对的部分拷贝。这些母本 DNA 的部分拷贝根据长度分开，每条链上的末端碱基由共价连接的荧光标记检测。

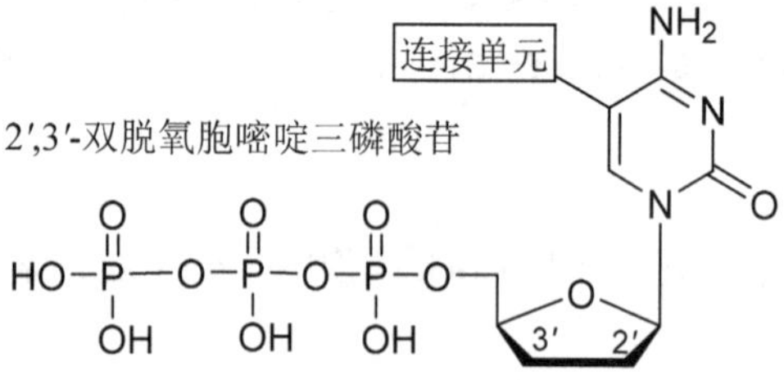

缺乏3′-位的羟基导致链终止

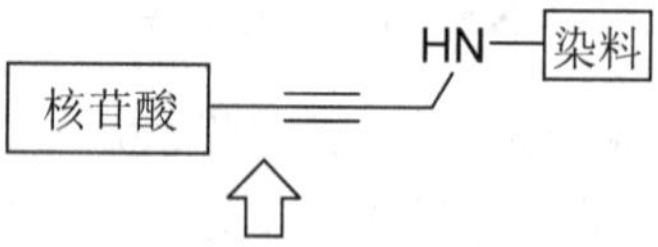

连接单元(linker)

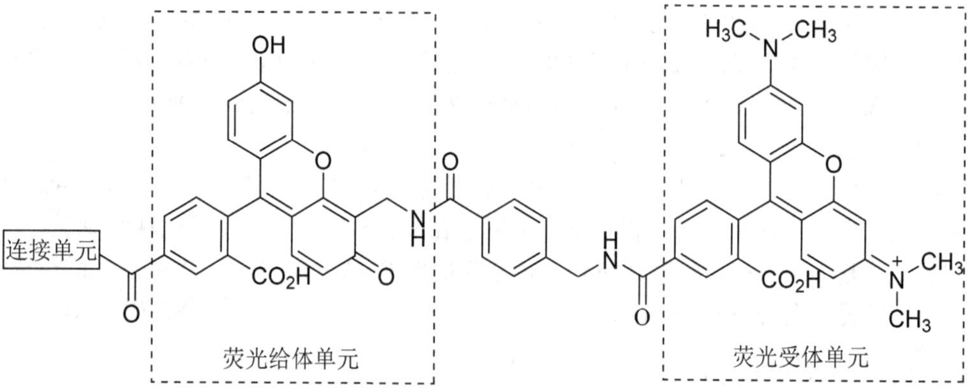

给体-受体荧光染料

目标 DNA 的部分拷贝的混合物是通过用低浓度的非天然核苷酸“毒化”复制反应而制成的。这种非天然的“终止”核苷酸是四种天然核苷酸的 2′,3′-双脱氧类似物(见上图)。由于缺少 3′-羟基，每个掺入的 2′,3′-双脱氧核苷酸不能通过它的 3′-碳原子和下一个核苷酸之间形成磷酸二酯键，导致链终止。因为使用低浓度双脱氧核苷酸，只是偶尔将双脱氧核苷酸随机掺入生长的链中，因此基本上所有不同长度的 DNA 分子都是从母本 DNA 合成的。每个终止双脱氧核苷酸都用荧光染料标记，该荧光染料根据该终止核苷酸携带的碱基给出特定颜色。上图中所提到的一种染料体系，由最初被激光激发的供体生色团将其能量转移到产生观察到的荧光的受体部分，也称荧光共振能量转移(fluorescence resonance energy transfer，FRET)。供体部分通过一个较短的连接单元与双脱氧核苷酸相连。

用于生成部分 DNA 拷贝的复制反应与聚合酶链式反应(PCR)方法相似但不相同。在双脱氧测序方法中只使用一个 DNA 引物序列，因此只复制一条 DNA 链，而在 PCR 中，使用两条引物，两条链同时复制。此外，在测序反应中，通过添加双脱氧核苷酸来终止链。毛细管电泳是最常用于分离由测序反应产生的部分 DNA 混合物的方法。毛细管电泳基于 DNA 的大小和电荷进行分离，允许解析仅相差一个碱基长度的核苷酸。不同碱基终止所得到的 DNA 片段的荧光数据通过检测器的计算机采集会生成四色色谱图，每个峰的颜色代表该分子中的终止核苷酸。由于四种类型的双脱氧终止碱基中的每一种都发出不同颜色的荧光，因此可以直接读取 DNA 中的核苷酸序列(图 16-22)。

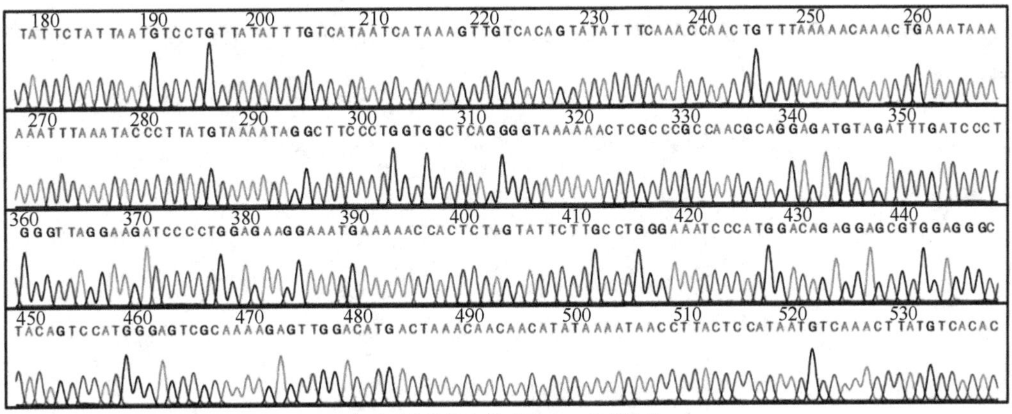

从自动测序仪器中得到的DNA序列数据

图 16-22　DNA 部分测序结果

与使用垂直平板聚丙烯酰胺凝胶电泳(PAGE)的手动方法相比，使用自动化方法进行 DNA 测序的速度呈指数级增长。使用手动方法的人每天最多只能测序几千个碱基。现在可以让单机并行连续运行分析，使用自动毛细管电泳和激光荧光检测每天对近 300 万个碱基进行测序。用于 DNA 测序的高通量方法的开发是人类基因组计划取得显著成功的主要原因，否则人类基因组中 30 亿个碱基对的测序在 2003 年之前是不可能完成的。

习　　题

16-1　合成聚谷氨酸在 pH 为 2～3 的溶液中以螺旋形式存在。当这种溶液的 pH 通过添加碱逐渐升高时，旋光度在 pH 为 5 时会发生显著变化。这种变化与螺旋的展开和无规卷曲的形成有关。聚谷氨酸的什么结构特征和什么化学变化可以作为这种转变的解释?

16-2　(1) D,L-谷氨酸由乙酰氨基丙二酸二乙酯以下列方式合成。概述所涉及的反应。

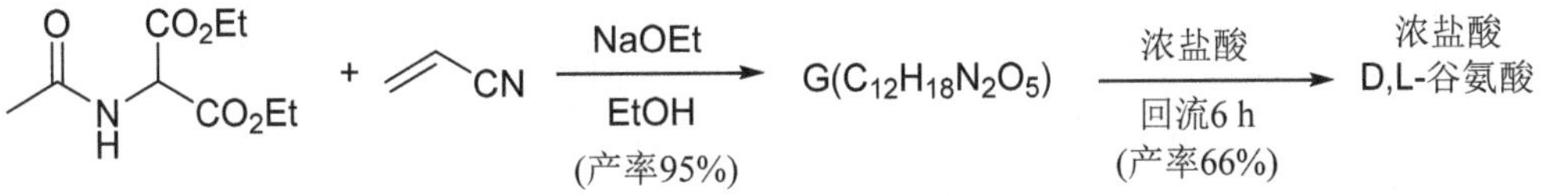

(2) 化合物 G 也已用于通过以下途径制备氨基酸 D,L-鸟氨酸。概述此处涉及的反应。

$$G(C_{12}H_{18}N_2O_5) \xrightarrow[\text{68℃,40 MPa (产率90\%)}]{H_2,Ni} H(C_{10}H_{16}N_2O_4, \alpha,\gamma\text{-内酰胺}) \xrightarrow[\text{回流4 h (产率97\%)}]{\text{浓盐酸}} \text{D,L-鸟氨酸}\ (C_5H_{13}ClN_2O_2)$$

16-3　(1) 用过量的溴水处理酪氨酸得到什么产品？

(2) 在氯化氢存在下，苯丙氨酸与乙醇反应会生成什么产物？

(3) 你认为丙氨酸和苯甲酰氯在碱水溶液中反应会生成什么产物？

16-4　(1) 表 16-1 中哪些氨基酸有多个手性中心？

(2) 写出这些氨基酸的异构体中，在 α-碳上具有 L 构型的氨基酸的 Fischer 结构式。

(3) 在每种情况下，你得出了哪些异构体？

16-5　(1) 写出 RNA 二核苷酸 G-C 的结构，其中 G 有一个游离的 5′-羟基，C 有一个游离的 3′-羟基。

(2) 写出 DNA 二核苷酸 T-A 的结构，其中 T 有一个游离的 5′-羟基，A 有一个游离的 3′-羟基。

第 17 章　油脂、萜类和甾族化合物

17.1　油　　脂

脂类(lipid)，意为脂肪。与碳水化合物和蛋白质不同，碳水化合物和蛋白质是根据其结构来定义的，脂类是通过分离它们的物理操作来定义的。不溶于水而能被乙醚、氯仿、苯等非极性有机溶剂抽提出的化合物，统称脂类。脂类是人体需要的重要营养素之一，它与蛋白质、碳水化合物称为产能的三大营养素，在供给人体能量方面起重要作用。脂类也是人体细胞组织的组成成分，如细胞膜、神经髓鞘都必须有脂类参与。由于脂类是通过其分离方式所给出的定义，因此脂类从分子结构上包含多种结构类型，如甘油酯、磷脂、萜类化合物和甾体化合物等。

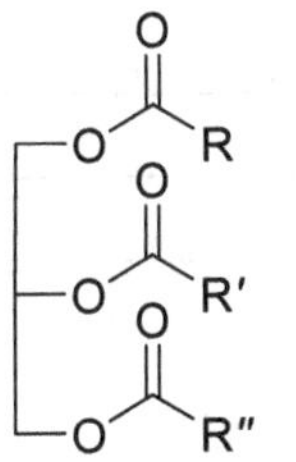

油或脂肪
(甘油酯)

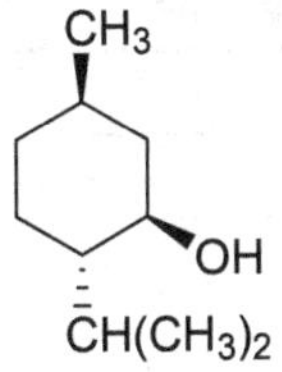

薄荷醇
(萜类)

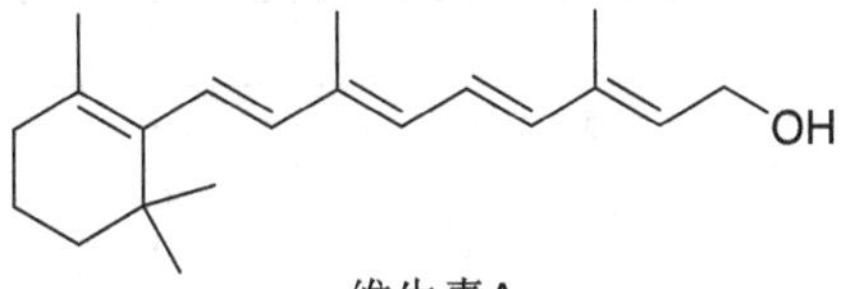

维生素A
(萜类)

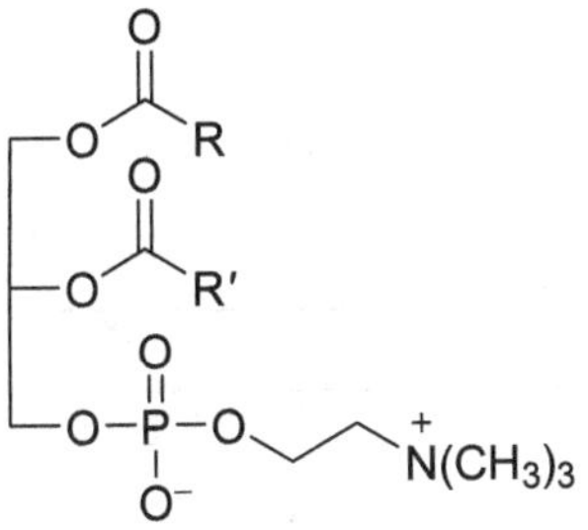

卵磷脂
(磷脂)

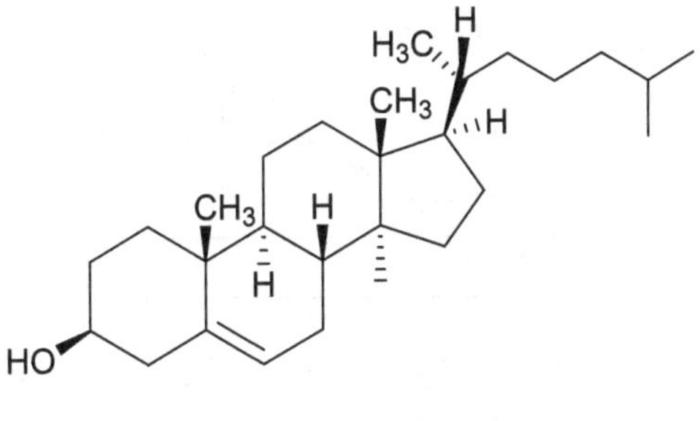

胆甾体(胆固醇)
(甾体)

目前对脂类的研究主要有两个方向：①食物中的脂类：医学、营养学、运动与健康领域较关注，主要是考虑饮食与人类/动物疾病的关联；②人体/动植物体内的脂类：生理学、病理学关注，主要是研究它们在生理/病理状态下，脂类起到的作用。

17.1.1　油脂的结构和组成

油脂一般指的是植物油和动物源性脂肪，包括花生油、大豆油、玉米油、葵花籽油、黄油、猪油和牛脂等常见物质。室温下为液体的油脂通常称为油，室温下为固体的油脂称为脂肪。油脂的主要成分是甘油酯，甘油是丙三醇的俗称，甘油酯就是丙三醇的三个羟基均酯化的产物。其中所有三个酯基都相同，称为单甘油酯。然而，更常见的是一种混合的甘油酯，其中酯基是不同的，称为混合甘油酯。甘油酯水解可产生甘油和相应脂肪酸的混合物，也可以

通过水解生成的脂肪酸判断该甘油酯是否为单甘油酯。

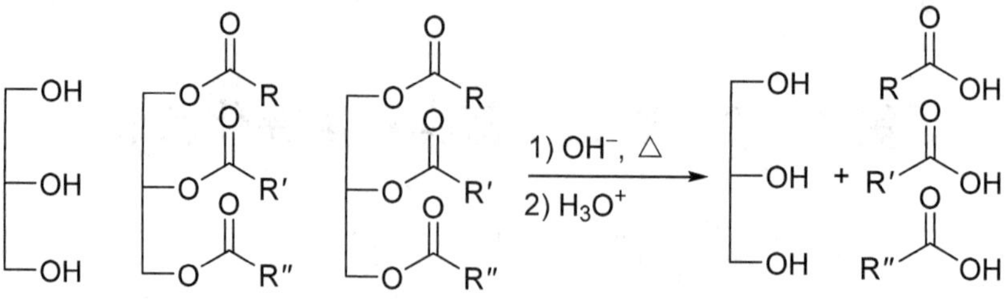

甘油　　甘油酯

甘油酯的水解

作为甘油酯的主要组成成分，脂肪酸的结构对甘油酯的性质有较大的影响。表 17-1 列出了一些常见的脂肪酸及其熔点，表 17-1 的脂肪酸的双键均为顺式。许多天然脂肪酸含有两个或三个双键，称为不饱和脂肪酸。不饱和脂肪酸的第一个双键通常出现在 C-9 和 C-10 之间；其余的双键倾向于以 C-12 和 C-15 开始(如亚油酸和亚麻酸)。因此，双键不是共轭的。此外，三键很少出现在脂肪酸中(图 17-1)。

表 17-1　一些常见脂肪酸

	熔点/℃
饱和脂肪酸	
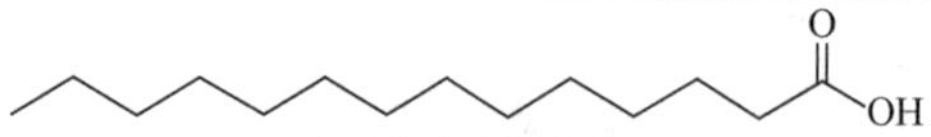 肉豆蔻酸(十四烷酸)	54
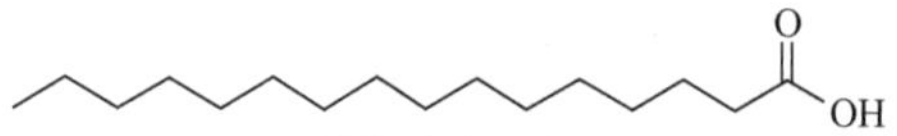 棕榈酸(十六酸)	63
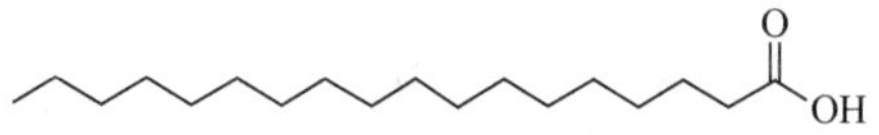 硬脂酸(十八酸)	70
不饱和脂肪酸	
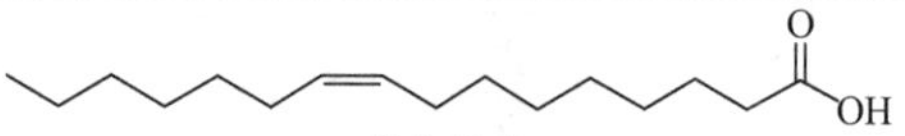 棕榈烯酸 (*Z*)-十六碳-9-烯酸	32
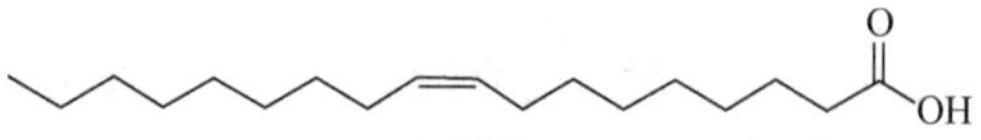 油酸 (*Z*)-十八碳-9-烯酸	4
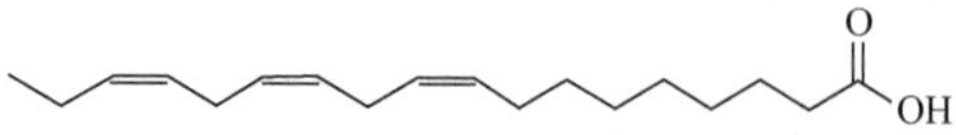 亚油酸(9*Z*,12*Z*,15*Z*)-十八碳-9,12,15-三烯酸	−11
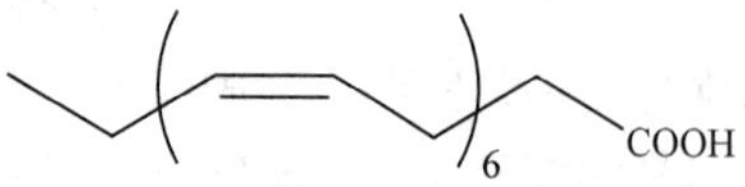 DHA，一种 ω-3 脂肪酸， (4*Z*,7*Z*,10*Z*,13*Z*,16*Z*,19*Z*)-二十二碳-4,7,10,13,16,19-六烯酸	−44

续表

	熔点/℃
不饱和脂肪酸	
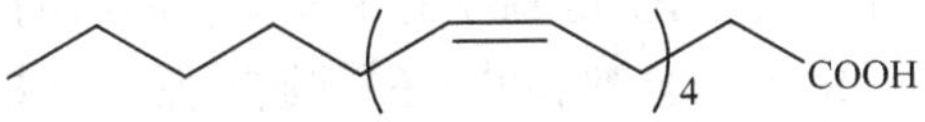 花生四烯酸，一种ω-6 脂肪酸 (5*Z*,8*Z*,11*Z*,14*Z*)-二十碳-5,8,11,14-四烯酸	−49

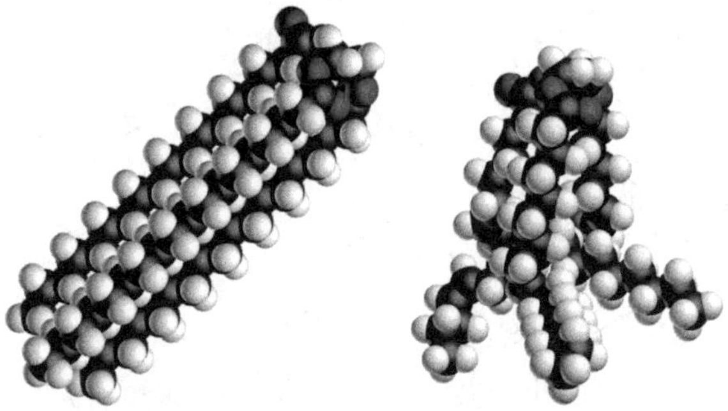

图 17-1　脂肪酸结构示意图

饱和脂肪酸的碳链可以采用多种构象，但往往会完全延伸，因为这会最小化相邻亚甲基之间的空间排斥。饱和脂肪酸能有效地填充到晶体中，并且由于分散力吸引力大，它们具有相对较高的熔点。熔点随分子量的增加而增加。

不饱和脂肪酸双键的顺式构型使碳链发生刚性弯曲，从而干扰晶体堆积，导致分子间分散力吸引力降低。因此，不饱和脂肪酸的熔点较低。

ω-3 脂肪酸是指链中倒数第三个碳是碳碳双键的一部分的脂肪酸。食物中的长链ω-3 脂肪酸被认为在降低致命心脏病发作风险和缓解某些自身免疫性疾病(包括类风湿性关节炎和银屑病)方面具有有益作用。

来自金枪鱼和鲑鱼等鱼类的油是ω-3 脂肪酸的良好来源，包括 C-22ω-3 脂肪酸二十二碳六烯酸[DHA，其 IUPAC 全称为(4*Z*,7*Z*,10*Z*,13*Z*,16*Z*,19*Z*)-二十二碳-4,7,10,13,16,19-六烯酸]。DHA 也存在于乳房、脑灰质和视网膜组织。

上文脂肪酸的物理性质也适用于甘油酯。由大量饱和脂肪酸组成的甘油酯具有高熔点，室温下为固体，即脂肪。而具有高比例的不饱和脂肪酸的甘油酯的熔点较低，即俗称的油。自然界绝大多数不饱和脂肪酸的存在形式是顺式不饱和脂肪酸。反之，如果与双键上两个碳原子结合的两个氢原子分别在碳链的两侧，空间构象呈线性，则称为反式不饱和脂肪酸。反式脂肪酸是分子中含有一个或多个反式双键的非共轭不饱和脂肪酸。反式双键中与形成双键的碳原子相连的两个氢原子位于碳链的两侧，天然脂肪酸中的双键多为顺式，氢原子位于碳链的同侧。反式双键的键角小于顺式异构体，其锯齿形结构空间上为直线形的刚性结构，这些结构上的特点使其具有与顺式脂肪酸不同的性质，具有更高的熔点和更好的热力学稳定性，性质更接近饱和脂肪酸。反式脂肪酸的熔点受双键的数量、结合形状和位置的影响。顺式油酸熔点为 13.5℃，而反式油酸的熔点为 46.5℃，室温下呈固态。

17.1.2　油脂的化学性质

1. 甘油酯的氢化

固体商用食用脂肪通常是通过植物油的部分氢化，直到获得稠度的半固体所制造的。其结果是在食物中出现了人们熟悉的“部分氢化脂肪”。由于完全饱和的三酰甘油非常硬且易碎，因此需要避免油的完全氢化。部分加氢的一个商业优势是可以延长脂肪的保质期。多不饱和油倾向于通过自氧化反应导致其腐臭。然而，部分氢化的一个问题是，催化剂将一些未反应的双键从天然顺式排列异构化为非天然反式排列，并且越来越多的证据表明反式脂肪与心血管疾病风险增加有关。

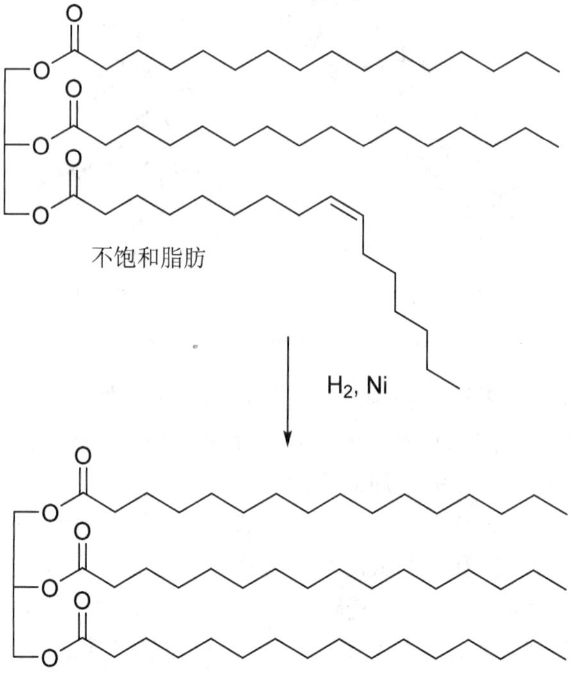

饱和脂肪

2. 甘油酯的皂化

皂化是三酰基甘油的碱性水解，产生甘油和长链羧酸盐的混合物：

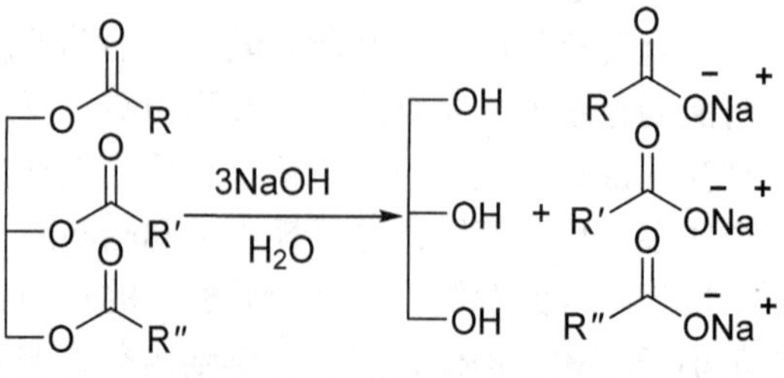

这些长链羧酸盐就是肥皂，这种皂化反应是大多数肥皂的制造方法。脂肪和油在氢氧化钠水溶液中煮沸，直到水解完成。向混合物中加入氯化钠，然后使肥皂沉淀，分离肥皂后，可通过蒸馏从水相中分离甘油。粗肥皂通常通过多次再沉淀来提纯。

可以通过添加香水制作香皂。可以添加沙子、碳酸钠和其他填料来制作洗涤皂，如果制造商想销售漂浮的肥皂，可以将空气吹入熔融皂中。长链羧酸的钠盐(肥皂)几乎与水完全混溶。然而，它们并不像预期的那样溶解。除极稀溶液外，肥皂以胶束形式存在。肥皂胶束通常是分散在整个水相中的羧酸盐阴离子的球形簇。羧酸盐阴离子在表面与带负电荷的羧酸盐基团(极性)以及在内部与非极性烃链填充在一起。钠离子作为单独的溶剂化离子分散在整个水相中。胶束的形成解释了肥皂溶于水的事实。肥皂的非极性(疏水性)烷基链保留在胶束内部的非极性环境中。极性(亲水性)羧酸基团暴露于水相的极性环境中。由于胶束表面带负电，单个胶束相互排斥，并分散在整个水相中。肥皂的作用类似于"去污剂"。大多数污垢颗粒(如皮肤上)被一层油或脂肪包围。水分子本身无法分散这些油腻的小球，因为它们无法穿透油层，无法将单个颗粒彼此分离，也无法将它们黏附在表面上(图 17-2)。

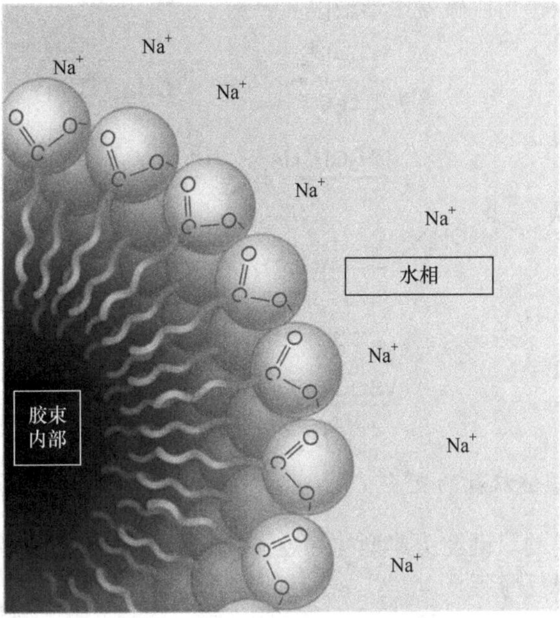

图 17-2　去污剂胶束结构示意图

然而，肥皂溶液能够分离单个颗粒，因为它们的烃链可以在油层中"溶解"。当这种情况发生时，每个单独的粒子都会形成一层羧酸盐阴离子的外层，并使水相具有一个更相容的外部——极性表面。单个小球现在相互排斥，因此分散在整个水相中。

合成洗涤剂的作用方式与肥皂相同，它们有长的非极性烷烃链，末端带有极性基团。大多数合成洗涤剂的极性基团是磺酸钠或硫酸钠。合成洗涤剂比肥皂更具优势，在"硬水"(含有 Ca^{2+}、Fe^{2+}、Fe^{3+}和 Mg^{2+}的水)中作用良好。烷烃磺酸盐和烷基硫酸氢盐的钙、铁和镁盐大部分是水溶性的，因此合成洗涤剂保留在溶液中。相比之下，肥皂在硬水中使用时会在浴缸周围形成沉淀环。具有高度支链烷基的合成洗涤剂也曾被广泛使用。这些洗涤剂被证明是不可生物降解的，它们的使用也被停止了。

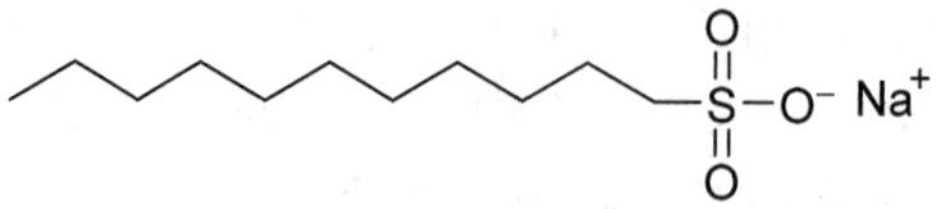

烷基磺酸钠

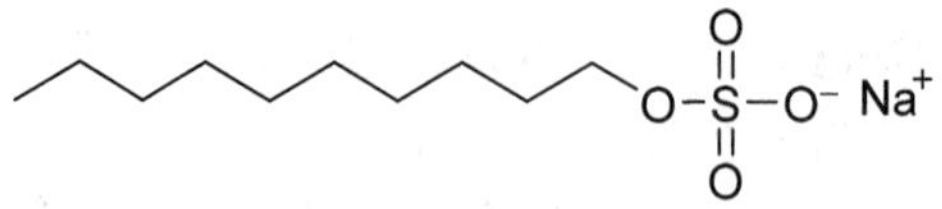

烷基硫酸钠

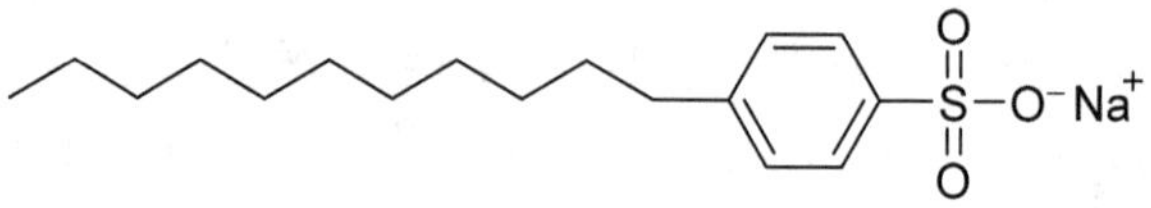

烷基苯磺酸钠

3. 脂肪酸羧基的反应

脂肪酸会发生典型的羧酸反应，它们与 $LiAlH_4$ 反应生成醇，与醇和无机酸反应生成酯，与溴和磷形成α-卤代酸，与亚硫酰氯形成酰氯：

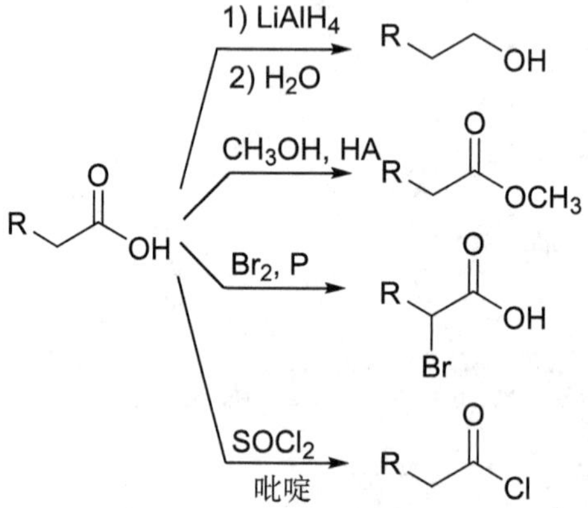

烷基醇

甲基酯

α-卤代羧酸

烷基酰氯

4. 不饱和脂肪酸碳链双键的反应

不饱和脂肪酸碳链的双键经历典型的烯烃加成反应，如加氢反应、卤素加成反应、OsO_4 氧化反应和卤化氢加成反应等。

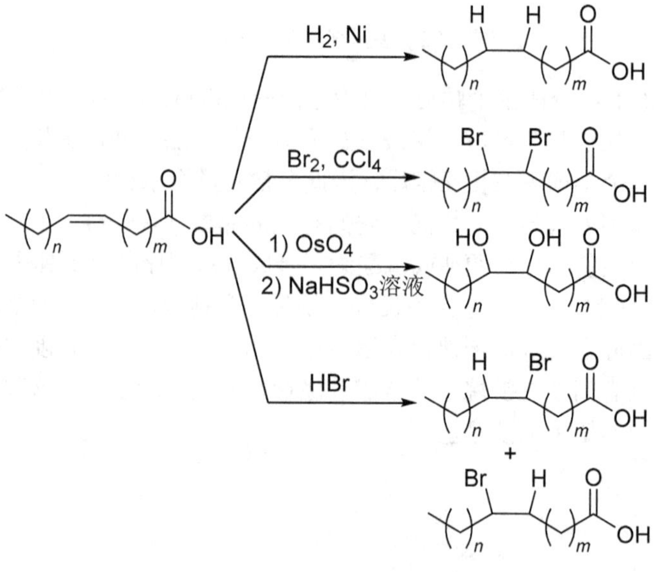

17.1.3　前列腺素

对于前列腺素(prostaglandins，PG)的脂质的研究是一个非常活跃的领域。前列腺素是 C-20 羧酸，含有一个五元环、至少一个双键和几个含氧官能团。两种最具生物活性的前列腺素是前列腺素 E_2 和前列腺素 F_{1a}：

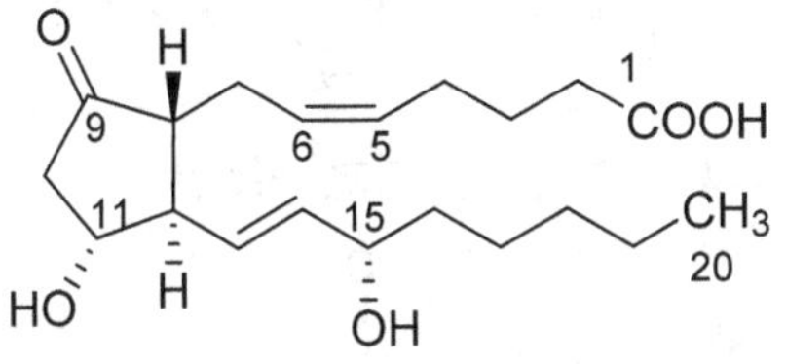

前列腺素E_2(PGE_2)

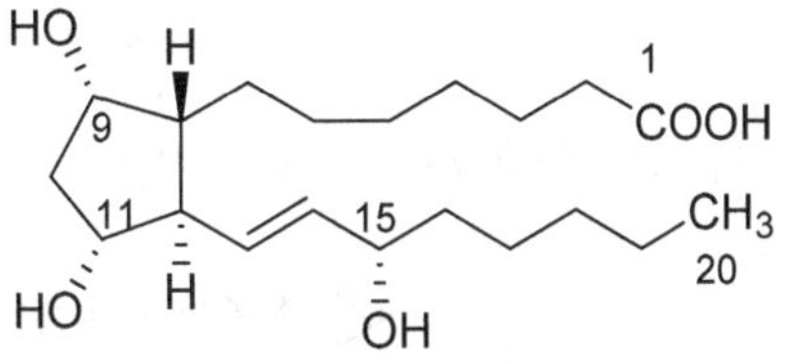

前列腺素F_{1a} (PGF_{1a})

E 型前列腺素在 C-9 处有一个羰基，在 C-11 处有一个羟基；F 型分子在两个位置都有羟基。2 系列前列腺素在 C-5 和 C-6 之间有双键；在 1 系列中，该键为单键。

前列腺素首先从精液中分离出来，此后在几乎所有动物组织中都发现了前列腺素。数量因组织而异，但总是非常小。然而，大多数前列腺素具有强大的生理活性，这种活性涵盖了广泛的效应。已知前列腺素会影响心率、血压、凝血、受孕、生育和过敏反应。

前列腺素可以防止血栓形成的发现具有重要的临床意义，因为心脏病发作和中风通常是由血管中异常血栓的形成引起的。了解前列腺素如何影响血栓的形成，可能有助于开发预防心脏病发作和中风的药物。

2 系列前列腺素的生物合成始于 C_{20} 聚烯酸、花生四烯酸、ω-6 脂肪酸(1 系列前列腺素的合成从一个双键较少的脂肪酸开始)。第一步需要两个氧分子，并由一种称为环氧化酶的酶催化：

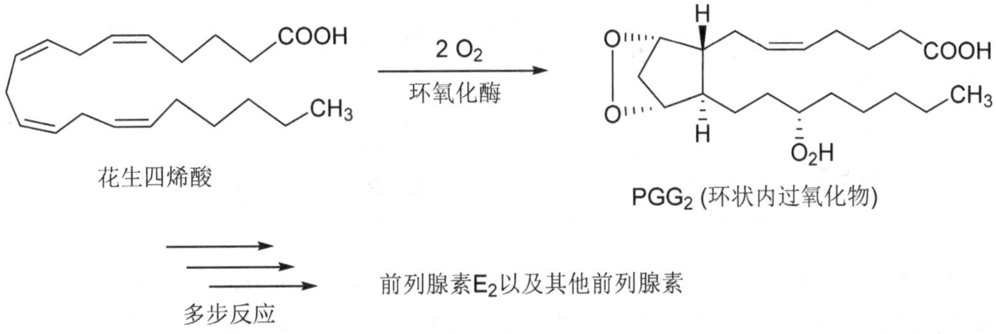

前列腺素在过敏和炎症反应中的作用也引起了特别的关注。某些前列腺素引起炎症，其他人缓解了这一问题。最广泛使用的抗炎药是普通阿司匹林。阿司匹林阻止花生四烯酸合成前列腺素，显然是通过乙酰化环氧化酶，从而使其失去活性(见前面的反应)。这种反应可能代表了阿司匹林抗炎特性的起源。另一种前列腺素(PGE_1)是一种有效的发热诱导剂(热原)，阿司匹林的退热能力也可能来自其对前列腺素合成的抑制。

17.1.4　磷脂和细胞膜

另一大类脂质称为磷脂。大多数磷脂在结构上来源于一种称为磷脂酸的甘油衍生物。在磷脂酸中，甘油的两个羟基以酯键连接到脂肪酸，一个末端羟基以酯键连接到磷酸，以磷脂酰胆碱(卵磷脂)为例说明磷脂分子的结构特征：

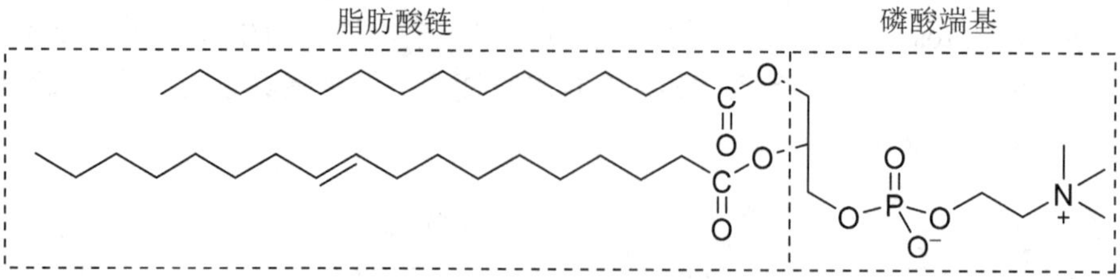

在磷脂中，磷脂酸的磷酸基团通过另一个磷酸酯键与以下含氮化合物之一结合：

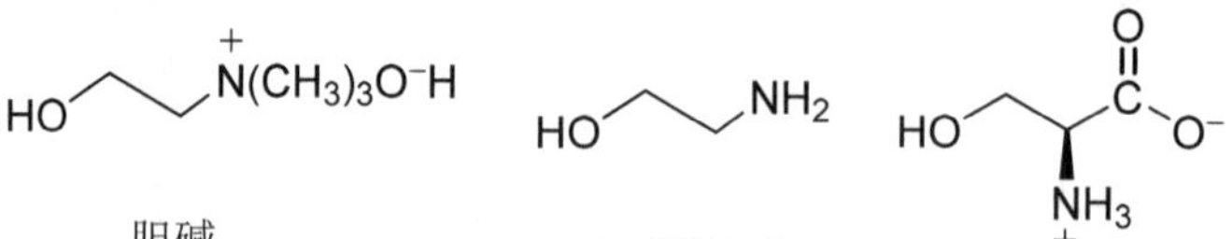

胆碱　　2-氨基乙醇　　丝氨酸

最重要的磷脂是卵磷脂、脑磷脂、磷脂酰丝氨酸和血浆素(磷脂酰衍生物)，它们的一般结构为

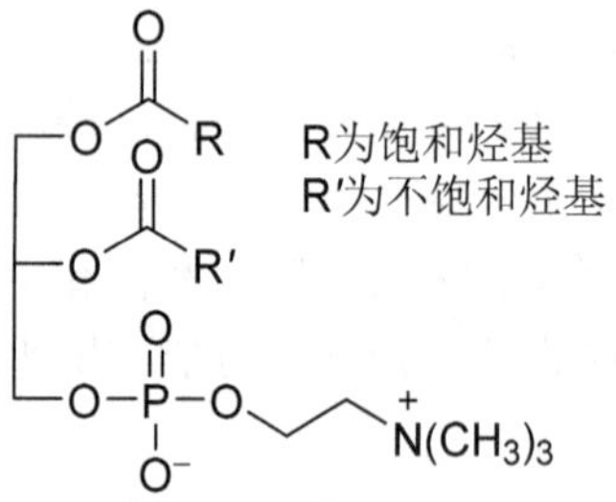

卵磷脂(lecithin)

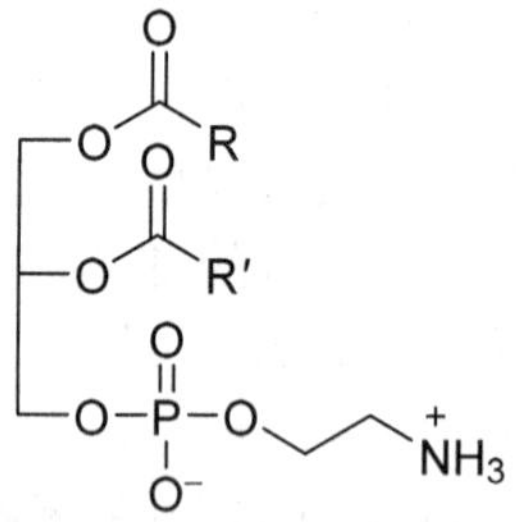

脑磷脂(cephalin)

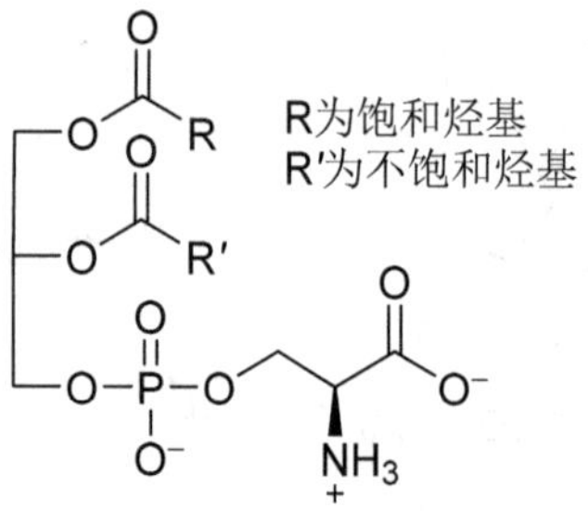

磷脂酰丝氨酸(phosphatidylserine)

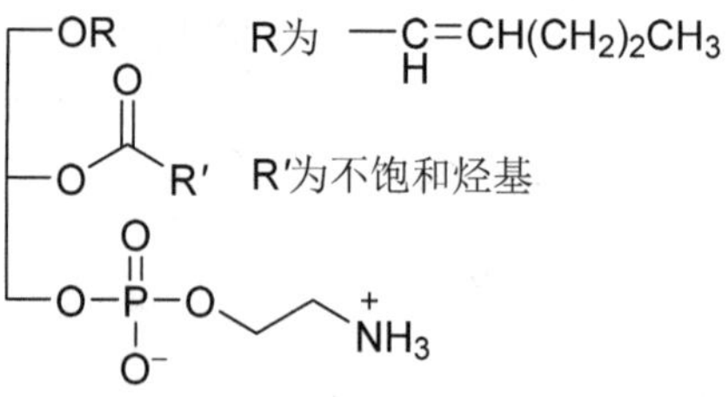

血浆素(plasmalogen)

磷脂类似于肥皂和洗涤剂，因为它们是具有极性和非极性基团的分子。与肥皂和洗涤剂一样，磷脂也通过形成胶束在水介质中“溶解”。有证据表明，在生物系统中，胶束由“堆叠”双分子胶束的三维阵列组成(图 17-3)，一般将其描述为脂质双层。

磷脂中亲水性和疏水性部分赋予了它重要的生物功能：它们形成结构单元的一部分，在有机和水环境之间形成界面。这种结构位于细胞壁和细胞膜中，通常发现磷脂与蛋白质和糖脂相连。如图 17-4 所示，它们在实际生物膜中所占的比例要大得多，以及胆固醇嵌入由磷脂组成的双层中。糖蛋白的碳水化合物成分和糖脂仅出现在膜的外表面。

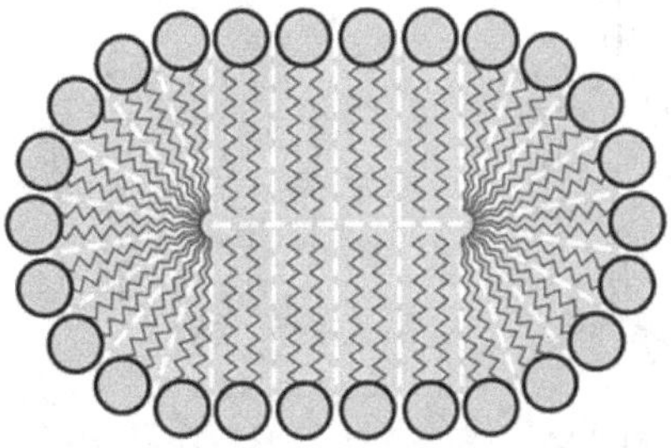

图 17-3　磷脂分子组装成胶束示意图

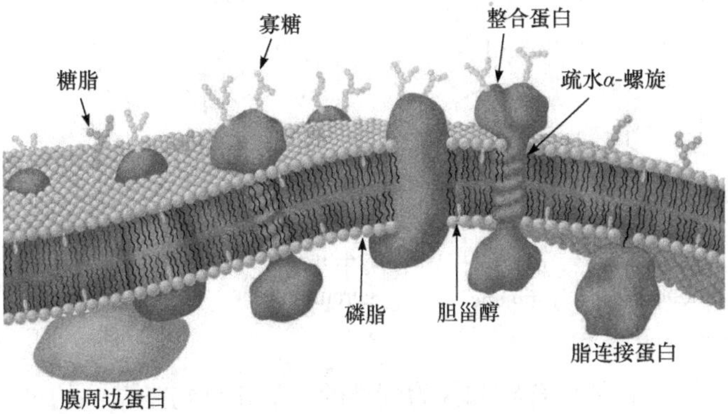

图 17-4　基于磷脂分子构建的细胞膜结构示意图

17.2　萜类化合物

自古以来，人们就从植物中分离出有机化合物。通过温和加热或蒸气蒸馏某些植物，可以获得芳香化合物的混合物，称为精油。萜类化合物(terpenoid)在植物精油中广泛存在，这些化合物有多种用途，特别是在早期医学和香水制造中。随着有机化学的发展，化学家分离了这些混合物的各种成分，确定了它们的分子式和结构式。即使在今天，这些天然产物仍然是化学家研究的热点。这方面的研究也提供了有关植物自身合成这些化合物的重要信息。

17.2.1　萜类化合物的结构与命名

从结构上讲，人们可以认为萜烯是由两个或多个 C_5 单元组成的，称为异戊二烯(2-甲基丁-1, 3-二烯, 2-methyl-1, 3-butadiene)单元。

2-甲基丁-1,3-二烯　　　　异戊二烯单元

通过研究知道，植物不会由异戊二烯合成萜烯。然而，确认异戊二烯单元是萜烯结构的一个组成部分，对于阐明其结构有很大帮助。根据结构中加粗的部分，可以看到单萜烯(月桂烯)有两个异戊二烯单元(加粗部分)；倍半萜(α-金合欢烯)有三个。在这两种化合物中，异戊二烯单元从头到尾连接。

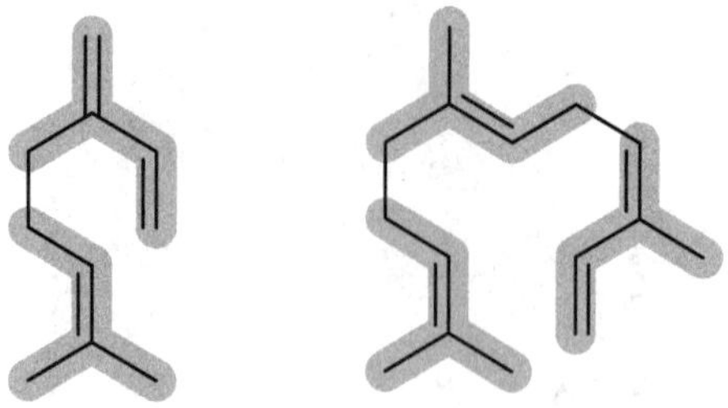

月桂烯 myrcene　　α-金合欢烯 α-farnesene

许多萜烯还具有环连接的异戊二烯单元，其中一些萜类含有氧：

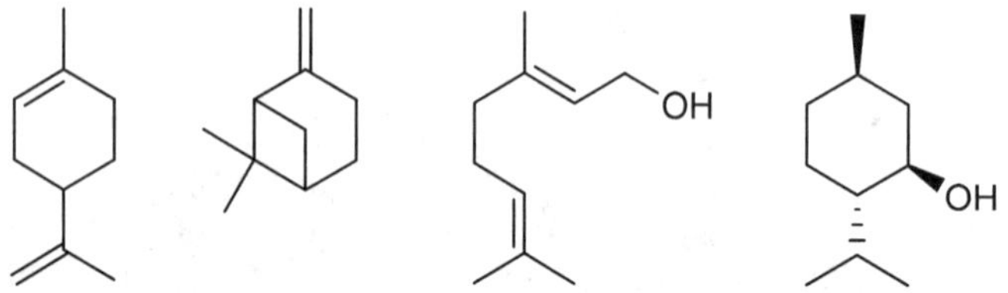

柠檬烯 limonene　　β-蒎烯 β-pinene　　牻牛儿醇 geraniol　　薄荷醇 menthol

目前的研究结果表明：

(1) 通常称为萜烯的碳氢化合物和称为萜类的含氧化合物是精油的最重要成分。

(2) 大多数萜烯具有 10、15、20 或 30 个碳原子的骨架，并按以下方式分类：碳原子数为 10 的称为单萜，碳原子数为 15 的称为倍半萜，碳原子数为 20 和 30 的分别称为双萜和三萜。

一般来说，可以根据萜类化合物主体骨架中异戊二烯单元的个数来确定萜类化合物的种类，而不同的萜类化合物在自然界中的主要分布也有所不同，如表 17-2 所示。

表 17-2　萜类化合物的种类和分布

名称	异戊二烯数	碳原子数	自然界分布
半萜	1	5	植物叶
单萜	2	10	挥发油
倍半萜	3	15	挥发油
二萜	4	20	树脂、苦味素、植物醇
二倍半萜	5	25	海绵、植物病菌、昆虫代谢物
三萜	6	30	皂苷、树脂、植物乳液
四萜	8	40	胡萝卜素类、色素类

17.2.2　单萜

单萜类化合物广泛存在于高等植物，如唇形科、伞形科、芸香科、樟科等植物的分泌组织(腺体、油室、树脂道等)中，是挥发油中低沸点组分的主要成分，在昆虫激素及海洋生物中也有发现。单萜类含氧衍生物(挥发油)沸点较高，大多数具有浓郁的香气，有芳香开窍、舒通理气等多种生物活性。单萜化合物按结构类型分为链状单萜(acyclic monoterpenoid)和环状单萜(cyclic monoterpenoids)。

典型的链状单萜如香叶醇、香橙醇等主要存在于玫瑰油、香茅油、香叶油、香草油等中。香叶醇(牻牛儿醇)和香橙醇(橙花醇)互为顺反异构体。

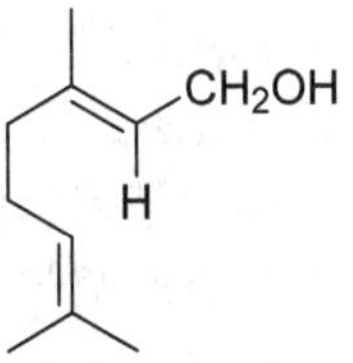

香叶醇(牻牛儿醇)
geraniol

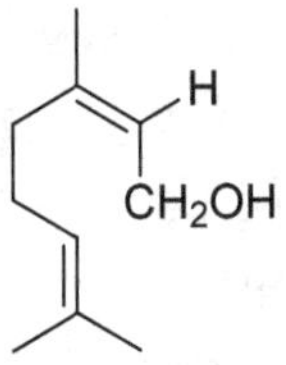

香橙醇(橙花醇)
nerol

而环状单萜可认为是由链状单萜经环合衍变而来，如薄荷烷可认为是由焦磷酸香叶酯衍变而来：

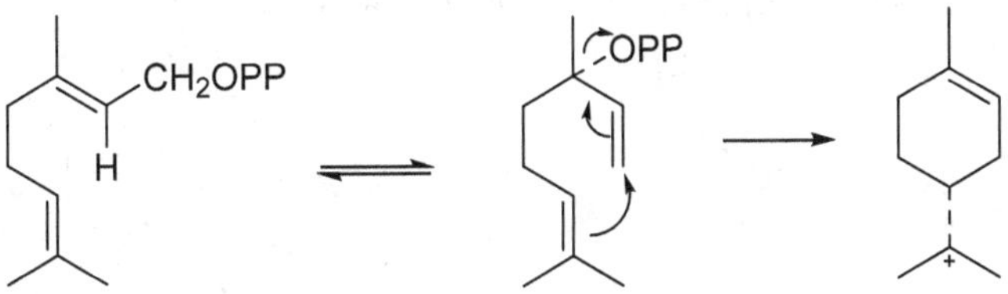

焦磷酸香叶酯 GPP　　焦磷酸橙花酯 NPP　　薄荷烷 menthane

自然界中存在于薄荷油中的 L-薄荷醇和 D-新薄荷醇是环状单萜的典型例子：

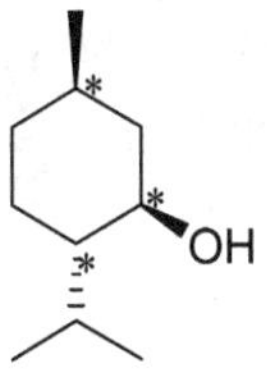

L-薄荷醇
L-menthol

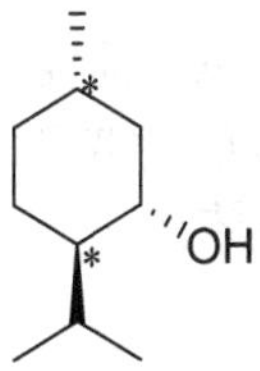

D-新薄荷醇
D-neo-menthol

17.2.3　倍半萜

倍半萜指结构中含有 3 个异戊二烯碳骨架的萜烃及其衍生物，倍半萜类化合物是植物挥发油中高沸点组分(250～280℃)的主要成分。与单萜类似，按照结构也可分为链状倍半萜和环状倍半萜。在金合欢油、橙花油、香茅油等中存在的α-金合欢烯、β-金合欢烯、金合欢醇等是链状倍半萜。

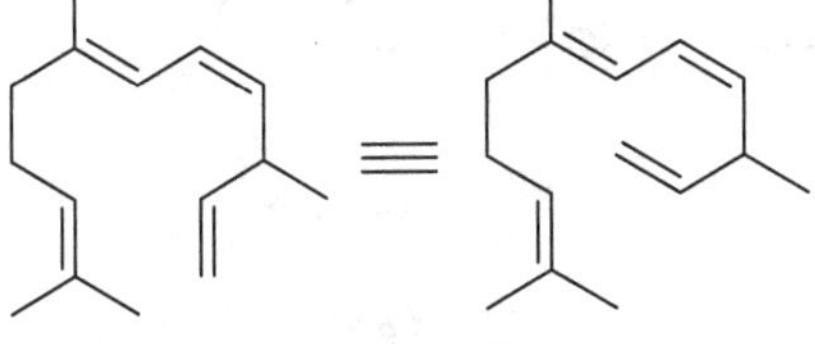

α-金合欢烯
α-farnesene

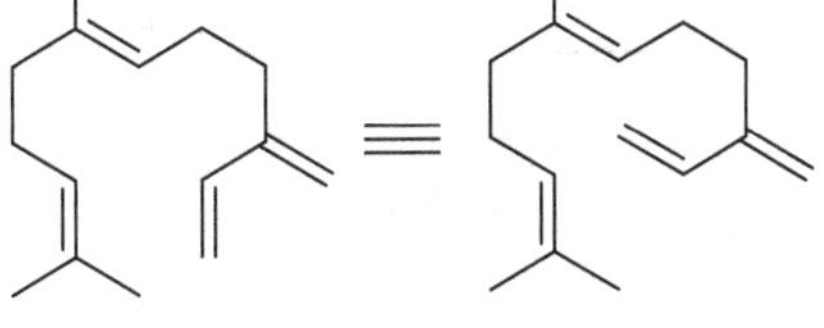

β-金合欢烯
β-farnesene

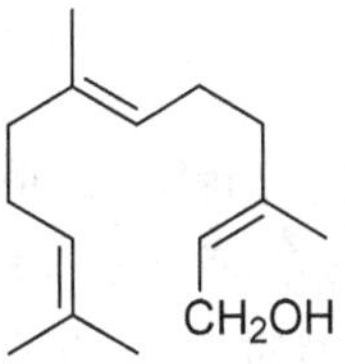

金合欢醇
farnesol

倍半萜类化合物在自然界中往往以含氧衍生物的形式存在，具有较显著的生理特性，如从植物黄花蒿中得到的含过氧基的倍半萜内酯青蒿素就是其中的代表。青蒿素是治疗疟疾耐药性效果最好的药物，以青蒿素类药物为主的联合疗法，也是当下治疗疟疾的最有效、最重要的手段。但是近年来随着研究的深入，青蒿素的其他作用也越来越多地被发现和应用研究，如抗肿瘤、治疗肺动脉高压、抗糖尿病、抗菌杀虫、抗炎及免疫调节、抗病毒、抗肺纤维化等多种药理作用。2015 年 10 月，我国著名科学家屠呦呦因创制新型抗疟药——青蒿素和双氢青蒿素的贡献，与另外两位科学家坎贝尔(W. C. Campbell)和大村智(Satoshi Ōmura)，共同获得 2015 年诺贝尔生理学或医学奖，以表彰“三人发展出针对一些最具毁灭性的寄生虫疾病具有革命性作用的疗法”。屠呦呦是历史上第三位因疟疾研究获奖的人、首位华人诺贝尔生理学或医学奖获得者、亚洲第二位及首位华人女性自然科学类诺贝尔奖得主。

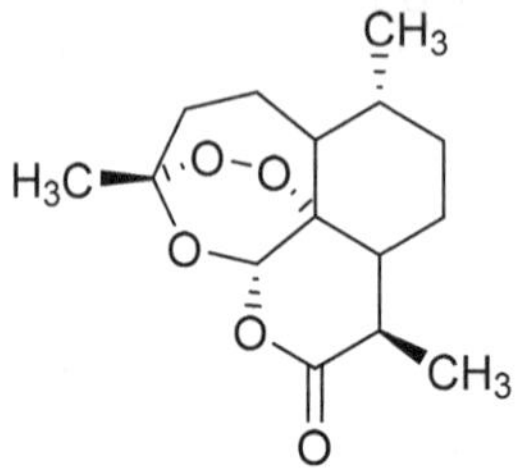

青蒿素
artemisinin

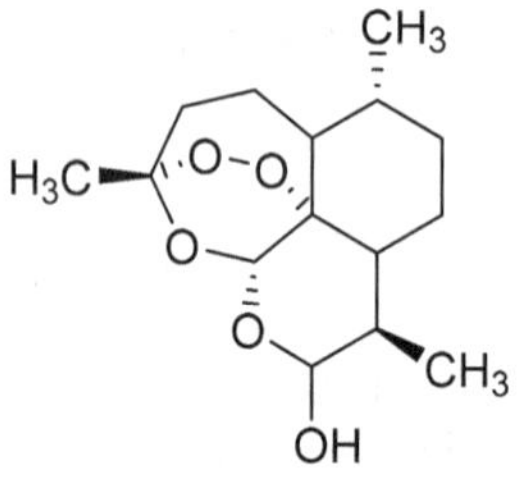

双氢青蒿素
dihydroartemisinin

生物合成青蒿素主要经过以下途径：首先由甲戊二羟酸(**1**)生成异戊烯基焦磷酸(**3**，IPP)，三个异戊烯基焦磷酸头尾相接形成倍半萜(**4**)，该倍半萜进一步氧化成青蒿酸(**5**)，青蒿酸经环氧化、过氧化和酯化形成青蒿素(**6**)。

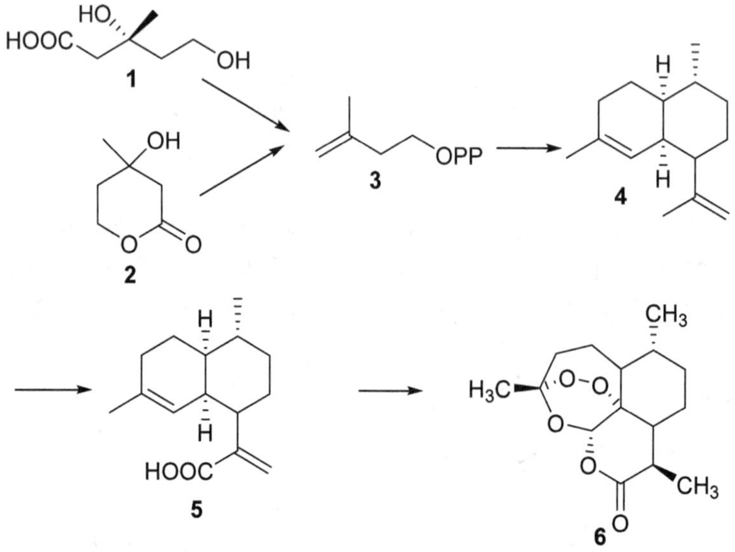

17.2.4　二萜

二萜类化合物是由 4 个异戊二烯单元构成，含 20 个碳原子的化合物类群。它们的结构显示多样性，但生物来源都是由前体物质焦磷酸香叶基香叶酯(GGPP)衍生而成。二萜化合物中，链状二萜化合物在自然界中存在较少，结构相对简单，即便如此，链状二萜在生物体内扮演着重要的角色，具有重要的生物功能。最典型的链状二萜是植醇(phytol)和维生素 A 醇。植醇是叶绿素分子中约占 1/3 的重要组成成分，因此其普遍存在于绿色植物的叶中。维生素 A 醇侧链共轭体系中的四个双键均为反式构型，因此维生素 A 的制剂储存过久会因构型的转化而影响活性。例如，若转化为 13(*Z*)-维生素 A，其活性降低到原来的 75%，若转化为 11(*Z*)-维生素 A，则失去活性。

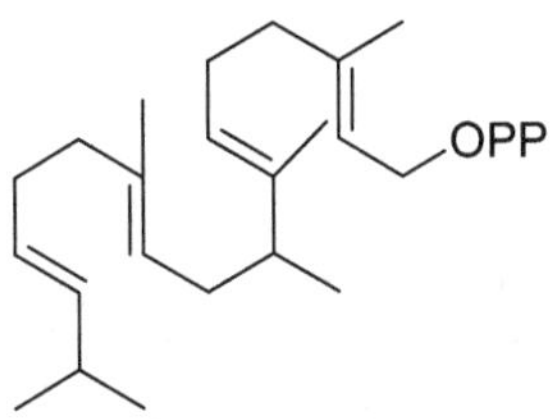

焦磷酸香叶基香叶酯

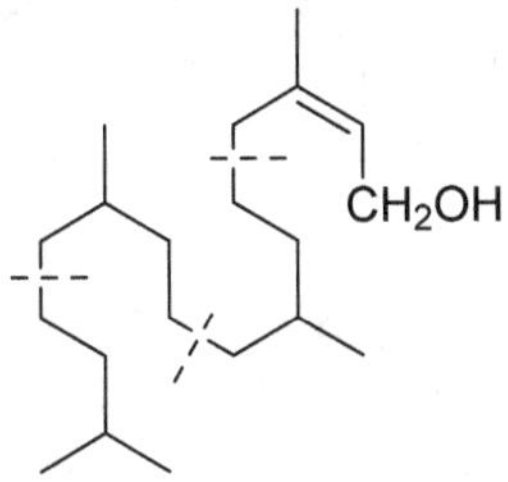

植醇

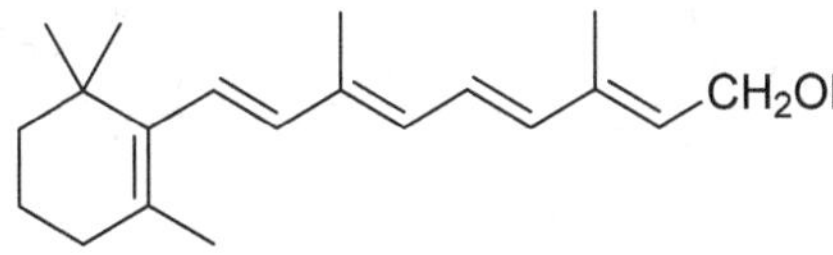

维生素A

相比于种类较少的链状二萜，环状二萜化合物的种类和数量要多得多，在自然界也更为广泛地存在，从结构上包括双环二萜、三环二萜和四环二萜等。以双环二萜为例，其中一类代表性的结构是银杏内酯(ginkgolide)。银杏具有独特的药理作用，银杏叶的提取物用于治疗脑血管疾病及阿尔茨海默病，具有改善周边以及脑血管循环的功效，同时还有助于缓解眩晕、耳鸣和耳聋的症状。银杏作为药用在我国历史悠久，但对其化学成分、药理作用及临床方面的研究则始于 20 世纪 60 年代，哥伦比亚大学名誉教授、日本化学家中西香尔成功地将银杏的活性成分进行分离并确定结构。中西香尔教授被誉为天然产物化学大师，在天然产物提取分离、结构鉴定、天然产物立体结构解析等方面做出了杰出贡献，并多次获得诺贝尔奖提名。在 1988 年，另一位有机化学大师科里(E. J. Corey)教授成功完成了对银杏内酯 A 和银杏内酯 B 的全合成。

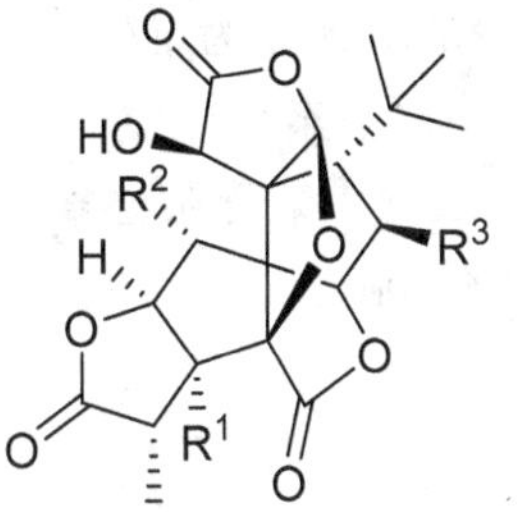

银杏内酯A　R^1=OH, R^2=H, R^3=H
银杏内酯B　R^1=OH, R^2=OH, R^3=H
银杏内酯C　R^1=OH, R^2=OH, R^3=OH

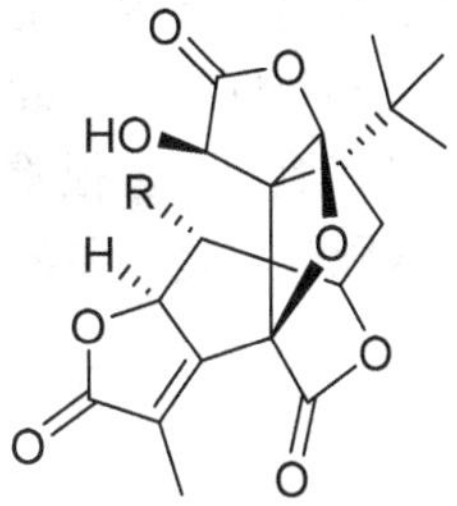

银杏内酯L　R=H
银杏内酯K　R=OH

17.2.5　三萜、四萜和多萜

三萜化合物是一类基本母核由 30 个碳原子组成的萜类化合物，其结构根据异戊二烯原则可视为 6 个异戊二烯单元聚合而成。三萜及其苷类化合物在植物中分布广泛，在菌类、蕨类、单子叶和双子叶植物、动物以及海洋生物中均有分布。

三萜类化合物结构复杂多样，这是由其生物合成途径的多样性决定的。目前已经发现的三萜类化合物多为四环三萜和五环三萜，少数为链状、单环、双环和三环三萜化合物。

研究表明，三萜化合物的生物来源是一种名为鲨烯的结构，鲨烯又称角鲨烯，是一种开链三萜类化合物。因最初从鲨鱼肝油中提取得到，故得名鲨烯。随后发现鲨鱼卵油及其他鱼中也含有它，发现它的分布比预想的要广泛许多，真菌及人耳垢中也含有少量。而 2,3-环氧鲨烯是鲨烯转变为三环三萜、四环三萜和五环三萜的重要中间体。部分四环三萜从结构上与后文要提到的甾体化合物非常类似。例如，20(*S*)-原人参二醇(aPPD)是人参皂苷经过胃肠道菌群的去糖代谢活化后产生的具有药物疗效的活性成分，具有广谱的抗肿瘤作用。

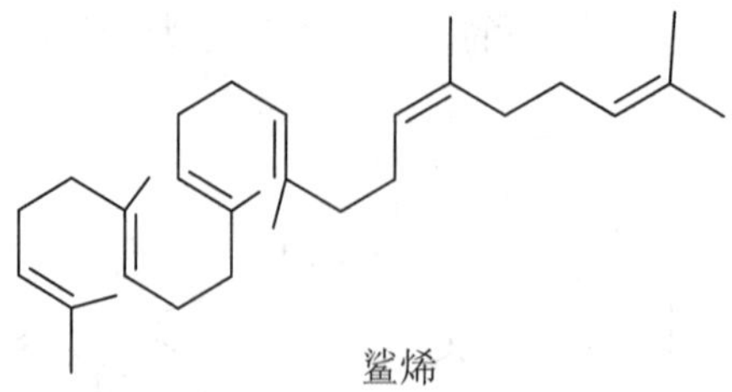

鲨烯
squalene

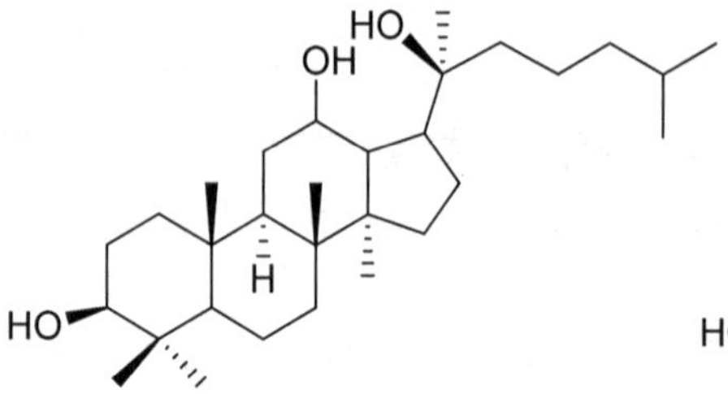

20(*S*)-原人参二醇

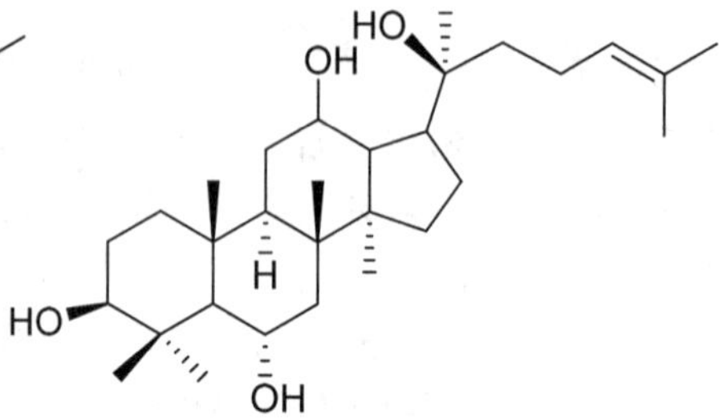

20(*S*)-原人参三醇

四萜是指分子中含有八个异戊二烯单元的化合物，在自然界分布广泛，最早由胡萝卜中提取得到的胡萝卜素就是一种四萜，其具有三种异构体：*α*-、*β*-和*γ*-胡萝卜素，它们可看作是两个二萜连接而成。胡萝卜素几乎存在于所有绿色植物中。在动物体内，这三种胡萝卜素都是维生素 A 的前体，因为它们都可以通过肝脏中的酶转化为维生素 A。在这种转化过程中，一个*β*-胡萝卜素分子产生两个维生素 A；*α*-和*γ*-胡萝卜素只产生一个。维生素 A 不仅在视力方面很重要，在许多其他方面也很重要。例如，饮食中缺乏维生素 A 的幼小动物无法生长。维生素 A、胡萝卜素同时也是重要的脂溶性抗氧化剂。

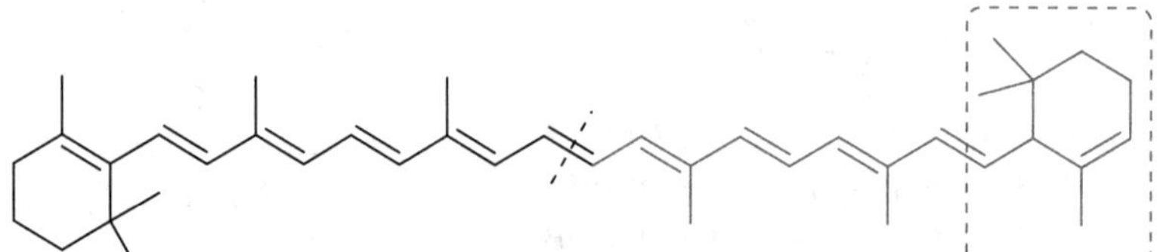

α-胡萝卜素
α-carotene

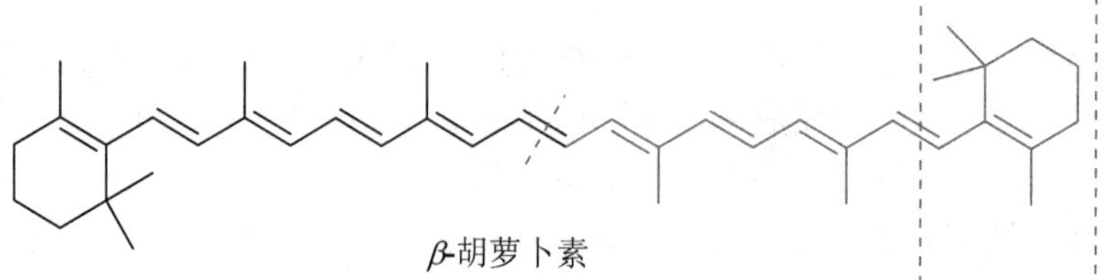

β-胡萝卜素
β-carotene

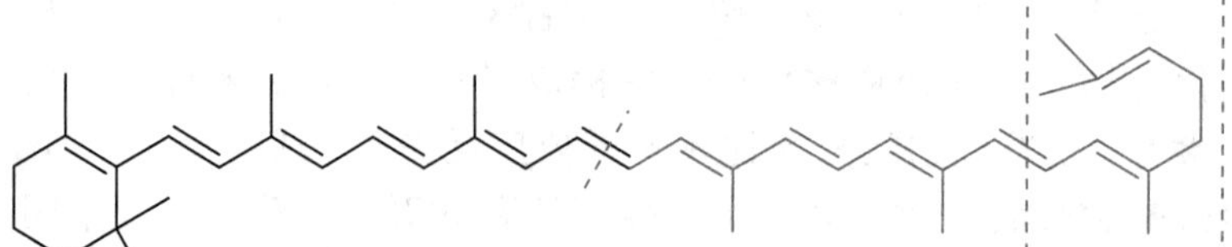

γ-胡萝卜素
γ-carotene

天然橡胶可视为异戊二烯的 1,4-加成聚合物。事实上，热解可将天然橡胶降解为异戊二烯(热解是指一种物质在没有空气的情况下加热分解)。天然橡胶的异戊二烯单元都是以头到尾的方式连接的，所有的双键都是顺式的。

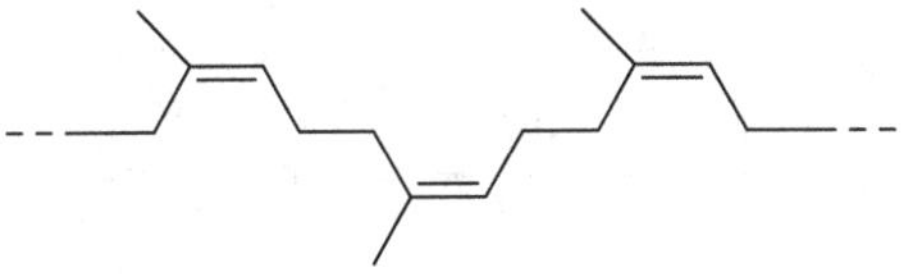

天然橡胶

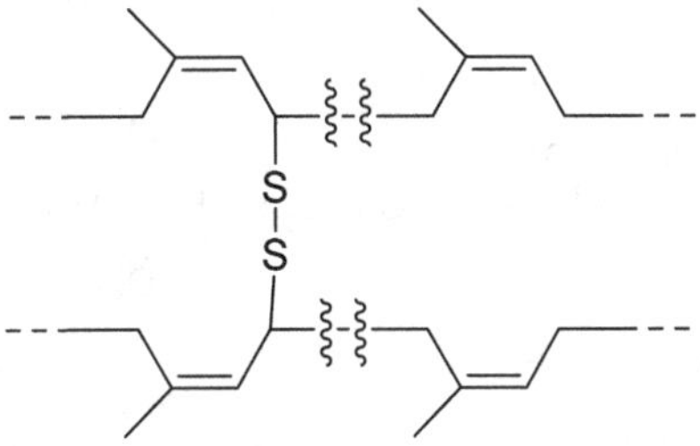

硫化橡胶

齐格勒-纳塔催化剂[四氯化钛-三乙基铝，$TiCl_4$-$Al(C_2H_5)_3$]使异戊二烯聚合成为可能并获得与从天然来源获得的橡胶相同的合成产品。纯天然橡胶柔软且黏性好。天然橡胶必须经过硫化才能使用。在硫化过程中，天然橡胶用硫磺加热。发生的反应会产生顺式聚异戊二烯链之间的交联使橡胶更加坚硬。

与天然橡胶截然相反，另一种具有聚异戊二烯结构的天然产物杜仲胶(杜仲橡胶)是反式聚异戊二烯。结构的不同也导致了物理性质的显著差异，杜仲橡胶在室温时是皮革状的坚韧物质，纯胶无色，商品胶则带有各种颜色。纯胶在 10℃时结晶，40～50℃开始表现出弹性，易伸长，100℃软化，具有可塑性，冷却后可恢复原来的性质。研究发现，杜仲胶可以用于开发热塑性功能材料、热弹性形状记忆材料，特别是杜仲胶高弹性材料。它可以用于航空及有关行业轮胎的开发，顺应了国际上以反式胶为主，发展长寿命、高强度、安全、节能“绿色轮胎”的趋势，可以解决长期以来困扰航空业及相关行业中轮胎强度、轮胎寿命、轮胎摩擦放热等一系列重大问题。最大限度地减少由于飞机轮胎爆裂而造成的灾难，为我国国防工业、航空航天工业的发展提供了新型橡胶材料。

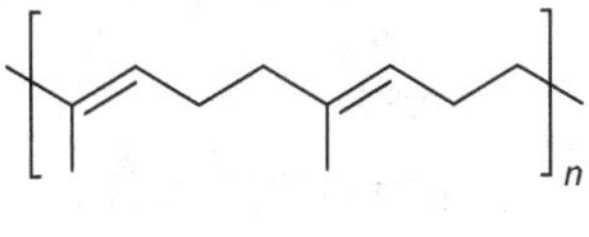

杜仲橡胶

17.2.6　萜类化合物的生物来源

萜类化合物的生物合成与后面提到的甾体化合物有密切关系，均通过类异戊二烯生物合成途径。植物、动物、微生物的萜类化合物和甾体化合物乙酰辅酶 A 到鲨烯阶段是相似的，一般经过 4 个步骤：

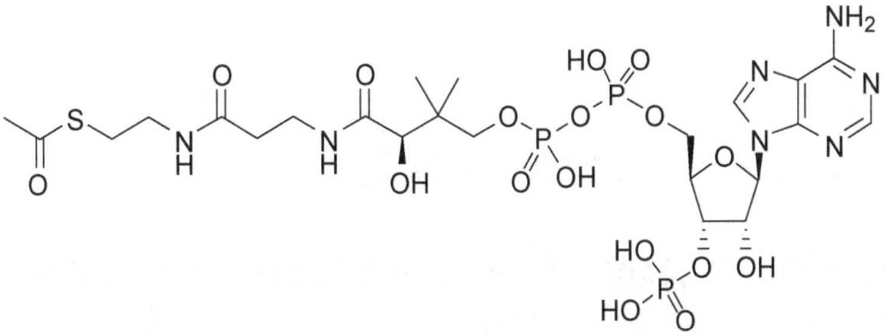

乙酰辅酶A

(1) 基础前体异戊烯焦磷酸酯(IPP)的合成；

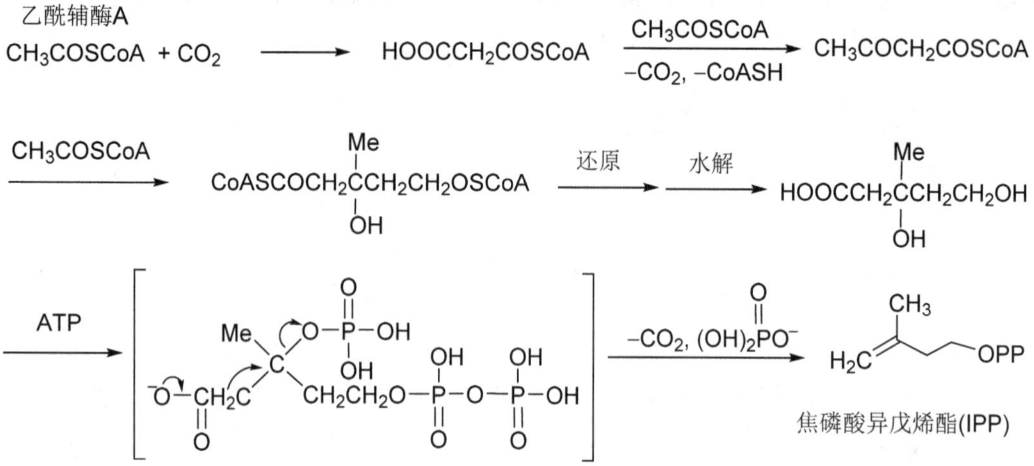

(2) IPP 反复参与反应，形成焦磷酸异戊二烯基同系物(如焦磷酸香叶酯和焦磷酸金合欢内酯等)；

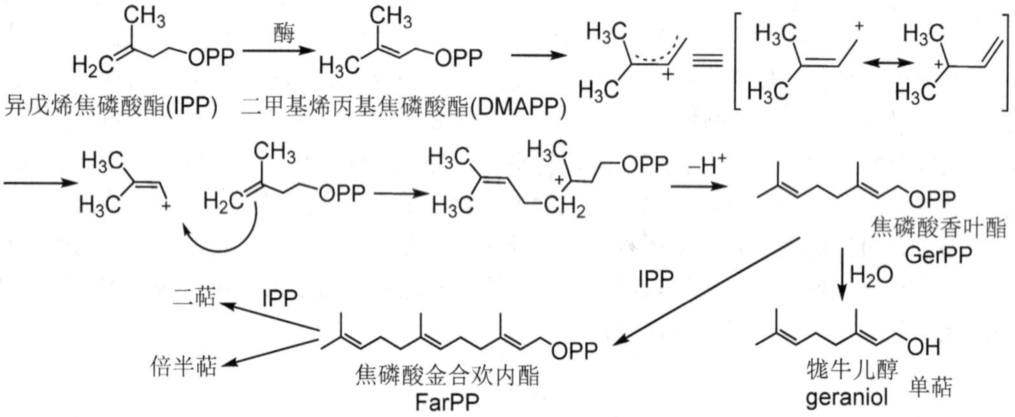

(3) 焦磷酸金合欢内酯在 NADPH 和相关酶的作用下通过还原和偶联形成反式鲨烯；

(4) 酶进一步对鲨烯进行修饰生成环氧化合物，进而转化成萜类和甾体化合物。

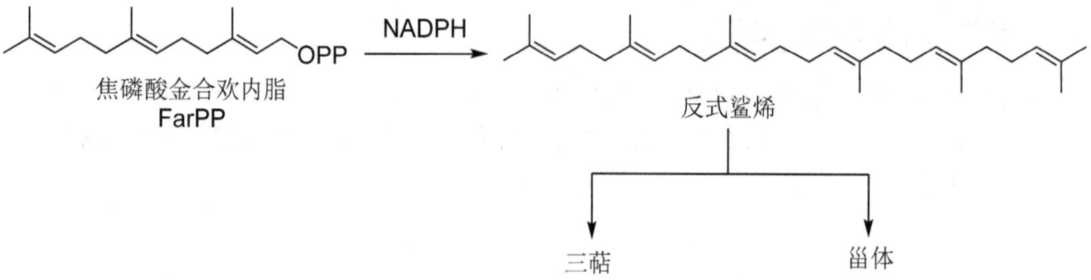

17.3 甾族化合物

从植物和动物中提取的脂质组分含有另一类重要的化合物，称为甾族化合物(又称甾体、类固醇等)。甾体(steroid)是一类结构非常特殊的天然产物，其分子母体结构中都含有环戊烷多氢菲(cyclopentano perhydrophenanthrene)碳骨架，此骨架又称甾核(steroid nucleus)。甾体化合物是天然产物中最广泛存在的物质之一，几乎所有生物体都能自身生物合成出甾体化合物。天然甾体化合物种类很多、结构复杂、数量庞大、生物活性广泛，是一类重要的有机化合物。甾体化合物的提取分离、合成以及应用研究已成为药物开发十分活跃的领域，被称为 20 世纪研究最透彻的药物。甾体化合物不仅作为药物为人类的健康做出了重大贡献，而且甾类化合物是重要的“生物调节剂”，包括男性和女性性激素、肾上腺皮质激素、维生素 D、胆汁酸和某些心脏毒物。

17.3.1　甾族化合物的结构和命名

汉字“甾”字也形象地体现了这类化合物的结构特征：4 个环上连有 3 个小辫子，即 4 个骈合的碳骨架环(A、B、C 和 D 环)上连接有 3 个侧链。甾核骨架上含有的 4 个环中，A、B、C 为六元碳环，D 为五元碳环。在天然甾体化合物结构中，A/B 环有顺式(*cis*)或反式(*trans*)两种骈连构型，而 B/C 环均为反式骈连构型，C/D 环有顺式或反式两种骈连构型；在甾核环上的 10-、13-位置上均连接 1 个 C 原子的侧链，绝大多数为甲基，称为角甲基(angular methyl group)，且大多为β-构型；17-位上连有不同数量碳原子的侧链，且大多数也为β-构型。天然甾体化合物在甾核 3-位上多数连接有羟基且常与糖基成苷，其他位置还可以有羟基、羰基、羧基、双键、醚键等基团。

附着在环连接点上的甲基(编号为 18 和 19 的甲基)称为角甲基，它们是立体化学命名的重要参考点。当以楔形图的方式写入(表 17-3)时，角甲基突出在环系统的总平面上方。按照惯例，与角甲基位于同一分子同侧的其他基团(位于环平面上方)被指定为β-取代基(用楔形实线书写)。通常位于环平面下方的基团被指定为α-取代基(用楔形虚线书写)。当α和β标记应用于位置 5 处的氢原子时，其中 A、B 环为反式结构的环系统称为5α系列；其中 A、B 环为顺式的环系统称为5β系列。

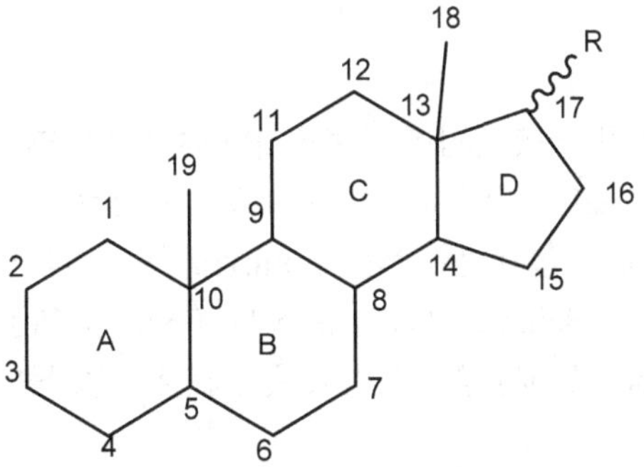

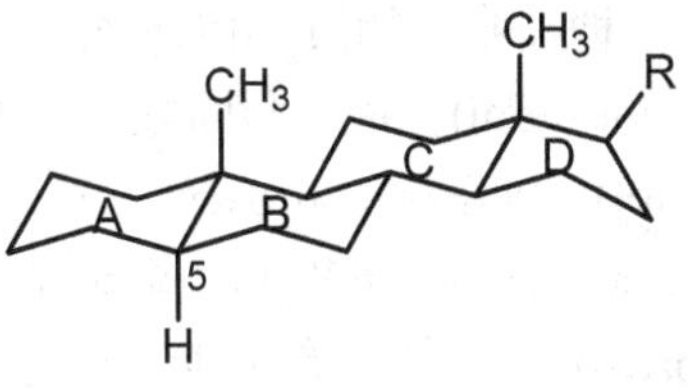

5α构型

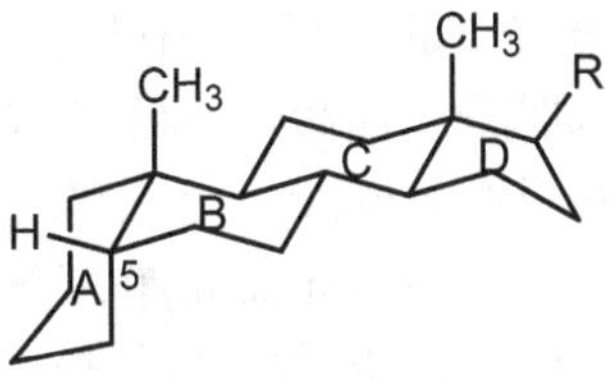

5β构型

根据甾体母核 17-位上所连接的侧链不同，天然甾体化合物又分为若干类型，主要有植物甾醇类(phytosterol)、C21 甾类(C21 steroid)、强心苷类(cardiac glycoside)、甾体皂苷类(steroidal saponin)、促肾上腺皮质激素类(corticotropin)、胆酸类(cholic acid)、昆虫变态激素(insect moulting hormone)等。

在系统命名法中，第 17 位 R 基团的性质决定(主要)单个类固醇的基名称。这些名称源自表 17-3 中给出的常见甾类化合物的命名。

表 17-3　甾类化合物的命名

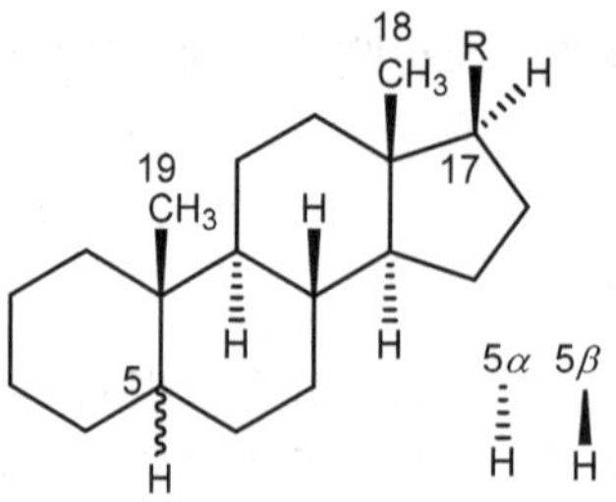

R	名称
	雄甾烷
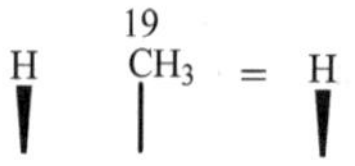	雌甾烷
	孕烷
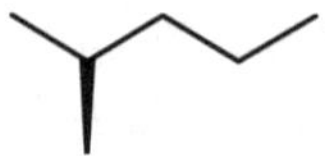	胆烷
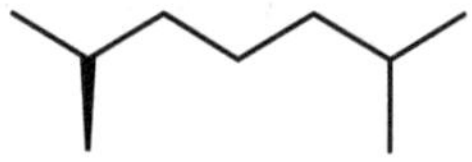	胆甾烷

17.3.2　常见甾族化合物

很早以前甾族化合物就被用于疾病的治疗，据记载早在 1775 年，英国医生威瑟灵(W. Withering)就发现干燥洋地黄叶(digitalis leaf)对治疗风湿浮肿有非常好的效果，后来发现是对弱化的心脏有强心作用，洋地黄叶中主要成分包括地高辛(digoxin)和洋地黄毒苷(digitoxin)等强心苷类甾体成分。德国药剂师施密迪勃格(O. Schmiedeberg)在 1875 年分离得到了洋地黄毒苷的纯品，后来法国药剂师纳蒂韦勒(C. A. Nativelle)将洋地黄毒苷用于临床。以下是关于甾族化合物研究历史的大致线路。

1769 年，萨尔(F. P. Salle)从胆汁中发现了一种类脂质物质。1815 年，化学家谢弗勒尔(M. E. Chevreul)将这种类脂质物质命名为胆甾醇(cholesterol)，俗称胆固醇。20 世纪 20～30 年代，科学家先后发现了雌甾酮(estrone)、雌三醇(estriol)、雄甾酮(androsterone)、马萘雌酮(equilenin)、孕甾酮(progesterone)、雌二醇(estradiol)和睾酮(testosterone)等多种性甾体激素化合物，后来，美国科学家又发现了肾上腺皮质激素可的松(cortisone)，其中有不少科学家因为在甾体化合物领域的卓越研究而获得诺贝尔奖，详见下文“甾体化合物研究与诺贝尔奖”。这些甾体激素对生命的发育是非常重要的。例如，雌二醇是维持女性生殖系统发育的重要雌性激素，对于调节月经周期具有重要作用。不仅在人体，在动物体内也有类似结构的甾体激素，如马萘雌酮是从怀孕母马的尿液中分离得到的一种雌性激素，巴赫曼(W. E. Bachmann)在实验室完成了全合成。

1. 胆甾醇

胆甾醇是最广泛使用的甾族化合物之一，几乎可以从所有动物组织中提取，俗称胆固醇。人类胆结石的来源特别丰富。胆甾醇最早是在 1770 年分离出来的。20 世纪 20 年代，两位德国化学家温道斯(A. Windaus)(哥廷根大学)和威兰(H. Wieland)(慕尼黑大学)负责勾勒胆甾醇的结构，他们在 1927 年和 1928 年的工作中获得了诺贝尔奖。

确定胆甾醇绝对结构的部分困难在于胆甾醇包含八个四面体手性中心。这一特征意味着可能存在 2^8 或 256 种基本结构的立体异构形式，其中只有一种是胆甾醇：

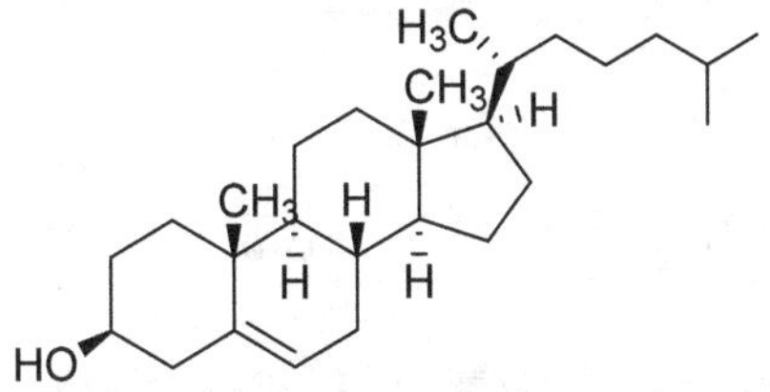

胆甾醇

胆甾醇广泛存在于人体内，但胆甾醇的所有生物学功能尚不清楚。众所周知，胆甾醇是人体所有甾醇生物合成的中间产物。因此，胆甾醇对生命至关重要。然而，我们的饮食中不需要胆甾醇，因为我们的身体可以合成我们所需要的一切。

当人体摄入胆甾醇时，人体合成的胆甾醇要比不吃的少，但总胆甾醇要比不吃的多。体内胆甾醇的含量远远超过甾族化合物生物合成所必需的含量。高水平的血液胆甾醇与动脉硬化和心脏病发作有关，当含有胆甾醇的斑块阻塞心脏动脉时，会限制血液流向组织和器官，如心脏和大脑。目前研究者正在胆甾醇代谢领域进行大量研究，希望通过饮食调整或药物的使用找到降低胆甾醇水平的方法。

日常生活中常提到的“胆固醇”不一定只指化学家称之为胆甾醇的纯化合物，而是指含有胆甾醇、其他脂质和蛋白质的混合物(图 17-5)。这些聚集物称为乳糜微粒、高密度脂蛋白(HDL)和低密度脂蛋白(LDL)。它们一般都有结构类似球状的胶束，是胆甾醇在体内水环境中运输的载体。其组成蛋白质、磷脂和胆甾醇的亲水基团羟基取代基向外朝向水介质，以促进脂质通过循环系统的运输。高密度脂蛋白(“好胆固醇”)将脂质从组织运送到肝脏进行降解后变成排泄物。低密度脂蛋白(“坏胆固醇”)将生物合成的脂质从肝脏运送到组织。乳糜微粒将膳食脂质从肠道输送到组织。

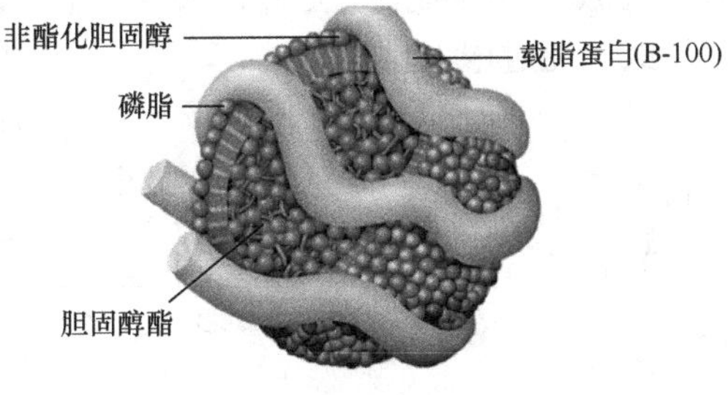

图 17-5　胆固醇结构示意图

目前已知，某些与甾体激素相关的、从植物中提取的化合物在食品和药物管理局批准的饮食形式中使用时可降低血液总胆固醇。这些被称为植物甾醇的化合物通过抑制肠道对膳食胆甾醇的吸收发挥作用。豆甾醇(stigmasterol)就是植物甾醇中较为重要的一类化合物，存在于大豆油和其他豆油中。

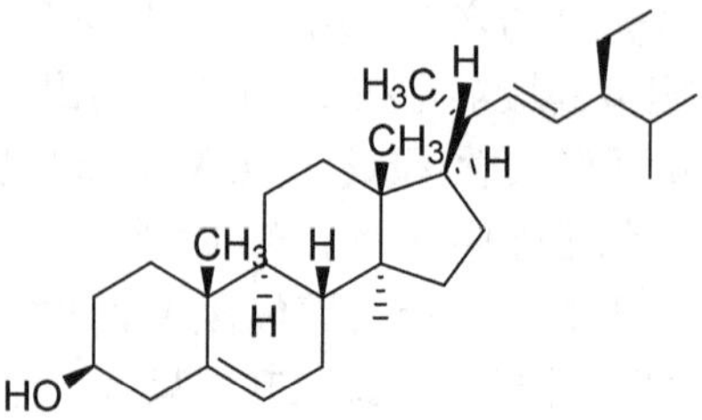

豆甾醇

2. 性激素

性激素(sex hormone)可分为三大类：①女性性激素或雌激素；②男性性激素或雄激素；③孕激素。

第一个被分离出来的性激素是雌激素，也称雌酮。1929 年，布特南特(A. Butenandt)(德国哥廷根大学)和多伊西(E. Doisy)(美国圣路易斯大学)分别独立地从孕妇的尿液中分离出雌酮。后来，多伊西能够分离出更有效的雌激素——雌二醇。在这项研究中，多伊西为了获得 12 mg 雌二醇不得不从 4 t 母猪卵巢中提取。事实证明，雌二醇是真正的女性性激素，雌酮是雌二醇的一种代谢形式，可以被排出体外。雌二醇由卵巢分泌，促进青春期开始时出现的第二女性特征的发育。雌激素还刺激怀孕期间乳腺的发育，并诱导动物发情。

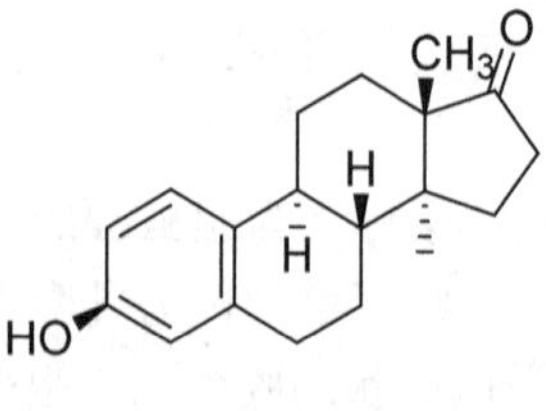

雌酮
estrone

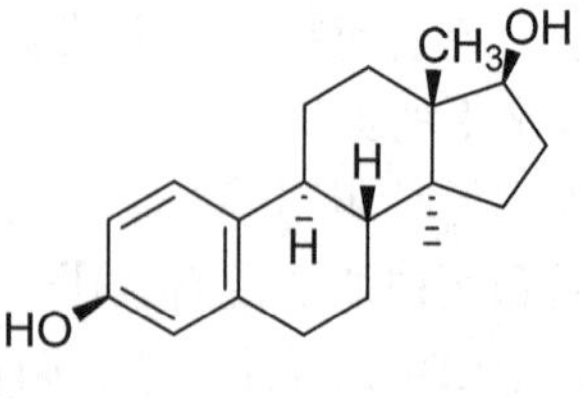

雌二醇
estradiol

1931 年，布特南特和切尔宁(K.Tscherning)分离出第一种雄激素——雄酮(androsterone)。他们能够通过提取大约 15000 L 男性尿液获得 15 mg 这种激素。1935 年，拉奎尔(E. Laqueur)从公牛睾丸中分离出另一种雄性激素——睾酮。随后很快就清楚了，睾酮是真正的男性性激素，雄酮是睾酮的一种代谢形式，通过尿液排泄。

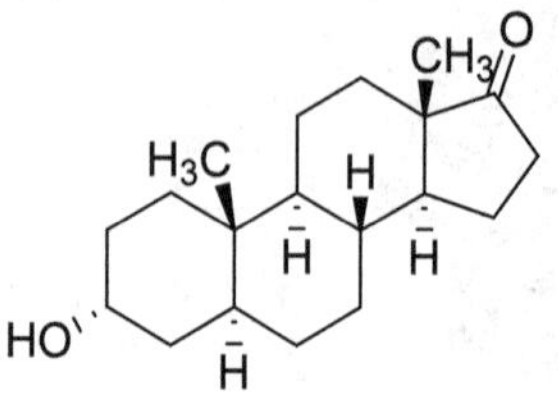

雄酮

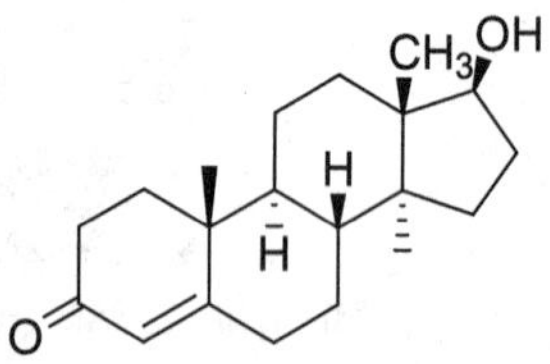

睾酮

睾丸分泌的睾酮是一种促进男性第二特征发育的激素：面部和体毛的生长、声音的加深、肌肉的发育以及男性性器官的成熟。

因此，睾酮和雌二醇是衍生出“男性”和“女性”的化合物。从结构式来看，这两种化合物的差别非常小。睾酮在 A、B 环连接处有一个角甲基，而雌二醇中缺少这个甲基。雌二醇的 A 环是苯环，因此雌二醇是一种苯酚。睾酮的 A 环含有α, β-不饱和酮。

孕酮(也称黄体酮)是最重要的孕激素。排卵发生后，破裂卵泡的残余部分(称为黄体)开始分泌孕酮。这种激素为受精卵的着床准备子宫内膜，持续的孕酮分泌是完成妊娠所必需的(黄体分泌下降后，胎盘分泌孕酮)。孕酮也会抑制排卵，可以解释为什么怀孕妇女在怀孕期间不会再次怀孕。正是这一观察结果促使人们寻找可以用作口服避孕药的合成孕激素(口服孕酮本身需要非常大的剂量才能有效抑制排卵，因为它在肠道内会降解)。许多这样的化合物已经被开发出来，一种广泛使用的合成孕酮是炔诺酮(northindrone)，合成雌激素也已经被开发出来，它们通常与合成孕酮一起用于口服避孕药。一种非常有效的合成雌激素是称为炔雌醇或新雌醇(ethynylestradiol)的化合物。

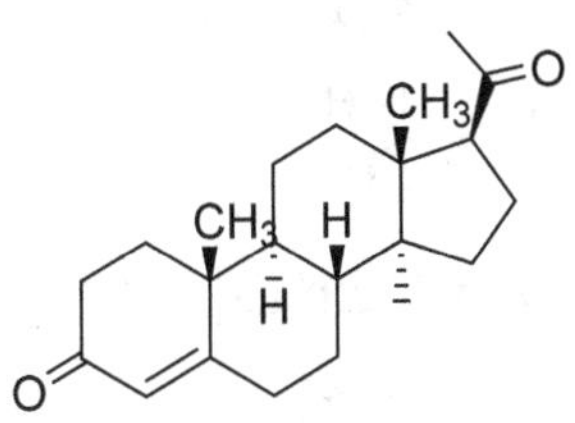
孕酮

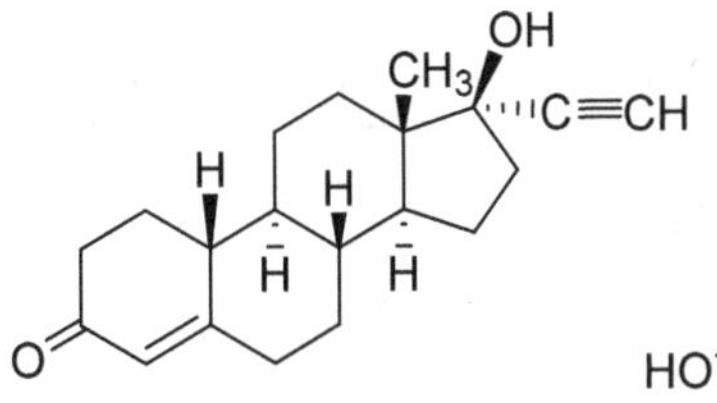
炔诺酮

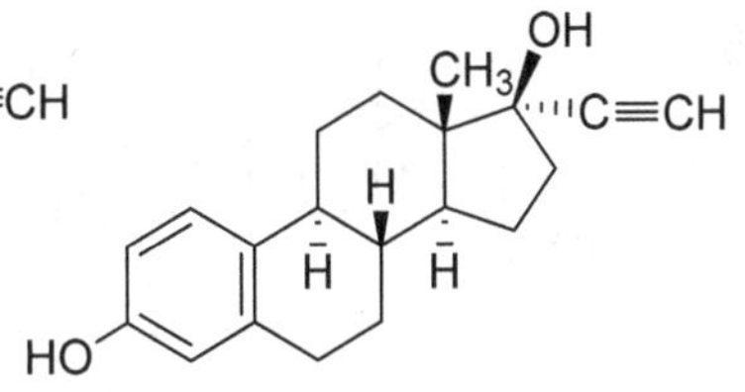
炔雌醇

3. 维生素 D

维生素 D 也属于甾体衍生物，它包括维生素 D_2、D_3、D_4、D_5、D_6 等。其中以维生素 D_2 和 D_3 的生理作用最强。1919 年，人们证明阳光有助于治愈佝偻病——一种以骨骼生长不良为特征的儿童疾病。随后的调查表明，D 族维生素也参与其中，最终人们知道几种 D 族维生素中维生素 D_3 是主要的治疗因素。维生素 D_3 在皮肤中由 7-脱氢胆甾醇通过两个反应形成。在第一个反应中，UV-B 范围(280～320 nm，可以穿透表皮层)中的紫外线引起 6 电子电环化反应以产生前维生素 D_3(previtamin D_3)。在此之后，自发异构化(通过 [1,7] σ-H 迁移)产生维生素 D_3。

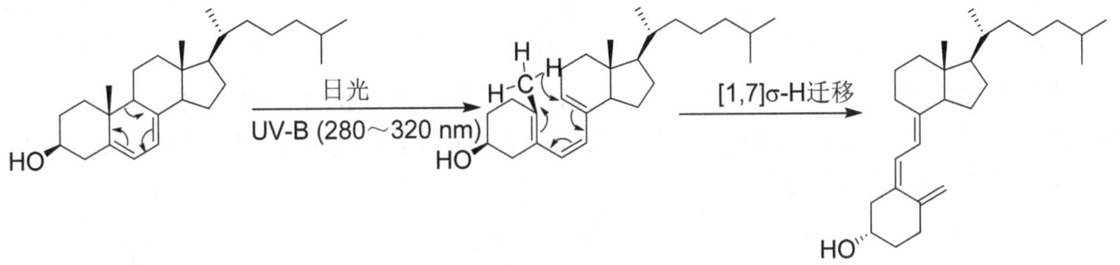

7-脱氢胆甾醇　　前维生素D_3　　维生素D_3

维生素 D_3 是身体健康所必需的，因为它在从肠道吸收钙(如 Ca^{2+})以促进骨骼正常生长的过程中必不可少。各种因素都可能导致阳光不足，从而导致维生素 D_3 缺乏，包括地理纬度和一年中的季节。极北纬和极南纬的日照水平较低，冬季则低得多，以至于许多国家的饮食指南要求为儿童和老年人补充维生素 D_3。其他可能影响皮肤中维生素 D_3 生成的因素是肤色、云层覆盖和防晒霜的使用。

17.3.3　甾族化合物的化学性质

甾体可发生含有双键、羟基、酮基等的分子的所有反应。虽然甾体反应的立体化学可能相当复杂，但它往往受到角甲基在分子β面上呈现的空间位阻的强烈影响。许多试剂倾向于在空间位阻相对较小的α面优先发生反应，尤其是当反应发生在靠近角甲基的官能团附近，且进攻试剂体积较大时。下面的反应说明了这一趋势：

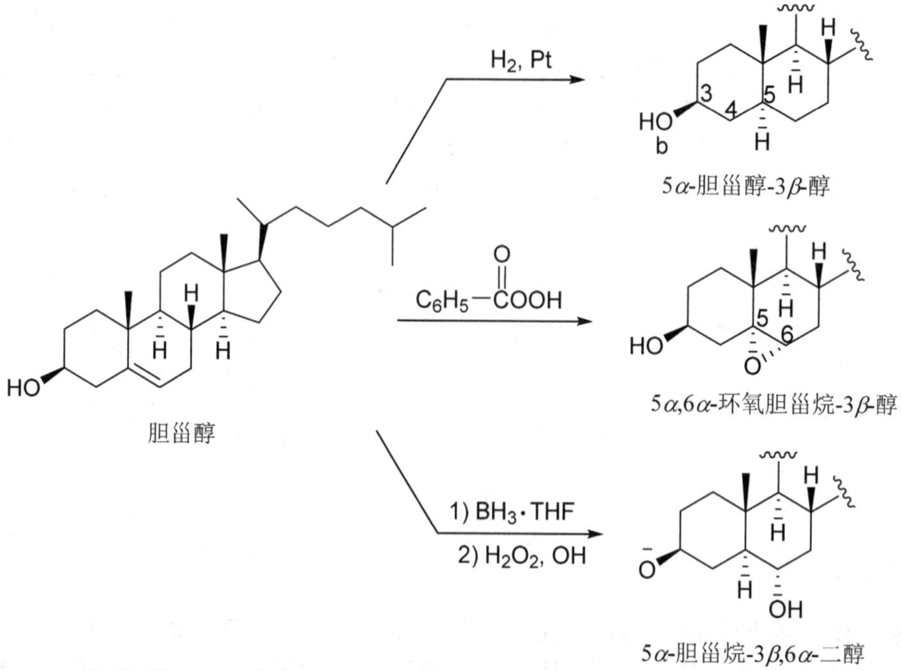

当5α,6α-环氧胆甾烷-3β-醇(见以下反应)的环氧化物环打开时，氯离子必须从β面发生攻击，但攻击发生在更开放的6位。注意，产物中的5和6位取代基均为直立键。

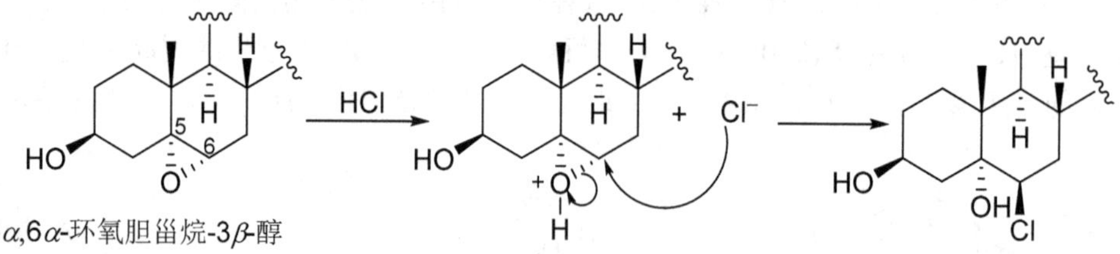

平伏基团的相对开放性(与直立基团相比)也影响甾体反应的立体化学过程。当5α-胆甾烷-3β,7α-二醇(见以下反应)用过量的氯甲酸乙酯(埃托可可醇)处理时，只有平伏的3β-羟基发生酯化。直立的羟基不受反应的影响：

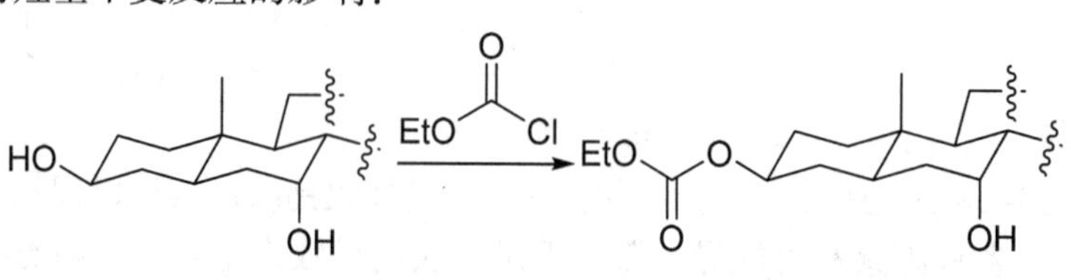

相比之下，用过量的氯甲酸乙酯处理5α-胆甾烷-3β,7β-二醇会使这两个羟基酯化。在这种

情况下，两组都是平伏的。

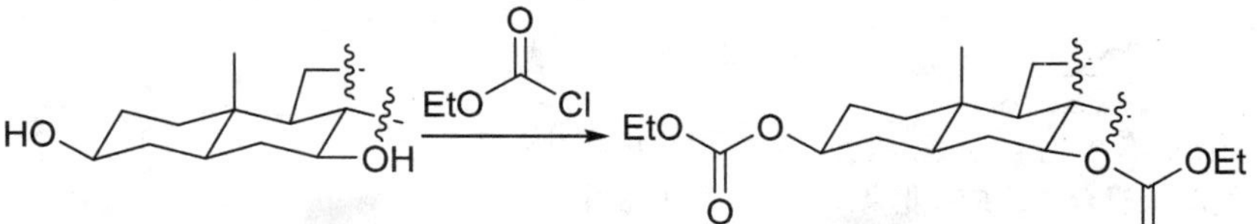

5α-胆甾烷-3β,7β-二醇

习　题

17-1　试用系统命名法命名下列化合物。

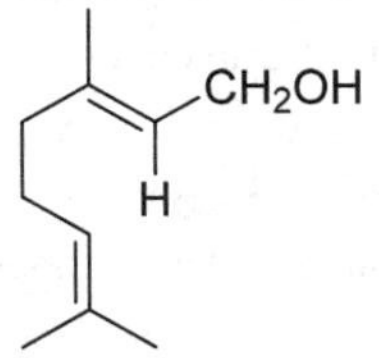

香叶醇(牻牛儿醇)

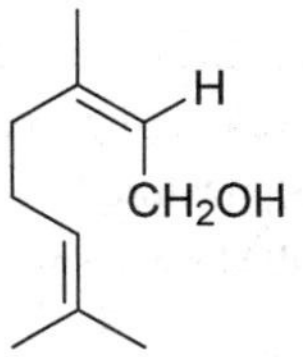

香橙醇(橙花醇)

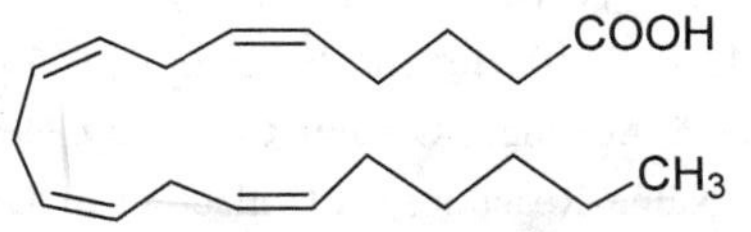

花生四烯酸

17-2　油脂、磷脂和萜类化合物结构上分别具有什么特点?

17-3　试指出下列结构分别属于几萜类化合物，并用虚线分开其中的异戊二烯单元。

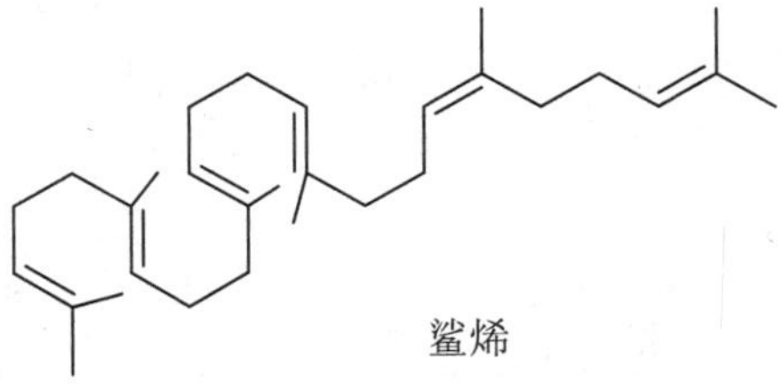

鲨烯

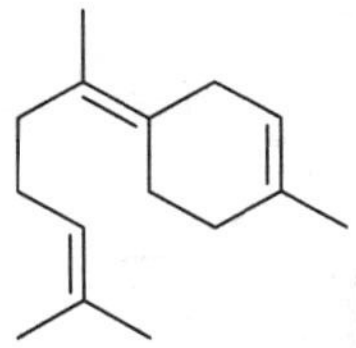

红没药烯

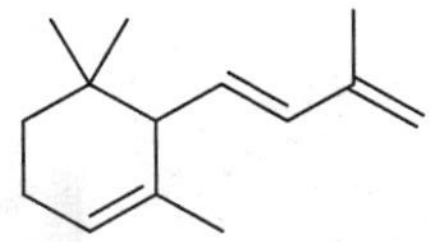

α-紫罗兰酮

17-4　试写出下列反应的机理。

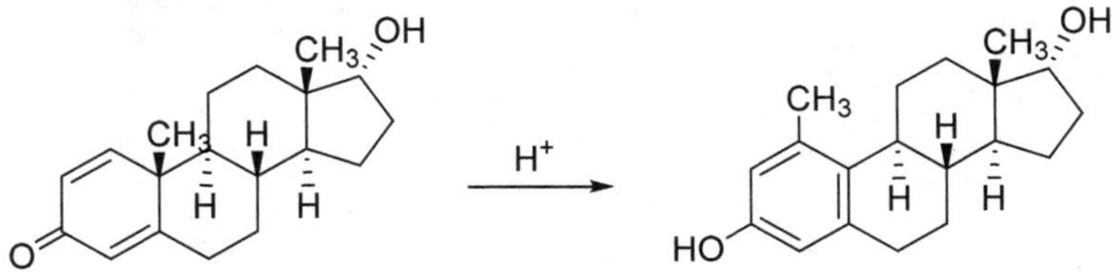

参 考 文 献

胡宏纹, 吴琳. 2020. 有机化学. 5 版. 北京: 高等教育出版社

孔祥文. 2014. 基础有机合成反应. 北京: 化学工业出版社

李景宁, 杨定乔, 潘玲, 等. 2018. 有机化学. 6 版. 北京: 高等教育出版社

吕萍, 王彦广. 2015. 中级有机化学——反应与机理. 北京: 高等教育出版社

邢其毅, 裴伟伟, 徐瑞秋, 等. 2017. 基础有机化学. 4 版. 北京: 北京大学出版社

赵温涛, 郑艳, 王光伟, 等. 2020. 有机化学. 6 版. 北京: 高等教育出版社

Bruice P Y. 2014. Organic Chemistry. 7th ed. New York: Person Education Limited

Carey F A, Giuliano R M. 2011. Organic Chemistry. 8th ed. New York: McGraw-Hill International

Clayden J, Greeves N, Warren S. 2012. Organic Chemistry. 2nd ed. London: Oxford University Press

Joule J A, Mills K. 2010. Heterocylic Chemistry. 5th ed. New Jersey: Wiley

Lewis D E. 2016. Advanced Organic Chemistry. New York: Oxford University Press

Li J J. 2021. Name Reactions: A Collection of Detailed Mechanisms and Synthetic Applications. 6th ed. Berlin: Springer Nature Switzerland AG

McMurry J E. 2010. Organic Chemistry. 8th ed. Connecticut：Cengage Learning

Smith M B. 2013. March's Advanced Organic Chemistry: Reactions, Mechanism, and Structure. 7th ed. New Jersey: Wiley

Vollhardt K P C, Schore N E. 2014. Organic Chemistry: Structure and Function. 7th ed. New York: W H Freeman Limited